The
original edition
of this book con-
tained oversized maps.
PDF files of these maps
can be downloaded from
www.elibron.com/maps

CONRAD BURSIAN

GEOGRAPHIE
VON
GRIECHENLAND

BAND II

PELOPONNESOS UND INSELN

Elibron Classics
www.elibron.com

Elibron Classics series.

ISBN 0-543-95115-4 (paperback)
ISBN 0-543-95114-6 (hardcover)

This Elibron Classics Replica Edition is an unabridged facsimile of the edition published in 1872 by B. G. Teubner, Leipzig.

GEOGRAPHIE

VON

GRIECHENLAND

VON

CONRAD BURSIAN.

ZWEITER BAND

PELOPONNESOS UND INSELN.

MIT 8 LITHOGRAPHIERTEN TAFELN UND EINER VON H. LANGE GEZEICHNETEN KARTE VON GRIECHENLAND.

LEIPZIG,

DRUCK UND VERLAG VON B. G. TEUBNER.

1868 — 1872.

Nachwort.

So wie ich vor mehr als 10 Jahren den ersten Band dieses Werkes ohne Vorwort in die Welt gesandt habe, in der Hoffnung, dass dasselbe durch sich selbst sich und seinem Verfasser Freunde unter den Fachgenossen erwerben werde, so würde ich auch dieser letzten Abtheilung, mit welcher das Werk in der von Anfang an beabsichtigten und mir trotz mehrfachen Widerspruchs auch jetzt noch völlig berechtigt erscheinenden Ausdehnung beziehendlich Beschränkung auf das jetzige Königreich Hellas nebst den Landschaften Epirus und Thessalien und der Insel Kreta vollendet vorliegt, keinen besonderen Reisepass mit auf den Weg geben, wenn nicht an ihrem unscheinbaren aber nothwendigen Begleiter, dem Namenregister, ein besonderes Kennzeichen zu signalisiren wäre. Dasselbe enthält nämlich nicht nur sämmtliche in dem Buche erwähnte Ortsnamen, antike wie moderne, sondern auch einige die in dem Buche selbst nicht vorkommen: theils solche die bei Abfassung der früheren Theile übersehen wurden, theils solche die erst nach Vollendung desselben durch neu entdeckte Inschriften (besonders Wescher und Foucart's Inscriptions recueillies à Delphes) bekannt geworden sind. Und da ich nun einmal das Wort habe, um parlamentarisch zu reden, will ich auch noch eine kurze persönliche Bemerkung hinzufügen. Es wird wohl mancher Leser geneigt sein, mir einen Vorwurf daraus zu machen, dass ich in der letzten Abtheilung des zweiten Bandes, in welcher die antiken Münzen in weiterem Umfange berücksichtigt worden sind als dies leider im ersten Bande und in den beiden ersten Abtheilungen des zweiten geschehen ist, dafür nur Eckhel's Doctrina nummorum veterum, nirgends Mionnet's Description des medailles citire: ich muss dies einfach damit entschuldigen, dass mir letzteres Werk hier nicht zugänglich ist.

Jena, den 4. August 1872.

Conrad Bursian.

GEOGRAPHIE

VON

GRIECHENLAND.

ZWEITER BAND.

II. Peloponnesos.[1]

Die südlichere Hälfte des griechischen Festlandes ist eine Halbinsel von 392 Quadratmeilen Umfang, die von allen Seiten vom Meere bespült, nur im Nordosten durch ein im Verhältniss zur Breite der Halbinsel sehr schmales Band, die Landenge von Korinth, gewöhnlich schlechthin 'die Landenge' (ὁ Ἰσθμός) genannt, mit dem übrigen griechischen Festlande zusammenhängt

[1]) Von der zahlreichen Litteratur ist vor allem das eine Hauptwerk zu nennen: 'Peloponnesos. Eine historisch-geographische Beschreibung der Halbinsel von E. Curtius'. II Bände, Gotha 1851 u. 52. Das Material zu diesem trefflichen Werke lieferten, ausser den wissenschaftlichen Reisebeschreibungen, unter denen namentlich die von W. Gell (Itinerary of the Morea, 1827), von W. M. Leake (Travels in the Morea, III Vols. 1830, und Peloponnesiaca, 1846) und von Ross (Reisen im Peloponnes, I. 1841) hervorzuheben sind, besonders die Untersuchungen der französischen Expédition scientifique de Morée (1829—31), deren geographische Resultate auf den betreffenden Blättern der 'Carte de la Grèce redigée et gravée au dépôt de la guerre d'après la triangulation et les levés exécutés par les officiers du corps d'état-major à l'échelle de $\frac{1}{200000}$' (Bl. 7, 8, 12, 13, 17 und 18) und in Pouillon-Boblaye's 'Recherches géographiques sur les ruines de la Morée', 1836, niedergelegt sind; ausser diesen hat Curtius (s. Pel. I, S. 145 f.) auch eine Anzahl der die Küsten des Peloponnes darstellenden englischen Admiralitätskarten, die mir leider nicht zu Gebote stehn, benutzen können. Von den nach dem Werke von Curtius veröffentlichten Arbeiten sind E. Beulé's 'Études sur le Péloponnèse' (Paris 1855) für die Geographie ganz unerheblich; wichtiger W. G. Clark's 'Peloponnesus, Notes of study and travel' (London 1858) und der betreffende Abschnitt in W. Vischers 'Erinnerungen und Eindrücke aus Griechenland' (S. 217—514).

und daher auch von den Alten selbst als Insel und zwar als die Insel des Pelops (*ἡ Πέλοπος νῆσος*, *ἡ Πελοπόννησος*) bezeichnet wird. Dieser Name, der uns zuerst um den Anfang des 7ten Jahrh. v. Chr. in der Litteratur entgegentritt,[1] wird von der Tradition mit dem Pelops und dem von ihm sich herleitenden Fürstengeschlechte der Atriden, das in der achäischen Zeit bei weitem das mächtigste und angesehenste auf der ganzen Halbinsel war, in Verbindung gebracht, wobei es freilich auffällig bleibt, dass die Homerischen Gedichte, die uns ja eben jene achäische Zeit schildern, ihn nicht kennen, sondern dass er erst nach der Einwanderung der Dorier, die zwar überall an die altachäische Tradition anknüpften, aber doch gerade die Pelopiden als ein aus der Fremde, aus Phrygien oder Lydien, eingewandertes Geschlecht, das die den Herakliden oder Perseiden gebührende Herrschaft nur usurpirt habe, darstellten, zur allgemeinen Geltung kam. Wahrscheinlich ist er zuerst im Westen der Halbinsel, bei den Epeiern, einem ursprünglich wohl lelegischen Stamme, den wir auch als den eigentlichen Träger der Pelopssage betrachten dürfen, aufgekommen und in Folge des freundlichen Verhältnisses, in welches dieser Stamm zu den dorischen Eroberern trat, sowie durch das steigende Ansehen des Olympischen Heiligtums und Festes von den Doriern adoptirt und gleichsam sanctionirt worden.[2] In der Zeit als der Achäische Bund, namentlich unter der Führung des Aratos, eine hervorragende Rolle spielte und einen grossen Theil der Halbinsel umfasste, bildete sich der Sprachgebrauch, den Namen der Achäer auf alle Pe-

---

[1]) Zuerst in den etwa um 690 v. Chr. gedichteten *Κύπρια ἔπη*: s. schol. Pind. Nem. X, 114; dann im hymn. in Apoll. Pyth. 72 und bei Tyrtaios fr. 2, 4. Die homerischen Gedichte kennen noch keinen Gesammtnamen der Halbinsel, denn Aristarch's Behauptung (schol. Il. *Δ*, 171) *Ἄργος ὅλην τὴν Πελοπόννησον λέγει* ist unrichtig. Die bei den attischen Tragikern und späteren Dichtern vorkommende Bezeichnung *Ἀπία* oder *Ἀπὶς γῆ*, welche von einem alten König von Argos oder Sikyon, Apis, hergeleitet wird und mit dem homerischen Ausdrucke *ἀπία γῆ* (*A*, 270; *Γ*, 49; *π*, 18) durchaus nichts zu thun hat, scheint wenigstens nie volkstümlich gewesen zu sein.

[2]) Vgl. darüber auch A. Passow Beiträge zur ältesten Geschichte von Hellas (aus dem Jahrbuche des Klosters U. L. Fr. in Magdeburg 1861) S. 1 ff.

loponnesier auszudehnen,[1]) was dann durch die Römer noch dahin erweitert wurde, dass sie das ganze griechische Festland vom Cap Taenaron bis zu den Gränzen von Illyrien und Makedonien als provincia Achaia bezeichneten. Seit den byzantinischen Zeiten, als nicht nur die östlicheren sondern auch die westlicheren Hellenen ihren alten Namen, dessen sie nicht mehr würdig waren, mit dem noch jetzt im Volksmunde allein lebenden der Rhomäer, d. i. Römer (Ῥωμαῖοι, vulgär Ῥωμεοί) vertauschten, kam auch für die Halbinsel insbesondere, die nach den verheerenden aber schnell vorübergehenden Einfällen der Gothen und Vandalen über zwei Jahrhunderte lang (vom Ende des 6ten bis zum Beginne des 9ten Jahrhunderts) im Besitze südslavischer Stämme, der Avaren und Bulgaren, blieb und erst von Byzanz aus wieder erobert werden musste, der Name Rhomaea auf, der dann, vielleicht durch den Einfluss der fränkischen Eroberer, die seit dem Beginne des 13ten Jahrhunderts einen Staat in den Formen des abendländischen Feudalwesens auf der Halbinsel begründet hatten, durch eine Metathesis in den noch jetzt beim Volke allein gebräuchlichen Namen Morea (ὁ Μωρέας, gewöhnlich ὁ Μωρεᾶς gesprochen), umgewandelt wurde.[2])

Durch ihr völlig selbständiges, von dem des nördlichen Griechenlands unabhängiges Gebirgssystem (vgl. Band I, S. 6) wird die Halbinsel naturgemäss in 6 grössere Landschaften geschieden: in der Mitte Arkadien, das man mit Recht als das Alpenland des Peloponnes und seinen natürlichen Mittelpunkt, in demselben Sinne wie es die Schweiz für Europa ist, bezeichnet hat; zwei Stufenländer, deren Bergzüge sich von den arkadischen Randgebirgen terrassenförmig nach einem flachen, durch Alluvion gebildeten Küstensaume absenken: Elis im Westen und Achaia im Norden;

---

[1]) Polyb. II, 38 (vgl. Curtius Pel. I, S. 111); daher nennt Ptolem. III, 16, 5 die alte Landschaft Achaia τὴν ἰδίως καλουμένην Ἀχαΐαν.

[2]) Vgl. Hopf in den Monatsber. der Berl. Akad. 1862, S. 487, wodurch die früheren Erklärungsversuche, wie die Herleitung von μορέα, Maulbeerbaum, oder vom slavischen more, Meer, definitiv beseitigt sind. Ueber die Geschichte der Halbinsel seit den byzantinischen Zeiten vgl. Fallmerayer Geschichte der Halbinsel Morea während des Mittelalters, 2 Bände, 1830 u. 36; Buchon Recherches historiques sur la Principauté Française de Morée et ses hautes Baronies, 1845; Leake Peloponnesiaca p. 135 ss. und die Uebersicht bei Curtius Peloponnesos I, S. 84 ff.

endlich drei Halbinseln, die von selbständigen, in ihren Wurzeln aber mit den arkadischen Gebirgen zusammentreffenden, an Mächtigkeit denselben theils ebenbürtigen, theils sie überragenden Bergzügen, an die sich dann breite, offene Küstebenen anschliessen, durchzogen werden: die Argolische Halbinsel im Osten, die Lakonische mit zwei mächtigen, ganz aus krystallinisch-körnigem Kalkgestein bestehenden, nur durch eine vom Eurotas durchflossene Alluvionsebene getrennten, in zwei lange Felszungen auslaufenden Gebirgszügen im Süden, und die Messenische im Südwesten. So haben alle diese Landschaften den Vorzug, Küstenländer zu sein, das heisst an einer oder an mehreren Seiten vom Meere bespült zu werden, mit Ausnahme des einzigen Arkadiens; und auch dieses besass wenigstens eine Zeit lang eine Küstenstrecke von 100 Stadien im südlichen Elis (Triphylien), so dass Dikaearchos[1]) mit Recht sagen konnte, alle Staaten des Peloponnes seien am Meere gelegen. Freilich sind die Vorzüge dieser Lage unter die einzelnen Landschaften ungleichmässig vertheilt, da die schon im nördlicheren Hellas deutlich ausgeprägte Bevorzugung der Ostseite gegen die Westseite durch eine ungleich reichere Küstenentwickelung (vgl. Bd. I, S. 5) sich auch im Peloponnes an der Ost- und Südseite gegenüber der West- und Nordseite wiederholt.

Die sechs oben aufgezählten, durch die natürliche Gestaltung des Landes selbst abgegränzten Landschaften haben kaum jemals im Alterthum sechs selbständige Staaten gebildet, sondern in der Regel hat, insbesondere in Folge des Uebergreifens des einen oder andern in das Gebiet eines schwächeren Nachbars, die politische Eintheilung nicht ganz jener landschaftlichen Gliederung entsprochen.[2]) In der achäischen Zeit, der ersten Blütezeit der

---

[1]) Bei Cic. ad Att. VI, 2; vgl. Scyl. per. 44 mit C. Müllers Note. Die politische Verbindung zwischen Elis und Arkadien ist auch der Grund, weshalb manche alte Schriftsteller nur 5 Landschaften des Peloponnes anerkannten, indem sie Elis und Arkadien als eine rechneten: vgl. Thuk. I, 10; Paus. V, 1, 1.

[2]) Vgl. Niebuhr Vorträge über alte Länder- und Völkerkunde, S 31 ff.; Dr. L. Schiller, Stämme und Staaten Griechenlands nach ihren Territorialverhältnissen bis auf Alexander, 3 Programme der Studienanstalten zu Erlangen (1855) und Ansbach (1858 u. 1861), die alle drei nur den Peloponnes betreffen.

Halbinsel, finden wir nach den Schilderungen des Homerischen Schiffscatalogs zwar sechs selbständige Staaten auf derselben, deren Begränzung aber in mehr als einer Hinsicht von jener oben angegebenen abweicht: das Reich des Diomedes, welches nur aus der südlicheren Hälfte von Argolis besteht; das des Agamemnon, welches das nördlichere Argolis, vom Nordrande der argivischen Ebene an, und fast ganz Achaia (oder wie es damals hiess Aegialeia) umfasst;[1]) Lakedaemon und das östliche Messenien unter Menelaos, eine Art Lehnsfürstenthum des Agamemnon; das westliche Messenien und Triphylien unter Nestor; Arkadien unter Agapenor; Elis mit dem westlichsten Theile Achaia's, das Land der Epeier, die unter verschiedenen Heerfürsten stehen. Gewaltsam umgestaltet wurde dieses achäische Staatensystem durch die Einwanderung der Dorier, die zwar nur drei Landschaften ganz in ihre Gewalt brachten, aber doch mittelbar durch Verdrängung früherer Einwohner, wie der Achäer, die nun von der alten Aegialeia Besitz nahmen und sie zur Achaia machten, auch auf die übrigen Landschaften einwirkten und überhaupt der ganzen Halbinsel für alle Folgezeit einen wesentlich dorischen Charakter aufprägten. Die Ueberlieferung lässt allerdings die drei von den Doriern in Besitz genommenen Landschaften, Argolis, Lakonien und Messenien, als drei selbständige Königreiche durchs Loos unter die dorischen Heerfürsten vertheilt werden; allein deutliche Spuren der Sage zeigen, dass der Argivische Antheil, der dem Temenos zugefallen sein soll, nicht die ganze Landschaft Argolis umfasste, sondern dass wenigstens das Gebiet von Korinth, das nach der Tradition durch eine besondere Schaar von Doriern unter Führung des Aletes erobert wurde, davon ausgeschlossen war; ja es ist im hohen Grade wahrscheinlich, dass die Herrschaft der Temeniden sich ursprünglich nur über die argivische Ebene und etwa die zunächst westlich und nordwestlich davon gelegenen engen Gebirgsthäler erstreckte und erst allmälig über andere Theile der Landschaft sich ausbreitete, bis es dem Pheidon gelang, die ganze Landschaft unter seinem Scepter

---

[1]) Dies ist freilich vielleicht ebenso wie die Erwähnung der Boioter in Boiotien (vgl. Bd. I, S. 201, Anm. 4) als eine Uebertragung späterer Verhältnisse (der Occupation der Aegialeia durch die Achäer in Folge des Eindringens der Dorier in den Peloponnes) auf die achäische Zeit zu betrachten.

zu einem politischen Ganzen zu vereinigen und derselben die Führerschaft in den gemeinsamen Angelegenheiten der Halbinsel zu erwerben.[1]) Allein schon unter seinem Nachfolger fiel dieses Reich wieder auseinander; nicht nur die grössern Ortschaften, wie Korinth, Sikyon und Phlius, gewannen ihre Selbständigkeit, die sie dann bis zur Zeit der Römerherrschaft behauptet haben, wieder, sondern auch kleinere lösten sich von der Souveränität von Argos los und wurden von diesem erst in verhältnissmässig später Zeit wieder unterworfen; endlich wurde ein nicht unbedeutender Theil des altargivischen Landes, die Kynuria, nach langen und harten Kämpfen den Argivern durch die Lakedämonier entrissen. Der dritte der dorischen Staaten, Messenien, hat bekanntlich frühzeitig seine selbständige politische Existenz eingebüsst und dieselbe erst in den späteren Zeiten der griechischen Geschichte wiedererlangt. Ferner hat der südlichste Canton von Elis, die Landschaft Triphylien, sich immer und immer wieder gegen das Verhältniss der Unterthänigkeit zu Elis gesträubt und wenigstens zum Theil, wie schon bemerkt, eine Zeit lang an Arkadien sich angeschlossen. Diese Landschaft selbst endlich hat in der historischen Zeit niemals eine politische Einheit gebildet, sondern ist stets in eine Anzahl einzelner, von politisch selbständigen Stämmen bewohnter Cantone zersplittert gewesen: auch die durch Epameinondas veranlasste, in ziemlich gewaltsamer Weise durchgeführte Concentration der Cantone Südarkadiens zu einem Einheitsstaate war nur von kurzer Dauer.

Diese Schwankungen der politischen Verhältnisse dürfen uns indess natürlich nicht hindern, unserer Schilderung der Halbinsel die Eintheilung in die oben genannten sechs Landschaften zu Grunde zu legen. Mit Rücksicht auf die Chorographie würde dabei am naturgemässesten von Arkadien als von dem natürlichen Mittelpuncte auszugehen sein; allein sowie wir im ersten Theile unseres Buches hauptsächlich aus Rücksicht auf die Uebersichtlichkeit der

---

[1]) Vgl. besonders Weissenborn Hellen S. 1 ff., dem in der Zeitbestimmung des Pheidon (Ol. 28 statt 8) Curtius (gr. Geschichte I, S. 207), Schiller (a. a. O. III, S. 9 f.) u. a. beigetreten sind, während Grote (Geschichte Griechenlands I, S. 640 ff. d. d. Ueb.), Duncker (Gesch. d. Griechen I, S. 389 ff.), Hertzberg (Allgemeine Encyclopädie d. Wiss. und Künste I, Bd. 80, S. 304) u. a. gegen ihn die überlieferte Chronologie in Schutz nehmen.

Darstellung die periegetische Anordnung festgehalten haben, so wollen wir dies auch hier wenigstens für die geographisch selbständigen Landschaften thun und demnach mit Argolis beginnen, was es uns möglich macht, den am Schlusse des ersten Bandes unterbrochenen Faden unmittelbar wieder aufzunehmen.

1. Argolis.

Der Name Argolis (ἡ Ἀργολίς, nämlich χώρα) bezeichnet eigentlich ebenso wie Argeia (ἡ Ἀργεία) nur einen von den drei Theilen, in welche die ganze hier im freieren geographischen Sinne so benannte Landschaft ihrer natürlichen Gliederung nach zerfällt: das unter der unmittelbaren Herrschaft der Stadt Argos stehende Gebiet, das heisst die weite, im Süden vom Argolischen Meerbusen bespülte Küstenebene in der Mitte der Landschaft, in der Argos selbst liegt, und das dieselbe zunächst von drei Seiten umschliessende Bergland, im Westen bis zu den die Gränze gegen Arkadien und Lakonien bildenden Bergzügen des Artemision, Parthenion und Parnon, im Norden bis an die die Parallelthäler von Phlius, Nemea und Kleonae sowie den nach Korinth hin sich öffnenden Engpass im Süden abschliessenden Berge, im Osten endlich bis zu der weit nach Südosten sich verzweigenden selbständigen Gebirgsmasse, welche eine besondere, den Städten Epidauros, Troizen und Hermione zugehörige Halbinsel, die gewöhnlich mit dem Namen des Gestades (ἡ Ἀκτή)[1]) bezeichnet wurde, bildet. In Folge des bedeutenden Uebergewichts aber welches Argos, das als Ausgangspunkt der Dorisirung der meisten übrigen Städte der Landschaft gewissermassen als Mutterstadt derselben betrachtet werden konnte, erlangte, bildete sich allmälig, freilich mit mannigfachen Schwankungen, der Sprachgebrauch aus, das ganze von Arkadien, Lakonien, dem Argolischen und dem Saronischen Meerbusen begränzte Land, entweder bis zu den die nördliche Strandebene, das Gebiet von Korinth und Sikyon, im Süden abschliessenden Bergen,[2]) oder

---

[1]) Strab. VIII, p. 389; (Scymn.) orbis descr. 523; 533; Diod. XII, 68; Polyb. V, 91; Plut. Demetr. 25; Arat. 40; Paus. II, 8, 5.

[2]) Strab. VIII, p. 335 (vgl. p. 376); Ptol. III, 16, 11 u. a.

auch bis zum korinthischen Meerbusen und dem Isthmos,[1]) mit dem Namen Argolis oder Argeia zu bezeichnen.

Die älteste Bevölkerung wenigstens eines grossen Theiles der Landschaft, namentlich der Ebene von Argos und der nördlichen Strandebene, war eine pelasgisch-ionische;[2]) neben derselben hatten sich aber frühzeitig, besonders im östlichen Theile der Landschaft (Epidauros, Hermione) karische und wohl auch lykische[3]) Einwanderer festgesetzt, die zum grösseren Theile wieder durch die Dryoper, welche den südöstlicheren Theil der Landschaft in Besitz nahmen, vertrieben wurden. Eine feste staatliche Ordnung gewann die Landschaft durch die offenbar von Thessalien her eingewanderten Achäer, denen sich Angehörige anderer Thessalischer Stämme, namentlich der Minyer (als deren Hauptsitze Korinth und Epidauros zu betrachten sind), angeschlossen hatten: zwei mächtige achäische Königreiche, von denen das nördlichere unter dem Fürstenhause der Atriden seine Gränzen weit über die Naturgränzen der Landschaft hinaus erweitert hatte (s. oben S. 5) bestanden neben einander und machten sie zur unbestrittenen Führerin der ganzen Halbinsel. Und auch als die Dorier von zwei Küstenplätzen aus, an denen sie sich zuerst festgesetzt hatten (dem Temenion am südlichen Rande der Argivischen Ebene und dem Hügel Solygeios an der Ostküste der Korinthia), allmälig, anfangs durch Gewalt, dann durch freiwillige Unterwerfung der alten Bewohner, die ganze Landschaft in Besitz genommen und dorisirt hatten, behauptete Argos, das nun der unzweifelhafte Mittelpunkt derselben geworden war, noch Jahrhunderte lang die Hegemonie über die Halbinsel und dehnte seine Herrschaft zeitweise weit nach Süden, bis zum Vorgebirge Malea hinab (Herod. I, 83) aus, bis das Emporkommen des am vollständigsten von dorischer Art

---

1) Pomp. Mela II, 39; Eustath. ad Dion. Per. 419; vgl. schol. Eurip. Orest. 1239. So bezeichnet Paus. III, 1, 1 die Korinthia, c. 7, 1 die Sikyonia als *μοῖρα τῆς Ἀργείας* und VIII, 1, 2 nennt er die Sikyonier *ἔσχατοι μοίρας τῆς Ἀργολίδος*, während er anderwärts (vgl. II, 26, 1) unter der Argeia nur das Stadtgebiet von Argos versteht.

2) Gegenüber den Erklärungen des Herodot (I, 56; VII, 94) scheint es uns unmöglich, die Peloponnesischen Ionier bestimmter von den Pelasgern zu unterscheiden.

3) Darauf führt für Korinth die hier heimische Sage vom Bellerophon, für Tiryns die von den lykischen Kyklopen.

durchdrungenen Staates, Lakoniens, ihm die factische Hegemonie über die Halbinsel, wie auch einen nicht geringen Theil seines ehemaligen Landes entriss und nur die mit einer Zähigkeit, welche der argivischen Politik gerade in den entscheidungsvollsten Zeiten der griechischen Geschichte einen schwankenden, ja geradezu antinationalen Charakter aufprägt, fest gehaltenen Ansprüche darauf übrig liess.

Die nordöstlichste Ecke der Landschaft und zugleich eine Korinthia. Art Vorhof der ganzen Halbinsel bildet die Korinthia, das Gebiet der Stadt Korinthos, welches die natürliche Brücke zwischen dem nördlicheren und südlicheren Hellas, den Isthmos, sowie eine schon früher (Bd. I. S. 382 ff.) geschilderte nicht unbeträchtliche Strecke altmegarischen Landes, die sogenannte Peraea, ferner die östlichere Hälfte der zunächst im Südwesten an den Isthmos sich anschliessenden Strandebene, in welcher der kleine Bach Nemea die Gränze gegen die Sikyonia bildete, endlich das südlich davon sich hinziehende dürre und unfruchtbare, von zahlreichen Schluchten durchzogene Bergland umfasste, das durch ein enges, von einem Giessbache durchflossenes Thal, in welchem der kürzeste aber steile Weg von Argos nach Korinth, die sogenannte Kontoporia hinführte,[1] in zwei Theile geschieden wird: einen westlicheren, von den Alten mit keinem Sondernamen bezeichneten (wahrscheinlich rechneten sie diese Berge zu dem das Thal von Kleonae im Süden begränzenden Treton), aus welchem ein einzelner 575 Meter hoher Felskegel gegen Norden vortritt, der die Burg von Korinth (*Ἀκροκόρινθος*) trug, und einen östlicheren, der den Namen des Oneion oder der Oneiaberge[2] (*Ὄνεια ὄρη*) führte. Die östlichen Abhänge dieses letzteren treten fast überall ohne Küstensaum unmittelbar an das Meer hinan, die südlichen werden nur durch schmale Schluchten von anderen zum Theil höheren, viel weiter nach Osten streichenden Bergmassen geschieden, die zu dem Epidaurischen Gebirgssystem gehören, auf deren Rücken wahrscheinlich die Gränzlinie zwischen der Korinthia und der Epidauria hinlief. Die Bodenbeschaffenheit

[1]) Athen. II, p. 43e; Polyb. XVI, 16; vgl. Ross, Reisen und Reiserouten in Griechenland I, S. 26.

[2]) Thuk. IV, 44; Xen. hell. VI, 5, 51; Polyb. II, 52; Plut. Cleom. 20. Dass Strabon (p. 380 u. 393) das Oneiongebirge mit der Gerania verwechselt hat, ist schon Bd. I, S. 367, Anm. 1 bemerkt worden.

dieses ganzen Gebietes ist keineswegs eine zur Ansiedelung einladende, denn abgesehn von der halb zur Korinthia, halb zur Sikyonia gehörigen Strandebene westlich vom Isthmos, die durch ihre Fruchtbarkeit sprüchwörtlich geworden war,[1]) ist das übrige meist dürres Bergland mit wenigem, steinigem Ackerboden,[2]) auch für den Weinbau schlecht geeignet,[3]) höchstens der Viehzucht durch Weiden an einigen besser bewässerten Berghängen dienend.[4]) Allein dieser Mangel wird völlig aufgewogen durch die für Handel und Schifffahrt wahrhaft unvergleichliche Beschaffenheit des Isthmos, der nicht nur die einzige Strasse für den Verkehr zu Lande zwischen der südlichen und nördlichen Hälfte von Griechenland bildet, sondern auch zu beiden Seiten die herrlichsten Häfen hat, die dem Seeverkehr nach Osten wie nach Westen gleich günstig sind.[5]) Daher finden wir denn auch schon in frühen Zeiten Angehörige desjenigen griechischen Stammes, der zuerst der griechischen Schifffahrt ihre Bahnen eröffnet hat, Thessalische Minyer (vgl. Bd. I, S. 102) hier angesiedelt: ihre mit dem in der ältesten griechischen Geschichte so häufigen Namen Ἐφύρα (Il. Z, 152; 210) bezeichnete Niederlassung lag wahrscheinlich an derselben Stelle wie die spätere *Κόρινθος*, auf einer tafelförmigen Fläche am nördlichen Fusse des schon erwähnten steilen Felskegels, dessen breiter Gipfel zugleich als Zufluchtsort für die Bewohner der Unterstadt und ihre Reichtümer und als Heiligtum ihres Stammgottes Poseidon diente: weit genug von der Küste um vor plötzlichen Ueberfällen von Piraten sicher zu sein (vgl. Thuk. I, 7), aber auch nahe genug dem Isthmos

---

1) Athen. V, p. 219ª; vgl. Luc. Icaromen. 18; id. navig. 20; schol. Ar. aves 968; Zenob. III, 57; Liv. XXVII, 31; Cic. de lege agraria I, 2, 5.

2) Vgl. Theophrast. de causis pl. III, 20, 5, wonach die Aecker in der Korinthia erst durch *ἐκλιθολογεῖν* ertragfähig gemacht wurden.

3) Alexis bei Athen. I, p. 30ᶠ.

4) Dass namentlich die Pferdezucht in Korinth blühte ist aus der Bezeichnung edler Rosse als *κοππατίαι* oder *κοππαφόροι* (Lucian. adv. ind. 5) zu schliessen, welche doch wohl von einer den in den korinthischen Staatsgestüten gezüchteten Rossen eingebrannten Marke herzuleiten ist, wie wohl auch die *σαμφόραι* von Sikyon (vgl. unten S. 25).

5) Sehr bezeichnend für die Lage Korinths sind die Ausdrücke des Dion Chrysostomos: *ἡ πόλις ὥσπερ ἐν τριόδῳ τῆς Ἑλλάδος ἔκειτο* (or. VIII, 5) und *ἐν Κορίνθῳ ἐν τῷ περιπάτῳ τῆς Ἑλλάδος* (or. XXXVII, 7).

um die von ihm gebotenen Verkehrsmittel auszubeuten und zu beherrschen. Ganz natürlich ist es ferner, dass eine solche Niederlassung auch Ansiedler von Osten her, arischen wie semitischen Stammes, anziehen musste, welche die Künste und Fertigkeiten des Ostens wie auch ihre heimischen Sagen und Culte mitbrachten, daher wir in Korinth manche Industriezweige, wie die Kunstweberei und Färberei, die Bearbeitung des Erzes, die Töpferei und Thonplastik, früher und höher als in anderen Theilen Griechenlands entwickelt und ausländische Culte in grösserer Anzahl und höherem Ansehn als sonst finden: der phönikische Sonnengott Baal-Melkarth verdrängte sogar den Poseidon von der Burg, die jenem nun als dem Helios in Verein mit der Aphrodite (der phönikischen Astarte) geweiht wurde, während Poseidons Heiligtum auf den Isthmos verlegt,[1]) ihm aber auch dort der Melkarth als Melikertes-Palaemon beigesellt und in die Sagengeschichte des Minyischen Königshauses eingereiht wurde; der lykische Bellerophontes, seiner ursprünglichen Bedeutung nach der gegen Gewitterwolken und andere feindliche Naturkräfte kämpfende Sonnengott, erhielt ein Heiligtum vor der Stadt und wurde auch mit der Athene verbunden.[2]) Auch Stammgenossen der ägialeischen Ionier haben sich, wahrscheinlich von der Tetrapolis im nördlichen Attika aus, in der Stadt niedergelassen und eine Zeit lang die Herrschaft darin behauptet; von ihnen scheint die Umänderung des älteren Namens Ephyra in Korinthos (die Höhenstadt, ursprünglich wohl nur Bezeichnung der später zum Unterschied von der Unterstadt Ἀκροκόρινθος genannten Burg) herzurühren;[3]) unter ihrem Einfluss sind wohl auch die Festversammlungen und Kampfspiele im Heiligtum des Poseidon auf dem Isthmos zu grösserer Bedeutung gelangt durch die Betheiligung anderer ionischer Staaten, vor allen Athens, an denselben.[4]) Endlich kam noch ein

---

[1]) Dies ist offenbar die factische Grundlage der korinthischen Sage vom Streit des Poseidon und Helios um das korinthische Land und die Beilegung desselben durch Briareos (Paus. II, 1, 6; Dio Chrysost. or. XXXVII, 11). Aphrodite nebst Helios auf Akrokorinthos: Paus. II, 5, 1.

[2]) Paus. II, 2, 4; 4, 1.

[3]) Nach korinthischer Localsage sind Korinthos und Sikyon Brüder, Söhne des Marathon; s. Paus. II, 1, 1; 3, 10. Der Name Κόρινθος hängt jedenfalls mit κόρθυς, wohl auch mit κορυφή zusammen.

[4]) Darauf führt die Sage von der Gründung oder Umgestaltung der

neues Element der Bevölkerung hinzu durch die dorische Eroberung, welche, ähnlich wie die von Argos, von der Seeseite her erfolgte, indem ein Haufe dorischer Abenteurer, dessen Anführer bezeichnend genug Aletes (der Umherschweifende) genannt wird, an einer 3 Stunden von der Stadt entfernten Stelle der Ostküste, südlich von dem Vorgebirge Chersonesos, dem östlichsten Vorsprunge des Oneion, landete, den 12 Stadien von der Küste gelegenen Hügel Solygeios, der später ein Dorf Solygeia trug, occupirte[1]) und von dort aus durch unausgesetzte Angriffe die Bewohner der Stadt nöthigte, die Eindringlinge als Herren in die Stadt aufzunehmen. So trat Korinth, Anfangs von Königen, die sich zum Geschlecht des Herakles rechneten, dann von Prytanen aus der gleichen Familie beherrscht, in die Reihe der dorischen Staaten der Halbinsel ein, ohne doch einen eigentlich dorischen Charakter anzunehmen; vielmehr blieb, der Natur des Landes gemäss, Handel, Schifffahrt und Industrie die eigentliche Beschäftigung der in 8 Phylen, welchen ebenso viele Bezirke des ganzen Gebietes entsprachen, getheilten Bevölkerung,[2]) deren Wohlstand einen neuen Aufschwung nahm seitdem durch einen wenigstens väterlicher Seits einem äolischen Geschlechte an-

---

Isthmien durch Theseus: s. Plut. Thes. 25; schol. Pind. Isthm. arg.; vgl. Krause, Die Pythien, Nemeen und Isthmien S. 175 ff. Vielleicht ist die Begründung der Isthmien geradezu als eine Art Opposition gegen die maritime Amphiktyonie von Kalaurea, zu der Korinth nicht gehörte, aufzufassen.

[1]) Thuk. IV, 42, wo eine von den Athenern im achten Jahre des Peloponnesischen Krieges unternommene Landung an demselben Platze erzählt wird. Die dort als Ῥεῖτος oder Ῥειτός (vgl. Bd. I, S. 327, Anm. 3) bezeichnete Oertlichkeit, welche Curtius (Pelop. II, S. 549) als den Vorsprung der Küste, welcher gegen Westen die Bucht schliesst, betrachtet, dürfte dem Namen nach eher für den bei dem Dorfe Galata vorüberfliessenden und in den Winkel der Bucht mündenden Bach zu halten sein.

[2]) Vgl. Suid. u. πάντα ὀκτώ, wonach Aletes die Bürger in 8 Phylen und die Stadt in 8 Theile getheilt hätte: demnach sind diese Phylen (oder Demen?) jedenfalls als topische, die aber gewiss nicht bloss die Stadt sondern das ganze Gebiet umfassten, anzusehn; als eine derselben darf man wohl Petra, die Heimat des Eetion, des Vaters des Kypselos (Herod. V, 92, 2) betrachten. Charakteristisch für Korinth ist auch dass dort nach Herod. II, 167 die Handwerker am wenigsten verachtet waren.

gehörigen Mann, Kypselos, die Oligarchie der dorischen Geschlechter gestürzt, die Familie der Bakchiaden, in deren Händen bisher die Regierung gewesen war, vertrieben und eine Monarchie aufgerichtet worden war, deren Hauptbestreben dahin gieng, der Stadt durch Anlage einer Reihe von Handelsstationen an den Küsten des westlichen Hellas die Alleinherrschaft im westlichen Meere, zugleich aber auch durch Colonisation auf der thrakischen Halbinsel Pallene und durch Anknüpfung von Verbindungen mit griechischen Städten Kleinasiens, wie mit Miletos und Mitylene, ja sogar mit den Herrschern von Lydien und Aegypten, einen Einfluss im Osten zu sichern.[1]) Diese Politik wurde auch im Wesentlichen festgehalten als nach dem Sturze der Kypseliden eine gemässigt aristokratische Verfassung eingerichtet worden war, und ihr verdankte es Korinth, dass es, wenn auch als eigentliche Seemacht erst von Aegina, dann von Athen überflügelt, doch unstreitig die erste Handelsstadt von Hellas blieb, mit der sich an Volkszahl, an Reichtum und Pracht, freilich aber auch an Verlockungen zu Ausschweifung und Verschwendung, namentlich durch die grosse Anzahl von Hetären, die ihr Gewerbe zum Theil geradezu im Dienste der Aphrodite betrieben, keine andere Stadt messen konnte.[2]) Auch der Umfang der Stadt war bedeutend: die Ringmauer, welche die tafelförmige Fläche der Unterstadt mit Ausnahme der durch den steil ansteigenden Berg geschützten Südseite umgab, hatte eine Ausdehnung von 40 Stadien und zog sich dann mit einigen durch die Schroffheit der Abhänge bedingten Unterbrechungen bis auf den Gipfel des Berges, der dadurch in

---

[1]) Vgl. Barth Corinthiorum commercii et mercaturae historia, Berlin 1844; über Kypselos Abstammung auch Schubring De Cypselo Corinthiorum tyranno, Göttingen 1862.

[2]) Nach Timaeos bei Athen. VI, p. 272^b betrug die Zahl der Sklaven in Korinth 640,000, eine Zahl die sich nur erklären lässt, wenn man darunter alle von den Korinthern besessenen Sklaven, d. h. nicht nur die in der Stadt und ihrem Gebiete in Fabriken, mit Feldarbeit u. dgl. beschäftigten, sondern auch die als Ruderknechte auf den Schiffen dienenden und in den auswärtigen Handelsniederlassungen korinthischer Kaufleute arbeitenden versteht, die also zur Berechnung der von Clinton (Fasti Hellenici ed. Krüger p. 429 s.) auf etwa 40,000 Seelen veranschlagten freien Bevölkerung keinen Anhalt giebt. Ueber die Hetären bes. Athen. XIII, p. 573^c ff.; Strabo VIII, p. 378; Sotion bei Gell. N. A. I, 8; Zenob. V, 37.

die Befestigung der Stadt aufgenommen war, hinauf, so dass der gesammte Umfang gegen 85 Stadien betrug (Strab. VIII, p. 379).

Dieser Glanz fand freilich ein jähes Ende durch die barbarische Zerstörung der Stadt durch Mummius im Jahre 146 v. Chr., welche Mommsen mit grosser Wahrscheinlichkeit aus der merkantilen Eifersucht der römischen Grosshändler erklärt hat: die Stadt verschwand dadurch gänzlich aus der Reihe der bewohnten Orte; der Boden worauf sie gestanden hatte wurde mit einem Fluche belegt, ihr Gebiet theils zu römischem Gemeindeland gemacht, theils mit der Leitung der Isthmischen Spiele an Sikyon gegeben. Erst 100 Jahre später (im Jahre 44 v. Chr.) wurde der Fluch aufgehoben und eine römische Colonie unter dem Namen Colonia Laus Iulia Corinthus durch Cäsar auf der Stätte der alten Stadt, aber mit geringerem Umfang, begründet, die in der römischen Kaiserzeit, wie wir aus der Beschreibung des Pausanias (II, 2, 4 ff.) ersehen, wenigstens einen Schimmer ihres alten Glanzes wieder erlangt hatte.[1] Auch diesem wurde durch die Einfälle barbarischer Völker, wie der Gothen und Slaven, denen Korinth mit seiner gewaltigen Feste als der Schlüssel der ganzen Halbinsel immer zuerst erliegen musste, ein Ende gemacht; doch hat sich trotz der wiederholten Zerstörungen von Menschenhänden wie durch Naturereignisse, namentlich Erdbeben die noch in den letzten Jahren wiederholt den Isthmos und seine Umgebungen heimgesucht haben, bis auf den heutigen Tag ein freilich sehr unscheinbares und ärmliches Städtchen mit dem alten Namen und einigen wenn auch geringen Trümmern der alten Bauwerke auf der alten Stätte erhalten. Freilich reichen diese Trümmer, unter denen 7 hoch alterthümliche bis zum Capitäl monolithe dorische Säulen aus mit röthlichem Stuck überzogenem Kalkstein[2]) das Bedeutendste sind, bei Weitem nicht aus zur Feststellung der Topographie der Stadt, sondern wir müssen uns dabei fast ganz

[1]) Nach Dio Chrysost. or. XXXVII, 36 war Korinth noch zu dessen Zeit die bedeutendste Stadt in Hellas. Eine Bibliothek in der Stadt erwähnt ders. ebds. § 8.

[2]) Stuart und Revett (Alterthümer von Athen III, Lief. 12, Tfl. 10 f.) sahen noch 12 Säulen, aber schon 30 Jahre später waren nur noch 7 vorhanden, die noch heut zu Tage stehen. Vgl. den Plan und die Abbildungen in der Expédition de Morée III, pl. 77 ss.

an die nicht allzu klare Schilderung des Pausanias halten. Derselbe durchschreitet, von Kenchreae, also von Osten her, kommend zuerst einen τὸ Κράνειον genannten Kypressenhain, in welchem er das Heiligthum des Bellerophontes, einen Tempel der Aphrodite Melaenis und das Grabdenkmal der Hetäre Lais (eine Löwin welche einen Widder zwischen den Vordertatzen hielt) erwähnt;[1]) unmittelbar am Stadtthore lag das durch das Marmorbild eines Hundes bezeichnete Grab des Diogenes von Sinope, zu dessen Zeit sich hier ein viel besuchtes Gymnasion befand, um welches herum elegante und wegen der Reinheit der Luft in dieser Gegend besonders gesuchte Wohnungen sich ausbreiteten; auch die Hökerinnen mit Brod, Gemüse und Früchten pflegten hier feilzuhalten.[2]) Etwas nördlich davon ist für die römische Colonie eine in Griechenland sehr seltene Anlage, ein Amphitheater, ganz in eine künstliche erweiterte Vertiefung des Felsbodens hineingearbeitet, so dass man erst wenn man unmittelbar am oberen Rande der Sitzreihen steht desselben ansichtig wird.[3]) In der Stadt beschreibt Pausanias (c. 2, 6 ff.) zuerst die im Süden wahrscheinlich bis an den Fuss des Berges hinanreichende Agora, an welcher die meisten Heiligthümer und Götterbilder standen: die Mitte derselben nahm eine Erzstatue der Athene mit Bildern der Musen am Piedestal ein. Durch eine reiche Thorhalle trat man von der Nordseite der Agora in eine nach dem Hafen Lechäon führende Strasse, an welcher ausser mehreren Götterstatuen ein von dem bekannten Günstlinge des Augustus und Regenten von Lakonien, C. Julius Eurykles,[4]) gestiftetes kostbares Bad lag eine ostwärts von ihr abzweigende Seitengasse führte zu der besten und bedeutendsten unter den zahlreichen aus dem Stadtboden aufsprudelnden Quellen, die als ein Ausfluss der auf Akro-

---

[1]) Paus. c. 2, 4. Das Grabdenkmal der Lais, das nur ein Kenotaphion gewesen zu sein scheint (vgl. Athen. XIII, p. 589[b]), ist gewiss nicht auf das Gewerbe derselben zu beziehen, sondern als ein Symbol der Macht des Todes zu fassen.

[2]) Diog. Laert. VI, 2, 77; Plut. de exilio 6. Theophr. de caus. pl. V, 14, 2; Alciphr. epist. III, 60; vgl. Ruhnken ad Tim. p. 167.

[3]) Expédition de Morée III, pl. 77, 3; Vischer Erinnerungen S. 264 f.: vgl. Dio Chrysost. or. XXXI, 121; Iunioris philos. orbis descr. c. 28 (Bode Scriptores rerum myth. II, p. XV).

[4]) Vgl. über ihn Strab. VIII, p. 363; 366 und Reinesius bei Böckh ad C. I. gr. n. 1389.

korinthos entspringenden Peirene (vgl. S. 17) betrachtet wurde: das Wasser kam in mehreren künstlich angelegten Grotten zum Vorschein und floss aus diesen in einen Marmorbrunnen, bei welchem ein heiliger Bezirk mit einer Bildsäule des Apollon angelegt war. Noch heutzutage quillt am nördlichen Rande der Fläche, auf welcher die alte Stadt lag, eine reiche Fülle köstlichen Trinkwassers unter den grottenartig überhängenden Felsen hervor und erzeugt eine üppig wuchernde Vegetation, welche die in Korinth residirenden türkischen Woiwoden, namentlich den letzten, den prachtliebenden Kiamil Bei, veranlasst hatte, hier schöne Gärten und ein prachtvolles Serail anzulegen, von dem nur noch einige unscheinbare Trümmer oberhalb der Quellen übrig sind.[1]) Endlich führte eine andere Hauptstrasse von der Agora westwärts in der Richtung nach Sikyon, an welcher zur Rechten ein Tempel des Apollon, etwas weiter hin oberhalb eines Brunnens ein bedecktes Theater (Odeion) und bei demselben das Grabdenkmal der Kinder der Medeia standen;[2]) in der Nähe derselben war der Tempel der Athene Chalinitis mit einem akrolithen Cultbilde der Göttin, auf welchen man mit Wahrscheinlichkeit die schon erwähnte hochalterthümliche Tempelruine beziehen kann; nahe dabei das nicht mehr nachweisbare, also wohl ganz auf künstlichem Unterbau ruhende Theater, oberhalb dessen in der römischen Zeit ein Tempel des Capitolinischen Juppiter lag, endlich nicht weit davon das alte Gymnasion mit einer Lerna genannten Quelle vortrefflichen Trinkwassers[3]), die in der römischen Zeit von einer mit Ruhebänken

---

[1]) Es wurde Ende April 1821 durch den Archimandriten Dikaeos, nachdem er vergeblich die Griechen in Korinth zum Widerstand gegen die heranrückenden Türken ermuntert hatte, in Brand gesteckt; s. Brandis Mittheilungen über Griechenland II. S. 118; Gervinus Geschichte des 19ten Jahrhunderts V, S. 192 f.

[2]) Curtius Pel. II, S. 531 f. setzt nur den Apollontempel an die rechte, die übrigen von Paus. (c. 3, 6 ff.) erwähnten Oertlichkeiten an die linke südliche Seite der Strasse 'wo sie sich an den Fuss der Burg anlehnen konnten': allein da Paus. von dem Apollontempel mit einem *ὀλίγον ἀπωτέρω* zu der *κρήνη* der Glauke, dem Odeion u. s. w. übergeht, so scheinen vielmehr alle diese Anlagen an derselben, nördlichen Seite der Strasse gesucht werden zu müssen; an der Südseite war vermuthlich eben wegen des Fusses der Burg kein Raum für grössere Baulichkeiten.

[3]) Vgl. Athen. IV p. 156^{c}; Lucian. De hist. conscr. 29.

versehenen Säulenhalle umgeben war, und Tempeln des Zeus und des Asklepios. Unmittelbar vor dem Thore, welches das westliche Ende dieser Strasse abschloss, stand ein Tempel der Hera.[1] Von der Südseite jener Strasse aus führte eine Seitenstrasse nach dem Gipfel der Burg empor, welcher, eine gute halbe Stunde im Umfang, nicht eine ebene Fläche sondern verschiedene kleine Plateaus und Erhöhungen bildet; auf der höchsten Spitze stand der Tempel der Aphrodite, etwas östlich unterhalb desselben bemerkt man noch jetzt das alte Brunnenhaus der Quelle Peirene, zu dessen tempelähnlicher Façade ein mit polygonen Steinen ausgemauerter, jetzt mit einem modernen Gewölbe bedeckter Gang, in welchen man ursprünglich auf einer Felstreppe hinabstieg, führt.[2] Ausserdem finden sich noch mehrere andere Quellen auf der Höhe, ein Umstand, der nebst der Steilheit des Zuganges und dem grossen Umfange des Gipfels viel dazu beigetragen hat, Akrokorinthos zu einer der wichtigsten Festungen, einer 'Fessel von Hellas', wie es Philipp von Makedonien nannte,[3] zu machen. Diese Bedeutung behielt es auch unter der byzantinischen, fränkischen, venetianischen und türkischen Herrschaft, wie noch jetzt die fast überall auf antiken Fundamenten ruhenden Mauern, welche den ganzen Gipfel umgeben, zahlreiche, allerdings meist unbrauchbare Geschütze auf den Brüstungen derselben und eine Menge in Trümmern liegender Häuser innerhalb der Mauern bezeugen. Jetzt freilich ist alles im Verfall und die ganze Besatzung der Feste besteht aus einigen Invaliden, welche den durch die herrliche Aussicht angelockten Besucher durch das Labyrinth von Trümmern führen.

Das Befestigungssystem von Korinth schloss aber in der

---

[1]) Dass das Heraeon ausserhalb des Thores lag zeigt Plut. Arat. c. 22 (vgl. c. 21); dieses Thor für ein anderes als das Sikyonische (Liv. XXXII, 23) zu halten (mit welchem übrigens die von Xen. Hell. VII, 1, 18 erwähnten *πύλαι αἱ ἐπὶ Φλιοῦντα ἰόντι* wohl identisch sind) sehe ich keinen Grund ein. Ob das von Paus. c. 4, 7 am Aufgange nach Akrokorinthos erwähnte *ἱερόν* der Hera Bunaea mit jenem Heraeon (das dann oberhalb der Strasse gestanden haben müsste) identisch ist oder nicht, wage ich nicht zu entscheiden.

[2]) Vgl. Göttling archäol. Zeitung 1844, N. 20, S. 326 ff. Die Peirene galt als Tochter des Asopos, daher *Ἀσωπίς* Anth. Pal. IX, 225.

[3]) Strab. IX, p. 428; Liv. XXXII, 37; vgl. Strab. VIII, p. 361.

Blütezeit der Stadt nicht nur die Burg ein, sondern auch der der Stadt zunächst gelegene von den Isthmischen Häfen, das Lechaeon, war durch 12 Stadien lange, durch einen weiten Zwischenraum von einander getrennte 'Schenkelmauern' (σκέλη, μακρὰ τείχη), in denen sich mehrere Thore befanden, mit der nördlichen Ringmauer der Stadt verbunden.[1]). Endlich ist als ein zu demselben Befestigungssystem gehöriges Aussenwerk die 40 Stadien lange Quermauer zu betrachten, welche zur Verhinderung von Invasionen von Norden her an der schmalsten Stelle des Isthmos zuerst, soviel wir wissen, bei dem Zuge des Xerxes gegen Hellas aufgeführt, beim Einbruch der Gallier in Griechenland (Ol. 125, 1) wahrscheinlich erneuert und später noch von den byzantinischen Kaisern und von den Venetianern wiederhergestellt wurde:[2]) die noch erhaltenen Fundamente, welche ohne Zweifel dem ursprünglichen Baue angehören, zeigen, dass dieselbe nicht eine gerade Linie bildete, sondern den Grundsätzen der griechischen Befestigungskunst gemäss durchaus der natürlichen Gestalt des Terrains (grossen Theils dem Rande einer ziemlich tiefen Schlucht) folgte und durch zahlreiche Thürme, hie und da wohl auch durch besondere kleine Castelle geschützt war.

Von den Häfen war das schon erwähnte Lechaeon an der Westseite des Isthmos, durch diese seine Lage der Ausgangspunkt für den Verkehr mit dem Westen, in Folge seines Anschlusses an die städtische Befestigung die Hauptstation für die Kriegsflotte, durch starke Molos gegen die Versandung, welche es jetzt für den Verkehr völlig unbrauchbar gemacht hat,[3]) geschützt: noch jetzt erkennt man drei ins Meer hinausgeworfene Schenkelmauern und bei der nördlichsten derselben fand ich eine Marmorbasis, welche laut der Inschrift (s. Bulletino 1854, p. 34) die Statue

---

[1]) Xenoph. Hell. IV, 4, 7 ss.; 18; Strab. VIII, p. 380; vgl. Leake Travels in the Morea III, p. 251 ss.

[2]) Herod. VIII, 71; IX, 7 ss.; Diod. XI, 16; Paus. VII, 6, 7: vgl. Curtius Pel. I, S. 14; II, S. 546 f.; 596; Vischer Erinnerungen S. 232 f.

[3]) An seine Stelle ist jetzt das weiter nördlich am Fusse der Geraneia gelegene Lutraki getreten, das seinen Namen von einigen warmen Quellen erhalten hat, die nahe an der Küste wenige Zoll über dem Niveau des Meeres hervorsprudeln (s. Fiedler Reise durch alle Theile des Königreichs Griechenland I, S. 229 f.): jedenfalls sind dies die bei Xen. Hell. IV, 5, 8 erwähnten θερμά.

eines Römischen Proconsuls Flavius Herm(oge)nes trug, den Rath und Volk der Korinther als 'Wohlthäter und Wiederhersteller des Hafens' geehrt hatten. In der früheren Zeit lag auch hier eine offenbar befestigte ansehnliche Ortschaft, die unter anderem ein Heiligtum der Aphrodite mit einem geräumigen Saal für Opferschmäuse (*ἑστιατόριον*) enthielt; zur Zeit der Römischen Herrschaft waren nur noch wenige Häuser und ein Heiligtum des Poseidon davon übrig.[1]) Eine breite Fahrbahn, auf welcher nicht nur Waaren sondern auch kleinere Schiffe über den niedrigen Rücken des Isthmos transportirt wurden, der sogenannte Diolkos,[2]) verband die Westküste des Isthmos mit der Ostküste, an welcher die geräumige gegen Südosten geöffnete Bucht Schoinus lag, die ihren von den zahlreich hier wachsenden Binsen hergenommenen Namen noch jetzt, wenn auch in neugriechischer Uebertragung (Kalamaki) bewahrt und neuerdings als Hauptstation der Dampfschiffahrt eine Bedeutung gewonnen hat, die sie im Alterthume jedenfalls nicht besass, indem der eigentliche östliche Hafen von Korinth die zwei Stunden von der Stadt zwischen einem den Isthmos im Süden abschliessenden felsigen Höhenzuge und dem östlichsten Theile des Oneion sich öffnende, auch grösseren Schiffen einen sicheren Ankerplatz darbietende Bucht von Kenchreae war, an deren Ufer sich eine ähnliche Ortschaft wie am Lechaeon ausbreitete: am nördlichen Ende des Hafens stand ein Tempel der Aphrodite, am südlichen Heiligtümer des Asklepios und der Isis, dazwischen auf dem Molo, dessen Fundamente noch erhalten sind, eine Erzstatue des Poseidon. Ausserhalb der Ortschaft lag an der nach dem Isthmos führenden Strasse ein Tempel

---

[1]) Dies zeigt ausser der Angabe des Dionys. Calliph. v. 108 von einer *πόλις Λέχαιον* die Erzählung der Ereignisse des sog. Korinthischen Krieges bei Xen. Hellen. IV, c. 4 s. (vgl. dazu Grote Geschichte Griechenlands V, S. 266 ff. d. d. Uebers.). S. auch Plut. VII sap. conv. 2 und für die spätere Zeit Strab. p. 380; Paus. c. 2, 3.

[2]) Strab. VIII, p. 335; 380; Aristoph. Thesmoph. 648 s. c. schol.; vgl. Curtius Pel. I, S. 28 und II, S. 596. Hesych. u. *δίολκος* lässt denselben vom Lechaeon nach Kenchreae sich erstrecken, was schon wegen des Höhenzuges, der diesen Hafen von dem eigentlichen Isthmos trennt, unmöglich ist. — Ueber den zu verschiedenen Malen im Alterthum auftauchenden, vom Kaiser Nero ernstlich in Angriff genommenen Plan, den Diolkos durch einen Durchstich des Isthmos zu ersetzen, s. Fiedler Reise I, S. 235 ff.; Curtius Pel. I, S. 12 ff.

der Artemis; südwestlich, gegen das die Bucht im Süden abschliessende Vorgebirge Chersonesos (vgl. S. 12) zu, quillt schwach salzhaltiges Wasser in solcher Stärke, dass es nach ganz kurzem Lauf eine Mühle treibt, hervor, das im Alterthume unter dem Namen des Bades der Helena bekannt war und wahrscheinlich, wie auch jetzt noch bei den Umwohnern, als heilkräftig galt.[1])

Der jetzt ganz verödete, nur mit Gestrüpp und einzelnen Strandkiefern bewachsene Rücken des Isthmos war im Alterthume wenigstens zu einem bedeutenden Theile mit Baulichkeiten geschmückt, welche alle für den Cult des Poseidon und des ihm beigesellten Melikertes-Palaemon, insbesondere für die Feier der Isthmischen Spiele und zur Aufnahme der ungeheuren Menge von Fremden, welche zu denselben aus allen Gegenden, in welche die griechische Cultur nur je einen Fuss gesetzt hatte, zusammenströmten, bestimmt waren. Den Mittelpunkt derselben bildete der auf einer Hochfläche $1^1/_2$ Stunden östlich von der Stadt gelegene Tempel des Poseidon, von nicht eben bedeutender Grösse, wahrscheinlich im dorischen Stile erbaut, mit ehernen Tritonen als Akroterien auf dem Firste: zu Pausanias Zeit (s. c. 1, 7 f.; vgl. Philostr. v. Soph. II, 1, 5) standen mehrere ältere Erzbilder im Pronaos, in der Cella eine von Herodes Attikos geweihte Gruppe aus Gold und Elfenbein (Poseidon und Aphrodite auf einem von vier Rossen aus vergoldetem Erz gezogenen Wagen, daneben Tritonen und Palaemon auf einem Delphin), wohl das letzte bedeutende Werk der chryselephantinen Skulptur, auf einer mit Reliefs geschmückten Basis. Zur Linken des Tempels lag ein Heiligtum des Palaemon, ein Rundtempel mit einer von vier dorischen Säulen getragenen, mit Delphinen als Akroterien verzierten Kuppel, aus welchem ein bedekter Gang zu dem Adyton, einer unterirdischen Opfer- und Schmausstätte derselben Gottheit, führte.[2]) Von keinem

---

[1]) Paus. c. 2, 3; Apul. met. X, 35; vgl. die Korinthische Münze bei Millingen Médailles grecq. inédites pl. 2, 19; über die Quelle s. Fiedler Reise I, S. 245 f. Die von Plinius (n. h. IV, 19, 57) als Kenchreae gegenüber liegend genannte Insel Aspis (vgl. Steph. Byz. u. Ἀσπίς) ist entweder das kleine flache Inselchen gerade östlich von dem Vorgebirge Chersonesos, das nach der französischen Karte jetzt Platurada oder Prasura heisst, oder das weiter südlich gelegene etwas grössere Ebraeonisi.

[2]) Paus. c. 2, 1; vgl. C. I. Gr. n. 1104 und die Korinthische Münze bei Millin Gal. mythol. CX, 402.

der beiden Tempel hat man bisher auf der mit Trümmerhaufen verschiedener Art, zwischen denen eine kleine verfallene Capelle steht, bedeckten Hochfläche eine sichere Spur entdecken können; wohl aber erkennt man noch in seinem ganzen Umfange den Peribolos derselben, der mit seinen starken, durch Thürme vertheidigten Mauern ein mit der Befestigungsmauer des Isthmos (die hier zugleich die Nordmauer des Peribolos bildete) zusammenhängendes Festungswerk ausmachte.[1]) Es umschloss dieser Peribolos noch eine nicht geringe Anzahl anderer Heiligtümer, wie Tempel des Helios, der Demeter und Kora, des Dionysos, der Artemis, der Eueteria (Abundantia), der Kora, des Pluton; ferner Altäre, Heroengräber, Wohnungen und Uebungsräume für die Athleten u. dgl. mehr; auch Statuen Isthmischer Sieger waren darin aufgestellt und Alleen hochstämmiger Pinien bildeten einen würdigen Eingang zu dem Tempel des mit Kränzen von den Zweigen dieses Baumes die Sieger in seinen Festspielen lohnenden Poseidon. Die eigentlichen Anlagen für die Spiele lagen ausserhalb des ummauerten Bezirkes: etwas gegen Süden, zur Rechten der von der Stadt herkommenden Strasse, das wenigstens zur Zeit des Pausanias mit Sitzen aus weissem Marmor geschmückte, noch später von einer Säulenhalle mit gewölbten Gemächern umgebene Stadion, dessen Form noch deutlich im Boden erkennbar ist; westlich vom Peribolos, fast ganz in einer schmalen Schlucht versteckt, das Theater, dessen noch erhaltener Unterbau einer Erneuerung in der Römischen Zeit angehört; in derselben Gegend wird wohl auch das von Herodes Attikos erbaute bedeckte Theater (Odeion) gestanden haben.[2]) Material zu allen diesen sowie zu den städtischen Bauten lieferte der Isthmos selbst in Fülle: die am meisten ausgebeuteten Steinbrüche finden sich zwischen dem Heiligtum und der Stadt, in der Nähe des Dorfes Hexamilia.[3])

---

[1]) Vgl. besonders Clark Peloponnesus p. 47 ss. mit Plan auf pl. 2 (wiederholt auf unserer Tfl. I, 1).

[2]) S. ausser Paus. c. 1, 7; c. 2, 1 f. und Philostr. vit. Soph. II, 1, 5 besonders die Inschrift C. I. Gr. n. 1104, welche ein Verzeichniss der von P. Licinius Priscus Juventianus etwa um den Beginn des 3ten Jahrhunderts n. Chr. auf dem Isthmos neu errichteten und wiederhergestellten Baulichkeiten enthält.

[3]) Sollte etwa auf diese Gegend der freilich von Neueren mehrfach angezweifelte Name Leukopetra, womit Aurel. Vict. de vir. ill. c, 60

Endlich findet man auf dem ganzen Raume zwischen der Stadt, ihren Häfen und dem Heiligtume wie auch auf dem Isthmos jenseits des Heiligtums zahllose alte Gräber, welche, obschon bereits von den Römischen Colonisten nach der Wiederherstellung der Stadt vielfach ausgebeutet,[1] doch bis auf den heutigen Tag an bemalten Thongefässen, namentlich des ältesten Stils, ergiebig sind.

Von der Rückseite Akrokorinths aus führte durch das Teneatische Thor an einem Heiligtume der Eileithyia vorüber ein Bergpfad, der dann in die schon oben (S. 9) erwähnte Kontoporia einmündete, in 3 Stunden nach Tenea, einer in einem baumreichen Hochthale in der Gegend des jetzigen Chiliomodi gelegenen Ortschaft, deren kräftige, hauptsächlich wohl von Viehzucht lebende Bevölkerung einen auffallenden Gegensatz zu den verweichlichten Stadtbewohnern bilden mochte und zu kühnen auswärtigen Unternehmungen, wie zum Beispiel zur Gründung von Syrakus, die tüchtigsten Leute stellte: sie betrachteten sich als Abkömmlinge der alten Troianer und Stammverwandte der Bewohner der Insel Tenedos und verehrten als Hauptgottheit den Apollon.[2] Der ganze Landstrich östlich davon, der ganz von dem Oneion und den nördlichsten Verzweigungen der Epidaurischen Gebirge eingenommen nur wenig anbaufähiges Land besitzt, bildete wohl den schon oben (S. 12, Anm. 2) erwähnten Gau Petra, zu dem jedenfalls auch die ebenfalls (S. 12) bereits

---

die Oertlichkeit der der Zerstörung Korinths vorhergehenden Schlacht zwischen Mummius und Diaios bezeichnet, zu beziehen sein?

[1]) S. Strab. VIII, p. 381 s., dazu O. Jahn Einleitung in die Vasenkunde S. XXIV, der aber schwerlich mit Recht die *ὀστράκινα τορεύματα* auf Gefässe mit Reliefs oder Thonreliefs deutet. Die von ihm selbst angeführten Stellen des Martialis (ep. IV, 46, 16 und XIV, 102), in denen ein Thongefäss rotae toreuma genannt wird, zeigen, dass man allerdings das Wort *τόρευμα* auch von den auf der Töpferscheibe geformten Gefässen gebraucht hat, ein Sprachgebrauch, der aus einer Verwechselsung von *τορεύειν* und *τορνεύειν* entstanden zu sein scheint.

[2]) Strab. p. 380; Paus. c. 5, 4; Xen. Hell. IV, 4, 19: vgl. Curtius Pel. II, S. 597; Ross archäol. Aufsätze II, S. 344 ff. Die Stammverwandtschaft mit den Tenediern könnte man geneigt sein aus einer etymologischen Spielerei zu erklären; doch führen die Notizen von einer Stadt Tenedos in Lykien od. Pamphylien (Steph. B. u. *Τένεδος*) und in Troia (schol. Pind. Nem. XI argum.) in Verbindung mit dem Apolloncult auf troisch-lykischen Ursprung der Bevölkerung beider Gegenden.

erwähnte Ortschaft Solygeia und die weiter südöstlich zunächst der Gränze des Epidaurischen Gebietes gelegene, von den Korinthern wegen der weiten Entfernung von der Stadt und der Schwierigkeit der Communication nicht benutzte Hafenbucht Peiraeos[1]) gehörten.

Gerade westwärts von der Stadt, links an der nach Sikyon führenden Strasse, lag ein Tempel des Olympischen Zeus, der zur Zeit als Agesilaos nach Asien zog plötzlich von Feuer verzehrt wurde — was die Korinther als eine Warnung vor der Theilnahme an diesem Zuge ausdeuteten — und seitdem in Trümmern liegen blieb.[2]) Weiterhin in der von mehreren Bächen durchflossenen, äusserst fruchtbaren Strandebene, die eine durchschnittliche Breite von $^1/_2$—$^3/_4$ Stunden hat und deren südlichen Rand die allmälig ansteigenden nördlichen Vorberge des Treton und Apesas bilden, mögen etwa die als grosse und volkreiche Komen der Korinthia bezeichneten Ortschaften Asae und Mausos[3]) gelegen haben. Unter den Bächen ist der bedeutendste der jetzt Longopotamos genannte, der aus dem Thale von Kleonae herkommend eine Stunde westlich von Korinth die Ebene durchfliesst; nach diesem, noch eine Stunde weiter westlich, der Giessbach Nemea[4]) (jetzt Bach von Kutzomati genannt), dessen Wasser gewöhnlich das Meer nicht erreicht. Jenseits desselben beginnt die Sikyonia, das Gebiet von Sikyon, einer der ältesten griechischen Ortschaften, die von den ägialeischen Ioniern begründet zuerst den Namen *Μηκώνη* ('die Mohnstadt') geführt haben soll, der dann, offenbar in Folge des bedeutenden Gemüsebaues in den die Stadt umgebenden Gärten, in *Σεκυών* oder Sikyonia.

[1]) Thuk. VIII, 10 f.; vgl. Steph. u. *Πειραιός*. Die Bucht, welche wahrscheinlich dem jetzigen Porto Franco entspricht, scheint mit dem von Plin. n. h. IV, 9, 18 und Ptol. III, 16, 12 erwähnten Hafen Bukephalos (vgl. Steph. Byz. p. 181, 15 ed. Mein., wo vielleicht *Ἀκτῆς* für *Ἀττικῆς* zu schreiben ist) identisch zu sein.

[2]) Paus. II, 5, 5; III, 9, 2: vgl. Theophr. de caus. plant. V, 14, 2.

[3]) Theopomp. bei Steph. Byz. u. *Ἀσαί* und *Μαυσός*: der letztere Name scheint karischen Ursprunges zu sein, der erstere, wohl wie Asea und Asopos von *ἄσις* abzuleiten (vgl. Etym. M. p. 161, 44), eine Niederung mit fruchtbarem Schlamm- oder Lehmboden zu bezeichnen.

[4]) Strab. VIII, p. 382; Diod. XIV, 83; Aeschin. de falsa leg. § 168; Liv. XXXIII, 15. Nach Stat. Theb. IV, 717 ss. (vgl. v. 51; Nikandr. alexiph. 105) muss der Bach auch den Namen Langeia geführt haben.

Σικυών ('Gurken-Land') umgewandelt wurde, welcher Name nur vorübergehend durch Demetrios Poliorketes mit *Δημητριάς* vertauscht worden ist.[1]) Trotz der geringen Ausdehnung des im Süden an die Phliasia, im Westen an Arkadien und Achaia gränzenden Gebietes spielt Sikyon doch in der Geschichte der Kunst und Industrie eine bedeutende Rolle und wetteifert nicht ohne Glück mit Korinth. Diese Bedeutung verdankt es hauptsächlich der Tyrannis der Orthagoriden, welche gestützt auf das ionische Element der Bevölkerung, das auch nach der von Argos aus erfolgten Dorisirung der Stadt sich erhalten und in der den drei dorischen coordinirten Phyle der *Αἰγιαλεῖς* concentrirt hatte, ein volles Jahrhundert hindurch (etwa 666—566) in ebenso kluger als milder Weise die Stadt beherrschten, Kunst, Handel und Gewerbfleiss begünstigten und vielleicht auch ihr Gebiet durch Unterwerfung benachbarter Orte erweiterten.[2]) Nach dem Sturz dieser Dynastie durch Sparta verlor Sikyon zwar fast alle politische Bedeutung, indem es im Wesentlichen als Werkzeug der spartanischen Politik dienen musste, aber es blieb angesehen und blühend als ein Hauptsitz der Bildnerei in Marmor und Erz und der Malerei, durch seine Industrie, als deren Erzeugnisse besonders zierliche Schuhe genannt werden,[3]) und durch seinen bedeutenden Binnenhandel, wofür noch die grosse Anzahl Sikyonischer Münzen, welche man in den verschiedenen Theilen des Peloponnes findet, Zeugniss geben. Ausserdem war auch bei der Fruchtbarkeit der zu

---

[1]) Hesiod. Theogon. 536; Strab. p. 382; Steph. Byz. u. *Σικυών*: vgl. Etym. M. p. 583, 55. Die Form *Σεκυών*, welche nach Apollonios (bei Bekker anecd. p. 555, 5) die einheimische war, wird durch die älteren Münzen, welche gewöhnlich die Buchstaben *ΣΕ* zeigen, und durch die Inschrift der Delphischen Schlangensäule (*ΣΕΚVΟΝΙΟΙ*) bestätigt; doch giebt eine von Cyriacus beim Theater copirte Inschrift (C. I. Gr. n. 1108), falls die Copie zuverlässig ist, *Σικυων(ί)ων*. — *Δημητριάς*: Diod. XX, 102; Plut. Demetr. 25. — Vgl. über das Gebiet und die Geschichte der Stadt auch Gompf Sicyonica, Berlin 1832 und im Programm des Gymnasiums zu Torgau 1834, und Bobrik De Sicyoniae topographia, Königsb. 1839.

[2]) Aristot. pol. V, 12 (p. 161, 11 Bekk. ed. min.); vgl. O. Müller Dorier I, S. 162 ff.; Grote Geschichte Griechenlands II, S. 27 ff. d. d. Ueb.; Urlichs Skopas Leben und Werke S. 221 ff., dessen Schluss auf eine Eroberung von Kleǫnae durch Sikyon aus Plut. de sera num. vind. 7 freilich keineswegs zwingend ist.

[3]) Athen. IV, p. 155 c; Lucian dial. mer. 14, 2; Poll. VII, 93.

seinem Gebiete gehörigen Strandebene (vgl. S. 10, Anm. 1) der Land- und Gartenbau, insbesondere der Oelbau, von nicht geringer Bedeutung; die Abhänge der Berge boten treffliche Weiden für die Züchtung edler Rosse, das Meer endlich lieferte eine Fülle wohlschmeckender Fische.[1]) — Die Bevölkerung, deren Gesammtzahl man auf etwa 40—50,000 Seelen veranschlagen kann,[2]) zerfiel, wie schon bemerkt, in vier Phylen: die drei dorischen der Hylleer, Dymaner und Pamphyler und die das altionische Element repräsentirende der Aegialeer. Unter Kleisthenes, dem bedeutensten und mächtigsten der Orthagoriden, wurden nach dem Berichte des Herodotos (V, 68) in offener Verhöhnung des dorischen Elementes den dorischen Phylen die Spottnamen der *Ὑᾶται*, *Ὀνεᾶται* und *Χοιρεᾶται* als officielle Benennungen octroyiert, der Name der Aegialeer, zu welcher Phyle die herrschende Dynastie gehörte, in *Ἀρχέλαοι* umgewandelt, Veränderungen, die natürlich mit dem Sturze der Tyrannis wieder aufhörten, da seitdem das dorische Element wenigstens in politischer Hinsicht wieder die Oberhand gewann. Ausserhalb dieser Phylen stand, wie es scheint, eine Klasse von Hörigen, welche nach den grossen Stöcken, die sie zu tragen pflegten, *κορυνηφόροι*, nach ihrer mit Schaaffellen besetzten Kleidung *κατωνακοφόροι* genannt wurden[3]) und im Kriege jedenfalls nur als Leichtbewaffnete, in Friedenszeiten als Ackerbauer und Hirten dienten; daneben muss noch eine gewiss nicht sehr beträchtliche Zahl von Sklaven als Hausdienerschaft, Arbeiter in den Werkstätten und Ruderknechte auf den Schiffen vorhanden gewesen sein.

Die Stadt selbst lag auf einer breiten, terrassenartigen Hochfläche oberhalb der Strandebene, welche im Osten durch das Bett des in den Gebirgen oberhalb Phlius entspringenden Asopos, nach welchem die Ebene unterhalb der Stadt Asopia genannt wurde[4]), im Westen durch das eines kleineren von den Gränz-

---

[1]) Vgl. Gompf Sicyonica p. 14 s; Curtius Peloponnesos II, S. 583 Anm. 58.

[2]) Vgl. Clinton Fasti Hellenici ed. Krüger p. 429.

[3]) Poll. III, 83; Steph. Byz. p. 694, 5 ed. Mein.; Athen. VI, p. 271 d; die Zurückführung des Namens der *κατωνακοφόροι* auf die Tyrannen bei Poll. VII, 68 scheint auf einem Irrthume zu beruhen.

[4]) Strab. VIII, p. 382; IX, p. 408.

gebirgen Arkadiens herkommenden Baches, des Helisson,[1]) abgegränzt ist; die Ufer beider Bäche fallen steil ab und sind wegen des lockeren, erdigen Bodens vielfach zerklüftet. Diese Hochfläche, die gegen Süden hin immer schmäler wird und nur durch eine Art Isthmos mit dem dahinter liegenden hohen Berge zusammenhängt, bildete bis zur Unterwerfung der Stadt durch Demetrios Poliorketes (Ol. 119, 2) bloss die Oberstadt oder Burg, an welche sich noch eine am Abhange und auf der letzten niedrigen Abdachung der Berge gegen die Strandebene gelegene Unterstadt anschloss; Demetrios aber zwang die Bewohner diese zu verlassen und sich auf die Hochfläche zurückzuziehen, wo er eine neue Stadt nach regelmässigem Plane anlegte, der er sogar seinen Namen octroyierte.[2]) Diese neue Stadt, welche durch Aratos wieder zu politischer Bedeutung gelangte und durch die Römer zunächst nach der Zerstörung von Korinth begünstigt, dann aber durch M. Scaurus ihrer besten Kunstschätze, namentlich der theils in den Tempeln, theils in einer öffentlichen Gemäldegalerie (der sogenannten *ποικίλη στοά*) aufgestellten Gemälde beraubt, im Beginn der Kaiserzeit (wahrscheinlich unter Tiberius im Jahre 23 n. Chr.)[3]) durch ein heftiges Erdbeben heimgesucht wurde, ist von Pausanias (II, c. 7—11) beschrieben worden und

---

[1]) *Ἑλισσών* Paus. II, 12, 2; Elissos Stat. Theb. IV, 52, nach welcher Stelle ein Heiligtum der Eumeniden an diesem Bache gewesen sein muss, während Pausanias II, 11, 4 einen Tempel dieser Göttinnen in einem Haine von Stecheichen nahe dem rechten Ufer des Asopos erwähnt: sind beide Heiligthümer verschieden oder hat Statius (der sonst in der Geographie Griechenlands sehr gut Bescheid weiss) den Helisson mit dem Asopos verwechselt?

[2]) Paus. II, 7, 1; vgl. S. 24, Anm. 1. Die Stadt heisst noch bei Hierokles Synekd. 10 *Νέα Σικυών*.

[3]) Paus. c. 7, 1, wo die Zeit dieses Erdbebens nicht bestimmt, aber erwähnt ist, dass durch dasselbe auch die Städte Kariens und Lykiens und die Insel Rhodos heimgesucht worden seien; darnach könnte man an das Erdbeben im Jahre 17 n. Chr. denken (Tac. ann. II, 47; vgl. Strab. XII, p. 579; Plin. n. h. II, 86, 200), allein da nirgends von einer Erstreckung desselben auf die Küsten des Peloponnes die Rede ist, halte ich es für wahrscheinlicher, dass Paus. das vom Jahre 23, durch welches nach Tac. ann. IV, 13 auch Aegion in Achaia geschädigt wurde, gemeint hat. Noch jetzt geben zahlreiche herabgestürzte Felsblöcke auf der Stelle der alten Stadt von den Wirkungen dieses oder noch späterer Erdbeben Zeugniss.

von ihr sind noch jetzt ausgedehnte wenn auch nicht eben ansehnliche Trümmer bei dem Dorfe Vasilika, das nur einen Theil der Ostseite der Hochfläche einnimmt, erhalten,[1]) während von der unteren Stadt nur einige ganz geringe Spuren vorhanden sind, wie einige Hausplätze, die ich an dem Wege bemerkte, der sich von Osten her, nachdem man den Asopos auf einer hohen türkischen Brücke überschritten hat, neben welcher ich noch einige Reste einer antiken Brücke erkannte, den Abhang nach dem Dorfe Vasilika hinaufzieht; doch können dies auch die Stellen alter Grabmäler sein, deren mehrere nach Pausanias (c. 7, 2 fg.) an der von Korinth herkommenden Strasse jenseits wie diesseits des Asopos angelegt waren, meist in Form kleiner Tempelfaçaden, indem auf einem steinernen Unterbau zwei Säulen sich erhoben, welche einen giebelförmigen Aufsatz mit dem Namen des Verstorbenen und dem Abschiedsgrusse (*χαῖρε*) trugen. Auch ein Heiligtum des Olympischen Zeus (Olympion) stand rechts von der Strasse diesseits des Asopos. Zunächst an dem Thore, durch welches Pausanias die Stadt betrat, war eine Grotte, von deren Decke Quellwasser herabtropfte, die sogenannte Tropfquelle, deren Stelle wohl in Folge der Erdbeben, die den Boden der Stadt heimgesucht haben, sich nicht mehr mit Sicherheit nachweisen lässt.[2]) Für die Topographie der Stadt selbst bietet den sichersten Anhaltspunkt das Theater, welches westlich vom Dorfe Vasilika in die Nordostseite einer kleineren höheren Felsterrasse, auf welcher nach Pausanias (c. 7, 5) die Akropolis der neueren Stadt mit Heiligthümern der Tyche Akraea und der Dioskuren stand, hineingebaut ist: sowohl die Sitzreihen, mit Ausnahme der aus grossen Quadern construirten beiden Enden des Halbkreises,

---

[1]) Vgl. den Plan der Ruinen in der Expéd. de Morée III, pl. 81 (wiederholt bei Aldenhoven Itineraire descriptif de l'Attique et du Péloponnèse zu p. 93 und bei Curtius Pel. II, Tfl. XIX) und die Beschreibungen bei Curtius a. a. O., S. 489 f. und bei Vischer Erinnerungen S. 274 ff.

[2]) In der kleinen unmittelbar westlich vom Dorfe Vasilika sich hinziehenden Schlucht, in der sich noch mehrere Mauerreste aus Sandsteinquadern, wohl Unterbauten, finden, quillt weiter abwärts gegen Nordosten Wasser aus dem Felsen hervor und bildet herabfallend einen kleinen Bach: war hier die *στάζουσα πηγή* des Pausanias (c. 7, 4), so musste die Strasse von Korinth nördlich um den Vorsprung der Terrasse, auf dem das jetzige Dorf liegt, sich herumziehen.

als auch die Fundamente des Skenengebäudes sind aus dem natürlichen Felsen gearbeitet; ausser den gewöhnlichen Eingängen zu beiden Seiten der Orchestra gewähren noch zwei gewölbte Gänge unter den Sitzreihen hindurch den Zuschauern Zugang zur Cavea.[1]) Ein längerer Felsgang, in welchen man durch eine Grotte mit doppeltem Eingang gelangt, führt hinter dem Zuschauerraume des Theaters eine Strecke weit in den Berg hinein und setzt sich dann in einem engern Canale fort, der wahrscheinlich zur Herbeiführung von Trinkwasser für die Stadt bestimmt war; ähnliche Canäle zogen sich als Cloaken unter dem Stadtboden nach der Ebene hinab.[2]) Nordwestlich neben dem Theater erkennt man noch das von Pausanias nicht erwähnte Stadion in der Einsenkung zwischen der Akropolis und einer zweiten Anhöhe: die Langseiten waren an den vorderen Enden durch Mauerwerk gestützt, die nordöstliche Schmalseite ruhte auf einem noch wohl erhaltenen Unterbau von grossen polygonen Werkstücken. Das Theater gehörte wie in so vielen griechischen Städten zum heiligen Bezirke des Dionysos, dessen ein Goldelfenbeinbild des Gottes und Marmorstatuen von Bakchantinnen enthaltender Tempel, von dem jetzt keine Spur mehr vorhanden ist, hinter dem Skenengebäude gestanden zu haben scheint; zwei andere Bilder des Gottes wurden in einem besonderen, doch wohl auch innerhalb des heiligen Bezirkes gelegenen Gebäude, dem Kosmeterion, aufbewahrt und nur einmal jährlich zur Nachtzeit in festlichem Zuge in den Tempel geführt.[3]) — Die ebene Fläche östlich und nordöstlich vom Theater ist jetzt noch auf eine Länge von etwa einer Viertelstunde mit zahlreichen Grundmauern alter Gebäude, zwischen denen man noch die Linien der sehr regelmässig angelegten alten Strassen erkennen kann, bedeckt. Die bedeutendste dieser

---

[1]) Vgl. den Plan in der Expédition de Morée III, pl. 82.

[2]) Plut. Arat. 9; vgl. Ross Reisen im Peloponnes I, S. 48.

[3]) Paus. c. 7, 5. Der alteinheimische Name des Gottes scheint Adrastos gewesen zu sein, da nach Herod. V, 67 (dessen Darstellung aber wenigstens in Bezug auf das Verhältniss des Kleisthenes zu diesem Culte nicht recht klar ist) die Sikyonier von Alters her diesen mit 'tragischen' d. i. Satyrchören, deren Gesänge seine leidensvollen Schicksale behandelten, ehrten. Vgl. Welcker zu Schwencks Etymologisch-mythologischen Andeutungen S. 302 f. Anders, aber schwerlich richtiger, fasst den Adrastos Baumeister De Atye et Adrasto (Lipsiae 1860) p. 9 ss.

Strassen scheint diejenige gewesen zu sein, welche wahrscheinlich in der Richtung von Südwest nach Nordost an einem Tempel der Artemis Limnaea vorüber nach der Agora führte, in welche sie bei einem Heligthume der Peitho einmündete, das schon zu der Zeit, wo die eigentliche Stadt noch in der Strandebene lag, innerhalb der damaligen Akropolis bestanden hatte; neben demselben stand ein Heiligthum der römischen Kaiser, früher das Haus des Tyrannen Kleon,[1]) vor welchem man dem Befreier Sikyons von der Tyrannenherrschaft, dem Aratos, ein Heroon errichtet hatte. Ferner befanden sich, um die blossen Altäre und Götterbilder zu übergehen,[2]) an der Agora das Buleuterion, eine vom Tyrannen Kleisthenes aus der Beute des heiligen Krieges gegen Kirrha erbaute, also wieder noch von der alten Akropolis herstammende Halle und ein sehr alterthümliches, zur Zeit des Pausanias (s. c. 9, 7; vgl. Polyb. XVII, 16) schon völlig verfallenes Heiligtum des Apollon Lykios. Nicht weit vom Markte lag das dem Herakles geweihte Gymnasion, ein hauptsächlich für die Uebungen der Knaben bestimmter[3]) umschlossener Raum mit einem Heiligtum des Herakles in der Mitte, in welchem derselbe zugleich als Gott und als Heros verehrt wurde. Eine Strasse, deren Richtung uns nicht angegeben wird, führte von hier nach dem Heiligtume des Asklepios, dessen geräumiger Peribolos neben dem Tempel dieses Gottes eine Halle und eine Doppelcapelle des Hypnos und des Apollon Karneios enthielt; ein anderer Peribolos lag nahe dabei, der Aphrodite geweiht, mit dem chryselephantinen Sitzbilde der Göttin von Kanachos; um den Tempel herum wuchs eine angeblich sonst nirgend vorkommende Pflanze, der *παιδέρως*, deren Blätter nach der Beschreibung des Pausanias (c. 10, 6) an Form denen der Eiche, an Farbe denen der Silberpappel glichen.[4]) Stieg man von diesem offenbar schon am Abhange der Terrasse

[1]) Vgl. über diesen Plass Die Tyrannis bei den Griechen II, S. 156.

[2]) Vgl. darüber Paus. c. 7, 7 ff. Eine sitzende Statue auf der Agora der älteren Stadt erwähnt Aristot. pol. V, 12, p. 161, 18 Bekk. ed. min.

[3]) Dies ist zu schliessen aus dem von Paus. c. 10, 1 angegebenen Namen *Παιδιζή*, dessen grammatische Form freilich sehr zweifelhaft ist.

[4]) Nach Plin. n. h. XXII, 34, 76 eine Art Acanthus. Die Blätter wurden auch als Färbemittel gebraucht (Athen. XII p. 542 d; XIII, p. 568 c); die Sikyonischen Phallophoren banden sie statt der Masken vors Gesicht (ibid. XIV, p. 622 c).

gegen die Strandebene zu gelegenen Peribolos wieder auf die Hochfläche empor, so kam man bei dem Heiligtume der Artemis Pheräa vorüber zu einem zweiten Gymnasion, das von Kleinias, dem Vater des Aratos, erbaut für die Uebungen der Epheben benutzt wurde. Eine Seitenstrasse führte von diesem nach dem heiligen Thore, welches seinen Namen einem hochaltertümlichen, angeblich von dem mythischen Epopeus gegründeten Heiligtume der Athena verdankte, von welchem zur Zeit des Pausanias (c. 11, 1) nur der Altar der Göttin und davor das Grab des Epopeus übrig war; in der Nähe stand ein Tempel des Apollon und der Artemis, den derselbe Epopeus, und einer der Hera, den Adrastos gegründet haben sollte, also lauter alte Heiligtümer, die schon der früheren Akropolis angehört hatten. Hinter dem Heräon standen Tempel des Apollon Karneios und der Hera Prodromia, von denen Pausanias (c. 11, 2) nur noch Säulen ohne Cellamauern und Dach vorfand; unterhalb desselben nach der Strandebene zu endlich ein Tempel der Demeter Epopis.[1])

Der Hafenort von Sikyon, der schlechtweg ὁ *Λιμήν* genannt wurde, lag $^3/_4$ Stunden unterhalb der Oberstadt, ein künstlich ausgegrabenes Becken, das jetzt vollständig versandet ist. An der Strasse nach demselben stand zur Linken ein Tempel der Hera; zwischen dem Hafen und dem Helisson, etwas links oberhalb der an der Küste hin nach Aristonautae, dem Hafen der an die Sikyonia gränzenden achäischen Stadt Pellene, führenden Heerstrasse, ein Heiligtum des Poseidon.[2]) Zum Gebiete der Stadt gehörte ausser der Strandebene zwischen dem Bache Nemea im Osten und dem von den Nordabhängen der arkadischen Kyllene herabfliessenden Sys oder Sythas im Westen das Bergland südwärts von der Stadt in einer Länge von etwas über 3 Stunden, durch welches in gerader südlicher Richtung im engen Thale des Asopos die Strasse nach Phlius, der südlichen Gränznachbarin von Sikyon, hinlief. Westlich von dieser Strasse führte über die fast ganz aus weichem Sandstein und weisslichem Thon bestehenden, daher meist kahlen und vom Wasser zerklüfteten Berge ein Fusspfad nach Titane, der einzigen bedeutenderen Ortschaft der Sikyonia ausser der Hauptstadt, welche 60 Stadien südwestlich von Sikyon auf einem

---

[1]) Paus. a. a. O.; vgl. Hesych. u. *Ἐπωπίς*.

[2]) Paus. c. 12, 2; vgl. Xenoph. Hell. VII, 3, 2; Polyaen. V, 16, 3.

flachen, im Westen von höheren Gipfeln überragten Hügelrücken bei dem jetzigen Dorfe Voivonda oberhalb des linken Ufers des Asopos lag und ihre Bedeutung wesentlich einem hochalterthümlichen, von Heilung Begehrenden viel besuchten Heiligtume des Asklepios verdankte. Der periptere Tempel war von einem geräumigen Peribolos umgeben, welcher Wohnungen, besonders für die Curgäste, und eine Anzahl alter Kypressenbäume enthielt. In der Cella des Tempels standen altertümliche Bilder des Asklepios und der Hygieia, vollständig bekleidet mit Ausnahme des Gesichts, der Hände und Füsse, ferner Statuen des Alexanor, welcher für einen Enkel des Asklepios und Stifter des Tempels galt, und des Euamerion, eines mit göttlichen Ehren gefeierten Dämon des körperlichen Wohlseins; in einem besonderen Gemache, einer Art Adyton, wurden heilige Tempelschlangen gehalten. Auf dem etwas höheren östlichsten Theile des Hügels, welcher wahrscheinlich als Akropolis diente, lag ein kleinerer im dorischen Stile erbauter Tempel der Athena, dessen Stelle jetzt eine Kapelle des heiligen Tryphon einnimmt, am Fusse des Hügels ein Altar der Winde, auf welchem nur einmal jährlich zur Nachtzeit geopfert wurde.[1]) — Ausserdem gab es, abgesehen von einigen nur beiläufig erwähnten kleinen Ortschaften, wie Ephyra an einem Bache Selleis, Platää der Heimat eines Dichters Mnasalkes, und dem ziemlich zweifelhaften Buphia,[2]) in der Sikyonia noch mehrere Castelle zum Schutze der Gränzen: so Thyamia, ein von den Sikyoniern Ol. 103, 1 befestigter Gränzort gegen die Phliasia, auf einem jetzt Spiria genannten Gipfel oberhalb des rechten Asoposufers[3]), und ein ähnliches Castell auf einem Bergvorsprunge oberhalb des linken Ufers in der Nähe des jetzigen Dorfes Liopesi, von welchem uns nur noch Mauerreste aber nicht der antike

---

[1]) Paus. c. 11, 5 ff.; vgl. Ross Reisen im Peloponnes S. 50 ff.

[2]) Strab. VIII, p. 338; IX, p. 412; Steph. Byz. u. *Βουφία*: die Vermuthung von Ross (a. a. O. S. 40), dass Buphia mit dem gleich zu erwähnenden Phoibia identisch sei, findet auch in dem Umstande eine Stütze, dass Stephanos als Quelle für diesen Ortsnamen das 23ste Buch des Ephoros anführt, in welchem höchst wahrscheinlich der Zug des Epameinondas in den Peloponnes, bei welchem er auch Phoibia einnahm (Paus. IX, 15, 4), erzählt war.

[3]) Xen. Hell. VII, 2, 1 und 23; 4, 1 und 11: vgl. Ross a. a. O. S. 41 ff.

Name erhalten sind[1]; dann gegen das Thal des Nemeabaches hin, also als Gränzwehren gegen die Kleonäer und Korinther, Phoibia, Epieikia und Derae, deren Stellen freilich nicht mehr genauer zu bestimmen sind.[2])

Phliasia. Die Phliasia, die südliche Gränznachbarin der Sikyonia, mit welcher sie durch das enge Thal des Asopos verbunden wird, ist ihrem Hauptbestandtheile nach ein rings von Bergen umschlossenes Thal von der Form eines mit der Spitze nach Norden gekehrten Dreiecks, das jetzt nach seinem Hauptorte, dem oberhalb seines Südostrandes gelegenen grossen Dorfe Hagios Georgios, benannt wird. Den westlichen Rand desselben bilden die Abhänge des jetzt Gavrias genannten Gebirges, das mit dem zum Gebiete des arkadischen Stymphalos gehörigen Apelauron[3]) zusammenhängt, den südlichen das jetzt Megalovuno, in seinem nordöstlichsten Theile Polyphengo genannte Gebirge, die Kelossa der Alten,[4]) die aus zwei mächtigen, schroffen und höhlenreichen Felsmassen, zwischen denen ein Engpass nach der Argivischen Ebene hindurchführt, besteht: von der östlicheren, die den Sondernamen Karneates führte, kommt der eine Hauptarm des Asopos herab, der sich in der Mitte des Thales mit einem zweiten von Südosten her kommenden vereinigt. Im Osten wird das Thal durch den Bergrücken des von drei stumpfen Gipfeln gekrönten Trikaranon, auf welchem ein Ol. 103, 1 von den Argivern errichtetes Castell gleichen Namens stand[5]), von dem schmalen Thale des Nemeabaches geschieden; ein niedriger Hügelrücken, über welchen die Verbindungsstrasse zwischen beiden Thälern

---

[1]) Vgl. Ross a. a. O. S. 49 f. Vielleicht ist dies *Γονοῦσσα ἡ ὑπὲρ Σικυῶνος* (Paus. II, 4, 4; V, 18, 7), das Curtius (Pelop. I, S. 485; II, S. 498) schwerlich mit Recht mit dem von Paus. VII, 26, 13 erwähnten *Δονοῦσσα*, einem von den Sikyoniern zerstörten achäischen Städtchen zwischen Aegeira und Pellene, identificirt.

[2]) Paus. IX, 15, 4; Xen. Hell. IV, 2, 14; 4, 13; VII, 1, 22: vgl. Ross a. a. O. S. 40 und S. 45. f.

[3]) Polyb. IV, 69 τὸ *Ἀπέλαυρον*: vgl. Liv. XXXIII, 14.

[4]) *Κηλῶσσα* geben die Hdsr. bei Strab. VIII, p. 382, *Κηλοῦσα* bei Xenoph. Hell. IV, 7, 7, was auch bei Paus. II, 12, 4 von Dindorf hergestellt worden ist.

[5]) Xen. Hell. VII, 2, 1; 5; 11, 13; Demosth. pro Megalopol. p. 206; Harpocr. und Steph. Byz. u. *Τρικάρανον*. Vgl. Ross Reisen im Pelop. I, S. 25 ff.

hinüberläuft, verknüpft diesen Bergzug im Südosten mit der Kelossa. Der Boden des so umschlossenen Thales ist das beste Ackerland, daher auch die einheimische Sage den Autochthonen Aras als den ersten Gründer einer städtischen Niederlassung Arantia (später in Araethyrea umgetauft) auf dem Hügel Arantinos, einem nördlichen Vorsprunge der Kelossa, bezeichnete;[1]) die Abhänge der Berge liefern noch jetzt wie im Alterthum einen trefflichen, feurigen Wein, daher der Eponymos der späteren Hauptstadt, Phlias oder Phlius, als Sohn des Dionysos galt.[2]) Die altionische Bevölkerung unterwarf sich ohne Widerstand den von zwei Seiten, von Argos und von Sikyon her, eindringenden Doriern; nur ein Theil der alten Bewohner, wohl hauptsächlich die Aristokratie (daher ihr Anführer Hippasos genannt wird) zog es vor, die Heimat zu verlassen und zu ihren ionischen Stammgenossen nach Asien überzusiedeln;[3]) die Zurückbleibenden bildeten wahrscheinlich wie in Sikyon eine vierte Phyle neben den drei dorischen, die aber niemals jene Bedeutung wie in Sikyon erlangte; vielmehr war die Verfassung von Phlius mit nur kurzen Unterbrechungen eine aristokratische, daher auch der kleine aber seine Unabhängigkeit gegen seine mächtigern Nachbarn immer tapfer wahrende Staat stets ein treuer Bundesgenosse Sparta's blieb.[4])

Die Stadt Phlius[5]) lag 30 Stadien nördlich von der Stelle

---

[1]) Paus. II, 12, 4 f.; 14, 4; vgl. Strab. VIII, p. 382; Steph. Byz. u. Ἀραιθυρέα und Ἀραντία.

[2]) Paus. c. 12, 6; Philetas frg. 8 Bergk; Apoll. Rhod. Argon. A, 115 ss.; Hygin. fab. 14 (p. 41, 12 ed. Bunte); Steph. Byz. u. Φλιοῦς; über den Wein Athen. I, p. 27 [d].

[3]) Paus. c. 12, 1 f.

[4]) Vgl. O. Müller Dorier II, S. 160 f. Die Vermutung desselben Gelehrten (ebds. S. 54, Anm. 6) dass die vierte Phyle den Namen Χθονοφύλη geführt habe, scheint mir ziemlich unsicher. Dass die Zahl der Bevölkerung eine verhältnissmässig bedeutende war sieht man daraus, dass die Landschaft zur Schlacht bei Plataeae 1000 Mann stellte (Herod. IX, 28) und zur Zeit des Agesilaos über 5000 (waffenfähige) Bürger hatte (Xen. Hell. V, 3, 16).

[5]) Die ältere Namensform muss Φλειοῦς gewesen sein, da das Ethnikon in der Inschrift der Schlangensäule (s. Dethier und Mordtmann Epigraphik von Byzantion und Constantinopolis I, Tfl. II) und noch in einer späteren Inschrift (Ross Reisen im Pelop. S. 42) Φλειάσιος lautet. Die Annahme einer Nebenform αἱ Φλιαί beruht nur auf einer falschen Lesart bei Diod. XIV, 91, wo schon Wesseling richtig Φλιασίαν (für φλίας der Hdsr.) hergestellt hat.

der ältesten Ansiedelung am Nordostrande des Thales auf und an einem mit der Kette des Trikaranon zusammenhängenden Hügel, der in zwei grösseren Terrassen von Norden nach Süden gegen die Ebene abfällt. Die obere derselben bildete die Akropolis der Stadt, deren starke durch Thürme geschützte Mauern auch das älteste und ehrwürdigste Heiligtum des Landes, die von einem Kypressenhain umgebene Opferstätte der Ganymeda (später Hebe genannt), ferner Tempel der Demeter und der Hera sowie grössere Strecken Ackerlandes, auf welchem in Zeiten der Noth das für die Besatzung nöthige Getreide erbaut werden konnte, einschlossen. Die gleichfalls geräumige Unterstadt erstreckte sich über die zweite Terrasse, auf welcher ein Tempel des jugendlichen Asklepios gerade oberhalb des Theaters und nahe dabei ein zweites Heiligtum der Demeter standen, in die Ebene hinab bis zu einem vom Trikaranon her in den Asopos fallenden Bache, dessen tiefes aber den grössten Theil des Jahres hindurch wasserloses Bett an beiden Seiten mit Mauern eingefasst war, um die Stadt gegen einen Angriff von der Ebene aus zu schützen. Von den Tempeln der Unterstadt war der älteste und angesehenste der des Dionysos: zwischen diesem und der Agora stand der sogenannte Nabelstein (ὀμφαλός), welchen die Fremdenführer von Phlius mit naiver Unverschämtheit als den Mittelpunkt der ganzen Halbinsel zeigten, ursprünglich jedenfalls das Symbol irgend einer nicht anthropomorphisch dargestellten Gottheit.[1])

Eine Viertelstunde südlich von der Stadt lag der kleine Flecken Keleae mit einem Tempel (ἀνάκτορον) der Demeter, deren alle vier Jahre gefeiertes Hochfest die grösste Aehnlichkeit mit den Eleusinischen Weihen hatte; der Göttin waren zwei alte Dämonen des Ackerbaues, die dann in die genealogische Landessage aufgenommen wurden, Aras und Dysaules, beigegeben, deren Gräber man in Keleae aufzeigte.[2]) Ausserdem kennen wir noch zwei

---

[1]) Paus. c. 13, 3 ff.; Strab. VIII, p. 382; Xenoph. Hell. VII, 2, 5 ff.; Ael. h. an. XVII, 46; Athen. V, p. 210 b: vgl. besonders Ross a. a. O. S. 32 ff. Dass Plinius (n. h. IV, 5, 13) Phlius, das er ebenso wie den nördlichsten Theil von Elis zu Achaia rechnet, nur als castellum bezeichnet, verdient weiter keine Beachtung.

[2]) Paus. c. 12, 4; 15, 1 ff. Der Name des Dysaules scheint ursprünglich Δισαύλης (Zweifurcher) gelautet zu haben; vgl. den Eleusinischen Triptolemos und den Pheneatischen Trisaules (Paus. VIII, 15, 4).

wie es scheint vereinzelt stehende Cultstätten der Phliasier: einen Tempel der Hera, der am Abhange des Trikaranon unterhalb des oben (S. 32) erwähnten Castells, und einen der Dioskuren, der im westlichen Theile des Cantons an der Strasse nach dem arkadischen Stymphalos lag.[1] Auch finden sich noch die Spuren einiger Gränzbefestigungen, deren Namen wir nicht kennen: so oberhalb des Dioskurion gegen Stymphalos und auf dem nördlicheren Theile des Trikaranon gegen Korinth (Palaeokastron von Kutzi).[2]

Im Osten der Phliasia zieht sich von Süd nach Nord ein schmales, gegen Norden zu einer blossen Schlucht sich verengendes Längethal, das nach den reichen Weiden, welche die Thalsohle und einen Theil der Abhänge der es begränzenden Berge bedecken, Nemea genannt wurde, ein Name der dann auch auf Nemea. den am südlichen Rande des Thales entspringenden und es in nördlicher Richtung durchfliessenden Bach (s. S. 23, Anm. 4) übergieng. Wie vom Trikaranon im Westen wird das Thal im Osten durch den Apesas (jetzt Phuka) begränzt, der in seinem nördlichen Theile sich zu einem oben abgeplatteten, wie künstlich abgeschnitten erscheinenden Gipfel von 873 Meter Höhe erhebt; gegen Süden stossen seine Wurzeln mit den nördlichen Abhängen eines von West nach Ost streichenden felsigen Gebirges zusammen, das von den vielen Höhlen, die sich in seinen Wänden finden, den Namen Tretos oder Treton (der durchbohrte Berg) erhalten hatte: eine dieser Höhlen galt als Lagerstätte des von Herakles erwürgten Löwen, der ursprünglich wohl nur ein Symbol des in ungeregeltem Laufe das enge Thal verwüstenden Giessbaches war.[3])

Das jetzt ganz unbewohnte Thal, dessen älteste Bewohner zum Stamme der Dryoper gehört haben sollen, hat nie eine städ-

---

[1]) Xenoph. Hell. VII, 2, 1; 11; Polyb. IV, 67 f.; 73: vgl. Ross a. a. O. S. 32 und S. 38.

[2]) S. Curtius II S. 480 f.

[3]) Paus. c. 15, 2; Diod. IV, 11; vgl. Hesiod. theog. 331, wo Tretos und Apesas als Schauplatz der Verheerungen des Löwen bezeichnet werden. Die Grotte soll nach Nigidius beim schol. German. Arat. 148 (vgl. Curtius II, S. 587) den Namen Ἀμφίδυμον, der auch bei Hygin. fab. 30 herzustellen ist, geführt haben.

tische Ansiedelung, daher auch keine selbständige politische Existenz gehabt — nur eine Kome **Bembina** oder **Bembinos** wird als in demselben gelegen erwähnt[1]) — seine Bedeutung war durchaus eine sacrale. Zunächst nämlich war der flache, gleichsam wie ein natürlicher Felsaltar sich erhebende Gipfel des Apesas eine uralte Cultstätte des Zeus, dem man hier als dem Gewitter- und Regengotte opferte[2]); daneben wurde in dem feuchten Thalgrunde offenbar ebenfalls seit sehr alter Zeit ein dem Dionysos entsprechender Gott unter dem Namen Adrastos wie in Sikyon (vgl. S. 28, Anm. 3) verehrt, wovon noch die Quelle **Adrasteia** und die Sagen vom König Lykurgos und dem durch eine Schlange getödteten Knaben Opheltas, deren Gräber man hier aufzeigte,[3]) Zeugniss geben. Aus einer Vereinigung dieser beiden Culte, bei welcher der des Zeus naturgemäss überwog, ist wahrscheinlich der Nemeische Agon hervorgegangen, der zu Ehren des Zeus, aber zugleich zum Andenken an den Tod des Opheltas gefeiert wurde und von Adrastos gestiftet sein sollte. Die regelmässige trieterische Feier wurde erst Ol. 51, 4 durch die Argiver, welche damals das Thal den Kleonäern, zu deren Gebiete es gehörte, abgenommen hatten, begründet und diese behielten auch mit wenigen und kurzen Unterbrechungen die Leitung derselben, obgleich nicht bloss die Kleonäer, sondern auch die Mykenäer und Korinther darauf Anspruch machten.[4]) Die Cultstätte des Zeus wurde nun in das Thal selbst in einen Kypressenhain verlegt, der auch die Quelle Adrasteia, das durch Altäre innerhalb eines Steingeheges bezeichnete Grab des Opheltas und den Grabhügel des Lykurgos umfasste: ein Tempel wurde vielleicht erst um die Zeit der Makedonischen Herrschaft hier erbaut, wenigstens ist derjenige, von welchem noch jetzt drei Säulen (zwei vom Pronaos, eine von der Ostfronte) aufrecht stehen, nach dem ganzen Charakter seiner Architektur, insbesondere der dem Wesen des dorischen Stiles durchaus nicht entsprechenden Schlankheit der weitläufig gestellten Säu-

---

[1]) Steph. B. u. *Νεμέα* und *Βέμβινα*; Strab. VIII, p. 377.

[2]) Steph. Byz. u. *Ἀπέσας*; Paus. c. 15, 3; vgl. Etym. M. p. 176, 32. Dass Perseus hier dem Zeus zuerst geopfert haben soll ist bedeutungsvoll, da dieser Heros ursprünglich ein Gewitterdämon ist.

[3]) Paus. c. 15, 3.

[4]) Vgl. die Stellen bei Krause Die Pythien, Nemeen und Isthmien S. 107 ff. und C. Fr. Hermann Gottesd. Alterthümer §. 49.

len, schwerlich in einer früheren Zeit errichtet worden.[1] Zum Heiligtum gehörte auch ein Theater und ein Stadion, welche weiter östlich am Abhange des Apesas lagen, wo man die Form wenigstens des ersteren noch deutlich erkennt. Auch ein Heiligtum der Demeter scheint in dem Thale bestanden zu haben.[2])

An der Ostseite des Apesasgebirges öffnet sich ein drittes Parallelthal, das weiter ist als das Nemeische, hinter dem von Phlius aber sowohl an Breite als an Fruchtbarkeit des Bodens zurücksteht. Im Süden wird es von dem Hauptzuge des Tretos, im Osten von einem durch niedrigere Hügel mit diesem zusammenhängenden Gebirge (in seiner bis zur Höhe von 703 Meter aufsteigenden Hauptmasse jetzt Skona genannt) umschlossen, das nur durch eine enge Schlucht vom Oneion getrennt wird, von den Alten aber wahrscheinlich als ein Theil des Tretos betrachtet wurde (vgl. oben S. 9). Eine bedeutende Anzahl kleiner Bäche vereinigt sich von verschiedenen Seiten her ungefähr in der Mitte des Thales zu einem grösseren, jetzt Longopotamos genannten, welcher der Nemea und dem Asopos parallel durch die das Thal im Norden abschliessende enge Schlucht der Strandebene zufliesst. Schon der Schiffscatalog (Il. *B.* 570) gedenkt einer städtischen Ansiedelung in diesem Thale, des 'wohlgebauten Kleonae', deren Stelle auf einem an der Westseite des Thales gelegenen Hügel noch durch ihre Ruinen kenntlich ist: der etwas höhere südwestliche Theil desselben bildete die Akropolis, der breitere nordöstliche, auf welchem sich noch die Grundmauern mehrerer Gebäude sowie Triglyphen und andere Baustücke von einem oder zwei dorischen Tempeln vorfinden, die eigentliche nicht sehr ausgedehnte aber stark befestigte Stadt, in welcher ein Tempel der Athene mit einem von Dipoinos und Skyllis gefertigten Cultbilde und ein Heiligtum des Herakles mit den Gräbern des Eurytos und Kteatos, die er hier auf dem Wege nach dem Isthmos getödtet haben sollte, erwähnt werden. Die Haupterwerbsquelle der

Kleonaea.

---

1) S. über den Tempel, einen dorischen Peripteros mit 6 × 13 Säulen, Paus. c. 15, 2 und die Pläne in den Alterthümern von Ionien C. 6, Tfl. 15 ff. und Expédition de Morée III, pl. 71 ss.; vgl. Welcker Tagebuch einer griechischen Reise (Berlin 1865) Bd. I, S. 175 f. Das Theater erwähnt Plut. Philopoem. 11.

2) S. das Testament des Aristoteles bei Diog. L. V, 16.

Bewohner scheint Feld- und Gartenbau gewesen zu sein; unter anderem wurden hier besonders grosse Rettige gezogen.[1]) Die Lage der Stadt an der Hauptstrasse von Argos nach Korinth, wodurch sie die nach beiden Seiten hin führenden Pässe beherrschte, musste natürlich diese ihre beiden mächtigen Nachbarn schon früh zu Versuchen der Annexion reizen. Zunächst war es Korinth, das sie, aber wie es scheint nur für kurze Zeit, mit Gewalt in Besitz nahm;[2]) dann entrissen ihr die Argiver das Thal von Nemea und gewannen allmälig mehr und mehr Gewalt über sie, so dass sie ihnen zunächst Heeresfolge leisten musste (wie Ol. 79, 1 bei der Zerstörung von Mykenae), dann aber ganz ihre politische Selbständigkeit verlor, welche sie erst durch ihren Eintritt in den Achäischen Bund wieder erlangte.[3]) Seit der Auflösung des Bundes behielt sie nur als Station an einer Hauptverkehrsstrasse eine gewisse Bedeutung, und noch heut zu Tage steht $^1/_4$ Stunde südöstlich von ihrer Stelle ein Khan (der Khan von Kurtesa genannt) und eine Caserne daneben zur Erleichterung und Sicherung des Verkehrs, während im Uebrigen das Thal selbst verödet ist. Erst am nördlichen Abhange des Tretos liegt ein Dorf, Hagios Basilios genannt, bei welchem der kürzeste, nur für Fussgänger und Saumthiere gangbare Pfad aus dem Thale nach der Ebene von Argos vorüberführt; in der Nähe des Dorfes finden sich auch Ueberreste einer alten Wasserleitung, die jedenfalls zu dem grossartigen Werke des Hadrian, durch welches er Wasser aus dem Thale von Stymphalos nach der Stadt Korinth führte,[4]) gehören. Die Fahrstrasse zog sich vom Thale aus südwestwärts nach dem westlichsten Theile des Tretos und durchschnitt denselben, allmälig aufsteigend, in einem Engpasse in, welchem man noch an einigen Stellen die in den Felsboden eingeschnittenen

---

[1]) Strab. VIII, p. 377; Paus. c. 15, 1; Diod. IV, 33. Für eifrigen Feldbau zeugen die Nachrichten von besonderen χαλαζοφύλακες und Opfern zur Abwendung des Hagels (Sen. q. nat. IV, 6; Clem. Alex. strom. VI, p. 268 Sylb.); für die Rettige s. Theophr. hist. plant. VII, 4, 2, Hesych. u. Κλεωναία. Ueber die Ruinen Vischer Erinnerungen S. 286 f.

[2]) Dies ist zu folgern aus Plut. Cim. 17. Ob Kl. auch eine Zeit lang den Sikyoniern gehört hat ist unsicher; vgl. S. 24, Anm. 2.

[3]) Vgl. Strab. a. a. O.; Plut. Arat. 28.

[4]) Paus. c. 3, 5.

Fahrgeleise erkennt; ungefähr in der Mitte des Passes, doch schon jenseits der Wasserscheide, findet man hart am Wege die Grundmauern eines alten Thurmes, der offenbar von den Argivern zur Vertheidigung dieses Hauptzugauges zu ihrem Gebiet angelegt war und, vielleicht nach seinem Erbauer, der 'Thurm des Polygnotos' genannt wurde. [1])

Die Ebene von Argos, in deren zunächst sehr schmalen nördlichen Winkel dieser Pass einmündet, war in uralten Zeiten offenbar eine tief ins Land eingreifende Bucht, welche durch die Ablagerungen der zahlreichen von den sie umschliessenden Gebirgen herabkommenden Bäche allmälig ausgefüllt worden ist; einige kleine Felshügel und der grössere von Nauplia bis zum Hafen Tolon sich erstreckende Felsrücken im östlichen und südöstlichsten Theile der Ebene ragten ursprünglich als Felsinseln aus dieser Bucht hervor. Begränzt wird die Ebene von lauter kahlen und dürren Felsbergen, die im Westen am mächtigsten und wildesten sind: hier bildet das bis 1772 Meter hoch aufsteigende Artemision (jetzt Malevó), der natürliche Grenzwall zwischen Arkadien und Argolis, den Knotenpunkt, welcher sich in einer nicht viel niedrigeren Kette (jetzt Ktenia, 'Kammberg', genannt, vielleicht das *Κρεῖον ὄρος* der Alten [2]) gegen Südosten fortsetzt, an welche sich dann im Südwesten das wieder etwas niedrigere Parthenion (jetzt Rhoino) in nordsüdlicher Richtung anschliesst. Von dem Hauptzuge treten mehrere parallele nur durch enge Schluchten geschiedene Bergrücken weit gegen Osten vor: der nördlichste das Lyrkeion, an dessen nordwestlichen Abhängen der Inachos (jetzt Panitza) entspringt [3]) und um den nördlichen Fuss des Gebirges herum in die Ebene fliesst; Argeia.

---

[1]) Plut. Arat. 6 f.: vgl. über die jetzt *Ἑλλήνων λιθάρι* genannte Ruine und den Pass überhaupt Curtius II, S. 512; Vischer S. 289 f.

[2]) Callim. Lav. Pall. 40, vgl. Meineke Diatribe p. 248. Der nur bei Strab. VIII, p. 376 vorkommende Name *Κρεόπωλον* ist von Kramer und Meineke mit Recht als Zusatz eines Interpolators ausgeschieden worden.

[3]) Strab. VIII, p. 370; Steph. Byz. u. *Λύρκειον*. Manche rechneten diesen ganzen Bergzug noch zum Artemision, daher Pausanias (II, 25, 3 und VIII, 6, 6) die Quellen des Inachos auf dieses Gebirge verlegt.

dann das Chaongebirge mit der gegen Osten vorgeschobenen, im Alterthum wenigstens theilweise mit Kypressen bewaldeten Lykone, an deren östlichen Fuss sich der Felskegel der Larisa anschliesst; weiter südlich endlich der Pontinos,[1]) dessen nur durch einen schmalen Küstensaum vom Meere getrennter Fuss den südwestlichen Endpunkt der eigentlichen Ebene bezeichnet: doch erweitert sich dieser schmale Saum südlich vom Pontinos noch einmal zu einer kleinen Strandebene, die erst durch das wie ein mächtiger Felsriegel bis ans Meer vorgeschobene Zavitzagebirge, eine östliche Verzweigung des Parthenion, ihren Abschluss erhält. Im Norden bilden die Kelossa und der Tretos, deren südliche Verzweigungen nur durch ein schmales Thal, die nördlichste Fortsetzung der Ebene, getrennt sind, im Osten die westlichsten Ausläufer der Epidaurischen Gebirge den mehrfach ausgezackten Rand der Ebene, die im Süden durch einen seit dem Alterthume nicht unbedeutend verbreiterten Streifen sumpfiger Niederung, gewissermassen die Eierschale, die ihr noch von ihrer Entstehung her anklebt, gegen das Meer abgegränzt wird. Auch im nordöstlichen Theile der Ebene, in der Nähe der Dörfer Merbaka und Chonika, finden sich jetzt grössere Strecken versumpften Bodens, der nur zum Bau von Baumwolle und Reis benutzt wird, jedoch durch eine sorgfältige Drainage leicht trocken gelegt werden könnte, während am südwestlichen Ende der Ebene am Fusse des Pontinos durch zahlreiche Quellen ein Teich von bedeutender Tiefe — der unten weiter zu besprechende Sumpf von Lerna — gebildet wird. Im Uebrigen leidet aber die Ebene (das πολυδίψιον Ἄργος)[2]) sehr an Wassermangel, da auch ihre beiden bedeutendsten Bäche — der Inachos und der etwas weiter südlich durch die Schlucht zwischen Lyrkeion und Lykone vom Artemision herkommende Charadros, jetzt Xerias genannt — einen grossen Theil des Jahres hindurch nur sehr wenig oder gar kein Wasser in ihren mit Steingeröll angefüllten Betten führen, ein Mangel dem im Altertum durch zahlreiche gegrabene Brunnen und Cisternen, deren Anlage auf die ältesten Landesheroen, besonders auf Danaos zurückgeführt

---

[1]) Paus. II, 24, 5 f.; 36, 8: vgl. Curtius II, S. 337 und über die Lykone Conze und Michaelis Annali XXXIII, p. 22.

[2]) Il. Δ, 171 c. schol.; vgl. Eurip. Alcest. 560; dazu Curtius Pel. II, p. 558.

wurde,[1]) noch besser abgeholfen war als heut zu Tage: ausgedehnte Getreidefelder und Viehweiden, besonders für Rossheerden, bedeckten damals die Ebene[2]), die jetzt, abgesehen von den versumpften Stellen, fast ganz von den den Boden mehr und mehr aussaugenden Tabaksfeldern eingenommen ist.

Die ältesten Bewohner der ursprünglich mit dem Appellativnamen *τὸ ἄργος* benannten Ebene waren ohne Zweifel Pelasger, die sich als Ureingeborene des Landes betrachteten; an der Spitze ihrer Sagengeschichte stand Phoroneus, der Sohn des Flusses Inachos und der Nymphe Melia, ebenso wie seine Tochter Niobe eine alte Göttergestalt, die dann zum Begründer des geselligen und staatlichen Lebens gemacht wurde: er sollte die bis dahin zerstreut lebenden Menschen zuerst zu einer gemeinsamen Ansiedelung, dem *Φορωνικὸν ἄστυ* am Fusse der bei feindlichen Angriffen einen sichern Zufluchtsort darbietenden Felsburg Larisa, vereinigt haben, aus welchem sich allmälig die Stadt Argos entwickelte.[3]) Zu diesen Pelasgern kamen theils zum vorübergehenden Handelsverkehr, theils zu bleibender Ansiedelung Männer des Ostens, Phöniker, lelegische Karer und Lykier, welche ihnen neben den Waaren auch die fortgeschrittenere Technik des Orients brachten, und so entstand die erste durch Kunst stark befestigte Stadt in der Ebene, das der Sage nach von den lykischen Kyklopen im Auftrage des Königs Proitos ummauerte Tiryns (Strab. VIII, p. 372), welches zugleich wohl als Bollwerk gegen die von fremden Ansiedlern auf dem nordwestlichen Vorsprunge des die

---

[1]) Hesiod. Frg. XCVII Göttling; Strab. I, p. 23; VIII, p. 371. Wie Danae das von Zeus befruchtete, daher Frucht 'gebende' (vgl. *τὸ δάνος* und altlat. d a n e r e) Land, so scheint Danaos der Repräsentant der Bevölkerung, durch welche der Boden fruchtbar gemacht wurde, zu sein. Auch auf Agamemnon scheint man die Anlage von Brunnen zurückgeführt zu haben; vgl. Hesych. u. *Ἀγαμεμνόνεια φρέατα*.

[2]) *Ἄργος πολύπυρον* Il. *O*, 372; *Ἄ. ἱππόβοτον B*, 287 und ö.: vgl. Strab. VIII, p. 388; Hor. carm. I, 7, 9. Nach Aristot. meteor. I, 14 (p. 31. 10 Bekk. ed. min.) war in den ältesten Zeiten die eigentliche Argeia versumpft, das Gebiet von Mykenae dagegen fruchtbar, während später das letztere durch allzu grosse Dürre unfruchtbar, die Argeia zum Anbau wohl geeignet war. Vgl. auch Varro de re rust. I, 2, 6.

[3]) Paus. II, 15, 5; vgl. Stark Niobe und die Niobiden S. 337 ff. Uebrigens wird eine Stadt A r g o s nur an drei Stellen der homer. Gedichte mit Sicherheit erkannt: *B*, 559; *Δ*, 52; *φ*, 108.

Ebene im Südosten abgränzenden Felsrückens gegründete Seestadt Nauplia dienen sollte. Als dann das ritterliche Volk der Achäer die Pelasgische Bevölkerung sich unterwirft und sie mit Ausnahme der Bewohner des südwestlichen Berglandes, der Kynurier, die noch nach der Dorisirung den pelasgisch-ionischen Charkter erkennen liessen,[1] zu einer achäischen umgestaltet, wird der politische Mittelpunkt, der Herrschersitz des achäischen Königshauses, an den äussersten Nordrand der Ebene verlegt, wo, den Zugang zu derselben von Norden her beherrschend, in einem Bergwinkel das 'goldreiche Mykenae' sich erhebt als Hauptstadt eines umfassenden Reiches; die Ebene, in der nun Argos den Vorrang vor Tiryns gewinnt, bildet mit dem östlichsten Theile der Landschaft einen besondern, aber unter der Lehnsherrlichkeit der Atriden stehenden Staat. Aber auch Mykenae's Blüte ist von kurzer Dauer, denn als die Schaaren der Dorier sich auf einem leicht zu vertheidigenden und zum Angriffe wohl gewählten Punkte der Küste, dem sogenannten Temenion, festsetzen, ist Argos bereits die bedeutendste Stadt, deren Eroberung über den Besitz der Ebene entscheidet; von ihr aus werden zunächst die kleineren umliegenden Ortschaften theils unterworfen und ihre Einwohner, ähnlich wie in Lakonien, entweder zu Leibeigenen (*γυμνήσιοι*) oder zu Periöken (minder berechtigten Bürgern) gemacht, theils auf gütlichem Wege zur Unterordnung unter die Hauptstadt — in Form einer *συμμαχία*, an deren Spitze Argos steht — gebracht;[2]) von ihr aus endlich werden dorische Fürstenthümer

---

[1]) Herod. VIII, 73. Das Gebiet der Kynurier enthielt nach Thuk. V, 41 (vgl. IV, 56) die Städte Thyrea und Anthene, erstreckte sich also vom Zavitzagebirge im Norden bis zu den östlichsten Vorbergen des Parnon, wenigstens bis zu dem jetzt *κάβο τοῦ Τυροῦ* genannten Vorgebirge im Süden: eine grössere Ausdehnung desselben gegen Norden ist weder aus Herodot a. a. O. (vgl. die folgende Anmerkung) noch aus Strab. VIII, p. 370 (wo die Worte *τοῦ κατὰ τὴν Κυνουρίαν ὄρους τῆς Ἀρκαδίας* von Kramer und Meineke als Glosse ausgemerzt worden sind) zu erweisen.

[2]) Die Frage nach dem politischen Verhältnisse der kleineren Städte und Komen der Argeia zur Hauptstadt, über welche früher besonders O. Müller (Dorier I, S. 154 ff.; 175 f.; II, S. 50 ff.), zuletzt aber keineswegs abschliessend W. Lilie gehandelt hat (Quae ratio intercesserit inter singulas Argolidis civitates, Breslau 1862, c. I), bietet manche Schwierigkeiten dar. Zunächst werden Leibeigene er-

in den übrigen Städten der Landschaft, in Sikyon und Phlius, in Epidauros und Troizen begründet. Bald nach den Perserkriegen aber wurde die Symmachie auf gewaltsamem Wege, durch Unterwerfung von Tiryns und Mykenae, endlich auch von Kleonae, in ein völliges Unterthänigkeitsverhältniss verwandelt, so dass sich nun das Stadtgebiet von Argos, die Argeia, von den Gränzen der Phliasia und Korinthia im Norden und der Epidauria im Osten bis zur arkadischen Gränze im Westen und bis zum Zavitzagebirge im Süden erstreckte. Die südlich von diesem gelegene Landschaft Kynuria (vgl. S. 42, Anm. 1) hatte ursprünglich ebenfalls zur Argeia gehört, war aber nach langen Kämpfen seit der Mitte des 6ten Jahrhunderts v. Chr. definitiv in den Besitz der Spartaner gelangt, die sich länger als zwei Jahrhunderte hindurch darin behaupteten, bis sie zuerst durch Philipp von Makedonien, dann durch eine schiedsrichterliche Entscheidung der Römer den Argivern wieder zugetheilt wurde.[1])

wähnt, *γυμνήσιοι* od. *γυμνῆτες* (Hesych. u. *γυμνήσιοι*; Steph. B. u. *Χῖος*; Poll. III, 83), die mit den Lakonischen Heloten verglichen werden, also jedenfalls als rechtlose Nachkommen der von den Doriern nach längerem Widerstande mit Gewalt unterworfenen alten Bewohner zu betrachten sind; dann *περίοικοι*, offenbar die Bewohner der Ortschaften, welche früher oder später unter gewissen Bedingungen die Herrschaft der Dorier anerkannt hatten, aus denen in Zeiten der Noth, wie nach der schweren Niederlage durch Kleomenes, die gelichteten Reihen der Vollbürger ergänzt wurden (Aristot. pol. V, 2 p. 120, 31 ed. Bekker; vgl. Paus. VIII, 27, 1). Da nun nach Herod. VIII, 73 die Kynurier, so lange ihr Gebiet zu Argos gehörte, *'Ορνεῆται καὶ περίοικοι* waren, so muss man, wenn man nicht etwa das Wort *'Ορνεῆται* in *γυμνῆτες* ändern will, annehmen, dass der Name der Bewohner von Orneae, die nicht zu den argivischen Periöken, sondern zu den *σύμμαχοι* gehörten (vgl. Thuk. V, 67 und Paus. X, 18, 5) zur allgemeinen Benennung der argivischen *σύμμαχοι* geworden war. Nicht zu den Periöken gehörten ferner die Bewohner von Mykenae und Tiryns, die sich eine gewisse Selbständigkeit bewahrt hatten, der erst nach den Perserkriegen die Argiver mit Gewalt ein Ende machten: auch sie waren bis dahin wohl *σύμμαχοι* von Argos ebenso wie Kleonae. Dass auch Epidauros Mitglied dieser Symmachie gewesen, ist aus Thuk. V, 53 schwerlich zu folgern: für die Annahme einer argivischen Amphiktyonie bietet diese Stelle ebenso wenig als irgend eine andere eines alten Schriftstellers einen sicheren Anhaltspunkt.

[1]) Paus. II, 38, 5; vgl. c. 20, 1; VII, 11, 1 f.; Polyb. IX, 28, 7; XVII, 14, 6. Dass bei Polyb. IV, 36 das Argivische Gebiet sich bis

Das altdorische Königtum hat sich in Argos lange, wenigstens bis zur Zeit der Perserkriege, erhalten; doch war die Macht des Königs schon frühzeitig durch die Volksgemeinde so beschränkt worden, dass ihm wenig mehr als der Name βασιλεύς übrig geblieben war.[1]) Nach Abschaffung desselben ist wahrscheinlich gleich jene demokratische Verfassung eingeführt worden, wie wir sie zur Zeit des Peloponnesischen Krieges finden und wie sie sich trotz mehrfacher, zum Theil sehr blutiger aristokratischer Reactionen bis zur Zeit der römischen Herrschaft erhalten hat: die oberste Entscheidung über alle Staatsangelegenheiten lag in der Hand der Volksversammlung, d. h. der gesammten in vier Phylen (die drei altdorischen und eine vierte, Hyrnethia) getheilten Bürgerschaft, welche auch in dem Ostrakismos ein Präventivmittel gegen oligarchische Bestrebungen hatte; die Verwaltung wurde von der Bule und ihren Ausschüssen, dem Collegium der Achtzig und dem der Artynen, geführt.[2]) Der Privatcharakter der Argiver wird uns von den alten Schriftstellern ebenso wenig als ihre in Folge der kleinlichen Eifersucht gegen Sparta meist antinationale auswärtige Politik in einem günstigen Lichte dargestellt: sie gelten als streitsüchtig und anmassend, als geneigt zur Dieberei und als unmässig im Trinken[3]) — letzteres scheint ein durch die Natur der Landschaft selbst hervorgerufener oder doch begünstigter Fehler zu sein, da noch die heutigen Argiver die besten Trinker wenigstens unter den eingebornen Bewohnern des Königreichs Hellas sind.

Wenden wir uns nun zur topographischen Betrachtung

---

nach Zarax hinab erstreckt, kann sich nur auf vorübergehende Verhältnisse beziehen.

[1]) Herod. VII, 149: bei Paus. II, 19, 2 ist nur von Absetzung eines Königs, nicht von gänzlicher Abschaffung des Königtums die Rede; vgl. Plut. de Alex. virt. II, 8; de Pyth. orac. 5.

[2]) Thuk. V, 47; Aristot. pol. V, 3 (p. 129, 3 ed. Bekk.); schol. Arist. equit. 855. Ueber die Phyle Ὑρνηθία oder Ὑρναθία vgl. die Inschr. C. I. G. n. 1130; 1131; Bullett. 1854 p. XXXIV [a] und Steph. Byz. u. Δυμᾶνες. Neben den auf Gemeinsamkeit der Abstammung beruhenden Phylen gab es in Argos auch topische Phylen; denn als solche fasse ich mit Ahrens Philologus Bd. XXIII, S. 16 die Namen Ποσίδαον und Πεδίον in der Inschrift Revue archéol. 1855 p. 577 ff. (= Philologus IX, S. 588).

[3]) Diogenian. II, 79 c. not.; App. prov. III, 35; Suid. u. Ἀργεῖοι φῶρες. — Athen. X, p. 442 [d]; Aelian. v. h. III, 15.

der Argeia und kehren zu diesem Behufe nach dem Passe durch das Tretosgebirge, in welchem die Wege aus dem Thale von Nemea und von Kleonae her zusammentreffen, zurück. Nachdem man aus dem Passe in den noch sehr schmalen nördlichen Winkel der Ebene eingetreten ist, sieht man zur Linken auf einem vom Tretos gegen Westen vortretenden, in mehreren Absätzen zur Ebene absteigenden Felsrücken, an dessen südwestlichem Fusse jetzt das Dorf Charvati liegt, die noch jetzt, nach mehr als 2000jähriger Verödung, stattlichen, ja imposanten Ruinen von Mykenae, der 'wohlgebauten', 'breitstrassigen', 'goldreichen' Stadt der Ilias, die noch in den Perserkriegen, während ihre mächtigere Nachbarin Argos eine schimpfliche Neutralität beobachtete, einen Theil ihrer wohl schon sehr zusammengeschmolzenen Bürgerschaft gegen den Nationalfeind aussandte,[1]) aber schon im Jahre 463 v. Chr.[2]) von den Argivern nach längerer Belagerung durch Hunger zur Unterwerfung gezwungen und in Folge dessen von ihren Bewohnern, die zum grössern Theile nach Makedonien auswanderten, zum Theil in dem benachbarten Kleonae, das offenbar nur widerwillig zu ihrer Unterwerfung mitgewirkt hatte, und in dem achäischen Keryneia Zuflucht fanden, gänzlich verlassen und seitdem so vergessen wurde, dass ein Geograph wie Strabon (VIII, p. 372) schreiben konnte, es seien auch keine Spuren davon mehr erhalten. Dieser schon von Pausanias durch eine kurze Beschreibung der von ihm besuchten Ruinenstätte (c. 16, 5 ff.) berichtigte Irrtum wird durch den Augenschein aufs glänzendste widerlegt; denn noch jetzt ziehen sich rings um den oberen Absatz des Felshügels, mit Ausnahme einer Strecke der Südseite, an welcher die schroff abfallenden Felsen eine künstliche Befestigung entbehrlich machten, zum Theil in bedeut-

---

[1]) Herod. VII, 202; IX, 28; vgl. die Inschr. der delphischen Schlangensäule (Dethier und Mordtmann Epigr. von Byzantion I, Tfl. II) Gewinde 7: *ΜΥΚΑΝΕΣ* d. i. *Μυκανεῖς* wie auch Steph. Byz. u. *Μυκῆναι* das Ethnikon *Μυκηνεύς* neben *Μυκηναῖος* anführt.

[2]) Nach Diod. XI, 65 schon Ol. 78, 1 (468): doch muss dies, wie schon Grote (Gesch. Griech. III, S. 248 d. d. Ueb.) bemerkt hat, ein Irrtum sei, da Diodor selbst beifügt, die Lakedämonier hätten den Mykenäern nicht helfen können 'wegen ihrer eigenen Kriege und des in Folge des Erdbebens erlittenen Schadens'. Vgl. auch Strab. VIII, p. 377; Paus. VII, 25, 5.

ender Höhe die meist aus grossen polygonen Werkstücken erbauten Ringmauern der Oberstadt mit dem berühmten Löwenthor (von den Eingebornen τὸ λεοντάρι 'der Löwe' genannt) im Westen und einem kleineren Thor an der Nordseite; noch jetzt erkennt man auf dem flacheren Absatze westlich von der Oberstadt die Spuren einer von Nord nach Süd gerichteten Mauer, die wohl als eine Art Landwehr zum Schutz gegen einen Angriff von der Ebene her zu betrachten ist; noch erheben sich östlich von dieser Mauer zwei künstlich aufgeschüttete Erdhügel, welche unterirdische Kuppelgebäude von bienenkorbähnlicher Form — wahrscheinlich alte Königsgräber aus der Atridenzeit — bergen, von denen das südlichere, von den Gelehrten gewöhnlich 'das Schatzhaus des Atreus', von den Umwohnern treffender 'das Grab des Agamemnon' genannt, seit dem Anfang dieses Jahrhunderts ausgeräumt und dem Beschauer zugänglich, leider aber sowohl seiner aus Halbsäulen und Tafeln von buntem Marmor bestehenden Thürverkleidung als auch seines Schmuckes von Erzplatten im Innern entkleidet ist, während das nördlichere, von dem nur in Folge des Einsturzes der obersten Spitze einige der nach Oben sich verengenden concentrischen Steinkreise sichtbar sind, noch immer der Aufräumung harrt; noch jetzt sieht man über dem Erdboden westlich und östlich von dem Mauerzuge zwei aus grossen unbehauenen Steinen, über welche noch mächtigere als Decksteine gelegt sind, construirte Eingänge (von den Bauern φοῦρνοι, 'die Oefen' genannt), die wahrscheinlich zu jetzt verschwundenen unterirdischen Grabkammern geführt haben; noch jetzt endlich erkennt man in dem meist trockenen Bette eines südwestlich unter der Burg hinfliessenden Giessbaches die Reste eines alten Brückenpfeilers und südlich davon die Spuren der zu dieser Brücke führenden Fahrstrasse.[1]) Nur die von Pausanias (c. 16, 6) innerhalb

---

[1]) Vgl. die Pläne und Ansichten in der Expéd. de Morée II, pl. 63 ss. (darnach der Plan* der Ruinen bei Curtius II, Tfl. XVI und auf unserer Tfl. I, n. 2) und die Beschreibungen bei Curtius S. 400 ff. und bei Vischer Erinnerungen S. 304 ff. Von dem Charakter des Reliefs über dem Löwenthore, das ein entschiedenes Streben nach scharfer Naturwahrheit mit grosser Unbehülflichkeit in der Bildung mancher Körpertheile verbindet, giebt die nach dem Gipsabguss in Berlin gefertigte Abbildung in der arch. Zeitung XXIII (1865) Tfl. 193 die beste Anschauung. Ueber die Bestimmung der unterirdischen Kuppelgebäude zu

der Ruinen erwähnte Quelle Perseia ist nicht mehr nachzuweisen; ebenso wenig sind wir im Stande die von demselben (a. a. O.) aufgeführten Grabmäler zu identificiren (doch könnte eine umfassende Aufräumung des Bodens besonders östlich von der unteren Mauer noch manches Verborgene zu Tage fördern) oder den Emeia genannten Platz aufzuzeigen, auf welchem der Sage nach Thyestes die Reste der furchtbaren Mahlzeit, von deren Anblick der Sonnengott sich abwandte, wieder von sich gegeben hatte.[1])

Südostwärts von Mykenae zieht sich ein hoher, jetzt ganz kahler Felsberg, der südlichste Ausläufer des Tretos gegen die Ebene, hin, der, nach seinem alten Namen Euboia zu urtheilen, im Alterthum noch wenigstens theilweise mit Weideland bedeckt gewesen zu sein scheint. Gegen Süden fällt er in zwei Terrassen ab, welche im Nordwesten und im Südosten von zwei tiefeingeschnittenen Flussbetten, in denen einst die Bäche Eleutherios und Asterion flossen, eingefasst sind; jenseits des letzteren erhebt sich ein isolirter runder Felshügel, im Alterthum Akraea genannt; die allmälig nach der Ebene absteigende Gegend unterhalb der unteren Terrasse führte den Namen Prosymna, der ursprünglich eine Ortschaft, von der sich freilich im Alterthume selbst nur eine dunkele Erinnerung erhalten hatte,[2]) bezeichnet haben soll. Die obere der beiden Terrassen, deren Südseite noch jetzt von einer Substruction aus mächtigen, fast ganz rohen Conglomeratblöcken gestützt wird, trug den alten Tempel der Hera, das Heraeon, welches ursprünglich den Mykenäern gehörig, dann eine Zeit lang von ihnen mit den Argivern gemeinsam verwaltet, seit der Verödung von Mykenae in den Alleinbesitz der Argiver übergegangen war. Nachdem der ältere Tempel Ol. 89, 2 abgebrannt, wurde durch den Baumeister Eupolemos, wahrscheinlich unter der Oberleitung des Polykleitos, welcher die berühmte chryselephantine Kolossalstatue dafür arbeitete, ein neuer auf der unteren rings von einer Peribolosmauer umschlossenen Terrasse erbaut, der nach

Gräbern vgl. Mure im Rhein. Mus. VI, S. 240 ff.; Welcker Kleine Schriften III, S. 353 ff.

[1]) Eustath. ad. Iliad. p. 184, 12; Etym. M. p. 334, 19: vgl. G. Hermann ad Aesch. Agam. v. 1567.

[2]) Strab. VIII, p. 373; Stat. Theb. I, 383; IV, 43; Steph. Byz. u. *Πρόσυμνα*.

den Resultaten einer im Herbst 1854 unternommenen Ausgrabung gerade in der Mitte des Peribolos in der Richtung von OSO nach WNW aus mit Stuck überzogenem Tuffstein (nur die Cellamauern aus weisslich-grauem Kalkstein) in dorischem Stil, wahrscheinlich als Hexastylos peripteros, erbaut und mit reichem Sculpturschmuck aus Parischem Marmor (aus welchem Material auch das Dach nebst dem Traufbord bestand) in den Metopen und Giebelfeldern verziert war.[1]) Nordöstlich vom Heräon in einem kleinen rings von Bergen umschlossenen Thale, das mit der Ebene von Argos durch eine enge, von steilen und höhlenreichen Felsbergen begränzte Schlucht (Klisura) zusammenhängt, findet man 10 Minuten westlich von dem Dörfchen Birbati die Reste eines kleinen hellenischen Thurmes, nahe dabei eine zerstörte Kirche, welche, wie Säulenreste und die noch erhaltene antike marmorne Thürschwelle zeigen, an der Stelle eines kleinen in ionischem Stil erbauten Tempels steht; 5 Minuten weiter westlich die Ruinen mehrerer grosser römischer Ziegelgebäude mit gewölbten Gemächern, deren Wände mit buntem Stuck bekleidet und zum Theil mit Reliefs in Stuck (eines, einen Pfau mit ausgebreiteten Flügeln und Schwanz vorstellend, fand ich noch wohl erhalten am Platze) geschmückt waren: das eine derselben, ein Saal von 85 Fuss Länge, mit Strebepfeilern, die die gewölbte Decke stützten, an den Wänden, muss wohl als Hauptsaal eines römischen Thermengebäudes betrachtet werden. Der hellenische Thurm diente jedenfalls zur Bewachung des durch dieses Thal führenden directen Verbindungsweges zwischen Argos und Korinth, aber den Namen der noch in Römischer Zeit blühenden Ansiedelung kennen wir ebenso wenig als den

---

[1]) Paus. c. 17; Strab. VIII, p. 368; 372; Herod. I, 31; Thuk. IV, 133. Die angebliche Gründung des Tempels durch Doros (Vitruv. IV, 1) kann schwerlich als ein ächter Zug der Sage betrachtet werden, da seine Gründung jedenfalls der Zeit vor der dorischen Einwanderung angehört, wie auch Soph. Electra 8 ihn schon in der Pelopidenzeit vorhanden sein lässt. Ueber die Ausgrabung vgl. meinen Bericht im Bulletino 1854, II, p. XIII ss. und Rangabé Ausgrabung beim Tempel der Hera unweit Argos, Halle 1855, dazu den Plan auf unserer Tfl. I, n. 3. Der Tempel nebst dem Peribolos war für gewöhnlich verschlossen und wurde wohl nur an den Festen der Göttin geöffnet: s. Plut. Cleomen. 26. Plünderung desselben durch die Aetolier unter Führung des Pharykos: Polyb. IX, 34.

der Gottheit, welcher der Tempel neben dem Wartthurme geweiht war.[1])

Die etwas über zwei Stunden lange Strasse von Mykenae nach Argos führt in gerader südlicher Richtung durch die jetzt ganz baumlose Ebene. Pausanias (II, c. 18) sah auf diesem Wege zunächst hinter Mykenae zur Linken ein Heroon des Perseus, dann etwas weiter hin zur Rechten das angebliche Grab des Thyestes mit dem Steinbilde eines Widders (die Benennung *οἱ Κριοί*, 'die Widder', welche er als die volkstümliche dafür giebt, lässt vermuten, dass früher noch mehrere solche Bilder dort gestanden hatten), noch etwas weiter hin zur Linken einen Mysia genannten Platz mit einem verfallenen Tempel der Demeter Mysia, in welchen eine kleine Kapelle aus Ziegeln, die Schnitzbilder der Kora, des Pluton und der Demeter enthielt, hineingebaut war. Nachdem er dann den Inachos überschritten hatte und bei einem Altar des Helios vorübergegangen war, trat er durch das nach einem benachbarten Tempel der Eileithyia benannte Thor[2]) in die Stadt Argos ein, welche damals den Raum zwischen dem Felskegel der Larisa im Westen, einem durch eine Einsattelung (*Δειράς*) mit dem nordöstlichen Fusse derselben zusammenhängenden flachen Felshügel im Norden (der noch ebenso wie der Rücken der Larisa innerhalb der Mauerlinie lag) und dem trockenen Bache Charadros im Osten einnahm[3]) — gegen Süden ist ihre Ausdehnung, da sich hier keine sicheren Spuren der Ringmauer nachweisen lassen, nicht mehr zu bestimmen, doch scheint sie nicht weit über den südlichen Fuss der Larisa hinausgegangen zu sein — einen Raum, welcher von dem jetzigen Städtchen

---

[1]) Man könnte auf diese von mir im J. 1854 untersuchten Ruinen den nur von Thuk. V, 58 erwähnten Namen Saminthos beziehen; doch scheint diese Ortschaft in der Ebene selbst und zwar im nordwestlichen Theil derselben (schwerlich bei Phiklia, Mykenae gegenüber, wie Ross Reisen I, S. 27 annimmt, eher im Inachosthale, bei dem jetzigen Skala, oberhalb dessen ein mittelalterliches Castell auf hellenischen Fundamenten steht) gelegen zu haben. Lag bei Birbati vielleicht Melina mit dem Tempel der Aphrodite Melinäa (Steph. u. *Μέλινα*)?

[2]) Dies ist, wie schon Curtius (Pel. II, S. 363) vermuthet hat, jedenfalls identisch mit dem von Hesych. u. *Νεμειάδες πύλαι* erwähnten Nemeischen Thore.

[3]) Dass der Charadros ausserhalb der Stadtmauer war, zeigt Thuk. V, 60.

Argos, trotz seiner weitläufigen ganz dorfartigen Bauart, kaum zur Hälfte ausgefüllt wird. Von den Befestigungswerken der alten Stadt sind noch auf dem höchsten nördlichen Theile der Larisa, welcher die eigentliche Akropolis bildete, in der noch Pausanias (c. 24, 3) einen verfallenen Tempel des Zeus Larisaeos und einen wohlerhaltenen der Athene sah, bedeutende Reste der meist aus schön bearbeiteten polygonen Werkstücken gefügten Ringmauer mit den Fundamenten einiger Thürme erhalten,[1]) deren Linie sich dann gegen Süden fast den ganzen Rücken der Larisa entlang, gegen Nordosten an dem Abhange durch die Einsattelung (in der man noch die Stelle eines alten Thores erkennt)[2]) hindurch nach dem kleineren nordöstlichen Hügel verfolgen lässt: dieser bildete eine besondere zweite Akropolis, welche, wie die noch erhaltenen Reste zeigen, ringsum von einer Mauer aus grossen fast ganz regelmässigen Quadern, die durch Thürme verstärkt war (ein grosser Rundthurm ist noch an der Nordostseite erkennbar) umschlossen wurde und zu welcher man von der Unterstadt auf einer Felstreppe von 13 Stufen emporstieg. Ausser diesen Resten der Befestigungswerke findet man noch am südöstlichen Abhang des kleineren Hügels einen aus grossen fast ganz unbehauenen Werkstücken erbauten unterirdischen Gang, der

---

[1]) Vgl. Curtius Pel. II, S. 350 f.; Annali XXXIII, p. 15.

[2]) Dies war offenbar das von Paus. c. 25, 4 als πύλαι αἱ πρὸς τῇ Δειράδι bezeichnete Thor; denn nur dieser Einsattelung, nicht, wie Leake (Morea II, p. 400) und Curtius meinen, dem kleineren Hügel kann der Name Δειράς zukommen, wie, abgesehen von der eigentlichen Bedeutung desselben (Hals, Nacken), schon die Angabe des Paus. c. 24, 1, wornach man über die Deiras zur Akropolis emporstieg, zeigt. Dass auch der kleine Hügel eine besondere Akropolis bildete, beweisen die von mir genauer untersuchten Reste der rings um ihn sich herumziehenden Ringmauer; es wird bestätigt durch die ausdrückliche Angabe des Livius XXXIV, 25: 'utrasque arces — nam duas habent Argi'. Den wirklichen alten Namen des Hügels können wir nicht mehr feststellen; am passendsten für die Form desselben wäre der Name Ἀσπίς (Plut. Cleomen. 17; 21; Pyrrh. 32): allein da nach der zuerst angeführten Stelle dieser Name einen Platz ὑπὲρ τοῦ θεάτρου bezeichnete, so müsste man dann annehmen, dass Plutarch das Theater mit dem Stadion, welches nach Paus. c. 24, 2 in der Einsattelung zwischen der Larisa und dem kleineren Hügel gelegen zu haben scheint, verwechselt habe. Der von Anderen für den Hügel vorgeschlagene Name Ἀθήναιον hat, da er nur bei Pseudoplut. De fluv. (18, 12) erscheint, gar keine Gewähr.

jetzt auf eine Länge von 65 Fuss offen liegt und am südlichen Ende von einer Art kreisförmiger kleiner Kammer abgeschlossen wird, in folgender Weise:

Die mit starkem bräunlichen Cement bekleideten Seitenwände treten nach oben allmälig gegen einander vor, doch stehen sie oben noch über einen Fuss weit von einander ab; die Tiefe des Ganges konnte ich, da der Boden mit Wasser bedeckt ist, nicht bestimmen. Wahrscheinlich haben wir in der ganzen Anlage eines jener alten Wasserreservoirs, deren Errichtung die Sage auf Danaos zurückführte (vgl. S. 41, Anm. 1), zu erkennen: vielleicht ist sie identisch mit dem von Pausanias (c. 23, 7) unter den Sehenswürdigkeiten von Argos erwähnten unterirdischen Bauwerke, auf welchem der vom Tyrannen Perilaos zerstörte eherne Thalamos der Danae gestanden hatte. Ist diese Vermutung richtig, so haben wir auch die anderen von Pausanias a. a. O. erwähnten Gebäude: das Denkmal des alten Königs Krotopos, Sohnes des Agenor, den Tempel des Dionysos Kresios und den der Aphrodite Urania auf dem kleineren Hügel zu suchen.[1])

Ferner zieht sich am östlichen Fusse der Larisa eine gegen 100 Fuss lange Mauer aus grossen polygonen Werkstücken von bedeutender Höhe, mit einem einfachen Thore in der Mitte, hin, welche eine künstlich geebnete Fläche am Abhange des Berges stützt, auf der noch die Reste eines römischen Bauwerkes aus Ziegeln stehn. In die felsige Rückwand dieser Fläche ist in gleicher Linie mit dem Thore der Terrassenmauer ein rechtwinkeliger Raum hineingearbeitet, der sich stufenweise verengt und von einer halbrunden Nische, in welche ein Canal aus dem Innern des Felsens einmündet, abgeschlossen wird: eine ziemlich räthselhafte Anlage, die ich wenigstens für nichts Anderes halten kann als für ein Brunnenhaus, das von einer jetzt versiegten Quelle im Innern des Burgfelsens gespeist wurde.[2]) Auch die römische Ruine scheint von einem damit in Verbindung gesetzten

---

[1]) So schon Curtius (Pel. II, S. 361), der nur nicht an Bekleidung der Wände des Ganges mit Erzplatten hätte denken sollen, wogegen der Cementüberzug spricht.

[2]) S. den Plan Expéd. de Morée II, pl. 60. Der Ansicht von Curtius (a. a. O. S. 357), welcher in der Terrasse das von Paus. c. 20, 7 er-

Thermengebäude herzurühren. Weiter südlich ist in den Fuss der Larisa das Theater hineingearbeitet, von dessen aus dem Felsen des Berges selbst geschnittenen Sitzreihen noch 67 über dem Boden sichtbar sind; bloss die beiden Enden des Halbkreises waren durch Mauerwerk gestützt, welches ebenso wie das Bühnengebäude jetzt verschwunden ist.[1]) Neben dem südlichen Ende des Halbkreises sind noch gegen 20 Sitzstufen in Form eines flachen Kreissegmentes über einander in den Fels gearbeitet, deren Bestimmung durchaus unklar ist.[2]) Oberhalb des Theaters stand nach Pausanias (c. 20, 8) ein Tempel der Aphrodite, vor dem Cultbilde desselben eine Stele, auf welcher die Dichterin und heldenmüthige Vertheidigerin ihrer Vaterstadt, Telesilla, mit einem Helm in der Hand dargestellt war: die Stelle desselben bezeichnet wahrscheinlich die Capelle des h. Georgios auf dem südlichsten Theile des Rückens der Larisa, der den Sondernamen Aspis geführt zu haben scheint.[3]) Unterhalb des Theaters endlich findet man noch die Reste eines umfangreichen länglich-viereckten Bauwerkes aus Ziegeln mit einem kleinen Anbau an der Rück-

---

wähnte *Κριτήριον*, die Gerichtsstätte von Argos, erkennt, scheint mir die obere Felsanlage, sowie die Notiz der Schol. zu Eur. Orest. 859, dass jene Gerichtsstätte auf einem *Πρών* genannten Gipfel oder Vorsprunge des Berges lag, entschieden zu widersprechen.

[1]) Vgl. Expéd. de Morée II, pl. 57 s.; Strack Gr. Theatergeb. Tfl. IV, 2. Die von Paus. c. 20, 7 erwähnte Gruppe (der Argiver Perilaos den Spartiaten Othryadas tödtend) bildete wahrscheinlich mit mehreren anderen Sculpturwerken den Schmuck der Vorderseite der Bühne.

[2]) Gegen die an sich nahe liegende Annahme, dass hier das Kriterion (S. 51 Anm. 2) zu suchen sei, hat Vischer (Erinnerungen S. 321) richtig bemerkt, dass der Weg, den Pausanias machte, sie nicht zu gestatten scheine. Wollte man nun auch annehmen, Pausanias sei von dem Heiligtume des Zeus Soter an der Südwestseite der Agora aus eine Seitenstrasse gegangen, die ihn gerade auf jene Steinsitze zu geführt habe, so bliebe doch immer bei der unmittelbaren Nähe derselben und des Theaters der Ausdruck *τούτου δέ ἐστιν οὐ πόρρω θέατρον* (c. 20, 7) sehr bedenklich.

[3]) Vgl. S. 50, Anm. 2. Dass das kleine Relief auf dem Felsen nördlich vom Theater, welches einen auf eine Amphora zu reitenden Krieger mit dem Schild am Arm, dazwischen eine sich aufrichtende Schlange darstellt, mit jener Benennung nichts zu thun hat, sondern eine gewöhnliche sepulcrale Darstellung ist, haben schon Conze und Michaelis (Annali vol. XXXIII p. 15 s.) richtig bemerkt.

seite, der nach Innen eine halbkreisförmige Nische bildet: vielleicht eine Basilica aus der Römischen Kaiserzeit.

Von der eigentlichen Stadt sind wegen der bedeutenden Erhöhung des Bodens in Folge der ununterbrochenen Bewohnung, abgesehen von einigen für die Topographie unwesentlichen Bildwerken und Inschriften, gar keine Reste erhalten, so dass wir uns nur aus der zwar ausführlichen aber keineswegs sehr klaren Beschreibung des Pausanias (c. 19, 3 — c. 24, 2) eine ungefähre Vorstellung von der Würde und Stattlichkeit der Heiligtümer und öffentlichen Gebäude wie von der Fülle von Kunstwerken, die sie schmückten [1], machen, aber kein genaueres topographisches Bild derselben entwerfen können. Den Mittelpunct, um welchen die meisten und bedeutendsten Heiligtümer herum lagen, bildete die umfangreiche, mit zahlreichen Statuen und Heroengräbern besetzte Agora, die sich unterhalb der Burg (Liv. XXXII, 25), d. h. offenbar nahe dem östlichen Fusse der Larisa, doch nicht unmittelbar an demselben — vielmehr führten Seitengassen von der Westseite der Agora nach dem Fusse des Berges (vgl. weiter unten) — hinzog. Das angesehenste jener Heiligtümer war der angeblich schon von Danaos gegründete Tempel des Apollon Lykios, der mit seinem ausgedehnten Temenos, in welchem noch verschiedene Götterbilder, Altäre, Heroengräber und sonstige Bildwerke vereinigt waren, einen bedeutenden Theil der Nordseite der Agora eingenommen zu haben scheint; ihm gegenüber, d. h. wohl durch eine Strasse davon getrennt, lag das Heiligtum des Zeus Nemeios; in dieser Strasse zur Rechten das Grab des Phoroneus, zur Linken, hinter dem Zeusheiligtum, ein alter Tempel der Tyche, ein Grabdenkmal der Maenade Choreia und etwas weiter ab vom Markte ein Heiligtum der Horen. [2]) An der Westseite der Agora standen dann Statuengruppen: die sieben Heerführer

---

[1]) Aemilius Paullus bewunderte *τὸ βάρος τῆς τῶν Ἀργείων πόλεως* nach Polyb. XXX, fr. 15, 1.

[2]) Paus. c. 19, 3 ss., vgl. Schol. Soph. El. 6. Meiner Ansicht nach ist alles, was Paus. von c. 19, 3 bis c. 20, 3 beschreibt, im Temenos des Apollon Lykeios zu suchen; dann geht er nach Erwähnung des Heiligtums des Zeus Nemeios die Strasse, welche dieses von jenem Temenos trennt, und kehrt mit § 5 (*ἐπανιόντι δ' ἐκεῖθεν*, missverstanden von Curtius S. 561, Anm. 13) auf die Agora zurück. Da mehrere Weihungen an Apollon enthaltende Inschriften (C. I. G. n. 1142; 1143; 1152) bei

gegen Theben und die sogenannten Epigonen; vor denselben, gegen die Mitte des Marktes zu, zeigte man ein Denkmal des Danaos und ein Kenotaphion der vor Ilion und auf der Rückfahrt gefallenen Argiver.[1]) Von einem ebenfalls noch an der Westseite der Agora gelegenen Heiligtum des Zeus Soter führte dann eine Seitenstrasse nach dem Fusse der Larisa in die Nähe des Theaters, in welcher Pausanias (c. 20, 6 f.) ein Gebäude, in welchem die Argivischen Frauen die Adonisklage hielten, ein Heiligtum des Flussgottes Kephisos, ein steinernes Medusenhaupt, das als Werk der Kyklopen galt, und dahinter, auf einem Vorsprunge der Larisa (Prōn), das Kriterion, d. h. den Platz, wo Danaos über Hypermnestra Gericht gehalten haben sollte[2]), erwähnt.

Wenn man vom Theater aus nach der Agora zurückkehrte, fand man — also jedenfalls an der Südseite derselben — ausser mehreren Heroengrabmälern einen Tempel des Asklepios, ein Heiligtum der Artemis Peitho, einen Delta genannten Platz mit Altar des Zeus Phyxios davor, und einen Tempel der Athena Salpinx. Ungefähr in der Mitte der ganzen Agora stand ein mit Reliefs verziertes Marmordenkmal, welches den Platz bezeichnete, auf dem der Leichnam des bei seinem verunglückten Versuche der Ueberrumpelung der Stadt (Ol. 127, 1) gefallenen Pyrrhos verbrannt worden war; nahe dabei erhob sich ein einfacher Erdhügel, unter welchem das Haupt der Gorgo Medusa liegen sollte, daneben das Grab der Gorgophone, Tochter des Perseus, und vor diesem ein Tropaeon zur Erinnerung an die Vertreibung eines Tyrannen Laphaes. Nicht weit davon, jedenfalls noch an der Südseite der Agora, standen die Tempel der Leto und der Hera Antheia, vor dem letzteren das gemeinsame Grab der Frauen, die mit Dionysos nach Argos gekommen sein und hier ihren Tod gefunden haben sollten. Diesem Grabe gegenüber, d. h. wohl

---

einer Kirche des h. Nikolaos (deren Stelle ich leider nicht genauer angeben kann) gefunden worden sind, so scheint diese ungefähr die Stelle des Apollontempels einzunehmen.

[1]) Paus. c. 20, 5 f., vgl. Strab. VIII, p. 371, in welcher Stelle unmöglich, wie Curtius (a. a. O.) will, *κατὰ μέσην τὴν τῶν Ἀργείων ἀγοράν* bloss 'die Richtung auf die Mitte des Marktes' bezeichnen kann. Deinias beim Schol. Eur. Or. 859 spricht nicht vom Grabe des Danaos, sondern von dem eines Melanchros.

[2]) Vgl. S. 51, Anm. 2 und S. 52, Anm. 2.

am südlichen Ende der Ostseite der Agora, lag das Heiligtum der Demeter Pelasgis, in dessen Nähe das Grab des Pelasgos und eine eherne Basis, auf welcher altertümliche Bilder der Artemis, des Zeus und der Athene standen, sowie das Heiligtum des Poseidon Prosklystios, welches die Gränze einer durch den Zorn des Poseidon verursachten Ueberschwemmung eines grossen Theiles der Ebene bezeichnen sollte; nicht weit davon waren das Grab des Argos, ein Tempel der Dioskuren,[1] ein Heiligtum der Eileithyia (das jedenfalls von dem in der Nähe des nach Mykenae führenden Thores gelegenen verschieden ist) und ein Tempel der Hekate. Zwischen diesem und dem vorhergenannten Heiligtume mündete, wie es scheint, auf den Markt eine gerade Strasse aus, welche in östlicher oder südöstlicher Richtung nach dem Diamperes genannten Thore führte, vor welchem, nicht ganz 300 Schritt von der Stadtmauer entfernt, das grösste und bekannteste Gymnasion der Stadt lag, welches nach dem Sohne des Sthenelos, Kylarabis, benannt wurde.[2] An einer anderen, *ἡ Κοίλη* (der Hohlweg) genannten Strasse, deren Richtung nicht ganz sicher ist (doch scheint sie ebenfalls von der Ostseite der Agora, etwas weiter nördlich als die nach dem Thore Diamperes führende, nach der östlichen Stadtmauer gegangen zu sein)[3], lag ein Tempel des Dionysos und unmittelbar neben demselben die Ruinen des Hauses des Adrastos (der auch hier wie in Sikyon wohl ursprünglich mit Dionysos identisch war), weiterhin ein Heiligtum des Amphiaraos, das Grab der Eriphyle, ein Temenos des Asklepios und ein Heiligtum des Baton; an der andern Seite

---

[1]) Nach Plut. Q. Gr. 23 wurde Polydeukes als Gott, Kastor, dessen Grab man aufzeigte, unter dem Namen *Μιξαρχαγέτας* als Heros verehrt.

[2]) Paus. c. 22, 8; vgl. Liv. XXXIV, 26; Plut. Pyrrh. 32 (die einzige Stelle, wo der Name des Thores, *Διαμπερές*, angegeben wird); Cleomen. 17; 26; Lucian. Apol. pro merc. cond. 11. Dass es wenigstens in der röm. Kaiserzeit noch mehrere Gymnasien in Argos gab, zeigt die in einigen Ehrendecreten (C. I. G. n. 1122; 1123; Bullettino 1854, p. XXXIV[a]) wiederkehrende Formel *θέντα ἔλαιον ἐν παντὶ γυμνασίῳ*.

[3]) Der Ausdruck *ἐντεῦθεν* bei Paus. c. 23, 1 kann unmöglich auf das zuletzt beschriebene Gymnasion bezogen werden, da die Koile gewiss innerhalb der Stadt lag, sondern entweder auf die zum Thore Diamperes führende Strasse oder (wie Curtius S. 361 wohl mit Recht annimmt) wieder auf die Agora. Bei Paus. a. a. O. schreibe ich dann § 2: *οἰκίας ὄψει ἐρείπια Ἀδράστου*.

der Strasse wieder näher dem Markte zu das Grab der Hyrnetho, sodass wohl von den vier nach den vier Phylen benannten Stadtquartieren, in welche die Stadt getheilt war,[1]) das Hyrnethische hier östlich von der Agora anzusetzen ist. Am nördlichsten Theile der Ostseite der Agora lagen dann noch das bedeutendste Heiligtum des Asklepios, der Tempel der Artemis Pheraea, die Denkmäler der Deianeira und des Helenos, und ein Gebäude, worin nach der Behauptung der Argiver das troische Palladion aufbewahrt wurde. In der Deiras endlich, durch welche die Strasse nach der Burg hinauf führte, lagen die Tempel der Hera Akraea, des Apollon Pythaeus (auch Apollon Deiradiotes genannt) und der Athena Oxyderko sowie das Stadion, in welchem der von den Argivern in die Stadt verlegte Nemeische Agon und auch die Heraeen begangen wurden; höher hinauf war dann zur Linken der Strasse noch das Grabdenkmal der von den Danaiden ermordeten Söhne des Aegyptos bemerkenswerth.[2])

Eine nur vorübergehende Anlage waren die langen Mauern, durch welche die Argiver Ol. 90, 4 nach dem Muster von Athen und mit Unterstützung der Athener ihre Stadt mit dem Meere in Verbindung setzten, die aber schon im folgenden Winter noch vor ihrer Vollendung von den Lakedaemoniern zerstört wurden.[3]) Dieselben gingen wahrscheinlich von der südlichen Stadtmauer nach dem nächsten Punkte der Küste, welcher zwar keinen eigentlichen Hafen — als solcher diente den Argivern die frühzeitig von ihnen unterworfene Stadt Nauplia — aber doch einen durch einen Hafendamm gesicherten Landungsplatz darbot: einer etwas erhöhten, festen Stelle in dem sumpfigen Küstensaume, 26 Stadien von der Stadt, welche als der erste Landungsplatz der dori-

---

[1]) Dies ergiebt sich aus Plut. De mul. virt. 4 (p. 245), wo ein Stadttheil τὸ Παμφυλιακόν erwähnt wird. Zwei von der Hyrnethischen Phyle gesetzte Ehreninschriften (C. I. G. n. 1131 und Bullettino 1854, p. XXXIV [2]) sind vor der jetzt verlassenen Kirche des h. Petros, bei welcher auch viele alte Baureste liegen, gefunden worden.

[2]) Paus. c. 24, 1 f.: über die c. 23, 7 f. erwähnten Anlagen vgl. oben S. 51. Ueber die Feier der Nemeien in Argos s. Krause Die Pythien, Nemeen und Isthmien S. 110 f.; über die Heraeen C. Fr. Hermann Gottesd. Alt. §. 52, 1 f. Von Pausanias nicht erwähnte Localitäten sind das Prytaneion (Diod. XIX, 63) und ein Temenos des Agenor (Plut. Q. Gr. 50).

[3]) Thuk. V, 82 f.; Diod. XII, 81; Plut. Alcib. 15.

schen Eroberer und als Grabstätte ihres Anführers Temenos den Namen Temenion führte: auf demselben waren dem Poseidon und der Aphrodite (als Euploia) Heiligtümer errichtet.[1]) Weiter östlich, gegen Tiryns hin, lag an der Küste ein Platz Sepeia, der schon durch seinen Namen als eine feuchte, versumpfte Niederung bezeichnet wird; hier wurden Ol. 71, 3 die Argiver von dem lakedämonischen Könige Kleomenes geschlagen und flüchteten in den offenbar weiter nördlich auf festem, etwas erhöhten Terrain gelegenen dichten Hain des Heros Argos, welchen Kleomenes in Brand stecken liess.[2])

Vom Thor Diamperes (s. S. 55) aus führte eine jetzt wieder fahrbar gemachte Strasse südostwärts nach Tiryns, dessen der Sage nach von den lykischen Kyklopen im Auftrag des Königs Proitos ummauerte, mit dem Sondernamen Likymna bezeichnete Burg auf dem westlichsten der aus dem östlichen Theile der Ebene sich erhebenden Felshügel, etwas über eine Stunde von Argos entfernt lag. Die kaum 50 Fuss über die Ebene emporragende obere Fläche des Hügels hat von Nord nach Süd eine Länge von ungefähr 900 Fuss; der südliche Theil ist etwas höher und breiter als der nördliche. Mauern von gewaltiger Dicke, aus ganz unbearbeiteten colossalen Steinblöcken, zwischen welche kleine Steinbröckel zum Ausfüllen der Lücken eingeschoben sind, construirt, ziehen sich noch jetzt in verschiedener Höhe um den Hügel herum, so dass die innere Seite derselben hart an dem oberen Rande, die äussere etwas tiefer am Abhange steht. Dieselben sind an der Südostseite von zwei langen, durch das Gegeneinandertreten der Steinblöcke, oben in Form eines rohen Spitzbogens bedeckten Gängen durchbrochen, deren äusserer sechs grosse bis auf den Boden herabgehende Oeffnungen, die nach

---

[1]) Paus. c. 38, 1; Strab. VIII, p. 368. Nach Steph. u. Τημένιον scheint auch eine wohl hauptsächlich von Fischern und Schiffleuten bewohnte Ortschaft hier gestanden zu haben. Vgl. Ross Reisen I, S. 149.

[2]) Herod. VI, 77 ff.; vgl. Paus. III, 4, 1. Auf den Hain ist wahrscheinlich auch das Sprüchwort Ἄργους (oder Ἄργου) λόφος (Diogen. III, 10) zu beziehen. In der Nähe des Haines ist wohl auch der Libycus campus und das auf Argos zurückgeführte Heiligtum der Demeter Libyssa ἐν Χαράδρᾳ οὕτω καλουμένῳ τόπῳ (s. Preller Polemonis fragm. p. 44) zu suchen.

oben wie die Gänge selbst spitzbogenförmig abgeschlossen sind, in der Aussenwand hat und darnach wohl als eine Art Wachlocal für einen Theil der Besatzung diente. Auch mehrere Thore, durch vorspringende Mauerecken vertheidigt, sind noch erkennbar, sowie im Innern eine von West nach Ost gehende Quermauer, welche den südlichen Theil der Burg von dem nördlichen schied.[1]) Wie die Gründung, so gehört auch die Bedeutung der Stadt der mythischen Zeit an. Der Schiffscatalog (*B*, 559) führt unter den von Diomedes beherrschten Städten die 'wohlummauerte Tiryns' an zweiter Stelle, neben Argos, auf; seit der dorischen Eroberung trat sie wahrscheinlich in ein gezwungenes Bundesgenossenverhältniss zu Argos; das letzte Zeichen selbständigen Geistes gab sie in den Perserkriegen, indem ein Theil ihrer Bürger bei Plataeae mitkämpfte; nicht lange nachher wurde sie von Argos erobert, die Burg mit dem Tempel der Hera (aus dem die Argiver das alte Schnitzbild der Göttin nach ihrem Heraeon schafften) zerstört, die Bewohner, soweit sie nicht in Epidauros und in der zum Gebiet von Hermione gehörigen Ortschaft Halieis eine Zuflucht suchten, zur Uebersiedelung nach Argos genöthigt. Seitdem scheint die Burg wüste gelegen zu haben wie Mykenae; aber unterhalb derselben wurde eine neue Ansiedelung unter dem alten Namen gegründet, die in der Zeit nach dem peloponnesischen Kriege so blühend war, dass sie eigene Münzen prägte; jedoch war dieselbe wenigstens zur Zeit des Pausanias wieder völlig verschwunden.[2])

---

[1]) Vgl. den Plan Expéd. de Morée II, pl. 72 s. und darnach bei Curtius II, Tfl. 15 und auf unserer Tfl. II, 1. Ansichten der Gänge bei Dodwell Views and descriptions of Cyclopian or Pelasgic remains in Greece and Italy pl. 2 ss. und Göttling Arch. Zeitung 1845, N. 26: letzterer will darin die von Paus. c. 25, 9 erwähnten *θάλαμοι τῶν Προίτου θυγατέρων* erkennen, mit Unrecht, da diese nach Pausanias *καταβάντων ὡς ἐπὶ θάλασσαν*, also unterhalb der Burg nach der Küste zu, lagen.

[2]) Herod. IX, 28 (vgl. die Delphische Schlangensäule, wo Gewinde 8 TIRYNΘIOI); Paus. c. 25, 7 (vgl. II, 17, 5; VIII, 46, 2); Strab. VIII, p. 373. Ueber die neuerdings gefundenen, sicher nach der Zerstörung der Stadt durch die Argiver geprägten Münzen mit den Inschriften TI, TIRV, TIRVN, TIPYNΘIΩN s. A. de Courtois in der Revue numismatique 1864, p. 178 ss. und 1866 p. 153 ss. (der sie gewiss mit Unrecht 'comme simple souvenir historique' betrachten will). Auf die Bewohner dieser

Kaum drei Viertelstunden südlich von Tiryns lag und liegt noch jetzt auf einer kleinen gegen Westen in die Bucht vortretenden felsigen Halbinsel, welche durch einen Isthmos mit dem die Argivische Ebene im Südosten abschliessenden Bergzuge zusammenhängt, die Stadt Nauplia (jetzt τὸ Ναύπλιον) mit einem trefflichen Hafenbassin an der Nordseite, offenbar die Gründung eines seefahrenden Volkes, vielleicht von den Dryopern, welche die Küste von hier aus bis zur Südostspitze der argolischen Halbinsel in Besitz genommen hatten, als Vorwerk gegen die Bewohner der Ebene angelegt,[1]) früher, so lange sie ihre Selbständigkeit gegen die feindliche Nachbarin Argos bewahren konnte, Mitglied des Seebundes ionischer Staaten, welcher im Tempel des Poseidon auf Kalaurea seinen Mittelpunkt hatte, später, nachdem sie während des zweiten Messenischen Krieges von dem Argivischen Könige Damokratidas erobert und die alten Bewohner vertrieben worden waren (denen die Spartaner das Messenische Mothone zur Wohnstätte anwiesen), blosse Hafenstadt von Argos, das auch ihre Stelle in der Kalaureatischen Amphiktyonie einnahm.[2]) Je mehr die Macht und der Wohlstand von Argos sank, desto mehr kam auch Nauplia herunter: Pausanias (II, 38, 2) fand es ganz verödet, nur Reste der Befestigungsmauern (hauptsächlich wohl der Akropolis, von der noch jetzt in den Mauern des türkischen Forts Itsch-kaleh auf einer felsigen Anhöhe mitten in der Stadt schöne Polygonreste erhalten sind), zwei Häfen (zu beiden Seiten der Landenge), ein Heiligtum des Poseidon und eine Quelle, Kanathos genannt, von welcher Aehnliches wie von dem Jungbrunnen (Queckbrunnen) der deutschen Sage erzählt wurde: die Göttin Hera

---

jüngeren Stadt ist wohl der Vorwurf der Trunksucht (Ephippos bei Athen. X, p. 442 d) sowie die Geschichte von ihrer unbezähmbaren Lachlust (Theophrast. bei Athen. VI, p. 261 d) zu beziehen.

[1]) Dafür spricht besonders auch, dass die Heroen Nauplios und Palamedes (dessen Name sich noch in dem des steilen, von einem starken Fort gekrönten Berges Palamidi, der den Zugang zum Isthmos von Südost her beherrscht, erhalten hat) auch in dem von Dryopern bewohnten südlichen Euboia localisirt sind: vgl. meine Quaestiones Euboicae p. 23.

[2]) Strab. VIII, p. 368; 374; Paus. IV, 24, 4; 35, 2. Die Steine mit Inschriften aus der Kaiserzeit, die in Nauplia gefunden worden sind (C. I. Gr. n. 1162—66), sind wohl theils aus Argos, theils von anderen Orten (n. 1165 von Hermione) dorthin verschleppt worden.

sollte alljährlich durch ein Bad in derselben ihre Jungfrauschaft wieder gewinnen, eine Legende, welche offenbar aus dem mit mystischen Gebräuchen verbundenen Doppelcult der Hera als Braut (Ἥρα Νυμφευομένη) und als Ehefrau (Ἥρα Τελεία) entstanden ist. In der Nähe der Stadt waren Grotten mit verschlungenen Gängen (λαβύρινθοι), welche man als Werke der Kyklopen bezeichnete: wahrscheinlich alte, in bergmännischer Weise betriebene Steinbrüche, die bis jetzt noch nicht wieder aufgefunden worden sind.[1]) Erst im Mittelalter und der Neuzeit ist die Stadt durch ihren guten Hafen wieder, namentlich als Stützpunkt für maritime Eroberung, bedeutend geworden, besonders während sie sich im Besitz der Venetianer befand, die den Hafen sowie den Zugang zur Stadt von der Landseite her neu befestigt und auf dem diesen Zugang beherrschenden Felskegel, dem Palamidi (vgl. S. 59, Anm. 1) eine ausgedehnte Befestigung angelegt haben, die jetzt, durch eine Felstreppe von 875 Stufen bequemer zugänglich gemacht, die einzige in vertheidigungsfähigem Zustande befindliche Festung des Königreiches Hellas (dessen Haupt- und Residenzstadt Nauplia, das auch früher der Sitz des Präsidenten Kapodistrias gewesen, während der Jahre 1833 und 1834 war) ist. Jetzt zählt die Stadt mit Einschluss der östlich von dem Isthmos sich ausbreitenden Vorstadt Pronia, des Sitzes der hellenischen Nationalversammlung im Jahre 1832, in deren Nähe ein in hohem Relief aus einer Felswand herausgearbeiteter Löwe, ein Werk des deutschen Bildhauers Siegel, das Andenken der in Griechenland gestorbenen baierischen Soldaten verherrlicht, etwa 6000 Einwohner.

Ein ganz ähnliches Schicksal wie Nauplia hatte im Altertum dessen Nachbarstadt Asine, die ebenfalls von Dryopern bewohnt, von den Argivern frühzeitig (angeblich schon um den Anbeginn des achten Jahrhunderts v. Chr.) erobert und gänzlich zerstört wurde: nur das Heiligtum des Apollon Pythaeus verschonten sie, welches

---

[1]) Strab. VIII, p. 369; 373. Die Ansicht von Curtius (Pel. II, S. 391), dass einige Grotten in der Schlucht hinter der östlichen Vorstadt Nauplions, Pronia, die von Strabon erwähnten σπήλαια καὶ ἐν αὐτοῖς οἰκοδομητοὶ λαβύρινθοι seien, kann ich durchaus nicht theilen, da diese Grotten, wenigstens soweit ich sie gefunden und besucht habe, ganz gewöhnliche Erdhöhlen von geringer Tiefe und ohne irgend welche Spuren von in das Innere des Berges führenden Höhlengängen sind.

sie später, wie es scheint, gemeinsam mit den Epidauriern verwalteten,[1]) und welches noch Pausanias, der auch von der Ortschaft noch Trümmer am Strande vorfand, sah; die vertriebenen Asinaeer waren von den Lakedaemoniern freundlich aufgenommen und in Messenien angesiedelt worden. Selbst die Stelle des argivischen Asine ist nicht mehr mit voller Sicherheit nachzuweisen, da sowohl an dem zunächst südöstlich von Nauplia gelegenen Hafen Tolon, von welchem aus eine schmale Ebene sich nach dem südöstlichen Ende der grossen argivischen Ebene hinaufzieht, auf einem Vorsprunge des Gebirges die Reste einer alten Burg, als auch in der weiter östlich gelegenen kleinen Strandebene von Kandia, zu welcher wahrscheinlich die durch zwei Vorsprünge des felsigen Ufers umschlossene Bucht von Chaidari gehörte, $^1/_2$ Stunde vom Ufer die Ruinen einer befestigten Ortschaft und nahe am Strande zwischen zwei Lagunen von geringer Ausdehnung die Trümmer eines nicht unbedeutenden Tempels sich vorfinden.[2]) Vor der Küste vom Hafen Tolon bis zum westlichen Vorsprunge des Bergzuges Avgo, welcher die Bucht von Vurlia umschliesst, liegen drei jetzt ganz unbewohnte Felsinseln, Makronisi (die lange Insel), Platia (die breite) und Hypsili (die hohe) genannt: da dies die einzigen Inseln innerhalb des Argolischen Meerbusens sind, so scheinen ihnen die von Plinius (N. h. IV, 12, 56) aufbewahrten Namen Pityusa, Irine (wohl Eirene) [3]) und Ephyre zu gehören; doch waren sie schwerlich jemals dauernd bewohnt.

---

[1]) Ich schliesse dies aus Thuk. V, 53, wo unter den *Παραποτάμιοι* (falls diese Lesart richtig ist) wohl die Anwohner des aus der Epidauria nach dem Argolischen Meerbusen fliessenden Baches von Bedeni zu verstehen sind, in Verbindung mit der Notiz bei Scyl. Per. 50, dass Epidauros eine Küstenstrecke von 30 Stadien Länge mitten zwischen dem Gebiete von Argos und dem von Halieis besass.

[2]) Paus. II, 36, 4 f.; IV, 34, 9 ss.; Strab. p. 373; Diod. IV, 37. Ueber die Ruinen vgl. Curtius S. 465 f., der Asine beim Hafen Tolon ansetzt und die Ruinen in der Ebene von Kandia auf Eion (*Ἠιόνες* Il. *B*, 561; Strab. p. 373; *Ἠιών* Diod. IV, 37) bezieht; doch dürften von letzterem, von dem schon zu Strabons Zeit keine Spur, zu Pausanias Zeit, wie es scheint, nicht einmal eine Erinnerung mehr vorhanden war, schwerlich noch Reste erhalten sein.

[3]) Da nach Harpokr. und Steph. Byz. u. *Καλαύρεια* (vgl. Plut. Q. Gr. 19) Eirene der ältere Name der Insel Kalaureia war, so könnte, besonders da auch Pityusa als Name einer Insel bei der argo-

Mit der von Argos nach Tiryns und Nauplia führenden Strasse fiel wohl eine kurze Strasse die von Argos nach Epidauros zusammen, an welcher Pausanias (c. 25, 7) ein jetzt verschwundenes pyramidenförmiges, mit Schilden in Relief verziertes Bauwerk als Denkmal des Kampfes zwischen den mythischen Herrschern Akrisios und Proitos und der darin Gefallenen, und dann eine bereits an der Gränze des argivischen und epidaurischen Gebietes, am Fusse des Arachnaeongebirges, gelegene Ortschaft Lessa mit einem Tempel der Athene erwähnt, von der noch einige Reste bei dem Dorfe Ligurio erhalten sind[1]; übergangen hat er zwei offenbar zur Sicherung der Strasse angelegte Castelle, von denen noch Ruinen vorhanden sind: eines etwas seitwärts rechts (südlich) von der Strasse, in der Nähe des Dorfes Katzingri, da wo die Strasse die Ebene verlässt und zwischen die westlichsten Ausläufer der Epidaurischen Berge eintritt; ein zweites $2^1/_2$ Stunden weiter östlich unmittelbar rechts über der Strasse. Von einer dritten umfangreicheren und stärker befestigten Burg, an deren Fusse auch eine Unterstadt lag, finden sich die sehr wohl erhaltenen Ruinen $^1/_2$ Stunde südwestlich von diesem Castell, zwei Stunden von Ligurio, links über der von Nauplia nach Epidauros führenden Strasse, die sich weiterhin mit der von Argos kommenden vereinigt, oberhalb der kleinen jetzt Sulinari genannten Ebene;[2] von einer vierten wiederum kleineren endlich, welche den Weg aus der argivischen Ebene nach der Hafenbucht von Tolon beherrschte, sind über dem östlichen Rande der südöstlichen Fortsetzung der Ebene, bei Spaitziko, noch einige Reste erhalten. Gegen $1^1/_2$ Stunde nördlich von der epidaurischen Strasse findet man am östlichen Rande der Ebene, südöstlich von dem Dorfe Dendra, auf einem nach allen Seiten ausser gegen Nordwesten steil abfallenden Felshügel die Ruinen einer offenbar sehr alten befestigten Ortschaft: Mauern aus grossen rohen Stein-

lischen Akte bezeugt ist (Paus. c. 34, 8), die ganze Angabe des Plinius leicht auf einer diesem Schriftftsteller wohl zuzutrauenden Gedankenlosigkeit beruhen.

[1]) Vgl. Curtius S. 418. Die dort erwähnte, Expéd. de Morée II, pl. 76 abgebildete Pyramide halte ich für einen Wartthurm.

[2]) Vgl. den Plan bei Lebas Voyage archéologique, Itineraire pl. 31 s. (wiederholt bei Curtius II, Tfl. XVIII) und die sorgfältige Beschreibung bei Vischer Erinnerungen S. 503 f., mit welcher meine eigenen Notizen ganz übereinstimmen.

blöcken, deren Lücken durch kleine Steine ausgefüllt sind, erbaut ziehen sich um den Rand der oberen Fläche herum, mit Ausnahme der Südost- und Südwestseite, wo der schroffe Absturz der Felsen als ausreichende natürliche Schutzwehr diente. Dies sind die Reste von Midea, einer an Alter Tiryn th kaum nachstehenden Ortschaft, welche die Sage als Herrschersitz des Elektryon, des Vaters der Alkmene, bezeichnete; sie wurde frühzeitig von den Argivern zerstört, worauf die alten Bewohner nach Halieis übersiedelten; doch entstand am Fusse des Hügels, ganz wie bei Tiryns, wiederum eine kleine Ortschaft unter dem alten Namen, die auch Münzen geprägt zu haben scheint.[1])

Von dem an der Nordwestseite der Stadt Argos, in der Deiras, befindlichen Thore gieng eine Hauptverkehrstrasse zwischen Argolis und Arkadien, die Mantineische, aus, welche sich nicht weit vom Thore in zwei Strassen spaltete, die nach den Pässen, durch welche sie das Gränzgebirge zwischen beiden Landschaften überschritten, 'die Strasse durch den Stacheleichenwald' (*διὰ Πρίνου*) und 'die Treppenstrasse' (*διὰ κλίμακος*) genannt wurden.[2]) Die letztere, die weitere und bequemere, trat ungefähr zwei Stunden nordwestlich vom Thore, bei dem jetzigen Skala, wo noch Reste einer alten Befestigung erhalten sind (vgl. S. 49, Anm. 1), in das bald sich verengende Thal des Inachos ein und folgte dem linken Ufer des Baches, an welchem 60 Stadien von Argos die zur Zeit des Pausanias (c. 25, 4) längst verödete Ortschaft Lyrkeia lag, aufwärts bis zur arkadischen Gränze, welche sich auf dem jetzt Portäs ('die Thore') genannten, von kahlen Felszacken bekrönten Rücken des Lyrkeion hinzog, von dem ein theilweise durch in den Fels gehauene Stufen gebildeter Pfad in den nordöstlichsten Winkel des Mantineischen Gebietes, das sogenannte Argon Pedion, hinabführte. Wenige Minuten westlich von der Stelle von Lyrkeia mündet ein kleiner Seitenbach von Norden her in den Inachos: wenn man diesen eine Strecke aufwärts verfolgt und sich dann durch eine Bergschlucht nordwest-

---

[1]) Strab. p. 373 (der ausdrücklich die Form *Μιδέα* im Gegensatz zum Boiotischen *Μίδεια* bezeugt); Paus. c. 25, 9; Steph. Byz. u. *Μίδεια*: vgl. Curtius S. 395 und 569 und Annali XXXIII, p. 19 mit Plan auf der Tav. d'agg. F (wiederholt auf unserer Tfl. II, 2).

[2]) Paus. c. 25, 1 und 4; VIII, 6, 4; vgl. Ross Reisen I, S. 129 ff.

lich wendet, gelangt man in das enge Thal eines bereits dem Asopos zufliessenden Baches, des Orneas, an welchem 60 Stadien von Lyrkeia, in der Gegend des jetzigen Palaeo-Leonti, Orneae lag, in alten Zeiten eine nicht unbedeutende Stadt, die sich lange als Bundesgenossin von Argos eine gewisse Selbständigkeit bewahrte und zwar Ol. 91, 1 wegen der unter dem Einflusse Spartas erfolgten Aufnahme argivischer Verbannter von den verbündeten Argivern und Athenern nach kurzer Belagerung geschleift, aber jedenfalls bald wiederhergestellt wurde, da sie noch in den Kämpfen der Spartaner gegen die Argiver und gegen die Megalepoliten und ihre Verbündete Ol. 106, 4 und 107, 1 eine Rolle spielt. Um den Beginn unserer Zeitrechnung aber war sie bereits verödet und nur einzelne Heiligtümer standen, wahrscheinlich unter dem Schutze und der Verwaltung der Argiver, noch aufrecht.[1])

Die andere Strasse nach Mantineia wandte sich westwärts an einem Doppeltempel der Aphrodite und des Ares vorüber und trat eine Stunde von Argos in die enge Schlucht, aus welcher das Bett des Charadros hervorkommt, ein, wo sie durch einen Wartthurm, dessen Unterbau noch erhalten ist, geschützt war. Ungefähr $1^1/_2$ Stunde lang gieng die Strasse in dieser Schlucht hin, bis sich dieselbe zu einer kleinen anbaufähigen Ebene erweitert, in der mehrere kleine Bäche von verschiedenen Seiten her zusammenkommen; zwischen denselben scheint an einem jetzt Palaeochora genannten Platze, auf welchem öfter alte Münzen gefunden werden, der argivische Flecken Oinoe (oder Oine) gelegen zu haben. Von hier aus stieg man an den steilen nordöstlichen Abhängen des Artemision empor zu dem Heiligtume der Artemis Oinoatis, dessen Stelle wahrscheinlich eine zerstörte Kapelle des heiligen Elias, die von einer schönen Gruppe von Stacheleichen umgeben ist, bezeichnet. Nur wenig höher hinauf gelangte man zu den auf dem eigentlichen Rücken des Gebirges mit reicher Wasserfülle hervorsprudelnden Quellen des Inachos, von denen aus ein steiler Pfad in das Argon Pedion hinabführte.[2])

---

[1]) Il. *B*, 571; Thuk. VI, 7; Aristoph. Av. 399; Diod. XII, 81; XVI, 34; 39, Strab. VIII, p. 382; Paus. c. 25, 5 f.; Steph. Byz. p. 496 Mein.; vgl. oben S. 42, Anm. 2.

[2])Paus. c. 25, 1 ff. ; Steph. Byz. u. *Οἴνη*: vgl· Clark Peloponnesus p. 114 s.; 125 s.; Annali XXXIII, p. 21 ss.

Eine zweite Hauptverbindungsstrasse zwischen Argolis und Arkadien, die von Argos nach Tegea, gieng von einem Thore in der Nähe des Theaters aus südwestwärts. Zunächst hatte man zur Rechten den Berg Lykone, auf dessen Gipfel ein Heiligtum der Artemis Orthia stand, dann zur Linken ein anderes Artemisheiligtum, weiterhin wieder zur Rechten den Berg Chaon, an dessen östlichem Fuss eine von den Alten als Abfluss des Stymphalischen Sees betrachtete mächtige Quelle (*κεφαλάρι*) hervorbricht, welche sogleich als wasserreicher Bach (von den Alten Erasinos genannt) mehrere der Stadt Argos gehörige Mühlen treibt. In der Bergwand über der Quelle öffnen sich zwei geräumige Grotten, wahrscheinlich dem Pan und dem Dionysos, denen man als Segensspendern hier an der Quelle opferte, geweiht; in der nördlicheren findet sich noch jetzt eine Kapelle mit einigen alten Werkstücken.[1] Die Strasse gieng östlich in einiger Entfernung an den Quellen vorüber und wandte sich dann gegen Westen dem Eingange der das Chaon vom Pontinos trennenden Schlucht zu, aus welcher ein von den Alten mit dem allgemeinen Namen *ὁ Χείμαρρος* benannter Giessbach hervorkommt. Noch bevor man in diese eintritt, bemerkt man zur Rechten unterhalb des Chaon geringe Reste einer alten Ortschaft und darüber auf einem vom Chaon vortretenden Hügel ein aus grossen polygonen mit Mörtel verbundenen Werkstücken zusammengesetztes Bauwerk von viereckter Grundform mit pyramidal abgeschrägten Aussenseiten, dessen Bestimmung und Alter gleich unsicher sind.[2]) Innerhalb der Schlucht

---

[1]) Paus. c. 24, 6 f.; Strab. VI, p. 275; VIII, p. 371; Herod. VI, 76. Der von Paus. c. 36, 6 und c. 38, 1 erwähnte Fluss Phrixos, in welchen der Erasinos sich ergiesse, ist heut zu Tage nicht mehr nachweisbar, da das Wasser des Kephalari in mehreren Canälen direct dem Meere zufliesst. Allerdings sammelt sich in einer Schlucht des Chaon nördlich vom Kephalari bei Regengüssen Wasser, das sich dann beim Eintritt in die Ebene verliert; allein wenn man auch annehmen wollte, dass hier einst ein wirklicher Bach geflossen sei, der sich mit dem ursprünglich mehr gegen Nordost laufenden Erasinos vereingt habe, so würde doch die Strasse von Argos nach Lerna entweder zuerst über diesen Bach und dann erst über den Erasinos, oder über den bereits aus der Vereinigung beider entstandenen Bach, der nach Paus. den Namen Phrixos trug, geführt haben, was beides mit Paus. c. 36, 6 im Widerspruch steht.

[2]) Vgl. die Beschreibungen bei Ross Reisen I, S. 141 ff. (mit Ansicht des Einganges auf Tfl. 4) und Clark Peloponnesus S. 98 f.; auch Ex-

wandte sich die Strasse in vielfachen Windungen westwärts an den Bergen hinan, dann auf der den Pontinos mit dem jetzt Ktenia genannten Bergzuge verbindenden Höhe gegen Süden an dem kleinen Gebirgsflecken Kenchreae, den sie zur Rechten liess, vorüber, wo Pausanias mehrere Polyandria der in einem Kampfe bei Hysiae gegen die Lakedaemonier (wahrscheinlich Ol. 64, 4) gefallenen Argiver fand, nach Hysiae, der letzten argivischen Ortschaft gegen die arkadische Gränze hin, die als Gränzfestung für die Argiver von Wichtigkeit, Ol. 90, 4 von den Lakedämoniern zerstört, wahrscheinlich aber von den Argivern wieder hergestellt wurde, zu Pausanias Zeit jedoch in Trümmern lag.[1]) Noch jetzt sind ansehnliche Trümmer der Akropolis derselben erhalten oberhalb eines kleinen rings von steilen Bergen umschlossenen Hochthales, das jetzt zu dem grossen Dorfe Achladokampos gehört und aus welchem ein doppelter Weg nach der Ebene von Tripolitza führt: ein beschwerlicher Saumpfad über die Höhe des Gränzgebirges Parthenion hinweg, und eine jetzt wieder fahrbar gemachte Strasse um den nördlichen Fuss desselben herum. Eine Stunde nordöstlich oberhalb des Thales von Hysiae finden sich auf der Höhe neben mehreren Quellen, nach welchen der Platz gewöhnlich die Wässer (τὰ νερά) genannt wird, Spuren einer alten Ortschaft, wahrscheinlich von Kenchreae; der daran vorüberführende Theil der Strasse wurde im Altertum, wahrscheinlich wegen seiner vielen Windungen, ὁ Τροχός genannt.

Wendet man sich von den Quellen des Erasinos südwärts, so gelangt man nach einer Stunde Weges an den ziemlich weit gegen Osten vorgeschobenen Fuss des Pontinos, der nur durch einen schmalen, durch Wasserfülle und reiche Vegetation ausgezeichneten Landstreifen vom Meere getrennt wird. Die grösste Wassermenge concentrirt sich in einem kleinen See oder vielmehr Teiche mit schilfbewachsenen Ufern (Ἀλκυονία λίμνη), der schon im Altertum wie noch heut zu Tage in dem Rufe uner-

---

péd. de Morée II, pl. 55. Die Beziehung der Reste unterhalb auf Kenchreä und der Pyramide auf eins der von Pausanias daselbst erwähnten Polyandria hat Curtius (S. 366) mit Recht zurükgewiesen.

[1]) Paus. c. 24, 7; Strab. VIII, p. 376; Thuk. V, 83; Steph. u. Ὑσία: für Κεγχρεαί ist bei Aeschyl. Prometh. 676 die Form Κερχνεία handschriftlich bezeugt. Vgl. Ross S. 145 ff. und den Plan der Akropolis von Hysiae bei Lebas Voyage archéologique, Itinéraire pl. 30.

gründlicher Tiefe stand und daher wie manche ähnliche Oertlichkeit als Eingang zur Unterwelt galt. Das Wasser, das ohne das Eingreifen der Menschenhände die ganze Küstenstrecke in einen Sumpf verwandeln würde, ist durch Eindämmung der Ufer des Teiches und durch Ableitung vermittelst eines Canals geregelt und nutzbar gemacht. Etwas südlich von dem Teiche sprudelt am Fusse des Berges eine starke Quelle hervor, deren eigentlicher Name Amymone gewesen zu sein scheint; doch wird ihr häufig der der ganzen Gegend zukommende Name Lerna beigelegt. Eine zweite wasserreiche Quelle entspringt einige Hundert Schritt nördlich vom Teiche und bildet ebenso wie die Amymone einen kleinen direkt dem Meere zufliessenden Bach, den die Alten mit demselben Namen bezeichneten, wie den Berg, aus dessen Wurzeln er hervorquillt, Pontinos: zwischen den beiden Bächen zog sich vom Fusse des Berges bis zur Küste ein Platanenhain hin, welcher ausser dem Teiche und einer jetzt nicht mehr nachweisbaren, nach Amphiaraos benannten Quelle Tempel der Demeter Prosymne (auch Demeter Mysia genannt) und des Dionysos Saotes einschloss, zweier Gottheiten, welche die reiche Vegetation der Gegend, die auf der durch Menschenhände geregelten Wasserfülle beruht, bezeichnen, während die schädlichen Wirkungen des ungeregelten Wassers durch die Sage von der Hydra mit zahlreichen immer sich erneuernden Köpfen ausgedrückt werden. Auf dem Gipfel des Berges, der jetzt die Trümmer eines mittelalterlichen Schlosses trägt, stand ein zur Zeit des Pausanias bereits verfallener Tempel der Athene Saitis; daneben wurden dem alten Reisenden die Fundamente eines Gebäudes als die des Hauses des Hippomedon gezeigt.[1])

Südlich von Lerna verbreitert sich die Küste wieder zu einer kleinen Ebene, die im Süden durch das Zavitzagebirge abgeschlossen wird: in derselben lag eine kleine Ortschaft Genesion und hart am Strande ein Heiligtum des Poseidon Genesios, sowie ein Apobathmoi genannter Platz, an welchem Danaos mit

[1]) Paus. c. 36, 6 ff.; Strab. VIII, p. 368 und 371; vgl. Ross Reisen S. 148 ff.; Annali XXXIII, p. 20 mit der Planskizze auf Tav. d'agg. F (darnach auf unserer Tfl. II, 3). Ueber die Demeter Mysia s. Osann Arch. Zeitung 1855, N. 82, S. 142 ff.; über die Athene Saitis, deren Beiname dem des Dionysos Saotes entspricht, Gerhard Gr. Mythol. §. 249, 4.

seinen Töchtern gelandet sein sollte.[1]) In einem nach der Ebene zu sich öffnenden Flussthale finden sich, gegen $1^1/_2$ Stunden von Lerna entfernt, ausgedehnte Reste einer alten Ansiedelung, die vielleicht dem frühzeitig verschollenen Elaeus angehören.[2]) Vom südlichen Ende der Ebene führt ein über $1^1/_2$ Stunde langer Küstenpass an den unmittelbar ans Meer hinantretenden Abhängen des Zavitzagebirges hin, die Anigraea, welche die Argeia im engern Sinne mit der Thyreatis, dem nördlicheren Theile der Kynuria, verbindet: nahe dem südlichen Ende derselben bemerkt man im Meere ein eigenthümliches Phänomen, eine etwa 1000 Fuss weit von der Küste aufsprudelnde Quelle süssen Wassers, die Dine (jetzt ἡ *Ἀνάβολος*), in welche die Argiver in alter Zeit aufgezäumte Rosse als Opfer für Poseidon versenkten.[3])

Der wichtigste Theil der Kynuria (vgl. oben S. 42 f.) ist eine gegen zwei Stunden lange, aber nirgends über eine Stunde breite fruchtbare Ebene, die von zwei auf dem Parnongebirge entspringenden Bächen durchflossen wird: dem Tanos (jetzt Bach von Luku genannt) im Norden und einem ähnlichen, dessen alten Namen wir nicht kennen (jetzt Bach von Hagios Andreas) im Süden.[4]) Die Mündung des nördlicheren, der seinen unteren Lauf verändert hat, ist jetzt ganz verschlammt und von Sümpfen umgeben, wie auch in der Mitte zwischen beiden Bächen ein Theil der Küste, da wo sie am schmalsten ist, von einem ausgedehnten Sumpf mit salzhaltigem Wasser (ὁ *Μουστός* genannt), dessen Trockenlegung man ohne Erfolg versucht hat, eingenommen ist. Die Ebene ist

---

[1]) Paus. c. 38, 4. Plut. Pyrr. 32 nennt als Landungsplatz des Danaos *τὰ πυράμια τῆς Θυρεάτιδος*, was allerdings wohl auf dieselbe Stelle zu beziehen ist, obgleich diese sicher noch nicht zur Thyreatis gehörte.

[2]) Apollod. II, 5, 2; Steph. u. *Ἐλαιοῦς*: vgl. Ross Reisen S. 155 f.; doch ist die Beziehung nicht sicher und könnte Elaeus auch weiter südlich in der Thyreatis gelegen haben.

[3]) Paus. c. 38, 4; VIII, 7, 2.

[4]) Paus. c. 38, 7, nach welcher Stelle man allerdings ebenso gut den südlicheren Bach für den Tanos halten könnte; allein da nach Eur. Electra 410 der *ποταμὸς Τάναος* die Gränze zwischen Argos und Sparta bildete, so muss der Name wohl auf den nördlicheren Bach bezogen werden. Ob der südlichere der von Stat. Theb. IV, 46 erwähnte Charadros sei, wage ich wegen der Unsicherheit der Lage von Neris nicht zu entscheiden.

ohne Zweifel die alte Thyreatis, der Schauplatz vieler blutiger Kämpfe zwischen Argivern und Spartanern, unter denen keiner berühmter ist als der sagenhaft ausgeschmückte zwischen je 300 auserwählten Kämpen beider Staaten, in welchem der factische Sieg der Argiver durch die Geistesgegenwart des Spartaners Othryadas ungültig gemacht worden sein soll: noch dem Pausanias wurden der Platz des Kampfes und die Gräber der Gefallenen im westlichsten Theile der Ebene gezeigt.[1]) Die Stadt Thyrea, von welcher nicht nur die Ebene, sondern auch das dieselbe bespülende Meer seinen Namen (ὁ Θυρεάτης κόλπος) hatte, scheint zur Zeit des Pausanias schon völlig verschwunden gewesen zu sein,[2]) daher es nicht zu verwundern ist, dass ihre Stelle jetzt nicht mehr nachzuweisen ist, obgleich sich noch an mehreren Stellen sowohl in der Ebene als oberhalb der Ränder derselben Reste alter Ansiedelungen erhalten haben. Zunächst nämlich findet man auf einem vom Nordostrande der Ebene ins Meer vortretenden felsigen Vorgebirge, auf welchem seit dem Befreiungskriege ein Städtchen Astros sich erhebt,[3]) Reste einer aus ganz unbehauenen Werkstücken errichteten Befestigungsmauer, welche das Vorgebirge gegen das Festland abschloss; dann etwas über eine halbe Stunde

---

[1]) Paus. c. 38, 5, wo wohl zu lesen ist: ἰόντι δὲ ἄνω πρὸς τὴν ἤπειρον [ἀπ'] αὐτῆς χωρίον ἐστίν κτλ. (die Vulgata Θυρέα χωρίον ist eine Interpolation des Musurus, durch welche sich sowohl Ross als Curtius haben irre führen lassen). Als Name der Oertlichkeit, wo der Kampf Statt fand, giebt Choeroboskos bei Bekker anecd. p. 1408 (vgl. Arcad. p. 125, 10) Πάρ an. Ueber Othryadas vgl. Herod. I, 82; Seneca Suasor. 2, 16; Lucian. Char. 24; (Plut.) parall. 3; Unger im Philologus XXIII, S. 28 ff.

[2]) Vgl. Anm. 1. Dass man auch zu Strabons Zeit über die Lage der Stadt keine nähere Kunde mehr hatte, darf man wohl daraus folgern, dass dieser (VIII, p. 376) nur die Angabe des Thukydides darüber wiederholt, wie auch Plin. IV, 8, 16 nur einen 'locus Thyrea' neben dem oppidum Anthane anführt.

[3]) Der Umstand, dass auch früher schon der Landungsplatz am Fusse des Vorgebirges diesen Namen führte, berechtigt uns nicht, denselben als eine Ueberlieferung aus dem Alterthume zu betrachten. Die Anführung eines Ortes Ἄστρον bei Ptol. III, 16, 11 beruht, wie Curtius (II, S. 567) richtig bemerkt, auf einer Glosse, wie schon der Umstand beweist, dass die diesem Orte gegebenen Positionen mit denen der zunächst darauf folgenden Oertlichkeit (Ἰνάχου ποταμοῦ ἐκβολαί) ganz identisch sind.

weiter südlich in der hier ziemlich schmalen Ebene unterhalb eines Hagia Triada genannten Klosterhofes geringe Spuren einer alten Ortschaft, die früher bedeutender gewesen sein sollen, und noch eine Stunde weiter südlich, am südlichen Rande der Ebene auf einem Felshügel unmittelbar an der Küste, an dessen Fusse ein Landungsplatz für Schiffe sich befindet, die ziemlich wohl erhaltenen Ruinen einer befestigten Stadt (jetzt nach einem benachbarten Dorfe das Paläokastron des heiligen Andreas genannt). Ferner liegt am südlichen Abhange des Zavitzagebirges oberhalb des Thales des Tanos die Ruine einer alten Festung, unterhalb deren noch eine kleine Ortschaft gestanden zu haben scheint; auf der Südseite des Flusses unterhalb des Klosters Luku sind Bruchstücke von Granitsäulen, zahlreiche Säulencapitäle (meist korinthischer Ordnung) und Sculpturwerke aus der Zeit der griechisch-römischen Kunst, sowie Spuren eines umfänglichen Heiligtumes und anderer Bauten endeckt worden, welche das Vorhandensein einer noch in der Zeit der Römischen Herrschaft blühenden Niederlassung bezeugen. Endlich sind noch ansehnliche Reste alter Befestigungsmauern mit runden und viereckigen Thürmen (jetzt *τὸ Ἑλληνικό* genannt) erhalten auf einem 637 Meter hohen Bergrücken eine Stunde südlich von Luku, welcher einerseits ein gegen Osten nach der Strandebene sich öffnendes kleines Thal, andrerseits eine enge nach Norden gerichtete Schlucht, durch welche ein kleiner Bergbach dem Tanos zufliesst, beherrscht.[1]) Keine dieser Ruinenstätten kann für das alte Thyrea gehalten werden; denn dieses lag nach der einzigen uns erhaltenen genaueren Angabe (bei Thuk. IV, 56 f.) an der Gränze des Argivischen und Lakonischen Gebietes, 10 Stadien von einem Platze an der Küste, auf welchem die von ihrer Insel vertriebenen Aegineten, denen die Lakedämonier diese Stadt zur Ansiedelung angewiesen hatten, Ol. 88, 4 eben ein Castell erbauten, als eine athenische Heeresabtheilung landete und die Stadt, in welche die Aegineten sich zurückgezogen hatten, eroberte und verbrannte. Wahrscheinlich ist das Vorgebirge von Astros die Stelle, an welcher die Aegineten ihre Küstenbefestigung (der das noch erhaltene

[1]) Vgl. die eingehenderen Beschreibungen dieser Ruinenstätten bei Ross S. 161 ff. und Curtius S. 377 ff. sowie die Abbildungen der Sculpturwerke von Luku in der Expéd. de Morée III, pl. 88—91.

Mauerstück angehören mag) anlegten:[1]) die Stadt Thyrea lag dann $^1/_2$ Stunde landeinwärts davon, also etwa am Eingange in das Thal des Tanos; sie wurde jedenfalls nach der Zerstörung durch die Athener, wobei die Bewohner theils umkamen, theils als Gefangene fortgeführt wurden, nicht wieder aufgebaut und der Name auf die ganze Küstenebene übertragen.[2]) Der zweiten Stadt der Kynuria, Anthene (auch Anthana und Athene geschrieben)[3]), gehören wahrscheinlich die Ruinen von Hagios Andreas an, so dass sie den südlichen Zugang zur Ebene, wie Thyrea den nördlichen, beherrschte. Westlich oberhalb der Ebene lagen noch zwei Komen: Neris, wahrscheinlich an der Stelle des Hellenikon, und die grössere Eua mit dem Heiligtum eines

---

[1]) Darauf ist wohl auch die von Zenob. I, 57 zur Erklärung des Sprüchworts *ἄκρον λάβε καὶ μέσον ἕξεις* erzählte Geschichte zu beziehen.

[2]) Aus dieser Annahme erklärt es sich erstens, warum Thukydides an einer späteren Stelle (V, 41) von der Kynuria sagt: *ἔχει δ' ἐν αὐτῇ Θυρέαν καὶ Ἀνθήνην πόλιν* (nicht *πόλεις*), weil, als er dies schrieb, nur Anthene, nicht mehr Thyrea eine bewohnte Stadt war; zweitens wie Pausanias (c. 38, 6), der von einer Stadt Thyrea keine Spur mehr vorfand, dazu kam, Anthene als die von den Aegineten bewohnte Ortschaft anzuführen. Gegen die Beziehung der Ruinen bei H. Triada auf Thyrea spricht, wie Ross (S. 163) richtig bemerkt, der von Thuk. (IV, 57) für Th. gebrauchte Ausdruck *τὴν ἄνω πόλιν*.

[3]) Thuk. V, 41; Steph. B. u. *Ἀνθάνα*; Harpokr. p. 21, 12 ed. Bekk. Wenn, was ich für unzweifelhaft halte, bei Scyl. Per. 46 Gail richtig *Ἀνθάνα* (für *Μέθανα* des Codex) emendirt hat, so bietet uns diese Stelle einen Beweis für die Lage der Stadt an der Küste, welche auch mit der kurzen Notiz des Pausanias (c. 38, 6) über seine Route nicht im Widerspruch steht. Derselbe geht nämlich, wie ich glaube, von den Polyandrien zunächst südwärts durch die Ebene bis zum südlichen Rande derselben; dann kehrt er zurück, verfolgt das kurze Seitenthal bis zum Hellenikon und steigt von diesem nach Luku hinab; von hier aus verfolgt er dann den Weg über das Plateau des Gebirges, der noch jetzt die directeste Verbindungsstrasse zwischen Argos und Sparta bildet (über Hagios Ioannis und Hagios Petros nach Arachova) und gelangt so auf den Rücken des Parnon, an dessen östlichen Abhängen der Tanos (den er daher erst hier erwähnt) entspringt. — Ganz unsicher ist die Lage des nur von Steph. Byz. (u. *Εὖναι*) als *πόλις Ἄργους ἣν ᾤκουν Κυνούριοι* erwähnten Eunaea; und wenn ders. (u. *Κύνουρα*) mit Berufung auf Pausanias (III, 2, 2) Kynura als *πόλις Ἄργους* anführt, so hat er wohl das Vorhandensein einer solchen Stadt nur aus dem Namen der Landschaft gefolgert.

den Kranken Heilung gewährenden asklepiadischen Heros, Polemokrates, bei dem Kloster Luku. Oberhalb dieser Komen, auf dem die Wasserscheide zwischen dem Tanos und dem Lakonischen Eurotas bildenden Rücken des Parnongebirges, lief zur Zeit der Römischen Herrschaft die durch Hermen bezeichnete Gränze zwischen den Gebieten von Argos, Tegea und Lakonien hin.

Epidauria. Die östliche Nachbarin von Argos ist **Epidauros**, deren Gebiet im Norden durch das von Korinth, im Südosten durch das von Troizen und Hermione begränzt, im Süden mit einem nur 30 Stadien breiten Streifen an den Argolischen Meerbusen hinabreichend, durchaus von Gebirgen eingenommen wird, unter denen das bis zur Höhe von 1199 Metern aufsteigende, in seinen westlichen Verzweigungen bis in die Argivische Ebene hineinreichende **Arachnaeon**[1]) (jetzt Arna, in seinem westlicheren Theile auch Hagios Ilias genannt) das bedeutendste ist. Gegen Norden sind demselben zwei andere an Höhe ihm ziemlich nahe stehende Bergzüge (die Trapezona von 1137 und der Tschernidolo von 1048 Meter Höhe) vorgelagert; gegen Südosten setzt es sich zunächst in mehreren niedrigeren Bergen (dem **Titthion**, **Koryphaeon** und **Kynortion** der Alten) fort, erhebt sich aber wieder bis zu einer Höhe von 1102 Meter in dem steilen bis an die Küste vortretenden Ortholithi, welcher die Gränze des Epidaurischen Gebietes gegen die Troizenia, und in dem im Südwesten damit zusammenhängenden 1076 Meter hohen Didymagebirge (dessen Name wahrscheinlich antik ist), welches mit seiner westlichen Fortsetzung, dem bis zum argolischen Meerbusen sich hinziehenden Avgogebirge, die Gränze gegen das Gebiet von Hermione bildete. — Die ältesten Bewohner dieses Gebietes, wenigstens der Ostküste, waren Karer, zu denen dann Ionier aus der athenischen Tetrapolis gekommen sein sollen; daneben dürfen wir wohl auch aus Thessalien eingewanderte Phlegyer, welche den

---

[1]) Aeschyl. Agam. 309; Paus. c. 25, 10 (wo der angebliche älteste Name *Σαπυσελάτων* jedenfalls corrupt ist; auch die von Hesychios gegebene Form *Ἱσσέλινον*, womit *Ἱσσέλειον* bei Theognost. Can. p. 24, 9 und *Ἱστέλλειον* bei Suidas u. d. W zu vergleichen sind, scheint unsicher); Steph. Byz. u. *Ἀραχναῖον*. Alterthümliche Mauern in der Einsenkung zwischen dem östlicheren und westlicheren Gipfel scheinen die Stelle der von Paus. erwähnten Altäre des Zeus und der Hera, auf welchen man bei anhaltender Dürre opferte, zu bezeichnen (s. Curtius S. 418).

Cult des Asklepios und die Tradition von seiner Geburt mitbrachten und in dem heiligen Waldthale am Fusse des Titthionberges localisirten, als einen Hauptbestandtheil der ältesten Bevölkerung betrachten.[1]) Dorisirt wurde sie von Argos aus, der Sage nach durch Deiphontes, den Gemahl der Hyrnetho, der Tochter des Temenos, dem der letzte ionische König, Pityreus, ohne Kampf die Herrschaft abgetreten haben soll. Wie in Korinth so sahen sich auch hier die Dorier durch die Natur des Landes selbst auf den Verkehr zur See angewiesen; sie besetzten daher die zahlreichen vor ihrer Küste liegenden Inseln, insbesondere die bedeutendste derselben, Aegina, und entsandten in Gemeinschaft mit ihren Nachbarn, den Argivern und Troizeniern, Ansiedler nach der Küste und den Inseln des südlichen Kleinasiens; ja sogar an den ionischen Städtegründungen in Kleinasien betheiligten sich Dorier aus Epidauros.[2]) Aber freilich vermochten sie nicht mit Korinth zu concurriren, und als Aegina im Vollgefühle der eigenen Kraft sich von der Mutterstadt losgerissen hatte, da sank die Seemacht und damit die politische Bedeutung der letzteren, die nun nur durch engen Anschluss an Sparta, dem sie im peloponnesischen wie im korinthischen und thebanischen Kriege unwandelbar treu blieb, sich ihre Unabhängigkeit gegen die mächtigeren Nachbarn bewahren konnte, von der sie zuletzt noch durch den Anschluss an den achäischen Bund Zeugniss gab.[3]) Ein wesentliches Moment für diese Richtung der äusseren Politik war auch die streng aristokratische Form der Staatsverfassung: alle Gewalt war in den Händen von 180 jedenfalls bestimmten städtischen Familien angehörigen Männern, welche für die Executive einen Ausschuss, dessen Mitglieder A r t y n e n (wie in Argos) hiessen, ernannten; die Bewohner der übrigen Landschaft ausserhalb der Hauptstadt wurden mit dem Spitznamen der 'Staubfüssler' (κονίποδες) bezeichnet.[4])

[1]) Aristot. bei Strab. p. 374; Paus. c. 26, 1 ff.

[2]) Herod. I, 146; VII, 99: vgl. O. Müller Aeginet. p. 41 ss.

[3]) Vgl. Schiller Stämme und Staaten Griech. III, S. 20. Das Programm von Weclewski De rebus Epidauriorum (Posen 1854) steht mir nicht zu Gebote.

[4]) Plut. Q. Gr. 1; vgl. Hesych. u. κονίποδες. Dass es auch in Epidauros vier Phylen wie in Argos (die drei dorischen und die Hyrnethia) gegeben habe, wie O. Müller (Dorier II, S. 53 und 72) behauptet, ist wenigstens nicht zu beweisen.

Epidauros, die einzige uns bekannte städtische Niederlassung in dem ganzen Gebiet, lag auf einer kleinen felsigen Halbinsel der Ostküste, welche durch einen niedrigen Isthmos mit einer schmalen aber fruchtbaren, auf drei Seiten von Bergen umschlossenen Strandebene zusammenhängt; an der Nordseite derselben ist ein natürlicher Hafen, an der Südseite eine grössere offene Bucht, die ebenfalls als Hafen benutzt wurde, daher die Stadt auch den Beinamen der 'doppelmündigen' (*δίστομος*) führte. Pausanias (c. 29, 1) erwähnt als Sehenswürdigkeiten derselben ein Schnitzbild der Athene Kissaea auf der Akropolis, Tempel des Dionysos und der Artemis, ein Heiligtum der Aphrodite, einen heiligen Bezirk des Asklepios mit Marmorstatuen des Gottes und seiner Gemahlin Epione im Freien, und einen Tempel der Hera auf einem Vorsprunge der Küste am Hafen: die Stelle des letztgenannten nimmt jetzt eine Kapelle des heiligen Nikolaos ein, welche auf einem felsigen Vorsprunge der Strandebene an der Nordseite des Hafens steht. An die eigentliche Stadt, von welcher nur ein Theil der Ringmauer (an der Südseite der Halbinsel) erhalten ist, schloss sich eine offene Vorstadt an, welche sich in der Strandebene zunächst am Hafen hinzog, wie auch jetzt wieder im nördlichen Theile der Strandebene ein Dörfchen, Nea-Epidavros genannt, steht.[1])

$2^1/_2$ Stunden von der Stadt lag in einem anmuthigen, rings von Bergen umschlossenen Thale, das noch jetzt vom Volke das Heiligtum (*τὸ Ἱερό*) genannt wird, die berühmteste Cultstätte des Asklepios, zugleich ein von Kranken aus allen Gegenden besuchter und daher mit Logierhäusern für diese und Wohnungen für die die Cur leitende Priesterschaft, aber auch mit Anlagen zur Erheiterung der Fremden durch gymnastische und dramatische Spiele wohl ausgestatteter Curort, dem Epidauros seit dem Verfalle seiner Seemacht hauptsächlich seine Bedeutung verdankte. Der Weg dahin führt aus der Strandebene westwärts in einer engen, reich mit wilden Oelbäumen bewachsenen Schlucht, in welcher Pau-

[1]) Strab. p. 374; Thuk. V, 75; Hesych. u. *δίστομος*: vgl. den Plan (nach der englischen Seekarte) bei Curtius II, Tfl. XVII. Für alten Weinbau, der auch die Haupterwerbsquelle der Neuepidaurier ist, zeugt das Beiwort *ἀμπελόεις* Il. *B*, 561. Als Hauptsitz des Asklepioscultes wird die Stadt auch zum Unterschiede von der Lakonischen Epidauros Limera *ἡ ἱερὰ Ἐπίδαυρος* genannt: Plut. Per. 35.

sanias (c. 28, 3) einen Hyrnethion genannten Platz, auf welchem die Hyrnetho, Gattin des Deiphontes begraben sein sollte, erwähnt, auf den Rücken des das Thal im Norden begränzenden Titthionberges[1]) und von diesem südwestwärts in das noch jetzt mit zahlreichen, meist von dichtem Gebüsch bedeckten Ruinen erfüllte Thal, in dessen westlicherem Theile der eigentliche heilige Bezirk, das *ἱερὸν ἄλσος*, mit dem Tempel des Asklepios, dem daran stossenden Gemache für Incubationen, und anderen Heiligtümern und Baulichkeiten aller Art, rings von Gränzsteinen umgeben, innerhalb deren weder Geburt noch Tod eines Menschen gestattet war, ausserhalb derselben noch mehrfache andere Anlagen, darunter auch ein von dem späteren Kaiser Antoninus Pius als Senator errichtetes Gebär- und Sterbehaus für die Bewohner des heiligen Haines, lagen. Die Fülle kostbarer Weihgeschenke, mit welchen die Dankbarkeit der durch die Hülfe des Gottes und seiner Priester Genesenen (deren Namen unter Beifügung der Krankheit, an der sie gelitten, und der Heilmethode auf Steinpfeilern verzeichnet wurden) das Heiligtum geschmückt hatte, gab mehrfach Veranlassung zu Plünderungen desselben, wie solche von Sulla und den kilikischen Piraten berichtet werden;[2]) aber die Nachrichten des Pausanias (c. 27, 6) von den durch Antoninus hier ausgeführten Neubauten und Erneuerungen älterer Bauwerke, wie auch die zahlreichen Trümmer gewölbter römischer Gebäude und Inschriften der späteren Kaiserzeit, die man noch jetzt daselbst findet, beweisen, dass es bis in die letzten Zeiten des Heidentums seinen Ruhm sich bewahrt hat. Leider lassen sich nur wenige der alten Gebäude noch mit Bestimmtheit fixiren: so die von Polykleitos aus weissem Marmor erbaute Tholos — ein Rundgebäude von etwa 20 Fuss Durchmesser, im Innern mit Gemälden des Pausias geschmückt, das wahrscheinlich als Lokal für gemeinsame Mahlzeiten der Priesterschaft diente — deren Fundamente nicht weit von dem westlichen Eingange des Thales, zur Rechten des von Ligurio her kommenden Weges, im Gebüsch ver-

---

[1]) Nach der von Pausan. c. 26, 4 berichteten Legende soll der ursprünglich *Μύργιον* (so codd.) genannte Berg den Namen *Τίτθιον* erhalten haben, weil der von seiner Mutter darauf ausgesetzte Asklepios von einer Ziege gesäugt worden sei.

[2]) Paus. IX, 7, 5; Plut. Sulla 12; Pompei. 24; vgl. Liv. XLV, 28.

steckt sind; südwestlich davon das durch künstliche Aufschüttung des Bodens gebildete Stadion, und am Abhange des Kynortion, des das Thal im Südosten abschliessenden Berges, das wiederum von Polykleitos errichtete Theater, dessen marmorne Sitzstufen, 55 an Zahl, leider jetzt so mit dichtem Buschwerk überwachsen sind, dass es unmöglich ist auf denselben zu circuliren. Von den übrigen Baulichkeiten stand der Tempel des Asklepios in der Nähe der Tholos, wahrscheinlich westlich von derselben; die Stellen des Tempels der Artemis und des Heiligtums der Aphrodite sind nicht zu bestimmen.[1]) Am Kynortion, über welches der Weg aus dem heiligen Thale nach Troizen führt, stand ein alter Tempel des Apollon Maleatas, bei welchem wiederum Antoninus Pius verschiedene Anlagen, darunter eine grosse Cisterne zur Sammlung des Regenwassers, errichtet hatte; auf dem Gipfel des das Thal im Südwesten abschliessenden Berges, des Koryphon, an dessen nördlichem Abhange man einen alten krumm gewachsenen Oelbaum zeigte, den Herakles als Gränzmal für das Gebiet der Asinäer in diese Form gebogen haben sollte, erhob sich ein Heiligtum der Artemis Koryphaea.[2])

Südöstlich vom Hieron zieht sich das enge Thal eines Flusses hin, der in mehreren Armen von Kynortion und Koryphon herabkommt und anfangs genau südwärts, dann fast ganz westlich fliesst und durch eine dreieckige Mündungsebene, die zunächst der Küste eine Breite von einer Stunde hat, sich in den Argolischen Meerbusen ergiesst. Das ganze Flussthal mit seinen Rändern gehörte zum Gebiet von Epidauros; an drei Stellen finden sich noch Spuren alter Ansiedelungen in, beziehendlich an demselben: oberhalb des linken Ufers des oberen Laufes, nördlich von dem Dorfe Bedeni, nach welchem der Fluss jetzt benannt wird; weiter südwestlich auf einem 640 Meter hohen Bergrücken oberhalb des rechten Ufers, und am nördlichen Rande der Mündungsebene bei dem Dörfchen Iri. Von keinem dieser Plätze ist uns der antike

---

[1]) Vgl. den Plan in der Expéd. de Morée II, pl. 77 (das Theater pl. 78 u. 79), wiederholt bei Curtius II, Tfl. XVII (vgl. S. 418 ff.); Lyons in den Transactions of the royal soc. of litt., 2 series, vol. II, p. 229 ss. und Annali XXXIII, p. 12. Inschriften bezeugen den Cult der Artemis (C. I. G. n. 1172 f.; Lyons a. a. O. p. 231), des Apollon (C. I. G. n. 1174—76; Lyons a. a. O.) und des Dionysos (C. I. G. n. 1177).

[2]) Paus. II, c. 27, 7; 28, 2; Steph. Byz. u. *Κορυφαῖον*.

Name bekannt; die Anwohner des ganzen Flussgebietes scheinen mit dem Namen Παραποτάμιοι bezeichnet worden zu sein.[1])

Vor der Küste des nördlichsten Theiles der Epidauria liegen zahlreiche felsige Inseln, welche in zwei Hauptgruppen zerfallen. Die nördlichere besteht aus mehr als einem Dutzend meist ganz kleiner Inselchen, die sich von dem Cap Spiri (dem alten Speiraeon, das wahrscheinlich die Gränze der Korinthia und Epidauria bildete) gegen Osten bis auf die Höhe von Salamis hinziehen: die westlicheren derselben werden jetzt mit dem Gesammtnamen Diaporia (διαπορεία, Durchfahrt) oder Pentenisia (Fünf Inseln) bezeichnet, führen aber auch besondere Namen, die drei östlichsten heissen Lagusae (Haseninseln); die alten Namen der wichtigeren derselben führt Plinius (n. h. IV, 19, 57), jedenfalls in der Richtung von Osten nach Westen, auf: Elaeusa (wohl Elaeusae, die jetzigen Lagusae), Adendros, Kraugiae, Kaekiae und Selachusa. Die südlichere Gruppe, die sich von dem die Bucht von Sophiko im Süden umschliessenden Cap Trachili ebenfalls gegen Osten bis zur Höhe von Salamis hinzieht, enthält ausser einigen ganz kleinen drei bedeutendere: die jetzt unbewohnte Kyra, mit Ruinen einer alten Befestigung auf der nordöstlichen Berghöhe, bei den Alten Pityonnesos genannt; östlich davon die grössere noch jetzt bewohnte Ankistri mit dem Hauptorte Megalochorio an der Nordküste, die alte Kekryphalos oder Kekryphaleia, bei welcher die Athener Ol. 80, 3 einen Sieg über die vereinigte Flotte der Korinther, Epidaurier und Aegineten gewannen[2]); endlich noch weiter östlich Aegina, eine Insel von

[1]) Thuk. V, 53: vgl. oben S. 61, Anm. 1. Ueber die Ruinen s. Pouillon-Boblaye Recherches p. 55 und Curtius S. 429, der vermuthungsweise das von Strab. p. 375 als τόπος τις τῆς Ἐπιδαυρίας erwähnte Aegina bei Bedeni ansetzt.

[2]) Plin. N. h. IV, 19, 57; Steph. Byz. u. Κεκρυφάλεια; Thuk. I, 105; Diod. XI, 78. Da bei Plinius die Reihenfolge ist: Cecryphalos, Pityonesos, Aegina, so könnte man geneigt sein, die Kyra für Kekryphalos und das Cap Trachili für die von Steph. erwähnte ἄκρα Kekryphaleia zu halten; allein die Entfernung von VI milia passuum vom Festlande, die er für Pityonesos angiebt, passt nur auf die Kyra. Wahrscheinlich ist auf diese zwischen Cap Trachili und Aegina gelegenen Inseln der von Paus. c. 34, 3 gegebene Name Πέλοπος νῆσοι zu beziehen; denn obgleich die von Paus. angegebene Zahl 9 der Wirklichkeit nicht entspricht, so wüsste ich doch sonst durchaus keine Inselgruppe, für welche die Bezeichnung νησῖδες αἳ πρόκεινται τῆς (τῶν Μεθάνων) χώρας

wenig über zwei Quadratmeilen (gegen 83 □ Kilometer) Flächeninhalt, ganz gebirgig, jetzt ganz ohne Bewaldung und fast ohne fliessendes Wasser, die aber über ein Jahrhundert lang die erste Seemacht in den hellenischen Gewässern war.[1]) Der Boden ist durchweg steinig und ziemlich mager, jedoch keineswegs unfruchtbar, sondern bei sorgfältigem Anbau für Gerste, Wein, Mandeln, Feigen und Oel wohl geeignet; der fruchtbarste Theil, besonders für den Getreidebau, ist eine breite Ebene an der Westseite der Insel um die Hauptstadt herum, deren Boden fast ganz aus Kalkmergel besteht. Kalkstein bildet auch die Hauptmasse der Gebirge; an einigen Stellen tritt vulkanisches Gestein (Trachyt) auf, besonders im südöstlicheren Theile der Insel, wo man unterhalb der zerstörten mittelalterlichen Stadt eine Anzahl in senkrechten Wänden aufsteigender Felskuppen trifft, welche jetzt 'der geborstene Berg' (τὸ σπασμένο βουνό) genannt werden. An verschiedenen Punkten findet man einen vortrefflichen Töpferthon, daher die Töpferei schon frühzeitig auf der Insel zur Blüte gelangte und Thonwaaren einen nicht unbedeutenden Ausfuhrartikel bildeten. Die Berge im Norden liefern gute Bausteine.[2]) Obgleich nun die natürliche Beschaffenheit der Insel nicht eben günstig ist für die Schiffahrt (denn abgesehen davon, dass sie von zahlreichen Klippen umgeben ist,[3]) ist die Ostküste mit Ausnahme der kleinen jetzt Hagia Marina genannten Bucht ganz unzugänglich; die Westküste bietet zwar einige offene Rheden dar, die aber erst durch Kunst in sichere Häfen verwandelt werden mussten), so musste doch schon ihre Lage, die sie zur natürlichen Vermittlerin des Verkehrs zwischen dem nordöstlichen

---

passte, da östlich von Methana auf der französ. Karte (Bl. 13) nur zwei kleine Inselchen, Petrokaravo und Platurada, verzeichnet sind.

[1]) Vgl. über die Insel: Aegineticorum liber scripsit Car. Mueller, Berlin 1817; About Mémoire sur l'île d'Égine, in den Archives des missions scientifiques et littéraires, t. III, p. 481—567. Im Alterthum hatte Pythaenetos ein Werk περὶ Αἰγίνης in wenigstens drei Büchern (Athen. XIII, p. 589 f) und Theagenes ein Buch unter gleichem Titel geschrieben (Schol. Pind. Nem. III, 21).

[2]) Vgl. über die geognostischen Verhältnisse der Insel überhaupt Fiedler Reise I, S. 272 ff. und über die vulkanischen Bildungen insbesondere W. Reiss und A. Stübel Ausflug nach den vulkanischen Gebirgen von Aegina und Methana im Jahre 1866 nebst mineralogischen Beiträgen von K. v. Fritsch, Heidelberg 1867.

[3]) Vgl. Paus. II, 29, 6.

Griechenland und dem Peloponnes machte, die Bewohner frühzeitig auf den Verkehr zur See hinweisen; und in der That wird schon von der ältesten, dem achäischen Stamme der Myrmidonen angehörigen Bevölkerung, welche Zeus seinem Sohne Aeakos, den er mit der Asopostochter Aegina erzeugt und auf die bis dahin menschenleere, Oinone oder Oinopia genannte Insel gebracht hatte, zu Liebe aus Ameisen erschuf, gerühmt, dass sie zuerst Schiffe gezimmert und mit Segeln versehen habe;[1]) auch finden wir die Aegineten unter den Mitgliedern der alten ionisch-achäischen Amphiktyonie von Kalaurea (Strab. VIII, p. 374). Dieser Richtung auf Schiffahrt und Handel konnten auch die Dorier, welche, angeblich unter Führung eines Triakon, die Insel von Epidauros aus besetzten und colonisirten, sich nicht entziehen: die Tochterstadt wetteiferte mit der Mutterstadt, ja sie überflügelte dieselbe bald an Macht und Reichthum und löste endlich das Verhältniss einer immer drückender empfundenen Abhängigkeit von derselben ganz auf (etwa um Ol. 50).[2]) Von diesem Zeitpunkte an bis zur Unterwerfung durch ihre mächtigere Nebenbuhlerin, Athen (Ol. 81, 1) gelangte die Insel an Bevölkerungszahl, Macht und Reichtum zu einer fast beispiellosen Blüte. Wenn wir auch das Zeugniss des Aristoteles (bei Athen. VI, p. 272[d]. und Schol. Pind. Ol. VIII, 30), dass die Aegineten 470,000 Sclaven besassen, auf die Gesammtzahl der den Bewohnern der Insel gehörigen Sclaven, mit Einrechnung der auf den Schiffen und in auswärtigen Etablissements beschäftigten, beziehen (vgl. oben S. 13, Anm. 2), so werden wir doch die Gesammtzahl der Bevölkerung nicht wohl unter 500,000 Seelen ansetzen dürfen.[3]) Der Handel war ebensowohl

[1]) Hesiod. frg. 93 Göttling. Achäische Bevölkerung kennt auf Aegina auch der Schiffscatalog (Il. *B*, 562), welcher die Insel ebenso wie Epidauros zum argivischen Reiche des Diomedes rechnet.

[2]) Herod. V, 82 ff.; vgl. Müller Aegin. p. 68 ss.; Duncker Gesch. d. Alt. IV, S. 311 f.

[3]) Wallon (Histoire de l'esclavage I, p. 281) läugnet die Richtigkeit der Angabe des Aristoteles, weil, wenn man neben der von jenem gegebenen Sclavenzahl eine freie Bevölkerung von 130,000 Seelen annehme, man 7230 Einwohner auf den □Kilometer erhalte, zweimal soviel als im Departement de la Seine und nur dreimal weniger als in Paris. About stimmt ihm bei und schätzt dann willkürlich die bürgerliche Bevölkerung auf etwa 20,000 Seelen, die Metöken (?) auf ebenso viele, die Sclaven auf 120—130,000 Köpfe. — Heut zu Tage zählt die Insel etwa 5000 Einwohner.

Zwischen- und Binnenhandel, besonders nach dem Peloponnes (vgl. Paus. VIII, 5, 8), als ein grossartiger Export- und Importhandel nach den ferneren Küsten des Ostens und Westens: zum Schutze des letzteren hatten die Aegineten Colonien nach Kydonia auf Kreta und nach Umbrien entsandt und wahrscheinlich auch am Pontos, von wo sie hauptsächlich ihren Getreidebedarf bezogen (vgl. Herod. VII, 147), eine befestigte Handelsstation angelegt.[1]) Als Exportartikel lieferte die einheimische, wahrscheinlich durch ein strenges Prohibitivsystem geschützte Industrie hauptsächlich Thonwaaren und Salben, dann überhaupt allerhand Kurz- und Galanteriewaaren, die man daher geradezu mit dem Namen *Αἰγιναία ἐμπολή* bezeichnete.[2]) Von der Bedeutung dieses Handels legt besonders der Umstand Zeugniss ab, dass der äginäische Münzfuss wie auch das äginäische Maass- und Gewichtssystem in der älteren Zeit fast durch ganz Griechenland verbreitet war und insbesondere im Peloponnes die äginäischen Münzen, die nach ihrem Gepräge sogenannten 'Schildkröten' (*χελῶναι*), das gewöhnliche Courant waren.[3]) Bei dieser lebhaften Entwickelung des Handelsgeistes kann es nicht Wunder nehmen, dass die aller Orten und mit allen möglichen Waaren handelnden Aegineten, ähnlich wie die Juden im Mittelalter und in neueren Zeiten, nicht nur für sehr gewandte und schlaue, sondern auch für betrügerische Handelsleute galten.[4]) Doch waren sie keineswegs ein blosses Krämervolk, bei welchem das Streben nach Handelsgewinn alle höheren Interessen in den Hintergrund drängte, sondern auch auf anderen Gebieten standen sie in den vordersten Reihen: äginäische Bürger fochten mit rühmlicher Tapferkeit in den Schlachten gegen die Perser, die edelsten Geschlechter der Insel lieferten zahlreiche Sieger in den gymnischen Agonen

---

[1]) Herod. III, 59; Strab. VIII, p. 376. Ein *ἐμπόριον Αἰγινήτης* zwischen *Ἀβώνου τεῖχος* und *Κίνωλις* erwähnen Arrian. Peripl. Pont. Eux. § 20; Anon. Per. P. Eux. § 20; Marcian. Epit. peripli Menippei § 9 und Steph. Byz. u. *Αἰγινήτης*: vgl. Müller Aegin. p. 83 s.

[2]) Steph. u. *Αἴγινα*; Athen. XV, p. 689[d]; Ephor. bei Strab. VIII, p. 376; auf Prohibitivsystem lässt das Verbot gegen attische Waaren (Herod. V, 88), das gewiss nicht aus blossem Nationalhass zu erklären ist, schliessen.

[3]) Vgl. Fr. Hultsch Griech. und röm. Metrologie S. 131 ff.

[4]) S. Diogenian. Prov. V, 92; vgl. Herod. IX, 79.

der grossen Festspiele[1]), und die bildende Kunst, besonders die Erzbildnerei, gelangte durch die aeginäische Bildnerschule zu einer Blüte, die nur durch den Verlust der Selbständigkeit gebrochen wurde. Von diesem Schlage hat sich überhaupt die Insel nie wieder erholt: auch nachdem Lysander den Ueberbleibseln der von den Athenern vertriebenen Bevölkerung den Besitz derselben zurückgegeben hatte, konnte sie nicht einmal einen Schatten ihrer früheren Macht wiedergewinnen, sondern verzehrte sich in unfruchtbaren Feindseligkeiten gegen Athen[2]) und war häufig ein blosses Werkzeug in den Händen der Feinde desselben.

Die der Insel selbst gleichnamige Hauptstadt lag im Altertum ungefähr an derselben Stelle wie die jetzige, an der Westküste (Strab. VIII, p. 375), nur dass sie, wie die Spuren der Ringmauern zeigen,[3]) von weit bedeutenderem Umfang, besonders nach Norden zu, war. Sie besass ausser einer am weitesten gegen Norden gelegenen, durch einen Damm gegen den Nordwind geschützten offenen Rhede zwei künstliche Häfen, deren Molen noch jetzt ziemlich gut erhalten sind: der kleinere nördlichere, dessen schmaler Eingang durch zwei Thürme geschützt und mit Ketten verschliessbar war, diente wahrscheinlich zur Zeit der Unabhängigkeit der Insel als Kriegshafen, der etwa zweimal grössere südlichere, welcher durch eine Fortsetzung der Stadtmauer auf dem südlichen Molo auch in die Befestigung der Stadt aufgenommen war, als Handelshafen. Neuerdings ist nur

---

[1]) Vgl. Krause Die Gymnastik und Agonistik der Hellenen II, S. 746 ss.

[2]) Den stärksten Ausdruck fand dieser Hass in der Bestimmung, dass jeder Athener, der die Insel betrete, dem Tode verfallen sein solle (Plut. Dion 5; Diog. Laert. III, 19); Proben von der Aengstlichkeit gegen plötzliche Ueberrumpelung von Seiten Athens sind die Anbringung schwerer eiserner Hämmer an den Stadtthoren (Aen. Poliorcet. 20) und das Polizeiverbot bei Nacht auf den Strassen zu circuliren (Plat. Cratyl. p. 433 a). Vgl. über die spätere Geschichte der Insel Müller Aegin. p. 189 ss.; About Mémoire ch. VII.

[3]) Leake (Travels in the Morea II, p. 436 s.) konnte die gegen 10 F. dicken, mit Thürmen in nicht ganz regelmässigen Zwischenräumen versehenen Mauern an der Landseite noch in ihrer ganzen Ausdehnung verfolgen, während heut zu Tage wenigstens über dem Boden nur noch geringe Spuren davon sichtbar sind.

der südlichere, an welchem der Präsident Kapodistrias einen neuen Molo angelegt hat, im Gebrauch. Auf einem flachen Vorsprunge des Ufers am nördlichen Hafen steht auf hohem, aus mächtigen Quadern gebildeten Unterbau (dessen Steine zum grössten Theile zum Bau des eben erwähnten Molo verwendet worden sind) eine dorische Säule ohne Capitäl aus gelblichem Kalktuff, der Rest eines Tempels, von welchem frühere Reisende, wie Dodwell und Leake, noch zwei Säulen vorfanden, deren eine mit dem Capitäl eine Höhe von 25 Fuss, an der Basis einen Durchmesser von 3 Fuss 9 Zoll hatte. Unter der Voraussetzung, dass der nördlichere Hafen der zur Zeit des Pausanias gewöhnlich gebrauchte gewesen, hat man diesen Tempel für den der Aphrodite (vgl. Paus. II, 29, 6) gehalten;[1] indess ist jene Voraussetzung ziemlich unsicher, da Pausanias (a. a. O. § 10 f.) ausser dem Hafen, in dem er gelandet ist, noch einen anderen, den *Κρυπτός λιμήν* (ein Name, der für den grösseren südlichen Hafen sehr wenig passend erscheint) erwähnt, in dessen Nähe das Theater und hinter demselben das Stadion, dessen eine Seite als Unterbau des Theaters diente, lagen. In der Nähe jenes Tempels und des kleineren Hafens scheint ein dem Attalos Philadelphos, König von Pergamos geweihter heiliger Bezirk (*τὸ Ἀττάλειον*) gewesen zu sein.[2] Weiter gegen Norden erhebt sich ein grosser künstlicher Erdhügel, welcher dem vom Peiraceus her kommenden Reisenden schon bevor er landet in die Augen fällt; am Fusse desselben ist eine grosse Fläche von nicht ganz regelmässiger viereckter Form (eine Seite ist ungefähr 100 Meter lang) in den Felsboden eingeschnitten. Der Zweck dieser ganzen Anlage ist ziemlich unklar; denn obgleich es sehr nahe liegt, in dem Hügel das Grab des Phokos — einen Erdhügel mit einem runden steinernen Unterbau — zu erkennen, so passt doch jene Vertiefung im Felsboden keineswegs auf das neben diesem Grabhügel am ansehnlichsten Platze der Stadt gelegene Aeakeion,

---

[1]) Vgl. Alterth. von Ionien C. VI, Tfl. 1; Expéd. de Morée III, pl. 38 s.; Leake Travels in the Morea II, p. 435 s.; Klenze Aphoristische Bemerkungen auf einer Reise in Griechenland S. 159 ff., Tfl. I, 1. Ein Fest Aphrodisia als Nachfeier eines 16tägigen Poseidonfestes erwähnt Plut. Q. gr. 44.

[2]) Vgl. die dort gefundene Inschrift C. I. gr. n. 2139 b (= Ἐφημ. ἀρχ. 1839, n. 343 und Rangabis Ant. hell. n. 688), Z. 46.

das als ein viereckter Peribolos, von Marmormauern umschlossen, beschrieben wird, mit einer Eingangshalle, in welcher die der Sage nach einst an Aeakos von den Hellenen abgeordneten Gesandten dargestellt waren, mit alten Oelbäumen im Inneren und einem niedrigen Altare, den eine Geheimsage als Grabmal des Aeakos bezeichnete: aeginäische Sieger in den Festspielen brachten hier ihre Siegeskränze als Weihgeschenke dar und Verfolgte fanden hier ein schützendes Asyl.[1]) Müssen wir also die Stelle dieses Denkmals unbestimmt lassen, so gilt dasselbe auch von den sonstigen Tempeln der Stadt, wie von den nahe bei einander stehenden des Apollon, der Artemis und des Dionysos,[2]) dem der Hekate, welcher alljährlich ein hochheiliges Fest mit geheimnissvollen Cultbräuchen gefeiert wurde,[3]) und dem der Demeter Thesmophoros.[4]) Jetzt sind auf dem Boden der alten Stadt ausser den schon erwähnten Resten nur noch ein antiker Mosaikfussboden, eine Fülle von Scherben alter Thongefässe und sehr zahlreiche in den felsigen Boden brunnenartig eingesenkte Gräber mit je einer oder mehreren unterirdischen Grabkammern erhalten.[5])

Wendet man sich ostwärts von der Stadt durch die noch jetzt ziemlich gut angebaute, besonders mit Oel- und Feigenbäumen bepflanzte, hie und da von Gärten, in denen viele Kypressen erscheinen, unterbrochene Ebene, so gelangt man nach ungefähr einer halben Stunde an den Fuss des Gebirges, welches man auf ziemlich steilen und unwegsamen Pfaden ersteigt. Eine Stunde von der Stadt findet man auf der oberen Fläche eines kahlen Felsens die verfallenen und jetzt ganz verlassenen Häuser der Palaeachora, d. h. der Ortschaft, in welche die Bewohner der Insel

---

[1]) Paus. c. 29, 6; Pind. Nem. V. 96 c. schol.; Olymp. XIII, 154; Schol. Apoll. Rhod. IV, 1770; Plut. Demosth. 28. Festspiele *Αἰάκεια*: Schol. Pind. Olymp. VII, 156. Ueber den Tumulus und die Felsfläche s. About Mémoire p. 546 s., der hier, schwerlich mit Recht, das Aeakeion ansetzt.

[2]) Paus. c. 30, 1; der Tempel des Apollon wird als am *ἐπιφανέστατος τόπος τῆς πόλεως* gelegen erwähnt in der Inschr. C. I. gr. n. 2140, Z. 35 f.

[3]) Paus. a. a. O. § 2; vgl. Luc. Navig. 15.

[4]) Herod. VI, 91.

[5]) Vgl. über diese Ross Archäol. Aufsätze I, S. 45 ff., Tfl. II und III; Erinnerungen und Mittheilungen aus Griechenland (herausgegeben von O. Jahn, Berlin 1863) S. 139 f.

unter der türkischen Herrschaft aus Furcht vor Seeräubern sich zurückgezogen hatten: obgleich sich keine antiken Reste hier nachweisen lassen, kann man doch mit Sicherheit die alte Oie mit dem Heiligtume der aus Epidauros eingeführten Gottheiten Damia und Auxesia (Herod. V, 83) hier ansetzen, da die auf 20 Stadien angegebene Entfernung von der Hauptstadt gerade auf diesen Platz passt. Am südlichen Fusse der Felshöhe fliesst der bedeutendste unter den Bächen der Insel, der freilich den grösseren Theil des Jahres hindurch wasserlos ist: derselbe scheint im Altertum den Namen Asopos geführt zu haben.[1]) Etwas über eine Stunde östlich von hier, auf einem 190 Meter hohen Hügel oberhalb der Bucht der heiligen Marina, steht die berühmte Ruine des Tempels der Athene, eines dorischen Hexastylos peripteros (mit 6 × 12 Säulen und doppelter Säulenstellung im Innern der Cella) aus gelblichem, durchgängig mit farbigem Stuck überzogenen Kalkstein (das Dach und die Sculpturen aus parischem Marmor), dessen Giebelgruppen allein uns ein Bild von der Blüte der bildenden Kunst auf Aegina in der Zeit seiner Selbständigkeit zu geben vermögen.[2]) Südöstlich vom Tempel erkennt man noch den Unterbau eines antiken Gebäudes, das wahrscheinlich zu Wohnungen für die Tempeldienerschaft bestimmt war.[3])

Ein etwas längerer und beschwerlicherer Weg, als nach dem Tempel der Athene, führt von der Stadt nach dem im südöstlichsten Theile der Insel sich erhebenden Oros, wie es jetzt als einziger wirklicher Berg der Insel von den Umwohnern schlechtweg genannt wird, dem alten Panhellenion. Am nördlichen Abhange des Berges erhebt sich in einem rauhen, einsamen Thale, das noch in neueren Zeiten bewaldet war, eine von Mauern aus grossen Trachytblöcken gestützte Terrasse, auf der jetzt eine ganz aus schönen antiken Werkstücken erbaute, aber wieder verfallene Kirche

---

[1]) Einen Bach Asopos auf Aegina nimmt Didymos, eine Quelle Kallistratos in den Schol. Pind. Nem. III, 1, freilich im Widerspruch mit Aristarchos, an.

[2]) Vgl. über den Tempel Alterth. von Ionien C. VI, Tf. 2 ff.; Expédition de Morée III, pl. 47 ss.; Garnier Revue archéologique XI (1854) p. 193 ss.; 343 ss.; 423 ss., und über Athene als Eigentümerin des Tempels (vgl. Herod. III, 59) Ross Arch. Aufs. I, S. 241 ff.; A. Michaelis N. Schweizer. Mus. III, S. 213 ff.

[3]) Das ἀμφιπολεῖον der Inschrift C. I. gr. n. 2139, Z. 13.

des Erzengels Michael (τοῦ ἁγίου ἀσωμάτου) steht; in der Mitte der Terrasse findet man noch antikes Steinpflaster, auf dem eine Anzahl grosser platter Steine in gleicher Entfernung von einander liegt, wie wenn sie als Basen von Pfeilern gedient hätten. Das Ganze bildete jedenfalls einen von Mauern (von denen noch mehrere Bruchstücke erhalten sind) umgebenen Peribolos, etwa mit einer kleinen Kapelle in der Mitte, welcher der Aphaea — einer der Artemis verwandten, von den Alten selbst mit der kretischen Britomartis-Diktynna identificirten Göttin — geweiht war.[1]) Ein sehr steiler Pfad führt von hier auf den 531 Meter hohen Gipfel des Berges, der jetzt eine Kapelle des heiligen Elias trägt; diese ist an die Stelle des Heiligtums des Zeus Hellanios oder Panhellenios getreten, einer Stiftung des Aeakos, der hier einst den lang ersehnten Regen von Zeus erfleht haben soll: eine Sage, die wesentlich meteorologischen Ursprungs zu sein scheint; denn für die Athener waren Wolken, welche sich auf dem Gipfel dieses Berges lagerten, ein sicheres Zeichen kommenden Regens, wie sie es noch jetzt für die Bewohner der Insel selbst und für die Megarer sind. Das Heiligtum bestand einfach aus einem von einer halbkreisförmigen Mauer aus grossen unregelmässigen Steinen umgebenen Altar.[2])

Nicht sicher zu bestimmen ist die Lage des von Xen. Hell. V, 1, 10 bei Gelegenheit eines Ol. 98, 1 von Chabrias gegen die Insel ausgeführten Handstreiches erwähnten Heiligtumes des Herakles (Herakleion) und des 16 Stadien (doch wohl landeinwärts) davon gelegenen Ortes Tripyrgia: da aber als Landungsplatz des Chabrias mit Wahrscheinlichkeit die offene Rhede nördlich von der Stadt betrachtet werden kann, so darf man vermuten, dass die im nördlichsten Theile der Ebene auf geglättetem Felsboden stehende Kirche des heiligen Nikolaos, in welcher sich einige alte Werkstücke vorfinden, die Stelle des Herakleion bezeichne[3]). An der entgegengesetzten Seite der Westküste, süd-

---

[1]) Paus. c. 30, 3; Antonin. Lib. 40: vgl. Müller Aegin. p. 163 ss. und über den Platz Ross Erinnerungen und Mittheilungen aus Griech. S. 143; About Mémoire p. 552 ss.; Expéd. de Morée III, pl. 46.

[2]) Paus. c. 30, 4; Pind. Nem. V, 10; Isocr. Euag. § 14 f.; Theophrast. De signis pl. I, 24. Vgl. A. M(ustoxidi) in der Zeitschrift Ἡ Αἰγιναία. Ἐφημερὶς φιλολογική, ἐπιστημονική καὶ τεχνολογική 1831, S. 158 ff.

[3]) S. About Mémoire p. 548.

lich von der Stadt in der Nähe der jetzt Perdikas (nach den auf der Insel überhaupt sehr zahlreichen Rebhühnern) genannten Bucht, befand sich nach einer daselbst gefundenen Inschrift[1]) ein Temenos des Apollon (Delphinios) und des Poseidon.

Troizenia. An das festländische Gebiet von Epidauros stösst im Südosten die Troizenia, welche gegen Süden durch eine vom Ortholithi (vgl. oben S. 72) nach Osten ziehende Bergkette begränzt wird, die in ihrem höheren westlichen Theile (bis 720 Meter Höhe) Aderes,[2]) in dem östlicheren (der eine Höhe von 537 Meter erreicht) Darditza genannt wird: der östlichste Vorsprung der ganzen Bergkette, das Cap Skyli, vor welchem zwei kleine Inseln und eine Klippe liegen, scheint das Skyllaeon der Alten zu sein, welches mit dem attischen Cap Sunion die beiden Endpunkte des Eingangs des Saronischen Meerbusens bezeichnete.[3]) Die Troezenier griffen hier über ihre natür-

---

[1]) S. Wordsworth Athens and Attica p. 231; A. Michaelis im N. Schweiz. Mus. III, S. 217.

[2]) Ob diesen der Namen Φορβάντιον zukommt, welchen Steph. Byz. u. d. W. für ein ὄρος Τροιζῆνος überliefert, wie Io. Nic. Ios. Schell (De agro Troezenis, Tergesti 1856, p. 3) vermutet, dürfte nicht sicher zu entscheiden sein.

[3]) Scyl. Per. 51 (wo εὐρύτατος statt εὐθύτατος zu schreiben ist); vgl. Thuk. V, 53; Strab. VIII, p. 368; 373; Plin. N. h. IV, 5, 17 s.; Ptol. III, 16, 11; Steph. Byz. u. Σκύλλαιον. Pausanias freilich (c. 34, 7 f.) nennt nach dem Skyllaeon in der Richtung nach Hermione zu ein zweites Vorgebirge, Βουκέφαλα, und nach diesem drei Inseln: Haliussa (mit einem Hafen), Pityussa und Aristerae. Daher hat Curtius (Pel. II, S. 452 ff.) das jetzige Cap Skyli für das alte Bukephala gehalten und das Skyllaeon etwas weiter nordwestlich, zunächst südlich von dem Citronenwalde der Porioten, angesetzt. Allein abgesehen davon, dass doch das jetzige Cap Skyli den natürlichen Abschluss des Saronischen Meerbusens im Südwesten bildet, ist auch die weitere Ansetzung der von Paus. zwischen Bukephala und der Stadt Hermione aufgeführten Oertlichkeiten bei Curtius höchst unwahrscheinlich, namentlich entspricht die Annahme, dass das jetzige Cap Thermisi das Vorgebirge Buporthmos sei, gar nicht der Angabe des Pausanias: vor diesem liege die Insel Aperopia (Doko), nicht weit von dieser Hydrea, und nach dieser der mondsichelförmige Küstenstrich, der bis zur Stelle der alten Stadt Hermione reiche. Die Bezeichnung von Buporthmos als ὄρος ἐς θάλασσαν ἀπὸ τοῦ Πελοποννήσου προβεβλημένον in Verbindung mit der weiteren: πρόκειται δὲ Βουπόρθμου νῆσος Ἀπεροπία καλουμένη macht es im höchsten Grade wahrscheinlich, dass Buporth-

lichen Gränzen zum Schaden ihrer südwestlichen Nachbarn, der Hermioneer, über, indem sie auch die freilich nur wenig anbaufähigen südlichen Abhänge des Darditzagebirges, an welche sich nur ein ganz schmaler Streifen flachen Landes angesetzt hat, der noch dazu von zahlreichen kleinen Seen oder Teichen voll salzigen Wassers unterbrochen wird, sich annectirt hatten, offenbar um auch am Hermionischen Golfe wenigstens einen Landungsplatz zu haben. Die Gränze zwischen den Gebieten von Troizen und Hermione bezeichnete hier wenigstens zur Zeit des Pausanias[1]) ein den Hermioneern gehöriges Heiligtum der Demeter Thermasia 80 Stadien westlich vom Skyllaeon, also in dem flachen Küstensaume zwischen einem dem Kloster des Propheten Elias auf Hydra zugehörigen Metochi (Nebenkloster) und dem breiten felsigen Cap Thermisi.

Den Mittelpunkt der Troizenia bildete eine den nördlichen Fuss der Aderesberge berührende, von West nach Ost etwa drei Viertelstunden breite Strandebene, welche jetzt von dem an ihrem südwestlichen Rande gelegenen Dorfe Damalas den Namen trägt. Sie wird von mehreren Bächen bewässert, unter denen der aus einer romantischen Schlucht westlich von Damalas hervorkommende Kremastos, von den Alten Hyllikos genannt,[2]) der bedeutendste

mos der ganz halbinselartige Felsvorsprung der Küste südlich vom Hafen Kuverta ist, welcher der Insel Doko gegenüber in dem Cap Musaki endet. Ist dies richtig, so kann freilich Pausanias bei seiner Seefahrt nicht vom Cap Skyllaeon, sondern muss von Südwesten her nach Hermione gekommen sein und wir müssen annehmen, dass er bei der Redaction seiner Reiseaufzeichnungen sich geirrt und aus einer Fahrt etwa von Halike (dem jetzigen Hafen Cheli) oder von Mases (Porto Kiladia) nach Hermione eine solche vom Skyllaeon (wo gar kein Landungsplatz ist) aus gemacht hat. Unklar und ohne bestimmtes Resultat behandelt diese Frage Io. Nic. Ios. Schell, De agro Troezenis p. 11 s.

[1]) Paus. c. 34, 6 und 11. Die Ansetzung des Heiligtums am Cap Thermisi selbst, dessen Namen wohl auf warme Quellen zurückzuführen ist, steht mit der Entfernungsangabe bei Paus. im Widerspruch. Strab. VIII, p. 373 rechnet das Skyllaeon noch zum Gebiete von Hermione, aber auch Scyl. Peripl. 51 sagt ausdrücklich: *ἔστι δὲ τὸ Σκύλλαιον τῆς Τροιζηνίας*.

[2]) Paus. c. 32, 7 führt als den ältesten Namen des Flusses Taurios oder Tauros (vgl. Athen. III, p. 122 f) an, welcher wie ähnliche Namen (*Σῦς*, *Κριός*, *Κάπρος* u. a.) den wilden, ungestümen Charakter

ist; zahlreiche Quellen erhöhen die Fruchtbarkeit der Ebene, die für Wein[1]) und Getreidebau wohl geeignet, jetzt aber nur zum Theil mit Bäumen und Weinpflanzungen bedeckt, zum Theil mit der baumartigen Wolfsmilch (Euphorbia dendroides), deren Ausdünstung die Gegend ungesund macht, bewachsen ist. Die alte Stadt nahm einen ziemlich ausgedehnten Raum nordwestlich vom Dorfe Damalas ein, wo man zunächst einen bis zu bedeutender Höhe erhaltenen viereckten Thurm (an der Nordseite 44 Fuss lang) mit einem daran stossenden Stück der südöstlichen Stadtmauer, eine Viertelstunde weiter westlich die sogenannte Episkopi (den Sitz der ehemaligen Bischöfe von Damalas) mit mehreren ganz aus antiken Werkstücken erbauten Kirchen und Trümmern ionischer Säulen darin, davor die Unterbauten von zwei alten Tempelgebäuden findet: wahrscheinlich standen hier die von einem gemeinschaftlichen Peribolos umschlossenen Tempel des Hippolytos und des Apollon Epibaterios (Paus. c. 32, 1 f.). An der Ostseite dieses Peribolos lag das Stadion, dessen oberes Ende noch jetzt im Boden sichtbar ist, und oberhalb desselben ein Tempel der Aphrodite Kataskopia, in dessen Temenos die Gräber der Phaedra und des Hippolytos (der Mondgöttin und des Sonnengottes des ältesten Cultus, die dann in die Heroensage verflochten und zu Heroengestalten herabgezogen worden sind) in der Nähe eines ebenfalls in die Sage von Phaedra und Hippolytos verflochtenen Myrtenbaumes mit durchlöcherten Blättern (jedenfalls eines alten Cultsymboles der Aphrodite) gezeigt wurden (Paus. a. a. O. § 3). Ausserdem finden sich zahlreiche antike Reste, darunter mehrere anscheinend noch am Platze stehende Säulenstümpfe,[2]) nördlich

eines Giessbaches bezeichnet. Auf die reiche Bewässerung ist jedenfalls der Cult der *Μοῦσαι Ἀρδαλίδες* oder *Ἀρδαλίαι* (Paus. c. 31, 3; Plut. VII sap. conv. 4; Steph. B. u. *Ἀρδαλίδες*) zurückzuführen. Nach Plin. N. h. XXXI, 2, 11 und Vitruv. VIII, 3 sollte das Wasser der Brunnen in Troizen das Podagra hervorrufen.

[1]) Ueber den Weinbau in Troizen vgl. besonders Aristot. bei Athen. I, p. 31 c. Nach Theophr. Hist. pl. IX, 18, 11 (vgl. Plin. N. h. XIV, 18, 116) machte das Trinken des Troizenischen Weines zeugungsunfähig.

[2]) Von besonderem Interesse darunter sind die Säulentrommeln aus roth-grauem granitähnlichen Steine mit 8 flachen Seiten, von denen ich im J. 1854 nur noch einen in der bezeichneten Niederung vorfand: die Abschrägung der Seiten anstatt der Cannelirung, welche W. Gell (Argolis p. 121) als ein Zeichen des höchsten Altertums erschien und ihn ver-

und in der Niederung östlich von der Episkopi: an dem letzteren Platze lag wahrscheinlich die Agora, an welcher mehrere Tempel, wie der der Artemis Soteira, der Artemis Lykeia, des Apollon Thearios (vor welchem noch das Zelt, in dem Orestes vom Muttermorde gesühnt worden, gezeigt wurde) und des Zeus Soter, Altäre und Hallen (darunter eine mit Statuen von athenischen Frauen und Kindern, die während des Perserkrieges in Troizen Zuflucht gefunden hatten) standen; auch das Theater lag an oder doch nicht weit von der Agora, in der Nähe des Tempels der Artemis Lykeia (Paus. c. 31). Die Akropolis endlich mit einem Tempel der Athene Sthenias stand auf einem steilen Berggipfel südwestlich oberhalb der Ebene, wo man noch Reste einer mittelalterlichen Befestigung auf antiken Fundamenten vorfindet; beim Herabsteigen von da nach der Ebene kam man an einem Heiligtume des Pan Lyterios vorüber (Paus. c. 32, 5 f.).

Die Bevölkerung der Stadt sowie des Gebietes derselben war, wie man aus den ältesten Culten und aus zahlreichen Spuren der Sagen, welche die Vorzeit der Stadt mit einem glänzenden Lichte umstrahlen, schliessen kann, ionischen Stammes und insbesondere mit den Ioniern Attikas nahe verwandt, wie denn enge Beziehungen zwischen Troizen und Attika bis weit in die historische Zeit hereinreichen. Doch scheint die ionische Bevölkerung frühzeitig unter die Herrschaft eines achäischen Fürstenhauses gekommen zu sein, welches in der Sage durch den Pelopssohn Pittheus repräsentirt wird: er erscheint als der eigentliche Gründer der Stadt, die er durch Zusammensiedelung der Bewohner aus zwei älteren Ortschaften, Antheia und Hypereia, gebildet haben soll.[1]) An die Stelle der achäischen Fürsten traten nach der dorischen Wanderung dorische, wohl ein Zweig des argivischen Königshauses; wahrscheinlich wanderte in Folge dieses Wechsels ein Theil der alten Geschlechter nach der Küste Kleinasiens aus

---

anlasste, die Säulen auf den von Paus. c. 31, 6 erwähnten uralten Tempel des Apollon Thearios zu beziehen, dürfte wohl aus der Beschaffenheit des Materials zu erklären sein.

[1]) Paus. c. 30, 8 f.; vgl. über die Sagengeschichte der Stadt überhaupt Nic. Schell De Troezenis urbis historia. Cap. I. De antiquissima historia usque ad Pittheum urbis qui dicitur conditorem (Krakau 1858); Cap. II. De Thesei origine, educatione, itinere Athenas suscepto (Ofen 1860); auch L. Schiller, Stämme und Staaten Griechenlands, III, S. 23 ff.

und gründete dort, vereint mit argivischen Auswanderern, die Stadt Halikarnasos.[1]) Die Zurückbleibenden bewahrten sich trotz der dorischen Herrschaft, die, wir wissen nicht wann, statt der monarchischen die aristokratische Form annahm,[2]) im Wesentlichen den ionischen Charakter, und die enge Verbindung der Stadt mit Sparta, wie sie besonders im Peloponnesischen Kriege hervortritt, ist jedenfalls aus politischen Gründen, nicht aus dem Gefühle der Stammesgenossenschaft herzuleiten.

Den Hafen der Stadt bildete eine ungefähr $^3/_4$ Stunde gegen Osten entfernte Einbuchtung der Küste, welche nach ihrer Form *Πώγων* (der Bart) genannt wurde.[3]) Auf dem Wege dahin kam man an einem Genethlion genannten Platze, der angeblichen Geburtsstätte des Theseus, vor welchem ein Tempel des Ares stand, vorüber; an der Bucht selbst (wahrscheinlich an der Nordwestseite) lag eine kleine Ortschaft Kelenderis, etwas weiter östlich eine andere, Psipha, nach welcher der anliegende Theil des Meeres *ἡ Ψιφαία θάλασσα* genannt wurde; von einer dritten Ortschaft, Saron, auf welche man den Namen des Saronischen Meerbusens, d. h. des zwischen der Ostküste von Argolis und der Westküste Attikas gelegenen Meeresarmes (vgl. S. 86) herleitete, war in der späteren Zeit nur noch ein Heiligtum der Artemis Saronia übrig.[4])

[1]) Vgl. Strab. VIII, p. 374; XIV, p. 616; Vitruv. II, 8; Steph. Byz. u. *Ἁλικαρνασσός*. Auch das um Ol. 15 gegründete Sybaris war eine gemeinsame Colonie der Troizenier und Achäer: Aristot. pol. V, 3 (p. 130, 22 ed. Bekk. min.).

[2]) Ueber die Verfassung von Troizen sind wir leider nicht näher unterrichtet. In einer zu Ehren des Caracalla gesetzten Inschrift (C. I. gr. n. 1185) wird ein *στρατηγὸς τῆς πόλεος* (sic) als eponymer Beamter genannt; in zwei Inschriften (C. I. gr. n. 1186 und Bullett. 1854 p. XXXIV[a]) wird die *βουλή* erwähnt, in der letzteren auch ein *ἀρχίατρος τῆς πόλεως*, der zugleich das Amt eines Agoranomen verwaltet. In der älteren Zeit standen vielleicht monatlich wechselnde Prytanen wie in Halikarnasos (vgl. die Inschr. C. I. gr. n. 2656 und bei Newton A history of discoveries at Halicarnassus etc. Vol. I pl. LXXXV, Vol. II p. 671 ss.) an der Spitze der Staatsverwaltung.

[3]) Strab. VIII p. 373; Herod. VIII, 42: vgl. Suid. u. *εἰς Τροιζῆνα* und *Πώγων*; Paroemiogr. gr. edd. Schneidewin et Leutsch II, 36 s.

[4]) Paus. c. 32, 9 f.; vgl. die von mir im Rhein. Mus. n. F. XI, S. 321 ff. behandelte Inschrift aus Troizen: auch bei Paus. c. 30, 7 ist wohl *Ψιφαία* (für *Φοιβαία*) *λίμνη* herzustellen. Einen Ort (oder Fluss)

Die Ebene von Troizen wird im Norden durch einen felsigen Höhenzug begränzt, mit welchem durch einen schmalen Isthmos eine mächtige, gegen Norden sich mehr und mehr verbreiternde, durchaus inselartig ins Meer vorgeschobene Bergmasse, zum grössten Theil aus vulkanischem Gesteine (rothbraunem Trachyt) bestehend, zusammenhängt, die noch jetzt wie im Altertum Methana [1]) genannt wird. Der Boden der Halbinsel ist, abgesehen von einigen kleinen Strandebenen, durchaus felsig; doch hat der Fleiss der Bewohner bis hoch an den Gebirgsabhängen hinauf sorgfältig die wenige Erde sammelnd Terrassen angelegt, auf denen besonders Wein und Oel gebaut wird. Schon an der Südostseite, wo das Gebirge noch aus dichtem Kalkstein besteht, findet sich eine kleine landseeartig abgeschlossene Bucht, deren Wasser einen starken Geruch von Schwefelwasserstoffgas verbreitet (daher jetzt, ebenso wie eine in der Nähe liegende kleine Ortschaft, βρωμολίμνη, 'der Stinksee', genannt); in der Mitte der Nordküste dringt unter herabgestürzten Trachytblöcken (nach Paus. c. 32, 1 erst seit den Zeiten des Makedonischen Königs Antigonos Gonatas) eine warme Quelle stark salzigen und schwefelhaltigen Wassers hervor, das offenbar im Altertum zu Heilbädern benutzt wurde.

Der mit der Halbinsel selbst gleichnamige Hauptort lag an der Westseite $^1/_2$ Stunde südwestlich von dem jetzigen Orte Megalochorio, auf einer steil aus einer kleinen Strandebene aufsteigenden Anhöhe, deren Ränder noch jetzt rings um mit den Resten der aus rothen Trachytblöcken erbauten Ringmauer besetzt sind; die kleine an die Strandebene sich anschliessende Bucht war durch einen Hafendamm geschützt. Ausserdem findet man noch an zwei Punkten der Ostküste (östlich von H. Theo-

---

Σάρων erwähnen nur Steph. Byz. u. d. W. und Eustath. ad Dionys. Per. v. 420: vgl. Vibius Sequester p. 9, 9 meiner Ausgabe (im Zürcher Universitätsprogramm 1867).

[1]) Μέθανα Strab. p. 374; Paus. c. 34, 1; Μεθήνη Ptol. III, 16, 12; bei Thuk. IV, 45 (u. Diod. XII, 65) geben die Codd. Μεθώνη, was schon Strab. (a. a. O.) ἐν τισιν ἀντιγράφοις fand: der Name hängt wohl mit μέθυ (vgl. über den Weinbau auf der Halbinsel Paus. a. a. O. § 2) zusammen. Ueber die geognostischen Verhältnisse vgl. Fiedler Reise I, S. 257 ff.; Landerer im Ausland 1861, N. 52 und die S. 78, Anm. 2 angeführte Schrift von Reiss und Stübel; über die von Strab. I, p. 59 u. Ovid. Metam. XV, v. 296 ff. geschilderten vulkanischen Erhebungen auch Curtius Pelop. I, S. 40 ff.

doros und südlich von Bromolimni) Ruinen kleiner befestigter Ortschaften, beide mit sicheren Ankerplätzen, und auf dem Isthmos Ueberreste der Ol. 88, 4 von den Athenern, welche die Halbinsel den Troizeniern entrissen hatten, angelegten Befestigung, welche nicht nur im Mittelalter, sondern auch während des griechischen Befreiungskrieges wenigstens theilweise wiederhergestellt worden ist.[1])

Vor der Ostküste des Troizenischen Gebietes liegt, nur durch einen schmalen Meeressund davon getrennt, eine grössere jetzt Poros genannte Insel, ein Kalksteingebirge, das offenbar ursprünglich die Fortsetzung des die Ebene von Troizen im Norden begränzenden Höhenzuges bildete: mit der Südwestseite desselben hängt durch einen ganz schmalen sandigen Isthmos eine kleine aus vulkanischem Gestein (Trachyt) bestehende Halbinsel zusammen, auf welcher jetzt das durch mehrere Ereignisse des griechischen Befreiungskampfes bekannte Städtchen Poros liegt. Die ganze Insel ist ohne Zweifel die alte Kalaureia, berühmt durch das Heiligtum des Poseidon, welches seit den ältesten Zeiten der griechischen Geschichte den Mittelpunkt eines Bundes (Amphiktyonie) von sieben seefahrenden Staaten (Hermione, Epidauros, Aegina, Athen, Prasiä, Nauplia und Orchomenos in Boiotien) bildete,[2]) dessen Vorort wenigstens ursprünglich wohl Hermione war, woraus auch die Nichtbetheiligung von Troizen an demselben zu erklären sein dürfte: vielleicht hatte die naturgemäss zum Gebiete von Troizen gehörige Insel einstmals den Gegenstand längerer Kämpfe zwischen den Nachbarstädten Troizen und Hermione (ähnlich wie Salamis zwischen Athen und Megara) gebildet, welche dann durch die Vermittelung befreundeter Seestaaten dahin beigelegt wurden, dass der Gegenstand des Streites eine Art neutrale Stellung erhielt. Die politische Bedeutung des Bundes wurde jedenfalls durch den Eintritt der beiden mächtigsten dorischen Staaten, Argos und

---

[1]) Vgl. die französ. Karte Bl. 13 und Curtius Pel. II, S. 440 f. — Ueber die von Paus c. 34, 3 erwähnten Inselchen des Pelops vgl. oben S. 77, Anm. 2.

[2]) Strab. VIII, p. 369 und 373 s. (dessen von Steph. Byz. u. *Καλαύρεια* nachgeschriebene Bezeichnung von Kal. als *νησίδιον ὅσον τριάκοντα σταδίων ἔχον τὸν κύκλον* einfach auf einen Irrtum in seinen Aufzeichnungen zurückzuführen ist); Paus. c. 33, 2; Scyl. Per. 52; Harpokr. p. 105, 19 ed. Bekk. (vgl. oben S. 59, Anm. 2).

Spartas, welche die durch ihre Schuld leer gewordenen Stellen von Nauplia und Prasiä einnahmen, aufgehoben, aber das Heiligtum bestand in hohem Ansehen, besonders durch das selbst von den Makedonischen Gewalthabern wenigstens formell respectirte Asylrecht (das freilich die kilikischen Seeräuber nicht abhielt, es zu verwüsten)[1], und noch jetzt findet man, nachdem die Ruinen desselben Jahrhunderte lang den Bewohnern von Poros, Hydra und andern Nachbarorten als Steinbruch gedient haben, ausgedehnte, wenn auch unscheinbare Reste desselben (einige Mauerzüge und Unterbauten)[2] auf einer breiten Hochfläche ungefähr in der Mitte der Insel, eine Stunde oberhalb der Küste. Die Stadt Kalaurea,[3]) welche wahrscheinlich an der Stelle des jetzigen Städtchens Poros lag, scheint bis zu den Zeiten der römischen Herrschaft, ähnlich wie Delphoi, unter dem Schutze der Poseidonischen Amphiktyonie autonom geblieben zu sein; später wurde die Insel Eigentum der Troizenier. Diesen gehörten jedenfalls zu allen Zeiten die beiden ganz kleinen Inselchen südlich von Kalaureia, deren östlichere jetzt ein Fort, die westlichere ein Lazareth trägt: da auf der letzteren sich Reste einer alten Tempelanlage gefunden haben, so ist dieselbe für die ursprünglich *Σφαιρία*, dann *Ἱερά* genannte Insel, auf welcher ein Tempel der Athena Apaturia stand, zu halten.[4])

Der südöstlichste Theil der Argolischen Akte bildet eine besondere, vielfach ausgezackte und in mehreren grösseren Felsinseln nach Osten und Süden sich fortsetzende Halbinsel, als Hermionis.

---

[1]) Paus. I, 8, 2 f.; Strab. p. 374; Plut. Demosth. 29; Pomp. 25. Grab des Demosthenes im Peribolos des Tempels: Paus. II, 33, 3.

[2]) Frühere Reisende haben noch Architekturstücke gefunden, aus denen sich ergiebt, dass der Tempel in dorischem Stile erbaut war. Plan der Ruinen bei Lebas Voyage archéologique Itineraire pl. 15, wiederholt bei Curtius Pelop. II, Tfl. XVIII.

[3]) Die Angabe von Curtius (Pel. II, S. 448): 'die Stadt der Kalaureaten wird von den alten Schriftstellern nicht erwähnt', ist unrichtig, s. Scyl. Per. 52: *νῆσός ἐστι Καλαυρία καὶ πόλις καὶ λιμήν*. Für die Autonomie der Stadt zeugen die Inschriften Annali 1829, p. 155 (Stephani Parerga archaeol. IV: darin erscheint ein *ταμίας* als eponymer Beamter); C. I. gr. n. 1188 und Rangabis Antiq. hell. n. 821 b (letztere sehr verderbt; Z. 9 wird darin ein *Ἀρτεμίτιον* erwähnt).

[4]) Paus. c. 33, 1: vgl. Pouillon-Boblaye Recherches p. 59; Curtius S. 446 f.

deren Basis das nicht sehr hohe Aspro-Vuno, eine südliche Verzweigung des Didymagebirges, zwischen der Bucht von Kastri im Osten und der Bucht Kiladia im Westen, betrachtet werden kann. Die ältesten Bewohner derselben, von denen wir Kunde haben, waren Karer, die sich wohl theils als Seeräuber, theils als Fischer, besonders von Purpurschnecken,[1]) auf diesen Felsküsten angesiedelt hatten; sie wurden verdrängt durch die Dryoper, welche entweder aus dem Spercheiosthale oder vom Parnass her aus der Gegend von Delphoi kamen und die ganze Küste vom Skyllaeon bis nach Nauplia hin in Besitz nahmen: wahrscheinlich bildeten sie eine Tripolis, d. h. einen Bund von drei selbständigen Städten (Hermione, Eiones und Asine), deren jede einige unterthänige Ortschaften besass, mit Asine als Vorort.[2]) Als nun Asine durch die Dorier von Argos zerstört und die Bewohner ausgetrieben worden waren (vgl. oben S. 60 f.) und als auch Eiones ein gleiches Schicksal, angeblich durch die Mykenäer, welche den Ort eine Zeit lang als Stapelplatz benutzten (Strab. VIII p. 373), erlitten hatte, erhielt sich Hermione allein als selbständige Ortschaft und bewahrte, wenn es auch in manchen Beziehungen, wie namentlich in Hinsicht der Sprache, dem dorischen Einflusse sich nicht entziehen konnte, doch namentlich in religiöser Hinsicht treu den alten dryopischen Charakter, knüpfte auch mit den nach Messenien übergesiedelten Asinäern eine durch gemeinsame Opfer unterhaltene Verbindung wieder an.[3]) Sein Gebiet bildete

---

[1]) Hermionischen Purpur erwähnt Plut. Alex. 36.

[2]) Strab. VIII, p. 373; Diod. IV, 37; vgl. Paus. IV, 34, 9. Uebrigens kann auch eine Dryopische Tetrapolis hier wie am Oeta (vgl. Strab. IX p. 434) bestanden haben, wenn ausser den drei genannten noch Mases, das Il. *B*, 562 neben denselben genannt wird, eine selbständige Stadtgemeinde war: oder gehörte etwa Nauplia, das sicher ursprünglich dryopisch war, zu diesem Bunde?

[3]) Vgl. die Inschr. C. I. gr. n. 1193. — Aus dem Schiffscatalog (*B*, 559 ff.), wo die Dryoperstädte neben Argos, Tiryns, Troizen, Epidauros und Aegina als unter der Führung des Diomedes stehend erscheinen, darf man vielleicht schliessen, dass sie nach der Dorisirung von Argos eine Zeit lang im Abhängigkeitsverhältnisse zu diesem gestanden haben: doch könnte v. 567 wohl eine argivische Interpolation zum Behuf der Unterstüzung der Ansprüche der Argiver auf die Herrschaft über ganz Argolis sein. Jedenfalls war Hermione sowohl zur Zeit des Polykrates (Herod. III, 59), als zur Zeit des Perserkrieges (Herod. VIII, 43; IX,

die alte Dryopis mit Ausnahme der von den Argivern und Epidauriern occupirten Partien, d. h. die Halbinsel südlich von der Bergkette des Avgo-, Didymo- und Aderesgebirges, auf deren Rücken jedenfalls die Gränzen gegen Argos, Epidauros und Troizen hinliefen, und die in der Nähe der Küste liegenden Felsinseln, von denen es freilich Hydrea an Samische Piraten abtreten musste, die es ihrerseits den Troizeniern übergaben (Herod. III, 59), welche, wie schon oben bemerkt (S. 86 f.), auch auf dem Festlande ein Stück althermionischen Gebietes sich annectirten.

Von Damalas (Troizen) aus steigt man in 6—7 Stunden über den jetzt ganz kahlen Kamm des Aderesgebirges nach dem gegen drei Stunden östlich von Kranidi, dem jetzigen Hauptorte der Halbinsel, gelegenen Dorfe Kastri, das die Stelle der Stadt Hermion[1]) oder Hermione einnimmt. Pausanias (c. 34, 6) kam auf diesem Weg zunächst noch in der Troizenischen Ebene an dem 'Steine des Theseus' (ursprünglich Altar des Zeus Sthenios), dann auf dem Gebirge an einem Tempel des Apollon Platanistios und an einem Oertchen Eileoi mit Heiligtümern der Demeter und der Kora vorüber: ob dieser jedenfalls schon zum Gebiet von Hermione gehörige Ort an dem jetzt Ilia genannten Platze (einer Hochebene am südlichen Abhange der Aderes) lag, ist bei der öfteren Wiederkehr dieses Ortsnamens in Griechenland nicht zu entscheiden. Die Stadt Hermione soll nach Pausanias (eb. § 9 f.) ursprünglich auf der sieben Stadien langen und höchstens 2—3 Stadien breiten Landzunge (jetzt mit dem albanesischen Namen

---

28: vgl. die Inschr. des Platäischen Weihgeschenks, Gewinde 9), des Peloponnesischen Krieges, wo es auf Seiten Spartas stand (Thuk. II, 56; VIII, 3) und später von Argos unabhängig. Paus. c. 34, 5 spricht von einer ἐποικία der argivischen Dorier in Hermione offenbar nur aus Vermutung. Aus der Zeit des Pelop. Krieges stammt wahrscheinlich die von Baumeister im Philol. IX, S. 180 und von mir im Bullettino 1854 p. XXXIII[b] veröffentlichte Inschrift, welche Rechnungen über verschiedene öffentliche Ausgaben (Bauten und Gesandtschaften) enthält. Xenon Tyrann von Hermione legt Ol. 136, 3 die Tyrannis nieder und H. tritt dem achäischen Bunde bei: Polyb. II, 44.

[1]) Die ältesten Zeugnisse (Il. *B*, 560 und Herod. VIII, 73) geben als Form des Ortsnamens Ἑρμιόνη; bei den folgenden Schriftstellern wechselt diese mit Ἑρμιών und zwar scheint im Nominativ die längere, in den Casus obliqui die kürzere Form vorwiegend gewesen zu sein. Die Inschriften geben nur das Ethnikon Ἑρμιονεύς. Steph. Byz. u. Ἑρμιών führt als alten Namen der Stadt auch Λακέρεια an.

bisti, d. i. der Schwanz, benannt) gelegen haben, welche sich östlich von Kastri zwischen zwei Buchten (einer kleineren nördlichen und einer grösseren südlichen, dem jetzigen Hafen Kappari) ins Meer hinausstreckt, und erst später etwas weiter landeinwärts an den Fuss und Abhang des Berges Pron, der im Westen durch eine Einsattelung von einem längeren Bergrücken, dem Thornax oder 'Kukuksberge' (*Κοκκύγιον*: s. Paus. c. 36, 2) der Alten, getrennt ist, verlegt worden sein; doch ist dies schon deshalb unglaublich, weil mehrere der bedeutendsten Heiligtümer, darunter das der Demeter Chthonia mit dem zur Unterwelt hinabführenden Erdschlunde, am Berge Pron lagen. Man wird also vielmehr anzunehmen haben, dass die Stadt zur Zeit ihrer höchsten Blüte sich vom Abhange des Pron, der die Akropolis bildete, bis zur äussersten Spitze der Landzunge erstreckte, allmälig aber bei Abnahme der Bevölkerung die Bewohner sich von der Landzunge nach der Küste zurückzogen, so dass auf jener nur einige Heiligtümer und die Befestigungsmauern und Hafenbauten übrig blieben. Noch jetzt findet man zu beiden Seiten derselben Reste der alten Hafenbauten, an der Ostspitze die Ruinen eines runden, an der Nordseite die eines viereckigen Thurmes, auf dem östlicheren Plateau den über 100 Fuss langen und 38 Fuss breiten Unterbau eines Tempels aus graublauem von weissen Adern durchzogenen Kalkstein (jedenfalls des von Paus. a. a. O. § 10 erwähnten Tempels des Poseidon)[1]) und weiter westlich zahlreiche andere antike Bautrümmer, unter denen man noch an der Südseite die Reste eines Theaters aus römischer Zeit erkennt. Pausanias fand auf diesem Theile der Landzunge noch verschiedene Tempel (zwei der Athena, an deren einem das Dach eingestürzt war, einen des Helios, einen der Chariten, und einen des Serapis und der Isis — letzterer ein Beweis, dass diese untere Stadt noch in der alexandrinischen Zeit bewohnt war), die Fundamente eines Stadion und mehrere von Mauern aus rohen Steinen umschlossene Räume, in welchen der Demeter geheimnissvolle Opfer gebracht wurden. Die obere Stadt begann höchstens vier Stadien von der Küste und zog sich von da, wie das jetzige Kastri, aber offenbar in weiterem Umfang, am Abhang des Pron empor, rings von einer

---

[1]) Ein *ἱερεὺς θεοῦ Ποσειδῶνος* erscheint in der späteren Inschrift C. I. gr. n. 1223.

Mauer (von welcher vielleicht die 50 Fuss lang offen liegende hellenische Mauer, welche den Unterbau des jetzigen Schulhauses bildet, ein Rest ist) umgeben, mit zahlreichen Tempeln: so standen im unteren Theile die Tempel der Aphrodite (Pontia und Limenia als Hafengöttin genannt), der Demeter Thermasia, des Dionysos Melanaegis, der Artemis Iphigeneia, der Hestia, drei Tempel des Apollon und ein Tempel der Tyche; höher hinauf am Pron das mit Asylrecht ausgestattete Hauptheiligtum der Stadt, der Tempel der Demeter Chthonia, mit welchem ein ihm gegenüber liegender Tempel des Klymenos und eine zur Rechten angebaute Halle (der Echo) verbunden waren: hinter dem Haupttempel waren drei mit Steinmauern umgebene Plätze, der eine dem Klymenos (mit einem Erdschlunde, durch welchen Herakles den Kerberos nach Hermionischer Sage emporgeführt haben sollte), der zweite dem Pluton geweiht, der dritte 'Acherusischer See' genannt. Die Stelle dieser ganzen Gruppe von Heiligtümern bezeichnet wohl ungefähr die jetzige Hauptkirche von Kastri (τῶν ταξιάρχων, d. i. der Erzengel), bei welcher zwei alte Säulen, einige Sculpturfragmente und zahlreiche alte Werkstücke, auch zwei Steine mit Weihinschriften für Demeter, Klymenos und Kora liegen;[1]) bestimmter würde dieselbe wohl nur festzustellen sein durch Auffindung jenes Erdschlundes, der offenbar nach dem Volksglauben der Hermioneer eine directe Verbindung zwischen der Stadt und der Unterwelt bildete und als solche die Hermionischen Todten der Zahlung des Fährgeldes an Charon überhob.[2])

Aus der westlichen Ringmauer der Stadt führte ein Thor, in dessen Nähe innerhalb der Mauer ein Heiligtum der Eileithyia mit einem nur für die Priesterinnen schaubaren Cultbilde stand,[3]) nach Mases, einer alten Ortschaft, die zur Zeit des Pausanias (s. c. 36, 1 ff.) zu einem blossen Hafenplatze von Hermione herab-

---

[1]) S. Annali XXXIII p. 10; andere Weihinschriften, theils für Demeter Chthonia allein, theils für Demeter, Klymenos und Kora C. I. gr. n. 1193—1200; ein ἱερεὺς τοῦ Κλυμένου ebd. n. 1220. Verwüstung des Demetertempels durch die Kilikischen Seeräuber: Plut. Pompei. 24. Beschreibung der sämmtlichen im Texte erwähnten Tempel bei Paus. c. 34, 11—35, 10. Auf das Asylrecht des Demetertempels ist das Sprüchwort ἀνθ' Ἑρμιόνος (s. Suid. u. d. W.; Zenob. II, 22) zurückzuführen.

[2]) Strab. VIII, p. 373.

[3]) Paus. c. 35, 11: vgl. die Inschrift Annali XXXIII, p. 11.

gesunken war. Wandte man sich sieben Stadien von Hermione von dieser Strasse ab zur Linken, d. h. gegen Süden, so gelangte man an die Stelle einer anderen alten Ortschaft, Halieis oder Halike, ursprünglich einer Niederlassung Hermionischer Fischer und Salzsieder, die dann durch die Zuwanderung eines Theiles der vertriebenen Tirynthier (vgl. oben S. 58) verstärkt wurde,[1] zur Zeit des Pausanias aber völlig verlassen war. Da sie als am Eingang des Argolischen Meerbusens gelegen bezeichnet wird (Scyl. Peripl. 50), so kann man sie mit ziemlicher Sicherheit an der jetzt Porto Cheli genannten Bucht, an der Westseite der südlichsten Spitze der Halbinsel ansetzen, an deren südlichem Ufer sich noch Grundmauern alter Gebäude finden; ein nördlich von der Bucht sich hinziehender ausgedehnter Salzsee (jetzt Ververonda genannt) gab den Anwohnern Gelegenheit zur Salzgewinnung. Die dieser Bucht im Norden entsprechende Bucht Kiladia, bei welcher sich ebenfalls einige antike Reste vorfinden, wird dann als der Hafen von Mases und der diese Bucht im Nordwesten begränzende Felsvorsprung als das Vorgebirge Struthūs (Paus. c. 36, 3) zu betrachten sein. Nicht zu bestimmen sind die Philanorion und Boleoi genannten Plätze, zu welchen Pausanias (a. a. O.) von Struthus aus, auf dem Rücken der Berge hingehend, gelangt,[2] während die Ortschaft Didymoi, in welcher er Heiligtümer des Apollon, des Poseidon und der Demeter erwähnt, mit Sicherheit in dem in einem kleinen Hochthale am südwestlichen Fusse des gleichnamigen Berges gelegenen Dorfe Didyma wiederzuerkennen ist, in welchem man noch einen tiefen

[1]) So ist offenbar der Ausdruck des Herod. VII, 137 *Ἁλιέας τοὺς ἐκ Τίρυνϑος* zu verstehen; vgl. Ephoros bei Steph. u. *Ἁλιεῖς*. Nach Strab. p. 373 (vgl. Meineke Vindic. Strab. p. 120) wären vielmehr die vertriebenen Mideer nach Halieis gezogen. Die Angabe bei Steph. u. *Τίρυνς*, Tiryns sei früher Halieis genannt worden, beruht offenbar auf Verwechselung. Schon zur Zeit des Strabon (s. p. 373) scheint keine eigentliche Ortschaft Halieis mehr bestanden zu haben, sondern die vereinzelten Bewohner der Küsten des Hermionischen Gebietes mit diesem Namen bezeichnet worden zu sein. Die gewöhnliche Form des Namens ist *Ἁλιεῖς*, bei Scyl. Per. 50 *Ἁλία* (vgl. Hesych. u. *Ἁλία*), bei Thuk. II, 56 *γῆ Ἁλιάς*, bei Paus. c. 36, 1 *Ἁλίκη*, bei Kallimachos *Ἅλυκος* (s. Steph. u. d. W.)

[2]) Die Entfernungsangabe auf 250 Stadien bei Paus. ist, wie schon Curtius (Pel. II, S. 464) bemerkt hat, gewiss irrig.

wasserreichen Brunnen mit antiker Fassung, wie auch in einer Kirche der heiligen Marina östlich vom Dorfe eine Weihinschrift an Demeter findet.[1])

Den am weitesten ins Meer vorspringenden Zacken der Hermionischen Küste entsprechen im Osten und Süden mehrere Inseln, welche, wie schon bemerkt, wohl als submarine Fortsetzungen derselben zu betrachten sind. Zunächst südlich vom Hafen Kappari (s. o. S. 96) greifen gegen Osten gleichsam zwei Felsscheeren vor, die in den Caps Steno und Musaki enden und eine kleine Bucht (jetzt Porto Kuverta genannt) umschliessen. Das Cap Musaki wird durch einen kaum eine Viertelstunde breiten Canal (Strasse von Doko) von der fast ganz kahlen felsigen Insel Doko getrennt, die gegen zwei Stunden lang, an der breitesten Stelle gegen drei Viertelstunden breit, jetzt ohne regelmässige Bewohnung ist, obwohl eine tiefe Bucht an ihrer Nordseite den Schiffen einen sichern Ankerplatz bietet. Die Strasse von Petasi (benannt nach zwei kleinen Inseln gleichen Namens, welche darin liegen) trennt diese Insel von der etwas über fünf Stunden langen, durchschnittlich etwa eine Stunde breiten Insel Hydra, deren albanesische Bewohner, als die tüchtigsten und kühnsten Seeleute Griechenlands bekannt, vor der griechischen Revolution durch den von ihnen und den Bewohnern ihrer Schwesterinsel Spezzia[2]) fast ausschliesslich betriebenen Getreidehandel mit dem südlichen Russland zu bedeutendem Reichtum gelangt waren, der freilich durch die während des Befreiungskampfes von ihnen gebrachten Opfer fast ganz erschöpft worden ist. Die Insel besteht aus einem von Südwest nach Nordost streichenden Bergzuge, der fast überall entweder den nackten Fels zeigt oder mit unfruchtbarem alles Anbaues spottenden Geröll bedeckt, daher grösstentheils ganz baumlos ist; nur im westlichen Theile findet sich eine etwas fruchtbarere Strecke bei der sogenannten Episkopi, einem Metochi des auf der höchsten Spitze der Insel gelegenen Klosters des Propheten Elias: dort sollen auch von Zeit zu Zeit einige alte Reste, wie Gefässscherben und Säulenstücke, zum Vorschein kommen. Die gegen 15,000 Einwohner zählende Stadt, in welcher

[1]) S. Annali XXXIII, p. 11 s.

[2]) Beide zusammen werden gewöhnlich mit einem der im Neugriechischen häufigen copulativen (Dvandva-) Composita οἱ Ὑδραιοσπετσιῶται genannt.

sich keine sichere Spur einer alten Ansiedelung vorfindet,[1]) liegt ziemlich in der Mitte der Nordküste auf drei Hügeln und in den zwischen denselben nach dem Meere sich herabziehenden Thalschluchten: die Strassen sind ausser dem unmittelbar am Meere gelegenen Marktplatz durchaus uneben, durch kahlen Felsboden oder trockene Betten von Giessbächen gebildet, das Ganze aber bietet, namentlich von der See aus, einen sehr malerischen Anblick dar. Sie hat ausser ihrem Haupthafen noch etwas weiter westlich einen Nebenhafen, Porto Mandri; ausserdem bietet die Nordküste der Insel noch zwei Häfen dar, Porto Molo weiter gegen Westen und Porto Panagia östlich von der Stadt, während die Südküste ganz hafenlos ist. Der Name Hydra lässt uns nicht zweifeln, dass die Insel die alte Hydrea ist, welche den Hermioneern von Samischen Piraten entrissen und von diesen den Troizeniern übergeben wurde; sonst schwebt über ihrer Geschichte im Altertum ein tiefes Dunkel und es ist uns nur der Name eines einzigen Hydreaten überliefert, des Euages, eines gänzlich ungebildeten Hirten, aber guten Komödiendichters.[2]) Die Insel Doko wird für die alte Aperopia, der im Cap Musaki endende Vorsprung der Küste für das Vorgebirge Buporthmos, auf welchem Heiligtümer der Demeter und Kora und der Athena Promachorma standen, zu halten sein.[3])

Wie Doko und Hydra dem Cap Musaki, so entspricht der mehrfach ausgezackten Südspitze des Festlandes die durch einen fast drei Viertelstunden breiten Canal davon getrennte Insel Spezzia mit der südlich davon gelegenen kleinen und jetzt ganz unbewohnten, auch hafenlosen Nachbarinsel Spezzia-

---

[1]) Ich fand nur bei der am östlichen Ende der Stadt gelegenen Kirche der Analipsis ein ionisches Säulencapitäl von später Arbeit, den Stumpf einer uncanelirten Säule und eine Basis, endlich im Hause des Lehrers der hellenischen Schule eine mit einem Anthemion bekrönte Marmorstele mit der Inschrift *Λεόντιχος Εὐβοίου Ἐλαιούσιος*. Alle diese Stücke scheinen von anderswo hergeschafft zu sein, die Stele wahrscheinlich aus Attika.

[2]) Herod. III, 59; Steph. u. *Ὑδρέα*. Die jetzt gebräuchliche Form *Ὕδρα* giebt schon Hesych. u. d. W., wo für *Δολόπων* (*νῆσος εὐτελὴς Δ.*) wohl *Δρυόπων* zu schreiben ist.

[3]) Paus. c. 34, 8 f., vgl. oben S. 86, Anm. 3. Aperopia wird sonst nur in der confusen Stelle bei Plin. N. h. IV, 12, 56 erwähnt.

pulo.[1]) Die $^{9}/_{10}$ Meile lange und gegen eine halbe Meile breite Spezzia besteht ebenfalls aus einem Bergzuge, der aber, der Küste des Festlandes entsprechend, die Richtung von Nordwest nach Südost hat; sie ist weit ebener und anbaufähiger als Hydra, namentlich ist die Nordseite, in deren östlichstem Theile die von etwa 12,000 Menschen bewohnte Stadt liegt, fast ganz mit Bäumen, Sträuchern und Getreidefeldern bedeckt. Von einer alten Ansiedelung ist, soviel mir bekannt, keine Spur auf der Insel gefunden worden, so dass zu vermuthen steht, dass sie, wie die gegenüber liegende Küste, nur mit zerstreuten Fischerhütten besetzt war. Selbst ihr antiker Name ist nicht mit Sicherheit zu bestimmen; doch glaube ich, unter der oben S. 86, Anm. 3 erörterten Voraussetzung, dass Pausanias die von ihm c. 34, 8 f. beschriebene Küstenfahrt nach Hermione nicht vom Skyllaeon, wie er wohl in Folge einer Verwirrung in seinen Reisenotizen angiebt, sondern von einem Hafen der Westküste (Mases oder Halike) aus gemacht hat, mit Wahrscheinlichkeit in Spezzia die mit einem Hafen versehene Insel Haliussa, in Spezziapulo Pityussa, und in drei kleinen östlich von dieser gelegenen, jetzt namenlosen Inselchen Aristerae (wobei auch die Pluralform des Namens zu beachten ist) erkennen zu dürfen.[2]) Die vom Festland vortretende Spitze Kolyergia, welche Pausanias nach diesen Inseln nennt, ist dann die Südostspitze des Festlandes, das jetzige Cap Mylonas, und die darauf folgende Insel Trikrana die jetzt Trikeri genannte, aus zwei durch einen Isthmus verbundenen Bergen bestehende unbewohnte Insel, welche gerade in der Mitte zwischen Spezzia und Hydra liegt. Zwischen Trikeri endlich und der Südwestspitze von Hydra liegen noch mehrere kleine In-

---

[1]) Beide zusammen heissen *αἱ Σπέτσαις*, mit welchem Namen aber gewöhnlich auch die Hauptinsel allein benannt wird.

[2]) Für die Beziehung des Namens *Ἁλιοῦσσα* auf Spezzia spricht auch die Uebereinstimmung desselben mit dem der gegenüberliegenden Küste (*Ἁλιὰς γῆ*), während die Annahme, Spezzia sei das von Plinius (a. a. O.) neben Aperopia, Colonis und Aristera erwähnte Tiparenos, oder das von demselben unmittelbar vorher genannte Ephyre, ganz ohne Anhalt ist. Die *ἄκρα Βουκέφαλα* des Pausanias ist entweder das zunächst südöstlich von Porto Cheli vortretende Vorgebirge, oder, wenn er von Mases aus fuhr, das jetzige Cap Koraka nordwestlich vom Salzsee Ververonda.

selchen, die jetzt gewöhnlich mit dem Gesammtnamen Erimonisia (Ἐρημονήσια, wüste Inselchen) bezeichnet werden, zerstreut: für sie stehen uns ebenso wenig als für die weiter östlich, $1^1/_4$ Seemeile von der Südküste von Hydra gelegene 'Kreuzinsel' (Σταυρονῆσι) antike Namen zu Gebote.

2. Lakonien.

Lakonike oder Lakedaemon nannten die Alten die Landschaft, welche sich im Norden in einer Breite von beinahe acht Meilen an Argolis und Arkadien, im Westen in einer Länge von fünf Meilen an Arkadien und Messenien anlehnt und an den übrigen Seiten vom Meere bespült wird, in welches sie gegen Süden zwei mächtige lange Gebirgszüge gleich gewaltigen Armen hinausstreckt, wodurch zwei von Nord nach Süd allmälig schmäler werdende Halbinseln entstehen, zwischen welchen sich eine weite Bucht (ὁ Λακωνικὸς κόλπος)[1]) bis zum Südrande des mittleren Theiles der Landschaft nach Norden hineinzieht. Die beiden Gebirgszüge, welche in ihrer nördlicheren Hälfte durch ein einziges Flussthal geschieden sind, erstrecken sich ziemlich parallel vom äussersten Nordrande der Landschaft an in einer Länge von nahe an 15 deutschen Meilen. Der östlichere bildet nur in seinem nördlichsten Theile eine compacte Masse, die Fortsetzung des argivisch-arkadischen Gränzgebirges, deren Gipfel sich bis zu der Höhe von 1937 und weiter südlich von 1840 Meter erheben und die sich in bedeutender Breite mit stattlichen Vorbergen nach Osten und Westen abdacht: sie wird im Altertum mit dem an phokische und attische Gebirgsnamen anklingenden Namen Parnon,[2]) heut zu Tage mit dem slavischen Namen Malevos bezeichnet. Sowohl

---

[1]) Strab. VIII, p. 362; Ptol. III, 16, 9 u. a.; sinus Gytheates bei Plin. N. h. IV, 5, 16, wie die Bucht noch heut zu Tage 'Golf von Marathonisi' (nach dem an die Stelle von Gytheion getretenen neueren Hafenplatze) heisst.

[2]) Paus. II, 38, 7. Was die Etymologie der Namen Παρνασός, Πάρνης, Πάρνων anlangt, so steht darin, worauf mich mein Freund H. Schweizer aufmerksam macht, Π wahrscheinlich für Κ, so dass die Namen eigentlich 'Horn, Hörnli' bedeuten und mit dem der Ἀκαρνᾶνες (vgl. Bd. I, S. 107) zusammengehören.

an Höhe als an Massenhaftigkeit stehen die südlicheren Fortsetzungen, für welche wir aus dem Altertum keinen Gesammtnamen kennen, wie auch heut zu Tage ein solcher nicht üblich ist, dahinter zurück: der Hauptzug nimmt eine mehr südöstliche Richtung, spaltet sich aber ungefähr auf gleicher Höhe mit dem Nordrande des Lakonischen Meerbusens gabelförmig in zwei Aeste, deren östlicher in das Cap Limenaria (nordöstlich von der alten Epidauros Limera), der westliche in die felsige Halbinsel Xyli (die Stelle des alten Kyparissiae) ausläuft; zwischen beiden zieht sich eine ganz flache fruchtbare Ebene (Leuke) hin. An die Südwestseite des östlichen Astes schliesst sich eine neue Fortsetzung an, die Anfangs, von zahlreichen Engthälern durchbrochen, die ganze Breite der Halbinsel einnimmt, dann aber sich wiederum in zwei durch die Bucht von Vatika (im Altertum Busen von Boiae genannt) getrennte Zweige gabelt: der östlichere, dessen höchster Gipfel (der jetzige Berg Krithina) die Höhe von 793 Meter erreicht, endet im Südosten in dem berüchtigten steil gegen das Meer abfallenden Cap M a l e a, der westlichere, kürzere und niedrigere, bildet die in ihrem südlichsten Theile dieselbe gabelförmige Formation wiederholende Halbinsel Elaphonisi (alt O n u g n a t h o s), welche jetzt durch Ueberflutung des schmalen Isthmos, durch den sie mit der grösseren Halbinsel zusammenhängt, zur Insel geworden ist. Eine submarine Fortsetzung dieses westlicheren Zweiges scheint die Insel Cerigo (K y t h e r a) zu sein, welche durch eine 40 Stadien breite Meerenge (von den italiänischen Schiffern 'la strada di Cervi' nach dem italiänischen Namen von Elaphonisi benannt) von Elaphonisi getrennt ist. Ebenso erkennen wir in einer Anzahl kleiner Inselchen südlich von Cerigo, unter denen Cerigotto (das alte A e g i l a)[1] die bedeutendste ist, einzelne Glieder einer fortlaufenden Kette, welche die Südostspitze Lakoniens und dadurch den Peloponnes überhaupt mit der Insel Kreta verbindet.

Weit mächtiger, massenhafter und grossartiger als dieser östliche ist der den westlichen Theil der Landschaft einnehmende

---

[1]) *Αἴγιλα*, s. Meineke ad Steph. Byz. p. 41, 6 und C. Müller ad Dionys. Perieg. v. 499. Ob derselben Insel der von Steph. p. 706, 3 erwähnte Name *Ὤγυλος* (vgl. Meineke zu d. St.) zukomme, wie Kiepert (Topogr.-hist. Atlas von Hellas Bl. XXI) annimmt, ist mir sehr zweifelhaft.

Gebirgszug, von den Alten Taygeton (auch Taygetos),[1]) von den Byzantinern und Neugriechen nach der Form der Gipfel seines mittleren Theiles Pentedaktylon (Fünffingergebirge) genannt, der vom südlichen Rande der Ebene des arkadischen Megalepolis (bei dem jetzigen Leondari) bis zum Cap Taenaron hinab eine ununterbrochene Kette bildet, durch welche nur ein einziger sehr beschwerlicher Pass, die sogenannte Langada, der directeste, freilich nur für Fussgänger und Maulthiere passierbare Weg von Sparta nach dem Messenischen Kalamata (9—10 Stunden), hindurchführt. Dieser Weg tritt gerade westwärts von Sparta, bei dem Dorfe Trypi, zwischen den von reichen Quellen bewässerten und in Folge dessen mit Grün überkleideten, mit Obstbäumen, Oliven und Weinpflanzungen[2]) bedeckten Vorbergen in eine bald sich verengende Schlucht ein und führt in dieser als schmaler, zum Theil gefährlicher Pfad zwischen hohen Felswänden und steil abfallenden Betten von Giessbächen aufwärts in die höhere Region des Gebirges, die noch mit mehreren Arten von Laubholz (besonders mit Nuss- und Kirschbäumen) und mit zum Theil sehr mächtigen Kypressen bewachsen ist und in welcher noch, abseits von dem Wege, nicht wenige von Getreidefeldern umgebene Dörfer liegen. Aus dieser gelangt man in die Region der Tannen, über welcher sich noch grüne Matten, in denen hie und da ein Quell wunderbar frischen Wassers emporsprudelt, hinziehen, überragt von zahlreichen kahlen Felskuppen, unter denen der ziemlich weit südlich von diesem Passe, oberhalb des jetzigen Xerokampo gelegene Gipfel des heiligen Elias[3]) die bedeutendste Höhe (2409

---

[1]) Vgl. Steph. Byz. p. 607, 10, der die Formen *τὸ Ταΰγετον* (ionisch *Τηΰγετον*) und *ὁ* und *ἡ Ταΰγετος* bezeugt: die Neutralform ist bei den Historikern und Geographen weitaus die überwiegende. Die Pluralform Taygeta scheint, abgesehen von Plut. De mul. virt. 8 (wo wohl nach dem sonstigen Gebrauche des Plut. *τὸ Ταΰγετον* herzustellen ist, wie dies Wölfflin bei Polyaen. VII, 49 nach den Spuren der Codd. gethan hat), nur bei röm. Dichtern (vgl. Verg. Georg. II, 488; Stat. Achill. I, 427; Silv. IV, 8, 53) vorzukommen.

[2]) Von diesen Vorbergen stammte offenbar auch der bei Theogn. 879 erwähnte Wein *τὸν κορυφῆς ὕπο* (so richtig Hecker für *κορυφῆς ἄπο* der Codd.) *Τηϋγέτοιο Ἄμπελοι ἤνεγκαν*, da höher hinauf am Gebirge kein Wein mehr gedeiht. Verschiedene Lakedämonische Weinsorten erwähnt, nach Alkman, Athen. I, p. 31[c].

[3]) Der antike Name dieses Gipfels ist nicht sicher festzustellen. Paus. III, 20, 4 erwähnt eine *ἄκρα τοῦ Ταϋγέτου Ταλετόν*, welche

Meter) erreicht. Der Pass führt nördlich von diesen höchsten Kuppen über den Kamm des Gebirges in einer Einsattelung desselben hinweg und steigt dann weniger steil als beim Aufstieg über die terrassenförmigen Absätze, in welchen sich der westlichste Theil des Gebirges nach der Ebene Messeniens zu abstuft, hinab.[1]) Südlich von der durch die höchsten Gipfel gekrönten Partie tritt ein Theil des Gebirges — meist anmuthige, mit Gebüsch und Wald bedeckte Hügel, auf denen die sogenannten Barduno-Choria liegen — weit nach Nordost vor und schliesst dadurch die Ebene von Sparta im Südosten bis auf einen schmalen Spalt, durch welchen der Fluss ausströmt, ab. Die Hauptmasse des Gebirges zieht sich gleichmässig in nordsüdlicher Richtung fort und bildet ostwärts in steilen, unwirthlichen Felszacken, westwärts in breiteren, durch kleine Buchten getrennten Felsstirnen, über welchen sich meist kleine anbaufähige Hochebenen hinziehen, gegen das Meer abfallend, eine durchschnittlich 2—3 Stunden breite felsige Halbinsel (die *Μάνη*, auch *κακὰ βουνιά*, 'die bösen Berge' genannt), an welche dann durch einen schmalen felsigen Isthmos eine kleinere, mehrfach ausgezackte Halbinsel angehängt ist, welche in dem Cap Matapan (T a e n a r o n), der südlichsten Spitze der griechischen Halbinsel und einem der südlichsten Punkte des europäischen Festlandes überhaupt, endet. Der südlichere Theil des Gebirges ist reich an verschiedenen Marmorarten, die zum grössten Theile schon im Altertum ausgebeutet worden sind. Zunächst findet sich nahe dem eigentlichen Vorgebirge nördlich von der

---

dem Helios geweiht war, dem man daselbst unter Anderem auch Pferde opferte, und eine zweite nicht weit davon entfernte *Εὔορας*, wo viel Wild, besonders wilde Ziegen, vorkamen. Gegen die sonst nahe liegende Identificirung des Taleton mit dem Gipfel des heiligen Elias spricht die Angabe des Paus., dass jenes 'oberhalb Bryseae' (das mehr als zwei Stunden nordwärts von Xerokampi lag) sich erhebe; der Name Euoras aber scheint nach der Schilderung des Paus. nicht bloss einem einzelnen Gipfel, sondern einem grösseren Theile des Gebirges zuzukommen.

[1]) Ich habe bei meiner Durchwanderung der Langada die sichere Ueberzeugung gewonnen, dass die von einigen neueren Gelehrten auf Grund von Odyss. *γ*, 491 ss. und *ο*, 182 ss. aufgestellte Ansicht, es habe in der Zeit der achäischen Herrschaft hier eine fahrbare Strasse von Pherae (Kalamata) nach Sparta durch das Taygeton geführt, durchaus unmöglich ist.

Bucht Kisternaes eine starke Ablagerung schwarzen Marmors, der, wenn er polirt wird, schwarzgrau erscheint; weiter nördlich an zwei Stellen treten mächtige Bänke eines roth, grün und weiss gefärbten Marmors (mit gewellten Adern) zu Tage; endlich einige Stunden weiter nördlich oberhalb des Dorfes Damaristika sind sehr ausgedehnte Brüche des schönsten rothen Marmors (Rosso antico), die neuerdings durch Prof. Siegel in Athen wieder in Betrieb gesetzt worden sind.[1]) Eine andere, gleichfalls schon von den Alten benutzte edle Steinart findet sich in dem gegen Nordost vorgeschobenen Theile des Taygeton, südwestlich von dem Dorfe Levetzova (dem alten Krokeae): ein schöner Porphyr von dunkellauchgrüner Grundfarbe, dessen Schichten nur leider jetzt so zerklüftet sind, dass es schwer hält ganze Stücke von einem Fuss Breite und einigen Zollen Dicke zu gewinnen, wie er auch schon im Altertum nicht in grösseren Blöcken, sondern in einzelnen, an Form den Flusskieseln ähnlichen Stücken zu Tage gefördert wurde.[2]) Ausserdem enthält das Gebirge an verschiedenen Stellen Ablagerungen von Eisenocker, welche, wie die Eisenschlacken, die man noch an einigen Punkten bemerkt, sowie die Nachrichten der Alten von der Lakonischen Eisenfabrication[3]) beweisen, ebenfalls von den Alten ausgebeutet worden sind. Endlich waren die Wälder, welche die höheren Partien des mittleren Gebirgsstockes oberhalb der Ebene von Sparta bekleiden, im Altertum sehr reich an Wild und boten dadurch den Spartiaten die beste Gelegenheit, ihrer Lieblingsbeschäftigung, der Jagd, obzuliegen.[4])

Die beiden bisher geschilderten Gebirgszüge umschliessen in ihrer nördlichen Hälfte, von den Gränzen Arkadiens und der

---

[1]) Vgl. meine Abhandlung 'Ueber das Vorgebirg Taenaron' in den Abhandlungen der k. bayer. Akad. d. W. I Cl. VII Bd. III Abth. S. 773 ff., bes. S. 782 f. und 789 ff.

[2]) Paus. III, 21, 4. Plin. N. h. XXXVI, 7, 55 rechnet das Gestein fälschlich zu den Marmorn. Vgl. Fiedler Reise I, S. 326 ff.

[3]) S. bes. Steph. Byz. p. 407, 19 ff., wozu Meineke auf Schneider Histor. rei metall. p. 26 ss. verweist.

[4]) Vgl. Paus. III, 20, 4, nach welchem die Strecken zwischen den Kuppen Taleton und Euoras (vgl. S. 104, Anm. 3) *αἱ Θῆραι* genannt wurde. Die Lakonischen Jagdhunde waren berühmt: vgl. Aristot. Hist. anim. VI, 20; De gener. animal. V, 2; Pindar. frg. 73 Bergk; Xenoph. Cyneg. 9, 1; Poll. V, 37; Verg. Georg. III, 345; 405; Hor. Epod. 6, 5; Lucan. Phars. IV, 441.

argivischen Kynuria bis zum Lakonischen Meerbusen hinab, das Thal eines bedeutenderen Flusses, der wichtigsten Lebensader der Landschaft, dessen Lauf im Wesentlichen derselben Richtung folgt wie jene beiden Gebirgszüge. Dies ist der Eurotas, jetzt Iri genannt, der an den südlichen Abhängen der Randgebirge des südöstlichen Arkadiens — wie die Alten behaupteten, aus denselben Quellen wie der Alpheios, der Hauptfluss des südlichen Arkadiens[1]) — aus mehreren unscheinbaren Bächlein sich bildet und zunächst etwa vier Meilen weit als ächter Sohn des Gebirges in schmalem Engthale rasch dahinströmt, bis er seinen bedeutendsten Zufluss, den Oinus (jetzt Kelephina) von Osten her aufnimmt. Von da an durchströmt er, immer noch in raschem Lauf, aber in breiterem, mit Oleandergebüsch umsäumten Bett und in mannigfaltigeren Windungen, eine fünf Stunden lange, zwei Stunden breite fruchtbare Ebene, die den natürlichen Mittelpunkt der ganzen Landschaft und daher auch zu allen Zeiten das Centrum ihres politischen Lebens bildet, tritt dann in eine ganz enge Schlucht zwischen dem früher erwähnten breiten Vorsprung des Taygeton und den südwestlichsten Vorhöhen des Parnon im weiteren Sinne ein, den Aulon,[2]) durch welchen im Altertum eine zum Theil in die Felsen, welche die Ufer des Flusses überragen, eingeschnittene Fahrstrasse führte, endlich nach fast fünfstündigem, vielfach gewundenem Lauf in die ganz durch den Fluss geschaffene und fortwährend im Lauf der Jahrhunderte sich erweiternde Alluvialebene, durch die er in den Lakonischen Meerbusen einmündet. Kaum $1^1/_2$ Stunde westlich von seiner Mündung ergiesst sich ein Fluss, der sich erst in der Mündungsebene

[1]) S. Strab. VI, p. 275; VIII, p. 343; Paus. VIII, 44, 3. Der Name *Εὐρώτας* wird von den Neuern (vgl. Curtius Griech. Etymol. I, S. 319) wohl mit Recht auf die Wurzel *PT* (*ῥέω*) zurückgeführt. Die Sage machte ihn zum Sohne der Taygete (Steph. Byz. p. 607, 12), weil er ja auch vom Taygeton zahlreiche Zuflüsse erhält, oder des Myles (Paus. III, 1, 1) nach den Mühlen, die er treibt, oder auch des Lelex, des autochthonen Ahnherrn der ältesten Bevölkerung des Landes, und zum Vater der Sparte (Apollod. III, 10, 3). Der Name *Βωμύκας*, den er nach Etym. M. p. 218, 19 in älterer Zeit geführt haben soll, *παρὰ τὸ βοὸς μυκηθμὸν παραπλήσιον ἔχειν*, ist gewiss nur ein dichterisches Beiwort.

[2]) Polyaen. II, 14, 1: eine lakonische Stadt dieses Namens nennt Steph. Byz. u. *Αὐλών*. Ueber die Spuren der alten Strasse s. Leake Travels in Morea I, p. 194.

selbst bildet und nach der Fülle klaren Wassers, die er nach kurzem Lauf dem Meere zuführt, von den Anwohnern 'der königliche Fluss' (Basilopotamos) genannt wird. Einige andere vom Wassersystem des Eurotas unabhängige Flüsse findet man im östlicheren Theile der Ebene, die sich aber, bevor sie das Meer erreichen, in den Sümpfen der Küstenstrecke (in der Gegend, wo das alte Helos lag) verlieren: der bedeutendste darunter und überhaupt in Bezug auf die Länge seines Laufes der bedeutendste Fluss der ganzen Landschaft nächst dem Eurotas ist das vom Parnon herkommende Mariorrheuma, welches in diesem seinem modernen Namen (den antiken kennen wir nicht) den Namen der alten Ortschaft Marios, in deren Nähe es entspringt, bewahrt hat. Fast zahllos endlich ist die Menge der ausserhalb des Stromgebietes des Eurotas liegenden kleinen Bäche, besonders auf den beiden Halbinseln, deren meist sehr kurze Betten einen nicht unbeträchtlichen Theil des Jahres hindurch wasserlos bleiben.

So klar und bestimmt auch, abgesehen von der Nordseite, nach den andern Seiten hin die Gränzen der Landschaft von der Natur vorgezeichnet sind, so war doch die politische Begränzung derselben zu verschiedenen Zeiten sehr verschieden und schwankend. Nach der einheimischen Tradition, welche den Autochthonen Lelex als den ersten Herrscher des Landes nannte und mit ihm die verschiedenen topischen Benennungen wie Eurotas, Taygeton, Lakedaemon, Sparta, Amyklae, Therapne genealogisch verknüpfte, müssen wir Leleger als die ältesten Bewohner des Landes betrachten.[1] Schon damals aber bildete der Rücken des Taygeton keine Völkerscheide, sondern dieselbe Bevölkerung nahm die östlichen wie die westlichen Abhänge des Gebirges und die beiden unterhalb desselben gelegenen fruchtbaren Ebenen, die Spartanische sowohl als die Messenische, ein, während der östlichere Theil der Landschaft, die Parnonhalbinsel bis zum Cap Malea hinab, im Besitz einer den ältesten Bewohnern von Argolis und Arkadien verwandten pelasgisch-ionischen Bevölkerung gewesen zu sein scheint, mit welcher wahrscheinlich auch Minyische Elemente sich vermischt haben.[2] Auch die Phoiniker, welche frühzeitig die Insel Kythera, behufs Ausbeutung der dort sehr ergiebigen Purpur-

---

[1]) Paus. III, 1, 1 ff., dazu besonders Deimling Die Leleger S. 117 ff.

[2]) Darauf führen mehrfache Spuren der alten Ortsnamen, wie Asopos, Kyparissos, Delion (Epidelion), Epidauros u. a. Die Erzählung

fischerei, in Besitz genommen haben, scheinen von dort aus Niederlassungen an einzelnen Küstenpunkten, besonders wohl der östlichen Halbinsel, gegründet zu haben. Dann unterwarfen sich die Achäer, jedenfalls von Argolis aus, die ganze Landschaft, die nun, wie bisher mit dem westlicheren Theile Messeniens politisch verbunden, eine Art Lehensfürstentum des Reiches der Atriden bildete.[1]) Als dann die Dorier, offenbar vom südlichen Arkadien aus, wo sie der Widerstand der tapferen Bergbewohner vom Vordringen in das Innere dieser Landschaft zurückgehalten hatte, dem Laufe des Eurotas folgend in Lakonien eingedrungen waren und sich im nördlichsten Theile der mittleren Ebene festgesetzt hatten, unterwarfen sie sich allmählig und nach harten Kämpfen die Landschaft von der arkadischen Gränze bis zum Lakonischen Meerbusen, beziehentlich bis zum Vorgebirge Taenaron hinab in der Weise, dass, mit Ausnahme des unmittelbaren Gebietes von Sparta, die altachäische, beziehentlich lelegische Bevölkerung nicht nur im Besitz ihres Grundeigentums, sondern auch unter der unmittelbaren Regierung ihrer einheimischen Fürsten gegen Zahlung eines bestimmten Tributs und Leistung der Heeresfolge an die Eroberer verblieb. So waren innerhalb der eben bezeichneten Gränzen neben dem dorischen Staate Sparta fünf unter der Oberhoheit desselben stehende lakedämonische (Perioken-) Staaten vorhanden, als deren Mittelpunkte wir durch Ephoros[2])

---

von der Ansiedelung der Minyer am Taygeton bei Herod. IV, 145 ff. darf gewiss nicht als historisch betrachtet werden, sondern ist hervorgerufen durch das Bestreben, die Lakonischen Minyer mit denen von Lemnos und Thera zu verknüpfen.

[1]) Von den Städten, deren Bewohner der Schiffscatalog (Il. *B*, 581 ff.) als unter der Führung des Menelaos stehend aufführt, ist allerdings Oitylos die westlichste; allein die sieben Städte, welche Agamemnon dem Achilles als Heiratsgut verspricht (Il. *I*, 150 ff.), liegen sämmtlich weiter nach Nordwesten, so dass also wenigstens nach der Vorstellung des Dichters dieser Partie der Ilias noch das ganze östliche, ja wenn die alte Identificirung der Namen Aepeia und Pedasos mit den späteren Korone und Methone richtig ist, auch das südwestliche Messenien bis gegen Pylos hin unter der Herrschaft des Agamemnon stand.

[2]) Bei Strab. VIII, p. 364, vgl. Curtius Pelop. II, S. 309 und Schäfer De ephoris Lacedaemoniis (Leipz. 1863), p. 5, welchem letzteren ich in der Bestimmung der fünften Ortschaft (Gerouthrae statt Boiae, wie Curtius wollte: vgl. Paus. c. 2, 6 und c. 22, 6) gefolgt bin und auch darin beistimme, dass er die fünf Ephoren, ihrer ursprünglichen Bedeut-

folgende Orte kennen: Aegys, Amyklae, Pharis, Las und Geronthrae. Es ist natürlich, besonders bei der Herrschsucht und dem Streben nach politischer Centralisation, welche im dorischen Charakter liegen, dass dieser Zustand nicht von langer Dauer sein konnte, und so hören wir denn, dass die Spartiaten eins nach dem anderen dieser Lehensfürstentümer, zum Theil wieder nach harten Kämpfen, durch welche ein Theil der alten Bevölkerung zu Hörigen (*Εἵλωτες*)[1]) herabgedrückt wurde, während die Uebrigen als *περίοικοι* freie, wenn auch aller eigentlichen politischen Rechte entbehrende Leute blieben, ihrer unmittelbaren Herrschaft unterwarfen. Bald drangen sie nun auch erobernd weiter gegen Osten wie gegen Westen vor: sie nahmen die ganze Parnonhalbinsel sammt der Insel Kythera, die bisher unter der Herrschaft der Argiver gestanden hatten,[2]) in Besitz und entrissen denselben unter blutigen Kämpfen sogar die Kynuria; sie überschritten das Taygeton und machten die ganze blühende Landschaft Messenien zu Spartiatischem Zehentlande. Auch nordwärts suchten sie auf Kosten der Arkader ihre Gränzen zu erweitern, konnten aber hier in Folge des energischen Widerstandes, welchen namentlich die Tegeaten leisteten, nichts Beträchtliches gewinnen. Immerhin aber erstreckte sich in der Blütezeit der Spartanischen Macht, in der Zeit vom Ende des achten bis zum zweiten Drittel des vierten Jahrhunderts v. Chr., das Gebiet Spartas vom Argolischen bis zum Kyparissischen Meerbusen und umfasste zwei Fünftel des ganzen Peloponnes, so dass es nicht zum Verwundern ist, wenn die Spartiaten im stolzen Selbstgefühl sich als die natürlichen Führer nicht nur der Halbinsel, sondern auch von ganz Hellas betrachteten und wenn die übrigen griechischen Staaten, selbst Athen nicht ausgenommen, vom Glanze des spartiatischen Namens geblendet, nur schwer sich entschliessen konnten, ihnen im offenen Kampfe gegenüber zu treten. Dieser Glanz verbleichte aber schnell, als zum ersten Male

---

ung nach, als Gehülfen der spart. Könige zur Beaufsichtigung und Verwaltung eben dieser Bezirke, die früher unter achäischen Fürsten gestanden hatten, betrachtet.

[1]) Die Alten selbst leiten diesen Namen durchaus von der Ortschaft *Ἕλος* her, während manche neuere Gelehrte die Ableitung von *ἑλον*, *ἑλεῖν* vorziehen. Wofür man sich auch entscheiden mag, jedenfalls ist der Name aus einem ursprünglichen *Ἑλϝοτες* entstanden.

[2]) Herod. I, 82.

ein feindliches Heer, von Epameinondas geführt, in Lakonien eingedrungen war und es bis zum Lakonischen Meerbusen hinab durchzogen hatte (Ol. 102, 3), ein Zug, der den Spartanern nicht nur den schon bei Leuktra zerstörten Nimbus ihrer Unbesiegbarkeit, sondern auch die kleinere Hälfte ihres Gebietes kostete: Messenien wurde ihnen entrissen und als unabhängiger Staat neu constituirt, und wenn auch Sparta niemals die Rechtsbeständigkeit dieser etwas schwächlichen Constitution anerkannt hat, so ist es ihm doch nicht gelungen, das Verlorne wiederzugewinnen. Weitere Verluste brachte ihm der unbeugsame, eines bessern Geschickes würdige Stolz, mit welchem es nach der Schlacht bei Chaeroneia Philipp II. von Makedonien, als Alles sich vor ihm beugte, entgegenzutreten wagte, indem durch dessen Machtspruch die Kynuria sammt einem Theile der Ostküste Lakoniens den Argivern, die Gränzdistricte gegen Arkadien (Belminatis und Skiritis) den Megalepoliten und Tegeaten, und eine beträchtliche Strecke Landes am westlichen Abhange des Taygeton (der Bezirk von Denthalioi und der Küstenstrich bis zu dem Bache Pamisos hinab) den Messeniern zugetheilt wurden.[1]) Zwar gelang es den Spartanern bald, einen Theil des Verlornen wiederzugewinnen; aber als dem kurzen Aufschwunge des durch Kleomenes III. verjüngten Staates die Schlacht bei Sellasia ein rasches Ende gemacht hatte und als Philopoimen, der unermüdliche und unversöhnliche Gegner Spartas,[2]) an die Spitze des achäischen Bundes getreten war, wurde ihnen nicht nur die Belminatis wieder entrissen (die ihnen indess später durch die Römer zurückgegeben ward), sondern auch die sämmtlichen Küstenstädte der Landschaft, deren Bewohner bisher Periöken gewesen und durch die von den Spartiaten verschmähten Erwerbszweige (Handel und Industrie) zum Wohlstand gelangt waren, wurden für unabhängig erklärt und diese ihre Unabhängigkeit durch den achäischen Bund, dessen gezwungenes Mitglied Sparta selbst eine Zeit lang war, garantirt. Nach der Auflösung des Bundes erhielt es zwar durch die Römer seine Autonomie, soweit von einer solchen in dieser Zeit überhaupt die Rede sein kann, zurück, aber die Periökenstädte blieben

---

[1]) Vgl. A. Schäfer Demosthenes und seine Zeit III, 1, S. 38 ff.

[2]) 'Philopoemen — auctor semper Achaeis minuendi opes et auctoritatem Lacedaemoniorum' Liv. XXXVIII, 31. Ueber die Belminatis vgl. ebds. c. 34.

selbständig und vereinigten sich, nachdem die Wiederherstellung der landschaftlichen Staatenvereine von Rom aus gestattet worden war, zu einem Bunde, der 'Gemeinschaft der freien Lakonen' (τὸ κοινὸν τῶν Ἐλευθερολακώνων), welcher durch Augustus förmlich anerkannt wurde und noch im zweiten Jahrhundert n. Chr., wenn auch mit verminderter Mitgliederzahl (18 statt 24), bestand.[1]) Die Spartaner erhielten von Augustus, wahrscheinlich durch die Vermittelung von dessen Günstling C. Julius Eurykles, der eine Zeit lang als eine Art Tyrann in Sparta regierte, ein Stück des östlichen Messeniens mit den Städten Thuria und Pharae zum Geschenk, allein Tiberius sprach nicht nur diese, sondern auch den östlich davon gelegenen Bezirk von Denthalioi den Messeniern wieder zu und setzte die Wasserscheide des Taygeton, weiter südlich eine enge von einem Giessbach durchflossene Schlucht (die χοίριος νάπη) zwischen den Städten Gerenia und Abiae als Gränzscheide zwischen Messenien und Lakonien fest.[2])

Im dritten und vierten Jahrhundert wurde Lakonien, insbesondere das Eurotasthal, durch verheerende Einbrüche der Gothen (267 und 395), seit dem achten Jahrhundert durch slavische Stämme, die sich namentlich am Taygeton dauernd ansiedelten, heimgesucht, später wechselte sein Besitz zwischen Byzantinern, Franken, Türken und Venezianern bis zur Stiftung des Königreichs Griechenland.[3])

Eurotasthal. Die topographische Schilderung Lakoniens beginnen wir mit dem Flussgebiet des Eurotas, d. h. der von diesem Flusse und seinen Nebenflüssen (unter denen freilich nur der Oinus ein eigenes zur Anlage einer Stadt brauchbares Flussthal besitzt) durchströmten Land-, beziehentlich Gebirgsstriche. Das obere Eurotasthal, welches gegen Osten durch meist unmittelbar an das

---

[1]) Paus. III, 21, 6 f. (zu dessen Zeit folgende Orte selbständige Bundesglieder waren: Gytheion, Teuthrone, Las, Pyrrhichos, Kaenepolis, Oitylos, Leuktra, Thalamae, Alagonia, Gerenia, Asopos, Akriae, Boiae, Zarax, Epidauros Limera, Brasiae, Geronthrae, Marios); vgl. Strab. VIII, p. 366; C. I. gr. n. 1389; H. Sauppe in den Nachrichten von der G. A. Universität und der Göttinger Gesellschaft d. Wiss. 1865, N. 17, S. 461 ff. Dasselbe ist τὸ κοινὸν τῶν Λακεδαιμονίων C. I. gr. n. 1335.

[2]) Paus. IV, 1, 1; 30, 2; 31, 1; Tac. Annal. IV, 43; vgl. Ross Reisen I, S. 3 ff.

[3]) Vgl. die Uebersicht bei Curtius Pelop. I, S. 84 ff. und II, S. 214 f.

Flussufer hinantretende rauhe Berge begränzt wird, während von Westen her die durch kleine Bäche getrennten Vorhöhen des Taygeton allmälig gegen den Fluss absteigen und Raum für eine Heerstrasse am rechten Ufer lassen, bildete das Gebiet von drei für die Vertheidigung des Zuganges zum Herzen der Landschaft sehr wichtigen Periökenstädten und wurde daher mit dem Namen Tripolis bezeichnet.[1]) Die nördlichste derselben war Belemina (auch Belmina oder Belbina geschrieben), deren Gebiet, die wasserreichste Gegend von ganz Lakonien, von den Arkadern als ursprünglich arkadisches, von den Lakedaemoniern in alter Zeit widerrechtlich annectirtes Land reclamirt und auch zeitweise occupirt wurde (vgl. oben S. 111): der natürlichen Gränzscheide nach mit Unrecht, da es zum Stromgebiet des Eurotas, nicht des Alpheios gehört.[2]) Der Ortschaft selbst, in deren Nähe ein Heiligtum des Hermes (*Ἑρμαῖον*) stand, gehören wahrscheinlich die Ruinen südlich von dem Dorfe Petrina, westlich von dem quellenreichen, von mehreren sich vereinigenden Bächen umflossenen Berge Chelmos an; ein mittelalterliches Castell, dessen Mauern theilweise auf hellenischen Fundamenten ruhen, auf dem Gipfel dieses Berges scheint die Stelle einer alten Befestigung zum Schutze der an der Südseite des Berges hinführenden Heerstrasse von Megalepolis nach Sparta einzunehmen.[3]) Diese Strasse zieht sich zunächst etwa $2\frac{1}{2}$ Stunden lang oberhalb des rechten Flussufers auf den Vorhöhen des Taygeton hin, bis sie eine nicht unbedeutende Ebene, die grösste des obern

---

[1]) 'Tripolin Laconici agri qui proximus finem Megalopolitarum est' Liv. XXXV, 27: da nun nach Polyb. IV, 81 auch Pellene zur *Τρίπολις* gehörte, so scheint dieselbe von der Gränze von Megalepolis bis in die Nähe der Einmündung des Oinus sich erstreckt zu haben.

[2]) *Βελεμίνα* Paus. III, 21, 3; VIII, 35, 3; *Βελμινᾶτις χώρα* Polyb. II, 54, was wohl auch bei Strab. VIII, p. 343 und Ptol. III, 16, 22 (für *Βλεμ.*) herzustellen ist; *Βέλβινα* Plut. Cleom. 4; Hesych. und Steph. u. d. W.; ager Belbinates Liv. XXXVIII, 34. Ob auch mit dem von Paus. VIII, 27, 4 erwähnten *Βλένινα* dieselbe Ortschaft gemeint ist (vgl. Curtius Pelop. I, S. 337), ist ganz unsicher.

[3]) Man könnte an das *Ἀθήναιον* denken, das nach Plut. Cleomen. 4 *περὶ τὴν Βέλβιναν — ἐμβολὴ τῆς Λακωνικῆς* war; allein aus Polyb. II, 46; IV, 37; 60; 81 verglichen mit Pausanias VIII, 44, 2 sieht man, dass dies nördlich vom Chelmos am Wege von Megalepolis nach Asea, also auf arkadischem Gebiet lag.

Eurotasthales, erreicht, die sich in verschiedener Breite auf beiden Ufern des Flusses über eine Stunde weit von Nord nach Süd erstreckt. Den nördlichen Abschluss derselben bildet ein vom Taygeton nach dem Eurotas sich hinziehender niedriger Hügelrücken zwischen den Dörfern Georgitzi und Pardali, auf welchem die Ruinen eines mittelalterlichen Schlosses auf hellenischem Unterbau stehen und unterhalb dessen man auch in der Ebene Reste einer alten Ortschaft findet. Ohne Zweifel war dies die zweite Ortschaft der Tripolis, wahrscheinlich das alte Aegys, das sehr frühzeitig durch die Spartiatischen Könige Archelaos und Charillos zerstört, dessen Name aber (Aegytis) der ganzen Gegend zu beiden Seiten des oberen Taygeton, die halb zu Arkadien halb zu Lakonien gehörte, geblieben war: an die Stelle des alten Hauptortes scheint später Karystos, eine durch ihren Weinbau bekannte Ortschaft, getreten zu sein. [1]) Im Süden wird jene Ebene abgeschlossen durch den breiten nach Westen vortretenden Berg von Vurlia, dessen westlicher Fuss fast unmittelbar vom Eurotas bespült wird, während die Strasse nahe dem rechten Ufer zwischen diesem und den Vorhügeln des Taygeton hinläuft. Auf zwei gegen Nordwest vorgeschobenen Höhen des Berges von Vurlia liegen zwei einzelne Kapellen (des heiligen Ioannis und des heiligen Dimitrios), östlich davon in einer Schlucht Reste eines mittelalterlichen Castells; am westlichen Fusse jener Höhen entspringen zwei sehr wasserreiche Quellen, welche zusammen einen kleinen Teich bilden und dann in den Eurotas abfliessen. Eine halbe Stunde weiter südlich findet man Spuren alter Mauern, die sich quer über den Weg ziehen, also offenbar einer auf förmlichen Verschluss der Strasse abzielenden Befestigung angehören; Reste einer zweiten Befestigung von geringerer Ausdehnung (wohl eines blossen Wartthurmes) finden sich wieder eine halbe Stunde weiter südlich in der Nähe der noch eine starke Stunde von Sparta entfernten neueren Eurotas-Brücke (*τοῦ Κοπάνου τὸ γεφύρι*), über welche jetzt der Hauptweg aus dem Eurotas- nach dem Oinusthale (über den südlichsten Theil des Berges von Vurlia) und weiter nach dem südöstlichen Arkadien führt und die füglich als der Abschluss des oberen Eurotasthales betrachtet

---

[1]) Paus. III, 2, 5; VIII, 34, 5; Strab. VIII, 364; X, 446; Polyb. II, 54 (wo die *Αἰγῦτις* u. *Βελμινᾶτις χώρα* verbunden sind); Steph Byz. u. *Αἶγυς*: vgl. Vischer Erinnerungen S. 401 f.

werden kann. Jene Mauerspuren gehören wahrscheinlich dem von Pausanias (III, 21, 2) erwähnten *χαράκωμα* an, einem Bollwerke zum Schutze der Ebene von Sparta gegen Einfälle von Norden her, und auf dem nordwestlichsten Theile des Berges von Vurlia wird Pellana oder Pellene zu suchen sein, die dritte Stadt der Tripolis, von welcher Pausanias (a. a. O.) nur noch ein Heiligtum des Asklepios und zwei Quellen, Pellanis und Lankeia genannt, der Erwähnung werth findet.[1]) Ungefähr gegenüber der vorauszusetzenden Stelle der Stadt findet man in der Nähe des rechten Flussufers Reste einer auf Bogen ruhenden Wasserleitung, welche in der römischen Zeit von den Vorbergen des Taygeton Wasser nach Sparta führte. Da wo der Eurotas mit einer plötzlichen Wendung gegen Osten den südlichen Fuss des Berges von Vurlia umfliesst, um sich dann bald wieder gegen Süden zu wenden, bemerkt man in einer hart an das rechte Ufer des Flusses hinantretenden Felswand eine natürliche Höhle und darunter eine künstlich ausgehauene Nische, in welcher Neuere das Grab des Schnellläufers Ladas, der, nachdem er zu Olympia im Dauerlauf gesiegt hatte, auf der Heimreise starb und auf dem Platze, wo der Tod ihn ereilte, bestattet wurde, haben erkennen wollen: allein da die Entfernung von hier nach Sparta höchstens $1^1/_2$ Stunde beträgt, das Ladasgrab aber nach Pausanias (III, 21, 1) 50 Stadien von der Stadt entfernt war, so ist dies wohl weiter nördlich auf einer der Vorhöhen des Taygeton westlich über der Strasse zu suchen; in jener Felsnische stand vielleicht das Bild der Aedo, welches die Tradition als vom Ikarios beim Abschied von seiner Tochter Penelope gestiftet bezeichnete.[2])

Der Oinus[3]) (jetzt Kelephina), durch dessen Zutritt die Wassermasse des Eurotas beträchtlich vermehrt und sein Bett ver-

---

[1]) Vgl. über Pellene (das Strab. VIII, p. 386 durch die Form *τὰ Πέλλανα* von der achäischen Stadt unterscheidet) ausser Paus. a. a. O. Polyb. IV, 81; XVI, 37; Xenoph. Hell. VII, 5, 9. Der von Plut. Agis 8 erwähnte *χάραδρος κατὰ Πελλήνην* ist wahrscheinlich der um den nördlichen Fuss des Berges von Vurlia herum dem Eurotas zufliessende Bach.

[2]) Paus. c. 20, 10. Gegen die von Leake, Ross und Curtius befolgte Ansetzung des Ladasgrabes erklärt sich auch Vischer Erinnerungen S. 401, Anm. ***

[3]) Nach Plut. Lycurg. 6 (vgl. Pelopid. 17) hatte er früher den Namen *Κνακιών* (vgl. Herodian. *περὶ μον. λέξ.* p. 17,22) geführt; vgl. jedoch unten S. 120. Unsicher ist die Lage des durch seinen Weinbau bekannten Städt-

breitert wird, hat seine Hauptquellen am nordwestlichen Abhange des Parnon, wo in der Römischen Zeit die Gränzen von Lakonien, Arkadien und Argolis, durch Hermen bezeichnet, zusammenfliessen. Die noch jetzt mit dichtem Eichengebüsch bedeckte Gegend war im Altertum von einem ausgedehnten Eichenwald eingenommen und führte darnach den Namen Skotitas: ein Heiligtum des Zeus Skotitas stand eine halbe Stunde östlich seitwärts von der im engen Flussthal hinführenden Strasse aus der argivischen Kynuria nach Sparta.[1] Ungefähr drei Stunden von der Gränze erweitert sich das Thal zu einer nur zehn Minuten breiten und eine Viertelstunde langen, rings von Bergen umschlossenen Ebene, durch welche ein kleiner Seitenbach, der Gorgylos, von Westen her dem Oinus zufliesst: hier trifft die gerade von Norden her kommende Strasse von Tegea nach Sparta mit der argivischen zusammen, so dass die Sicherung der kleinen Ebene für Sparta von höchster Wichtigkeit sein musste. Diese Aufgabe erfüllte bis zum Untergange der Selbständigkeit Spartas die stark befestigte Stadt Sellasia, von deren Ringmauern sich noch jetzt bedeutende Reste auf dem umfangreichen 831 Meter hohen Plateau des unmittelbar über dem rechten Ufer des Oinus aufsteigenden, die kleine Ebene im Süden abschliessenden Berges finden: der etwas höhere nördliche Theil des nach Süden zu sich etwas absenkenden Plateaus bildete die Akropolis. Die Stadt ist wahrscheinlich in Trümmern liegen geblieben seit dem Jahre 221 v. Chr. (Ol. 139, 4), wo sie von König Antigonos Doson von Makedonien zerstört wurde, nachdem sie schon 50 Jahre früher (Ol. 102, 3) von den Thebanern und vier Jahre darauf (Ol. 103, 3) von den Lakedaemoniern zur Strafe für ihren Abfall von Sparta verheert worden war. Die vorher erwähnte kleine Ebene nebst den Abhängen der sie begränzenden Berge (des Euas im Südwesten, des Olympos im Osten) war der Schauplatz der für Spartas Selbständigkeit verhängnissvollen Schlacht zwischen Antigonos Doson und Kleomenes III von Sparta, deren nächste Folge eben die Zerstör-

---

chens Oinus (Steph. Byz. u. Οἰνοῦς; Alkman bei Athen. I, p. 31[c]), da die Worte des Athen. a. a. O.: χωρία δὲ ταῦτα πλησίον Πιτάνης sich jedenfalls nur auf die zuletzt genannten Orte Onogla und Stathmoi beziehen.

[1]) Paus. c. 1, 1; 10, 6; Polyb. XVI, 37; vgl. Ross Reisen I, S. 173 ff. Steph. Byz. u. Σκοτινά giebt, mit Berufung auf Pausanias, als Namen des Ortes Σκοτινά und Ζεὺς Σκοτινᾶς.

ung Sellasias durch Antigonos war.[1]) Die alte Strasse nach Sparta führte wahrscheinlich nicht wie die jetzige westlich von Sellasia über den Berg von Vurlia, sondern folgte wohl von der kleinen Ebene aus noch eine beträchtliche Strecke dem rechten Ufer des Oinus in dem engen Thale, gieng dann da, wo derselbe einen nicht unbedeutenden Nebenfluss von Osten her aufnimmt, auf das linke Ufer hinüber und stieg nun über den Berg Thornax, auf dessen südlichstem Vorsprunge ein Heiligtum des Apollon Pythaeus lag, zu welchem ein geräumiges Temenos in der Ebene gehörte, nach dem Eurotasthale hinab.[2])

Zwischen den Engthälern des obern Eurotas und des Oinus zieht sich ein rauhes und kahles Hochland hin, von zahlreichen Schluchten durchschnitten, ohne irgend welche grössere Ebene: die Skiritis, bewohnt von dem kriegerischen, ursprünglich arkadischen Stamme der Skiriten, der offenbar erst nach langem Widerstande und unter besseren Bedingungen als die übrigen Periöken — die Skiriten bildeten eine besondere Heeresabtheilung, welche in der Schlacht jederzeit den linken Flügel, auf dem Marsche die Vorhut ausmachte — der Herrschaft der Spartaner

---

[1]) Polyb. II, 65 ff., dazu Ross Reisen I, S. 181 ff. und Vischer Erinnerungen S. 360 ff. Dass der Name der Stadt sowohl Σελασία als auch Σελλασία geschrieben wurde, sieht man daraus, dass Steph. Byz. diese beiden Formen als zwei verschiedene Artikel in sein Lexikon aufgenommen hat. Ob der Beiname der Artemis Selasia mit dem Namen der Stadt zusammenhängt, wie Hesych. u. Σελασία angiebt, möchte ich nicht entscheiden, ebenso wenig ob unter dem bei Liv. XXXV, 27 und 30 erwähnten Berge Barbosthenes (Barnosthenes will Curtius Pelop. II, S. 321) die östliche Fortsetzung des Olympos, der jetzige Berg von Vresthena, zu verstehen sei.

[2]) Polyb. II, 65; Paus. c. 10, 8; Steph. Byz. u. Θόρναξ; Xen. Hell. VI, 5, 27. Da auch ich in den Marmorfundamenten auf dem Vorsprunge des Hügels oberhalb Pavleïka (s. Curtius Pel. II, S. 321) Reste des Apollonheiligtums erkenne, so kann ich den Thornax, auf welchem nach Paus. a. a. O. und Herod. I, 69 das altertümliche Cultbild des Gottes stand, nicht, wie gewöhnlich geschieht, für den auf dem rechten, sondern nur für den über dem linken Ufer des Flusses sich erhebenden Berg halten. Die topographischen Angaben des Zenon bei Polyb. XVI, 16 waren offenbar schon dem Polybios selbst unklar: man könnte den Hoplites für den von Osten her in den Oinus mündenden Bach halten, allein die Strasse kann nie längs dieses hingeführt haben; die στενὴ ὁδὸς παρὰ τὸ Πολιάσιον dagegen kann wohl die Strasse in dem engen Thal des Oinus sein.

sich gebeugt hatte und gleich beim ersten Einfall der Thebaner in Lakonien sich wie seine alten Stammgenossen, die südlichen Arkader, diesen anschloss, freilich ohne Erfolg für seine politische Selbständigkeit. Die Wichtigkeit dieses Districts für Sparta beruht darauf, dass durch denselben die von der Natur vorgezeichnete, daher noch heut zu Tage übliche, wenn auch wie die meisten Strassen in Hellas nur für Saumthiere gangbare Strasse von Tegea nach dem mittleren Eurotasthale führt. Von dem noch auf arkadischem Gebiete (in der Gegend des alten Phylakae) gelegenen Khan von Krya Vrysis geht der noch jetzt den stolzen Namen einer 'δημοσία' (Heerstrasse) tragende Weg an einem der den Alpheios bildenden Bächlein aufwärts in die Berge, wo man noch auf eine ziemliche Strecke die alten in den Felsboden eingeschnittenen Wagengeleise erkennt, bis zur Wasserscheide und von da durch den engen und rauhen Pass Klisura abwärts bis zu der vier Stunden von Krya Vrysis entfernten kleinen Ebene von Sellasia, in welcher er mit dem aus der Thyreatis kommenden Wege zusammentrifft. Wahrscheinlich am südlichen Ausgang der Klisura, gerade halbwegs zwischen Krya Vrysis und Sellasia, lag das Castell Oion, die einzige uns bekannte Ortschaft der Skiritis, die wohl erst von den Spartanern zur Sicherung des Passes angelegt worden war, während die Skiriten ursprünglich in offenen Weilern wohnten.[1]) Bedeutender als Oion, aber ausserhalb der eigentlichen Skiritis, war die auf einem flachen Hügel zwischen zwei zu einem Nebenflusse des Oinus sich vereinigenden Bächen (eine Stunde westlich von dem grossen Dorfe Arachova) gelegene Periökenstadt Karyae, ebenfalls ursprünglich zu Arkadien gehörig, dann ein wichtiger Gränzposten Lakoniens, indem sie die auch für Heere gangbare Strasse von den Quellen des Alpheios, d. h. aus der Tegeatis, nach dem Oinusthale bewachte. Je bedeutungsvoller so der Besitz dieser Stadt für Sparta war, desto härter strafte es ihren Abfall beim Einbruch der Thebaner: der König Archidamos eroberte (Ol. 103, 2) dieselbe mit Gewalt wieder und liess alle die, welche dabei lebendig in seine Hände fielen, tödten. Ausser seiner strategischen hatte der Ort auch

---

[1]) Xenoph. Hell. VI, 5, 24 f.; VII, 4, 21: vgl. Ross Reisen I, S. 178 ff.; Welcker Tagebuch einer griech. Reise I, S. 203. Die Existenz einer Ortschaft Skiros ist aus Steph. Byz. u. Σκίρος nicht zu folgern.

eine sacrale Bedeutung durch ein berühmtes Heiligtum der Artemis und der Nymphen, in welchem alljährlich eine hauptsächlich von Jungfrauen, welche besondere Tänze dabei aufführten, besuchte Panegyris gefeiert wurde.[1])

Kurz nach der Aufnahme des Oinus durch den Eurotas hören die Vorberge des Taygeton, die sich bisher bis hart an das rechte Ufer dieses Flusses erstreckten, auf, und es bleibt zwischen den wie eine lange Mauer sich hinziehenden Abhängen des Gebirges und dem Flusse eine durchschnittlich $1^1/_2$ Stunde breite, äusserst fruchtbare Ebene, die durch zahlreiche, vom Taygeton her dem Eurotas zufliessende Bäche bewässert wird, während auf dem linken Ufer niedrige, meist kahle Anhöhen zum Theil bis unmittelbar an das Wasser hinantreten. Im nördlichen Theile dieser Ebene, die gleichsam der milde Kern in der rauhen Schale Lakoniens ist, hatten die Dorier zuerst festen Fuss gefasst und sich in mehreren offenen Weilern (*κῶμαι*) angesiedelt, die zunächst durch ein religiöses Band — den gemeinsamen Cultus der Artemis Orthia, den sie jedenfalls von den achäischen Bewohnern überkommen hatten — zusammengehalten, allmälig zu einer Stadt zusammenwuchsen, welche schon in ihrem Namen (*Σπάρτα*, d. i. die Zerstreute) ihren von dem aller anderen griechischen Städte wesentlich verschiedenen Charakter zur Schau trug. Das Hauptforderniss für eine griechische Stadt nämlich, eine schützende, die verschiedenen Gruppen von Gebäuden zu einem Ganzen verbindende und nach Aussen hin abschliessende Ringmauer mit Zinnen, Thürmen und Thoren, fehlte Sparta bis zum Untergange der Selbständigkeit des Lakonischen Staates gänzlich und die Spartiaten prahlten anderen Hellenen gegenüber gern damit, dass Spartas Männer seine Mauern seien.[2]) Erst unter der Herrschaft des Tyrannen Nabis wurde, nachdem man früher sich mit Anlegung von Pfahlwerken und tiefen Gräben und Erbauung einiger gemauerter Schanzen an den gefährlichsten Stellen zur Abwehr der Angriffe des Demetrios

---

[1]) Thuk. V, 55; Xenoph. Hell. VI, 5, 25; 27; VII, 1, 28; Polyaen. I, 41, 5; Liv. XXXIV, 26; XXXV, 27; Paus. c. 10, 7 (vgl. IV, 16, 9; Lucian. De saltat. 10); Steph. Byz. u. *Καρύα*: vgl. Ross a. a. O. S. 175 f. und über die verwirrte Erzählung bei Vitruv. I, 1, 5 auch Preller Ausgewählte Aufsätze aus dem Gebiet der classischen Altertumswissenschaft S. 136 ff.

[2]) Vgl. Plut. Apophthegm. Lac. Agesil. 29; Seneca Suas. 2, 3.

Poliorketes und des Pyrrhos begnügt hatte, der grösste Theil der Stadt mit einer festen Mauer umgeben, die zwar bald von den Achäern zerstört, aber auf Geheiss der Römer wiederhergestellt und, wie die noch erhaltenen bedeutenden Reste derselben zeigen, auch in der byzantinischen Zeit erneuert worden ist.[1]) Erst die Anlage der Stadt Mistra auf einem Vorhügel des Taygeton eine Stunde westlich von Sparta durch Guillaume Villehardouin (1250) veranlasste die Verödung der Stadt 'Lakedämon' oder 'Lakedämonia', wie sie seit früher byzantinischer Zeit genannt wurde,[2]) eine Schuld, die heut zu Tage Mistra büssen muss, da es seinerseits in Folge der Erbauung von Neu-Sparta im südlicheren Theile des alten Stadtgebietes der Verödung entgegen geht.

Als die Gränzen des städtischen Weichbildes, des Mittelpunktes für das politische Leben des ganzen Staates, sind wahrscheinlich die beiden Oertlichkeiten Babyka und Knakion zu betrachten, welche eine alte von Plutarch (Lycurg. 6) erhaltene Rhetra als die Gränzen, innerhalb deren die Volksversammlungen (*ἀπέλλαι*) gehalten werden sollen, bezeichnet. Ist auch eine sichere Fixirung dieser Oertlichkeiten bei dem Schwanken der Ansichten der Alten selbst unmöglich, so kann man doch mit ziemlicher Wahrscheinlichkeit in der Babyka die Brücke über den Eurotas, von welcher sich noch jetzt ziemlich in der Mitte zwischen der Einmündung des Oinus und der jetzigen Stadt Sparta Reste vorfinden, als die Nordgränze, in dem Knakion einen der südlich von der jetzigen Stadt von Westen her in den Eurotas fliessenden Bäche — entweder den jetzt Panteleïmon genannten oder die etwas weiter nördlich fliessende Magula[3]) — als die

---

[1]) Vgl. Paus. I, 13, 6; VII, 8, 5; 9, 5; Liv. XXXIV, 38; XXXVIII, 34; XXXIX, 37.

[2]) *Λακεδαίμων μητρόπολις τῆς Λακωνικῆς ἡ πρὶν Σπάρτη* Hierokles Synekd. 10.

[3]) Diese betrachten die neueren Topographen als den von Paus. III, 18, 6 *Τίασα*, von Athen. IV, p. 139[b] *Τίασσος* genannten Bach, ohne Grund, da ja noch verschiedene Bäche auf dem Wege von Sparta nach Amyklä fliessen; dass einem der südlicheren (wahrscheinlich dem Panteleïmon) der Name zukomme, dafür spricht der Ausdruck bei Athen. *κομίζουσι τὰ παιδία εἰς ἀγρόν*. — Vgl. den Plan von Sparta und Umgebung in der Expéd. de Morée II, pl. 45 (grösserer Plan des Terrains und der Ruinen von Sparta ebds. pl. 46), darnach bei Curtius Pel. II, Tfl. X. und auf unserer Tfl. III.

Südgränze erkennen. Innerhalb dieser Gränzen lagen jedenfalls die vier alten Komen, aus denen die Stadt erwachsen ist: Limnae, Kynosureis (lakonisch *Κονοουρεῖς*), Mesoa und Pitana, von denen Limnae mit dem alten Heiligtum der Artemis Orthia ohne Zweifel unmittelbar am rechten Ufer des Flusses, das noch jetzt an mehreren Stellen sumpfig ist, lag und bei der Ummauerung der Stadt zum Theil ausserhalb der Stadtmauern blieb;[1]) Mesoa scheint seinem Namen nach den mittleren Raum, also hauptsächlich wohl den Markt mit seinen Umgebungen, Pitana, das als der zum Wohnen behaglichste Stadttheil bezeichnet wird,[2]) den westlicheren und nordwestlichen, Kynosureis endlich den südlichsten Theil des Stadtgebietes umfasst zu haben. Der nördlichere Theil dieses Gebietes wird von mehreren ziemlich niedrigen Hügeln eingenommen, deren westlichster durch die Ruine eines an seinen südwestlichen Abhang angelehnten Theaters, welche fast den einzigen sicheren Anhaltspunkt für die Topographie der alten Stadt bildet, ausgezeichnet ist. Die beiden Flügel des sehr umfangreichen Zuschauerraumes werden durch mächtige Stützmauern aus Tuffquadern gebildet; der auf dem Hügel selbst ruhende innere Raum des Halbkreises ist jetzt ganz mit Erde bedeckt, nur einige grosse Marmorblöcke liegen umher, die einzigen Ueberreste der alten Sitzstufen, denen entsprechend wohl auch die Orchestra und der Unterbau der Bühne sammt dem Scenengebäude mit Marmor überkleidet waren,[3]) eine Ausstattung, die freilich schwerlich der

---

[1]) Paus. III, 16, 9; Strab. VIII, p. 363 und 364. Curtius setzt Limnae am weitesten gegen Norden, zwischen der Babyka-Brücke und der Einmündung des Oinus, nach Meinekes Ergänzung der lückenhaften Stelle bei Strab. p. 364 '*κατὰ τὸν Θόρνακα*' (s. Vindic. Strabon. p. 115): allein selbst wenn diese Ergänzung sicher wäre, was sie keineswegs ist, würden diese Worte sich vielmehr auf Mesoa, von welchem Strabon dort handelt, als auf Limnaeon beziehen. Dass ein so wichtiger Stadttheil wie Limnae so weit ab von der eigentlichen Stadt gelegen habe, scheint mir unwahrscheinlich und mit Pausanias Schilderung nicht wohl vereinbar.

[2]) Vgl. Plut. De exil. 6. Für die Lage von Pitana westlich vom Markte zeugt Paus. c. 14, 2; die Ansetzung desselben im Norden 'im Flussthale aufwärts bis in die Nähe des Oinus' (Curtius Pelop. II, S. 234) beruht nur auf einem Missverständniss der Stelle des Athen. I, p. 31 c; vgl. oben. S. 115, Anm. 3.

[3]) Dass der ganze Bau mit Marmor bekleidet war, zeigt der Ausdruck des Paus. c. 14, 1: *τὸ θέατρον λίθου λευκοῦ θέας ἄξιον*; dass

älteren Zeit angehört, wo das Theater mehr zu den Wettkämpfen der Chöre an den Gymnopädien und Hyakinthien als zu dramatischen Aufführungen, welche der altspartanischen Zucht und Sitte widerstrebten, benutzt wurde.[1] Unmittelbar neben und über dem Theater, ja selbst innerhalb desselben findet man zahlreiche Ruinen mittelalterlicher Gebäude, Ueberreste der mittelalterlichen Stadt Lakedämonia, welche auf diesen Hügel und die zunächst östlich davon gelegene Fläche beschränkt gewesen zu sein scheint. Derselben gehört auch wenigstens zum weitaus grössten Theile die Mauer an, welche man mit einigen Unterbrechungen rings um den Hügel verfolgen kann; nur einige Stücke derselben scheinen noch aus dem Altertum zu stammen, d. h. aus der Zeit, wo die früher offene Stadt mit einer Ringmauer versehen und wahrscheinlich zugleich die bis dahin nur sacralen Zwecken dienende Akropolis befestigt wurde. Die geräumige, terrassenförmig absteigende obere Fläche dieses Hügels nämlich, welche jetzt ganz mit hohem Schutt bedeckt ist, aus dem nur einzelne alte Bautrümmer, wie namentlich die durch einen grossen Steinbalken gebildete Oberschwelle einer Thüre mit den obersten Theilen der Seitenpfosten hervorragen,[2] wurde im Altertum von den Heiligtümern der Gottheiten, unter deren besonderem Schutze die Stadt stand, eingenommen und wohl nur aus diesem Grunde — denn eine fortificatorische Bedeutung hat der Hügel wenigstens in den älteren Zeiten nicht gehabt[3]) — der von der Ebene aus keineswegs ansehnliche Hügel als Akropolis der Stadt bezeichnet (Paus. c. 17, 1). Das angesehenste unter diesen Heiligtümern war das der Athene Poliuchos oder, wie die Göttin gewöhnlich nach dem

---

das erhaltene Mauerwerk aber nicht aus Marmor, sondern aus Tuffstein aufgeführt ist, kann ich aus eigener Anschauung bestätigen. Plan des Theaters Expéd. de Morée II, pl. 47; Wieseler Theatergebäude Tfl. I, 19 und Tfl. III, k.

[1]) Vgl. Herod. VI, 67 (wo freilich die Erwähnung des Theaters in der ersten Zeit der Regierung des Königs Leotychides, um 490, ein Anachronismus ist); Plut. Ages. 29; Athen. IV, p. 139[c]; Luc. Anach. 38.

[2]) Wie Vischer (Erinnerungen S. 376) habe auch ich nur eine solche Thüre bemerkt, während Leake (Travels in Morea I, p. 156) und Gell (Journey p. 330) zwei gesehen haben.

[3]) Später befand sich die Burg des Nabis auf demselben: s. Liv. XXXV, 36.

Erzschmuck, mit welchem die inneren Wände ihres Tempelhauses bekleidet waren, genannt wird, Chalkioikos, dessen erste Stiftung, von der Tradition dem Tyndareos beigelegt, jedenfalls noch in die achäische Zeit zurück reicht; der Tempel wie ihn noch Pausanias (c. 17, 2 f.) sah, mit dem altertümlichen Erzbild der Göttin und den die Cellawände bedeckenden Erzplatten mit zahlreichen Reliefdarstellungen, war ein Werk des alten lakedämonischen Erzbildners Gitiadas. Wahrscheinlich innerhalb desselben Peribolos lag ein zweites Heiligtum, in welchem Athene als Ergane verehrt wurde; die Umfriedigung des ganzen Bezirkes wurde durch Hallen gebildet, von denen die an der Südseite mit einem Heiligtum des Zeus Kosmetas in Verbindung stand, während die an der Westseite Weihgeschenke zur Erinnerung an die Seesiege des Lysandros enthielt. Neben dem Altare der Chalkioikos standen zwei Statuen des Pausanias, der bekanntlich in diesem Heiligtume seinen Tod gefunden hatte, in der Nähe derselben Bilder der Aphrodite Ambologera, des Hypnos und Thanatos. Zur Rechten des Tempels sah man eine Erzstatue des Zeus Hypatos neben einem wohl zeltartigen Gebäude (dem sogenannten Skenoma), dessen Bestimmung wir nicht kennen, zur Linken ein Heiligtum der Musen, hinter dem Tempel (der Chalkioikos) einen Tempel der Aphrodite Areia mit sehr altertümlichen Schnitzbildern.[1]) Diese Gruppe von Heiligtümern scheint den mittleren und westlicheren Theil der oberen Fläche des Hügels eingenommen zu haben; an der Ostseite, wo der Weg nach dem sogenannten Alpion (wahrscheinlich dem im Nordosten an den Burghügel sich anschliessenden Hügel) führte, lag das angeblich von Lykurgos gestiftete Heiligtum der Athena Optilitis (oder Ophthalmitis), weiter gegen Norden Heiligtümer des Ammon und der Artemis Knagia.[2])

---

[1]) Paus. c. 17, 4 ff. Eine Darstellung des Cultbildes der Athena Poliuchos geben Münzen von Sparta: s. O. Jahn De antiquissimis Minervae simulacris atticis (Bonn 1866) t. III, n. 5.

[2]) Paus. c. 18, 2 ss.; Plut. Lycurg. 11; Apophthegm. Lac. Lycurg. 7 (wo *τὸ τῆς Χαλκιοίκου τέμενος* wohl den ganzen Burghügel bezeichnet: vgl. unten S. 126, Anm. 2). Die Gründungslegende des Heiligtums der *Ἀθηνᾶ Ὀπτιλῖτις* (denn so, nicht *Ὀπτιλέτις*, ist der Beiname mit Lobeck Pathol. s. Gr. p. 119 zu schreiben) oder *Ὀφθαλμῖτις* ist offenbar eben nichts als eine Legende und bezeichnet der Beiname die Göttin einfach als die ‘scharfblickende’, der *Ἀθ. Ὀξυδερκώ* in Argos (vgl. oben S. 56) entsprechend. Der Beiname der Artemis *Κναγία* ist wohl

Am östlichen Fusse des Burghügels zog sich die Agora hin, ein umfangreicher Platz, dessen schönsten Schmuck die aus der Beute der Perserkriege erbaute, später erweiterte und verschönerte persische Halle bildete, an welcher Marmorstatuen persischer Heerführer an oder über den Säulen als Träger des Gebälkes angebracht waren.[1]) Ferner lag am Markte das Rathhaus, worin der Rath der Alten (die Gerusia) seine Sitzungen hielt, die Amtslocale der Ephoren (ein älteres, die sogenannten *ἀρχαῖα ἐφορεῖα*, mit Grabmälern des Epimenides und Aphareus, und ein neueres), der Nomophylakes und der Bidiäer, Tempel des Julius Caesar und des Augustus und Heiligtümer (wohl blosse Altäre, höchstens mit kleinen Capellen für die Cultbilder) der Ge und des Zeus Agoraeos, der Athena Agoraea und des Poseidon Asphalios, des Apollon und der Hera, der Moiren mit dem Grabe des Orestes. Der freie Raum zwischen diesen Gebäuden war hauptsächlich für den Marktverkehr, ein Theil (der mit den Statuen der delphischen Gottheiten geschmückte Choros) zur Aufstellung der Chöre der Jünglinge an den Gymnopädien bestimmt.[2])

Vom Markte aus führte eine breite Strasse, die Aphetais (Corso), in südlicher Richtung bis zum südlichen Ende der Stadt, wo sich als Fortsetzung an sie die nach Amyklae führende Hyakinthische Strasse anschloss. Die eine Ecke des Marktes und der Aphetais bildete das Amtshaus der Bidiäer, die andere (westliche) wahrscheinlich ein Booneta genanntes Gebäude, hinter welchem, von der Strasse seitab gegen Westen, ein Heiligtum des Asklepios, weiter gegen das Theater hin ein Heiligtum des Poseidon Genethlios lag.[3]) Auf das Amtshaus der Bidiäer folgte das Heiligtum

ebenso wie die derselben Göttin zukommenden Beinamen *Κνακεᾶτις* (in der Tegeatis nahe der Lakonischen Gränze: Paus. VIII, 53, 11) und *Κνακαλησία* (vom Berge Knakalos bei Kaphyä in Arkadien: Paus. ebd. 23, 3) von *κνῆκος* (Saflor) herzuleiten und auf die fahle Farbe des Mondlichts zu beziehen.

[1]) Paus. c. 11, 3; Vitruv. I, 1, 6: ob die Halle ein- oder zweistöckig war, ist aus beiden Stellen nicht sicher zu erkennen.

[2]) Vgl. über die Spartanische Agora Paus. c. 11, 2 ff. und Xenoph. Hellen. III, 3, 5 ff.

[3]) Paus. c. 12, 1 ff.; c. 15, 10. Der Name *Βοώνητα*, welchen Paus. von den als Kaufpreis für das Haus gegebenen Rindern herleitet (vgl. Hesych. u. d. W.), dürfte wohl eher das Amtslocal der *βοῶναι*, d. h. der Beamten, welche die Opferthiere für die Staatsopfer einzukaufen hatten, bezeichen. — *Ὀδὸς Τακινθίς* Athen. IV p. 173[f].

der Athena Keleutheia, dann zu beiden Seiten der Strasse, die durch einen freien Platz, das sogenannte Hellenion, unterbrochen wurde, verschiedene Heroengräber und Heiligtümer, unter denen das der Diktynna das südlichste, hart an der späteren Stadtmauer gelegen war: nach demselben wurde die von der jetzigen Stadt Sparta eingenommene Anhöhe Diktynnaeon genannt.[1])

Eine andere Strasse gieng wahrscheinlich in östlicher Richtung vom Markte ab bei der sogenannten Skias, einem von Theodoros von Samos wohl bald nach Olympiade 26 erbauten, ursprünglich für musikalische Aufführungen bestimmten, später zu Volksversammlungen benutzten Gebäude mit schirmförmigem Dache;[2]) in der Nähe desselben stand ausser einigen Heroengräbern ein Rundgebäude mit Statuen des Zeus Olympios und der Aphrodite Olympia, diesem gegenüber ein Tempel der Kora Soteira; dann folgte das Heiligtum einer der Hauptgottheiten Spartas, des Apollon Karneios, der durch den Beinamen Oiketas als der Schutzgott jedes Spartiatischen Hauses bezeichnet wurde.[3]) Den Abschluss der Strasse bildete ein viereckiger von Hallen umgebener Platz mit Altären des Zeus, der Athene und der Dioskuren, die sämmtlich unter dem Beinamen 'Ambulioi', also als Schutzgötter von Berathungen (wahrscheinlich der Gerusia), die vor Errichtung eines besonderen Gebäudes dafür hier stattgefunden haben mögen, verehrt wurden; in den Hallen wurden in älterer Zeit Quincailleriewaaren und allerhand Kleinkram verkauft. In der Nähe dieses Marktes stand auf einem Kolona genannten Platze ein Tempel des Dionysos Kolonatas und nicht weit davon

---

[1]) Paus. c. 12, 4 ff.; Liv. XXXIV, 38. Das Ἑλλήνιον war wohl der Versammlungsplatz für die Abgeordneten der zur Spartanischen Symmachie gehörigen Staaten. Zu dem von Paus. c. 12, 5 erwähnten Heiligtum des Poseidon Taenarios gehörte jedenfalls das aus Inschriften bekannte Collegium der Ταινάριοι: s. Annali dell' Instit. vol. XXXIII, p. 41 ss.

[2]) Paus. c. 12, 10; Etym. M. p. 717, 36. Die Behauptung Pyls (Die griechischen Rundbauten im Zusammenhang mit dem Götter- und Heroencultus erläutert, Greifswald 1861, S. 92 ff.), dass die Skias ein Tempel der Hestia gewesen sei, stützt sich auf keine irgend ausreichenden Gründe.

[3]) Paus. c. 13, 3 f.; vgl. C. I. gr. n. 1446.

ein Heiligtum des Zeus Euanemos, rechts davon auf einem Hügel ein Tempel der Argivischen Hera und ein Heiligtum derselben Göttin mit dem Beinamen Hypercheiria, der von dem Schutze, welchen sie der Stadt bei einer Ueberschwemmung hatte angedeihen lassen, hergeleitet wurde. Wahrscheinlich ist Kolona die östlich vom Burghügel bis nahe an den Eurotas sich hinziehende Anhöhe, auf deren östlichstem Vorsprunge jetzt die Ruine eines kreisförmigen Bauwerkes aus Backsteinen, also jedenfalls aus römischer Zeit, steht, das wegen seines geringen Umfanges eher für ein zum Temenos des Dionysos (dessen zum Bezirk Limnae gehöriger Tempel am östlichen Fusse der Anhöhe gelegen zu haben scheint) gehöriges Odeion als für ein Amphitheater zu halten ist; der Hügel der Hera wird in der südlich von da, ungefähr dem Eurotas parallel laufenden Anhöhe zu erkennen sein.[1])

Eine dritte Strasse führte vom Markte westwärts zunächst nach dem Theater, in dessen Nähe sich Grabdenkmäler des Brasidas, des Pausanias und des Leonidas befanden, dann zu einem 'Theomelida' (wohl nach einem frühern Eigentümer des später vom Staate acquirirten Grundstückes) genannten Platze, welcher als Begräbnissstätte für die Könige aus der Familie der Agiaden diente, während die Eurypontiden ihren Begräbnissplatz am südlichen Ende der Aphetais in der Nähe des Heiligtums der Diktynna hatten.[2]) Dieser Platz, in dessen Nähe ausser verschiedenen Heiligtümern das Versammlungshaus (die Lesche) der Krotanen, einer Unterabtheilung der Pitanatischen Phyle lag, erstreckte sich wahrscheinlich westlich oder nordwestlich vom Theater bis zur Gränze der Stadt, also in der späteren Zeit bis zur Ringmauer; das in

---

[1]) Paus. c. 13, 6 ff. Das *Διονύσιον* auf der Kolona erwähnt nebst dem in der Nähe desselben gelegenen Hause der Hetäre Kottina auch Polemon bei Athen. XIII, p. 574[d]: *τὸ τοῦ Διονύσου ἱερὸν ἐν Λίμναις* Strab. VIII, p. 363. Plan der Ruine des röm. Rundgebäudes Expéd. de Morée II pl. 48, 1.

[2]) Paus. c. 14, 2 (für den Namen vgl. Keil Analecta epigr. p. 236) und c. 12, 8; vgl. Hesych.: *Ἀγιάδαι τόπος ἐν Λακεδαίμονι* und C. Wachsmuth in den Jahrb. f. Philol. Bd. 97 (1868) S. 3. Da nach Thukyd. I, 134 das Grab des Pausanias (das von dem bei Paus. erwähnten *μνῆμα* doch wohl nicht zu trennen ist) im *προτεμένισμα* der Chalkioikos sich befand, so muss auch das Theater mit dem zunächst südlich davon gelegenen Raume zum Temenos der Chalkioikos im weiteren Sinne gehört haben.

der Nähe jener Lesche, aber schon ausserhalb des Stadtviertels Pitana gelegene **Issorion** mit dem Tempel der Artemis Issoria (oder, wie sie auch genannt wurde, Limnaea) muss einer der westlich oberhalb des Hohlweges, durch welchen der Weg von der Brücke über den Eurotas nach dem Dörfchen Magula führt, sich erhebenden Hügel sein.[1]) Durch diesen Hohlweg geht offenbar Pausanias, dessen Führung wir bisher für die Topographie der alten Stadt gefolgt sind, von der Begräbnissstätte der Agiaden nach dem **Dromos**, einem geräumigen für die Uebungen der Jugend im Wettlauf bestimmten Platze, auf welchem zwei Gymnasien lagen: ein älteres, und ein neueres, welches C. Julius Eurykles (vgl. oben S. 15) der Stadt zum Geschenk gemacht hatte. Der Platz dieser Rennbahn kann nur in der Niederung zwischen dem Eurotas und den nördlich vom Burghügel nach diesem sich hinziehenden Anhöhen (wahrscheinlich nördlich von dem Vorsprung, auf welchem die Ruine des römischen Odeion steht) gewesen sein, so dass dieselbe zu dem Stadtviertel Limnae gehörte.[2]) Bis zum Flusse hin kann sich der Dromos nicht erstreckt haben, da Pausanias (c. 15, 6) eine von demselben nach Osten sich hinziehende Strasse, von welcher rechts ab ein Seitenweg zu einem Tempel der Athene Axiopoinos führte, erwähnt. Südlich, wie es scheint, vom Dromos lag ein von Platanen umgebener, daher **Platanistas** genannter Platz, der inselartig ringsum von einem breiten Wassergraben, über welchen zwei Brücken führten, umschlossen war: hier hielten die Spartanischen Jünglinge, in zwei Rotten getheilt, nachdem sie Tags vorher in dem ausserhalb der Stadt in der Nähe von Therapne (aber wohl auf dem rechten Ufer des Eurotas) gelegenen Phoibaeon geopfert hatten, grossartige Katzbalgereien, wobei sie mit Händen, Füssen und Zähnen übereinander

---

[1]) Paus. c. 14, 2 f.; Plut. Ages. 32; Polyaen. II, 1, 14; Steph. Byz. u. *Ἰσσώριον*.

[2]) Wenn Curtius (S. 235) den Dromos zu Pitane rechnet, weil Menelaos, dessen Haus Pausanias (c. 14, 6) in der Nähe, aber ausserhalb des Dromos, gegen die an dem einen Eingang zum Platanistas aufgestellte Statue des Herakles hin erwähnt, nach Hesych. u. *Πιτανάτης* ein Pitanate gewesen sei und weil Hesych. ebds. von einem in Pitane abgehaltenen gymnischen Agon spreche, so scheint mir der erstere Grund nichts zu beweisen, der Agon aber auf das zu Pitane gehörige Theater bezogen werden zu müssen.

herfielen.[1]) Längs des Grabens zog sich an einer Seite (wahrscheinlich der südlichen) eine Säulenhalle hin, hinter welcher verschiedene Gräber von Männern, welche Heroencult genossen, ein Grabdenkmal des Dichters Alkman und Heiligtümer der Helena und des Herakles (letzteres nahé an der südlichen Stadtmauer) lagen.

Ausser den bisher erwähnten führt uns Pausanias (c. 15, 8 ff.) noch zu einer beträchtlichen Anzahl denkwürdiger Gebäude innerhalb der Ringmauern Spartas, deren Standort nicht näher zu bestimmen ist. Solche sind, um nur die wichtigeren hervorzuheben, die 'bunte Halle' (λέσχη ποικίλη); das Heiligtum der Hera Aegophagos; ein auf einem Hügel gelegener altertümlicher Doppeltempel der Aphrodite, in dessen unterem Stockwerk ein Holzbild stand, welches die Göttin bewaffnet darstellte, während in dem oberen ein ebenfalls hölzernes Bild dieselbe unter dem Beinamen Morpho sitzend, einen Spiegel in der Hand und Fesseln an den Füssen zeigte; ein Heiligtum der Leukippiden;[2]) endlich im Bezirk Limnae das Heiligtum der Artemis Orthia und in dessen Nähe ein Heiligtum der Eileithyia.

Die nördlich von der eigentlichen Stadt über den Eurotas führende Brücke, zu welcher man an einem Heiligtume der Athena Alea[3]) und weiterhin an einem Heiligtume des Zeus Plusios vorübergieng, verband Sparta im engeren Sinne mit der auf einer steilen Anhöhe über dem linken Flussufer gelegenen, öfter auch mit zu Sparta gerechneten Ortschaft Therapne, welche durch die Sage berühmt war als Wohnsitz der Dioskuren, der

---

[1]) Paus. c. 14, 8 ss.; vgl. Lucian. Anach. 38; Cic. Tusc. V, 27, 77. Dass das auch bei Paus. c. 20, 2; Herod. VI, 61 und Liv. XXXIV, 38 erwähnte Phoibaeon noch auf dem rechten Ufer des Flusses gelegen habe, ist daraus zu folgern, dass dasselbe nach Paus. a. a. O. nicht weit vom Heiligtum des Poseidon Gaeaochos entfernt war, das nach Xen. Hell. VI, 5, 30 (wo der dazu gehörige Hippodrom erwähnt wird) auf dem rechten Ufer angesetzt werden muss. Ob der von Liv. a. a. O. erwähnte Platz Heptagonias (ἑπτὰ γωνίαι) an der Südwestseite der Stadt zu suchen sei, wie Curtius annimmt, ist nicht wohl zu entscheiden.

[2]) Vgl. Plut. Q. gr. 48, nach welcher Stelle daneben eine Capelle des Odysseus stand.

[3]) Paus. c. 19, 7 spricht nur von einem Xoanon der Göttin; aber aus Xen. Hell. VI, 5, 27 ergiebt sich, dass es ein Heiligtum mit einem geräumigen Temenos war.

Helena und des Menelaos: von dem Heiligtum der beiden letzteren, nach welchem öfter der ganze Hügelzug Menelaïon benannt wurde, haben sich auf dem nordöstlichsten Theile der Anhöhe noch Spuren gefunden.[1])

Die schöne Ebene südlich von Sparta, deren westlichster Theil zunächst dem Fusse des Taygeton jetzt bis nach Xerokampi hinab mit Oel- und Maulbeerbaumpflanzungen bedeckt ist, war in der altachäischen Zeit von mehreren wohlbefestigten und blühenden Städten eingenommen, die durch die dorischen Eroberer gebrochen, später theils ganz verschwunden waren, theils als offene Dörfer fortbestanden. Die bedeutendste darunter war das nur 20 Stadien südlich von Sparta anmutig zwischen Baumpflanzungen und Fruchtfeldern gelegene Amyklae,[2]) das nach der Gründung Spartas noch etwa zwei Jahrhunderte lang als Hauptsitz der achäisch-minyischen Bevölkerung mit einer gewissen Selbständigkeit fortbestand, dann, als es durch den spartanischen König Teleklos und den Aegiden Timomachos erobert und seine Mauern geschleift worden waren, durch seinen von den Spartanern zu einer Art Nationalheiligtum erhobenen Apollontempel, wohl auch durch den Gewerbfleiss seiner Bewohner, eine über die Gränzen Lakoniens hinausreichende Berühmtheit sich bewahrte.[3]) Seine Stelle ist ohne Zweifel ein $^3/_4$ Stunden südlich von Sparta, etwa

---

[1]) Paus. c. 19, 9; Polyb. V, 18 ff. u. a.; vgl. Ross Archaeolog. Aufs. II, S. 341 ff. Das Cultbild der Helena scheint nachgebildet auf einigen Reliefs zwischen den Dioskuren: s. Annali dell' inst. XXXIII, tav. d'agg. D.

[2]) Polyb. V, 19. Der Name würde als 'die Anmutige' zu deuten sein, wenn auf die Glosse des Hesych.: *ἀμυκλίς· γλυκὺς, ἡδύς* Verlass wäre.

[3]) Paus. c. 2, 6; Schol. Pind. Isthm. VII, 18. Das bei den röm. Dichtern sprichwörtliche 'schweigende Amyclae' (vgl. Serv. ad Verg. Aen. X, 564; Hertzberg Rhein. Mus. XIII, S. 639 f.) hat nichts mit der lakon. Stadt zu thun, sondern betrifft das altlatinische Amunclae. — Für Züchtung trefflicher Jagdhunde in Am. zeugt Simonid. fr. 29 Bergk; ob aus Ovid. Rem. amor. 707 auf Wollfärbereien in Am. zu schliessen sei, ist wegen des freieren Gebrauches geographischer Namen bei röm. Dichtern (Amyclaeus für Laconicus) unsicher; ebenso ob die Benennung einer Art feiner Schuhe *ἀμυκλαῖδες* (Poll. VII, 88; Hesych. u. d. W.) oder *ἀμύκλαι* (Theocr. X, 35 c. schol.) von der Stadt als dem Verfertigungsorte derselben herzuleiten sei.

10 Minuten westlich vom Eurotas entfernter Hügel, auf dessen Gipfel eine Capelle der Hagia Kyriaki, am nordöstlichen Fusse ein kleines Dörfchen Tschausi steht; am östlichen Rande des Gipfels sind noch Ueberreste einer aus mächtigen Werkstücken erbauten Ringmauer — jedenfalls der durch Taleklos geschleiften Burgmauern — erhalten.[1]) Aber nicht nur die Burg von Amyklae lag auf diesem Hügel, sondern meiner Ueberzeugung nach auch das Heiligtum des Apollon, dessen Tempelhaus mit dem etwa 45 Fuss hohen auf dem Grabe des Hyakinthos stehenden altertümlichen Erzbilde und der von Bathykles aus Magnesia in Form eines Thronsessels erbauten Capelle um dasselbe wohl die etwas niedrigere nordwestliche Fläche des Gipfels des Hügels einnahm, von welcher das Temenos des Gottes sich wahrscheinlich am nördlichen Abhange des Hügels hinabzog, während das Dorf Amyklae, dessen Pausanias erst nach der Schilderung des Heiligtums gedenkt (c. 19, 6), am südlichen Fusse des Hügels sich ausbreitete.[2]) Mit der Stadt verband das Heiligtum die über die Bäche Tiasa (vgl. oben S. 120, Anm. 3) und Phellias (wohl den Bach von Riviotissa: vgl. Paus. c. 20, 3) hinwegführende Hyakinthische Strasse (S. 124, Anm. 3), auf welcher alljährlich am Feste der Hyakinthien im lakonischen Monat Hekatombäeus (Julius) fast ganz Sparta in festlichem Zuge zur Theilnahme an dem im Temenos des Heiligtums gefeierten Agon strömte.[3]) An der südlichen Fortsetzung dieser Strasse, der Hauptverbindung des mittleren Eurotasthales mit dem Meere, lag die altachäische Stadt Pharis oder Pharae, die in den ersten Zeiten nach der dorischen Eroberung der Sitz eines der fünf Periökenkönige (vgl. oben S. 110),

---

[1]) Vgl. besonders Vischer Erinnerungen S. 381 f. und Michaelis Annali XXXIII, p. 48 s.

[2]) Gegen die Ansetzung des Amyklaeon bei dem durch die slavischen Eroberer des Peloponnes aus den Trümmern alter Ortschaften der Umgegend, besonders wohl Bryseaes, gegründeten, eine halbe Stunde südöstlich von h. Kyriaki gelegenen Slavochori spricht, dass Pausanias, der doch von Sparta herkommt, erst das Heiligtum und dann erst die Kome Amyklae erwähnt, sowie dass Polyb. V, 19 das Temenos des Apollon ausdrücklich in dem 20 Stadien von Sparta entfernten Amyklae ansetzt. Die neuere Literatur über den von Paus. c. 18, 9 ff. ausführlich beschriebenen Thron s. in Paulys Realencycl. d. cl. Altert. I, 1, S. 927 der 2. Auflage.

[3]) Vgl. Strab. VI, p. 278; Athen. IV, p. 139 f.

dann, nachdem die alte Bevölkerung ausgewandert, verfallen und zu Pausanias Zeit ganz unbewohnt war.[1]) Ihre Stelle ist wenigstens mit Wahrscheinlichkeit bestimmt durch die Entdeckung eines unterirdischen Kuppelbaues in einem Hügel bei dem verödeten Dörfchen Vaphio[2]), der ohne Zweifel ebenso wie die analogen Bauten in Mykenae, Orchomenos und Pharsalos als ein altachäisches Königsgrab zu betrachten ist und die Existenz einer altachäischen Stadt in dieser Gegend ausser Zweifel stellt, die freilich dem nur etwa $^1/_2$ Stunde von hier entfernten Amyklae, das ja auch der Sitz eines besonderen achäischen Königs war, sehr nahe lag. Die ebenfalls zu Pausanias Zeit bis auf einen Tempel des Dionysos verödete Ortschaft Bryseae lag offenbar in der quellenreichen Gegend westlich von dem zum Theil wohl aus ihren Trümmern erbauten Slavochori, in der Nähe der Dörfer Katzaru und Sinanbei, wo sich noch Reste eines antiken Tempelgebäudes erhalten haben; nordwestlich davon, wahrscheinlich bei dem von üppigem Baumwuchs umschatteten Dorfe Hagios Ioannis am Fusse des Taygeton, stand ein Heiligtum des Zeus Messapeeus, der einzige Rest einer alten Ortschaft Messapeae; weiter nördlich, etwa bei Parori oder bei Mistra, ein Oertchen Alesiae, das der Sage nach von der Erfindung des Mahlens des Getreides durch Myles den Sohn des Lelex, in Wahrheit wohl von den mehrfach an dieser Seite des Taygeton vorkommenden Mühlsteinen benannt war.[3]) Oberhalb der Ebene nennt uns Pausanias (c. 20, 4 ff.), nachdem er zwei Gipfel des Taygeton, Taleton und Euoras (vgl. oben S. 104, Anm. 3) nebst der zwischen ihnen liegenden, an Gemsen, Wildschweinen, Hirschen und Bären reichen Strecke Therae erwähnt hat, ein Heiligtum der Demeter Eleusinia, in welches alljährlich an bestimmten Tagen ein Xoanon der Kora von Helos aus geschafft wurde; 15 Stadien von diesem Eleusinion auf dem Taygeton das Lapithaeon, in der Nähe desselben das

---

[1]) Paus. c. 2, 6; c. 20, 3; IV, 16, 8. Doch kommt die Stadt *Φαραί* noch bei Hierokl. Synekd. 10 vor, wo wegen der Reihenfolge der Aufzählung nicht an das Messenische Pherae (Kalamata) gedacht werden kann.

[2]) S. Mure Rhein. Mus. 1838 S. 247 ff.; Vischer Erinnerungen S. 384 f; Michaelis Annali XXXIII, p. 49.

[3]) Paus. c. 20, 2 f.; Steph. Byz. u. *Μεσσαπέαι*; vgl. Pouillon-Boblaye Recherches géogr. sur les ruines de la Morée p. 83.

Dereion mit einem im Freien aufgestellten Bilde der Artemis Dereatis und einer Anonos genannten Quelle, endlich 20 Stadien von da das bis in die Ebene herabreichende Harpleia. Keine dieser Oertlichkeiten lässt sich mit irgend welcher Sicherheit fixiren, da wir weder für den Ausgangspunkt noch für die Richtung dieser Wanderung des Pausanias bestimmte Anhaltspunkte haben.[1])

Am südwestlichen Ende der fruchtbaren Ebene liegt am Ausgange einer von steil abfallenden Felswänden umschlossenen Schlucht des Taygeton das Dorf Xerokampi, bei welchem eine durch ihre Wölbung merkwürdige antike Brücke über den aus jener Schlucht hervorkommenden, jetzt Rasina (wohl verstümmelt aus Erasinos) genannten Seitenbach des Eurotas führt.[2]) Die Existenz dieser Brücke macht es höchst wahrscheinlich, dass im Altertum von diesem Winkel der Ebene aus eine Strasse über die oben (S. 105) erwähnten Vorberge des Taygeton, welche bis zur Losreissung Griechenlands von der Türkei von einem wilden und räuberischen Stamme muhamedanischer Albanesen, den Bardunioten, bewohnt wurden, hinweg nach Gytheion führte: die Richtung derselben wird etwa durch die jetzigen Dörfer Potamia, Vigla (bei welchem sich eine fast ganz aus den Resten eines alten Tempels erbaute Kirche findet), Levetzova (in dessen Nähe der durch seine Porphyrbrüche bekannte Flecken Krokeae, dessen Bewohner den Zeus Krokeatas und die Dioskuren verehrten, zu suchen ist)[3]) und Lagio bezeichnet.

Die von Nord nach Süd jetzt etwa zwei Stunden (im Altertum wohl nur die Hälfte), von West nach Ost über vier Stunden breite Mündungsebene des Eurotas übertrifft an Ergiebigkeit des Bodens für den Getreidebau und an Ueppigkeit der Wiesen noch die Spartanische Ebene. Nur der südöstlichste Theil ist von lang-

---

[1]) Die Ansicht von Curtius (S. 251 f.), dass das Eleusinion bei Anavryti, Harpleia bei Parori und Mistra zu suchen sei, Pausanias also vom Eleusinion aus die Richtung nach Norden eingeschlagen habe, hat sehr wenig Wahrscheinlichkeit. Ueber die Spuren antiker Bewohnung auf den Anhöhen des Taygeton oberhalb der Ebene s. Ross Wanderungen II, S. 203 ff.

[2]) Vgl. Mure Annali X. p. 140 ss.; Mon. dell' Inst. II, tv. 57; Curtius S. 265 f.; Clark Peloponnesus p. 177 ss.

[3]) Vgl. oben S. 106; Paus. c. 21, 4; Ross Wanderungen II, S. 238 ff.

gestreckten Lagunen eingenommen, die im frühen Altertum entweder gar nicht oder doch in beträchtlich geringerem Umfange vorhanden waren, da die alte in dieser Gegend gelegene Ortschaft Helos (nach welcher die ganze Ebene ἡ Ἑλία genannt wurde)[1]) im Schiffscatalog (Il. *B*, 584) ausdrücklich als eine Seestadt (ἔφαλον πτολίεθρον) bezeichnet wird. Die zunehmende Versumpfung der Küste, in Folge welcher Helos nicht mehr als Landungsplatz für grössere Schiffe benutzt werden konnte, sondern durch die künstliche Hafenanlage bei Gytheion ersetzt werden musste, veranlasste offenbar den Verfall der Stadt, die um den Beginn unserer Zeitrechnung noch als Dorf bestand, im zweiten Jahrhundert n. Chr. aber in Trümmern lag;[2]) der Name (der ursprünglich jede feuchte Niederung bezeichnete) hat sich noch jetzt im Volksmunde für die ganze Ebene erhalten.

Der östliche Theil Lakoniens wird durchaus von Gebirgen, dem Parnon und seinen südlichen Verzweigungen (s. oben S. 102 f.), eingenommen, die besonders gegen Osten in breiten, durch Giessbäche vielfach zerklüfteten Hochflächen vortreten und eine zwar mannigfach ausgezackte, aber nur wenige sichere Ankerplätze für grössere Schiffe darbietende, selten durch eine kleine Strandebene unterbrochene Steilküste bilden. Der nördlichste Theil dieses Gebietes, der von den Alten mit dem allgemeinen Namen Oreia (Bergland) bezeichnet worden zu sein scheint,[3]) bildet jetzt den District Tzakonia, der von dem kräftigen, eine eigentümlich altertümliche, aber auch mit ungriechischen Elementen versetzte Mundart redenden Stamme der Tzakonen bewohnt wird, die wohl als die mit slavischen Elementen vermischten Abkömmlinge der alten, ja auch in manchen Beziehungen von ihren Nachbarn sich unterscheidenden Kynurier zu betrachten sind.[4]) Parnonhalbinsel

---

[1]) Polyb. V, 19 f.

[2]) Vgl. Strab. VIII, p. 363; Paus. c. 22, 3.

[3]) Dies schliesse ich aus der von Paus. c. 24, 4 mitgetheilten Tradition der Bewohner von Prasiae, dass ihre Stadt früher Ὀρειᾶται geheissen habe.

[4]) Vgl. Thiersch Ueber die Mundart der Tzakonen, in den Abhandlungen d. Bayer. Akad. d. W., philol. hist. Kl. I, S. 511 ff. (Auszug daraus bei Leake Peloponnesiaca p. 304—338). Ross (Wanderungen in Gr. II, S. 19) Herleitung des Namens Τζάκωνες von Λάκωνες ist etymologisch schwerlich zu rechtfertigen: vielleicht ist der Name eher von τζάκος (italiän. giaco) 'Panzerhemd' herzuleiten.

Der Hauptort dieses Districts ist das am westlichen Ende einer fruchtbaren Strandebene gelegene Städtchen Leonidi mit einem kleinen, durch einen Bergvorsprung am südlichen Ende der Ebene geschützten Hafen, oberhalb dessen auf dem Rücken des die Ebene im Süden überragenden Berges sich die Reste einer alten Stadt, von einem auf hellenischen Fundamenten stehenden mittelalterlichen Castell, Hagios Athanasios genannt, beherrscht, hinziehen. Wahrscheinlich gehören sie der alten Seestadt Prasiae an, die einst Mitglied der Amphiktyonie von Kalaurea, dann von den Spartanern unterworfen, zu Pausanias Zeit die nordöstlichste der Eleutherolakonischen Städte und der Sitz einer eigentümlichen, wohl auf einer Verschmelzung der Mythen von Dionysos und von Perseus beruhenden Tradition über die Erziehung des Dionysos — offenbar der Hauptgottheit der Stadt, der zu Ehren die Ebene unterhalb derselben 'der Garten des Dionysos' genannt wurde — war. Auch Asklepios und Achilles, dem man alljährlich ein Fest feierte, hatten hier Heiligtümer; auf dem Bergvorsprunge über dem Hafen standen drei kleine Erzbilder von Schifffahrtsgöttern (Kabiren?), denen die Athena beigesellt war.[1] Von Leonidi aus geht ein Bergweg in nordnordwestlicher Richtung über die östlichsten Theile des Parnon nach der Thyreatis, der den Wanderer

[1]) Paus. c. 24, 3, bei welchem die Schreibung *Βρασιαί* offenbar nur der mythischen Etymologie zu Liebe gewählt ist; sonst schwankt die Ueberlieferung nur zwischen den Formen *Πρασιαί* und *Πρασία*, vgl. Thukyd. II, 56; VI, 105; VII, 18; Aristoph. Pac. 242; Polyb. IV, 36; Scyl. Per. 46; Strab. VIII, p. 368; 374; Ptol. III, 16, 10; Steph. Byz. u. *Πρασιαί*. Was die Lage der Stadt anlangt, so ist dieselbe auf der französ. Karte und bei Curtius beträchtlich weiter nördlich, auf dem Cap Tyru, angesetzt, weil nur diese Stelle der von Pausanias auf 200 Stadien angegebenen Entfernung zwischen dem bei Kyparissi anzusetzenden Kyphanta (s. unten S. 137) und Prasiae entspreche. Allein Pausanias spricht nicht von der directen Entfernung zu Lande, sondern ausdrücklich von einem *πλοῦς σταδίων διακοσίων*, einer Seefahrt, deren Länge er offenbar nur nach der darauf verwandten Zeit (etwa fünf Stunden, da ein Schiff von Kyparissi nach Leonidi wegen der starken Vorsprünge der Küste einen Bogen aufs hohe Meer hinaus beschreiben muss) unter Zugrundelegung der Berechnung einer Tagfahrt auf 500 Stadien bestimmt hat. Die Höhle, in welcher Ino den Dionysos genährt haben soll, ist vielleicht dieselbe, in welche jetzt das dem heiligen Nikolaos geweihte Kloster Zinka (westlich oberhalb Leonidi, vgl. Finlay bei Leake Peloponn. p. 304) hineingebaut ist.

nach etwa drei Stunden über das hinter Leonidi aufsteigende breite Hochplateau hinweg in eine rings von Bergen umschlossene Ebene führt, deren Gewässer durch eine Katabothre am Fusse des im Norden sie begränzenden Berges ihren Abfluss haben; westlich oberhalb der Ebene finden sich die Ruinen einer mittelalterlichen Stadt, Rheonta (nach denen die Ebene selbst 'die der Palaeochora' benannt wird), die wahrscheinlich die Stelle einer alten zur Bewachung des Bergwegs bestimmten Ortschaft (vielleicht des von Polyb. IV, 36 erwähnten Polichna) einnimmt. Ein ähnlicher, aber noch schwierigerer Pfad führt von Leonidi aus westlich in einer engen Schlucht, durch welche ein Giessbach vom Rücken des Malevo herabkommt, aufwärts und über den Kamm des Gebirges nach dem Dorfe Tzinzina, von welchem man nordwärts nach den im obern Oinusthale gelegenen Ortschaften Vamvaku und Arachova gelangt; am obern (westlichen) Ende jener Schlucht, in der Nähe des Dorfes Hagios Vasilios, findet sich eine offenbar zum Schutz dieses Pfades bestimmte alte Befestigung, deren Name (Lympiada) in Verbindung mit dem Namen Olympochoria, womit der ganze District südwärts von hier bis gegen das Eurotasthal hin bezeichnet wird, schliessen lässt, dass dieser Theil der Parnonkette im Altertume den Namen Olympos geführt hat. Der alte Name des Palaeokastron von Lympiada lässt sich nicht bestimmen, da die von neueren Geographen hier angesetzte Ortschaft Glympeis oder Glyppia weit näher an Marios, d. h. beträchtlich weiter südlich (vielleicht bei dem jetzigen Dorfe Kosmas oder bei Kremasti südlich über der Ebene von Mari) gelegen zu haben scheint.[1]) Dieses nämlich, eine Stadt der Eleutherolakonen mit einem gemeinsamen Heiligtum aller Götter und einem Heiligtum der Artemis, lag nach Pausanias (c. 22, 8), dem wir allein die Kunde von seiner Existenz verdanken, 100 Stadien von Geronthrae in einer besonders wasserreichen Gegend oberhalb der Mündungsebene des Eurotas, Angaben, die in Verbindung mit dem Namen uns mit Bestimmtheit nach dem in einer anmutigen und wasserreichen Hochebene, einer wahren Oase in

[1]) Vgl. Paus. c. 22, 8; Polyb. IV, 36; V, 20: dass an letzterer Stelle *Γλυμπεῖς* als *περὶ τοὺς ὅρους τῆς Ἀργείας καὶ Λακωνικῆς* gelegen bezeichnet wird, giebt für die Ansetzung bei Lympiada keinen Anhalt, da in der Zeit, in welche das von Polybios berichtete Ereigniss fällt, die lakonische Ostküste bis nach Zarax hinab zur Argeia gehörte.

dem rauhen Bergdistrict der 'Mückendörfer' (Kunupochoria), der sich ostwärts von den Olympochoria bis zur Küste hinzieht, gelegenen Dorfe Mari weisen, das auch dem schon oben (S. 108) erwähnten Bache Mariorrheuma den Namen gegeben hat: die Ruinen der Akropolis der alten Stadt finden sich westlich über der Ebene, eine halbe Stunde südlich von Mari. Vier Stunden westlich von diesem liegt am nordöstlichen Rande eines von zwei Giessbächen begränzten, nach dem Eurotasthale zu allmälig absteigenden Plateaus die im Mittelalter bedeutende Ortschaft Geraki, die Nachfolgerin der altachäischen, dann von Sparta aus mit Doriern besetzten Stadt Geronthrae,[1]) die noch in der späteren römischen Kaiserzeit als Stadt der Eleutherolakonen von Bedeutung war: Pausanias (c. 22, 6) findet darin einen von einem Haine umgebenen Tempel des Ares, die am Markte befindlichen Brunnen mit Trinkwasser und einen Tempel des Apollon auf der Akropolis der Erwähnung werth. Von demselben Schriftsteller erhalten wir auch Notiz von zwei in der Nähe von Geronthrae gelegenen Komen: Selinus, 20 Stadien von der Stadt (wir wissen nicht nach welcher Richtung)[2]) und Palaeakome (Altorf), südlich von Geronthrae an der Strasse nach dem südöstlich über der Mündungsebene des Eurotas gelegenen Akriae.

Kehren wir von dieser Abschweifung nach der Nordostküste Lakoniens zurück, so finden wir nordwärts von der Ebene von Leonidi bis nach Hagios Andreas, dem südlichen Endpunkte der Thyreatis (vgl. S 71) zahlreiche felsige Küstenvorsprünge, zwischen denen sich sichelförmige Buchten ins Land hineinziehen. Die beträchtlichste darunter ist die vom Cap Trikeri im Norden, dem Cap Tyru im Süden begränzte, $2^1/_2$ Stunden nördlich von Leonidi, an welche sich eine kleine Strandebene anschliesst, an deren westlichem Ende ein Dorf Tyros liegt: der Name desselben wie

---

[1]) Paus. c. 2, 6; 21, 7; 22, 6; Steph. Byz. u. Γεράνθραι; Hierocl. Synekd. c. 10. Die Form mit o wird durch die Inschriften (C. I. gr. n. 1334; Lebas Inscriptions n. 226 ss.) bestätigt; unter diesen befinden sich vier Fragmente der griechischen Uebersetzung des Edicts des Diocletian 'de pretiis rerum venalium' vom J. 301, das jetzt am vollständigsten herausgegeben ist von W. H. Waddington 'Édit de Dioclétien établissant le maximum dans l'empire Romain', Paris 1864.

[2]) Eine sehr unsichere Vermutung darüber s. bei Leake Morea III p. 11 s.

des nach ihm benannten Caps scheint antik zu sein, da auf dem letzteren Reste einer befestigten alten Ortschaft erhalten sind und Stephanos von Byzanz (u. *Τύρος*) ein lakonisches Tyros erwähnt. Eine Stunde südlich von der Ebene von Leonidi öffnet sich wieder eine kleine, jetzt zum Dorfe Pulitra gehörige Strandebene, die im Osten durch eine felsige Anhöhe mit Ruinen von einer unbekannten alten Ortschaft abgeschlossen wird; dann tritt die Küste in einer breiten, jetzt Saphlaurus genannten Bergmasse, die gegen Südosten im Cap Turkoviglia ausläuft, gegen Osten vor und zieht sich dann südwärts von dem Hafen Phokianos, dessen östliche Flanke dieses Vorgebirge deckt, etwa 11 Stunden lang bis zum Vorgebirge Limenaria in einer durch manche kleinere Buchten und Vorsprünge unterbrochenen Linie mit gleichmässig felsigem Charakter hin. Reste alter Ortschaften findet man hier nur an der Bucht von Kyparissi, fünf Stunden südlich von Leonidi, wo das schon zu Pausanias[1] Zeit zerstörte Kyphanta, und dann wieder fünf Stunden weiter südlich an dem durch zwei felsige Vorsprünge der Küste trefflich geschützten Hafen Hieraka, wo Zarax lag, eine alte Seestadt, später Mitglied des Bundes der Eleutherolakonen, die sich von der Zerstörung, welche sie durch den mit Pyrrhos verbündeten Kleonymos, den Sohn des Königs Kleomenes II von Sparta, erlitten (272 v. Chr.), nie wieder hatte erholen können.[2] Der Name, welchen die Alten von einem von Apollon, dem Hauptgotte der Stadt, in der Musik unterrichteten Heros Zarex herleiteten, kam ursprünglich wohl dem jetzt Kolokera genannten Gebirge zu, das sich westlich und südlich von der Stadt hinzieht und in den beiden mächtigen Caps Hieraka und Limenaria endet.

Südlich von dem letztgenannten Vorgebirge, dem ein ähnlicher felsiger Küstenvorsprung an der Westküste der Halbinsel (die jetzige Halbinsel Xyli) entspricht, vermindert sich die Breite der-

[1]) Paus. c. 24, 2, wo für *ἕξ που στάδια* mit Pouillon-Boblaye (Recherches p. 102) *ἑκατὸν στάδια* (dies leichter, als was Curtius II S. 331 vorzieht ρʹ ϛʹ) zu lesen ist. Vgl. Polyb. IV, 36; Ptolem. III, 16, 10; Plin. N. h. IV, 5, 17.

[2]) Paus. c. 24, 1 (vgl. I, 13, 4 s. und 38, 4); Polyb. IV, 36; Steph. Byz. u. *Ζάρηξ*; Ptol. III, 16, 10; 14. Ueber die sehr altertümlichen, an die von Tiryns erinnernden Ruinen s. Pouillon-Boblaye Recherches p. 101; Plan (nach der engl. Seekarte) bei Curtius II, Tfl. XIII.

selben beträchtlich und es entsteht so an der Ostküste eine weite gegen Südosten geöffnete Bucht, an deren Westseite im Altertum Epidauros Limera lag, eine Pflanzstadt der argivischen Epidaurier, welche auf einer Fahrt nach Kos hier landeten und durch Träume und andere Zeichen bewogen, dem Culte des Asklepios sowie ihrem Seehandel eine neue Stätte bereiteten.[1]) Von der Stadt selbst, die 100 Stadien von Zarax entfernt war, sind noch ziemlich ausgedehnte Mauerreste auf und um einen Hügel in geringer Entfernung vom Meere erhalten, innerhalb deren man auch noch die Plätze der beiden Haupttempel der Unterstadt (des Asklepios und der Aphrodite) sowie des Tempels der Athene auf der Burg erkennt. Einige Minuten nordöstlich von der Stadt findet man einen kleinen aber sehr tiefen Teich mit frischem Wasser, der im Altertum der Ino geweiht war, noch etwas weiter östlich mehrere Felsgrotten, die wahrscheinlich auch zu sacralen Zwecken benutzt worden sind. Südlich von dem dem Zeus Soter geweihten Hafen liegt, eine Stunde von Epidauros, unmittelbar vor der Küste eine kleine Felsinsel, deren steiler nur durch einen in den Felsen gebauenen Zickzackpfad zugänglicher Kamm im Altertum ein Castell trug, das, wie der Name Minoa vermuten lässt, ursprünglich wohl von karischen oder phönikischen Piraten begründet, dann nach der Gründung von Epidauros von diesem besetzt und zum Küstenschutz benutzt wurde: wahrscheinlich war schon damals wie wiederum seit dem Mittelalter, wo hier ein Hauptstapelplatz des Levantinischen Handels und eine der stärksten Küstenfestungen Moreas unter dem Namen Monemvasia (im Abendlande Malvasia) angelegt wurde, die Insel durch eine steinerne Brücke oder einen Damm mit dem Festlande verbunden, so dass sie vom Meere aus ganz wie eine Halbinsel erschien.[2])

---

[1]) Paus. c. 23, 6 ff. Der Beiname *Λιμηρά* wird von Apollod. bei Strab. VIII, p. 368 (vgl. Meineke ad Steph. Byz. p. 273, 9) als *λιμενηρά* 'die hafenreiche' erklärt; doch scheint aus sprachlichen Gründen die Deutung 'die hungrige' (Schol. Thucyd. VII, 26; vgl. Lobeck Pathol. p. 279) vorzuziehen, so dass es eigentlich ein Spitzname ist, den die Stadt wegen der geringen Fruchtbarkeit ihres Gebiets erhalten hat.

[2]) So erklärt sich am leichtesten die Bezeichnung von Minoa als *ἄκρα* bei Paus. c. 23, 11 (vgl. Schol. zu Ptol. III, 16, 10). Das *φρούριον* erwähnt Strab. VIII, p. 368. Ueber Monemvasia vgl. die Nachweisungen bei Curtius II, S. 328 f. Der Malvasierwein, der im Mit-

An das Gebiet von Epidauros gränzte im Süden das von Boiae oder Boia, einer durch Zusammensiedelung von drei älteren Ortschaften (Etis, Aphrodisias und Side) gegründeten Stadt an der Nordostseite der weiten, zwischen den beiden südlichsten Verästungen der Parnonhalbinsel (vgl. S. 103) sich öffnenden Bucht, welche nach ihr der *Βοιατικὸς κόλπος* genannt wurde (jetzt Bucht von Vatika). An der Agora der Stadt, von welcher nur ziemlich unscheinbare Reste südwestlich vom Dorfe Pharaklo sich erhalten haben, stand ein Tempel des Apollon; ausser diesem wurde Artemis Soteira in einem alten Myrtenbaum, an welchen sich die Legende von der Gründung der Stadt durch den Herakliden Boios knüpfte, ferner Asklepios und in der römischen Zeit auch Sarapis und Isis verehrt. Zahlreiche ausgeschmolzene Eisenschlacken und Bruchstücke von Eisenerz, welche man in der Nähe findet, lassen vermuten, dass hier ein Hauptsitz der lakonischen Eisenindustrie war.[1]) Zum Gebiete der Stadt gehörte an der Ostküste der Halbinsel das Vorgebirge Delion oder Epidelion (jetzt Kamilo) mit einem Heiligtum des Apollon, ferner die Südostspitze der Halbinsel, das berüchtigte Cap Malea oder Maleae, auf welchem Apollon (unter dem Beinamen Lithesios) und Pan und wahrscheinlich auch Zeus verehrt wurden — jetzt haust dort ein Einsiedler, der von vorüberfahrenden Barken einen Tribut an Brot und Taback heischt — und ein westlich davon gelegenes Heiligtum der Nymphen (*Νύμφαιον*), bei welchem eine volkreiche Ortschaft und ein Hafen bestand,[2]) endlich jeden-

---

telalter einen so berühmten Namen hatte, ist weder auf der Insel selbst noch auf der benachbarten Küste gebaut worden, sondern kam von den Kykladen, besonders von Tenos, und wurde nur nach dem Orte, von welchem aus er nach dem Abendlande versandt wurde, benannt.

[1]) Paus. c. 22, 11 f.; Strab. VIII, p. 364; Scyl. Peripl. 46; Polyb. V, 19; Ptolem. III, 16, 9; Plin. N. h. IV, 5, 17: vgl. Ross Wanderungen II, S. 246; über die Eisenglanzlager an der Westseite der Halbinsel, ungefähr zwei Stunden nördlich von Onugnathos, beim Cap Kulendiani Fiedler Reise I, S. 333 f., über die Gründungslegende der Stadt Bötticher Der Baumcultus der Hellenen S. 241 ff.

[2]) Paus. c. 23, 2 f.; Strab. VIII, p. 368. Ueber die Namensformen *Μαλέα*, *Μάλεια*, *Μάλειον* und *Μαλέαι* vgl. die Nachweisungen in Pape-Benselers Wörterbuch der griech. Eigennamen u. d. W.; über den Cult des Apollen Lithesios Steph. Byz. u. *Λιθήσιος* und Paus. III, 12, 8; über Pan Meineke ad Steph. p. 42, 15. Den Zeus *Μαλειαῖος* erwähnt Steph. u. *Μαλέα*.

falls auch die den Meerbusen im Westen umschliessende felsige Halbinsel, die von den Alten nach ihrer Form, besonders nach der Einbuchtung der Südküste zwischen den Caps Xyli und Santa Maria, Onugnathos (Eselskinnbacken) genannt, heut zu Tage, da sie durch Ueberflutung des flachen und schmalen Isthmos, der sie mit der grösseren Halbinsel verknüpft, zur wirklichen Insel geworden ist, Elaphonisi (Hirschinsel) heisst. Dieselbe hat, obgleich sie in dem sogenannten Porto Franco, an der Westseite des Cap Xyli, einen ziemlich guten Hafen besitzt, doch jetzt keine regelmässigen Bewohner, sondern wird nur während der Sommermonate von einigen in Kalyvien (Sommerdörfern) hausenden Hirten und Ackerbauern besucht, hat auch keine Spuren einer antiken Ansiedelung aufzuweisen; doch muss eine solche, wenn auch keine eigentliche Stadt, in älteren Zeiten bestanden haben, da noch Pausanias einen angeblich von Agamemnon gegründeten, verfallenen Tempel der Athene und das Grab des Kinados, eines Steuermanns des Menelaos, hier vorfand.[1])

Die 40 Stadien breite Strada di Cervi trennt, wie oben (S. 103) bemerkt, Onugnathos von dem Cap Platanistūs (jetzt Cap Spathi), der nördlichsten Spitze der von Nord nach Süd vier Meilen langen, an der breitesten Stelle etwas über zwei Meilen breiten felsigen Insel Kythera (jetzt Cerigo), die weniger um ihrer eigenen Erzeugnisse willen — sie lieferte, wie noch jetzt, hauptsächlich Wein und Honig — als wegen der Producte des sie bespülenden Meeres, besonders der Purpurschnecken,[2]) von Phönikischen Kaufleuten besetzt wurde, deren Göttin — die Astarte oder Astoret von Askalon — von hier aus als Aphrodite Urania oder Kythereia ihren Triumphzug durch Hellas hielt. Als Argos seine Herrschaft über die ganze Ostküste der Parnonhalbinsel bis zum Cap Malea hinab ausbreitete, unterwarf es sich auch Kythera, das ihm aber durch die Spartaner wieder entrissen wurde, für welche es sowohl als Station für den Seeverkehr mit Aegypten und Libyen wie als Vorposten zum Schutze ihres Gebiets gegen

---

[1]) Paus. c. 22, 10; Strab. VIII, p. 363; Ptol. III, 16, 9.

[2]) Daher auch *Πορφύρουσα* genannt: Steph. Byz. u. *Κύθηρα*, wo auch ein eponymer Heros Kytheros, Sohn des Phoinix, genannt wird. Ueber die Formen des Namens (gew. *τὰ Κύθηρα*, auch *Κυθέρη* und *Κυθηρία*) s. Pape-Benselers Wörterbuch der griech. Eigennamen u. d. W.; über den Aphroditecult Herod. I, 105; Paus. I, 14, 7.

die Angriffe von Seeräubern von grosser Wichtigkeit war: sie liessen die Insel, deren Bewohner in die Stellung lakonischer Periöken eintraten, durch einen besonderen, jährlich wechselnden Beamten (*Κυθηροδίκης*), dem ein Hoplitencorps als Besatzung beigegeben war, verwalten. Die Athener richteten mehrfach ihre Angriffe gegen dieses Aussenwerk Spartas: im Jahre 455 eroberte Tolmides, nachdem er das Arsenal von Gytheion in Brand gesteckt, die Insel nebst der Stadt Boia; im Jahre 424 unterwarf Nikias, unterstützt durch eine den Spartanern feindliche Partei unter den Bewohnern, sie wieder den Athenern, die sie zwar im Frieden des Nikias den Spartanern zurückzugeben versprachen, dieses Versprechen aber offenbar nicht erfüllten, da bei der Sikelischen Expedition ein Kytherisches Hülfscorps unter den athenischen Bundesgenossen erscheint; im Jahre 393 endlich wurde sie wieder durch Konon erobert und unter die Aufsicht eines athenischen Statthalters gestellt; doch war auch diese Besitznahme jedenfalls nur von kurzer Dauer. Ueber ihre späteren Schicksale wissen wir nur, dass sie um den Beginn unserer Zeitrechnung Privateigentum des C. Julius Eurykles war.[1]) Nach dem Falle von Byzanz kam sie in die Hände der Venezianer und theilte dann das Schicksal der sogenannten sieben ionischen Inseln, mit welchen sie im Jahre 1863 dem Königreich Hellas einverleibt wurde.

Der an der Südküste in der Nähe des Cap Trachili gelegene jetzige Hauptort der Insel, das ungefähr 1500 Einwohner zählende Städtchen Kapsali, bietet keine Spuren einer antiken Niederlassung dar; wohl aber finden sich solche ziemlich in der Mitte der Ostküste bei der durch das Vortreten der Küste gegen Osten gebildeten Bucht Avlemona (wahrscheinlich dem Phoinikūs der Alten), wo auf einer Anhöhe, nördlich oberhalb des jetzigen Hafenstädtchens Hagios Nikolaos, Reste der Mauern einer befestigten Stadt erhalten sind, ohne Zweifel von der mit der Insel gleichnamigen Stadt Kythera, deren Hafenplatz, Skandeia genannt (ein Name, der wohl wie die jetzt in Griechenland häufige Benennung Skala überhaupt einen Platz zum Aussteigen, Landungsplatz bezeichnet),

---

[1]) Herod. I, 82 (vgl. VII, 235); Dio Chrysost. or. 30, 26; Paus. I, 27, 5; Thucyd. IV, 53; 57; V, 18; VII, 57; Xen. Hell. IV, 8, 7; Strab. VIII, p. 363.

eine halbe Stunde weiter südlich in der Strandebene lag.[1]) Auf einer anderen Anhöhe weiter westlich, nahe der Mitte der Insel, ist noch der Unterbau und einige Säulenreste von dem Tempel der Aphrodite Urania erhalten.

An der Westküste der Parnonhalbinsel finden sich, abgesehen von alten Steinbrüchen und Grotten in dem zunächst nördlich von Onugnathos sich hinziehenden Alikigebirge (ein Name, der ebenso wie der des zwei Stunden nördlich vom nördlichen Ende dieses Bergzuges gelegenen Dorfes Alika auf einen alten Namen *Ἁλικὴ* für diese ganze Gegend schliessen lässt), keine Spuren einer alten Ansiedelung bis zu der sichelförmigen, durch das Cap Archangelo im Südosten und durch die von Nord nach Süd eine Stunde lange felsige Halbinsel Xyli im Nordwesten abgeschlossenen Bai von Xyli. Hier sind etwas über eine halbe Stunde nördlich vom Cap Archangelo, wenige Minuten südlich von der Mündung des von Nordosten her kommenden 'Rabenbaches' (Korakia-potami) Reste einer alten Tempelanlage erhalten, die ohne Zweifel dem Heiligtume des Asklepios angehören, dessen Platz Pausanias (c. 22, 10) mit dem unklaren Namen Hyperteleaton bezeichnet. Die Halbinsel Xyli trug wahrscheinlich den im Altertum für ähnliche Vorgebirge nicht seltenen Namen Kyparissia oder Kyparissos und diente mit einem Heiligtum der Athene Kyparissia als Akropolis einer noch in den Zeiten der achäischen Herrschaft angelegten Stadt, die nach ihrer Lage in der Nähe des Vorgebirges 'die Stadt der Parakyparissischen Achäer' hiess. Diese Stadt scheint frühzeitig in Verfall gerathen und durch eine neu auf-

---

[1]) Paus. c. 23, 1. Bei Thucyd, IV, 54, wo man seit Schneider (Add. ad Xenoph. hist. gr. p. 106) drei Ortschaften unterscheidet (*ἡ ἐπὶ θαλάσσῃ πόλις Σκάνδεια καλουμένη, ἡ ἐπὶ θαλάσσῃ πόλις τῶν Κυθηρίων* und *ἡ ἄνω πόλις*), ist jedenfalls zu schreiben: *ἐχώρουν ἐπὶ τὴν πόλιν τῶν Κυθηρίων* (mit Streichung der durch das Versehen eines Abschreibers aus dem Vorhergehenden wiederholten Worte *ἐπὶ θαλάσσῃ*) und darunter dieselbe Oertlichkeit, die dann als *ἡ ἄνω πόλις* bezeichnet wird, zu verstehen: Nikias lässt durch ein Detachement seiner Flotte den wahrscheinlich offenen Hafenplatz Skandeia wegnehmen, mit der Hauptmacht landet er nördlich von Kythera, um die Stadt von dieser Seite, wo die Befestigungswerke wahrscheinlich weniger stark waren als an der Seite gegen den Hafen, anzugreifen. Der Name *Σκάνδεια* (vgl. *σκάνδαλον* oder *σκανδάληθρον*, Stellholz) hängt jedenfalls mit lat. scandere zusammen. *Φοινικοῦς* Xen. Hell. IV, 8, 7.

blühende ersetzt worden zu sein, welche sich zu beiden Seiten der Ausmündung eines von Norden her kommenden nicht unbedeutenden Baches nahe dem nordöstlichen Fusse der Halbinsel erhob und mit dem ursprünglich jedenfalls dem Bache angehörigen Namen Asopos benannt wurde: ausgedehnte Ruinen, besonders von den Hafendämmen, zeugen noch jetzt von ihrer Bedeutung. Endlich wurde um den Beginn des Mittelalters auch Asopos, wahrscheinlich in Folge der Versumpfung der Ebene, an deren Ausgang es lag, verlassen und eine neue Ansiedelung auf der Stelle der alten achäischen Stadt, am nördlichen Fusse des Vorgebirges, begründet, von welcher ebenfalls noch Ruinen — darunter die einer stattlichen christlichen Kirche — erhalten sind.[1]) Die eben erwähnte, jetzt grösstentheils unbebaute und theilweise versumpfte Ebene, welche sich in einer Länge von $4^1/_2$ Stunden nordostwärts vom Vorgebirge Xyli bis zum westlichen Fusse des Kolokeragebirges (vgl. S. 137) hinzieht, trug im Altertum nach der weisslichen Farbe des Bodens den Namen Leuke oder Leukae: eine Ortschaft gleichen Namens lag in ihrem nördlichsten Theile (wahrscheinlich östlich von dem Dorfe Mylaos, wo Ruinen auf der französischen Karte verzeichnet sind); westlich oberhalb derselben auf dem Rücken des Kurkulaberges, welcher den nördlicheren Theil dieser Ebene von der von Helos scheidet, befand sich eine der Artemis geweihte Oertlichkeit Pleiae; am westlichen Fusse jenes Berges endlich, $1^1/_2$ Stunden südlich von Helos (beim jetzigen Hafen Kokkinio) lag die noch zu Pausanias Zeit ansehnliche Hafenstadt Akriae.[2])

Taygetonhalbinsel.

Die schon früher (S. 132 f.) geschilderte Mündungsebene des Eurotas wird im Westen durch die felsigen Höhenzüge, welche

---

[1]) Paus. c. 22, 9; Strab. p. 363: vgl. Ross Wanderungen II, S. 247 ff., dessen Ansicht über die Lage von As. und Parak. ich (gegen Curtius Pelop. II, S. 290 f.) gefolgt bin. Eine Inschrift aus der im Text erwähnten Kirchenruine s. C. I. gr. n. 8864. Ganz unsicher bleibt die Lage der von Ptol. III, 16, 9 zwischen Akreia und Asopos angesetzen Ortschaft *Βιάνδινα* oder *Βιάνδυνα*, für die auch aus der Inschrift C. I. gr. n. 1336 nichts zu gewinnen ist.

[2]) Strab. p. 363; Polyb. IV, 36; V, 19; Liv. XXXV, 27; C. I. gr. n. 1444, Z. 11 f.; Paus. c. 22, 4. Ueber die wechselnden Namensformen *Ἀκριαί*, *Ἀκρεαί*, *Ἄκρεια* und *Ἀκραῖαι* oder *Ἀκραῖα* vgl. Curtius Pel. II, S. 327.

das Taygeton in seiner grössten Breite gegen Osten vorschiebt, um sich dann gegen Süden mehr und mehr zur Halbinselform zusammenzuziehen, begränzt. Die Küstenlinie bildet zunächst südwestlich von der Ebene eine weite Bucht, die im Nordosten durch einen felsigen Vorsprung, vor welchem drei kleine Felsinseln liegen, abgeschlossen wird: derselbe trug im Altertum ein Castell Trinasos,[1]) das nach dem Untergange der Selbständigkeit Lakoniens verfiel, während der durch die drei Inselchen geschützte kleine Hafen mit einem Dorfe Trinisa bis in die neuere Zeit als gewöhnlicher Landungsplatz für die Ortschaften im Eurotasthale diente. Ein ziemlich beschwerlicher Weg von $1^1/_2$ Stunden führt von hier an der felsigen Küste hin nach einer kleinen Strandebene, die im Norden und Westen von kleineren Hügeln, im Süden von einem bedeutenderen, die Bucht gegen Süden abschliessenden Bergzug (dem Larysion der Alten) umgeben ist: über die Ebene wie an den Abhängen der Hügel sind die Ruinen von Gytheion zerstreut, einer Gründung phönikischer Purpurfischer, die noch in der achäischen Zeit ohne Bedeutung, später, als die Spartaner anfingen eine Flotte zu bauen, als Haupt- und Kriegshafen des Landes die grösste Wichtigkeit erhielt und trotz mehrfacher Zerstörungen ihrer Seearsenale und Befestigungswerke noch in den Zeiten der Römischen Herrschaft als Hauptstapelplatz des Lakonischen Handels unter den Eleutherolakonischen Städten eine hervorragende Rolle spielte.[1]) Dieser Zeit der Nachblüte der Stadt gehören auch zum grössten Theile die jetzt mit dem Namen Palaeopolis bezeichneten Ruinen an, unter denen das an den Abhang des die Ebene im Westen begränzenden Hügels (dessen Höhe die Akropolis der Stadt trug) angelehnte, mit Marmorsitzen geschmückte Theater, ein an der Rückseite des nördlichen Flügels

[1]) Paus. c. 22, 3; Ptol. III, 16, 9.

[2]) Vgl. G. Weber De Gytheo et Lacedaemoniorum rebus navalibus, Heidelberg 1833; dazu die Nachweisungen bei Curtius Pel. II, S. 323 und in Pape-Benselers Wörterbuch d. gr. Eigenamen u. Γύθειον; ferner H. Sauppe 'Eine Inschrift aus Gytheion' in den Nachrichten von der Götting. Ges. d. Wiss. 1865, N. 17, S. 461 ff. und über den von Paus. c. 21, 9 erwähnten Meergott, den die Gytheaten unter dem Namen γέρων verehrten, Gaedechens 'Glaukos der Meergott' S. 190 f. Plan der Ruinen bei Lebas Voyage archéologique, Itinéraire, pl. 26, darnach bei Curtius Pel. II, Tf. XII.

desselben stehendes kreisförmiges Gebäude mit gewölbter Decke (entweder ein kleines Odeion oder das Versammlungs- und Speiselocal für die Beamten der Stadt) und mehrere geräumige Badeanlagen hart am Meeresufer hervorzuheben sind. Etwa 10 Minuten südlich von der Stadt zeigte man noch zur Zeit des Pausanias einen rohen Stein, auf welchem Orestes Ruhe von seiner Raserei gefunden haben sollte: die Bezeichnung desselben als 'Zeus Kappotas' lässt uns in demselben ein Cultsymbol einer die Stürme beruhigenden Gottheit vermuten. Der östliche Abhang des dem Dionysos geweihten Larysionberges, auf dessen Höhe jedes Frühjahr eine geheimnissvolle Feier zu Ehren dieses Gottes begangen wurde, führte den Namen Migonion: hier stand ein Tempel der Aphrodite Migonitis, jedenfalls eine uralte Gründung der hier angesiedelten Phöniker, dessen Stiftung die Sage dem Paris zuschrieb, der auf der unmittelbar vor der Küste gelegenen kleinen Felsinsel Kranae (jetzt Marathonisi, d. i. Fenchelinsel genannt, welchen Namen auch ein seit dem Anfang dieses Jahrhunderts auf der Küste, der Insel gerade gegenüber, begründetes Städtchen trägt) sein Beilager mit der Helena gefeiert haben sollte.[1])

Gegen $1^1/_2$ Stunden landeinwärts von Gytheion (bei Limni) lag Aegiae, wahrscheinlich eine Gründung der von den Phönikischen Ansiedlern hier von der Küste zurückgedrängten Minyer, mit einem Tempel des Poseidon, zu dessen Bezirk ein dem Gotte geweihter Teich gehörte, nach der, freilich ziemlich vagen, Behauptung der Bewohner des Ortes das im Schiffscatalog (Il. *B*, 583) erwähnte Augeiae.[2])

Südlich von Marathonisi beginnt die Landschaft Mani, deren rauhen und wilden Charakter wir schon oben (S. 105) kurz geschildert haben. Die Ostküste derselben ist in ihrem nördlicheren Theile noch in mehrere Buchten gegliedert; von dem Rücken des Gebirges, das hier noch an mehreren Stellen mit Eichenwaldung bestanden ist, herab strömen diesen eine Anzahl Bäche zu, in deren wenn auch schmalen Thälern noch einige Plätze für kleine

---

[1]) Paus. c. 22, 1 f.; Steph. Byz. u. *Κραναή*. Die von einigen Goltzschen Münzen ausgehende Abhandlung L. Begers 'Cranae insula Laconica eadem et Helena dicta et Minyarum posteris habitata' (Colon. Brandenb. 1696) enthält nichts Brauchbares.

[2]) Paus. c. 21, 5; Strab. p. 364; über die Ruinen Ross Wanderungen II, S. 229 f.

Städteanlagen sich finden; aber südlich vom Cap Stavri bildet die etwas nach Westen zurücktretende Küste eine fast ununterbrochene Felsmauer, die erst im südlichsten Theile der Halbinsel durch einige schöne Buchten durchbrochen wird. Im Innern des Landes erheben sich überall schroffe Bergzacken, mit steinigen Hochebenen abwechselnd; nirgends findet man eine grössere Strecke anbaufähigen Bodens, nur hie und da kleine Terrassen, auf denen man mühsam die Erde zusammengetragen hat, um etwas Hafer oder Gerste zu gewinnen. Baumwuchs fehlt hier fast gänzlich: nur selten entdeckt das Auge einen vereinzelten Oelbaum oder Feigenbaum; die Felsen sind entweder ganz kahl oder mit ganz niedrigen Sträuchern (besonders wildem Salbei) bewachsen, mit denen die Bewohner ihr Feuer beim Kochen zu unterhalten genöthigt sind; Brod wird in Form grosser Brezeln ein- bis zweimal im Jahre auf Vorrath mit Hülfe der Planken eines zerfallenen Kahns oder des knorrigen Stammes eines abgestorbenen Oelbaumes gebacken. Dass trotz dieses wenig einladenden Charakters diese Landschaft im Altertum wie noch heut zu Tage eine verhältnissmässig zahlreiche Bevölkerung besass, zeigen die Reste alter Ansiedelungen, die an vielen Stellen bald in der Nähe der Küste, bald im Binnenlande sich vorfinden, Die nördlichste derselben lag etwas über eine Stunde südwestlich von Gytheion, ziemlich eine Stunde oberhalb der Mündung des auf dem östlichen Theile des Taygeton bei Arna in der Landschaft Bardunia entspringenden Arniotiko-Flusses, in dessen engem oberen Thale sich bedeutende Ueberreste einer alten Wasserleitung finden, die jedenfalls sein Wasser nach Gytheion führte:[1]) die Ortschaft, von der einige unbedeutende Reste in der Nähe einer Petrovuni genannten Felshöhe erhalten sind, scheint das alte Asine gewesen zu sein, das früher eine stark befestigte Stadt, zu Pausanias Zeit aber wohl fast ganz verschwunden war.[2]) Ein niedriger Bergzug, das Knakadion der

[1]) S. Ross Wanderungen II, S. 216 und S. 221 f., der dem Flusse den antiken Namen Σμῆνος beilegt: dass dies irrig sei, zeigt die Angabe des Paus. c. 24, 9, wornach dieser Fluss nur fünf Stadien von Las entfernt war.

[2]) Thucyd. IV, 53; Xenoph. Hellen. VII, 1, 25; Polyb. V, 19; Strab. p. 363; Steph. Byz. u. Ἀσίνη. Die von Curtius (Pel. II, S. 274) als 'nicht zweifelhaft' bezeichnete Identität von Asine und Las scheint mir doch sehr zweifelhaft, da sie auf keiner antiken Autorität beruht

Alten, an welchem ein Heiligtum des Apollon Karneios (Karneion) lag, trennt das Thal des Arniotiko von dem des unbedeutenderen Flusses Turkovrysis, des alten Smenos, das im Westen und Süden von zwei anderen Bergen (von den Alten Asia und Ilion genannt, letzterer mit einem Tempel des Dionysos am Abhange und einem des Asklepios auf dem Gipfel) umschlossen wird. Auf dem Vorsprunge des Asiaberges, der jetzt die auf antiken Fundamenten ruhenden Ruinen der mittelalterlichen Burg Passava trägt, stand die alte Burgstadt Las mit einem angeblich von den Dioskuren (deren Beinamen Lapersae auf eine Eroberung dieser Stadt bei ihrer Rückkehr vom Argonautenzuge zurückgeführt wird) gegründeten Tempel der Athene Asia, einst wegen des guten Hafens, welchen die durch zwei Vorsprünge der Küste geschützte Bucht Vathy darbietet, der wichtigste Seeplatz Lakoniens, dann als es durch die steigende Blüte Gytheions diese seine Stellung verlor, verfallen, bis die Einwohner eine neue offene Ortschaft in der Ebene, eine halbe Stunde vom Meere, eine Viertelstunde vom Smenosflusse entfernt, gründeten, die als Mitglied des Bundes der Eleutherolakonen wieder eine gewisse Bedeutung erhielt.[1]) Landeinwärts erstreckte sich ihr Gebiet gegen $1\frac{1}{2}$ Stunden weit bis zu dem kleinen Orte Hypsoi (oder Hypsa), der auf der Gränze desselben gegen das Gebiet von Sparta lag; gegen Süden gehörte dazu wahrscheinlich noch die jenseits des Berges Ilion, auf dessen östlichstem die Bucht Vathy im Süden abschliessenden Vorsprunge ein Tempel der Artemis Diktynna stand, gelegene kleine Ebene, in welcher hart am Meere sich einige salzige Quellen und Reste römischer Badeanlagen finden; in derselben scheint der kleine Ort Araïnon (oder Araïnos), in welchem man das Grab des Las zeigte, gestanden zu haben.[2]) Weiter südlich öffnet sich eine weite, durch zwei mächtige Felsvorsprünge

---

und beide Städte bei Strabon und Steph. Byz. gesondert aufgeführt werden: Pausanias, der von der Existenz von Asine keine Kunde mehr gehabt zu haben scheint, übertrug ein auf diese Stadt bezügliches Ereigniss auf die Nachbarstadt Las (c. 24, 6, vgl. Polyb. a. a. O.). Ueber die Reste bei Petrovuni s. Leake Morea I, p. 259 s.

[1]) Der Name lautet bald Λᾶα oder Λᾶ, bald Λᾶς. Vgl. Il. Β, 585 c. schol.; Thucyd. VIII, 91 s.; Scyl. Peripl. 46; Strab. p. 364; Paus. c. 21, 7 und c. 24, 6 f.; Ptol. III, 16, 9; Steph. Byz. u. Λᾶ; Liv. XXXVIII, 30.

[2]) Paus. c. 24, 8 ff.

der Küste — Cap Pagania im Nordosten, Cap Stavri im Süden — gedeckte Bucht, die jetzt nach einem an ihrer Nordwestseite gelegenen Dorfe die Bucht von Skutari genannt wird; in dieselbe mündet ein aus mehreren Armen gebildeter Bach, dessen antiker Name Skyras von der Tradition auf eine Landung des Pyrrhos, Sohnes des Achilles, von der Insel Skyros her zurückgeführt wird. Die felsigen Gestade der Bucht bieten nirgends Raum für eine städtische Ansiedelung; die Stadt, zu deren Gebiete sie gehörte, Pyrrhichos, lag vielmehr zwei Stunden landeinwärts auf dem kahlen Bergrücken in der Nähe des jetzigen Dorfes Kavalos.[1]) An ihr Gebiet gränzte im Süden das einer anderen eleutherolakonischen Stadt, Teuthrone, die an der Nordseite der westlich vom Cap Stavri sich öffnenden Bucht von Kolokyntha bei dem jetzigen Dorfe Kotronäs lag und sich, wie die erhaltenen Mauerreste zeigen, auch auf eine von der Küste vorspringende, jetzt Skopá (Warte) genannte kleine Halbinsel erstreckte.[2])

Von der Bucht von Kolokyntha an zieht sich die etwas gegen Westen zurücktretende Küste in ziemlich gerader Linie südwärts und schiebt sich erst in der Gegend des grossen Dorfes Lagia wieder mit einer breiten Felsmasse etwas gegen Osten vor, bis sie durch eine tiefe Einbuchtung unterbrochen wird, die jetzt nach der Menge der im Herbst hier gefangenen Wachteln, welche eingesalzen ein Hauptnahrungsmittel der Bewohner für den Winter bilden, Porto Quaglio (der Wachtelhafen) genannt wird. Auf dieser ganzen, etwas über sechs Stunden langen Strecke wird

---

[1]) Paus. c. 25, 1 f.: vgl. über die römischer Zeit angehörigen Reste der Stadt Pouillon-Boblaye Recherches p. 88. Der *Πύῤῥου χάραξ* bei Polyb. V, 19 kann nicht mit Pyrrhichos identisch sein, sondern muss, da Philipp in einem Tagemarsche, unter Verwüstung des Landes, von Amyklae aus dahin gelangt, noch im Eurotasthale (etwa in der Gegend des Aulon) gelegen haben. Wieder ein anderer Ort (nordwärts von Sparta) sind die Pyrrhi castra bei Liv. XXXV, 27. — Den Fluss Skyras setzt Curtius weiter nördlich, was mir weder zu der Schilderung des Pausanias noch zu der Sage, welche diesen Namen zugleich mit dem der Stadt Pyrrhichos auf Pyrrhos, den Sohn des Achill, zurückführte, zu passen scheint. Die Beziehung des sinus Aegilodes (Plin. N. h. IV, 5, 16) auf die Bucht von Skutari entbehrt jeden Anhalts.

[2]) Paus. c. 21, 7; c. 25, 4; Ptol. III, 16, 9. Eine leider fragmentarische Inschrift von Skopa giebt Leake Morea III Inscr. n. 42. Vgl. Pouillon-Boblaye Recherches p. 80.

uns keine einzige antike Ortschaft genannt, da der einzige Reisende, auf dessen Berichten unsere topographische Kenntniss der Taenaronhalbinsel beruht, Pausanias, offenbar die Beschwerlichkeit des Landwegs — die nach der rauhen Felsnatur dieser Gegend im Altertum kaum geringer sein konnte als heut zu Tage — scheuend seine Reise von Teuthrone aus zu Schiff fortgesetzt hat. Eine grössere städtische Ansiedelung ist auch gewiss hier nie vorhanden gewesen, wohl aber zahlreiche kleine Weiler, deren Bewohner wenigstens seit der römischen Zeit wohl hauptsächlich mit der Ausbeutung der schon früher (S. 105 f.) besprochenen Marmorbrüche sich abgaben: Zeugniss von ihrer Existenz geben noch einzelne antike Werkstücke, in den Fels gehauene Hausplätze und Gräber mit schmucklosen Gefässen, die sich in oder bei den meisten der zahlreichen, fast durchgängig in einiger Entfernung oberhalb der Küste gelegenen Dörfer vorfinden.[1]) Die ansehnlichsten Reste des Altertums aber findet man ziemlich in der Mitte der ganzen Strecke, einige Minuten südlich von dem zwischen fruchtbaren Abhängen wie auf einer Oase in der grossen Felswüste gelegenen Kloster Kurnós. Hier liegen in einer kleinen von schroffen Felszacken überragten Hochfläche die Grundmauern und Ruinen von zwei unmittelbar nebeneinander gebauten dorischen Tempeln aus grauweissem Marmor, wie er in dieser Gegend in grossen Massen bricht, deren bauliche Formen (besonders bei dem grösseren) auf die Zeit des Verfalls der griechischen Architektur hinweisen; daneben ausgedehnte Reste polygoner Mauern und einiger castellähnlicher Befestigungsanlagen sowie einige alte Gräber.[2])

Der trefflich geschützte Hafen, welchen die von mehreren Punkten aus wie ein Landsee erscheinende Bucht von Porto Quaglio bildet, führte im Altertum den Namen **Psamathus**; eine kleine Ortschaft gleichen Namens lag an der Südseite des Hafens in einer jetzt zu Getreidefeldern benutzten schmalen Strandebene. Ein kahler, nur $^1/_4$ Stunde breiter Bergrücken trennt diese Bucht von der ihr westlich gerade gegenüber gelegenen, weniger tief ins Land einschneidenden und daher weniger sicheren Bucht Mari-

---

[1]) S. meine Abhandlung 'Ueber das Vorgebirg Taenaron' (vgl oben S. 106, Anm. 1) S. 789 ff.

[2]) Vgl. a. a. O. S. 792 ff. (wo S. 793, Z. 7 v. u. für 0, 55 zu lesen ist 2, 55).

nari, die von den Alten 'der Achilleshafen' (ὁ Ἀχίλλειος λιμήν) genannt wurde.[1]) Südlich von beiden Buchten zieht sich das Gebirge, an Höhe und Breite jenen schmalen isthmosartigen Rücken überragend, noch in einer Länge von fünf Viertelstunden fort, bis es in dem Cap Matapan, der südlichsten Spitze des griechischen Festlandes, ausläuft. Die Westküste dieser von den Alten 'das Taenaron' im weiteren Sinn (im engern bezeichnete dieser Name das Cap Matapan) genannten, gleichsam ein Anhängsel der grossen Taygetonhalbinsel bildenden kleinen Halbinsel ist ganz hafenlos und unwirthlich, an der Ostküste aber finden sich zwei tiefe Einbuchtungen: die nördlichere, die sich wie ein schmaler Kanal zwischen die Felsen hineinzieht und daher jetzt 'die tiefe Furche' (τὸ βαθὺ αὐλάκι) genannt wird, ohne Spuren antiker Ansiedelung, aber überragt von schon im Altertum ausgebeuteten Brüchen grün-roth-weissen Marmors; die südlichere, jetzt 'Kisternäs' ('die Cisternen') genannt, im Altertum weit berühmt durch das an ihrer Nordseite am Ausgange einer noch jetzt mit Gesträuch bewachsenen Schlucht gelegene Heiligtum des Poseidon Asphaleios, dessen Cultbild im Freien, in einem flüchtigen Verbrechern als Asyl dienenden Haine vor einer als Eingang zur Unterwelt betrachteten Grotte aufgestellt war, während das lange und schmale Gebäude, dessen Grundmauern noch erhalten sind, für die Gebräuche der Todtenbeschwörung (als ein sogenanntes ψυχοπομπεῖον) gedient zu haben scheint. Zahlreiche in den Fels gearbeitete Hausplätze und Cisternen rings um die Bucht beweisen, dass sich an das Heiligtum im Altertum eine offene Ortschaft, die wahrscheinlich den Namen Taenaron führte, anschloss.[2]) Die äusserst günstige Lage des Hafens für den Verkehr, besonders mit Kreta, Nordafrika und dem südlichen Italien, erklärt uns leicht sowohl das durch zahlreiche Weihgeschenke bezeugte Ansehen, welches das Heiligtum auch ausserhalb Lakoniens genoss, als auch die Erscheinung, dass Dienste suchende Söldnerschaaren, wie wir sie seit der Makedonischen Zeit so vielfach in

---

[1]) Scyl. Per. 46; Strab. p. 363; Paus. c. 25, 4; Steph. Byz. u. Ἀχίλλειος und Ψαμαθοῦς; vgl. meine Abhandlung über Taenaron S. 773 ff.

[2]) Paus. c. 25, 4 ff.; Strab. p. 363; Thuc. I, 128; Plut. Cleom. 22; u. a.; vgl. meine Abhandlung über Taenaron S. 776 ff. Auf Cult des Helios auf Taenaron führt Hymn. in Apoll. Pyth. 233 ff. Ueber den Cult des Poseidon Taenarios in Sparta vgl. oben S. 125, Anm. 1.

Griechenland finden, mit Vorliebe hier ihre interimistischen Quartiere nahmen.[1])

Geht man an der Westküste von der Bucht Marinari aus nordwärts, so stösst man nach etwa einer halben Stunde in der Nähe des kleinen Dorfes Kastraki (in welchem ich ein Paar alte Grabdenkmäler fand) auf ein grossartig wildes Naturschauspiel: auf eine Strecke von fast einer halben Stunde längs der Küste hin sind alle Kuppen des Gebirges herabgestürzt, offenbar in Folge eines der heftigen Erdbeben, durch welche Lakonien im Altertume öfter heimgesucht wurde,[2]) und bedecken in der wildesten Verwirrung, grosse und kleine Blöcke durcheinander, den Abhang bis zum Meere hinab. Weiter nördlich liegt oberhalb der Küste auf einem fruchtbaren, mit Feldern und Gärten überkleideten Hügel das Dorf Vathia, in dem ich wiederum einige Reste aus dem späteren Altertum vorfand. Von da steigt man in etwas mehr als einer halben Stunde nach einer kleinen Bucht hinab, an welcher das Dörfchen Kyparissos mit zahlreichen alten Kirchen und wenigen zwischen Feldern und Weingärten zerstreuten Häusern liegt, welches, wie zahlreiche Inschriften zeigen, die Stelle einer eleutherolakonischen Stadt einnimmt, die officiell 'die Stadt der Taenarier' (ἁ πόλις τῶν Ταιναρίων), im Volksmunde aber, offenbar zur Unterscheidung von der älteren Ortschaft beim Heiligtume des Poseidon, Kaenepolis (Neustadt) genannt wurde. In der oberen Stadt stand ein Heiligtum (Megaron) der Demeter, das, wie die Reste zeigen (unter denen namentlich vier mächtige Säulen von rothgrauem ägyptischen Granit bemerkenswerth sind), in ionischem Style und sehr grossen Verhältnissen, vielleicht durch C. Julius Lakon, den Sohn des Eurykles, nach dem Muster des Weihetempels in Eleusis errichtet war; am Meeresufer ein kleinerer,

---

[1]) Vgl. Diod. XVII, 108; XVIII, 9; Vit. X orat. p. 848[e]. Unter den Weihgeschenken ist besonders die kleine Erzgruppe eines auf einem Delphin sitzenden Mannes (Arion) von Interesse: s. Herod. I, 24; Dio Chrysost. or. 37, 4; Ael. H. an. XII, 45. Das Heiligtum wurde geplündert durch den Aetoler Timaeos (Polyb. IX, 34) und durch die Kilikischen Piraten (Plut. Pomp. 24).

[2]) Vgl. Strab. VIII, p. 367. Ob gerade an das Erdbeben von Ol. 79, 1 (Plut. Cim. 16; Diod. XI, 63) zu denken ist, wie ich in der Abhandlung über Taenaron S. 784 vermutet habe, ist mir doch zweifelhaft.

ebenfalls in ionischem Style erbauter Tempel der Aphrodite.[1]) Etwa fünf Viertelstunden nördlich von Kyparissos tritt eine mächtige, etwas gegen Westen ausgebauchte Gebirgsmasse auf eine Länge von beinahe zwei Stunden von Süden nach Norden weit ins Meer vor, deren fast senkrecht aufsteigende, von zahlreichen Löchern und Höhlen zerrissene Felswände, nach denen sie im Altertum Thyrides ('die Fenster') genannt wurde — jetzt heisst sie bei den Schiffern Cavo Grosso, 'das massige Vorgebirge' — vom Meere aus einen grossartigen Anblick gewähren. In mehreren der zahlreichen auf der Höhe des Vorgebirges bis zum Kamme des Taygeton gelegenen Dörfer sind vereinzelte antike Reste gefunden, doch ist die Stelle der in dieser Gegend gelegenen, schon in der römischen Kaiserzeit verfallenen Ortschaft Hippola noch nicht mit Sicherheit nachgewiesen worden.[2]) Nördlich vom Vorgebirge bietet die durch die weit gegen Norden vortretende schmale Halbinsel Tigani gegen Westen geschützte Bucht von Mezapo einen sehr guten Hafen, welcher im Altertum zu einem frühzeitig verfallenen, aber in der römischen Kaiserzeit wiederhergestellten Städtchen Messa gehörte.[3]) Breite Hochflächen mit dürrem, steinigem Boden, aber ganz mit sorgfältig durch lose Steingehege abgegränzten Feldern, auf denen Weizen, Gerste und Bohnen gebaut werden, und dazwischen zahlreichen Ortschaften (unter denen Pyrgos und Tzimova die bedeutendsten sind) bedeckt, ziehen sich von hier unmittelbar über der durch mehrfache Einbuchtungen unterbrochenen Küste hin bis zu der fünf Stunden von Mezapo entfernten Bucht von Limeni, die wieder einen guten, jetzt zu dem Städtchen Tzimova (officiell Areupolis) gehörigen Hafen bildet. Eine halbe Stunde nordwärts von dem innersten Winkel der Bucht liegt das Dörfchen Vitylo, das noch den Namen und eine Anzahl baulicher

[1]) Paus. c. 25, 9; Ptol. III, 16, 9 (wo die Reihenfolge der Ortsnamen gestört ist); Inschr. im C. I. gr. n. 1317; 1321 f.; 1389; 1393 f. und bei Leake Morea III n. 31 ff.; vgl. meine Abhandlung über Taenaron S. 785 ff. und Schillbach im Archäolog. Anz. 1857, N. 106. 107, S. 99* f.

[2]) Strab. p. 335; p. 360 (nach welcher Stelle, vgl. mit Dionys. Hal. A. R. I, 50, Curtius der Südspitze des Vorgebirges den Namen *Κιναίθιον* giebt); p. 362; Paus. c. 25, 9. Die Ansetzung von *Ἱππόλα* bei dem jetzigen Dorfe *Κηποῦλα* beruht nur auf der wohl täuschenden Namensähnlichkeit.

[3]) Paus. a. a. O., vgl. Il. *B*, 582 und Strab. p. 364.

Reste der alten, noch in später Zeit als Mitglied des Bundes der Eleutherolakonen blühenden Stadt Oitylos (nach einheimischer Schreibung Bitylos) bewahrt, in welcher Pausanias ein, nach den Resten zu schliessen, in ionischem Style erbautes Heiligtum des Sarapis und ein an der Agora stehendes Schnitzbild des Apollon Karneios als sehenswerth erwähnt.[1])

Die Gegend nördlich von Limeni bewahrt denselben Charakter eines unwirtlichen und unfruchtbaren Berglandes bis zu dem vier Stunden nördlich von Vitylo vom Rücken des Gebirges herab dem Meere zufliessenden Bache von Milia, der im Altertum den Namen Pamisos geführt und in den Zeiten der Selbständigkeit Messeniens die freilich vielbestrittene Gränze dieser Landschaft gegen Lakonien gebildet zu haben scheint.[2]) An diesem Bache lag, eine Stunde von der Küste entfernt, die offenbar nach ihrer geschlossenen, schwer zugänglichen Lage benannte Ortschaft Thalamae, später eine Stadt der Eleutherolakonen, zu deren Gebiete auch ein an der Strasse von Oitylos her gelegenes Heiligtum der Ino (oder, wie der eigentliche Cultname lautete, der Pasiphaa) gehörte mit einem Traumorakel, welches von Zeit zu Zeit officiell durch die spartanischen Ephoren befragt wurde.[3]) An der Mündung des Baches stand ein Städtchen Pephnos (oder Pephnon),

---

[1]) Paus. c. 21, 7; c. 25, 10; Strab. p. 360; Il. *B*, 585 c. schol.; Ptol. III, 16, 22; C. I. gr. n. 1323; vgl. Leake Morea I, p. 313. Die Entfernungsangabe von 150 Stadien von Messa bis Oitylos bei Paus. a. a. O. ist wohl daraus zu erklären, dass Paus. den Weg nicht zu Lande, sondern zu Schiff gemacht hat.

[2]) Strab. p. 361, vgl. Paus. c. 1, 4 und c. 26. 3. Auch in der von Polybios als unverständlich bezeichneten Schilderung des Zenon vom Marsche des Nabis (Polyb. XVI, 16) ist wohl dieser Pamisos gemeint.

[3]) Ptol. III, 16, 22; Steph. u. *Θαλάμαι*; Strab. p. 360 (dessen Angabe, Thalamae habe zu seiner Zeit *Βοιωτοί* geheissen, auf einer Corruptel des Textes zu beruhen scheint); Paus. c. 21, 7; c. 26, 1: Plut. Agis 9; Cleom. 7; Cic. De div. I, 43, 96. Der Vermutung von Curtius (Pel. II, S. 284), dass das Heiligtum auf dem jetzt Trachela genannten felsigen Vorsprunge der Küste, zwei Stunden nördlich von der Bucht von Limeni, gelegen habe, kann ich nicht beistimmen, theils wegen der beträchtlichen Entfernung dieses Platzes von Thalamae, während das Heiligtum nach Plutarch *ἐν Θαλάμαις* lag, theils weil die Strasse von Oitylos nach Thalamae schwerlich hart an der Küste, sondern jedenfalls weiter östlich hinlief.

jedenfalls der Hafenplatz von Thalamae, wenn auch ein eigentlicher Hafen hier nicht vorhanden ist, sondern nur eine offene Rhede, die durch eine kleine, gleichfalls Pephnos genannte Felsinsel (oder vielmehr eine grössere Felsklippe), welche die Sage als Geburtsstätte der Dioskuren bezeichnete, nur sehr ungenügend geschützt ist.[1]) Nördlich vom Bache von Milia nimmt das Land zunächst einen milderen und fruchtbareren Charakter an, der aber schon nach etwa drei Stunden wieder durch eine rauhe Felsmasse, die sich in einer Breite von $1^1/_2$ Stunden südwestwärts ins Meer vorschiebt (jetzt Cap Kephali genannt), unterbrochen wird. Der südlichere Theil jener Landstrecke bildete das Gebiet von Leuktra (oder Leuktron), einer ursprünglich wohl von Minyern gegründeten eleutherolakonischen Stadt, deren Name und Ueberreste in dem eine Stunde nördlich von der Mündung des Baches von Milia gelegenen Dorfe Leftro erhalten sind;[2]) der nördlichere gehörte seit dem Beginn der römischen Kaiserzeit den Bewohnern von Sparta, denen Augustus die alte, gegen zwei Stunden nördlich von Leuktra, 20 Minuten oberhalb der Küste auf einer steilen Felshöhe gelegene Stadt Kardamyle (in der local-dialektischen, noch im Namen des Dorfes Skardamula erhaltenen Form Skardamyla), welche bis dahin, wahrscheinlich seit Philipp von Makedonien, im Besitz der Messenier gewesen war, geschenkt hatte.[3]) Nördlich vom Cap Kephali lagen noch zwei eleutherolakonische Städte, beide altmessenische Gründungen, die auch seit Philipp von Makedonien wieder im Besitze der Messenier gewesen, durch Augustus ihnen wieder entzogen und auch bei der Grenzregulirung durch Tiberius, welcher die enge Schlucht des Choiros (*Χοίριος νάπη*), des jetzigen Baches von Sandava, als Gränzscheide zwischen Lakonien und Messenien festsetzte, zu Lakonien geschlagen worden waren: Gerenia (oder

---

[1]) Paus. c. 26, 2 f.; Steph. Byz. u. *Πέφνον*.

[2]) Paus. c. 21, 7 und c. 26, 4 ff.; Plut. Pelop. 20; Strab. p. 360 f.; Ptol. III, 16, 9. Für minyischen Ursprung der Stadt sprechen besonders die von Paus. erwähnten Culte des Asklepios, der Ino und des Eros.

[3]) Paus. c. 26, 7; vgl. Il. *I*, 150; 292; Herod. VIII, 73; Strab. p. 360; Ptol. III, 16, 22; Steph. Byz. u. *Καρδαμύλη*. Paus. Angabe der Entfernung zwischen Kardamyle und Leuktra auf 60 Stadien beruht auf einem Irrtum oder auf einer falschen Berechnung nach der Dauer der Küstenfahrt.

Gerena) und Alagonia.[1] Die erstere, nach der Tradition das homerische Enope und durch eine alte aber wahrscheinlich falsche Deutung des bekannten homerischen Beinamens des Nestor zum Geburtsorte oder zur Zufluchtsstätte dieses Heros gestempelt, mit einem Rhodon genannten und als Curort dienenden Heiligtum des Machaon, des Sohnes des Asklepios, lag wahrscheinlich nahe bei der kleinen Bucht Kitriäs in dem kleinen Thale, an dessen Ende man noch jetzt eine bedeutende Grotte bemerkt, die ohne Zweifel der von Pausanias erwähnten Grotte der Klaia (?) im Gebirge Kalathion entspricht; Alagonia aber stand $1^1/_2$ Stunden landeinwärts auf der Berghöhe, welche jetzt die Ruinen der fränkischen Burg Zarnata einnehmen.

3. Messenien.

Messene oder, seit Erbauung einer Stadt dieses Namens, auch Messenia[2]) nennen die Griechen die Landschaft, welche im Osten durch das Taygeton von Lakonien, im Norden durch die südwestlichen Verzweigungen des Lykaion (die jetzt Tetrasi und Hagios Ilias genannten Bergzüge) sowie durch den Fluss Neda von Arkadien und Triphylien getrennt, an den übrigen Seiten vom Meere bespült wird, das von Süden her tief in das Land

---

[1]) Paus. c. 21, 7; c. 26, 8 ff.; vgl. Hom. Il. *I*, 150; 292; Hesiod. bei Steph. Byz. u. Γερηνία; Strab. p. 340; p. 360. In der Ansetzung der beiden Ortschaften bin ich der Ansicht von Leake (Morea I, p. 323; Peloponnesiaca p. 180) gegen die französ. Karte und Curtius (Pel. II, S. 286), die Gerenia an der Stelle von Zarnata ansetzen, gefolgt, weil mir aus Paus. hervorzugehen scheint, dass die von Leake unzweifelhaft richtig erkannte Grotte zwischen Gerenia und Alagonia lag, und weil die Entfernung von 30 Stadien landeinwärts d. h. ostwärts von Zarnata uns auf die Höhen gerade unter den höchsten Kuppen des Taygeton führt, die durchaus keinen Platz für eine städtische Anlage darbieten. Dass Ptol. III, 16, 22 (an einer überdies sehr confusen Stelle) Gerenia unter den πόλεις μεσόγειοι Lakoniens anführt, erklärt sich, wenn wir annehmen, dass die Stadt einige Minuten von der Küste entfernt war.

[2]) ἡ Μεσσηνία als Substantiv ohne den Beisatz von γῆ oder χώρα findet sich zuerst bei Polybios und bei dem sogenannten Scymnus Chius Orb. descr. 530.

eindringend den 'Messenischen Meerbusen'[1]) bildet. Die Etymologie des Namens, der eigentlich 'Mittelland' bedeutet, zeigt, dass derselbe ursprünglich nicht der ganzen Landschaft, sondern nur einem Theile derselben zukam, der nicht nur in geographischer, sondern auch in politischer Beziehung den Mittelpunkt des Landes bildete. Ohne Zweifel war dies die fruchtbare, von mehreren zu einem Strome sich vereinigenden Bächen durchflossene Ebene im nördlicheren Theile des Landes, ein altes Seebecken, das, abgesehen von einem schmalen Spalt im Süden, von allen Seiten von Gebirgen umschlossen ist: im Norden durch die schon erwähnten Gränzgebirge gegen Arkadien, im Nordwesten durch einen mit diesen zusammenhängenden, jetzt Kutra genannten Gebirgszug,[2]) im Südwesten durch ein jetzt mit dem Gesammtnamen Kontovúnia ('die kurzen Berge') bezeichnetes Mittelgebirge, das zwei durch eine Einsattelung verbundene Gipfel (jetzt Vurkano und Hagios Basilios, von den Alten Ithome und Euan genannt) gegen Südosten vorschiebt, im Osten endlich durch die westlichen Vorberge des in grossen Terrassen nach der Ebene zu absteigenden Taygeton. Ein Engpass, durch welchen die vereinigten Gewässer abfliessen, verbindet diese nördlichere Ebene, die nicht nur in der ältesten, sondern auch in späteren Zeiten einer selbständigen staatlichen Existenz der Landschaft den politischen Mittelpunkt derselben bildete, mit einer zweiten, an Fruchtbarkeit ihr nicht nachstehenden Ebene, die, gegen Süden sich bedeutend verbreiternd, von dem Strome durchflossen wird, der, nachdem er noch einen bedeutenden Zufluss von Nordosten her

---

[1]) *Μεσσηνιακὸς κόλπος* bei Strabon u. a.: nach demselben VIII, p. 359 hiess der nördlichere Theil des Busens ὁ *Μεσσηνιακὸς κόλπος*, der südlichere ὁ *Ἀσιναῖος κόλπος* [doch werden weiterhin beide Bezeichnungen als synonym behandelt]; dieselben beiden Theile werden bei Plin. N. h. IV, 5, 15 als 'sinus Coronaeus' und 'sinus Asinaeus' unterschieden. Endlich finden wir auch die Bezeichnung *Θουριάτης κόλπος* für den ganzen Meerbusen bei Strab. p. 360. Heut zu Tage Golf von Koron.

[2]) Curtius Pel. II, S. 130 scheint den Namen *Ἐλάϊον*, den er dem H. Ilias giebt, auch auf dieses Gebirge zu beziehen; doch sind wir durch die dürftigen Angaben des Pausanias (VIII, 41, 7 und 42, 1, vgl. Rhianos bei dems. IV, 1, 6) überhaupt nicht berechtigt, den Namen Elaion auf die am linken Ufer der Neda gelegenen Gebirge auszudehnen. Vgl. Conze und Michaelis Annali XXXIII, p. 57 ss.

aufgenommen hat, den Namen **Pamisos** (jetzt Pirnatza) empfängt[1]) und der durch die Menge von Sand und Schlamm, die er mit sich führt, fortwährend an der Erweiterung dieser seiner Mündungsebene, die zum grössern Theile als seine Schöpfung zu betrachten ist, arbeitet. Darin unterstützen ihn ein von dem Rücken des Taygeton herabkommender wasserreicher Giessbach, der **Nedon**, der zwei Stunden östlich vom Pamisos bei dem jetzigen Kalamata ins Meer fällt, sowie zahlreiche den grössten Theil des Jahres hindurch wasserlose Bäche, welche von den südlichen Abhängen der Kontovunia aus den westlichen Theil der Ebene durchfurchen. Diese südliche Ebene, die wegen ihrer Fruchtbarkeit im Altertume **Makaria** ('die gesegnete') genannt wurde,[2]) wird im Südosten durch die wie eine mächtige Barre bis unmittelbar ans Meer vorgeschobenen felsigen Abhänge des Taygeton begränzt, mit denen die zum weitaus grössten Theile schon im vorigen Abschnitt geschilderte Taygetonhalbinsel beginnt. Ihr entspricht im Westen eine zwar etwas breitere aber weit kürzere Halbinsel, die wir die **messenische** nennen können,[3]) da sie ganz dieser Landschaft angehört. Sie wird nicht wie die beiden Lakonischen Halbinseln von einem langen Gebirgszuge eingenommen, sondern besteht aus mehreren durchaus anbaufähigen Gebirgen von mässiger Erhebung, unter denen das jetzt Lykodimo, von den Alten **Mathia** genannte, dessen Gipfel die Höhe von 957 Meter erreicht, das bedeutendste und in gewissem Sinne der Kern der ganzen Halbinsel ist, da die westlicheren, jetzt Zernaura und Mandila genannten Berge, sowie der die Westküste von Modon bis Navarin einnehmende Bergrücken des heiligen Nikolaos als Verzweigungen

---

[1]) Aus Paus. IV, 31, 4 sieht man, dass die Alten die $1^1/_2$ Stunde nördlich von Thuria, etwas über zwei Stunden östlich von der Stadt Messene am Fusse eines Vorberges des Taygeton entspringenden, jetzt nach dem heiligen Floros benannten Quellen als die des Pamisos betrachteten; dies wird bestätigt durch die Angabe des Strabon p. 361, dass die Länge des Laufes des Pamisos von seinen Quellen an nicht mehr als 100 Stadien betrage.

[2]) Strab. p. 361.

[3]) Die von Curtius beliebte Bezeichnung derselben als **Rhion** ist durchaus unbezeugt, da die Alten nur von einer Ortschaft Rhion wissen (Strab. p. 360 und 361; Steph. Byz. u. Ῥίον), die, wie Curtius selbst richtig erkannt hat (Pel. II, S. 168), die Stelle des spätern Asine (des jetzigen Koron) einnahm.

desselben betrachtet werden können. Den südlichsten Theil der Halbinsel aber bildet ein besonderes Gebirge, der Akritas der Alten, niedriger (der jetzt nach dem heiligen Demetrios benannte höchste Gipfel erreicht nur die Höhe von 516 Meter), aber rauher und steiler als die Mathia, in Gestalt eines mit der Spitze (dem Akritas im engeren Sinne, jetzt Cap Gallo) nach Süden gekehrten Dreiecks, dessen Basis nach Westen bis nahe an das südliche Ende des Bergrückens des heiligen Nikolaos verlängert ist. Als Fortsetzungen oder weitere, durch Zerstörung der Verbindungsglieder vom Stamm losgelöste Verzweigungen dieses Gebirges sind wohl auch die nahe der Südküste der Halbinsel liegenden, durchaus felsigen und jetzt ganz unbewohnten Inseln zu betrachten: die nach ihrer an einen Wetzstein erinnernden Gestalt von den Alten Theganusa (jetzt Venetiko) genannte gerade südlich vom Cap Akritas, und die westlichere Gruppe der Oinussae, die aus zwei grösseren, jetzt Sapienza und Cabrera genannten und einer in dem Canal zwischen beiden gelegenen kleinen (Prasonisi oder Santa Maria) besteht.[1])

Der westliche Theil der oberen Landschaft endlich wird von einem mit dem Mittelgebirge der Kontovunia zusammenhängenden, von Nord nach Süd streichenden Bergzuge, dem Aegaleon[2]) der Alten, eingenommen, der in drei Gipfeln von annähernd gleicher Höhe (dem Psychro im Norden von 1115, dem Gipfel der heiligen Barbara in der Mitte der Kette von 1220 und dem der heiligen Kyriaki im Süden von 1066 Meter) aufsteigt und in breiten, durchschnittlich noch etwa 100 Fuss über die Meeresfläche sich erhebenden, mit fruchtbarem Erdreich bedeckten

---

[1]) Der nur von Paus. IV, 34, 4 erhaltene antike Name des Lykodimo ist von Bekker nach den Spuren der Handschriften richtig als ἡ Μαϑία erkannt worden; vgl. Schubart Bruchstücke zu einer Methodologie der diplomatischen Kritik S. 24. Dem Bergzug des heiligen Nikolaos giebt Curtius (II, S. 180, vgl. S. 198) vermutungsweise den Namen Tomaeon oder Tomeus nach Thucyd. IV, 118 und Steph. Byz. u. Τομεύς, schwerlich mit Recht, da, wie schon Leake (Morea I, S. 416) erkannt hat, bei Thucyd. nach dem Zusammenhange vielmehr an Oertlichkeiten östlich d. h. landeinwärts von Pylos zu denken ist. Ueber den Akritas und die südlich davon gelegenen Inseln s. Paus. c. 34, 12; Strab. p. 359; Ptol. III, 16, 7.

[2]) Strab. p. 359.

Hochflächen gegen Westen vortritt. Durch die zahlreichen Giessbäche, welche durch dieselben dem Meere zufliessen, hat sich am Fusse derselben ein durchschnittlich etwa $^3/_4$ Stunde breiter sandiger Küstensaum angesetzt, der zwischen den Städten Pylos und Kyparissia eine Ausbauchung gegen Westen zeigt, weiter nördlich dann sich wieder gegen Osten zurückzieht und dadurch den Ansatz zu dem im Norden durch das Cap Ichthys (jetzt Katakolo) in Elis abgeschlossenen weiten Meerbusen von Kyparissia[1]) (jetzt Golf von Arkadia) bildet.

Die älteste Bevölkerung der Landschaft scheint aus lelegischen (hauptsächlich im östlichen Theile), pelasgischen (gegen die Gränzen Arkadiens hin) und aeolisch-minyischen Elementen (an der Westküste) gemischt und in Folge der Stammesverschiedenheit auch zu keiner politischen Einheit verbunden gewesen zu sein: wenigstens erscheint in den Homerischen Gedichten der grössere Theil des Landes mit Lakonien unter der Herrschaft der Atriden vereinigt, während die Westküste mit Triphylien ein besonderes Reich unter dem Scepter der Neliden bildet. Als die Dorier von Arkadien aus eingedrungen waren und sich in der nördlichen Ebene festgesetzt hatten, unterwarfen sie sich, wie es scheint, fast ohne Kampf die ganze Landschaft; nur einige der mächtigsten Adelsgeschlechter wie die Neliden, die Medontiden, die Paeoniden und die Alkmaeoniden wanderten nach Attika, beziehungsweise nach Kleinasien aus; die übrige Bevölkerung, meist friedliche Ackerbauer, blieb im Wesentlichen im Besitz ihres Grundeigentums und ihrer politischen Rechte und wurde, mit Ausnahme der unmittelbar unter dem dorischen König stehenden nördlichen Ebene, von vier Unterkönigen oder Lehnsfürsten beherrscht.[2]) Zwar wurde diese Einrichtung in

---

[1]) Cyparissius sinus Plin. N. h. IV, 5, 15; Pomp. Mela II, 50. Von den Giessbächen der Küste wird uns ausser dem bei Kyparissia fliessenden *Κυπαρισσήεις* (Strab. VIII, p. 349) nur der *Σέλας* genannt (Ptolem. III, 16, 7); welchem Bach dieser Name gehört, ist nicht mehr festzustellen.

[2]) S. Ephoros bei Strab. VIII, p. 361 (dazu Curtius Pel. II, S. 125 f. und Schiller Stämme und Staaten Griechenlands, II, Ansbach 1858, S. 7 f.), wo als die Sitze der vier Unterkönige genannt werden: Pylos an der Westküste; Rhion an der Ostküste der westlichen Halbinsel (s. oben S. 157, Anm. 3); Mesola, was wohl von dem Lakonischen Messa an der Westküste der Taygetonhalbinsel nicht verschieden ist, so dass Messenien damals bis zum Cap Thyrides hinabreichte (vgl. Strab. p. 360, wo

Folge der Unzufriedenheit des dorischen Adels über die Begünstigung der alten Landesbewohner bald wieder aufgehoben und die Regierung der ganzen Landschaft in Stenyklaros, dem Sitze der dorischen Herrscher, concentrirt; allein diese Herrschaft trug keineswegs einen ausgeprägt dorischen Charakter, vielmehr verschmolzen die Dorier mehr und mehr mit der alten Bevölkerung; an die Stelle des alten dorischen Stammesbewusstseins trat allmälig ein messenisches Nationalbewusstsein, für dessen Stärke das Festhalten der unglücklichen Messenier an ihrer messenischen Nationalität während jahrhundertelanger Knechtschaft und Verbannung, wodurch sie den Polen der Gegenwart ähnlich erscheinen, das beste Zeugniss ablegt. Die Entwickelung dieses nationalen Bewusstseins musste natürlich zu einem Gegensatze gegen die alten Stammesgenossen jenseits des Taygeton führen, der durch die Verbindung der messenischen Herrscher mit den den Spartanern feindlichen Stämmen des südlichen Arkadiens, sowie durch Gränzstreitigkeiten, wie sie zwischen Nachbarn nicht ausbleiben, immer mehr verschärft, endlich in Folge eines Actes der Gewaltthätigkeit, an welchem jede der beiden Parteien der anderen die Schuld zuschob, in offenen Krieg — den sogenannten ersten Messenischen Krieg — ausbrach. Das Resultat dieses 20jährigen Kampfes, dessen Einzelheiten ganz in das Gewand der Sage gehüllt sind, war die Vernichtung der nationalen Selbständigkeit Messeniens, das von den Spartanern ganz als erobertes Land behandelt wurde: die Bewohner, soweit sie es nicht vorzogen, ihre Heimat zu verlassen, blieben zwar im Besitz ihres Grundeigentums, mussten aber die Hälfte des Ertrages an die Spartaner abliefern und wurden von Sparta aus regiert. Nach etwa 80 Jahren brach der Hass der Unterdrückten gegen ihre Unterdrücker wieder in helle Flammen aus: unter Führung des heldenmüthigen Aristomenes, dessen Thaten noch bis in späte Zeiten in Volksliedern fortlebten, erhob sich die ganze Bevölkerung, von ihren arkadischen Nachbarn untertsüzt, zum heiligen Kriege (dem zweiten messenischen Kriege); aber nach 17jährigem Kampfe, als der letzte Zufluchtsort

---

ὁ μεταξὺ κόλπος τοῦ Ταΰγέτου καὶ τῆς Μεσσηνίας nach meinem Verständnisse die weite Einbuchtung zwischen Cap Thyrides und dem jetzigen Cap Kephali bezeichnet), und Hyameitis oder Hyameia (vgl. Paus. IV, 14, 3 und Steph. Byz. u. *Ὑάμεια*), das jedenfalls in der unteren Ebene zu suchen ist.

der Nationalpartei, die Bergfeste Eira an der Gränze Arkadiens, durch Verrath in die Hände der Feinde gefallen war, musste sie den Widerstand aufgeben: ein grosser Theil der Kämpfer wanderte aus, was zurückblieb, wurde zu Hörigen (Heloten) gemacht, die das nun nicht mehr ihnen gehörige Land für die spartiatischen Herren, deren eiserne Hand noch schwerer als früher auf ihnen lastete, bebauen mussten.[1] Seitdem bot Messenien, von Natur die fruchtbarste und gesegnetste Landschaft der Halbinsel, ein trauriges Bild der Verödung und des Verfalls dar: das Land war dünn bevölkert und schlecht angebaut, zu einem grossen Theil als Weiden für die Heerden der Spartaner benutzt;[2] die Städte, mit Ausnahme des von Dryopern bewohnten, von Sparta begünstigten Asine und von Thuria, dessen Bewohner lakonische Periöken waren,[3] ohne Bedeutung, weil Industrie wie Handel unter dem Drucke der Fremdherrschaft darnieder lagen. Der hauptsächlich von Messenien ausgegangene und daher gewöhnlich als dritter messenischer Krieg bezeichnete Helotenaufstand brachte neue Verwüstung und neue Entvölkerung über das unglückliche Land; denn als die auf der Ithome verschanzten Aufständischen im zehnten Jahre des Krieges (Ol. 81, 2 = 455) capitulirten, wurde ihnen mit Weibern und Kindern freier Abzug unter der Bedingung der Auswanderung aus dem Peloponnes bewilligt und sie von den Athenern in Naupaktos angesiedelt.[4] Seitdem herrschte in Messenien die Ruhe eines Kirchhofs die nur durch die Besetzung von Pylos durch die Athener im siebenten Jahre des peloponnesischen Kriegs (Ol. 88, 3 = 425) vorübergehend unterbrochen wurde. Aber zu einem neuen Leben erwachte Volk und Land durch den Weckruf des Epameinondas, der bei seinem ersten Einfall in den Peloponnes (Ol. 102, 3 = 369) Messenien wieder als unabhängigen Staat herstellte und demselben durch die Gründung der Stadt Messene, zu deren Bevölkerung er die Nachkommen der ausgewanderten Messenier in die alte Heimat zurückberief, einen politischen Mittelpunkt gab.[5] Trotz der Weigerung Spartas, den neuen Staat an-

---

[1]) Vgl. über die beiden messenischen Kriege Curtius Gr. Geschichte I, S. 172 ff.; Ph. Kohlmann Quaestiones Messeniacae, Bonn 1866.

[2]) Plat. Alcib. I, p. 122[d].

[3]) Thukyd. I, 101.

[4]) Thukyd. I, 103.

[5]) Vgl. Paus. IV, 26, 5 ff.; Diod. XV, 66.

zuerkennen, bestand derselbe fort, freilich als ein in jeder Hinsicht schwächlicher Körper, der sich nie zu einer selbständigen und wahrhaft nationalen Politik zu erheben vermochte. Die Gränzen gegen Lakonien blieben, wie schon früher bemerkt, mannigfachen Schwankungen unterworfen, bis sie durch einen Schiedsspruch des Kaisers Tiberius im Jahre 25 n. Chr. definitiv geregelt wurden.[1])

Die nördliche Ebene.

Die chorographische Schilderung der Landschaft hat naturgemäss auszugehen von der nördlichen Ebene, die, wie oben bemerkt, ursprünglich Messene, nach Ausdehnung dieses Namens auf die ganze Landschaft gewöhnlich die stenyklarische Ebene (nach der alten Königsstadt Stenyklaros, deren Stelle schon den alten Geographen unbekannt war) genannt wurde.[2]) Die Berge, welche sie gegen Norden umschliessen, tragen schon einen ganz arkadischen Charakter: wild und grossartig, nur auf beschwerlichen, kaum für Saumthiere gangbaren Pfaden zugänglich, erfreuen sie doch das Auge durch den Reichthum an Laubwald, namentlich an prächtigen Eichen, deren mächtige Stämme hie und da wegen Mangel an Communicationsmitteln unbenutzt verfaulen. Der höchste Gipfel und zugleich der Knotenpunkt für die weitere Verzweigung des Gebirges gegen Südosten (die arkadischen Nomia-Berge) ist der bis zur Höhe von 1388 Meter sich erhebende Tetrasi, von den Messeniern Eira oder Ira genannt, von welchem gegen Nordwesten, zwischen den kleinen Dörfern Kakaletri und Stasimi, ein von tiefen Schluchten, in denen zwei Arme der Neda fliessen, umgebener Felsrücken vorspringt, der die Reste einer aus unregelmässigen Steinen aufgeführten Befestigung, auf seinem niedrigeren westlichen Ende die einer kleinen regelmässig ummauerten Ortschaft trägt: jene die Ueberbleibsel der Bergfestung Eira, in und bei welcher die Hauptscenen des Dramas des zweiten messenischen Krieges spielen, letztere wohl von einer nach der Wiederherstelllung Messeniens errichteten Gränzbefestigung her-

[1]) S. Tac. Ann. IV, 43 und dazu Ross Reisen I, S. 15 ff. — Strab. p. 362 nennt Messenien eine zum grössten Theile verlassene Landschaft.

[2]) Herod. IX, 64; Paus. IV, 3, 7; c. 15, 8; c. 33, 4. Curtius (Pel. II, S. 136) setzt die Stadt nach Pouillon-Boblayes Vorgang auf einer von Südosten her in die Ebene vortretenden Anhöhe östlich oberhalb des Dorfes Meligala an, eine Annahme, für welche es an jedem literarischen und monumentalen Zeugnisse fehlt; vgl. Annali XXXIII, p. 56.

rührend.[1]) Von den südwestlichen Abhängen des Tetrasi kommt ein von den Alten wahrscheinlich Leukasia genannter Bach herab, der sich im südlichsten Theile der Ebene, nachdem er ein einen nördlichen Winkel derselben bildendes schmales Thal durchflossen, mit einem anderen von den westlichen Abhängen der Nomiaberge herabkommenden Bache, dem Amphitos, nachdem dieser einen kleinen Seitenbach, den Charadros, aufgenommen hat, vereinigt: die vereinigten Gewässer ergiessen sich nach ganz kurzem Laufe in den von dem südlichen Abhange des heiligen Iliasberges her durch ein nordwestliches Seitenthal in die Ebene einfliessenden Bach, der jetzt Mavrozumenos, von den Alten Balyra genannt wird.[2]) Dieser ist gerade an dem Vereinigungspunkte durch eine in ihren Fundamenten antike Brücke überbrückt, deren drei Schenkel (einer nach Süden, einer nach Nordost und einer nach Nordwest gerichtet) die Richtung der antiken Strasse bezeichnen welche von der Stadt Messene herkommend sich hier gabelte, um rechts nach der arkadischen Megalepolis, links nach Kyparissia auf der messenischen Westküste hinzuführen. Folgte man der letzteren, so gelangte man zunächst nach einer kleinen Ortschaft Polichne, die am südlichen Ende des vom obern Laufe der Balyra durchströmten, durch einen niedrigen Bergzug vom Thale der Leukasia getrennten Thales, in der Gegend des jetzigen Khans von Kokla zu suchen ist; in der Nähe derselben flossen zwei Bäche, Elektra und Koios genannt, jedenfall ein Paar westliche Seitenarme der Balyra. Nach Ueberschreitung des ersteren kam man an eine Quelle Achaia, in deren Nähe sich Reste einer alten Ortschaft fanden, die dem Pausanias als die der alten Stadt Dorion (ein Name, der von Anderen freilich auf einen Berg oder auch auf die ganze Ebene der oberen Balyra bezogen ward) bezeichnet wurden.[3])

---

[1]) Paus. c. 17, 10 u. ö.; Steph. Byz. u. Ἱρά: vgl. Ross Reisen I, S. 95 ff.; Curtius Pel. II, S. 152 f.; Vischer Erinnerungen S. 451 ff. Die von Clark (Peloponnesus p. 248 ss.) gegen die Beziehung jener Reste auf Eira erhobenen Zweifel scheinen mir durchaus nicht erheblich zu sein.

[2]) Paus. c. 33, 4; vgl. Expédition de Morée I, pl. 48 und Curtius II, S. 150 f. Der Name *Βαλύρα*, den die Legende von der weggeworfenen Leier des Thamyris herleitete, gehört wahrscheinlich zur Wurzel *Ϝελ*, *Ϝαλ* 'winden, krümmen'.

[3]) Paus. c. 33, 6 f.: vgl. Strab. p. 350; Steph. Byz. u. *Δώριον*.

Folgte man dagegen der nach Megalepolis führenden Strasse, so fand man nahe dem östlichen Rande der Stenyklarischen Ebene am linken Ufer des Charadros (in der Nähe des jetzigen Dorfes Philia) einen geräumigen Kypressenhain, Karnasion genannt, in welchem den grossen Göttinen (Demeter und Kora) nebst Apollon Karneios, dem widdertragenden Hermes und den Kabeiren Mysterien, in ihren Bräuchen wie an Ansehen und Ruf an die eleusinischen erinnernd, gefeiert wurden.[1]) Dieses Heiligtum, dessen erste Gründung jedenfalls in die Zeit vor der dorischen Einwanderung zurückgeht, gehörte zum Gebiete von Andania, dem Sitze der alten lelegischen Könige und der Heimat des Aristomenes, dessen Ruinen 20 Minuten nördlich von der Stelle des Hains auf einem Bergvorsprunge oberhalb des Dorfes Trypha unter dem Namen ‘Helleniko’ erhalten sind. Die eigentliche Burg scheint, ähnlich wie Eira, seit dem zweiten messenischen Kriege in Trümmern geblieben zu sein, während unterhalb derselben nach der Wiederherstellung Messeniens ein Städtchen, dem man den alten Namen beilegte, begründet wurde. Auf die alte Burgstadt bezogen einige den Namen Oichalia, der auch in den messenischen Sagen eine Rolle spielt, während andere diesen Ort an die Stelle des Haines Karnasion versetzten.[2]) Reste einer anderen befestigten Ortschaft finden sich gegen zwei Stunden südöstlich von den Ruinen Andanias, auf der westlichen Spitze eines steil abfallenden, bereits zu dem Gebirgssystem des Taygeton gehörigen Bergrückens, der auch im Mittelalter eine Burg getragen

---

[1]) S. Paus. c. 33, 4 und die grosse in der Nähe des Dorfes Hagios Konstantinos gefundene Inschrift bei Sauppe Die Mysterieninschrift aus Andania, Göttingen 1860; dazu die Bemerkungen von Conze und Michaelis in den Annali XXXIII, p. 51 ss.

[2]) Paus. c. 33, 4 f., vgl. c. 1, 2; c. 2, 2; c. 3, 10; c. 14, 7; c. 26, 6; Strab. p. 339; p. 350; p. 360; Pherekyd. fr. 34 Müller (zu welcher Stelle auch der neueste Verbesserungsvorschlag von Sauppe a. a. O., S. 8, Anm. 3, ἐν Μεσόλῃ für ἐν Θούλῃ zu schreiben, verfehlt ist, da das Gebiet von Mesola sich nach der von S. angezogenen Stelle des Strab. p. 360 [vgl. oben S. 159, Anm. 2] bis ans Meer erstreckt haben muss: vielleicht ist ἐν ἄλσει τῆς Ἀνδανίας zu schreiben); Liv. XXXVI, 31; Steph. Byz. u. Ἀνδανία: nach der letzteren Stelle hätte einstmals die ganze Landschaft (d. h., wie Curtius Pel. II, S. 189 erkannt hat, die nördliche Ebene) den Namen Andania geführt. Ueber die Ruinen von Andania vgl. Curtius Pel. II, S. 132 f.

hat (Palaeokastron von Kokla); wahrscheinlich gehören dieselben Ampheia, einer Gränzfestung Messeniens gegen Lakonien, durch deren Ueberrumpelung die Lakedaemonier den ersten messenischen Krieg eröffnet haben sollen.[1])

Auf der von der Balyrabrücke südwärts führenden Strasse erreichte man in $1^1/_2$ Stunden den Fuss der Ithome und die westlich von ihr und dem sie mit dem Euan verbindenden Sattel gelegene Stadt Messene. Der 802 Meter hohe Gipfel des Berges, zu dem man vom Sattel aus eine Stunde lang emporsteigt, war dem Zeus Ithomatas, dem Landesgotte Messeniens, dem Spender fruchtbaren Regens, geweiht, der, ähnlich wie Zeus Lykaeos auf dem benachbarten arkadischen Gebirge, hier ohne Tempel und Bild (ein später für die in Naupaktos angesiedelten Messenier von Ageladas angefertigtes Bild des Gottes wurde nicht auf der Cultstätte, sondern im Hause des je auf ein Jahr gewählten Priesters bewahrt) mit Opfern und musischen Wettkämpfen verehrt wurde; zugleich diente die mit starken Mauern umgebene obere Fläche, auf der jetzt ein verlassenes Kloster der Panagia steht, als die Hauptfestung des Landes, deren Fall den Ausgang des ersten sowie des dritten messenischen Krieges entschied. In letzterer Hinsicht erhielt der Berg neue Bedeutung durch die Gründung der Stadt Messene, indem er, ähnlich wie Akrokorinthos, als Akropolis der unteren Stadt benutzt und in das Befestigungssystem derselben aufgenommen wurde: seitdem galten Ithome und Akrokorinthos als die beiden stärksten Festungen der ganzen Halbinsel, oder, wie Demetrios von Pharos es ausdrückte, als die beiden Hörner, an denen man den Stier Peloponnesos festhalten müsse.[2]) Die unter der Leitung des argivischen Strategen Epiteles angelegte Stadt hatte mit Einschluss der Burg einen Umfang von ungefähr zwei deutschen Meilen, ein Raum, der freilich nicht ganz

---

1) Paus. c. 5, 9; vgl. Vischer Erinnerungen S. 419 ff. Freilich liegen die Ruinen nicht unmittelbar an der lakonischen, sondern zunächst an der arkadischen Gränze; allein der Besitz dieses schmalen südlichen Zipfels von Arkadien war nach der Annexion der Belminatis an Lakonien jedenfalls mannigfachen Schwankungen unterworfen.

2) Polyb. VII, 11; Strab. p. 361; Paus. c. 9, 1 f.; c. 33, 1 f. Die uncannelirten Säulen, von denen auch ich Stücke im Hofe des Klosters fand, stammen gewiss nicht von irgend einem Cultgebäude, sondern dienten wohl als Träger von Weihgeschenken.

von den Privatwohnungen, Tempeln und sonstigen öffentlichen Anlagen eingenommen, sondern zum Theil, wie die innerhalb der Ringmauer liegenden westlichen und südlichen Abhänge der Ithome, unbebaut war; nur am südlichen Abhange an welchem der Zickzackpfad zum Gipfel hinaufführt, findet man einige durch Mauern gestützte Terrassen und auf einer derselben die Trümmer eines kleinen Tempels der Artemis Limnatis (nach Lebas Herstellung ein korinthischer Tempel in antis) mit dem Opferplatz, in dessen Mitte der Altar stand, vor dem Eingange.[1]) Die Ringmauer, welche mit ihren Zinnen und Thürmen von Pausanias (IV, 31, 5) als das schönste ihm bekannte Beispiel städtischer Befestigungsanlagen gerühmt wird, ist am besten erhalten an der Nordseite und Nordwestseite der Stadt, wo sie sich noch mehrfach bis zu 12 Lagen von regelmässigen, ohne Mörtel sorgfältig aneinandergefügten Parallelepipeden, die Thürme, denen nur das hölzerne Dach und der aus Holzbalken gefügte Zwischenboden zwischen dem ersten und zweiten Stockwerk fehlt, bis zu einer Höhe von über 30 Fuss erheben. Ziemlich in der Mitte der Nordmauer öffnet sich ein Thor, der Ausgangspunkt der Strasse nach Megalepolis, an welches sich nach Innen ein kreisrunder Hofraum von 62 Fuss Durchmesser anschliesst, aus dem man durch ein zweites, in gleicher Richtung mit dem äusseren liegendes Thor eine nach dem Innern der Stadt führende, mit viereckten Steinen sorgfältig gepflasterte Strasse betritt, die man jetzt nur eine kurze Strecke weit verfolgen kann.[2]) Wahrscheinlich führte dieselbe als eine

---

[1]) S. Lebas Revue archéologique 1844, p. 425 ss. und dessen Voyage archéologique en Grèce Architecture, Livr. 3—5, pl. 1—9. Für die Ruinen der Stadt überhaupt vgl. die Pläne und Ansichten in der Expédition de Morée I, pl. 22 ss., wornach der Plan bei Aldenhoven Itinéraire déscriptif de l'Attique et du Péloponnèse (Athen 1841) zu p. 196, bei Curtius Pel. II, Tfl. VI und auf unserer Tfl. IV.

[2]) S. die Abdildungen bei Leake Morea I, p. 372, in der Expédition de Morée I, pl. 42—47, bei Fiedler Reise I, Tfl. IV und bei Curtius Pel. II, S. 141. Ob die durch die Inschrift C. I. gr. n. 1460 bezeugte Wiederherstellung durch Q. Plotius Euphemion die ganze Thoranlage oder nur ein in der Nische, über der die Inschrift angebracht ist, aufgestelltes Bildwerk (die von Paus. c. 33, 3 erwähnte Herme?) betroffen hat, ist nicht sicher zu entscheiden, letzteres aber wegen der Stelle der Inschrift wahrscheinlicher. — Eine Τεγεᾶτις πύλη von unsicherer Lage erwähnt Polyb. XVI, 17.

Art Corso nach der Agora, auf welcher Pausanias (c. 31, 6) ausser einigen Götterbildern und Heiligtümern besonders einen Arsinoe genannten Brunnen erwähnenswerth fand, der von einer am Aufstieg zur Burg entspringenden Quelle Klepsydra (vgl. c. 33, 1) gespeist wurde. Dies kann keine andere sein als die, welche noch jetzt mitten in dem nach ihr benannten Dorfe Mavromati (Schwarzauge, bildlich für eine tiefklare Quelle) aus einer an den südlichen Fuss der Ithome angelehnten Mauer hervorsprudelt und als ein ziemlich starker Bach durch den südlicheren Theil des alten Stadtgebiets fliesst.[1]) Da nun nicht anzunehmen ist, dass man im Altertum das Wasser dieser Quelle nach dem höher gelegenen nördlichen Theile der Stadt, der selbst mehrere Quellen hat, geleitet habe, so wird man die Agora südlich davon, auf der ebenen Fläche am linken Ufer des Baches zu suchen haben, auf welcher neben verschiedenen Grundmauern alter Gebäude auch die Reste eines in dorischem Styl erbauten Tempels erkennbar sind. Etwas weiter gegen Südwesten finden sich die Ueberreste des an drei Seiten von Säulenhallen umgebenen, an der Südseite durch die Stadtmauer abgeschlossenen Stadions, dessen Sitzreihen besonders an dem oberen einen durch Tangenten verlängerten Halbkreis bildenden Ende wohl erhalten sind.[2]) Unter den übrigen Ruinen, die in grosser Menge, vielfach von Gebüsch überwachsen, den inneren Stadtraum erfüllen, ist die ansehnlichste die eines kleinen Theaters von ungefähr 60 Fuss Durchmesser, das auf einem viereckten steinernen Unterbau ruht, gerade westlich von dem Dorfe Mavromati. In der Nähe desselben, wahrscheinlich gegen Osten, stand ein Heiligtum des Sarapis und der Isis; auch zwei andere öffentliche Gebäude, das Gymnasion und das mit den Statuen aller von den Hellenen verehrten Gottheiten und einem Erzbilde des Epameinondas geschmückte Hierothysion,[3]) sind wahrscheinlich in dieser Gegend anzusetzen: letzteres etwa unmittelbar nordwestlich vom Theater, wo noch eine

[1]) S. Expédition de Morée I, pl. 35, 1. Dass die von Lebas Revue archéol. 1844 p. 431 s. beschriebene Felskammer unterhalb des Tempels der Limnatis nicht, wie Curtius S. 147 vermutet, das Brunnenhaus der Klepsydra sein kann, hat Vischer Erinnerungen S. 448 richtig bemerkt.

[2]) S. Expédition de Morée I, pl. 24—29; Curtius S. 144.

[3]) Paus. c. 32, 1 ff.: vgl. für die Ruinen des Theaters Expéd. de Morée I, pl. 37.

stattliche Mauer erhalten ist mit einer Thüre, durch welche man auf einer Treppe von neun Stufen zu einer Terrasse emporsteigt, ersteres wohl hinter dem Scenengebäude, d. h. südlich vom Theater.

Die südliche Ebene und die westliche Halbinsel.

Von den Ruinen Messenes aus gelangt man in etwas mehr als drei Stunden auf einem Wege, welcher den Pamisos auf einer auf antiken Fundamenten ruhenden Brücke überschreitet, nach den Ruinen Thurias, der bedeutendsten Stadt der südlichen Ebene, in welcher einige alte Geographen das homerische Antheia, andere das homerische Aepeia wieder fanden. Die Bewohner hatten sich, obgleich sie als lakonische Periöken den Druck der spartanischen Herrschaft weniger schwer empfanden, dem im Jahre 464 v. Chr. ausgebrochenen Aufstande angeschlossen, nach Beendigung desselben also jedenfalls mit den übrigen Theilnehmern ihre Heimat verlassen müssen. Ob die Stadt nun leer gestanden oder von Lakonien aus neue Bewohner erhalten hat, wissen wir nicht, da uns keine Erwähnung derselben aus dieser Zeit erhalten ist; nur das ist sicher, dass sie nach der Wiederherstellung Messeniens wieder als eine der angesehensten Städte der Landschaft bestanden hat. Im Jahre 182 v. Chr., als die Messenier zum Wiedereintritt in den achäischen Bund genöthigt wurden, trennte sie sich zugleich mit Abia und Pharae von der politischen Gemeinschaft mit dem übrigen Messenien und trat als selbständiges Glied dem Bunde bei. Augustus gab die Stadt, um die Messenier für ihre Parteinahme für Antonius zu strafen, den Spartanern; doch wurde sie schon durch Tiberius wieder mit Messenien vereinigt. Im zweiten Jahrhundert n. Chr. war die alte Stadt zum grossen Theile verödet, da die Mehrzahl der Bewohner sich unterhalb derselben in der Ebene am linken Ufer des Flüsschens Aris (eines östlichen Nebenflusses des Pamisos, der aus einigen reichen Quellen bei dem jetzigen Dorfe Pidima entspringt) angesiedelt hatten.[1]) Von dieser unteren Ansiedelung

---

[1]) Thukyd. I, 101; Polyb. XXV, 1; Strab. p. 360 f.; Paus. c. 31, 1 f. Aus der Zeit, als die Stadt ein selbständiges Glied des achäischen Bundes war, stammt wahrscheinlich die Inschrift bei Vischer Epigraphische und archäologische Beiträge aus Griechenland S. 307. In andern Inschriften (Lebas Voyage archéol. en Grèce, Partie II, sect. 4, n. 301—303) erscheint ein Priester der Athene als Eponymos. Für die Ruinen vgl. Leake Morea I, p. 354 ss. und den freilich nicht ganz ge-

ist nur noch die Ruine eines grossen Ziegelgebäudes (jedenfalls einer römischen Villa) vorhanden; von der oberen Stadt dagegen, die ein geräumiges Felsplateau einnahm, an dessen nordöstlichem Ende jetzt ein Dörfchen Palaeokastro liegt, sind noch bedeutende Reste der Ringmauer, welche genau dem Rande des Plateaus folgte, und innerhalb derselben zahlreiche Fundamente grosser Gebäude erhalten, darunter auch die zweier dorischer Tempel, deren einer der Athene, der Hauptgöttin der Stadt, der andere der Syrischen Göttin geweiht gewesen zu sein scheint. Der gegen Osten gelegene höchste Theil des Plateaus war durch eine besondere Mauer umschlossen und bildete also wohl die Akropolis der Stadt; an dieselbe lehnte sich die gegen Westen geöffnete Cavea eines Theaters, deren Form wenigstens noch kenntlich ist, wenn auch die Sitzstufen verschwunden sind. Zur Versorgung der Stadt mit Wasser diente eine grösstentheils in den Felsen gearbeitete, durch Querwände in drei Abtheilungen getheilte Cisterne von 85 Fuss Länge, 50 Fuss Breite und gegen 12 Fuss Tiefe im südlichsten Theile des Stadtraumes.

Oestlich von Thuria erstreckt sich bis zum Rücken des Taygeton ein 4—6 Stunden breites, rauhes und unwegsames Bergland mit zahlreichen tiefen Schluchten und einigen kleinen kesselförmigen Thälern, von einem etwas unterhalb der Wasserscheide entspringenden, durch mehrfache Zuflüsse verstärkten Flusse, dem Nedon, durchströmt. Diese Gegend, von den Alten nach einer alten Gränzbefestigung Namens Denthalioi das Denthalische oder Dentheliscbe Gebiet genannt, war von den ältesten bis in die spätesten Zeiten, solange es überhaupt ein selbständiges Messenien gab, ein Gegenstand des Streites mit dem östlichen Nachbarlande: durch Tiberius wurde sie schliesslich den Messeniern

---

nauen Plan bei Lebas Itinéraire pl. 29 (wiederholt bei Curtius II, Tfl. VII). Ich erkannte deutlich die Fundamente zweier Tempel: eines kleineren in der Nähe der grossen Cisterne, von dem ich noch zwei Troncs halbcannelirter dorischer Säulen vorfand, und eines grössern auf einem besonderen, theils durch Glättung des Felsbodens, theils durch Untermauerung gebildeten Plateau im nördlichen Theile der Stadt, mit einer Säulenweite von vier Fuss und unterem Durchmesser der Säulen von ungefähr zwei Fuss (zwei Fuss zwei Zoll engl. nach Leake): nach dem, was noch von dem Grundplane zu erkennen ist, zu schliessen, ein dorischer Peripteros hexastylos.

zugesprochen, die nun auf dem Rücken des Taygeton Gränzsteine errichteten, von denen zwei mit der Inschrift 'Gränze Lakedaemons gegen Messene' sich bis in die neueste Zeit erhalten haben. Zu diesem Denthalischen Bezirk gehörte auch das Heiligtum der Artemis Limnatis, das als gemeinsamer Besitz der lakonischen und messenischen Dorier in den Traditionen vom Ausbruch des ersten messenischen Krieges eine Rolle spielt und noch bis in die späte römische Kaiserzeit mit einer kleinen Ortschaft Limnae bestand: seine Stelle nimmt jetzt eine kleine verfallene Capelle der Panagia von Volimnos ein, die am nördlichen Abhange eines jetzt Volimnos genannten engen Thalkessels steht, der sich am südlichen Fusse des Berges Gomovuno östlich über dem Bette eines von Norden her dem Nedon zufliessenden Bergbaches hinzieht. [1])

In der ziemlich schmalen aber, abgesehen von dem äussersten Rande, sehr fruchtbaren Mündungsebene des Nedon liegt jetzt, ungefähr 20 Minuten vom Meere entfernt, von Orangengärten umgeben das Städtchen Kalamata, das eine verfallene mittelalterliche Festung, aber durchaus keine antiken Reste aufzuweisen hat. Dennoch kann nicht bezweifelt werden, dass es die Stelle des alten Pherae oder Pharae einnimmt, da dies nach den Angaben der Alten an der Mündung des Nedon in geringer Entfernung vom Meere (die seit dem Altertume um 2—3 Stadien gewachsen ist) lag. Die schon in den Homerischen Gedichten erwähnte Stadt bestand auch unter der lakedaemonischen Herrschaft fort, trennte sich im Jahre 182 v. Chr. zugleich mit ihren beiden Nachbarstädten gegen Nord und Süd, Thuria und Abia, vom übrigen Messenien, wurde durch Augustus zu Lakonien geschlagen, aber durch Tiberius wieder mit Messenien vereinigt. [2]) Die südliche Nachbarstadt, die diese Schicksale theilte, Abia oder Abea (angeblich das Homerische Ire oder Hire), lag gegen drei Stunden südlich von Pherae, ziemlich eine Stunde nördlich von

[1]) Paus. c. 4, 2; c. 31, 3; Strab. p. 362; Tac. Ann. IV, 43; Steph. Byz. u. *Δενθάλιοι*: vgl. Ross Reisen I, S. 1 ff. Ob der bei Athen. I, p. 31[c] erwähnte *οἶνος Δένθις*, der nach einem Castell *Δενθιάδες* benannt sein soll, hierher gehört, ist mir zweifelhaft, da in dieser Gegend jedenfalls nie Wein gewachsen ist.

[2]) Il. *E*, 543; *I*, 151; 293; Od. *γ*, 488; *ο*, 186; Xen. Hell. IV, 8, 7 wo *Φεραί*); Polyb. XVI, 16; XXV, 1; Strab. p. 360; Paus. c. 30, 2 ff.

der Landesgränze, der Schlucht des Choiros (vgl. oben S. 154), auf einer Anhöhe hart am Meere, welche einige mit Rücksicht auf die zwei etwas weiter östlich gelegenen Dörfer 'Gross-' und 'Klein-Mantineia' jetzt 'Alt-Mantineia' genannte antike Mauerreste und einige Inschriften mit dem Namen der Abeaten trägt.[1]) Drei Viertelstunden nördlich davon, am Wege nach Kalamata, liegt das nach einem starken Bach mit salzhaltigem Wasser benannte Dorf Armyro,[2]) dessen kleiner Hafen der Ankerplatz für die Schiffe der Bewohner von Kalamata, das eine offene Rhede hat, während der stürmischen Jahreszeit ist. Ungefähr eine Viertelstunde von der Küste ist eine sehr beschränkte Stelle des Felsbodens von paläontologischem Interesse, indem man dort versteinerte Knochen und Gehirne einer Antilopenart in ziemlicher Menge findet.

Eine halbe Stunde nordöstlich von Kalamata trifft man zur Linken des directen Weges von Kalamata nach Sparta (vgl. oben S. 104) einen Hügel, dessen obere Fläche mit antiken Mauerresten umgeben ist; Reste einer zweiten Mauer ziehen sich etwas weiter abwärts um die Abhänge des Hügels herum; in der Ebene rechts vom Wege erkennt man noch antike Hausplätze auf dem künstlich geebneten Felsboden. Wahrscheinlich gehören diese unscheinbaren, von früheren Reisenden übersehenen Reste dem alten Kalamae an, das zur Zeit des achäisch-ätolischen Krieges eine befestigte Ortschaft, in der römischen Kaiserzeit eine blosse Kome war.[3])

An die Mündungsebene des Nedon schliesst sich im Westen die des Pamisos an, die eigentliche Makaria der Alten, die zwar jetzt in Folge der Vernachlässigung an manchen Stellen versumpft, im Ganzen aber immer noch von ausserordentlicher Fruchtbarkeit ist: ausser Citronen, Orangen, Feigen und Oel wird besonders bei dem auf dem rechten Flussufer gelegenen Dorfe Nisi trefflicher rother Wein gebaut; die in Menge wild wachsende Cactus Opuntia und Agave Americana erhöhen noch den Eindruck ächt südlicher

---

1) Paus. c. 30, 1 (vgl Il. *I*, 150); Polyb. XXV, 1; Ptol. III, 16, 8; C. I. gr. n. 1307; 1457; 1463; vgl. die Inschrift bei Ross Reisen I, S. 8.

2) *Ἀρμυρό* = *ἁλμυρόν*: ein *ὕδωρ ἁλμυρόν* am Wege von Abia nach Pharae erwähnt Paus. c. 30, 2. — Auch Pharae hatte, wie das jetzige Kalamata, nur einen *ὕφορμος θερινός* nach Strab. p. 361.

3) Polyb. V, 92; Paus. c. 31, 3; Steph. Byz. u. *Καλάμαι*.

Vegetation, den man bei Durchwanderung dieser Gegend empfängt.[1]) Reste antiker Ortschaften findet man hier ebenso wenig als in dem westlichsten Theile der Ebene, dessen wellenförmiges, durch zahlreiche Hügel unterbrochenes, von Giessbächen[2]) zerklüftetes Terrain der Pamisosebene an Fruchtbarkeit nachsteht. Jedenfalls war die ganze Ebene im Altertum weit schlechter bewohnt als heut zu Tage, wo man wenigstens zahlreiche kleine Dörfer und Weiler darin antrifft: unter der spartanischen Herrschaft wohnten wohl nur einige Helotenfamilien in ärmlichen Hütten in der Mitte der Grundstücke, die sie unwillig und daher schlecht für ihre Unterdrücker bestellten; nach der Befreiung vom spartanischen Joche führte das Bestreben, die schwachen Kräfte des jungen Staates durch Concentration in wohlbefestigten Städten zu stärken, zur Vernachlässigung und Verödung des flachen Landes. Eine solche wesentlich zum Schutz der die Ebene im Südwesten abschliessenden Halbinsel (vgl. oben S. 157) bestimmte Anlage war das gleichzeitig mit Messene unter der Leitung des Epimelides aus Koroneia in Boiotien erbaute Korone am südöstlichen Fusse der Mathia, oberhalb eines flachen jetzt Petalidi genannten Küstenvorsprungs, der dem Cap Koryphasion an der Westküste gerade gegenüber liegt, so dass eine zwischen beiden gezogene Linie den nördlichen Abschluss der messenischen Halbinsel bezeichnen würde. Die Oberstadt, von welcher noch beträchtliche Mauerstücke und sonstige Baureste erhalten sind, lag auf einer Hochfläche, die in alter Zeit wahrscheinlich von der früh verfallenen Stadt Aepeia eingenommen wurde: sie enthielt ausser der Akropolis, auf welcher mit Anspielung auf den Namen der Stadt eine Erzstatue der Athene mit einer Krähe in der Hand aufgestellt war, jedenfalls auch die mit einem Erzbilde des Zeus Soter geschmückte Agora und die Tempel der Artemis Paedotrophos, des Dionysos und des Asklepios; das Trinkwasser wurde ihr von

---

[1]) Auf diese Gegend passt besonders die schöne Schilderung in einem Fragment des Euripides (wohl aus dem Kresphontes, wie schon Musgrave vermutete) bei Strab. VIII, p. 366.

[2]) Ob der von Paus. c. 34, 4 genannte Fluss Bias einer dieser Bäche der Ebene oder der schon der südlichen Halbinsel angehörige Dschanebach ist, ist ebenso wenig sicher zu bestimmen als der von Paus. vor der Mündung desselben erwähnte der Ino geweihte Platz an der Küste.

einer eine Stunde weiter gegen Westen im Innern des hohlen Stammes einer Platane entspringenden, daher Plataniston genannten Quelle her zugeführt. An dem durch Steindämme geschützten Hafen, der aus einem uns unbekannten Grunde 'der Hafen der Achäer' (Ἀχαιῶν λιμήν) genannt wurde, bildete sich, wahrscheinlich in Folge des regen Verkehrs in demselben, eine offene Unterstadt, von welcher auch noch einige Reste erhalten sind.[1]) Südlich von Korone zieht sich in einer Länge von $5^1/_2$ Stunden eine ziemlich einförmige, von zahlreichen Giessbächen durchfurchte, durch kleine dreieckige Vorsprünge unterbrochene Küste hin bis zu dem ziemlich weit nach Osten vorspringenden Vorgebirge, dessen Gipfel durch die von aussen noch jetzt stattliche, im Innern freilich verfallene Festung von Koron gekrönt wird. Im Altertum lag nur eine Ortschaft auf dieser ganzen Strecke, Kolonides, angeblich von einem Attiker Kolaenos, einem Nachkommen des Hermes, gegründet, welche nach den überlieferten Entfernungsangaben in der Gegend des jetzigen Dorfes Kastelia, wo auch einige alte Reste sich finden, zu suchen ist; in derselben Gegend, wohl nur etwas weiter nördlich, stand ein angesehenes, mit einer Heilanstalt verbundenes Heiligtum des Apollon.[2])

Das schon erwähnte Vorgebirge, welches die Festung Koron trägt, die mit ihrer Zwillingsschwester, dem ihr gegenüber auf der Westküste der messenischen Halbinsel gelegenen Modon (das Volk bezeichnet beide zusammen gewöhnlich mit dem copulativen Compositum τὰ Μοδωνοκόρωνα), einst ein Hauptobject der Kämpfe zwischen Venetianern und Türken war, ist seit den frühesten Zeiten der messenischen Geschichte der Platz einer städtischen

---

[1]) Paus. c. 34, 4 f.; Strab. VIII, p. 360 f. (vgl. Il. *I*, 152; 294); Liv. XXXIX, 49; Ptol. III, 16, 8; Steph. Byz. u. Κορώνη: über die Ruinen E. Curtius Bulletino 1841, p. 43 ss. und Welcker Tagebuch einer griechischen Reise I, S. 234.

[2]) Paus. c. 34, 7 giebt die Entfernung von Korone nach dem Apollonheiligtume auf 80 Stadien, ebds. § 12 die von Kolonides nach Asine auf 40 Stadien an; die nicht angegebene Entfernung zwischen dem Heiligtume und Kolonides muss, da die ganze directe Entfernung von Petalidi nach Koron höchtens 120 Stadien beträgt und da das Heiligtum hart am Meere, Kolonides in geringem Abstande von der Küste lag, sehr unbedeutend gewesen sein. Vgl. Leake Peloponnesiaca p. 195 s. Die Ortschaft heisst κώμη Κολωνίς bei Plut. Philopoem. 18, Κολώνη bei Ptolem. III, 16, 7.

Ansiedelung gewesen, hat aber ausser einigen Cisternen, zahlreichen Thonscherben und den von den Wogen angefressenen Steinen eines alten Hafendamms keine antiken Reste aufzuweisen. In den Zeiten des messenischen Königtumes stand hier jedenfalls einer der Hauptorte des Landes, nach seiner Lage 'Rhion' d. i. Vorgebirge genannt (s. oben S. 157, Anm. 3 und S. 159, Anm. 2); nach der Unterwerfung Messeniens durch die Spartaner wiesen diese den zeitweise verödeten Platz den durch die Argiver vertriebenen dryopischen Bewohnern des argivischen Asine (s. oben S. 60) als Zufluchtsstätte an, die hier ein neues Asine gründeten und auch bei der Wiederherstellung Messeniens im Besitz dieser ihrer Gründung belassen, den Namen und die Culte des alten Dryoperstammes bis in die spätesten Zeiten des Altertums bewahrten.[1])

Die felsige Südspitze der messenischen Halbinsel, der Akritas der Alten (s. oben S. 158), scheint nur in ihrem nördlichsten Theile, bei dem westlich von Koron gelegenen Dorfe Saratschá, einige Spuren einer uns unbekannten antiken Ortschaft darzubieten;[2]) auch konnten weder die unwegsamen Höhen des Bergrückens, noch die hafenlosen Küsten zur Ansiedelung einladen. Erst nordwestlich davon, da wo sich der Akritas an die breite Hauptmasse der messenischen Halbinsel anschliesst, öffnet sich eine geräumige Bucht, die ausser bei heftigem Südwinde den Schiffen einen sichern Ankerplatz gewährt, von den Alten Phoinikus genannt, an welcher sich die Ruinen eines römischen Ziegelgebäudes und einer mittelalterlichen Kirche, auch einige Mauerreste und zahlreiche Gefässscherben, also sichere Spuren einer alten Niederlassung, die wohl den Namen der Bucht geführt hat, finden.[3]) Drei Stunden westwärts von hier, sechs Stunden von Koron entfernt, liegt auf einem gegen Süden nach der Nordspitze der Insel Sapienza zu vorspringenden Vorgebirge die befestigte

---

[1]) Paus. c. 34, 9 ff.; vgl. Herod. VIII, 73 (welche Stelle nur auf dieses Asine bezogen werden kann); Thuk. IV, 13; Polyb. XVIII, 25; Strab. VIII, p. 359 s.; Ptol. III, 16, 8. In einer Inschrift aus Hermione (C. I. gr. n. 1193) ist uns das Fragment einer Urkunde über die Erneuerung der alten Verbindung zwischen dieser Stadt und Asine erhalten (vgl. oben S. 94).

[2]) S. Leake Morea I, p. 439.

[3]) Paus. c. 34, 12; vgl. Aldenhoven Itinéraire p. 170.

Stadt **Modon**, die Nachfolgerin des alten **Mothone** oder **Methone**, von welcher freilich nur geringe Reste (Fundamente des Hafendammes und an einigen Stellen der Stadtmauer) sich erhalten haben. Die von den Alten mit dem homerischen **Pedasos** identificirte Stadt, deren Name mythisch von einer Tochter des Oineus (mit Bezug auf den von den Bewohnern eifrig betriebenen Weinbau), richtiger von einer Mothon genannten submarinen Klippe am Eingang des Hafens, auf welcher jetzt ein Leuchtthurm errichtet ist, hergeleitet wird, hatte schon im Altertum, ebenso wie im Mittelalter, ein ganz ähnliches Schicksal wie ihre östliche Nachbarin Asine: wie diese wurde sie von den Spartanern argivischen Flüchtlingen — den von den Argivern vertriebenen Bewohnern von Nauplia — zur Wohnstätte angewiesen, die jedenfalls ihre Culte, besonders den angeblich von Diomedes gestifteten der Athena Anemotis (Herrin der Winde) mitgebracht haben; ebenso wie die Asinäer blieben diese bei der messenischen Restauration in ihrem Besitz unbehelligt und wurden, nachdem die Stadt in Folge eines Handstreiches illyrischer Seeräuber eine Zeit lang fast verödet gewesen war, noch von Traian durch Verleihung der Autonomie begünstigt.[1]) Nordwärts von Modon wird die Küste ganz von dem jetzt nach dem heiligen Nikolaos benannten Gebirgszuge (vgl. oben S. 157 f.) eingenommen, auf dessen nördlichstem Vorsprunge, $2^1/_2$ Stunden von Modon, ein am Anfang des 14. Jahrhunderts von Nicolas de Saint-Omer gegründetes, von den Griechen *Νεόκαστρον*, von den Abendländern **Navarino** (aus *τὸν 'Αβαρῖνον*) genanntes Städtchen liegt, welches den Eingang zu der sichersten und geräumigsten Bucht des Peloponnes, ja Griechenlands überhaupt beherrscht, der Bucht, welche der Schauplatz des für das Schicksal des neuen Hellas entscheidenden Vernichtungskampfes der vereinigten englisch-französisch-russischen gegen die türkische Flotte am 20. October 1827 war. Die westliche Flanke der von Nord nach Süd eine Stunde langen, halbmondförmigen Bucht wird gedeckt durch eine von den Alten **Sphakteria** oder **Sphagia** (letzterer Name lebt noch jetzt im

---

[1]) Paus. c. 35, wo der Name der Stadt ebenso wie bei Scyl. Per. 46, bei Plut. Arat. 12 und auf einer von Curtius Pelop. II, 196 angezogenen Münze Caracallas *Μοθώνη* lautet, während andere Quellen, wie Thuk. II, 25; Strab. VIII, p. 359 f. u. a. *Μεθώνη* geben. *Πήδασος ἀμπελόεσσα* Il. *I*, 152 und 294.

Volksmunde) genannte lange und schmale Insel, die aus einem unfruchtbaren Bergrücken besteht, der, in der Mitte durch eine Einsattelung unterbrochen, im nördlichsten Theile sich am höchsten erhebt. Das nördliche Ende der Insel wird nur durch einen schmalen, jetzt in Folge der Versandung nur für kleine Boote passirbaren Canal (Canal von Sikia) von dem südlichen Ende eines felsigen Vorgebirges getrennt, das sich offenbar einstmals ebenso wie Sphakteria als Insel aus dem Meere erhob, aber schon seit der Zeit, in welche die ältesten historischen Erinnerungen zurückreichen, durch schmale, dammartige Streifen sandigen Bodens, welche eine weite Lagune (jetzt der Teich des Osman-Aga genannt) umschliessen, gegen Osten an das Festland angeknüpft ist. Gegen Norden wird es durch eine jetzt vom Volke Boidokilia (βοϊδοκοιλιά d. i. Ochsenbauch) genannte, fast ganz versandete Bucht von einem ähnlichen, aber weniger steil, namentlich gegen Osten, abfallenden Küstenberge geschieden, der als drittes Glied jener alten Inselkette zu betrachten ist, von welcher ausser einigen kleineren Trümmern, wie der kleinen Insel Pylos[1]) vor der Südspitze von Sphakteria und einigen Felsklippen im Eingange der Bucht Boidokilia, nur Sphakteria als Insel übrig geblieben ist. Das von dieser durch den Sikiacanal getrennte Vorgebirge, auf dessen Rücken die Ruinen einer mittelalterlichen Festung (von den Griechen Palaeokastron oder Palaeo-Avarino genannt) erhalten sind, ist ohne allen Zweifel die von den Lakedämoniern Koryphasion, von den Messeniern Pylos genannte Oertlichkeit, welche der athenische Feldherr Demosthenes im Frühling des Jahres 425 v. Chr. (Ol. 88, 3) besetzte, eine Besetzung, die in ihren Folgen, namentlich durch die Gefangennehmung der auf Sphakteria abgeschnittenen Spartiaten, einen so bedeutenden Einfluss auf den Gang des Krieges ausübte.[2]) Dass aber auch schon

---

[1]) Dieses Inselchen scheint im Altertum keinen Sondernamen gehabt zu haben, sondern mit zu Sphakteria (Sphagia) gerechnet worden zu sein, daher der Plural αἱ Σφαγίαι bei Xenoph. Hellen. VI, 2, 31; bei Plinius N. h. IV, 12, 55, wo 'tres Sphagiae ante Pylum' aufgeführt sind, ist wahrscheinlich noch die kleine jetzt Kuloneski genannte Insel im Innern der Bucht von Navarin mit einbegriffen.

[2]) Thukyd. IV, 3 ff.; vgl. Strab. VIII, p. 359; Paus. c. 36 und den Plan auf unserer Tfl. V. Die von dem Erklärer des Thukydides, Dr. Arnold, gegen die besonders durch Leake (Morea I, p. 401 ss.) begrün-

in weit älterer Zeit, vor der spartanischen Eroberung, hier eine städtische Ansiedelung bestand und dass diese eben jenes Pylos war, welches die homerische Dichtung als Herrschersitz und Mittelpunkt des Reiches des Nestor kennt, das wird durch die Reste sehr altertümlicher Befestigungsmauern, die sich nebst Felsstufen und Cisternen an mehreren Stellen des Vorgebirges finden, und durch das Fortleben des offenbar den Spartanern als Erinnerung an eine glorreiche Vorzeit des von ihnen geknechteten Landes verhassten Namens Pylos im Munde der Messenier sehr wahrscheinlich und es findet eine erwünschte Bestätigung durch die Existenz einer geräumigen, jetzt vom Volke Boidokilia genannten Tropfsteinhöhle am nördlichen Abhange des Burgberges, oberhalb der gleichnamigen Bucht, in welcher man die Grotte wiedererkannt hat, in der nach der alten pylischen Sage Hermes die dem Apollon geraubten Rinder versteckt und zwei derselben geschlachtet hatte.[1]) Noch in der römischen Kaiserzeit, wo ein offenbar nach der Befreiung Messeniens vom spartanischen Joche gegründetes Städtchen Pylos mit einem Heiligtume der Athene Koryphasia auf der alten Stätte bestand, zeigte man innerhalb der Stadt nicht nur das Haus und das Grabmal des Nestor, sondern auch diese

---

dete Identificirung der Oertlichkeit erhobenen Zweifel sind von Grote (Geschichte Griechenlands III, S. 559 f. d. d. Ueb.), Curtius (Pelop. II, S. 179 f.), Clark (Pelop. p. 218 ss.) ausreichend widerlegt worden. Die einzige Schwierigkeit liegt in den Angaben des Thukyd. (c. 8), dass die Insel Sphakteria gegen 15 Stadien lang sei (während die wirkliche Länge gegen 24 Stadien beträgt) und dass die Einfahrt in die Bucht nördlich von der Insel für zwei, die südliche für acht bis neun Schiffe Raum habe, während jene (der Sikiacanal) jetzt nur für kleine Boote passirbar ist, die südliche dagegen eine Breite von ungefähr 4000 Fuss hat. Für die nördliche Einfahrt ist nun allerdings eine Veränderung der Oertlichkeit seit dem Altertum durch Versandung des Canals anzunehmen; dagegen ist die Annahme einer allmäligen Erweiterung der südlichen Einfahrt sehr unwahrscheinlich und diese Differenz zwischen der Darstellung des Thukydides und der Wirklichkeit ebenso wie die in Betreff der Länge der Insel auf einen Irrtum des Berichterstatters, von dem Thukydides, der hier nicht als Augenzeuge schildert, seine Nachrichten erhalten hat, zurückzuführen.

[1]) S. Hymn. in Mercur. v. 103 ff. und 399 ff.; vgl. über die von Strabon p. 349 ss. bestrittene Idendität des homerischen mit dem messenischen Pylos Curtius Pel. II, S. 174 ff. und Vischer Erinnerungen S. 436 f.

Grotte, die damals beim Volke als der Stall der Rinder des Neleus und des Nestor galt.[1])

Die schon oben (S. 158 f.) geschilderte einförmige Küstenstrecke nördlich von Pylos bis zur Gränze von Elis war offenbar im Altertum sehr wenig bewohnt, vielmehr wohl hauptsächlich mit Oelbaumpflanzungen, die höheren Terrassen des Aegaleongebirges mit Weiden und Wald bedeckt. Der erste topographisch sichere Punkt ist der 100 Stadien nördlich von Pylos entfernte Küstenvorsprung Platamodes, vor welchem eine kleine jetzt Protano genannte Felsinsel liegt, die bei den Alten Prote hiess und ein Städtchen gleichen Namens enthielt.[2]) Nördlich davon lag ein jedenfalls unbedeutender Ort Erana, dem wahrscheinlich die auf der französischen Karte verzeichneten hellenischen Reste an der Mündung des Longobardobaches, halbwegs zwischen Platamodes und dem neueren Städtchen Philiatra, angehören.[3]) Die einzige namhafte Stadt auf dieser ganzen Strecke und im nordwestlichen Messenien überhaupt war Kyparissia (auch Kyparissiae und Kyparisseeis genannt), die sich bis zum heutigen Tage an ihrer alten Stelle, einige Minuten oberhalb der Küste, erhalten, aber freilich vom frühen Mittelalter an bis zur Gründung des Königreichs Hellas ihren alten Namen mit dem Namen Arkadia vertauscht hat. Die auf einem Vorberge des Berges Psychro, des nördlichsten Theiles der Aegaleonkette, stehende Citadelle zeigt in dem unteren Theile ihrer Mauern noch beträchtliche Reste antiken Mauerwerks, das theils der Zeit der Wiederherstellung Messeniens, theils einer

[1]) Paus. c. 36, 2. Diese spätere Stadt wird mehrfach erwähnt bei Polybius (IV, 16; 25; IX, 38; XVIII, 25); vgl. Liv. XXVII, 30; Plin. N. h. IV, 5, 15.

[2]) Strab. p. 348; vgl. Thuk. IV, 13; Ptol. III, 16, 23; Steph. Byz. u. *Πρωτή*. Der Name ist wegen der von Steph. bezeugten Betonung *Πρωτή* nicht mit Curtius (Pel. II, S. 183) als 'die Erste' zu erklären, sondern als Nebenform für *Πλωτή* aufzufassen. In der Ansetzung der *ἄκρα Πλαταμώδης* weiche ich von Curtius ab, der sie viel zu weit nördlich setzt, während sie nach Strabon südlich von Erana in der Nähe der Insel Prote zu suchen ist: die 100 Stadien Strabons kommen bei meiner Ansetzung heraus, wenn man die Krümmungen der Küste (längs welcher jedenfalls Strabon hinfuhr) in Rechung bringt.

[3]) Strab. p. 348 und 361. Steph. Byz. u. *Κυπαρισσία* identificirt jedenfalls irrig *Ἔραννα* (so codd.; bei Strabon *Ἔρανα*) mit dem triphylischen Kyparissia.

weit früheren Periode angehört, also Ueberbleibsel sowohl der alt- als der neumessenischen Stadt. Die letztere besass Heiligtümer des Apollon und der Athene Kyparissia; von einem derselben mögen einige bei einer verfallenen Kapelle des heiligen Georg liegende Säulentroncs herrühren. Geht man von der Stadt nach der Küste herab, so findet man mitten zwischen Gärten eine sehr reiche Quelle, deren Wasser jetzt als wunderthätig betrachtet wird, mit einem antiken dicht mit Schilfrohr umwachsenen Bassin, offenbar die Quelle Dionysias, die nach antiker Sage Dionysos durch einen Stoss mit dem Thyrsos dem Boden entlockt haben soll.[1]) Gegen Norden erstreckte sich das Gebiet der Stadt bis zu dem die Gränze zwischen Messenien, Triphylien und Arkadien bildenden, gewöhnlich schlechtweg Aulon (d. i. Thalschlucht) genannten Engthale des Nedaflusses, in welchem wahrscheinlich an der Stelle, wo es sich zu einer fruchtbaren, flachen Strandebene erweitert, ein Tempel des Asklepios Aulonios stand; weiter östlich lag, wahrscheinlich über dem rechten Ufer des Flusses, eine zum Schutz der Gränze gegen die arkadischen Phigaleer bestimmte befestigte Ortschaft, die früher ebenfalls Aulon, später Oluris oder Olura genannt worden zu sein scheint.[2])

---

[1]) Paus. c. 36, 7; vgl. Scyl. Per. 45 (wo die Worte πρώτη Μεσσήνη καὶ λιμήν mit C. Müller in Πρωτὴ νῆσος κ. λ. zu ändern und nach der Erwähnung von Kyparissos, wie die Stadt dort genannt ist, zu stellen sind); Strab. p. 348 ff.; Polyb. V, 92; Diod. XV, 77 (nach welcher Stelle die Stadt Ol. 103, 4 zu Elis gehörte); Plin. N. h. IV, 5, 15; Ptol. III, 16, 7; Steph. Byz. u. Κυπαρισσήεις; vgl. über die antiken Reste Leake Morea I, p. 68 ss. und Aldenhoven Itinéraire p. 138 ss.

[2]) Paus. a. a. O.; Xen. Hell. III, 2, 25; 3, 8; Strab. p. 350. Die von Curtius (Pel. II, S. 185 f.) beliebte Unterscheidung des Aulon als des Thales des zunächst nördlich von Kyparissia mündenden Baches (des Kyparisseeis) von dem Thale der Neda kann ich nicht billigen, da sie mit den Worten des Paus. in entschiedenem Widerspruch steht.

Nachträge und Berichtigungen.

S. 3, Z. 12 lies: finnischer und südslavischer.

S. 64, Anm. 1 füge hinzu: Ueber die jetzt Sampyrgo genannten Mauerreste von Orneä vgl. Forchhammer Halcyonia S. 8.

4. Arkadien.[1]

Arkadien d. i. Bärenland[2]) — eine Benennung, die offenbar aus einer Zeit herrührt, wo der jetzt aus Griechenland überhaupt verschwundene Bär noch zahlreich auf den waldbedeckten und höhlenreichen Gebirgen dieser Landschaft hauste — hiess im Alterthum und heisst noch jetzt die mittelste Landschaft des Peloponnes, ein weites Gebirgs- und Hochland von 93 ½ □Meilen Umfang,[3]) das von den sämmtlichen fünf übrigen Landschaften der

[1]) Vgl. Chr. Th. Schwab Arkadien, Stuttgart 1852; A. Rangabé Souvenirs d'une excursion d'Athènes en Arcadie, aus den Mémoires de l'académie des Inscriptions t. V. Aus dem Alterthum kennen wir, abgesehen von einigen Specialschriften über einzelne Cantone oder Städte, ausser Pausanias l. VIII folgende Schriften über Arkadien: die Ἀρκαδικά des Ariaithos (Dionys. Hal. Ant. r. I, 49; vgl. C. Müller Frgt. hist. gr. IV, p. 318 s.), des Aristippos (schol. Theocr. Id. I, 3; Clem. Alex. Strom. I, p. 139; vgl. C. Müller Frgt. hist. gr. IV, p. 327), des Architimos (Plut. Quaest. gr. 39); des Demaratos (C. Müller Frg. hist. gr. IV, p. 379), u. des Nikias (Athen. XIII, p. 609c); Hellanikos περὶ Ἀρκαδίας (schol. Apoll. Rhod. I, 162; vgl. C. Müller Frgt. h. gr. I, p. 53) und Staphylos aus Naukratis περὶ Ἀρκάδων (C. Müller Frg. h. gr. IV, p. 506).

[2]) Dass der Name der Landschaft Ἀρκαδία der ursprünglichere und aus diesem erst der eines eponymen Heros Ἄρκας abstrahirt ist, scheint mir wegen der klaren Etymologie des Namens unzweifelhaft. Bären in den Wäldern Arkadiens erwähnt noch Pausanias (VIII, 23, 9), wie auch auf dem Taygeton (III, 20, 4) und dem attischen Parnes (I, 32, 1).

[3]) Nach Curtius Peloponnesos I. S. 148. Nach der jetzigen Eintheilung des Königreichs Hellas enthält der νόμος Ἀρκαδίας nur 79,62 □Meilen, indem der nördlichste Theil des alten Arkadiens als Eparchie Kalavryta zum νόμος Ἀχαΐας καὶ Ἤλιδος, ein Stück im Südwesten (die

Halbinsel umgränzt und so gänzlich vom Meere abgeschlossen ist, zu dem es sich nur vorübergehend durch Annexion eines Theiles von Triphylien einen unmittelbaren Zugang verschaffte[1]). Die natürliche Begränzung der Landschaft wird im Osten, Norden und Nordwesten durch mächtige Randgebirge gebildet, zwischen denen nur wenige und für grössere Heeresmassen kaum gangbare Pässe hindurch führen: im Osten durch die schon früher erwähnten Gränzgebirge gegen Argolis, das Apelauron (das fast ganz auf arkadischem Gebiete liegt), Artemision und Parthenion, im Norden und Nordwesten durch eine gewaltige aus mehreren mächtigen Gliedern bestehende Bergkette, deren wichtigstes Glied die noch jetzt mit reichen Fichten- und Tannenwaldungen bedeckte Kyllene (jetzt Ziria) ist, ein fast kreisrundes Massengebirge, dessen höchster Gipfel eine absolute Höhe von 2374 Meter erreicht, der Hauptsitz des arkadischen Cultus des Hermes, welcher Gott in einer der zahlreichen Höhlen, denen das Gebirge wahrscheinlich seinen Namen verdankt (*Κυλλήνη* von *κυλλός*, verwandt mit *κοῖλος*), gezeugt und geboren sein sollte und auf dem Gipfel des Berges als Hermes Kyllenios einen Tempel mit einem colossalen Schnitzbilde aus dem Holze des Sadebaums (*θύον*, Juniperus Sabina) hatte.[2]) Ein gegen Norden vorgeschobener Theil

---

Gebiete von Phigalia und Aliphera) zur Eparchie Olympia des *νόμος Μεσσηνίας* gehören. Die Bevölkerung des *νόμος Ἀρκαδίας* betrug im Jahre 1861 nur 96,546 Seelen. Im Alterthum war Arkadien neben Lakonien wie die grösste so auch die bevölkertste Landschaft der Halbinsel und der arkadische Stamm einer der zahlreichsten griechischen Stämme überhaupt; vgl. Polyb. II, 38; IV, 32; Xenoph. Hellen. VII, 1, 23. Die Gesammtzahl der Bevölkerung mit Einschluss der trotz Philostr. Vit. Apoll. VIII 7, 12 schwerlich sehr zahlreichen Sclaven wird von Clinton (Fasti Hellenici II p. 427 ed. Krüger) auf 161,750 Seelen angeschlagen, jedenfalls eher zu niedrig als zu hoch.

[1]) Vgl. oben S. 4, Anm. 1 u. über die missbräuchliche Ausdehnung des Namens Arcadia besonders bei den Römischen Dichtern Unger Sinis p. 173 ss.

[2]) Paus. VIII, 17, 1, der als Heros eponymos des Gebirges einen Kyllen Sohn des Elatos (wegen der Tannenwaldungen) anführt (vgl. c. 4, 4). Auf der Kyllene und nur hier gab es ganz weisse Drosseln (*κόσσυφοι*: Paus. c. 17, 3; Aristot. H. an. IX, 19); hier wuchs das *μῶλυ* (eine Lauchart: Theophr. H. plant. IX, 15, 7), wie überhaupt das ganze Gebirge sehr reich war und ist an Pflanzen der verschiedensten Arten (ebds. III, 2, 5). Antike Höhenmessungen des Gebirges: Strab. VIII, p. 388; Steph.

der Kyllene ist die von den Alten und Neueren gewöhnlich als selbständiges Gebirge betrachtete 1759 Meter hohe Chelydorea (jetzt Schwarzberg, Mavron-Oros, genannt), welche den im Alterthum hier besonders zahlreichen Landschildkröten, deren eine die Sage dem Hermes zur Erfindung der Leier dienen lässt, ihren Namen verdankt; sie gehörte zum grössern Theile nicht mehr zu Arkadien, sondern zum Gebiet des achäischen Pellene[1]). Sie wird im Südwesten durch den Gebirgszug der Krathis (1875 Meter hoch), an dessen Nordwestseite (oberhalb des jetzigen Zarukla) der gleichnamige achäische Fluss entspringt[2]), mit einer der Kyllene an Höhe (2355 Meter) wenig nachstehenden, in Hinsicht auf die Ausdehnung ihrer Verzweigungen gegen Norden und Süden diese übertreffenden Gebirgsmasse verknüpft, dem Aroaniagebirge[3]) (jetzt Chelmos), von dem ein gleichnamiger Fluss (Aroanios) in südlicher Richtung herabströmt. Nur das enge Thal eines gegen Norden fliessenden Baches (des jetzigen Baches von Kalavryta) scheidet den jetzt mit dem Sondernamen Velia bezeichneten westlichsten Theil dieses Gebirges von einer andern gegen Westen streichenden Gebirgskette, deren zwei Hauptmassen, jetzt Kalliphoni (1998 Meter hoch) und Olonos (2224 Meter) genannt, im Alterthum die Namen Lampeia und Erymanthos führten: dass aber der letztere Name auch der ganzen Kette zukommt, ergiebt sich schon daraus, dass der Fluss Erymanthos nicht auf dem im engern Sinne so genannten Theile des Gebirges, sondern auf der dem Pan geheiligten Lampeia entspringt[4]). Von der Hauptkette des Erymanthos verzweigt sich nach Süden ein Gebirgszug, der bis nahe an das rechte Ufer des Alpheios hinabreichend die grössere Hälfte des westlichen Randes der Landschaft und zugleich ihre Begränzung gegen ihr Vorland Elis bildet; den jetzt

---

Byz. u. *Κυλλήνη*; Dikäarch in C. Müller's Frgt. hist. Gr. II, p. 253. Schrift des Philostephanos *περὶ Κυλλήνης*: schol. Pind. Ol. VI, 144.

[1]) Paus. VIII, 17, 5. Auch das Parthenion war reich an Schildkröten: ebds. c. 54, 7.

[2]) Paus. VII, 25, 11; VIII, 15, 8 f.

[3]) Paus. VIII, 18, 7. Bei Plin. N. h. IV, 6, 21 heisst das Gebirge Nonacris.

[4]) Paus. VIII, 24, 4; vgl. V, 7, 1; Strab. VIII, p. 341; Apollon. Rhod. Arg. *Α*, 127 c. schol.; Steph. Byz. u. *Ἐρύμανθος* und *Λάμπεια*; Plin. N. h. IV, 6, 21.

Astras genannten nördlicheren Theil desselben scheinen die Alten noch mit dem Namen des Erymanthos bezeichnet zu haben, während sie dessen niedrigere südliche Fortsetzung, ein breites, noch jetzt wie im Alterthum reichbewaldetes Hochplateau ohne hervorragende Gipfel, als ein besonderes, von ihnen Pholoe genanntes Gebirge betrachteten[1]). Jenseits des Alpheios, dessen von mässigen, mit reicher Vegetation bekleideten Hügeln umsäumtes Thal eine Lücke in dem westlichen Gebirgsrande Arkadiens bildet, beginnt eine neue Gebirgsgruppe, die des Lykäon (jetzt Diaphorti), dessen heiliger Gipfel, die älteste und ehrwürdigste Stätte des arkadischen Zeuscultus (1420 Meter hoch), von den Arkadern auch mit dem Namen Olympos bezeichnet wurde[2]). Die westliche Fortsetzung des Lykäon ist ein über die politischen Gränzen Arkadiens hinaus bis in das Innere von Triphylien reichender Gebirgszug, das Kerausion (jetzt Paläokastro) und weiter westlich die Minthe (jetzt Alvena), von welchem sich zwei Arme in südwestlicher Richtung bis zum Ufer der die Gränze gegen Messenien bildenden Neda hinziehen: das Kotilion und etwas weiter westlich das Elaion.[3]) Südlich endlich vom Lykäon zieht sich ein ausgedehntes, von den Arkadern mit dem Gesammtnamen Nomia (Weideberge) bezeichnetes Gebirge hin, dessen Knotenpunkt der genau südlich vom Diaphorti gelegene,

---

[1]) Strab. VIII, p. 336; 338; 357; IX, p. 388; Paus. VIII, 24, 4; Xen. Anab. V, 3, 10; Ptolem. III, 16, 14 (mit dem Scholion aus cod. Paris. 1401: *Φολόη ὄρος τὸ νῦν Ἄστρον*, wo jedenfalls zu lesen *Ἄστρας*); Plin. N. h. IV, 6, 21: letzterer erwähnt ebenso wie Steph. Byz. u. *Φολόη* auch eine Stadt dieses Namens, von der sich sonst keine Spur findet; vermuthlich bezeichneten die Anwohner verschiedene auf den Abhängen des Gebirges, besonders gegen Westen, wo es terrassenförmig nach dem Tieflande von Elis absteigt, zerstreute Niederlassungen mit diesem Gesammtnamen.

[2]) Paus. VIII, 38, 2; Strab. VIII, p. 348; 388; Plin. N. h. IV, 6, 21.

[3]) Paus. VIII, 41, 3 u. 7 ff.; Strab. VIII, p. 344; Ptol. III, 16, 14; vgl. Conze u. Michaelis Annali XXXIII, p. 57 ss. Da die Quellen der Neda, welche nach Paus. a. a. O. dem *Κεραύσιον ὄρος* genannten Theile des Lykäon angehören, bei Hagios Sostis, am Südabhange des den Diaphorti mit dem 1346 Meter hohen Paläokastro verbindenden Berges liegen, so glaube ich diesen Namen dem letzteren Gebirge, das von den Alten gewiss eher als ein Theil des Lykäon als der Minthe betrachtet worden ist, beilegen zu müssen.

jetzt Tetrasi genannte Gipfel bildet[1]); von diesem zieht sich eine zum messenischen Gebiet gehörige Kette in gerader westlicher Richtung längs des linken Ufers der Neda hin, eine andere in südöstlicher Richtung, deren östliche Ausläufer sich mit den Wurzeln des Taygeton und mit den nordwestlichen Vorbergen des Parnon berühren und so den mannichfach ausgezackten, aber nirgends durchbrochenen südlichen Rand Arkadiens, die Gränze gegen das östlichere Messenien und gegen Lakonien bilden.

Auch das Innere der so von Gebirgen gleichsam ummauerten Landschaft ist grössten Theils von zahlreichen, zum Theil bedeutenden und meist noch jetzt mit Eichen- und Tannenwäldern bedeckten Bergzügen eingenommen, die in dem weitaus grösseren westlicheren Theile der Landschaft von engen, schluchtenförmigen Thälern durchschnitten sind und nur eine bis an die südlichen Bergränder hinabreichende grössere Ebene umschliessen, die allein in diesem Theile der Landschaft Raum für eine grössere städtische Ansiedelung darbietet und daher bei dem Versuche der Centralisation zum politischen Mittelpunkte des sonst mehr dorfartig bewohnten westlichen Arkadiens gewählt wurde. In dem durch eine von den Aroanien bis zum südlichen Rande herabreichende Bergkette von dem westlicheren geschiedenen östlicheren Theile der Landschaft finden wir dagegen neben und nach einander mehrere rings von Bergen umschlossene kessel- oder muldenförmige Ebenen, die, da das Wasser durch die unterirdischen, von natürlichen Bergspalten gebildeten Abzugskanäle[2]) keinen genügenden Abfluss findet, in ihren tiefsten Partien versumpft oder geradezu von einem See bedeckt sind. Solche geschlossene Bassins, nach denen man diesen östlicheren Theil der Landschaft nicht unpassend als das 'verschlossene Arkadien' bezeichnet hat, sind in der Richtung von Nord nach Süd die Thäler von Pheneos und Stymphalos, die von Kaphyä und Orchomenos und die durch zwei nahe gegeneinander

---

[1]) Paus. c. 38, 11; vgl. oben S. 162.

[2]) Die schon Th. I, S. 21 erwähnte arkadische Benennung ζέρεθρα (für βέρεθρα, βάραθρα) dieser von den jetzigen Griechen καταβόθραι genannten Bergspalten giebt Strab. VIII, p. 389; vgl. ζέλλειν für βάλλειν Etym. M. p. 408, 42; Hesych. u. ζέλλειν. Eine vielleicht speciell tegeatische Nebenform ist δέρεθρον (Hesych. u. d. W.): s. Gelbke in G. Curtius Studien zur griech. u. latein Grammatik Bd. II, S. 28 f.

vortretende Hügel in zwei Theile geschiedene grosse mantineisch-tegeatische Hochebene.

Während dieses östliche Arkadien in Folge seiner eigenthümlichen Bodengestaltung sein eigenes Bewässerungssystem hat — lauter kleine Bäche, die nach kurzem Laufe sich in Seen oder Bergspalten verlieren — finden wir im westlicheren Theile der Landschaft zwei grössere, an Länge des Laufes und an Wasserfülle einander ziemlich gleich stehende Flüsse, die sich nahe der westlichen Gränze zu einem Strome vereinigen, der im Alterthum den Namen des südlicheren (des Alpheios), bei den Neueren den des nördlicheren Flusses (Ruphia, des Ladon der Alten) behält und unmittelbar vor seinem Austritt durch die oben erwähnte Lücke im Westrande der Landschaft noch zwei arkadische Gewässer (den Fluss Erymanthos von Norden und den Bach Diagon von Süden her) aufnimmt. Abgesehen von diesen gehören sämmtliche Gewässer der nördlicheren Hälfte des westlichen Arkadiens, mit Ausnahme der an der Nordseite des Aroaniagebirgs, wo die politische Gränze der Landschaft über die Wasserscheide hinausgreift, entspringenden, welche durch Achaia dem korinthischen Meerbusen zufliessen, zum Stromsystem des Ladon, die des südlicheren, mit Ausnahme der selbständig dem Meere zufliessenden Neda, zu dem des Alpheios im engeren Sinne. Beide Flüsse stehen aber auch mit den Gewässern des östlichen oder verschlossenen Arkadiens in unterirdischem Zusammenhange, so dass schliesslich auch die Wasserschätze dieses Theiles der Landschaft in der Hauptsache[1]) dem Alpheios, als dem Vereinigungspunkt aller arkadischen Gewässer, zu Gute kommen, der sie durch das mittlere Elis hindurch dem westlichen (sikelischen) Meere zuführt. Der Ladon nämlich entspringt aus einer sehr wasserreichen Quelle am westlichen Fusse der den Thalkessel von Pheneos in Südwesten umschliessenden Berge, die ohne Zweifel durch unterirdische Zuflüsse aus dem See von Pheneos gespeist wird, und auch die unterirdischen Abflüsse des Thales von Kaphyä werden ihm durch den Tragosbach zugeführt[2]), während er allerdings die

---

[1]) Eine Ausnahme bildet der See von Stymphalos, als dessen Ausfluss die Alten den argivischen Erasinos (vgl. oben S. 65) betrachteten: Paus. II, 24, 6; VIII, 22, 3.

[2]) Paus. c. 20, 1; 23, 2.

bedeutendste Wassermenge von Norden her durch den vom Aroaniagebirge herabkommenden Aroanios erhält. Als obersten Lauf des Alpheios betrachteten die Alten den Bach, welcher bei Phylake, auf der Gränze der Tegeatis und Lakoniens, entspringt und alsbald durch das Wasser mehrerer Quellen (von deren Zusammentreffen die Oertlichkeit bei den Alten Symbola hiess) verstärkt in zahlreichen Krümmungen, die ihm den modernen Namen Sarantapotamos eingetragen haben, in die Ebene von Tegea hinabfliesst, in welcher er jetzt sich nordöstlich wendet und nachdem er einen östlichen Seitenbach, den Garates der Alten, aufgenommen hat, in einer Katabothre am südlichen Fusse des Parthenion verschwindet, während er im Alterthum und wahrscheinlich noch bis zum ersten oder zweiten Decennium des vorigen Jahrhunderts gleich nach seinem Eintritt in die Ebene eine westliche Richtung nahm und in eine Katabothre am östlichen Fusse des die Ebene im Südwesten abschliessenden Gebirges, des Boreion, einströmte. Durch die auch jetzt noch durch diese Katabothre ablaufenden Gewässer, zu denen freilich der Sarantapotamos jetzt keinen Beitrag mehr liefert, wird wahrscheinlich eine am westlichen Fusse des Boreion in der kleinen Ebene von Asea aufsprudelnde starke Quelle (jetzt *Φραγκόβρυσις* d. i. Frankenquelle genannt) gespeist, welche sogleich einen, von den Alten als Fortsetzung des obern Alpheioslaufes betrachteten Bach bildet, der sich aber bald wieder in den jetzt ziemlich sumpfigen Boden verliert. Die Alten glaubten, schwerlich mit Recht, dass hier ein unterirdischer Zusammenhang zwischen diesem obern Alpheios und den am südöstlichen Fuss des jetzt Tzimbaru genannten Berges hervorbrechenden Quellen des Eurotas bestehe. Am südwestlichen Rande der Ebene von Asea, an einer von den Arkadern 'die Quellen' (*Πηγαί*) genannten Stelle (bei dem jetzigen Marmaria) bricht das Wasser wiederum in reicher Fülle aus dem Boden hervor und bildet von hier ab einen nicht mehr unterbrochenen Strom, der sich zunächst südwestwärts nach dem südlichsten Theile der Ebene von Megalepolis wendet, die er, durch zahlreiche Zuflüsse von beiden Seiten her (unter denen der von Nordosten kommende Helisson der bedeutendste ist) gespeist in nordwestnördlicher Richtung durchfliesst, worauf er bis zu seiner Vereinigung mit dem Ladon eine vorherrschend westliche Richtung einschlägt, der er dann auch in seinem unteren Laufe durch Elis treu bleibt.[1])

Die Bewohner der Landschaft bezeichneten sich mit dem Gesammtnamen der Arkader (Ἀρκάδες) und leiteten sich von einem Stammvater, dem Arkas, dem Sohne des Zeus und der Kallisto (der arkadischen Artemis) ab; eine Sage von verhältnissmässig jüngerem Ursprung, da der Volksname Arkader offenbar erst aus dem Namen des Landes sich gebildet hat. Die ethnographisch richtigere Bezeichnung für die Gesammtbevölkerung Arkadiens ist Ἀρκάδες Πελασγοί, 'Arkadische Pelasger', analog dem Namen der alten Bevölkerung der später Achaia, früher Aegialos genannten Landschaft 'Πελασγοὶ Αἰγιαλέες', 'strandbewohnende Pelasger';[2]) denn als Pelasgisches Volk wurden die Arkader allgemein von den übrigen Hellenen betrachtet und nach ihrer eigenen Sage war Pelasgos in ihrem Lande als erster Mensch von der Erde selbst geboren worden, hatte zuerst als König daselbst geherrscht und seine Unterthanen, Autochthonen gleich ihm selbst, die ersten Elemente menschlicher Gesittung — den Bau von Hütten, die Benutzung von Thierfellen, besonders Schweinshäuten, zu Kleidern und der Eicheln der Knoppereiche (Quercus Aegilops) zur Nahrung — gelehrt.[3]) An ihn knüpft dann die Sage durch seinen Sohn Lykaon, den Repräsentanten der ältesten und rohesten Form des arkadischen Zeuscultes, die eponymen Heroen der verschiedensten arkadischen Oertlichkeiten an[4]); auch den

---

[1]) Paus. VIII, 54, 1 ff. u. über die Seitenbäche V, 7, 1; vgl. Ross Reisen I, S. 70 f.; Curtius Pelop. I, S. 248 f. Der jetzt Sarantapotamos genannte Flusslauf scheint nach einem Fragment des Deinias (C. Müller Frgt. hist. gr. III, p. 26, 8) im Alterthum auch den Namen Λαχᾶς geführt zu haben.

[2]) Herod. I, 146; vgl. Schiller Stämme und Staaten Griechenlands I (Erlangen 1855) S. 14 ff., dessen Widerspruch gegen Curtius (Pel. I, S. 159 ff.) Scheidung der Arkader als Eingewanderter von den Pelasgern als Eingebornen ich vollständig beistimme.

[3]) Paus. VIII, 1, 4 ff.; vgl. Ephor. bei Strab. V, p. 221. Andere, wie Charax (Müller Frgt. hist. gr. III, p. 642), liessen den Pelasgos von Argos her nach Arkadien einwandern. Ueber die älteste Sagengeschichte Arkadiens überhaupt vgl. A. Bertrand De fabulis Arcadiae antiquissimis, Paris 1859.

[4]) Verzeichnisse der Söhne des Lykaon geben Apollod. III, 8, 1 u. Paus. VIII, 3, 1 ff. Nach Dionys. Hal. A. r. I, 11 wären es 22 gewesen,

Arkas macht sie als Sohn der Kallisto, der Tochter des Lykaon, zu seinem Abkömmling (Urenkel) und giebt ihm drei Söhne: den Azan (eponymen Heros des im Norden Arkadiens, insbesondere in den Cantonen Kleitoria und Psophidia sesshaften Stammes der Azanes, daher er Vater des Kleitor heisst); den Apheidas (eponymen Heros des in der Tegeatis wohnenden Stammes der Apheidantes, Vater des Aleos) und den Elatos (Repräsentanten der mit Tannenwaldung bedeckten Gebirge, insbesondere der Kyllene, Vater von fünf Söhnen: Aepytos, Pereus, Kyllen, Ischys, Stymphalos)[1]; eine Tradition, aus der man wohl schliessen darf, dass der Name Arkadia ursprünglich speciell den östlichen und nördlichsten Theil der Landschaft (die Tegeatis, Mantinike, Stymphalia, Pheneatis Kleitoria und Psophidia) bezeichnet hat, deren Bevölkerung zuerst anstatt in offenen, zerstreuten Weilern mit roh befestigten Zufluchtstätten für Zeiten der Gefahr (ähnlich den Refugien der keltischen Bevölkerung Galliens und Helvetiens), wie sie im südwestlichen Arkadien zum Theil bis in spätere Zeiten bestanden, in grösseren wohlummauerten Städten sich ansiedelte und anstatt der patriarchalischen Stammverfassung eine festere staatliche Ordnung begründete, ein gesetzlich geregeltes Königthum, das allmälig einer zwischen Aristokratie und Demokratie schwankenden republikanischen Verfassung weichen musste.[2])

Von den gewaltigen Erschütterungen, durch welche die übrigen Landschaften der Halbinsel in Folge des Eindringens der Dorier heimgesucht wurden, blieb Arkadien fast ganz unberührt.

---

von denen 2 (Oenotros u. Peuketios) ihre Heimath verlassen, die übrigen 20 die Landschaft unter sich getheilt hätten; eine Tradition, aus der man wohl schliessen darf, dass zeitweise 20 einzelne arkadische Cantone bestanden haben.

[1]) Paus. VIII, 4, 1 ff.; vgl. X, 9, 5; Herod. VI, 127; Steph. Byz. u. Ἀζανία. Psophis zur Ἀζανίς gehörig nach Polyb. IV, 70. Selbst das achäische Pellene muss zeitweise zur Azanis gehört haben, da der Olympische Sieger Philippos (um Ol. 80) auf seiner Siegerstatue als Ἀζὰν ἐκ Πελλάνας bezeichnet war (Paus. VI, 8, 5). Sprüchwort Ἀζάνια κακά: Zenob. II, 51; Diogenian. I, 24.

[2]) Die Annahme, dass in Orchomenos noch zur Zeit des Peloponnesischen Krieges das Königthum bestanden habe, beruht nur auf der sehr verdächtigen Autorität des Theophilos ἐν δευτέρῳ Πελοποννησιακῶν in der Pseudoplutarchischen Schrift περὶ παραλλήλων ἑλληνικῶν καὶ ῥωμαϊκῶν c. 32.

Allerdings scheint die Hauptmacht der Eroberer vom mittleren Elis durch das südwestliche Arkadien im Thale des Alpheios aufwärts gezogen zu sein, allein der tapfere Widerstand der kräftigen und streitbaren Bevölkerung, besonders der Mänalier und Tegeaten,[1] hat sie jedenfalls am weiteren Vordringen nach dem Innern oder nach dem Osten des Landes gehindert und sie genöthigt, sich in zwei Heerhaufen aufzulösen, von denen der eine südwestwärts nach Messenien, der andere südostwärts nach Lakonien sich wandte. Und obgleich später das mächtige Sparta einige jenseits des Südrandes von Arkadien gelegene, aber politisch und ethnographisch zu Arkadien gehörige Districte (die Skiritis und den grössten Theil der Aegytis) sich annectirte und auch die Tegeaten nöthigte seiner Symmachie beizutreten, so ist es doch nie den Doriern oder andern fremden Eroberern gelungen innerhalb der natürlichen Grenzen Arkadiens Fuss zu fassen und es hat sich so die Bevölkerung dieses Landes allezeit unvermischt, als eine rein pelasgische erhalten, die auf den Ruhm der Autochthonie den vollgültigsten Anspruch hatte und diesen Ruhm durch den stolzen Beinamen der 'Vormondlichen' (*Προσέληνοι* oder *Προσεληναῖοι*) d. h. derer die schon vor Erschaffung des Mondes existirten,[2] zur Schau trug. Auch ihr eigenthümlicher Dialect, ein Aeolismus, der dem weichen Ionismus näher steht als dem harten Dorismus, beweist, dass sie weniger als andere peloponnesische Völkerschaften von den dorischen Eroberern beeinflusst worden sind.[3] Dieses Autochthonenthum hatte freilich, da es bei den Arkadern in Folge der Naturverhältnisse ihres Landes nicht wie bei den Athenern durch einen regen Verkehr mit dem

---

[1]) Eine Erinnerung an diese Kämpfe ist erhalten in der Sage vom Zweikampf des Tegeaten Echemos mit dem Herakliden Hyllos (Paus. VIII, 5, 1 u. ö.), der freilich, der ganzen Gestaltung der Sage gemäss, auf den Isthmos verlegt worden ist.

[2]) Hippys Rheg. bei Steph. Byz. u. *Ἀρκαδία* (p. 120, 9 ed. Meineke); Frgm. adesp. (Pindar.) bei Bergk Poetae lyr. gr. n. 84, 8 (p. 1340); schol. Apoll. Rhod. Arg. Δ, 264; Ovid. Fast. II, 290; (Lucian.) de astrol. 26; Hesych. u. *προσεληνίδες*; über die Autochthonie Herod. VIII, 73; Xen. Hell. VII, 1, 23; Demosth. de falsa leg. p. 424; vgl. Preller Ausgewählte Aufsätze S. 157 ff., bes. S. 192 f.

[3]) Vgl. über den arkadischen Dialect M. A. Gelbke De dialecto Arcadica in G. Curtius Studien zur griech. u. lat. Grammatik, Bd. II, S. 1 ff.

Auslande aufgewogen wurde, seine Schattenseiten: es bewirkte, dass die Bevölkerung in Hinsicht ihrer geistigen Entwickelung, in Litteratur und Kunst wie in Verfeinerung der Sitten des socialen Lebens, hinter den meisten übrigen hellenischen Stämmen zurückblieb, so dass sich an den Namen 'Arkader' der Begriff eines altväterischen, beschränkten, ja rohen Menschen knüpfte.[1] Schon die klimatischen Verhältnisse, besonders des östlicheren Theiles des Landes — die drückende Hitze des verhältnissmässig kurzen Sommers und die Rauhheit des Winters — mussten ähnlich wie in Boiotien mehr die Abhärtung und Kräftigung des Körpers als die Entwickelung der geistigen Fähigkeiten begünstigen.[2] Dazu kamen dann die Beschäftigungen, denen sich die Mehrzahl der Bewohner, der Natur ihres Landes gemäss, widmete: Ackerbau in den grössern Ebenen, auch Weinbau (heut zu Tage auch Tabacksbau); Viehzucht aller Art, von Pferden und Eseln, Schweinen, Schafen und Ziegen, in den Thälern, an den grasigen Abhängen und auf den herrlichen Alpweiden der auch an Heilkräutern reichen Gebirge; Jagd in den ausgedehnten Wäldern, die im Alterthum Wild in Fülle, selbst Eber und Bären darboten. Handel und Industrie fehlten ganz; ausser der Wolle der zahlreichen Schafheerden, die gewiss nur zum Theil im Lande selbst verarbeitet wurde, lieferte höchstens der Holzreichthum der Berge einen Ausfuhrartikel, der wohl hauptsächlich den holzärmeren Nachbarländern Argolis und Lakonien zu Gute kam, während der Import früher durch die Aegineten, später wohl hauptsächlich durch die Sikyonier besorgt wurde[3]. Damit die

[1]) Ioseph. c. Apion. I, 4; Philostr. Vit. Apoll. VIII, 7, 12; Iuven. Sat. VII, 160. Für die Einfachheit der Sitten sind characteristisch die Schilderungen eines Ἀρκαδικὸν δεῖπνον bei Athen. IV, p. 148 f ss., bes. auch der Zug, dass Herren und Sklaven an demselben Tische sassen und die gleichen Speisen, den gleichen Wein genossen. Gastlichkeit und Frömmigkeit der Arkader: Polyb. IV, 20.

[2]) Polyb. IV, 21. Auf klimatische Einflüsse ist auch die Arkadische πολυφαγία (Athen. IV, p. 149 c) zurückzuführen.

[3]) Vgl. bes. Philostr. a. a. O. Ackerbau: Plut. Philopoem. 4; Wein: Aristot. Meteor. IV, 10, 7; Rüben (γογγύλαι) aus Mantineia: Poll. VI, 63; Pferdezucht: Strab. VIII, p. 388; Dio Chrysost. Or. XV, 30; Esel: Plaut. Asin. 333; Varro de re rust. II, 1, 14; Pers. Sat. III, 9; Plin. N. h. VIII, 43, 167. Jagd: Paus. VIII, 23, 9. Heilkräuter: Theophrast. Hist. pl. IX, 15, 4. Import von Aegina: Paus. c. 5, 8. Arkas Begründer der Weberei in Arkadien: Paus. c. 4, 1.

Bevölkerung nun nicht ganz verwildere — wofür die Bewohner des an den nördlichen Abhängen der Aroania gelegenen Cantons Kynätha ein abschreckendes Beispiel lieferten — war es seit alten Zeiten Gesetz bei den Arkadern, dass Knaben und Jünglinge bis zum 30. Jahre eifrig Musik trieben und jährlich am Feste des Dionysos im Kunstgesang wetteiferten[1]). Auch die Gymnastik wurde bei den Arkadern eifrig gepflegt, wofür besonders die grosse Anzahl arkadischer Sieger in den hellenischen Nationalspielen Zeugniss giebt[2]); sie trug neben den Einflüssen des Klimas und der Lebensweise hauptsächlich bei zur Ausbildung jener Tapferkeit und Kriegstüchtigkeit, welche die Arkader, auch darin den Schweizern des Mittelalters und der Neuzeit ähnlich, in der Vertheidigung der Unabhängigkeit ihres Vaterlandes gegen begehrliche Nachbarn, noch häufiger aber in Folge der politischen Verhältnisse ihres Heimatlandes als Soldtruppen im Dienste auswärtiger Staaten oder Fürsten bewährten.[3]) Die Zersplitterung des Landes nämlich in eine Menge selbständiger kleiner Cantone, die zum Theil ächte Bauernrepubliken ohne städtischen Mittelpunkt, zum Theil städtische Gemeinwesen mit Unterthanenland waren und unter einander nur durch ein ganz loses Band, das sie von inneren Kriegen nicht zurückhielt, zusammengehalten wurden,[4]) verhinderte dasselbe eine irgend wie bedeutende politische Rolle unter den griechischen Staaten zu spielen. Allerdings gab es besonders in den grössern Städten des östlichen Arkadiens

---

[1]) Polyb. IV, 20. Der namhafteste arkadische Musiker ist Echembrotos, der in der ersten Pythiade (Ol. 48, 3) als Aulöde siegte: Paus. X, 7, 4; vgl. Krause Die Gymnastik u. Agonistik der Hellenen S. 740. In Arkadien sollte Hermes die Leier, Pan die Syrinx erfunden haben. Arkadischer Tanz *κίδαρις*: Athen. XIV, p. 631[d].

[2]) Krause a. a. O. S. 733 ff.

[3]) S. Xenoph. Hell. VII, 1, 23; Hermippos bei Athen. I, p. 27[f] u. den sprüchwörtlichen Ausdruck *Ἀρκάδας μιμούμενοι* für Leute, die sich immer nur für Andere abmühen (Suid. u. d. W.; Zenob. II, 59; Diogenian. I, 29). Ueber die Streitkräfte Arkadiens u. ihre Organisation vgl. Ol. Chr. Kellermann De re militari Arcadum, München 1831.

[4]) Vgl. Curtius Pel. I, S. 171 ff. u. über die alterthümlichen Münzen mit dem Bilde des Zeus Lykäos u. der Aufschrift *ΑΡΚΑ* u. *ΑΡΚΑΔΙΚΟΝ* denselben Monatsberichte der Berliner Akademie 1869 S. 472 f. Andere Spuren einer wenn auch sehr losen Gemeinschaft sind die Vereidigung der *προεστῶτες τῶν Ἀρκάδων* durch Kleomenes in Nonakris (Herod. VI, 74) u. die *ἑστία Ἀρκάδων κοινή* in Tegea (Paus. VIII, 53, 9).

eine nationale Partei, welche die Einigkeit des Vaterlandes auf ihre Fahne geschrieben hatte, aber sie konnte nicht aufkommen gegenüber Sparta, das allen seinen Einfluss anwandte, um die Zersplitterung des zahlreichen und kriegstüchtigen Nachbarvolkes aufrecht zu erhalten, und gegenüber der Macht der Kirchthurmsinteressen, dem 'Cantönligeist', von dem namentlich die kleinen Bauernrepubliken des westlichen Arkadiens beherrscht waren. Erst in Folge der Demüthigung Sparta's durch die Schlacht bei Leuktra gelangte die Nationalpartei, Dank der Tüchtigkeit einzelner ihrer Führer und der Unterstützung des Epameinondas, ans Ruder und versuchte nun einen arkadischen Einheitsstaat nach streng centralistischem Princip herzustellen, für welchen sie in Megalepolis vermittels eines zum Theil auf gewaltsamem Wege durchgeführten Synoikismos von 40 kleinen, meist ländlichen Ortschaften einen neuen Mittelpunkt schuf, den Sitz der Centralregierung, welcher eine auf breitester demokratischer Grundlage gewählte Volksrepräsentation, der grosse Rath der 10,000 (οἱ μύριοι), zur Seite und ein wohl geübtes stehendes Heer (οἱ ἐπάριτοι oder ἐπαρῖται) zu Gebote stand[1]). Aber die neue Gründung hatte nicht nur mit dem tödtlichen Hass der Spartaner, sondern auch mit der Theilnahmlosigkeit, ja sogar mit der offenen Feindseligkeit verschiedener arkadischer Cantone (besonders von Heräa und Orchomenos), die nicht das geringste Opfer von ihrer Selbständigkeit bringen wollten, zu kämpfen und konnte daher zu keinem rechten Gedeihen gelangen. Langwierige und erbitterte Kämpfe gegen Sparta und gegen Elis förderten die schon durch die Zusammensiedelung der ländlichen Bevölkerung in der neuen Grossstadt begonnene Verödung der Landschaft, die in den ersten Jahrhunderten unserer Zeitrechnung eine betrübende Höhe erreicht hatte[2]). Dies besserte sich natürlich nicht in den folgenden Jahrhunderten, Jahr-

[1]) Diod. XV, 59, 72; Paus. VIII, 27; Xen. Hell. VII, 1, 38; c. 4, 2; 33 f.; über die ἐπάριτοι auch ebds. c. 4, 22; c. 5, 3; Steph. Byz. u. Ἐπαρῖται; Hesych. u. Ἐπαρόητοι. Vgl. Lachmann Geschichte Griechenlands von dem Ende des Pelop. Krieges bis zum Regierungsantritte Alexanders d. Gr. I, S. 340 ff.; Schiller Stämme u. Staaten Griechenlands I, S. 21 ff.; Curtius Griech. Geschichte III, S. 320 ff.

[2]) Strab. VIII, p. 388; Dio Chrysost. Or. XXXIII, 25 u. die Erwähnung zahlreicher 'wüster Marken' (Plätze verödeter Ortschaften) bei Pausanias. — Einige arkadische Ortschaften gehörten zu Pausanias Zeit politisch zu Argolis: Paus. VI, 12, 9.

hunderten des allgemeinen Verfalls für Griechenland, in denen auch Arkadien, obschon durch seine Natur mehr geschützt, als andere Landschaften, von den Verheerungen der Gothen unter Alarich zu leiden hatte[1]). Etwa 350 Jahre später wurde ein grosser Theil des damals in Folge der furchtbaren Pest, die in den Jahren 746—47 in ganz Hellas wüthete, gewiss sehr dünn bevölkerten Landes von Slaven besetzt, die zwar auch hier, wie in andern Gegenden Griechenlands, allmälig vollständig gräcisirt wurden, aber noch in zahlreichen slavischen Ortsnamen ihre Spuren hinterlassen haben. An die fränkische Herrschaft, unter welcher die Landschaft in eine Anzahl grösserer Baronien getheilt war, erinnern jetzt nur noch einige Burgruinen (unter denen die von Karytena am Alpheios die stattlichste ist), während die Nachkommen der seit dem 14. Jahrhundert eingewanderten Albanesen noch jetzt einen nicht geringen Bruchtheil der Bevölkerung bilden.

Die topographische Schilderung der Landschaft beginnen wir am Besten mit dem östlichen oder 'verschlossenen' Arkadien, dessen nördlichster Theil von zwei am südlichen und südwestlichen Fusse der Kyllene gelegenen, nur durch einen von dieser gegen Süden streichenden Bergzug getrennten Thalbecken und den sie rings umschliessenden Bergen eingenommen wird. Das Stymphalia. östlichere dieser Becken ist der Mittelpunkt der Stymphalia, des nordöstlichsten arkadischen Cantons, der in Norden durch die Kyllene von Achaia, im Osten durch das Apelauron (vgl. oben S. 32, Anm. 3) von der Sikyonia und Phliasia getrennt wird; im Westen bildet das Geronteion die Gränzscheide gegen die Pheneatis, im Süden der Oligyrtos die Gränze gegen die Gebiete von Orchomenos und Kaphyä[2]). Durch die drei zuletzt genannten Gebirge führen Pässe in die Ebene herab, den bequemsten Zugang aber hat sie von Nordosten her, wo sie sich in einer Länge von mehreren Stunden als ein mehr und mehr sich verengendes Thal hinzieht, dessen oberes Ende durch eine eine Wasserscheide bildende Anhöhe von einem kürzeren, noch engeren Thale getrennt wird, an dessen südwestlichem Ende sich

---

[1]) Vgl. Claudian. in Rufin. II, 189; Zosim. Hist. V, 6 u. 7.

[2]) Γερόντειον Paus. c. 16, 1; c. 22, 1. ὁ Ὀλίγυρτος Polyb. IV, 11; 70; Plut. Cleomen. 26. Das Geronteion bildet jetzt eine Sprachgrenze, indem vom Isthmos bis an seinen östlichen Fuss die Bevölkerung albanesisch, von da an westwärts dagegen griechisch ist.

ein kleiner sumpfiger See befindet. Durch dieses von der nördlichen Fortsetzung der Kyllene (an deren östlichem Abhange die Dörfer Klementi und Käsari liegen, nach denen das Thal gewöhnlich benannt wird) und dem jetzt Vesina genannten, im Alterthum zur sikyonischen Ortschaft Titane gehörigen Gebirge umschlossene Thal, welches in kleineren Verhältnissen ganz die Formation der Stymphalischen Ebene wiederholt, führte jedenfalls die Hauptstrasse von Sikyon nach Stymphalos, die von Sikyon aus bis nach dem zwei Stunden davon entfernten Dorfe Suli eine genau westliche Richtung hatte, von da an sich südwestlich wandte; der jetzt von Suli nach dem Thale von Klementi-Käsari führende Weg läuft eine bedeutende Strecke weit auf den Resten einer gepflasterten antiken Strasse hin.

Der am niedrigsten gelegene Theil des Stymphalischen Thalbeckens ist jetzt von einem See bedeckt, dessen Wasserstand zwar zu verschiedenen Jahreszeiten verschieden ist, der aber das ganze Jahr hindurch als wirklicher See, niemals als blosse sumpfige Niederung erscheint. Das Wasser, welches demselben durch zwei grössere, die von den Bergen herabfliessenden Gewässer aufnehmende Bäche von Nordosten und von Westen, sowie von einer starken in der Ebene selbst unterhalb des jetzigen Dorfes Zaraka (nach welchem jetzt der See benannt wird) entspringenden Quelle von Norden her zugeführt wird, hat nur einen unterirdischen Abfluss gegen Süden durch eine Katabothre am westlichen Fusse des Apelauron. Dass im frühesten Alterthum der Zustand der Ebene ein ebenso schlimmer, die Gesundheit der Bewohner in hohem Grade gefährdender war, beweist der Mythos von den Stymphalischen Vögeln, welche offenbar die aus stagnirenden Gewässern aufsteigenden verderblichen Dünste repräsentiren, die, solange nicht Menschenhände ordnend und hemmend eingreifen, nur durch die wohlthätigen Wirkungen der Sonnenstrahlen (die Pfeile des Herakles) beseitigt werden konnten. Auch hatte sich noch zur Zeit des Pausanias im Volksmunde eine dunkle Tradition erhalten, dass die älteste, von Stymphalos, einem Enkel des Arkas gegründete Stadt, in welcher auch Temenos, ein Sohn des Pelasgos gewohnt und drei Heiligthümer der Hera als der Repräsentantin der Erde in den drei verschiedenen Jahreszeiten (im Frühling als Jungfrau, im Sommer als Gattin, im Winter als Wittwe) gegründet haben sollte, an einem anderen Platze als die

Stadt der historischen Zeit gelegen habe[1]). Aber durch Anlegung von Dämmen (von denen noch jetzt im westlichsten Theile der Ebene Reste erhalten sind) und Ableitung der Gewässer, wahrscheinlich vermittels eines gegrabenen Flussbettes, in die zu diesem Behuf jedenfalls künstlich erweiterte Oeffnung der Katabothre am Fuss des Apelauron gelang es die Ebene ganz trocken zu legen, so dass während der Sommermonate weder ein See noch Sumpf, sondern ein aus der von den Alten wahrscheinlich Metopa genannten Quelle entspringender Bach, der Stymphalos, vorhanden war, der nach kurzem, geregeltem Laufe in der Katabothre verschwand, wie die Alten meinten, um am östlichen Fusse des Berges Chaon in der Argeia (s. oben S. 65) als Erasinos wieder aufzutauchen; nur während der Regenzeit bildete sich in unmittelbarer Nähe der Quelle ein kleiner See, aus welchem der Bach ausfloss. Von Zeit zu Zeit mochte allerdings in Folge einer durch Anhäufung von Baumstämmen, Felsblöcken und dergleichen an der Mündung der Katabothre herbeigeführten Stauung plötzlich die Ebene ganz unter Wasser gesetzt werden (wie Pausanias eine solche bei seinen Lebzeiten eingetretene Ueberschwemmung erwähnt, welche der Aberglaube des Volks dem durch Vernachlässigung der Feier ihres Festes erregten Zorne der Artemis zuschrieb); doch war eine solche Calamität (die Iphikrates bei Belagerung der Stadt im Jahre 369 v. Chr. vergeblich durch Verstopfung der Mündung mit Schwämmen herbeizuführen versucht hatte) gewiss selten und nur vorübergehend und die jetzt wiederum durch die gefürchteten Stymphalischen Vögel des Sumpffiebers völlig verödete Ebene war nicht nur bis in die spätesten Jahrhunderte des Alterthums, sondern auch noch im früheren Mittelalter wohl angebaut und bewohnt, wie ausser den Ueberresten der alten Stadt die nordöstlich davon erhaltenen, jetzt 'Kionia' ('die Säulen') genannten Trümmer einer grossen christlichen Kirche mit Halbsäulen aus Sandstein an den Seitenwänden und eines mittelalterlichen Befestigungsthurmes zeigen[2]).

---

[1]) Paus. c. 22, 1 f. Der Name *Στύμφαλος*, der auch als Bergname vorkommt (Ptol. III, 16, 14 anstatt *Κυλλήνη*: vgl. Hesych. s. v. *Στύμφηλος*; Stat. Silv. IV, 6, 100) scheint mit den Bergnamen *Τύμφη* (*Στύμφη*) und *Τυμφρηστός*, vielleicht auch mit *στύφω*, *στυφελός* zusammenzuhängen.

[2]) Paus. c. 22, 3 ss. Strab. p. 389. Den Namen *Μετώπα* (Pind.

Die Oberstadt des alten Stymphalos (die zur Zeit des Pausanias politisch nicht zu Arkadien, sondern zu Argolis, mit welcher Landschaft sie wohl hauptsächlich durch Verkehrsinteressen verknüpft war, gehörte) stand auf einem vom Fusse der Kyllene gegen Osten sich erstreckenden und in mehreren Terrassen allmälig gegen die Niederung sich absenkenden, heut zu Tage halbinselförmig in den See hineinragenden Felsrücken, auf dessen höchstem Punkte (im Westen) ein viereckiger Thurm sich erhob, von dem aus sich die besonders an der Südwestseite wohl erhaltenen, 3,20 Meter dicken und mit runden Thürmen geschützten Ringmauern auf den Rändern der Anhöhe hinziehen; doch scheint dieselbe nicht von allen Seiten von Mauern umschlossen, sondern gegen Nordosten, wo wahrscheinlich eine in der Niederung gelegene Unterstadt sich anschloss, offen gewesen zu sein. Auf dem Felsboden erkennt man noch die Linien einiger Strassen, im westlicheren Theile die Fundamente eines kleinen Tempels in antis (vielleicht des von Paus. VIII, 22, 7 erwähnten alten Tempels der Artemis Stymphalia, die als Hauptgöttin der Stadt jedenfalls in der Oberstadt ihr Heiligthum hatte) und besonders an der Südostseite, gegen den See zu, wo sich ebenfalls keine Spuren einer Ringmauer finden, lange aus dem Felsen selbst geschnittene Sitzstufen und einen etwa 30 Personen fassenden halbkreisförmigen Sitz (eine sogenannte Exedra) von gleicher Ausführung, Anlagen, die etwa zu einem in der jetzt mit Wasser bedeckten Niederung gelegenen Stadion und einem Hippodrom gehört haben mögen [1].

Olymp. VI, 84 [144] c. schol.; Callimach. H. in Iov. 26 c. schol.; ὁ *Μετώπης* Aelian. V. hist. II, 33) kann ich weder mit Ross (Reisen im Peloponnes S. 38, Anm. 30) auf die Felswand des Apelauron über der Katabothre, noch mit Curtius (Pelop. I, S. 216) auf den Fluss des nördlichsten Thales der Stymphalier, sondern nur mit Leake (Peloponnes. p. 384) auf die jetzt *κεφαλόβρυσις* genannte Quelle des Baches Stymphalos, deren Wasser Hadrian nach Korinth leitete, beziehen. Dass Steph. Byz. u. *Στύμφαλος* (nicht Pausanias, der für die Quelle keinen Namen angiebt) dieselbe mit dem Namen des aus ihr entspringenden Baches benennt, ist eine leicht erklärliche Ungenauigkeit.

[1]) Vgl. Dodwell Classische u. topograph. Reise II, 2, S. 320 ff. d. d. Ueb.; Leake Morea III, p. 108 ss.; Ross Reisen im Peloponnes S. 54 f.; Curtius Pelop. I, S. 204 f. (mit Plan auf Taf. IV); Vischer Erinnerungen S. 497 f. Die von Letzterem nicht bemerkte halbkreisförmige Exedra mit

Das Gebiet von Stymphalos scheint sich gegen Süden in einer Länge von mehreren Stunden bei geringer Breite zwischen der Orchomenia und der Argeia bis zum Nordrande der Mantinike hin erstreckt zu haben. Den Kern dieses engen Berglandes bildet ein kleiner Thalkessel bei dem jetzigen Dorfe Bugiati, an dessen Nordrande auf einem den einzigen von Norden her kommenden Zugang zu demselben beherrschenden Hügel sich noch ansehnliche Reste der alterthümlichen Befestigungsmauern und Thürme von Alea erhalten haben, einer Stadt, deren Gründungssage — sie betrachtete den Aleos, Sohn des Apheidas als ihren Gründer — ebenso wie der Cult der Athena Alea auf alten Zusammenhang mit Tegea hinweist, die sich aber wahrscheinlich schon frühzeitig an Stymphalos angeschlossen hatte und in der römischen Kaiserzeit wie dieses sich zu Argolis hielt. Ausser dem Tempel der Athena Alea, offenbar der eigentlichen Stadtgöttin, besass sie noch einen Tempel des Dionysos, dem alljährlich ein Fest, Skiereia, mit Cultbräuchen, welche an alte Menschenopfer erinnerten (Geisselungen von Frauen im Tempel des Gottes) gefeiert wurde, und ein Heiligthum der Ephesischen Artemis.[1])

Das Geronteion scheidet, wie bemerkt, von der Stymphalia ein ähnliches, aber geräumigeres Thalbecken, zu welchem man von Norden her durch ein langes Engthal zwischen Kyllene, Krathis und Aroania gelangt, durch welches ein von den Abhängen der Chelydorea herkommender Bach in die Ebene einströmt: die Bewohner des Thales nannten ihn Olbios, offenbar weil er bei gehöriger Regelung seines Laufes die Hauptursache Pheneatis. der Fruchtbarkeit des Thales war, bei den übrigen Arkadern führte er den Namen Aroanios, der wahrscheinlich eigentlich

---

einer Seitenlehne an jedem Ende habe ich noch Anfang Mai 1851, als ich die Ruinen besuchte, vorgefunden. — Die Aehnlichkeit des Terrains von Stymphalos mit dem von Lebadeia in Böotien erklärt es, dass eine Tradition (Charax beim schol. Aristoph. Nub. 508) den Trophonios in Stymphalos geboren sein lässt.

[1]) Paus. c. 23, 1; Steph. Byz. u. Ἀλέα. Die Annahme, dass die Bewohner von Alea zur Gründung von Megalepolis hinzugezogen worden seien, beruht meiner Ansicht nach nur auf einem Schreibfehler bei Paus. c. 27, 3, wo für Ἀλέα mit Rücksicht auf die unmittelbar folgenden Ortsnamen Ἀσέα herzustellen ist. Ueber die Reste s. Pouillon-Boblaye Recherches p. 147.

einem von Nordwesten, vom Aroaniagebirge her kommenden, in der Ebene mit jenem sich vereinigenden Seitenbache zukam[1]). Den westlichen Rand des Thalkessels bildet eine südliche Verzweigung des Aroaniagebirges, jetzt Turlovana, von den Alten Penteleia genannt, an deren westlichen Abhängen der Ladonfluss entspringt;[2]) im Süden und Südosten schliessen sich daran die jetzt Saëta und Skipiesa genannten Berge, bei den Alten Oryxis und Skiathis, in deren Nord-, beziehendlich Westseite sich zwei unterirdische Abzugscanäle für die Gewässer des Thales öffnen, deren Anlage ebenso wie die Regelung des Laufes des Aroanios durch einen bis 30 Fuss tiefen, im spätern Alterthum verfallenen Canal die Tradition dem Herakles beilegte: eine ganz ähnliche, nur, so zu sagen, rationalistischer gefärbte Sage wie die des Nachbarthales, der Stymphalia[3]). Sind auch jene Abzugscanäle von der Natur selbst durch Erdbeben oder ähnliche Revolutionen geschaffen, so konnte doch nur durch Nachhülfe von Menschenhand das Thal zur Anlage einer Stadt — des schon im Schiffscatalog (Il. *B*, 605) erwähnten Pheneos — geeignet und für Viehzucht und Ackerbau — deren Bedeutung für die alten Bewohner durch die Culte des Hermes, des Poseidon Hippios und der Eleusinischen Demeter bezeugt wird — ergiebig gemacht werden. Wenn aber schon im Alterthum trotz der Sorgfalt, welche auf die Regelung des Abflusses der Gewässer verwandt wurde, der Thalkessel zu wiederholten Malen von Ueberschwemmungen — deren eine die Stadt selbst zerstört haben soll — heim gesucht und zeitweise in einen grossen See verwandelt wurde[4]), so ist es nicht zu verwundern, wenn heut zu Tage, wo fast Alles in dieser Beziehung der Natur selbst überlassen bleibt,

---

[1]) Paus. c. 14, 3; vgl. Strab. VIII, p. 389 (wo mit Leake Morea III, p. 145 *Ἀροάνιον* für *Ἀνίαν* herzustellen ist); Athen. VIII, p. 331[e] (wo Casaubon. richtig *Ἀροανίῳ* für *Ἀόρνῳ* emendirt hat).

[2]) Phot. u. Hesych. u. *Πεντέλεια*. Die von Plut. Cleomen. 17 u. Arat. 39 erwähnte Ortschaft *Πεντέλειον* war wahrscheinlich eine auf diesem Gebirge gelegene Gränzfestung der Pheneaten gegen die Kleitoria; Leake (Morea III, 156) setzt sie, jedenfalls irrig, bei Tharso im Thale des Aroanios, nordöstlich von Phonia an.

[3]) Paus. c. 14, 1 f.: vgl. Curtius Pel. I, S. 186 ff.

[4]) Paus. c. 14, 1; Strab. VIII, p. 389; Theophrast. Hist. plant. III, 1, 2; V, 4, 6; Plin. N. h. XXXI, 5, 54; Plutarch. de sera num. vind. c. 12.

dieser Zustand des Thales die Regel, die Beschränkung der Gewässer auf kleine Sümpfe in der Nähe des Einganges der Katabothren die Ausnahme bildet, daher auch die Bevölkerung sich ganz aus dem, von einem $1^1/_5$ Meile langen und in der grössten Breite gegen 1 Meile breiten, klaren See bedeckten Thale zurückgezogen und an dem nördlichen Bergabhange angesiedelt hat, wo das jetzige Dorf Phonia, in zwei Häusergruppen getheilt, anmuthig aber ohne alle Reste des Alterthums[1]) zwischen Bäumen liegt. Im Alterthum dagegen und noch im Mittelalter lag Pheneos etwa 10 Minuten südwestlich davon, wo jetzt eine Landzunge von Norden her in den See vortritt; in der Mitte derselben erhebt sich ein nicht unbedeutender, aber von allen Seiten leicht zugänglicher Hügel, an dessen Nordwestseite man ungefähr in der Mitte seines Abhanges den Zug einer Polygonmauer verfolgen kann, die an einer Stelle, wo sie eine Ecke bildet, noch fast mannshoch erhalten ist; auf dem Gipfel erkennt man noch die Grundmauern eines mittelalterlichen Thurmes, welche, in Verbindung damit, dass in der Umgebung häufig dünne venezianische Silbermünzen mit dem Typus Christi als Königs auf der einen, des Löwen von S. Marco auf der andern Seite gefunden werden, beweisen, dass der Hügel, der ohne Zweifel die Akropolis der alten Stadt mit dem Tempel der Athena Tritonia (den schon Pausanias in Trümmern fand) und dem Erzbilde des Poseidon Hippios trug[2]), noch im Mittelalter bewohnt war. Um den Fuss des Hügels erstreckte sich im Alterthum eine wahrscheinlich ziemlich ausgedehnte Unterstadt, in welcher Pausanias zunächst dem Abhange der Burg das Stadion mit dem auf einer Anhöhe gelegenen

---

[1]) Ich fand zwar im J. 1854 bei der Hauptkirche des Ortes ein dorisches Capitäl aus Sandstein, aber dies war offenbar von einem andern Platze hierher verschleppt.

[2]) Paus. c. 14, 4 ff., dessen Schilderung der Akropolis als an fast allen Seiten steil abfallend, daher nur zu einem geringen Theil (offenbar an der Nordwestseite, wo noch die Mauerreste erhalten sind) befestigt sich mit dem jetzigen Zustande des Terrains nur durch die Annahme beträchtlicher Anschwemmungen an den 3 Seiten der Landzunge, die jetzt von Wasser umgeben sind, vereinigen lässt. Das von Dodwell (Class. u. topogr. Reise II, 2, S. 326 f.) beschriebene Paläokastro auf einem hohen Felskegel oberhalb Phonia kann, wenn überhaupt antik, nur eine befestigte Zufluchtsstätte für die Heerden und Hirten der Pheneaten gewesen sein.

Grabdenkmal des Iphitos, weiterhin den Tempel des Hermes (des Hauptgottes der Stadt, dem zu Ehren Wettspiele, Hermäa, gefeiert wurden) mit dem Grabe des Myrtilos (der hier Heroencult genoss) dahinter, endlich das Heiligthum der Eleusinischen Demeter und daneben das sogenannte Petroma, einen zur Aufbewahrung der heiligen Urkunden dienenden Kasten aus zwei grossen Steinplatten mit einem runden Deckel, an dessen innerer Seite eine von dem Priester bei feierlichen Gelegenheiten aufzusetzende Maske der Demeter Kidaria angebracht war, erwähnt. Ein zweites Heiligthum der Demeter mit dem Beinamen Thesmia (der Urheberin eines geordneten Rechtszustandes, gleich der athenischen Thesmophoros), dessen Stiftung dem Trisaules und Damithales, welche die Göttin selbst gastlich aufgenommen haben sollten (offenbar Heroen des Ackerbaus), zugeschrieben wurde, lag 15 Stadien nordöstlich von der Stadt am Fusse der Kyllene. In gleicher Entfernung von der Stadt, an der nach Aegira und Pellene führenden Strasse, also nordwärts, fand Pausanias einen damals in Trümmern liegenden Tempel des Apollon Pythios, der von Herakles bei der Rückkehr von seinem Zuge gegen Elis gestiftet sein sollte; in der Nähe des Tempels zeigte man auch die Gräber zweier Gefährten des Herakles, die nach Pheneatischer Sage auf diesem Zuge den Tod gefunden hatten: das des Telamon am Flusse Aroanios und das des Chalkodon bei einer Quelle Oinoë. Weiter nordwärts, wahrscheinlich in der Gegend des jetzigen Dörfchens Tharso, theilte sich die Strasse; rechts, d. h. nordostwärts führte sie nach Pellene, gegen welches eine Porinas genannte Oertlichkeit am Chelydoreagebirge — wahrscheinlich eine Höhe oberhalb des jetzigen Dorfes Karya — die Gränze bildete, links, d. h. gerade nordwärts, ging sie über das Joch des Krathisgebirges, auf welchem die Grenze durch ein Heiligthum der Artemis Pyronia bezeichnet wurde, nach Aegira[1]). An der Ostseite des Thales schliessen sich an das mehrfach erwähnte Geronteion gegen Norden einige andere Vorberge der Kyllene an: zunächst der Dreiquellenberg (*Τρίκρηνα*), an welchen sich die Sage von der Pflege des kleinen Hermes durch die Nymphen knüpfte,

---

[1]) Paus. c. 15, 8 f.; c. 17, 5. Den *Πωρίνας* hält Leake (Morea III, p. 138 u. 142) für einen Bach, wozu der doch jedenfalls von *πῶρος* herzuleitende Name nicht recht passt.

weiterhin die von giftigen Schlangen bewohnte Sepia, auf welcher man einen auf einem runden steinernen Unterbau ruhenden Erdhügel als das Grab des alten Landesheros Aepytos, des Sohnes des Elatos, zeigte.[1])

Gegen Westen gingen zwei Strassen von Pheneos aus: die eine, nach Kleitor führende, folgte in nordwestlicher Richtung dem Canale des Aroanios bis nach Lykuria, dem Grenzorte der Pheneatis gegen die Kleitoria[2]); die andere führte über den Rücken des Aroaniagebirges nach dem schon etwas nördlich unterhalb des höchsten Gipfels dieses Gebirges in einsamer Felswildniss von einer senkrechten, hohen Wand herabgleitenden Wasserfall der Styx (jetzt Mavronero d. i. Schwarzwasser), deren Wasser bei den Alten nicht nur, wie noch heut zu Tage, als tödtlich für die Menschen (daher die furchtbarsten Eide dabei geschworen wurden), sondern auch als alle Metalle auflösend galt, und nach der nordöstlich davon in dem engen Hochthale des nach Achaia hinabfliessenden Baches Krathis (jetzt Akrata), in der jetzt Klukkinäs genannten Gegend liegenden uralten Ortschaft Nonakris, von der schon Pausanias nur noch geringe Ueberreste vorfand, die heut zu Tage gänzlich verschwunden zu sein scheinen[3]). In alten Zeiten war dieser Ort

---

[1]) Paus. c. 16; vgl. Leake Morea III, p. 116; Curtius Pel. I, S. 215.

[2]) Paus. c. 19, 4. Das jetzige in beträchtlicher Höhe am südlichen Abhang der Turtovana gelegene Dorf Lykuria kann nicht an der Stelle der alten Ortschaft liegen, theils weil, wie schon Leake (Morea III, p. 143) bemerkt hat, die Entfernung desselben von den Quellen des Ladon am westlichen Fusse der Saëta bei weitem nicht 50 Stadien (was Paus. c. 20, 1 als Entfernung von dem alten Lykuria nach den Ladonquellen angiebt) beträgt, theils, wie Curtius bemerkt, weil zu dieser Lage der Ausdruck des Paus. κάτεισιν nicht passt. Jedenfalls lag die alte Ortschaft noch an der Ostseite der Turtovana und wurde in Folge von Ueberschwemmungen höher hinauf und westwärts verlegt.

[3]) Paus. c. 17, 6 ff.; Herod. VI, 74; Theophrast. bei Antigon. Hist. mir. 158; Strab. VIII, p. 389; Hesych. u. Νώνακρις; Plutarch de primo frig. c. 20; Vit. Alex. c. 77; Vitruv. de archit. VIII, 3; Plin. N. h. II, 106, 231; XXX, 53, 149; Seneca Nat. quaest. III, 25, 1. Von Neueren ist der Styxfall sehr häufig beschrieben worden; vgl. Leake Morea III, p. 160 ss.; Fiedler Reise I, S. 398 ff. (mit Abbildung auf Tfl. V); Schwab Arkadien S. 54 ff.; Stackelberg in Gerhards Hyperboreisch: röm. Studien II, S. 296 ff.; Curtius Pel. I, S. 195 f.; Beulé Etudes sur le Péloponnèse p. 195 ss.; Vischer Erinnerungen S. 490 f.; Panag. Dimitropulos Τὸ ὕδωρ τῆς Στυγός (Athen 1855); R. Schillbach Zwei Reisebilder aus Arkadien

— der wohl nie eine eigentliche Stadt bildete, sondern aus einer Anzahl zerstreuter Ansiedelungen, ähnlich den jetzigen Dörfern dieser Gegend, mit einem befestigten Mittelpunkt als Zufluchtsstätte in Zeiten der Gefahr bestand — jedenfalls nicht nur selbständig, sondern auch nicht ohne politische Bedeutung; aber er muss frühzeitig verfallen und dann mit dem grössten Theile des Aroaniagebirges in den Besitz von Pheneos gekommen sein.[1])

Südwärts von Pheneos führte im Alterthum eine Strasse zunächst durch die Ebene, dann durch einen schmalen Pass, an dessen Eingange eine Ortschaft Karyä lag, nach dem südlichen Nachbarcanton der Pheneatis, der Orchomenia, zwei nur durch eine enge Schlucht unter einander verbundenen Thalkesseln, deren nördlicherer tiefer liegt als der südlichere. Heut zu Tage gelangt man auf einem beschwerlichen, immer am Abhange der Berge sich hinziehenden Pfade um die Ost- und Südostseite des Sees von Pheneos herum in $3^1/_2$ Stunden nach dem Dorfe Gioza, von welchem aus man längs eines Giessbaches auf einer theilweise gepflasterten mittelalterlichen Strasse auf den die Berge Saëta und Skipiesa verbindenden Kamm empor und von da hinabsteigt in ein geräumiges Thal, das in seiner südlicheren Hälfte von Wasser bedeckt ist, ein Zustand in welchem es schon zur Zeit des Pausanias sich befand. Dieser fand die grössere Orchomenische Ebene zum grössern Theile von einem See bedeckt und am nördlichen Ende desselben eine kleine Ortschaft Amilos, bei welcher die aus der Pheneatis und aus der Stymphalia kommenden Strassen zusammentrafen[2]). Der Südrand des Thales wird durch zwei von Westen und Osten her gegen einander vortretende Berge gebildet, zwischen denen hindurch eine enge Schlucht nach dem südlicheren Thale führt; der östlichere dieser Berge hiess bei den Alten Trachy, der westlichere, an dessen Südabhang jetzt das Dorf Kalpaki liegt, trug die alte Burgstadt Orchomenos oder, nach einheimischer Form, Erchomenos, deren Heerdenreichthum schon der Schiffscatalog (Il. *B*, 605) erwähnt, die nicht nur die beiden Thäler beherrschte, sondern

Orchomenia.

(Jena 1865) S. 10 ff.; endlich die Abbildung bei Löffler u. Busch Bilder aus Griechenland Tfl. 17 (zu S. 115).

[1]) Das von Paus. c. 27, 4 erwähnte *Νώνακρις* ist jedenfalls ein anderes, worüber später.

[2]) Paus. c. 13, 4 f.; vgl. Steph. Byz. u. *Ἄμιλος*.

auch erobernd bis in das Herz Arkadiens vordrang, wo die Ortschaften Theisoa, Methydrion und Teuthis im Verhältniss der Syntelie zu ihr standen, bis sie zur Gründung von Megalepolis hinzugezogen wurden[1]). An den oberen Abhängen des Berges findet man noch bedeutende Ueberreste von drei verschiedenen, theils aus polygonen theils aus viereckten Werkstücken erbauten, durch viereckte Thürme verstärkten Mauerringen, welche die alte Oberstadt umschlossen. Diese spielt wegen dieser ihrer starken Befestigung, sowie wegen ihrer Lage in der antiken Kriegsgeschichte eine nicht unbedeutende Rolle,[2]) bis nach Verlust der Selbständigkeit Griechenlands die Bewohner, wahrscheinlich aus Bequemlichkeitsrücksichten, die alte Oberstadt (von der Pausanias nur Reste der Mauern und der Agora vorfand) ganz verliessen und sich unterhalb derselben nach der südlichen Ebene zu ansiedelten. Dieser neueren Stadt, in welcher Pausanias (c. 13, 2) Heiligthümer des Poseidon und der Aphrodite und eine sehenswerthe Quelle (die noch jetzt an ihrer antiken Einfassung erkennbar ist) erwähnt, gehören einige Terrassen mit dorischen Capitälen und Säulentrümmern, sowie andere Gebäudereste an, welche sich um das Dorf Kalpaki herum finden[3]). Ausserhalb der Stadt stand

---

[1]) Paus. c. 27, 4. Die Schreibung Ἐρχόμενος wird durch Münzen mit der Legende *EP* bezeugt: s. Curtius Pel. I, S. 228; L. Müller Archäolog. Zeitg. XVI (1858) N. 114, S. 176. Der Berg, auf welchem die alte Stadt lag, scheint nach Dionys. Hal. A. r. I, 49 auch den Namen Νῆσος geführt zu haben. Zum Gebiete des arkadischen Orchomenos gehörte höchst wahrscheinlich auch das von Steph. Byz. u. Εὐαίμων als πόλις Ὀρχομενίων bezeichnete Euämon, dessen Lage nicht näher zu bestimmen ist.

[2]) Vgl. Thuk. V, 61 ff.; Xenoph. Hell. V, 1, 29; VI, 5, 13; Diod. XV, 62; XIX, 63; XX, 103; Polyb. II, 46; 54; IV, 6; Plut. Cleom. 23; Arat. 45; Liv. XXXII, 5. — Rubine im Gebiet von Orchomenos gefunden nach Theophrast. bei Plin. N. h. XXXVII, 7, 97.

[3]) Vgl. über die Ruinen Leake Morea III, p. 100 s.; Dodwell Class. u. topogr. Reise II, 2, S. 311 f. d. d. Ueb.; Curtius Pel. I, S. 220 f. u. S. 229. Ich fand auf einer jetzt als Dreschtenne benutzten Terrasse westlich vom Dorfe, in gleicher Höhe mit den obersten Häusern desselben, 3 dorische Capitäle von verschiedener Grösse (wohl die von Dodwell ausgegrabenen); am Südwestabhange des Berges die Ruinen eines länglich-viereckten antiken Gebäudes mit Eingang in der Mitte der östlichen Langseite; weiter westlich, dem Dorfe Rusia gegenüber, die Ruinen eines Gebäudes aus schönen Quadern und südlich davon die mit antiken Steinen eingefasste Quelle. Auf dem höchsten Gipfel des Berges, von welchem aus man beide Thäler über-

eine grosse Ceder, in deren Stamm oder zwischen deren Zweigen ein Holzbild der Artemis Kedreatis aufgestellt war; in der Ebene bemerkt man noch jetzt verschiedene Steinhaufen, welche dem Pausanias als Gräber im Kriege gefallener Männer gezeigt wurden. Am nördlichen Abhange des die Ebene im Süden begränzenden, von den Alten Anchisia oder Anchisiä genannten Bergzuges, auf dessen Rücken die Gränze zwischen Orchomenos und Mantineia hinlief, lag ein Heiligthum der Artemis Hymnia, das, obgleich zum Gebiete der Orchomenier gehörig, doch unter gemeinsamer Verwaltung dieser und der Mantineer stand, ein Verhältniss, das wohl als Ueberrest einer centralen Bedeutung, welche das Heiligthum dieser von allen Arkadern verehrten alten Naturgöttin in früheren Zeiten für alle oder doch für die meisten arkadischen Cantone gehabt hat, zu betrachten ist[1]. Die Stelle des Heiligthums bezeichnet wahrscheinlich eine Capelle der Panagia östlich von dem jetzigen Dorfe Levidi; einige Reste antiker Baulichkeiten nördlich unterhalb dieses Dorfes mögen der alten Ortschaft Elymia angehören[2].

Durch die die obere Stadt Orchomenos vom Berge Trachy trennende Schlucht, durch welche das Wasser in Form eines Giessbaches aus der südlicheren in die nördlichere Ebene abfloss, führte eine doppelte Strasse: die eine jenseits des Baches, am Fusse des Trachy hinlaufende, ging an dem Grabmal des Aristokrates und weiterhin an einigen Teneiä genannten Quellen vorüber nach dem schon erwähnten, nur 7 Stadien von den

---

sieht, bemerkte ich neben den Grundmauern eines runden antiken Thurmes die Ueberreste eines grossentheils aus antiken Werkstücken errichteten mittelalterlichen Thurmes: ein Beweis, dass im Mittelalter die im spätern Alterthum verlassene Höhe wieder befestigt war.

[1]) Paus. c. 12, 8 f. u. c. 13, 1, wo der Name des Berges zweimal ἡ Ἀγχισία, zweimal αἱ Ἀγχισίαι geschrieben ist; über die Artemis Hymnia (deren Beiname gewiss nicht vom Gesang, sondern aus der Vorstellung der Mondgöttin als einer webenden [Wurzel ὑφ] herzuleiten ist) vgl. auch Paus. c. 5, 11.

[2]) Xenoph. Hellen. VI, 5, 13. Der Name hängt nach antiker Anschauungsweise jedenfalls mit dem des Berges Anchisia zusammen, da Elymos, der eponyme Heros der sikelischen Elymer, als Sohn des Anchises galt (Etym. M. p. 333, 31; Serv. ad Aen. V, 72); in Wahrheit ist derselbe vielleicht von der Pflanze ἔλυμος (panicum Italicum, welscher Fenchel), deren Samen von den Alten gegessen wurde (vgl. Etym. M. l. l. 34), herzuleiten.

Quellen entfernten Amilos; die andere führte am linken Ufer des Baches hin, dann längs der Südseite des in der nördlicheren Ebene sich ausbreitenden Sees westwärts nach Kaphyä, einer im westlichen Theile dieser Ebene gelegenen Stadt, deren nach einheimischer Tradition aus Attika eingewanderte, nach einer andern Sage (oder vielmehr etymologischen Klügelei) aus Troja stammende Bewohner sich von der mächtigeren östlichen Nachbarstadt unabhängig zu erhalten gewusst hatten[1]. Um das Eindringen des im orchomenischen Gebiete sich stauenden Wassers in den ihnen gehörigen westlicheren Theil der Ebene zu verhindern, hatten sie einen Damm aufgeworfen, der zugleich die Ostgränze ihres Gebietes bildete; die westlich von diesem Damme aus dem Boden hervordringenden Gewässer hatten sie in ein offenbar künstliches Flussbett geleitet, welches sie in einen am südlichen Rande der Ebene befindlichen Erdspalt abführte; als Ausfluss dieser Katabothre betrachteten die Alten die im westlichen Theile der Kaphyatis jenseits des die Ebene im Westen begränzenden, jetzt Kastaniá, von den Alten wahrscheinlich Knakalos genannten Berges entspringenden Quellen eines dem Ladon zufliessenden Baches, der, offenbar wegen des Ungestüms, mit welchem er in der Regenzeit dahin strömte, den Namen Tragos (Bock) führte; die Quelle selbst wurde Rheunos, die ganze Gegend Nasoi ('die Inseln') genannt[2]. Die Stadt Kaphyä, in welcher Pausanias Heiligthümer des Poseidon und der Artemis Knakalesia erwähnt, lag wahrscheinlich auf und um einen im südwestlichen Winkel der Ebene sich erhebenden isolirten Felshügel, dessen Gipfel mit Resten alterthümlicher Mauern umgeben ist; die etwa 10 Minuten nördlich davon in der Ebene sich findenden Mauerreste und Marmortrümmer gehören wohl der nach Pausanias nur ein Stadion von der Stadt entfernten Ortschaft Kondylea und dem in einem Haine gelegenen Tempel der Artemis Kondyleatis an. Nicht mehr mit Sicherheit nachzuweisen ist die Quelle Menelaïs, welche etwas oberhalb der Stadt bei einer mit dem gleichen Namen benannten uralten Platane entsprang[3].

---

[1]) Paus. c. 13, 4 f.; c. 23, 2 ff.; Dionys. Hal. A. r. I, 49; Strab. XIII, p. 608; Steph. Byz. u. Καφύαι; vgl. Polyb. IV, 11 f. u. ö.

[2]) Paus. c. 23, 2 u. 7: vgl. Leake Morea III, p. 122.

[3]) Paus. c. 23, 3 ff.; über die Platane auch Theophr. Hist. plant. IV, 13, 2 u. Plin. N. h. XVI, 44, 238.

Aus der südlicheren Ebene der Orchomenier steigt man über das Anchisiagebirge, an dessen südlichem Fusse neben einem zur Zeit des Pausanias (c. 12, 8 f.) verfallenen Aphroditetempel das Grabmal des Anchises gezeigt wurde, in die grosse südostarkadische Hochebene, die bei einer durchschnittlichen Breite von einer Meile zwischen den argolischen Gränzgebirgen im Osten und einer mit verschiedenen Namen (Ostrakina, Mänalion, Boreion)[1]) bezeichneten Bergkette im Westen sich in einer Länge von fast 4 Meilen bis an den südlichen Rand Arkadiens erstreckt. Ungefähr in der Mitte der Länge verengert sich die Breite der Ebene durch zwei gegen einander vortretende Ausläufer der Randgebirge bis auf eine halbe Stunde Wegs und so entsteht ein Pass, welcher die ganze Ebene in zwei Hälften scheidet, die im Alterthum auch politisch von einander getrennt waren: eine etwas höher gelegene,[2]) daher trocknere und gesündere südlichere — die jetzige Hochebene von Tripoliza, die alte Tegeatis — und eine niedrigere, in Folge mangelnder Regulierung des Wasserlaufes jetzt zu einem Theile versumpfte, daher ungesunde und fast unbewohnte nördlichere, die Mantinike der Alten. In diese treten zunächst von Norden her zwei ziemlich parallele Bergzüge ein, die man als südliche Ausläufer der Anchisia betrachten kann, und bilden östlich und westlich von der Ebene zwei enge Seitenthäler, von denen das westliche, im Alterthum nach einem Heros Alkimedon benannte, das durch eine Lücke in dem der Ostrakina parallel gehenden, jetzt wie im Alterthum namenlosen Bergzuge mit der Ebene zusammenhängt, keine sicheren Spuren einer alten Ansiedelung zeigt[3]). Das östlichere, im Osten vom Arte- Mantinike.

[1]) Paus. c. 12, 2; c. 36, 7 f.; c. 44, 4. Die Ostrakina (jetzt H. Elias) erreicht eine Höhe von 1981 M., das Mänalion (jetzt Apano-Krepa) von 1559 M., das Boreion (jetzt Kravatá) von 1088 M. Zu der folgenden Beschreibung vgl. man das (nach Curtius Pel. I, Tfl. III) gezeichnete Kärtchen auf unserer Tfl. VI.

[2]) Das jetzige Tripoliza liegt nach der französischen Karte 663 Meter, das alte Mantineia nur 600 Meter über der Meeresfläche.

[3]) Paus. c. 12, 2. Curtius (Pel. I, S. 243) setzt vermutungsweise die von Polyb. XI, 11 erwähnten Elisphasier in dieses Seitenthal; allein da diese, wie eine Münze mit der Umschrift *ΕΛΙΣΦΑΣΙΩΝ ΑΧΑΙΩ(Ν)* lehrt (s. Pinder Monatsberichte der Berliner Akademie 1855, S. 351), ein selbständiges Glied des achäischen Bundes waren, so können wir dieselben unmöglich in diesen Winkel der Mantinike verweisen, sondern

mision, im Westen vom Alesionberge begränzte Seitenthal, das wegen seiner tiefen Lage und weil das Wasser durch einen einzigen Spalt im Fusse des Artemision nur ungenügenden Abfluss findet, schon im Alterthum versumpft war und daher das Faulfeld (Ἀργὸν πεδίον) genannt wurde, war für die Mantineer von grosser Wichtigkeit, weil die beiden von Argos her führenden Pässe, die Strasse durch den Stacheleichenwald und die Treppenstrasse (vgl. oben S. 63) in dasselbe einmündeten, daher die Mantineer auf einem vom Fusse des Artemision in das Thal vortretenden Hügel eine befestigte Ortschaft, Nestane, angelegt hatten, welche den Zugang zur Hauptebene bewachte. Dem Pausanias, der von dieser Ortschaft nur noch Trümmer vorfand, wurden noch Reste von dem Zelte des Königs Philipp II. von Makedonien, der Ol. 110, 3 hier ein Lager aufgeschlagen hatte, gezeigt, wie auch die auf dem den Hügel von Nestane mit dem Artemision verbindenden Sattel entspringende Quelle den Namen Philippion behalten hatte. Unterhalb des Hügels, auf dem sich noch jetzt nicht unbedeutende Mauerreste finden, stand ein Heiligthum der Demeter, worin alljährlich von den Mantineern ein Fest begangen wurde; ein noch zum Argon pedion gehöriger Platz in der Nähe desselben, wurde 'der Tanzplatz der Mära' genannt, einer von den Mantineern und Tegeaten verehrten Heroine, Tochter des Atlas, deren Namen auch ein Weiler in der nordöstlichen Ecke der Mantineischen Ebene trug [1]).

---

müssen Elisphasion, falls es eine Stadt dieses Namens gab, westlich von der Ostrakina, etwa in der Gegend von Alonistenon ansetzen.

[1]) Paus. c. 7, 1 ff., nach welchem die Süsswasserquelle Dine, welche im Meere ohnweit des aus der Argeia nach der Thyreatis führenden Küstenpasses Anigräa aufsprudelt (s. oben S. 68), der Abfluss der Gewässer dieser Niederung war. Als τὸν ὄπισθεν κόλπον τῆς Μαντινικῆς bezeichnet dieses Seitenthal Xen. Hell. VI, 5, 17. Ueber die Ruinen von Nestane (Νοστία nach Theopomp bei Steph. Byz. u. d. W.) vgl. Clark Peloponnesus p. 127 ss. (mit Planskizze auf pl. 3); Conze u. Michaelis Annali XXXIII, p. 25 ss. Ueber die κώμη Μαῖρα Paus. c. 12, 7; vgl. Pouillon-Boblaye Recherches p. 149 Eine σύνοδος τᾶν ἱερειᾶν τᾶς Δάματρος erscheint in einer Inschrift aus Mantineia (Bulletin de l'école française d'Athènes n. 1, Juli 1868, p. 6 s.), welche nach Z. 41 im Κοράγιον (ob Theil des Heiligtums bei Nestane oder des von Paus. c. 9, 2 erwähnten Heiligtums der Demeter u. Kora in der Stadt Mantineia?) aufgestellt war.

Diese Ebene, die jetzt in ihrem nördlicheren Theile bis nahe an die Mauern der Stadt heran See und Sumpf, dazu völlig baumlos ist, muss im Alterthum, wo die von Osten und Süden her in sie einströmenden Gewässer sorgfältig canalisirt und in die am Fusse der westlichen Berge sich öffnenden natürlichen Abzugscanäle (Katabothren) abgeleitet waren,[1]) einen weit freundlicheren und fruchtbareren Anblick gewährt haben. Schon der Schiffscatalog (Il. *B*, 607) erwähnt die liebliche Mantineia', die bis ins 5. Jahrh. v. Chr. keine Stadt im strengen Sinne des Wortes bildete, sondern aus fünf in verschiedenen Theilen der Ebene gelegenen Flecken bestand, die in einem Castell auf einem aus dem nördlicheren Theile der Ebene inselartig aufsteigenden Hügel, an dem noch im spätern Alterthum der Name Polis haftete (jetzt Gurzuli genannt), einen gemeinsamen befestigten Zufluchtsort hatten.[2]) Bald nach den Perserkriegen, zu welchen auch die Mantineer ihr Contingent gestellt hatten,[3]) verliessen die Bewohner, von den Argivern veranlasst, ihre ländlichen Wohnsitze und gründeten eine Viertelstunde südlich von jenem Castell an der tiefsten Stelle der Ebene eine neue Stadt, welche den Mangel natürlicher Festigkeit durch die Regelmässigkeit ihrer Form, die Stärke ihrer Mauern und Thore und zahlreiche Befestigungsthürme ersetzte; die Erinnerung an die fünf Gemeinden, aus denen die Bevölkerung der Stadt sich zusammensetzte, wurde durch die Theilung derselben in fünf Phylen (Epaleas, Enyalias, Hoplodmias, Posoidlias und Vanakisias) erhalten.[4]) Die durch diese Zusammen-

---

[1]) Einen mitten durch die Ebene gehenden Wassergraben erwähnt Polyb. XI, 11. Die Regulirung des aus der Tegeatis nach der Mantinike zu fliessenden Wassers war nach Thukyd. V, 65 ein Gegenstand des Streites und Kampfes zwischen beiden Nachbarcantonen.

[2]) Paus. c. 8, 4 (wo mir die Erzählung von der Gründung der neuen Stadt durch Antinoe, Tochter des Kepheus, auf einem Irrthum zu beruhen scheint) u. c. 12, 7; Strab. VIII, p. 337.

[3]) Herod. VII, 202; IX, 77; Paus. X, 20, 1.

[4]) Von diesen durch eine Inschrift (Bulletin de l'école française d'Athènes n. 1, p. 5 s.) bezeugten Phylennamen sind *Ἐνυαλίας*, *Ποσοιδλίας* und *Ϝανακισίας* offenbar von den Gottheiten Enyalios, Poseidon und den Dioscuren (Anakes) herzuleiten; auch der Name *Ἐπαλέας* (*ἐπ' Ἀλέας*?) ist wohl auf die Athena Alea zurückzuführen; nur der Name *Ὁπλοδμίας* scheint einen besonderen Stand (die Kriegerkaste) zu bezeichnen; doch könnte man dabei allenfalls an die *Ἥρα ὁπλοσμία* (Lycophr. Alex. 614 u. Tzetz. ad v. 858) denken.

siedelung erstarkte Bürgerschaft emancipirte sich nun bald von dem Einflusse Sparta's, unter dem sie bis dahin gestanden hatte, und schloss im Jahre 420 v. Chr., nachdem sie ihr Gebiet durch Unterwerfung der Parrhasier erweitert hatte, in Verbindung mit Argos und Elis ein Schutz- und Trutzbündniss mit Athen, weil sie voraussah, dass sie nach dem Grundsatze der Politik Sparta's, Gebietserweiterungen auf Kosten schwächerer Nachbarn nur sich selbst, aber nicht den übrigen peloponnesischen Staaten zu gestatten, den Besitz des eroberten Gebietes gegen Sparta mit den Waffen in der Hand werde vertheidigen müssen. Freilich musste sie, nachdem das Bündniss in Folge der im Jahre 418 in der Ebene von Mantineia selbst, einem ächten 'Tanzplatz des Ares'[1]), gelieferten, für die Verbündeten verlornen Schlacht sich gelöst hatte, unter Verzicht auf ihre früheren Eroberungen wieder in die spartanische Symmachie eintreten, aber sie blieb doch nur gezwungen und mit schlecht verhehltem Widerwillen in derselben und Sparta benutzte daher die Gelegenheit, welche ihm seine Interpretation des sogenannten Antalkidischen Friedensvertrages darbot, um im Jahre 385 an die Mantineer die Forderung zu stellen, ihre Stadtmauer zu schleifen, damit die wohlbefestigte Stadt nicht der Stützpunkt eines bewaffneten Widerstandes gegen des Oberhaupt des Bundes werden könne. Da die Mantineer diese Forderung natürlich ablehnten, fiel der König Agesipolis mit einem Heere in ihr Gebiet ein und begann eine regelmässige Belagerung der Stadt; als diese wegen der guten Verproviantirung der Belagerten sich in die Länge zog, nahm Agesipolis den natürlichen Feind der Mantineischen Ebene, dem sie auch in der neueren Zeit unterlegen ist, das Wasser zur Hülfe: er dämmte den von Südosten her durch die Stadt fliessenden Bach Ophis gleich unterhalb der Stadt ab, so dass derselbe innerhalb der Mauern über seine Ufer trat und das Wasser bald zu solcher Höhe stieg, dass die mit Ausnahme der Fundamente aus Lehmziegeln erbauten Stadtmauern und Thürme Risse bekamen und den Einsturz drohten. Die Mantineer sahen sich also genöthigt zu capituliren, wobei der übermüthige Sieger zu der früheren

---

[1]) Vgl. über die verschiedenen bei Mantineia geschlagenen Schlachten Leake Morea III, p. 57 ss.; Vischer Erinnerungen S. 348 ff.; über die vom Jahre 362 besonders A. Schäfer Demosthenes III, 2, S. 3 ff.

Forderung der Schleifung der Mauer noch die weitere hinzufügte, dass die Bevölkerung sich wieder in die alten, bei der Gründung der Stadt verlassenen offenen Weiler vertheile, eine Massregel, durch deren Ausführung der Mantineische Staat aus einer demokratischen Stadtgemeinde in eine Conföderation oligarchischer, von lakedämonischen Statthaltern regierter Bauerngemeinden verwandelt wurde.[1]) 15 Jahre lang blieb nun die Stätte Mantineia's verödet, das politische Leben der Bevölkerung unter dem Drucke Sparta's ertödtet; aber als durch die Schlacht bei Leuktra Sparta's Uebermacht gebrochen war, traten die gewaltsam auseinandergerissenen Bestandtheile der Gemeinde wieder zusammen und beschlossen die Stadt wiederherzustellen, ein Beschluss, den König Agesilaos vergeblich durch Versprechungen und Drohungen rückgängig zu machen suchte.[2]) Die Mauern wurden mit Beihülfe einiger arkadischen Städte und mit einer Geldunterstützung von Seiten der Eleer in dem alten Umfang von etwas über 15 Stadien mit mehr als 100 viereckten Thürmen und 8 meist durch doppelte, theils viereckte theils runde Thürme vertheidigten Thoren wiederaufgebaut und zwar in ähnlicher Weise wie früher, so dass nur die Fundamente und ein Sockel von 2—4 Steinlagen Höhe, je nach der Hebung oder Senkung des Terrains, aus grossen Werkstücken, die oberen Theile der Mauern sowohl als der Thürme aus Lehmziegeln (wahrscheinlich mit mehrfachen Lagen starker Holzbalken dazwischen) aufgeführt wurden; der Bach Ophis wurde nun unmittelbar oberhalb der Stadt in zwei Arme getheilt, die in der Art eines Festungsgrabens die Ellipse des Mauerringes umflossen und unterhalb der Stadt sich wieder

---

[1]) Thukyd. V, 29; 33, 81; Xen. Hell. V, 2, 1 ff.; Paus. c. 8, 6 ff. Den Widerspruch zwischen den Angaben des Xen. (l. l. § 7): *διῳκίσθη δ' ἡ Μαντίνεια τετραχῆ* und des Ephoros (bei Harpokr. p. 123, 17 ed. Bekk.): *εἰς ε' κώμας τὴν Μαντινέων διῴκισαν πόλιν Λακεδαιμόνιοι* (vgl. Diod. XV, 5) hat man durch Hinweisung auf die Bemerkung des Paus. (§ 9): *ὡς δὲ εἷλε τὴν Μαντίνειαν, ὀλίγον μέν τι κατέλιπεν οἰκεῖσθαι* zu heben gesucht, wornach ein kleiner Theil der Bewohner in der Stadt zurückgeblieben, die übrigen in 4 von den alten 5 Komen vertheilt worden seien: ob mit Recht, ist mir zweifelhaft, da die Nachricht des Ephoros von der Vertheilung in 5 Komen vielleicht nur auf falscher Folgerung aus der Geschichte der Gründung der Stadt beruht.

[2]) Xen. Hell. VI, 5, 3 ff.; Paus. c. 8, 10.

in einem Bette vereinigten.[1] Auch die Heiligtümer und öffentlichen Gebäude, die jedenfalls bei der Auflösung der Stadtgemeinde nicht zerstört worden, sondern nur in Folge der Verödung der Stadt in Verfall gerathen waren, wurden natürlich wiederhergestellt und verschönert und Mantineia nahm bald wieder an Glanz und Reichtum eine der ersten Stellen unter den Städten Arkadiens ein; aber der alte politische Geist zog nicht wieder ein in die erneuerten Mauern: die Bürgerschaft schloss sich aus engherziger Abneigung gegen die Thebaner und ihre Gründung, den neuen arkadischen Einheitsstaat, wieder an Sparta an und der Held, dessen Siegen Mantineia die Erneuerung seiner politischen Existenz verdankte, hauchte vor den Mauern der Stadt als Feind sein Leben aus (362 v. Chr.). Eine zweideutige, ja treulose Politik verfolgte Mantineia dann während der Kämpfe zwischen Achäern, Aetolern und Sparta: anfangs Mitglied des achäischen Bundes trat sie zu den Aetolern über und liess sich dann von Kleomenes III. als Glied des lakedämonischen Staates aufnehmen. Im Jahre 226 von den Achäern unter Aratos Führung erobert und mit der grössten Schonung behandelt trat sie wieder in den achäischen Bund und erbat sich sogar eine achäische Besatzung zum Schutz gegen etwaige Angriffe von Seiten des Kleomenes oder der Aetoler; aber bald nach dem Eintreffen derselben gewann die lakonische Partei wieder die Oberhand; die Besatzung wurde ermordet und die Stadt wieder den Spartanern übergeben. Dafür traf sie im Jahre 222 ein schweres, aber verdientes Strafgericht: sie wurde von den von Aratos zur Hülfe gerufenen Makedonern erobert, geplündert und die Bewohner als Sclaven verkauft; die Stadt blieb zwar bestehen, aber sie wurde von den Achäern neu bevölkert und musste ihren alten Namen mit dem von Antigoneia (zu Ehren des makedonischen Königs Antigonos Doson) vertauschen, der ihr wenigstens im officiellen Stil blieb, bis Kaiser Hadrian ihr den alten zurückgab.[2])

---

[1]) Vgl. über die noch fast in ihrem ganzen Umfange in durchaus gleichmässiger Höhe erhaltene Ringmauer von Mantineia, ihre Thürme und Thore Leake Morea I, p. 100 ss.; Peloponnesiaca p. 112 ss.; Ross Reisen im Peloponnes S. 124 f.; Vischer Erinnerungen S. 346 f.; Conze u. Michaelis Annali XXXIII, p. 28 s.; dazu den Plan des südöstlichen (tegeatischen) Thores und des Theaters in der Expéd. de Morée II pl. 53.

[2]) Polyb. II, 57 f.; 62; Plut. Cleom. 14; Arat. 45; Paus. c. 8, 11 f.;

Für die Topographie der Stadt bildet den einzigen sichern Anhalt das von Pausanias (c. 9, 3 f.) erwähnte Theater, von dessen gegen Osten geöffneter Cavea noch der polygone Unterbau und ein Theil der Sitzstufen ungefähr in der Mitte des Stadtraumes, etwas mehr gegen Norden, erhalten ist; daneben liegen formlose Trümmer eines grossen Gebäudes, welche entweder dem zum Andenken an die Schlacht bei Aktion, in welcher die Mantineer allein von allen Arkadern auf der Seite des Octavianus fochten, erbauten Tempel der Aphrodite Symmachia, oder dem mit Cultbildern von der Hand des Praxiteles (Hera thronend, ihr zur Seite Athene und Hebe stehend) geschmückten Tempel der Hera angehören.[1]) Die Lage der übrigen von Pausanias erwähnten Heiligtümer (unter denen namentlich ein Doppeltempel des Asklepios mit einem Cultbilde von Alkamenes und der Leto nebst Kindern mit Statuen derselben von Praxiteles zu nennen ist) lässt sich ebensowenig bestimmen als die der Agora oder sonstiger öffentlicher Anlagen und Gebäude.[2])

Ptol. III, 16, 19. Ἁ πόλις τῶν Ἀντιγονέων auf einer Inschr. aus röm. Zeit: Bullett. 1854, p. XXXV. Ἀντιγονέων Ἀχαιῶν auf Münzen: Eckhel Doct. numm. II, p. 232. — Eine Schrift des Aristoxenos τὰ Μαντινέων ἔθη erwähnt Philodem. περὶ εὐσεβείας p. 85, 13 ed. Gomperz.

[1]) Paus. c. 9, 3 f., der die Lage des Tempels der Hera durch πρὸς τῷ θεάτρῳ, die des Tempels der Aphrodite durch τοῦ θεάτρου ὄπισθεν bezeichnet.

[2]) Die Meinung von Curtius (Pelop. I, S. 237) und anderen: dass Paus. durch das südöstliche (tegeatische) Thor in die Stadt eingetreten sei, dass also jener von ihm an erster Stelle genannte Doppeltempel des Asklepios und der Leto in der Nähe dieses Thores gelegen haben müsse, kann ich nicht theilen. Paus. steigt (c. 8, 1) aus dem Argon Pedion über die südlichen Abhänge des Alesion in die Mantineische Ebene und erwähnt dort zuerst eine Quelle Arne (die ich trotz des Widerspruches von Conze u. Michaelis Annali XXXIII, p. 27 s. nur für die am südlichen Abhange des Alesion entspringende, jetzt Κοψοχερὰ genannte Quelle halten kann) neben der Heerstrasse (παρὰ τὴν λεωφόρον). Dass nun diese Heerstrasse, auf welcher offenbar Paus. in die Stadt eintritt, identisch sei mit der später (c. 10, 1 f.) von Paus. ausführlich beschriebenen Strasse nach Tegea, dafür findet sich bei Paus. durchaus keine Andeutung; ich halte sie also für davon verschieden und zwar für die Fortsetzung der von Argos durch den Stacheleichenwald kommenden Strasse. Sie lief jedenfalls in geringer Entfernung östlich von der Tegeatischen Strasse und mündete durch das in der östlichen Ringmauer noch erkennbare Thor in die Stadt ein.

Das Trinkwasser wurde der Stadt von Nordosten her durch eine Wasserleitung zugeführt, als deren Ausgangspunkt Pausanias (c. 6, 4) eine Melangeia genannte Oertlichkeit bezeichnet, welche jedenfalls dem $^3/_4$ Stunden nordöstlich von den Ruinen Mantineia's am nordwestlichen Fusse des Alesion gelegenen jetzigen Dorfe Pikerni entspricht, in welchem mehrere nie versiegende Quellen entspringen. Die Strasse von hier, die Fortsetzung der argivisch-mantineischen 'Treppenstrasse', führte nach einer halben Stunde zu einer 7 Stadien von der Stadt entfernten, 'die Quelle der Meliasten' (einer geistlichen Genossenschaft im Dienste des Dionysos) genannten Quelle, bei welcher Heiligtümer des Dionysos und der Aphrodite Melaenis standen: die Quelle sprudelt noch jetzt am westlichen Fusse des Alesion, östlich vom Hügel Gurzuli, hervor und daneben findet man die Fundamente eines grossen antiken Gebäudes.[1])

Den noch heute erkennbaren 8 Thoren in der Ringmauer der Stadt entsprachen ebensoviele Strassen, durch welche der Verkehr der Stadt nach allen Richtungen der Windrose hin vermittelt wurde. Zwei derselben führten in östlicher und nordöstlicher Richtung die eine durch das Argon Pedion, die andere über Melangeia nach den mehrfach erwähnten beiden argivischen Pässen; zwei giengen nordwärts über das Anchisiagebirge nach der Ebene von Orchomenos und zwar die eine etwas östlichere am Stadion des Ladas, einem Heiligtum der Artemis, einem als Grab der Penelope bezeichneten Erdhügel, den Ruinen der alten Stadt und einer Quelle Alalkomeneia vorüber nach dem Flecken Mära (vgl. oben S. 208), die westlichere direct nach dem Grabe des Anchises (vgl. S. 207).[2]) Von den beiden westlichen Thoren giengen zwei Strassen aus, die eine mehr gegen Norden durch den Einschnitt in der Mitte des in die Ebene hereintretenden westlicheren Bergzuges (bei dem jetzigen Dorfe Simiades), die andere etwas weiter südlich um das südliche Ende dieses Bergzuges herum (bei dem jetzigen Dorfe Kapsa) nach der Ebene Alkimedon (vgl. oben S. 207), wo beide zusammentrafen und die Heerstrasse nach Methydrion bildeten, welche über das Ostrakinagebirge (wo man die Grotte, in der Alkimedon gewohnt haben sollte und eine

[1]) S. Ross Reisen im Peloponnes S. 136.

[2]) Paus. c. 12, 5 ff.

Quelle Kissa, die Häherquelle, zeigte) nach dem Gränzorte zwischen den Gebieten von Mantineia und Megalepolis, Petrosaka, führte.[1]) Gegen Süden endlich liefen einander ziemlich parallel zwei Strassen nach dem tegeatischen Gebiete, beide den 1½ Stunden südlich von der Stadt, also in dem Passe durch welchen man aus der mantineischen in die tegeatische Ebene eintritt, gelegenen Eichwald Pelagos durchschneidend: die westlichere, die Strasse nach Pallantion, berührte kurz vor jenem Walde das durch eine Säule und einen Schild mit dem Zeichen einer Schlange darauf bezeichnete Grab des Epameinondas, das auf derselben Stelle, auf welcher der Held sein Leben beschlossen hatte — einem Vorsprunge des mänalischen Gebirges gegen die mantineische Ebene hin, der sogenannten Skope (Warte) — errichtet war, und einen nur wenige Minuten davon gelegenen Tempel des Zeus Charmon.[2]) Die tegeatische Strasse endlich, welche, wohl als die wichtigste Verkehrsstrasse, den Namen Xenis führte,[3]) gieng von dem östlicheren Thore der südlichen Ringmauer aus an dem Hippodrom und dem an den westlichen Fuss des Alesion sich anlehnenden Stadion vorüber nach dem 7 Stadien von der Stadt am südlichen Fusse des Alesion gelegenen Tempel des Poseidon Hippios, dem ältesten und ehrwürdigsten aller mantineischen Heiligthümer, der von Agamedes und Trophonios aus Balken von Eichenholz, ohne Thüre, nur mit einem rothen Wollenfaden als Verschluss des Eingangs, errichtet sein sollte, später von einer Schaar Aetoler unter Führung des Polykritos geplündert, endlich von Hadrian unter ängstlicher Schonung der Reste des alten Baues erneuert wurde.[4]) In unmittelbarer Nähe des Heiligthums

---

[1]) Paus. c. 12, 2 ff., der von den beiden durch die Thore indicirten westlichen Strassen wohl nur die südlichere als die bedeutendere verfolgt hat und daher die andere gar nicht erwähnt. Vgl. Steph. Byz. u. *Πετροσάκα*.

[2]) Paus. c. 11, 5; 8; c. 12, 1.

[3]) Polyb. XI, 11, wo deutlich drei ebensoviel Thoren entsprechende Strassen unterschieden werden: *ἡ ἐς τὸ Ποσειδῶνος ἱερὸν φέρουσα* (weiterhin *ἡ ὁδὸς ἡ ξενὶς*) d. i. die tegeatische, *ἡ ἑξῆς ὡς πρὸς τὰς δύσεις* d. i. die pallantische, und *ἡ ἐχομένη* d. i. die (südlichere) manthyreische. Die Bezeichnung *ἁ ὁδὸς ἁ ξενίς* findet sich auch auf einer Inschr. aus Alaesa in Sicilien: C. I. gr. n. 5594, 15.

[4]) Polyb. IX, 8 (vgl. XI, 11 u. 14); c. 34; Paus. c. 10, 1 f., wo statt *οὐ πρόσω σταδίου* entweder mit Schäfer (Demosthenes III, 2, S. 12 f.)

stand ein steinernes Siegesdenkmal zur Erinnerung an einen Sieg, welchen ein Heer des achäischen Bundes (zu dem damals Mantineia gehörte) über die von König Agis IV. geführten Lakedämonier gewonnen hatte.[1]) Von dem Heiligthume aus führte eine gegen 25 Stadien lange Seitenstrasse, an der man die Gräber der Töchter des Pelias zeigte, in südöstlicher Richtung nach einem noch zum Gebiete von Mantineia gehörigen Orte Phoizon, wo ein Hügel mit rundem steinernen Unterbau, angeblich das Grabmal des mythischen Königs Areithoos, 'des Keulenschwingers', stand. Auf der Hauptstrasse bezeichnete ein runder Altar die Tegeatis. Gränze zwischen der Mantinike und der Tegeatis,[2]) welche die Hochebene von Tripolitza (vgl. S. 207) nebst dem dieselbe im Süden begränzenden Berglande, dem Quellgebiet des Alpheios (vgl. S. 187), umfasste. Wie die Mantinike so war auch die Tegeatis in der ältesten Zeit ohne städtischen Mittelpunkt, in eine Anzahl Gaue getheilt, die wohl hauptsächlich durch ein religiöses Band, den Cult der Athene Alea in einem gemeinsamen, ungefähr in der Mitte der dorfartigen Ansiedelungen gelegenen Heiligthume, zusammengehalten wurden. Die Namen dieser Gaue waren nach Pausanias (c. 45, 1) folgende: Gareatae, die Anwohner des in einem östlichen Seitenthal der Ebene, durch welches die Strasse nach der Thyreatis führte, entspringenden Baches Garatis oder Gareatis (vgl. Paus. c. 54, 4); Phylakeis, die Bewohner des Berglandes oberhalb der Ebene, an den Quellen des Alpheios, wo noch später eine Gränzfestung gegen Lakonien Namens Phylake stand (Paus. c. 54, 1); Karyatae und Oiatae, die Bewohner der südlich von da gelegenen, später von Sparta annectirten Landschaft Skiritis;[3]) Korytheis, die nördlichen

---

οὐ πρόσω ϛʹ σταδίων, oder *οὐ πρόσω ἑπτασταδίου* zu schreiben ist. *'Επὶ ἱερέος τῶ Ποσιδᾶνος* als Präscript in Inschriften: Bulletin de l'école française d'Athènes n. 1 (Juli 1868) p. 8 s.; Ross Inscr. gr. in. I, n. 9; Vischer Epigraphische u. archäologische Beiträge aus Griechenland S. 38.

1) Paus. c. 10, 5 ff., der freilich ganz irrig (vielleicht aus Verwechselung mit Agis III.) den König in dieser Schlacht seinen Tod finden lässt: vgl. Schömann Prolegg. ad Plutarch. Agid. et Cleom. p. XXXIII; Plass Die Tyrannis bei den Griechen II, S. 163 ff.

2) Paus. c. 11, 1 ff.: vgl. Curtius Pelop. I, S. 246 f.

3) Vgl. oben S. 118, dazu Steph. Byz. *Οἶος, πολίχνιον Τεγέας. Αἰσχύλος Μυσοῖς*, wornach aber keineswegs, wie dies Curtius (Pel. II, S. 322) für Karyä zu thun scheint, ein zweites Oion in der Tegeatis

Nachbarn der Gareaten, Bewohner des grössern östlichen Seitenthals am Fusse des Parthenion, durch welches die Hauptstrasse von Tegea nach Argos führte;[1] die Manthyreis (oder Manthureis), die Bewohner des jetzt grossen Theils von Wasser, unter welchem man noch deutlich einen mächtigen alten Steindamm, das sogenannte Choma, wahrnimmt, bedeckten südöstlichen Winkels der Ebene am östlichen Fusse des Boreion, wo sich noch grosse Steinhaufen von der alten Ortschaft Manthyrea und in einer benachbarten Capelle der Panagia Fragmente canelirter Säulen von 16 Zoll Durchmesser, Stücke von dünneren glatten Säulen, das Fragment eines dorischen Capitäls und andere Architekturstücke, wahrscheinlich von dem Tempel der Athene Hippia, finden;[2] die Potachidä (oder Botachidä)[3], Echeuetheis und Apheidantes (letzterer nach Pausanias erst unter König Apheidas zu den acht älteren Gauen hinzugekommen), deren wahrscheinlich in der Mitte und im nördlichen Theile der Ebene gelegene Wohnsitze nicht näher zu bestimmen sind. Die hartnäckigen und langwierigen Kämpfe, welche die Tegeaten nach der Eroberung Lakoniens durch die Dorier gegen diese begehrlichen Gränznachbarn zu führen hatten, Kämpfe welche den Tegeaten ein Stück ihres Gebietes kosteten, endlich aber durch einen denselben ihre Unabhängigkeit und eine bevorzugte Stellung in der spartanischen Symmachie sichernden Friedens- und Freundschaftsvertrag, der auf einem am Alpheios aufgestellten

---

neben dem lakonischen anzunehmen ist: Aeschylos hatte, den Verhältnissen vor der dorischen Wanderung gemäss, das später lakonische Oion als zur Tegeatis gehörig bezeichnet.

[1]) Dies zeigt die Erwähnung eines in einem Eichenhain gelegenen Tempels der Demeter ἐν Κορυθεῦσι in dieser Gegend bei Paus. c. 54, 5.

[2]) Paus. c. 44, 7; c. 47, 1; Steph. Byz. u. Μανθυρέα; vgl. Conze u. Michaelis Annali XXXIII, p. 32. Ich fand ausser den im Texte erwähnten Bruchstücken in der Capelle der Panagia weder in der Ebene noch auf den Anhöhen antike Reste, sondern nur auf einer schroff ansteigenden Felskuppe, der höchsten Spitze eines etwa ½ Stunde westlich von Kapareli gelegenen ansehnlichen Berges, die Ruine eines mittelalterlichen Thurmes, dessen unterste, unmittelbar auf dem Felsboden ruhende Steinlage antik ist: dies sind wohl die 'Ruines helléniques', von denen die Bewohner Pouillon-Boblaye (s. Recherches p. 145) berichteten.

[3]) Steph. Byz. u. Βωταχίδαι. — Die Zahl von 9 Demen giebt auch Strab. VIII, p. 337.

Pfeiler eingegraben war, beendigt wurden,[1]) gaben ohne Zweifel Veranlassung, dass durch einen dem mythischen König Aleos zugeschriebenen Synoikismos der Bewohner der neun Gaue eine Stadt gegründet wurde, die schon durch ihren Namen Tegea, d. i. 'die Schützende, Deckende'[2]) ihre Bestimmung, als Schutzwehr des ganzen Cantons zu dienen, aussprach. Zu ihrer Anlage wählte man einige zu einer Kette, die sich vom Mänalos nach einem südwestlichen Vorsprunge des Parthenion hinzieht, gehörige Hügel, unter denen der nördlichste, auf welchem jetzt das Dörfchen Hagios Sostis liegt, der höchste ist und eine schöne Aussicht über die ganze Ebene gewährt. Obgleich sich auf demselben noch keine Spuren antiker Mauern, sondern nur zahlreiche Bruchstücke von Terracottafiguren und Thongefässen sowie einige kleine Bronzefiguren gefunden haben,[3]) so kann es doch nach der ganzen Beschaffenheit des Terrains nicht zweifelhaft sein, dass derselbe in die Ringmauer der Stadt eingeschlossen war, die sich von hier gegen Süden bis an die Stelle des 20 Minuten von H. Sostis entfernten Dorfes Piali erstreckte, dessen dem heiligen Nikolaos geweihte Kirche auf den Grundmauern des Tempels der Athene Alea steht, welcher, da der von Süden her die Stadt betretende Pausanias ihn zuerst unter allen Bauwerken derselben erwähnt, in dem südlichsten der vier zugleich als Phylen geltenden Stadtquartiere, in welche die ganze offenbar sehr umfangreiche Stadt getheilt war, der nach eben diesem Tempel benannten Athaneatis,[4]) gelegen haben muss. Der

---

[1]) Herod. IX, 28; Plut. Q. gr. 5.

[2]) *Τεγέα* hängt ohne Zweifel mit *στέγη*, *στέγος*, *στέγω*, lat. tego zusammen.

[3]) Vgl. *Ἀρχαιολογικὴ ἐφημερίς, Περ. β'*, *ἔτος α'* (1862), *τεῦχος ϑ'*, p. 241 ss.; Pervanoglu in den Memorie dell' instituto Vol. II, p. 72 ss.

[4]) Paus. c. 53, 6, wo die vier Phylen *Κλαρεῶτις*, *Ἱπποϑοῖτις*, *Ἀπολλωνιᾶτις* und *Ἀϑανεᾶτις* genannt werden; vgl. die Inschrift C. I. gr. n. 1513 (genauer bei Leake Morea Vol. III, Inscr. N. 1 zu Vol. I, p. 89 und bei Bröndsted Graeske og Latinske Indskrifter af J. L. Ussing, Kopenhagen 1854, S. 26, N. 7), wo wir folgende Bezeichnungen finden: *Ἐπ' Ἀϑαναίαν* (*πολῖται* und *μέτοικοι*), *Κραριῶται*, *Ἱπποϑοῖται* und *Ἀπολλωνιάται*. Sonstige Inschriften aus Tegea s. C. I. gr. n. 1511 ss.; Ross Inscr. g. ined. I, n. 1—7; Archäolog. Intelligenzblatt der allgem. Litteraturzeitg. 1838, S. 43 f.; Bergk Commentatio de titulo Arcadico (Ind. schol. Hal. 1860/61) = A. Michaelis Jahrb. f. Philol. Bd. 83, S. 585 ff.; *Ἀρχ. ἐφημ. Περ. β'*, *τ.* 13 (1869), n. 410.

uralte Tempel, dessen Gründung dem mythischen Könige Aleos zugeschrieben wurde, brannte Ol. 95, 2 ab, worauf die offenbar sehr wohlhabende Stadt durch Skopas von Paros einen Neubau errichten liess, der an Grösse wie Schönheit der Ausführung alle übrigen peloponnesischen Tempel übertraf: einen ionischen Peripteros, wahrscheinlich mit 8×17 Säulen, mit einer doppelten, unten dorischen, oben korinthischen Säulenstellung im Innern der Cella, und mit figurenreichen Statuengruppen in den Giebelfeldern; an der Ostfronte war die Jagd des Kalydonischen Ebers (dessen Hauer als ehrwürdige Reliquien im Tempel gezeigt, aber von Augustus sammt dem alten, von Endoios aus Elfenbein gearbeiteten Cultbilde nach Rom entführt wurden), an der Westfronte der Kampf des Telephos (des tegeatischen Nationalhelden) gegen Achilles am Kaïkos in Mysien dargestellt.[1]) In der Nähe des Tempels, der ausser zahlreichen, theils durch Curiosität, theils durch Kunstwerth bemerkenswerthen Weihgeschenken auch Statuen des Asklepios und der Hygieia aus Pentelischem Marmor von der Hand des Skopas enthielt, befand sich das bloss durch Erdaufschüttung gebildete Stadion, in welchem der Agon der Aleäa zu Ehren der Athene und der der Halotia zum Gedächtniss des siegreichen Kampfes der Tegeaten gegen die Lakedämonier, in welchem viele der letzteren zu Gefangenen gemacht worden waren (um 600 v. Chr.), gefeiert wurden.[2]) Nördlich vom Tempel zeigte man den Brunnen, an welchem Herakles der Priesterin Auge Gewalt angethan haben sollte; 3 Stadien weiter (gegen Norden oder Nordosten) stand ein Tempel des Hermes Aepytos.[3])

Nach dieser Gruppe von Baulichkeiten erwähnt Pausanias

---

[1]) Paus. c. 45, 4 ff.; vgl. Leake Morea I, p. 91 s.; Ross Reisen S. 67 ff.; Ulrichs Skopas Leben und Werke S. 9 ff. und meinen Artikel 'Griechische Kunst' in der Allgem. Encyclop. S. I, Bd. 82, S. 450. Ich fand in der Kirche, deren Fussboden ganz mit grossen alten Marmorstücken belegt ist, 2 Marmorplatten von etwa 1½ Meter Höhe u. 2 Meter Breite, auf denen je ein Rad im Relief dargestellt ist.

[2]) Paus. c. 47, 4: die Ἀλεαῖα werden auch in den Schol. Pind. Olymp. VII, 153 und öfter in den Inschriften erwähnt.

[3]) Paus. a. a. O.: Αἴπυτος als Beiname des Hermes könnte nur durch eine Identificirung des Gottes mit dem alten Landesheros Aepytos, dem Sohne des Elatos erklärt werden; doch ist vielleicht Αἰγύτου (von der Landschaft Aegytis) zu lesen. Nahe bei der Kirche bemerkte ich einen

(c. 47, 5 f.) zunächst das Heiligthum der Athene Polias, das nur einmal jährlich von dem Priester der Göttin betreten werden durfte, und das der Artemis Hegemone, sodann die Agora, einen geräumigen Platz von länglich-viereckter Form mit verschiedenen Heiligthümern, Altären, Heroengräbern und anderen Denkmälern, und in der Nähe derselben das Theater: ein Theil des Unterbaues der gegen Nordwesten geöffneten Cavea desselben ist noch erhalten in den Fundamenten des Chors einer grossen zerstörten Kirche, in welcher man sehr viele antike Marmorstücke (darunter auch das Stück einer canelirten Säule) findet, der etwa 20 Minuten nordöstlich von Piali gelegenen sogenannten Paläa-Episkopi;[1]) also haben wir die Agora südwestlich von hier, noch weiter südlich, d. h. gegen Piali hin die Heiligthümer der Athene Polias und der Artemis Hegemone zu suchen. Dieser Theil der Stadt bildete wahrscheinlich das Quartier Hippothoitis (vgl. S. 218, Anm. 4). Nördlich oder nordwestlich vom Theater stand ein Tempel der Demeter und Kora, die unter dem Beinamen der fruchtbringenden Göttinnen (*Καρποφόροι*) verehrt wurden, ein Heiligthum der Aphrodite Paphia, zwei Heiligthümer des Dionysos, ein Altar der Kora und ein Tempel des Apollon mit einem von Cheirisophos geschnitzten vergoldeten Holzbilde des Gottes, neben welchem Cheirisophos sein eigenes Bild aus Stein aufgestellt hatte:[2]) also haben wir hier jedenfalls das Stadtviertel Apolloniatis anzusetzen. Den nordwestlichsten Theil endlich des ganzen Stadtraumes, d. h. den Hügel von Hagios Sostis und die Niederung am südlichen Fusse desselben, nahm das Stadtviertel Krariotis (oder Klareotis) ein; denn die obere Fläche des Hügels, auf welcher eine grosse Anzahl von Altären standen (also eine *κοινοβωμία* nach antikem Ausdruck) war dem Zeus Klarios geweiht; am Fusse des Hügels stand neben einem Bilde des Hera-

---

Brunnen, der nach der Angabe der Dorfbewohner in einer Tiefe von 3 Metern eine Marmorfassung haben soll.

[1]) S. Ross Reisen im Peloponnes S. 68. Der Bau des von Paus. c. 49, 1 nur kurz erwähnten Theaters scheint nach Liv. XLI, 20 erst von Antiochos IV Epiphanes, um 175 v. Chr., begonnen worden zu sein.

[2]) Paus. c. 53, 7 f.: die vier ebds. § 1 ff. erwähnten Bilder des Apollon Agyieus, welche von den 4 Phylen errichtet waren, standen schwerlich unmittelbar neben einander, sondern bezeichneten wohl die Gränzen der vier Stadtquartiere.

kles der 'gemeinsame Heerd der Arkader'.[1]) Ob auch die von Pausanias nur beiläufig unter dem Namen des 'Wachthügels' (φυλακτρίς) erwähnte Akropolis der Stadt[2]) auf dem Hügel von H. Sostis oder auf einer der anderen auf dem alten Stadtraume sich erhebenden Anhöhen zu suchen ist, lässt sich nicht mit Sicherheit bestimmen.

Die Zerstörung der alten Stadt, deren weitläufige, vielleicht, wie in Mantineia, nur in ihren Fundamenten aus Quadern, in den oberen Theilen aus Lehmziegeln erbaute Ringmauern jedenfalls schon im spätern Alterthum verfallen waren, scheint durch den Einbruch slavischer Völker im 8. Jahrhundert unserer Zeitrechnung herbeigeführt worden zu sein; aber in Folge der Wiederherstellung der Byzantinischen Herrschaft über die Halbinsel und der Bekehrung der Slaven zum Christenthum wurde auf einem Theile des alten Stadtraums aus den Trümmern der alten Stadt eine neue Ortschaft, zu Ehren des heiligen Nikolaos Nikli genannt, erbaut, von welcher jetzt die Paläa-Episkopi der einzige Ueberrest ist. In der neueren Zeit erstand ungefähr eine Stunde nordwestlich von der Stätte des alten Tegea, dessen Trümmer als Steinbruch dafür ausgebeutet wurden, die Stadt Tripolitza,[3]) im vorigen und im Anfange dieses Jahrhunderts eine der blühendsten Städte des Peloponnes, jetzt unter dem officiellen Namen Tripolis Hauptstadt des Kreises (Nomos) Arkadia und Sitz eines Gymnasions; auf dem alten Stadtraume sind ausser den schon genannten, Hagios Sostis und Piali, noch zwei andere Dörfer: Ibrahim Effendi (zwischen H. Sostis und Piali) und Achuria (zwischen Piali und der Paläa-Episkopi), in welch letzterem eine Anzahl meist fragmentirter Sculpturen aus dem alten Tegea zusammengebracht sind,[4]) erbaut.

[1]) Paus. c. 53, 9.

[2]) Paus. c. 48, 4. Die ἄκρα der Stadt erwähnt Polyb. V, 17. Auf derselben befand sich vielleicht das von Xenoph. Hell. VII, 4, 36 erwähnte Gefängniss (δεσμωτήριον), von welchem die δημοσία οἰκία (Prytaneion? Gerichtslocal?) unterschieden wird.

[3]) Vielleicht liegt (wie auch Ross Reisen im Pelop. S. 121 annimmt) in dem Namen eine Erinnerung an die drei alten Städte Mantineia, Tegea und Pallantion.

[4]) Vgl. meine Notizen im archäolog. Anzeiger XII (1854) S. 478 f.; Vischer Epigraphische und archäologische Beiträge aus Griechenland S. 39 f.; Conze u. Michaelis Annali XXXIII, p. 30 s.

Die bis auf die letzten Spuren verschwundene Ringmauer der alten Stadt muss wenigstens 5 Thore, denen eben so viele Strassen entsprachen, gehabt haben: eins an der Nordseite, aus welchem die Strasse nach dem Eichwald Pelagos und weiterhin nach Mantineia führte;[1]) zwei an der Ostseite: ein nördlicheres, von welchem die über das Partheniongebirge zunächst nach Hysiä führende Hauptstrasse nach Argos, und ein südlicheres, von welchem der directe Weg nach der Thyreatis ausging; eins an der Südseite, der Ausgangspunkt der Strasse nach Lakonien, dessen Gränze gegen die Tegeatis durch den obersten Lauf des Alpheios bezeichnet wurde;[2]) endlich eins an der Südwestseite, von welchem aus eine Strasse nach dem die Gränze zwischen den Stadtgebieten von Tegea, Pallantion und Megalepolis bildenden 'Damm' (Choma)[3]) führte. An den meisten dieser Strassen standen innerhalb des tegeatischen Gebiets vereinzelte Heiligthümer: an der argivischen ein Tempel des Asklepios, dann, einige Minuten nördlich von der Strasse, ein zu Pausanias Zeit in Trümmern liegendes Heiligthum des Pythischen Apollon; weiterhin durchschnitt die Strasse einen heiligen Eichenhain der Demeter im Gau der Korytheer, in dessen Nähe noch ein Heiligthum des Dionysos Mystes lag, und erstieg das Parthenion, an dessen westlichen Abhängen, noch diesseits der argivischen Gränze, man den durch ein Temenos des Telephos bezeichneten Platz, wo dieser als ausgesetztes Kind von einer Hindin gesäugt worden, und bei einem Heiligthum des Pan die Stelle zeigte, wo dieser Gott dem von den Athenern kurz vor der Schlacht bei Marathon nach Sparta gesandten Courier Pheidippides erschienen sein sollte.[4]) Ein Heiligthum desselben Gottes, von einer ihm geweihten Eiche beschattet, lag an der nach der Thyreatis führenden Strasse, 10 Stadien jenseits des Baches Garates; in der Nähe der Stadt zeigte man an derselben Strasse das Grab des Orestes, dessen Gebeine die Spar-

---

[1]) Xen. Hellen. VI, 5, 8: vgl. oben S. 215.

[2]) Paus. c. 54, 1; vgl. oben S. 187.

[3]) Paus. c. 44, 5; vgl. oben S. 217. Das nach Pallantion führende Thor erwähnt Xen. Hell. VI, 5, 9.

[4]) Paus. c. 54, 5 f.; vgl. Herod. VI, 105. Von dem Heiligthume des Pan stammen wahrscheinlich die von Ross (Reisen im Pelop. S. 148) in einer Schlucht an der Südseite der Ruinen des byzantin. Kastells Paläo-Muchli gefundenen Gesimsstücke aus weissem Marmor.

tauer den Tegeaten auf trügerische Weise entführt hatten.[1]) An der Strasse nach Lakonien sah man nur 2 Stadien von der Stadtmauer zur Linken zur Zeit des Pausanias Altäre des Pan und des Zeus Lykäos nebst den Fundamenten der dazu gehörigen Heiligthümer, 7 Stadien weiter ein Heiligthum der Artemis Limnatis mit einem im äginetischen Styl gearbeiteten Cultbilde aus Ebenholz und wieder 10 Stadien weiter Trümmer eines Tempels der Artemis Knakeatis.[2]) An der Strasse nach dem Choma endlich traf man nahe bei der Stadt das Grabmal der Leukone, der Tochter des Apheidas, nach welcher eine bei dem jetzigen Dorfe Kerasitza (etwa 20 Minuten westlich von Piali) entspringende Quelle benannt ward; ungefähr eine halbe Stunde weiter erhebt sich südlich von der Strasse ein mässiger, isoliter Hügel aus dem manthyreischen Gefilde, jetzt nebst einem darauf liegendeu Dörfchen Bunó, von den Alten Kresion genannt, welcher ein Heiligthum des Aphneios, d. h. des als Fruchtbarkeit spendender Gott aufgefassten Ares trug.[3])

Das vom östlichen Fuss des Boreion bis zu einigen aus der Ebene (in der Gegend des jetzigen Dorfes Birbati) aufsteigenden Hügeln reichende Choma trennte das noch zum Gebiete von Tegea gehörige manthyreische Gefilde von einem nordwestlich davon gelegenen Winkel der Ebene, der das Gebiet einer Stadt bildete, deren mythischer Ruhm ihr in den Spätzeiten des Alterthums eine wenigstens äusserlich glänzende Stellung verschafft hat: Pallantions, einer Gründung des Pallas, Sohnes des Lykaon, der Heimath des Euandros und daher, als die Sage von der Einwanderung des letzteren in Latium und seiner Ansiedelung am Palatinischen Berge bei den Römern allgemeine Verbreitung gefunden hatte, nach römischer Anschauung der Mutterstadt Roms. Nachdem dieselbe den grössten Theil ihrer Bewohner zur Gründung von Megalepolis hatte abgeben müssen und in Folge dessen

---

[1]) Paus. c. 54, 4; vgl. Herod. I, 67 f., aus welcher Stelle Paus. schwerlich mit Recht folgert, dass das Grab in alter Zeit innerhalb des Thores gewesen sein müsse, während die Schmiede, in deren Hof es nach Herodot gefunden wurde, ebensogut ausserhalb des Thores, im Gaue der Gareatae, gestanden haben kann.

[2]) Paus. c. 53, 11. Der Tempel der Knakeatis ist wahrscheinlich zu verstehen bei Xen. Hellen. VI, 5, 9.

[3]) Paus. c. 44, 7 f.; vgl. Ross Reisen im Pelop. S. 59.

allmälig zu einem unbedeutenden Dorfe herabgesunken war, wurde sie von Antoninus Pius wieder zu einer Stadt mit selbständigem Gebiet erhoben und mit dem Rechte der Abgabenfreiheit beschenkt. Doch vermochte dieser äusserliche Glanz, wie es scheint, den Verfall der Stadt nicht aufzuhalten, denn Pausanias fand auf dem Rücken des von Westen her in die Ebene vortretenden Hügels, welchen in älterer Zeit die Akropolis eingenommen hatte, nur noch ein Heiligthum der 'reinen Götter', in welchem besonders wichtige Eidschwüre geleistet wurden, vor, dessen Grundmauern noch jetzt sichtbar sind, und in der unteren Stadt — welche, wie die fast nur aus Steinhaufen, Ziegelstücken und Scherben bestehenden Trümmer zeigen, die Abhänge des Hügels und ein Stück der Ebene am nördlichen und östlichen Fusse desselben einnahm — schienen ihm nur ein Tempel mit Statuen des Pallas und Euandros, ein Heiligthum der Kora und eine Statue des Polybios der Erwähnung werth[1]).

Nachdem wir so das östliche Arkadien von Norden nach Süden durchwandert haben, steigen wir auf einem schmalen Passe über den Rücken des Boreion, wo man bis zum Jahre 1837 auf dem höchsten Punkte des Wegs in einer natürlichen Oeffnung zwischen den Felsen Säulentrommeln und andere Architekturstücke aus weissem Marmor, sowie die Fundamente von einem der Sage nach von Odysseus der Athene Soteira und dem Poseidon errichteten Tempel vorfand,[2]) nach dem südlichsten Theile des mittleren Arkadiens hinüber, dessen Mittelpunkt eine geräumige und fruchtbare, vom Alpheios durchflossene Ebene ausmacht, dessen zahlreiche hauptsächlich von Nordosten und von Süden her kommende Nebenflüsse ebensoviele Engthäler in den die Ebene umrahmenden Gebirgen bilden. Dieses ganze Gebiet war bis ins 4. Jahrhundert vor unserer Zeitrechnung im Besitz einzelner Stämme, die durchaus selbständig und unabhängig von

---

[1]) Paus. c. 3, 1; c. 27, 3 u. 7; c. 43, 1 f.; c. 44, 5 f.: vgl. Xen. Hell. VII, 5, 5; Plut. Cleomen. 4; Arat. 35; Dionys. Hal. A. r. I, 31 s.; Liv. XLV, 28; Plin. N. h. IV, 6, 20; Serv. ad Verg. Aen. VIII, 51; Steph. Byz. u. Παλλάντιον: über die Lage u. Reste der Stadt Ross Reisen im Pelop. S. 62 f.

[2]) Paus. c. 44, 4; vgl. Leake Morea III, p. 34; Ross Reisen im Pelop. S. 63 f.

einander, ohne einen politischen Mittelpunkt, in zahlreichen kleinen Ortschaften, deren Gründung zum Theil bis ins höchste Alterthum zurückreichte, die aber trotz ihrer Befestigungen durchgängig einen mehr dörflichen als städtischen Charakter trugen, zerstreut wohnten, fast ausschliesslich mit Ackerbau, Viehzucht und Jagd beschäftigt, von Künsten nur die Gymnastik eifrig betreibend; wem die kleinen und ärmlichen Verhältnisse der Heimath nicht genügten, der ging in auswärtige Kriegsdienste, wobei es wohl mancher, wie der Mänalier Phormis am Hofe des Gelon und Hieron, zu hohen Ehren und grossem Reichthum brachte. In politischer Beziehung herrschte wahrscheinlich eine ähnliche Mischung von reiner Demokratie und patriarchalischer Aristokratie, wie wir sie in den schweizerischen Urkantonen finden. Die volkreichsten dieser Stämme waren der der Mänalier, welcher die östliche Hälfte der Ebene und das östlich und nordöstlich davon gelegene Bergland bis zum Mänalos, der die Gränze ihres Gebiets gegen Mantineia bezeichnete, inne hatte,[1]) und der der Parrhasier, welcher den westlicheren und südlichsten Theil der Ebene, das im Westen sie abschliessende Hochgebirge Lykäon und das im Südwesten sie umgebende niedrigere und offenere Bergland besass;[2]) zunächst südlich von letzteren sassen die Aegyten an beiden Abhängen des nördlichsten Theiles des Taygeton, deren Gebiet zum Theil frühzeitig von den Spartanern erobert worden, zum Theil aber arkadisch geblieben, beziehendlich bei der Demüthigung Sparta's durch die Thebaner den Arkadern zurückgegeben worden war.[3]) Nördlich oberhalb der Ebene lagen ferner eine Anzahl kleine Ortschaften der Eutresier, welche sich von Norden her zwischen die Mänalier und Parrhasier ein-

---

[1]) Paus. c. 27, 3; vgl. c. 3, 4; c. 9, 4; Thukyd. V, 64; 67; 77; Steph. Byz. u. *Μαίναλος*.

[2]) Paus. c. 27, 4; Thukyd. V, 33; Xenoph. Hellen. VII, 1, 28; Strab. VIII, p. 388; Steph. Byz. u. *Παρρασία*. Münzen der Parrhasier: s. L. Müller Archäol. Zeit. XVI (1858) N. 114, S. 177.

[3]) Paus. c. 27, 4; c. 34, 5: an ersterer Stelle wird unter den Ortschaften der arkadischen *Αἰγῦται*, die zur Gründung von Megalepolis beitragen mussten, Leuktron genannt, das auch Plut. Cleomen. 6 als *χωρίον τῆς Μεγαλοπολίτιδος* erwähnt (vgl. Pelopid. 20), während dieselbe Ortschaft bei Thukyd. V, 54 u. Xen. Hell. VI, 5, 24 als zu Lakonien gehörig erscheint.

gedrängt hatten;[1]) westlich von den letzteren endlich zogen sich bis zur Gränze Triphyliens die Städte der Kynuräer, in denen wir mit Sicherheit Stammgenossen der argivischen Kynurier erkennen können, hin.[2]) Dem nur zeitweilig durch Uebergriffe mächtigerer Nachbarn, wie der Mantineer (vgl. oben S. 210), gestörten ländlichen Stillleben dieser Stämme wurde ein Ende gemacht durch die Gründung von Megalepolis[3]) in der Mitte der Ebene, am Einfluss des Helisson, des bedeutendsten unter den Nebenflüssen des oberen Alpheios, in diesen, auf der Gränze der Gebiete der Mänalier und Parrhasier, zu welcher sämmtliche Ortschaften der genannten Stämme ihr Contingent an Bewohnern stellen mussten, eine Leistung, die für viele dieser Ortschaften völlige Verödung herbeiführte, während andere noch im 2. Jahrhundert n. Chr. als Dorfschaften (*κῶμαι*) von Megalepolis eine wenn auch nur kümmerliche Existenz fristeten.

Unsere Wanderung durch die umfängliche, aber freilich ziemlich dünn bevölkerte Landschaft,[4]) welche seit Ol. 102, 2

Megalepolitis. das Gebiet von Megalepolis, die Megalepolitis bildete, beginnen wir am westlichen Fusse des Boreion, von welchem sich in südwestlicher Richtuug bis zum Fusse des jetzt Tzimbaru genannten Berges, dessen antiken Namen wir nicht kennen, eine kleine Ebene (jetzt die Ebene von Frankobrysis genannt) hinzieht, welche mit mehr Recht als das Engthal des tegeatischen Sarantapotamos als das Quellgebiet des Alpheios betrachtet werden kann (vgl. oben S. 187). Diese Ebene war im Alterthum das Gebiet von Asea, einer Stadt der Mänalier, die ihre Gründung auf einen Sohn des Lykaon, Aseatas, zurückführte und auch nach der Gründung von Megalepolis, zu welcher sie beigetragen hatte, noch eine Zeit lang als selbständige Stadt, dann als Kome der Megalepolitis fortbe-

---

[1]) Paus. c. 27, 3; vgl. Xen. Hellen. VII, 1, 29; Hesych. u. *Εὐτρη-τους*; Steph. Byz. u. *Εὔτρησις*; Etym. M. p. 399, 18.

[2]) Paus. c. 27, 4.

[3]) Vgl. oben S. 193.

[4]) Die grösste Länge der Megalepolitis von Süd nach Nord beträgt etwas über 12 Meilen, die freilich an verschiedenen Stellen sehr verschiedene Breite durchschnittlich etwa 4 Meilen. Da die Gesammtzahl der waffenfähigen Mannschaft, mit Einschluss der angesiedelten Fremden und Sclaven, im Jahre 318 v. Chr. nur 15,000 Mann betrug (Diodor. XVIII, 70), so wird man die Gesammtzahl der Bevölkerung nicht höher als auf 60—70,000 Seelen veranschlagen können.

stand, im 2. Jahrhundert nach Chr. aber bis auf einige Trümmer, wie sie sich noch jetzt auf dem flachen Rücken und unteren Abhängen eines niedrigen Hügels eine Viertelstunde südwestlich von der Hauptquelle des Alpheios (der Frankobrysis), an welcher im Alterthum ein Heiligthum der Göttermutter stand, vorfinden, verschwunden war.[1]) An der von hier nach Megalepolis führenden Strasse lag 20 Stadien westlich von Asea ein Platz Athenäon (wahrscheinlich eine ehemals bewohnte Ortschaft oder ein Castell), welcher seinen Namen einem etwas nördlich abseits der Strasse stehenden Tempel der Athene verdankte, und weiter westlich eine ähnliche Oertlichkeit Aphrodision.[2]) Der nächste Ort an der Strasse war Hämoniä, zu Pausanias Zeit eine wüste Mark, die nur noch den Namen einer alten, der Sage nach von Hämon, einem Sohne des Lykaon, gegründeten Stadt bewahrt hatte, während von einer andern alten Stadt, die ihre Gründung ebenfalls auf einen Lykaoniden zurückführte, dem südlich von der Strasse, wahrscheinlich am nordwestlichen Fusse des Tzimbaruberges, gelegenen Oresthasion (in kürzerer Namensform Orestheion oder auch Oresteion genannt) ausser anderen Resten noch einige Säulen des Tempels der Artemis Hiereia übrig waren.[3]) Westlich von Hämoniä, in unmittelbarer Nähe von Megalepolis, zeugte noch der Name Ladokeia von dem Vorhandensein einer alten Stadt.[4])

[1]) Paus. c. 3, 4; c. 27, 3 (wo Ἀσέα für Ἀλέα zu schreiben ist); c. 44, 3; Strab. VIII, p. 343; Xen. Hellen. VI, 5, 11; VII, 5, 5; Steph. Byz. u. Ἀσέα; vgl. Leake Morea I, p. 83 s. und den Plan in den Annali XXXIII, tav. d'agg. F, 3. Münzen mit *ACEATΩN AXAIΩN*: Eckhel Doctr. numm. II, p. 232.

[2]) Paus. c. 44, 2; Polyb. II, 46; IV, 37; c. 60; c. 81; die Bezeichnung τὸ περὶ τὴν Βέλβιναν Ἀθήναιον bei Plut. Cleom. 4 scheint nur eine Ungenauigkeit des Ausdrucks.

[3]) Paus. c. 44, 1 f.; vgl. c. 3, 2; Steph. Byz. u. Αἱμονία, Ὀρεσθάσιον u. Ὀρεστία; Herod. IX, 11; Thukyd. IV, 134 (wo die ganze Gegend, bis zu der Stelle, auf welcher später Megalepolis gegründet wurde hin, als Ὀρεσθίς bezeichnet wird); V, 64; Eurip. Orest. 1647 (vgl. Electra 1273 ff.); vgl. über die Bedeutung des Orestes in diesen Sagen meine Quaestiones Euboicae p. 29 s. Dass die alte Stadt nicht, wie Leake (Morea II, p. 318 s.) annimmt, auf dem Gipfel des Tzimbaru, sondern in der Ebene lag, scheint mir daraus hervorzugehen, dass sie mehrfach als an einer grossen Heerstrasse gelegen erscheint.

[4]) Paus. c. 44, 1; Polyb. II, 51; 55; Thuk. IV, 134 (wo wohl Λαο-

Die übrigen Ortschaften der Mänalier lagen sämmtlich in dem engen Thale des Helisson, der bei einer Ortschaft gleichen Namens am westlichen Abhang des Ostrakinaberges (bei dem jetzigen Alonistena) entspringt,[1] und in dessen nächster Umgebung zerstreut zwischen Bergen, die von den Alten jedenfalls noch zum Mänalos in weiterem Sinne gerechnet wurden. Gieng man am linken Ufer des Flusses von der Ebene aus aufwärts, so kam man 35 Stadien von Megalepolis an die Stelle einer alten Ortschaft Paliskios; 20 Stadien ostwärts von da, über dem linken Ufer des Elaphos, eines in der Nähe von Paliskios in den Helisson mündenden Giessbaches, lag Perätheis mit einem Heiligthum des Pan, der Hauptgottheit der Mänalier.[2] Ein anderer Weg führte von Paliskios aus durch das Bett des Elaphos an der Westseite des jetzt Rhezeniko genannten Berges hin nach einer am westlichen Fusse der Hauptkette des Mänalos sich hinziehenden Ebene, dem *Μαινάλιον πεδίον* der Alten; über dem nördlichen Ende derselben liegt jetzt das Dorf Piana mit einem mittelalterlichen Castell, unterhalb dessen sich noch einige Spuren einer alten Ortschaft vorfinden; östlich über der Ebene das Dorf Dabia, welchem gegenüber, auf dem rechten Ufer des Helisson, sich ein einzelner Felshügel erhebt, dessen flacher Gipfel mit Resten polygoner Mauern umgeben ist. Ob dies die Reste von Mänalos, der alten Hauptstadt der Mänalier, von welcher zu Pausanias Zeit noch Spuren eines Tempels der Athene, ein Stadion und ein Hippodrom übrig waren, oder von Dipäa, bei welcher Ortschaft Ol. 77, 4 eine Schlacht zwischen Lakedämoniern und Arkadern geliefert wurde, sind, ist schwer zu entscheiden: trifft die erstere Annahme das Richtige, so werden wir Dipäa bei Piana anzusetzen haben. Südöstlich von Dabia, am Fusse des Gebirges zwischen den Dörfern Karteroli und Za-

---

δοκείῳ für *Λαοδικίῳ* herzustellen ist); die ebds. genannte, sonst nur bei Plin. (N. h. IV, 6, 20: Bucolium) erwähnte Ortschaft *Βουκολίων* muss in einiger Entfernung östlich oder nordöstlich von Ladokeia gelegen haben.

[1]) Paus. c. 30, 1; vgl. c. 3, 3. Sollte nicht diese Gegend die *Ἐλισφασίων χώρα* des Polyb. XI, 11 (vgl. oben S. 207, Anm. 3) sein, so dass diese nur einen Bruchtheil des Stammes der Mäualier bildeten?

[2]) Paus. c. 36, 7; vgl. c. 3, 4 u. c. 27, 3 (wo *Παλίσκιος* für *Ἰασαία* herzustellen ist).

rakova, scheint Lykoa mit einem Heiligthum der Artemis Lykoatis, südlich von Karteroli auf einem hohen Berggipfel, der eine kleine jetzt nach einem benachbarten Dorfe Paläa-Selimna genannte hellenische Ruine trägt, Sumetia (oder Sumation) gestanden zu haben; der südöstlichste Winkel der Ebene endlich, aus welchem Wege nach dem nördlicheren und dem südlicheren Theil der Ebene von Tripolitza führen, scheint der von den Alten 'der Dreiweg' (*Τρίοδοι*) genannte Platz zu sein, an welchem die von den Mantineern nach ihrer Stadt geschafften Gebeine des Arkas gefunden sein sollten.[1])

Im südlichsten Theil des mänalischen Gebietes, nahe der lakonischen Gränze, lag Eutäa, dessen theilweise verfallene Mauer König Agesilaos Ol. 97, 2 bei einer vorübergehenden Besetzung der Stadt ausbessern liess, das aber seit der Gründung von Megalepolis ganz verschollen ist.[2])

Nordwestlich vom Gebiet der Mänalier lag in einem engen Thale zwischen der Ostrakina und dem ihr parallelen westlicheren Bergzuge (dem Thaumasion Oros der Alten, jetzt Madara genannt), recht eigentlich im Herzen Arkadiens, auf einem von zwei kleinen, nach Norden zu fliessenden Bächen, die sich bald zu einem vereinigen, dem Maloitas und Mylaon umflossenen Hügel die alte Stadt Methydrion, nach einer offenbar erst dann, als die einst selbständige Stadt in das Verhältniss der Unterthänigkeit zu Orchomenos getreten war, enstandenen Sage von dem Lykaoniden Orchomenos gegründet, mit einem Tempel des Poseidon Hippios an dem östlicheren der beiden Bäche, dem Mylaon; auf dem Thaumasion war in der Nähe des Gipfels eine der Rhea geweihte Grotte, in welche die einheimische Tradition

---

[1]) Paus. c. 36, 7 (wo statt der jedenfalls verderbten Worte *κατ' εὐθὺ πέντε μὲν σταδίοις καὶ δέκα ἀπωτέρω τοῦ ποταμοῦ* vielleicht zu schreiben ist *κατ' εὐθὺ πέντε μὲν σταδίοις καὶ πεντήκοντα ἀπωτέρω τοῦ Παλισκίου*); vgl. c. 3, 4; c. 27, 3; c. 30, 1; dazu Ross Reisen im Pelop. S. 117 ff.; über Dipäa und die dort gelieferte Schlacht Herod. IX, 35; Isokrat. Archid. 99; Paus. III, 11, 7; Steph. Byz. u. *Δίπαια*. Verschieden von dem mänalischen ist das von Polyb. XVI, 17 erwähnte Lykoa, das wohl mit dem von Steph. Byz. u. *Λύκαια* aus Theopomp angeführten Lykäa (bei Menelaos Lykätha) identisch ist.

[2]) Xen. Hellen. VI, 5, 12 u. 21; Paus. c. 27, 3; Steph. Byz. u. *Εὔταια*.

die Täuschung des Kronos durch seine Gattin vermittels des Steines, den sie ihm statt des Zeuskindes zu verschlingen gab, versetzte. Dreissig Stadien nordöstlich von der seit der Gründung von Megalepolis zu einem ärmlichen Dorfe herabgesunkenen Stadt, von der noch einige Reste der Ringmauern und ein Paar Säulen zwischen den Dörfern Nemnitza und Vytina erhalten sind, entspringt die Quelle Nymphasia, von welcher der Punkt, wo die Gränzen der Gebiete von Megalepolis, Orchomenos und Kaphyä zusammenstiessen, wiederum 30 Stadien entfernt ist.[1]) Südlich von Methydrion an der Strasse nach Megalepolis lag eine kleine Ortschaft Schoinus, bei welcher man die Rennbahn der Atalante zeigte, sodann eine kleine Ebene, die des Polos genannt; über derselben erhob sich das Phalanthongebirge (wahrscheinlich die ganze Gebirgsgruppe zwischen den Ortschaften Dimitzana und Stemnitza im Westen, Alonistena und Piana im Osten, deren jetzt mit verschiedenen Namen bezeichnete Gipfel sich bis zur Höhe von 1646, 1552 und 1546 Meter erheben) mit den Resten einer gleichnamigen Ortschaft; am östlichen Abhang desselben am Flusse Helisson lag (etwa in der Gegend des jetzigen Oertchen's Arkudorrheuma) Anemosa, von wo aus die Strasse in einer Länge von 100 Stadien über die südlichen Abhänge des Phalanthon und in dem engen Thale eines jetzt Langadia genannten Nebenflusses des Alpheios nach dem bereits am nördlichen Rande der Ebene 33 Stadien nördlich von Megalepolis gelegenen Trikolonoi führte, einer alten Stadt der Eutresier, von welcher zu Pausanias Zeit noch ein in einem Haine auf einem Hügel gelegenes Heiligthum des Poseidon übrig war.[2]) Ein östlich von dieser

[1]) Paus. c. 36, 1 ff.; Strab. VIII, p. 388; Theopomp. (richtiger Theophrast nach Ruhnken) bei Porphyr. de abstin. II, 16; Thukyd. V, 58; Polyb. IV, 10 f. u. 13; Plut. Cleomen. 4; Plin. N. h. IV, 6, 21; Steph. Byz. u. *Μεθύδριον*; vgl. über die Ruinen Leake Morea II, p. 57 s.; Pelop. p. 202 s.; Ross Reisen im Pelop. S. 116; über die der Nymphasia entsprechende Quelle 1 Kilometer östlich von Vytína Pouillon-Boblaye Recherches p. 151.

[2]) Paus. c. 35, 5 f. u. § 9 f.; vgl. c. 27, 3; Steph. Byz. u. *Σχοινοῦς*, *Φάλανθος* u. *Τρικόλωνοι*. Ob das *Πώλου πεδίον* nach dem Polos benannt war, welcher nach Paus. c. 31, 7 mit Kallignotos, Mentas u. Sosigenes den Dienst der grossen Göttinnen in Megalepolis eingerichtet hatte, ist nicht zu ermitteln; der Deutung des Namens als 'Fohlenebene' steht der Singularis (*πώλου* statt *πώλων*) entgegen.

Strasse über den Rücken des die Thäler der Langadia und des Helisson scheidenden, 1546 Meter hohen Gebirges Rhenissa gebender Saumpfad führte nach einer Quelle Krunoi, von der man auf einem 30 Stadien langen Wege nach dem 25 Stadien von Anemosa entfernten Grabe der Kallisto herabstieg, einem mit Bäumen bewachsenen künstlichen Hügel, auf dessen Spitze ein Heiligthum der Artemis Kalliste (der arkadischen Mondgöttin, die dann als Kallisto in die Stammsage des Landes verflochten worden ist) stand.[1]

Wie Trikolonoi so lagen auch die übrigen, nach der Gründung von Megalepolis sämmtlich verfallenen und zu Pausanias Zeit bis auf wenige Spuren verschwundenen Ortschaften der Eutresier theils im nördlichsten Theile der Ebene, theils an oder über dem nördlichen Rande derselben: 10 Stadien südlich von Trikolonoi, an der Hauptstrasse nach Megalepolis, Charisiā (oder Charisia), 15 Stadien westlich von Trikolonoi Zoitia (oder Zoiteion), 10 Stadien nördlich von letzterem Paroria. Auch die beiden schon im Gebirge gelegenen Ortschaften Thyräon (15 Stadien von Paroria) und Hypsus auf einem Berge gleichen Namens (wohl dem jetzt Klinitza genannten, der sich nördlich von dem Dorfe Stemnitza bis zur Höhe von 1548 Meter erhebt) gehörten wahrscheinlich noch zu dem alten Gebiet der Eutresier,[2] das möglicher Weise auch in alter Zeit, vor der Machtentwickelung von Orchomenos, Methydrion und seine beiden westlichen Nachbarstädte, welche sein Schicksal theilten, Theisoa und Teuthis, umfasst hatte. Erstere lag an den Quellen eines nördlichen Nebenflusses des Alpheios, der in zwei Armen von dem Thaumasion-(Madara-)Gebirge und der nordwestlich davon sich erhebenden nur wenig niedrigeren Korphoxylia[3]) herabkommt, die sich in einer kleinen Hochebene $1\frac{1}{2}$ Stunde nördlich von dem Städtchen Dimitzana zu einem Flusse vereinigen, der von den Alten in seinem oberen Laufe Lusios ('der Badefluss' nach

[1]) Paus. c. 35, 8.

[2]) Paus. c. 35, 5 ff.; vgl. c. 3, 3 f. u. c. 27, 3 [die nur an letzterem Orte genannten eutresischen Ortschaften *Πτολέδερμα* (?) u. *Κναῦσον* (?) waren wohl schon zu Paus. Zeit bis auf die letzte Spur verschwunden]; Steph. Byz. u. *Χαρισίαι*, *Ζοίτειον*, *Παρώρεια*, *Θυραῖον* u. *Ὕψους*.

[3]) Die französ. Karte giebt den Gipfel dieses Gebirges zu 1510 Meter, den der Madara zu 1586 Meter Höhe an.

der Sage, dass der neugeborne Zeus darin gebadet worden sei), in seinem unteren nach der bedeutendsten Ortschaft, an der er vorüberfloss, Gortynios genannt wurde: also wahrscheinlich in jener kleinen, jetzt einem an ihrem südwestlichen Rande gelegenen Kloster Karkalú gehörigen Ebene, während Dimitzana, das zwei hübsche in neuitaliänischem Styl erbaute Kirchen und ein grosses Schulgebäude, worin die Ueberreste einer einstmals bedeutenderen Bibliothek (ein Theil der Bücher ist während der Revolution znr Anfertigung von Patronen verwendet worden) und die Gebeine des von hier gebürtigen Erzbischofes Germanos von Patras, der am 4. April 1821 zuerst die Fahne des Aufstandes in Kalavryta aufpflanzte, aufbewahrt werden, in seinem höchst gelegenen Theile auch Reste polygoner Mauern aufzuweisen hat, die Stelle von Teuthis einnimmt, wo Pausanias das Cultbild einer am Schenkel verwundeten Athene, an welches sich eine Localsage anknüpfte, und Heiligthümer der Aphrodite und der Artemis vorfand.[1])

Das rauhe Gebirgsland nördlich und nordwestlich von den Quellen des Lusios nach den Gränzen der Cantone Kaphyatis, Kleitoria und Thelpusäa hin, in welchem sich an mehreren Stellen — bei Valteseniko am nördlichen Abhange der Korphoxylia, nordwestlich von da bei Glanitza und westlich bei Galatás in dem jetzt nach einem zur Zeit der fränkischen Herrschaft in Morea bedeutendem Kastell Akovás genannten Districte — antike Reste finden, bildete vielleicht das Gebiet der aus den Orten Kalliä, Dipoina und Nonakris bestehenden Tripolis, des abgelegensten Districtes, der zur Gründung von Megalepolis beigezogen und ihrem Gebiet einverleibt wurde.[2])

---

[1]) Paus. c. 27, 4; c. 28, 2 ff.; Steph. Byz. u. *Θεισόα* u. *Τευθίς*; vgl. Leake Morea II, p. 59 ss. (dem ich in der Ansetzung von Teuthis bei Dimitzana, wo Ross u. a. Theisoa suchen, beistimme, da dieselbe der Darstellung des Pausanias besser entspricht, der offenbar Theisoa und Teuthis nur bei Gelegenheit eines Abstechers nach den Quellen des Gortynios erwähnt); Ross Reisen im Pelop. S. 114 f. Die Münzen mit *ΘΕΙΣΟΑΙΩΝ ΑΧΑΙΩΝ* und *ΑΧΑΙΩΝ ΘΙΣΟΑΙΕΩΝ* gehören wahrscheinlich dieser Stadt, nicht der gleichnamigen am Lykäon; s. Curtius Pelop. I, S. 393, Anm. 10.

[2]) Paus. c. 27, 4 u. 7; Steph. Byz. u. *Καλλίαι*; vgl. oben S. 203, Anm. 1; über die hellen. Ruinen bei Galatas u. die fränk. Veste Akova

Folgt man dem Laufe des Lusios (Gortynios) südwärts, so gelangt man etwas über zwei Stunden von Dimitzana an einen vom rechten Ufer des Flusses aus sehr steil aufsteigenden Hügel, dessen ziemlich geräumige Oberfläche die ansehnlichen Reste von Gortys oder Gortyna (auch Kortys geschrieben), einer alten Stadt der Kynuräer, dann Kome der Megalepolitis, trägt. Die aus grossen polygonen Steinen gefügte Ringmauer zieht sich noch in einer Dicke von 13 Fuss mit ihren Thürmen um die ganze Nordseite des Hügels, in deren Mitte sich ein vier Fuss weites Thor findet, herum; ein ähnliches Thor bemerkt man in einem bedeutenden Mauerstück an der Westseite, ein grösseres, von stattlichen Mauerresten umgebenes an der Ostseite; innerhalb des letzteren ist der Felsboden zu einer Fläche geebnet, auf welcher noch die Fundamente eines grossen Gebäudes erkennbar sind. Ausserhalb der Ringmauer am südwestlichen Fusse des Hügels liegen die Fundamente des aus pentelischem Marmor erbauten, einst von einem Haine umgebenen Tempels des Asklepios, in welchem dieser Gott als Jüngling neben der Hygieia von Skopas Hand gebildet war.[1])

Von Gortys erstreckte sich das Gebiet der Kynuräer gegen Westen bis zur Gränze Triphyliens, die durch einen südlichen Nebenfluss des Alpheios, den Diagon (jetzt Tzemberula), markirt wurde,[2]) gegen Süden bis zu den nördlichen Abhängen des Lykäongebirges (Diaphorti) und seiner westlichen Fortsetzung des Kerausion (jetzt Paläokastro: vgl. oben S. 184, Anm. 3). In diesem durchaus gebirgigen Distrikt lagen ausser ein Paar Ortschaften, die schon vor der Gründung von Megalepolis verfallen oder doch nicht bedeutend genug waren, um zum Synoikismos hinzugezogen

---

s. Ross Reisen im Pel. 112 ff., der hier mit der französ. Karte Teuthis ansetzt: Pausanias ist jedenfalls in diese Gegend gar nicht gekommen.

[1]) Paus. c. 27, 4 u. 7; c. 28, 1; vgl. V, 7, 1; Polyb. IV, 60 (wo der Ort zum Gebiete von Thelpusa gerechnet wird); Plin. N. h. IV, 6, 20; Hesych. u. *Κορτύνιοι*; Cic. de nat. deor. III, 22, 57; vgl. über die von mir selbst genau untersuchten Ruinen auch Leake Morea II, p. 24 s. u. die Planskizze in der Expédition de Morée II, pl. 31 (darnach bei Curtius Pel. I, Tfl. V), auf welcher die Stelle des Asklepiostempels unrichtig angegeben ist. Ansicht des Hauptthores bei Dodwell Views and descriptions of Cyclopian or Pelasgic remains in Greece and Italy pl. 19.

[2]) Paus. VI, 21, 4.

zu werden, wie Maratha westlich von Gortys an der Strasse nach Heräa und Rhäteä südlich von Gortys am Einfluss des Gortynios in den Alpheios,[1]) drei Städte, unter denen die westlichste, Aliphera (auch Alipheira geschrieben), von welcher sich noch auf dem Rücken und am Fusse eines ansehnlichen Hügels am linken Ufer eines südlichen Seitenbaches des Alpheios (des jetzigen Baches von Phanari) ansehnliche Ruinen der Ringmauer der Unter- und Oberstadt, sowie die Grundmauern und Säulentrümmer zweier Tempel erhalten haben (jetzt das Kastron von Nerovitza genannt), am längten eine gewisse Bedeutung bewahrte. Diese verdankte sie theils ihrer Lage, in Folge der sie nach der Gründung von Megalepolis, wozu sie die Mehrzahl ihrer Bewohner gestellt hatte, als Gränzfestung desselben gegen das der neuen Gründung feindliche Heräa, sowie gegen die Eleer, denen sie um 240 v. Chr. von Lydiadas, dem Tyrannen von Megalepolis, überliefert und erst 219 durch Philipp V. von Makedonien wieder entrissen wurde, diente, theils einem berühmten, auf dem höchsten (südöstlichen) Theile der Oberstadt gelegenen Heiligthum der Athene, welche nach einheimischer Sage hier geboren und erzogen war, wofür man als Beweise einen Altar des 'Wöchners Zeus' (Zeus Lecheatas) und eine Quelle Tritonis (jedenfalls die am nördlichen Fusse des Hügels hervorsprudelnde) aufzeigte. Bei der zu Ehren der Göttin gefeierten Panegyris wurde ein Voropfer dem Heros Myiagros (Fliegenfänger) dargebracht, welcher, wie man glaubte, die Bewohner vor der Plage der Fliegen schützte. Im westlicheren Theile der Oberstadt stand ein Tempel des Asklepios, dessen Cultus wahrscheinlich von Gortys hierher verpflanzt worden war.[2]) Von den beiden anderen Kynurischen Städten lag Theisoa, zum Unterschied von der an den Quellen des Gortynios gelegenen gleichnamigen Stadt Theisoa am Lykäon genannt, am nördlichen Fusse dieses Gebirges, wahrscheinlich nordwestlich von dem im Mittelalter als Festung be-

---

[1]) Paus. c. 28, 1 u. 3; vgl. Curtius Pel. I, S. 355.

[2]) Paus. c. 26, 5; c. 27, 4; Polyb. IV, 77 f.; Liv. XXVIII, 8; XXXII, 5; Steph. Byz. u. Ἀλίφηρα; über die Ruinen vgl. Leake Morea II, p. 72 ff. (mit einer bei Curtius Pel. I, Tfl. VII wiederholten Planskizze); Ross Reisen im Pelop. S. 102 f. Den Myiagros erwähnt als einen von den Eleern (denen ja Aliphera eine Zeit lang gehörte) verehrten Gott Plin. N. h. X, 28, 75.

deutenden Städtchen Karytäna auf dem Gipfel und den terrassenförmigen Abhängen eines Hügels, der noch Mauerreste mit Thürmen und Thoren und die Fundamente eines dorischen Tempels trägt (jetzt Paläokastron von Lavda oder auch der heiligen Helena genannt); durch sein Gebiet, das zeitweise im Besitz der Parrhasier gewesen zu sein scheint (falls wir nicht die Kynuräer als einen blossen Clan dieses einstmals sehr volkreichen Stammes betrachten dürfen), floss eine ganze Anzahl kleiner Bäche (Mylaon, Nus, Acheloos, Kelados und Naliphos) nordwärts dem Alpheios zu. Lykäa (auch Lykoa genannt, wie die mänalische Ortschaft, s. oben S. 229, Anm. 1) endlich, das wahrscheinlich schon zu Pausanias Zeit spurlos verschwunden war, scheint nördlich oder nordwestlich von da am Alpheios gelegen zu haben.[1])

Am Lykäon berührte sich das Gebiet der Kynurier mit dem der Parrhasier, welche auf dem 'heiligen Gipfel' dieses Gebirges ihr altes Stammheiligthum, die Cultstätte des Lykäischen Zeus hatten. Der jetzt Diaphorti genannte Hauptstock dieses gegen Westen und Süden sich weithin verzweigenden Gebirges erhebt sich nämlich in zwei Kuppen, von denen die südlichere, jetzt nach dem heiligen Elias, im Alterthum auch Olympos benannte, obwohl um einige Fuss niedriger als die nördlichere (jetzt τὸ στεφάνι genannt), wegen ihrer freieren und dominirenden Lage als Hauptgipfel des Berges betrachtet und daher schon in den ältesten Zeiten von den Umwohnern zur Cultstätte des lichten Himmelsgottes auserwählt ward, dem auf einem die Stelle des Altars vertretenden einfachen Erdaufwurf blutige Opfer, nicht selten und bis in späte Zeit hinab auch Menschen, geschlachtet wurden. Vor dem Altar gegen Osten standen zwei Säulen, welche vergoldete Adler trugen, die Symbole des ohne Bild und Tempelgebäude verehrten Gottes, welchem noch in der Nähe der Opferstätte ein für jedes Menschen Fuss unbetretbarer heiliger Bezirk geweiht war: wer aus Versehen oder aus Frevelmuth das strenge Verbot übertrat, der konnte nach allgemeinem Volksglauben nicht länger als ein Jahr mehr leben; auch behauptete man, dass kein

[1]) Paus. c. 27, 4 f.; c. 38, 3 u. 9; Polyb. XVI, 17; über die Ruinen bei Lavda (τῆς ἁγίας Ἑλένης τὸ κάστρο) s. Leake Morea II, p. 18 s., mit welchem (p. 315) ich darin die Reste von Theisoa erkenne, gegen Curtius (Pelop. I, S. 358 f.), der hier Lykoa, Theisoa bei Andritzena, dem jetzigen Hauptorte der Eparchie Olympia, ansetzt.

lebendes Wesen innerhalb des Bezirks einen Schatten würfe, eine Behauptung, deren Richtigkeit Jäger, welche ein flüchtiges Wild bis an die Gränze des heiligen Raumes verfolgt hatten, durch eigene Erfahrung bestätigt wissen wollten. Neben dem heiligen Bezirk stand ein Haus, das wahrscheinlich als Wohnung für den Priester des Gottes bestimmt war, zeitweise aber auch Flüchtlingen, wie dem spartanischen Könige Pleistoanax, als Zufluchtsstätte diente.[1]) Nicht weit davon, wahrscheinlich am südlichen Fusse des Gipfels, zeigte man einen Kretea genannten Platz als die Stätte, an welcher das Zeuskind von den Nymphen Theisoa, Neda und Hagno — jedenfalls drei Quellnymphen: die Quelle Theisoa wird an der Nordseite, die Neda an der Südwestseite, die Hagno, in welche bei anhaltender Dürre der Priester des Zeus unter bestimmten Gebeten und Opfern einen Eichenzweig eintauchte, um Regen herbeizuführen, an der Südseite des Berges zu suchen sein — genährt worden sei. Oestlich von diesem Platze stand ein Heiligthum des neben Zeus als Stammgott der Parrhasier verehrten Apollon, das Pythion, nach welchem seit der Gründung von Megalepolis alljährlich eine vom Markte dieser Stadt ausgehende Procession heraufstieg.[2])

Am nördlichen Fusse der Kuppe des h. Elias lag in einem Haine ein Tempel des Pan, von welchem noch eine Anzahl grosse

[1]) Paus. c. 38, 2 u. 6 f.; Eratosth. Catast. 1 = Hygin. Astron. II, 1; Thukyd. V, 16; Polyb. IV, 33; Strab. VIII, p. 388; vgl. Ross Reisen im Pel. S. 92 f.; für die Menschenopfer s. (Plat.) Minos p. 315[c]; Theophrast. bei Porphyr. de abstin. II, 27. Der Verlust des Schattens bedeutet offenbar, dass das Wesen, zu dem er gehört, dem Gotte verfallen ist. Nach Plutarch. Q. gr. 39 wurden diejenigen, welche den heiligen Bezirk absichtlich betreten hatten, gesteinigt, die es aus Versehen gethan hatten, nach Eleutherä verwiesen.

[2]) Paus. c. 38, 2 ff. u. 8; C. I. gr. n. 1534, wo das Heiligtum τὸ Πύτιον heisst: ob die ebds. erwähnte Ἱκετεία das als Asyl benutzte Haus am Temenos des Zeus, wie Curtius (Pel. I, S. 339, Anm. 15) vermuthet, oder die Quelle Hagno, bei welcher um Regen gefleht wurde, oder eine andere Oertlichkeit bezeichne, vermag ich nicht zu entscheiden. Curtius Annahme (Pel. I, S. 300), dass die drei Quellen sämmtlich auf dem Platze Kretea entspringen, halte ich für durchaus falsch; ebenso muss ich seine Bezeichnung des südlich unterhalb des Gipfels gelegenen Dorfes Karyäs als 'das an Nussbäumen reiche' (ebds.) für irrig erklären, da ich in dem ganzen Orte keinen Nussbaum, sondern nur Eichen bemerkt habe.

Werkstücke aus weisslichem marmorähnlichen Kalkstein (jetzt τὸ Ἑλληνικό genannt) erhalten sind; in der Hochebene, welche sich von da nordwärts nach dem Stephanigipfel hinzieht, befanden sich die Anlagen für die gymnischen und hippischen Agonen des Festes der Lykäa: ein Stadion und ein Hippodrom, von welchem letzteren noch eine beträchtliche Anzahl von Sitzstufen am oberen Ende und den diesem zunächst liegenden Theilen der Langseiten, sowie am unteren Ende die Reste eines grossen Wasserbehälters erhalten sind; ein Fragment einer dorischen Säule, das ich hier fand, gehört wahrscheinlich dem Panstempel an.[1])

Die älteste der parrhasischen Ortschaften, ja nach der Tradition sogar die älteste aller griechischen Städte des Festlandes wie der Inseln, die zuerst von der Sonne geschaut worden war, Lykosura, lag am südlichen Fusse des Lykäon auf einem gegen Westen schroff abfallenden Hügel, an dessen nördlichem Fusse vorüber ein von Westen, von den Nomiagebirgen (vgl. oben S. 184) herabkommender Bach, der Plataniston[2]) (jetzt Gastritzi genannt) in nordöstlicher Richtung dem Alpheios zufliesst. Die aus fast regelmässig viereckten, aber an der Vorderseite nicht geglätteten Steinen erbaute Ringmauer folgte genau dem meist durch zackige Felsen gebildeten Rande der oberen Fläche des Hügels ausser an einigen Stellen, wo die ganz schroff aufsteigenden Felszacken selbst die Stelle einer Mauer vertraten und also eine künstliche Befestigung überflüssig machten; innerhalb derselben steht eine verfallene Kapelle des h. Georg, in welcher sich verschiedene antike Reste, darunter der Stumpf einer dorischen Säule und ein Anthemion vorfinden, die offenbar ebenso wie die aus ganz regelmässigen Steinen gefügten Mauern, von denen man

[1]) Paus. c. 38, 5; vgl. Ross Reisen im Pel. S. 91 f.; Beulé Etudes sur le Péloponnèse p. 126 ss. u. den Plan des Hippodroms in der Expédition de Morée II, pl. 33 s. (darnach Curtius Pel. I, Tfl. VI). Der Agon der Λύκαια, für dessen hohes Alter die von Plin. N. h. VII, 56, 205 erwähnte Tradition, dass Lykaon 'ludos gymnicos' begründet habe, spricht (vgl. Paus. c. 2, 1 u. Marm. Par. Ep. 17, Z. 31) wird erwähnt von Pind. Ol. IX, 95 ss.; XIII, 107 s.; Nem. X, 48 (vgl. die Scholien zu diesen Stellen); Simonid. Epigr. 155, 8 (Bergk); Plut. Caes. 61; C. I. gr. n. 1515 u. auf Münzen von Megalepolis (s. Bullettino 1868, p. 190 s.); vgl. Xenoph. Anab. I, 2, 10.

[2]) Paus. c. 39, 1.

auf den niedereren Terrassen des Hügels Reste bemerkt, einer spätern Periode der wider ihren Willen zur Theilnahme am Synoikismos von Megalepolis gezwungenen, aber noch zu Pausanias Zeit wenn auch nur dünn bewohnten Stadt angehören.[1]) Ostwärts von diesem Hügel erstreckt sich ein niederer Rücken, welcher ihn mit einem andern Hügel, auf welchem eine verfallene Kapelle des h. Elias steht, verbindet: hier findet man zunächst dem Burghügel ausser einer grossen Cisterne die Grundmauern eines ausgedehnten Gebäudes, dann weiter östlich in einer verfallenen Capelle Säulenreste und sonstige Bautrümmer, die sich auch am nördlichen Abhange des Rückens und in den Feldern nordwärts davon in grösserer Zahl zerstreut vorfinden. In der Eliascapelle konnte ich ausser drei uncanelirten Säulenschäften nichts Antikes entdecken. Diese unscheinbaren Trümmer bezeichnen die Stätte eines der ehrwürdigsten arkadischen Heiligthümer, des der Despoina, d. h. der als Herrin der Unterirdischen in Verbindung mit ihrer Mutter Demeter und andern Gottheiten der Fruchtbarkeit der Erde, dem Hermes Akakesios und dem Pan, verehrten Kora. Der heilige Bezirk, welcher ohne Zweifel den ganzen Rücken östlich unterhalb des Hügels von Lykosura einnahm, war von Mauern umgeben; vor dem Eingaug, d. h. am östlichen Ende des Rückens, stand ein Tempel der Artemis, die hier als 'Hegemone', d. i. Führerin (ins Reich der Schatten) verehrt wurde und der Hekate ähnlich mit Fackeln dargestellt war. Beim Eintritt in den Peribolos hatte man zur Rechten eine Halle, auf deren Wand Reliefs und Inschriften angebracht waren. In der Cella des Tempels, vor dessen Eingang drei Altäre (der Demeter, der Despoina und der grossen Mutter der Götter) standen, befand sich das von dem Messenier Damophon, wahrscheinlich bald nach der Gründung

---

[1]) Paus. c. 2, 1; c. 4, 5; c. 10, 10; c. 27, 4 ss.; c. 38, 1; Steph. Byz. u. Λυκόσουρα; ἁ ὁδὸς ἁ ἐπὶ Λυκόσουραν C. I. gr. n. 1534. Vgl. über die jetzt Paläokastron von Stala (nach einem westlich von dem Hügel gelegenen Dorfe) oder Paläokrambavo (nach dem Dorfe Krambavo eine Stunde nördlich von dem Hügel) genannten Ruinen Ross Reisen im Pel. S. 85 ff. u. den Plan in der Expédition de Morée II, pl. 35, n. 2 (wiederholt bei Curtius Pel. I, Tfl. IV) nebst der Ansicht bei Dodwell Views and descriptions of Cyclopian or Pelasgic remains pl. 1; auch meine Bemerkungen in den Jahrb. f. Philol. Bd. 73, S. 428 f.

von Megalepolis, aus einem angeblich innerhalb des Peribolos ausgegrabenen Steinblock (Granitfündling?) gearbeitete Doppelsitzbild der beiden Göttinnen: links (vom Beschauer) sass Demeter, eine Fackel in der Rechten, die Linke um den Nacken der Tochter gelegt, die mit der Rechten die auf ihrem Schosse stehende mystische Kiste, mit der Linken ein Scepter hielt. Zu beiden Seiten des Doppelbildes standen noch Einzelstatuen: neben Demeter Artemis mit Hirschhaut und Köcher, in der einen Hand eine Fackel, in der anderen zwei Schlangen haltend, einen Jagdhund neben sich; zur Seite der Despoina Anytos, nach der Localtradition ein Titane, von dem die Despoina erzogen worden war. Als weitere Nebenwerke waren unter dem Sitz der Göttinnen die Kureten, am Fussgestell die Korybanten dargestellt. In die Wand zur Linken des Eingangs war ein Spiegel eingefügt, in welchem der Beschauer die Bilder der Göttinnen deutlich, sich selbst gar nicht oder nur sehr undeutlich sah. Etwas höher als der Tempel stand zur Rechten des durch den Peribolos führenden Weges das sogenannte Megaron, ein zu Opfern und Weihungen bestimmtes Gebäude, dem wohl die oben erwähnten Grundmauern am östlichen Fusse des Burghügels angehören; oberhalb desselben, also am Ostabhange dieses Hügels, zog sich ein von einem Steingehege umschlossener Hain hin, über welchem Altäre des Poseidon Hippios (der hier als Vater der Despoina verehrt wurde) und anderer Götter standen. Auf einer noch höheren Terrasse, zu welcher man auf einer Treppe emporstieg, war eine ganze Gruppe von Heiligthümern, die offenbar alle von sehr geringem Umfang waren, vereinigt: eine Capelle des Pan, zu welcher eine Halle den Zugang bildete, ein Altar des Ares, ein Tempel der Aphrodite mit zwei Bildern der Göttin, einem hölzernen und einem marmornen, ein Schnitzbild des Apollon und ein Heiligthum der Athene mit einem gleichfalls hölzernen Bilde.

Auf dem Gipfel des östlicheren Hügels, der jetzt die Eliaskapelle trägt, stand eine Statue des Hermes Akakesios (welchen Beinamen die Legende von einem Lykaoniden Akakos herleitete, der den Knaben Hermes hier aufgezogen habe), wie auch der Hügel selbst Ἀκακήσιος λόφος und eine an seinem östlichen Fusse, vier Stadien vom Heiligthum der Despoina gelegene Ortschaft Akakesion genannt wurden. Sieben Stadien östlich von da an der Strasse nach Megalepolis, also in der Gegend des jetzigen Dorfes Deli-Hassan, lag Daseä, in gleicher Entfernung östlich von da, zwei Stadien vom linken Ufer des Alpheios, Makareä, beide zu Pausanias Zeit in Trümmern.[1])

Ueberschreitet man von hier den Alpheios und folgt dem rechten Ufer desselben, so gelangt man nach einer halben Stunde zu dem wenige Minuten nördlich von der Einmündung des Helisson in den Alpheios auf einer Anhöhe gelegenen Dorfe Bromosella, wo ich an der Kirche einige Stücke von uncanelirten Säulen, eine ionische Basis und sonstige antike Baureste fand: das Dorf nimmt jedenfalls die Stelle des schon zu Pausanias Zeit verödeten Thoknia ein, der etwas weiter östlich von Nordosten her in den Helisson mündende Bach ist der Aminios der Alten. Ungefähr drei Viertelstunden flussabwärts lag nahe dem linken Ufer des Alpheios Basilis, der Sage nach eine Gründung des Kypselos, des Königs der Arkader zur Zeit der dorischen Wanderung, in dessen Trümmern (von denen noch jetzt einige Ueberreste östlich von dem Dorfe Kyparissia in den Weinbergen zerstreut sind) Pausanias ein Heiligthum der Demeter Eleusinia fand.[2]) Etwas weiter nördlich zwischen den Dörfern Kyparissia und Mavria zieht sich eine tiefe Schlucht von den östlichen Abhängen des Diaphorti nach dem Alpheios hin, das Bathos der Alten, in welches die arkadische Sage den Kampf der Götter und Giganten versetzte, offenbar in Erinnerung vulkanischer Erscheinungen, die hier in alten Zeiten beobachtet worden waren, wie noch am Anfang unseres Jahrhunderts hier ein mit starkem Schwefelgeruch verbundener Erdbrand stattgefunden hat; ebendamit hieng offenbar eine (jetzt wie es scheint verschwundene) ein Jahr um das andere versiegende Quelle Olympias zusammen, in deren Nähe Pausanias Feuer aus dem Boden aufsteigen sah. Nördlich von der Schlucht, in welcher alle zwei Jahre ein Fest der 'grossen Göttinnen' gefeiert wurde, erstreckt sich vom Lykäon nach dem Alpheios hin eine tafelförmige Hochfläche, die Trapezuntia, der Schauplatz der Lykaonsage, das Gebiet der Stadt Trapezus, die sich, auf ihren

---

[1]) Paus. c. 36, 9 f. u. c. 37 (vgl. c. 3, 3 u. c. 27, 4); Steph. Byz. u. Ἀκακήσιον, Δασέαι u. Μακαρέαι; schol. Iliad. Π, 185; vgl. Ross a. a. O.

[2]) In diesem Heiligthum fanden in älteren Zeiten Schönheitswettkämpfe der Frauen nach einer Stiftung des Kypselos statt: Nikias bei Athen. XIII, p. 609[e].

mythischen Ruhm pochend, am entschiedensten der Gründung von Megalepolis widersetzte; in Folge dieses Widerstandes wurde ein Theil der Bewohner durch die centralistische Partei getödtet, die übrigen wanderten nach Trapezus am schwarzen Meere, das als eine Tochterstadt der altarkadischen Stadt galt, aus, so dass Pausanias nur noch Trümmer von der letzteren vorfand; ebenso von Brenthe, einer an der Quelle des Brentheates, eines östlichen Seitenbaches des Alpheios, der nach nur fünf Stadien langem Laufe in diesen mündet, etwa 20 Minuten östlich von dem Städtchen Karytäna (dessen mittelalterliche Festung zu einem beträchtlichen Theile aus antiken Werkstücken erbaut ist) gelegenen Ortschaft. Etwas weiter östlich, an der Strasse von Gortys nach Megalepolis, stand ein Grabmal der in einer Schlacht gegen König Kleomenes III. von Sparta gefallenen Arkader, welches zur Erinnerung an die Verletzung der Waffenruhe durch Kleomenes Paräbasion (die Stätte der Uebertretung) genannt wurde.[1])

Das Bergland südlich über der Ebene, in welchem die Wurzeln des mächtigsten aller peloponnesischen Gebirge, des Taygeton, liegen, gehörte dem Stamme der Aegyten, der aber frühzeitig, nachdem ein Theil seines Gebietes von den Spartanern erobert worden war, seine selbständige politische Existenz eingebüsst zu haben und als ein Theil des parrhasischen Stammes betrachtet worden zu sein scheint.[2]) Durch diesen Landstrich, aus welchem eine Anzahl wasserreicher Bäche dem Alpheios zufliessen, führten im Alterthum drei Strassen, unter denen die von

---

[1]) Paus. c. 28, 7 u. c. 29; vgl. c. 3, 3; c. 5, 4 u. c. 27, 4 ff.: die beiden an der letzteren Stelle genannten parrhasischen Gemeinden *Ἀκόντιον* (vgl. Steph. u. d. W.) u. *Προσεῖς* (vielleicht *Πρόσυμνα*, vgl. C. I. gr. n. 1535) lassen sich ebensowenig nachweisen als die Stadt Parrhasia, die trotz der von Steph. Byz. u. *Παρρασία* citirten Autoritäten wohl nur einem Missverständniss von Il. *B*, 608 ihre Existenz verdankt. Trapezus erwähnen auch Herod. VI, 127 u. Steph. Byz. u. *Τραπεζοῦς*; *Θωκνία* (oder *Θώκνεια*), *Βάσιλις* u. *Βρένθη* Steph. Byz. u. d. W. Ueber die Oertlichkeiten vgl. Leake Morea II, p. 292 s.; Ross Reisen im Pel. S. 89 f.

[2]) Dies ist daraus zu schliessen, dass Thuk. V, 33 das von den Mantineern in Kypsela nahe der lakonischen Skiritis (also im östlicheren Theile der arkadischen Aegytis) erbaute, von den Lakedämoniern im Jahre 421 v. Chr. zerstörte Castell als *ἐν τῇ Παρρασικῇ κείμενον* bezeichnet.

Megalepolis nach Messene, jedenfalls die bedeutendste, ohne Zweifel ebenso wie die jetzige freilich nur für Saumthiere gangbare Strasse aus der Ebene von Megalepolis nach der nördlichen messenischen Ebene über den sogenannten Makriplagi-Pass gieng, d. h. über den mässig hohen Gebirgsrücken, welcher den Tetrasi mit dem südwestlich von dem Städtchen Leondari bis zur Höhe von 1297 Meter sich erhebenden Hellenitza verbindet. Die Strasse überschritt den Alpheios etwa zwischen den jetzigen Dörfern Agias-bei und Dede-bei in der Nähe der Einmündung des Gatheatas, welcher vorher einen Seitenfluss, den Karnion, aufgenommen hat: der letztere ist ohne Zweifel der jetzige Xerilopotamos, der an den nördlichsten Abhängen des Taygeton entspringt (im Alterthum stand oberhalb seiner Quellen ein Heiligthum des Apollon Kereatas) und in einem engen aber langen Thale am östlichen Fusse des Hellenitza und westlich von Leondari vorüber der Ebene zufliesst, der Gatheatas der weit kürzere westlichere Nebenfluss desselben, der an der Westseite des Hellenitza in der Nähe des Dorfes Kyrades (wo also die alte Ortschaft Gatheä zu suchen ist) entspringt. Ungefähr 40 Stadien vom Alpheios lag an der Strasse Kromoi (auch Kromnos oder Kromna genannt), zu dessen Gebiet, der Kromitis, auch Gatheä, also wohl überhaupt der ganze District westlich vom Hellenitza gehörte, zu Pausanias Zeit in Ruinen, von denen noch einige Ueberreste bei dem Dörfchen Panagiti zur Linken der Strasse sich erhalten haben; 20 Stadien weiter, an den quellenreichen, noch jetzt wohl bewaldeten Höhen des Makriplagi, war ein wohlbewässerter, mit Bäumen bestandener Platz Nymphas, offenbar nach einem Heiligthum der Nymphen benannt; nach weiteren 20 Stadien bezeichnete eine kleine Capelle des Hermes (Hermäon) mit einem Reliefbilde des Gottes die Gränze der Megalepolitis gegen Messenien.[1])

Die zweite durch die Aegytis führende Strasse, die von Megalepolis nach dem Messenischen Karnasion (vgl. oben S. 164) — wohl nur ein hauptsächlich für die gewiss sehr zahlreichen

---

[1]) Paus. c. 34, 5 f., vgl. c. 3, 4 u. c. 27, 4; Steph. Byz. u. *Γαθεαί*, *Κρῶμνα* u. *Νυμφάς*; *ὁ Κρῶμνος* Xen. Hell. VII, 4, 20 ss.; *ἡ Κρῶμνος* Kallisthenes bei Athen. X, p. 452[a] u. [b]. Die Ruinen bei Panagiti erwähnt Vischer Erinnerungen S. 414.

Wallfahrer nach diesem Heiligtum bestimmter Saumpfad — überschritt den Alpheios etwas weiter nordwestlich, etwa in der Gegend von Choremi nahe der Einmündung des Flusses Malus, der vorher einen Seitenbach, den Skyros, aufgenommen hat, gieng 30 Stadien weit auf dem linken Ufer des Malus hin, dann über denselben und ziemlich steil aufwärts nach einem Phädrias genannten Platze (etwa oberhalb des jetzigen Neochori), von welchem die wiederum durch ein Hermäon mit Statuen der Despoina und Demeter, des Hermes und Herakles bezeichnete messenische Gränze nur 15 Stadien entfernt war.[1])

Die dritte Strasse, die von Megalepolis nach Lakonien, führte 30 Stadien südlich von der Stadt über den Alpheios, dann nahe dem linken Ufer des Theius, eines südlichen Nebenflusses desselben (jetzt Kutupharina), aufwärts nach der 40 Stadien vom Alpheios gelegenen Ortschaft Phaläsiä, von welcher das als Gränzmal gegen Lakonien dienende Hermäon bei Belemina (vgl. oben S. 113) 20 Stadien entfernt war.[2]) In derselben Gegend wird auch Kypsela, wo die Mantineer eine im Jahr 421 wieder zerstörte Gränzfestung gegen die lakedämonische Skiritis anlegten,[3]) und vielleicht auch die Ortschaft Skirtonion zu suchen sein.[4]) Leuktron oder Leuktra, eine befestigte Ortschaft, welche bis zur Demüthigung Sparta's durch Epameinondas im Besitze der Spartaner gewesen, dann aber zur Gründung von Megalepolis und zu dessen Gebiet gezogen worden war, scheint im südwestlichen Theile der Aegytis gelegen zu haben; ganz unsicher ist die Lage von Blenina.[5])

---

[1]) Paus. c. 35, 1 f. Am Flusse Malus lag wahrscheinlich die von Paus. c. 27, 4 erwähnte Ortschaft des Aegyten *Μαλαία* oder *Μαλία* (vgl. Xen. Hell. VI, 5, 24), deren Namen Curtius Pel. I, S. 336 auch bei Xen. Hell. VII, 1, 28 u. 29 für *Μηδίας* der Codd. herstellen will.

[2]) Paus. c. 35, 3; Steph. Byz. u. *Φαλαισίαι*.

[3]) Thuk. V, 33, vgl. oben S. 241, Anm. 2. Das von Curtius Pel. I, S. 290 hier angesetzte Castell Athenäon halte ich für identisch mit dem bei Asea gelegenen; s. oben S. 227, Anm. 2.

[4]) Paus. c. 27, 4; Steph. Byz. u. *Σκιρτώνιον*: der Name scheint mir mit dem der Skiritis zusammenzuhängen.

[5]) Paus. c. 27, 4; Thuk. V, 54; Xen. Hell. VI, 5, 24; Plut. Cleomen. 6; Pelop. 20. Die Ansetzung von Leuktron bei Leondari (wo weder Leake Morea II, p. 44 noch Vischer Erinnerungen S. 404 antikes Mauerwerk finden konnten; Leake fand solches bei Samara, ½ Stunde west-

Nachdem wir so das ganze Gebiet von Megalepolis durchwandert haben, müssen wir noch einen Blick auf diese Stadt selbst werfen, die wenigstens durch ihren Umfang (50 Stadien) den stolzen Namen der 'grossen Stadt', den man ihr bei der Gründung im Jahre 371 v. Chr. beigelegt hatte, rechtfertigte. Aehnlich wie Mantineia verdankte sie ihre Sicherheit nicht der natürlichen Beschaffenheit des zu ihrer Anlage erwählten Terrains — eines muldenförmigen Thalbeckens zu beiden Seiten des Helisson, 20 Stadien östlich von der Einmündung desselben in den Alpheios, auf dessen niedrigen Rändern die jetzt fast spurlos verschwundene Ringmauer hinlief — sondern der Stärke und Festigkeit ihrer Mauern, die, obgleich wahrscheinlich mit Ausnahme der Fundamente nur aus Lehmziegeln mit eingezogenen Holzbalken hergestellt, doch nach allen Regeln der entwickelten griechischen Befestigungskunst, wie wir sie noch an den Mauern Messene's erkennen, erbaut und mit zahlreichen hohen Thürmen versehen waren.[1]) Die Stadt leistete auch sowohl einer Belagerung durch König Agis III. von Sparta im Jahre 330 als einer zweiten durch Polysperchon im Jahre 318 (bei welcher die Makedonier schon eine gewaltige Bresche in die Mauer gebrochen hatten, aber durch die Tapferkeit der Vertheidiger und die Klugheit ihres Commandanten Damis zurückgeworfen wurden) hartnäckigen Widerstand.[2]) Doch war wohl schon in dieser relativ glänzendsten Epoche der Geschichte der Stadt, während welcher dieselbe mehrfach durch energische Männer mit monarchischer Gewalt (sogenannte Tyrannen) wie Aristodemos und Lydiadas regiert wurde, der von den Ringmauern umschlossene Raum zu gross für die Bevölkerung, die wahrscheinlich durch den Weg-

---

lich von Leondari) durch Curtius Pel. I, S. 293 ist sehr problematisch; man würde dann bei Xen. l. l. ὑπὲρ τῆς Γαϑεάτιδος anstatt ὑπὲρ τῆς *Μαλεάτιδος* (vgl. oben Anm. 1) erwarten.

[1]) Vgl. die Pläne Expédition de Morée II, pl. 36—38 (darnach Curtius Pel. I, Tfl. V), dazu Ross Reisen im Pel. S. 74 ff.; Curtius Pel. I, S. 281 ff.; Vischer Erinnerungen S. 407 ff.; Annali XXXIII, p. 32; über den Umfang Polyb. IX, 21.

[2]) Aeschin. in Ctesiph. § 165; Diod. XVIII, 70 f. Die Erzählung bei Pausanias c. 27, 13 f. von einem misslungenen Angriffe König Agis IV. auf die Stadt scheint auf einer Verwechslung dieses Königs mit Agis III. zu beruhen; vgl. oben S. 216, Anm. 1.

zug vieler bei der Gründung unfreiwillig hierher versetzter Familien nach ihrer alten Heimath, der durch keinen neuen Zuzug ersetzt wurde, von Jahr zu Jahr abnahm, so dass die Vertheidigung der ausgedehnten Befestigungswerke immer schwieriger wurde. Als nun noch dazu ein grosser Theil der kriegstüchtigen Jugend in den Schlachten der Achäer gegen König Kleomenes III. von Sparta am Berge Lykäon und bei Ladokeia fast vor den Mauern der Stadt (im Jahre 226 v. Chr.) gefallen war, gelang es dem Kleomenes, nachdem ein drei Monate früher unternommener Versuch der Ueberrumpelung der Stadt misslungen war, im Winter des Jahres 222 mit Hülfe von Verräthern innerhalb der Ringmauer sich derselben durch einen Handstreich zu bemächtigen. Etwa zwei Drittel der waffenfähigen Bevölkerung rettete sich nach vergeblichem Widerstande unter Philopoimens Führung mit Weib und Kind nach Messenien; die Zurückgebliebenen wurden getödtet, die Stadt geplündert, die Mauern niedergerissen und die Gebäude zum grossen Theile in Brand gesteckt.[1]) Als der Rest der Bevölkerung nach der Schlacht bei Sellasia (221) heimgekehrt war und sich, wahrscheinlich mit Unterstützung des Antigonos, der ihnen auch einen Peripatetiker Prytanis als Gesetzgeber gesandt hatte, auf der verödeten Stätte wieder nothdürftig angesiedelt hatte, entstanden heftige Zwistigkeiten unter ihnen: die eine Partei verlangte im Hinblick auf die numerische Schwäche und die schlimme Finanzlage, dass der Umfang der Ringmauer beträchtlich verengert würde und dass alle Grundbesitzer den dritten Theil ihres Grundeigenthums abtreten sollten, um damit neu heranzuziehende Ansiedler auszustatten; die andere, jedenfalls hauptsächlich aus den Grundbesitzern bestehende Partei verweigerte in blindem Eigennutz jede Abtretung von Grund und Boden und hielt in kindischem Stolze an dem alten Umfange der Stadt fest. Aratos, der zur Schlichtung det reites herbeigerufen wurde, brachte einen Vergleich zu Stande, der auf einer im Homarion (zu Aegion in Achaia) neben dem Altar der Hestia aufgestellten Stele eingegraben wurde. Den Inhalt dieses Vertrages kennen wir nicht, müssen aber, da die Angabe des Umfanges auf 50 Stadien durch Polybios (s. S. 244, Anm. 1) sich offenbar auf den

---

[1]) Polyb. II, 55 (vgl. IX, 18); Plut. Cleom. 25; Philop. 5; Paus. c. 27, 15 f.

Zustand der Stadt zur Zeit dieses Schriftstellers bezieht, annehmen, dass die Ringmauer, wahrscheinlich mit Unterstützung aus der achäischen Bundeskasse, in ihrem vollen Umfang wiederhergestellt worden ist. Wahrscheinlich hoffte man, dass die sehr zusammengeschmolzene Bevölkerung, die sich in den weiten Mauern unbehaglich fühlen musste, wie eine magere Person in einem für einen corpulenten Körper zugeschnittenen Gewande, durch Zuzug von Aussen sich heben werde; aber vergeblich: die grosse Stadt blieb eine grosse Einöde, was wenigstens den Vortheil hatte, dass die Bürger, als sie mehrere Jahre hindurch wegen der Feindseligkeiten des Spartanischen Herrschers Nabis ihre ausserhalb der Ringmauern belegenen Fluren nicht zu bestellen wagten, in den Strassen der Stadt selbst Getreide säen konnten. Was noch gebaut wurde, geschah mit fremdem Gelde, wie im Jahre 189 v. Chr. eine der von Kleomenes zerstörten Säulenhallen von einer durch die Achäer der Stadt zugewandten Summe wiederhergestellt wurde und wie einige Zeit darauf König Antiochos IV. Epiphanes von Syrien den grösseren Theil des zum Neubau der offenbar schon wieder eingestürzten Ringmauer der Stadt nöthigen Geldes schenkte; aber auch solche Zuwendungen vermochten den Verfall der Stadt nicht aufzuhalten, die indess bis in die spätere römische Kaiserzeit ihre Existenz fristete.[1])

Der von den Ringmauern umschlossene Raum wurde durch den Helisson in zwei Hälften getheilt, die ohne Zweifel durch mehrere Brücken mit einander in Verbindung standen. In der auf dem rechten Flussufer gelegenen nördlichen Hälfte, wo wir noch die Saatfelder, zu denen jetzt der grösste Theil des Terrains der alten Stadt von den Bewohnern des benachbarten Dorfes Sinano benutzt wird, weithin mit Säulen- und Mauerresten bedeckt sehen, lag nicht weit vom Flusse der geräumige, von stattlichen Hallen umschlossene Marktplatz, dessen Mittelpunkt ein unbetretbarer heiliger Bezirk des Zeus Lykäos bildete, wo-

---

[1]) Polyb. V, 93; Plut. Philop. 13; Liv. XXXVIII, 34; XLI, 20; Strab. VIII, p. 388; Paus. c. 33, 1. Dass noch am Ende des 3ten oder Anfang des 4ten Jahrh. n. Chr. einzelne Bauten in der Stadt, wenn auch nur aus Trümmern älterer, ausgeführt worden sind, zeigt die von Ross (Reisen im Pel. S. 81 ff.) theilweise ausgegrabene Säulenhalle.

rin man Altäre, Opfertische und Adlerbilder, sowie eine Statue des Pan mit dem Beinamen Oinoeis sah. Vor dem Eingange des Bezirks stand ein zwölf Fuss hohes Erzbild des Apollon, das von den Phigaleern als Beitrag zum Schmuck der neubegründeten Stadt geliefert worden war; zur Rechten des Bildes hatte früher ein Tempel der Göttermutter gestanden, von dem Pausanias nur noch die Säulen und das Cultbild, sowie von einer Anzahl Statuen, die vor seinem Eingange aufgestellt gewesen waren, die Fussgestelle vorfand.[1]) Hinter dem Bezirk stand eine Stele mit dem Reliefbilde des Historikers Polybios.

Unter den Hallen war eine zu Ehren König Philipps II. von Makedonien Philippeios Stoa benannt, welche sich fast der ganzen Nordseite der Agora entlang hinzog am Fusse zweier niedriger Anhöhen, deren westlichere einen Tempel der Athene Polias, die östlichere, von der eine Quelle Bathyllos ihr Wasser dem Helisson zusandte, einen Tempel der Hera Teleia, beide zu Pausanias Zeit in Trümmern liegend, trug. Neben der Halle, wahrscheinlich westlich, hatte früher ein Tempel des Hermes Akakesios gestanden, von welchem zu Pausanias Zeit nur eine jedenfalls zum Cultbilde des Gottes gehörige marmorne Schildkröte übrig war; an die Ostseite der Halle stiess eine kleinere, welche sechs Bureaux für Regierungsbeamte enthielt; hinter ihr stand ein Tempel der Tyche. An der Ostseite des Marktes, wahrscheinlich am westlichen Fusse einer bis nahe ans Ufer des Flusses sich hinziehenden niedrigen Anhöhe, welche im Alterthum den Namen Skoleitas geführt zu haben scheint, stand eine hauptsächlich für den Verkauf von Parfümeriewaaren bestimmte, daher Myropolis genannte Halle, welche aus der Beute einer siegreichen Schlacht gegen die Spartaner erbaut worden war. Die Südseite des Marktes wurde durch eine nach ihrem Erbauer Aristandros Aristandreios Stoa genannte Halle und zwei geräumige Heiligthümer abgeschlossen: dem östlich von der Halle gelegenen, ringsum von Säulen umgebenen Heiligthum des Zeus Soter und dem an das westliche Ende der Halle sich anschliessenden heiligen Bezirke der 'grossen Göttinnen', d. i. der Demeter und

---

[1]) Paus. c. 30, 2—5. Dass unter diesen Statuen auch die des Philopoimen gewesen sei, ist eine scharfsinnige Vermutung von C. Keil Analecta epigraphica p. 16 ss.

Kora, welcher ausser dem Tempel dieser Göttinnen selbst solche des Zeus Philios (mit einem kleinen Hain dahinter), der Aphrodite und der Kora, sowie zahlreiche Bildwerke enthielt. An die Westseite des Marktes endlich stiess das Gymnasion.[1])

In dem Stadttheile südlich vom Flusse, welcher den besonderen Namen Orestia führte,[2]) war das bedeutendste Bauwerk das Theater, das grösste aller Theater in ganz Hellas, dessen nur zu einem kleinen Theile auf einer natürlichen Anhöhe ruhendes, zum grössten Theile durch Erdaufschüttung und starkes Mauerwerk an beiden Flügeln gebildetes, gegen Norden geöffnetes Halbrund auch jetzt noch, obgleich keine einzige Sitzstufe mehr sichtbar ist, einen stattlichen Eindruck macht. In dem der untersten Sitzreihe zunächst gelegenen Theile der Orchestra sprudelte eine wasserreiche Quelle, die noch jetzt, obgleich verschüttet, den Umwohnern bekannt ist.[3]) In der Nähe des Theaters stand das nach seinem Stifter Thersilion genannte Rathhaus, das Versammlungslocal für die Volksvertretung, den Rath der Zehntausend, von dem Pausanias nur noch die Fundamente vorfand; daneben ein für Alexander den Grossen errichtetes, mit einer Herme des Ammon geschmücktes Haus, das später in Privatbesitz übergegangen war. Verschiedene Heiligthümer, sämmtlich zu Pausanias Zeit verfallen, waren in der Nähe des Theaters vereinigt: ein gemeinsames der Musen, des Apollon und des Hermes, eins des Ares, eins der Aphrodite; oberhalb des letzeren, das also nordöstlich vom Theater nach dem Flusse zu gelegen haben

---

[1]) Paus. c. 30, 6—31, 9; dazu Ross Reisen im Pel. S. 76 ff.; Curtius Pel. I, S. 285 ff. Der Fluss scheint übrigens seinen Lauf etwas geändert zu haben, da ich an zwei Stellen im jetzigen Flussbett antike Mauerreste, die nicht von einer Brücke herrühren können, bemerkte.

[2]) Steph. Byz. u. *Μεγάλη πόλις* sagt nur: *ἐκαλεῖτο δὲ κατὰ τὸ ἥμισυ μέρος Ὀρεστία ἀπὸ τῆς τοῦ Ὀρέστου παρουσίας*: dass damit der südlichere Stadttheil gemeint ist, zeigt die an der Strasse nach Messene gelegene Gruppe von auf Orestes bezüglichen Heiligthümern und Denkmälern (Paus. c. 34, 1 ss.). Die Bevölkerung der Stadt, respective des Staates, war in eine Anzahl Phylen getheilt, von denen wir nur noch eine, die der *Λυκαεῖται*, mit Namen kennen: s. die Inschr. Annali XXXIII, p. 33 ss.

[3]) Paus. c. 32, 1; vgl. den Plan Expéd. de Morée II, pl. 39; Wieseler Theatergebäude S. 6, Tfl. I, 20. Beispiele von Quellen, Brunnen und Cisternen in antiken Theatern giebt Wieseler 'Griechisches Theater' in der Allgem. Encycl. d. Wiss. u. Künste Sect. I, Bd. 83, S. 238.

muss, zog sich das Stadion hin, das mit seinem westlichen Ende an den östlichen Flügel des Theaters stiess; auch in ihm entsprang eine Quelle, dem Dionysos geweiht, dessen zwei Generationen vor Pausanias vom Blitz zerstörter Tempel das Ostende des Stadions abschloss. In der Nähe des Stadions stand auch ein gemeinsamer Tempel des Herakles und des Hermes, an dessen Stelle später ein blosser Altar beider Götter getreten war. Weiter östlich lagen auf einem Hügel von geringer Erhebung ein von Aristodemos gestifteter Tempel der Artemis Agrotera und zur Rechten desselben ein heiliger Bezirk mit einem Heiligthum des Asklepios und der Hygieia und einer Anzahl etwas weiter abwärts am Abhang des Hügels aufgestellter Hermenbilder der sogenannten 'arbeitenden Götter' (*Ἐργάται*): der Athene Ergane, des Apollon Agyieus, des Hermes, des Herakles und der Eileithyia. Am Fusse des Hügels endlich lag ein Heiligthum des in Knabengestalt verehrten Asklepios, in dessen Nähe wieder eine Quelle entsprang, deren Wasser nach dem Helisson abfloss.[1])

In der nähern Umgebung der Stadt fand sich an den von den Hauptthoren derselben aus nach verschiedenen Richtungen führenden Strassen, von denen schon oben bei der Schilderung des Landgebietes der Stadt die Rede war, eine Anzahl von Heiligthümern und sonstigen Denkmälern, die zum grössten Theile noch aus der Zeit vor der Gründung der Stadt datirten. So lag zur Linken der Strasse nach Messene sieben Stadien vom Thore ein Platz, Maniai genannt nach einem Heiligthum der unter demselben Namen (als Furien) verehrten Göttinnen, die an einem nicht weit von da entfernten, Ake (Heilungen) genannten Platze in einem zweiten Heiligthum als Eumenides zugleich mit den Chariten verehrt wurden; zwischen beiden Heiligthümern, an welche die Legende vom Orestes, der am erstern Platze von der Raserei ergriffen, am zweiten davon geheilt worden sein sollte, sich knüpfte, erhob sich ein niedriger Erdhügel mit einem aus Stein gearbeiteten Finger auf der Spitze, das sogenannte Fingermal, das nach der Legende ebenfalls das Andenken des

[1]) Paus. c. 32; vgl. Ross Reisen im Pelop. S. 74 f. Ein nicht näher zu bestimmender Theil der Stadt, der bis an die Ringmauer reichte, hiess *ὁ Φωλεός* nach Polyb. IX, 18; vgl. II, 55, wo derselbe Name (statt *Κωλαιόν*) herzustellen ist.

Orestes, der sich hier in einem Anfall von Raserei einen Finger abgebissen habe, verewigte, wie man auch noch in der Nähe der Ake genannten Oertlichkeit 'den Scheerplatz' (Kureion) zeigte, an welchem Orestes, nachdem er wieder zur Besinnung gekommen, sich die Haare habe scheeren lassen.[1])

An der Strasse nach Methydrion lag dreizehn Stadien vom Thore auf einem **Skiadis** genannten Platze ein von Aristodemos errichtetes, zu Pausanias Zeit verfallenes Heiligthum der Artemis Skiaditis.[2])

Auf der Strasse, welche vom 'Sumpfthor' an der Ostseite der Stadt aus längs des Helisson nach den Dörfern der Mänalier führte, hatte man zur Linken einen Tempel des 'guten Gottes', weiterhin den Grabhügel des Aristodemos und ein Heiligthum der Athena Machanitis; zur Rechten ein Temenos des von den Megalepoliten durch ein jährliches Opferfest gefeierten Boreas, das angebliche Grabdenkmal des Oikles, des Vaters des Amphiaraos, und fünf Stadien vom Thore den Tempel und Hain der 'Demeter im Sumpfe', welcher nur für Weiber zugänglich war.[3])

Während die Megalepolitis im Westen sich mit einem schmalen Strich, dem alten Gebiete der Kynuräer, bis zur Gränze von Elis (Triphylien) erstreckte (vgl. oben S. 233), ward sie im Südwesten von einem arkadischen Cantone begränzt, dessen Bewoh-
Phigalia. ner, die **Phigaleis**, obwohl sie der Gründung von Megalepolis

---

[1]) Paus. c. 34, 1 ff.: in § 3 nehme ich nicht, wie Schubart, Curtius u. a., eine Lücke, sondern eine Corruptel des Wortes ἱερόν an und schreibe: πρὸς δὲ τῷ χωρίῳ τοῖς Ἄκεσιν ἕτερόν ἐστιν ὀνομαζόμενον **Κουρεῖον**. In dem Δακτύλου μνῆμα vermutet F. Liebrecht (Heidelberger Jahrbücher 1869, S. 805) wohl mit Recht das Grabmal eines Muttermörders nach der noch jetzt im Volksglauben erhaltenen Anschauung, dass einem Muttermörder (oder einem Kinde, das seine Mutter schlägt) die Hand zum Grabe herauswachse, eine Erklärung, die mir berechtigter scheint als die zweite von demselben Gelehrten ausgesprochene Vermuthung, dass der steinerne Finger vielmehr ein Phallos gewesen sei. Die von Dodwell (Class. u. topogr. Reise II, 2, S. 242 f.) in einer Kirche 20 Minuten südöstlich von Sinano gefundenen, auf das Heiligthum der Maniä bezogenen Reste eines kleinen dorischen Tempels liegen nicht in der Richtung der Strasse nach Messene, sondern der nach Pallantion, könnten also eher von Oresthasion (s. oben S. 227) herrühren.

[2]) Paus. c. 35, 5; vgl. Steph. Byz. u. Σκιάς, wo der Platz Σκιάς (Ethnikon Σκιάτης) genannt wird.

[3]) Paus. c. 36, 5 f.

in keiner Weisse feindlich gegenüber traten, doch auch nach derselben ihre cantonale Selbständigkeit bewahrten. Dieser Canton, ein rauhes Bergland ohne Ebenen, daher fast ausschliesslich für Viehzucht geeignet, wird in seiner ganzen Länge von etwa fünf Stunden von der Neda durchflossen, die vom Kerausion herabkommend, in einer engen ziemlich genau von Osten nach Westen gerichteten Schlucht, wenn auch mit mannigfachen Krümmungen, zwischen den Abhängen der das Lykäon wie die Nomia gegen Westen hin fortsetzenden Gebirgszüge, von denen sie namentlich von Norden her mehrere Zuflüsse erhält, dahin fliesst. Die Hauptstadt des Cantons, Phigalia oder Phialia,[1] lag auf einer halbkreisförmig von Bergen (dem Kotilion im Nordosten und dem Elaion im Nordwesten) umschlossenen, nach Süden gegen die Neda hin steil abfallenden Hochfläche über dem nördlichen Ufer der Neda, in welche ein nahe an der Ostseite der Stadt vorüberfliessender Giessbach, der Lymax, einmündet.[2] Die noch in ihrer ganzen Ausdehnung von etwas über eine Stunde erkennbare, durch theils runde, theils viereckte Thürme verstärkte Ringmauer folgt genau den Rändern des Plateaus, dessen höchster, im Nordosten gelegener Theil eine kleine von besonderen Mauern umschlossene Akropolis von elliptischer Form bildet;[3] innerhalb derselben lag wahrscheinlich das Heiligthum der Artemis Soteira, der Ausgangspunkt der festlichen Aufzüge

---

[1]) Paus. c. 3, 1 ff. u. c. 39, 2 giebt die mythische Tradition, dass die Stadt zuerst nach ihrem Gründer Phigalos, einem Sohne des Lykaon (oder, wie Andere behaupteten, einem Autochthonen) *Φιγαλία* (welcher Name auch zu Paus. Zeit wieder im Gebrauch war), später nach Phialos, dem Sohne des Bukolion, *Φιάλεια* genannt worden sei (vgl. Steph. Byz. u. *Φιγάλεια*). Für *Φιάλεια* (Ethnikon *Φιαλεύς*) zeugen eine in Pavlitza gefundene, einen Vertrag zwischen den Phialeern, Messeniern und Aetolern enthaltende Inschrift (Archäol. Anzeiger 1859 S. 111* f.; vgl. Annali XXXIII, p. 56 s.), eine Inschrift aus Mavromati bei Leake Morea III, Inscr. n. 46 u. Münzen mit der Legende *ΦΙΑΛΕΩΝ*. Die Ueberlieferung der Handschriften ist ziemlich schwankend (besonders bei Polybius, der die Stadt öfter erwähnt). Vgl. Lobeck Pathol. p. 104.

[2]) Paus. c. 39, 5; 40, 2 u. 7; vgl. Conze u. Michaelis Annali XXXIII, p. 57 ss.

[3]) Vgl. Leake Morea I, p. 494 ss.; Ross Reisen im Pelop. S. 98 und den Plan in der Expéd. de Morée II, pl. 1, wiederholt bei Curtius Pelop. I, Tfl. VI.

der Phigaleer. Ausser diesem notirt Pausanias in der Stadt ein Gymnasion, einen Tempel des Dionysos Akratophoros (in dessen Nähe wahrscheinlich das von Diodor XV, 40 erwähnte, zu Pausanias Zeit wohl gänzlich verfallene Theater lag) und die Agora mit einem sehr alterthümlichen Steinbilde des Arrhachion, der bei der 54. Olympiadenfeier sterbend im Pankration gesiegt hatte, und einem gemeinsamen Grabmale für hundert Männer aus Oresthasion, welche die Ol. 30, 2 durch die Lakedämonier aus ihrer Heimath vertriebenen Phigaleer bei der Wiedereroberung der Stadt mit Aufopferung ihres Lebens unterstützt hatten und in dankbarer Erinnerung daran jährlich ein Heroenopfer erhielten; ausserhalb der Stadt das auf einem steilen Felsvorsprung östlich über dem Vereinigungspunkte des Lymax mit der Neda in einem Cypressenhain gelegene Heiligthum der Eurynome, einer vom Volksglauben mit der Artemis identificirten Göttin des feuchten Elements, deren Cultbild, halb Weib, halb Fisch, nur einmal im Jahre, am Feste der Göttin, wo das sonst streng verschlossene Heiligthum geöffnet und Opfer von Staatswegen und von Privatleuten darin dargebracht wurden, dem Volke sichtbar war; endlich noch etwas weiter östlich, zwölf Stadien von der Stadt, warme Bäder.[1]) Ausserdem lagen im Gebiete der Stadt zwei Heiligthümer, von denen das eine den Besuchern durch die eigenthümlichen Legenden und Cultgebräuche, die sich daran knüpften, heilige Scheu und Ehrfurcht, das andere durch die künstlerische Vollendung seines architektonischen und plastischen Schmuckes Bewunderung einflösste. Das erstere war die in einer grossartigen Felswildniss dreissig Stadien westlich von Phigalia, am Fusse des Elaion (des jetzigen Berges von Smarlina) über dem rechten Ufer der Neda, deren Wasser hier auf eine Strecke von 100 — 150 Schritt durch grosse eine natürliche Brücke über den Fluss bildende Felsmassen den Blicken des Wanderers verdeckt wird, befindliche Grotte der schwarzen Demeter, worin diese Göttin,

[1]) Paus. c. 39, 3 ff.; c. 40 u. c. 41, 1—6. Die kleine Akropolis ist wahrscheinlich das von Polyb. IV, 79 erwähnte Πολεμάρχειον. Dass die Feste des Dionysos mit Chören und reichlichen Mahlzeiten gefeiert wurden, überhaupt Essen und Trinken bei den Phigaleern eine grosse Rolle spielten, zeigen die Notizen aus Harmodios von Lepreon Schrift περὶ τῶν κατὰ Φιγάλειαν (oder παρὰ Φιγαλεῦσι) νομίμων bei Athen. IV, p. 148[f] ss.; X, p. 442[b]; XI, p. 465[e] u. p. 479[c].

von Zorn und Trauer erfüllt, lange Zeit sich verborgen und den Menschen ihre Gaben vorenthalten haben soll, bis Pan sie entdeckte und dem Zeus ihren Aufenthaltsort anzeigte, der die Moiren zu ihr sandte, welche sie bewogen diesen ihren düstern Schmollwinkel zu verlassen. Die Grotte wurde dann von den Phigaleern als Heiligthum der Göttin eingerichtet und mit einem Schnitzbilde versehen, welches dieselbe sitzend in langem Gewande mit einem Pferdekopf und Pferdemähne anstatt menschlichen Hauptes, mit Schlangen und anderem Gethier daran, einen Delphin in der einen, eine Taube in der anderen Hand haltend, darstellte. Dieses seltsame Bild war bald nach den Perserkriegen von Feuer verzehrt und in Folge dessen der Cult der Göttin von den Phigaleern vernachlässigt worden. Da kam eine schwere Hungersnoth über das Land und das Delphische Orakel verkündete den es um Rath und Hülfe angehenden Bewohnern, dass dieselbe nur dann aufhören werde, wenn sie den Zorn der Demeter durch Wiederherstellung ihres Heiligthums und ihres Cultus besänftigt haben würden, worauf diese durch den äginetischen Meister Onatas eine Nachbildung des alten Xoanon in Erz anfertigen liessen. Auch dieses Erzbild war zur Zeit des Pausanias spurlos verschwunden — wie ein Greis dem Reisenden erzählte, wären drei Generationen vor seiner Zeit Felsblöcke von der Decke der Grotte herabgestürzt und hätten es völlig zerstört — aber der öffentliche sowie Privat-Cultus der Göttin war dadurch nicht beeinträchtigt: alljährlich brachte eine Priesterin im Verein mit dem jüngsten Mitgliede des aus drei Bürgern von Phigalia bestehenden Collegiums der Hierothytä auf dem vor dem Eingang der von einem Eichenhain umgebenen Grotte errichteten Altare ein aus Obst, Weintrauben, Honigwaben und frischgeschorner Wolle, worüber Oel ausgegossen wurde, bestehendes Opfer. Und wie wir öfter, namentlich an Plätzen, wo die Natur selbst das menschliche Gemüth zur Andacht und ehrfurchtsvollen Scheu vor der Gottheit stimmt, eine ununterbrochene Tradition des Cultus von der ältesten Zeit bis zur Gegenwart finden, so ist dies auch hier der Fall: noch heut zu Tage versammeln sich am Feste der Mutter Gottes die Bewohner des auf einem kleinen Theil des Terrains des alten Phigalia gelegenen Dorfes Pavlitza und benachbarter Ortschaften unter den hohen Eichbäumen um die Grotte, deren durch eine kleine Mauer, unter welcher noch jetzt die von Pausanias erwähnte Quelle hervorsprudelt, verschlossenes Innere eine ärmliche Capelle der Panagia (Madonna) bildet, um derselben ihre Verehrung zu bezeugen.[1])

Das zweite Heiligthum im Gebiete von Phigalia war der oberhalb der zwei Stunden nordostwärts von der Stadt entfernten kleinen Ortschaft Bassä auf einem kleinen, an der Nordseite durch den Gipfel des Kotilion überragten Hochplateau, welches eine herrliche Aussicht nach Westen, Süden und Osten hin gewährt, 1131 Meter über dem Meere gelegene Tempel des Apollon Epikurios, ein mit der Front gegen Norden gerichteter dorischer Peripteros hexastylos (mit 6 × 15 Säulen) aus einem feinen gelblich-weissen Kalkstein, das Dach und der plastische Schmuck aus Marmor, welcher von dem berühmten attischen Baumeister Iktinos um den Beginn des Peloponnesischen Krieges erbaut worden war, noch heut zu Tage eine der schönsten und best erhaltenen Tempelruinen Griechenlands. Das Innere der Cella, deren jedenfalls hypäthrales Dach durch eine Doppelreihe von je fünf durch Wandpfeiler mit den Seitenwänden verbundenen ionischen Halbsäulen getragen wurde, war mit einem 100 engl. Fuss langen, 2 Fuss $1^1/_2$ Zoll hohen, aus 23 Platten zusammengesetzten Fries, wahrscheinlich einem nach attischen Vorbildern von peloponnesischen Künstlern gearbeiteten Werke, geschmückt, der im Jahre 1811 durch eine Gesellschaft von Archäologen und Architekten verschiedener Nationen aus dem Schosse der Erde, die ihn vor gänzlicher Zerstörung bewahrt hat, wieder ans Tageslicht gefördert wurde und jetzt im britischen Museum aufbewahrt ist; auch die Metopen des Hauptfrieses waren mit Sculpturen, von denen nur wenige Bruchstücke erhalten sind, versehen. Das zwölf Fuss hohe Erzbild des Gottes war von den Phigaleern nach der Gründung von Megalepolis als ein Beitrag zum Schmuck der neugegründeten Stadt geschenkt und dort auf der Agora vor dem Temenos des Zeus Lykäos aufgestellt worden (s. oben S. 247); in dem Tempel scheint dasselbe (obwohl Pausanias kein Cultbild darin erwähnt) durch ein Akrolith (Holzstatue mit Kopf, Händen und Füssen aus Marmor) ersetzt worden zu sein, da sich im Innern der Cella

---

[1]) Paus. c. 42; dazu Beulé Études sur le Péloponnèse p. 154 ss.; Annali Vol. XXXIII, p. 58 ss.

Bruchstücke colossaler Hände und Füsse aus parischem Marmor gefunden haben.[1])

Oberhalb des Apollontempels stand in einer kleinen gegen Süden geöffneten Einsenkung nahe dem höchsten Gipfel des Berges ein Tempel der Aphrodite, der noch zu Pausanias Zeit, obgleich das Dach eingestürzt war, ein Cultbild enthielt; einige Minuten südwestlich unterhalb des Apollontempels entspringt eine Quelle, deren Wasser sich nach kurzem Laufe im Boden verliert.[2])

Wie durch das Gebiet der Phigaleer im Südwesten, wird die Megalepolitis im Nordwesten durch einen selbständigen Canton begränzt, welcher durch seine die längs des Alpheios hinführende Hauptstrasse aus Arkadien nach Olympia beherrschende Lage ein nicht gleichgültiger, durch seine aus Eifersucht auf seine cantonale Selbständigkeit entsprungene Feindseligkeit gegen die Bestrebungen der arkadischen Einheitspartei ein gefährlicher Nachbar für Megalepolis war: die Heräitis, das Gebiet der nach der einheimischen Tradition von Heräeus, einem Sohne des Lykaon, wie ihr alter Name Sologorgos vermuthen lässt vielmehr wohl von semitischen Ansiedlern aus Kypros, die von der eleischen Küste aus bis hierher vorgedrungen sein mögen, gegründeten Stadt Heräa.[3]) Ihr Gebiet, dessen Gränzen gegen Elis durch Heräitis.

---

[1]) Paus. c. 41, 7 f., vgl. c. 30, 3 f. Ueber den Tempel s. ‘Der Apollotempel zu Bassä in Arkadien und die daselbst ausgegrabenen Bildwerke, dargestellt und erläutert durch O. M. Baron von Stackelberg’, Frankfurt 1826; ‘The temple of Apollo Epicurius at Bassae near Phigalia and other antiquities in the Peloponnesus, illustrated by Thomas Leverton Donaldson, Architect’, in ‘Antiquities of Athens and other places in Greece, Sicily etc. Vol. IV’ (London 1830); Expédition de Morée Vol. II, pl. 4—30; Ivanoff in den Annali Vol. XXXVII (1865) p. 29 ss.

[2]) Paus. c. 41, 10, wo die Worte *Κώτιλον μὲν ἐπίκλησιν, Ἀφροδίτη δέ ἐστιν ἐν Κωτίλῳ* jedenfalls, wie auch Schubart annimmt, verderbt und vielleicht so zu verbessern sind: *Ἔστι δὲ ὑπὲρ τὸ ἱερὸν τοῦ Ἀπόλλωνος τοῦ Ἐπικουρίου Κωτιλὼ* (*Κωτίλω* die besten codd.) *μὲν ἐπίκλησιν, Ἀφροδίτη δέ ἐστιν ἡ Κωτιλώ* (*ἐν Κωτίλῳ* codd.). Ueber die Reste des Tempels s. Ross Reisen im Pelop. S. 100 f.

[3]) Paus. c. 26, 1; Steph. Byz. u. *Ἡραια:* letzterer giebt den deutlich an die Kyprischen Ortsnamen *Σόλοι* und *Γολγοί* erinnernden Namen *Σολογοργός*. Vermuthlich war die Stadt ursprünglich eine Pflanzstätte des Cultus der kyprischen Aphrodite, welche Göttin nach der Hellenisirung der Bevölkerung mit der hellenischen Hera identificirt und dar-

den Lauf zweier Seitenflüsse des Alpheios, des von Norden her von dem gleichnamigen Gebirge kommenden Erymanthos[1]) (jetzt Doana) und des von Süden her einströmenden Diagon (vgl. oben S. 233), gegen die Megalepolitis durch die Quellen des von Nordosten dem Alpheios zufliessenden Baches Buphagos,[2]) im Norden gegen die Thelpusia durch die Tuthoa, einen westlichen Nebenfluss des Ladon[3]) bezeichnet waren, wird ausser dem Alpheios von einem zweiten, an Länge des Laufes demselben fast ebenbürtigen, an Wasserreichthum ihm überlegenen Flusse durchströmt, dem Ladon (vgl. oben S. 186), der 15 Stadien westlich von der Stadt Heräa von Norden her in den Alpheios einmündet; unmittelbar vor der Einmündung theilt er sich in mehrere Arme, welche ein flaches, mit Platanen bewachsenes Delta, die Rabeninsel (*Κοράκων νᾶσος*) der Alten,[4]) umschliessen.

Der beste Theil des Gebiets ist die fruchtbare, für Wein-[5])

---

nach die Stadt in *Ἥραια* umgetauft wurde. *ἡ Ἡραιῖτις χώρα* Paus. V, 7, 1.

[1]) Paus. c. 26, 3, nach welchem die Arkader den Erymanthos, die Eleer dagegen den Grabhügel des Koröbos, des Siegers im Wettlauf bei der ersten gezählten Olympienfeier, als Gränze bezeichneten: da nun die Eleer gewiss nicht zu ihrem Schaden die Gränze regulirt haben werden, so kann, wie schon Curtius (Pelop. I, S. 367) u. Vischer (Erinnerungen S. 462 f.) richtig bemerkt haben, jener Grabhügel nicht auf dem rechten Ufer des Erymanthos, wo sich allerdings ein stattlicher, im December 1845 durch den Architekten Schaubert auf Kosten der preussischen Regierung theilweise geöffneter Tumulus befindet (vgl. Ross Reisen im Pelop. S. 107 u. Wanderungen in Griechenland I, S. 192 ff.), sondern nur in einiger Entfernung vom linken Ufer des Flusses gesucht werden.

[2]) Paus. V, 7, 1; VIII, 26, 8; 27, 17.

[3]) Paus. c. 25, 12; das von den Arkadern so genannte *Πεδίον* ist offenbar das zwischen der Tuthoa und einem weiter südlich fliessenden Bache über dem linken Ufer des Ladon aufsteigende, von zwei kleinen Schluchten durchschnittene Plateau, in dessen nördlichstem Theile jetzt das Dörfchen Vláchi liegt.

[4]) Paus. c. 25, 12 f.; vgl. Leake Morea II, p. 90; Ross Reisen im Pel. S. 107; Curtius Pel. I, S. 369, die nur von zwei Armen des Flusses sprechen, während Vischer (Erinnerungen S. 462), offenbar in Folge einer Veränderung des Flussbettes, drei Arme vorfand.

[5]) Von dem Wein von Heräa, wo noch jetzt ein trefflicher starker Rothwein gebaut wird, glaubte man im Alterthum, dass er die Männer rasend, die Frauen fruchtbar mache: s. Theophrast. Hist. plant. IX, 18, 10, welche Stelle von den älteren Herausgebern aus Athen. I, p. 31 f.,

und Getreidebau gleich gut geeignete Ebene, welche sich am rechten Ufer des Alpheios binzieht; in dieser lag auch auf einem gegen den Fluss allmälig abfallenden, im Osten und Westen von einer unbedeutenden Schlucht begränzten Hügel (südwestlich von den jetzigen Dörfern Hagios Ioannis und Anemoduri) die Stadt Heräa, von welcher noch ziemlich ausgedehnte, aber unansehnliche Ueberreste vorhanden sind. Zeugniss für ihre politische Bedeutung in der älteren Zeit giebt eine etwa um Ol. 50 abgefasste Urkunde (C. I. gr. n. 11), welche einen Bundesvertrag auf 100 Jahre zwischen den Eleern (*ϝαλεῖοι*) und Heräern (*Ἡρϝαοῖοι*) enthält. Die Stadt selbst hatte damals und lange nachher noch bei weitem nicht den Umfang, von welchem noch die Ruinen jetzt Zeugniss geben, sondern war jedenfalls auf die obere Fläche des Hügels, die spätere Oberstadt, beschränkt, indem der grösste Theil der Bevölkerung in Dörfern oder auf einzelnen Landgütern wohnte; erst um die Zeit der Gründung von Megalepolis wurde durch die Spartaner, offenbar um den Bestrebungen der arkadischen Einheitspartei ein Paroli zu biegen, ein Synoikismos veranstaltet, wodurch die Bewohner von neun ländlichen Ortschaften der Heräitis nach der jedenfalls in Folge dessen beträchtlich erweiterten und neu befestigten Stadt übersiedelten.[1]) Diese trat später dem achäischen Bunde bei, übergab sich im Jahre 224 v. Chr. dem Antigonos Doson, gerieth dann für einige Zeit in die Hände der Aetoler und wurde endlich nach mehrfachem Be-

---

Aelian. Var. hist. XIII, 6 u. Plin. N. h. XIV, 18, 116 richtig hergestellt worden ist.

[1]) Strabon. VIII, p. 337, nach welchem der Synoikismos durch Kleombrotos (König von Sparta 380 — 371) oder durch Kleomenes (so richtig Böckh C. I. gr. I, p. 27 für *Κλεωνύμου* der Codd.; gemeint ist Kleomenes II., König von 370—309) geschah: vgl. Curtius Pel. I, S. 394. Der von Xenoph. Hell. VI, 5, 22 erwähnte Einfall des arkadischen Bundesheeres ins Gebiet von Heräa (369 v. Chr.) hat wahrscheinlich kurz vor dem Synoikismos stattgefunden, da Xenophon nur vom Anzünden der Häuser und Abhauen der Bäume, aber von keinem Angriff auf die Stadt spricht. Auf die Stadt vor dem Synoikismos, die jedenfalls im Wesentlichen nur ein befestigter Zufluchtsort für die Bewohner der Landgemeinden war, glaube ich auch, trotz des Widerspruchs von Curtius Pel. I, S. 346, die Erwähnung von Heräa als eines *χωρίον ὀχυρόν* bei Diodor. XV, 40 beziehen zu müssen.

sitzeswechsel durch die Römer im Jahre 196 v. Chr. definitiv den Achäern zurückgegeben.[1])

Durch diese mannichfachen Wechselfälle hatte die Stadt offenbar schwer gelitten, aber in den friedlichen Zeiten der beiden ersten Jahrhunderte unserer Zeitrechnung sich einigermassen wieder erholt, so dass sie noch Pausanias in leidlichem Zustande vorfand. Zwar von dem alten, offenbar in der Oberstadt gelegenen Haupttempel, dem der Hera, waren nur noch die Säulen und andere Trümmer vorhanden, aber zwei Tempel des Dionysos, in welchen der Gott unter den Beinamen Polites und Auxites verehrt wurde, ein Gebäude zur Feier der Orgien des Dionysos und ein Tempel des Pan standen noch aufrecht und längs des Alpheios zogen sich von Myrthengebüsch und Bäumen eingefasste Promenaden mit Anlagen zu Bädern hin.[2])

Den Verkehr der Stadt mit der Gegend südlich vom Alpheios vermittelte eine jetzt nicht mehr nachweisbare Brücke über diesen Fluss, über welche die Strasse nach Aliphera gieng.[3]) Die wichtigsten Verkehrsstrassen aber waren die westwärts über den gewiss ebenfalls überbrückten Ladon nach Olympia, und die in südöstlicher Richtung nach Megalepolis führende; an letzterer lag ungefähr zwei Stunden von Heräa in einer waldigen und wasserreichen Gegend die zu Pausanias Zeit verlassene alte Ortschaft Meläneä, welcher einige Ruinen von Bädern und dergleichen in der Nähe des Dorfes Kakuraika anzugehören scheinen, und 40 Stadien weiter hart an der Gränze der Megalepolitis, bei dem jetzigen Dorfe Trypäs, die Ortschaft Buphagion.[4])

Nördlich von der Heräitis erstreckte sich zwischen Elis im Westen, der Psophidia (gegen welche die Gränze zu Pausanias

---

[1]) Polyb. II, 54; XVIII, 25; 30; Liv. XXVIII, 8; XXXII, 5; XXXIII, 34.

[2]) Paus. c. 26, 1 f. Dass Strab. VIII, p. 388 Heräa unter die Städte rechnet, 'welche entweder gar nicht mehr vorhanden oder von denen kaum noch Spuren und Wahrzeichen sichtbar sind', ist offenbar eine aus mangelnder Autopsie entsprungene Uebertreibung. Dass auch der Alpheios ein Heiligthum in der Stadt hatte, ist aus Aelian. Var. hist. II, 33 zu schliessen.

[3]) Polyb. IV, 77 f.

[4]) Paus. c. 26, 8, vgl. c. 3, 3 u. V, 7, 1; Plin. N. h. IV, 6, 20; Steph. Byz. u. Μελαιναί; Pouillon-Boblaye Recherches p. 159; Curtius Pelop. I, S. 356 f.

Zeit durch eine südlich vom Eichwald Aphrodision, wahrscheinlich auf dem Rücken des jetzt nach dem heil. Petros benannten Gebirges aufgestellte Stele mit alterthümlicher Inschrift bezeichnet war) im Norden, der Kleitoria und Megalepolitis im Osten die Thelpusia oder Telphusia,[1] ein durchaus gebirgiger, aber von mehreren bedeutenden Wasseradern — dem Ladon, einem von den Alten Arsen genannten, vom Aphrodisionwalde herkommenden nordwestlichen Nebenflusse desselben, und dem Erymanthos — durchzogener Canton, dessen Hauptort, Thelpusa oder Telphusa, an und auf einer von zwei kleinen Bächen im Norden und Süden umflossenen Anhöhe über dem linken Ufer des Ladon (etwas nordwestlich von dem jetzigen Dörfchen Vanäna) lag. Die schon zu Pausanias Zeit zum grössten Theil verödete Stadt, von der jetzt nur noch einige Spuren der Ringmauer, Säulenstücke und Trümmer eines grossen Wasserbassins, sowie eines wahrscheinlich zu Badeanlagen bestimmten Backsteingebäudes mit gewölbter Decke übrig sind, verdankte ihren Namen und wohl auch ihre Entstehung einer nach dem Ladon abfliessenden Quelle, deren wahrscheinlich als heilkräftig geltendes Wasser zur Errichtung eines Tempels des Asklepios, mit welchem, wie so häufig, eine Curanstalt verbunden sein mochte, Veranlassung gab.[2] Thelpusia

Südlich von der Stadt standen auf einem Onkeion genannten Platze am linken Ufer des Ladon, angeblich der Stätte einer alten Stadt Onkä, Heiligthümer der Demeter Erinnys und, etwas weiter stromabwärts, des Apollon Onkäatas, letzterem gegenüber auf dem rechten Flussufer ein Heiligthum des Asklepios als Knabe mit dem Grabmale seiner angeblichen Amme Trygon.[3]

---

[1]) Der Name lautet *Θέλπουσα, Θελπουσία* bei Paus. c. 25, 1 ff. und auf Münzen (*ΘΕΛ*); *Θάλπουσα* bei Steph. Byz. u. d. W.; *Θάρπουσα* bei Hierocl. Synecd. 10 (p. 392, 13 ed. Bekk.); *Τέλφουσα, Τελφουσία* bei Polyb. II, 54; IV, 60; 73; 77; Diod. XVI, 39; Lycophr. Alex. 1040; Steph. Byz. u. d. W.; Hesych. u. . . . . ε *Λουσία*. Der Name ist, da er ursprünglich eine Quelle bezeichnete (Paus. c. 25, 2), wohl von *θάλπω* herzuleiten.

[2]) Paus. c. 25, 2 f., der ausser dem Tempel des Asklepios nur noch ein verfallenes Heiligthum der 12 Götter und die zu seiner Zeit am Ende der Stadt gelegene Agora erwähnt. Ueber die Ruinen s. Ross Reisen im Pel. S. 111 f.; Leake Morea II, p. 97 ss.

[3]) Paus. c. 25, 4 ff.; vgl. Etym. M. p. 613, 42; Steph. Byz. u. *Ὄγκειον*; Lycophr. Al. 1225 c. schol. Die Uebereinstimmung der Namen

Flussaufwärts von Thelpusa, an der Gränze gegen die Kleitoria, lag ein Heiligthum der Demeter Eleusinia mit sieben Fuss hohen Steinbildern der Demeter, der Kora und des Dionysos; ferner 40 Stadien nördlich von der Stadt, 25 Stadien südlich von der Stelle, wo die durch den Aphrodisionwald kommende Strasse von Psophis her den Arsenbach in seinem obersten Laufe überschritt, an dieser Strasse zwischen den Trümmern einer Kome Kaus ein Heiligthum des Asklepios Kausios.[1]) Endlich eine Stunde westwärts von Thelpusa, wo sich in beträchtlicher Höhe über dem rechten Ufer des Arsen zwischen den Dörfern Rhachās und Stavri Reste einer alten Ortschaft finden, lag wahrscheinlich Stratos, ein befestigter Ort, welcher während des Bundesgenossenkrieges von den Eleern occupirt, im Jahre 218 durch Philipp V. von Makedonien den Thelpusiern zurückgegeben wurde.[2])

Psophidia. Die über Thelpusa und Kaus führende Strasse von Heräa nach Psophis und Kleitor durchschnitt gleich jenseits der Gränze der Thelpusia den schon mehrfach erwähnten, bereits zur Psophidia, dem nordwestlichsten Canton Arkadiens, gehörigen Eichwald Aphrodision, der sich am nördlichen Abhange des h. Petrosgebirges hinzog, und stieg dann über Tropäa, einen Platz, der seinen Namen jedenfalls einem siegreichen Kampfe der Psophidier gegen einen Feind, der in ihr Gebiet eingedrungen war, verdankte,[3]) in das Thal des Erymanthos hinab, über dessen rechtem Ufer, gerade in dem Winkel, welcher durch die Einmündung eines von Norden her kommenden Giessbaches, des Aroanios, gebildet wird, auf einem langgestreckten Hügel die Stadt Psophis, durch Natur und Kunst eine der festesten Städte

---

Ὄγκαι und *Τέλφουσα* mit denen böotischer Oertlichkeiten (vgl. Bd. I, S. 227 u. S. 234) lässt auf alten Zusammenhang der Bewohner der Thelpusia mit denen des innern Böotiens schliessen.

[1]) Paus. c. 25, 1; Steph. Byz. u. *Καοῦς*.

[2]) Polyb. IV, 73 (auch c. 60 ist jedenfalls für *Γόργον* oder *Γορτύναν Στράτον* herzustellen); vgl. Curtius Pel. I, S. 373. Die Identität des Ortes mit dem homerischen *Στρατίη* (Il. *B*, 606; vgl. Strab. VIII, p. 388; Paus. c. 25, 12; Steph. u. *Στρατία*) ist ganz unsicher.

[3]) Paus. c. 25, 1. Dem Waldreichthum seines Gebietes verdankte Psophis offenbar den Namen *Φήγεια*, welchen es nach Paus. c. 24, 2 u. Steph. Byz. u. *Φήγεια* in der ältesten Zeit geführt haben soll. Auf dem felsigen Boden in der Nähe der Stadt wuchs das Heilkraut *πανάκεια* in besonderer Fülle und Trefflichkeit: Theophr. Hist. pl. IX, 15, 7.

Arkadiens, sich ausbreitete. Der Rücken des Hügels erscheint als ein von Süden schroff aufsteigender zackiger Felskamm, von dem sich im Nordosten und Südwesten mehrere Ausläufer gegen den Erymanthos und den Aroanios hinziehen; der nordöstlichste dieser Ausläufer, die höchste und schroffste Partie des ganzen Terrains, bildete wahrscheinlich die Akropolis der alten Stadt. Die aus ziemlich regelmässigen Steinen erbaute, durch Thürme von meist viereckter Grundform (nur an der Südwestecke bemerkte ich die Reste eines Rundthurmes) geschützte Stadtmauer, die noch in ihrer ganzen Ausdehnung zu verfolgen, wenn auch nur an wenigen Stellen in beträchtlicher Höhe erhalten ist, zog sich an der Nordseite des felsigen Kammes hin, stieg dann auf den höchsten Gipfel, auf welchem man die Ruinen eines mittelalterlichen Thurmes und zahlreicher moderner Häuser bemerkt, hinan, von hier, sowie an der Westseite, wo sie ungefähr dem Bette des Aroanios parallel gieng, nach dem rechten Ufer des Erymanthos hinab, auf welchem sie in geringer Höhe über dem Flusse hinlief. Innerhalb der Stadtmauer bemerkt man am westlichen Abhange des südwestlichen Ausläufers des Hügels die gegen Westen geöffnete Cavea eines kleinen Theaters, von der noch einige sehr zerstörte Sitzstufen umherliegen, weiter östlich die Fundamente mehrerer antiker Gebäude von verschiedenen Dimensionen; nahe dem Ufer des Erymanthos den Unterbau eines Tempels nebst Grundmauern der Cella von bedeutender Grösse (wahrscheinlich des Tempels des Erymanthos, in welchem noch Pausanias eine Statue dieses Flussgottes aus weissem Marmor sah); endlich in der Kirche und im Hofe des jetzt aufgehobenen und als Domäne verpachteten Klosters des hagios Pateras, welches im östlicheren Theile des alten Stadtgebietes steht, einige nur an der unteren Hälfte des Schaftes canelirte dorische Säulen nebst zahlreichen Fragmenten solcher, mehreren dorischen und ionischen Säulencapitälen und einer Anzahl antiker Werkstücke, wahrscheinlich Ueberreste des Haupttheiligthums der Stadt, des Tempels der Aphrodite Erykine, der schon zu Pausanias Zeit in Trümmern lag, wie auch die Heroa des Promachos und des Echephron, der Söhne des Herakles von der Nymphe Psophis, bereits verschwunden waren. Ausserhalb der alten Stadtmauer, zunächst dem Vereinigungspunkte des Aroanios und Erymanthos, steht jetzt eine stattliche Eiche mit einem Madonnenbilde, daneben liegen die

Trümmer einer auf antiken Fundamenten und aus antiken Werkstücken erbauten Capelle, welche wahrscheinlich an die Stelle des Grabmals des Alkmäon, eines kleinen und schmucklosen Gebäudes, das zu Pausanias Zeit von mächtigen Cypressen beschattet wurde, getreten ist.[1])

Psophis hatte ausser seiner militärischen Bedeutung, die besonders im Bundesgenossenkriege hervortrat, wo es von den Eleern und Aetolern besetzt war, von Philipp V. aber im Sturm genommen und den Achäern übergeben wurde (im Jahre 219 v. Chr.), auch grosse Wichtigkeit als Knotenpunkt mehrerer grosser Verkehrsstrassen. Ausser der schon geschilderten Strasse nach Thelpusa und Heräa (und Olympia), welche den Erymanthos, wahrscheinlich an derselben Stelle wie der jetzige Reitweg, etwa 400 Fuss oberhalb der Einmündung des Aroanios, auf einer Brücke überschritt, beherrschte die Stadt nicht nur die Strasse nach Kleitor und Pheneos, welche am rechten Ufer des Erymanthos aufwärts, dann, nachdem sie diesen an der Stelle, wo er seine nord-südliche Richtung in eine südöstliche verwandelt, überschritten hat, am rechten Ufer eines Nebenflusses desselben (jetzt Fluss von Sopoto genannt) hin und über den steilen Tartariberg in das Thal von Kleitor führt, sondern auch die Strasse nach Kaphyä und Orchomenos. Diese letztere zweigt sich von der Strasse nach Thelpusa bald nachdem dieselbe die Erymanthosbrücke überschritten hat in südöstlicher Richtung ab und folgt dem rechten Ufer eines Baches (jetzt Bach von Liopesi, auch Bach von Skupi genannt), der etwa 300 Fuss unterhalb der Einmündung des Aroanios sich in den Erymanthos ergiesst.[2]) Auf dieser Strasse kam man 30 Stadien von Psophis an einen Seirä genannten Platz, welcher die Gränze der Psophidia gegen den Kleitoria. grösseren Nachbarkanton, die Kleitoria, bildete, bald darauf

[1]) Polyb. IV, 70 ff.; Paus. c. 24; Ptol. III, 16, 19; Steph. Byz. u. Ψωφίς; Plin. N. h. IV, 6, 20; Pomp. Mela II, 43. Vgl. die, freilich nicht ganz genaue, Planskizze bei Leake Morea II, pl. 1, wiederholt bei Curtius Pel. I, Tfl. VIII; dazu auch Th. Wyse An excursion in the Peloponnesus II, p. 159 ss.

[2]) Dieser Vereinigung von drei Flüssen verdankt die Gegend ihren jetzigen Namen Τριπόταμο, mit welchem speciell ein nahe dem rechten Ufer des Baches von Liopesi stehender, zu dem etwa $^3/_4$ Stunden weiter westlich gelegenen Dorfe Mostinitza gehöriger Khan bezeichnet wird.

zu einer Ortschaft Paon oder Päon, die in alten Zeiten eine nicht unbedeutende Stadt, später eine blosse Kome von Kleitor war und zu Pausanias Zeit bereits im Trümmern lag.[1]) Gleich darauf führte die Strasse durch den wildreichen Wald Soron, sodann über die Ortschaften Skotane, Lykunta und Argeathä (zu Pausanias Zeit jedenfalls blosse wüste Marken) an den Ladon, den sie wahrscheinlich an derselben Stelle, wo noch jetzt eine Brücke sich befindet (bei einem Khan unterhalb der Kalybien von Philia) überschritt, um dann am Tragosbache (s. oben S. 206) aufwärts in die Ebene von Kaphyä zu gelangen.[2])

Eine grössere Wassermenge als der Tragos führt dem Ladon der ungefähr eine halbe Stunde weiter östlich von Norden her einmündende fischreiche Bach von Sudena zu, der von den Alten nach dem Aroaniagebirge, an dem er entspringt, Aroanios genannt wurde. Zwei Stunden oberhalb seiner Einmündung in den Ladon dehnt sich von seinem rechten Ufer gegen Westen eine zwei Stunden lange, durchschnittlich kaum eine halbe Stunde breite Ebene mit fruchtbarem Ackerland aus, von einem kleinen in den Aroanios mündenden Bache durchflossen, welcher ebenso wie die an seinem linken Ufer, etwas über eine halbe Stunde westlich vom Aroanios gelegene Stadt den Namen Kleitor führte, der jetzt in der Vulgärform Klituras auf ein $1^1/_2$ Stunde weiter westlich am östlichen Abhang des Tartariberges gelegenes Dörfchen übergegangen ist. Auf der jetzt Paläopolis genannten Stätte der alten Stadt finden sich noch zwischen den Feldern Reste der alten Stadtmauer, besonders von der West- und Südwestseite, an welcher auf einem niedrigen Hügel die mit 15 Fuss starken, durch Rundthürme vertheidigten Mauern umgebene Akropolis lag.

[1]) Paus. c. 23, 9; Herod. VI, 127. Die Beziehung der nordöstlich vom Dorfe Besini oberhalb des rechten Flussufers gelegenen nicht unbedeutenden Ruinen einer alten Stadt auf Paon (Französ. Karte Bl. 7; Pouillon-Boblaye Recherches p. 157) scheint mir wegen der Entfernung dieses Platzes von Psophis (3 Stunden) unwahrscheinlich.

[2]) Paus. c. 23, 8. *Σόρων* ist wahrscheinlich arkadische Form für *Σάρων*: vgl. Hesych. *σορωνίς· ἐλάτη παλαία*, u. ders. *σαρωνίδες· — αἱ διὰ παλαιότητα κεχηνυῖαι δρύες*. Bei den Kalybien von Philia mag eine der Ortschaften zu suchen sein, an welchen nach Paus. c. 25, 2 der Ladon bei seinem Laufe innerhalb der Kleitoria von seinen Quellen an bis zur Gränze der Thelpusia vorüberfloss: *Λευκάσιον*, *Μεσόβοα*, *Νᾶσοι*, *Ὄρυξ*, *Ἁλοῦς* und *Θαλιάδαι*: vgl. Leake Peloponnesiaca p. 228.

Am Westabhang dieses Hügels erkennt man noch innerhalb der Ringmauer die Form der gegen Westen geöffneten Cavea eines kleinen Theaters. Nördlich und östlich unterhalb des Hügels sind zahlreiche Säulenreste und sonstige Bautrümmer in den Feldern zerstreut, die bedeutendsten (darunter ein dorisches Capitäl, mehrere Troncs canelirter Säulen und Architravstücke) am weitesten östlich unter einer mächtigen Eiche, wo früher eine Capelle der Panagia stand, vielleicht an der Stelle des Heiligthums der Eileithyia, welches Pausanias mit den Heiligthümern der Demeter und des Asklepios zu den stattlichsten Bauwerken der alten Stadt rechnet. Die westlich ausserhalb der Stadtmauer gelegenen Fundamente eines grossen Gebäudes mit Säulenresten gehören wahrscheinlich dem Heiligthume der Dioskuren, die hier unter dem Namen der 'grossen Götter' verehrt wurden, an. Dreissig Stadien von der Stadt, wahrscheinlich nordwärts, lag auf einem Berggipfel ein Heiligthum der Athene Koria.[1])

Die Stadt, deren Bürger Polybius (II, 55) als tapfer und freiheitsliebend rühmt, nahm wahrscheinlich frühzeitig eine Art vorörtlicher Stellung unter den azanischen Ortschaften (vgl. oben S. 189, Anm. 1) ein und benutzte diese Stellung dazu, allmälig die schwächeren Nachbarstädte zu unterwerfen und so ihr Gebiet gegen Süden bis über den Ladon, gegen Norden bis zum Aroaniagebirge auszudehnen. Durch diese Gebietserweiterungen kam sie wohl in Conflict mit dem die gleiche Tendenz verfolgenden Orchomenos, gegen welches

---

[1]) Paus. c. 21; vgl. die Pläne bei Leake Morea II, p. 258 u. Lebas Voyage archéologique en Grèce etc., Itinéraire pl. 34 (wiederholt bei Curtius Pel. I, Tfl. VIII) u. die Ansicht bei Dodwell Views pl. 64, dazu Vischer Erinnerungen S. 478 f., mit dessen Schilderung meine eigenen Aufzeichnungen ganz übereinstimmen. Ein hübsches ionisches Capitäl und zwei canelirte Säulentroncs von verschiedenem Durchmesser, die ich in dem $^1/_2$ Stunde östlich von der Paläopolis am Aroanios gelegenen Dorfe Mazeika Kalybia neben der neuerbauten Kirche fand, sind wahrscheinlich aus der Paläopolis dorthin verschleppt worden; doch erwähnt Dodwell (Class. u. topogr. Reise II, 2, S. 334) nicht weit von dem Dorfe Ueberreste eines kleinen Tempels von dorischer Ordnung. Der Name *Κλείτωρ* (auf Münzen auch *Κλήτωρ*, bei Grammatikern *Κλιτόριον*) bezeichnet wohl die rings von Bergen umschlossene Ebene. Die singenden Fische, die nach dem Gewährsmanne des Pausanias im Aroanios leben sollten, versetzt Mnaseas bei Athen. VIII, p. 331^d in den Fluss Kleitor.

sie im Jahre 378 v. Chr. mit Söldnertruppen Krieg führte.[1]) Im Gegensatz zu dieser Stadt und in Uebereinstimmung mit Mantineia und Tegea förderte sie die arkadischen Einheitsbestrebungen: zwei ihrer Bürger, Kleolaos und Akriphios, gehörten zu der von den Arkadern für die Gründung von Megalepolis erwählten Commission.[2]) Als Mitglied des achäischen Bundes, dem sie sich wahrscheinlich gleichzeitig mit Megalepolis (um das Jahr 235) angeschlossen hatte, leistete sie im Jahre 220 den Aetolern tapferen Widerstand; in ihren Mauern tagte im Jahre 184 die achäische Landsgemeinde, bei welcher eine römische Gesandtschaft unter Führung des Appius Claudius erschien.[3])

Geht man aus der Ebene von Kleitor am Aroanios aufwärts, so gelangt man nach $2\frac{1}{2}$ Stunden in eine gegen Norden durch das Veliagebirge (s. oben S. 183) abgeschlossene Ebene, die sich gegen Südwesten in einem gegen eine deutsche Meile langen schmalen Thale fortsetzt. Im nördlicheren Theile dieses Thales sammeln sich die von den es umschliessenden Bergen herabkommenden Gewässer und bilden, da einige Katabothren am Fusse des westlichen und östlichen Gebirges ihnen keinen ausreichenden Abfluss gewähren, einen langen, schmalen See, der im Alterthum in Folge besserer Regulirung der Gewässer nicht vorhanden gewesen zu sein scheint.[4]) In der obern Ebene, die jetzt zu dem Dorfe Sudena gehört, lag Lusoi, noch Ol. 58, 3 eine selbständige Stadt der Azanen, später eine Kome der Kleitorier, die bloss noch sacrale Bedeutung hatte durch den alten, mit Asylrecht begabten Tempel der 'milden' Artemis (*Ἡμέρα* oder *Ἡμερασία*), der von einem Haine umgeben war, in welchem heilige Thiere der Göttin (hauptsäch-

---

[1]) Xen. Hell. V, 4, 36 f. Eine colossale Erzstatue des Zeus hatten die Kleitorier als Weihgeschenk von der Beute aus vielen eroberten Städten nach Olympia geweiht: Paus. V, 23, 7.

[2]) Paus. c. 27, 2.

[3]) Polyb. IV, 18 f.; XXIII, 5; Liv. XXXIX, 35. — Die Angabe über den Verfall der Stadt bei Strab. VIII, p. 388 ist jedenfalls stark übertrieben.

[4]) Allerdings spricht Plin. N. h. XXXI, 2, 16 von einem Clitorius lacus, allein die Berufung auf Eudoxos und die Vergleichung der von Steph. Byz. u. *Ἀζανία* erhaltenen Worte desselben beweist, dass darunter die Quelle bei Lusoi (s. u.) zu verstehen ist.

lich wohl Hirsche und Rehe) gehegt wurden. Innerhalb dieses Haines strömte aus einer Grotte eine Quelle hervor, an welcher einst Melampus die von Wahnsinn erfassten Töchter des Proitos gereinigt und geheilt haben sollte; nach einem allgemein verbreiteten, durch eine an der Quelle selbst angebrachte Inschrift bestätigten Glauben flösste das Wasser dieser Quelle denen, die es tranken, eine unüberwindliche Abneigung gegen den Genuss des Weines ein. Auch fabelte man von Mäusen, die in dieser Quelle leben sollten. Der Tempel, welcher im Bundesgenossenkriege von einem ätolischen Heerhaufen unter Führung des Timäos geplündert wurde, lag wahrscheinlich am nordöstlichen Rande der Ebene unmittelbar unterhalb des Aroaniagebirges, wo man noch Spuren einer alten Tempelcella bemerkt hat; auf dem Gebirge, am Wege von Lusoi nach Nonakris, zeigte man noch zur Zeit des Pausanias, der von der Ortschaft Lusoi nicht einmal Trümmer mehr vorfand, die Grotte, in welche die Töchter des Proitos in ihrem Wahnsinn sich geflüchtet haben sollten.[1])

Kynätheis. Am nördlichen Fusse des Veliagebirges erstreckt sich von Westen nach Osten eine etwa $1^1/_2$ Stunden lange fruchtbare Ebene, die von einem in der Kleitoria entspringenden, durch einen Spalt zwischen dem westlichen Ende der Aroania- und dem östlichen der Erymanthoskette in die Ebene eintretenden Flusse durchströmt wird, der von den Alten Erasinos,[2]) jetzt nach dem am östlichen Ende der Ebene anmuthig zwischen Gärten gelegenen, von den Ruinen einer fränkischen Burg überragten Städtchen Kalavryta (d. i. Schönbrunn) der Fluss von Kalavryta genannt wird. Die Ebene und die Abhänge der sie umschliessenden Gebirge bildeten das Gebiet der Kynätheis oder Kynäthaeis, eines arkadischen Völkchens, das theils durch den Einfluss des rauhen Klimas, theils in Folge seiner aus einem übermässigen Unabhängigkeitstriebe entsprungenen Absonderung von seinen Stammgenossen verwildert und durch lange und blutige Partei-

---

[1]) Paus. c. 18, 7 f.; Polyb. IV, 18 f.; IX, 34; (Aristot.) Mir. ausc. 125; Sotion de fluviis etc. 12 u. 24 (Westermann Παραδοξογράφοι p. 184 u. 186); Vitruv. VIII, 3, 21; Callimach. H. in Dian. 235 f.; Steph. Byz. u. Λουσοί: über die Tempelreste Dodwell Class. u. topogr. Reise II, 2, S. 339. In der Umgegend wuchs besonders Schierling: Theophr. Hist. pl. IX, 15, 8 (wo Λοῦσα statt Σοῦσα mit den älteren Herausgebern zu schreiben ist).

[2]) Strab. VIII, p. 371.

kämpfe, die das kleine, von einer Behörde, deren Mitglieder den Titel Polemarchen führten, regierte Gemeinwesen zerrütteten, bei den übrigen Arkadern in den Ruf der äussersten Rohheit und Gottlosigkeit gekommen war, so dass, als es einst eine Gesandtschaft nach Sparta abschickte, die Abgesandten aus allen arkadischen Städten, die sie auf der Reise berührten, ausgewiesen wurden und die Mantineer es sogar für nothwendig erachteten, ihre Stadt und ihr Gebiet nach dem Abzug der Gesandten durch Sühnopfer zu reinigen — ein Hass, der schwerlich bloss auf sittliche, sondern hauptsächlich wohl auf politische Motive zurückzuführen ist. Die Stadt Kynätha, welche wahrscheinlich an der Stelle von Kalavryta lag (doch sind noch keine sicheren Spuren derselben gefunden worden), wurde im Jahre 220 v. Chr., nachdem sie sich einige Zeit vorher den Achäern angeschlossen hatte, von den Aetolern durch Verrath eingenommen, geplündert, in Brand gesteckt und nachdem sie sie vergeblich den Eleern angeboten hatten, besetzt gehalten; ein Versuch des Aratos, sie zu entsetzen, schlug fehl und brachte nur den in der Stadt zurückgebliebenen Anhängern der achäischen Partei Verderben. Nach dem Ende des Bundesgenossenkrieges scheint sich die Stadt allmälig wieder erholt zu haben und später von Hadrian unterstützt worden zu sein, da Pausanias auf der Agora ausser Götteraltären eine Statue dieses Kaisers sah; ausserdem erwähnt er ein Heiligthum des Dionysos und eine zwei Stadien von der Stadt unter einer Platane aufsprudelnde Quelle, welche Alyssos genannt wurde, weil ihr Wasser als heilkräftig für den Biss toller Hunde galt.[1])

5. Elis.

Die gegen Osten ihrer ganzen Länge nach von Arkadien, im Süden und Norden von schmalen Stücken messenischen und achäischen Gebietes begränzte, gegen Westen dem ionischen

---

[1]) Polyb. IV, c. 16—21; IX, 17; 38; Strab. VIII, p. 388; Paus. c. 19; Steph. Byz. u. *Κύναιϑα*. Für Zeuscult in der Stadt spricht der Beiname des Zeus *Κυναιϑεύς* (Lycophr. Alex. 400 c. schol.) und der von den Kynäthern in Olympia geweihte Zeuscoloss (Paus. V, 22, 1). Ueber die Quelle vgl. Dodwell Class. u. topogr. Reise II, 2, S. 345 f.

(oder sikelischen) Meere eine mehrfach ausgebauchte, mit Ausnahme dreier felsiger Vorsprünge, die offenbar ehemals Inseln waren, ganz flache Küste von zwanzig Meilen Länge darbietende Landschaft, welche die Alten mit dem eigentlich nur ihrem nordwestlicheren Theile zukommenden, in Folge der politischen Gestaltung aber auf die ganze Landschaft ausgedehnten Namen Elis oder Eleia (nach einheimischem Dialect Valis, Valeia)[1]) d. i. Tiefland bezeichneten, ist ihrem Flächeninhalt nach nächst Achaia die kleinste,[2]) in chorographischer Beziehung die am wenigsten selbständige und in ihrer jetzigen Gestalt jüngste unter den Landschaften des Peloponnes. Sie hat kein selbständiges Gebirgssystem, sondern die Gebirge, welche den südlichsten Theil zwischen der messenischen Gränze und dem Alpheios bis auf einen schmalen Küstensaum ganz, von dem mittleren und nördlicheren Theile die grössere östliche Hälfte einnehmen, sind blosse Fortsetzungen der Gebirge des westlichen Arkadiens, wenn sie auch im Alterthum wie heut zu Tage mit Sondernamen bezeichnet werden: die bis zur Höhe von 1222 Meter aufsteigende Minthe (jetzt Alvena) im Süden mit ihrer nordwestlichen Fortsetzung, dem Lapithos (den jetzigen Bergen Kaiapha und Smerna) gehört zum Gebirgszuge des Lykäon;[3]) die breiten, terrassenförmigen Hochplateaus des mittleren Theiles sind die westlichen Abdachungen des arkadischen Gränzgebirges, der Pholoë (vgl. oben S. 183f.); der

---

[1]) *Ϝαλεῖοι* in der Inschr. C. I. gr. n. 11 u. auf Münzen; vgl. über die Ableitung G. Curtius Grundzüge der griech. Etym. I, S. 327 der 1. Aufl. *Ἠλιακά* hatten ausser Pausanias (Buch V u. VI) geschrieben Istros (Steph. Byz. u. *Φύτειον*; schol. Plat. Phaed. p. 89[c], t. VI, p. 233 ed. C. Fr. Hermann) und *Τεύπαλος* (? Steph. Byz. u. *Ἀνδρία*).

[2]) Der Flächeninhalt der Landschaft nach ihrer alten Begränzung beträgt nach Pouillon-Boblaye (Recherches p. 119) 25½ Myriameter = 255 Kilometer. Ueber die antiken Angaben in Betreff der Länge der Küste s. Curtius Pelop. II, S. 93 f. Die Bevölkerung, welche verhältnissmässig stärker war, als in den übrigen peloponnesischen Landschaften (Polyb. IV, 73; vgl. Diodor. VIII, fr. 1; Strab. VIII, p. 358), schlägt Clinton (Fasti Hellenici p. 438 ed. Krüger) nach einer freilich sehr unsicheren Berechnung auf etwa 186,000 Seelen an. Heutzutage gehört der Theil der Landschaft südlich vom Alpheios zum *νόμος Μεσσηνίας*, das Uebrige bildet mit Achaia den *νόμος Ἀχαΐας καὶ Ἠλίδος*, der einen Flächeninhalt von 94,31 □Meilen und (nach der Zählung von 1861) eine Bevölkerung von 113,719 Seelen hat.

[3]) Strab. VIII, p. 344; Ptol. III, 16, 14; Paus. V, 5, 8: vgl. oben S. 184.

Gebirgszug endlich, dessen Rücken die Nordgränze der Landschaft gegen Achaia bildet und der mit seinen südlichen Verzweigungen bis zum Peneiosflusse herabreicht (von den Alten in seiner Gesammtheit Skollis, jetzt in seinen beiden Hauptmassen Mavri und Santameri genannt)[1]), ist eine directe Fortsetzung der arkadischen Erymanthoskette. Doch tragen alle diese Gebirge nicht mehr den wilden und grossartigen Charakter der arkadischen Gebirge, sondern machen mit der reichen Vegetation, welche sie dem Einflusse der Seeluft verdanken, mit den Wäldern und Triften, welche ihre Abhänge bis zu den Gipfeln hinauf bedecken, einen vorherrschend milden und anmuthigen Eindruck.

Auch von den Flüssen der Landschaft gehört der bedeutendste, der Alpheios, mit dem weitaus grössten Theile seines Laufes Arkadien an; doch erhält er auf eleischem Gebiet, das er in der Hauptrichtung von Ost nach West, aber mit zahlreichen Krümmungen durchfliesst, noch von beiden Seiten, besonders aber von Norden her, beträchtlichen Zufluss durch eine grosse Anzahl von Seitenbächen, so dass er bis über eine Meile aufwärts von seiner Mündung schiffbar ist.[2])

Der zweite grössere Fluss der Landschaft, der Peneios, entspringt hart an der arkadischen Gränze am südwestlichen Fusse des Erymanthos, fliesst zuerst in südwestlicher Richtung durch die enge Schlucht von Verveni (nach welcher er in seinem oberen Laufe jetzt Fluss von Verveni genannt wird), dann nordwestwärts am südlichen Fusse des Skollisgebirges, von dem er mehrere nicht unbedeutende Zuflüsse erhält, hin und vereinigt sich darauf ungefähr in der Mitte seines Laufes und der Landschaft mit dem an Wassermenge ihm ungefähr gleichen Ladon, der in ziemlich paralleler Richtung von der Pholoe herkommt; der vereinigte

[1]) Strab. VIII, p. 341 u. p. 387; auch p. 339, wo die Codd. τὸν Σκόλλιν geben (τὸ Σκόλλιον Kramer), ist jedenfalls derselbe Name gemeint, der vielleicht bald als Femininum, bald als Masculinum (vgl. das wohl auch etymologisch damit zusammenhängende Wort ὁ σκόλλυς) gebraucht wurde. Curtius' (Pel. II, S. 38 u. S. 105, Anm. 39) Unterscheidung zwischen Skollis als Bezeichnung des Hauptgebirges und Σκόλλιον als Name des von Nord nach Süd streichenden, eine absolute Höhe von 1016 Meter erreichenden, jetzt Santameri (d. i. St. Omer) genannten Bergrückens scheint mir ganz unbegründet.

[2]) VI milia passuum nach Plin. N. h. IV, 5, 14.

Strom, dem im Alterthum der Name Peneios verblieb (jetzt wird er Fluss von Gastuni genannt) nimmt eine vorherrschend westliche Richtung, bis er sich bei dem jetzigen Bartholomiu plötzlich gegen Süden wendet und nach zahlreichen Windungen südöstlich vom Vorgebirge Chelonatas (dem jetzigen Chlemutzi) mündet. Da nun nach dem bestimmten Zeugnisse mehrerer alten Geographen die Mündung des Peneios nördlich von diesem Vorgebirge liegt, so muss der Fluss im Alterthum auch in seiner Mündungsebene die westliche Richtung mit allmäliger Abweichung nach Norden beibehalten und erst im Mittelalter oder der neueren Zeit seinen Lauf, wie dies bei dem flachen Alluvialboden sehr leicht geschehen konnte, geändert haben.[1])

Ausser diesen beiden Flüssen und ihren Nebenflüssen besitzt die Landschaft noch eine sehr beträchtliche Anzahl von Bächen, die nur einen Theil des Jahres hindurch Wasser enthalten, welches sie nach meist ziemlich kurzem Laufe dem Meere zuführen. Einer der bedeutendsten derselben, der vom nordwestlichsten Theile des Skollisgebirges herabkommende, unmittelbar südlich vom Vorgebirge Araxos mündende L a r i s o s, galt als Gränzscheide gegen Achaia, wie im Süden die (arkadische) Neda gegen Messenien.[2])

Diesen Flüssen und Bächen, welche besonders während der Regenzeit eine Masse von Geröll, Sand und Schlamm mit sich führen und an ihren Mündungen ablagern, verdankt der einer verhältnissmässig jungen geologischen Periode angehörige westlichere Theil der Landschaft seine Entsehung, wie die südlichsten Strecken Akarnaniens und Aetoliens Schöpfungen des Acheloos und des Euenos sind. An den westlichen Fuss der Gebirge schliessen sich zunächst sandige, grossen Theils mit Kiefernwald bedeckte Hügel, an diese flache Strandebenen mit fruchtbarem, meist auf Sand- und Geröllschichten auflagerndem, mit vielen

---

[1]) Strab. VIII, p. 338; Ptolem. III, 16, 6; vgl. Curtius Pelop. II, S. 33 f. Der *Λάδων* (Paus. VI, 22, 5) führte auch den Namen *Σελλήεις* nach Strab. VIII, p. 339, vgl. VII, p. 328 u. schol. Il. *O*, 531.

[2]) Paus. VI, 26, 10; VIII, 49, 7; Strab. VIII, p. 387; IX, p. 440; Xen. Hellen. III, 2, 23 u. a. Nach Steph. Byz. u. *Βουπράσιον* hätte der Larisos (der jetzt M a n a genannt wird) auch nach der benachbarten Ortschaft Buprasion den Namen *Βουπράσιος* geführt.

Meeresproducten, besonders halb verkalkten Austerschalen durchsetztem Boden, der für Getreide- und Weinbau, an den nasseren Stellen für die Cultur der Baumwollenstaude, die schon im Alterthum in Elis und zwar nur in dieser von allen griechischen Landschaften gebaut wurde,[1]) trefflich geeignet ist. Nur an drei Punkten wird diese, im südlichsten Theil der Landschaft sehr schmale und fast ganz von Lagunen bedeckte, im mittlern und nördlichen Theil breite Strandebene von felsigen Vorsprüngen, die offenbar in alter Zeit kleine Inseln waren und erst allmälig durch Anschwemmung mit dem Lande verbunden und zu Halbinseln oder Vorgebirgen geworden sind, abgeschlossen. Das mächtigste dieser Vorgebirge, zugleich der westlichste Vorsprung nicht nur der Landschaft Elis, sondern des ganzen Peloponnes, wird von den Alten wegen seines breiten, der Schale einer Schildkröte vergleichbaren Rückens Chelonatas,[2]) jetzt nach einem mittelalterlichen Castell, dessen Ruinen gerade westlich unter dem 226 Meter hohen Gipfel liegen, Chlemutzi genannt. Südlich davon tritt die Küste beträchtlich nach Osten zurück und bildet so eine weite Bucht, die im Süden durch eine von Nord nach Süd gestreckte, von den Alten nach ihrer Gestalt Ichthys (Fisch) genannte schmale Halbinsel (jetzt Katakolo)[3]) abgeschlossen und von dem Elis und Messenien gemeinsamen Kyparissischen Meerbusen (s. oben S. 159) getrennt wird. Eine ähnliche, aber weniger tief eingeschnittene Bucht, von den Alten der Kyllenische Meerbusen (nach Kyllene, der Hafenstadt von Elis) genannt, erstreckt sich nordwärts vom Chelonatas bis zu dem nord-

1) Paus. V, 5, 2; VI, 26, 6; VII, 21, 14; vgl. über die βύσσος und ihre Bedeutung Becker Charikles III, S. 185 ff. (2. Aufl.); Curtius Pel. II, S. 10 f. u. S. 95, Anm. 10; H. Ritter Ueber die geographische Verbreitung der Baumwolle, Abhandl. d. Berlin. Akad. 1851, Philol.-hist. Cl. S. 315 ff. — Eine mythische Erinnerung an die Gewinnung des angeschwemmten Landes für die Cultur durch Regulirung des Laufes der Gewässer scheint mir der Sage von den Rinderställen des Augeias u. ihrer Reinigung durch Herakles zu Grunde zu liegen.

2) ὁ Χελωνάτας Strab. VIII, p. 335; 337 s.; 342; Chelonates Pomp. Mela II, 49; Plin. N. h. IV, 5, 13; Χελωνῖτις ἄκρα Ptol. III, 16, 6; derselbe giebt für die Bucht den Namen Χελωνίτης κόλπος.

3) Strab. XVII, p. 837 (auch VIII, p. 343 ist jedenfalls mit Palmerius Ἰχθὺς statt εὐθὺς herzustellen); Pomp. Mela u. Ptol. ll. ll.; vgl. Thukyd. II, 25; Xenoph. Hell. VI, 2, 31.

westlichsten Punkte des Peloponnes, dem von den Alten meist zu Achaia gerechneten Felscap Araxos.[1])

Die ganze Landschaft ist, wie schon aus dem bisher Gesagten erhellt, von der Natur selbst in drei Theile gegliedert, die im Alterthum auch durch die Stammeszugehörigkeit ihrer Bewohner gesondert, nur durch ein häufig gelockertes, zeitweise ganz zerrissenes politisches Band — die Suprematie der Bewohner des nördlichen über die der beiden anderen Theile — zusammen gehalten wurden. Der südlichste Theil, das Land zwischen Neda und Alpheios, war, wie es seinem ganzen landschaftlichen Charakter nach aufs Engste mit Arkadien verbunden ist, auch ursprünglich von zwei Völkern arkadischen Stammes, den Kaukones und Paroreatae, bewohnt, von denen die ersteren nach einigen alten Historikern auch im nördlichsten Theile der Landschaft, an der Gränze Achaias, sesshaft, nach anderen die älteste Bevölkerung der ganzen Landschaft waren.[2]) Auch phönikische Seefahrer scheinen sich frühzeitig an einigen Küstenpunkten angesiedelt und in ein Paar Ortsnamen wie Same und Iardanos, sowie in dem Anbau der Byssospflanze ihre Spuren hinterlassen zu haben.[3]) Zu den Kaukonen und Paroreaten kamen thessalische Minyer, die jedenfalls von Süden, von der Westküste Messeniens her, vordringend das Land unterwarfen, das nun nach dem Zusammenwohnen dreier Stämme Triphylia (das Land der drei Stämme) genannt und in sechs Bezirke getheilt ein Bestandtheil des vom Akritas bis zur Mündung des Alpheios sich erstreckenden Reiches der Neliden von Pylos wurde.[4]) Auch nordwärts über den Alpheios hinaus, ja bis zur Gränze Achaias

---

[1]) Paus. VI, 26, 10; Strab. VIII, p. 335 u. ö.; Ptol. III, 16, 5 u. a. Cyllenes sinus Plin. N. h. IV, 5, 13. Mit dem offenbar vom Schlagen der Wogen (*ἀράσσω*) benannten Cap *Ἄραξος* scheint das *Ἀρύμνιον λεγόμενον ὄρος τῆς Ἀχαΐας* mit der *Φόρκυνος βῆσσα* (schol. Odyss. *ν*, 96) identisch zu sein.

[2]) Odyss. *γ*, 366 c. schol.; Strab. VIII, p. 345; Steph. Byz. u. *Καυκώνεια*. Der Stammheros *Καύκων* wird ein Sohn des (arkadischen) Lykaon genannt: Apollod. III, 8, 1, 2; denselben Sinn hat es, wenn Triphylos, der aus dem spätern Landesnamen abstrahirte Heros eponymos, ein Sohn des Arkas heisst: Polyb. IV, 77; Paus. X, 9, 5. Ueber die *Παρωρεᾶται* s. Herod. IV, 148; Strab. VIII, p. 346; vgl. Deimling Die Leleger S. 136 f.

[3]) Vgl. Curtius Pel. II, S. 10.

[4]) Herod. IV, 148; Strab. VIII, p. 336 s.; vgl. Il. *B*, 591 ff.

hin scheinen die Minyer ihre Herrschaft, wenn auch nur vorübergehend, ausgedehnt und zahlreiche Ansiedelungen gegründet zu haben, wie aus der Uebereinstimmung vieler dortiger Ortsnamen mit denen thessalischer Oertlichkeiten (man vergleiche die Bergnamen Olympos und Ossa, die Flussnamen Peneios, Enipeus und Larisos, die Städtenamen Salmone, Ephyra und Ormina, die gewiss nur zu einem kleinen Theile achäischen Ursprunges sind) zu schliessen ist. Gerade umgekehrt gestaltete sich das Verhältniss nach der dorischen Wanderung, als die Bewohner des nördlichsten Theiles der Landschaft, die Epeier oder, wie sie sich nunmehr nannten, die Eleier, allmälig nach Süden vordrangen und die Bewohner nicht nur des mittleren Theiles, sondern auch der Triphylia zuerst zu ihren Bundesgenossen, dann, nach dem Ende des zweiten messenischen Krieges, zu ihren Unterthanen (Periöken) machten. Nur der südlichste District Triphyliens, das Gebiet von Lepreon, bewahrte sich bis nach den Perserkriegen seine Selbständigkeit; und auch nachdem die Lepreaten die Suprematie der Eleer hatten anerkennen und sich die officielle Benennung 'Eleer aus Lepreon' gefallen lassen müssen, benutzten sie jede Gelegenheit, um bald mit Hülfe der Spartaner, bald mit Hülfe der Arkader, bald des achäischen Bundes das verhasste Joch abzuschütteln und entweder als selbständiges Gemeinwesen oder als Mitglied des arkadischen oder des achäischen Bundesstaates aufzutreten. Daher erscheint bei manchen Geographen theils ganz Triphylien, theils das Gebiet von Lepreon als zu Arkadien gehörig und noch Pausanias unterscheidet das Gebiet der Lepreaten als Triphylia von der Eleia.[1])

Der mittlere Theil der Landschaft, vom Alpheios bis zum Ladon und einem der zunächst südlich vom Chelonatas mündenden Küstenbäche,[2]) von den Alten Pisäa oder Pisatis genannt, war

---

[1]) Scyl. Peripl. 44; Dikäarch. bei Cic. ad Att. VI, 2, 3; Polyb. IV, 77; Paus. V, 5, 3. Vgl. unten S. 277, Anm. 4 u. die historischen Nachweisungen bei O. Müller Orchomenos S. 367 ff. u. bei Schiller Stämme und Staaten Griechenlands I, S. 11 ff.

[2]) Die Begränzung der Pisatis ist, da dieselbe frühzeitig ihre politische Existenz verloren hat, schwer festzustellen. Im Süden bildet der Alpheios die natürliche Gränze, der ja auch im Schiffscatalog (Il. B, 591) als Nordgränze des Pylischen Reiches erscheint; doch besassen die Pisaten später am unteren Laufe des Flusses beide Ufer, daher Strab. VIII,

vielleicht schon vor der dorischen Wanderung oder doch unmittelbar nach derselben von Achäern occupirt worden, welche ihrem Stammgotte, dem Zeus Olympios, am nördlichen Ufer des Alpheios ein Heiligthum errichteten und ihm zu Ehren Festspiele feierten. Diese Festspiele, Olympia genannt, wurden seit dem Jahre 776 v. Chr. in Folge des wohl nicht ganz freiwilligen Bundesverhältnisses zwischen den pisatischen Achäern und Eleern von beiden Staaten gemeinsam alle vier Jahre am ersten Vollmond nach der Sommersonnenwende unter Theilnahme zuerst der Lakedämonier und Messenier, dann der übrigen Peloponnesier, endlich auch der ausserpeloponnesischen Hellenen (zuerst der Megarer und Athener, dann der kleinasiatischen Ionier u. s. w.) gefeiert; allmälig aber nahmen die Eleer, indem sie das Bundesverhältniss der Pisaten in ein Unterthanenverhältniss verwandelten, die Leitung des Festes für sich allein in Anspruch und nur vorübergehend gelang es den Pisaten, sich entweder die Mitleitung der Feier zu erringen oder auch die Eleer ganz von der Leitung auszuschliessen: in den ersteren Fällen wurde die Theilnahme der Pisaten an der Leitung von den Eleern in ihren officiellen Verzeichnissen der Olympiaden einfach ignorirt, in den letzteren dagegen die Feier als gar nicht abgehalten betrachtet und die betreffende Olympiade als Anolympias bezeichnet.[1])

p. 343 den Bergzug am linken Alpheiosufer (von Curtius Pel. II, S. 90 nach Strab. a. a. O. Φελλών genannt, ein Wort, das wohl wie φελλεύς jede steinige Berggegend bezeichnet) als Gränze zwischen Pisatis und Triphylien anführt. Schwankender war die Begränzung der Pisatis im Norden: einige dehnten dieselbe bis zum Cap Chelonatas aus und setzten entweder eine kleine, vor der Westseite des Cap liegende, von Untiefen umgebene Insel (jetzt S. Giovanni) oder einen Küstenbach Elison oder Elisa (schwerlich den kleinen hart an der Ostseite des Chelonatas von Nord nach Süd fliessenden Bach, wie Curtius vermuthet, sondern einen der südlich vom Chelonatas in der Richtung von Ost nach West fliessenden Bäche, entweder den zunächst südlich von Gastuni, der jetzt in den Alpheios mündet, oder den etwas weiter südlich fliessenden jetzt Purleska genannten) als Gränzmark an (Strab. VIII, p. 338; vgl. Theocr. Id. XXV, 9); andere betrachteten das zunächst nördlich vom Cap Ichthys gelegene Cap Pheia (beim jetzigen Hafen Chortäs) als den nördlichsten Punkt der Pisatis (Strab. VIII, p. 343). Dass die Quelle Piera (Paus. V, 16, 8) die Gränze bezeichnet habe, wie Curtius (Pel. II, S. 35 u. 45) annimmt, ist weder nachweisbar noch wahrscheinlich.

[1]) Strabon VIII, p. 355 u. 358; Paus. VI, 22, 2 f.; vgl. Weissenborn

Der nördlichste Theil der Landschaft, wegen der beträchtlichen Ausdehnung seiner Küstenebenen Elis im engern Sinne oder auch 'die hohle Elis' genannt,[1]) war seit alter Zeit von einem zum Stamme der Leleger gehörigen Volke, den Epeiern bewohnt, die im Schiffscatalog nicht zu einem Gesammtstaate verbunden, sondern in vier von besonderen Fürsten beherrschte Gruppen gesondert erscheinen.[2]) Zu politischer Einheit und in Folge davon zu grösserer Machtentwickelung gelangten sie erst durch das Eindringen einer stammverwandten Heerschaar aus dem südlichen Aetolien, welches von der Tradition mit der dorischen Wanderung in engen Zusammenhang gebracht wird: die Eroberer verschmolzen bald aufs Engste mit der alten Bevölkerung, die sich nun nicht mehr Epeier, sondern nach dem Namen des Landes Eleier nannte und mit ihrer Herrschaft den Namen Eleia auch über die Gebiete ihrer Periöken, die Pisatis und Triphylia (vgl. Anm. 1), ausbreitete. Die Regierung des so geschaffenen Einheitsstaates war eine oligarchische: ein Senat von 90 lebenslänglichen Mitgliedern, aus einer Anzahl vornehmer, in kleinen Städten oder einzelnen Burgen sesshafter Geschlechter entnommen, hatte alle politische Macht und insbesondere wohl die Leitung des olympischen Festes, dessen steigende Bedeutung Elis mehr und mehr mit einem Nimbus von Heiligkeit und Unverletzlichkeit umgab und ähnlich wie Delphi zu einer Art von antikem Kirchenstaat machte, in seinen Händen, während die grosse Mehrzahl der Bevölkerung in ländlicher Zurückgezogenheit dem Ackerbau oblag.[3])

Hellen S. 8 ff. und Schiller Stämme u. Staaten Griechenlands I, S. 9 f. Curtius (Pel. II, 47) lässt die Achäer aus der Landschaft Achaia als Bundesgenossen der Eleer in die Pisatis einwandern; allein es ist doch viel wahrscheinlicher, dass sie vom nördlichen Lakonien her, dem Laufe des Alpheios folgend, hier eingedrungen sind. Doch lässt sich auch eine directe Einwanderung der Achäer aus Thessalien (gleichzeitig mit den Minyern) annehmen.

[1]) ἡ κοίλη Ἦλις Strab. VIII, p. 336 u. ö.; Paus. V, 16, 6; Thukyd. II, 25 (wo ihr ἡ περιοικὶς Ἠλείων entgegengesetzt ist).

[2]) Il. B, 615 ss.; Strab. VIII, p. 340 s.; X, p. 463; vgl. über die Ἐπειοί bes. Deimling Die Leleger S. 144 f.

[3]) Vgl. bes. Aristot. Pol. V, 6. Die Leitung der Olympien hatte nach Paus. V, 9, 4 (vgl. Harpocr. p. 70, 24 ed. Bekker) ursprünglich ein dem Geschlechte des Oxylos angehöriger Ἑλλανοδίκης, seit Ol. 50

Eine Umgestaltung der Verfassung in mehr demokratischem Sinne scheint kurz nach den Perserkriegen stattgefunden zu haben; wenigstens weist auf eine solche die Ol. 77, 2 (471) geschehene Erweiterung der bis dahin unbedeutenden Stadt Elis durch einen Synoikismos zahlreicher kleiner Ortschaften hin; auch hängt damit wohl die (freilich chronologisch sehr unsichere) Vermehrung der Zahl der Festordner der Olympien, der sogenannten Hellanodiken, auf neun und in der nächsten Olympiade auf zehn, welche auf einer Eintheilung der gesammten Bevölkerung der Landschaft in neun, beziehendlich zehn Phylen zu beruhen scheint, zusammen. Sicher bezeugt ist diese Uebereinstimmung der Zahl der Hellanodiken mit der der Phylen seit Ol. 103, wo die Zahl beider auf zwölf erhöht wurde; in Folge der Losreissung Triphyliens von Elis durch die Arkader wurde diese Zahl Ol. 104 auf acht vermindert, Ol. 108 aber auf zehn normirt, und diese Einrichtung bestand bis zu Pausanias Zeit fort.[1])

Im Allgemeinen standen die Eleer bei den übrigen Hellenen nicht im besten Rufe, sondern waren als trunksüchtig und lügnerisch verschrieen; auch ihre kriegerische Tüchtigkeit wurde von ihren Nachbarn gering angeschlagen;[2]) besonders aber waren sie verrufen wegen der Knabenliebe, die, ursprünglich jedenfalls

---

aber wurde sie (vielleicht in Folge der gemeinsamen Prostasie der Eleer und Pisaten) zwei ἐξ ἁπάντων Ἠλείων durchs Loos erwählten Männern übertragen; gewiss geschah dies nicht ohne wesentliche Einschränkung der Befugnisse dieser Hellanodiken durch die Gerusie. — Ueber die Neigung der Eleer zum Landleben s. Polyb. IV, 73. Kämpfe zwischen der oligarchischen und demokratischen Partei im J. 366 v. Chr.: Xen. Hell. VII, 4, 15.

[1]) Diod. XI, 54; Strab. p. 336 s.; über die Zahl der Hellanodiken und Phylen Paus. V, 9, 5; Harpokr. a. a. O.; schol. Pind. Olymp. III, 22; Philostr. Vita Apoll. III, 30; dazu O. Müller 'über die Phylen von Elis und Pisa' Rhein. Mus. 1834 S. 167 ff. (dessen Verbesserung bei Paus. a. a. O. πέμπτῃ δ' ὀλυμπιάδι καὶ ἑβδομηκοστῇ [für εἰκοστῇ der Codd.] freilich ebenso unsicher ist, als die übrigen Heilungsversuche dieser verderbten Stelle) und Meier Allg. Encycl. d. W. u. K. Sect. III, Bd. 3, S. 310.

[2]) Polemo bei Athen. X, p. 442[e]; Xen. Hell. VII, 4, 30. Für eifrige Pflege der Kochkunst zeugt das Lob der eleischen Köche (Antiphan. bei Athen. I, p. 27[d]) u. der Cult des Ἀπόλλων ὀψοφάγος (Polemon. frg. p. 109 Preller). Ein besonderer Industriezweig war die Bereitung von Salben: Athen. XV, p. 688[e]; 690[e]; Plin. N. h. XXI, 7, 42.

eine politische Institution, um die adelige Jugend zur Tapferkeit und allen ritterlichen Tugenden heranzubilden, wie in Kreta und Sparta, bei den Eleern frühzeitig das Gepräge grober Sinnlichkeit angenommen hatte.[1])

Triphylien,[2]) ein reines Gebirgsland mit einem durchschnittlich etwa $1/2$ Stunde breiten Küstensaum, der im nördlicheren Theile der Landschaft heut zu Tage fast ganz von zwei fischreichen Lagunen, der von Kaiapha und der von Agulenitza, eingenommen wird, war zur Zeit der Neleidenherrschaft in sechs Bezirke getheilt mit den Städten Lepreos, Makistos, Phrixä, Pyrgos, Epion und Nudion. Die Mehrzahl dieser Städte wurde von den Eleern kurz nach den Perserkriegen zerstört, und wenn sie auch im Laufe der Zeit alle, etwa mit Ausnahme von Nudion, wiederhergestellt wurden — noch zu Polybios Zeit gab es in Triphylien neun Ortschaften, welche auf den Namen 'Städte' Anspruch machten: Samikon, Lepreos, Hypana, Typaneä, Pyrgos, Aepion, Bolax, Stylangion, Phrixä — so blieben sie doch schwach und unbedeutend mit Ausnahme von Lepreos und Makistos, welche allmälig die ganze Landschaft in der Weise unter sich theilten, dass der südlichere Theil, von der Neda bis an den Fuss des Lapithosgebirges, die Lepreatis, der nördlichere, vom Lapithos bis zum Alpheios, die Makistia bildete;[3]) war die letztere auch an Umfang bedeutender, so hatte die erstere die Vorzüge grösserer Fruchtbarkeit des Bodens und stärkeren Unabhängigkeitssinnes ihrer Bevölkerung: Lepreos war der Mittelpunkt der national-triphylischen (arkadischen) Partei, die jede politische Conjunctur benutzte, sich von Elis zu emancipiren.[4]) Die Stadt, Triphylien.

[1]) Plat. Sympos. p. 182 b; Xenoph. Conv. 8, 34; Plut. de puer. ed. 15; Cic. de rep. IV, 4.

[2]) Vgl. Boutan Mémoire sur la Triphylie, in den Archives des missions scientifiques et littéraires, II série, t. I, p. 193—248.

[3]) Herod. IV, 148; Polyb. IV, 77; Strab. VIII, p. 343 s., vgl. auch Steph. Byz. u. Μάκιστος.

[4]) Die Lepreaten nahmen als selbständiges Corps Antheil an der Schlacht bei Platää (Inschr. des platäisch. Weihgeschenks Gew. 3; Herod. IX, 28; Paus. V, 23, 2): dies schliesst nicht aus, dass sie damals schon den jährlichen Tribut von einem Talent an den Olympischen Zeus zahlten, den sie nach Thukyd. V, 31 für Hülfe, welche ihnen einst die Eleer in einem Kriege gegen die Arkader geleistet hatten, bis zum Beginn des peloponnes. Krieges regelmässig darbrachten, dann aber ver-

deren bald Lepreos, bald Lepreon lautender Name wahrscheinlich von dem rauhen Felsboden herzuleiten ist, auf welchem die Burg stand,[1]) von deren Ringmauern noch beträchtliche Reste vorhanden sind, lag 40 Stadien vom Meere auf einem Vorsprunge des Minthegebirges (oberhalb des jetzigen Dorfes Strovitzi), von dessen südwestlichem Fusse aus sich eine fruchtbare Ebene, von den Alten Aepasion oder Aepasia genannt, nach der Küste hinabzieht. Zu Pausanias Zeit war die Stadt schon so verfallen, dass sie nur noch ein aus ungebrannten Ziegeln erbautes Heiligthum der Demeter, ohne Cultbild, aufzuweisen hatte; von dem Tempel des Zeus Lykäos und den Heroengräbern des Lykurgos und des Kaukon, deren Existenz noch in der Erinnerung der Bewohner fortlebte, war keine Spur mehr zu finden. Ausserhalb der Stadtmauern floss gegen die Ebene hin eine Quelle Arene.

Im südlichsten Theile der Ebene zunächst der messenischen Gränze lag Pyrgos (oder Pyrgoi), ursprünglich, wie der Name lehrt, nur ein zum Zufluchtsort für die Bewohner der Ebene bestimmtes Castell, später ein zur Lepreatis gehöriges Städtchen.[2])

---

weigerten. In Folge dieser Weigerung legten die Eleer Execution gegen Lepreos ein; dieses wandte sich an Sparta, das ihm die Autonomie zusprach, und da die Eleer sich seinem Spruche nicht fügen wollten, sie durch eine Truppensendung zwang, ihre Executionstruppen aus der Lepreatis zurückzuziehen (im J. 421: s. Thukyd. a. a. O.). Bald darauf müssen aber die Eleer die Stadt wieder besetzt haben, da dieselbe in den im März des J. 414 v. Chr. aufgeführten Vögeln des Aristophanes (v. 149) als ὁ Ἠλεῖος Λέπρεος bezeichnet wird. Bei dem Feldzuge des Königs Agis gegen Elis im J. 401 fielen die Lepreaten ebenso wie die Makistier und Epitaleer und mehrere Städte der Pisatis von Elis ab und erlangten bei dem Friedensschlusse im J. 399 ihre Unabhängigkeit (Xen. Hell. III, 2, 25 u. 30). Für die spätere Zeit vgl. oben S. 273, Anm. 1.

[1]) So Didymos beim schol. Ar. Aves 149 u. Suid. u. Λέπρεον; andere Ableitungen (von Lepreos, dem Sohne des Pyrgeus, der den Herakles im Essen besiegte, oder von Leprea, einer Tochter des Pyrgeus, oder vom Aussatze, an welchem die ersten Bewohner der Gegend gelitten haben sollten) bei Paus. V, 5, 4 f. Lage der Stadt: Strab. p. 344 s. Αἰπασία oder Αἰπάσιον Strab. p. 347 s. Für Λευκαίου Διὸς bei Paus. § 5 ist jedenfalls mit Palmerius Λυκαίου Δ. zu lesen. Pläne und Ansicht der Ruinen Expédition de Morée I, pl. 50—52, darnach Curtius Pel. II, Tfl. IV, vgl. S. 84 f. u. besonders Boutan a. a. O. p. 202 ss.

[2]) Strab. p. 348; vgl. Herod. IV, 148; Polyb. IV, 77; Liv. XXVII,

Nördlich von Lepreos lag am westlichen Fusse eines andern Vorsprunges des Minthegebirges, nicht ganz 30 Stadien vom Meere entfernt, nahe dem südlichen Ufer eines Pamisos genannten Baches (etwa in der Gegend des jetzigen Piskini) das Städtchen Pylos (zum Unterschied von der messenischen Stadt *Πύλος ὁ Τριφυλιακός* oder auch ὁ *Λεπρεατικός* genannt, in welchem einige griechische Alterthumsforscher irriger Weise den Königssitz des Nestor und Mittelpunkt des Reiches der Neliden erkennen wollten, wahrscheinlich eine von Flüchtlingen aus dem messenischen Pylos nach dem Sturze des Nelidenreiches gegründete Ortschaft, die frühzeitig von den Lepreaten unterworfen wurde, welche mit Zustimmung der Lakedämonier die Bewohner zur Uebersiedelung nach Lepreos nöthigten; seitdem scheint der Ort verödet und nur der Name Pylos der Ebene bis an den Berg von Kaiapha hin verblieben zu sein. Oberhalb der Ebene lag ein heiliger Hain der Demeter und wahrscheinlich etwas weiter östlich, an dem Hauptstock des Minthegebirges, ein Temenos des Hades, das nach dem Untergange von Pylos von den Lepreaten und Makistiern gemeinsam unterhalten wurde. [1])

Im nördlicheren Theile der Strandebene zieht sich jetzt von Nord nach Süd ein zwei Stunden langer, schmaler aber tiefer

32; Steph. Byz. u. *Πύργος*. Die von Pausanias nicht erwähnte Ortschaft kommt noch auf der Tab. Peuting., im Itiner. Antonini u. beim Geogr. Rav. vor. Die von Leake (Morea I, p. 56 s.) erwähnten, jetzt verschwundenen Reste (grosse viereckte Werkstücke und ein Architravfragment aus weissem Marmor) gehörten einem einzelnen Gebäude an.

[1]) Strab. p. 344, wo ich (p. 489, 14 ed. Mein.) schreibe: *ὃς νῦν Πάμισος ὁ Ἀρκαδικὸς καλεῖται*: vgl. p. 336; p. 339; p. 361 und über die Eroberung der Stadt p. 355. Der Name *Ἄμαθος* scheint nie im Volksmunde gebräuchlich, sondern nur eine Fiction etymologisirender Gelehrten gewesen zu sein. Dieser Pamisos ist aber gewiss nicht, wie Curtius annimmt, der südlich von Piskini fliessende Bach, sondern der nächste weiter nördlich, den Curtius nach Pouillon-Boblaye (Recherches p. 134 s.) u. Ross (Reisen im Pel. S. 105) irrig Anigros nennt, der in seinem Hauptarme bei Trupäs entspringt und bei dem einsamen Khan des Hagios Isidoros (im Volksmunde Aisidoro) mündet; diese Mündung ist nicht, wie Curtius Pelop. II, S. 81 angiebt, acht bis neun Stadien, sondern eine starke deutsche Meile von dem Passe von Kaiapha entfernt, und nach der Beschaffenheit des Terrains ist es geradezu undenkbar, dass der Lauf dieses Flusses, der jetzt eine entschieden südwestliche Richtung hat, im Alterthum eine nordwestliche Richtung gehabt habe.

See hin, der durch einen sandigen, mit hohem, düsterem Kiefernwald bewachsenen Küstenstreifen vom Meere getrennt, im Norden durch einen gegen Westen vortretenden steilen Felsberg, den westlichsten Vorsprung des Smernagebirges, überragt wird, dessen nordwestlicher breiter Gipfel mit den Ruinen einer hochalterthümlichen Befestigung gekrönt ist. Vor dem westlichen Fusse des Berges erheben sich zwei kleine Felshügel, zwischen denen die Strasse hindurchführt, nachdem sie den hier sehr schmalen, zum Theil versumpften Sandstreifen, der das nördliche Ende des Sees mit dem südlichen der grossen Lagune von Agulenitza verbindet, auf einer steinernen Brücke überschritten hat. Der westlichere dieser Hügel trägt ein kleines Wachthaus zum Schutze des in mehrfacher Hinsicht den Thermopylen ähnlichen Passes, welcher nach dem Namen des Berges und Sees der Pass von Kaiapha genannt wird. In den schroff abfallenden Felsen an der Südseite des Berges finden sich unmittelbar über dem Wasserspiegel des Sees zwei nur vermittels eines Bootes zugängliche Höhlen, deren Inneres mit mephitischen Dünsten erfüllt ist. Weiter östlich fliesst in den See ein vom Kaiaphaberge herabkommender, jetzt Mavropotamo genannter Bach, der noch am Anfang unseres Jahrhunderts — heut zu Tage steht der See in keiner sichtbaren Verbindung mehr mit dem Meere — an der Westseite des Sees ungefähr eine halbe Stunde südlich vom Engpass wieder aus- und dem Meere zufloss, bei heftigerem Winde aber dasselbe nicht erreichte, da die Brandung und der durch dieselbe aufgeworfene Sand sein Wasser nach dem See zurücktrieb.[1] Da diese Erscheinung von Pausanias (V, 5, 7) in Bezug auf den Anigros, einen vom Lapithosgebirge herabkommenden Bach mit übelriechendem Wasser, in welchem gar keine oder doch keine essbaren Fische vorkamen, berichtet wird, so kann man nicht zweifeln, dass dieser jetzt in den See einmündende Bach der Anigros der Alten ist (der auch den Namen Minyeios geführt haben soll), wie man auch in den beiden Höhlen über dem See leicht die Grotte der Nymphen des Anigros (*Νύμφαι Ἀνιγριάδες* oder *Ἀνιγρίδες*), in welcher Kranke für Flechten

[1]) S. Leake Morea I, p. 51 ss.; Beulé Études p. 217 ss.; Boutan Mémoire p. 215 ss.: dazu die Pläne u. Ansicht Expéd. de Morée Vol. I, p. 53—55 (darnach Curtius Pel. II, Tf. III).

und ähnliche Hautkrankheiten Heilung suchten, und die der Atlantiden (Töchter des Atlas), in welcher Dardanos (Sohn des Zeus und der Elektra) geboren sein sollte, erkennt. Im Uebrigen aber hat das Terrain seit dem Alterthum seine Gestalt nicht unbeträchtlich verändert, indem der ganze See von Kaiapha im Alterthum nicht vorhanden war, sondern erst seit dem frühen Mittelalter, jedenfalls in Folge der gänzlichen Vernachlässigung der Regulirung der vom Kaiaphaberge herabkommenden und aus dem Boden der Ebene selbst empordringenden Gewässer, entstanden ist. Anstatt desselben fanden sich im Alterthum nur an zwei Stellen Sümpfe oder Tümpel vor, deren stagnirendes Wasser auf beträchtliche Entfernungen hin einen übeln Geruch verbreitete: unterhalb der Grotte der Anigriaden, wo eine Quelle (offenbar schwefelhaltigen Wassers, wie solches noch jetzt an mehreren Stellen aus der Felswand hervordringt) nach dem Anigros hin abfloss und mit demselben einen stinkenden Sumpf bildete, durch welchen ein Dammweg, dessen Reste noch jetzt sichtbar sind, nach den Grotten hinführte, und an der Mündung des Anigros, wo, wie bemerkt, das Wasser in Folge des Gegenschlages der Meereswogen sich staute. Ferner nahm im Alterthum der Anigros noch einen Nebenfluss auf, den Akidas oder Akidon, der auch den Namen Jardanos geführt haben soll; an seinem Ufer zeigte man das Grab und die Wiese des Jardanos und setzten einige Alterthumsforscher eine gänzlich verschollene Stadt Chaa an; auch ein Heiligthum des makistischen Herakles stand in seiner Nähe. Darnach kann der Akidas nur ein Bach sein, welcher südöstlich vom Anigros vom Kaiaphaberge herabkommt und jetzt in den Kaiaphasee mündet.[1])

---

[1]) Paus. V, 5, 3 (wo trotz des Widerspruchs von Curtius Pel. II, S. 115, Anm. 80 eine Lücke anzunehmen und entweder mit Schäfer *ἰόντι δὲ ἀπὸ τῆς Μεσσηνίας ἐπὶ τῆς Ἠλείας* oder mit Palmerius einfach *ἰ. δ. ἀπὸ τῆς Μεσσηνίας* zu schreiben ist, da Pausanias nur wenn er von Süden her kam, Lepreos zur Rechten haben konnte: unter *Σάμικον* versteht er hier wie § 7 die ganze von Strab. p. 344 als *Πυλιακὸν πεδίον* bezeichnete Ebene); § 7 ff.; Strab. p. 346 ss.: aus beiden geht mit Sicherheit hervor, dass der Anigros in der Nähe der Grotte der *Νύμφαι Ἀνιγριάδες* floss, also unmöglich der von Curtius (vgl. oben S. 279, Anm. 1) so genannte Fluss, der beim Khan vom H. Isidoros mündet, sein kann. Diesen nennt die französische Karte Akidas, wahr-

Die Ruinen auf dem Gipfel des Kaiaphaberges sind ohne Zweifel die Ueberreste der alten Stadt Samos, welche noch in späten Zeiten unter dem Namen Samikon als die wichtigste Festung der Makistia fortbestand. Zu ihrem Gebiet gehörte das hochangesehene Heiligthum des Poseidon Samios, das unter der Verwaltung der Makistier stand, aber von allen Triphyliern gemeinsam unterhalten wurde: ein Hain wilder Oelbäume, wahrscheinlich am nördlichen Fusse des Kaiaphaberges gelegen, in welchem nach verkündigtem Gottesfrieden Festversammlungen unter Theilnahme aller triphylischen Ortschaften gehalten wurden. Da also Samos, das unter den sechs minyischen Burgstädten nicht aufgeführt wird, als wichtigste Oertlichkeit der Makistia in fortificatorischer, wie in religiöser Hinsicht erscheint, so ist es sehr wahrscheinlich, dass Makistos, welches in dem Herodotischen Catalog der Minyerstädte und sonst vereinzelt als Stadt aufgeführt wird, von Samos nicht verschieden, sondern der auf die Burg und die Bewohner des von ihr beherrschten Gebietes übertragene Name des ganzen jetzt Kaiapha genannten Bergzuges ist. Dagegen hat die Ansicht einiger griechischen Alterthumsforscher, welche in Samos die Akropolis der Homerischen Stadt Arene (Il. *B*, 591; *Λ*, 723) erkennen wollten, ebensowenig Wahrscheinlichkeit, als ihre Identificirung des triphylischen Pylos mit dem Herrschersitze des Nestor.[1])

---

scheinlich nach Strab. p. 351, wo der *Ἀκίδων*, der doch kaum vom *Ἀκίδας* verschieden sein kann, als ein in der Mitte zwischen Neda und Alpheios ins Meer sich ergiessender Fluss angeführt wird; allein Paus. c. 5, 8 bezeugt ausdrücklich die Verbindung des Akidas mit dem Anigros, so dass wohl anzunehmen ist, dass Strabon a. a. O. aus Versehen den Akidon statt des Pamisos oder Anigros genannt hat. Die nur von Strabon (p. 346) erwähnten *ἄλση Ἰωναῖον* (*Διωναῖον* will Curtius nach Xylander; eher dürfte *Ἐνδυμιωναῖον* mit Corais zu schreiben sein, da Eurykyda nach Paus. V, 1, 4 die Tochter des Endymion ist) und *Εὐρυκύδειον* müssen in der jetzt vom Kaiaphasee bedeckten Niederung unter den beiden Grotten gestanden haben. Die Vermuthung Boutans (Mémoire p. 212 ss.), dass ein von ihm $1^1/_2$ Stunde nordwestlich von Lepreon, etwas südlich vom Dorfe Sartena entdecktes alterthümliches kleines Paläokastron das alte Chaa sei, hat gar keine Wahrscheinlichkeit.

[1]) Herod. IV, 148; Xenoph. Hell. III, 2, 30; Heraclid. Pont. Pol. 25; Polyb. IV, 77 u. 80; Strab. VI, p. 257; VIII, p. 343 s. (der allerdings p. 345 *τὸν Μάκιστον ὅν τινες Πλατανιστοῦντα καλοῦσιν* vom Samikon zu unter-

Die ganze gegen zwei deutsche Meilen lange Küstenstrecke vom nordwestlichen Fusse des Kaiaphaberges bis zur Mündung des Alpheios wird jetzt von der Lagune von Agulenitza eingenommen, welche durch einen schmalen, ganz mit dichtem Kiefernwald bedeckten Sandstreifen vom Meere getrennt wird, mit welchem sie jedoch durch einen das Wasser nach der Mündung des Alpheios ableitenden natürlichen Abzugscanal in Verbindung steht. Mehrere flache, ebenfalls bewaldete Inseln erheben sich längs der Mitte der Lagune wenig über die besonders im südlicheren Theile mehr der eines Morastes als eines Sees gleichende Wasserfläche; längs der Ostseite läuft durch den schmalen Saum flachen Landes, welcher hier sich zwischen der Lagune und einer Reihe theils mit Waldung, theils mit Feldern bedeckter Hügel hinzieht, die Strasse nach Agulenitza, jetzt der bedeutendsten Ortschaft dieser Gegend, deren Bewohner ausschliesslich von dem sehr reichen Ertrage der Fischerei in der Lagune (die einen grossen Theil des Peloponnes mit Fischen versorgt) leben. Wahrscheinlich nimmt diese Ortschaft die Stelle von Epitalion ein, der durch ihre Lage als Hüterin der Furth durch den Alpheios, d. h. der wichtigsten Verbindungsstrasse zwischen Triphylien und dem mittlern Elis bedeutsamen nordwestlichsten Stadt Triphyliens, welche ihrerseits an die Stelle einer älteren Ortschaft, Thryon oder Thryoessa, getreten war.[1]) Zwischen Epitalion und Samikon scheint keine weitere Ortschaft gelegen zu haben, wahrscheinlich weil die ganze Strecke schon im Alterthum, wenn auch nicht eine zusammenhängende Lagune wie heutzutage, so doch an mehreren Stellen versumpft und daher ungesund war.[2])

scheiden scheint); 346 s.; 349; 351 s.; Paus. V, 6, 1 ff.; Plin. N. h. IV, 6, 21; Steph. Byz. u. *Μάκιστος* (wo die Worte *ἐπ᾽ ὄρους ὑψηλοῦ κειμένη πρὸς ἕω τῆς Λεπρεατικῆς* nicht mit Curtius Pel. II, S. 116, Anm. 84 auf Makistos, sondern auf Phrixa zu beziehen sind).

[1]) Xenoph. Hell. III, 2, 29 f.; Polyb. IV, 80; Strab. p. 349; Steph. u. *Ἐπιτάλιον*; vgl. Il. *B*, 592; *Λ*, 711; Quint. Smyrn. *B*, 241; Steph. u. *Θρύον*.

[2]) Der Versuch Strabons (VIII, p. 343 u. p. 350 s.), die nur im Hymn. Apoll. Pyth. 247 (welchen Vers Strabon entweder durch ein Versehen oder nach einem interpolirten Texte in das Buch *o* der Odyssee vor v. 296 einschiebt) erwähnten Ortsnamen Krunoi und Chalkis hier

Dagegen lagen in der ganz von Hügeln und Bergen von mässiger Erhebung eingenommenen Gegend östlich von der Lagune bis zur arkadischen Gränze verschiedene Ortschaften, unter denen Epion (das homerische Aepy),[1] die östlichste der sechs Minyerstädte, zwischen Makistos (Samikon) und dem arkadischen Heräa gelegen, zwar nicht an Umfang, aber an Stärke vermöge ihrer natürlichen Lage und künstlichen Befestigung die bedeutendste war, wie die auf einem steilen Hügel oberhalb des Dorfes Platiana gelegenen, durch ihre treffliche Erhaltung ausgezeichneten Ruinen (vom Volke Helleniko genannt) beweisen, die höchst wahrscheinlich dieser Ortschaft angehören. Der lange und schmale Rücken des nach allen Seiten steil abfallenden Hügels ist ganz (mit Ausnahme der südwestlichen Ecke, wo die Schroffheit der Felsen eine künstliche Befestigung entbehrlich machte) mit der nur zwei Meter dicken, meist aus grossen polygonen Blöcken construirten Ringmauer umzogen, welche an der Süd- und Westseite durch eine Anzahl viereckiger Thürme verstärkt ist. Der nördlichere Theil des von dieser Ringmauer umschlossenen Raumes, der eigentliche Kamm des Hügels, ist durch eine besondere Umfassungsmauer gegen Osten, Süden und Westen von dem übrigen, gegen Süden allmälig abfallenden Terrain der Stadt, auf welchem man noch die Fundamente zahlreicher Privathäuser und, am weitesten gegen Osten, zweier Tempel erkennt, abgesondert und bildet so eine 415 Meter lange, 20 — 40 Meter breite Oberstadt, innerhalb welcher man fünf Plateaus von verschiedener Höhe, welche durch Queermauern von einander gesondert waren, unterscheidet; das am höchsten gelegene westliche Plateau bildete jedenfalls die Citadelle; in dem nächsten erkennt man die Ruinen

---

zu fixiren, ist eine ganz willkürliche Hypothese und verdient nicht die Aufmerksamkeit, welche ihm Curtius (Pelop. II, S. 87) geschenkt hat; doch hat letzterer (S. 117, Anm. 90) aus Strabons (p. 351) Bezeichnung von *Κρουνοὶ*, *Χαλκὶς* und *Φεὰ* als *ἀδόξων ποταμῶν ὀνόματα μᾶλλον δὲ ὀχετῶν* richtig geschlossen, 'dass man durch künstliche Wasserabzüge den Küstenstrich entsumpfte'.

[1]) Il. *B*, 592 (= Hymn. in Apoll. Pyth. 245); vgl. Stat. Theb. IV, 180; Strab. p. 349 u. Steph. u. *Αἰπυ*. Der historische Name der Ortschaft wird verschieden geschrieben: *Ἔπιον* Herod. IV, 148; *Ἤπειον* Xen. Hell. III, 2, 30; *Αἰπίον* Polyb. IV, 77 u. 80; *Ἤπιον* Steph. Byz. u. d. W. Ueber die Ruinen s. Boutan Mémoire p. 240 ss. mit Plan (wiederholt auf unserer Tfl. VII).

eines Theaters, von welchem noch neun Sitzreihen und der Unterbau des 10 Meter langen, 4,40 Meter tiefen Scenengebäudes erhalten sind; das folgende Plateau scheint von der Agora und mehreren öffentlichen Gebäuden eingenommen worden zu sein; in den beiden östlichsten findet man die Fundamente von Privathäusern, mehreren Tempeln und anderen öffentlichen Gebäuden.

Nördlich von diesem Hügel fliesst ein aus mehreren Armen sich bildender Bach (wahrscheinlich der Acheron der Alten), dem Diagon, dem Gränzflusse gegen Arkadien parallel, dem Alpheios zu und einen ähnlichen Bach von ungefähr gleicher Richtung finden wir $1^3/_4$ Stunden weiter westlich. In dieser Gegend standen noch zur Zeit des sogenannten Bundesgenossenkrieges (Ol. 140) vier Städte: Hypana, welches dann in Folge der Uebersiedelung seiner Bewohner nach Elis verfiel, Tympaneä, das noch zu Strabons Zeit bestand, und die später ganz verschollenen Bolax und Stylangion: einer dieser Ortschaften mögen einige bei Mundritza, auf einem zum nördlichen Theile des Smernagebirges gehörigen Plateau, erhaltene antike Reste angehören.[1]) Zwei Stunden nordwestlich von da lag an einem von Südosten her dem Alpheios zufliessenden fischreichen Bache, dem Selinus der Alten, zwischen bewaldeten, an Wild reichen Hügeln, 20 Stadien von Olympia entfernt (bei dem jetzigen Dorfe Makrysia) Skillus, eine alte triphylische Ortschaft mit einem Heiligthume der Athene Skilluntia, welche von den Eleern wegen ihrer Theilnahme an dem Unabhängigkeitskampfe der Pisaten zerstört, später aber unter dem Schutze der Lakedämonier, welche einen grossen Theil des Gebiets der Stadt dem aus Athen verbannten Xenophon schenkten, wieder bewohnt wurde. Xenophon weihte das ihm geschenkte Terrain, in dessen Besitz er auch von den Eleern nicht gestört wurde, der ephesischen Artemis und errichtete derselben in einem Hain von Fruchtbäumen einen Tempel, eine Nachbildung des ephesischen Tempels im Kleinen, in dessen Nähe man noch dem Pausanias, der von der Ortschaft Skillus nur Trümmer vorfand, das mit einem Reliefbilde aus

---

[1]) Strab. p. 344 (wo für *Δαλίων* mit Ross Reisen im Pel. S. 104 *Διάγων* zu schreiben ist); Polyb. IV, 77—80; Ptol. III, 16, 18; Steph. u. *Τυπανέαι*, *Ὕπανα* u. *Στυλλάγιον*: vgl. Pouillon-Boblaye Recherches p. 133; Dodwell Class.-topogr. Reise II, 2, S. 193 d. d. Ueb.

pentelischem Marmor geschmückte Grab des Xenophon zeigte.[1]) Gieng man von hier nach Olympia, so kam man an einem schroff nach dem linken Ufer des Alpheios abfallenden Berge, dem Typäon, vorüber, von dessen Gipfel nach einem alten, aber niemals in Anwendung gebrachten Gesetze Frauen, welche sich dem ausdrücklichen Verbot zuwider unter die Zuschauer beim olympischen Agon eindrängen würden, herabgestürzt werden sollten.[2])

Ein ähnlicher, nur beträchtlich steilerer Berg erhebt sich zwei Stunden weiter östlich am linken Ufer des Alpheios, da wo der Lauf dieses Flusses aus der nordwestlichen in die rein westliche Richtung übergeht, bei dem jetzigen Dorfe Paläo-Phanari; der Gipfel dieses Berges, auf welchem frühere Reisende noch einige jetzt bis auf eine Cisterne verschwundene antike Reste gefunden haben, trug einst die Akropolis von Phrixä (oder Phrixa), der nordöstlichsten Stadt Triphyliens, die schon zur Zeit des Pausanias bis auf einen Altar der Athene Kydonia in Trümmern lag.[3])

Pisatis. Der mittlere Theil der Landschaft, die Pisatis, umfasste das vom rechten Ufer des Alpheios bis gegen den Ladon hin sich erstreckende, zum Bergsystem der Pholoe gehörige Hügelland, sowie die Küstenstrecke von der Mündung des Alpheios bis in die Nähe des Cap Chelonatas (vgl. oben S. 273, Anm. 2). Der südlichste Vorsprung dieses Hügellandes, welcher hart an der arkadischen Gränze den durch die Einmündung des Erymanthos in den Alpheios gebildeten Winkel einnimmt, wurde von den Alten als der Bergrücken des Sauros,[4]) zwei andere weiter

---

[1]) Paus. V, 6, 4 ff. (vgl. VI, 22, 4); Xenoph. Anab. V, 3, 7 ff., Hellen. VI, 5, 2; Strab. p. 343; Steph. u. Σκιλλοῦς; vgl. Boutan Mémoire p. 228 ss. Da der Name ein Terrain, wo die Meerzwiebel (σκίλλα) in Menge wächst, also ein sandiges Terrain in der Nähe des Meeres, bezeichnet, so stand vielleicht das älteste Skillus an der Küste auf einer jetzt von der grossen Lagune bedeckten Stelle und wurde erst in Folge der Versumpfung der Küste weiter ins Innere der Landschaft verlegt.

[2]) Paus. V, 6, 7; Steph. u. Τύπαιον. Der Name bedeutet vielleicht 'Richtstätte'; vgl. τυμπανίζειν u. ἀποτυμπανίζειν. Die Stadt Typaneä muss trotz der Uebereinstimmung der Namen wegen Strab. p. 344 von dem Berge geschieden werden.

[3]) Herod. IV, 148; Xen. Hell. III, 2, 30; Polyb. IV, 77 u. 80; Strab. p. 343; Paus. VI, 21, 6; Steph. u. Μάκιστος u. Φρίξα: ders. (u. Φαιστός) giebt an, dass die Stadt später (aber wann?) Φαιστός genannt worden sei. Vgl. Leake Morea II, p. 209 s.; Boutan Mémoire p. 232 ss.

[4]) Paus. VI, 21, 3, wornach auf dem Bergrücken das Grab des Räu-

westlich in der Nähe des Olympischen Heiligthums gegen den Alpheios vortretende Hügel mit den wahrscheinlich von den Achäern aus ihren thessalischen Wohnsitzen mitgebrachten Namen Olympos und Ossa bezeichnet.[1]) Zahlreiche Bäche fliessen aus diesem Hügellande dem Alpheios zu: der östlichste derselben ist der alte Leukyanias, an welchem ein Heiligthum des Dionysos Leukyanites stand;[2]) es folgt der ungefähr dem triphylischen Phrixä gegenüber in den Alpheios mündende Parthenias, an welchem man einen Grabhügel der Rosse des Marmax, des ersten Freiers um des Oinomaos Tochter Hippodameia zeigte;[3]) sodann der Harpinates, an dessen westlichem Ufer die zu Pausanias Zeit zerstörte Stadt Harpina und in deren Nähe ein hoher Erdhügel, welcher als Grab der von Oinomaos getödteten Freier der Hippodameia betrachtet wurde, ein Stadion weiter ein Heiligthum der Artemis Kordaka und in dessen Nähe ein kleines Gebäude mit einem ehernen Kasten, der die Gebeine des Pelops enthalten sollte, lag.[4]) Zwanzig Stadien westlich von Harpina mündet in den Alpheios wieder ein bedeutenderer Bach, der die Gränze des Olympischen Heiligthums gegen Westen bezeichnende Kladeos.[5]) Bald darauf treten die Hügel vom rechten Ufer des

---

bers Sauros, der hier von Herakles getödtet worden sein sollte, und ein zu Paus. Zeit in Trümmern liegendes Heiligthum des Herakles standen.

[1]) Strab. p. 356; schol. Apoll. Rhod. *Α*, 599; Eustath. ad Dionys. Per. 409. Curtius (Pel. II, S. 51) setzt den Ossa auf das linke Ufer des Alpheios wegen Strabons Angabe, dass Pisa zwischen den beiden Bergen gelegen habe; doch ist diese Angabe auch dann richtig, wenn wir im Olympos den östlich, im Ossa den westlich von dem kleinen Bache von Miraka sich erhebenden Bergrücken erkennen.

[2]) Paus. VI, 21, 4 f., wo auch ein etwas weiter östlich, 40 Stadien vom Saurosberge auf einer Anhöhe am Alpheios gelegener, von einem gewissen Demänetos gegründeter, zu Paus. Zeit verfallener Tempel des Asklepios erwähnt wird.

[3]) Paus. a. a. O. § 7; Strab. p. 357; Steph. u. *Φωριαμοί*: nach der letzteren Stelle lag in der Nähe des Flusses, wahrscheinlich zwischen ihm und dem Leukyanias, eine *Φωριαμοί*, d. i. 'Kiste, Kasten', genannte Oertlichkeit, wahrscheinlich eine enge und tiefe Schlucht.

[4]) Paus. a. a. O. § 8 ff. u. c. 22, 1; für die Stadt Harpina vgl. auch Strab. p. 357; Lucian. de morte Peregr. 35 (nach welcher Stelle sie 20 Stadien ostwärts von Olympia entfernt war) u. Steph. u. *Ἅρπινα*.

[5]) Paus. V, 7, 1 u. ö.: bei Xen. Hell. VII, 4, 29 ist der Name *Κλάδαος* geschrieben.

Alpheios beträchtlich gegen Norden zurück und es entsteht so eine geräumige Ebene, durch welche wieder mehrere Bäche nach dem Alpheios fliessen: der bedeutendste westlichste derselben scheint im Alterthum den wieder aus Thessalien hierher verpflanzten Namen Enipeus, der nächst östlichere den Namen Kytherios geführt zu haben.[1]) Längs des rechten Ufer des Enipeus zieht sich ein Hügelrücken bis zum Alpheios herab und bildet so ein letztes kurzes Engthal, aus welchem dieser Fluss in seine breite, ganz aus angeschwemmtem Lande bestehende Mündungsebene eintritt. Unmittelbar an der Mündung stand in einem Haine ein Tempel der Artemis Alpheionia oder Alpheiusa, nach der alten Landessage der Geliebten des Flussgottes Alpheios, an deren Stelle in einer jüngern Form der Sage die Quellnymphe Arethusa getreten ist.[2])

Die Pisatis zerfiel zur Zeit ihrer politischen Selbständigkeit in acht Bezirke, von denen jeder das Gebiet einer einzelnen Stadt ausmachte. Als solche alte Bezirkshauptstädte kennen wir durch das ausdrückliche Zeugniss des Strabon (VIII p. 356 s.) Salmone (bei einer gleichnamigen Quelle, aus welcher der Enipeus entspringt), Herakleia (40 — 50 Stadien nordwestlich von Olympia an der von da durchs Gebirge nach Elis führenden Strasse am Flusse Kytherios, also in der Gegend des jetzigen Bruma gelegen, mit einer heilkräftigen Quelle und einem Heiligthum der ionidischen Nymphen),[3]) Harpina (vgl. oben S. 287, Anm. 4), Kikysion (nach Strabon die grösste unter allen), und Dyspontion (an der durch die Ebene führenden Strasse von Olympia nach Elis gelegen, von seinen Bewohnern nach dem unglücklichen Ausgange des Unabhängigkeitskampfes der Pisaten

---

[1]) Strab. p. 356: der *Κυθήριος* heisst bei Paus. VI, 22, 7 *Κύθηρος*. Meineke Diatr. in Callimachi H. in Iov. 22 (p. 125) vermuthet, dass er auch den Namen *Ἰάων* geführt habe.

[2]) Strab. p. 343; Athen. VIII, p. 346 b; dazu über die alten Wandgemälde im Tempel Panofka 'Zur Erklärung des Plinius', Berlin 1853, S. 4 ff. Ueber die ältere Gestalt der Sage, für welche auch der gemeinsame Altar des Alpheios und der Artemis in Olympia (Paus. V, 14, 6) Zeugniss giebt, vgl. Paus. VI, 22, 8 f.; schol. Pind. Pyth. II, 12; Nem. I, 3; über eine Quelle Arethusa in der Pisatis E. Curtius in Pinder und Friedländers Beiträgen zur älteren Münzkunde I, S. 234 ff.

[3]) Vgl. Paus. VI, 22, 7, zu dessen Zeit Herakleia eine Kome der Eleier war.

gegen Elis, an welchem sie Theil genommen hatten, um Ol. 50 verlassen).[1]) Die drei übrigen waren wahrscheinlich Aleision, in älteren Zeiten eine Stadt an der Gebirgsstrasse von Olympia nach Elis, zu Strabons Zeit nur noch ein Platz in der Amphidolis oder Amphidolia genannten Gegend, an welchem die Umwohner monatlich einen Markt abhielten (wahrscheinlich identisch mit der von anderen Schriftstellern erwähnten Ortschaft der Amphidoloi);[2]) Margala oder Margana, eine ebenfalls im District Amphidolia gelegene Stadt,[3]) und Letrinoi an der Hauptstrasse von Olympia nach Elis, 120 Stadien von ersterem, 180 von letzterem Orte entfernt, in der Nähe eines kleinen Sees, also jedenfalls in der jetzt zu dem Städtchen Pyrgos gehörigen Strandebene, wahrscheinlich bei dem Dörfchen Hagios Ioannis oberhalb der Lagune von Muria (die ebenso wie die südlicheren Lagunen gewiss neueren Ursprungs ist) gelegen, zu Pausanias Zeit bis auf wenige Wohnhäuser und den Tempel der Artemis Alpheiäa zerstört.[4])

Der ausdrücklich bezeugte Umstand, dass Pisa nicht zu diesen acht Städten gehörte, giebt der Ansicht derjenigen griechischen Alterthumsforscher einiges Gewicht, welche läugneten, dass es überhaupt jemals eine Stadt dieses Namens gegeben habe und den Namen der Landschaft von einer Quelle Pisa (später Bisa genannt) in der Nähe der Stadt Kikysion (die also un-

---

[1]) Vgl. mit Strab. a. a. O. Paus. VI, 22, 4; Steph. u. *Δυσπόντιον*. Die Namen der acht Städte der Pisatis standen jedenfalls neben acht der *κοίλη Ἦλις* in der Lücke bei Paus. V, 16, 6.

[2]) Strab. p. 341, vgl. Il. *B*, 617 u. *Λ*, 757; Steph. u. *Ἀλήσιον*. Die *Ἀμφίδολοι* (nach dem Zeugniss des Steph. u. d. W. zugleich Name der Ortschaft und ihrer Bewohner) Xenoph. Hell. III, 2, 25 u. 30; IV, 2, 16. Diejenigen, welche von einem Flusse *Ἀλείσιος* sprachen (s. Strab. p. 342), verstanden darunter wohl einen Seitenarm des Enipeus.

[3]) Strab. p. 349 (wo *Μαργάλαι* u. *Μαργάλα*); *Μαργανεῖς* Xenoph. Hell. III, 2, 25 u. 30; IV, 2, 16 (an diesen drei Stellen neben den *Ἀμφίδολοι* genannt, also von diesen verschieden); VI, 5, 2; VII, 4, 14 u. 26; *Μάργανα* Diodor. XV, 77; *Μάργαια* Steph. Byz. u. d. W.

[4]) Paus. VI, 22, 8 ff.; Xenoph. Hell. III, 2, 25 u. 30; IV, 2, 16; Lycophr. Al. 54 u. 158 (was unter der ebds. erwähnten *Μόλπιδος πέτρα* gemeint sei, wissen wir nicht): vgl. Leake Morea II, p. 186 ss. Auch bei Ptol. III, 16, 18 ist vielleicht (mit Pouillon Boblaye Recherches p. 131) für *Κορήνη* (oder *Κορύνη*) *Λετρῖνοι* herzustellen.

gefähr auf derselben Stelle anzusetzen sein wird, welche andere für Pisa in Anspruch nahmen) herleiteten. Andere dagegen bezeichneten einen zur Zeit des Pausanias mit Weinbergen bedeckten Hügel 6 Stadien östlich von dem Olympischen Heiligthume als den Platz der alten Stadt Pisa.[1]) Jedenfalls beruhte die ganze Bedeutung der Ortschaft auf dem Heiligthum des Zeus Olympios, dessen Platz, jetzt eine ungesunde, feuchte Niederung, grösstentheils mit Gebüsch und Weideland bedeckt, von bewaldeten Anhöhen umgeben, ohne eine Spur menschlicher Ansiedelungen, im Alterthum eine mit zahlreichen Bau- und Bildwerken, darunter Kunstwerken ersten Ranges geschmückte Stätte regelmässiger, täglicher Opfer, während der Tage des Festes ein Sammelplatz vieler Tausende von Besuchern selbst aus den fernsten Gegenden, in welche griechische Sprache und griechische Cultur gedrungen, war. Olympia — mit diesem Namen wurde der ganze im Westen vom Kladeos, im Süden durch das im Alterthum besser als jetzt regulirte Bett des Alpheios, im Norden und Osten durch Hügel begränzte Raum bezeichnet — bestand aus dem geräumigen Peribolos des Zeustempels — der sogenannten Altis —, den Anlagen für die gymnischen und hippischen Agonen und allerhand Räumlichkeiten für das Cultpersonal, für das Unterkommen und die Bewirthung der Fremden und für geselligen und geschäftlichen Verkehr.[2]) Die Altis war rings von einer Mauer umschlossen, die sich an der Nordseite hart am Fusse eines in die Ebene vortretenden Hügels, des Kronion, und um die südwestliche Ecke desselben herum bis zum Kladeos hinzog,

[1]) Strab. p. 356; Paus. VI, 22, 1 f.; schol. Pind. Ol. I, 28; XI, 51; Steph. Byz. u. Πίσα.

[2]) Vgl. für die Topographie von Olympia, welche von Agaklytos in einer besonderen Schrift περὶ Ὀλυμπίας behandelt worden war (s. C. Müller Fragm. hist. gr. IV, p. 288), die flüchtige Skizze bei Strab. VIII, p. 353 s. und die sehr detaillirte, aber leider sehr wenig übersichtliche Schilderung bei Paus. V, 7 — VI, 21; dazu John Spencer Stanhope Olympia or topography illustrative of the actual state of the plain of Olympia, London 1824 [mir nicht zugänglich]; Expédition de Morée I, pl. 56—73; Leake Peloponnesiaca p. 4—108; E. Curtius Olympia. Ein Vortrag. Berlin 1852 und Peloponnesus II, S. 52 ff. (dazu Pläne auf Tfl. II); Beulé Études sur le Péloponnèse p. 245 ss.; Vischer Erinnerungen S. 465 ff.; Th. Wyse An excursion in the Peloponnesus in the year 1858, London 1865, Vol. II, p. 81 ss.

am linken Ufer dieses Flusses, wo man noch Spuren einer Ufermauer bemerkt, gegen Süden, dann dem rechten Ufer des Alpheios parallel, aber in beträchtlichem Abstand von demselben gegen Osten, endlich in gerader Linie gegen Norden nach der Südostecke des Kronion hinlief.[1]) Der Haupteingang, durch welchen die Processionen in die Altis einzogen, befand sich an der Südseite; ausserdem gab es mehrere Nebenpforten, wie eine an der Nordwestseite in der Gegend des Gymnasions und zwei an der Nordostseite, welche direct in das Stadion (die eine für die Kampfrichter und Athleten, die andere für das übrige Publikum bestimmt) führten.[2]) Den Mittelpunkt der Altis bildete sowohl in räumlicher Beziehung als in Hinsicht auf seine religiöse Bedeutung der grosse Altar des Zeus Olympios, welcher auf einem steinernen Unterbau von 125 Fuss Umfang (der sogenannten Prothysis, auf welcher die Opferthiere geschlachtet wurden) aus der mit Wasser aus dem Alpheios vermischten Asche der verbrannten Schenkelknochen der Opferthiere errichtet war. Auf demselben wurden, abgesehen von den grossen Opfern während der Festfeier, täglich von den Eleern und häufig von Privatleuten Opfer gebracht; jährlich um die Frühlingsnachtgleiche (am 19. des Monats Elaphios nach eleischem Kalender) wurde eine neue Lage von der während des Jahres im Prytaneion angesammelten Opferasche aufgestrichen, so dass die Höhe des Altars, welche zu Pausanias Zeit (mit Einschluss des Unterbaus) 22 Fuss betrug, immer zunahm.[3]) In der Nähe dieses Altars, gegen Westen in gleicher

---

[1]) Die Ausdehnung der Altis ist auf dem Plane bei Curtius gegen Süden zu gross, auch die Stelle des Zeustempels nicht richtig angegeben: derselbe liegt der südwestlichen Spitze des Kronion beträchtlich näher; vgl. Wyse a. a. O. p. 148 s. Das *τεῖχος* der Altis erwähnen Paus. V, 24, 8; 25, 5 u. 7; Xenoph. Hell. VII, 4, 32.

[2]) *Πομπικὴ εἴςοδος* Paus. V, 15, 2; VI, 20, 7; *ἡ ἔξοδος ἡ τοῦ γυμνασίου πέραν* V, 15, 8; *ἡ ἔςοδος ἡ ἐς τὸ στάδιον* V, 14, 9; 21, 15; 22, 1; *Κρυπτὴ εἴςοδος* für die *Ἑλλανοδίκαι* und *ἀγωνισταί* VI, 20, 8.

[3]) Paus. V, 13, 8 ff. vgl. VI, 17, 1. Der Altar heisst *ὁ βωμός* schlechtweg bei Xen. Hell. VII, 4, 31; Philostr. de gymn. 5 u. 6. An denselben knüpfte sich ohne Zweifel das *μαντεῖον τοῦ Ὀλυμπίου Διός* (Strab. VIII, p. 353), d. h. die Weissagung aus den Opfern, besonders aus der Opferflamme (*δι' ἐμπύρων*), welche bis in die letzten Zeiten des Heidenthums durch *μάντεις* aus den Familien der *Ἰαμίδαι* und *Κλυτιάδαι* besorgt wurde: vgl. Pind. Olymp. VI, 7 u. VIII, 3 c. schol.; Herod.

Entfernung von demselben, standen zwei alte und angesehene Heiligthümer: ein dorischer Tempel (Peripteros) der Hera, der aller vier Jahre ein Fest Heräa mit Darbringung eines von 16 Frauen gewebten Peplos und Wettläufen von Mädchen verschiedener Altersstufen im Olympischen Stadion gefeiert wurde, mit zahlreichen theils durch ihren Kunstwerth, theils durch Alterthümlichkeit (wie der bekannte Kasten des Kypselos) bedeutsamen Weihgeschenken, und südlich davon ein Temenos des Pelops (Pelopion), ein mit Bäumen, zwischen denen Statuen aufgestellt waren, bepflanzter, von einer Mauer umschlossener Raum mit Eingang an der Westseite.[1]) Südlich von diesem Temenos, durch einen mit Statuen und Weihgeschenken aller Art angefüllten Raum davon getrennt, erhob sich der grosse Tempel des Zeus, ein Denkmal des Sieges der Eleer über die Unabhängigkeitsbestrebungen der Pisaten, dessen wahrscheinlich noch in den 50er Olympiaden unter Leitung des Architekten Libon begonnener Bau erst Olympiade 85 — 86 seinen völligen Abschluss erhielt. Es war ein dorischer Peripteros mit 6 × 13 Säulen aus mit feinem Stuck überzogenem Muschelkalk, der Unterbau aus feinkörnigem, dem phigalischen ähnlichem Kalkstein, das Dach, die Architektur im Innern der Cella, sowie der plastische Schmuck der beiden Giebelfelder (im östlichen die Vorbereitungen zum Wettkampfe zwischen Pelops und Oinomaos von Päonios aus Mende in Thrakien, im westlichen der Kampf der Lapithen und Kentauren von Alkamenes aus Athen) und der je sechs Metopen über dem Eingange zum Pronaos und Opisthodom (Thaten des Herakles; die Metopen des äusseren Hauptfrieses waren ohne plastischen Schmuck) aus weissem Marmor. Das in der Mitte offene Dach der Cella, an deren westlicher, sie von der Nachcella (Opisthodomos) trennenden Wand die Colossalstatue des Gottes, das Werk des Pheidias, in einer besonderen Capelle aufgestellt war, wurde von einer doppelten Säulenstellung, zwei unteren und zwei oberen, eine Art von Emporen bildenden Säulenreihen längs der Lang-

---

VIII, 134; Xen. Hell. IV, 7, 2 und die am Fusse des Kronionhügels gefundenen Inschriften bei Beulé Études sur le Pél. p. 268 ss. (auch in Goettlings Opuscula academica p. 306 ss.).

[1]) Tempel der Hera: Paus. V, 16; VI, 1, 3; c. 19, 8 u. 12; Athen. XI, p. 480ᵃ; Dio Chrysost. Or. XI, 45. *Πελόπιον*: Paus. V, 13, 1 ff.; 24, 5; 27, 1.

seiten der Cella, gestützt. Dass der Tempel nicht sowohl zu den Zwecken des Cultus, als zur Erhöhung des Glanzes der Festfeier, bei welcher den Siegern in den Agonen innerhalb des Tempels vor der Statue des Gottes die Siegeskränze überreicht wurden, errichtet war, zeigt schon der Umstand, dass auch nach Erbauung desselben die regelmässigen Opfer auf dem grossen Aschenaltar, der in keinem unmittelbaren Zusammenhang mit dem Tempel stand, dargebracht wurden. Doch ist auch von einem Altar, auf welchem Opfer (jedenfalls nur feuerlose) gebracht wurden, innerhalb des Tempels die Rede, und eine durch ein ehernes Gefäss bezeichnete Stelle auf dem Boden der Cella, an welcher einst ein Blitz eingeschlagen haben sollte, war gewiss, wie alle derartige Blitzmale bei den Alten, auch eine Stätte des Cultus.[1]) In der Gegend des Opisthodoms, welcher während des Festes der gewöhnliche Versammlungsort eines kleineren gewählten Publikums zum Behuf des Anhörens litterarischer Vorträge oder sonstiger

---

[1]) Vgl. über den Tempel Paus. V, 10, 2 ff., dessen Maassangaben (230 F. Länge, 95 F. Breite, 68 F. Höhe) mit den von der französischen Commission ermittelten Maassen (Länge 205, Breite 93 Par. Fuss) ziemlich übereinstimmen; den βωμὸς ἐντὸς τοῦ ναοῦ (wofür Bötticher Tektonik der Hellenen Buch IV, S. 352 unrichtig ἐντὸς τῆς Ἄλτεως schreiben wollte) erwähnt Paus. ebds. c. 14, 4. Von Neueren s. Expédition de Morée I, pl. 62 ss.; Rathgeber 'Olympieion' in der Allgem. Encycl. d. W. u. K. S. III, Bd. 3, S. 179 ff.; Bötticher Zeitschrift für Bauwesen III (1853) S. 38 ff. u. 138 ff.; Reber Geschichte der Baukunst im Alterthum S. 299 f. Eine andere Ansicht über die Erbauungszeit des Tempels hat Urlichs ausgesprochen in den Verhandlungen der 25sten Philologenversammlung zu Halle S. 70 ff.: er bezieht die von Paus. a. a. O. erwähnten λάφυρα auf einen späteren, Ol. 77, 2 stattgehabten Aufstandsversuch der eleischen Perioken und lässt den Bau Ol. 77, 3—4 beginnen u. Ol. 80, 3—4 im Wesentlichen, bis auf die Gruppe des westlichen Giebels und die Zeusstatue, vollendet sein. Allein dass Pausanias nur den von den Pisaten unter Führung des Pyrrhos, Sohnes des Pantaleon, gegen die Eleer begonnenen Krieg, der (wahrscheinlich Ol. 51: vgl. Julius Africanus ad Olymp. XXX und die Thatsache, dass Ol. 52 wieder ein Eleer als Sieger erscheint) mit der Unterwerfung und Austreibung der Pisaten und ihrer Bundesgenossen endete, gemeint haben kann, lehrt die Vergleichung der historischen Notizen VI, 22, 4. Heutzutage sieht man nur zwischen Schutthaufen und zum grossen Theil wieder mit Erde und Strauchwerk bedeckt, aus welchem einige Säulentroncs herausragen, die von der französischen Commission im Mai und Juni 1829 blossgelegten Fundamente des Tempels.

wissenschaftlicher Unterhaltung oder der Betrachtung ausgestellter Kunstwerke gewesen zu sein scheint,[1]) stand ein uralter, angeblich von Herakles selbst gepflanzter wilder Oelbaum, von dessen Zweigen ein Knabe, dessen beide Eltern noch lebten, mit goldnem Messer die Kränze für die Sieger in den Kampfspielen abschnitt; in seiner Nähe war den 'Nymphen der schönen Kränze' (Nymphä Kallistephanoi) ein Altar errichtet.[2]) Zwischen dem Tempel und dem grossen Altar stand, südlich vom Wege, unter einem von vier Säulen getragenen Dache eine uralte, durch zahlreiche Heftbänder zusammengehaltene hölzerne Säule, welche von der Tradition als der einzige Ueberrest des vom Blitz zerstörten Hauses des Oinomaos bezeichnet wurde, zwischen Altären des Zeus Herkeios und des Zeus Keraunios.[3]) Von anderen Baulichkeiten innerhalb der Altis kennen wir, abgesehen von den sehr zahlreichen Altären,[4]) das in der Nähe des Processionsthores, also im südlichsten Theile der Altis, gelegene Hippodameion, einen mit einer Mauer umhegten Platz von einem Plethron (10,000 □Fuss = 9648 preuss. □Fuss) Flächenraum, welcher nur einmal im Jahre von den Frauen, welche der Hippodameia opferten, betreten werden durfte,[5]) sowie eine grössere Gruppe von Gebäuden im nördlichsten Theile der Altis am südlichen Fusse des Kronionhügels. Zunächst dem Ausgange, welcher nach dem ausserhalb der Altis, zwischen dem westlichen Fusse des Kronion und dem Kladeos gelegenen Gymnasion, an dessen östliche

[1]) Vgl. E. H. Meier Allg. Encycl. d. W. u. K. S. III, Bd. 3, S. 307; Krause Olympia (Wien 1838) S. 183 ff.

[2]) Paus. V, 15, 3: vgl. Theophr. Hist. pl. IV, 13, 2; Plin. N. h. XVI, 44, 240. Die auch von Curtius (Pelop. II, S. 53) wiederholte Angabe, dass der Baum in einem Πάνθειον genannten Gehege gestanden habe, beruht auf einem freilich alten (vgl. schol. Pind. Olymp. III, 60 u. VIII, 12) Missverständniss der vom schol. Aristoph. Plut. 586, schol. Theocr. IV, 7 u. Suid. u. κοτίνου στεφάνῳ ausgeschriebenen Stelle des (Aristot.) Mir. ausc. 51, wo von dem Oelbaume, von welchem Herakles den Absenker entnahm, den er in Olympia pflanzte, gesagt ist, dass er im Pantheion, in der Nähe des Ilissos (also doch wohl in Athen?) stehe.

[3]) Paus. V, 14, 7; c. 20, 6 ff.; VI, 18, 7.

[4]) Ein leider nicht nach den Standorten, sondern nach der Reihenfolge, in welcher auf ihnen geopfert wurde, geordnetes Verzeichniss derselben giebt Paus. V, 14, 4 ff.

[5]) Paus. VI, 20, 7, vgl. V, 22, 2.

Mauer Wohnungen für die Athleten angebaut waren,[1]) führte, stand zur Rechten des vom Heräon her Kommenden das **Prytaneion**, welches zwei Gemächer enthielt: das Heiligthum der Hestia mit dem gleich dem grossen Zeusaltar aus Asche errichteten Altar, dem Staatsheerde der Eleer, auf welchem Tag und Nacht ein ewiges Feuer brannte, nebst einem Altar des Pan, und den Speisesaal (Hestiatorion), worin den Siegern in den Spielen ein Festmahl gegeben wurde.[2]) Dem Prytaneion gegenüber zur andern Seite des Ausgangs stand ein Rundgebäude aus Ziegeln, von Säulen umgeben, mit einem ehernen Mohnkopfe auf der Spitze des Daches, von Philipp II. von Makedonien nach der Schlacht bei Chäroneia erbaut und daher **Philippeion** genannt; das Innere enthielt Statuen des Philippos, seines Vaters Amyntas, des Alexandros, der Olympias und der Eurydike, sämmtlich Werke des Leochares aus Elfenbein und Gold. In der Nähe dieses Rundbaus (westlich oder südlich davon) stand ein grosser, der Göttermutter geweihter dorischer Tempel, das **Metroon**, in welchem aber wenigstens zu Pausanias Zeit kein Götterbild, sondern Statuen römischer Kaiser aufgestellt waren.[3]) Diesem ungefähr gegenüber, südlich vom Prytaneion, lag das **Buleuterion**, das Sitzungslocal des olympischen Rathes, welcher die höchste Instanz für alle das Fest oder das heilige Gebiet betreffenden Streitigkeiten bildete; darin stand eine Statue des Zeus Horkios (Schwurgott),

[1]) Paus. V, 15, 8; VI, 6, 3; c. 21, 2: die Lage ausserhalb der Altis ergiebt sich deutlich aus der ersten und letzten Stelle.

[2]) Paus. V, 15, 8 ff.; Xen. Hell. VII, 4, 31; vgl. Preuner Hestia-Vesta S. 127. Mit dem Prytaneion stand auch offenbar in enger Verbindung der *θεηκολεών*, die Wohnung der *θεηκόλοι*, welche, 3 an Zahl, abwechselnd je einen Monat lang unter Assistenz der *σπονδοφόροι, μάντεις, ἐξηγηταί, ὑποσπονδοφόροι* (auch *ὑποσπονδορχησταί* und *ἐπισπονδορχησταί* genannt) und des *ξυλεύς* (auch *καθημεροθύτης*) die täglichen Opfer besorgten: Paus. V, 15, 8—10; Inschr. bei Beulé Études p. 268 ss.

[3]) Paus. c. 20, 9, nach welcher Stelle ich trotz der etwas unklaren Wegbezeichnung c. 21, 2 mit Wyse (An excursion in the Peloponnesus II, p. 138 s.) das Metroon (welchem vielleicht die von Beulé a. a. O. p. 250 erwähnten, zum Theil im Bette des Kladeos liegenden Reste eines dorischen Tempels angehören) neben dem Philippeion, nicht mit Curtius östlich vom Heräon ansetzen zu müssen glaube. Das Philippeion war offenbar seiner Bestimmung nach den sogleich zu erwähnenden Thesauren analog.

vor welcher die Athleten mit ihren Angehörigen und Lehrern auf die strenge Beobachtung der Kampfgesetze, die Kampfrichter, welche über die Kämpfe der Knaben und der Fohlen zu entscheiden hatten, auf Unparteilichkeit und Wahrung des Amtsgeheimnisses vereidigt wurden.[1]) In der Nähe des Prytaneion scheint in älterer Zeit ein Theater, dessen Sitzstufen für die Zuschauer wahrscheinlich auf dem Abhange des Kronion ruhten, errichtet, aber wenigstens im 2. Jahrhundert unserer Zeitrechnung wieder verschwunden gewesen zu sein.[2])

Wenn man vom Metroon nach dem Stadion, also in west-östlicher Richtung, durch den nördlichsten Theil der Altis ging, so hatte man zur Linken am südlichen Fusse des Kronion einen aus einer Anzahl von langen Treppenstufen bestehenden Unterbau, von dessen östlichem Ende man durch den sogenannten 'verborgenen Eingang', offenbar ein Seitenpförtchen in der Mauer der Altis, unmittelbar in das Stadion gelangen konnte. Auf den Stufen standen eine Anzahl (zu Pausanias Zeit 17) Erzstatuen des Zeus, von den Eleern Zanes genannt, errichtet aus Strafgeldern, welche einzelnen Athleten wegen Vergehen gegen die Kampfordnung auferlegt worden waren.[3]) Die oberste Stufe führte zu einer Terrasse, welche zehn Thesauren (Schatzhäuser) d. h. tempelartige Gebäude, die von verschiedenen, meist aussergriechischen Städten zur Aufbewahrung kostbarer Weihgeschenke errichtet worden waren, in folgender Reihenfolge von Westen nach Osten trug: das der Sikyonier (errichtet durch den Tyrannen Myron, der Olymp. 33 einen Wagensieg in Olympia gewann, mit zwei Gemächern, einem im dorischen, einem im ionischen Styl, deren Wände mit Erzplatten bekleidet waren), der Karthager (jedenfalls nicht von diesen selbst, sondern von Gelon und den Syracusanern

---

[1]) Paus. V, 23, 1; c. 24, 1 u. 9 f.; Xen. Hell. VII, 4, 31.

[2]) Xen. Hell. VII, 4, 31: wenn dort das Wort *θεάτρου* nicht eine blosse Corruptel (etwa für *ἑστιατορίου*?) ist, so bleibt nur die im Texte ausgeführte Annahme übrig, da nicht nur Pausanias das Theater nicht erwähnt, sondern auch Philostrat. Vita Apoll. V, 7 (p. 88, 2 Kayser) in Bezug auf Olympia sagt: *οἷς μήτε θέατρόν ἐστι μήτε σκηνὴ πρὸς τὰ τοιαῦτα* (sc. *τραγῳδίαν καὶ κιθαρῳδίαν*), *στάδιον δὲ αὐτοφυὲς καὶ γυμνὰ πάντα*, eine Stelle, mit welcher Curtius (Pel. II, S. 112, Anm. 68) sich allzu leicht abfindet.

[3]) Paus. V, 21, 2 ff.; VI, 20, 8.

zur Erinnerung an den Sieg bei Himera gestiftet), der Epidamnier, der Byzantier, der Sybariten, der Kyrenäer, der Selinuntier, der Metapontiner, der Megarer (in Hellas) und der Geloer.[1]) Die Terrasse wurde im Norden jedenfalls durch die nördliche Umfassungsmauer der Altis abgeschlossen; zwischen dieser und dem Gipfel des Kronion, also höher hinauf am südlichen Abhange dieses Hügels, stand ein Heiligthum der Eileithyia Olympia mit einer Kapelle für den specifisch eleischen Dämon Sosipolis und ein zu Pausanias Zeit verfallenes Heiligthum der Aphrodite Urania. Der von den Arkadern während ihres Krieges mit den Eleern im Jahre 365 v. Chr. befestigte Gipfel des Hügels war eine alte Cultstätte, auf welcher die Basilen — jedenfalls ein altachäisches oder eleisches Priestergeschlecht — jährlich um die Frühjahrsnachtgleiche dem Kronos opferten.[2])

Kehren wir noch einen Augenblick in die Altis zurück, so haben wir darin ausser den schon erwähnten Gebäuden und Altären noch mehrere Hallen für Spaziergänge, gesellige und wissenschaftliche Unterhaltungen anzusetzen, deren Plätze nicht mehr zu bestimmen sind; eine derselben wurde, weil ihre Wände in älteren Zeiten mit Gemälden geschmückt gewesen waren, die bunte (Poikile), oder auch, wegen eines siebenfachen Echos, das man darin vernahm, die Halle der Echo oder die siebenstimmige Halle genannt.[3])

---

[1]) Paus. VI, 19; die Thesauren der Metapontiner und Byzantier erwähnt auch Polemon. bei Athen. XI, p. 479[f], der sie als *ναοί* bezeichnet; für ihre tempelähnliche Bauart zeugt auch die Erwähnung eines Sculpturschmuckes im Giebelfelde des Thesauros der Megarer bei Paus. § 13; daher ist es fraglich, ob die von Vischer Erinnerungen S. 470, Anm. * erwähnten Reste eines Rundbaues an der Südostseite des Kronion von einem Thesauros herrühren.

[2]) Paus. VI, 20, 1 f., wo § 2 zu schreiben ist: *ἐν δὲ τοῖς πέρασι τοῦ Κρονίου κατὰ τὸ πρὸς τὴν ἄρκτον* [τεῖχος] *ἐστὶν ἐν μέσῳ τῶν θησαυρῶν καὶ τοῦ ὄρους ἱερὸν Εἰλειθυίας*, weil nur dadurch die topographische Angabe *ἐν μέσῳ κτλ.* einen Sinn erhält, die bei der Ansetzung des Heiligthums am Nordabhange des Hügels auch unter der Voraussetzung, dass der Weg gewunden war (Curtius Pel. II, S. 112, Anm. 65), unbegreiflich bleibt. Die von Xenoph. Hell. VII, 4, 14 erwähnte Befestigung des Kronion hat wahrscheinlich Veranlassung gegeben zu dem Irrthume Diodors, der XV, 77 von einer Stadt Kronion spricht.

[3]) Paus. V, 21, 17; vgl. Lucian. de morte Peregr. 40; Plut. de garrulit. 1; Plin. N. h. XXXVI, 15, 100. Mehrere *στοαί* erwähnt Xen. Hell. VII, 4, 31.

Der Raum zwischen allen diesen Gebäuden und Altären war theils mit Bäumen, die in den älteren Zeiten jedenfalls den grössten Theil der Altis eingenommen hatten, aber mehr und mehr durch die Werke der Menschenhand verdrängt worden waren, bepflanzt, theils mit einer fast zahllosen Menge von Statuen (meist Erzbildern) bedeckt: theils Weihgeschenken von Städten und Privatleuten, theils Ehrenstatuen der Sieger in den Kampfspielen, deren Errichtung seit etwa Ol. 60 Brauch geworden war.[1])

An die nordöstliche Ecke der Altis schloss sich, durch zwei Eingänge, wie oben bemerkt, mit ihr verbunden, das Stadion an, die von Nord nach Süd 600 Fuss lange Rennbahn für den Wettlauf und die übrigen zu diesem ältesten und ursprünglich einzigen Agon allmälig hinzugefügten gymnischen Wettkämpfe, die sich zwischen künstlich aufgeschütteten Erdwällen, welche dem zuschauenden Publikum Raum zum Sitzen darboten, in der Niederung am östlichen Fusse des Kronion hinzog. Am nördlichen Ende waren die Sitze für die Kampfrichter (Hellanodiken) und diesen gegenüber ein Marmorsitz in Form eines Altars für die Priesterin der Demeter Chamyne, die einzige Frau, welche den olympischen Spielen zuschauen durfte, errichtet; nahe dem südlichen Ende, dem Ablauf der Wettläufer, zeigte man das Grab des Endymion. Oestlich vom Stadion erstreckte sich, wahrscheinlich ebenfalls in nord-südlicher Richtung, aber in weit beträchtlicherer Länge als dieses, der Hippodrom, die kurz vor Ol. 25 (wo zuerst Wagenrennen in Olympia abgehalten wurden) errichtete Anlage für Wettrennen und Wettfahrten mit Rossen und Wagen. Die etwas längere westlichere Langseite bestand aus einer künstlich aufgeschütteten Erhöhung, welche den Hippodrom vom Stadion trennte; für die östliche benutzte man einen natürlichen Hügel, einen einer Landzunge ähnlichen Vorsprung des olympischen Gebirges gegen die Ebene. Am südlichen Ende der Bahn war die von Kleoitas mit besonderer Kunstfertigkeit ausgeführte Aphesis angebracht, die Anlage für den Ablauf der Wagen, welche von den Alten ihrer Form nach mit dem Vordertheil eines Schiffes

[1]) Paus. VI, 18, 7. Die Aufzählung der Statuen, welche derselbe VI, c. 1 ff. giebt, ist in der Weise angeordnet, dass c. 1—16 die im nördlicheren, c. 17 u. 18 die im südlicheren Theile der Altis aufgestellten beschrieben werden.

verglichen wird: jedenfalls ein mit der Spitze nach der Bahn gerichtetes gleichschenkeliges Dreieck, an dessen je über 400 Fuss langen Schenkeln Schuppen für die Wagen, in dem innern unbedeckten Raume zahlreiche Altäre sich befanden; an die Basis war als Abschluss des Hippodroms gegen die Ebene hin eine Halle angebaut, welche nach ihrem Erbauer die Halle des Agnaptos genannt wurde. An der westlichen Langseite, durch welche ein Eingang in die Bahn führte, stand am Rande der Bahn der sogenannte Taraxippos, ein runder Altar, durch dessen Anblick die Pferde scheu zu werden pflegten, eine Erscheinung, zu deren Erklärung verschiedene Legenden erzählt wurden. Am südlichen Ende der Anhöhe, welche die östliche Seite des Hippodrom bildete, erhob sich ein Tempel der Demeter Chamyne, der jedenfalls schon vor der Errichtung des Hippodroms vorhanden war und daher bei Anlage desselben geschont werden musste: daraus erklärt es sich am leichtesten, warum diese östliche Seite etwas kürzer war als die westliche.[1])

Der Raum zwischen der Südmauer der Altis und dem durch Ufermauern in ein geregeltes Bett eingedämmten Alpheios war hauptsächlich für die äusserst zahlreichen fremden Besucher be-

---

[1]) Paus. VI, 20, 8 ff., vgl. V, 15, 5 f. und über den *Ταράξιππος* auch Dio Chrysost. Or. XXXII, 76. Das Stadion setzt Wyse a. a. O. p. 144 s. (welchem die Zeichnung der Anhöhen in meiner Skizze auf Tfl. VIII entnommen ist) nicht unmittelbar östlich vom Kronion, sondern weiter gegen Osten in die Vertiefung, in welcher ich den Hippodrom angesetzt habe; allein dann müsste die Altis sich gegen Osten beträchtlich über den Fuss des Kronion hinaus erstreckt haben, was mit der Beschreibung des Pausanias nicht wohl zu vereinigen ist. In der Ansetzung des Hippodroms (über dessen Anlage auch G. Hermanns Programm de Hippodromo Olympiaco, Lipsiae 1839, zu vergleichen ist) weiche ich von den meisten neueren Topographen, die ihn südlich vom Stadion in der Richtung von Westen nach Osten sich erstrecken lassen, ab, indem ich ihn mit Leake östlich vom Stadion, diesem parallel, sich hinziehen lasse; meine Gründe dafür sind 1) die Beschaffenheit des Terrains, da nur hier eine natürliche Anhöhe sich findet, welche als die eine Langseite der Bahn benutzt werden konnte; 2) der Ausdruck des Paus. VI, 20, 10 *ὑπερβαλόντι δὲ ἐκ τοῦ σταδίου*, welcher beweist, dass zwischen dem Stadion und dem Hippodrom eine Anhöhe sich befand. Die Angabe bei Lucian. de morte Peregr. 35, Harpina liege 20 Stadien von Olympia *κατὰ τὸν ἱππόδρομον ἀπιόντων πρὸς ἕω* ist auch bei unserer Ansetzung völlig richtig, wie ein Blick auf unsere Skizze lehrt.

stimmt, welche während der Festzeit theils aus Schaulust, theils von Handelsinteressen — denn wie in Delphoi, auf dem Isthmos und auf Delos war auch in Olympia mit den Opfern und Spielen eine Art Jahrmarkt oder Messe verbunden — geleitet von allen Seiten zusammenströmten. Ausser den Verkaufsbuden, Zelten und sonstigen provisorischen Anlagen gab es hier mehrere stehende Gasthäuser, unter welchen das nur durch eine Gasse von dem Haupteingange der Altis getrennte Leonidäon (benannt nach seinem Gründer Leonidas) zu Pausanias Zeit das vornehmste war. Diesem gegenüber wurde noch dem Pausanias die Werkstätte des Pheidias gezeigt, das Gebäude, in welchem dieser Meister die einzelnen Bestandtheile des Zeuscolosses gearbeitet, welches durch die Errichtung eines allen Göttern zugleich geweihten Altars eine religiöse Weihe erhalten hatte.[1]) In derselben Gegend wird wohl auch das Reservoir der Wasserleitung zu suchen sein, welche im 2. Jahrhundert n. Chr. durch Herodes Attikos angelegt wurde, um dem bei der heissen Jahreszeit der Feier doppelt drückenden Mangel an Trinkwasser abzuhelfen.[2]) — Wenn man vom Gymnasion (vgl. oben S. 294) aus über den Kladeos gieng, so kam man an einen Erdhügel mit steinernem Unterbau, der als Grabhügel des Oinomaos gezeigt wurde; Trümmer eines Bauwerkes oberhalb dieses Hügels wurden als Reste der Ställe desselben Herrschers bezeichnet. Auf demselben Flussufer war auf einem Hügel den Arkadern, welche im Jahre 364 v. Chr. in der Altis selbst im Kampfe gegen die Eleer gefallen waren, ein Denkmal errichtet.[3])

Nach Elis führten von Olympia zwei Strassen: eine etwas kürzere aber beschwerlichere, die sogenannte Bergstrasse, welche in nordwestlicher Richtung über Herakleia (s. oben S. 288) an den Ladon und an diesem entlang bis zur Vereinigung desselben mit dem Peneios (beim eleischen Pylos) gieng,[4]) und eine breitere und bequemere, die sogenannte heilige Strasse,[5]) welche von der Altis aus eine vorherrschend westliche Richtung bis Le-

---

[1]) Paus. V, 15, 1 f.; VI, 17, 1.

[2]) Philostr. Vit. soph. II, 5; Lucian. de morte Per. 19 f.

[3]) Paus. VI, 21, 3; c. 20, 6.

[4]) *ἡ ὀρεινὴ ὁδός* Paus. VI, 22, 5; vgl. Theophr. *περὶ λίθων* 16, wornach Kohlen sich fanden *ἐν τῇ Ἠλείᾳ βαδιζόντων Ὀλυμπίαζε τὴν δι᾽ ὄρους* (vgl. Fiedler Reise I, S. 376 ff.).

[5]) *ἱερὰ ὁδὸς* Paus. V, 25, 7; vgl. VI, 22, 8.

trinoi (s. oben S. 289) hatte, von da sich gerade nordwärts nach Elis wandte. Von Letrinoi gieng jedenfalls in westlicher Richtung eine Seitenstrasse ab nach Pheia, einem befestigten Hafenplatze nördlich von der Landzunge Ichthys (entweder der jetzigen Bucht von Pontikokastro oder der etwas weiter gegen Norden gelegenen von Chortäs), welcher in der Ilias als an einem Flusse Iardanos gelegen, der in der historischen Zeit nicht mehr mit Sicherheit nachzuweisen war, erscheint.[1]) Sonst wird ausser den S. 288 f. aufgezählten Oertlichkeiten nur noch eine Ortschaft der Pisaten Lenos genannt, über deren Lage durchaus nichts bekannt ist.[2])

Die 'hohle Elis' (vgl. S. 275, Anm. 1) zerfällt der natürlichen Beschaffenheit ihres Bodens nach in zwei an Ausdehnung ziemlich gleiche Theile: die breite Küstenebene zu beiden Seiten des unteren Peneios, welche ausser diesem Flusse von einer sehr beträchtlichen Zahl kleiner, den grössten Theil des Jahres hindurch wasserloser Küstenbäche durchfurcht ist, und das östlich über derselben bis zur Gränze Arkadiens sich hinziehende Hochland, die Akroreia,[3]) deren Anhöhen bis zum Peneios herab zum Skollisgebirge, südlich von diesem zur Pholoe gehören. Gerade auf der Gränze dieser beiden Theile, da wo die Hügel der Akro- Koile Elis.

[1]) Il. *H*, 135: *Φειᾶς πὰρ τείχεσσιν, Ἰαρδάνου ἀμφὶ ῥέεθρα*, wozu schol. *A*: *ἀλλὰ καὶ ἡ Φειὰ παραθαλάσσιός ἐστι καὶ Ἰάρδανος οὐχ ὁρᾶται ποταμὸς αὐτόθι*, während Strab. VIII, p. 342 bemerkt: *ἔστι γὰρ καὶ ποτάμιον πλησίον*, womit er aber gewiss nicht, wie Curtius Pel. II, S. 45 annimmt, den ansehnlichen bei Skaphidion mündenden Küstenfluss gemeint hat, da dieser theils zu bedeutend, theils zu weit gegen Norden von der jedenfalls an der Nordostseite der Landzunge Ichthys gelegenen Ortschaft entfernt ist: man muss also entweder einen Irrthum des Dichters, beziehendlich der Ueberlieferung (Verwechselung mit einer am triphylischen Flusse Jardanos gelegenen Stadt Chaa) oder, was weniger wahrscheinlich ist, eine Veränderung der Küste annehmen. Ueber den Hafen Pheia s. Od. o, 297 (wo *Φεαί*); Thukyd. II, 25; Xen. Hell. III, 2, 30 (wo Dindorf richtig *Φέας* für *σφέας* der Codd. hergestellt hat); Polyb. IV, 9 (wo *εἰς τὴν Φειάδα καλουμένην νῆσον* wohl nicht auf eine vor dem Hafen liegende kleine Felsinsel zu beziehen, sondern *νῆσος* im Sinne von 'Küstenplatz' zu fassen ist, vgl. Meineke ad Steph. Byz. p. 83, 17); Steph. u. *Φεά*.

[2]) Steph. Byz. u. *Λῆνος*; vgl. J. Rutgers zu Sexti Iulii Africani *Ὀλυμπιάδων ἀναγραφή* p. 18.

[3]) Xen. Hell. III, 2, 30; IV, 2, 16; VII, 4, 17; Diod. XIV, 17.

reia dem südlichen Ufer des Peneios entlang am weitesten nach Westen gegen die Ebene vortreten, lag die Hauptstadt der Landschaft, Elis, die nach einheimischer, durch eine Inschrift auf der am Markte der Stadt aufgestellten Statue des Oxylos beurkundeter Tradition von diesem gegründet war. Bis zum Jahre 471 v. Chr. (Ol. 77, 2) war sie auf den Rücken des jetzt Kalaskopi genannten, am linken Ufer des Peneios gelegenen Hügels beschränkt und nur als Sitz der regierenden Mitglieder der Aristokratie und politischer Mittelpunkt des Landes von Bedeutung; im genannten Jahre aber fand in Folge der Umgestaltung der Verfassung in demokratischem Sinne eine beträchtliche Erweiterung der Stadt, welche fast einer Neugründung gleich kam, in Form eines Synoikismos, der Zusammensiedelung der Bewohner einer beträchtlichen Anzahl kleiner Ortschaften, statt.[1]) Die Stadt dehnte sich nun in beträchtlichem Umfang unterhalb der alten Burg, zum grössern Theile am linken, zu einem kleineren am rechten Flussufer aus, der Neigung der Eleer für das Landleben entsprechend mehr in Form weitläufiger Vorstädte oder zusammenhängender Dörfer, ähnlich wie das alte Sparta, als einer geschlossenen Stadt, wie ihr denn auch das Haupterforderniss einer solchen, eine Befestigungsmauer selbst um den enger zusammengebauten Theil der Stadt, noch im Jahre 399 v. Chr., wo der spartanische König Agis das Land verheerend bis zur Hauptstadt durchzog, fehlte.[2]) Auch in der folgenden Zeit fand nur ganz vorübergehend, durch Telesphoros, den Admiral des Königs Antigonos, der sich im Jahre 312 v. Chr. zum Herrn der Stadt machte, eine Ummauerung der Akropolis statt; aber bald wurde durch Ptolemäos, einen andern Feldherrn des Antigonos, diese Befestigung wieder niedergerissen und der Stadt ihre Freiheit zurückgegeben.[3]) Noch Pausanias, der Elis als eine wohlerhal-

[1]) Strab. X, p. 463; Paus. V, 4, 3; Diod. XI, 54; Strab. VIII, p. 336 s.; Scyl. Per. 43.

[2]) Vgl. Xen. Hell. III, 2, 27, wo die *προάστεια* und *γυμνάσια* von der *πόλις*, die *ἀτείχιστος* war (vgl. ebds. VII, 4, 14), unterschieden werden, u. Diod. XIV, 17. Dass die Stadt sich auch auf das nördliche Ufer des Peneios erstreckte, zeigt Strab. VIII, p. 337: *ῥεῖ δὲ διὰ τῆς πόλεως ὁ Πηνειὸς ποταμὸς παρὰ τὸ γυμνάσιον αὐτῆς*; den Namen des *Πηνειὸς* in den des *Μήνιος* (vgl. unten S. 305, Anm. 3) zu ändern, wäre eine zwar leichte, aber schwerlich gerechtfertigte Conjectur.

[3]) Diod. XIX, 87.

tene und reich bevölkerte Stadt vorfand, gedenkt zwar der Akropolis mit einem Heiligthum der Athene, das eine dem Pheidias zugeschriebene chryselephantine Statue der Göttin enthielt,[1]) und eines Thores, welches nach dem olympischen Heiligthum führte,[2]) also den Abschluss der 'heiligen Strasse' bildete, aber keiner eigentlichen Befestigungswerke. Vielmehr wurde die Stadt nach aussen durch einen Kranz von jedenfalls hauptsächlich aus Landhäusern bestehenden Vorstädten eingerahmt. Sodann bildeten einen besonderen Stadttheil die am linken Ufer des Peneios sich hinziehenden, von Mauern umschlossenen Anlagen für die gymnastischen und athletischen Uebungen, die für Elis, wo jeder, der im olympischen Agon als Kämpfer auftreten wollte, mindestens einen Monat hindurch, viele aber die ganze gesetzliche Vorbereitungszeit, zehn Monate lang, solchen Uebungen oblagen, von grösster Wichtigkeit waren. Die bedeutendste derselben war der sogenannte Xystos (offenbar nach Säulengängen, welche an den Innenseiten der die ganze Anlage umschliessenden Mauern herumliefen, benannt), der eigentliche Uebungsplatz für die Kämpfer, welche in Olympia auftreten wollten, mit mehreren durch Alleen hoher Platanen getrennten Rennbahnen, einem zum Ringkampfe bestimmten, Plethrion genannten Platze, und Altären des Herakles Parastates, des Eros und Anteros, der Demeter und Kora und einem Kenotaphion des Achilles. An dieses 'alte' Gymnasion stiess ein zweites kleineres, nach seiner Form 'Tetragonon' (das Viereck) benannt, mit Uebungsplätzen für die leichtern Vorübungen der Athleten, mit einer Statue des Zeus geschmückt; an dieses wieder ein drittes, die sogenannte Maltho, welches den Epheben die ganze Festzeit hindurch offen stand; in einer Ecke desselben war eine Büste des Herakles, an einem der Uebungsplätze ein Relief mit der Darstellung des Eros, welchem Anteros den Palmzweig zu entreissen sucht, zu beiden Seiten des Eingangs die Statue eines Knaben in der Stellung eines Faustkämpfers aufgestellt. Innerhalb der Maltho lag auch das an der Aussenseite mit Schilden geschmückte Rathhaus, nach seinem Erbauer Lalichmion ge-

---

[1]) Paus. VI, 26, 3; vgl. Xen. Hell. VII, 4, 15.

[2]) Paus. V, 4, 4. Das von Paus. VI, 23, 8 erwähnte τεῖχος bezieht sich auf die vorhistorische Zeit, die Stadt vor der Eroberung durch Oxylos, deren ganze Existenz, als mit der oben erwähnten Tradition in Widerspruch stehend, sehr bedenklich ist.

nannt, das auch zu Vorträgen von Reden und Vorlesungen von Schriftwerken aller Art benutzt wurde.[1])

Von diesem Gymnasion aus führte eine Strasse, die Strasse des Schweigens (Siope) genannt — wahrscheinlich weil sie von dem Verkehr entfernt, sehr still und ruhig war — an dem Heiligthum der Artemis Philomeirax vorüber nach den Bädern, die wir uns jedenfalls als am Ufer des Peneios gelegen zu denken haben.[2]) Eine andere Strasse führte von dem grossen Gymnasion, oberhalb des Achillesgrabes, wahrscheinlich in östlicher Richtung auf die nach der älteren Weise des griechischen Städtebaus angelegte, d. h. von einzelnen Hallen, zwischen denen Strassen ausmündeten, umgebene Agora, welche zu Pausanias Zeit zum Zureiten der Rosse benutzt und daher gewöhnlich 'der Hippodrom' genannt wurde, und zwar zunächst an dem zur Linken der Strasse liegenden, nur durch eine Querstrasse vom Markte getrennten Hellanodikeon, der Amtswohnung der Hellanodiken, vorüber nach einer gegen Süden gewandten, durch Säulen in drei Theile geschiedenen dorischen Halle, in welcher die Hellanodiken den grössten Theil des Tages hindurch sich aufhielten (also etwa dem Bureau derselben). Eine Strasse trennte diese Halle von einer zweiten, der sogenannten korkyräischen (weil aus dem Zehnten der Beute eines gegen Korkyra von den Eleern geführten Krieges errichtet), welche, ebenfalls in dorischem Style erbaut, eine doppelte Façade, die eine gegen die Agora, die andere gegen eine der betreffenden Seite der Agora parallel laufende Strasse gerichtet, besass; die beiden Façaden waren durch eine einfache, das Dach der Doppelhalle tragende Wand, an deren beiden Seiten Statuen standen, getrennt. Auf dem freien Raume der Agora stand ein Tempel des Apollon Akesios, Steinbilder des Helios und der Selene, ein Heiligthum der Chariten, mit denen zusammen Eros verehrt wurde, ein Tempel des Silen, ein tempelähnliches Gebäude ohne Mauern, dessen Dach von

---

[1]) Paus. VI, 23, 1—7. Die von dem Philosophen Pyrrhon gemalten Fackelträger (Antigon. bei Diog. Laert. IX, 62) befanden sich wahrscheinlich in einem der Säulengänge des Xystos. Die Lage des Gymnasion am Flusse bezeugt die oben S. 302, Anm. 2 angeführte Stelle des Strabon.

[2]) Paus. a. a. O. § 8, wo eine Legende zur Erklärung des Strassennamens Σιωπή erzählt wird.

Säulen aus Eichenholz getragen wurde (angeblich das Grab des Oxylos, dessen Statue ebenfalls, wenigstens in älterer Zeit, auf der Agora stand) und ein Gebäude, in welchem sechszehn eleische Frauen ein Gewand für die Hera in Olympia webten. Unmittelbar am Markte stand ferner ein alter, rings von Säulenhallen umgebener Tempel, dessen Dach zu Pausanias Zeit, wo er den römischen Kaisern geweiht war, eingestürzt war; hinter der korkyräischen Halle ein Doppelheiligthum der Aphrodite, die in einem Tempel als Urania, in einem Temenos als Pandemos verehrt wurde.[1]) Weiter führt Pausanias ohne nähere Ortsbestimmung einen Tempel und Peribolos des Hades, der nur einmal im Jahre geöffnet wurde, und ein Heiligthum der Tyche, worin in einem besonderen Gemache auch der Dämon Sosipolis verehrt wurde, an; sodann 'in der belebtesten Gegend der Stadt' eine Erzstatue von der Grösse eines stattlichen Mannes, die in älterer Zeit in Samikon als Bild des Poseidon, dann, nach Elis geschafft, unter dem einem der Korybanten zukommenden Namen Satrapes Cult genoss.[2]) Zwischen der Agora endlich und dem Menios, einem kleinen durch die Stadt dem Peneios zufliessenden Bache, den Herakles zur Reinigung der Ställe des Augeas benutzt haben sollte, stand das Theater nebst dem Heiligthum des von den Eleern vor allen anderen Gottheiten verehrten Dionysos, dessen Fest, Thyia genannt, alljährlich an einem acht Stadien von der Stadt entfernten Platze gefeiert wurde.[3]) An einem anderen Platze in der Nähe der Stadt, der vor dem Synoikismos eine

---

[1]) Paus. VI, 24, 1—25, 1. Die von Ephoros bei Strab. X, p. 463 erwähnte Statue des Oxylos war wohl zu Pausanias Zeit fortgeschafft. Der später den römischen Kaisern geweihte Tempel ist vielleicht das von Plut. de mul. virt. 15 erwähnte *ἱερὸν τοῦ Διός*.

[2]) Paus. c. 25, 2—6.

[3]) Paus. c. 26, 1 f.: über den *Μήνιος* (wofür manche *Πηνειός* herstellen möchten) vgl. Paus. V, 1, 10; Theocr. Id. XXV, 15. *Αἱ περὶ τὸν Διόνυσον ἱεραὶ γυναῖκες ἃς ἑκκαίδεκα καλοῦσιν* Plutarch. de mul. virt. 15. Die Vermuthung von Curtius (Pel. II, S. 32 u. S. 102), dass der Festort der Thyia zum Demos Orthia (vgl. Paus. V, 16, 6) gehört habe, ist deshalb unwahrscheinlich, weil die von Curtius a. a. O. angeführten Münzen mit der Aufschrift *ΟΡΘΙΕΙΩΝ* (falls dieselben wirklich nach Elis und nicht etwa nach Thessalien gehören: vgl. Steph. Byz. u. *Ὄρθη*) beweisen, dass dieser Gau auch nach dem Synoikismos von Elis als selbständige Ortschaft fortbestand.

selbständige Ortschaft mit dem Namen **Petra** gewesen war, zeigte man das Grabmal des Philosophen Pyrrhon.[1])

Heutzutage sind auf dem Boden der alten Stadt, am linken Ufer des Peneios zwischen den Dörfern Kalyvia und Paläopolis, unansehnliche Reste von Ziegelbauten, die durchaus der römischen Zeit angehören, zerstreut; nur der Gipfel des zwischen Paläopolis und dem Flusse gelegenen Hügels Kalaskopi trägt die Ruinen eines fränkischen Schlosses, dessen Fundamente aus grossen viereckten Werkstücken, die jedenfalls von der alten Burg herrühren, erbaut sind.[2])

Achtzig Stadien flussaufwärts von Elis am Vereinigungspunkte des Peneios mit dem Ladon (also in der Gegend des jetzigen Dorfes Agrapidochori) lag, zu Pausanias Zeit in Ruinen, das eleische **Pylos**, das ebenso wie seine triphylische und messenische Namensgenossin, aber freilich mit viel weniger Schein, auf die Ehre, die Heimat des Nestor zu sein, Anspruch machte: patriotische Bürger führten als Beweismittel dafür einen Platz Gerenos, einen Bach Geron und einen anderen Namens Geranios an. Die Bedeutung der Stadt war eine wesentlich strategische: sie beherrschte durch ihre Lage nicht nur das obere Peneiosthal, sondern auch die durch das Thal des Ladon führende Hauptstrasse aus Arkadien nach Elis, war also recht eigentlich für Elis das Thor der Akroreia.[3]) Der zweite strategisch wichtige Punkt an dieser Strasse war **Lasion**, nahe der arkadischen Gränze an einem gleichnamigen Berge, von welchem die Quellen des Ladonflusses herabkommen, gelegen, ursprünglich von den Eleern als Gränzfestung gegen Arkadien angelegt, später von den Arkadern annectirt. Von der Stärke der Befestigung sowie der nicht unbedeutenden Ausdehnung der Stadt legen noch die unter

[1]) Paus. VI, 24, 5. Ob auch Ἀγριάδες ein solcher in die Hauptstadt hineingezogener Gauort war, ist aus der lückenhaften Stelle des Strab. VIII, p. 337 nicht ganz klar. Uebrigens sind diese Demoi wohl zu unterscheiden von den 8 πόλεις, Bezirkshauptorten, in welche nach Paus. V, 16, 5 ff. die Eleia ebenso wie die Pisatis getheilt war.

[2]) Vgl. Dodwell Class. u. topogr. Reise II, 2, S. 157 f. d. d. Ueb.

[3]) Paus. VI, 22, 5 f.; Strab. VIII, p. 339 (vgl. p. 352); Xen. Hell. VII, 4, 16 u. 26; Diod. XIV, 17. Peytier sah ziemlich ausgedehnte alte Reste unterhalb Agrapidochori: s. Puillon-Boblaye Recherches p. 123.

dem Namen Kuti in der Nähe des Dorfes Kumani erhaltenen Ruinen derselben ein glänzendes Zeugniss ab.[1])

Zwischen Lasion und Pylos, in der eigentlichen Akroreia, lagen noch vier befestigte Ortschaften, deren Plätze bisher nicht mit Sicherheit nachgewiesen sind: Thrästos (oder Thraustos), Alion, Eupagion und Opus.[2]) Auch das homerische Ephyra am Selleeis wies man in einer Ortschaft Oinoe (oder nach elischer Aussprache Voinoa) nach, die 120 Stadien von Elis am Wege nach Lasion gelegen war, also zwei Stunden südlich von Pylos am linken Ufer des Ladon, wo sich noch nordöstlich von dem Dorfe Kulogli die Reste einer alten Akropolis und Stadt erhalten haben.[3]) Endlich muss auch Thalamä, eine durch ihre natürliche Lage sehr feste, schwer zugängliche Ortschaft, auf welche die aus Elis vertriebenen, mit den Arkadern verbündeten eleischen Demokraten im Jahre 364 v. Chr. von Pylos aus einen vergeblichen Angriff gemacht und in welche sich die Eleer im Bundesgenossenkriege (217 v. Chr.) beim Einfall König Philipps V. von Makedonien in ihr Land mit Viehheerden und sonstigen Habseligkeiten, allerdings vergeblich, geflüchtet hatten, in der Akroreia — sei es im nördlichsten Theile derselben, am Skollisgebirge, in der Gegend des jetzigen Santameri, sei es süd-

[1]) Strab. VIII, p. 338; Xen. Hell. III, 2, 30; IV, 2, 16; VII, 4, 12; Polyb. IV, 72 ff.; V, 102; Diod. XIV, 17; XV, 77; Nonn. Dionys. XIII, 288; Anthol. Pal. VI, 111, 3. *Λασίων ὄρος* als Ausgangspunkt des Flusses *Σελλήεις*: schol. Il. *O*, 531. Die von Welcker entdeckten Ruinen sind am genauesten beschrieben von Vischer Erinnerungen S. 473 ff.

[2]) Diod. XIV, 17; *Θραῦστος* Xen. Hell. VII, 4, 14; *Ὀποῦς* als *πόλις Ἠλείας* Steph. Byz. u. *Ὀπόεις* (vgl. Strab. IX, p. 425), als *ποταμὸς ἐν Ἠλίδι* (wenn dies nicht verschrieben für *Λοκρίδι*: vgl. schol. Apoll. Rhod. IV, 1780) schol. Pind. Olymp. IX, 64. Der Capitän Peytier fand eine ausgedehnte Akropolis, von den Ruinen einer Stadt umgeben, auf einem 544 Meter hohen Hügel über dem rechten Ufer des Peneios, 1500 Meter südwestlich von dem Dorfe Skiada (von Curtius ohne Grund auf Opus bezogen); südöstlich von da, in sehr malerischer Lage oberhalb des Klosters von Noténa, die Ruinen eines antiken Tempels, endlich nordöstlich von da, auf dem Gipfel eines spitzen Hügels über dem rechten Ufer des Peneios, 2 Kilometer von Kakotari, die Reste eines Paläokastron, das ihm antik zu sein schien. Vgl. Pouillon-Boblaye Recherches p. 125 und dazu die französ. Karte Bl. 7.

[3]) Strab. VIII, p. 338, vgl. schol. Il. *O*, 531; schol. Pind. Nem. VII, 53; Steph. u. *Ἔφυρα*; über die Ruinen Pouillon-Boblaye a. a. O. p. 123,

lich von Pylos, in dem engen Thale eines südlichen Nebenflusses des Peneios, in der Gegend von Ano-Lukavitza oder Klisura — gelegen haben.[1])

Im Unterlande war die bedeutendste Ortschaft Kyllene, der Seehafen von Elis, offenbar nach der Krümmung der Küstenlinie zwischen den felsigen Vorgebirgen Chelonatas und Araxos, welche von ihr den Namen des kyllenischen Golfs erhalten hat, benannt. Der Platz des Hafens ist wegen der durch Versumpfung und Anschwemmung bewirkten Veränderung dieser ganzen Küstenstrecke nicht mehr mit Sicherheit nachzuweisen; doch machen die von alten Geographen überlieferten Entfernungsangaben, wornach Kyllene 120 Stadien von Elis, 14 römische Milien von dem achäischen Dyme lag, es sehr wahrscheinlich, dass es nördlich von der Lagune von Kotiki, in den allerdings heutzutage durch einen breiten Streifen sandigen mit Pinien bewachsenen Landes vom offenen Meere getrennten Sümpfen von Manolada anzusetzen ist. Die Stadt galt für eine arkadische Gründung und die Bewohner verehrten als Hauptgottheit den Hermes unter dem alterthümlichen Cultsymbol eines aufrecht stehenden männlichen Gliedes; ausserdem hatten sie Heiligthümer des Asklepios und der Aphrodite.[2]) In der Nähe von Kyllene lag Hyrmine oder Hormina, in älterer Zeit ein Städtchen (mit einem Ankerplatz, wie der Name lehrt), zu Strabons Zeit nur noch ein Küstenvorsprung (wahrscheinlich der an der Südseite der Bucht von Kunupeli, auf welchem Reste einer sehr alterthümlichen Befestigung erhalten sind).[3])

---

[1]) Xen. Hell. VII, 4, 26; Polyb. IV, 75 u. 84. Bei Santameri setzt den Ort Curtius an (Pel. II, S. 38 f.); doch lässt die Schilderung des Polybios auch an die andere von mir angegebene Oertlichkeit denken.

[2]) Paus. VI, 26, 4 f.; Strab. VIII, p. 337 s.; Ptol. III, 16, 6; Tab. Peuting.: bei Plin. N. h. IV, 5, 13 ist für V mil. passuum mit Curtius Pel. II, S. 102 f. (dem ich in der Ansetzung des Ortes gefolgt bin) XV mil. passuum zu schreiben. Anzündung des Orts durch die Korkyräer im J. 435 v. Chr. Thuk. I, 30; Niederreissung der Befestigungsmauer beim Friedensschluss zwischen Elis und Sparta im J. 399 Xen. Hell. III, 2, 30; Neubefestigung durch die Eleer gegen Philipp von Makedonien 217 v. Chr. Polyb. V, 3. Für die sonstigen sehr häufigen Erwähnungen des Orts vgl. Pape-Benseler Wörterbuch der griechischen Eigennamen u. Κυλλήνη.

[3]) Strab. VIII, p. 341; Steph. Ὑρμίνη: vgl. Pouillon-Boblaye Recherches p. 119 s.

An der Strasse, welche von Elis durch die Ebene nach dem achäischen Dyme führte, lag 70 Stadien von der Hauptstadt Myrtuntion, früher Myrsinos genannt, eine offene Ortschaft, deren Häuser sich bis an die Meeresküste (die im Alterthum sich offenbar weiter östlich als jetzt hinzog) erstreckten.[1]) 157 Stadien nördlich von Elis überschritt die Strasse den Gränzfluss zwischen Elis und Achaia, den Larisos, den jetzigen Fluss Mana, der durch den langen, von Manolada bis in die Gegend des alten Dyme reichenden Wald von Ali-Tschelebi und durch die jetzt ganz versumpfte Niederung südlich von dem mächtigen Felscap Araxos (das in älteren Zeiten die Gränze zwischen Eleern und Achäern gebildet hatte) dem Meere zufliesst. Nahe seinem linken Ufer muss das 'waizenreiche Buprasion' der Ilias gelegen haben, wohl nie eine geschlossene Ortschaft, sondern eine im früheren Alterthum wohlbebaute und reich bevölkerte, im spätern Alterthum, wie heutzutage, fast ganz unbewohnte Gegend.[2])

6. Achaia.

Die nördlichste, in Hinsicht ihres Flächeninhalts[3]) unbedeutendste Landschaft des Peloponnes, zwischen der fortlaufenden Kette der nordarkadischen Randgebirge und dem schmalen Meeres-

---

[1]) Il. *B*, 616; Strab. VIII, p. 341; Steph. u. *Μύρσινος*. Pouillon-Boblaye Recherches p. 120 bezieht auf den Ort mit Recht einige von W. Gell zwischen Kalotikos und Kapeleti gesehene Ruinen.

[2]) Il. *B*, 615; *Λ*, 756; 760; *Ψ*, 631; Strab. VIII, p. 340; Theocr. Id. XXV, 11; nach Steph. Byz. u. *Βουπράσιον* u. Etym. M. p. 209, 22 kommt der Name auch einem Flusse (jedenfalls dem Larisos) zu; derselbe scheint nach Echephyllidas bei Schol. Plat. Phaed. p. 89[c] (Plat. ed. Hermann t. VI, p. 233) vgl. mit Paus. V, 3, 2 auch den Namen *Βαδὺ ὕδωρ* (=*ἡδὺ ὕδωρ*) geführt zu haben. — Eine befestigte Ortschaft der Eleer an der Gränze der Dymäer scheint auch das nur bei Plut. Cleomen. 14 erwähnte *Λάγγων* (für welchen Namen Manso ohne alle topographische Wahrscheinlichkeit *Λασιών* herstellen wollte) zu sein. Ob das von Plut. de mul. virt. 15 erwähnte Castell Amymone, welches zur Zeit des Tyrannen Aristotimos (um 270 v. Chr.) von eleischen Flüchtlingen besetzt wurde, in dieser Gegend oder in der Akroreia lag, ist nicht zu bestimmen.

[3]) Der Flächeninhalt beträgt nach Pouillon-Boblaye Recherches p. 19 21 Myriameter = 210 □Kilometer. *Ἀχαϊκά* verfasste ausser Pausanias (lib. VII) Autokrates (Athen. IX, p. 395[a] u. XI, p. 460[d]).

arm, welcher das nördlichere oder ausseristhmische Griechenland von der 'Insel des Pelops' trennt, ist, obgleich ihr alter Name Aegialos oder Aegialeia sie als 'Gestadeland' bezeichnet[1],) doch nicht in dem Sinne, wie das mittlere und nördliche Elis, eine Küstenlandschaft, denn sie besitzt nur eine grössere Strandebene zwischen dem Cap Araxos und den nördlichsten Verzweigungen des Skollisgebirges, eine Fortsetzung der grossen Ebene des nördlichen Elis, welche vom rechten Ufer des Flusses Larisos, an welchem die Achäer einen Tempel der Athene Larisäa errichtet hatten,[2]) an das Gebiet der achäischen Stadt Dyme bildete; im übrigen ist sie ganz von Gebirgen eingenommen, theils den nördlichen Vorbergen der nordarkadischen Kette, theils, ungefähr in der Mitte der Landschaft, von einem selbständigen, wenn auch gegen Süden mit den nördlichen Wurzeln des Erymanthos zusammenhängenden Massengebirge, dem bis zur Höhe von 1927 Metern sich erhebenden Panachaikon[3]) (jetzt Voidia genannt), das seine Abhänge fächerförmig gegen Norden ausbreitet und so eine beträchtliche Ausbuchtung der Küste hervorbringt. Diese Gebirge waren im Alterthum zum grössten Theil mit dichten, jetzt freilich sehr gelichteten Waldungen bewachsen, die durch ihren Reichthum an Wild der Jagdlust der Bewohner des Landes reiche Befriedigung gewährten; die unteren Abhänge, sowie der schmale Küstensaum waren mit Fruchtfeldern und Weingärten bedeckt, an deren Stelle heut zu Tage längs der Küste meist Korinthenpflanzungen getreten sind, welche um den Beginn der fünfziger Jahre unserers Jahrhunderts fast den Getreidebau ganz verdrängt hatten; als aber in Folge der Traubenkrankheit diese Pflanzungen mehrere Jahre hindurch ganz ohne Ertrag geblieben waren, trat wieder eine Reaction zu Gunsten des Getreidebaues ein; doch hat in den letzten zehn Jahren wieder der Korinthenbau an Terrain gewonnen und bilden die Korinthen jetzt den weitaus wichtigsten Exportartikel der Landschaft, wie

---

[1]) Strab. VIII, p. 383; Paus. V, 1, 1; VII, 1, 1; Steph. Byz. u. *Αἰγιαλός*: Plin. N. h. IV, 5, 12.

[2]) Paus. VII, 17, 5; vgl. oben S. 272 u. S. 309.

[3]) Polyb. V, 30. Dass der von Plin. N. h. IV, 5, 13 erwähnte Name Scioessa dasselbe Gebirge bezeichne, ist eine ansprechende, aber freilich unsichere Vermuthung Pouillon-Boblaye's Recherches p. 22.

auch des Königreichs Hellas überhaupt.[1]) Von den nördlichen Abhängen der Gebirge ziehen sich zahlreiche, meist nur während der Regenzeit Wasser führende Bäche nach der Küste, wo sie einen schmalen Saum weisslichen Thonbodens angesetzt haben, hinab: dieser Saum erweitert sich an der Mündung der Mehrzahl derselben zu einem kleinen, mit der Spitze nach Norden gerichteten Delta, wodurch die übrigens fast ganz hafenlose Küste ein eigenthümlich ausgezacktes Aussehn erhält. Von diesen Bächen gehören die drei bedeutendsten dem Wassergebiet des Erymanthos und seiner Fortsetzung, der Lampeia, an: der an der Nordseite des Hauptgipfels des Erymanthos (des jetzigen Olonos) entspringende, gegen Nordwest fliessende Pieros oder Peiros (jetzt Kamenitza), welcher in der römischen Kaiserzeit die Gränze der Gebiete von Dyme und Paträ bildete;[2]) der aus zwei vom Kalliphonigebirge (Lampeia) herabkommenden Armen sich bildende, in der Richtung von Nordnordost fliessende Selinus (jetzt Fluss von Vostitza),[3]) und der von der Südseite des Kalliphoni her kommende, zunächst eine Strecke durch arkadisches Gebiet (den Canton der Kynätheis: vgl. oben S. 266) fliessende Buraikos, in seinem obern Laufe Erasinos genannt (jetzt Fluss von

[1]) Nach der *Ἔκθεσις ἐπὶ τοῦ γενικοῦ πίνακος τοῦ ἐξωτερικοῦ ἐμπορίου τῆς Ἑλλάδος* für das Jahr 1863 (im *Ἐθνικὸν ἡμερολόγιον* für das Jahr 1867, S. 313 ff.) betrug die Ausfuhr von Korinthen im Jahre 1863 76,676,547 venetianische Litren (2,425,771 weniger als im Jahre 1862) im Werthe von 12,305,697 Drachmen. Vgl. über den jetzigen Korinthenbau auch Wyse An excursion in the Peloponnesus II, p. 262 ss. u. p. 338 s.

[2]) Paus. VII, 22, 1, wornach der Fluss in seinem obern Laufe *Πίερος*, von den Anwohnern seiner Mündung *Πεῖρος* genannt wurde: den letzteren Namen geben ihm Paus. c. 18, 1; Herod. I, 145 u. Hesiod. bei Strab. VIII, p. 342 (an welcher Stelle manche Kritiker *Πῶρος* schrieben). Nach Strab. a. a. O. führte er auch den Namen Acheloos (vgl. Strab. X, p. 450) und nahm den Bach Teutheas auf, nachdem dieser den Bach Kaukon aufgenommen hatte. Sehr unwahrscheinlich aber ist es, dass derselbe Fluss auch noch den Namen *Μέλας* geführt habe; daher ist bei Strab. VIII, p. 386 dieser Name als Dittographie von *μέγας* zu beseitigen und der Name *Πεῖρος* nach *παρ' ὃν* einzufügen (nach Korais), der von Callim. H. in Iov. 22 u. Dionys. Per. 416 erwähnte *Μέλας* aber für einen Fluss Arkadiens zu halten.

[3]) Strab. VIII, p. 387; Paus. VII, 24, 5.

Kalavryta).[1]) Zwischen dem Pieros und Selinus senden die Abhänge des Panachaikon eine beträchtliche Anzahl theils grösserer, theils kleinerer Bäche nach oft sehr kurzem Laufe (wenn sie überhaupt Wasser führen) dem Meere zu, deren Namen uns nur durch Pausanias überliefert sind: der westlichste derselben ist der die Ebene südlich von Paträ durchfliessende Glaukos (jetzt Levka);[2]) sodann der gerade nördlich von Paträ fliessende Meilichos, an dessen Ufer ein Heiligthum der Artemis Triklaria, der Schauplatz von Menschenopfern in alten Zeiten, stand;[3]) nächst diesem die fast genau parallel laufenden Charadros und Selemnos, zwischen denen die alte zu Pausanias Zeit bis auf einige unansehnliche Reste verschwundene Stadt Argyra in der Nähe einer gleichnamigen Quelle lag: zwischen ihren Mündungen tritt ein flacher dreieckiger Küstenvorsprung, das Rhion der Alten, welches einen Tempel des Poseidon trug, gegen das lokrische Antirrhion vor (vgl. Bd. I, S. 146).[4]) Weiter östlich fliesst der nach einer zu Pausanias Zeit verschwundenen Stadt Bolina benannte Bolinäos (der jetzige Bach von Platiana), der in eine im Alterthum als Ankerplatz benutzte und daher Panormos genannte Bucht, fünfzehn Stadien östlich vom Rhion, mündet, deren östliche Flanke durch den nördlichsten Vorsprung der achäischen Küste, das von seiner Form oder, wie der Mythus erzählte, von der durch Kronos nach der Entmannung des Uranos hier weggeworfenen Sichel sogenannte Drepanon, gedeckt wird; an der Ostseite desselben, fünfzehn Stadien vom Panormos, stand ein wahrscheinlich zum Küstenschutz bestimmtes Fort, das Fort der Athene genannt.[5]) Nach einer Strecke von etwa $2\frac{1}{2}$

---

[1]) Paus. VII, 25, 10; vgl. Strab. VIII, p. 371.

[2]) Paus. c. 18, 2.

[3]) Paus. c. 19, 4 ff.; c. 20, 1; c. 22, 11.

[4]) Paus. c. 22, 10 f.; c. 23, 1 (vgl. c. 18, 6); Strab. VIII, p. 335 s. Die Annahme, dass auf dem Rhion auch ein Heiligthum der Eileithyia gestanden habe, beruht auf einem Irrthum in Betreff der Provenienz der Inschrift C. I. gr. n. 1564, die vielmehr nach Hermione gehört (vgl. Conze u. Michaelis Annali t. XXXIII, p. 11). Die von Puillon-Boblaye Recherches p. 23 erwähnten Reste eines monumentalen Thores 1200 Meter südlich von dem türkischen Castell auf Rhion gehören wahrscheinlich dem alten Argyra an.

[5]) Paus. c. 22, 10; c. 23, 4; Thuk. II, 86; Polyb. V, 102; Polyän.

Stunden, auf welche der Fuss des Gebirges unmittelbar, ohne Küstensaum, in das Meer vortritt und so einen engen Küstenpass bildet, öffnet sich wiederum eine im Alterthum als Hafenplatz benutzte und (wahrscheinlich nach zahlreich am Strande wachsenden wilden Feigenbäumen) Erineos benannte Bucht, die im Osten durch das flache Mündungsdelta eines grösseren Flusses, des Phoinix der Alten (jetzt Salmeniko) begränzt wird. Zwischen diesem und dem Selinus münden noch zwei kleinere Bäche (der jetzt Tholopotamos genannte unmittelbar westlich von der Stätte des alten Rhypes und ein namenloser weiter östlich) und ein grösserer, der sogenannte Gaidaropniktes (Eselswürger): letzterer, der östlichste der zum Wassergebiet des Panachaikon gehörigen Bäche, ist der Meiganitas der Alten.[1]) Zwischen dem Selinus und dem Buraikos kommt von den als nordöstlichste Ausläufer der Lampeia zu betrachtenden Bergen von Kerpini, die im Alterthum den Namen Keryneia geführt und theilweise zu Arkadien gehört zu haben scheinen, der Kerynites (jetzt Buphusia genannt) herab.[2]) Oestlich vom Buraikos fliesst zunächst der vom arkadischen Aroaniagebirge (Chelmos) her kommende Bach von Diakophto, dessen antiken Namen wir nicht kennen, sodann der Krathis (jetzt Akrata), der an dem gleichnamigen arkadischen Gebirge entspringt und auf einem spitzen Küstenvorsprunge unweit der Stadt Aegä mündet.[3]) Ebenfalls dem Wassergebiet des Krathisgebirges gehört der jetzt Vlogokitikos (nach einem über seinem rechten Ufer gelegenen Dorfe Vlogoka) genannte, west-

---

VI, 23; Plin. N. h. IV, 5, 13; Steph. Byz. u. Βολίνη. Strab. p. 336 u. Ptol. III, 16, 5 identificiren irriger Weise Δρέπανον mit Ῥίον.

[1]) Paus. c. 23, 5. Curtius (Pel. I, S. 459 u. 487) hält den Tholopotamos für den Phoinix, weil dieser Fluss nach Pausanias östlich von Rhypes gesucht werden müsse; allein dies geht aus Pausanias, der unmittelbar vor der Beschreibung der Stadt Aegion die beiden namhafteren Gewässer ihres Gebietes nennt, keineswegs hervor; überdies fliesst auch der Tholopotamos westlich, nicht östlich von den Ruinen von Rhypes. Für Ἐρινεός s. Paus. c. 22, 10; Thuk. VII, 34; Ptol. III, 16, 5; Steph. Byz. u. Ἐρινεός.

[2]) Paus. c. 25, 5. πάγος Κερύνειος Callim. H. in Dian. 109. Der Mythos von der von Herakles gefangenen Hirschkuh scheint aus einem etymologischen Grunde (Anklang an κέρας) hier localisirt zu sein.

[3]) Paus. 25, 11 f.; vgl. VIII, 15, 8 f.; Strab. VIII, p. 386; Herod. I, 145.

lich von dem alten Aegira mündende Bach, dem der Chelydorea die Bäche von Zakoli, von Gelini und von Mazi an: der letztere, auch Phónissa genannt, welcher in einiger Entfernung westlich von Pellene vorüberfloss, führte im Alterthum, offenbar wegen des Ungestüms, mit welchem er zu Zeiten strömte, den Namen Krios (Widder), wie aus dem gleichen Grunde der von der Kyllene herabkommende, östlich unterhalb Pellenes vorüberfliessende bedeutendere Fluss von Trikkala (oder von Xylokastro) Sythas (= Sys d. i. Eber) genannt wurde.[1]) Letzterer bildete im Alterthum die östliche Gränze der Landschaft Achaia, eine Gränzbestimmung, die freilich als eine rein politische bezeichnet werden muss, da als natürliche Gränze des Aegialos im Osten nur der Isthmos betrachtet werden kann. Auch in ethnographischer Beziehung gehörte wenigstens das Gebiet von Sikyon ursprünglich zum Aegialos, da es ebenso wie die später Achaia genannte Landschaft in der ältesten Zeit von den 'strandbewohnenden Pelasgern' oder, wie sie später genannt wurden, 'strandbewohnenden Ioniern' bewohnt und durch die Sage sogar als Herrschersitz des Aegialeus bezeichnet wurde.[2]) Zwar trennte es sich in Folge der dorischen Wanderung, durch welche hier die Dorier zur Herrschaft kamen, von der übrigen Landschaft, die in den aus Argos und Lakonien vertriebenen Achäern neue Herren erhielt, welchen die alte ionische Bevölkerung theils sich unterordnen, theils durch Auswanderung nach Attika und von da nach Kleinasien Platz machen musste; allein das Bewusstsein der Zusammengehörigkeit mit der westlicheren Landschaft war in den Sikyoniern nie ganz erstorben und kam in dem durch Aratos bewirkten Anschlusse der Stadt an den neu begründeten achäischen Bund im Jahre 251 v. Chr. zum praktischen Ausdruck. Während nun das Achaia der historischen Zeit gegen Osten in engere Gränzen eingeschlossen ist als der alte Aegialos, hat es gegen Westen seine Gränzen nicht unbeträchtlich erweitert; denn der westlichste Theil Achaias, das Gebiet von Dyme, das auch chorographisch betrachtet zum nördlichen Elis gehört (vgl. oben S. 310), wurde in den alten Zeiten

---

[1]) Paus. c. 27, 11 f.; vgl. II, 7, 8; c. 12, 2; Ptol. III, 16, 4. Der Name Σύθας ist offenbar gleichbedeutend mit dem des von Paus. IX, 30, 11 erwähnten Σῦς am Olympos.

[2]) Paus. c. 1, 1 ff.; Strab. VIII, p. 382 s. Die Πελασγοὶ Αἰγιαλέες unter Ion Ἴωνες genannt nach Herod. VII, 94.

von Kaukonen bewohnt und kam dann in den Besitz der Epeier, welche ihre Herrschaft bis zum westlichen Fusse des Panachaikon ausgedehnt zu haben scheinen.[1])

Die ionische Bevölkerung zerfiel nach bestimmter Ueberlieferung in zwölf offenbar den attischen Phratrien (Geschlechtsgenossenschaften) entsprechende Abtheilungen; daneben bestand jedenfalls die in allen ionischen Staaten uns begegnende Eintheilung in die vier Phylen der Geleontes, Hopletes, Aegikoreis und Argadeis (vgl. Bd. I, S. 262). Jede dieser zwölf Abtheilungen mag einen besondern Bezirk eingenommen haben, der eine Anzahl offene Ortschaften, etwa mit einem befestigten Zufluchtsort für die Zeiten der Gefahr, enthielt; den religiösen Mittelpunkt des ganzen Landes bildete das Heiligthum des Poseidon Helikonios, im Bezirk Helike an der Küste zwischen der Mündung der Flüsse Selinus und Kerynites gelegen, desselben Gottes, dessen Tempel auch den kleinasiatischen Ioniern als Bundesheiligthum galt. Wenn aber die Ueberlieferung diese zwölf Bezirke als identisch bezeichnet mit den zwölf Stadtgemeinden, in welche die Landschaft nach der Besitzergreifung derselben durch die Achäer getheilt war, so ist dies schon deshalb nicht wohl anzunehmen, weil, wie bemerkt, die Gränzen der Landschaft nach Osten wie nach Westen hin in der ionischen Zeit andere waren, als in der achäischen.[2]) Die zwölf von den offenbar von Osten her in das Land eingedrungenen Achäern gegründeten, d. h. durch Befestigung oder Zusammensiedelung aus Komä zu Poleis gemachten Städte, welche, jede mit einem besonderen Gebiet von 7 — 8 Demen, und wahrscheinlich auch mit einem besonderen Dynasten, unter der Herrschaft eines Oberkönigs aus dem Geschlechte des

---

[1]) Strab. VIII, p. 341 s.; 345; 387; aus der Darstellung des Schiffscataloges (s. Il. *B*, 569 ff. u. 615 ff.) darf man folgern, dass der zur Herrschaft des Agamemnon gehörige Aegialos sich gegen Westen nicht weiter als bis Aegion, also bis zum Panachaikon erstreckte, das Land westlich von diesem Gebirge zum Herrschergebiete der Epeier gehörte.

[2]) Herod. I, 145; Paus. c. 6, 1; vgl. Strab. p. 383 u. 385 s., der p. 341 in Bezug auf Dyme (das von Herod. u. Pausan. zu den 12 ionischen Bezirken gezählt wird) richtig bemerkt: ὁ μὲν γὰρ ποιητὴς οὐκ ὠνόμακε τὴν Δύμην, οὐκ ἀπεικὸς δ' ἐστὶ τότε μὲν αὐτὴν ὑπὸ τοῖς Ἐπειοῖς ὑπάρξαι, ὕστερον δὲ τοῖς Ἴωσιν, ἢ μηδ' ἐκείνοις ἀλλὰ τοῖς τὴν ἐκείνων χώραν κατασχοῦσιν Ἀχαιοῖς.

der Sage nach bei der Eroberung des Landes im Kampfe gegen die Ionier gefallenen Tisamenos, Sohnes des Orestes, vereinigt waren, waren Pellene, Hyperasia (Aegira), Aegä, Bura, Helike, Aegion, Rhypes, Paträ, Pharä, Olenos, Dyme und Triteia; da Aegä und Rhypes frühzeitig aus der Zahl der bewohnten Orte verschwanden, so traten statt ihrer Keryneia und Leontion, früher blosse Demen, in die Reihe der Poleis ein; die Stelle des ebenfalls frühzeitig verschollenen Olenos dagegen, dessen Gebiet an Dyme fiel, scheint durch keine andere Ortschaft besetzt worden zu sein.[1]) Der Sitz des Oberkönigs und somit die politische Hauptstadt des Landes war wahrscheinlich Aegion mit seinem Heiligthum des Zeus, des achäischen Stammgottes; daneben behielt Helike mit seinem Heiligthum des Poseidon bei den im Lande zurückgebliebenen Ioniern und in Folge der allmäligen Verschmelzung derselben mit den Eroberern auch bei diesen eine nicht geringe Bedeutung, die in Folge des traurigen Schicksals der Ol. 101, 4 bei einem Erdbeben vom Meere verschlungenen Stadt durch die Tradition wohl noch grösser dargestellt wurde, als sie in Wirklichkeit gewesen war.[2])

Nachdem das Königthum in Folge des despotischen Auftretens der Söhne des letzten Nachkommen des Tisamenos, des Ogyges, abgeschafft und durch eine gemässigt demokratische Verfassung, welche dem Staate der Achäer den Ruhm eines Musterstaates bei den andern Griechen eintrug, ersetzt worden war, bildeten die zwölf, beziehendlich nach Verfall von Olenos elf Städte als ebenso viele selbständige Kantone einen Bund mit einer in Aegion zusammentretenden Bundesversammlung als beschliessender und wahrscheinlich, wie in den ersten Zeiten des neuen Bundes, zwei Strategen nebst einem Staatsschreiber als ausübender Be-

---

[1]) Herod. I, 145; Strab. p. 385 s.; Polyb. II, 41. Dass Paus. c. 6, 1 Paträ aus der Reihe der 12 Städte weglässt und dafür Keryneia aufführt, hat darin seinen Grund, dass er die 12 πόλεις als schon zur Zeit der Ionier bestehend betrachtet, von Paträ dagegen weiterhin ausdrücklich angiebt, dass es erst von den Achäern aus 3 Komen begründet worden sei.

[2]) Vgl. Strab. p. 385 u. 387; Paus. c. 7, 2; c. 24, 4; Liv. XXXVIII, 30. Dass die Bundesversammlungen in älterer Zeit in Helike stattgefunden haben, wie manche aus Paus. c. 7, 2 schliessen, ist aus inneren Gründen höchst unwahrscheinlich.

hörde.[1]) Die höchsten Beamten in den einzelnen Städten scheinen den Titel 'Damiorgen' geführt zu haben.[2]) Nach aussen verhielt sich der Bund durchaus neutral, hauptsächlich aus Abneigung gegen die Hegemonie der Spartaner, ähnlich wie Argos; doch hinderte dies nicht, dass einzelne Städte in den Kämpfen zwischen Athen und Sparta theils für dieses, theils für jenes Partei ergriffen. Seit dem Jahre 418 v. Chr. aber, wo es den Spartanern gelungen war, die Bundesverfassung in einem ihnen günstigen, d. h. mehr oligarchischen Sinne abzuändern, verfiel die Landschaft mehr und mehr dem Einflusse Spartas, dem sie in allen Kämpfen bis zur Schlacht bei Leuktra treu zur Seite stand. Nach dieser von Sparta und Theben zu Schiedsrichtern erwählt, wurden die Achäer von Epameinondas, unter Schonung der unter Spartas Einfluss gegebenen Verfassung, zum Anschluss an Theben genöthigt; nachdem aber die Thebaner Harmosten in die achäischen Städte gesandt und durch diese die spartanisch Gesinnten vertrieben, die Verfassung in demokratischem Sinne umgestaltet hatten, erlangte die spartanische Partei bald wieder die Oberhand und setzte es durch, dass Achaia wieder offen auf Spartas Seite trat. Durch die Verluste in der Schlacht bei Chaeroneia und in dem Kampfe König Agis III. gegen Antipater bedeutend geschwächt, gerieth Achaia seit dem Ende des vierten Jahrhunderts v. Chr. ganz in die Gewalt der Makedonier, unter deren Schutze sich in den meisten Städten Tyrannen erhoben, durch deren Willkürherrschaft eine völlige Verwirrung der alten staatlichen Ordnung eintrat. Eine nationale Reaction dagegen gieng von den Städten im Westen der Landschaft, Dyme, Paträ, Pharä und Triteia aus, die im Jahre 281 vor Chr. zu einem neuen Bunde zusammentraten, welcher fünf Jahre darauf durch den Beitritt von Aegion, Bura und Keryneia erweitert, sich bald über

---

[1]) Polyb. II, 38 u. 41. Strab. p. 384 s. Die Zeit der Aufhebung des Königthums ist leider auch nicht einmal annähernd zu bestimmen; doch ist es wahrscheinlich, dass die Gründung der achäischen Colonien in Unteritalien, wie Kroton, Sybaris, Kaulonia, noch zur Zeit der Königsherrschaft erfolgt ist, da diese Städte ja erst in späteren Zeiten die demokratische Verfassung des Mutterlandes annahmen (Polyb. c. 39).

[2]) Dies kann man daraus schliessen, dass in den Zeiten des neuen Bundes zehn Damiorgen (δαμιοργοί = δημιουργοί) als ein dem Strategen beigeordnetes Collegium erscheinen: s. Liv. XXXII, 22; XXXVIII, 30; Polyb. XXIV, 5; Plut. Arat. 43; C. I. gr. n. 1542 und 1543.

den grössten Theil des Peloponnes ausdehnte und Griechenland noch kurz vor dem Erlöschen seiner politischen Existenz das Muster eines die Selbständigkeit seiner Glieder mit weiser Mässigung zum Besten einer starken Centralgewalt beschränkenden Bundesstaates gab. An der Spitze der Executive standen die ersten fünfundzwanzig Jahre nach der Erneuerung des Bundes neben dem Staatsschreiber zwei Strategen; da aber das Bedürfniss nach einer einheitlichen Leitung sich immer mehr geltend machte, wurde seit dem Jahre 256 immer nur ein Strateg auf ein Jahr gewählt, der ein Jahr nach dem Ablauf seiner Amtszeit wieder wählbar war. Er war zugleich Bundesfeldherr und Bundespräsident; in ersterer Eigenschaft waren ihm ein oder mehrere Hypostrategen (Unterfeldherrn) und ein Hipparch (Commandant der Reiterei) untergeordnet, in letzterer ausser dem Staatsschreiber das Collegium der zehn Damiorgen, dessen Mehrheitsbeschlüssen er sich zu fügen hatte, beigeordnet. Die Wahl dieser Bundesbehörden, sowie die Bundesgesetzgebung und die Entscheidung über Krieg und Frieden und über die Abschliessung von Verträgen mit auswärtigen Staaten kam der Landsgemeinde zu, die sich regelmässig zweimal im Jahre in der früheren Zeit in Aegion, später auch in anderen Bundesstädten versammelte. Jeder Bürger einer Bundesstadt, der das 30. Jahr zurückgelegt hatte, war zur Theilnahme an derselben berechtigt; abgestimmt wurde nach Städten, so dass die Mehrzahl der anwesenden Bürger einer Stadt für die Abstimmung derselben den Ausschlag gab. Zwischen den Behörden und der Landsgemeinde stand ein Rath (Bule), welcher wahrscheinlich die der Landsgemeinde vorzulegenden Angelegenheiten vorzuberathen, minder wichtige auch endgültig zu entscheiden hatte: über seine Mitgliederzahl und Organisation lässt sich nichts Sicheres ermitteln.[1])

---

[1]) Vgl. C. F. Merleker De Achaicis rebus antiquissimis dissertatio, Königsberg 1831 (desselben Verfassers Schrift Achaicorum libri III, Darmstadt 1837, steht mir nicht zu Gebote); A. Matthiae 'Geschichte des achäischen Bundes' in dessen 'Vermischten Schriften' (Altenburg 1833) S. 239 ff.; Krafft und Hertzberg Art. 'Achaia' (Geschichte)' in Pauly's Realencyclopädie d. cl. Altws. 2te Aufl. 1, S. 56 ff.; E. A. Freeman History of federal government, from the foundation of the Achaian league to the disruption of the United states, Vol. I (London 1863) p. 236 ss.; dazu W. Vischer im N. Schweiz. Museum 1868, S. 29 ff.

Mit der gewaltsamen Auflösung des Bundes durch die Römer endet die selbständige Bedeutung der Landschaft, deren westlichster Theil in Folge der Gründung römischer Colonien durch Augustus fast ganz romanisirt wurde, während im östlicheren Theil sich die griechische Bevölkerung bis zum Eindringen der nordischen Barbaren ziemlich rein erhielt.

Die westlichste der achäischen Städte, Dyme, lag nahe der hafenlosen Küste, ungefähr in der Mitte zwischen den Flüssen Larisos und Peiros, 60 Stadien vom Cap Araxos (vgl. oben S. 309). In der ältesten Zeit, als noch die Kaukonen in Besitz dieser Gegend waren, soll der Ort den wohl von der lehmigen Beschaffenheit des Bodens entnommenen Namen Paleia (vgl. πηλός und lat. palus) geführt haben; Stratos, was ebenfalls als alter Name der Stadt angeführt wird, bezeichnete wohl eine sei es von den Epeiern, sei es von den Achäern, welche die Gegend als das Westende ihres Gebiets Dyme (= δυσμή) nannten, angelegte Befestigung. Erst später, jedenfalls nach der 6. Olympiade, wurde durch Zusammensiedelung von acht kleineren Ortschaften (Demen) eine grössere Stadt gegründet, welche den Namen Dyme erhielt.[1]) Im Jahre 314 v. Chr. versuchten die Bürger die in ihrer Akropolis liegende makedonische Besatzung zu vertreiben, wurden zwar von Alexander, dem Sohne Polysperchons, hart dafür gezüchtigt, bemächtigten sich aber trotzdem nach dessen Abzuge mit Hülfe von Söldnerschaaren der Akropolis und befreiten

---

[1]) Paus. c. 17, 5 f.; Strab. p. 337; Steph. Byz. u. Δύμη. Dass der Hauptort der Gegend noch Ol. 6 den Namen Πάλεια führte, zeigt das von Pausanias erhaltene Epigramm der Statue des Oibotas, des Siegers der 6ten Olympiade, in welchem Paleia als Heimath desselben genannt ist: wenn auch diese Statue erst beträchtlich später (nach Paus. um Olymp. 80) errichtet wurde, so kann man doch bei dem Gewicht, welches jede griechische Stadt darauf legte, einen olympischen Sieger unter ihren Bürgern zu haben, nicht zweifeln, dass man sich bei Abfassung des Epigramms genau an die officielle olympische Aufzeichnung hielt. Was Paus. ebd. §. 13 von einem Fluche des Oibotas berichtet, in Folge dessen bis Ol. 80 kein Achäer einen olympischen Sieg davon getragen habe, ist eine unhistorische Legende; denn Ol. 23 siegte im Stadion Ikarios aus der achäischen Stadt Hyperasia (Paus. IV, 15, 1; Phlegon bei Steph. Byz. u. Ὑπερασία) u. Ol. 67 im Stadion, Diaulos und Waffenlauf Phanas aus Pallene (Sexti Julii Africani Ὀλυμπιάδων ἀναγραφή rec. I. Rutgers p. 27).

sich so vom makedonischen Joche.[1]) Im Jahre 281 ergriffen sie, wie schon erzählt, mit den drei anderen Städten des westlichen Achaia die Initiative zur Erneuerung des achäischen Bundes und hatten dann in den Kämpfen zwischen den Achäern und Aetolern öfter von feindlichen Einfällen ihrer Nachbarn, der Eleer, zu leiden. Im ersten makedonischen Kriege wurde die Stadt zur Strafe dafür, dass sie eine Besatzung des Königs Philipp aufgenommen hatte, von einem römischen Heere unter dem Prätor P. Sulpicius geplündert und die Bürger als Sclaven verkauft: Philipp kaufte aber alle, die er ausfindig machen konnte, los und führte sie in ihre Vaterstadt zurück; zum Dank dafür stimmten die Dymäer auf der Landsgemeinde zu Sikyon im Jahre 189 v. Chr. allein von allen Städten des eigentlichen Achaia mit den Megalepoliten und Argivern gegen den Anschluss des achäischen Bundes an Rom.[2]) Auch in der ersten Zeit nach dem Verlust der Selbständigkeit war der Geist der Opposition gegen Rom in der Bürgerschaft von Dyme noch nicht erloschen, wie der Aufstandsversuch eines gewissen Sosos beweist, welcher das Stadthaus mit dem Archiv in Brand steckte und statt der von den Römern octroyierten oligarchischen eine demokratische Verfassung einrichtete, dafür aber mit einem der Damiorgen, der ihm dabei geholfen hatte, durch den römischen Statthalter von Makedonien, den Proconsul Q. Fabius Q. f. Maximus, zum Tode verurtheilt wurde.[3]) Im Jahre 66 v. Chr. erhielt die offenbar sehr zusammengeschmolzene Bevölkerung der Stadt einen den alten Bewohnern jedenfalls nicht eben erwünschten Zuwachs durch einen Theil der

[1]) Diod. XIX, 66.

[2]) Paus. c. 17, 5; vgl. Liv. XXXII, 22; Polyb. V, 3.

[3]) C. I. g. n. 1543, eine diesen Aufstandsversuch betreffende Verordnung des Proconsuls an die Dymäer: da, wie Böckh bemerkt hat, Consuln des Namens Q. Fabius Q. f. Maximus in den Fasten in den Jahren 145, 142, 121 und 116 erscheinen, so ist das Jahr, in welches diese Begebenheit fällt, nicht sicher zu bestimmen; da aber die Consuln der Jahre 145 u. 142 nach Ablauf ihrer Amtszeit in Hispanien kämpften, so wird man sie entweder ins Jahr 120 oder ins Jahr 115 v. Chr. zu setzen haben. Aus der Inschrift ergiebt sich auch, dass damals ausser dem Collegium der Damiorgen ein *συνέδριον*, dessen *γραμματεύς* nebst einem priesterlichen Beamten (*θεοκόλος*) als eponyme Beamte an der Spitze der öffentlichen Urkunden genannt wurden, die Angelegenheiten der Stadt verwaltete.

von Pompeius überwundenen und verschonten Piraten, welche der Sieger hier ansiedelte.[1]) Die Maassregel scheint nicht viel gefruchtet zu haben, denn Augustus führte, offenbar um dem Mangel an Bewohnern abzuhelfen, eine römische Colonie dahin, fügte aber diese Colonia Iulia Augusta Dumaeorum mit ihrem Gebiete dem Gebiete des ebenfalls von ihm colonisirten Paträ bei.[2]) Pausanias erwähnt in der Stadt einen alten Tempel der Athene und ein Heiligthum der Kybele und des Attis, ausserhalb der Stadt zur Rechten der von Elis her führenden Strasse das Grab des Sostratos, eines von den Dymäern als Heros verehrten Lieblings des Herakles, an einer anderen Stelle das Grab des olympischen Siegers Oibotas.[3]) Heutzutage sind von der Stadt nur noch geringe, meist der römischen Zeit angehörige Reste erhalten bei einer Kapelle des heiligen Konstantinos östlich von dem in einer öden, zum Theil versumpften Niederung zwischen Wäldern gelegenen Gehöft Karavostasion, das seinen Namen ('Schiffsstation') einer zwischen der an der Ostseite des Vorgebirges Araxos sich hinziehenden Lagune Kalogria und einem flachen Küstenvorsprunge sich öffnenden, jetzt durch ein Zollhaus bewachten Bucht verdankt, die auch im Alterthum als Rhede benutzt wurde; der Hügel, auf welchem die Kapelle steht, trug jedenfalls die Akropolis von Dyme. Zur Sicherung der Gränze gegen Elis war auf dem südöstlichsten Vorsprunge des Araxos, nahe dem rechten Ufer des Gränzflusses Larisos, eine Festung erbaut, die gewöhnlich schlechtweg 'das Castell' (Teichos) genannt wurde, eigentlich aber den Namen Larisa geführt zu haben scheint. Der Umfang dieser von der Sage auf Herakles zurückgeführten Festung betrug nur $1\frac{1}{2}$ Stadion, die Mauern

---

[1]) Strab. VIII p. 378 s.; XIV, p. 665.

[2]) Da von den beiden in Anm. 1 angeführten Stellen des Strabon sich nur an der letzteren der Beisatz ἣν νυνὶ Ῥωμαίων ἀποικία νέμεται findet, so kann man schliessen, dass die Colonisation in der zwischen der Abfassung des 8ten und des 14ten Buches der Geographie des Strabon verflossenen Zeit erfolgt ist. Die Existenz der Colonie bezeugen auch Plin. N. h. IV, 5, 13 und die von Curtius Pel. I S. 450 angeführten Münzen; ihre Unterordnung unter Paträ Paus. c. 17, 5.

[3]) Paus. c. 17, 8 ff. Dass das Grab des Oibotas 'vor demselben Thore' gelegen habe als das des Sostratos, wie Curtius (Pel. I, S. 425) annimmt, ist mir nach der Anordnung der Beschreibung des Pausanias undenkbar.

aber (deren noch erhaltene Reste eine Dicke von 12—15 Fuss zeigen) hatten durchgängig eine Höhe von 45 Fuss.[1]) Im südöstlichsten Theile der Dymäa lag eine Ortschaft Hekatombäon, offenbar nach einem Heiligthum (vielleicht des Zeus, der mehrfach unter dem Beinamen Hekatombäos verehrt wurde) benannt, bei welcher die Achäer im Jahre 225 durch König Kleomenes III. von Sparta geschlagen wurden.[2]) In derselben Gegend muss auch Teuthea gelegen haben, ein durch ein Heiligthum der Artemis Nemydia (?) bemerkenswerthes Städtchen, dessen Bewohner bei einem zur Hebung von Dyme veranstalteten Synoikismos nach dieser Stadt übergesiedelt worden waren.[3])

Die östliche Nachbarstadt von Dyme, das auf dem letzten Vorsprung des eleischen Skollisgebirges gegen die Küste hin nahe dem linken Ufer des Peiros gelegene Olenos, wahrscheinlich eine von den Epeiern begründete Filiale der gleichnamigen ätolischen Stadt (vgl. Band I, S. 131), erscheint Anfangs als eine der zwölf achäischen Bundesstädte, gerieth aber frühzeitig aus unbekannten Ursachen so in Verfall, dass es nicht mehr an der Erneuerung des Bundes sich betheiligen konnte: wahrscheinlich war es schon damals von seinen Bewohnern verlassen, die theils nach Peirä und Euryteiä (wahrscheinlich Demen der Olenia), theils nach Dyme übergesiedelt waren. Strabon fand zwischen den Trümmern der Stadt noch ein Heiligthum des Asklepios, das 40 Stadien von Dyme, 80 Stadien von Paträ entfernt war; zur Zeit des Pausanias scheint auch dieses verfallen gewesen zu sein, da er des-

---

[1]) Polyb. IV, 59 u. 83, vergl. Steph. Byz. u. *Τεῖχος*: eine Stadt *Λάρισα* auf der Gränze der Eleer u. Dymäer citirt aus Theopompos Strab. IX p. 440. Ueber den Tempel der Athene Larisäa s. oben S. 310.

[2]) Plut. Cleomen. 14 (über das ebend. genannte *Λάγγων* vgl. oben S. 309, Anm. 2), wo ausdrücklich angegeben wird, dass Kleomenes durch Arkadien nach dem achäischen Pherä (= Pharai) zog und dann zwischen Dyme und dem Hekatombäon, wo die Achäer lagerten, sein Lager aufschlug (irrig Curtius Pel. I S. 427); vgl. Plut. Arat. 39; Polyb. II, 51. Zeus Hekatombäos: s. Hesych. u. *Ἑκατόμβαιος*.

[3]) Strab. p. 342: für das jedenfalls corrupte *Νεμυδίας* will Müller Dorier I S. 373 *Νεμιδίας*, Lobeck ad Phrynich. p. 557 *Νεμεαίας* lesen. Ob die von Pouqueville entdeckten Tempelreste bei Kolonäs am Fusse des Berges Movri, ½ Stunde südöstlich von Epano-Achaia, diesem Heiligthum angehören (vgl. Curtius Pel. I, S. 427), ist mir zweifelhaft, da nach den Worten des Strabon Teuthea nicht unmittelbar am Bache Teutheas gelegen u. zur Dymäa, nicht zur Olenia gehört zu haben sheint.

selben mit keinem Worte gedenkt; doch haben sich einige Reste der alten Stadt bis zum heutigen Tage in der Nähe des Dörfchens Kato-Achaia erhalten, darunter die Basis einer von der Stadt Pharä errichteten Ehrenstatue, woraus man wohl schliessen darf, dass das Gebiet von Olenos, das zu Strabons Zeit den Dymäern gehörte, früher eine Zeit lang in Besitz von Pharä war.[1]) Diese Stadt, deren das obere Thal des Peiros umfassendes Gebiet im Westen durch die Dymäa, im Nordwesten durch die Olenia von der Verbindung mit dem Meere abgeschnitten war, lag an der Hauptstrasse aus Arkadien nach dem westlichen Achaia, 70 Stadien von der Küste, 150 Stadien (auf der im Peirosthale und dann längs der Küste hin gehenden Strasse) von Paträ, nahe dem linken Ufer des hier Pieros genannten Flusses, also ungefähr in der Mitte zwischen den jetzigen Dörfern Isari und Prevetos, wo ihre Stelle noch durch ausgedehnte aber unansehnliche Ruinen bezeichnet wird. Dem Flusse zunächst stand ein Hain uralter Platanen, deren hohle Stämme von den Bewohnern der Stadt bisweilen, natürlich nur scherzweise, zu Speise- und Schlafräumen benutzt wurden. Mitten auf dem geräumigen, nach dem älteren Systeme angelegten Marktplatze stand ein Hermenbild des Hermes Agoräos mit einem steinernen Altar, bei welchem man sich in eigenthümlicher, ziemlich primitiver Weise Orakel holte; nahe dabei standen 30 viereckige Steine, von denen jeder als Symbol oder Repräsentant einer Gottheit Gegenstand des Cultus war. Dem Hermes war auch eine Dirke genannte Quelle in der Stadt heilig, in deren Abfluss Fische lebten, die als dem Gotte geweiht nicht gefangen werden durften. 15 Stadien von der Stadt lag ein hauptsächlich aus Lorbeerbäumen bestehender Hain der Dioskuren, in welchem Pausanias einen Altar aus Feldsteinen, aber weder ein Cultgebäude noch Cultbilder (diese sollten nach Rom geschafft worden sein) fand. Wie Dyme nahm auch Pharä

---

[1]) Strab. p. 386 u. 388; Paus. c. 18, 1 u. c. 22, 1; Steph. Byz. u. Ὤλενος; C. I. gr. n. 1544. Dass unter der *πέτρῃ Ὠλενίῃ* Il. *B*, 617 das Gebiet des später achäischen Olenos zu verstehn ist, lehrt die Vergleichung der von Strab. p. 342 erhaltenen Verse des Hesiodos (fr. 216 Göttling). Ueber die Reste von Olenos s. Leake Morea II p. 155 s.; Dodwell Class. u. topogr. Reise II, 2, S. 149 d. d. Ueb.; Pouillon-Boblaye Recherches p. 20. Flüchtlinge aus Olenos in Aegion internirt: Aelian. de an. V, 29.

Theil an der Neugründung des Bundes, litt dann mehrfach durch Einfälle der Aetoler und Eleer, und wurde durch Augustus den Paträern unterthänig gemacht.[1])

Ganz dieselben Schicksale wie Pharä hatte dessen Nachbarin, die unter allen achäischen Städten am weitesten von der Küste entfernte Bundesstadt Tritäa (auch Triteia geschrieben), die in Folge ihrer Lage sich eine Zeit lang (wahrscheinlich vor der Neubegründung des achäischen Bundes, an welcher auch sie Antheil nahm) an Arkadien angeschlossen hatte. Die Stadt, in welcher Pausanias ein Heiligthum der 'Grössten Götter' mit Cultbildern aus Thon und einen Tempel der Athena, ausserdem vor der Stadt ein Grabmal mit Gemälden von der Hand des Nikias der Erwähnung werth findet, war 120 Stadien von Pharä entfernt: also gehören ihr wahrscheinlich die jetzt Kastritza genannten Mauerreste eine Stunde nördlich unterhalb des grossen Dorfes h. Blasis, nahe den Quellen des Flusses Selinus.[2])

Die nordöstlichste unter den Städten des westlichen Achaia, seit Augustus die Beherrscherin dieses ganzen Theiles der Landschaft, war Paträ, das am nördlichen Ende der breiten und fruchtbaren Mündungsebene des Glaukos, die in ihrem nördlichen Theile noch von einigen kleineren Bächen durchflossen wird, unter und auf einem mit dem Panachaikon zusammenhängenden Hügelrücken (jetzt Skatovuni genannt) lag. Die Fruchtbarkeit des Landes für Viehzucht, Ackerbau, Garten- und Weincultur spiegelt sich schon in den Namen der alten pelasgisch-ionischen Ansiedelungen, aus welchen die Stadt erwuchs, und den Sagen von der Gründung derselben wieder. Zu Eumelos, dem 'Heerden-

---

[1]) Strab. p. 388; Paus. c. 22, 1 ff. (wo §. 4 zu lesen ist: *ὕδωρ ἱερόν ἐστιν Ἑρμοῦ· Δίρκα* [*Ἄμα* codd.] *μὲν τῇ πηγῇ τὸ ὄνομα*); Polyb. IV, 6 f.; 59 f.; V, 94.; Plut. Cleom. 14 (vgl. S. 322, Anm. 2); Ptol. III, 16, 15; Steph. Byz. u. *Φαραί*; über die Ruinen Pouillon-Boblaye p. 21.

[2]) Paus. c. 22, 6 ff.; Strab. p. 341; vgl. Polyb. IV, 6 u. ö.; Plut. Cleom. 16 u. Arat. 11; Steph. Byz. u. *Τριταία* u. *Τρίτεια*. Dass Triteia eine Zeit lang zu Arkadien gehörte, beweist das von Paus. VI, 12, 8 erwähnte Epigramm auf der Statue des Faustkämpfers Agesarchos: dies geschah wahrscheinlich zur Zeit der höchsten Macht Arkadiens, bald nach der Gründung von Megalepolis (vgl. Cic. ad Att. VI, 2, 3, wornach Dikäarch Triteia zu Arkadien gerechnet zu haben scheint), nicht erst durch die Römer, wie Brunn Geschichte der griech. Künstler I S. 538 annimmt. Ruinen von Kastritza Leake Morea II p. 117.

reichen', dem eingebornen ältesten Herrscher des Landes, kam, wie die Sage berichtet, Triptolemos und lehrte ihm den Getreidebau, worauf er eine Ortschaft Aroe ('Ackerland') und in Gemeinschaft mit Triptolemos eine zweite, Antheia ('die Blüthenreiche') gründete; zwischen beiden wurde dann noch eine dritte, die Mesatis ('die Mittlere') angelegt, deren Bewohner, wie die hier localisirten Sagen von der Erziehung des Dionysos und seiner Gefährdung durch die Titanen zeigen, sich hauptsächlich dem Weinbau widmeten. Die drei Ortschaften waren durch ein religiöses Band, den gemeinsamen Cultus der Artemis Triklaria in dem Heiligthum am Flusse Meilichos (s. oben S. 312), verbunden; auch der Cult des Dionysos Aesymnetes, welchen die Sage mit der Abschaffung der Menschenopfer im Dienst jener Göttin in Verbindung setzte, war offenbar den drei Orten gemeinsam, wie man schon aus der Zahl von neun Männern und neun Frauen, welchen die Hauptverrichtungen im Cult dieses Gottes oblagen, schliessen kann. Die Achäer machten Aroe durch Erweiterung und Befestigung zu einer Stadt, welche als ausschliesslicher Sitz der herrschenden Familien den Namen Paträ erhielt; zu ihrem Gebiete gehörten ausser Mesatis und Antheia noch wenigstens vier ländliche Ortschaften (Demen), von denen wir Arba (von unsicherer Lage), Argyra (vgl. oben S. 312) und Bolina (vgl. ebendaselbst) mit Namen kennen.[1]) Der Umfang der Stadt war damals geringer als zur Zeit des Augustus und in der Gegenwart, denn sie beschränkte sich auf den westlichen Abhang des Hügelrückens (auf welchem ungefähr auf der Stelle des jetzigen Castells die Akropolis lag) und den zunächst unter demselben gelegenen Theil der Strandebene und war durch unbewohntes Terrain von ihrem auf künstlichem Wege durch Dämme aus grossen Steinblöcken hergestellten Hafen getrennt; erst im Jahre 419 v. Chr. wurde derselbe auf Anrathen des Alkibiades durch lange Mauern

[1]) Paus. c. 18, 2—5, c. 19 u. c. 20, 1; vgl. Etym. M. p. 147, 35; für die Bedeutung des Namens *Πάτραι* vgl. Steph. Byz. u. *πάτρα*. In Antheia (*κατὰ τὴν Ἀνθέων χώραν*) wurde Demeter als *ποτηριοφόρος* verehrt: Athen. XI p. 460[d]. Die Angabe des Strabon p. 337 *Πάτραι δὲ ἐξ ἑπτὰ [δήμων συνεπολίσθησαν]* beziehe ich auf die ursprüngliche Gründung, nicht wie Curtius (Pel. I S. 437) auf eine 'zweite Erweiterung etwa um die Zeit der Perserkriege', von der sich in der Ueberlieferung keine Spur findet.

nach dem Muster des athenischen mit der Ringmauer der Stadt verbunden.[1]) Als Hafenplatz spielte diese auch in den Kämpfen des neuen achäischen Bundes, zu dessen Begründern sie gehörte, gegen die Aetoler eine nicht unbedeutende Rolle; im Todeskampfe des Bundes gegen Rom erlitt sie noch vor dem letzten Acte dieses blutigen Dramas einen schweren Schlag, indem ihre ganze Mannschaft auf dem Rückzuge nach der Niederlage der Achäer bei Skarpheia in Phokis durch Metellus aufgerieben wurde, ein Schlag, welcher den Ueberrest der Bevölkerung in solche Verzweifelung stürzte, dass die meisten Bewohner die Stadt verliessen und sich in die ländlichen Ortschaften ihres Gebietes zurückzogen.[2])

Die Wichtigkeit, welche die Stadt trotzdem als Handels- und Hafenplatz hatte, war die Ursache, dass Augustus nach der Schlacht bei Aktion eine römische Militärcolonie dahin führte und die Bewohner anderer achäischer Ortschaften veranlasste, dort ihren Wohnsitz zu nehmen. Die von den Römern mit Abgabenfreiheit und bedeutendem Grundbesitz nicht nur im westlichen Achaia, sondern auch im südlichen Aetolien und im Gebiet der ozolischen Lokrer beschenkte Colonia Augusta Aroe Patrensis wurde nun eine der blühendsten und bevölkertsten Städte Griechenlands. In der Bevölkerung überwog das weibliche Element bedeutend und nicht eben zum Vortheil der Sittlichkeit, indem zahlreiche Frauenzimmer, welche von der Verarbeitung des aus Elis herbeigeschafften Byssos zu Gewändern und Haarnetzen lebten, auch einen leichteren aber weniger ehrenvollen Nebenverdienst nicht verschmähten.[3]) Die damalige Stadt, von welcher uns durch Pau-

[1]) Thuk. V, 52 (vgl. II, 83 f.); Plut. Alcib. 15; über die Reste dieser Mauern und der Hafendämme vgl. Dodwell Class. u. topogr. Reise I, 1, S. 161 f. d. d. Ueb.

[2]) Polyb. XL, 3, vgl. c. 6; dagegen lässt Paus. c. 18, 6 (vgl. X, 22, 6) die Paträer den Aetolern beim Einfalle der Kelten 279 v. Chr. zu Hülfe eilen und dabei so schwere Verluste erleiden, dass die Mehrzahl der Bewohner die Stadt verlässt; allein dem widerspricht nicht nur die bestimmte Angabe des Polybius, dass die Niederlage der Patrüer in Phokis βραχεῖ χρόνῳ πρότερον (vor der Katastrophe) erfolgt sei, sondern auch die häufige Erwähung von Paträ in der Geschichte des sog. Bundesgenossenkrieges bei Polybius, welche uns nicht gestattet, die Nachrichten des Pausanias und des Polybius auf zwei verschiedene Begebenheiten zu beziehen.

[3]) Paus. c. 18, 7; c. 19, 14; X, 38, 9; Strab. p. 387 u. p. 460; Plin. N. h. IV, 4, 11. Colonialmünzen: Eckhel D. N. V. II, 1, p. 256. Dass

sanias eine ziemlich detaillirte Beschreibung, aber nur wenige architektonische und plastische Ueberreste erhalten sind [1]) — eine Folge der ununterbrochenen Bewohnung des Platzes, durch welche die Fundamente der älteren Gebäude durch die neueren verdeckt, die Trümmer jener zur Herstellung dieser verbraucht worden sind —, erstreckte sich von der die Ebene beherrschenden Anhöhe, dem westlichsten Vorsprunge des mehrfach erwähnten Hügelrückens, welche die Akropolis trug, bis unmittelbar ans Meer. Die Akropolis enthielt ein Heiligthum der Artemis Laphria, deren Cult wohl erst mit dem chryselephantinen Cultbilde, welches die Göttin als Jägerin darstellte, aus Kalydon durch Augustus hierher verpflanzt wurde: die Burggöttin der älteren griechischen Stadt war jedenfalls die Athene Panachais, welcher auch in der römischen Zeit ein innerhalb des Peribolos des Artemisheiligthums stehender Tempel geweiht war. [2]) Die Strasse von der Akropolis nach dem Marktplatze führte an einem Heiligthume der Kybele ('der Dindymenischen Mutter'), in welchem auch Attis verehrt wurde, vorüber. An der Ostseite des Marktplatzes, dessen Mittelpunkt wahrscheinlich das Grab des mythischen Stadtgründers Patreus und eine Statue der Athene bezeichnete, stand das Olympion, ein mit Ausnahme der steinernen Säulen und Architrave aus Ziegeln erbauter Tempel des Zeus Olympios, in dessen Cella der Gott auf einem Thronsessel sitzend, daneben Athene stehend dargestellt war; gegenüber, wahrscheinlich durch die von der Burg her führende Strasse davon getrennt, eine Statue der Hera Olympia und ein Heiligthum des Apollon mit einem Erzbilde des Gottes, welches denselben nackt, aber mit Schuhen an den Füssen, einen Fuss auf einen Stierschädel setzend, darstellte. [3]) Ein mit vergoldeten Statuen des Patreus,

---

schon vor der Gründung der Colonie römische Kaufleute in Paträ ansässig waren, zeigt Cic. Ep. ad fam. XIII, 17, 1 u. 50, 1. Fortdauer der Weberei bis ins 12te Jahrh. n. Chr.: vgl. Constantin. Vita Basilii Maced. p. 142 ed. Venet.

[1]) Vgl. über diese Dodwell a. a. O. S. 158 ff.; Leake Morea II p. 131 ss.; Archäol. Anzeig. 1854, N. 67. 68. S. 479.

[2]) Paus. c. 18, 8 ff.; c. 20, 2; dass der Cult der Laphria aus Kalydon stammt, bezeugt Paus. auch IV, 31, 7, also ist auch der von Paus. beschriebene τρόπος ἐπιχώριος θυσίας als ursprünglich kalydonischer Brauch zu betrachten.

[3]) Paus. c. 20, 3 ff.; Plin. N. h. XXXV, 14, 172; der letztere erwähnt

Preugenes und Atherion geschmücktes Thor, das offenbar den Haupteingang der Agora bezeichnete, trennte dieses Apollonheiligthum von dem geräumigen Temenos der Artemis Limnatis, welches ausser dem Tempel dieser Göttin noch andere Heiligthümer, zu denen man durch die offenbar das Temenos an allen vier Seiten umschliessenden Säulenhallen gelangte, enthielt: so ein Heiligthum des Asklepios und eins der Athene; vor letzterem zeigte man das Grab des Preugenes, dem ebenso, wie seinem Sohne Patreus, alljährlich beim Feste der Limnatis Todtenopfer dargebracht wurden. Unmittelbar an die Agora stiess ferner das besonders reich geschmückte Odeion; in geringer Entfernung von dem Platze stand auch das jedenfalls nach römischer Weise ganz auf einem künstlichen Unterbau ruhende Theater, in dessen Nähe Tempel der Nemesis und der Aphrodite, ein Heiligthum des Dionysos Kalydonios (so genannt, weil das Cultbild aus Kalydon herübergeschafft worden war) und ein Temenos einer einheimischen Frau (den Namen derselben hat uns Pausanias leider verschwiegen; wahrscheinlich galt sie als Amme und Pflegerin des Dionysos) mit drei Dionysosbildern, die nach den drei alten Gauorten benannt waren (Aroeus, Antheus, Mesateus), sich befanden. An der vom Marktplatze nach dem Meere führenden Strasse lag rechts ein Heiligthum des Dionysos Aesymnetes, weiter abwärts ein Heiligthum der Soteria (wahrscheinlich der römischen Salus); am Hafen, dem zunächst Erzbilder des Ares und des Apollon und ein Akrolith der Aphrodite aufgestellt waren, ein Tempel des Poseidon und zwei Heiligthümer der Aphrodite. Ferner zog sich am Meere ein Hain mit anmuthigen Spaziergängen und Tempeln (des Apollon und der Aphrodite) hin, an welchen ein Heiligthum der Demeter stiess; vor dem Eingang zum Tempel derselben war eine heilige Quelle, gegen den Tempel hin von einer Mauer umschlossen, von der andern Seite durch Stufen zugänglich, an welcher sich Kranke vermittels eines Spiegels Orakel über den Ausgang ihrer Krankheit holten: offenbar die noch jetzt mit einer gewissen Ehrfurcht betrachtete Quelle bei der verfallenen Kirche des heiligen Andreas südlich von der jetzigen Stadt, welche in ein überwölbtes Bassin,

---

neben der aedes Iovis auch die des Herakles als in gleicher Technik erbaut: die Lage dieses Herakleion, das nach Plut. Anton. 60 vom Blitze getroffen wurde, während Antonius sich in Paträ aufhielt, ist, da Pausanias desselben nicht gedenkt, nicht zu bestimmmen.

zu dem man auf vier Stufen hinabsteigt, gefasst ist. Auch zwei Heiligthümer des Sarapis standen in der Nähe jenes Haines. Endlich wird noch ein 'oberhalb', d. h. wohl nördlich von der Akropolis in der Nähe des nach Mesatis führenden Thores gelegenes Heiligthum des Asklepios erwähnt. [1])

Als Pausanias Paträ besuchte, bestand in der Stadt jedenfalls schon eine christliche Gemeinde; denn wenn auch die Legende, welche den Apostel Andreas, den Schutzheiligen der Stadt, hier unter dem Proconsul Aegeates, nachdem er eine zahlreiche christliche Gemeinde gestiftet, den Märtyrertod am Kreuz erleiden lässt,[2]) als unhistorisch bezeichnet werden muss, so ist es doch unzweifelhaft, dass die Stadt neben Korinth einer der ersten Ausgangspunkte der Christianisirung der Halbinsel gewesen ist, eine Mission, die sie zum zweiten Male im 9. Jahrhundert an den in den Peloponnes eingedrungenen Slaven erfüllte. Obschon im Jahre 551 durch ein Erdbeben schwer heimgesucht,[3]) blieb sie doch das ganze Mittelalter hindurch und in der neueren Zeit, unter der Herrschaft der Byzantiner wie der Franken, der Venetianer wie der Türken, eine der festesten, volkreichsten und gewerbfleissigsten Städte Griechenlands. Im griechischen Befreiungskampfe pflanzte sie als eine der ersten, am 4. April 1821, das Kreuz als Zeichen der Unabhängigkeit auf, wofür sie nach wenigen Tagen durch völlige Einäscherung und Plünderung durch Jussuf, den Pascha von Euboia, büssen musste (15. — 20. April).[4]) Aber sie erhob sich wieder aus ihrer Asche und ist jetzt der wichtigste Handels-

---

[1]) Paus. c. 20, 6 ff. Meine topographische Ansetzung der Gebäude am und in der Nähe des Marktes weicht von der von Curtius (Pel. I, S. 443 f.) angenommenen besonders darin ab, dass ich die von Paus. c. 20, 7 erwähnte *ἔξοδος* od. *διέξοδος* für verschieden halte von der *ὁδὸς ἐς τὰ ἐπὶ θαλάσσῃ τῆς πόλεως* c. 21, 6. Dass die Stadt sich ostwärts über die Akropolis hinaus erstreckt habe, scheint mir nach der Beschaffenheit des Terrains kaum denkbar: ich fasse daher *ὑπὲρ τὴν ἀκρόπολιν* bei Paus. c. 21, 14 im Sinne von 'jenseit der Akropolis' auf. Darstellung des Hafens der Stadt auf römischen Kaisermünzen: vgl. Eckhel D. N. V. II, 1, p. 257.

[2]) Vgl. *Πράξεις καὶ μαρτύριον τοῦ ἁγίου ἀποστόλου Ἀνδρέου* in Acta apostolorum apocrypha ed. Tischendorf (Lips. 1851) p. 105 ss.

[3]) Procop. de bello Goth. IV, 25 p. 595 ed. Dindorf.

[4]) Vgl. Gervinus Geschichte des 19ten Jahrhunderts V, S. 187 u. 190; Mendelssohn Bartholdy Geschichte Griechenlands von der Eroberung Konstantinopels bis auf unsere Tage I, S. 191 f. u. S. 197.

platz des westlichen Griechenlands, neben Athen, Korfu und Hermupolis auf Syra die volkreichste und bedeutendste Stadt des Königreichs.

Die östliche Gränze des Gebiets von Paträ war in älterer Zeit der Kamm des Panachaikon, an der Küste die Landspitze Drepanon; die östlichen Abhänge des Gebirges und der Küstensaum vom Drepanon bis zur Mündung des Meganitas bildeten die Rhypike, das Gebiet der Stadt Rhypes (auch Rhypä und Arype geschrieben),[1]) das sich gegen Süden weit landeinwärts bis zum Gebiet von Tritäa erstreckte. Die Stadt, deren Bürger Myskellos als Gründer von Kroton in Unteritalien galt, gerieth frühzeitig in Verfall, vielleicht zum Theil in Folge von verheerenden Naturereignissen,[2]) hauptsächlich aber wohl, weil weder die Bodenbeschaffenheit ihres Gebietes für den Ackerbau, noch die Küstengestaltung — die als Hafenplatz benutzte Bucht Erineos (vgl. oben S. 313) war $1^1/_2$ Stunden gegen Nordwesten von der Stadt entfernt — für den Seeverkehr günstige Chancen darbot. In Folge dieses Verfalls bemächtigte sich wahrscheinlich die Nachbarstadt Aegion der Küstenstrecke der Rhypike; im südlichsten Theile derselben aber behauptete sich Leontion, eine mitten im Gebirgslande an einem Seitenarme des oberen Selinus gelegene befestigte Ortschaft (von welcher noch Ruinen südlich vom Dorfe Guzumistra erhalten sind) als selbständiges Glied des Bundes, in welchem es die Stelle von Rhypes einnahm.[3]) Doch scheint dieser letztere Ort, dessen Stelle, nahe dem rechten Ufer des Tholopotamos genannten Baches, jetzt noch durch wirr durcheinanderliegende Steine bezeichnet wird, erst zur Zeit des Augustus gänzlich verödet zu sein, welcher die Reste der Bewohner nach Paträ versetzte und den südlicheren Theil ihres

---

[1]) *Ῥύπες* Herod. I, 145; Aeschyl. frg. 326 Dind.; Strab. p. 386 s.; Paus. c. 6, 1 u. ö.; *Ῥύπαι* od. *Ῥυπαίη* nach Steph. Byz. u. d. W.; *Ἀρύπη* nach Steph. Byz. p. 129, 11 Mein.; vgl. Meinekes Note u. Etym. M. p. 150, 55.

[2]) Auf solche scheint mir die Bezeichnung *κεραυνίας Ῥύπας* in dem Anm. 1 angeführten Fragmente des Aeschylos hinzudeuten.

[3]) Polyb. II, 41; für die Lage des Ortes vgl. dens. V, 94, dazu Leake Morea III p. 419 s.; Dodwell class. u. topogr. Reise II, 2, S. 347 d. d. Ueb. Der Name *Λεόντιον* ist wahrscheinlich auch bei Strab. p. 387 für *Λεῦκτρον* (dessen Identität mit Leontion schon Pouillon-Boblaye Recherches p. 22 vermuthet hat) herzustellen. Ethnikon *Λεοντιανός* Apollonios bei Steph. Byz. p. 507, 16 ed. Mein.; *Λεοντήσιος* Polyb. XXVI, 1.

Gebiets ebenso wie die Nachbarorte Tritäa und Pharä zum Gebiete dieser Stadt zog, während die Küstenstrecke im Besitz von Aegion blieb.[1])

Diese gegen 30 Stadien östlich von Rhypes auf der Stelle des jetzigen Vostiza gelegene Stadt war ursprünglich auf ein sehr unbedeutendes Gebiet — den schmalen Streifen zwischen den Flüssen Meiganitas und Selinus von der Küste bis zu dem 1613 Meter hohen Berge Barbas, einer südöstlichen Verzweigung des Panachaikon — beschränkt, das sie allmälig in Folge des Verfalles beziehendlich Unterganges ihrer beiden Nachbarstädte Rhypes und Helike gegen Westen wie gegen Osten beträchtlich erweiterte. Doch hatte sie frühzeitig trotz ihres beschränkten Gebietes eine grosse Bedeutung erlangt als religiöser und politischer Mittelpunkt des achäischen Bundes (vgl. oben S. 316), eine Stellung, die sie theils ihrer centralen Lage, theils dem in ihr besonders eifrig gepflegten Zeuscult verdankte. Die alte Stadt zerfiel ebenso wie das jetzige Vostiza in zwei Hälften: eine obere, auf einer ganz aus bröckeligem Sandconglomerat bestehenden Anhöhe gelegene, und eine untere unmittelbar an der jetzt wie im Alterthum als Hafen dienenden Meeresbucht, welche gegen Osten wie gegen Westen durch dreieckige flache Landspitzen geschützt wird. Die Communication zwischen beiden Stadttheilen wird durch einen hohen gewölbten Gang vermittelt, der innerhalb des lockeren Terrains des Hügels auf die obere Fläche desselben emporführt, eine Anlage, für welche wahrscheinlich die Natur selbst durch eines der heftigen Erdbeben, welche in alter und neuerer Zeit die Stadt heimgesucht haben,[2]) der Menschenhand vorgearbeitet hat. Diese Erdbeben sind auch die Ursache, dass, abgesehn von einigen plastischen Werken, welche von der Blüthe der Stadt in römischer Zeit Zeugniss geben, sich nur sehr wenige

---

[1]) Paus. c. 18, 7; c. 23, 4; Strab. p. 387, wo zu schreiben ist: *τὴν δὲ χώραν Ῥυπίδα καλουμένην ἔσχον Αἰγιεῖς καὶ Πατρεῖς* (statt *Φαριεῖς*). Bei Scyl. Per. 42 wird *Ῥύπες* noch als Stadt erwähnt.

[2]) Die bedeutendsten, welche speciell in Aegion (Vostiza) zerstörend wirkten, waren das vom Jahre 23 n. Chr. (Tac. Ann. IV, 13; Sen. Quaest. nat. VI, 25), das vom 23. Aug. 1817 und das vom 26. Dec. 1861: vgl. I. Schmidt bei Wyse An excursion in the Peloponnesus II, p. 339 ss. — Lucret. VI, 585 verwechselt wahrscheinlich Aegium mit Bura.

und sehr unscheinbare Reste des alten Aegion erhalten haben,[1]) so dass wir für die Topographie desselben fast ausschliesslich auf die Beschreibung des Pausanias angewiesen sind. Dieser erwähnt, von Westen her kommend, zunächst eine noch ausserhalb der Stadt zu Ehren des Athleten Straton aus Alexandreia, der Olymp. 178 (68 v. Chr.) in Olympia am gleichen Tage im Pankration und im Ringkampfe gesiegt hatte, errichtete Halle;[2]) sodann, offenbar innerhalb der oberen Stadt, ein altes Heiligthum der Eileithyia und nicht weit davon ein Temenos des Asklepios; ferner Tempel der Athene und der Hera, das Theater mit einem benachbarten Heiligthum des Dionysos, und die Agora, an welcher ein Temenos des Zeus Soter, ein gemeinsamer Tempel des Apollon und der Artemis, ein der Artemis allein geweihtes Heiligthum und das Grab des Herolds Talthybios lagen. Am Strande, also in der unteren Stadt, lagen nach seiner Angabe neben einander (jedenfalls in der Richtung von Westen nach Osten) die Heiligthümer der Aphrodite, des Poseidon, der Kora, des Zeus Homagyrios und der Demeter Panachäa, ausserhalb der Reihe, wahrscheinlich etwas weiter landeinwärts, ein Heiligthum der Soteria, deren Bild nur für das Cultpersonal sichtbar war.[3]) Von allen diesen

---

[1]) Vgl. Leake Morea III, p. 185 ss.; Curtius Peloponnes I, S. 461 f.; über einige neuerdings gefundene plastische Werke Conze u. Michaelis Annali XXXIII, p. 62 s.; Wyse a. a. O. p. 243 s. Von den bei Curtius erwähnten Grundmauern eines Gebäudes auf einem östlich von der jetzigen Stadt gelegenen Hügel, unter welchem sich mannshohe Gänge erstrecken von 3 Fuss Breite, theils im Quaderbau ausgeführt, theils in den Felsen gegraben, an den Seiten mit festem Stuck bekleidet, nebst flaschenförmigen Cisternen, durch welche sie mit dem oberen Gebäude in Verbindung gestanden haben, habe ich bei meinem Besuch der Stadt im Mai 1854 keine Spur entdecken können. Ich fand auf einem in die Strandebene vorspringenden mit Korinthen bepflanzten Hügel östlich von der unteren, nördlich von der oberen Stadt ein einziges antikes Werkstück, das noch an seinem Platze zu stehn schien, und das Fragment einer uncanelirten Säule, aber keine Spur von unterirdischen Gängen; ausserdem bemerkte ich nur einen ganz niedrigen Hügel östlich von der oberen Stadt, auf welchem der Gottesacker und eine Kirche liegen, von antiken Resten aber sich gar Nichts vorfindet.

[2]) Paus. c. 23, 5; vgl. Sexti Julii Africani Ὀλυμπιάδων ἀναγραφή rec. I. Rutgers (Leyden 1862) p. 81 s.

[3]) Paus. c. 23, 5 u. c. 24, 3. Die ebd. §. 4 erwähnten Erzbilder des jugendlichen Zeus und des jugendlichen Herakles, Werke des Ageladas,

Heiligthümern ist keine Spur erhalten; nur das reichlich dem Strande entquellende Wasser, das Pausanias als 'ebenso lieblich anzuschauen wie zu trinken' bezeichnet, ist der Unterstadt als unvergängliches Erbtheil geblieben: ein neben einer mächtigen uralten Platane, die sich unmittelbar am Meeresufer wie eine ehrwürdige Reliquie des Alterthums erhalten hat, errichteter Brunnen, aus dessen 16 Röhren eine Fülle des frischesten, reinsten Wassers hervorströmt, bildet den Mittelpunkt des öffentlichen Lebens der Bewohner des heutigen Vostiza. Im Meere sieht man noch dem Ufer entlang Steinblöcke von dem antiken Molo. Oestlich von der Unterstadt zog sich das Homarion oder Hamarion hin, ein dem Zeus Homarios (offenbar Nebenform zu Homagyrios) geweihter Hain mit einem Altar der Hestia als Mittelpunkt, worin nach altem Brauche die achäische Bundesversammlung zusammentrat.[1])

Der Fluss Selinus trennte in älteren Zeiten das Gebiet von Aegion von dem von Helike, einer vierzig Stadien östlich von Aegion, zwölf Stadien von der Küste entfernten Stadt, welche mit ihrem in einem Hain unmittelbar am Meere gelegenen Heiligthum des Poseidon Helikonios den religiösen und politischen Mittelpunkt des Aegialos bildete, solange derselbe im Besitz der Ionier war, und diesen, nachdem sie von den als Eroberer in ihr Land eingedrungenen Achäern besiegt worden waren, als letzte Zufluchtsstätte und Ausgangspunkt für diejenigen, welche die Auswanderung der Unterwerfung unter die Herrschaft der Eroberer vorzogen, diente. Die Stadt bestand dann fort als Glied des

---

lassen sich, da sie in den Häusern der je auf ein Jahr gewählten Priester aufbewahrt wurden, topographisch nicht fixiren. Auch die Sage von der Ernährung des Zeuskindes durch eine Ziege war in Aegion localisirt: Strab. p. 387; desgleichen die offenbar aus Thessalien stammende Sage von einer Jungfrau Phthia, welcher Zeus in Gestalt einer Taube beigewohnt habe: Athen. IX, p. 395ᵃ; Aelian. Var. hist. I, 15. — Berühmt waren die Flötenspielerinnen von Aegion nach Antiphanes bei Athen. I, p. 27ᵈ. — Spottverse auf die Aegieer, von anderen auf die Megarer angewandt: Suid. I, 2 p. 11 u. II, 2 p. 1305 ed. Bernhardy; Zenob. Prov. I, 48 u. a.

[1]) Ὁμάριον Polyb. V, 93 (vgl. II, 39); Ἀμάριον Strab. p. 385 u. 387. Dass der Hain ausserhalb der Stadt nach Helike zu lag, also nicht mit dem Heiligthum des Zeus Homagyrios identisch war, geht aus der zuletzt angeführten Stelle hervor.

älteren achäischen Bundes und das Heiligthum genoss auch fernerhin Verehrung, besonders von Seiten der Ionier Kleinasiens, welche ihr Heiligthum des Poseidon Helikonios auf dem Vorgebirge Mykale, das sogenannte Panionion, als ein Filial desselben betrachteten. Aber im Jahre 373 v. Chr. (Ol. 101, 4) wurde in Folge eines furchtbaren Erbebens, das auch die Nachbarstadt Bura zerstörte, das Heiligthum und die Stadt selbst mit allen ihren Bewohnern — die Katastrophe trat ganz plötzlich, zur Nachtzeit ein — von den wild empörten Meereswogen, die ein breites Stück des flachen Uferlandes wegrissen, verschlungen und verschwand so spurlos von der Erde; nur bei ruhigem Wetter glaubte man noch nach Jahrhunderten unter der Wasserfläche die Trümmer der Stadt zu erkennen und die Fischer behaupteten, dass ihre Netze bisweilen an der auf dem Meeresboden aufrecht stehenden Erzstatue des Poseidon, die einen Hippokampen in der Hand trug, hängen blieben. Der fromme Glaube der Hellenen betrachtete dieses Unglück als eine Offenbarung des Zornes der Gottheit über einen Frevel der Bewohner der Stadt, die nach der einen Tradition Schutzflehende aus dem Heiligthum vertrieben und getödtet, nach einer anderen Version das Gesuch der kleinasiatischen Ionier um die Auslieferung des Cultbildes oder wenigstens um die Erlaubniss, ein getreues Abbild davon Behufs der Weihung desselben im Panionion zu nehmen, trotz der Bewilligung von Seiten der achäischen Bundesversammlung, abgeschlagen hatten.[1]) Von dem Gebiete der Stadt wurde die auch fernerhin mit dem Namen Helike bezeichnete Küstenstrecke ebenso wie das Küstenland der ehemaligen Rhypike von den Aegieern in Besitz genommen,[2]) das Hochland aber bis zur arkadischen Gränze blieb im Besitz von **Keryneia**, einer Stadt, die ursprünglich nur eine Bergfeste der Helikeer, doch frühzeitig, wahrscheinlich in Folge der Aufnahme eines Theiles der vertriebenen Mykenäer, zu solcher Bedeutung gelangte, dass sie als selbständiges Bundesglied an die Stelle des von seinen Bewohnern verlassenen Aegä trat. Zur Zeit der Stiftung des neuen achäischen Bundes

---

[1]) Il. *B*, 575; *Θ*, 203; Theocr. Id. XXV, 165; Herod. I, 145; Strab. p. 384 s.; Paus. c. 24, 5 ff.; Diod. XV, 48 f.; Aelian. de an. XI, 19; Seneca Quaest. nat. VI, 23; 26; VII, 5; 16; Ovid. Met. XV, 293 ff.; Plin. N. h. II, 92, 206.

[2]) Strab. p. 387; Paus. c. 25, 4.

wurde sie von einem Tyrannen Iseas beherrscht, der nach dem Anschluss der Nachbarstädte Aegion und Bura an den Bund (im Jahre 276) seine Herrschaft freiwillig niederlegte und die Stadt dem Bunde zuführte, an dessen Spitze 20 Jahre später einer ihrer Bürger, der den römischen Namen Marcus führte, als erster Einzelstratege trat. Noch Pausanias besuchte die Stadt, indem er von der in der Strandebene hin führenden Heerstrasse nach rechts, d. h. in südlicher Richtung auf die Berge stieg, und fand dort ein der Sage nach von Orestes gegründetes Heiligthum der Eumeniden, welches nicht jedermann ohne Weiteres betreten durfte, da schuldbefleckte und gottlose Leute nach der Legende beim Eintritt in dasselbe von Raserei ergriffen wurden. In der Umgebung der Stadt, von welcher noch jetzt Ruinen oberhalb des Dorfes Rhizomylo, eine starke Stunde von der Küste, vorhanden sind, wurde eine besondere Sorte Wein gebaut, dessen Genuss Fehlgeburten verursachen sollte. [1])

Oestlich vom Kerynites erstreckte sich bis zu dem jetzt Diakophto genannten Bache das Gebiet von Bura, das ungefähr in der Mitte seiner west-östlichen Breite seiner ganzen Länge nach von dem Buraikos durchflossen wird. Mit Ausnahme einer ziemlich schmalen Strandebene zu beiden Seiten der Mündung dieses Baches ist es reines Bergland, das durchgängig einen an arkadische Landschaften erinnernden grossartigen, zum Theil wilden Charakter trägt. Der Bach fliesst vom nordöstlichen Ausgange der Ebene von Kalavryta an in einer engen, tief eingeschnittenen Schlucht, aus welcher man $2^1/_2$ Stunden nördlich von Kalavryta auf vielfach gewundenem Pfade ostwärts emporsteigt zu einer mächtigen, von einer steilen gegen 600 Fuss hohen Felsenwand überragten Höhle, in welche das grösste und reichste Kloster des Königreichs Hellas, Megaspiläon (*μέγα σπήλαιον* 'die grosse Höhle'), in der Weise eingebaut ist, dass die drei untersten Stockwerke den Raum bis zur Decke der Höhle einnehmen, die höheren darüber wie Schwalbennester an die glatte Felswand angeheftet sind. Das unterste Stockwerk, dessen colossal dicke Aussenwand den ganzen Bau stützt, dient zu Kellern und Niederlagen; im zweiten, welches aber dem zum rechten Seitenthore

---

[1]) Polyb. II, 41 u. 43; Strab. p. 387; Paus. c. 6, 1; c. 25, 5 ff.; Theophrast. Hist. pl. IX, 18, 11; über die Ruinen Pouillon-Boblaye p. 25 s.

in das Kloster Eintretenden als Erdgeschoss erscheint, steht die Kirche mit einem hochverehrten, sehr roh gearbeiteten Marienbilde (wie es scheint einem bemalten Holzschnitzwerke), welches als ein Werk des Evangelisten Lukas gilt; daneben sprudelt eine frische Quelle, bei welcher dieses Muttergottesbild durch eine Jungfrau Euphrosyne gefunden worden sein soll. An der glatten Felswand über dem Kloster, auf deren Höhe eine Kapelle mit Wohnungen für Mönche, die ein Anachoretenleben führen wollen, und eine Art Wartthurm stehen, zeigen die Mönche drei Kreuze; aber es gehört viel Phantasie und guter Wille dazu, um solche in einigen formlosen Rissen des Felsens zu erkennen. Der ganze Bergabhang unterhalb des Klosters ist durch die Thätigkeit der Mönche in reichlich grünende, terrassenförmige Gärtchen umgewandelt worden.[1])

Steigt man von dem Kloster, nachdem man den Buraikos überschritten, in nördlicher Richtung auf den das linke Ufer des Baches überragenden Bergrücken, von welchem man eine herrliche Aussicht auf den korinthischen Golf und das ihn im Norden begränzende Festland geniesst, empor, so gelangt man nach etwa drei Stunden an einen gegen Westen in ganz schroffen Felswänden, unter welchen Wasser in reicher Fülle hervorquillt, abfallenden Berg, welcher von den Anwohnern Idra (d. i. wohl Ὕδρα) genannt wird. An der Südseite und einem Theile der Westseite des Berges, bis zu den Quellen, ziehen sich um eine Kirche des h. Konstantinos, welche die Stelle eines alten Heiligthums einzunehmen scheint, unscheinbare aber ausgedehnte Mauerreste und Fundamente antiker Gebäude hin, untermengt mit grossen Felsblöcken, welche jedenfalls in Folge von Erdbeben von der Höhe des Berges herabgestürzt sind, wie überhaupt die ganze Gegend ein eigenthümlich zerrissenes und zerklüftetes Aussehn hat. Offenbar ist dies die Stätte von Bura, welches gleichzeitig mit Helike durch Erdbeben völlig zerstört, aber von dem der Zerstörung entgangenen Theile seiner Bewohner wieder aufgebaut, im Jahre 275 nach Ermordung seines Tyrannen sich dem neuen achäischen Bunde anschloss und noch von Pausanias be-

---

[1]) Vgl. über das wohl von jedem Reisenden in Griechenland besuchte Kloster besonders Vischer Erinnerungen S. 481 ff.; R. Schillbach Zwei Reisebilder aus Arkadien S. 25 ff. u. Wyse An excursion in the Peloponnesus II p. 188 ss.

sucht wurde, der darin einen Tempel der Demeter, einen gemeinsamen Tempel der Aphrodite und des Dionysos, einen Tempel der Eileithyia und ein Heiligthum der Isis erwähnt. Da die unter der Felswand hervordringende Quelle im Alterthum den Namen Sybaris führte, so werden wir annehmen dürfen, dass hauptsächlich Buräer die Gründer der gleichnamigen Stadt Unteritaliens gewesen sind.[1])

Ungefähr eine halbe Stunde nordwestlich von Bura an dem nach der Strandebene hinabführenden Wege, nahe dem rechten Ufer des Kerynites, finden sich zwischen einigen neuern Häusern wiederum Ueberreste einer antiken Ortschaft, besonders eine Mauer, die man noch gegen 100 Schritt weit in der Höhe von ein bis zwei Steinlagen verfolgen kann: wahrscheinlich Ueberreste eines zur Zeit des Pausanias (der auf dem Wege von Helike nach Bura hier vorübergekommen sein muss) bereits zerstörten Demos der Buräer.[2]) In gleicher Entfernung gegen Nordosten von Bura in der Nähe eines jetzt Trupäs ('die Löcher') genannten, dem Kloster Megaspiläon gehörigen Gehöftes bemerkt man in einer Felswand neben einander drei Grotten von mässigem Umfang mit Nischen zur Aufstellung von Weihgeschenken im Innern und einem aus dem Felsen gearbeiteten Kopfe über dem Eingange der mittleren; einige Vertiefungen in der Felswand, die offenbar als Widerlager für Balken dienten, zeigen, dass vor den Grotten sich ein Vorbau erhob, der als eine Art Eingangshalle zu betrachten ist. Die ganze Anlage war ein Heiligthum des Herakles, dessen Statue, unter Lebensgrösse, in der mittleren Grotte aufgestellt war; daneben lagen Knöchel, von denen man vier nach einem Gebet an Herakles auf einen bereitstehenden Tisch warf und so mit Hülfe einer erklärenden Tafel, welche die Bedeutung jedes einzelnen Wurfes angab, sich Orakel holte.[3])

Die östliche Nachbarin Buras, die am Krathisflusse nahe der Mündung desselben — etwa bei dem jetzigen Khan von Akrata;

---

[1]) Polyb. II, 41; Strab. I, p. 54; VIII p. 385 s.; Paus. c. 25, 8 f.; Ptol. III, 16, 15; Steph. Byz. u. *Βοῦρα*.

[2]) Die modernen Häuser wurden mir *τὰ καλύβια τῆς Μαμουσιᾶς* genannt; sie liegen aber nicht an der auf der französischen Karte mit diesem Namen bezeichneten Stelle, sondern beträchtlich weiter nördlich.

[3]) Paus. c. 25, 10; vgl. die Abbildung der Felsfaçade Expéd. de Morée III pl. 84, 1.

Ruinen sind freilich nicht mehr zu erkennen — gelegene Stadt Aega oder Aegä war zur ionischen Zeit bedeutend als zweite Hauptstätte des Poseidoncultus neben Helike; unter achäischer Herrschaft kam sie mehr und mehr zurück, so dass endlich — etwa in der Zeit Alexanders des Grossen — der schwache Ueberrest der Bevölkerung nach Aegira, der östlichen Nachbarstadt, übersiedelte und die Stätte von Aegä seitdem verödet lag; das Gebiet war um den Beginn unserer Zeitrechnung im Besitz von Aegion.[1])

Etwa 30 Stadien östlich vom Krathis, also in der Nähe des Baches Vlogokitikos, fand Pausanias ein von den Umwohnern Gäos (richtiger wohl Gäon) genanntes Heiligthum der 'breitbrüstigen Erdgöttin'.[2]) Etwas weiter östlich, an der jetzt Mavra Litharia ('die schwarzen Steine') genannten Bucht, lag der Hafenplatz von Aegira, der weder bemerkenswerthe Gebäude aufzuweisen hatte, noch mit einem besonderen Namen bezeichnet wurde; doch darf man vermuthen, dass ihm ursprünglich der wahrscheinlich von der Schwarzpappel (*αἴγειρος*) herzuleitende Name Aegira zukam, während die nicht ganz eine halbe Stunde oberhalb der Küste auf einer steilen Anhöhe, dem nördlichsten Vorsprunge des jetzt Evrostina genannten Bergzuges (höchster Gipfel 1164 Meter), gelegene Stadt wegen dieser ihrer Lage von den Ioniern Hyperesia, von den Achäern Hyperasia genannt wurde, ein Name, den sie erst nach Olympiade 23 mit Aegira vertauschte.[3]) Sie nahm zwei terrassenförmige Absätze der Anhöhe ein: einen vor-

---

[1]) Il. Θ, 203; Herod. I, 145; Strab. p. 385 ss.; Paus. c. 25, 12; VIII, 15, 9. Für die Zeit der Verödung der Stadt ist beachtenswerth, dass dieselbe noch in dem um 338 v. Chr. verfassten Periplus des sog. Skylax (§. 42) erwähnt wird.

[2]) Paus. c. 25, 13, wo die Codd. ὁ *Γαῖος* geben: vgl. V, 14, 10.

[3]) Dies geht daraus hervor, dass im Verzeichniss der Olympioniken Ol. 23 *Ἰκάριος Ὑπερασιεύς* als Sieger im Stadion aufgeführt wird: s. S. Iulii Africani *Ὀλυμπιάδων ἀναγραφή* rec. I. Rutgers p. 8; vgl. Steph. Byz. u. *Αἴγειρα*, *Ὑπερασία* u. *Ὑπερησία*; Paus. c. 26, 1 ff. Die von diesem mitgetheilte Tradition über die Entstehung des Namens Aegeira ist eine an den Cult der Artemis Agrotera sich knüpfende Legende. Die Entfernung der Stadt vom Meere wird von Polyb. IV, 57 richtig auf 7 Stadien (1200 Meter nach Pouillon-Boblaye Recherches p. 27) angegeben: da nach Paus. a. a. O. der Weg vom *ἐπίνειον* nach der Oberstadt 12 Stadien betrug, so scheint der Landungsplatz nicht direct nördlich von

deren, unmittelbar über der Strandebene gelegenen, und einen höheren, durch einen unbedeutenden Abhang, aber keine Zwischenmauer von jenem getrennten, welcher die Akropolis und ein Heiligthum des Zeus mit einem Sitzbilde dieses Gottes aus pentelischem Marmor (einem Werke des Atheners Eukleides) und einem Goldelfenbeinbilde der Athene trug. Ausserdem erwähnt Pausanias einen Tempel der Artemis mit einem neueren Bilde dieser Göttin und einem alterthümlichen der Iphigeneia (d. h. der Artemis Iphigeneia); einen sehr alten Tempel des Apollon mit alterthümlichen Sculpturen in den Giebelfeldern und einem desgleichen Colossalbilde des Gottes, welches er für ein Werk eines phliasischen Künstlers Laphaës hält; ferner Tempel des Asklepios, des Sarapis und der Isis, der (Aphrodite) Urania, der Syrischen Göttin; endlich eine Capelle, worin Statuen der Tyche und des Eros und eine Familiengruppe — Vater, Schwestern und Brüder um einen im Kampfe gefallenen Jüngling klagend — standen. Von den meisten dieser Gebäude mögen in dem ausgedehnten, aber noch nicht ausreichend untersuchten Ruinencomplex, welcher jetzt den Namen Paläokastro trägt, Ueberreste vorhanden sein.[1]

Von der Akropolis aus führte ein 40 Stadien langer, steiler Bergpfad nach Phelloë, einem zum Gebiet von Aegira gehörigen Städtchen, welches in einer äusserst wasserreichen Gegend zwischen Weingärten, von wildreichen Eichwaldungen umgeben, lag und Heiligthümer des Dionysos und der Artemis besass. In der Strandebene stand zur Rechten der vom Hafenplatze ostwärts führenden Strasse ein ebenfalls noch den Aegiraten gehöriges Heiligthum der Artemis Agrotera.[2]

---

der Stadt, sondern etwas weiter östlich, an dem speciell τὰ μαῦρα λιθάρια genannten Platze, wo Leake (Morea III p. 386 s.) einige antike Reste vorfand, gelegen zu haben. Die Münzen mit der Aufschrift *ΑΙΓΙΡΑΤΑΝ* (Eckhel D. N. V. II, 1, p. 534) bezeugen *Αἴγιρα* als officielle Schreibung: vgl. Etym. M. p. 28, 39.

[1]) Paus. c. 26, 4 ff.; dazu Polyb. II, 57 f., wo die Lage der Stadt in prägnanten Zügen angegeben, von einzelnen Oertlichkeiten das von Aegion her führende Stadtthor, die jedenfalls auf dem unteren Absatze gelegene *ἀγορά* u. die *ἄκρα*, welche *ἀτείχιστος* war (natürlich nur an der Seite gegen die übrige Stadt) erwähnt sind. Ueber die Ruinen vgl. Pouillon-Boblaye Recherches p. 27; Curtius Pel. I, S. 475.

[2]) Paus. c. 26, 10 f. Nach Leake Morea III p. 389 sollen einige Reste von Phelloë am Wege von Vlogoka nach dem über dem rechten

Die Ostgränze der Aegiratis bildete wahrscheinlich der Bach von Zakoli; denn das über dem rechten Ufer desselben aufsteigende Chelydoreagebirge gehörte zu seinem grössten Theile bereits zum Gebiete von **Pellene** oder **Pellana**, dessen Gränzen hier mit denen der arkadischen Pheneatis zusammenstiessen.[1]) Seit der politischen Sonderung Sikyons vom Aegialos die östlichste Stadt der Landschaft, bewohnt von einer kräftigen, tapferen Bevölkerung, die ausser Viehzucht einen besonderen Industriezweig, die Fabrikation dichter Wollenzeuge zu Mänteln, mit Erfolg betrieb, fand Pellene in seiner Lage wie in seinem Selbstgefühl Veranlassung, sich von den übrigen Achäern, als dieselben mehr und mehr in politische Ohnmacht versanken, zu trennen und sich an seine arkadischen Nachbarn anzuschliessen, mit welchen es gleich bei Beginn des peloponnesischen Krieges, als die Achäer noch neutral blieben, auf die Seite Spartas trat, dem es auch im korinthischen und thebanischen Kriege ein treuer Bundesgenosse blieb.[2]) Mit Hülfe Alexanders des Grossen bemächtigte sich der Ringkämpfer Chäron, der viermal in Olympia gesiegt hatte, der Herrschaft über die Stadt, weshalb sein Name bei den Bürgern derselben für alle Zeiten geächtet war. Als Glied des neuen achäischen Bundes wurde sie im Jahre 224 vom König Kleomenes durch einen Handstreich erobert, im Jahre 221 ebenso von den Aetolern, die aber durch Aratos sogleich wieder aus der

---

Ufer des nach ihm benannten Baches liegenden stattlichen Dorfes Zakoli erhalten sein.

[1]) Paus. VIII, 17, 5: vgl. ebd. c. 15, 8 u. oben S. 183 u. 201. *Πελλήνη* ist jedenfalls die ionische, *Πελλάνα*, was auch auf älteren Münzen erscheint (vgl. Curtius Pel. I, S. 493), die achäische Form. Steph. Byz. u. *Πελλήνη* bezeugt auch die Form *Πελλίνα*. Schrift des Dikäarchos *Πελληναίων πολιτεία*: Cic. ad Att. II, 2, 2.

[2]) Thuk. II, 9 (über den Anschluss an Arkadien s. oben S. 189, Anm. 1); Xen. Hell. IV, 2, 20; VI, 5, 29; VII, 1, 15 u. ö. Für die *Πελληνικαὶ χλαῖναι* s. die Zeugnisse bei H. Blümner Die gewerbliche Thätigkeit der Völker des klassischen Alterthums S. 84 f. u. bei B. Büchsenschütz Die Hauptstätten des Gewerbfleisses im klassischen Alterthum S. 72 f. Nach Strabon p. 386 war dieser von Pausanias nicht mehr erwähnte Industriezweig zu seiner Zeit aus der Stadt verschwunden, blühte aber noch in einer ebenfalls Pellene genannten, zwischen der Stadt und Aegion (richtiger wohl Aegira) gelegenen *κώμη*: diese ist nach Leakes Vermuthung (Morea III p. 389 s.) identisch mit dem von Pausanias erwähnten Phelloë.

Stadt hinausgeworfen wurden, ein Ereigniss, welches durch ein Gemälde des jüngeren Timanthes verewigt war.[1])

Die Stadt lag 60 Stadien oberhalb der Küste auf einer nach dem rechten Ufer des Baches Krios steil abfallenden Hochfläche, in deren Mitte sich ein kahler und schroffer Felsrücken in der Richtung von Norden nach Süden hinzieht: dieser, selbst unbewohnt (nur auf dem höchsten Punkte desselben finden sich noch Reste einer Befestigung von geringem Umfang und ein Stück einer canelirten dorischen Säule, welches auf das Vorhandensein eines Tempels an dieser Stelle schliessen lässt), trennte die Stadt in zwei Hälften, welche, an Umfang verschieden, wahrscheinlich jede von einer besonderen Mauer, die sich bis zu dem Felsrücken hinzog, umgeben waren. An beide Hälften schlossen sich Vorstädte an: die östliche scheint bis an die Stelle des gerade über dem Abhange der Hochfläche nach dem Thale des Trikkalaflusses (des Sythas) gelegenen jetzigen Dorfes Zugra gereicht zu haben. Noch unterhalb dieses Dorfes, an dem aus dem Flussthale nach der Stadt emporführenden Wege, stand ein Tempel der Athena, deren Goldelfenbeinbild als ein Jugendwerk des Pheidias galt; oberhalb desselben, wahrscheinlich in der östlichen Vorstadt, ein mit einer Mauer umgebener Hain der Artemis Soteira, der nur von den aus den vornehmsten Familien der Stadt gewählten Priestern betreten werden durfte, wie auch der Anblick des Cultbildes der Göttin nicht nur die Menschen mit Entsetzen erfüllen, sondern sogar für das Leben der Pflanzenwelt tödtlich sein sollte. Diesem Hain gegenüber stand ein Heiligthum des Dionysos Lampter, welchem ein Fest Lampteria mit einem Fackelzuge in das Heiligthum und Trinkgelagen in der ganzen Stadt gefeiert wurde. In dem östlichen Stadttheile, auf dessen Stelle noch Reste canelirter dorischer Säulen und eines dorischen Frieses erhalten sind, müssen wir die von Pausanias erwähnten Tempel des Apollon Theoxenios (dem zu Ehren Theoxenia genannte Wettkämpfe abgehalten wurden) und der Artemis, so wie die Agora mit einem von einer Cisterne gespeisten Brunnen — das Trinkwasser wurde aus den unterhalb der Stadt entsprin-

[1]) Paus. c. 27, 7; Demosth. *περὶ τῶν πρὸς Ἀλέξανδρον συνθηκῶν* p. 214. — Polyb. II, 52; IV, 8; Plut. Cleomen. 17; Arat. 31 f.; 39; Polyän. VIII, 59.

genden, 'Glykeiä' d. i. die Süssen genannten Quellen geholt —, in dem kleineren westlichen das Heiligthum der Eileithyia suchen. Das hauptsächlich für die Uebungen der Epheben bestimmte Gymnasion scheint zwischen beiden Stadttheilen gelegen zu haben, sei es nördlich von der Akropolis, wo sich zwischen anderen antiken Resten die Ruine eines Rundgebäudes von 32 engl. Fuss Durchmesser findet, sei es südlich, wo man noch Fundamente von Gebäuden und glatte Säulenstümpfe bemerkt. Unterhalb des Gymnasions lag das Poseidion, in älteren Zeiten eine Aussengemeinde der Pelleneer, die sich offenbar um ein Heiligthum des Poseidon herum angesiedelt hatte, zu Pausanias Zeit ein öder Platz, der aber immer noch als dem Poseidon heilig betrachtet wurde.[1])

Der Hafenort von Pellene, Aristonautä (oder wohl richtiger Argonautä, da die Tradition den Namen mit der Argonautenfahrt in Verbindung brachte), lag 120 Stadien von Aegira, also an der Mündung des Sythas, des Gränzflusses gegen Sikyon, in der Gegend des jetzigen Xylokastro. Zum Schutz desselben und der von da im engen Thale des Sythas nach Pellene hinauf führenden Strasse diente wahrscheinlich das Castell Oluros, das im Jahre 365 v. Chr., während die Truppen der Pelleneer in Elis standen, von den Arkadern besetzt, von den schleunigst heimgekehrten Pelleneern aber nach hartem Kampfe wieder genommen wurde; später scheint es bis auf den Grund zerstört worden zu sein, da Pausanias es nicht erwähnt. Statt dessen nennt derselbe an der Strasse von Aegira nach Pellene ein den Sikyoniern unterthäniges, von diesen zerstörtes Städtchen Do-

[1]) Paus. c. 27, 1 — 8 (wo leider der Eintritt aus der östlichen Vorstadt in die Stadt selbst nicht bestimmt markirt ist); dazu die Beschreibung der Ruinen bei Leake Morea III, p. 214 ss. Die *προάστεια* und das Heiligthum der Artemis [Soteira] erwähnt Plut. Arat. 31 f. Mit den *Θεοξένια*, an welchen nach Pausanias nur Einheimische Theil nahmen und bei welchen Geldpreise ausgesetzt wurden, werden von anderen Berichterstattern (s. schol. Pind. Olymp. VII, 156; Olymp. IX, 143 u. 146; Nem. X, 82) die *Ἕρμαια*, bei welchen *Πελληνικαὶ χλαῖναι* als Siegespreise für Einheimische wie Fremde dienten, in Verbindung gesetzt. Wahrscheinlich war also dieser schon um den Beginn unserer Zeitrechnung nicht mehr gebräuchliche Agon (Strab. p. 386 sagt: *αἱ Πελληνικαὶ χλαῖναι, ἃς καὶ ἆθλα ἐτίθεσαν ἐν τοῖς ἀγῶσι*) nur ein einzelner Bestandtheil des grossen Theoxenienfestes, von dem zu Pausanias Zeit nur noch verkümmerte Reste fortbestanden.

nussa, das er, schwerlich mit Recht, mit dem homerischen Gonoessa identificirt: als Stätte desselben betrachtet man mit grosser Wahrscheinlichkeit den jetzt Koryphi (d. i. Gipfel) genannten vereinzelten Berg am rechten Ufer des Krios, dessen 732 Meter hoher Gipfel eine verfallene Kirche der Panagia Spiliotissa trägt.[1])

Ungefähr 60 Stadien von Pellene — offenbar südwärts, an den wasser- und baumreichen Abhängen des Kyllenegebirges in der Gegend des jetzigen in drei Quartieren nach einander aufsteigenden Städtchens Trikkala — lag das Mysäon, ein Heiligthum der Demeter Mysia mit einem Hain von Bäumen aller Art und reichen Quellen, und nicht weit davon ein Kyros genannter Kurort, ein Heiligthum des Asklepios, dessen Bild an der stärksten der hier emporsprudelnden Quellen aufgestellt war.[2])

Noch höher hinauf am Kyllene, dessen Rücken wahrscheinlich die Gränzscheide zwischen der Pellenis und der arkadischen Stymphalia bildete, lag vielleicht Tromileia, eine achäische Stadt, in welcher ein nach ihr benannter vortrefflicher Ziegenkäse bereitet wurde.[3])

---

[1]) Ἀριστοναῦται (wofür Schubert Bruchstücke zu einer Methodologie der diplomatischen Kritik S. 56 f. mit Wahrscheinlichkeit Ἀργοναῦται vermuthet) Paus. II, 12, 2 u. VII, 26, 14. Ὄλουρος Xen. Hell. VII, 4, 17 f.; Pompon. Mela II, 53; Plin. N. h. IV, 5, 12; Steph. Byz. u. Ὄλουρος. In der Ansetzung des Ortes bin ich Leake (Morea III p. 224) gefolgt; doch ist es möglich, dass derselbe mit dem nur von Paus. VII, 26, 13 erwähnten Δονοῦσσα (vgl. oben S. 32, Anm. 1) identisch, also vielmehr auf dem Berge Koryphi gelegen war.

[2]) Paus. c. 27, 9 ff. Ueber die Demeter Mysia vgl. oben S. 67; über Trikkala (aus dessen Namen Curtius Pel. I, S. 484 nicht ohne Wahrscheinlichkeit auf ein antikes Trikka schliesst) Leake Morea III, p. 221 s.

[3]) Athen. XIV p. 658[b].

III. Die Inselwelt.[1])

Einen besonderen Vorzug der Gliederung des griechischen Landes bilden die zahlreichen Inseln, welche längs der Westküste als eine Anzahl wahrscheinlich auf vulkanischem Wege entstandener Aussenwerke des Festlandes, auf der Ostseite als die Pfeiler einer gewaltigen Brücke erscheinen, die einst in uralten Zeiten in südöstlicher Richtung vom europäischen Griechenland nach

[1]) Von umfassenderen Werken über die griechischen Inseln (die Schriften über einzelne derselben werden an den betreffenden Stellen erwähnt werden) aus dem Alterthum kennen wir eine Schrift περὶ νήσων, welche von einigen dem Herakleides, von anderen dem Philostephanos beigelegt wurde (Harpocr. u. Στρύμη p. 171, 2 Bekker; vgl. C. Müller Fragm. hist. Gr. II, p. 197 u. III, p. 30 s.); eine Schrift des Xenagoras unter gleichem Titel (C. Müller Fr. h. Gr. IV, p. 527); des Hermogenes νήσων κτίσεις (ibid. III, p. 523); von Semos wird eine Νησιάς citirt (Schol. Apoll. Rhod. A, 1165; Athen. III, p. 123[d]). Zweifelhaft, weil nur bei (Plutarch.) Parall. min. 27 erwähnt, sind des Aretades von Knidos Bücher Νησιωτικά. Unsere Quellen für die Kenntniss der griechischen Inseln bilden die betreffenden Abschnitte des περίπλους des sogenannten Skylax (dem als § 113 zwei διαφράγματα, kurze Itinerarien für Schiffer vom Euripos nach Mykale und vom Cap Malea nach der Südwestküste von Asien, als § 114 ein Verzeichniss von 20 Inseln unter dem Titel μεγέθη νήσων angehängt sind), der geographischen Werke des Strabon, Ptolemäos, Pomponius Mela, der Naturalis historia des Plinius und der Collectanea des Solinus. Von neueren Werken ist das umfassendste das freilich besonders in geographischer Hinsicht sehr ungenügende Buch von Louis Lacroix Iles de la Grèce Paris 1853 (ein Band des grossen Sammelwerkes L'Univers. Histoire et description de tous les peuples). Für die Inseln des ägäischen Meeres ist das Hauptwerk L. Ross Reisen auf den griechischen Inseln des ägäischen Meeres, Bd. I—III, Stuttgart u. Tübingen 1840—1845 (der vierte Band liegt seinem ganzen Inhalte nach ausserhalb der Gränzen unserer Darstellung). Von älteren

dem südlichen Kleinasien hinübergeführt hat. Zum weitaus grössten Theile nämlich sind diese Inseln, wie die Richtung ihrer Gebirge zeigt, Fortsetzungen der Gebirgszüge des Continents, welche durch gewaltige Erderschütterungen theils als grössere zusammenhängende Massen, theils in kleinere Bruchstücke zerrissen von demselben abgelöst worden sind; nur zu einem kleinen Theile sind sie Producte submariner Vulkane, die wenigstens an einem Punkte ihre Thätigkeit noch jetzt nicht eingestellt haben. Auf den ersten Blick scheiden sich die sämmtlichen griechischen Inseln in zwei Gruppen: eine westliche und eine östliche. Die westliche umfasst die der Westküste des griechischen Festlandes von den Akrokeraunien bis zum Cap Akritas hinab vorgelagerten Inseln: vier grössere — Korkyra, Kephallenia mit seiner Schwesterinsel Ithake und Zakynthos — denen gewöhnlich als fünfte die erst durch Menschenhand, durch Durchstechung des Isthmos, der sie an die Nordwestküste Akarnaniens knüpfte, aus einer Halbinsel zur Insel gemachte Leukas (vgl. Bd. I, S. 115 f.) beigezählt wird, und zahlreiche kleinere, welche, soweit sie nicht schon bei der Beschreibung des Festlandes berührt wurden,[1] als Anhängsel der grösseren zu schildern sind. Diese Inseln wurden im Alterthum, da sie politisch von einander getrennt und von Angehörigen verschiedener griechischer Stämme bewohnt waren, mit keinem Gesammtnamen bezeichnet. Unter der byzantinischen Herrschaft bildeten sie seit etwa dem Jahre 887 eine eigene Statthalterschaft;[2] nach der Eroberung Kon-

Reisewerken geben Bondelmonte's Liber insularum Archipelagi (ed. Sinner, Berlin 1824) und des Herrn van Kinsbergen Beschreibung vom Archipelagus (aus dem Holländischen übersetzt von Kurt Sprengel, Rostock u. Leipzig 1792) wenig Ausbeute; etwas mehr des Grafen Pasch van Krienen Breve descrizione dell' arcipelago e particolarmente delle diciotto isole sottomesse l'anno 1771 al dominio russo (Livorno 1773, neu herausgegeben von L. Ross, Halle 1860); bedeutender ist des Botanikers Jos. Pitton de Tournefort Relation d'un voyage du Levant (Amsterdam 1718, II).

[1]) Erwähnt wurden an der Küste von Epeiros Sason (Bd. I, S. 14) und Sybota (ebds. S. 28); bei Akarnanien, ausser Leukas, Karnos, die Oxeiä und Echinades (ebds. S. 118 f.); bei Messenien Prote (Bd. II, S. 178), Sphakteria (ebds. S. 175 f.), Theganusa und die Oinussä (ebds. S. 158).

[2]) Constantin. Porphyrog. De administr. imp. c. 50 p. 224 ed. Bekker; nach demselben De themat. II, 7 p. 54 bildeten sie, obschon in der Ueber-

stantinopels durch die Franken (1204) kamen sie zugleich mit den benachbarten Küsten des Festlandes in den Besitz der Republik Venedig; seitdem kam der von der antiken Bezeichnung des westgriechischen Meeres als 'ionisches Meer' entnommene Name der 'ionischen Inseln' für sie auf, eine Benennung, welche aus politischen Gründen auch auf die geographisch betrachtet zur östlichen Gruppe gehörige Insel Kythera (Cerigo) ausgedehnt wurde. Da man nun mit Einschluss dieser, abgesehen von den kleinen Nebeninseln, sieben Hauptinseln zählte (Corfu, Paxo, Hagia Mavra, Thiaki, Cephalonia, Zante und Cerigo), so wurde bei der durch einen am 21. März 1800 in Constantinopel zwischen Russland und der Pforte abgeschlossenen Vertrag erfolgten Constituirung derselben zu einem politischen Körper diesem der Name der 'Republik der sieben Inseln' oder, nach griechischem Ausdruck, des 'Siebeninselstaates' (*ἡ Ἑπτάνησος* oder nach vulgärgriechischer Aussprache *Ἑφτάνησος*, die Bewohner *οἱ Ἑπτανησιῶται*) gegeben. Dieser Staat bestand anfangs als Vasallenstaat der Pforte, dann unter dem Schutze Russlands, in Folge des Friedens von Tilsit (7. Juli 1807) unter der Herrschaft Frankreichs, seit dem Pariser Vertrage vom 5. November 1815 unter dem Protectorat Englands fort, bis die Inseln in Folge der Thronbesteigung des Königs Georgios mit Genehmigung der Garantiemächte jenes Pariser Vertrags (Vertrag von London vom 14 November 1863) dem Königreich Hellas einverleibt wurden.

Weit zahlreicher und mannigfaltiger in ihrer Gliederung als die westliche ist die östliche Gruppe von Inseln: sie erstreckt sich gegen Süden und Osten über die politischen Gränzen des jetzigen Königreichs Hellas, gegen Osten auch über die von alten und neueren Geographen willkürlich festgesetzten Gränzen unseres Erdtheils hinaus.[1]) Es tritt also auch in dieser Beziehung

---

schrift als *ἕβδομον θέμα Κεφαλληνία* bezeichnet, doch kein eigenes Thema, sondern gehörten zu dem des Peloponnesos.

[1]) Ueber die Gränzlinie zwischen Europa und Asien im ägäischen Meere waren die Ansichten der alten Geographen sehr schwankend. Während Hekatäos offenbar alle Inseln des ägäischen Meeres bis zur Westküste Asiens zu Europa rechnet (vgl. Steph. Byz. u. *Μυτιλήνη*, *Οἰνοῦσσαι* und *Χίος*, wornach Hekatäos Lesbos, die Oinussen und Chios in dem *Εὐρώπη* betitelten Theil seiner *Γῆς περίοδος* behandelt hatte), Skylax Per. 48 und 58 wenigstens Astypaläa, Amorgos und Ikaros unter den Inseln Europa's aufführt, rechnet Ptolem. V, 2, 30 f. auch diese In-

wie in Hinsicht der Küstenentwickelung die natürliche Bevorzugung der östlichen vor der westlichen Seite Griechenlands zu Tage. Die ganze Gruppe gliedert sich nach der Richtung der Gebirge und der geognostischen Beschaffenheit der Inseln in mehrere kleinere Gruppen, unter denen die von den Alten als 'Ringinseln' (*Κυκλάδες*) bezeichnete als die Centralgruppe erscheint.[1])

seln zu Asien. Dionys. Perieg. 517 ss. rechnet alle Inseln, welche man auf der Fahrt vom Cap Sunion nach dem Hellespont zur Linken hat, zu Europa, die zur Rechten liegenden, welche er in die Gruppen der *Κυκλάδες*, *Σποράδες*, *'Ιωνίδες* und *Αἰολίδες* theilt, zu Asien. Strabon (X p. 488) scheint eine zwischen den Inseln Amorgos und Astypaläa hindurch gehende Linie, die etwa der jetzigen Gränzlinie zwischen dem Königreich Hellas und der Türkei entspricht, als Gränze zwischen Europa und Asien betrachtet zu haben. Die vom Königreich Hellas ausgeschlossene Insel Kreta wird von den alten und neueren Geographen übereinstimmend zu Europa gerechnet.

[1]) Der Name *Κυκλάδες*, welcher für uns zuerst bei Herod. V, 30 f. erscheint, höchst wahrscheinlich aber schon von Hekatäos gebraucht worden war, da nach Steph. Byz. u. *Τένεδος* bei diesem die offenbar im Gegensatz zu *Κυκλάδες* gebildete Benennung *Σποράδες* vorkam, ist gewiss nicht auf gelehrtem Wege, durch Betrachtung einer Landkarte, entstanden, sondern ächt volksthümlich, ein Ausdruck der Schiffer, welche beobachtet hatten, dass sie, wenn sie von Insel zu Insel die Runde machten, schliesslich wieder in der Nähe des Ausgangspunktes ihrer Fahrt anlangten, also einen Kreis oder doch eine ungefähr kreisförmige Linie beschrieben. Die Auffassung, dass die nahe der östlichen Peripherie liegende Insel Delos den Mittelpunkt dieses Kreises bilde (vgl. Strab. X p. 485), ist eine freilich alte Verwechselung des religiösen mit dem geographischen Centralpunkte. Die Ausdehnung des Namens *Κυκλάδες* war im Alterthum eine sehr schwankende. Im Periplus des sog. Skylax werden zwei Gruppen dieses Namens unterschieden: § 48 werden als *Κυκλάδες κατὰ τὴν Λακεδαιμονίαν χώραν οἰκούμεναι* verzeichnet Melos, Kimolos, Oliaros (cod. *νωχίορος*: es ist entweder *Πολύαιγος* oder *Φολέγανδρος* zu lesen), Sikinos, Thera, Anaphe und Astypaläa (also die gewöhnlich *Σποράδες* genannte Gruppe), § 58 als *Κυκλάδες κατὰ τὴν 'Αττικὴν* Keos, Helene (von anderen Geographen zu Attika oder zu den Sporaden gerechnet), Kythnos, Seriphos, Siphnos, Paros, Naxos, Delos, Rhene, Syros, Mykonos, Tenos, Andros. Dionysios Calliph. Descr. Gr. 130 ff. führt folgende 9 als *Κυκλάδες* auf: Keos, Kythnos, Seriphos, Siphnos, Kimolos, Delos, Mykonos, Tenos, Andros. Strabon X p. 485 giebt an, dass Artemidoros 15 zählte: Keos, Kythnos, Seriphos, Melos, Siphnos, Kimolos, Prepesinthos, Oliaros, Paros, Naxos, Syros, Mykonos, Tenos, Andros, Gyaros; er selbst hält die Zahl von 12 (mit Weglassung von Prepesinthos, Oliaros und Gyaros) für die ursprüngliche; bei beiden

Dieselbe besteht aus zwei ungefähr parallelen Inselreihen, welche durch eine dritte gewissermassen verknüpft werden. Die südlichste Reihe, eine Fortsetzung des Gebirgszuges des südöstlichen Attika, wird durch die Inseln Keos, Kythnos, Seriphos und Siphnos gebildet; die nördliche, deren Glieder die Inseln Andros, Tenos und Mykonos (mit ihren Anhängseln, den kleinen Inseln Delos und Rhenea) sind, ist eine Fortsetzung der langgestreckten, gewiss erst in verhältnissmässig später Zeit von der Ostseite des mittelgriechischen Festlandes losgerissenen Insel Euboia. Mit der Südspitze derselben Insel scheint auch, der Richtung der Gebirge nach, die mittlere Reihe zusammenzuhängen, deren zwei nördlichste Glieder, die kleinen Inseln Gyaros und Syros, gleichsam als Brückenpfeiler zwischen den Inseln Keos und Kythnos einerseits und Andros, Tenos und Mykonos anderseits dienen, während die südlicheren Glieder, Paros (mit seinen westlichen Anhängseln Oliaros und Prepesinthos) und Naxos den Ring der Kykladen im Südosten schliessen. Eine zweite Gruppe, welche durch den vulkanischen Ursprung ihrer Glieder characterisirt wird, bilden die Inseln Thera, Melos, Kimolos und Polyägos. Einige ganz kleine Inselchen, gleichfalls vulkanischen Ursprungs,

Zählungen ist offenbar Delos nebst Rhenea als Mittelpunkt des Ringes nicht mitgezählt. Pompon. Mela De chorogr. II, 111 führt nur 11 auf: Sicinos, Siphnos, Seriphos, Rhenea, Paros, Mycon, Syros, Tenos, Naxos, Delos, Andros (das Fehlen von Keos und Kythnos ist vielleicht auf eine Lücke der handschriftlichen Ueberlieferung zurückzuführen), Plin. N. h. IV, 12, 65 ss. 13: Andros, Tenos, Myconos, Siphnus, Seriphus, Prepesinthus, Cythnos, Delos, Rhene, Syros, Oliaros, Paros, Naxus; ebensoviele Eustath. ad Dionys. Pereg. 525, nämlich Kythnos, Paros, Amorgos, Delos, Tenos, Ios, Seriphos, Mykonos, Nisyros (mit der Bemerkung, dass diese von anderen zu den *Σποράδες* gerechnet werde), Syros, Siphnos, Andros, Naxos. Im weitesten Umfange endlich wird der Name von Steph. Byz. gebraucht, der u. a. Aegina, Ikos, Kasos, Melos, Peparethos, Telos zu den *Κυκλάδες* rechnet: s. Meineke's Index rerum u. *Κυκλάδες*. Aehnlich ist es, dass in den schol. Il. I, 668 Skyros als eine der Kykladen bezeichnet wird. Dass aber in der Anschauung des Volkes die Zwölfzahl allmälig die Geltung als Normalzahl der Kykladen erlangte, lehrt der Collectivname für die ganze Gruppe *ἡ Δωδεκάνησος*, welcher zuerst im Jahre 780 in dem Titel des Theophylaktos, Sohnes des Rhangabes, als des Grossadmirals der zwölf Inseln (*δρουγγάριος τῆς Δωδεκανήσου*) erscheint und später allgemein gebräuchlich ist (vgl. C. Hopf in Ersch und Grubers allgem. Encycl. S. I, Bd. 85, S. 105).

jetzt Antimilo oder Erimomilo), Falconera und Belopulo (oder Kaimeni) genannt, setzen diese vulkanische Reihe gegen Westen fort und weisen auf einen Zusammenhang derselben mit den vulkanischen Erscheinungen der argolischen Akte, besonders der Halbinsel Methana vgl. oben S. 91, hin. Die alten Geographen haben keine besondere Benennung fur diese Gruppe, sondern zahlen sie zu den 'zerstreuten Inseln' Σποράδες, unter welchem Namen sie ausserdem die zwischen dieser vulkanischen Reihe und den sudlichsten Kykladen sich hinziehende Kette der Inseln Pholegandros, Sikinos, Ios und Amorgos (mit mehreren Nebeninseln, sowie die östlich von Thera gelegene Insel Anaphe, endlich auch die Mehrzahl der östlich von den Granzen des jetzigen Hellas, zwischen der Gruppe der Kykladen und den sudlicheren Reihen einerseits und der Westkuste des sudlicheren Kleinasiens andererseits, gelegenen Inseln und Inselchen zusammenfassen.[1]) Ja manche Geographen dehnen diese Benennung sogar auf die im nördlichsten Theile des ägaischen Meeres zwischen der Ostkuste der Insel Euboia und der Halbinsel Magnesia, der Sudkuste Thrakiens und der Westküste des nördlichen Kleinasiens gelegenen Inseln aus,[2] welche wiederum in zwei Gruppen zerfallen: eine sudlichere, aus den Inseln Skiathos, Peparethos, Ikos nebst einigen kleineren, und Skyros bestehende, heutzutage gewöhnlich mit dem un-

---

[1]) Strabon X p 484 rechnet zu den Σποράδες von der von ihm als νῆσοι περὶ τὴν Κρήτην bezeichneten Gruppe die Inseln Thera Anaphe, Ios, Sikinos, Lagusa und Pholegandros (die ferner dazu gehörigen Kimolos, Siphnos und Melos zählt er zu den Kykladen; s. oben), sodann p. 487 f. Amorgos, Lebinthos, Leros, Patmos, die Korassia, Ikaria und die Inseln im karpathischen Meere mit Ausnahme von Kos und Rhodos. Eustath. ad Dionys Per. 530 zahlt als Sporaden auf Nikasia, Thera, Melos, Patmos, Astypaläa, Kimolos, Leros, Donusia; manche, fügt er bei, rechnen dazu auch Tenos, Prokonnesos und die Kalydna. Reichhaltiger, aber ohne klare Ordnung und zum Theil verlerbt sind die Verzeichnisse der Sporades bei Pomp. Mela De chor. II, 111 und bei Plin. N. h. IV, 12, 68—71. Fur Steph. Byz. vgl. Meineke's Index u Σποράδες νῆσοι.

[2]) So ausser Hekataos, welcher Tenedos zu den Sporaden rechnete (s. S. 348, Anm. 1), Dionysios des Kalliphon Sohn, der Descr. Graec. v. 145 ss. als Σποράδες auffuhrt. Melos, Thera, Ios, Naxos, Skyros, Peparethos hier bricht das Gedicht fur uns ab. Vgl. Constantin. Porphyrog. De themat. I, 17 p. 43, wo Mitylene Lesbos), Chios und Lemnos zu den Sporaden gerechnet werden.

antiken) Namen der **nördlichen Sporaden** bezeichnete,[1] welche als Fortsetzung der thessalischen Halbinsel Magnesia, beziehendlich der Ostküste der Insel Euboia zu betrachten ist, und eine nördlichere, die Inseln Lemnos, Thasos, Samothrake, Imbros und Tenedos umfassende, welche jenseits der Nordgränze von Hellas und daher ausserhalb der Granzen unserer Darstellung liegt.

Gegen Suden endlich wird die ostgriechische Inselwelt abgeschlossen durch die gleichsam auf dem Kreuzwege zwischen Europa, Asien und Afrika gelegene Insel **Kreta**, die zu keiner der bisher betrachteten Gruppe gehort, sondern den Mittelpunct und das bedeutendste Glied einer besonderen Inselreihe bildet, welche, wenn man sich die Lucken zwischen den einzelnen Gliedern und den entsprechenden Vorsprüngen der Continente ausgefullt denkt, als ein gewaltiger, von der Sudostspitze Lakoniens bis zur Sudwestspitze Kleinasiens reichender halbkreisförmiger Damm zwischen dem mit Inseln gleichsam besaten ägäischen Meere[2]) oder, wie wir mit einem trotz seiner griechischen Form den classischen Sprachen ganz fremden Ausdrucke zu sagen pflegen, dem griechischen Archipel, und dem inselreichen Mittelmeere erscheint.

[1] Die alten Geographen kennen keinen Collectivnamen für diese Inseln, sondern nur umschreibende Bezeichnungen nach ihrer Lage: *νῆσοι ἐν τῷ Αἰγαίῳ πελάγει* Scyl. Per. 58; *αἱ πρὸ τῆς Μαγνησίας νῆσοι* Strab. IX p. 436 s. (vgl. II p. 124); *νησίδες πλησίον Εὐβοίας* (Scymn. Chii Orb. descr. 579 (vgl. Steph. Byz. u. *Σκίαθος· νῆσος Εὐβοίας*); *νῆσοι παρακείμεναι τῇ Μακεδονίᾳ ἐν τῷ Αἰγαίῳ πελάγει* Ptolem. III, 13, 47; insulae in Aegaeo mari prope Thraciam Pompon Mela De chorogr. II, 106 (beide Gruppen); insulae ante Athon Plin IV, 12, 72.

[2]) *Αἰγαῖον πέλαγος* oder *Αἰγαῖος πόντος*: vgl. uber diese Benennung sowie über die einzelner Abtheilungen dieses Meeres als *Θρηΐκιον πέλαγος*, *Μυρτῷον πέλαγος*, *Κρητικὸν πέλαγος* und *Ἰκάριον πέλαγος* die Nachweisungen bei Forbiger Handbuch der alten Geographie II, S. 19 ff. Aus *Αἰγαῖον πέλαγος* ist durch allmälige Corruption (Aegeopelago, Agiopelago, Azopelago der jetzt als wissenschaftlicher Terminus in der Geographie eingebürgerte Name Archipel entstanden, der in der Form Arcipelago zuerst in der Urkunde eines am 30 Juni 1268 zwischen dem byzantinischen Kaiser Michael Palaologos und der Republik Venedig geschlossenen Vertrags bei Tafel und Thomas Urkunden zur alteren Handels- und Staatsgeschichte der Republik Venedig, Wien 1856—57, Bd. III, S 96 erscheint: vgl C. Hopf in Ersch u. Gruber's allg m Encyclop S I, Bd. 85, S. 263.

Zu derselben Reihe gehören noch nordwestlich von Kreta die Inseln Kythera (Cerigo: vgl. über diese oben S. 140 ff., Aegila Cerigotto: s. oben S. 103 und einige ganz kleine namenlose, welche die Nordwestspitze Kreta's mit der lakonischen Parnonhalbinsel verbinden, gegen Nordosten die (ausserhalb der Gränzen unserer Darstellung liegenden Inseln Kasos, Karpathos und Rhodos, welche eine Verbindung zwischen der Nordostspitze Kreta's und der südwestlichen Halbinsel Kariens, der sogenannten rhodischen Chersonesos, herstellen.

Der Uebersichtlichkeit halber werden wir die ostgriechischen Inseln, soweit sie innerhalb der Gränzen unserer Darstellung liegen, in folgende 5 Gruppen ordnen: a) die Inseln vor Magnesia; b) Euboia; c) die Kykladen; d die Sporaden; e) Kreta.

Politisch sind diese Gruppen, abgesehen von den Zeiten der römischen, byzantinischen und türkischen Herrschaft, unter der sie wenigstens verschiedenen Provinzen, Thematen oder Sandschaks angehorten, niemals zu einem einheitlichen Ganzen verbunden gewesen. Die südlicheren standen in der frubesten Periode der griechischen Geschichte, welche die Tradition als die der kretischen Thalassokratie bezeichnet und an die mythische Personlichkeit des Minos knupft, unter der Herrschaft von Kreta, dessen Flotte die karischen Seerauber, welche sich auf den meisten dieser Inseln eingenistet hatten, verjagte und dieselben dadurch zuerst für hellenische Niederlassungen zugänglich machte. Die Mehrzahl der Inseln ausgenommen Kreta und einige Sporaden, wo das dorische Element zur Herrschaft gelangte wurde dann von Bevolkerungen ionischen Stammes in Besitz genommen und schloss sich daher der alten, Ol. 88, 3 426 von den Athenern erneuerten Amphiktyonie, deren Mittelpunkt die heilige Delos bildete, an, als deren Mitglieder wir durch eine Urkunde aus Ol. 101, 2 und 3 (375 und 374)[1]) folgende Inselstaaten ausser Delos selbst und dem damaligen Vorort Athen kennen: Mykonos, Syros, Tenos, Keos, Seriphos, Siphnos, Ios, Paros, Ikaros, Naxos, Andros und die Stadt Karystos auf Euboia. In alteren Zeiten war der

[1]) C. I. gr. n 158; vgl. dazu Böckh Staatshaushaltung der Athener II, S. 78 ff. Dass in alter Zeit auch die Ἰωνίδες νῆσοι (wie sie Dionys. Perieg. 533 nennt zu der delischen Amphiktyonie gehörten, ist schon aus dem Homerischen Hymn. in Apoll Del. v. 147 ff. und v. 172 zu schliessen.

Kreis der Theilnehmer jedenfalls ein viel weiterer und umfasste namentlich auch die an der Westküste Kleinasiens gelegenen ionischen Inseln. Zur Zeit der athenischen Seeherrschaft gehörten fast sämmtliche ostgriechische Inseln, die meisten aus freiem Entschluss, einige, wie namentlich Melos, durch Zwang der athenischen Symmachie an; eine nicht geringe Anzahl derselben trat auch dem Ol. 100, 3 378) erneuerten Bunde von Seestaaten unter der Leitung Athens bei.[1] Nach der Auflösung auch dieses Bundes kamen die Inseln unter die Herrschaft theils der makedonischen, theils der ägyptischen Könige, wurden dann durch die Römer befreit und grösstentheils für autonom erklärt, bis Vespasian sie als römische Provinz mit Rhodos als Hauptort constituirte.[2] Bei der Theilung des römischen Reiches wurden die kurz vorher durch Raubzuge der Gothen heimgesuchten Inseln der östlichen Reichshalfte zugetheilt. Im Jahre 727 erhoben sich die Kykladen im Verein mit dem eigentlichen Hellas gegen den byzantinischen Kaiser Leo III. den Isaurier; aber der Aufstand wurde von diesem schnell unterdruckt[3] und die Inseln blieben mit einer Unterbrechung von 138 Jahren 823—961), wahrend deren sie unter der Herrschaft der Sarazenen, die sich der Insel Kreta bemächtigt hatten,[1]) standen, ein Theil des byzantinischen Reiches — und zwar bildete die Mehrzahl der Kykladen und Sporaden nebst den Inseln Chios, Lesbos, Lemnos und Skyros und einigen Strichen der Westküste Kleinasiens ein besonderes, *Αἰγαῖον πέλαγος* genanntes Thema, wahrend Euboia, Aegina und einige Kykladen zum Thema Hellas, Skiathos, Skopelos und Pe-

---

[1]) Vgl die athenischen Tributlisten bei Böckh Staatshaushaltung II, S 369 ff bes. S. 608) und jetzt bei U. Köhler Urkunden und Untersuchungen zur Geschichte des delisch-attischen Bundes, Berlin 1870 (Philolog. u histor Abhandlungen der kön. Akad. d. Wiss zu Berlin a. d. J. 1869, 2 Abtheilung; ferner die Urkunde des neuen Bundes in den *Ἐπιγραφαὶ ἀνέκδοτοι ἀνακαλυφθεῖσαι καὶ ἐκδοθεῖσαι ὑπὸ τοῦ ἀρχαιολογικοῦ συλλόγου, φυλλ β'* (Athen 1852 S 2 ff. = Rangabé Antiquités Helléniques N. 381bis (Vol. II p. 373).

[2]) Sexti Rufi Breviar c. 10; vgl. Sueton Vespas. 8; dazu Wesseling ad Hieroclis Synecd. p. 480 s. ed. Bekker.

[3]) Vgl. Hopf in Ersch und Gruber's allgem. Encycl. S. I, Bd. 85, S. 96.

[4]) Vgl. Hopf a. a. O. S. 121 f.

parethos zum Thema Makedonien gehorten[1]) — bis zur Eroberung von Constantinopel durch die frankischen Kreuzfahrer 1204, nach welcher sie bei der Theilung der Beute unter die Abendlander der Republik Venedig zufielen. Diese aber uberliess die Eroberung der damals zum Theil von Piraten besetzten Inseln, welche dem Staate unverhaltnissmässig grosse Opfer auferlegt haben wurde, venezianischen Privatleuten. Der kühne Marco Sanudo stellte sich zu diesem Zweck an die Spitze einer Gesellschaft von Rittern, mit denen er die bedeutenderen Kykladen und Sporaden nach kurzem Widerstand eroberte; die eroberten vertheilte er als Lehen unter seine Genossen und behielt sich selbst Naxos vor, das er als Lehenstrager des frankisch-byzantinischen Kaisers Heinrich I. mit dem Titel eines Herzogs der Dodekanesos beherrschte. Auch nach der Wiederherstellung des byzantinischen Reiches durch die Palaologen behaupteten sich seine Nachkommen, beziehendlich nach der Ermordung des letzten derselben, des Nicolo II. dalle Carceri, durch Francesco Crispo (1383 die Familie der Crispi, in der Herrschaft, bis im Jahre 1566 der letzte Herzog, Jacopo IV., vom Sultan Selim II. abgesetzt, das Herzogthum einem Liebling des Sultans, dem aus Antwerpen nach Konstantinopel geflüchteten portugiesischen Juden Don Josef Nasi ubergeben wurde, nach dessen Tode (2. August 1579 die Inseln des agaischen Meeres mit Ausnahme von Kreta, das erst im Jahre 1669 den Venezianern definitiv entrissen wurde unter die unmittelbare Herrschaft der Pforte fielen.[2])

1. Die westgriechischen Inseln.[3])

Die ungefähr zwischen dem 40sten und dem 37sten Grade nördlicher Breite vor der Westkuste des nordlichen Griechenlands und

---

[1]) S. des Konstantinos Porphyrogenetos Schrift περὶ τῶν θεμάτων I, 17 (p. 13 s.; vgl. II, 2 (p 50) und 5 (p 51.

[2] Vgl. die 'Partitio Romaniae' bei Tafel und Thomas Urkunden I, S. 464 ff.; dazu Hopf a. a. O. S. 222 f.; Bd 86, S. 29 f. u S. 171 f; Dr M. A. Levy Don Joseph Nasi, Herzog von Naxos, seine Familie und zwei judische Diplomaten seiner Zeit. Eine Biographie nach neuen Quellen dargestellt. Breslau 1859

[3]) Von der reichen neueren Litteratur über die sogenannten ionischen Inseln habe ich, abgesehen von den Specialarbeiten uber einzelne derselben, folgende Werke benutzt: H. Holland, Travels in the Ionian isles,

des Peloponnes gelegenen Inseln erscheinen ihrem landschaftlichen Charakter nach im Allgemeinen als gewaltige, durch das Eindringen des Meeres vielfach zerklüftete Massen von Kalksteinfelsen, die vielfach mit steilen Wänden aus dem Meere emporsteigen und sich bald zu theils kahlen, theils fruchtbaren Hochebenen, bald zu schmalen, hie und da seltsam gezackten Berggipfeln erheben. Aber zwischen den Gebirgsmassen ziehen sich, wenigstens auf den drei grösseren Inseln Korkyra, Kephallenia und Zakynthos, breite Thaler hin, die in ihrer üppigen Fruchtbarkeit liebliche Contraste zu den wilden, zerrissenen Felsmassen bilden. Namentlich sind es Oelwalder und Wein- und Korinthenpflanzungen, welche die Ebenen und die mit einer zwar nur wenige Fuss dicken, aber fruchtbaren Erdkruste überzogenen Berghänge bedecken und die wichtigsten Ausfuhrartikel aus den trefflichen Hafen, mit welchen die Natur selbst diese Inseln reichlich beschenkt hat, liefern. Ausserdem werden Citronen und Orangen, Baumwolle und Getreide — letzteres freilich nur in einem für den Bedarf der Inseln selbst nicht ganz ausreichenden Maasse — gebaut. Schifffahrt und Handel nebst Fischerei bilden noch jetzt wie im Alterthum die Haupterwerbsquellen der Bevolkerung; daneben spielt jetzt der Seidenbau eine nicht unbedeutende Rolle. Die Bevölkerungszahl ist eine relativ stärkere als in sämmtlichen übrigen Theilen des Konigreichs Hellas; denn die Bevölkerung der sogenannten ionischen Inseln der oben S. 347 genannten 7 Hauptinseln nebst den Nebeninseln Maslera, Fano, Salmastraki, Antipaxo, Calamo, Meganisi und Cerigotto) belief sich im Jahre 1864 bei einem Flachenraum von 1041 englischen Quadratmeilen auf 228,531 Seelen.

Die nördlichste und nächst Kephallenia grösste Insel dieser Gruppe, im Alterthum, abgesehen von den mythischen Benennungen Drepane und Makris, welche von ihrer Gestalt herzuleiten sind, Korkyra,[1] im Mittel- und Neugriechischen nach zwei zusam- Korkyra

Albania, Thessaly, Macedonia etc. London 1815. W Goodisson A historical and topographical essay upon the islands of Corfu, Leucadia, Cephalonia, Ithaca and Zante, London 1822 F. Liebetrut Reise nach den ionischen Inseln der nordlichen und der mittleren Gruppe, Korfu, Zante, Cephalonia und Ithaka, Hamburg 1850. Ansted The Ionian islands in the year 1863, London 1863.

[1]) Vgl. über die Insel Dodwell Class. u. topogr. Reise I, 1, S. 43 ff.

menhängenden, jetzt mit Forts gekrönten Felsklippen, welche sich dicht vor der Hauptstadt steil aus dem Meere erheben, Korypho, Koryphi oder Korphi, darnach jetzt von den Westeuropäern Corfu aus der Accusativform *Κορφούς* genannt, erstreckt sich, ungefähr gleich weit 700 Stadien nach Polybios bei Strabon II, p. 105 von dem keraunischen Gebirge wie von Leukas entfernt, in einer Länge von gegen 9 Meilen bei einem Flächeninhalte von 10,69 Quadratmeilen vor der Küste des mittleren Epeiros hin, von welcher der nordöstlichste, dem Cap Poseidion (vgl. Bd. I, S. 16 gegenüberliegende Punkt der Insel (das jetzige Cap S. Stefano, nur durch einen nicht ganz eine Stunde breiten Sund getrennt ist. Die Insel wird durch zwei Bergzuge gebildet: einen nördlicheren, von West nach Ost streichenden, der in seinem östlichsten Theile, dem von zwei kegelförmigen Spitzen gekronten, gegen Süden und Osten in schroffen Wänden nach dem Meere abfallenden Berge Pantokratoras oder S. Salvatore, die bedeutendste Höhe (946 Meter) erreicht, und einen sudlicheren, der von der Südwestseite des ersteren ausgehend eine nord-südliche Richtung hat; er fällt im Westen fast überall steil nach dem Meere ab, während er sich gegen Osten allmalig nach der meist flachen Kuste abdacht. Ein in der Nähe der Hauptstadt, also ungefähr in der Mitte der Länge der Insel, gelegener Berg dieser Kette (etwa der jetzt 'Hagioi Deka' d. i. die heiligen Zehn genannte, südwestlich von der Stadt, der eine Höhe von 580 Meter erreicht) scheint im Alterthum den

---

d. d. Ueb ; A. Mustoxidi Illustrazioni Corciresi, 2 Bande, Mailand 1811 u. 1814; derselbe Delle cose Corciresi, Vol. I, Corfu 1848; G. C. A. Müller De Corcyraeorum republica, Gottingen 1835; Jos. Janske De rebus Corcyraeorum p. I, im Jahresbericht des kathol. Gymnasiums zu Breslau 1849. Kartographische Darstellung der Insel bei H. Kiepert Carte de l'Épire et de la Thessalie, Berlin 1871. Der Name lautet auf den Münzen (vgl. über diese Ach. Postolakas *Κατάλογος τῶν ἀρχαίων νομισμάτων τῶν νήσων Κερκύρας, Λευκάδος, Ἰθάκης, Κεφαλληνίας, Ζακύνθου καὶ Κυθήρων*, Athen 1868, p 1—53 und Inschriften (C. I. gr. n. 1838 ss ; Mustoxidi Delle cose Corc. p. 161 ss.; W Vischer Archäolog. u. epigr. Beitrage aus Griech. S 1 ff ; ders. Rhein. Mus. XXII, S. 615 ff.) durchgängig *Κόρκυρα*, was also als die einheimische Namensform zu betrachten ist, wahrend in unseren griechischen Handschriften die offenbar vulgärgriechische Form *Κέρκυρα* überwiegt (vgl. Eustath. ad Dionys. Perieg. v. 492). Für den Namen *Δρεπάνη* vgl. schol Apollon. Rhod. Δ, 983; Stephan. Byz. u *Φαίαξ*; für *Μακρίς* schol. Apoll. Rhod. Δ, 540; für die neueren Namen Mustoxidi Delle cose Corc. p. 9 s.

Namen **Istone** geführt zu haben; der nördlicheren Kette darf man vielleicht den Namen des **meliteischen** Gebirges zuweisen.[1]) Mit mehr Sicherheit lassen sich noch die antiken Namen der Vorgebirge, welche die Insel nach verschiedenen Seiten ins Meer vorstreckt, bestimmen: der nördliche Vorsprung der Südostfront der Insel, der noch jetzt Levkimo oder Alevkimo heisst, ist das Cap **Leukimma**, der ihm im Süden entsprechende, jetzt Asprokavo oder Capo Bianco genannte, das Cap **Amphipagos**, der westlichste Punkt der ganzen Insel (das jetzige Cap Kephali) das **Phalakron** der Alten; die Landzunge an der Nordostseite, auf welcher die Stadt Kassiope stand, wurde mit dem gleichen Namen, als Vorgebirge **Kassiope**, ein Vorsprung der Ostküste (vielleicht das jetzige Cap Hagios Stephanos als **Kynoskephale** (Hundskopf) bezeichnet.[2])

Einen eigentlichen Fluss besitzt die Insel nicht, obgleich einer der zahlreichen Bäche, welche von dem nördlichen Gebirgszuge in nördlicher, von dem südlicheren in östlicher Richtung dem Meere ihr freilich während des Sommers regelmässig versiegendes Wasser zuführen — der etwa eine Stunde nordwestlich von der Hauptstadt mündende — jetzt mit dem Namen Potamos bezeichnet wird: ob ihm der antike Name **Aegaos**[3]) zukomme, ist nicht auszumachen. Doch sprudeln zahlreiche Quellen am Fusse der Hügel hervor; überhaupt ist die Insel, abgesehen von dem südlichsten Theile, wo der Boden sandig und wenig ergiebig ist, äusserst fruchtbar und wohl angebaut; besonders der mittlere Theil macht den Eindruck **eines** grossen Obst- und Gemüse-

---

[1]) *Ἰστώνη* Thuk. III, 85; IV, 46; Polyaen. Strat. VI, 20, Steph. Byz. u. d. W; C I gr. n. 1874 (wornach auf dem Berge ein Heiligtum der Dioskuren gestanden zu haben scheint) und 1875. Bergh. Deka· Ansted The Ionian islands p 103 ss. *Ὄρος Μελιτήιον* Apollon. Rhod *Δ*, 1150 c schol Auch *Μολοκᾶς* (C. I. gr. n. 1840, 4 scheint der Name eines Berges oder Hügels auf der Insel gewesen zu sein.

[2]) Ptolem. III, 14, 11; für *Λευκίμμα* vgl Strab. VII p. 324; Thuk. I, 30; 47; 51; III, 79; für *Φαλακρόν* Strab. a. a. O. u. Plin. N. h. IV, 11, 53; nach letzterem lag in der Nähe des Vorgebirges eine Klippe, in welche das Schiff des Odysseus verwandelt worden sein sollte: offenbar die noch jetzt *Καράβι* (Schiff genannte kleine Felsinsel südlich von dem Cap Kephali *Κυνὸς κεφαλή* Procop. De bello Goth III, 27 (p. 394, 10 Dindorf).

[3]) Apollon. Rhod. *Δ*, 542; 1147; Steph. Byz. u. *Ὑλλεῖς*.

gartens. Noch besser scheint der Zustand des Landes im Alterthum bis zur Diadochenzeit gewesen zu sein, wo stattliche Landhäuser mit wohlgefullten Weinkellern, zahlreichen Sclaven und Viehheerden uberall zu finden waren.[1]) Den wichtigsten Ausfuhrartikel bildete der Wein, der sich im Alterthum eines grössern Rufes erfreute als der jetzt auf der Insel producirte.[2]) Die jedenfalls besser als heut zu Tage bewaldeten Berge lieferten Holz fur den Schiffbau, das Meer gab den Fischern reiche Beute.[3] Auch die Salzwerke, welche sich jetzt an mehreren Stellen der Insel finden, und die Marmorbrüche unterhalb des westlichen Gipfels des Pantokratoras, welche einen feinkörnigen weissen Marmor vermischt mit Alabaster liefern, sind wahrscheinlich schon im Alterthum ausgebeutet worden.[4])

Unter den Griechen war schon fruhzeitig und allgemein die Ansicht verbreitet, dass Korkyra die homerische Scheria, die Korkyräer also die Nachkommen der von Alkinoos beherrschten Phäaken seien, eine Ansicht, die, obgleich sie auch unter den Neueren zahlreiche Anhanger zahlt, doch als entschieden irrig bezeichnet werden muss. Denn eine vorurtheilsfreie Betrachtung der homerischen Schilderung des Phaakenreiches lehrt, dass derselben keineswegs die wenn auch fabelhaft ausgeschmuckte Kunde einer

---

[1]) Xenoph Hell. VI, 2, 6; vgl. Dionys Per. 494 λιπαρὴ Κέρκυρα; Apollon. Rhod. Δ, 981 πίειρα.

[2]) Athen. I p. 33[b]; schol. Nicand. Ther. 622. Die bei (Aristot.) Mir. ausc. 104 erwahnten Κερκυραικοὶ ἀμφορεῖς wurden wahrscheinlich nicht auf dieser Insel, sondern in Adria fabricirt: vgl. Hesych. u. Κερκυραῖοι ἀμφορεῖς; O. Jahn Ber. d sachs. Ges d. Wiss. 1854, S 34 f. Allerdings kommt ein ἀμφορεύς auf zahlreichen korkyraischen Munzen vor, doch ist derselbe wohl ebenso wie die gleichfalls haufig erscheinende Traube nur auf den Weinbau und Weinhandel zu beziehen. Ein leichter feiner Thon findet sich bei Kastrades, einer Vorstadt von Corfu: s. Ansted The Ionian Islands p. 27.

[3]) Fur den jedenfalls von Korinth aus eingeführten Schiffbau zeugt der Umstand, dass Korkyra neben Korinth zuerst eine Kriegsflotte hatte (Thuk. I, 13). Die Herleitung der κέρκουρος genannten Gattung von Fahrzeugen (einer Erfindung der Kyprier nach Plin. N. h VII, 56, 208) von Kerkyra (schol. Aristoph. Pac. 143) scheint eine etymologische Spielerei zu sein. Fischfang: Paus. X, 9, 3; Archestrat. bei Athen. VII, p. 318[f].

[4]) Salinen: Ansted The Ionian islands p. 97; Marmor: Goodisson Essay p. 26; Ansted p. 85.

bestimmten Oertlichkeit, sondern die märchenhafte Vorstellung eines paradiesischen Landes und Volkes zu Grunde liegt. Veranlassung zur Localisirung dieses Utopiens auf Korkyra gab wohl theils die Fruchtbarkeit des Landes, theils der frühe Ruhm seiner Bewohner als treffliche Seefahrer.[1]) Vielmehr müssen als älteste Bewohner des Landes die Liburner, ein Volk illyrischen Stammes, betrachtet werden. Die unvergleichliche Lage der Insel für den Verkehr nach Westen, besonders nach Italien und Sicilien, musste frühzeitig die Blicke griechischer Seefahrer auf sie lenken. Zuerst liessen sich Eretrier aus Euboia hier nieder, eine Niederlassung, die wahrscheinlich mit der gleichfalls von Euboia ausgegangenen Gründung der ältesten hellenischen Ansiedelung in Italien, Kyme's, im Zusammenhang steht. Aber sie wurden wohl schon nach kurzer Zeit durch korinthische Auswanderer vertrieben, einen Theil der von dem Bakchiaden Archias geführten Expedition nach Sicilien, welcher unter Führung des Bakchiaden Chersikrates hier zurückblieb und sich die ganze Insel unterwarf (734 v. Chr.).[2] Diese Korinther, welche ihre heimischen Culte, insbesondere den der Hera, und Sagen, wie die von Iason und Medeia, mitbrachten,[3] gründeten die wie die Insel selbst Korkyra genannte Stadt auf einer ungefähr in der Mitte der Ostküste etwas südlich von der modernen Stadt in südlicher Richtung vortretenden, etwa eine Stunde langen und verhältnissmässig schmalen Landzunge, einer Reihe von gegen Westen steil abfallenden, gegen Osten sanft sich abdachenden Hügeln, welche jetzt fast ganz mit Oelbäumen, zwischen denen einzelne Landhäuser liegen, bedeckt sind. Zu beiden Seiten derselben ziehen sich

---

[1]) Vgl. Hellanik bei Steph. Byz. u. Φαίαξ; Thuk. I, 25 u. a. Von Neueren hat besonders Mustoxidi eifrig den mythischen Ruhm seiner Heimath vertheidigt (Illustraz. I, p. 28 ss.; Delle cose Corc. p. 10 ss.); dagegen besonders Welcker 'Die homerischen Phäaken und die Inseln der Seligen' im Rhein. Mus. herausg. v. Welcker u. Näke I, S. 262 ff.

[2]) Strab. VI p. 269; Plut. Quaest. gr. 11; Timäos bei schol. Apoll. Rhod. Δ, 1216: vgl. Mustoxidi Delle cose Corc. p. 40 ss. Auf die Eretrier ist jedenfalls der von Strab. X, p. 449 erwähnte Ortsname Εὔβοια zurückzuführen.

[3]) Ueber den Tempel der Hera in der Stadt vgl. unten S. 361, Anm. 1. Localisirung der Sage von der Vermählung des Jason mit der Medeia (vgl. I, S. 383) auf der Insel: Timäos beim Schol. Apollon. Rhod. Δ, 1153 und 1217.

Buchten ins Land hinein, welche der alten Stadt den grossen Vorzug des Besitzes zweier unmittelbar im Bereich ihrer Befestigungen gelegener Häfen gewährten. Der an der Ostseite der Halbinsel gegen die epeirotische Küste hin gelegene, der noch jetzt als Hafen benutzt wird, scheint der Handelshafen, das Emporion der alten Stadt gewesen zu sein, da unmittelbar an denselben die Agora und der von den reichen Handelsherren bewohnte Stadttheil stiess. Der an der Westseite, im Alterthum Hyllaikos genannt (ohne Zweifel nach der Phyle der Hylleis, die wie in allen dorischen Staaten auch auf Korkyra seit der Ansiedelung der Korinther bestand), dessen ohnehin schmaler Eingang noch durch eine kleine jetzt Pontikonisi Mauseinsel) genannte Felsinsel geschutzt ist, war wahrscheinlich der Kriegshafen mit dem Arsenal und der Schiffswerfte, der durch die auf dem höchsten westlichen Theile der Landzunge erbaute Oberstadt vertheidigt wurde: heut zu Tage ist er in Folge starker Versandung eine fischreiche, aber durch ihre Ausdünstungen wenigstens während des Sommers gesundheitsgefährliche Lagune, Chalikiopulo oder auch Salına genannt.[1]) Sowohl in der auf dem niedrigen Landrücken zwischen den beiden Buchten gelegenen Vorstadt Garitza oder Kastrades, als auf der ganzen noch jetzt Paläopolis (Altstadt genannten Landzunge finden sich zahlreiche, aber meist sehr unansehnliche Reste der alten Stadt — Säulentrones, Ziegeltrummer und Scherben von Thongefassen — zerstreut: das Bedeutendste sind die auf einem jetzt Cardacchio genannten Platze an der Ostkuste in der Nahe einer reichen Quelle gelegenen Ruinen eines dorischen Tempels Hexastylos Peripteros) mit alterthumlichen, sehr weit gestellten Säulen und einem eigenthumlichen Einbau im Innern der Cella, der vielleicht zu Bädern bestimmt war.[2] Welcher Gottheit dieser Tempel geweiht war, ist nicht

[1]) Thuk III, 72; 81; vgl. Ansted p 38 ss.; Vischer Erinnerungen S 21 f. Der östliche Hafen scheint nach Eustath. ad Dionys. Per. 492 den Namen *Ἀλκινόου λιμήν* geführt zu haben *Ναώριον* und *σκευοθήκα* C. I. gr. n. 1838, b, 11 f.

[2]) Vgl. W. Railton 'The newly discovered temple at Cadachio' im vierten (Supplement-) Bande der Antiquities of Athens and other places in Greece, Sicily etc (London 1830 ; Dr. P. F. Krell Geschichte des dorischen Styls (Stuttgart 1870 S 27 ff. Die Vermuthung, dass der Tempel dem Apollon oder Asklepios geweiht gewesen sei, stützt sich auf die durchaus unerwiesene Voraussetzung, dass die Inschrift C. I. gr. n. 1838

zu ermitteln. Aus Thukydides kennen wir als Cultgebäude in der Stadt das Heräon, vor welchem eine Insel lag (darnach scheint es auf dem südwestlichsten Punkte der Landzunge gegen Pontikonisi hin gestanden zu haben), Heiligthümer der Dioskuren und des Dionysos (dessen Cult besonders durch die Münzen bezeugt ist, ein Temenos des Zeus und eins des Alkinoos.[1]

Ausser den zwei Häfen zu beiden Seiten der Landzunge besass die Stadt noch einen dritten etwas weiter nördlich gelegenen, den Haupthafen der jetzigen Stadt, der durch die im Norden davor liegende, im Alterthum befestigte kleine Insel Ptychia (jetzt Vido) geschützt wird.[2])

Der gesammte Grund und Boden der Insel war theils Eigenthum des Staates, also eine Art Domaine,[3]) theils reicher Privatleute, welche, wie oben bemerkt, in allen Theilen der Insel ihre Landhäuser mit den zur Bebauung des Landes nöthigen Sclavenschaaren hatten. Eine städtische Ansiedelung hat es ausser der Hauptstadt wenigstens in der älteren Zeit auf der Insel nicht gegeben; erst in der römischen Zeit wird eine Stadt Kassiope erwähnt, welche 120 Stadien von der Hauptstadt auf dem gleichnamigen Vorsprunge der Nordostküste (auf welchem sich bis jetzt Mauerreste, Fundamente von Gebäuden und Säulentrümmer erhalten haben) gelegen, einen Hafen und ein Heiligthum des Zeus Kasios besass.[4]). Da wir nun in Epeiros im Gebiete der Molosser

---

(über deren Fundort nichts bekannt ist) sich auf den Bau oder die Herstellung dieses Tempels beziehe.

[1]) Thukyd. I, 24; III, 70; 75; 79; 81; vgl. Diod. XIII, 48. *Ἡραίς* als Name einer Oertlichkeit (jedenfalls des Stadttheils, in welchem das Heräon lag) C. I. gr. n. 1840, 16. Dieselbe Inschrift enthält noch folgende Ortsnamen, die wir nicht mehr fixiren können: *Μολοκᾶς* (vgl. oben S 357, Anm. 1); *Μινωία*; *ἁ νᾶσος* (nach Mustoxidi Delle cose Corc p. 187 die Halbinsel, auf welcher die jetzige Stadt liegt); *Λιπάρα*; *ἁ Κωμικοῦ*; *Σχινοῦρις*; *Ἀλλανὶς κώμα*. Nach C. I. gr. n. 1845, 53 führte ein Platz oder eine Strasse in der Stadt den Namen *τὰ ἅρματα*.

[2]) Drei Häfen *κατὰ τὴν πόλιν* erwähnt ausdrücklich Scyl. Per. 29. *Πτυχία*: Thukyd. IV, 46; Ptol. III, 14, 11; Steph. u. d. W.; Plin. IV, 12, 53.

[3]) Das Vorhandensein solcher bezeugte die Inschrift C. I. gr. n. 1840, nach welcher beträchtliche Strecken Weinland, Saatland und einige Häuser vom Staate an seine *πρόξενοι* verpachtet werden.

[4]) Strab. VII, p. 324; Cic. Epist. ad fam. XVI, 9, 1; Suet Nero 22; Plin. IV, 12, 52; Ptol III, 14, 11; Gell N. a. XIX, 1, 1; Ulpian. in

einen Volksstamm der Kassopäer und eine Stadt Kassopia kennen s. Bd. I, S. 29 f.), so können wir vermuthen, dass die Gründung der korkyräischen Stadt in die Zeit gehört wo die schon ziemlich herabgekommene und entvölkerte Insel unter der Herrschaft des Pyrrhos, Konigs von Epeiros, stand, dem sie seine Gemahlin Lanassa, die Tochter des syracusanischen Tyrannen Agathocles, der nach Vernichtung der Korkyra blokirenden Flotte des Kassander die Insel als gute Prise betrachtete 299 v. Chr., als Mitgift zugebracht hatte.[1] Der Hauptgrund für das Sinken des Wohlstandes und der Bevolkerungszahl der Insel, die schon als Dependenz von Korinth in Gemeinschaft mit der Mutterstadt bluhende Colonien Epidamnos und Apollonia in Illyrien, Leukas und Anaktorion in Akarnanien gegrundet hatte, dann nach der Lostrennung von Korinth mit diesem als einer der ersten Handels- und Seestaaten Griechenlands wetteiferte, waren die blutigen Fehden, welche bald nach Ausbruch des peloponnesischen Krieges besonders im Jahre 427 v. Chr., dann wieder im Jahre 361 v. Chr. zwischen den Aristokraten und der Volkspartei gefuhrt wurden.[2] Ferner wurde die Insel schwer geschädigt durch die Plunderungen der illyrischen Piraten, welche unter ihrer Königin Teuta sich derselben bemachtigten und den Demetrios von Pharos als Statthalter einsetzten, der die Insel im Einverständniss mit den Bewohnern dem römischen Consul Cn. Fulvius Centumalus überlieferte

---

Digest. XIV, 1, 1, 12: vgl. Mustoxidi Delle cose Corcir. p. 146 ss. Das Bild des Ζεὺς *Κάσιος* oder *Κάσσιος* erscheint auf Münzen der Insel aus der romischen Kaiserzeit (Postolakas *Κατάλογος* p. 36, n. 460 ss.); zwei Weihinschriften 'Iovi Casio' bei Mustoxidi Delle cose Corc. p 240 s. Noch Procop. De bello Goth. IV, 22 (p. 576 ed. Dindorf erwahnt in der Stadt ein aus Steinen zusammengesetztes Schiff, das Weihgeschenk eines Kaufmanns an den Ζεὺς *Κάσιος*.

[1]) Diodor. XXI, fr. 6 ed Bekker; Plut. Pyrrh. 9; vgl. Paus. I, 11, 6; Justin. XXV, 4, 8.

[2]) Thuk. III, 70 ff; IV, 46 ff.; Aeneas Comm. poliorcet. 11, 13 f; Diod. XV, 95 Auf die zügellose Demokratie, welche in Folge des Sieges der Volkspartei im Jahre 427 herrschte, geht wahrscheinlich das Sprüchwort *ἐλευθέρα Κόρκυρα, χέζ' ὅπου θέλεις*, welches Strabon (VII, p. 329, fr. 8) auf die Verödung der Insel zur Zeit der Römer bezieht Unklar ist der Ursprung des sprüchwörtlichen Ausdrucks *Κορκυραία μάστιξ*: schol Aristoph. Aves 1463; Strab VII, p. 329, fr. 3; Zenob. IV, 49; Diogenian. V, 50 u ö.

229 v. Chr.)[1]. Von den Römern als Freistaat erklärt und mit ihnen im Kampfe gegen Philipp V. von Makedonien und gegen die Aetoler verbündet, als Station für eine Kriegsflotte sowie fur den Verkehr mit Griechenland von grosser Bedeutung, erholte sie sich allmalig wieder und besass, obschon durch verheerende Einfälle der Vandalen und Gothen, später der Sarazenen wiederholt heimgesucht, noch unter der byzantinischen Herrschaft eine nicht unbeträchtliche Seemacht. Nachdem sie im 11. und 12. Jahrhundert zweimal vorubergehend in die Hände der Normannen gerathen, bei der Theilung des byzantinischen Reiches unter die Franken im Jahre 1204 den Venezianern, die sie aber nur nominell in Besitz nahmen, zugewiesen worden war, kam sie im Jahre 1267 in die Hande Karl's von Anjou und wurde Anfangs durch Generalvicare, dann als Lehnsfürstenthum durch neapolitanische Prinzen regiert, bis sie sich im Jahre 1386 den Veneziauern ubergab.[2]) Im Besitz derselben blieb sie bis zum Untergang der Republik im Jahre 1797, worauf sie die Schicksale der übrigen sogenannten ionischen Inseln theilte (vgl. oben S. 347). Heutzutage hat sie gegen 74,000 Einwohner, von denen etwa 25,000 in der Hauptstadt, die ubrigen in zahlreichen Dörfern, die uber alle Theile der Insel zerstreut sind (man zählt deren ungefähr 40), wohnen.[3]

Zum Gebiet von Korkyra gehört ausser der schon erwähnten Insel Ptychia (Vido) eine kleine Inselgruppe nahe der Nordwestküste, welche wenigstens im späteren Alterthum den Namen Othonoi, im Mittelalter den Namen Tetranisia fuhrte.[4] Die grösste Insel der Gruppe ist die westlichste, jetzt Fano oder Othonus (εἰς τοὺς Ὀθωνούς), im Alterthum wahrscheinlich Othronos genannt, heutzutage von etwa 1000 Menschen bewohnt, die sich ausser mit Fischfang besonders mit der Jagd auf die im

---

[1]) Polyb. II, 9—11; vgl. Appian. Illyr. 7; Zonar. VIII, 19 (Vol. II, p. 170 ed. Pinder)

[2]) Vgl. fur die Geschichte der Insel im Alterthum Müller De Corcyraeorum republica p 9 ss. und Mustoxidi Delle cose Corc. p 40 ss., für die mittelalterliche Geschichte denselb. ebds. p. 385 ss.

[3]) Vgl. die Uebersicht im Ἐθνικὸν ἡμερολόγιον τοῦ ἔτους 1871 p 507 ss.

[4] Ὀθονοί Procop. De bello Goth. IV, 22 (p. 575 Dind.), der ausdrücklich 3 Inseln erwahnt und angiebt, dass sie zu seiner Zeit weder von Menschen noch von Thieren bewohnt waren. Τετρανήσια im Leben des Erzbischofs Arsenios bei Mustoxidi Delle cose Corc. p. 409; vier Inseln erwähnt auch Roger von Howeden ebds. p. 144.

Frühling in grossen Massen hier niederfallenden Wachteln beschäftigen: in der Westküste der Insel öffnet sich eine geräumige, nur vom Meere aus zugängliche Grotte, die früher oft Seeräubern zur Zuflucht diente.[1]) Oestlich von Othonus liegt Erikusi (von den italienischen Schiffern Maslera genannt), die alte Erikusa, mit einer Bevölkerung von etwa 600 Seelen. Ohne stehende Bewohner sind die beiden südlicher gelegenen Salmastraki und Diaplo, deren antike Namen nicht mit Sicherheit zu bestimmen sind.[2])

Paxos Etwas über eine Meile südlich von der Südspitze Korkyra's liegt die $1\frac{1}{4}$ Quadratmeilen umfassende Insel Paxos, welche im Alterthum gewöhnlich mit ihrer weit kleineren südlichen Schwesterinsel (jetzt Antipaxos, im spätern Alterthum Propaxos genannt) unter dem Namen *οἱ Παξοί* zusammengefasst wurde.[3] Im Alterthum gehörten beide Inseln ohne Zweifel zu Korkyra, dessen Schicksale sie auch später theilten; bei der Constituirung der Republik der sieben Inseln wurde aber Paxos als selbständiges Glied derselben anerkannt. Die Insel ist durchaus gebirgig, hat einen einzigen, jetzt Potamo genannten Bach, und fast gar keine Quellen trinkbaren Wassers, dagegen einige Schwefelquellen; sie bringt besonders Oliven in reicher Fülle und vorzüglicher Qualität hervor. In den steil nach dem Meere abfallenden Felswänden der West- und Südwestküste finden sich mehrere nur durch Boote zugängliche geräumige und sehr malerische Grotten. Spuren einer antiken Ortschaft sind bis jetzt wenigstens noch nicht entdeckt worden. Heutzutage wohnt die etwa 6000 Seelen betragende Bevölkerung theils in dem nahe der Ostküste gelegenen Städtchen Gaion (mit einem bei stürmischen Wetter schwer zugänglichen Hafen), theils in einigen Dörfern. Antipaxos, dessen felsiger Boden an einigen Stellen Asphalt in flüssigem Zustande

[1]) *Ὀθρωνός* Lycophr. Alex. 1027 und 1034; Steph. Byz. und Hesych. u. d. W.; Plin IV, 12, 52 (*v. l.* Thoronos) Vgl. Ansted p. 121.

[2]) *Ἐρικοῦσα* (nach dem Haidekraut, *ἐρείκη* od. *ἐρίκη*, benannt) Ptol. III, 14, 12; Plin. IV, 12, 53. Salmastraki heisst (nach Mustoxidi Delle cose Corc. p. 145) in einem Diplom König Karl's III. von Neapel vom Jahre 1383 Mathrace, ein Name, welchem unter den von Plin. a a O. aufgeführten Malthace am nächsten kommt; doch könnte man auch an Marathe denken.

[3]) Polyb. II, 10; Dio Cass. L, 12; Plut. De def. orac. 17; Plin. IV, 12, 52; Hesych. u. *Πάξος*. Propaxos: Itiner. Anton. mar. p 519 ed. Wesseling. Vgl. über die Inseln Ansted p. 117 ss.

ausschwitzt, wird jetzt von kaum 100 Menschen, meist Schäfern und Fischern, bewohnt.

Inseln der Taphier.

Zwischen der als natürliches Anhängsel Akarnaniens schon Band I, S. 115 ff. geschilderten, erst durch Menschenhand zur Insel gemachten Leukas und dem Festlande liegt eine nicht unbeträchtliche Inselgruppe, welche im Alterthum mit dem Namen der **Inseln der Taphier** bezeichnet und zu Akarnanien (das in vorhistorischer Zeit von den Bewohnern dieser Inseln beherrscht worden sein soll, während in den historischen Zeiten das Verhältniss umgekehrt war) gerechnet,[1] in neueren Zeiten dagegen als ein Bestandtheil des Staates der sieben Inseln und zwar mit Ausnahme der eine Dependenz von Leukas bildenden Hauptinsel Meganisi als zu Ithaka gehörig betrachtet wurde. Diese Hauptinsel, von den Alten **Taphos** oder **Taphias** genannt, nur durch einen etwa $1/2$ Stunde breiten Canal von der Südostküste von Leukas getrennt, mit welcher sie, wie die Schichtung des Gesteins lehrt, ursprünglich zusammenhing, hat ungefähr die Form einer Mondsichel oder eines gespannten Bogens, dessen Krümmung gegen Westen gerichtet ist; doch ist der nördlichere Theil bedeutend breiter als der südlichere und bietet an der Nordküste in einigen tief ausgezackten Buchten den Schiffern treffliche Häfen dar. Daher war die Insel, der Wohnsitz der 'ruderliebenden Taphier', schon in den ältesten Zeiten ein nicht unwichtiger Stapelplatz und ein Hauptsitz der Seeräuberei; letzteres ist sie bis in die neuere Zeit geblieben. Der Boden der Insel ist ziemlich fruchtbar: sie producirt namentlich trefflichen Weizen, auch Flachs, und liefert ausgezeichnete Bausteine. Die Einwohner, etwa 600 Seelen, treiben jetzt meist Viehzucht und exportiren eine nicht unbeträchtliche Quantität von Käse.[2]) Oestlich von Meganisi liegt die an Grösse ihr wenig nachstehende Insel Kalamo, von den Alten **Karnos** genannt,[3]) mit einem guten Hafen an der Südost-

[1]) *Αἱ τῶν Ταφίων νῆσοι πρότερον δὲ Τηλεβοῶν* Strab. X, p. 459, vgl. p 461. **Teleboides eaedemque Taphiae** Plin. IV, 12, 53. Daraus, dass Steph. Byz. *Τάφος* als *πόλις Κεφαλληνίας* bezeichnet, darf man wohl schliessen, dass diese Insel und mit ihr die ganze Gruppe zeitweise zu Kephallenia gehört hat; vgl. Apollodor. II, 4, 5 und 7.

[2]) Od. α, 181; 417 ss.; ξ, 452; ο, 427; π, 426; Strab. X, p. 456; 459; 461; Plin. a. a. O. u. XXXVI, 21, 151; vgl. Goodisson Essay p. 82 s., Ansted p. 197.

[3]) Scyl. Per. 34; Steph. Byz. u. *Κάρνος*. Vgl. Ansted p. 288 s.

seite und einem mittelalterlichen Kastell, Xylokastro, oberhalb der Nordostspitze, jetzt von etwa 100 Familien bewohnt, die meist Ackerbau treiben. Auf einer dieser beiden Inseln wird die als Stadt der Taphier genannte Ortschaft **Aspalatheia** anzusetzen sein.[1] Für die übrigen Inseln der Gruppe (Kastus südöstlich von Kalamo, mit einem Dorfe und zwei Hafen, Atako südwestlich von Kastus und Arkudi südwestlich von Meganisi, die beiden letzteren unbewohnt ebenso wie eine Anzahl ganz kleiner theils zwischen den bisher genannten, theils nördlich von Meganisi gelegener Inselchen sind uns keine antiken Namen überliefert.[2])

Südöstlich von dieser Gruppe liegen nahe der Küste Akarnaniens die von den Alten als **Oxeia** und **Echinades** bezeichneten Gruppen kleiner Felsinseln (s. Bd. I, S. 119), südwestlich die beiden an Grösse sehr ungleichen, aber von Natur zusammengehörigen Schwesterinseln[3] Ithake und Kephallenia.

Ithake **Ithake**,[4]) vom Volke heutzutage mit leichter Metathesis

[1]) Nikandros bei Steph. Byz. u. Ἀσπαλάθεια: das der Stadt beigelegte Epitheton βοήροτος passt auf Karnos so gut als auf Taphos, da beide Inseln gutes Ackerland haben; der Strauch ἀσπάλαθος Spartium villosum, eine Art Binsenpfrieme), nach welchem die Stadt offenbar benannt ist, kommt in allen Theilen Griechenlands häufig vor.

[2]) Vgl Dodwell Class. u. topogr. Reise I, 1, S. 83 Kiepert hat vermuthungsweise die im Schiffscatalog (B, 633, zwischen Ithake und Neritos einerseits, Zakynthos und Samos anderseits aufgeführten Ortsnamen **Krokyleia** und **Aegilips**, deren Beziehung schon den Alten ganz unklar war, auf die Inseln Arkudi und Atako (von denen es mir sehr zweifelhaft ist, ob sie im Alterthum bewohnt waren , bezogen. Strab. X, p 452 (vgl. VIII, p. 376) sucht beide Orte auf Leukas, und ebenso ist wohl der etwas unklare Ausdruck bei Steph. Byz. u. Αἰγίλιψ· πλησίον Κροκυλείων τῆς ἠπείρου zu verstehn (mit Bezug auf Leukas als ἀκτὴ ἠπείροιο), der Grammatiker Herakleon aus Ephesos dagegen (bei Steph. Byz u. Κροκύλειον betrachtet beide als Theile von Ithaka, was auch mir als das Wahrscheinlichste erscheint. **Crocylea** neben dem (fälschlich von Cephallenia unterschiedenen Same bei Plin IV, 12, 54. Die Ansicht Spon's Voyage d'Italie, de Dalmatie, de Grèce et du Levant, Lyon 1678, I, p 132), dass Atako das homerische Ithaka sei, mag nur der Curiosität halber angeführt werden.

[3]) Dionys. Call. Descr. Gr. 50 ss. bezeichnet beide als νῆσοι Κεφαλλήνων.

[4] Vgl W. Gell The geography and antiquities of Ithaca, London 1807, C. Chr. E. Schreiber Ithaca oder Versuch einer geographisch-antiquarischen Darstellung der Insel Ithaca nach Homer und den neuern Reisenden,

Thiaki (*Θιάκη* genannt, mit einem Umfang von etwas uber 3 Quadratmeilen, besteht aus zwei Bergmassen, welche nur durch einen schmalen Isthmos, eine ziemlich unfruchtbare Hugelkette, im Westen verknüpft sind, während von Osten her das Meer in einer weiten Bucht zwischen sie eindringt. An der Südseite dieser, jetzt 'Golf von Molo' genannten Bucht zieht sich eine schmälere tief ins Land hinein, welche einen trefflichen Hafen auch fur grosse Schiffe bildet; am südlichen Ende derselben liegen im Halbkreise die weissen Häuser des nach der tiefen Bucht benannten Städtchens Vathy, des jetzigen Hauptortes der Insel, über welchem der sudliche Bergstock (jetzt Hagios Stephanos genannt bis zu einer Hohe von 671 Meter emporsteigt. Höher, bis zu 807 Meter, erhebt sich der nördliche Bergzug jenseits des Isthmos in seinem sudlicheren Theile (dem jetzigen Berge von Anoi), während ein zweiter Gipfel desselben, der gegen Nordwesten ins Meer vortretende Berg von Oxoi, nur die Höhe von 525 Metern erreicht.[1] Zwischen der Ostseite dieses Berges und dem noch

---

Leipzig 1829; Leake Travels in northern Greece III, p. 24 ss.; E. Gandar De Ulyssis Ithaca. Quae sit Homero locos describenti fides adhibenda, Paris 1854; Ansted p. 231 ss.; R. Hercher 'Homer und das Ithaka der Wirklichkeit' im Hermes I, S. 263 ff.; H. Schliemann, Ithaka, der Peloponnes und Troia, Leipzig 1869 G. F Bowens Ithaka Corfu 1850 ist mir ebensowenig zugänglich als N. Karavias Grivas *Ἱστορία τῆς νήσου Ἰθάκης ἀπὸ τῶν ἀρχαιοτάτων χρόνων μέχρι τοῦ* 1849, Athen 1849. Dass es im Alterthum mehrere *περιηγήσεις* der Insel gab, zeigt Porphyr. De antro nymph. 2.

[1]) Dass die homerischen Bergnamen *Νήριτον* und *Νήιον* in den historischen Zeiten auf der Insel nicht in Gebrauch waren, scheint mir aus der Art, wie die griechischen Schriftsteller (besonders Strab. X, p. 454) darüber sprechen, mit Sicherheit hervorzugehen. Das *Νήριτον* (Il. *B*, 632; Od. *ι*, 21 f , *ν*, 351) wurde ziemlich allgemein in dem hochsten Berge der Insel, dem von Anoi, wiedererkannt (nur Herakleon bei Steph Byz. u. *Κροκύλειον* scheint den Namen auf den südlichen Berg, den Stephanos, bezogen zu haben); über die Lage des *Νήιον* aber, an dessen Fusse der Hafen *Ῥεῖθρον* lag (Od. *α*, 186; vgl. schol. zu d St. und zu *ι*, 22: ob *ἐξ Ἰθάκης ὑπονηΐου γ*, 81 auf die Stadt oder auf die ganze Insel zu beziehen sei, ist unsicher), giengen die Ansichten der Alten ebenso auseinander als die der Neueren. Meiner Ansicht nach ist die Frage ebensowenig zu entscheiden als andere Punkte der homerischen Topographie, da der Dichter der Odyssee die Oertlichkeiten nicht nach Autopsie, sondern nur nach einer ziemlich unbestimmten und unklaren Vorstellung schildert.

weiter gegen Norden vorgeschobenen Hügelzuge, welcher in dem Cap Marmaka, dem nördlichsten Punkte der Insel, endet, öffnet sich die jetzt Aphales genannte Bucht; an der Südwestseite dieses Hügelzugs liegt die besser geschützte Bucht Phrikiäs mit einem kleinen Dorfe gleichen Namens, in welche ein kleiner, nach dem schwarzen Niederschlage seines leicht versiegenden Wassers Melanydros genannter Bach mündet. Abgesehen von diesen Buchten, welche die Bewohner der Insel frühzeitig auf die Schifffahrt als Haupterwerbsquelle hinweisen mussten, fallt die Küste meist in steilen, hie und da von Grotten unterhöhlten Wänden zum Meere ab. Die Berge und Hügel, welche die ganze Insel erfüllen (eine Ebene hat dieselbe gar nicht, sondern nur einige schmale Thäler), sind jetzt ganz ohne Bewaldung, die Gipfel und Rücken sind kahl, nur hie und da mit Strauchwerk bewachsen; die mit einer dunnen Humusschicht bedeckten Abhange sind für die Cultur des Weinstocks und der Korinthenrebe, welche jetzt die Hauptproducte der Insel bilden, trefflich geeignet. Auch Olivenöl wird ausgeführt, Getreide dagegen nur in geringer, für die etwa auf 12,000 Seelen sich belaufende Bevölkerung bei weitem nicht ausreichender Quantität gebaut; die Viehzucht beschränkt sich auf das Halten zahlreicher Ziegenheerden. Das Meer bietet ausser Fischen auch Schwämme und Korallen zur Ausbeutung dar.[1])

Der Name der Insel scheint ebenso wie der altere Name ihrer grosseren Schwesterinsel, Same, semitischen Ursprungs zu sein und von einer alten Handelsniederlassung der Phöniker, an welche sich bei den Griechen freilich nicht einmal eine mythische Erinnerung erhalten hatte, Zeugniss abzulegen.[2]) Im hellsten Glanze mythischen und dichterischen Ruhmes aber erscheint die Insel in der griechischen Heroenzeit als Mittelpunkt des von Odysseus beherrschten Reiches der Kephallenen, als Schauplatz der Sagen von der Heimkehr des Odysseus, seiner treuen Gattin Penelopeia und ihrem Sohne Telemachos, den 'göttlichen Sauhirten' Eumaos und andere mehr untergeordnete Persönlichkeiten nicht zu vergessen. Von diesem mythischen Glanze her haftet an der in der

[1]) Vgl Ansted p. 254 s. Nach dem Glauben der Alten konnten auf Ithake keine Hasen leben: Aristot. Hist. an. VIII, 27, 2; Antigon. Caryst. Histor. mir. 11.

[2]) Ἰθάκη = Ἰτύκη (Utica) = עת־ק 'colonia': vgl Olshausen Rhein. Mus n F. VIII, S. 329.

historischen Zeit durchaus unbedeutenden und fast nur als Anhängsel der weit grössern Nachbarinsel Kephallenia erscheinenden Insel ein romantischer Schimmer, welcher die Augen alter und neuer Geographen geblendet hat, so dass sie die homerischen Schilderungen, Erzeugnisse der dichterischen Phantasie, in allen Einzelheiten wiederzuerkennen geglaubt und nachzuweisen versucht haben, ein Bestreben, das bei den für den Ruhm ihrer Heimath und die Befriedigung der Neugier der Touristen besorgten Einwohnern leichter zu entschuldigen ist als bei anderen.

Dass der Dichter sich die Stadt mit dem Hause des Odysseus und mit dem tiefen Hafen unterhalb an der Nordwestseite der Insel gelegen gedacht hat, zeigt die Erzählung von den Freiern, welche dem von Süden her heimkehrenden Telemachos in dem Sunde zwischen Ithake und Samos (Kephallenia) bei der kleinen Insel Asteris auflauern, womit nur das kleine im spätern Alterthum Asteria, jetzt Daskalio genannte Felseiland, das einzige, welches zwischen beiden Inseln liegt, gemeint sein kann. Freilich verräth der Dichter gleich seinen Mangel an Ortskenntniss durch die Schilderung dieses Eilandes als mehrere Häfen mit doppeltem Eingange enthaltend, während es nur eine grössere Felsklippe ohne Hafenbucht ist.[1]) Schon daraus ergiebt es sich, wie thöricht es ist, in den auf dem jetzt Aëto genannten Rücken des Isthmos, also südwärts von jenem Eiland, erhaltenen Resten einer alterthümlichen Befestigung, von welchen W. Gell eine rein phantastische, völlig unwahre Restauration gegeben hat, den Palast des Odysseus wiedererkennen zu wollen: dieselben gehören einem kleinen Kastell an, welches den Namen Alkomenä oder Alalkomenä führte.[2]) Die der Insel selbst gleichnamige Stadt der

---

[1]) Od. δ, 844 ff.; Strab. I, p. 59; X, p. 456; Steph. Byz. u. Ἀστερία. Die Annahme alter Geographen, dass die Insel im Laufe der Jahrhunderte bedeutende Veränderungen erlitten habe, ist willkürlich, die Kruse's (Hellas II, 2, S. 453 ff.), dass die jetzt Erisso genannte nordlichste Halbinsel von Kephallenia einst eine besondere Insel, eben die homerische Asteris gewesen sei, physisch unmöglich.

[2]) Istros bei Plutarch. Quaest gr. 43; Steph. Byz. u. Ἀλκομεναί; vgl. Apollodor. bei Strab. X, p. 457, der den Ort auf die Insel Asteria versetzt (wenn dem nicht, wie die Worte τὸ ἐπ' αὐτῷ τῷ ἰσθμῷ κείμενον vermuthen lassen, ein Missverständniss Strabons zu Grunde liegt). Ueber die Ruinen s. Goodisson Essay p 122 ss.; Ansted p. 278 ss., Leake

historischen Zeit lag im nordlichen Theile der Insel unterhalb des Berges von Oxoi auf dem Plateau zwischen der Bucht Phrikias und der noch jetzt Polis genannten Bucht am sudwestlichen Fusse jenes Berges: hier finden sich noch Reste von Mauern und Thürmen aus verschiedenen Epochen, Graber, Vasenscherben, Ziegelstucke und einige spätere Inschriften, welche das Fortbestehen der Stadt bis in die römische Zeit bezeugen.[1]) Der Dichter der Odyssee scheint nun zwar von der Existenz und Lage dieser Stadt eine freilich ziemlich unsichere Kunde gehabt, im Uebrigen aber seine Schilderungen sowohl einzelner Theile der Stadt, wie namentlich des Hauses des Odysseus, als auch anderer Oertlichkeiten auf der Insel, wie des Hafens des Phorkys mit der Nymphengrotte (die man in der kleinen gerade westlich von Vathy gelegenen Bucht von Dexia wiederfinden will und der Quelle Arethusa nebst dem Fels des Korax welche die einen an der Südostküste, die anderen im Norden der Insel in der Nähe der Bucht von Phrikiäs suchen , frei nach Analogien anderer ihm bekannter griechischer Gegenden erfunden zu haben.[2]. Auch die angebliche

---

Northern Greece III, p. 34; Fr. Thiersch's Leben, herausgeg. von H. W. J Thiersch, Bd II, S. 336; Hercher im Hermes I, S. 276

[1]) Stadt und Hafen erwähnt auf Ithake Scyl Per. 34; drei Häfen Dionys. Calliph. Descr. Gr 52; die der Insel gleichnamige Stadt Ptolem III, 14, 13; Cic. De orat. I, 44, 196. Inschriften C. I. gr. n. 1925 ff; vgl. Addenda Vol. II, p. 988 von n. 1926, einer Stele des Museum Nanianum, auf welcher die von Xenoph. Anab V, 3, 13 mitgetheilte Inschrift wörtlich wiederholt ist, ist mir nicht nur die Provenienz, sondern auch die Aechtheit sehr zweifelhaft. Ueber die antiken Reste bei und oberhalb der Bucht Polis Leake a a. O. p 46 ss. und Ansted p. 246; über die naher nach der Bucht von Phrikias zu, oberhalb der Bucht Aphales gelegenen, jetzt mit dem seltsamen Namen der 'Schule des Homer' bezeichneten Mauerreste (eher von einem Wartthurm als von einem Tempel) Ansted p. 238 ss. (mit Grundplan und Skizzen einiger Mauerstücke).

[2] Φόρκυνος λιμήν und ἄντρον Νυμφάων Od. ν, 96 ff. und 345 ff., vgl. schol zu V. 96, woraus man sieht, dass Oertlichkeiten an verschiedenen griechischen Küsten nach Phorkys benannt wurden, wie ja auch Nymphengrotten fast überall in Griechenland vorkommen Ueber die Bucht von Dexia mit der angeblichen Grotte s. Ansted p. 260 ss.; Hercher Hermes I, S. 277 ff Κόρακος πέτρη und κρήνη Ἀρέθουσα Od. ν, 408 beides ofter wiederkehrende Berg- und Quellnamen): über die dafür gehaltenen Oertlichkeiten s. Ansted p. 245 s. und p. 265 ss. Die Tradition, nach welcher Schliemann einige Weinberge am Meeresufer in der Nahe des Dorfes Hagios Ioannis, 1½ Stunde von Levki als ἄγρος Λαέρτου bezeich-

Ortschaft Polyktorion ist jedenfalls nur eine Erfindung antiker Grammatiker aus der Stelle der Odyssee, in welcher Ithakos, Neritos und Polyktor als Erbauer des Stadtbrunnens von Ithake genannt werden.[1])

Die westliche Nachbarinsel Ithake's, in der altesten Zeit mit dem orientalischen Namen Samos oder Same, später nach dem Volksstamme der Kephallenen, welche schon die homerischen Gesänge als ihre Bewohner kennen, Kephallenia italiänisch Cefalonia benannt,[2] an Umfang (16,39 Quadratmeilen die bedeutendste unter den sogenannten ionischen Inseln, besteht aus einer compacten Masse meist gebirgigen Landes, an welche zwei schmälere, ebenfalls bergige Landzungen angehangt sind: die eine gegen Norden gerichtet, jetzt Halbinsel von Erissos genannt, deren vielfach ausgezackte Ostküste der Westküste von Ithake parallel läuft; die andere von der Nordwestecke der Insel gegen Süden vorgeschoben, noch jetzt nach der antiken Stadt Pale, deren Gebiet sie bildete, Paliki genannt. Zwischen der Ostküste dieser letzteren und der Hauptmasse der Insel zieht sich der tiefe Golf von Argostoli hin, welcher an seiner Südostseite bei der Stadt, der er seinen Namen verdankt der jetzigen Hauptstadt der Insel . einen trefflichen Hafen darbietet. Eine weitere, aber weniger tiefe Bucht, die Bucht von Samos (nach dem nahe bei den Ruinen der alten Stadt Same gelegenen Dörfchen Samos benannt), öffnet sich gegen Nordosten an der

Kephallen

net wurden (Ithaka S. 37), dürfte wohl ziemlich neuen Ursprungs sein. Einen schlagenden Beweis dafür, wie bis in die neueste Zeit auf Ithaka angebliche Traditionen erfunden werden, giebt was Ansted p. 276 berichtet: das Stück eines von französischen Ingenieuren auf dem Gipfel des Neritos errichteten kleinen Thurmes Steinpyramide?) wurde ihm als der Platz gezeigt, wo die Mutter des Odysseus plötzlich ihres Sohnes genesen sei.

[1]) Od. ρ, 207 c. schol.; Etym. M. p. 681, 44.

[2] *Σάμος* Il. B, 634; Od. δ, 671 u. ö.; *Σάμη* Od. α, 246 u. ö ; vgl. Strab. X, p 453, über die Bedeutung des Namens dens. VIII, p 346. Anderer alter Name Melaena nach Plin IV, 12, 54. Für *Κεφαλληνία* lateinisch Cephallenia, fur die Schreibung mit λλ vgl Eustath. ad Dionys. Per 431) geben bei Procop. De bello Goth III, 40 p. 452 ed. Dindorf die besten Codd. *Κεφαλωνία*. Vgl über die Insel Beeskow Die Insel Cephalonia, Berlin 1860; Goodisson Essay p 130 ss.: Leake Northern Greece III, p. 55 ss ; Ansted p 293 ss. Die Schrift von El. Zervos Jakovatos *Συλλογὴ ἀρχαιολογικῶν λειψάνων τῆς νήσου Κεφαλληνίας*, Kephallenia 1861, ist mir nicht zugänglich.

Ostseite der Insel; eine noch betrachtlich weitere an der Nordseite, jetzt nach dem auf einem Vorsprung der Westküste der Halbinsel erbauten Kastell Assos (dessen Name vielleicht aus dem Alterthum stammt, wie auch Erissos auf ein antikes Eresos zurückweist) der Golf von Assos genannt. Die vielfach von fruchtbaren Thälern und Hochebenen unterbrochenen Gebirge erheben sich am mächtigsten im südöstlichen Theile der Insel in der von Nord nach Süd fast zwei Meilen langen, im Osten durch das Thal von Rakli dessen Name wohl auf ein antikes Herakleia oder Herakleion zuruckzuführen ist,[1] von dem weit niedrigeren Bergzuge der Sudostkuste getrennten Kette des Aenos, jetzt Elatovuno oder von den Italienern Monte nero genannt nach den jetzt freilich durch Abholzung und durch Waldbrände sehr gelichteten Tannenwäldern, welche besonders die Westseite des Gebirges bedecken, dessen höchster Gipfel eine Höhe von 1620 Meter erreicht. Auf einer nur wenige Fuss niedrigeren, etwas weiter östlich gelegenen Kuppe findet man noch einige Trümmer von dem Altar des Zeus Aenesios und zahlreiche Fragmente calcinirter Knochen von den dem Gotte hier dargebrachten Opfern.[2]) Ein niedrigerer Höhenzug, über welchen die Strasse von Argostoli nach der Bucht von Samos hinuberführt, verbindet den nördlichsten Theil dieser Kette mit dem ungefahr in der Mitte der Insel gelegenen 1133 Meter hohen Berge Hagia Dynati, der durch ein ziemlich breites Thal von dem gegen Sudwesten gelegenen Berge Xerakia (1067 Meter hoch und den gegen Nordwesten vorgeschobenen Bergen Kardakata 996 Meter und Aterra 520 Meter: denselben Namen trägt das nordwestlichste Vorgebirge der Insel getrennt wird.[3]) Unbedeutender sind die Höhen an der Südwestkuste der Insel und auf den Halbinseln Erissos und Paliki. Die Abhange aller dieser Berge sind wohl angebaut, hauptsäch-

[1]) Auf Münzen der Stadt Pronnoi, zu deren Gebiet dieses Thal gehorte, ist auf dem Revers eine Keule in einem Lorbeerkranze, auf dem Avers ein jugendlicher männlicher Kopf mit kurzem Haar (vielleicht des Herakles) abgebildet: s. Postolakas *Κατάλογος* p 97, n. 953 und 958.

[2]) Strab. X, p 456; schol. Apoll Rhod. B, 297; vgl. Ansted p. 341 ss. Der lorbeerbekränzte Kopf des Zeus erscheint auf Münzen von Pronnoi, deren Revers einen Tannenzapfen zeigt: Postolakas a. a. O. n. 954 ff.

[3]) Welchem dieser Berge der von Steph. Byz. u. *Βαία* überlieferte, ebenso wie der des italischen Baiae auf einen Steuermann des Odysseus, *Βαΐος*, zurückgefuhrte Name Baia zukommt, ist nicht zu bestimmen.

lich mit Wein- und Korinthenpflanzungen, welche die wichtigsten Ausfuhrartikel liefern; ausserdem wird Oel, Südfrüchte, Getreide (jedoch nicht ausreichend für den Verbrauch der Bevölkerung, Baumwolle und Seide gebaut; auch Ziegen- und Schafheerden sind in ziemlicher Anzahl vorhanden.[1]) Flüsse hat die Insel gar nicht, sondern nur eine Anzahl Bäche, deren Wasser während der Sommermonate fast völlig versiegt. Im südöstlichen Theile der Insel, nicht weit von den Ruinen der Stadt Pronnoi, befindet sich ein jetzt Avathos genannter kleiner Bergsee von sehr geringem Umfang, aber beträchtlicher Tiefe; ein kleiner Bach, der eine beträchtliche Anzahl Mühlen treibt, fliesst aus demselben dem Meere zu. Auf der Halbinsel Paliki entspringen nördlich und südlich von dem Städtchen Lixuri starke Schwefelquellen, wahrscheinlich Ueberreste alter vulkanischer Thätigkeit, auf welche wohl auch die Erdbeben, von welchen die Insel häufig heimgesucht wird (eins der verheerendsten war das vom Jahre 1867) zurückzuführen sind.[2])

In politischer Beziehung bildete die Insel im Alterthum, abgesehen von der mythischen Zeit, wo sie als von Lehensfürsten unter der Oberhoheit des Odysseus beherrscht erscheint,[3]) eine Tetrapolis, d. h. sie war unter vier Städte (Same, Pronnoi, Krane und Pale) getheilt, von denen jede ihr eigenes Gebiet hatte, ihre eigenen Münzen prägte und ihre eigene auswärtige Politik verfolgte, wie zum Beispiel nur die Paleer am Kampfe gegen die Perser Antheil nahmen:[4]) ob dieselben trotzdem durch ein politisches

---

[1]) Getreide wurde im Alterthum besonders in der Gegend von Pale (auf der Halbinsel Paliki) gebaut: Polyb. V, 3. Von den Ziegen der Insel gieng die Sage, dass sie 6 Monate hin lurch nicht saufen: Aelian. De anim. III, 32.

[2] Der Bach, auf dessen einer Seite es nach Aristot. Hist. an. VIII, 27, 1 (vgl. Antigon. Hist. mir 3; Aelian. De an. V, 9) Cicaden gab, auf der andern nicht, ist wahrscheinlich der ungefähr in der Mitte der Insel in die Bucht von Samos fliessende See Ἄβαθος. Goodisson Essay p. 147 s. (der ἀβίαθος schreibt); Ansted p. 352 Schwefelquellen: Ansted p. 363 s. Erdbeben: derselbe p 368 s; uber das vom Jahre 1867 besonders Fouqué in den Archives des missions scientifiques, II. série, t. IV, p. 445 ss.

[3]) Il *B*, 634; Od *α*, 246; über die sonstigen die Insel betreffenden Sagen vgl. Beeskow S 25 f

[4]) Herod. IX, 28; *τετράπολις* Thuk. II, 30; Strab. X, p. 453; die Namen der 4 Stadte wurden nach Steph. Byz u. *Κράνιοι* (vgl. Etym. M. p. 507, 26 ff.) von 4 Sohnen des Kephalos (Pronos, Samos, Peleus und

oder wenigstens durch ein religiöses Band mit einander verbunden waren, wissen wir nicht. Daher hat auch die Insel im Alterthum niemals eine irgend bedeutende politische Rolle gespielt. Im zweiten Jahre des peloponnesischen Krieges genügte das Erscheinen einer athenischen Flotte, sie zum Anschluss an Athen zu bewegen, dem sie wenigstens bis zum Ende der syrakusanischen Expedition treu zur Seite stand. Dem neuen athenischen Seebunde vom Jahre 378 v. Chr. trat von den vier Städten nur Pronnoi bei; die übrigen waren wenigstens im Jahre 373 den Athenern feindlich.[1] Als Mitglied des ätolischen Bundes war die Insel sowohl wegen ihrer Lage als wegen der Schiffe, welche sie stellen konnte, für die Aetoler von grosser Wichtigkeit, daher Philipp V. von Makedonien im Jahre 218 v. Chr. einen freilich misslungenen Versuch machte, sich derselben zu bemächtigen.[2] Beim Friedensschluss der Aetoler mit den Römern im Jahre 189 wurde die Insel vom Frieden ausgeschlossen, unterwarf sich aber ohne Kampf dem M. Fulvius Nobilior, als er mit einem Heere landete; nur die Bewohner von Same zogen, aus Furcht von den Römern aus ihrer Stadt vertrieben zu werden, ihre Unterwerfung alsbald zurück und leisteten dem Fulvius vier Monate lang einen hartnäckigen Widerstand, den sie mit Plünderung ihrer Stadt und Verkauf in die Sclaverei büssen mussten.[3] Die Insel wurde von den Römern für frei erklärt, war aber durch die Kriegszeiten so heruntergekommen, dass G. Antonius M. f., der College Cicero's im Consulat, welcher als Verbannter in den Jahren 59—55 v. Chr. daselbst lebte, wie in seinem Privateigenthum schalten und walten konnte.[4] Hadrian schenkte die Insel den

---

Kranios) hergeleitet Dass bei Demosth. in Zenothemin p. 884 (vgl. p 886 u. 888 *οἱ ἄρχοντες οἱ ἐν Κεφαλληνίᾳ*, also gemeinsame (richterliche) Beamte für die ganze Insel erwähnt werden, beruht wohl auf einer Ungenauigkeit des Redners, der den Namen der Insel statt den einer einzelnen Stadt derselben nennt.

[1]) Thuk. II, 30; 33; III, 94; VII, 57. Inschr. bei Rangabé Ant. Hell. n. 381bis Vol. II, p 373. Xenoph Hell. VI, 2, 33 und 38.

[2]) Polyb. IV, 6; V, 3. Aufschrift *ΑΙΤΩΛΩΝ* auf einer Münze von Krane: Postolakas *Κατάλογος* p. 93, n. 924.

[3]) Polyb. XXII, 13; 15; 28; Liv. XXXVIII, 11 und 28 f.

[4]) Cephalenia libera Plin. IV, 12, 54. Ueber G. Antonius Strab. X, p. 455. Eine ähnliche dominirende Stellung scheint G. Proculeius, der Freund des Augustus, in der Stadt Krane eingenommen zu haben, da sein

Athenern.[1]) Im spätern Alterthum, dem Mittelalter und der neueren Zeit hat dieselbe im Wesentlichen dieselben Schicksale gehabt wie die übrigen ionischen Inseln.

Unter den vier Städten war in der älteren Zeit die bedeutendste die mit dem ursprünglichen Namen der Insel selbst Same benannte, an der Südostseite der Einbuchtung in der Mitte der Ostküste der jetzigen Bucht von Samos) gelegene, deren Gebiet die nördlichere Hälfte des östlicheren Theils der Insel umfasste. Die Oberstadt oder Akropolis nahm zwei kegelförmige, durch eine tiefe Schlucht getrennte Hügel ein, auf denen sich noch jetzt sehr stattliche Mauerreste erhalten haben, bestand also aus zwei Burgen, von denen die kleinere (südwestlichere den Sondernamen Kyathis führte; die Unterstadt zog sich von da westwärts bis unmittelbar ans Meer (das, da man noch verschiedene antike Reste unter dem Wasser bemerkt, seit dem Alterthum etwas weiter ins Land eingedrungen sein muss) hin. Als Hauptgöttin wurde, wie die Münzen zeigen, Athene verehrt. Die Angabe Strabon's, dass die Stadt zu seiner Zeit nicht mehr bestehe, sondern nur Spuren von ihr erhalten seien, muss entweder auf einem Irrthum (Verwechselung der damals wahrscheinlich nicht mehr benutzten Oberstadt mit der Unterstadt) beruhen, oder wir müssen eine Erneuerung der Stadt nach dieser Zeit annehmen, da die noch erhaltenen Reste der Unterstadt (Gebäudefundamente, Mosaiken, Ziegel und dergleichen fast durchgängig der römischen Zeit angehören: vielleicht ist die Stadt damals auch nicht mehr mit ihrem alten Namen, sondern mit dem der Insel, Kephallenia, bezeichnet worden.[2])

Zum Gebiete der Stadt gehörte jedenfalls auch der Ithake

Name auf Münzen derselben erscheint: Postolakas Κατάλογος p 93 s. n. 925 ss.

[1]) Cass. Dio LXIX, 16. Da in der Inschrift einer von den Bewohnern von Pale dem Hadrian in Athen errichteten Ehrenstatue C. I. gr. n. 340) diese Stadt sich als ἐλευθέρα καὶ αὐτόνομος bezeichnet, so war die Schenkung entweder eine blosse Formalität oder, was mir wahrscheinlicher ist, die Halbinsel Palike davon ausgenommen

[2]) Liv. XXXVIII, 29; über die Ruinen Leake p. 55 s.; Goodisson Essay p. 149 ss.; Ansted p. 296 ss. Münzen: Postolakas Κατάλογος p 98 ss.; darnach hiessen die Bewohner Σαμαῖοι, wie auch Thuk II, 40 u Strab. X, p. 455 angeben. Κεφαληνία νῆσος mit ὁμώνυμος πόλις: Ptol. III, 14, 12. Plin. IV, 12, 57 sagt von der Insel: 'Same diruta a Romanis adhuc tamen oppida tria habet'.

gegenüber, also am nördlicheren Theile der Ostküste, gelegene Hafen **Panormos**: wahrscheinlich der zunächst unter der Nordostspitze der Insel, welcher nach dem Normannen Robert Guiscard, der am 17. Juli 1085 hier seinen Tod fand, Porto Viscardo genannt wird.[1]

Die südlichen Nachbarn der Samäer waren die **Pronnoi**, deren Gebiet sich wahrscheinlich vom nördlichen Ende der Aenoskette bis zur Südostspitze der Insel erstreckte. Die an Umfang unbedeutende, aber von Natur sehr feste Stadt, von welcher noch einige alterthümliche Mauerreste erhalten sind, lag auf einem Hugel östlich über dem Thale Rakli, zwischen den jetzt Poros (nach einem engen Bergspalt, durch welchen das Wasser aus dem Thale Rakli dem Meere zufliesst und Limenia genannten kleinen Buchten.[2] Ruinen einer anderen alten Stadt Reste eines kleinen Tempels aus Tuffstein von später Bauart, römischer Bäder, Mosaikfussböden u. dgl.) finden sich im südlichsten Theile des Gebiets von Pronnoi bei dem Dörfchen Skala nahe der Südostspitze der Insel: wahrscheinlich Reste der Stadt, welche G. Antonius während seines Aufenthalts auf der Insel s. oben S. 374) anlegte, die aber nie bewohnt worden zu sein scheint, da er nach Rom zurückkehrte, bevor der von ihm behufs der Bevölkerung seiner neuen Gründung beabsichtigte Synoikismos zu Stande kam.[3])

---

[1]) Porphyr. De antro nymph. 4; Anthol. Pal X, 25 Ueber Robert Guiscard Hopf Allg. Encycl. S I, Bd. 85, S. 144.

[2]) Dass *Πρῶννοι* die officielle Schreibung war, zeigen die Münzen mit der Inschrift *ΠΡΩΝΝΩΝ* Postolakas *Κατάλογος* p. 97) und die Inschrift bei Rangabé Ant Hell. n. 381 bis. Bei Schriftstellern variirt die Schreibung zwischen *Πρόννοι* (Polyb. V, 3), *Προνναῖοι* (Thukyd. II, 30 , *Πρώνιοι* Lycophr. Alex. 791), *Πρόνοοι* (Etym. M. p. 507, 30) und *Πρώνησος* (Strab X, p. 455) Liv. XXXVIII, 28 nennt neben den Cranii, Palenses und Samaei statt der Pronni die Nesiotae, welche manche neuere Geographen fur die Bewohner der kleinen Halbinsel Assos vgl oben S. 372 halten; allein die Zusammenstellung derselben mit den drei übrigen Städten der Tetrapolis nöthigt uns, darin nur eine wahrscheinlich auf einen Irrthum des Schriftstellers zurückzuführende Variante für Pronesiotae (von der Form *Πρώνησος*) zu sehen. Ueber die Reste der Stadt vgl. Goodisson p. 146 ss.; Ansted p. 370.

[3]) Strab. X, p. 455; über die Ruinen Goodisson p. 141 ss., der pl. VIII, fig. 3 das jetzt als Altar in einer kleinen in der Nähe der Ruinen liegenden Capelle benutzte Stück einer Säule mit ionischer Canelirung, dorischem Capitäl und achteckigem Abacus abgebildet hat; vgl. den Be-

Die westliche Hälfte der Insel war zwischen die Städte Krane und Pale in der Weise getheilt, dass erstere den westlicheren Theil des Hauptkörpers der Insel (vom westlichen Abhange des Aenosgebirges und seiner nördlichen Fortsetzung bis zum Golf von Argostoli, letztere die noch jetzt nach ihr benannte Halbinsel Paliki besass. Die Ruinen von Krane oder, wie die Stadt gewöhnlich genannt wird, Kranioi[1]) liegen ungefahr eine Stunde östlich von Argostoli auf zwei steilen, durch einen Einschnitt, in welchem man noch einen wohlvertheidigten Eingang der Stadt erkennt, getrennten Hügeln. Die zum grössten Theil aus mächtigen langlich-viereckigen, an einigen Stellen aus polygonen Werkstucken erbaute Ringmauer ist noch in ihrem ganzen Umfang von etwa einer Stunde zu verfolgen. In dem Thale nordöstlich von der Stadt, durch welches der Weg nach Same führte, finden sich noch Reste einer langen, durch zahlreiche viereckige Thürme verstärkten Mauer, welche offenbar zum Schutze der Stadt und ihres Gebiets gegen feindliche Einfälle von Same her bestimmt war. Die ziemlich unbedeutenden Ruinen von Pale[2] liegen etwa 1/2 Stunde nördlich von der durch das Erdbeben vom Jahre 1867 schwer heimgesuchten Stadt Lixuri auf einem Hügel nahe der Ostküste der Halbinsel Paliki. Die im Jahre 218 v. Chr. von Philipp V. von Makedonien vergeblich belagerte und berannte Stadt, in welcher nach den Munzen besonders Demeter und der

---

richt über die Entdeckung des Tempels durch Major Du Bosset aus einer zakynthischen Zeitschrift bei Holland Travels p 533 s.

1) Die Münzen (Postolakas *Κατάλογος* p. 91 ss. tragen die Aufschriften KRAN oder KPA (letzteres bisweilen in einem Monogramm), bisweilen aber auch die (verschieden zusammengestellten) Buchstaben K und H, welche auf die Form *Κράνη* führen. *Κράνιοι*: Thuk. II, 30 und 33; V, 35; Strab. X, p. 455 f. Cranii Liv. XXXVIII, 28. Ueber die Ruinen Goodisson p. 161 ss.; Leake p. 60 ss.; Ansted p. 328 ss

2) Für die Form *Πάλη* (schol. Thuk. I, 27) zeugt das Ethnikon *Παλῆς* (*Παλεὺς*), womit die Stadt gewohnlich bezeichnet wird: Herod. IX, 28; Thuk. I, 27; II, 30; Paus. VI, 15, 7; Strab. X, p. 456 (nach diesen beiden Stellen identificirte Pherekydes das Gebiet der Stadt mit dem homerischen Dulichion; C. I. gr n. 340. *Ἡ βουλὴ καὶ ὁ δῆμος Παλείων* C. I gr. n 1929 *Ἡ τῶν Παλαιέων πόλις* Polyb. V, 3 u. 5. Palenses Liv. XXXVIII, 28. Münzen: Postolakas *Κατάλογος* p 94 ss. Ruinen: Leake p. 64 s. — Ueber den von Antonin. Lib. Transform. 40 (vgl. Herakleid. Pol. 17) erwähnten Cult der Artemis Laphria auf Kephallenia ist nichts weiter bekannt.

Helios Kephalos verehrt wurden, erstreckte sich gegen Osten bis ans Meer, südwärts über den Fuss des gegen Norden und Westen steil abfallenden Hügels hinaus in die Ebene.

Die Anführung einer Stadt Taphos auf Kephallenia[1]) scheint auf einer blossen Verwechselung dieser Insel mit der Insel Taphos zu beruhen.

Nahe der Südküste der Insel liegen einige ganz kleine unbewohnte Inseln, unter denen die jetzt Guardiana genannte, südwestlich vom Eingang des Golfs von Argostoli gelegene die bedeutendste ist; südwestlich von dieser, westlich vom Cap Liaka liegt eine kleinere, Panagia ston Dia oder auch Dias genannt, welche ein Kloster und Reste eines alten Bauwerkes trägt; nordöstlich von dem genannten Cap die noch kleinere S. Danista. Ob einer dieser Inseln der von Plinius überlieferte Name Letoia zukommt,[2] ist bei der Unzuverlässigkeit der geographischen Angaben dieses Schriftstellers nicht zu entscheiden.

Zakynthos. Die südlichste der grösseren westgriechischen Inseln, Zakynthos[3]) von den Italianern in Zante entstellt), drei Stunden südlich von Kephallenia (die Entfernung vom Cap Skala, dem südlichsten Punkte dieser Insel, nach dem Cap Schinari, dem nördlichsten Punkte von Zakynthos, gerechnet),[4]) gegen fünf Stun-

---

[1] Steph. Byz. u. Τάφος.

[2]) 'Ante Cephaleniam Letoia' Plin IV, 12, 55 Kiepert hat diesen Namen der jetzt Guardiana genannten Insel beigelegt.

[3]) Vgl. über die Insel Dodwell Class u. topogr. Reise I, 1, S. 104 ff. Holland Travels p. 11 ss.; Goodisson p. 168 ss.; Ansted p. 379 ss.; über die Geschichte der Insel Π Χιώτης Ἱστορικὰ ἀπομνημονεύματα τῆς νήσου Ζακύνθου, 2 Bände, Corfu 1849 und 1858. Die Schrift von B. M. Remondini De Zacynthi antiquitatibus et fortuna, Venedig 1716, steht mir nicht zu Gebote. Der von den Alten von Zakynthos einem Sohne des Dardanos abgeleitete Name (vgl Dionys. Hal A. r. I, 50; Paus. VIII, 24, 3; Steph. Byz. u. Ζάκυνθος) wird von G. Curtius (Grundzüge der griech. Etymol. II, S 189 d 1. Aufl.) als = διάκανθος (reich an Acanthus erklärt, schwerlich mit Recht, da diese Pflanze durchaus nicht für die Vegetation der Insel charakteristisch ist. Jedenfalls ist der Name mit den Bergnamen Κύνθος und Ἀράκυνθος zusammenzustellen, deren Bedeutung uns unklar ist Aeltester Name Hyrie nach Plin. IV, 12, 54. Der Name Zante findet sich meines Wissens zuerst in den 'Iudicum Venetorum in causis piraticis contra Graecos decisiones' vom Jahre 1278 Tafel und Thomas Urkunden III p. 242: 'super Zanto'.

[4]) Strab. X, p. 458 giebt die Entfernung richtig auf 60 Stadien an;

den westlich vom eleischen Vorgebirge Chelonatas gelegen, hat bei einer Länge von ungefähr 8½ und einer durchschnittlichen Breite von etwa 4 Stunden einen Flächeninhalt von 5½ Q.-Meilen und etwa 45,000 Einwohner. Der westlichere und nördlichste Theil der Insel wird von einer fortlaufenden Gebirgskette eingenommen, welche in ihrem nördlicheren Theile in dem jetzt Vrachiona oder auch Hieri genannten Berge die bedeutendste Höhe (760 Meter) erreicht und gegen Nordosten in dem spitzen Cap Schinari endet. Oestlich von dieser Kette öffnet sich eine weite Ebene, welche im Osten durch eine Reihe niedriger Hügel vom Meere getrennt, im Südosten durch eine vereinzelte, jetzt Skopos (Warte) genannte Bergmasse, welche sich bis zur Höhe von 458 Meter erhebt, begränzt wird: ob diesem Berge oder der westlicheren Kette der antike Name Elatos zukommt, ist nicht mit Sicherheit zu bestimmen.[1]) Zwischen dem südlichsten Ausläufer des Skopos (jetzt Cap Heraka) und dem südlichen Ende der westlichen Bergkette (jetzt Cap Chieri) tritt die Küstenlinie beträchtlich gegen Norden zurück und bildet eine halbmondförmige Bucht (jetzt Bucht von Chieri genannt), in welcher zwei kleine unbewohnte Inseln, deren antike Namen wir nicht kennen — die etwas grössere westlichere wird jetzt Marathonisi, die östlichere Peluso genannt — liegen: diese Bucht konnte einen trefflichen, sehr geräumigen Hafen abgeben, während sonst die Küsten der Insel, abgesehen von der kleinen Bucht an der Nordseite des Berges Skopos, an welcher die Hauptstadt liegt, fast ganz hafenlos sind. Die im Alterthum bewaldeten Berge[2]) sind jetzt ziemlich kahl

die Angabe des Plin. a. a. O. 'Cephaleniae a meridiana parte XXV m. al est' trifft ungefähr auf die Lage der Stadt Zakynthos zu.

[1]) Plin. a. a. O.: 'Mons Elatus ibi nobilis': die meisten neueren Geographen beziehen den Namen auf den Berg Skopos, weil dieser durch seine isolirte Lage bedeutender erscheint als die Berge der westlichen Kette; allein dies ist kein entscheidender Grund. Nach Chiotis I, p 176 s. wären in einer Capelle der Skopiotissa auf dem Skopos Steine mit der Inschrift Ἀρτέμιδι eingemauert und bei einer benachbarten Capelle des h. Nicolaos Säulen und andere Architekturfragmente erhalten, was, wenn es richtig ist, allerdings auf das Vorhandensein eines Tempels der Artemis schliessen lässt. Auch Νῆλλος oder Νῆλλον (Inschr bei Rangabé Antiq. hellen. n. 381[1]) scheint der Name eines Berges auf der Insel zu sein.

[2]) Ζάκυνθος ὑλήεις und ὑλήεσσα Od. α, 246; ι, 24; π, 123; danach

und an ihren westlichen Abhangen theils ohne Cultur, theils mit Getreide bebaut, fur dessen Anbau das rauhere Klima des westlichen Theiles der Insel sich besonders eignet; die östlichen Abhange dagegen, die ausserst fruchtbare Ebene, und die Hugel der Ostkuste machen durch die sorgfaltige Cultur, die zahlreichen Dorfer und Landhäuser, welche sie bedecken, einen sehr anmuthigen und reichen Eindruck, welcher in der bekannten Bezeichnung der Insel als der Bluthe des Ostens Zante fior di Levante) sich widerspiegelt. Die wichtigsten Ausfuhrartikel sind Wein,[1]) Korinthen, Oel und Südfrüchte; ausserdem wird auch Seide, Seife und Salz fur den Export bereitet. Eine besondere Merkwurdigkeit der Insel sind die ganz nahe der Sudwestkuste, nordöstlich von dem Cap Chieri befindlichen Quellen flussigen Erdpechs, welche im Alterthum mehrere Teiche bildeten, darunter einen von 70 Fuss Umfang und 2 Klaftern Tiefe, 4 Stadien vom Meere, aus welchem man das Pech vermittels eines an eine Stange gebundenen Myrthenbuschels herausfischte und in eine in der Nahe gegrabene Grube sammelte. Heutzutage findet man in der sumpfigen, von zahlreichen Abzugsgraben durchzogenen Niederung mehrere kleine Brunnen, von denen der grosste, aus welchem das in grossen Blasen unter der Oberflache des Wassers aufquellende Erdpech mit Eimern herausgeschopft wird, einen Durchmesser von ungefahr 8 Fuss und eine Tiefe von 3 Fuss hat; in der Nähe bemerkt man einen von den Ueberresten einer antiken Mauer umgebenen kreisförmigen Platz von bedeutenderem Umfang, der zwar mit Erde ausgefullt ist, aber noch mehrere Löcher von betrachtlicher Tiefe zeigt, also wahrscheinlich die Stelle des Sees, aus welchem im Alterthum das Erdpech gewonnen wurde, einnimmt. Ein ähnliches Phänomen findet sich am nördlicheren Theile der Ostkuste der Insel: in einer nur von der See her zugänglichen, bis zu betrachtlicher Tiefe von Wasser erfullten Grotte quillt ein eigenthumliches mineralisches Oel oder

'nemorosa Zacynthos' Vergil. Aen. I, 270; ὑλώδης μὲν εὔκαρπος δέ Strab. X, p. 458; der Name Elatus weist deutlich auf Tannenwaldungen hin.

[1] Nach Athen. I, p 33 wurde der Wein im Alterthum auf Zakynthos und Leukas mit Gips versetzt, jedenfalls zum Behuf des Exports. Nach Plutarch Quaest nat. 10 wurde auch anderwärts zakynthischer Gips zu diesem Zwecke benutzt. — Von officinellen Pflanzen wuchs besonders Eisenhut (ἀκόνιτοι) auf der Insel: Theophrast. Hist. pl. IX, 16, 4.

Fett empor. Beide Erscheinungen mögen auf vulkanische Kräfte zurückzuführen sein, mit welchen auch jedenfalls die häufigen Erdbeben, von welchen die Insel heimgesucht wird, zusammenhängen.[1]

Die ältesten Bewohner der Insel scheinen Arkader vom Stamme der Azanen gewesen zu sein. Sodann wurde die Insel von den peloponnesischen Achäern, offenbar als Station für ihre Colonisationsfahrten nach Unteritalien, in Besitz genommen und colonisirt,[2] hat sich aber wohl bald vom Mutterlande unabhängig gemacht. Von der bedeutenden Entwickelung ihres Handels zeugt die Anlage einer Colonie in Kydonia auf Kreta, aus deren Besitz sie freilich durch die Samier vertrieben wurde.[3] Im Jahre 456 v. Chr. wurde die Insel durch Tolmides zum Anschluss an Athen genöthigt, unter dessen (nicht tributpflichtigen) Bundesgenossen wir sie auch während des peloponnesischen Krieges finden.[4] Nach dem Ende des Krieges kam durch Sparta's Einfluss die oligarchische Partei ans Ruder und vertrieb die Demokraten; als aber Athen wieder erstarkt war, kehrten diese mit Hülfe Athens, dessen neuem Seebunde sie beitraten, zurück, setzten sich in einem festen Platze nahe der Küste am Berge Nellos, welchen sie Arkadia nannten, fest und befehdeten von da aus die in der Hauptstadt herrschende, von den Spartanern unterstützte Par-

[1] Ueber die Erdpechquellen im Alterthum s. Herod. III, 195; vgl. Vitruv. VIII, 3, 8; Antigon. Hist. mir. 153; Dioscor De mat med. I, 99; Plin. XXXV, 15, 178; über die jetzigen Quellen Dodwell Class. u. top. Reise I, 1, S. 109 f; Goodisson p. 172 s.; Chiotes I, p. 18 ss.; Holland p. 18 s; Ansted p 407 ss.; über die Mineralölquelle in der Grotte Dr. Davy bei Ansted p. 390 ss Erdbeben: Goodisson p. 176 s; Ansted p. 415 ss.; Chiotes p. 24 ss.

[2] Für arkadische Bevölkerung (aus Psophis) sprechen ausser der von Paus. VIII, 24, 3 berichteten Sage die Ortsnamen Psophis und Arkadia. Il. B, 634 wird die Insel zu den von den Kephallenen bewohnten, von Odysseus beherrschten Landschaften gezählt. Die Angabe des Bocchus bei Plin. XVI, 40, 216, dass Saguntum in Hispanien (griechisch Ζάκυνθος) 200 Jahre vor der Zerstörung Troia's von der Insel Zakynthos aus gegründet worden sei (vgl. Strab. III, p. 159; Liv. XXI, 7), ist eine leere etymologisch genealogische Klügelei. Colonisation von Achaia aus: Thukyd. II, 66.

[3] Herod. III, 59.

[4] Diod XI, 84; Thukyd. II, 66, VII, 57; Aristoph Lys. 394 c. schol.

tei.[1] Spater kam die Insel in die Gewalt Konig Philipps V. von Makedonien, der sie, nachdem ein Versuch der Romer unter M. Valerius Laevinus, sie zu erobern, an der Festigkeit der Stadtburg gescheitert war, dem Fürsten Amynandros von Athamanien abtrat, welcher zuerst seinen Schwager Philippos von Megalepolis, dann den Hierokles aus Agrigent als Regenten derselben einsetzte; letzterer verkaufte sie im Jahre 191 an die Achaer, die aber durch T. Quinctius Flamininus genothigt wurden sie den Romern zu überlassen, welche ihr die Autonomie gewahrten. Im Jahre 86 v. Chr. landete Archelaos der Feldherr des Mithridates auf der Insel, wurde aber schleunigst zum Ruckzug genothigt.[2]) Nachdem sie in der romischen Kaiserzeit wieder zu Wohlstand und Bluthe gelangt war, litt sie furchtbar durch einen verheerenden Einfall der Vandalen unter Genserich, welche 500 angesehene Einwohner fortschleppten und ermordeten um das Jahr 466 n. Chr. [3]) Im Mittelalter und der neueren Zeit theilte sie im Wesentlichen die Schicksale ihrer Nachbarinseln, besonders Kephallenia's. [4])

Die Insel enthielt im Alterthum ebenso wie heutzutage nur eine, gleichfalls Zakynthos genannte Stadt, welche an der Ostkuste, in der Nahe der als Hafen benutzten Bucht nordlich vom Berge Skopos lag. Die sehr feste, mit dem Sondernamen Psophis bezeichnete Akropolis nahm den westlich uber der Unterstadt sich in einer Hohe von etwa 350 Fuss erhebenden Hugel, der noch jetzt das Castell tragt, ein; in der Unterstadt befanden sich Heiligthumer des Apollon (der durch die Munzen als Hauptgott der Stadt bezeugt wird) und der Aphrodite und ein Stadion.[5] In Folge der fortwahrenden Bewohnung des Platzes sind ausser

[1]) Xen. Hell VI, 2, 2 f., Diod. XV, 45 f In der Urkunde des athenischen Seebundes vom Jahre 378 (Rangabé Ant. hell n. 381 [illegible]) erscheint unter den dem Bunde spater beigetretenen Staaten *Ζακυνθίων ὁ δῆμος ὁ ἐν τῷ Νήλλῳ*

[2]) Polyb. V, 102, Liv. XXVI, 24; XXXVI, 31 f.; Plut. Tit 17; Plin. IV, 12, 54, Appian. Mithr. 45.

[3] Procop. De bello Vand I, 5 Vol. I, p 335 ed Dindorf.).

[4]) Vgl die sehr ausfuhrliche, aber unkritische Darstellung der mittelalterlichen Geschichte der Insel (bis 1517 bei Chiotis II, p. 67—357.

[5]) Scyl. Per 43; Liv. XXVI, 24; Paus. VIII, 24, 3; Heliod. Aeth. V, 18; Plut. Dion 23; Dionys Hal A. r I, 50. Munzen: Postolakas *Κατάλογος* p 102 ss

einigen Säulenstücken gar keine Ueberreste von der alten Stadt erhalten. Eine grössere Anzahl von Säulen und anderen architektonischen Bruchstücken sowie Gräber finden sich in den ungefähr 3 Stunden westlich von der Stadt nahe bei einander gelegenen Dörfern Bujato und Melinades, in letzterem auch ein Stein mit einer Weihinschrift für die Artemis Opitais, die demnach ein Heiligthum in dieser Gegend gehabt hat, an welches sich jedenfalls eine offene Ortschaft, wie es deren ohne Zweifel mehrere in der Ebene gab, anschloss.[1] Die Stelle des schon oben S. 381) erwähnten, nahe der Küste an einem Berge Nellos gelegenen Castells Arkadia ist nicht näher zu bestimmen.

Als zu Zakynthos gehörig betrachtet man jetzt die etwa 6 deutsche Meilen südlich vom Cap Chieri (unter 37° 15′ 20″ n. Br. 18° 39′ 35″ östl. L. von Paris) gelegene kleine Inselgruppe der Strophades jetzt Strivali genannt, welche im Alterthum den Bewohnern der messenischen Stadt Kyparissia (s. oben S. 178) gehörte. Die Gruppe besteht aus einer Anzahl Felsklippen, welche für die Schiffer gefährlich sind, und zwei niedrigen Inseln, von denen die nördlichere, etwa 1½ italiänische Miglien im Umfang, unbewohnt ist; die südliche, ungefähr 5 italiänische Miglien gross, jetzt Stamphano genannt, hat gute Quellen und bringt Wein und etwas Getreide und Südfrüchte hervor: sie besitzt einen freilich nur bei ganz ruhiger See zugänglichen Landungsplatz mit einem Leuchtthurm und ein Kloster. Die Sage betrachtete diese Inseln, welche ursprünglich Plotä ('die Schwimmenden') geheissen haben sollen, als Wohnsitz der Harpyien (offenbar wegen der in ihrer Nähe den Schiffern drohenden Gefahren) und leitete den Namen Strophades ('Kehrinseln') davon ab, dass die Boreaden Zetes und Kalais die von ihnen ver-

---

[1]) S. Chiotis I, p. 171 ss., der die vier in der Capelle des h. Dimitrios in Melinades befindlichen, gegen 15 Fuss hohen Säulen ebenso wie die in Bujato erhaltenen ausdrücklich als dorische bezeichnet, während Goodisson p. 187 von vier ionischen Säulen ohne Capitäle aber mit ihren Basen, H. Holland p. 17 von einigen Stücken von Granitsäulen mit ionischen Capitälen spricht. Die Inschrift auch C. I. gr. n. 1934: der Beiname der Artemis Ὀπιταΐς ist wohl eine Nebenform zu Οὖπις. Die angebliche Grabschrift des M. Tullius Cicero, welche ein Mönch Angelo aus Apulien im Jahre 1544 beim Bau der Fundamente des katholischen Marienklosters in der Nähe der Stadt gefunden haben wollte (s. Chiotis I, p. 182 ss.), halte ich für eine Fälschung

scheuchten Harpyien bis hierher verfolgt haben, hier aber auf Zeus' Befehl umgekehrt sein sollen.[1])

Ueber die weiter südlich nahe der Küste Messeniens liegenden Inseln Prote und Sphakteria ist schon oben S. 175 ff., über die Gruppe der Oinussä und die Insel Theganusa ebds. S. 158 das Nöthige mitgetheilt worden.

2. Die ostgriechischen Inseln.

a) Die Inseln vor Magnesia.[2])

An den südöstlichen Bug der Halbinsel Magnesia, die Akte Sepias vgl. Bd. I, S. 100, schliesst sich zunächst in östlicher, dann in nordöstlicher Richtung eine Inselkette an, welche durch die jetzt Skiathos, Skopelos, Chelidromia, Sarakino (oder Xeronisi, Pelagonisi, Giura, Psathura und Piperi genannten Inseln gebildet wird. Ungefähr von der Mitte dieser Kette, den Inseln Chelidromia und Xeronisi, zweigt sich eine schwächere ab, welche vermittels der kleinen Inseln Adelphi, Skanzura, Skyropulo und Chamilonisi die weit gegen Südosten vorgeschobene grössere Insel Skyros mit der Hauptkette verknüpft. Ihrem landschaftlichen Charakter nach haben diese Inseln grosse Aehnlichkeit mit der Halbinsel Magnesia und dem nördlichsten Theile der Insel Euboia: sie sind durchaus gebirgig, aber noch jetzt wohl bewaldet, theils mit Kiefern, theils mit Laubwaldung. In der Geschichte spielen dieselben mit Ausnahme von Skyros so gut wie gar keine Rolle: zur Zeit der Blüthe der athenischen Seemacht gehörten sie zur athenischen Symmachie als tributpflichtige Bundesgenossen; die drei bedeutendsten, Skiathos, Peparethos und Ikos, traten auch dem neuen athenischen Seebunde vom Jahre 378 v. Chr. bei;

[1]) Strab VIII, p. 359; Harpocr. p. 170, 26 ed. Bekk.; Apoll Rhod. *B*, 285 und 296 f ; Apollod. I, 9, 21, 7 f wo die Inseln irrig zu den Ἐχινάδες gerechnet werden); Verg. Aen III, 209 ff ; Pomp. Mela II, 110; Plin. IV, 12, 55; Ptol III, 16, 23; Steph. Byz u. Στροφάδες (wo das Ethnikon Στροφαδεύς angeführt wird, was auf regelmässige Bewohnung wenigstens der grösseren schliessen lässt . Vgl. auch Choiseul-Gouffier? — Ch otis I, p. 36 s. Das Kloster erwähnt schon Bondelmonte Lib. ins. Archip p. 61 s.; vgl auch Prokesch von Osten Denkwürdigkeiten II, S. 522 f.

[2]) Vgl. über diese Inseln Fiedler Reise II, S. 2 ff. und Ross Wanderungen II, S. 32 ff.

dann geriethen sie in die Hände der Makedonier, von diesen kamen sie an die Römer, die, wie es scheint, wenig Werth auf ihren Besitz legten, so dass Antonius die drei oben genannten den Athenern schenkte. Im byzantinischen Reiche gehörten sie zur Eparchie Thessalien, welche einen Theil des Thema Makedonien bildete, während Skyros zur Eparchie von Hellas gerechnet wurde.[1] Heutzutage gehören sie sämmtlich zum Königreich Hellas und bilden eine besondere Eparchie des Nomos von Euboia, welche nach dem jetzigen Namen der bevölkertsten unter denselben die Eparchie von Skopelos genannt wird.

Die dem Festlande zunächst gelegene dieser Inseln, jetzt wie im Alterthum Skiathos genannt,[2] im Umfang von etwa 1 Quadratmeile, besteht aus einem von Westen nach Nordosten streichenden, in seinem höchsten Punkte 438 Meter hohen und grösstentheils wohl bewaldeten Bergzuge, welcher zwei scheerenartige Ausläufer gegen Süden entsendet, so dass an der Ostseite der Insel eine weite Bucht entsteht, die einen sehr geräumigen und sichern Hafen darbietet. An der Westseite dieser Bucht lag im Alterthum die der Insel gleichnamige Hauptstadt, auf demselben Platze, welchen auch das neuere, gewöhnlich schlechtweg 'der Ort' ἡ χώρα genannte Städtchen seit dem Jahre 1829 einnimmt, während im Mittelalter und unter der türkischen Herrschaft die Bevölkerung sich aus Furcht vor den in diesen Gewässern sehr zahlreichen Seeräubern auf einen nur von einer Seite her zugänglichen Vorsprung der Nordküste der Insel, in das jetzt verlassene sogenannte Kastro zurückgezogen hatte. Von der alten Hauptstadt sind neuerdings bei der Anlage neuer Häuser manche Ueberreste zum Vorschein gekommen, während von einer zweiten Stadt der Insel, deren Existenz nur durch den Periplus des sogenannten Skylax bezeugt wird, der Name sowie jede Spur ver- Skia

[1]) Tributlisten und Inschrift bei Rangabé Ant. Hell n. 381[bs]: vgl Diod. XV, 30; Demosth Phil. I, p. 49; De Cherson. p 99 — Appian De bell. civ V, 7. Constant. Porph. De them. II, 2, p. 50 ed. Bekk ; Hierocl Synecd 9 f p. 9 und p. 11 ed G. Parthey.

[2] Der Name Σκίαθος scheint ebenso wie der des arkadischen Berges Σκιαθίς (s. oben S 199 die schattige, d i. wohlbewaldete Insel zu bezeichnen. Mittellateinische und italianische Corruptelen des Namens sind Scati (Iudicum Venetorum decisiones piraticae bei Tafel und Thomas Urkunden III, p. 161) und Schiati (Bondelmonte Lib. ins. Arch p 130 Für die Lage der Insel vgl. Herod. VII, 179; 182 f.; Apoll. Rhod. A, 583.

schwunden ist.[1]) Die ältesten Bewohner der Insel sollen aus Thrakien herübergekommene Pelasgioten, dann, nachdem diese abgezogen seien und die Insel eine Zeit lang wüste gelegen habe, Chalkidier gewesen sein.[2] Die Haupterwerbszweige der Bevölkerung waren im Alterthum, wie heutzutage, Schifferei, Fischerei und Weinbau.[3]) Im mithridatischen Kriege diente die Insel der Flotte des Mithridates als Niederlage für die bei ihren Raubzügen gemachte Beute und wurde deshalb von dem römischen Legaten Bruttius Sura besetzt.[4]) Antonius schenkte sie, wie oben S. 385) bemerkt, den Athenern, in deren Besitze sie noch unter Kaiser Hadrian war, während sie bald darauf ihre Autonomie wieder gewonnen haben muss, da in einem Ehrendecret für Septimius Severus Rath und Volk der Skiathier und ein Archon eponymos derselben figuriren.[5]

Peparethos Etwas über eine Meile östlich von Skiathos, von diesem durch einen mit zahlreichen kleinen, durchaus unbewohnten Inseln, deren antike Namen wir nicht kennen, gleichsam besäten Canal getrennt, liegt eine grössere jetzt Skopelos genannte Insel von etwa 1½ Quadratmeilen Umfang, welche durch zwei Bergzüge gebildet wird: einen längeren und höheren, jetzt Megalovuno, die höchste Kuppe Delphi wie ein Berg auf Euboia, der im Alterthum den Namen Dirphys führte genannt, der von Nordwesten nach Südosten, und einen im Süden an diesen sich anschliessenden unbedeutenderen, der von Westen nach Nordosten streicht. Da, wo beide Bergzüge aneinanderstossen, findet sich an der West- wie

[1]) Scyl. Per 58 *Σκίαθος αὕτη δίπολις, καὶ λιμήν*; nur eine Stadt erwähnen Liv. XXXI, 28; Strab. IX, p. 436; Ptol. III, 13, 47.

[2] (Scymn. Ch.) Orb. descr. 584 ff.: die Insel war also wohl eine Zeit lang Eigenthum von Chalkis auf Euboia, woraus vielleicht die Notiz bei Steph. Byz u *Σκίαθος· νῆσος Εὐβοίας* (wenn nicht dafür *τῶν ἐγγὺς Εὐβοίας* zu schreiben) zu erklären ist.

[3] *Κεστρεῖς* von Skiathos: Athen I, p. 4c; Wein: ebds. p. 30f. — Nach Athen IX, p. 390c frassen die Rebhühner auf der Insel Schnecken.

[4]) Appian. Mithrid 29.

[5]) C. I. gr. n. 2153, Inschrift einer Ehrenstatue des Hadrian, errichtet von dem *ἀρχιερεύς* Philippos Azenicus aus dem attischen Demos Azenia); dagegen C. I. gr. n. 2154 von n. 2154b Add. vol II p. 1020 nicht verschieden) Inschrift einer Ehrenstatue für Septimius Severus, deren Stifter *ἡ βουλὴ καὶ ὁ δῆμος Σκιαθίων, ἐπιμελησαμένου Πίστου τοῦ Ὑακίνθου ἀνθ' ἧς ἦρξεν ἐπωνύμου ἀρχῆς*.

an der Ostküste eine Einbuchtung, welche einen natürlichen Hafen bildet: die kleinere westliche wird jetzt Panermos genannt, die grossere östliche, in welche sich durch eine wohlangebaute Ebene der bedeutendste Bach der Insel ergiesst, bildet den Hafen des an ihrer Nordseite gelegenen Städtchens Skopelos. Eine dritte, ebenfalls als Hafen benutzte Bucht, jetzt Agnontas genannt (ein offenbar aus einem antiken Agnus oder Hagnus entstandener Name), liegt an der Sudkuste der Insel, ein grosseres Dorf, Glossa, im nordwestlichen Theile derselben nahe der Kuste.

Die Insel, von den Alten Peparethos genannt,[1]) soll ebenso wie die benachbarte Ikos zuerst von Kretern aus Knossos unter Fuhrung des Staphylos (des Sohnes des Dionysos und der Ariadne besiedelt worden sein, eine Sage, welche offenbar aus dem Weinbau herzuleiten ist, der im Alterthum wie noch jetzt die Haupterwerbsquelle der Bewohner bildet; daneben standen und stehen die Cultur des Oelbaums und der Getreidebau in zweiter Linie.[2] In der historischen Zeit theilte sie meist die Schicksale der Nachbarinseln Skiathos und Ikos. Im Jahre 340 v. Chr. wurde sie, weil die Peparethier unter Fuhrung eines gewissen Sostratos die

[1]) Dies beweist, wie Ross Wanderungen II, S. 42 ff. erkannt hat, theils der Umstand, dass Münzen mit der Aufschrift ΠΕΠΑ und die Grabschrift einer Ἀφροδεισία Μενάνδρου Πεπαρηθία C. I gr. n. 2154[b] Add. vol. II p 1021 auf der Insel gefunden worden sind, theils die häufige Verbindung der Inseln Skiathos und Peparethos bei den alten Schriftstellern. Der moderne Name Σκόπελος (latinisirt Scopulus: s Tafel und Thomas Urkunden III, p 161; 175; 203 und Bondelmonte p. 130) hat frühere Geographen veranlasst, darin die von Ptol. III, 13, 47, Hierocl Synecd. 9 p 9 ed. Parthey) und Constant. Porphyrog. De them II, 2 (p. 50 ed Bekk neben Skiathos und Peparethos aufgeführte Insel Σκόπελος Σκεπίλα bei Constant zu erkennen: allein da diese von keinem der älteren Geographen oder Historiker erwähnt wird, muss sie eine der kleineren Inseln der Gruppe sein.

[2] Scymn. Ch.) Orb. descr. 580 ff.; Diod. V, 79 wo Σταφύλῳ mit Heyne für Παμφύλῳ zu schreiben ist. Herakleid. Pol. 13: αὕτη ἡ νῆσος εὔοινός ἐστι darnach Plin IV, 12, 72: 'Peparethum cum oppido quondam Euoenum dictam) καὶ εὔδενδρος καὶ σῖτον φέρει. Für den Wein vgl. Athen. I, p. 29[a] und [f]; Soph. Philokt. 548 f.; Demosth in Lacrit. p 935; Plin XIV, 7, 76; Poll. VI, 16. Oliven. Ovid. Met. VII, 470. Die Münzen geben Zeugniss vom Cult des Dionysos auf welchen auch der nach Athen. XIII, p 605 von den Peparethiern nach Delphi gestiftete goldene Epheukranz zurückzuführen ist) und der Athene. s. Eckhel D. N. I, 2, p. 151.

kleine Insel Halonesos genommen und die makedonische Besatzung derselben weggeführt hatten, durch ein von Alkimos befehligtes Geschwader Philipp's II. von Makedonien verwüstet.[1]) Wie volkreich die Insel war sieht man daraus, dass drei Städte auf derselben bestanden. Die bedeutendste derselben, wie die Insel selbst Peparethos genannt, nahm ungefähr die Stelle der jetzigen Stadt Skopelos ein. Sie wurde im Jahre 427 v. Chr. von einem Erdbeben heimgesucht, das einen Theil der Stadtmauer, das Prytaneion und einige Wohnhäuser zerstörte, im Jahre 361 von einer Söldnerschaar des Tyrannen Alexandros von Phera belagert, aber durch die Athener entsetzt, im Jahre 209 durch Philipp V. von Makedonien gegen den Angriff eines Geschwaders des Königs Attalos von Pergamos, welches die Umgebung der Stadt plünderte, geschützt, im Jahre 200 aber von demselben Philipp ebenso wie Skiathos zerstört, damit sie nicht in die Hände der Römer falle.[2] Jedenfalls ist sie aber bald wieder hergestellt worden und besteht noch heutzutage, wenn auch unter verändertem Namen: ein Umstand, der es erklärt, dass fast gar keine Reste der alten Stadt, ausser einigen Gräbern an der gegenüberliegenden Seite der Bucht, erhalten sind. Die zweite Stadt, Panormos, bekannt durch die Niederlage, welche hier im Jahre 361 v. Chr. eine athenische Flottenabtheilung unter Leosthenes durch Schiffe des Alexandros von Phera erlitt, lag ohne Zweifel an der Bucht Panermos (s. oben S. 387), die dritte, Selinus, ebenfalls an der Westküste aber weiter nördlich, unterhalb des Dorfes Glossa, wo noch jetzt Säulentrümmer, Fundamente von Gebäuden, Gräber und ein Inschriftstein, durch welchen allein der Name der Stadt uns erhalten ist, sich vorfinden.[3])

---

[1]) Demosth. De cor. p. 248, vgl. Epist. Phil p. 162; Schäfer Demosthenes II, S. 460 f.

[2] Scyl. Per. 58: *Πεπάρηθος, αὕτη τρίπολις καὶ λιμήν.* Dionys. Calliph. Descr Gr. 150 *νῆσος Πεπάρηθος ἡ τρίπολις καλουμένη.* Stadt Peparethos. Thuk. III, 89; Diod. XV, 95; Polyb. X, 42; Liv. XXVIII, 5; XXXI, 28; Strab. IX, p 436; Ptol. III, 13, 47; Steph. Byz u. *Πεπάρηθος.* Die Stadt, beziehentlich die Insel Peparethos hat auch einen Historiker hervorgebracht, Diokles mit Namen; s. C. Müller Fragmenta hist gr. III, p 74.

[3] *Πάνορμος* Diod XV, 95, Polyän Strat VI, 2. Ein *ἀρχιερεὺς τῆς Σελεινουσίων πόλεως* in der am Landungsplatze unterhalb Glossa gefundenen Inschr. C. I. gr n 2154c (Add. vol II, p. 1021). Das dem

Ein Canal, in welchem zwei kleine Felsinseln liegen die etwas grössere südlichere heisst jetzt Hagios Georgios nach einem diesem Heiligen gewidmeten Kloster, trennt den östlichsten Theil der Insel Skopelos von der Sudwestkuste der etwa $2^1/_2$ Meilen langen, durchschnittlich etwa $1^1/_4$ Stunde breiten, aus einem von Sudwest nach Nordost streichenden, theilweise mit Fichten bewaldeten Gebirgsrücken bestehenden Insel Chelidromia, der alten **Ikos**, deren Geschichte (die von Phanodemos in einem besonderen, *Ἰκιακά* betitelten Werke behandelt worden war) ganz mit der der Nachbarinseln Skiathos und Peparethos zusammenfällt. Während sie heutzutage nur ein oberhalb einer kleinen Bucht der Sudküste gelegenes, von etwa 50 Familien bewohntes Dorf enthalt, besass sie im Alterthum zwei Städte, deren eine den Namen der Insel, **Ikos**, trug. Die Stelle der einen Stadt auf dem sudlichen Theile der Ostküste, östlich von dem jetzigen Dorfe, wird noch durch einige Mauerreste und zahlreiche alte Graber bezeichnet; von der anderen ist noch keine Spur gefunden worden; ebensowenig von dem Grabe des Peleus, das man im Alterthum auf der Insel zeigte.[1] Ik

Sämmtliche ubrige Inseln der Gruppe, mit Ausnahme von Skyros, sind jetzt entweder ganz unbewohnt oder mit einzelnen Klostern, in denen je ein Mönch oder ein Paar Mönche hausen, besetzt. Die meisten haben etwas Kiefernwaldung, gutes Trink-

Namen dieses Mannes beigefügte Demotikon *Σφήττιος* zeigt, dass die Insel damals (unter Hadrian) noch den Athenern gehorte, denen sie Antonius geschenkt hatte (vgl. oben S. 385): aus einem Missverstandniss dieses Verhältnisses ist wahrscheinlich die Notiz in schol. Soph. Philokt. 548 uber Peparethos als einen *δῆμος τῆς Ἀττικῆς* hervorgegangen. (Bei Seneca Troad 852 hat Delrio mit Recht 'arctioa [statt attica] pendens Peparethos ora' hergestellt) Dass die Insel aber später ebenso wie Skiathos (vgl. S. 386, Anm. 5) wieder autonom war, ist aus der der spätern Inschrift n. 2154[e] angefügten Formel *Ψ. B. Δ.* (*ψηφίσματι βουλῆς δήμου*) zu schliessen. Ueber die Reste unterhalb Glossa s. Fiedler Reise II, S. 21 ff.; der angebliche alte Ofen, von welchem derselbe Tafel I, Fig. 2 und 3 Ansicht und Grundriss giebt, ist ein Grab mit mehreren Seitenkammern aus romischer Zeit.

1) *Ἴκος αὕτη δίπολις* Scyl. Per. 58; für die Lage der Insel vgl (Scymn) Orb. descr. 582; Liv. XXXI, 45 Stadt Ikos Strab. IX p. 436. Alte Graber: Fiedler Reise II, S. 51 ff Grab des Peleus Antipater Sidon. in Anthol. Pal. VII, 2, 9 f. *Ἰκιακά* des Phanodemos Steph. Byz u. *Ἴκος*. — Bondelmonte p. 129 s. nennt die Insel Dromos.

wasser und gute Häfen, welche früher den in diesen Gewässern sehr zahlreichen Seeräubern willkommene Zufluchtsstätten darboten, jetzt fast nur von Fischerbarken besucht werden. Da noch auf keiner derselben Reste antiker Ansiedelungen gefunden worden sind, so ist es unmöglich, die antiken Namen der einzelnen Inseln mit annähernder Sicherheit zu bestimmen; denn die Vertheilung der von Pomponius Mela und Plinius überlieferten Namen unter die einzelnen Inseln nach zum Theil ziemlich schwachen Anklängen an die modernen Namen, wie sie manche neuere Geographen versucht haben, wobei Skanzura Skandile, Pelagonisi Polyaegos, Giura Gerontia, Psathura Irrhesia getauft worden sind, kann auf keine höhere Geltung als die einer schwach begründeten Hypothese Anspruch machen.[1] Nur das glauben wir als sicher hinstellen zu dürfen, dass eine der bedeutenderen dieser Inseln — wie mir am wahrscheinlichsten dunkt Skanzura, eine ungefähr in der Mitte zwischen Chelidromia und Skyros gelegene flache und öde Insel mit einem kleinen aber guten Hafen — die durch die Verhandlungen zwischen Philipp II von Makedonien und Athen über ihren Besitz historisch bekannte Halonesos ist, welche eine gleichnamige Stadt besass.[2]

Skyros Die durch Sage und Geschichte bekannteste unter allen Inseln dieser Gruppe, welche ihren antiken Namen Skyros[3]) be-

---

[1]) Scandile und Polyaegos nennt Pomp. Mela II, 106 zwischen Samothrace und Sciathos; Gerontia und Scandila als vor dem Pagasicus sinus, Irrhesia, Solymnia (oder Elymnia), Eudemia und Nea quae Minervae sacra est als vor dem Thermaeus sinus gelegen Plin IV, 12, 72.

[2]) (Demosth.) περὶ Ἁλοννήσου p. 77; Epist Phil. p. 162; Demosth. De cor. p. 248; Aeschin. in Ctes. § 83; Harpocr. p. 13, 1 ss. ed. Bekk.; Strab. IX, p 436 (wo die Insel zwischen Ikos und Skyros genannt ist); Steph. Byz. u. Ἁλόννησος; Pomp. Mela II, 106. Die Angabe des Plinius IV, 12, 74 'inter Cherronesum et Samothracen utrinque fere XV m. Halonesos', auf welche Ross Wanderungen II, S. 48 f. besonderes Gewicht legt und durch welche wohl Kiepert veranlasst worden ist, die südlich von Lemnos gelegene jetzt Hagios Stratis genannte Insel als Halonesos zu bezeichnen, würde höchstens auf Imbros passen und erweist sich daher als ganz unbrauchbar. Vgl. auch Schäfer Demosthenes II, S. 26.

[3]) Der Name wird von den Alten (s. Etym. m. p. 720, 24; Hesych. u. Σκῦρος; Eustath. ad Dionys. Per. 520) wohl richtig von dem festen, thon- und gipshaltigen Boden hergeleitet. Vgl. über die Insel Tournefort Voyage I, p. 171 ss.; Leake Travels in northern Greece III, p. 106 ss.; Prokesch von Osten Denkwürdigkeiten und Erinnerungen aus dem Orient

wahrt hat, liegt auf hohem Meere ungefähr 5 Meilen nordöstlich vom Cap Kumi (dem östlichsten Vorsprung der Ostküste Euboia's) und hat einen Umfang von etwa 3 Quadratmeilen. Sie besteht aus zwei nahezu gleichen Hälften, einer nordwestlichen und einer südöstlichen, welche durch einen ungefähr $1/2$ Stunde breiten, von zwei tiefen Buchten der Bucht Kalamitza im Westen und der Bucht Achili, dem antiken Achilleion, im Osten [1]) umrahmten Isthmos verbunden sind. Die südöstliche Hälfte wird ganz von rauhen Bergen eingenommen, deren Abhänge fast ganz kahl sind, während die Gipfel (unter denen der des ungefähr in der Mitte dieses Theiles der Insel gelegenen Berges Kokkila die Höhe von 782 Meter erreicht) ziemlich gut mit Eichen, Buchen und Kiefern bewaldet sind. In der etwas grösseren Nordwesthälfte sind die Berge niedriger und milder und wechseln mit fruchtbaren Hügeln und kleinen Ebenen, auf welchen Wein, Oel und Getreide gebaut wird. Die ganze Insel ist reich an Wasser und hat zahlreiche kleine Bäche, deren einer (wahrscheinlich der durch die kleine Ebene an der Ostküste nördlich von der Stadt Skyros fliessende) im Alterthum den Namen Kephissos trug.[2]) Die Küsten sind besonders an der West- und Südseite vielfach ausgezackt und bilden zahlreiche Buchten, unter denen ausser den schon erwähnten zu beiden Seiten des die nördliche und südliche Hälfte der Insel verbindenden Isthmos die an der Südküste

Stuttgart 1836) II, S. 182 ff.; Fiedler Reise II, S. 66 ff.; Ross Wanderungen II, S. 32 ff.; Graves 'The isle of Skyros' im Journal of the r. geographical society XIX, p. 152 ss.

[1]) Schol. Il. *T*, 326 nennt zwei Häfen auf Skyros, den *Ἀχίλλειος* und *Κρήσιος*: ob letzterer (der bei Plut. Cim. 8 *τὸ Κτήσιον* heisst; aber der Name *Κρήσιον* erklärt sich durch die in schol. Il *I*, 668 berichtete Sage von einer Einwanderung von Kretern unter Enyes, dem Sohne des Dionysos) die Bucht Kalamitza oder die Bucht Tribukkis sei, ist nicht näher zu bestimmen, doch ersteres wahrscheinlicher, weil sich an der Bucht Kalamitza einige Säulenreste und eine Anzahl antiker Sarkophage finden: vgl. Prokesch v. Osten a. a. O. S. 183 f.; Graves a. a. O p. 158 s.

[2]) Strab. IX, p. 424. Mit Bezug auf den Oel- und Weinbau der Insel trägt die Heroine Skyros auf dem von Philostr. iun. Imag. 1 beschriebenen Gemälde einen Oelzweig und eine Weinrebe in den Händen. Die Schilderung der Insel bei Aelian. De an IV, 59 als *ἀγὰν λυπρὰ καὶ ἄγονος καὶ ἀνθρώπων χηρεύουσα ὡς τὰ πολλὰ* (vgl. die Erklärung des Sprüchworts *ἀρχὴ Σκυρία* bei Zenob. I, 32 und Diogenian. I, 3) passt höchstens auf die südlichere Hälfte.

sich öffnende Bucht von Tribukkas die bedeutendste ist: dieselbe bildet einen sehr geräumigen, aber gegen Südwinde nicht ausreichend geschützten Hafen, dessen Einfahrt durch die zwei vorliegenden unbewohnten Eilande Platia und Sarakino, denen die Bucht ihren aus dem italiänischen 'le tre bocche' (die drei Mündungen entstandenen Namen verdankt, erschwert wird. Nahe der Nordseite der Bucht findet man ausgedehnte Brüche weissen Marmors mit rothen Streifen, der in der ersten römischen Kaiserzeit zu architektonischen Zwecken in Rom sehr beliebt war: sie wurden, wie anderwärts, auf Rechnung des Fiscus betrieben. Die Haupterwerbsquelle für die ziemlich armen Bewohner der Insel bildete die Viehzucht, besonders die Ziegenzucht.[1])

Als älteste Bewohner der Insel werden tyrrhenische Pelasger und Karer genannt, Stämme, welche in den ältesten Zeiten der griechischen Geschichte das Piratenhandwerk, für welches die Insel nach ihrer Lage und Beschaffenheit wie gemacht erscheint, mit besonderem Eifer betrieben.[2]) In den homerischen Gedichten erscheint die Insel als ein Bestandtheil des Reiches des Achilles, der sie dem Könige Enyes mit Gewalt abgenommen hat und dessen Sohn Neoptolemos hier erzogen wird.[3]) Erst spätere Epiker und attische Tragiker haben die bekannte Sage von der Verbergung des Achilles unter den Töchtern des Lykomedes behandelt.[4]) Attischen Ursprungs ist jedenfalls die Sage von der

[1]) Strab. IX, p. 437; vgl. Fiedler Reise II, S. 74 ff.; L. Bruzza Annali dell' inst. t. XLII, p. 151 s.; über die durch ihren Milchreichthum berühmten skyrischen Ziegen (die noch jetzt in grosser Zahl hauptsächlich in dem fast ganz unbebauten südlichen Theile der Insel weiden) Athen. I, p. 28[a] und XII, p. 540[d]; Aelian. De an. III, 34; Zenob. I, 18.

[2]) *Πελασγοί* und *Κᾶρες* werden als alte Bewohner der Insel genannt von Nikolaos Damasc. bei Steph. Byz. u. *Σκῦρος*, *Πελασγιῶται ἐκ Θρᾴκης διαβάντες* bei (Scymn.) Orb. descr. 583 ff., *Τυρρηνοί* bei Porphyr. Vit. Pythag. 10: vgl. O. Müller Orchomenos und die Minyer S. 432.

[3]) Il. *I*, 668; *T*, 326; Od. *λ*, 509. Nach den Kyprien und der kleinen Ilias wurde Achilles von Mysien aus nach dem Kampfe mit Telephos durch einen Sturm nach Skyros verschlagen und heirathete dort die Deidamia, mit der er den Neoptolemos zeugte: s. Procli Chrestom. p. 235 ed. Westphal (Scriptor. metr. gr. Vol I); Schol. Il. *T*, 326. Aehnliche Sagen in Schol. Il. *I*, 668; Philostr. Heroic. 19, 3 (p. 320 ed. Kayser).

[4]) Vgl. über die Behandlung dieser Sage in der Poesie und Kunst O. Jahn Archäologische Beiträge S. 352 ff.

Ermordung des Theseus durch den König Lykomedes[1]), welche den Athenern einen erwunschten Vorwand fur ihre Ansprüche auf den Besitz der Insel gewährte. Die Veranlassung zur Geltendmachung dieser Ansprüche gaben die Räubereien, welche die Doloper, die Bewohner der Insel in der historischen Zeit, an griechischen Schiffen verübten: thessalische Kaufleute führten daruber beim amphiktyonischen Gericht Klage und wandten sich, da die Doloper der Entscheidung der Amphiktyonen, welche sie zum Schadenersatz verurtheilte, nicht Folge leisteten, an Athen mit der Bitte, dem Treiben der Piraten ein Ende zu machen. Die Athener sandten alsbald (Ol. 77, 4 = 469 68 v. Chr. eine Flotte unter Fuhrung des Kimon ab, welcher die Insel eroberte und nach Austreibung der Doloper mit athenischen Kleruchen besetzte.[2]) Sie blieb nun im Besitz der Athener und wurde ihnen auch im sogenannten antalkidischen Frieden ausdrücklich als Eigenthum zugesprochen[3], von Philipp II. von Makedonien aber ihnen abgenommen und dem makedonischen Reiche einverleibt;[4] erst im Jahre 196 v. Chr. wurde Philipp V. von den Römern genöthigt, sie zugleich mit den Inseln Lemnos, Imbros und Delos den Athenern zuruckzugeben.[5]) Im byzantinischen Reiche gehörte sie zur Eparchie von Hellas, wurde nach der Eroberung Konstantinopels durch die Kreuzfahrer vertragsmässig dem byzantinischen Kaiser zugetheilt, aber zugleich mit den Nachbarinseln Skiathos und Skopelos von den Brüdern Andrea und Geremia Ghisi, Verwandten des venezianischen Dogen Dandolo, in Besitz genommen. Filippo Ghisi verlor sie im Jahre 1276 an den Ritter

---

[1]) Plut. Thes. 35; Heraclid. De reb. publ. I, 2; Paus. I, 17, 6; Philostr. Her. a. a O.: vgl. J. Meursii Theseus (Utrecht 1684) p. 126 ss.

[2]) Plut. Cim. 8; Thuk I, 98; Diod. XI, 60: für die Chronologie vgl. A. Schäfer De rerum post bellum Persicum usque ad tricennale foedus in Graecia gestarum temporibus (Leipzig 1865) p. 10 s.

[3]) Xen. Hell. IV, 8, 15; V, 1, 31.

[4]) Strab. IX, p. 437: dies muss um 340 geschehen sein, da die Insel noch in den Pseudodemosthenischen Reden *περὶ Ἁλοννήσου* (p. 77) und *κατὰ Νεαίρας* (p. 1346) als athenisches Besitzthum erwähnt wird.

[5]) Liv. XXXIII, 30.

[6]) Hierocl. Synecd. 10 p 11 ed. Parthey); vgl. Constant. Porphyrog. De themat. I, 17 (p. 43 ed. Bekk.), wonach Skyros zu den Kykladen gerechnet wurde und unter dem *στρατηγὸς τοῦ Αἰγαίου πελάγους* stand.

Licario, der vom byzantinischen Kaiser mit der Eroberung Euboia's und der anderen Inseln beauftragt war. Nach der Eroberung Konstantinopels durch die Türken suchte die Insel den Schutz der Venezianer nach, die sie auch noch im Jahre 1453 besetzten, aber bald von den Türken vertrieben wurden, in deren Händen sie bis zur Stiftung des Königreichs Hellas blieb.[1]

Die Insel hatte im Alterthum nur eine, ebenfalls Skyros genannte Stadt,[2] welche auf derselben Stelle wie das jetzige Städtchen Skyros lag: auf der Ostküste des nördlicheren Theiles der Insel, eine Stunde nördlich vom Hafen Achilleion, an der Nord- und Ostseite eines steilen Felskegels 605 Fuss über dem Meeresspiegel, dessen von einem verfallenen mittelalterlichen Schloss gekrönter Gipfel die Akropolis der alten Stadt trug; in der unteren Stadt lag unmittelbar am Gestade ein Heiligthum der Athene.[3] Jetzt sind noch stattliche Mauerreste der Akropolis und der Unterstadt, einige Architekturstücke und ein Paar plastische Werke die Statue eines liegenden Löwen und eine mit dem linken Arme auf eine Säule gestützte Frauengestalt ohne Kopf, beide aus weissem Marmor erhalten.[4]

Die Bucht von Kalamitza, wahrscheinlich, wie oben S. 391 Anm. 1 bemerkt, der 'kretische Hafen' der Alten, wird gegen Westen durch eine unfruchtbare, ziemlich lange aber schmale Insel, Valaxa genannt, geschützt. Westlich von dieser liegt das ganz kleine und schmale Eiland Erinia, noch weiter westlich die etwas grössere felsige Insel Skyropulo, deren Rücken sich bis zur Höhe von 617 Fuss übers Meer erhebt. Alle drei Inseln sind ebenso wie eine Anzahl ganz kleiner Eilande, die in der Nähe der Nordwestküste von Skyros liegen, unbewohnt und ohne Spuren antiker Bewohnung; ihre antiken Namen kennen wir nicht.

[1] S. die Partitio regni Graeci in Tafel und Thomas Urkunden I, S. 477; Hopf in der Allg. Encycl S. I, Bd 85, S. 223, 309; Bd. 86, S. 142.

[2] Scyl. Per. 58; Strab IX, p 436; Ptol III, 13, 47. Bondelmonte p. 131 sagt von der Insel: 'in qua IV erant oppida habitata et nunc duo restant'.

[3]) Stat. Achill. I, 285; II, 22.

[4]) S. Leake a. a. O p. 108 s; Prokesch von Osten S. 193 ff.

b) Euboia.[1]

Die östliche Flanke des mittleren Hellas wird vom malischen Meerbusen an bis gegen das attische Cap Sunion hin durch eine lange und verhaltnissmässig schmale Insel gedeckt, welche nach der Beschaffenheit und der Richtung ihrer den Gebirgszügen des Festlandes parallel von Nordwesten nach Südosten laufenden Gebirge als ein durch gewaltige Erdbeben, wie sie auch in historischer Zeit besonders die Westkuste des mittleren und nördlicheren Theiles der Insel zugleich mit der gegenuberliegenden Ostküste des Festlandes wiederholt heimgesucht haben, losgerissenes Stuck des Continents von Hellas erscheint.[2] Diese Insel, welche ihrer Grösse nach (sie hat bei einer Lange von etwa 25 und einer durchschnittlichen Breite von etwa 3 Meilen einen Flächeninhalt von 76 Quadratmeilen)[3] die zweite Stelle unter den

---

[1]) *Εὐβοικά* (in wenigstens vier Büchern) hatte Archemachos geschrieben (s. Müller Fragm. hist. gr. IV, p. 314 s.), *περὶ Εὐβοίας* Aristoteles aus Chalkis (Harpocr. p. 33, 2 Bekk.; schol. Apollon. Rhod. A, 558). Von Neueren haben über die Insel speciell gehandelt A. J. E. Pflugk Rerum Euboicarum specimen, Berlin 1829; Lucas Topographicae descriptionis Euboeae insulae specimen, im Programm des Gymnasiums zu Hirschberg 1845; Ulrichs Reisen und Forschungen in Griechenland II, S. 215 ff.; J. Girard Mémoire sur l'île d'Eubée, in den Archives des missions scientifiques et littéraires t. II (Paris 1851) p. 635 ss; Rangabé Mémoire sur la partie méridionale de l'île d'Eubée, Paris 1852 (aus den Mémoires présentés par divers savans à l'académie des inscriptions et belles lettres, Ire série, t. III); C. Bursian Quaestionum Euboicarum capita selecta, Leipzig 1856; derselbe Mittheilungen zur Topographie von Boiotien und Euboia, in den Berichten der sächs. Ges. d. Wiss. hist.-phil. Cl. 1859, S. 109 ff.; A. Baumeister Topographische Skizze der Insel Euboia, Lübeck 1864 (aus dem Programm des Katharineums); J. F. J. Schmidt Reisestudien in Griechenland, in Petermann's Mittheilungen 1862, S. 201 ff. und S. 329 ff.

[2]) Die Ansicht, dass Euboia ursprünglich mit dem Festlande zusammengehangen habe, war schon im Alterthum verbreitet: vgl. Ion bei Strab. I, p. 60; Plin. II, 88, 204; IV, 12, 63; Procop. De aedificiis IV, 3, p. 275 ed. Dind. Erdbeben: Thuk. III, 89; Strab I, p. 58, 60; X, p. 447; Seneca Nat. quaest. VI, 17, 3; 25, 4. Vgl. Baumeister a. a. O. S. 40.

[3]) Vgl. Baumeister a. a. O. S. 2 und S. 41 Anm. 9, der aber den Flächeninhalt jedenfalls zu niedrig auf nur 60 Quadratmeilen schätzt; die Angabe von 76 Quadratmeilen entnehme ich aus Ritter's geographisch-statistischem Lexicon.

griechischen Inseln im geographischen Sinne, nach Kreta, einnimmt, wurde im Alterthum, abgesehen von dichterischen Bezeichnungen nach ihrer Gestalt, wie Makris und Doliche, oder nach einem der sie bewohnenden Volksstämme, wie Abantis und Ellopia, mit dem offenbar von ihrem Reichthum an Rindern hergenommenen Namen **Euboia** benannt, wornach auch der die Insel vom Festlande trennende Meeresarm als der euboische Golf bezeichnet wurde: der engste Theil desselben, der durchschnittlich eine halbe Stunde breite Canal zwischen der am weitesten gegen Westen vorgeschobenen Küste des mittleren Theiles der Insel und der Küste Boiotiens, über dessen schmalste Stelle seit dem Jahre 410 v. Chr. eine 200 Fuss lange Brücke hinwegführte, wurde gewöhnlich schlechtweg der **Euripos** (Sund), genauer zur Unterscheidung von anderen ähnlichen Meerengen der **chalkidische Euripos** genannt. Dieser Name, in der vulgärgriechischen Form Egripos, ist seit der byzantinischen Zeit auf die Insel übertragen worden und hat den alten Namen derselben gänzlich verdrängt; die Abendländer, speciell die Venezianer, haben sich denselben mit Rücksicht auf die auch im Mittelalter und in der Neuzeit fortbestehende Brücke durch Umwandlung in Negroponte (lateinisch insula Nigripontis oder Nigropontis) accommodirt.[1])

Die Gebirge der Insel gliedern sich in drei Gruppen, wodurch die ganze Insel in drei ziemlich bestimmt von einander abgegränzte Theile — Nord-, Mittel- und Süd-Euboia — geschie-

---

[1]) Vgl. über die alten Namen meine Quaest. Eub. p. 3 ss. und Baumeister S. 39 (für den Namen *Μάκρις* auch Olshausen Rhein. Mus. n. F. VIII, S. 329 f.); den an beiden Stellen übersehenen Namen *Δολίχη* giebt das Etym. M. p. 389, 2. *Ἡ τῶν Εὐβοέων θάλαττα* Anonym. Descr. Gr. 29 (C. Müller Geogr. gr. min. I, p 105); *Εὐβοικὸς κόλπος* Anthol. Pal. IX, 73, 1; Euboici sinus Propert. V, 1, 114. Ueber den Euripos und die von den Alten viel besprochene häufig (angeblich siebenmal im Laufe jedes Tages und ebenso oft im Laufe jeder Nacht) wechselnde Strömung in demselben s. Ulrichs a. a. O. S. 219 ff; Baumeister S. 7 f. und S. 46 f. *Εὔριπος* sprüchwörtlich von veränderlichen Menschen oder Dingen: Diogenian. III, 39 mit Leutsch's Anm. Ueber *Εὔριπος* (vulgär *Ἔγριπος*) als Name der Insel (die nach Constant. Porphyrog. De them. II, 5, p. 51 ed. Dind. in byzantinischer Zeit auch *Χάλις* oder *Χαλκίς* genannt worden sein soll) vgl. Meineke ad Steph. Byz p 708, 20; Tafel Thessalonica p. 487 s.

den wird. Der Mittelpunkt des ganzen Gebirgssystems ist der von den Alten Dirphys, jetzt Delphis (Delph) genannte Gebirgszug, welcher sich ungefähr in der Mitte der Längenausdehnung der Insel nahe der Ostküste derselben hinzieht. Nur der Kamm dieses grösstentheils aus Thonschiefer bestehenden Gebirges, dessen höchste Kuppe die Höhe von 1745 Meter (nach. Jul. Schmidt's Messung 896 Toisen = 5376 Par. Fuss erreicht, ist kahl, die Abhänge sind noch jetzt reich mit Kiefern und Tannen (unter denen eine besondere Species, von den Botanikern 'Apollotanne', Abies Apollinis genannt, erscheint) sowie mit Laubholz, namentlich Kastanien und Platanen bewaldet.[1]) Gegen Süden ziehen sich von der Hauptkette zwei Verzweigungen durch die ganze Breite der Insel bis zur Westküste herab, deren östlichere östlich von dem stattlichen Dorfe Vathia hinlaufende (höchster Gipfel 774 Meter) im Alterthum den Namen Kotyläon führte;[2] die westliche höhere höchster Gipfel im Norden 1173 Meter, welche westlich von Eretria die Küste erreicht, scheint nach ihrer jetzigen Benennung Elymbos im Alterthum den Namen Olympos geführt zu haben. Zwei andere noch mächtigere Verzweigungen ziehen sich vom südlichen Theile der Hauptkette der Dirphys gegen Nordosten: das Xerovuni Höhe 1365 Meter) und das Mavrovuni Höhe 1122 Meter, für welche wir keine Sondernamen aus dem Alterthum kennen; die östlichsten Ausläufer des letzteren oberhalb des Städtchens Kumi enthalten ausser anderen geologisch interessanten Erscheinungen bedeutende Lager von Braunkohlen.[3]) Die am weitesten gegen Südosten vorgeschobene Partie der Dirphyskette ist ein nur durch eine Reihe niedrigerer Hügel längs

---

[1]) Steph. Byz. u. *Δίρφυς* (nach welchem die Hera als *Διρφύα* verehrt wurde, das Gebirge also dieser Göttin geweiht war), vgl. Simonid. Epigr. 89 (Bergk Poet. lyr. gr. p. 1147); Eur. Herc. fur. 185. Lycophr. Alex. 375 hat *Διρφωσσός* Ueber die Kastanien vgl. Athen. II, p. 54[b] und [d]; Theophrast. Hist. pl. IV, 5, 4 u. ö.; Hesych. u. *Εὐβοικά*; Etym. M p. 389, 1; über die Tannen Unger Wissenschaftliche Ergebnisse einer Reise in Griechenland und in den ionischen Inseln (Wien 1862) S. 68 ff.

[2]) Aeschin. in Ctes. 86; Harpocr. p. 115, 3 ed. Bekk.; Steph. Byz u. *Κοτύλαιον* nach dieser Stelle war das Gebirge der Artemis geweiht, vgl. Nonn. Dionys. XIII, 163.

[3]) S. Fiedler Reise I, S. 449 ff; J. Russegger Reisen in Europa, Asien und Afrika Bd. IV, S. 68 ff.; Unger Wissenschaftliche Ergebnisse einer Reise in Griechenland S. 143 ff.

der Ostküste mit der übrigen Masse des Gebirges zusammenhangender Bergkegel, jetzt Ochthonia genannt (Höhe 763 Meter), von dessen Ostseite das Cap Chersonesos (noch jetzt Chersonisi genannt) ins Meer vortritt:[1]) dasselbe bildet die Gränze zwischen Mittel- und Südeuboia, indem die Küstenlinie von hier an eine entschieden südliche Richtung nimmt und der Körper der Insel bedeutend schmäler wird.

Im südlichen Euboia zieht sich eine lange Kette meist kahler Berge von nur mässiger Erhebung (durchschnittlich 500—600 Meter) hin, welche aus Glimmerschiefer, auf dem theils dichter Uebergangskalk, theils Marmor auflagert, bestehen. Sie nehmen meist die ganze, freilich ziemlich geringe Breite der Insel ein und entsenden nach beiden Seiten schroffe Vorsprünge ins Meer, zwischen denen zahlreiche, aber fast nirgends den Schiffen einen sichern Ankerplatz darbietende Einbuchtungen sich finden, nach welchen dieser ganze, besonders an der Ostküste wegen des schroffen Abfalls des Ufers von den Seeleuten gefürchtete Theil der Insel 'die Hohlungen von Euboia' (τὰ κοῖλα τῆς Εὐβοίας) genannt wurde.[2]) Erst im südlichsten Theile der Insel tritt wieder ein bedeutendes Massengebirge auf, die Ocha, (deren Gipfel jetzt Hagios Elias) die Höhe von 1404 Meter erreicht. Der nordöstlich von der Stadt Karystos sich erhebende ganz kahle Hauptstock des durchaus aus Glimmerschiefer bestehenden Gebirges enthält in seinen höheren Partien sehr ausgedehnte Lager eines weissen, mit grünlichen Streifen durchzogenen Marmors, der im Alterthum unter dem Namen des karystischen Marmors bekannt und zu architektonischen Werken besonders in der römischen Kaiserzeit, wo die Brüche dem Fiscus gehörten, sehr beliebt war. Der von den Alten hauptsächlich ausgebeutete Bruch befindet sich gerade östlich über dem Castell von Karystos (der Akropolis der alten Stadt), wo noch sieben mächtige, von antiken Werkleuten behauene Säulencylinder liegen. Andere ebenfalls schon von den Alten benutzte Brüche desselben Materials findet man am westlichen Abhange des östlich von dem Städtchen Stura

[1]) Χερσόνησος ἄκρα Ptolem. III, 15, 25. Der Name Ὀχθώνια (von ὄχθος, ὄχθη) könnte antik sein.

[2]) Herod. VIII, 13, Strab. X, p. 445; Dio Chrysost. Or. VII, 2 und 7; Philostr. Her. 10, 11; Ptol III, 15, 25; Liv. XXXI, 47; Valer. Max. I, 8, 10; vgl. meine Quaest. Eub. p. 43 und Baumeister S. 69, Anm. 91.

dem alten Styra) sich erhebenden Berges Kliosi. Ein anderes jetzt, wie es scheint, fast ganz erschöpftes mineralisches Product der Ocha war der Asbest Amiant, welcher von den Alten zur Fabrikation von Handtüchern, Netzen, Dochten und andern Dingen benutzt wurde.[1]

Von dem Hauptstock des Gebirges gehen zwei Verzweigungen gegen Süden und Südwesten aus, welche in den Caps Mantelo (dem alten Gerastos) und Paximadi (von den Alten entweder nach der hellen Färbung des Gesteins oder nach dem Schaume der Brandung Leuke Akte 'das weisse Gestade' benannt) endend, die weite gegen Süden offene Bucht von Karystos umschliessen. Gegen Osten entsendet die Ocha eine Anzahl paralleler Bergrücken, die durch tiefe und schmale Schluchten, in welchen wasserreiche, meist mit Platanen bewachsene Bäche dem Meere zufliessen, getrennt sind; die Abhänge sind theils mit Laubholz (meist Eichen und Platanen und in der Nähe der einzelnen an ihnen liegenden Dörfchen mit Baumgärten), theils mit Viehweiden bedeckt. Getreide wird in diesen Engthälern, die schwer zugänglich und daher im Alterthum wie in der Neuzeit von der Welt abgeschieden, von Fremden äusserst selten betreten wurden, fast gar nicht gebaut, nur hier und da sieht man einige magere Gersten-, Roggen- und Haferfelder; die Bewohner leben meist von Viehzucht, treiben daneben Seidenbau und bauen auch etwas Tabak und Obst, besonders Birnen, Aepfel und Kirschen. Im Alterthum bildete neben Viehzucht und Jagd die Purpurfischerei die Hauptbeschäftigung der Bewohner dieser Gegenden; auch ist, wie noch vorhandene Schlackenhalden zeigen, Bergbau auf Eisen und Kupfer getrieben worden.[2] Von dem nördlichsten

[1]) Ὄχη Strab. X, p. 445; ἡ Ὄχη und ὁ Ὄχης nach Steph. Byz. s. *Κάρυστος*. Karystischer Marmor: Strab. IX, p. 437; X, 446 (wo die Brüche irrig an die Bucht Marmarion nordwestlich von Karystos verlegt werden); Plin. IV, 12, 64; XXXVI, 6, 48; Seneca Troad. 846 u. a. Vgl. über den Betrieb der Brüche in der römischen Kaiserzeit L. Bruzza Annali dell' inst. t. 42, p. 140 ss. Ueber den von den Alten gewöhnlich *Καρύστιος λίθος* genannten Asbest s. Apollon. Hist. mir. 36; Strab. X, p. 446; Plut. De def. orac. 43. Vgl. Fiedler Reise I, S. 428 ff.

[2]) Vgl. besonders die von O. Iahn (Aus der Alterthumswissenschaft S. 58 ff.) mit Recht als 'antike Dorfgeschichte' bezeichnete Schilderung des Dio Chrysost. Or. VII, 2 ff.; dazu die wohl speciell auf diesen Theil der Insel bezügliche Notiz des Paus. VIII, 1, 5, dass noch zu seiner Zeit

jener parallelen Bergrücken tritt ein mächtiges Felscap, wie ein gewaltiger Schiffsschnabel gestaltet, weit gegen Nordosten vor, das von den Alten Kaphereus (Verschlinger), im Mittelalter Xylophagos (Schiffsfresser), heutzutage Cavo d'oro (Goldcap, angeblich weil das Meer hier bisweilen byzantinische Goldmünzen ausspült) genannt, seit alten Zeiten als einer der für die Schiffe gefährlichsten Punkte der griechischen Küsten berüchtigt ist.[1]

Die hauptsächlich aus Glimmerschiefer bestehenden Berge des nördlichen Theiles der Insel sind, abgesehen von dem nordwestlichsten Vorsprung (der Halbinsel Lithada), ganz mit stattlichen Waldungen von Laubholz (besonders Eichen) und Nadelholz bedeckt; in den Ebenen wechseln Oelbaumpflanzungen mit wohlbebauten Saatfeldern, in den Thälern und Schluchten fliessen wasserreiche Bäche, deren Ufer von Platanen und Oleanderbüschen beschattet sind. Während die jetzt mit dem Sondernamen Gerakovuni, Pyxaria und Mavrovuni bezeichneten Berge der Ostküste bis gegen die Ebene von Manduti (das Gebiet des alten Kerinthos) hin von den Alten offenbar als noch zum Gebirgssystem der Dirphis, von deren Hauptstock sie nur durch eine enge Thalschlucht getrennt sind, gehörig betrachtet wurden, scheint das längs der Westküste sich hinziehende, meist steil gegen das Meer abfallende, durch einen niedrigeren Querzug, welcher die natürliche Gränze zwischen Nord- und Mitteleuboia bildet, mit den Bergen der Ostküste in Verbindung stehende Kandiligebirge, dessen höchster, jetzt Kurublia genannter Gipfel, nahe dem südlichen Ende des Bergzuges, die Höhe von 1209 Meter erreicht, bei den Alten den Namen Makistos geführt zu haben.[2] An dasselbe schliesst sich im Norden das 985 Meter hohe Xeron-Oros, dessen bis zur Nord- und Ostküste reichende Verzweigungen

die ärmeren Leute auf Euboia Kleider aus Schweinshäuten trugen, und meine Quaest. Eub. p. 42 s. Purpurschnecken im Euripos erwähnt Aristot. Hist. an. V, 13, 3. Die von Hermippos bei Athen. I, p 27[b] gerühmten Birnen von Euboia stammten wohl aus dieser Gegend.

[1]) Herod. VIII, 7; Strab. VIII, p. 368; Paus. IV, 36, 6; Dio Chrys. Or. VII, 31 f; Eurip Hel 1129; Troad. 90; Ptol. III, 15, 25; Steph. Byz. u. Καφηρεύς: vgl. meine Quaest. Eub. p. 44 s.

[2]) Vgl. Aeschyl. Agam. 289 ff.; dazu Baumeister Jahrb. f. Philol. Bd. 75, S. 351, wogegen allerdings W. Vischer in den Göttinger gelehrten Anzeigen 1864, St. 35, S. 1382 Zweifel äussert.

den nordöstlichen Theil der Insel ausfüllen, im Nordwesten das 970 Meter hohe, gegen das Meer steil abfallende Küstengebirge Galzades an; beide zusammen bilden das durch seinen Reichthum an Arzneipflanzen berühmte Telethrion der Alten.[1] Mit diesem hängt im Nordwesten durch einen schmalen Hügelrücken (das sogenannte Bastardovuno eine ganz von durren und rauhen, nur mit Lentiscus und ähnlichen Gesträuchen bewachsenen Kalkbergen eingenommene Halbinsel zusammen, welche im Alterthum mit dem speciell dem flachen Vorgebirge, in welches sie gegen Südwesten ausläuft, zukommenden Namen Kenäon, heutzutage mit dem aus der antiken Benennung der vor diesem Vorgebirge liegenden Gruppe kleiner Klippeninseln Lichades corrumpirten Namen Lithada bezeichnet wird.[2]

Unter den Ebenen der Insel ist die bedeutendste die, welche sich langs der Westküste vom südlichen Fusse des Kandili bis zum Olympos hinzieht. Das fruchtbarste und breiteste Stück derselben, von dem Dorfe Ampelakia ziemlich eine Stunde südöstlich von Chalkis bis über das Dorf Vasiliko hinaus, ist das Lelanton-Gefilde der Alten, das im Alterthum wie noch jetzt ganz mit Weingärten, Feigen- und Oelbaumpflanzungen und Getreidefeldern bedeckt war und wegen des durch sorgfältige Bewässerung mit Hülfe eines bedeutenden, von der Dirphis herabkommenden, in der Nähe von Vasiliko mundenden Baches unterstutzten Reichthumes seines Bodens den Gegenstand langwieriger Kämpfe zwischen den Nachbarstädten Chalkis und Eretria bildete.[3])

[1] Strab. X, p. 445; Theophr. Hist pl. IV, 5, 2; IX, 15, 4; 20, 5; Plin XXV, 8, 94; Steph Byz. u *Τελέθριον*. Vgl. meine Mittheilungen in den Ber d sächs. Ges d. Wiss. 1859, S. 146 und S. 149 ff

[2]) Strab I, p. 60; IX, p 426; 429; 435; X, p 444 und 446; Scyl. Per 58; Plin. IV, 12, 63; Hom. Hymn in Apoll. Pyth. 41; Thukyd III, 93; Diod IV, 37; Apollod II, 7, 7; Liv. XXXVI, 20 u. a. Die Glosse des Hesych *κήνεον· καθαρόν*, welche E Curtius Nachrichten v n der Ges. d. Wiss. zu Göttingen 1860, S 156 zur Erklärung des Namens *Κήναιον* benutzt, ist jedenfalls corrupt. Der neuere Name *Λιθάδα* (aus *Λιχάδες*) erscheint in lateinischen Urkunden des 13ten Jahrhunderts als ‘Ponta Punta) Litadi’ oder ‘Litaldi’.

[3]) *Λήλαντον πεδίον* Hom. Hymn. in Apoll Pyth. 42; Theogn. 892; Theophr. Hist pl. VIII, 8, 5; 10, 4; Callim. Hymn in Del 289; Strab I, p. 58; X, p 447 s. und 465· was letzterer von warmen Quellen und anderen vulkanischen Erscheinungen sowie von Erz- und Eisengruben im

Eine zweite, ebenfalls wenigstens für den Getreidebau sehr ergiebige Ebene findet sich an der Ostküste von Nordeuboia, vom Dorfe Manduti bis zur Bucht Peleki, in welche der wasserreichste Fluss der ganzen Insel, der durch zwei in der Ebene selbst sich vereinigende Bäche, deren einer von Norden, vom Xeron-Oros, der andere von Süden, vom Pyxariaberge herkommt vielleicht die Bäche Kereus und Neleus, welchen man im Alterthum wunderbaren Einfluss auf die Farbe der Wolle der Schafe zuschrieb, gebildete Budoros mündet.[1] Noch ausgedehnter als diese im Alterthum der Stadt Kerinthos gehörige Ebene ist die von Oreos an der Nordküste der Insel in der Gegend des jetzigen Xerochori, durch welche ebenfalls ein nicht unbedeutender Bach, der Kallas der Alten[2] (jetzt Xerias, dem Meere zufliesst. Von geringerem Umfang endlich, aber von grosser Fruchtbarkeit, besonders an Wein und Südfrüchten, ist die Strandebene von Karystos im südlichsten Theile der Insel, welche von einem grösseren und mehreren kleineren Bächen (deren antike Namen wir ebensowenig kennen als die der übrigen Wasserläufe der Insel ausser den bisher erwähnten bewässert wird.

Die älteste Bevölkerung der Insel war verschieden nach den drei Haupttheilen, in welche die Natur selbst die Insel geschieden hat. Nordeuboia war im Besitz der Hestiaer und Elloper, thessalischer Stämme, die jedenfalls von Norden, wahrscheinlich vom pagasäischen Golf aus, in die Insel eingewandert waren. In

lelantischen Gefilde berichtet, ist sehr zweifelhaft, vgl Berichte der sächs. Ges. d. Wiss. 1859, S 124 ff. Ob der Bach Lelantos 'flumine Lelanto' Plin IV, 12, 64 oder, wie Baumeister Topogr Skizze S. 9) nach Lycophr. Alex. 1035 vermuthet, *Κόσ‹υ›ιϑο‹ς›* geheissen hat, wage ich nicht zu bestimmen.

[1] *Βούδωρος* Strab. X, p. 446 (nur zwei weniger gute Codd und die Epitome geben *Βούδορος* ; Ptol. III, 15 25 *Κηρεύς* und *Νηλεύς* als *Εὐβοῖται ποταμοί* Strab X, p 449, Ceron und Neleus als 'fontes duo in Hestiaeotide' Plin XXXI, 2, 13; *Κέρβης* und *Νηλεύς* als *δύο ποταμοὶ ἐν Εὐβοίᾳ* (Aristot) Mir ausc 170; *Κέρων καὶ Νηλεὺς δύο ποταμοὶ ἐν τῇ Εὐβοίᾳ κατὰ τὴν Ἰταλικὴν ? τὴν συνορίζουσαν τῇ Χαλκίδι* Antig Hist. mir. 78.

[2]) Strab. X, p 446. Die Ebene bringt ausser Getreide besonders auch Wein hervor, daher *πολυστάφυλος Ἱστίαια* Il. *B*, 537, vgl. die Münztypen von Histiaa bei Eckhel D. N. p I, vol II, p. 325. *Εὐβοικὸς οἶνος* Athen. I, p. 30 f.

Mitteleuboia sassen die Kureten und die Abanten, beide wahrscheinlich Zweige des grossen lelegischen Volksstammes, die vom Festlande des mittleren Hellas aus über den Euripos vorgedrungen waren: die Kureten sind frühzeitig verschollen, die Abanten dagegen, durch die Zuwanderung attischer Ionier verstärkt und allmälig ganz ionisirt, haben sich bald zu einer bedeutenden Machtstellung erhoben und schon in alter Zeit eine Art Suprematie auch über Nord- und Südeuboia ausgeübt, so dass sie in den ältesten Denkmälern der griechischen Dichtung als die Herren der ganzen Insel erscheinen;[1] ihre beiden Hauptstädte, Chalkis und Eretria, an deren um den Besitz des lelantischen Gefildes geführten Kriegen sich zahlreiche andere griechische Staaten als Bundesgenossen der einen oder der anderen der kriegführenden Parteien betheiligten,[2]) haben im Laufe des 8ten und 7ten Jahrhunderts v. Chr. eine grosse Anzahl blühender Pflanzstädte im Westen in Unteritalien und auf Sicilien und im Osten (auf der thrakischen Halbinsel Chalkidike gegründet und dadurch zuerst dem griechischen Handel neue Bahnen eröffnet, der griechischen Cultur neue Stätten bereitet.[3] Die Bewohner des südlichen Theiles der Insel waren Dryoper, welche, von den aus Thessalien vordringenden Doriern aus ihren alten Wohnsitzen zwischen Parnasos und Oite vertrieben vgl. Bd. I, S. 153, sich zur See theils nach Südeuboia, wo sie die drei Städte Karystos, Styra und Dystos gründeten, theils nach der südöstlichen Halbinsel von Argolis (vgl. oben S. 94 zurückgezogen hatten.[4])

[1]) Il. B, 536—545; Archiloch. bei Plut. Thes. 5; vgl. Steph. Byz. u. Ἀβαντίς.

[2]) Vgl. über die sogenannten lelantischen Kriege C. Fr. Hermann Gesammelte Abhandlungen S. 190 ff.; H. Dondorff De rebus Chalcidensium (Halle 1855 p. 5 ss. Ob die Verse bei Theogn. 891—94 auf diese Kämpfe zu beziehen sind, wie nach C. Fr. Hermanns Vorgange W. Vischer annimmt (Götting. gel. Anz. 1864, N. 35, S. 1373 ff.), ist mir sehr zweifelhaft.

[3]) Vgl. Strab. X, p. 447. Ein Zeugniss für die ausgedehnten Handelsbeziehungen Euboia's giebt auch der Umstand, dass die aus Persien stammende Goldwährung von den Griechen als die euböische bezeichnet wurde: vgl. F. Hultsch Griech. und röm. Metrologie S. 145.

[4]) Vgl. über die ältesten Bewohner der Insel meine Quaestiones Euboicae p. 5—31; H. Dondorff Die Ionier auf Euboia. Ein Beitrag zur Geschichte der griechischen Stämme. (Aus dem Programm des Joachimsthalschen Gymnasiums zu Berlin 1860.)

Die Stammesverschiedenheit dieser ältesten Bevölkerung, welche wahrscheinlich schon durch die Hegemonie der Abanten beeinträchtigt worden war, wurde fast gänzlich verwischt durch die Herrschaft Athens, welche den Bewohnern der ganzen Insel wenigstens in Hinsicht der Sprache ein wesentlich attisches Gepräge gab. Die Athener waren im Jahre 506 nach Niederwerfung eines böotischen Heeres über den Euripos gezogen, hatten die Chalkidier, welche zu der vom spartanischen Könige Kleomenes gegen Athen zusammengebrachten Liga gehörten, aufs Haupt geschlagen und die Ländereien des in Chalkis herrschenden Adels, der sogenannten Hippoboten, mit 4000 attischen Kleruchen besetzt. Schon damals scheint ausser Chalkis auch das übrige Euboia in Abhängigkeit von Athen gerathen zu sein. Der Versuch der Euboier, sich von dieser Abhängigkeit zu befreien (im Jahre 446 v. Chr.), endigte mit der Unterwerfung der ganzen Insel durch Perikles und der Vertreibung der Hestiäer, in deren Gebiet 2000 attische Kleruchen angesiedelt wurden.[1]) Seitdem gehörten alle bedeutenderen Ortschaften der Insel, deren Besitz den Athenern für die Verproviantirung ihres Landes mit Getreide und Schlachtvieh von der höchsten Wichtigkeit war, als tributpflichtige Glieder dem athenischen Seebunde an, bis es im 21sten Jahre des peloponnesischen Krieges 411 v. Chr. den Peloponnesiern gelang, sie mit Ausnahme von Histiäa (Oreos) zum Abfall von Athen zu bewegen.[2]) Im sogenannten korinthischen Kriege 394—387 stand Euboia auf Seiten Thebens und Athens gegen Sparta; alle bedeutenderen Ortschaften der Insel (Chalkis, Eretria, Karystos, Athenä Diades und Histiaa) traten sodann dem im Jahre 378 begründeten athenischen Seebunde bei.[3]) Ein Versuch der Thebaner, sich in die inneren Angelegenheiten der Insel einzumischen, wurde von den Athenern im Jahre 357 v. Chr. glücklich zurückgewiesen und darauf das Bündniss der euboischen Städte mit Athen erneuert; dasselbe bestand auch nach dem so-

[1]) Herod. V, 74; Aelian. Var. hist. VI, 1; Thuk. I, 114; Theopomp. bei Strab. X, p. 445; Plut. Pericl. 23.

[2]) Thuk. VIII, 95 f.; für die in den Tributlisten erscheinenden euböischen Ortschaften s. Böckh Staatsh. II, S. 608.

[3]) Xen. Hell. IV, 2, 17; 3, 15; Diod. XIV, 82. Inschr. bei Rangabé Ant. hell. n. 381 bis; vgl. A. Schäfer Demosthenes und seine Zeit I, S. 33 f.

genannten Bundesgenossenkriege fort, bis die Intriguen Philipps von Makedonien und der unglückliche Feldzug, welchen die Athener im Jahre 350 auf das Hülfsgesuch des Tyrannen Plutarchos von Eretria nach der Insel unternahmen, dieselbe den Athenern abwendig machten und zum Anschluss an Philipp bewogen, der in den Jahren 343 und 342 den Städten Eretria und Oreos makedonische Parteigänger zu Tyrannen aufnöthigte. Dies veranlasste die Bewohner von Chalkis ein Schutz- und Trutzbündniss mit Athen abzuschliessen, dem bald auch die von ihren Tyrannen Philistides und Kleitarchos befreiten Städte Oreos und Eretria beitraten.[1] Aber nach der Schlacht bei Chäroneia musste die ganze Insel sich Philipp unterwerfen und blieb seitdem den Makedoniern unterthänig bis zum zweiten makedonischen Kriege, nach welchem sie ihre Unabhängigkeit als Geschenk der Römer zurückerhielt. Nachdem sie dieselbe im Jahre 192 v. Chr. gegen einen Angriff der Aetoler gewahrt hatte, verlor sie sie gegen Ende desselben Jahres an Antiochos von Syrien, der Chalkis besetzte; doch räumte dieser die Stadt wieder beim Heranrücken des römischen Heeres unter dem Consul M'. Acilius Glabrio 191 v. Chr., worauf alle Städte der Insel sich den Römern übergaben.[2]) Chalkis busste seine Theilnahme am Kriege der Achäer gegen Rom im Jahre 146 v. Chr. durch (freilich wohl nur theilweise Zerstörung;[3]) im mithridatischen Kriege bildete es den wichtigsten Waffenplatz des Archelaos, des Feldherrn des Mithridates.[4]) Seitdem genoss die Insel unter der römischen Herrschaft als Bestandtheil der Provinz Makedonien Jahrhunderte des Friedens und der Ruhe, die aber die Spuren der früheren verheerenden Kriege nicht zu verwischen vermochten: in der Kaiserzeit war wenigstens der südlichere Theil der Insel so dünn bevölkert, dass zwei Drittel des Landes selbst in den Ebenen unbebaut lagen.[5] Eine bedeutendere Rolle spielt die Insel erst

[1]) Vgl. A. Schäfer Demosthenes und seine Zeit II, S. 73 ff und S. 391 ff.

[2]) Polyb. XVIII, 29 f.; Liv. XXXV, 37 f.; 50 f.; XXXVI, 11; 21; Appian. Syr. 12; 16; 20.

[3]) Liv. Perioch. LII; vgl. Polyb. XL, 11.

[4]) Appian. Mithrid. 29; 31 u. ö.; Plut. Sulla 11.

[5]) Dio Chrysost. Or. VII, 34. Dass Euboia zur Provinz Makedonien gehörte, zeigt der Senatsbeschluss C. I. gr. n. 5879.

wieder im späteren Mittelalter seit der Eroberung Konstantinopels durch die Franken 1204, wobei sie vom Markgrafen Bonifacio von Montferrat dem Jacques d'Avesnes, dem Führer eines lombardischen Hülfscorps, überlassen, bald aber, da dieser mit dem Kriege gegen den Peloponnes beschäftigt war, in drei grosse Lehen getheilt wurde, welche an drei getreue Anhanger Bonifacio's verliehen wurden August 1205. Der mächtigste dieser 'Dreiherren' Terzieri, Ravano dalle Carceri aus Verona, machte sich nach einigen Jahren zum alleinigen Herren der Insel und stellte sich, um sich diesen Besitz zu sichern, als Vasall unter den Schutz der Republik Venedig, die seitdem, allerdings unter vielfachen Streitigkeiten mit den Fürsten von Achaia, denen Bonifacio die Lehensoberhoheit uber die Insel ubertragen hatte, die factische Herrschaft über dieselbe durch ihre Vertreter Baili) ausübte, unter deren Aufsicht die 'Dreiherren', die Regenten der nach Ravano's Tode wieder hergestellten drei Herrschaften, standen. Die Eroberung der Insel durch Mohammed II. (12. Juli 1470) war ein schwerer Schlag fur Venedig, der Anfang des Endes seiner Seeherrschaft in den griechischen Gewässern [1] Seitdem verschwindet die Insel als Theil des turkischen Reiches wieder aus der Geschichte bis zum griechischen Befreiungskriege, während dessen die beiden Stadte Chalkis und Karystos Hauptstutzpunkte der türkischen Macht bildeten, an welchen alle Eroberungsversuche der Griechen scheiterten; erst das Londoner Protokoll vom 3. Februar 1830 entriss die Insel den Händen der Turken. Jetzt bildet sie zusammen mit den sogenannten nördlichen Sporaden einen Nomos Kreis) des Konigreichs Hellas, der in die vier Eparchien Bezirke) Chalkis, Xerochori, Karystia und Skopelos getheilt ist: die Bevölkerung des ganzen Nomos betrug bei der Zahlung im Jahre 1861 72,368 Seelen, wovon etwa 60,000 auf die drei Eparchien Euboia's kommen.

Nord-Euboia. Nordeuboia — nach der jetzigen Eintheilung die Eparchie Xerochori und ein Theil der Eparchie Chalkis — ist jetzt, Dank den Bemühungen einiger aus dem westlichen Europa eingewan-

[1]) C. Hopf Griechische Geschichte, Allg. Encycl. d. W. u. K. S. I, Bd. 85, S 225 f.; 240 f. u. ö.; Bd. 86, S 157 f; derselbe 'Geschichtlicher Ueberblick über die Schicksale von Karystos auf Euboea in dem Zeitraume von 1205—1470' in den Sitzungsberichten der Wiener Akademie, philos.-histor. Classe, Bd. XI, S. 555 ff.

derter grosser Grundbesitzer, welche eine rationelle Landwirthschaft und eine rationelle Forstcultur eingeführt haben, der am besten angebaute Theil der Insel. Die wichtigste Ortschaft desselben war im Alterthum Histiaa oder Hestiäa,[1]) dessen Gebiet die weite, zunächst der Küste jetzt an manchen Stellen versumpfte, im Uebrigen aber fruchtbare Ebene am nördlichen Fusse des Galzadesgebirges, westlich vom Flusse Kallas Xerias) und dem Xeronoros s. oben und die im Süden und Osten sie umschliessenden Berge bildeten. Der jetzige Hauptort der Ebene ist das wenige Minuten vom linken Ufer des Kallas entfernte, nach dem Mangel an Quellwasser benannte Städtchen Xerochori, in welchem sich keine Spuren alter Bewohnung finden. Drei Viertelstunden westlich von da liegt nahe der Küste das kleine Dorf Orai, welches, wie der Name und beträchtliche antike Reste zeigen, die Erbschaft des alten Oreos angetreten hat, eines Demos im Gebiete der Histiaer, der im Jahre 445 v. Chr. bei der Ansiedelung athenischer Kleruchen mit dem von seinen Bewohnern verlassenen Histiaa zu einer Ortschaft vereinigt wurde, die, im Volksmunde allgemein Oreos genannt, in ihren öffentlichen Urkunden den Namen Histiäa sowie auf ihren Münzen das alte Gepräge beibehielt, während das Nebeneinanderbestehen zweier Akropolen, die man noch jetzt in zwei Hügeln (dem nördlich vom Dorfe gelegenen, künstlich aufgeschütteten Kastro und dem westlich davon gelegenen Hügel, auf welchem die Kirche des Dorfes steht) wiedererkennt, und die Trennung der Stadt durch eine Zwischenmauer in zwei Hälften bis in späte Zeiten die Zusammensiedelung des vom Tyrannen Philistides noch durch den erzwungenen Zuzug der Bewohner von Ellopia, einer kleinen Ortschaft der Histiäotis, erweiterten Ortes aus zwei Gemeinden kenntlich machte.[2] Ob übrigens auf der Stelle der ebensowohl

[1]) Die schon Il. *B*, 537, Herod. VIII, 23 u a. vorkommende Form *Ἱστίαια* vgl. Steph. Byz. u. d. W.) wird durch die Aufschriften der Münzen (*ΙΣΤΙ*, *ΙΣΤΙΑΙΕΩΝ*) bezeugt. Die Tributlisten dagegen und die Inschr. C. I. gr. n. 73[c] haben *ΗΕΣΤΙΑΙΕΣ*, *ΗΕΣΤΙΑΙΑ*. [Das abgekürzte Ethnikon *ΙΣΤΙΑ* in der Inschr *Ἀρχ*. Ἐφημ. *Περ*. B. H 13, N. 404*β* ist wohl nicht auf diese Stadt, sondern auf eine Ortschaft im Gebiete von Eretria zu beziehen.] Nach schol Il *B*, 537 und Hesych. u. *Ἑστίαια* wäre der alteste Name des Ortes *Ταλαντία* gewesen.

[2]) Der Name *Ὠρεός* (Ethnikon *Ὠρεῖται*, lateinisch Oritani) er-

als starke Befestigung wie als Hafenplatz wichtigen Stadt Histiäa-Oreos, deren Gebiet zu Demosthenes' Zeit ein Viertel der ganzen Insel umfasste[1], ursprunglich, d. h. vor dem Jahre 445 v. Chr., die Stadt Histiäa oder das Dorf Oreos gelegen hat, ist nicht mit Sicherheit zu entscheiden, doch scheint mir das letztere wegen des Ueberwiegens des Namens Oreos für die neue Stadt wahrscheinlicher; das seit der Gründung derselben verlassene Histiäa wird weiter östlich, am Fusse oder am Abhange des Telethrion, die Ortschaft Ellopia im Gebiete desselben oder des Galzades-Gebirges zu suchen sein.

Zum Gebiet von Histiäa-Oreos gehörte ein an der Nordküste der Insel, wahrscheinlich etwas unterhalb des Dorfchens Kastri gelegenes Heiligthum der Artemis Proseoa, ein kleiner von Bäumen umgebener Tempel, nach welchem die ganze durch die Seeschlacht zwischen der hellenischen Flotte und der Flotte des Xerxes berühmte Küstenstrecke Artemision genannt wurde. Das Andenken an die Seeschlacht war durch eine Inschrift auf einer der um den Tempel herum aufgestellten Marmorstelen (deren Gestein, mit der Hand gerieben, angeblich safranähnliche Farbe und Geruch annahm verewigt.[2] Von Oreos gelangt man in $2^1/_2$ Stunden über die westlichen Ausläufer des Galzades-

scheint zuerst bei Aristoph. Pac. 1125 und Thuk. VIII, 95; dann häufig bei vielen Schriftstellern, auch in einer athenischen Inschrift in den Verhandl. der philol. Ges. zu Würzburg S. 100, Z. 14; Ἑστίαια, Ἑστιαιῆς in der Inschr. C. I. gr. n. 73[a], in der Urkunde des Bundesvertrags von Ol. 100, 3 (Rangabé Ant hell n. 381bis, II, 17) und in einer Inschrift aus der Zeit des Gordian bei Vischer Archäol. und epigr. Beiträge N. 59; Ἑστιαιεῖς und Ὠρεῖται neben einander in einer von Athen. I, p. 19[1] erhaltenen Urkunde. Ueber die Lage und das den Alten selbst unklare Verhaltniss der beiden Orte zu einander vgl. Strab. X, p. 445 s.; Liv. XXVIII, 57; XXXI, 46; Ulrichs Reisen und Forschungen II, S. 230 ff.; Bursian Ber. d. sächs. Ges. d. W 1859, S. 147 f.; Baumeister Skizze S 17 f. und S. 58 f. Ortschaft Ἐλλοπία: C. I. gr. n. 73[c]; Strab. a. a. O.; Steph. Byz. u. Ἐλλοπία.

[1]) Demosth. in Aristocr p. 691.

[2]) Plut. Them. 8; De Herod. mal. 34; Herod. VII, 175 f. u. ö.; Plin. IV, 12, 64; Ptolem. III, 15, 25; Steph. Byz. u. Ἀρτεμίσιον: vgl. Ulrichs Reisen und Forschungen II, S. 229. Die nur von Ptolem. a. a. O. erwähnte Φαλασία ἄκρα ist nicht sicher zu fixiren: nach den überlieferten Längen- und Breitenzahlen müsste sie nordwestlich vom Artemision angesetzt werden.

gebirges nach dem in einem schmalen, von einem kleinen Bache durchflossenen Thale eine Viertelstunde vom Meere gelegenen Dorfe Lipso, das, wie sein Name, einige antike Architekturfragmente und eine hier gefundene metrische Inschrift lehren, die Stelle von **A e d e p s o s**, einem Städtchen im Gebiete von Oreos-Histiäa, einnimmt. Seine Bedeutung verdankte dasselbe allein den ¾ Stunden südlich davon hart am Meere aufsprudelnden warmen schwefelhaltigen Quellen,[1] welche im Alterthum ebenso wie die in den Thermopylen dem Herakles geweiht waren und von Einheimischen wie von Fremden, die für Hautkrankheiten, Gicht und ähnliche Uebel Heilung suchten, viel benutzt wurden. Von den stattlichen Anlagen — Badebassins, Säulenhallen, Wohnhäusern, Speise- und Gesellschaftssälen — welche Aedepsos seit dem Beginn der römischen Herrschaft über Griechenland zu einem eleganten Luxusbade, einem Rendez-vous der Freunde behaglichen Genusses machten, ist jetzt keine Spur mehr vorhanden; was sich noch von Resten älterer baulicher Anlagen über den mit einer dichten Kruste von Kalksinter überzogenen Boden erhebt, gehört durchaus der spätesten römischen und der byzantinischen Zeit an; die jetzigen Anlagen für die Benutzung der Quellen sind mehr als einfach und selbst für die bescheidensten Ansprüche ungenügend.[1]

Die Halbinsel Lithada, welche jetzt die Dörfer Gialutra (d. i. *ὑγιᾶ λουτρά*, gesunde Bäder, ein Name, der, da sich hier keine Spur von Bädern und Mineralquellen findet, vielleicht von den gegenüberliegenden Bädern von Aedepsos hierher übertragen ist und Lithada enthält, trug im Alterthum zwei Städte, **D i o n** und **A t h e n a i D i a d e s**, die trotz ihrer räumlichen Nähe und Namensverwandtschaft von einander wie auch von Histiäa unabhängig waren.[2] Die ältere der beiden, das schon im Schiffscatalog

---

[1]) Aristot. Meteor. II, 8; Strab. I, p. 60; IX, p. 425; X, p. 445, Plut Sulla 26; Sympos. quaest IV, 4, 1; De frat. amore 17, Athen. III, p. 73c; Plin. XXXI, 2, 29; Ptol. III, 15, 23; Steph. Byz u. *Αἴδηψος*: vgl. Fiedler Reise I, S. 487 ff.; Ulrichs Reisen II, S. 233 ff, meine 'Mittheilungen' in den Ber. d. sächs. Ges. d W. 1859 S. 149 f; über die Heilquellen auch X Landerer *Περιγραφὴ τῶν ἐν Ὑπάτῃ, Αἰδιψῷ καὶ Θερμοπύλαις θερμῶν ὑδάτων* (Athen 1836, 8°) p. 9 ff.

[2]) Dies ergiebt sich daraus, dass sowohl in den Tributlisten als in der Bundesurkunde von Ol. 100, 3 die *Ἀθηνῖται* in einem Fragment aus

(Il. *B*, 538 erwähnte Dion, muss in der Gegend des hoch gelegenen, baum- und wasserreichen Dorfes Lithada, in dessen Nähe sich ein mittelalterlicher Thurm mit antiken Werkstücken findet, etwa 1 Stunde nordöstlich von dem eigentlichen Vorgebirge gestanden haben; zu seinem Gebiet gehörte der auf dem Vorgebirge stehende Altar des Zeus Kenaos, an welchem Herakles der Sage nach das Siegesopfer nach der Einnahme von Oichalia dargebracht und den unglücklichen Lichas, den Ueberbringer des vergifteten Gewandes, ins Meer geschleudert haben sollte. Die Stelle von Athenä Diades, das ursprünglich wohl nur der Hafenplatz von Dion war, dann durch Colonisation von Athen aus zu grösserer Bedeutung gelangte, bezeichnet wahrscheinlich ein etwa 2½ Stunden gegen Osten von Lithada entfernter, jetzt Turla genannter Hügel an der Südküste der Halbinsel, der ganz mit Substructionen, Ziegelresten und Scherben überdeckt ist und in dessen Nähe man auch Reste eines antiken Hafendammes im Meere bemerkt.[1])

Der südlich vom Telethrion gelegene Theil Nordeuboia's bildete das Gebiet der Städte Kerinthos, Orobia und Aegä, die indess, da sie schon in den attischen Tributlisten nicht mehr erscheinen,[2]) frühzeitig ihre Selbstständigkeit, wahrscheinlich an Histiaa-Oreos, eingebusst haben müssen. Das nach der Tradition von dem Athener Kothos gegründete, schon im Schiffscatalog als Seestadt erwähnte **Kerinthos**, das seinen Namen offenbar der gleichnamigen Pflanze Bienenbrot verdankt, lag auf einem niedrigen, lang gestreckten Hügel am rechten Ufer des Budoros, un-

---

Ol 82, 4 bei U. Köhler S. 19 auch *Ἀθηναῖοι*) oder *Ἀθῆναι Διάδες* und die *Διῆς* oder *Διῆς ἀπὸ Κηναίου*, sowie die *Ἑστιαιῆς* gesondert aufgeführt sind. Vgl. Böckh Staatsh. II, S. 666

[1] Strab. X, p. 446; Aeschyl. fig. 29 und 30 Nauck; Soph Trachin 237 f.; 752 ff.; Ovid. Met IX, 136; Seneca Herc. Oct. 102 und 787; Steph. Byz u. *Ἀθῆναι* (p. 34, 19 ss. ed Mein.) und *Δῖον*; Nonn. Dionys XIII, 161. — Ptol III, 15, 23 ss. unterscheidet zwischen *Κήναιον ἄκρον* und *Δῖον ἄκρον*. Vgl. Ulrichs Reisen II, S. 236 f; Vischer Erinnerungen S. 660 f.

[2]) Unter dem in der Schätzungsurkunde aus Ol. 88, 4 erwähnten *Ποσίδειον ἐν Εὐβοίᾳ* (U. Köhler Urkunden S. 70) ist, wie ich glaube, nicht der zu Aegä gehörige Tempel, sondern das Heiligthum von Geraistos, um welches sich eine kleine Ortschaft gebildet hatte (s. u.) zu verstehen.

mittelbar vor der Mündung desselben in die kleine, jetzt Pelcki genannte Bucht der Ostküste, welcher noch bedeutende Reste der Ringmauern und Thürme sowie zahlreiche Fundamente grösserer und kleinerer Gebäude innerhalb derselben trägt. Der von einem alten Dichter in Verbindung mit der Verwüstung des lelantischen Gefildes erwähnte Untergang der Stadt, dessen Zeit und Veranlassung sich nicht mit Sicherheit bestimmen lässt, hat jedenfalls der Selbständigkeit derselben ein Ende gemacht; doch bestand sie noch in den ersten Jahrhunderten unserer Zeitrechnung wenn auch als unbedeutendes Städtchen fort.[1] Das nur durch ein als besonders wahrhaft geltendes Orakel des selinuntischen Apollon bekannte Orobia (auch Orope genannt) lag an der Westküste in einer fruchtbaren, von einem Bache (der wahrscheinlich den Namen Selinus führte) durchflossenen Ebene, in welcher noch jetzt in dem Dörfchen Rovias der Name und einige Bausteine und Säulenfragmente von der alten Stadt, die im Jahre 426 v. Chr. durch ein furchtbares Erdbeben schwer geschädigt worden war, erhalten sind.[2]

Zwei Stunden südöstlich von Rovias liegt zwischen in Terrassen aufsteigenden Gärten und Weinbergen an einer als Landungsplatz für kleinere Schiffe benutzten Bucht das Städtchen Limni, in welchem ausser vereinzelten antiken Werkstücken neuerdings die Fundamente eines grösseren Gebäudes mit einem Mosaikfussboden, kleinen Säulen, Ziegeln und Röhren (also wahrscheinlich einer Bäderanlage aus römischer Zeit) gefunden worden sind. Dies sind Ueberreste des alten Aegä, einer Stadt, die, wie alle dieses Namens, eine alte Stätte des Poseidoncults war. Doch lag der Tempel des Gottes, der noch im ersten Jahr-

[1] Il. B, 538; Theogn. 891; (Scymn.) Orb. descr. 576; Strab. X, p. 445 s.; Ptol. III, 15, 25; Theophr. Hist. pl. VIII, 11, 7; Plin IV, 12, 64; Prob. ad Verg. Georg. IV, 63: vgl. Ulrichs Reisen II, S. 227, Ber. d sächs. Ges d. W. 1859, S. 143 f.; W. Vischer Göttinger gel. Anzeigen 1864, N. 35, S. 1373 ff.

[2]) Thuk. III, 89; Strab IX, p. 405; X, p. 445: vgl. Ber. der sächs. Ges. d Wiss 1859, S. 151. Der Name Ὀρόβιαι stammt offenbar von ὄροβος, lat. ervum, einer in Griechenland häufig wild wachsenden Wicken- oder Erbsenart Die Form Ὀρόπη bezeugt Steph. Byz. u. Κορόπη. Da Σελινοῦς ein sehr häufiger griechischer Flussname ist, so glaube ich den Apollon Σελινούντιος von dem bei Rovias vorüberfliessenden Bache herleiten zu dürfen.

hundert unserer Zeitrechnung bestand, als die Stadt schon sehr herabgekommen oder ganz verlassen war, nicht in oder unmittelbar bei der Stadt, sondern 1½ Stunde weiter gegen Südosten hoch über dem Meere auf einem Vorsprunge des Kandiligebirges, welcher jetzt ein Kloster des Hagios Nikolaos Galatas trägt.[1]

Ausser den bisher genannten gab es im Alterthum noch eine beträchtliche Anzahl kleinerer Ortschaften im nördlichen Euboia, theils im Innern des Landes, theils nahe der Ostküste, von denen noch freilich meist sehr geringfügige Ueberreste erhalten sind, ohne dass es uns möglich wäre, die ihnen zukommenden Namen aus der grossen Zahl der ohne nähere topographische Angaben uns überlieferten euböischen Ortsnamen herauszufinden.[2]

Mittel-Euboia

Die Hauptverbindung zwischen Nord- und Mitteleuboia bildet die von der Natur selbst vorgezeichnete Strasse, welche aus der Strandebene von Kerinthos vom jetzigen Dorfe Manduti aus im Thale des Budoros aufwärts nach dem in einem breiten von prächtigen Platanen beschatteten Thale gelegenen Dorfe Achmet-Aga, von da immer längs des Flüsschens, dessen Thal sich allmälig zu einer engen, von hohen, aber mit reicher Vegetation

1) Strab VIII, p 386, IX, p 405; Steph. Byz u *Αἰγαί*, Stat. Theb. VII, 371, Nonn. Dionys. XIII, 164: vgl. W. Vischer Göttinger gel. Anz 1864, N. 35, S 1379 ff. Ob die homerischen Stellen *N*, 21 und ε 381 auf das euböische oder auf das achäische Aega zu beziehen sind, dürfte kaum zu entscheiden sein. Bei Aega suchte man auch das mythische Nysa mit den sogenannten *ἐφήμεροι ἄμπελοι*, die am Morgen Augen, um Mittag reife Trauben trugen, von denen am Abend die Dionysosdienerinnen Wein tranken: s schol Il *N*, 21, Steph Byz u. *Νῦσαι*; Soph fig 235 Nauck; schol Soph Antig 1133.

2) Solche Ueberreste fand ich im Dorfe Hagia Anna oberhalb der Ostküste und etwa drei Stunden westlich über demselben auf dem Rücken des Xeronoros (s. Ber d sächs Ges d. W 1859, S 146), Ulrichs (Reisen II, S. 226 und 228) in der Nähe von Pyli (östlich von Achmet-Aga, nicht weit von der Ostküste) und bei Vasiliko (ebenfalls oberhalb der Ostküste, aber beträchtlich weiter nördlich); W. Vischer in der Nähe des Klosters des Hagios Elias (Ilia) am Südabhange des Galzadesgebirges Erinnerungen S. 662 f; vgl. Ber d. sächs Ges. d. W. a. a O. S. 151 und an vier Stellen in der Nähe von Achmet-Aga (Göttinger gel. Anz a a O. S. 1383). Zahlreiche nicht zu fixirende euböische Ortsnamen giebt besonders Steph Byz.; vgl. Meineke's Index u. *Εὔβοια*. Vielleicht gehören in diese Gegend die in den athenischen Tributlisten aufgeführten *Διακρῆς ἀπὸ Χαλκιδέων* und *Διάκριοι ἐν Εὐβοίᾳ* (vgl Lycophr. Al. 375), über welche Böckh Staatshaush II, S 680 f. zu vergleichen ist.

bedeckten Felswänden begränzten Schlucht verengt, auf den Rücken des den Kandili mit den nördlichen Verzweigungen des Dirphis verbindenden Bergzuges empor und von diesem durch spärliche Kiefern- und Fichtenwaldung allmälig hinab in die weite, von zahlreichen Hügeln unterbrochene Küstenebene führt,[1] welche das Gebiet von **Chalkis** bildete. Diese wahrscheinlich aus einer Ansiedelung phönikischer Purpurfischer hervorgegangene Stadt[2]) wetteiferte in den ältesten Zeiten der griechischen Geschichte mit ihrer Nachbarin, der nur einen kleinen Tagemarsch (5 Stunden) von ihr entlegenen Eretria, um das Principat über die Insel; seit der Verheerung Eretria's durch die Perser (490 v. Chr.) war sie die mächtigste und reichste Stadt der Insel und behielt auch unter der makedonischen und römischen Herrschaft sowohl als starke Festung — als eine der drei 'Fesseln' oder 'Schlüssel' von Hellas[3] — wie als Handelsplatz eine hohe Bedeutung, von welcher freilich in Folge der ununterbrochenen Bewohnung des Platzes bis zur Gegenwart herab nur äusserst geringe monumentale Spuren noch Zeugniss geben. Der Umfang der alten Stadt scheint bis auf die Zeit Alexanders des Grossen nicht viel grösser gewesen zu sein als der der mittelalterlichen und neueren, welche aus zwei Theilen besteht, dem auf einer niedrigen felsigen Erhöhung unmittelbar am Euripos im engeren Sinne gelegenen Kastell, welches seine jetzige Gestalt wesentlich

[1]) Vgl. über den Weg Ber. d. sächs. Ges. d. W. 1859, S. 141 ff., Girard Mémoire p. 699 s., Vischer Erinnerungen S. 670 ff.

[2]) Die Alten leiten den Namen *Χαλκίς* von der Erzbereitung, also von *χαλκός* her (Strab. X, p. 472; Steph. Byz. u. *Χαλκίς*; Plin. IV, 12, 64); doch scheint mir aus sachlichen Gründen die Herleitung von *χάλκη* = *κάλχη* 'Purpurschnecke' vorzuziehen. Auf orientalischen Ursprung der Stadt weist der Name der angeblichen Stammmutter der Chalkidier *Κόμβη* (Zenob. Prov. VI, 50; Steph. Byz. a. a. O.; vgl. Nonn. Dionys. XIII, 148; Hesych. u. *Κόμβη*, dazu Dondorff Die Ionier auf Euboia S. 23) hin. Ob das Halten heiliger Fische in dem Becken der Arethusa (Athen. VIII, p. 331; Plut. De soll. an. 23) der Rest eines alten orientalischen Cultus, wie Dondorff (Die Ionier auf Euboia S. 34) und Baumeister (Skizze S. 7) annehmen, oder ein erst in der Diadochenzeit aus dem Orient eingeführter Brauch war, wage ich nicht zu entscheiden, doch ist mir das letztere wahrscheinlicher. — Ueber die angeblichen Namen der Stadt *Στύμφηλος*, *Ἀλίκαρνα* und *Ὑποχαλκίς* vgl. Meineke ad Steph. p. 683, 14.

[3]) Vgl. Bd. I, S. 102, Anm. 2; dazu Plut. Tit. 10.

den Venezianern verdankt, und der nördlich davon sich hinziehenden sogenannten Vorstadt; das erstere entspricht der antiken Akropolis oder Oberstadt, die letztere der wohl noch etwas weiter gegen Norden sich erstreckenden Unterstadt, welche den von besonderen Mauern umschlossenen Handelshafen (das Emporion), die durch ein Thor damit in Verbindung stehende, auf drei Seiten von Säulenhallen umschlossene Agora, mehrere Gymnasien, Hallen, Theater und Heiligthümer, sowie zahlreiche Kunstwerke enthielt. Eine bedeutende Erweiterung des Umfangs der Oberstadt fand statt im Jahre 334 v. Chr., indem damals sowohl der Euripos, über welchen die Boioter schon im Jahre 410 eine an beiden Seiten durch Thürme, in der Mitte durch einen Brückenkopf vertheidigte Brücke geschlagen hatten, als auch der am westlichen böotischen Ufer gelegene Felshügel Kanethos zu den Befestigungen der Stadt hinzugezogen wurde: auf letzterem, der schon früher Eigenthum der Chalkidier gewesen und von diesen als Gräberstätte benutzt worden war, wurde ein Castell errichtet und dieses durch zu beiden Seiten der in einen bedeckten Gang verwandelten Brücke hinlaufende Mauern mit der Hauptfestung auf der Ostseite des Euripos in Verbindung gesetzt. Der Umfang der so erweiterten Stadt betrug über 70 Stadien; doch war dieser weite Raum nicht gleichmässig dicht bewohnt, sondern ein Theil der Stadt (wahrscheinlich der südliche oder südöstliche) fast ganz öde.[1]) Von einzelnen Denkmälern in der Stadt kennen wir nur das durch eine hohe Säule bezeichnete Grab des Kleomachos aus Pharsalos, der als Führer eines thessalischen Reitercorps im Kriege der Chalkidier gegen Eretria fiel, auf der Agora und das sogenannte 'Grab des Knaben' an dem vom Castell nach dem Euripos hinabführenden Wege; ferner zwei räthselhafte

[1]) Anonym. Descr. Gr. I, 27 ss. (C. Müller Geogr. gr. min. I, p. 105); Strab. IX, p. 403; X, p. 447; Liv. XXVIII, 6; XXXI, 21; Aeneas Comment. pol. 4; vgl. Ber. d. sächs. Ges. d. W. 1859, S. 118 ff.; Ulrichs Reisen II, S. 215 ff.; Baumeister Skizze S. 4 ff.; Vischer Göttinger gel. Anz. 1864, N. 35, S. 1370. Das Gymnasion und das Delphinion (Heiligthum des Apollon Delphinios) erwähnt Plut. Tit. 16. Die Münzen (s. Eckhel Doct. n. I, 2, p. 323 s.) lassen auf den Cult des Apollon, des Poseidon und der Hera schliessen; den Cult des Zeus, der Roma und des Titus Flamininus bezeugt das Fragment eines Paan bei Plut. a. a. O. Eine Phyle Abantis in Chalkis in der Inschrift bei Ulrichs Reisen II, S. 223 f.

Oertlichkeiten: das 'Pyrsophion' und den dasselbe umgebenden, 'die Lesche der Akmäer' genannten Platz.[1]

Bei grossen naturlichen Vorzugen hatte Chalkis, dessen Bewohner bei den ubrigen Griechen im besten Rufe standen,[2] einen entschiedenen Nachtheil: den Mangel an gutem Trinkwasser. Alle gegrabenen Brunnen in der Stadt geben schlechtes, brackiges Wasser, und auch das Wasser der beruhmten, von den alten Chalkidiern göttlicher Ehren gewürdigten Quelle Arethusa, welche im Alterthum die ganze Stadt mit Trinkwasser versorgte — erst die Venezianer haben unter Benutzung antiker Vorrichtungen zur Bewasserung der lelantischen Ebene eine zum grössten Theil auf gemauerten Bogen ruhende Wasserleitung angelegt, welche das Trinkwasser sechs Stunden weit vom Abhange der Dirphys herbeifuhrt — ist nicht von ganz reinem Geschmack. Diese Quelle oder richtiger diese Quellen — denn es sind mehrere, welche sich zu einem kleinen nach dem Meere abfliessenden Teiche vereinigen, in welchem noch jetzt wie im Alterthum Aale leben — entspringen 20 Minuten sudöstlich von der Stadt, zur Rechten des auf den Spuren der antiken, theils aufgemauerten, theils in den Fels gearbeiteten Strasse hinlaufenden Weges nach Eretria. Von den Quellen an sieht man in den die Strasse zur Linken überragenden Felswänden etwa eine Viertelstunde weit zahlreiche viereckige Sarkophage, zu denen hie und da Stufen emporfuhren, und kleine Nischen in den Fels gehauen, so dass wir hier eine der auf dem Hugel Kanethos ganz ahnliche und ungefahr gleichzeitige Begrabnissstatte der alten Chalkidier vor uns haben; eine dritte, jungeren Ursprungs, mit in den

[1]) Plut. Amator. 17; Quaest. gr. 22 und 33. Für *Πυρσόφιον* ist vielleicht *πυρσοφορεῖον* zu lesen und darunter ein Leuchtthurm oder Wartthurm zu verstehen.

[2]) Vgl. Anonym. Descr. Gr I, 30 und das von Strab X, p. 449, schol. Theocr. Id. XIV, 47 u. a. erhaltene Orakel. Der Vorwurf der Habsucht, welcher den Chalkidiern von attischen Komikern gemacht wurde, scheint auf einer falschen Deutung des Wortes *χαλκιδίζειν* zu beruhen: vgl. Paroemiogr. gr. I, p. 333, 81. Die in Chalkis herrschende Päderastie vgl. Plut. Amat. 17; Athen. XIII, p. 601[c]; Hesych. u *χαλκιδίζειν*) scheint ähnlich wie in Elis (vgl. oben S 276) ursprünglich eine politische Einrichtung aus der Zeit der Herrschaft der ritterlichen Geschlechter, der sogenannten *ἱπποβόται* Herod. V, 77; Plut. Pericl. 23), gewesen zu sein.

erdigen Boden eingesenkten Gräbern findet sich in den Feldern eine halbe Stunde östlich von der Stadt.[1] Auf der Höhe über den zu Gräbern eingerichteten Felswänden finden sich Ruinen aus der venezianischen und einige Reste aus der hellenischen Zeit, so dass hier vielleicht die Ortschaft Arethusa zu suchen ist, deren Bewohner als selbständige Gemeinde in der Urkunde des attischen Seebundes vom Jahre 378 neben den Chalkidiern, Eretriern und Karystiern erscheinen,[2] obgleich dies bei der grossen Nähe von Chalkis nicht ohne Bedenken ist.

Folgt man der von Chalkis nach dem nördlichen Euboia führenden Strasse, so gelangt man eine halbe Stunde von der jetzigen Stadt an einen jetzt Korrenti genannten Platz, auf welchem antike Bausteine und Marmorstücke gefunden worden sind, Reste entweder von dem nördlichsten Theile der alten Stadt, die bei ihrem bedeutenden Umfange sich wohl bis hierher erstreckt haben kann, oder von einer Art Vorstadt derselben. Eine halbe Stunde weiter bemerkt man auf der Strasse selbst und links von derselben bis zur Küste ausgedehnte, aber unscheinbare Fundamente von Gebäuden und Mauern, welche die Stelle einer alten Ortschaft bezeichnen: vielleicht von Argura, einer Stadt im Gebiete von Chalkis, bei welcher im euboischen Kriege (349 v. Chr.) ein athenisches Reitercorps sein Lager aufschlug; doch kann dieselbe auch einige Stunden weiter nördlich, bei dem nahe dem nördlichen Rande der Ebene gelegenen Dorfe Kastellas, wo sich Marmorreste eines antiken ionischen Tempels finden, gestanden haben.[3]

[1] Anonym. a. a. O. § 27; Plut. Comment. in Hesiod. fr. 34; Strab. I, p. 58; Eurip. Iphig. Aul. 168 ss.; Athen. VIII, p. 331 , Plut. De soll. an. 23 vgl. Ulrichs Reisen II, S. 216 f.; über die Wasserleitung ebds. S. 241 f., über die Gräber Ber. d. sächs. Ges. d. W. 1859, S. 123; Rangabé Mémoire p. 6 ss. Quellen in der Gegend von Chalkis, deren oberes Wasser trinkbar war, während das untere Nitrum enthielt, erwähnt Plin. XXXI, 10, 110.

[2]) Inschrift bei Rangabé Antiq. hell. II, n. 381 b, 82 (Ἀρεθόσιοι); vgl. Steph. Byz. u. Ἀρέθουσα.

[3]) Dem. in Mid. p. 558 und 567; Harpocr. p. 53, 1; Steph. Byz. u. Ἄργουρα; Bekker Anecd. I, p. 443, 18 (wo Ἄργουσα wohl nur Schreibfehler). Gegen die von mir Ber. d. sächs. Ges. d. W. 1859, S. 142 ausgesprochene Vermuthung, dass Argura auf der Ostküste der Insel gelegen habe, weil nach Steph. Byz. a. a. O. daselbst die Sage von der Tödtung des Argos Panoptes localisirt war, Strabon aber X, p. 445) auf der dem

Jedenfalls gehörte die ganze Ebene mit der schmaleren nordwestlichen Fortsetzung bis zum Fusse des Kandili, in welcher jetzt das Dorf Politika liegt, nebst den Abhängen des den Kandili mit der Dirphys verbindenden Bergzuges zum Gebiete von Chalkis, das gegen Osten mindestens bis auf den Kamm der Dirphys, wahrscheinlich aber schon frühzeitig seit dem Untergange von Kyme bis zur Ostküste reichte. Gegen Südosten, wo etwa eine Stunde jenseits der Stadt die fruchtbare lelantische Ebene (vgl. oben S. 401) beginnt, war die Gränze in älteren Zeiten schwankend, da sowohl Chalkis als Eretria Anspruch auf den Besitz der Ebene erhoben und diesen Anspruch wiederholt unter wechselndem Glück mit den Waffen gegen einander geltend machten, bis endlich die Chalkidier das Uebergewicht erlangten: dies muss vor dem Jahre 506 v. Chr. geschehen sein, da die Athener damals, als sie durch einen kühnen Handstreich Chalkis unterwarfen, die Ebene im Besitz chalkidischer Ritter fanden.[1] Seitdem bildete wahrscheinlich der Bergzug des Olympos (vgl. oben S. 397) die Gränze zwischen Chalkis und Eretria; das Gebiet der letzteren Stadt aber, welche in den Zeiten ihrer höchsten Macht, d. h. etwa im siebenten Jahrhundert v. Chr., sogar Andros, Tenos, Keos und andere Inseln beherrschte, hatte auch nach dieser Einbusse gegen Nordwesten noch eine bedeutende Ausdehnung gegen Nordosten (wo es wahrscheinlich bis zur Ostküste reichte) und gegen Südosten: in letzterer Richtung dehnte sie es nach dem sogenannten lamischen Kriege (323/22) noch bedeutend weiter aus, indem sie das Gebiet der durch den athe-

ägäischen Meere zugewandten Küste der Insel, d. h. auf der Ostküste, eine *Βοὸς αὐλή* genannte Grotte, in welcher Io den Epaphos geboren habe, ansetzt, bemerkt Baumeister (Skizze S. 49) mit Recht, dass an der ganzen Ostküste kaum ein geeigneter Platz für ein Reiterlager zu finden sein möchte und dass eine solche Position für den Schutz von Chalkis und Eretria ganz unbrauchbar gewesen wäre. — Ob das dichte Myrtengebüsch, welches in der Nähe von Kastellas einen grossen Raum bis zum Meere hin bedeckt, uns berechtigt, dort mit Ulrichs (Reisen II, S. 224) das *Ἁρπάγιον* anzusetzen, einen mit besonders stattlichen Myrtenbäumen bewachsenen Platz, an welchem nach chalkidischer Sage Ganymedes vom Zeus geraubt worden sein sollte (Athen. XIII, p. 601[f]), ist mir zweifelhaft, da auch an anderen Stellen des Gebiets von Chalkis stattliche Myrtensträuche wachsen.

[1]) Vgl. Herod. V, 77 mit Aelian Var. hist. VI, 1.

nischen Feldherrn Phädros zerstörten Stadt Styra in Besitz nahm, so dass seitdem alles zwischen den Granzen des Gebiets von Chalkis und des Gebiets von Karystos gelegene Land den Eretriensern gehörte und die darin belegenen Ortschaften als Demen oder Komen von Eretria betrachtet wurden.[1]

Der Weg von Chalkis nach Eretria, den wir schon oben (S. 415 f.) eine Strecke uber die Arethusa hinaus verfolgt haben, führt, nachdem er die lelantische Ebene, in welcher man keine sichern Spuren einer alten Ansiedelung bemerkt, ihrer ganzen Länge nach durchlaufen hat, durch eine schmalere steinige, jetzt ganz unangebaute und nur mit Strauchwerk bewachsene Kustenebene, in welcher sich eine Stunde jenseits des Dorfes Vasiliko zu beiden Seiten des Weges auf eine langere Strecke Steine von alten Gebauden und beinahe eine Stunde näher gegen Eretria hin in und neben einer verfallenen Kirche die Ueberreste eines alten Heiligthums finden: an einer dieser beiden Stellen lag vielleicht die kleine Ortschaft Aethopion oder Aethiopion, welche offenbar ihren Ursprung einem Heiligthume der Artemis Aethopia (einer Nebenform der Artemis Amarynthia, der Hauptgottin von Eretria) verdankte.[2]

Eretria, wahrscheinlich eine Gründung von Minyern aus

---

[1]) Strab. X, p. 446 und 448: vgl. besonders die Inschrift in der *Ἀρχαιολογικὴ ἐφημερὶς Περ. Β'*, H. 13, N 404β, ein Verzeichniss von Namen von Bürgern und Epheben von Eretria, welche einen von der Stadt mit einem gewissen Charephanes abgeschlossenen Vertrag beschworen haben, mit beigesetzten abgekürzten Demoticis, unter denen *Στυρο* und *Δυστο* am häufigsten vorkommen: das ebendaselbst erscheinenende *Ιστια* ist wohl nicht auf die Stadt Histiaia im nordlichen Euboia, sondern auf eine gleichnamige Ortschaft im Gebiete von Eretria zu beziehen (vgl. oben S. 407, Anm. 1). Dass das Gebiet von Eretria bis zur Ostküste reichte, ist zwar aus den Worten des Skyl Per. 58 '*κατ' Ἐρέτριαν Σκῦρος καὶ πόλις*' nicht mit Sicherheit zu folgern, aber an sich höchst wahrscheinlich: vgl. auch Plat Menex p 240[1].

[2]) *Αἰθιόπιον* Harpocr. p. 8, 13; Bekker Anecd. I, p. 335, 32; *Αἰθόπιον* Steph. Byz. u. d. W.; die ebds. erwahnte Artemis *Αἰθοπία* nennt auch Sapph. Epigr. 118 Bergk. Die Annahme Spratt's (Transactions of the royal society of litterature, II series, Vol. II, p. 243 s.), dass die aus der Ebene von Vasiliko nach Eretria fuhrende Strasse von Mauern mit Thürmen und Thoren, ahnlich den langen Mauern zwischen Athen und dem Peiraieus, eingeschlossen gewesen sei, ist mir höcht unwahrscheinlich.

Thessalien oder aus Triphylien, welche durch den Hinzutritt attischer Ansiedler frühzeitig einen hohen Aufschwung nahm,[1]) dann längere Zeit die ebenbürtige Nebenbuhlerin von Chalkis, im Jahre 490 von den persischen Feldherren Datis und Artaphernes erobert und zerstört, wobei auf ausdrücklichen Befehl des Königs Dareios die Heiligthümer in Brand gesteckt, die Bewohner zu Sclaven gemacht und nach Susa geschleppt, vom Könige aber, dessen Zorn durch den Anblick der hülflosen Gefangenen besänftigt ward, in Ardericca im Lande der Kissier angesiedelt wurden, bald nach der Schlacht bei Marathon, wahrscheinlich mit Hülfe Athens, wiederhergestellt, so dass es im zweiten Perserkriege zu den Seeschlachten bei Artemision und Salamis sieben Schiffe, zu der Schlacht bei Plataa in Verbindung mit Styra 600 Hopliten stellen konnte,[2]) dann bis in die römische Kaiserzeit die zweite Stadt der Insel, deren Bevölkerung theils vom Ackerbau, theils von Fischfang und Schifffahrt lebte,[3]) seit dem frühen Mittelalter ganz verschollen, ist jetzt ein neues, aber

---

[1]) Ἐρέτρια, homerisch *Εἰρέτρια* (Il. *B*, 537), ist jedenfalls wie Ἔρεσος, *Εἰρεσίαι* u. ä. von *ἐρέσσω* herzuleiten. — Schrift des Lysanias von Mallos περὶ Ἐρετρίας: [Plut.] De malign. Herod. 24. — Strab. X, p. 447 giebt die doppelte Tradition einer Gründung vom triphylischen Makistos und von Athen aus, nachdem er vorher angegeben hat, dass die Stadt von Athenern vor dem troischen Kriege gegründet, nach dem troischen Kriege von Athenern unter Führung des Aiklos (den auch [Skymn.] Orb. descr. 575 als Gründer nennt) besiedelt worden sei; p. 448 erklärt er den übermässigen Gebrauch des Buchstabens *P* bei den Eretriern (vgl. Diogenian. IV, 57) durch den Zutritt von Ansiedlern aus Elis. Nach Steph. Byz. u. *Ἐρέτρια* wäre die Stadt nach Melaneus, dem Vater des Eurytos, *Μελανηίς* (was auch Strab. p. 447 als älteren Namen neben *Ἀρότρια* anführt), nach Eretrieus, dem Sohne des Phaethon, *Ἐρέτρια* benannt worden. Auf thessalischen Ursprung führt der dort wiederkehrende Name (vgl. Bd. I, S. 80) und einige Spuren der Sagen, wie die von Admetos und von Eurytos und Oichalia vgl. Steph. u. *Ἐρέτρια* und *Οἰχαλία*; Strab. p. 447) Vgl. H. Heinze De rebus Eretriensium, Göttingen 1869.

[2]) Herod. VI, 99 ff.; 119; VIII, 1; 46; IX, 28; vgl. Philostr. Vit. Apoll. I, 24 f.; Strab. XVI, p. 747; Curtius IV, 12, 11. Die *Ἐρετριῆς* stehen zwischen *Νάξιοι* und *Χαλκιδῆς* auf der Schlangensäule Gew. 6.

[3]) Fischfang: Athen. VII, p. 284 b; Paus. V, 13, 5; besonders waren die *φάγροι* von Eretria beliebt: Athen. VII, p. 295 d und p. 327 d. Feines Brod: Athen. IV, p. 160 a. Vgl. H. Blümner Die gewerbliche Thätigkeit der Völker des class. Alterthums S. 88.

wegen des ungesunden Klima's — eine Folge der Versumpfung der Meeresküste — fast schon wieder verödetes Städtchen mit breiten, regelmässigen Strassen, welches die griechische Regierung für die von ihrer Heimathinsel vertriebenen Psarioten auf einem Theile des Terrains der alten Stadt hat anlegen lassen. Oberhalb desselben sind auf einem felsigen Hügel, welcher gegen Nordosten nur durch ein schmales Thal von den letzten Ausläufern des Olympos getrennt wird, noch stattliche Reste der theils aus polygonen, theils aus viereckigen Werkstücken erbauten, durch starke viereckige Thürme geschützten Mauern der Akropolis erhalten; in der Ebene bis zum Meere hin findet man noch an verschiedenen Stellen die Fundamente der Ringmauer der Unterstadt, an welche sich ein langer, den von Natur wenig geschützten Hafen gegen Westen abschliessender Steindamm anschloss, und sehr zahlreiche Substructionen antiker Gebäude, zum Theil von beträchtlichem Umfange, unter denen noch das einige hundert Schritt vom Meere entfernte Gymnasion durch eine Inschrift, das am nordwestlichen Fusse des Burghügels ganz auf künstlichem Unterbau ruhende Theater (die nach dem Meere zu geöffnete Cavea nebst Bühnengebäude) durch die Form der Ruinen und einige noch erhaltene Sitzstufen kenntlich sind. Ein aus Meerkieseln zusammengesetzter Mosaikfussboden von 4,073 Meter Länge, 4,068 Meter Breite, welcher den auf einem Panther reitenden Dionysos, darunter eine Sirene, darstellt, gehörte vielleicht zu dem Heiligthume des Dionysos, welchem regelmässige festliche Aufzüge gefeiert wurden und dessen Priester an der Spitze einiger Decrete (neben drei Polemarchen, die jedenfalls die festlichen Aufzüge zu leiten hatten) genannt wird. Unbekannt sind die Stellen der Heiligthümer der Demeter Thesmophoros, welcher die Frauen ähnlich wie in Athen das Thesmophorienfest feierten, des Apollon Daphnephoros und der Artemis.[1]) Das an-

[1]) Vgl. Ulrichs Reisen II, S. 249 ff., Rangabé Mémoire p. 10 ss. (mit einer Abbildung der Mosaik auf pl. II), Girard Mémoire p. 669 ss; Ber. d. sächs. Ges. d. W. 1859, S. 127 ff. Die dort von mir wie auch von Baumeister (Skizze S. 11 und S. 50 f.) nach Strab. IX, p. 403 (nach welcher Stelle ἡ παλαιὰ Ἐρέτρια dem Hafen Delphinion, ἡ νῦν Ἐρέτρια Oropos gegenüber lag) angenommene locale Verschiedenheit zwischen der älteren (vorpersischen) und neueren Stadt scheint mir jetzt doch aus inneren Gründen sehr unwahrscheinlich. Da nämlich nach dem Berichte

gesehenste und wohl alteste aller Heiligthumer Eretria's aber, das der Artemis Amarysia, lag nicht in der Stadt selbst, sondern in dem sieben Stadien von der Stadtmauer entfernten Flecken **Amarynthos**: hierher bewegte sich an dem Jahresfest der Göttin in den Zeiten des hochsten Glanzes Eretria's von der Stadt aus ein Festzug von 3000 Hopliten, 600 Reitern und 60 Wagen, und noch im zweiten Jahrhundert v. Chr. nahmen an der Feier nicht nur die Bewohner des ganzen Gebiets von Eretria, sondern auch die Karystier Theil, hier wurden Exemplare aller wichtigen offentlichen Urkunden zur allgemeinen Kenntnissnahme aufgestellt.[1], Die Stelle des Heiligthums bezeichnen wahrscheinlich die Funda-

des Herod. (VI, 101) nur die Heiligthümer von den Persern in Brand gesteckt wurden, die sonstigen offentlichen und Privatgebaude also, so wie die Befestigungswerke jedenfalls zum grossen Theil erhalten blieben, so lasst sich durchaus nicht absehen, was den den Persern entgangenen Rest der Bevolkerung veranlasst haben sollte, statt der Wiederherstellung der nur theilweise zerstorten Stadt eine ganz neue an einer andern Stelle aufzubauen Dazu kommt, dass Strabon selbst bei der Beschreibung der neueren Stadt (X, p 448) die noch sichtbaren Fundamente der Mauern der älteren erwähnt und von jener den Ausdruck *ἐπέκτισται* gebraucht, der doch kaum anders als von unmittelbarer raumlicher Nähe verstanden werden kann Ich möchte also vermuthen, dass Strabon's Angabe an der früheren Stelle auf einem Irrthum beruht, indem er eine in der Nahe des jetzigen Vathia gelegene Ortschaft (etwa Aeglia oder Choirea, s. u.) falschlich für das alte Eretria gehalten und in den Aufzeichnungen uber seine Küstenfahrt als solches verzeichnet hat, spater aber bei einem Besuch in Eretria selbst eines Besseren belehrt worden ist. — Die Burg (arx) sowie der Reichthum der Stadt an Statuen und Gemälden der älteren Kunst wird erwahnt bei Liv XXXII, 16, das Gymnasion in der Inschrift bei Rangabé Ant hell n 689, Z. 36; das Fest *Διονύσια* mit der *πομπή* und der *ἱερεὺς τοῦ Διονύσου* ebds. Z. 44 f.; C. I. gr. n. 2144; Rhein. Mus. Bd. XXI, S. 533, N. 400; die Thesmophorien Plut. Quaest. gr. 31; das Heiligthum des Apollon *δαφνηφόρος* *Ἀρχαιολ. ἐφημ. Περ. Β*, H. 13, N. 404α, Z 10 u. o. (vgl. Plut de Pyth. or. 16); das Heiligthum der Artemis C. I. gr. n. 2144[b] (von welcher Inschrift die von Rhusopulos in der *Ἀρχ. ἐφ. Περ. Β'*, H. 12, S 311 edirte gewiss nicht verschieden ist)

[1]) Strab X, p. 448; Liv. XXXV, 38; Paus. I, 31, 5; Aelian. De nat an. XII, 34; schol. Pind. Olymp. XIII, 159; Ptol III, 15, 24; Steph. Byz. u. *Ἀμάρυνθος*; Rangabé Ant. hell. n. 689, 34 (ebds. Z. 45 f. wird ein Fest *Ἀρτεμίσια* mit dem *ἀγὼν τῆς πυρρίχης* erwahnt); *Ἀρχ. ἐφημ. Περ. Β'*, N. 404[a], Z. 57. Der Kopf der Artemis Amarysia auf Münzen von Eretria: Eckhel Doct. n. v I, 2, p. 324.

mente einiger antiken Gebäude, welche man eine halbe Stunde östlich von Eretria in der Nähe des an der Küste hin führenden Weges nach Vathia findet.

Wie Chalkis so litt auch Eretria Mangel an gutem Trinkwasser,[1]) obwohl ein tief in den Felsen gebohrter Brunnen am Fusse des Berghügels und mehrere in den Felsboden eingeschnittene Wasserleitungen noch jetzt von der Sorgfalt Zeugniss giebt, welche die Bewohner der alten Stadt auf die Versorgung derselben mit Wasser verwandten. Der ausgedehnte Sumpf, welcher sich jetzt gerade östlich von der Stadt bis zu den Substructionen der alten Stadtmauer hinzieht und die Luft mit Fieber erzeugenden Dünsten schwängert, war jedenfalls im Alterthum nicht vorhanden; dass aber an einem andern Theile des Gebiets von Eretria (vielleicht nordöstlich oder nordwestlich von der Stadt, wo mehrere kleine Giessbäche von den Abhängen des Olympos herabkommen) eine weite Strecke sonst anbaufähigen Landes mit Wasser bedeckt war, zeigt eine Inschrift, die Urkunde eines von der Stadt Eretria mit einem gewissen Chaerephanes geschlossenen Vertrags, wodurch dieser sich verpflichtet, den See in Ptecha (einer sonst nirgends erwähnten Oertlichkeit) binnen vier Jahren auszutrocknen, wogegen er das Recht erhält, das dadurch gewonnene Land 10 Jahre lang gegen einen Pachtzins von 30 Talenten zu bebauen.[2])

Der Weg von Eretria nach dem 5½ Stunden weiter östlich jenseits des Kotyläongebirges gelegenen stattlichen Dorfe Aliveri folgt längs der Küste fast durchgängig den Spuren einer alten Heerstrasse, welche zum grössten Theil durch Unterbauten aus grossen Quadern gestützt, an einigen Stellen in den natürlichen Felsen gearbeitet war. Etwa 1¼ Stunden jenseits Eretria findet man auf einer kleinen Anhöhe ein Stück einer antiken Umfassungsmauer, nahe dabei Fundamente alter Gebäude und eine ver-

[1]) Athen II, p, 46 s.

[2]) *Ἀρχ. ἐφημ. Περ. Β'*, H. 13, N. 404. Dass der Vertrag sich nicht auf den See von Dystos, den einzigen, den wir jetzt innerhalb des damaligen Gebiets von Eretria nachweisen können, bezieht, zeigt die Bezeichnung des See's als *ἡ λίμνη ἡ ἐν Πτέχαις*, welcher Ortsname noch zweimal in dem fragmentirten Namensverzeichniss der 3ten Columne der Inschrift (Z. 14 und 35) in der abgekürzten Form *Πτεχη* und *Πτεχ* erscheint.

fallene Kirche, welche nach einer darin gefundenen Inschrift[1]) die Stelle eines Heiligthums der Artemis, des Apollon und der Leto einnimmt. Ueber niedrige Hügel steigt man dann in eine fruchtbare, durch einen Bach, der im Alterthum vielleicht den Namen Erasinos führte, bewässerte Ebene hinab, in welcher in einiger Entfernung zur Linken des Weges das Dorf Vathia liegt; nahe dem östlichen Ende des Thales finden sich zu beiden Seiten des Weges in und neben mehreren verfallenen Kirchen Reste einer alten, wie es scheint nur durch zwei Thürme geschützten Ortschaft, jetzt von den Umwohnern Paläa chora genannt. Die beiden Ruinenstätten entsprechen wahrscheinlich den alten Ortschaften Aegilia und Choirea, Küstenplätzen des eretrischen Gebiets, bei welchen im Jahre 490 Theile des persischen Heeres landeten.[2]

Jenseits der die Ebene im Osten begränzenden Hügel führt der Weg über drei Stunden lang als 'Kaki Skala' (böse Stiege) über einzelne, theils kahle, theils mit Strauchwerk bewachsene Felscaps nach einer zweiten, ebenfalls von einem Bache bewässerten Ebene, in welcher etwas über eine halbe Stunde landeinwärts das Dorf Aliveri liegt. Da, wo der Weg sich nach links vom Meere abwendet, findet sich der Unterbau eines viereckigen antiken Thurmes und nahe dabei die Reste der Ringmauer einer befestigten Ortschaft: jedenfalls von Porthmos, einem wohl allmälig aus einer blossen Fährstelle zur Ueberfahrt nach Attika

[1]) Ulrichs Reisen II, S. 249: eine fast gleichlautende, wahrscheinlich von demselben Platze aus verschleppte Inschrift fand derselbe (a. a. O. S. 224) in Chalkis, eine dritte, wiederum ganz ähnliche, Spratt (Transactions of the royal society of litt. II ser. Vol. II, p. 245 s.) $1^1/_2$ engl. Meile landeinwärts von der jetzt Paläa Chora genannten Ruinenstätte östlich von Vathia.

[2]) Herod. VI, 101: beide Orte erscheinen auch als Demen der Eretrier in den Abkürzungen *Αἰγ* (*Αἰ*) und *Χοιρ* in der S. 422 Anm. 2 erwähnten Inschrift. Dass es einen Fluss Ἐρασῖνος im Gebiete von Eretria gab, bezeugt Strab. VIII, p. 371: freilich ist die Beziehung des Namens auf den Fluss bei Vathia nicht sicher, sondern es kann derselbe auch auf den Fluss des Thales von Aliveri, den Kiepert (Neuer Atlas von Hellas Bl. V) nach Baumeisters (Skizze S. 16) wie mir scheint sehr unsicherer Vermuthung (denn im schol. Pind. Olymp. VI, 149 ist wahrscheinlich nur durch ein Versehen Euboia statt Samos genannt) Imbrasos nennt, bezogen werden. — Ueber die Ruinenstätten s. Rangabé Mémoire p. 15 ss.: Ber. d. sächs. Ges. d. W. 1859, S. 131.

erwachsenen Hafenstädtchen, das trotz der Zerstörung seiner Befestigungswerke durch Philipp II. von Makedonien 342 v. Chr. bis ins späteste Alterthum fortbestand.[1]) Es war der Landungsplatz für die an der Stelle des jetzigen Aliveri, welches noch zahlreiche architektonische Fragmente und ein Paar Inschriften bewahrt hat, gelegene Stadt Tamynä, deren Flur im Jahre 350 v. Chr. der Schauplatz eines für die Athener und besonders ihren Feldherrn Phokion ruhmvollen Kampfes war. Sie besass ein angesehenes Heiligthum des Apollon, welchem zu Ehren Festspiele Tamynaa mit musischen, gymnischen und jedenfalls auch hippischen Agonen — denn es wird auch ein Hippodrom zu Tamyna erwähnt — gefeiert wurden, sowie auch ein Heiligthum des Zeus Tamynaos [2])

Nordwärts von Aliveri erstrecken sich bis zur Ostküste hin mehrere hauptsächlich mit Lentiscussträuchern und Knoppereichen (Quercus aegilops) bewachsene Bergzüge von mässiger Erhebung, dazwischen fruchtbare Thäler, von oleanderumsäumten oder platanenbeschatteten Bächen durchflossen, mit zahlreichen, wohlgebauten Dörfern, die meist anmuthig zwischen Weingärten oder Fruchtbäumen gelegen sind. Diese Gegend ist jetzt die bevölkertste und wohlhabendste Strecke der ganzen Insel; von ihrer Blüthe während des Mittelalters geben zahlreiche Reste fränkischer Ritterburgen und stattliche byzantinische Kirchen Zeugniss; auch Reste antiker Heiligthümer, Wartthürme und Ortschaften fehlen nicht, nur ist es uns in den meisten Fällen unmöglich, die Namen derselben auch nur mit annähernder Sicherheit zu bestimmen. So bezeichnet eine fast ganz aus antiken Architekturfragmenten erbaute, jetzt verfallene Kirche bei dem Dorfe Hagios Lukas etwas über eine Stunde nördlich von Aliveri deutlich die Stelle eines im ionisch-attischen Style erbauten antiken Heiligthums; [3])

---

[1]) Dem Phil. III, p 119; 125; IV, p. 133; De cor. p. 248; Strab. p. 447, Harpocr. p. 155, 23; Plin IV, 12, 64; Hierocl. Synekd. p. 10 Parthey; vgl. Ber. d sächs. Ges. d. W. 1859, S. 132; Baumeister Skizze S. 12.

[2]) Herod. VI, 101; Aeschin De falsa leg. § 169; in Ctes § 86 und 88; Dem. in Mid p. 567; Plut Phok. 12; Strab p. 447; Harpocr. p. 174, 15; Inschrift bei Rangabé Ant. hell n 957 und *Ἀρχ. ἐφ. Περ. Β'*, H. 13, N. 412. Den Zeus *Ταμυναῖος* erwähnt nur Steph. Byz u. *Τάμυνα*. Vgl. Baumeister Skizze S. 53 ff.

[3]) Baumeister Jahrb. f. Philol. Bd. 75, S. 352 f.: die dort mitge-

die untersten Steinlagen der Cellamauer eines anderen Heiligthums findet man zwei Stunden nordwestlich von da auf dem Rucken des Kotylaon oberhalb des zwischen mehreren Bächen, die sich dann zu dem Flusse von Aliveri vereinigen, gelegenen Dorfes Partheni, das wahrscheinlich an die Stelle einer alten Ortschaft Parthenion getreten ist.[1]) Ferner ist hinter dem Dorfe Laea, zwei Stunden nordostlich von Aliveri, der Unterbau eines viereckigen antiken Thurmes erhalten; ungefähr zwei Stunden weiter nördlich, unterhalb des grossen Dorfes Avlonari, steht neben einem Chan unter riesigen Platanen eine stattliche Kirche der heiligen Thekla, wo am Tage dieser Heiligen 24. September alten Styls ein mit Jahrmarkt verbundenes Fest abgehalten wird, mit zahlreichen Resten eines antiken ionischen Tempels; ähnliche Reste enthält eine $^1/_2$ Stunde nordwestlich von da gelegene jetzt verfallene Kirche; ausserdem sind in und bei verschiedenen Dörfern einzelne alte Werkstucke und Substructionen einzelner antiker Gebaude gefunden worden.[2]) Der bedeutendste Rest des Alterthums aber in dieser ganzen Gegend sind die Ruinen einer durch ihre naturliche Lage ebensosehr als durch ihre Befestigungswerke geschützten Ortschaft auf einem steilen Felshugel südwestlich von dem Dorfchen Neochori, ungefahr zwei Stunden nordwestlich von Avlonari. Der nach allen Seiten schroff abfallende, gegen Norden durch einen mächtigen Spalt von einem jetzt Diakophti genannten felsigen Bergzuge dem südöstlichsten Vorsprunge des Mavrovuni) getrennte Hugel ist nur von der Ostseite mit Hulfe von in den Fels gehauenen Stufen zugänglich; die obere Fläche, welche gegen Nordwesten von einer Kuppe, die offenbar die Akropolis der alten Stadt trug (jetzt trägt sie

---

theilte, leider sehr fragmentirte Inschrift enthält Bestimmungen über die Abhaltung einer πομπή zu Ehren der Gottheit, welcher das Heiligthum geweiht war.

[1]) Steph. Byz. u. Παρθένιον· πόλις Εὐβοίας. Vgl. Girard Mémoire p. 680, dessen Vermuthung, dass der Tempel ebenso wie das ganze Kotyläongebirge (vgl. oben S. 397, Anm. 2) der Artemis geweiht war, mir weit wahrscheinlicher scheint als die Annahme Baumeister's (Skizze S. 16), der den Tempel der Hera Parthenos und daher dem Flusse von Aliveri den Namen Parthenios oder Imbrasos vindicirt: vgl. oben S. 423, Anm. 2.

[2]) Vgl. Ber. d. sächs. Ges. d. W. 1859, S. 132 f. und S. 136; Baumeister Skizze S. 15 f.

einen Thurm aus der fränkischen Zeit, wie auch andere Reste die Benutzung der Ruinen zur Anlage einer fränkischen Ritterburg beweisen) überragt wird, ist von starken Ringmauern von ziemlich unregelmässiger Bauart umgeben; innerhalb derselben findet man eine mit Wasser (jedenfalls dem Ausfluss einer Quelle) gefüllte Grotte, einen zum Opferheerd Eschara bearbeiteten Felsblock und in zwei verfallenen Kapellen Säulenreste nebst einigen ionischen Kapitälen. Vielleicht sind dies die Ruinen von Gryn-chä auch Bryncha, Rhyncha und Trycha geschrieben), einer in den athenischen Tributlisten neben Eretria als Mitglied des Seebundes aufgeführten Stadt, die später zum Gebiete von Eretria gehörte.[1])

[1]) Der Name lautet in den Tributlisten meist *Γρυγχῆς* (*Γρυνχῆς*), ein- oder zweimal *Βρυγχειῆς*; vgl. U. Köhler Urkunden S. 197. In der Inschrift *Ἀρχ. ἐφ. Περ. Β'*, N. 404β steht fünfmal das abgekürzte Demotikon *Γρυγχ* (*Γρυγ*). Schon Böckh (Staatshaush. II, S 678) hat richtig erkannt, dass der Ort identisch ist mit dem von Steph. Byz. als *χωρίον Εὐβοίας* bezeichnetem *Ῥύγχαι*, sowie mit dem von demselben als *πόλις Εὐβοίας* angeführten *Τρῦχαι* (vgl. Lykophr. Al. 374). Vielleicht endlich ist auch das von Steph. Byz. u. *Τύχη* erwähnte *Τυχαῖον ὄρος μεταξὺ Ἐρετρίας καὶ Βοιωτίας* (*Καρυστίας*?) auf dieselbe Oertlichkeit zu beziehen. Ueber die Ruinen vgl. Ulrichs Reisen II, S. 244 f.; Ber. d. sächs. Ges. d. W. 1859, S. 134 f.; Baumeister Skizze S. 14. — Als sonstige Ortschaften im Gebiete von Eretria werden angeführt die Kome Oichalia, angeblich der Ueberrest der von Herakles zerstörten Stadt dieses Namens (Strab. X, p. 448; Steph. Byz. u. *Οἰχαλία*; Plin. IV, 12, 64), die nach Hekataios bei Paus. IV, 2, 3 ἐν *Σκίῳ μοίρᾳ τῆς Ἐρετρικῆς* (vgl. Steph. Byz. u. *Σκιάς· ἔστι καὶ Σκιὰ πολίχνιον Εὐβοίας*) gelegen war; ferner *Ὄκωλον*, *Σκάβαλα* und *Φάρβηλος* (Steph. Byz. u. d. WW.), welche manche, schwerlich mit Recht (denn die beiden erstgenannten werden aus dem 24sten Buche des Theopomp angeführt, worin die Kämpfe der Athener auf Euboia im Jahre 350 behandelt waren), nach Thrakien verlegen wollen. Vgl. auch Baumeister Skizze S. 52 f. Von den abgekürzten Ortsnamen der Inschrift *Ἀρχ. ἐφ. Περ. Β'* n. 404 sind ausser den bisher besprochenen nur *Δύστος*, *Στύρα* und *Ζάρητρα* (alle drei in dem zum südlichen Euboia gehörigen Theile des Gebiets von Eretria gelegen; s. unten) sicher: *Μινθο* (*Μινθ*) lässt auf eine Ortschaft *Μίνθος* oder *Μίνθη* (vgl. *Σμίνθος* oder *Σμίνθη* in Troas und den Berg *Μίνθη* in Triphylien), *Φηραι* (*Φη*) auf *Φηραί* oder *Φηραία* (vgl. *Φηραί*, *Φεραί*, *Φαραί* in Messenien, Lakonien, Achaia, Thessalien), *Ιστια* (*Ιστι*) auf *Ἱστίαια* (vgl. oben S. 407, Anm. 1) schliessen; die übrigen sind ganz unsicher.

An der Ostküste des mittleren Euboia treten zwei felsige Vorgebirge ins Meer hinaus: das Cap Ochthonia oder Chersonisi (das alte Chersonesos: vgl. oben S. 398) im Süden und das Cap von Kumi (auch Kili genannt nach einer nordwestlich davon gelegenen kleinen Insel dieses Namens) im Norden: zwischen beiden bildet die zurücktretende Küste eine weite Bucht, die unterhalb des Städtchens Kumi einen freilich nur wenig geschützten Ankerplatz darbietet. Weder dieser Landungsplatz, noch das ungefähr eine Stunde oberhalb desselben am Berghange zwischen Weingärten gelegene Städtchen, dessen Bewohner hauptsächlich vom Wein- und Oelbau, auch von der Arbeit in den eine Stunde westlich von der Stadt in einem Thale gelegenen Braunkohlengruben (vgl. oben S. 397) leben, enthält antike Reste; doch fand ich 10 Minuten nordöstlich vom Orte einen in den natürlichen Felsen gearbeiteten Sarkophag, und etwas weiter nach dem Cap zu sind in den Weingärten viele alte Gräber, welche etwa dem dritten oder vierten Jahrhundert v. Chr. angehören mögen, zum Vorschein gekommen. Aber auch ohne diese Reste würde der jetzige Name der Ortschaft hinreichen, uns darin die Nachfolgerin des alten Kyme erkennen zu lassen, einer Stadt, deren Bedeutung durchaus den ältesten Zeiten der griechischen Geschichte anzugehören scheint: von ihr ist jedenfalls die älteste griechische Ansiedelung auf italischem Boden, Kyme in Campanien, von ihr wahrscheinlich auch das kleinasiatische Kyme gegründet worden; aber sie hat frühzeitig, wahrscheinlich in Folge unglücklicher Kämpfe gegen Chalkis, ihre Selbständigkeit eingebüsst und ist zu so völliger Unbedeutendheit herabgesunken, dass die italische Tochterstadt, welche einer Stütze im Mutterlande bedurfte, diese in Chalkis, als der damaligen Besitzerin der Mutterstadt, und in der kleinasiatischen Schwesterstadt suchte und fand, wodurch das ursprüngliche Verhältniss dieser Städte zu einander ganz in Vergessenheit gerieth.[1])

[1]) Das euboeische Kyme erwähnt nur Steph. Byz. u. *Κύμη*. Vgl. meine Quaest. Euboic. p. 15; Ber. d. sächs. Ges. d. W. 1859, S. 133 f.; Ulrichs Reisen II, S. 246 f.: 'die von letzterem erwähnte Grabplatte mit der 'gut geschriebenen' Inschrift ΠΡΗΞΩ beweist, dass die Stadt noch etwa im dritten oder vierten Jahrhundert v. Chr. bewohnt war; die Erhaltung des alten Namens lässt schliessen, dass sie überhaupt nie ganz verödet war.'

Süd-Euboia

Die Strasse von Kumi nach dem **südlichen Euboia** geht zunächst eine Strecke an der Küste hin, dann an dem nach seiner pyramidenähnlichen Form Oxylithos genannten Berge (an dessen nördlichem Fusse sich antike Mauerreste finden) vorüber und in dem gegen Osten von der Ochthonia genannten Bergmasse begränzten, von einem ansehnlichen Bache durchflossenen Thale, über dessen östlichem Rande das Dorf Avlonari liegt (vgl. oben S. 425), aufwärts und steigt dann über einen quer durch die Insel streichenden Bergzug in ein tiefes Kesselthal hinab, das auf drei Seiten von Bergen, im Osten gegen das Meer hin durch eine Reihe niedrigerer Hügel begränzt und in seinem südwestlichen Theile ganz von einem nicht unbeträchtlichen See, der nur bei ungewöhnlich lange anhaltender Dürre austrocknet, eingenommen wird. An der Südseite des Sees erhebt sich ein isolirter Hügel aus weissgrauem körnigem Kalkstein, an dessen Abhängen sich stattliche Reste der aus dem Gestein des Hügels selbst in eigenthümlicher Mischung grosser Blöcke und dünner länglicher Platten erbauten Ringmauern einer alten Stadt hinziehen; innerhalb derselben bemerkt man noch zahlreiche Fundamente antiker Gebäude; den Gipfel des Hügels, der einst ohne Zweifel die Akropolis der alten Stadt trug, krönt ein Thurm aus der fränkischen Periode, wie auch andere zwischen den antiken Ruinen zerstreute Bautrümmer aus dieser Zeit von der fortgesetzten Bewohnung des Orts bis ins spätere Mittelalter Zeugniss geben. Der Name der alten Stadt haftet noch an dem am östlichen Fuss des Hügels gelegenen, jetzt in Folge der fortschreitenden Versumpfung der Ebene von seinen Bewohnern, die sich eine halbe Stunde weiter nördlich auf einem Vorhügel des die Ebene im Norden begränzenden Bergzuges angesiedelt haben, verlassenen Dorfe Dysto: es war **Dystos**, eine ursprünglich jedenfalls dryopische Stadt, die später (entweder seit der Zeit Philipps von Makedonien oder seit dem sogenannten lamischen Kriege) zum Gebiete von Eretria gehörte.[1])

[1]) Steph. Byz. u. *Δύστος*; Inschrift in der *Ἀρχ. ἐφ. Περ. Β'* N. 404 *β*, wo sehr häufig das abgekürzte Ethnikon *Δυστο*, *Δυστ*, *Δυσ*, *Δυ*. Uebrigens scheint die Stadt, da sie weder in den athenischen Tributlisten noch in der Bundesurkunde von Ol. 100, 3 erscheint (denn die in der letzteren zwischen *Ἐρετριῆς* und *Καρύστιοι* aufgeführten *Ἀρεϑούσιοι* mit den *Δύστιοι* zu identificiren sind wir durch nichts berechtigt), schon früher

Die die Ebene im Westen begranzende Bergmasse, auf deren sudostlichstem Vorsprung sich die Ruinen eines alten Kastells finden, das offenbar zum Schutz der an der Westseite des Sees hinfuhrenden Strasse diente, streckt im Südwesten eine lange Felsnase jetzt Cap von Aliveri genannt) ins Meer vor. Zwei ahnliche, nur noch weit mächtigere Vorsprunge entsendet gegen Südwesten das die Ebene im Süden begränzende, die ganze, hier wenig beträchtliche Breite der Insel einnehmende Gebirge; zwischen beiden offnet sich eine tiefe Bucht (jetzt nach einem in der Mitte der Breite der Insel auf dem Grat des Gebirges gelegenen Dorfe die Bucht von Almyropotamos genannt), vor deren Eingang eine unbewohnte felsige Insel jetzt Kavaliani genannt) liegt. Eins dieser Vorgebirge mag im Alterthum den Namen Leon gefuhrt haben.[1]) Im Innern der Insel liegt eine halbe Stunde östlich von dem aus der Ebene von Dystos nach Almyropotamos führenden Wege das Dorf Zarka, in dessen Nähe sich in einer die Strasse beherrschenden Position die Ruine eines grossen hellenischen Befestigungsthurmes und etwas weiter hin zu beiden Seiten des Wegs Fundamente antiker Gebäude finden: wahrscheinlich Ueberreste der Ortschaft Zaretra, deren Kastell Phokion im Jahre 350 einnahm.[2] Etwas über vier Stunden sudlich von da liegt sudostlich uber einer kleinen, von einem im Sommer versiegenden Bache durchflossenen Strandebene der

in ein Verhältniss der Abhängigkeit zu Eretria getreten zu sein. Ueber die Ruinen s Spratt Transactions of the royal society of litt. II ser. Vol. II, p. 247 ss.; Rangabé Mémoire p. 24 s.; Girard Mémoire p. 726 ss; Bursian Archäol. Zeitung 1855, N. 82, S. 139 und Ber. d. sächs. Ges. d. W. 1859, S. 136 ff.

[1]) Ptol III, 15, 24; die Insel ist vielleicht die von Plin. IV, 12, 65 neben Aegilia erwähnte Glauconnesos.

[2] Plut. Phok. 13: dass neben dem dort erwähnten φρούριον auch eine nicht unbedeutende Ortschaft lag, beweist das haufige Vorkommen des abgekurzten Ethnikon Ζαρη (Ζαρ, Ζα) in der Inschrift Ἀρχ. ἐφ. Περ Β', N. 404. Aus dem jetzigen Ortsnamen Ζάρκα, sowie aus der Erwähnung eines Berges Ζάραξ auf Euboia (Lykophr. Al 373 c schol.) und eines Heros Zarax, Sohnes des Petrãos des Sohnes des Karystos (Etym. M. p. 408, 9) ist zu schliessen, dass der Ort (und wohl auch das Gebirge, auf welchem er lag) auch Ζάραξ oder Ζάρηξ gleich der Stadt auf der Ostküste Lakoniens vgl oben S. 137) genannt wurde. Ueber die Ruinen s. Rangabé Mémoire p. 25 s.; Ber. d. sächs. Ges. d. W. 1859, S. 140.

Flecken Stura, welcher ein Paar alte Inschriften (deren eine den Cult des Asklepios bezeugt) und den Namen von der alten Stadt Styra bewahrt hat, die, wie die noch erhaltenen Reste (Spuren der Ringmauer, in den Felsboden geschnittene Hausplätze u. a. m.) zeigen, eine halbe Stunde weiter westlich auf einem hart an der Küste sich erhebenden Felshügel und am nördlichen Fusse desselben bis zu dem Bache hin lag. Ursprünglich wohl eine Niederlassung phönikischer Purpurfischer wurde sie frühzeitig von den Dryopern in Besitz genommen, die aber, wahrscheinlich durch Zuwanderung aus Attika, allmälig ganz ionisirt wurden und daher später sich des Dryopernamens schämten. Im Perserkriege stellten sie zwei Schiffe zur griechischen Flotte und in Gemeinschaft mit den Eretriern 600 Hopliten zum Landheere und traten dann dem attischen Seebunde bei. Im sogenannten lamischen Kriege (323) wurde die Stadt durch den athenischen Feldherrn Phädros zerstört; nach ihrer Wiederherstellung war sie offenbar zu schwach, um als selbständiges Gemeinwesen ferner zu existiren und wurde daher, sei es freiwillig, sei es durch Zwang, dem Gebiete von Eretria einverleibt.[1])

Südlich und östlich von Stura zieht sich ein fast ganz kahler, jetzt Kliosi genannter Bergzug hin, dessen 685 Meter hoher Gipfel die Ruine eines fränkischen Kastells trägt; etwas unterhalb derselben am westlichen Abhang finden sich ausgedehnte Brüche eines dem karystischen völlig gleichen Marmors, von deren Ausbeutung im Alterthum die gewaltigen senkrecht abgeschnittenen Felswände sowie einige zwischen dem Haldensturz liegende sorgfältig bearbeitete Säulenschäfte und viereckige Blöcke Zeugniss geben. Diesen Brüchen gerade gegenüber auf einer

[1]) Iliad *Β*, 539; Herod VIII, 1; 46; IX, 28 (vgl. die Schlangensäule Gewinde 5 ΣΤΥΡΕΣ); Thuk. VII, 57 (vgl. die athenischen Tributlisten); Dem. in Mid. p. 568; Strab. X, p. 446; Paus. IV, 34, 11; Nonn. Dionys. XIII, 160; Steph. Byz. u. *Στύρα*. In der Inschrift *Ἀρχ. ἐφ. Περ. Β'*, N. 404 ist *Στυρο*, *Στυρ*, *Στυ* (wovon das viermal, stets nach einem *Σ* vorkommende *Τυρο*, *Τυρ*, *Τυ* nicht verschieden ist) das am häufigsten vorkommende Ethnikon. Den Namen bringt Olshausen Rhein. Mus. n. F. VIII, S. 327 wohl richtig mit dem phönikischen *Ἄστυρα* in Verbindung. Auf Purpurfischerei deutet die auf Münzen der Stadt (s. Eckhel Doctr. n. I, 2, p. 325) vorkommende Muschel. Ueber die Ruinen s. meine Quaestiones Euboic. p. 48 ss.; Ber. d. sächs. Ges. d. W. 1859, S. 140 f.; Baumeister Skizze S. 24 f.

kleinen Terrasse am Abhang einer der niedrigeren Kuppen des Gebirges stehen drei hochalterthümliche, von den jetzigen Bewohnern Stura's 'die Drachenhauser' (τὰ σπίτια τοῦ δράκου genannte Gebäude: zwei einander gegenuber in der Richtung von Nord nach Süd stehende, von langlich viereckiger Form, mit einer Oeffnung in der Mitte des Daches und einer niedrigen Thüre an der dem gegenuberliegenden Gebäude zugewandten Langseite, das dritte, welches in rechtem Winkel an die Nordostecke des westlicheren Langhauses stösst, von quadratischem Grundplan, mit einem kuppelformigen, ebenfalls in der Mitte offenen Dache und einer Thure an der Sudseite. Der offene Hofraum zwischen den drei Hausern war gegen Suden durch eine Mauer, von welcher noch ein beträchtliches Stuck erhalten ist, abgeschlossen und wahrscheinlich nur von Nordosten her durch die Lücke zwischen dem quadratischen Hause und dem östlicheren Langhause zuganglich: die ganze Anlage wird man als ein primitives, von den Dryopern erbautes Heiligthum für drei zusammen verehrte Gottheiten betrachten müssen.[1] Vom Hafen des alten Styra hat sich noch unmittelbar westlich von dem Felshugel, auf welchem die Oberstadt lag, ein Stück des Molo und Reste eines im ionischen Styl erbauten Tempels erhalten. Andere Spuren einer antiken Ansiedelung finden sich etwa $^3/_4$ Stunden nördlich von da am Strande an einer jetzt Emporio genannten Stelle: der Name lässt vermuthen, dass hier ein Emporion, ein Stapelplatz des alten Styra bestand.[2]) Es bezeichnet dieser Punkt ungefahr die Mitte einer weiten Bucht, in welcher, ziemlich eine Stunde von der Kuste, eine grössere, jetzt Stura genannte Felsinsel, von einer Anzahl kleinerer umgeben, liegt, die Aegileia der Alten.[3]) Eine ähnliche, noch tiefere Bucht offnet sich weiter südlich zwischen den westlichsten Theilen des Kliosigebirges (beziehendlich seiner

[1]) Vgl. Rangabé Mémoire p. 28 ss.; Bursian 'Die dryopische Bauweise in Bautrümmern Euboia's' in der Archaolog. Zeitung 1855, N 82, S. 129 ff.; Baumeister Skizze S. 25 f. Als Gottheiten, denen dieses Heiligthum geweiht war, habe ich a. a. O. S 135 Demeter, Klymenos und Kora vermuthet; doch kann man auch an Apollon, Artemis und Leto denken.

[2]) Vgl. Baumeister Skizze S 25.

[3]) Herod. VI, 107; Plin. IV, 12, 65 (wo die Insel allerdings unrichtig in das myrtoische Meer versetzt wird).

jetzt Diakophti genannten südwestlichen Fortsetzung und der Ocha: das Marmarion der Alten noch jetzt Marmari genannt), der gewöhnliche Ueberfahrtsplatz nach Halà Araphenides an der Ostküste Attika's, mit einer Ortschaft gleichen Namens und einem Tempel des Apollon Marmarios, benannt nach den Marmorbrüchen, welche die Alten auf dem Rücken des Gebirges oberhalb der Bucht betrieben. Südwestlich vor der Bucht liegt eine Gruppe felsiger Inseln zwei grössere, zwei kleinere und sechs ganz kleine, die Petaliä der Alten (noch jetzt Petali), die ebenso wie die Bucht von Marmarion zum Gebiete von Karystos gehörten.[1] Diese Stadt, die bedeutendste unter den Dryoperstädten Euboia's, lag ungefähr auf demselben Platze, welchen jetzt das aus fünf räumlich von einander getrennten und mit besonderen Namen bezeichneten Weilern bestehende Städtchen Karysto einnimmt: am innersten Winkel der nach ihr benannten Bucht, welche sich von den mächtigen Vorgebirgen Leuke Akte und Gerästos in einer Tiefe von etwa zwei Stunden landeinwärts erstreckt. Die Akropolis der alten Stadt nahm ohne Zweifel den ziemlich $^3/_4$ Stunden vom Meere entfernten Felshügel ein, welcher jetzt ein mittelalterliches Kastell trägt; die Unterstadt erstreckte sich vom südlichen Fusse desselben, an welchem jetzt der Weiler Paläochora liegt, südwärts und südwestwärts bis zu einem jetzt Megalorheuma genannten Bache, dessen Wasser zur Bewässerung der die Ebene bedeckenden Gärten und Weinpflanzungen benutzt wird: jenseits desselben bemerkt man lange Reihen antiker Gräber und die Reste einer in den Felsboden geschnittenen Strasse, welche beweisen, dass dieser dem Meere nächste Theil der Ebene ausserhalb der Stadtmauern lag. Am Strande sind noch einige Reste von dem Damme des alten Hafens, der wahrscheinlich

[1] Strab. X, p 446; Steph. Byz u. *Μαρμάριον*; Phot. p. 247, 25; der Ausdruck *Μαρμαρίου τε τένοντα* bei Nonn. Dionys. XIII, 164 zeigt, dass auch der Bergrücken über der Bucht den gleichen Namen führte. Vgl. Girard Mémoire p. 723; Rangabé Mémoire p. 32 *Πεταλίαι* Stadiasm mar. magni § 283 (C. Müller Geogr. gr. min. I, p. 500); Plin. IV, 12, 71: aus Strab. X, p. 444 muss man, wenn die Stelle nicht corrupt ist, folgern, dass auch das jetzt Paximadi genannte Vorgebirge Euboia's östlich von dieser Inselgruppe, das nach Strab. IX, p. 399 den Namen *Λευκὴ ἀκτή* führte (wovon die bei Ptol. III, 15, 24 erwähnte *Καλὴ ἀκτή* nicht verschieden zu sein scheint), *Πεταλία* genannt wurde. Vgl. auch S. 434, Anm 1.

durch Mauerschenkel mit der Ringmauer der Stadt verbunden war, erhalten. Die älteste Stadt, welche im Jahre 490 v. Chr. von Datis und Artaphernes durch eine Belagerung und durch Verwüstung ihres Gebiets zur Unterwerfung genöthigt wurde, im Jahre 480 vor der Schlacht bei Salamis ihre Schiffe zur Flotte des Xerxes stossen liess und dafur von den Hellenen durch Geldbussen und Verwüstung ihres Gebiets bestraft wurde, nahm wahrscheinlich ausser dem Burghügel nur den Raum zunächst am südlichen Fusse desselben, also etwa den Platz der jetzigen Paläochora ein, und auch in den ersten Jahrzehnten nach dem Perserkriege wird sie, da sie im Jahre 467 von Athen, jedenfalls wegen Verweigerung der Bundespflicht, mit Krieg überzogen wurde und ohne Zweifel auch an dem Abfall ganz Euboia's vom attischen Seebunde im Jahre 446 sich betheiligte, sich kaum wesentlich vergrössert haben; nach dieser Zeit aber dürfen wir wohl eine allmälige Erweiterung der Stadt durch Anlage von Vorstädten gegen Süden nach dem Meere zu annehmen, die schliesslich dahin führte, dass der der Burg (die noch in den Kämpfen zwischen Makedoniern und Römern eine Rolle spielte) zunächst gelegene Theil des Stadtraumes fast ganz verlassen wurde und die bis in die späte römische Kaiserzeit als Handelsplatz bedeutende Stadt im Wesentlichen den Raum der jetzigen Gärten einnahm: hier sind noch jetzt zahlreiche architektonische Fragmente und Inschriften, aus denen man die Existenz von Heiligthümern des Apollon, des Dionysos und der Persephone folgern kann, erhalten, während von dem Theater und dem mit Bildsäulen des Herakles und anderer Götter und Heroen geschmückten Gymnasion noch keine sichern Spuren gefunden worden sind.[1] Den Karystiern

[1]) Il. *B*, 539, Herod. VI, 99; VIII, 66; 112; 121; IX, 105; Thuk. I, 98; Liv. XXXI, 45; XXXII, 16 f; XXXIII, 34; Polyb XVIII, 30. Die von Steph Byz u *Κάρυστος* angeführten Namen *Χειρωνία* und *Αἰγαία* sind jedenfalls nur dichterische Bezeichnungen der Stadt. Der Akropolishügel führte vielleicht den Namen *Ἀχαιία*: vgl Steph. Byz u. d. W. Für die Topographie und Inschriften vgl meine Quaest. Eub. p. 31 ss. und die von Lenormant im Rhein Mus. XXI, S 528 ff. publicirten Inschriften (sämmtlich Ehrendecrete, die *ἐν τῷ τοῦ Ἀπόλλωνος ἱερῷ* aufgestellt waren. Den Hafen erwähnt Dio Chrysost. Or. VII, 22 (wo unter der nicht genannten Stadt nur Karystos verstanden werden kann): in zwei Inschriften Haase Miscellanea philologica Ind. lect. Vratislav. 1856/57 p. 7 und Archaolog. Anzeiger 1856, N. 94, 95, S. 267*f.) erschei-

gehörte ohne Zweifel ein hochalterthümliches Heiligthum, das noch jetzt auf einer kleinen, nur von Westen zugänglichen, gegen Osten steil abstürzenden, im Norden und Süden durch Felskuppen begränzten Fläche unmittelbar unter dem höchsten Gipfel der Ocha sich erhalten hat. Grundplan und Ausführung des Bauwerks stimmen im Wesentlichen mit dem der 'Drachenhäuser' bei Stura überein (wie denn das Volk auch dieses ehrwürdige Denkmal dryopischen Göttercultes als 'Drachenhaus' bezeichnet), nur dass das Gebäude auf der Ocha, worin man einen Tempel der Hera oder des Zeus und der Hera vermuthen darf, in allen Einzelheiten einen entschiedenen Fortschritt der handwerksmässigen sowohl als der künstlerischen Thätigkeit erkennen lässt, also jedenfalls einer etwas späteren Zeit angehört als die Tempelgruppe über Styra.[1])

Drei Viertelstunden nördlich vom Cap Gerästos (jetzt Mantelo), der südlichsten Spitze des die Bucht von Karystos gegen Osten umschliessenden Bergzuges, öffnet sich eine kleine, aber sehr sichere Bucht, an welcher sich die Ruinen eines mittelalterlichen Kastells (daher die Bucht jetzt Kastri oder Palaokastri genannt wird) und vielfache Spuren einer antiken Ortschaft finden. Offenbar lag hier in der kleinen Strandebene Gerästos, eine zum Gebiet von Karystos gehörige Kome, welche einen trefflichen

nen λιμενοφύλακες Theater: Dio Chrysost. l. l. § 24; Gymnasion ebds. § 38; nach letzterer Stelle waren damals viele Plätze sowohl innerhalb der Ringmauern als in den Vorstädten unbewohnt.

[1]) Vgl. Ulrichs Annali XIV, p. 5 ss. (= Reisen und Forschungen II, S. 252 ff.) mit den Zeichnungen in den Monumenti I, tav. 37; Girard Mémoire p. 708 ss.; Archäolog. Zeitung 1855, N. 82, S. 132 ff; Baumeister Skizze S. 29 f. und S. 68. Die Beziehung des Tempels auf Zeus und Hera stützt sich darauf, dass nach Steph. Byz. u. Κάρυστος die Sage vom ἱερὸς γάμος, der Vermählung des Zeus mit der Hera, auf der Ocha localisirt war. Dieselbe Sage knüpfte sich nach Schol. Aristoph. Pac. 1126 an das Ἐλύμνιον, eine auch in Sophokles' Nauplios erwähnte und deshalb in der Gegend des Kaphereus oder doch der Südspitze Euboia's anzusetzende Oertlichkeit, nach Steph. Byz. u. Ἐλύμνιον (vgl. Hesych. u. Ἐλύμνιος) eine zu Euboia gehörige Insel mit einer Stadt gleichen Namens. Da nun die vor dem Cap Mantelo (Gerästos) liegende gleichnamige Insel zu unbedeutend ist, als dass je darauf eine Ortschaft hätte stehen können, so wird wohl eine der petalischen Inseln (vgl. S. 432, Anm. 1) darunter zu verstehen sein. Nach Heraclid. Pol. 31 war die Insel eine Zeit lang von den Chalkidiern in Besitz genommen.

Hafen und ein altberühmtes Heiligthum des Poseidon besass. Auch Artemis wurde hier, sei es innerhalb des Temenos des Poseidon, sei es in einem besonderen Heiligthume, unter dem Beinamen Bolosia verehrt: noch im sechsten Jahrhundert nach Christo zeigte man daselbst ein aus Steinen hergestelltes colossales Schiff mit einer nur noch zum Theil lesbaren Inschrift, laut welcher dasselbe von Agamemnon dieser Göttin geweiht sein sollte. Da man bei Kastri selbst keine Spur von einem Heiligthum, wohl aber fünf Viertelstunden weiter nördlich, eine Viertelstunde östlich von dem Dorfe Platanistos eine sorgfältig aufgemauerte Terrasse von bedeutender Länge jetzt τὸ Ἑλληνικό genannt nebst Spuren von Umfassungsmauern und innerhalb derselben Reste eines aus weissem Marmor in dryopischer Bauweise errichteten Tempels findet, so darf man vermuthen, dass hier das Posideion stand, d. h. der Tempel des Poseidon mit seinem Temenos und einer kleinen Ortschaft, die sich in Folge der Bedürfnisse theils des regelmässigen Cultus, theils der von Zeit zu Zeit wiederkehrenden Festversammlungen (πανηγύρεις) an dasselbe angeschlossen hatte.[1]

In der Nähe von Gerästos scheint auch eine kleine Ortschaft (oder Insel?) Kyrnos gelegen zu haben, bei welcher im Jahre 467 ein Kampf zwischen Athenern und Karystiern stattfand.[2])

---

[1]) Od. γ, 177; Herod. VIII, 7; Thuk III, 3; Xen. Hell. III, 4, 4; V, 4, 61; Demosth. Phil. I, p. 49; Liv. XXXI, 45; Strab. X, p. 446; Steph. Byz. u. Γεραιστός: vgl. Eur. Cycl. 295; Orest. 993; Apollon. Rhod. Argon. Γ, 1243; Callimach. Hymn. in Del. 199; Nonn. Dionys. XIII, 162. Poseidon Γεραίστιος Aristoph. Equit. 561; Statue des Gottes mit Dreizack Lucian Iupp. trag. 25; angebliches Weihgeschenk des Agamemnon Procop. De bello Goth. IV, 22, p. 576 ed. Dind. Ποσίδειον ἐν Εὐβοίᾳ in den athenischen Tributlisten, vgl. oben S. 410, Anm. 2. Ueber das Ἑλληνικό mit einer leider räthselhaften Inschrift vgl. Rangabé Mémoire p 45 s ; meine Quaest. Euboic. p. 36 ss. (die dort mitgetheilte, in dem Dorfe Platanistos gefundene alterthümliche Inschrift stammt wahrscheinlich auch vom Posideion); Baumeister Skizze S 34 und S 71 f : die an letzterer Stelle erwähnten Grabsteine in dem Dorfchen Aselina, halbwegs zwischen Platanistos und Porto Kastri, sind wohl von einem dieser beiden Orte verschleppt. Die Lage des Heiligthums im Verhältniss zum eigentlichen Vorgebirge Gerästos ist ganz ähnlich wie beim Heiligthum des Poseidon auf Tainaron: vgl. oben S. 150.

[2]) Herod. IX, 105 ἐν Κύρνῳ τῆς Καρυστίης χώρης: da das Gefecht, in welchem der ἐπὶ Γεραιστῷ bestattete Hermolykos fiel, recht wohl ein

Von dem Dorfe Platanistos, das mit seiner anmuthigen Vegetation, seinen zahlreichen Hausern und seinen griechisch redenden Bewohnern als eine Art Oase in dieser sonst durchaus rauhen und wilden Gebirgswelt mit ihren von Albanesen bewohnten ärmlichen Dörfchen erscheint, wandert man auf äusserst beschwerlichem Pfade über mehrere der nur durch tiefe und schmale Parallelthaler getrennten östlichen Ausläufer des Ochagebirges (vgl. S. 399) hinweg nach einer eine halbe Stunde nordöstlich von dem Dörfchen Dramisi gelegenen tiefen, von nackten steilen Felswanden umschlossenen, von einem Bache durchflossenen Schlucht von wildestem Charakter, welche sich ostlich nach dem Meere zu öffnet. Steigt man am Nordabhange des die Schlucht gegen Süden begränzenden Bergruckens hinab, so gelangt man zunächst zu einer steilen Felswand, in deren Fuss eine Hohle von Menschenhanden gearbeitet ist, aus welcher zahlreiche Locher, meist von geringer Weite und Tiefe, in das Innere des Berges führen. Da sich nahe dem östlichen Ende der Schlucht grosse Massen von Schlacken finden, so wird man in dieser Anlage ein primitives Eisen- oder Kupferbergwerk erkennen durfen, zu dessen Schutz und Ausbeutung die weiteren baulichen Anlagen in dieser weder für Ackerbauer, noch für Hirten, noch fur Schiffer zur Ansiedelung geeigneten Schlucht bestimmt waren. Unterhalb jener Felswand nämlich findet man bis zur Tiefe der Schlucht hinab antike Mauern, die offenbar eine Art von Dammweg bildeten, in der Schlucht selbst auf einem niedrigen Felshugel am rechten Ufer des Baches den Unterbau eines antiken Thurmes, der den Zugang zur Schlucht von Westen her beherrschte, endlich weiter östlich am Sudabhange eines steilen kegelformigen Felshügels uber dem linken Ufer des Baches, der nur gegen Norden durch eine niedrige, wie es scheint künstlich abgearbeitete Felszunge mit dem nördlicheren Bergzuge zusammenhangt, die Reste einer Ringmauer, die sich auch an der Ostseite des Hugels fortsetzte (an den ubrigen Seiten fällt derselbe so steil ab, dass eine künstliche Befestigung ganz uberflussig war) und zahlreicher Gebäude von verschiedener Grosse, die so an den Abhang des Hügels gleichsam angeklebt sind, dass der naturliche Fels den

Seegefecht gewesen sein kann, darf man wohl unter *Κύρνος* die gerade vor dem Cap Gerästos gelegene kleine Insel Mantelo verstehen.

unteren Theil der Rückwand ersetzte: da sich in den aus einem Gemisch von grösseren und kleinen Steinen ausgeführten Mauern nirgends die Spur eines Eingangs findet, so muss man annehmen, dass dieser bei allen diesen Gebäuden an der Rückseite sich befand, die erhaltenen Mauern also nur den Unterbau mit einem kellerartigen Souterrain bildeten. Die Bewohner von Dramisi nennen diese Ruinen Archampolis, d. i. 'alte Stadt' (ἀρχαία πόλις): ein antiker Name dafür ist uns nicht überliefert, was um so weniger zu verwundern ist, da die ganze Anlage offenbar aus den frühesten Zeiten des Alterthums, aus derselben Periode, welcher die Tempel bei Styra und auf dem Ocha angehören, stammt und nach Erschöpfung der Metalladern, zu deren Ausbeutung sie bestimmt war, frühzeitig verlassen worden ist.[1])

Ruinen einer ausgedehnteren befestigten Ortschaft von ganz gleichem Charakter finden sich auf dem jetzt mit dem wahrscheinlich antiken Namen Philagra benannten Cap der Ostküste, welches zunächst westlich vom Kaphereus (Cavo d'Oro) gegen Nordosten ins Meer vorspringt. Dasselbe ist an allen Seiten, ausser gegen Norden und gegen Südwesten, wo der steile Abfall der Felsen eine fortlaufende Befestigungsmauer überflüssig machte, von Ringmauern aus ganz rohen, langen und dünnen Platten von Schiefergestein, zwischen welche zur Ausgleichung der Lagen kleine Steinbrocken eingeschoben sind, umgeben: an denselben bemerkt man mehrere nach Aussen vorspringende Bastionen und einen nach Innen vorspringenden Thurm von viereckter Form. Innerhalb der Mauern finden sich auf dem ganz unebenen Felsboden die Ruinen mehrerer Gebäude, die ebenso wie die in Archampolis mit dem Rücken an den natürlichen Fels angelehnt waren; ferner zwei wohl von der Natur geschaffene, aber durch Menschenhand erweiterte Felsspalten, die nach unten zu sich allmälig verengernd tief (nach der Angabe der Umwohner bis zum Meere hinab führen und von den Bewohnern der alten Ortschaft vielleicht benutzt wurden, um in Zeiten der Gefahr unbemerkt zur See zu entschlüpfen. Der am höchsten aufsteigende

[1]) Die Ruinen sind zuerst beschrieben von Girard Mémoire p. 718 s. und von Rangabé Mémoire p. 35 ss.; genauer von mir in der Archäolog. Zeitung 1855, N 82, S. 136 ff. und in meinen Quaestiones Euboic. p. 39 ss, sowie von Baumeister Skizze S. 31 ff.

westlichste Theil des Vorgebirges bildet ein kleines Felsplateau, auf welchem jetzt zwei kleine, ganz aus Trümmern der alten Mauern errichtete christliche Kirchen stehen: diese wie andere Spuren zeigen, dass der Platz auch im Mittelalter — wahrscheinlich von Piraten — bewohnt worden ist. Da sich in geringer Entfernung — östlich oberhalb des drei Viertelstunden südlich vom Cap gelegenen Dorfes Janitzi — ein antikes Kupferbergwerk befindet, so ist zu vermuthen, dass die alte Ortschaft (deren Namen wir nicht kennen) ebenso wie Archampolis hauptsächlich von Bergleuten bewohnt und zur Sicherung der Ausbeutung jener Erzgruben angelegt worden ist.[1]

c) Die Kykladen.

Die von den Alten mit dem Namen der Kykladen bezeichnete Inselgruppe, über deren Ausdehnung und Gliederung wir schon oben (S. 348 ff.) gesprochen haben, bietet, vom Meere aus gesehen, in fast allen ihren Gliedern einen mehr wilden und öden als anmuthigen und heitern Anblick dar. Schroff abfallende Felswände, nackte Klippen, kegelförmige von fast aller Vegetation entblösste Berge sind die durchaus vorherrschenden Züge des Bildes, welches sich vor den Augen des Seefahrers aufrollt, wenn er in den heiligen Kreis der 'Ringinseln' eintritt. Aber die Klarheit der Luft, welche die Contouren jedes Eilandes aufs Schärfste hervortreten lässt, und die Intensivität der Beleuchtung, welche

[1] Vgl. über die meines Wissens nur von mir besuchten Ruinen, die auf der französischen Karte Bl. 9 irrig als 'Palaeocastron Vénitien' bezeichnet sind, Archäolog. Zeitung a. a. O. S. 135 f. und Quaest. Eub. p. 45 ss. Vermuthungsweise könnte man auf diese Ruinen oder auf die Archampolis den Namen Orchomenos (Strab. IX, p. 416: *καὶ περὶ Κάρυστον δ' ἦν τις Ὀρχομενός*) beziehen. Auch *Ὀρέστη* (vgl. Hesych. und Steph. Byz. u. d. W.) ist, da Orestes mit dem Sagenkreise der Dryoper verknüpft ist, wahrscheinlich in dem von den Dryopern bewohnten südlichsten Theile Euboia's zu suchen. Andere euboische Ortschaften von ganz unsicherer Lage, die nur von Steph. Byz. unter den betreffenden Artikeln angeführt werden, sind: *Ἀκόντιον. Ἄκρα. Ἀκράγας. Ἀλόπη. Μεθώνη. Μητρόπολις. Σφήκεια. Χίος.* Ferner nennt Plin. IV, 12, 64 als angebliche alte Städte Euboia's Pyrrha, Nesos und Ocha, bei Lykophron Alex. 373 erscheinen als euboische Bergnamen *Ὀφέλτας* und *Νέδων* und v. 376 *Φόρκυνος οἰκητήριον*, endlich bei Nonn. Dionys. XIII, 163 die räthselhaften Ortsnamen *Στύξ, Στύρα* und *Σιρίδος ἕδρα*.

die kahlen Berge mit den schönsten Tinten färbt, breiten einen eigenthümlichen Zauber über dieses Bild aus. Nähert man sich aber dem Gestade, so bemerkt man überall, wo die Berge nicht allzu steil abfallen, durch Steinmauern gestützte Terrassen für Weinberge, und dringt man in das Innere ein, so findet man wenigstens auf den meisten der grösseren Inseln fruchtbare und anmuthige Thäler, welche ausser trefflichen Weinen Südfrüchte aller Art hervorbringen. Die Gebirge der Inseln bestehen zum weitaus grössten Theile aus Glimmerschiefer und krystallinisch-körnigem Kalk (Marmor von verschiedener Färbung) und bieten daher treffliche Materialien für Bau- und Bildkunst dar: besonders auf den Inseln Tenos, Paros und Naxos findet man ausgedehnte und schon von den Alten stark ausgebeutete Marmorbrüche. Neben diesen Gebirgsarten treten hie und da Granit und Gneis in grösseren Massen auf: so im südlicheren Theil von Tenos und im nördlicheren von Naxos; die dazwischen liegende Gruppe der Inseln Mykonos, Rheneia und Delos besteht ganz aus solchem Urgebirge. An mineralischen Produkten liefern ferner einzelne Inseln Serpentin (Andros und Tenos), Schmirgel (Naxos) und Eisenerze (Keos, Kythnos und Seriphos). Dagegen sind die Gold- und Silberadern der Insel Siphnos schon im Alterthum ziemlich frühzeitig erschöpft worden.

Die nördlichste und an Umfang (gegen 6 □Meilen) nächst Andros
Naxos bedeutendste unter den Kykladen, Andros,[1] besteht aus einem etwa $5^1/_2$ Meilen langen, von Nordwest nach Südost streichenden Bergrücken, der durch zahlreiche Querthäler und Schluchten in der Richtung von West nach Ost durchbrochen ist. Diese Querthäler sind durchgängig wohl bewässert, reich mit Feigenbäumen, Maulbeerbäumen, Oelbäumen, Orangen- und Citronenbäumen.

[1]) Vgl. Tournefort Voyage du Levant I, p. 133 ss.; Io. Ev. Rivola De situ et antiquitatibus insulae Andri commentatio, Freiburg 1844; Ross Reisen auf den griechischen Inseln II, S. 12 ff., Brandis Mittheilungen über Griechenland I, S. 292 ff.; Fiedler Reise II, S. 213 ff; Meyssonier 'Notice sur Andros' im Bulletin de la société de géographie 1870, p. 158 ss. Den Namen leiten die Alten von einem Heros *Ἄνδρος* oder *Ἀνδρεύς* (Conon Narr. 41; Serv. ad Verg. Aen. III, 80; Ovid Met. XIII, 648 s.; Diod. V, 79; Paus. X, 13, 4; Steph. Byz. u. *Ἄνδρος*) her. Dichterische Bezeichnungen der Insel führt als Eigennamen derselben auf Plin. IV, 12, 65. In mittelalterlichen lateinischen Urkunden wird der Name auch Andra und Andre geschrieben.

auch mit Cypressen bewachsen. Die Höhen sind durchaus kahl, aber die unteren Abhange der Berge überall mit terrassenförmig angelegten Weingärten bedeckt. Die Nordwestküste der Insel wird durch einen etwa $1^1/_2$ Meile breiten Canal von dem südlichen Euboia, die Südostspitze durch einen ganz schmalen, durch Klippen gefährlichen Sund (von den Alten **Aulon**, jetzt Steno, 'die Enge' genannt von der Nordspitze der Insel Tenos getrennt. Der höchste Gipfel der ganzen Insel ist der 975 Meter hohe Berg Kuvari[1]) nahe der Westküste, gerade uber der Stelle der alten Stadt Andros: von hier geht ein Querzug in nordöstlicher Richtung, welcher in dem Vorgebirge Gerias, dem ostlichsten Punkt der Insel endet; zwei ähnliche, aber etwas kurzere Querzüge laufen diesem parallel im sudlicheren Theile der Insel und enden in den Caps Athinati und Kosmos, zwischen denen sich die tiefe, einen ziemlich guten Hafen darbietende Bucht von Korthion öffnet, wahrend der in der Mitte der weiten und flachen Bucht zwischen den Caps Athinati und Gerias gelegene Hafen des Apano-Kastron oder schlechtweg Chora *ἡ χώρα* 'der Ort', officiell Andros genannten jetzigen Hauptortes den Schiffen namentlich beim Nordostwinde nur sehr ungenugenden oder gar keinen Schutz gewährt. An diese beiden Buchten schliessen sich landeinwärts die beiden fruchtbarsten und am besten angebauten und bevölkerten Thäler der Insel, das von Korthion und die Messaria. Weniger fruchtbar und weniger gut angebaut als die grössere, von Griechen bewohnte sudlichere Halfte ist der von Albanesen bevölkerte nördliche District der Insel, nördlich vom Cap Gerias, in welchem hauptsachlich Viehzucht und Ackerbau betrieben wird.[2])

---

[1]) Weder für diese Kuppe des Gebirges, noch auch für einen der zahlreichen Bäche, welche besonders die Thäler und Schluchten des östlicheren Theiles der Insel bewässern, ist uns ein antiker Name überliefert. Den Namen **Aulon** für den Sund zwischen Andros und Tenos giebt das *Διάφραγμα* etc. in C. Müllers Geogr gr. min. I, p. 95; ebds. wird der dem euböischen Cap Geräistos zunächst gelegene Punkt der Insel also das Cap Peristeri an der Nordwestseite *Παιώνιον* genannt: vgl. Stadiasmus mar. m § 283 (C. Müller l. l. p. 500, 3). Noch scheinen unter den auf der französischen Karte verzeichneten Namen der Vorgebirge einige wie Artemisia (Nordostseite) und Athinati (Mitte der Ostküste) aus antiken (*Ἀρτεμίσιον* und *Ἀθήναιον*) entstanden zu sein.

[2]) Ueber die Zahl der Gesammtbevölkerung der Insel lauten die An-

Wie die meisten Kykladen war auch Andros in alter Zeit von karischen Seeräubern besetzt und wurde nach deren Vertreibung von Pelasgern oder auch von thessalischen Minyern in Besitz genommen, welche durch eine von Athen ausgegangene Ansiedelung unter Führung des Kynäthos und Eurylochos ionisirt wurden.[1] Frühzeitig, wahrscheinlich schon um den Beginn des siebenten Jahrhunderts v. Chr., kam Andros mit den beiden Nachbarinseln Tenos und Keos in Abhängigkeit von dem damals übermächtigen euboischen Eretria: dieses Verhältniss gab, wie es scheint, den Andriern Veranlassung, um die Mitte des siebenten Jahrhunderts Ol. 31 dem Beispiele des führenden Staates zu folgen und auf der Halbinsel Chalkidike, speciell an der Ostküste derselben, eine Anzahl Colonien (Akanthos, Stageiros, Argilos, Sane) zu gründen.[2] Als Eretria's Macht durch die lelantischen Kriege geschwächt war, erlangte statt seiner die Insel Naxos die Hegemonie über Andros, sowie über die übrigen Kykladen. Die Ankunft der Herolde des Königs Dareios machte dieser Hegemonie ein Ende: die Andrier unterwarfen sich, wie die meisten Inselbewohner, freiwillig den Persern und stellten beim Heerzuge des Xerxes Schiffe zur persischen Flotte, wofür ihnen gleich nach der Schlacht bei Salamis von Themistokles eine Geldbusse auferlegt und, da sie dieselbe unter dem Vorwand grosser Ohnmacht und Armuth nicht zahlten, ihre Hauptstadt, allerdings vergeblich, belagert wurde.[3] Nachdem sie dem athenischen Seebunde beigetreten waren, mussten sie sich, wahrscheinlich wegen Unbot-

---

gaben sehr verschieden: Meyssonier (a. a. O. p. 158) giebt sie 'd'après les autorités du pays' auf 28,000 an, Ross (a. a. O. S. 23) auf 15,000, Brandis (a. a. O. S. 513) auf 15—16,000, darunter über 11,000 Griechen, Ritters geographisch-statistisches Lexikon (fünfte Auflage 1864 auf nur 12,000, die französische Karte Bl. 10 auf 17,585, wovon auf den den albanesischen Theil der Insel enthaltenden Demos Gavrion 6483 kommen.

[1]) Pelasger Konon Narr. 47: für minyische Bevölkerung spricht besonders, dass der eponyme Heros Andreus auch in die Sagen der böotischen Minyer verflochten ist Paus IX, 34, 6 und 9. Athenische Colonisation Schol. Dionys. Perieg. 525 (t. I, p. 356 ed. Bernhardy; Vellei. Pat. I, 4, 3.

[2]) Strab X, p 448; Thuk IV, 84; 88; 103; 109; (Scymn. Ch.) Orb. descr. 647; Plut. Quaest. gr. 30; Euseb Chron. ad Ol. XXXI, 2 (p 87 ed. Schöne).

[3]) Herod. V, 31; VIII, 66, 111, 121

mässigkeit, gefallen lassen, dass Perikles 250 Athener als Kleruchen auf ihrer Insel ansiedelte wohl 445 n. Chr. Im Jahre 408 fielen sie von Athen ab, wurden aber durch Alkibiades fur diesen Abfall gezüchtigt und die Insel seitdem bis zum Ende des peloponnesischen Krieges fortwährend von athenischen Kriegsschiffen besetzt gehalten.[1] Dem neuen attischen Seebunde vom Jahre 378 trat auch Andros bei, aber aus dem Bundesverhaltniss wurde für diese Insel bald, wir wissen nicht aus welcher Veranlassung, ein Unterthänigkeitsverhältniss: sie wurde von athenischen Amtleuten, keineswegs immer in musterhafter Weise, verwaltet und erhielt wieder, wie in den letzten Jahren des peloponnesischen Krieges, eine stehende athenische Besatzung.[2] Durch die Schlacht bei Chäroneia gieng fur Athen natürlich auch der Besitz von Andros verloren: es wandte sich jetzt, freilich vergeblich, an seine ehemaligen Unterthanen mit einem Hulfsgesuche.[3]) Andros blieb nun eine Zeit lang frei, erhielt aber später (etwa ums Jahr 314 v. Chr.) makedonische Besatzung, von der es im Jahre 308 von Ptolemaos nur vorübergehend befreit wurde. Im Jahre 200 wurde es von den mit König Attalos verbundeten Römern fur diesen erobert und blieb nun ein Bestandtheil des pergamenischen Reiches, mit welchem es im Jahre 133 an Rom kam. Antonius schenkte es im Jahre 43 v. Chr. zugleich mit Tenos und Naxos den Rhodiern, denen aber diese Inseln wegen Missbrauchs ihrer Herrschaft bald wieder abgenommen wurden.[4] Unter der römischen und byzantinischen Herrschaft verschwindet die Insel fast ganz aus der Geschichte: sie taucht erst wieder auf nach der Eroberung Constantinopels durch die Franken, als sie im Jahre 1207 durch Marino Dandolo erobert wurde, der sich in ihrem Besitze bis zu seinem Tode 1233) behauptete. Nachdem sie dann eine Zeit lang von Geremia Ghisi, Herrn von Skyros und Skiathos, occupirt gewesen, kam sie in Besitz der Sanudi, Herrscher von Naxos, und war ein

---

[1]) Plut. Pericl. 11; Xen. Hell. I, 4, 21 f. (vgl. Plut. Alcib. 35; Diod. XIII, 69); c. 5, 18

[2]) Aeschin. in Tim. § 107; Inschrift aus Ol. 105, 4 bei Rangabé Antiq. hell. II, n 393.

[3]) Lycurg. in Leocr. 42.

[4]) Diod. XX, 37; Trog. Pomp Hist. prol. XXVII; Liv. XXXI, 15; 45; Appian. Bell. civ. V, 7.

Theil des Herzogthums des Archipels, von welchem sie aber im Jahre 1371 wieder abgetrennt und als besonderer Staat constituirt wurde, der Anfangs unter der Herrschaft der Maria Sanudo, von 1384—1437 unter Herzogen aus der Familie Zeno, 1437—1440 unter venezianischen Statthaltern stand, dann in Besitz der Familie Sommaripa gelangte, welche die Herrschaft über die Insel, mit einer Unterbrechung von wenigen Jahren, während deren sie von venezianischen Statthaltern regiert wurde (1507—1514, bis zur Besetzung derselben durch die Türken 1566) behauptete.[1])

Die der Insel gleichnamige Stadt lag im Alterthum ziemlich in der Mitte der Westküste an einer kleinen, nur gegen Norden durch das Vorgebirge Diakophti oder Thiaki einigermassen geschützten Bucht unterhalb des Kuvariberges, dessen südwestlicher Abhang die von Natur feste Burg der alten Stadt trug. Die jetzt Paläopoli genannte Stätte, von dieser Anhöhe bis zum Meere hinab, zeigt noch ausser Mauerresten von der Akropolis, antiken Substructionen und Gräbern eine grosse Menge architektonischer und plastischer Fragmente, auch Inschriften, welche die Existenz eines Prytaneion und den Cult des Dionysos (der Hauptgottheit der Insel, wie besonders die Münzen lehren) und der Isis (der natürlich erst seit den Zeiten der Ptolemäer hier Eingang gefunden hat bezeugen; sonst wird noch ein Heiligthum der Athena Taurobolos oder Tauropolos), das in der Nähe des Meeres gestanden zu haben scheint, erwähnt.[2] Im Heiligthum des Dionysos sprudelte eine Quelle, deren Wasser, wie behauptet wurde, im Januar jedes Jahres am Feste Theodäsia den Geschmack von Wein annahm und denselben sieben Tage lang, soweit es innerhalb des Gesichtskreises des Heiligthums floss, bewahrte.[3])

[1]) Vgl. C Hopf 'Geschichte der Insel Andros und ihrer Beherrscher in dem Zeitraume von 1207—1566' in den Sitzungsber. d. Wiener Akademie, philos histor. Classe, Bd. XVI, S. 23 ff, und 'Urkunden und Zusätze zur Geschichte der Insel Andros' u. s w. ebds. Bd. XXI, S. 221 ff.

[2]) Stadt Andros: Herod. VIII, 111; Liv XXXI, 45; Plin. IV, 12, 65; Ptol. III, 15, 30. Ueber die Ruinen s. Fiedler a. a. O S. 220 ff und Ross a. a O. S. 16 ff. Inschriften: C. I. gr. n. 2348 f. und Add. Vol. II, p. 1063 ff; Ross Inscr. gr. ined. II, n 87 ff. (die meisten auch bei Rivola p. 66 ss). Münzen: Rivola p. 64 s. *'Αϑηνᾶ Ταυροβόλος* (richtiger *Ταυροπόλος*) Suid. und Phot u. *Ταυροπόλον*; vgl. schol. Aristoph. Lysistr. 447.

[3]) Plin. II, 103, 231; XXXI, 2, 16; Philostr. Imag I, 25; Paus. VI,

Obgleich die offene Rhede unterhalb der Stadt, wie die Ueberreste eines alten Hafendammes zeigen, als Landungsplatz benutzt wurde, so war doch der eigentliche Hafen der Stadt das 2½ Stunden nordwestlich von ihr gelegene Gaurion, das diesen Namen bis auf den heutigen Tag bewahrt hat: ein schmaler, aber tiefer, von allen Seiten geschutzter Hafen am nordwestlichen Ende der weiten, durch das Vorgebirge Diakophti von der Bucht von Paläopolis getrennten Bucht von Gavrion, in welcher, sudlich vom Eingange des Hafens, mehrere kleine Felsinseln (Gavrionisia) liegen. In der kleinen Ebene östlich vom Hafen finden sich noch einige Reste der alten Ortschaft Gaurion; eine halbe Stunde nordöstlich von da, bei dem Dorfchen Hagios Petros, steht ein noch sehr gut erhaltener runder hellenischer Thurm von ungefähr 20 Meter Hohe, der wahrscheinlich zum Schutz eines in der Nahe gelegenen Bergwerkes, in welchem die Alten Eisenerze zu Tage förderten, bestimmt war. [1])

Das jetzige Stadtchen Andros, das wenig über 2000 Einwohner zahlt, liegt ungefahr gegenuber der alten Stadt auf einem von der Mitte der Ostküste in eine weite und offene Bucht vorspringenden Hügel, am Ausgange des 1½ Stunden langen, mit Fruchtbäumen aller Art und Cypressen reich geschmuckten Thales von Messaria. Eine kleine Felsinsel gerade vor der Stadt, die durch eine jetzt zerstörte Brücke mit ihr verbunden war, trägt ein stark befestigtes mittelalterliches Schloss. Ein ähnliches mittelalterliches Palaokastron steht auf einer in zwei Gipfeln aufsteigenden Felshöhe oberhalb der weiter südlich gelegenen Bucht von Korthion. Spuren antiker Ortschaften finden sich weder an diesen beiden Plätzen noch anderwärts auf der Insel mit Ausnahme der Palaopolis und der Bucht von Gavrion — nur an der Nordkuste soll noch ein antiker Befestigungsthurm stehen — so-

---

26, 2. Die heutigen Bewohner von Andros beziehen dies auf eine in einer Kirche der Panagia im Dorfe Menides am westlichen Ende der Ebene von Messaria entspringende Quelle (s. Ross a. a. O S. 22 f.): allein nichts beweist, dass dort ein Tempel des Dionysos stand

[1]) *Γαύριον* Xen. Hell I, 4, 22; Diod. XIII, 69; Anonym Stadiasm. maris magni § 283 (C Muller Geogr. gr. min. I, p. 500). Gaureion Liv. XXXI, 45. *Ἄνδρος καὶ λιμήν* Scyl. Per. 58. Vgl. Fiedler a. a O. S. 217 und S. 233 ff. mit Ansicht des Thurmes auf Tafel IV, 1); Ross S. 12 ff.

dass offenbar im Alterthum die Insel ausser jenen beiden Orten nur kleine Weiler oder einzelne Gehöfte enthielt, deren Bewohner dem Wein- und Obstbau, dem Ackerbau und der Viehzucht oblagen.

Tenos[1] nach heutiger Aussprache Tinos, die südöstliche Fortsetzung von Andros, dem es an Umfang (vier Quadratmeilen) wenig nachsteht, ist eine gegen Südosten allmälig sich verbreiternde Bergmasse von mässiger Erhebung der höchste Punkt, der Gipfel des Berges Kyknias[2] im Osten der Insel, ist 713 Meter hoch, deren Kern im südlicheren Theile der Insel Granit bildet, während sie im Uebrigen aus Glimmerschiefer besteht. An mehreren Stellen der Westküste, besonders des nördlicheren Theils, finden sich ausgedehnte Lager von theils ganz weissem, theils mit bläulich-grauen Streifen durchzogenem Marmor, welcher einen Hauptausfuhrartikel der Insel liefert und Veranlassung geworden ist, dass sich seit Jahrhunderten hier eine Schule von Steinmetzen gebildet hat, aus der neuerdings einige Bildhauer hervorgegangen sind. Im Alterthum scheinen diese Marmorlager wenig ausgebeutet worden zu sein; etwas mehr der im Nordwesten der Insel auftretende, theils lauchgrune, theils schwärzlichgrune Serpentin, in welchem man den Ophites der Alten wiedererkannt hat. Obgleich die Insel keine eigentlichen Thaler besitzt, sondern nur einige schmale Strandebenen und eine Anzahl mehr oder weniger enge Schluchten, durch welche kleine Bache dem Meere zufliessen,[4]) gehört sie doch, Dank der Betriebsam- Tenos

[1]) *Τηνιακα* des Aenesidamos erwähnt schol. Apoll. Rhod. Arg. A, 1300. Vgl. Tournefort Voyage du Levant I, p. 136 ss.; Fiedler Reise II, S. 241 ff.; Ross Reisen auf den griechischen Inseln I, S. 11 ff; Moschatos De insula Teno eiusque historia, Gottingen 1855; A. de Valon L'île de Tine, Revue des deux mondes 1843, T. II, p. 787 ss. Die Schrift von Markaky Zallony Voyage à Tine, Paris 1809, ist mir nicht zugänglich. — Die Insel soll auch wegen ihres Wasserreichthums *Ὑδροῦσσα* geheissen haben, wegen ihres Reichthums an giftigen Schlangen *Ὀφιοῦσσα*: Plin IV, 12, 65; Steph. Byz. u. *Τῆνος*; vgl. schol. Ar. Plut. 718; Hesych. u. *Τηνία*.

[2]) Der von den Inselbewohnern Tschiknia ausgesprochene Name, welcher auch dem südostlichsten, nach Mykonos zu schauenden Vorgebirge der Insel gegeben wird, scheint dem alten *Γυραί* oder *Γυράς* zu entsprechen: vgl. Hesych. u *Γυράς*; schol Lykophr. Alex 390.

[3]) Vgl Fiedler a. a. O. S. 250 ff.

[4]) Unter den zahlreichen Quellen der Insel soll eine gewesen sein, deren Wasser sich nicht mit Wein vermischte: Athen. II, p 43c.

keit ihrer etwa 25,000 Seelen betragenden Bevölkerung,[1]) zu den bestangebauten unter den Kykladen: die Berge sind bis zu den Gipfeln hinan mit Terrassen bedeckt, auf denen Wein (der unter dem Namen Malvasier ausgeführt wird), Feigen, Getreide und Gemüse, namentlich Bohnen — im Alterthum war der Knoblauch von Tenos berühmt[2] — gebaut werden. Exportartikel sind ausser Marmor und Wein Seide, Wachs und Honig. Das Klima der Insel gilt für besonders gesund, ein Vorzug, welchen sie hauptsächlich dem während der Sommermonate regelmässig herrschenden Nordwinde, der freilich der Schifffahrt vielfache Hindernisse bereitet, verdankt. Im Alterthume zeigte man einen mit zwei Säulen, von denen die eine angeblich beim Wehen des Nordwindes sich bewegte, geschmückten Hügel als das Grab der Söhne des Boreas, die hier von Herakles getödtet worden sein sollten; heutzutage bezeichnen die Tenioten eine Höhle am östlichen Fusse des Berges Kyknias mit dem Namen der Grotte des Aeolos.[3]

Tenos theilte meist die Schicksale der Nachbarinsel Andros, erlangte aber, da eine tenische Triere unmittelbar vor der Schlacht bei Salamis zu der griechischen Flotte übergegangen war, die Ehre unter den griechischen Staaten, welche gegen die Perser gekämpft hatten, auf den Siegesdenkmälern zu Delphi und Olympia aufgeführt zu werden.[4]) Im Jahre 362 v. Chr. wurde die Insel von der Flotte des Alexandros von Pherä erobert und die Einwohner zu Sclaven gemacht[5]. Nach der Zertrümmerung des byzantinischen Reiches durch die Franken kam sie 1207 mit der Nachbarinsel Mykonos in die Hände der Brüder Andrea und Geremia Ghisi und blieb Eigenthum der Familie Ghisi bis zum Jahre 1390, wo Venedig sie in Besitz nahm. Im Jahre 1537

[1]) Vgl. Moschatos l. l. p. 46, nach welchem sich die Bevölkerung folgendermassen unter die vier Demen der Insel vertheilt: Tinos 7580, Sosthenion 4370, Perda 6150, Panormos 6610 Seelen.

[2]) Aristoph. Plut. 718 c. schol.; Eustath. ad Dionys. Per. 525.

[3]) Apoll. Rhod. Arg. A, 1304 ss. c. schol.; Apollod. III, 15, 2; Hygin. Fab. 14 p. 43, 11 ed. Bunte. Ueber die Aeolosgrotte vgl. Fiedler a. a. O. S. 256 ff. Pasch van Krienen (Breve descrizione dell'Arcipelago p. 92) fabelt von Ruinen eines prächtigen Tempels des Aeolos.

[4]) Herod. VIII, 81 f.; Inschrift der Schlangensäule Gew. 7; Paus. V, 23, 2.

[5]) Demosth. in Polycl. p. 1207; vgl. Diod. XV, 95.

wurde sie zwar durch die von Khaireddin Barbarossa geführte türkische Flotte erobert, aber bald durch Hülfe von Kreta aus wieder befreit und verblieb den Venezianern bis zum Frieden von Passarowitz 21. Juli 1718.

Die an Umfang wenig bedeutende Stadt Tenos lag an der Südküste auf der Stelle des jetzigen Städtchens Hagios Nikolaos, das seit dem Befreiungskriege wieder der Hauptort der Insel geworden ist, während bis dahin das 1½ Stunden nordwärts auf einem schwer zugänglichen Berggipfel gelegene, stark befestigte, jetzt ganz verlassene Exoburgo als Residenz des venezianischen Proveditore diese Stellung einnahm. Der heilige Nikolaos, nach welchem das Städtchen benannt ist, ist hier wie öfter in Griechenland an die Stelle des Poseidon getreten, des Hauptgottes der Insel im Alterthum, welcher zugleich mit seiner Gattin Amphitrite in einem Haine nahe bei der Stadt einen stattlichen Tempel mit Speisehallen und ähnlichen Anlagen für die zu den Panegyreis am Feste Posideia zahlreich herbeiströmenden Fremden besass. Ausser ihm wurde besonders Dionysos verehrt und diesem ein Fest Dionysia mit dramatischen Aufführungen im Theater (das ebenso wie das Gymnasion ohne Zweifel in der Stadt selbst gelegen war gefeiert.[1] Der Landungsplatz bei der Stadt ist nur eine offene Rhede, die den Schiffen durchaus keinen genügenden Schutz darbietet; dagegen findet sich ein ziemlich guter, durch eine kleine jetzt Planiti genannte Felsinsel geschützter Hafen am nördlichen Theil der Ostküste, südlich von dem nordöstlichsten Vorsprung der Insel, dem Cap Echinos: der Name Panormos, mit welchem derselbe jetzt benannt wird, rührt jedenfalls aus dem Alterthum

[1] Strab. X, p. 487; Philoch. fig. 184 und 185 (Frgt. hist. gr. ed. C. Müller I, p. 414; Tac. Ann III, 63; Inschriften im C. I gr n 2329 ff. und n 2336[b] (wo ἐπιμεληϭάμενον τῶν τοῦ Διονύσου οἴκων; Philologus zweiter Supplementband S. 570. Die Münzen (vgl. Eckhel Doct. n. v. I, 2, p. 337 s.) zeigen die Typen des Poseidon, des Zeus Ammon und des Dionysos. Als Stelle des Poseidontempels betrachtet Moschatos p. 7 ss. den zehn Minuten nördlich von der jetzigen Stadt gelegenen Hügel, auf welchem jetzt die berühmte, am Feste Mariä Verkündigung (25. März) von zahlreichen Pilgern besuchte Wallfahrtskirche der Panagia Evangelistria steht; Ross (a. a O. S. 14 setzt ihn, weniger wahrscheinlich, in die 1½ Stunden nordwestlich von der Stadt gelegene kleine Strandebene Kionia.

her.[1] Die Bewohner der Stadt sowohl als der übrigen Insel waren in eine Anzahl Phylen getheilt, welche, analog den attischen Demen, locale Bedeutung hatten. Eine dieser Phylen bildete die Stadt, welche wiederum in mehrere (mindestens sieben) Quartiere (τόνοι d. i. Züge genannt) getheilt war; die Namen der übrigen, soweit wir sie durch Inschriften kennen, sind *Γυραεῖς* (nach dem Berge *Γυράς*, vgl. S. 445, Anm. 2), *Δονακεῖς* mit einer Ortschaft *Δόναξ*), *Ἐλειουλεῖς* (mit einer Ortschaft *Ἐλειούλιον*, *Ἐσχατιῶται*, *Ἡρακλεῖδαι*, *Θεστιάδαι*, *Κλυμενεῖς*, *Ὀρνήσιοι* und *Ὑακινθίς* mit den Ortschaften *Ὑάκινθος* und *Οἶον Ὑακινθικόν*.[2]) Ausserdem werden noch in den Inschriften eine Anzahl Ortschaften genannt, die keine besondere Phyle bildeten und von denen wir nicht wissen, zu welcher Phyle sie gehörten: so **Eriston** (wahrscheinlich bei dem Dorfe Komi, ungefähr in der Mitte der Insel, in einer sehr wasserreichen Gegend gelegen), **Kestreon**, **Eläus** u. a.[3]) Alle Ortschaften mit Ausnahme der Stadt waren jedenfalls nur offene Weiler ohne Befestigungsanlagen: nur einzelne Wartthürme (wie sich die Ueberreste eines solchen noch an der Westküste bei dem Dörfchen Avdo erhalten haben)[4] dienten zum Schutz namentlich gegen plötzliche Angriffe von Seeräubern.

Mykonos Südöstlich von Tenos liegt die Insel **Mykonos**,[5]) eine ganz aus Granit bestehende dürre und kahle Bergmasse von 2¹/₁₀ Quadratmeilen Umfang und geringer Erhebung; denn die höchste Kuppe, der Hagios Elias im Norden der Insel (wahrscheinlich der

---

[1]) Auf diesen Hafen bezieht sich wohl die Angabe bei Scyl. Per. 58. *Τῆνος καὶ λιμήν*.

[2]) Vgl. die Inschrift C. I. gr. n. 2338 und Ross Inscr. gr. ined. II, n. 102 und 103.

[3]) *Ἐν Ἠρίστῳ* C. I. gr. n. 2336, 8 (diese Inschrift befindet sich nach Ross Inselr. I, S. 14 in der Hauptkirche des Dorfes Komi) und n. 2338, 99; *ἐν Κεστρέῳ* Ross Inscr. gr. ined. II, n. 102; *ἐν Ἐλαιοῦντι* C. I. gr. n. 2338, 18; 42, 61; dieselbe Inschrift giebt noch folgende theils unvollständige, theils zweifelhafte Ortsnamen: *ἐν Αἰσιλεῖ* (Z. 56; 81 f., 89); *ἐν Ἀλο . .* (Z. 46); *ἐν Ἀσμενείῳ* (Z. 88 f.); *ἐν Κιμικῷ* (Z. 49); *ἐν Κναιμ . . .* (Z. 66); *ἐν Νοτιαδῶν* (Z. 112); *ἐν Παμησα . . .* (Z. 14 und 19); *ἐν Σα.ήθῳ* (Z. 71). Die jetzigen Ortschaften der Insel führt einzeln auf Moschatos l. l. p. 40 ss.

[4]) S. Ross Inselr. I, S. 16.

[5]) Vgl. Tournefort Voyage I, p. 106 ss.; Fiedler Reise II, S. 259 ff.; Ross Inselreisen II, S. 28 ff.

Dimastos der Alten),[1]) hat nur 364, die nachsthochste oberhalb des Klosters der Panagia Turliani im Osten nur 350 Meter Hohe. Gewaltige Felsblocke, welche alle höheren Punkte der Insel in wilder Unordnung bedecken, geben Zeugniss von mächtigen Erschütterungen, denen sie in alten Zeiten unterworfen gewesen ist: im Alterthum haben sie Veranlassung gegeben, die Sage vom Gigantenkampf hier zu localisiren und die ganze Insel als das Grab der von Herakles getödteten Giganten zu bezeichnen. Auch das Grab des lokrischen Aias wurde auf der Insel gezeigt.[2]) Trotz ihrer Kahlheit und des Mangels an genügender Bewässerung ist sie nicht ganz unfruchtbar, sondern bringt ziemlich viel Feigen, Wein und Gerste hervor; die Hauptbeschaftigung der Einwohner (gegen 6000 Seelen) aber ist die Schifffahrt, wie die Insel auch im Alterthum nur als Station für die Seefahrer von Bedeutung gewesen ist und nie eine selbständige Rolle in der Geschichte gespielt hat. Sie soll durch eine athenische Colonie unter Fuhrung des Hippokles ionisirt worden sein[3] und gehorte sowohl dem älteren als dem neueren athenischen Seebunde an. Im spateren Mittelalter war sie meist ein Anhängsel der grosseren Nachbarinsel Tenos. Die Bewohner standen im Alterthum bei den ubrigen Griechen in übelem Rufe: ein Mykonier oder ein mykonischer Nachbar waren sprüchwörtliche Ausdrucke zur Bezeichnung eines kleinlichen, habsuchtigen und geizigen Menschen; auch behauptete man, dass den Mykoniern das Erbubel der Kahlkopfigkeit anhafte.[4])

[1]) Plin. IV, 12, 66. Ob die von Ptol. III, 15, 29 angeführte Φορβία ἄκρα der nordwestliche Vorsprung dieses Berges (jetzt Cap Turlo) oder das Cap Akrotiri der Ostküste ist, wage ich nicht zu entscheiden.

[2]) Strab X, p. 487; Aristot. Pepl. epigr. 16 (Bergk P l. gr. p. 652). — Aus dem Mangel an Vegetation ist wohl die von Aelian De anim V, 42 gegebene Notiz, dass keine Bienen auf Mykonos leben können, zu erklaren. Für Wein- und Getreidebau zeugen die Munztypen: Traube, Gerstenkorn und Aehren neben den Köpfen des Dionysos und des Zeus; s. Eckhel D. n v I, 2, p. 332 s. Den Wein von Mykonos lobt Plin. XIV, 7, 75

[3]) Zenob. Prov. V, 17; Schol. Dionys Per. 525. Die Genealogie des Heros eponymos Mykonos als Sohnes des Anios bei Steph. Byz. u. Μύκονος lässt auf Zusammenhang der altesten Bevolkerung mit der der Insel Andros schliessen.

[4] Μυκόνιος γείτων: Zenob. V, 21; Suid. u. d. W.; vgl Athen. I, p. 7 f, VIII, p. 346 b. Ein anderes Sprüchwort war μία Μύκονος oder πάνθ'

Von den beiden Städten, welche die Insel im Alterthum besass, lag die eine, jedenfalls auch **Mykonos** genannte, auf der Stelle des jetzigen Städtchens Mykonos in der Mitte einer weiten und offenen Bucht der Westküste: einige Reste des Hafendammes, ein Paar antike Marmorstücke und eine halbe Stunde südlich von der Stadt die Ruine eines runden hellenischen Wartthurmes nebst zwei kaum leserlichen Inschriften in einer benachbarten Capelle der Hagia Marina sind jetzt die einzigen Ueberreste derselben. Die zweite Stadt lag vielleicht an der tief in die Nordküste der Insel eindringenden Bucht von **Panormos**, deren Name aus dem Alterthum zu stammen scheint.[1])

Gerade östlich von Mykonos liegt eine kleine unbewohnte Felsinsel, jetzt Drakonisi genannt, südöstlich von dieser eine zweite ähnliche, Stapodia: beide zusammen wurden von den alten Geographen, denen sie als eine Art Merkzeichen für die von Osten her nach den Kykladen segelnden Schiffer wichtig erschienen, als die **melantischen** Klippen bezeichnet, eine Name, der allerdings von späteren Dichtern, welche die Argonautensage behandelt haben, auf ein Paar in der Nähe der Inseln Anaphe und Thera gelegene Klippeninseln bezogen worden ist.[2]

ὑπὸ μίαν Μύκονον ('Alles ein Schwamm', 'ein Trödel') zur Bezeichnung verschiedenartiger Dinge die unter eine Rubrik gebracht werden: Zenob. V, 17; Append. prov. IV, 52; Strab. X, p 487; Eustath. ad Dionys. Per. 525; Plutarch Symp. I, 2, 2; Themist. Or. 31, p. 250. Kahlkopfigkeit: Strab. und Eustath. ll. ll.; Plin XI, 37, 130.

[1]) *Μύκονος, αὕτη δίπολις* Scyl Per 58· Ptol. III, 15, 29 kennt nur eine Stadt (*Μυκόνου ἡ πόλις* Inschrift (worin Fest *Ποσίδεια* erwahnt, was vielleicht auf die Feier auf Tenos zu beziehen ist bei Ross Inscr. gr. ined II, n. 145 = Rangabé Antiq hell. n. 899.

[2]) Dass die *Μελάντιοι* oder *Μελάντειοι σκόπελοι* östlich von Mykonos zu suchen sind, beweist das *Διάφραγμα* hinter Skylax Periplus (Geogr. gr. min ed. C. Müller I, p. 95); Anonym. Stadiasm. mar. m. § 280 (a. a. O. p. 498 und § 284 (ebds. p. 500 und Strab. XIV, p. 636. In der Nahe von Anaphe setzen sie Apollon. Rhod. Argon. *Δ*, 1707 (schol. ad h. l. bei Thera ; Orph. Argon. 1363 und Apollod. I, 9, 26, wornach Ross Inselreisen I, S. 80 den Namen auf die beiden hohen, jetzt *τὰ Χριστιανά* genannten Klippen südlich von Thera bezogen hatte, ein Irrthum, den er selbst ebds. II, S. 166 berichtigt hat. Der Irrthum der Dichter ist veranlasst durch das Bestreben, die Sage von der Erscheinung des Apollon auf den *Μελάντειοι σκόπελοι* und die etymologische Legende uber die Insel Anaphe und den dortigen Cult des Apollon *Αἰγλήτης* zu vereinigen.

Der südwestlichste Theil von Mykonos wird durch einen ziemlich schmalen Canal von einem Inselpaare getrennt, welches heutzutage ohne feste Bewohner, nur von Hirten und Schiffern zeitweise besucht und gewöhnlich mit dem gemeinsamen Namen Dili oder Diläs (*Δῆλοι* oder *Δήλαις*) benannt wird: die westlichere kleinere der beiden Schwesterinseln, jetzt mit dem Einzelnamen 'die kleine Delos', ist die antike Delos,[1]) die weltbekannte Stätte des Apolloncultes, die sagenberühmte Geburtsstatte der göttlichen Zwillinge Apollon und Artemis; die grössere westlichere, jetzt die grosse Delos, hiess im Alterthum Rheneia oder Rhenäa[2] und diente als eine Art profaner Vorhof für die heilige Nachbarinsel, auf welcher, seitdem sie im Jahre 426 v. Chr. von den Athenern einer gründlichen Reinigung durch Entfernung aller Gräber unterzogen worden war, weder Geburten noch Todesfalle — Ereignisse, welche nach antiker Anschauung die Oertlichkeiten, an welchen sie vor sich giengen, verunreinigten — stattfinden durften.[3] Beide Inseln bestehen ganz aus Granit und Delos und Rheneia

---

[1] *Δηλιακά* hatten geschrieben Philochoros (Suid. u. *Φιλόχορος*), Antikleides (Schol. Apollon. Rhod. Arg. A, 1289), Palaphatos von Abydos (Suid. u. *Παλαίφατος Ἀβυδηνός*) und Phanodikos (C. Müller Frgt. hist. gr. IV, p. 473), eine *Δηλιάς* in 8 Büchern Semos von Delos (C. Muller a. a. O. p. 492 ss.), einen *Δηλιακός* Deinarchos a. a. O. p. 391, *περὶ Δήλου καὶ τῆς γενέσεως τῶν Λητοῦς παίδων* Demades (Suid. u. *Δημάδης*). Von Neueren vgl. Tournefort Voyage I, p. 110 ss.; 'Histoire de l'isle de Delos par M. l'Abbé Salier' in den Mémoires de litterature tirez des registres de l'academie royale des inscriptions et belles lettres depuis 1711 jusqu'à 1718, t. IV (à la Haye 1724) p. 523 ss.; Leake Travels in northern Greece III, p. 95 ss.; Ross Inselreisen I, S. 30 ff.; II, S. 167 ff.; Fiedler Reise II, S. 269 ff.; Ch. Benoit Fragment d'un voyage entrepris dans l'archipel grec en 1847, III Delos, in den Archives des missions scientifiques, t. II (1851), p. 386 ss.

[2]) Vgl. über die selbst in Inschriften wechselnden Formen *Ῥήνεια* und *Ῥήναια* Bockh Staatshaush. II, S. 724 und Pape-Benseler Wörterb. d. griech. Eigennamen u. d. W.

[3]) Thuk. III, 104 und Diod. XII, 58, die ausdrücklich diese Massregel (die jedenfalls einen politischen Zweck hatte, die Verhinderung der städtischen Entwickelung von Delos, in welchem Athen eine Rivalin fürchtete) an die zweite totale Reinigung der Insel anknüpfen, nicht an die erste partielle durch Peisistratos, bei welcher nur die innerhalb des Gesichtskreises des Heiligthums gelegenen Gräber entfernt wurden: also ist die von Plut. Apophth. Lacon. Pausan. Cleombr. 1 erzählte Anekdote ein Anachronismus, wenn man sie nicht mit Dorville und Bockh auf

sind heutzutage völlig baumlos, nur hie und da mit niedrigem Gestrüpp bewachsen, das zwischen den Trümmerhaufen, welche ganz Delos und den südlichsten Theil von Rheneia bedecken und in dem Besucher den Eindruck der trostlosesten Verödung und völliger Abgestorbenheit erwecken, emporwuchert. Delos ist ein schmaler, etwa fünf Kilometer langer Felsrücken, dessen höchste Kuppe, ein ziemlich in der Mitte der Insel etwas näher der Ostküste gelegener Hügel von 106 Meter Höhe, von den Alten als der Berg Kynthos bezeichnet wird; ein fast das ganze Jahr hindurch trockener Giessbach, dessen zum Theil mit Marmorquadern eingefasstes Bett sich von dem Hügel in südwestlicher Richtung herabzieht, hies Inopos: die antike Legende liess ihn in geheimnissvoller Weise mit dem Nil in Verbindung stehen.[1]) Dem Mangel an Wasser hatte man durch sehr zahlreiche Cisternen und mehrere gegrabene Bassins oder kleine Teiche abgeholfen. Rheneia besteht aus zwei etwas breiteren und mehrfach ausgezackten Bergmassen, gleichfalls von geringer Erhebung der höchste Punkt in der nördlicheren Hälfte hat 150 Meter Höhe, welche durch einen schmalen Isthmos mit einander verbunden sind: sie ist eben so dürr und noch öder und kahler als Delos. In dem Canal zwischen beiden liegen zwei kleine Felsinselchen, welche jetzt die grosse und kleine Revmatiari genannt werden: die erstere hiess bei den Alten die Insel der Hekate oder auch Psammetiche.[2]) Sie wurde wahrscheinlich als eine Art natürlicher Brückenpfeiler von Nikias benutzt, der als Führer einer athenischen Festgesandtschaft mit dem Chor und den Opferthieren auf Rheneia landete, während der Nacht eine Brücke, die

Pausanias den Sohn des Pleistoanax (König von Sparta 408—394 v. Chr.) beziehen will. Eine Heimsuchung der Delier durch Krankheit in Folge einer Uebertretung des Verbots erwähnt Aeschin. Epist 1.

[1]) Hymn. in Apoll. Del. 17 s; 26; 141; Strab. VI, p. 271; X, p. 485; Paus. II, 5, 3; Callimach. Hymn in Dian. 171; in Del 206 u. ö.; Plin. II, 103, 229; Steph. Byz. u. Κύνθος. Vgl. über den von mir für den Inopos (welchen Andere fälschlich in einem noch jetzt Wasser enthaltenden Brunnen in nördlichsten Theile der Insel erkennen wollen) gehaltenen Bach Leake Northern Greece III, p 102; Ross Inselr. I, S. 31.

[2]) Ἑκάτης νῆσος, s. Athen. XIV, p 645[b] (wornach die Delier daselbst der Iris opferten); Harpocr. p. 67, 11: statt Ψαμμητίχη, was dieser als andern Namen giebt, steht bei Suid. u. Ἑκάτης νῆσος Ψαμμίτη.

er fertig von Athen aus mitgebracht hatte, von hier nach Delos schlagen liess und über dieselbe am nächsten Tage in feierlicher Procession zum Heiligthum zog; und schon früher wird sie wohl zu einem ähnlichen Zwecke gedient haben, als Polykrates von Samos, nachdem er Rheneia erobert hatte, diese Insel dem delischen Apollon weihte und zum äussern Zeichen dieser Weihung, durch welche die grössere Rheneia zu einem blossen Anhangsel der kleineren Delos wurde, beide durch eine Kette verband.[1]

So wenig einladend auch ihrer natürlichen Beschaffenheit nach die beiden Inseln fur Ansiedler, die dem Boden etwas anderes als blosse Bausteine abgewinnen wollen, sind, so bieten sie doch fur eine seefahrende Bevölkerung einen nicht gering anzuschlagenden Vortheil dar: der Canal zwischen beiden gewährt einen guten Ankerplatz fur eine grosse Anzahl von Schiffen — im Fruhling des Jahres 479 v. Chr. lag hier die ganze hellenische Flotte, 110 Schiffe stark, vor Anker[2]) — und an der Westkuste von Delos, sowie an der Ostküste und Sudküste von Rheneia finden sich mehrere gute naturliche Hafen. Dieser Vortheil, sowie die gunstige Lage für den Verkehr zwischen den Inseln des agaischen Meeres und der Westküste Kleinasiens war offenbar die Ursache, dass sich nicht nur sehr frühzeitig karische Seefahrer, beziehendlich Seeräuber, hier wie auf den meisten Kykladen festsetzten, sondern dass auch nach Vertreibung derselben das kleine und unfruchtbare Eiland Delos zur Stätte des glanzendsten Heiligthums des gemeinsamen ionischen Nationalgottes, des Apollon, und damit nicht nur zum religiösen, sondern auch zum politischen Mittelpunkte der ionischen Seestaaten des europäischen und asiatischen Hellas gemacht wurde, deren Angehorige zu den Festen des Gottes in grosser Anzahl, von ihren Weibern und Töchtern begleitet, zusammenkamen und dabei auch die gemeinsamen politischen und commerciellen Interessen beriethen.[3]) Die politische Bedeutung dieser delischen Amphiktyonie

[1]) Plut Nikias 3. — Thuk. III, 104.

[2]) Herod. VIII, 132 f.; Diod. XI, 34: letzterer giebt die Stärke der Flotte, entschieden irrig, auf 250 Trieren an. Die günstige Lage und die Sicherheit des Hafens von Delos heben Strab. X, p 486, Zenob. Prov. II, 37 und Vergil. Aen III, 78 hervor. Vgl Ulrichs Reisen und Forschungen II, S 203 ff.

[3]) Thuk. I, 8; III, 104; Strab. X, p. 485: vgl fur die Geschichte

wurde freilich frühzeitig durch das Uebergewicht einzelner Staaten und Fürsten, wie des Peisistratos von Athen und des Polykrates von Samos, die einer nach dem anderen eine Art Patronat über das Heiligthum und die Insel ausübten,[1] vernichtet und in Folge dessen giengen die Festversammlungen und der Agon, der mit denselben verbunden war, ein; aber das Ansehen und der Ruhm des Heiligthums stieg immer mehr. Als im Jahre 490 die Delier beim Herannahen der Perserflotte sich nach Tenos geflüchtet hatten, liess sie der persische Heerführer Datis zur Rückkehr auffordern, weil er weder ein Land, das die Geburtsstätte zweier Gottheiten sei, noch die Bewohner desselben irgendwie schädigen werde: als Beweis für seine Verehrung für die heilige Insel liess er seine Schiffe nicht in Delos, sondern in Rheneia anlegen und opferte 300 Talente Weihrauch auf dem grossen Altar.[2]) Bei Begründung des attischen Seebundes im Frühjahr 476 wurde, offenbar in Anknüpfung an die alte delische Amphiktyonie, Delos zum Mittelpunkte des Bundes gewählt, indem hierher die Versammlungen der Abgeordneten sämmtlicher Bun-

---

der Insel besonders Böckh Erklärung einer attischen Urkunde über das Vermögen des apollinischen Heiligthums auf Delos in den Abhandlungen der histor.-philos. Classe der Berliner Akademie der Wiss. aus dem Jahre 1834, S. 1 ff. jetzt in A Böckh's Gesammelten kleinen Schriften Bd. V, S. 430 ff.). Die Stiftung der mit der Panegyris verbundenen musischen und gymnischen Agonen wurde dem Theseus zugeschrieben: Plut. Thes. 21. Die erste Begründung des Apollocultes auf Delos ist nach der hier besonders heimischen Hyperboreersage (vgl. Herod. IV, 32 ff) wohl von Thessalien (den Minyern am pagasäischen oder den Achäern am malischen Meerbusen) ausgegangen; gewiss hat aber auch das kretische Knossos, dessen Apollocult wieder auf Lykien zurückweist (man vgl. die Sage vom Lykier Olen auf Delos bei Herod. IV, 35), bedeutenden Einfluss auf denselben ausgeübt. Die Tradition, welche sämmtliche Kykladen von Athen aus colonisirt werden lässt, kennt auch eine athenische Ansiedelung auf Delos unter Führung des Antiochos und auf Rheneia unter Führung des Delon: schol. Dionys. Perieg 525, vgl. Vellei. Pat I, 4. — Mythische und poetische Namen für Delos, wie Ὀρτυγία, Ἀστερία, Πελασγία, Σκυθίς, Κυνθία, Χλαμυδία, Πυρπόλος, geben Plin IV, 12, 66 und Steph. Byz u. Δῆλος.

[1]) Dies beweist für Peisistratos die Thatsache, dass auf seinen Befehl alle im Gesichtskreis des Heiligthums liegenden Gräber entfernt wurden, für Polykrates die Eroberung von Rheneia und die Weihung dieser Insel an den delischen Gott: Herod. I, 64; Thuk III, 104.

[2]) Herod VI, 97 f.

desstaaten berufen und hier im Heiligthume die Bundeskasse aufbewahrt wurde.[1] Als in Folge der veränderten Stellung Athens zu den Bundesgliedern jene Versammlungen aufhörten und die Bundeskasse nach Athen übergesiedelt wurde (wahrscheinlich Ol. 81, 3 = 454 53 v. Chr.), blieb das Heiligthum und die als blosses Annex desselben betrachtete Stadt Delos unter der unmittelbaren Botmässigkeit und Verwaltung Athens;[2]) daraus ist es zu erklären, dass die Delier in den attischen Tributlisten nicht erscheinen, während die Bewohner von Rheneia als tributpflichtig aufgeführt werden. Ol. 88, 3, im Winter des Jahres 426 25 v. Chr., fand eine neue vollständige Säuberung der Insel von allen noch darauf vorhandenen Gräbern Statt, woran sich die Wiederherstellung und Erweiterung der alten Festfeier anschloss, die von nun an aller vier Jahre, wahrscheinlich am sechsten und siebenten Thargelion gegen Ende Maï als den Geburtstagen der Artemis und des Apollon nach delischer Legende, in jedem dritten Olympiadenjahre mit musischen, gymnischen und hippischen Agonen gefeiert wurde.[3]) Zur Bestreitung der Kosten dieser Feier und überhaupt zur Vermehrung der regelmässigen Einkünfte des Heiligthums wurde die alte delische Amphiktyonie erneuert, freilich in beschränkterem Umfange, denn sie umfasste ausser Athen als dem Vorort die Inseln Andros, Tenos, Mykonos, Syros, Keos, Seriphos, Siphnos, Ios, Paros, Naxos und Ikaros und die Stadt Karystos auf Euboia. Jedes Bundesglied (ausser Athen zahlte einen jährlichen 'Zins' (*τόκος* an die Kasse des Heiligthums, welche ausserdem sehr bedeutende Einkünfte als Zinsen von ausgeliehenen Capitalien, als Pachtgelder und Miethzinsen für dem Gotte gehörige Ländereien und Häuser, endlich aus Strafgeldern und dem Verkauf eingezogener Güter hatte. Zur Ver-

[1]) Thuk. I, 96, dazu U Köhler Urkunden und Untersuchungen zur Geschichte des delisch-attischen Bundes S. 91 f.; über die Verlegung nach Athen Plut. Aristid. 25; Pericl 12; Iustin. III, 6 4; dazu U. Köhler a. a O. S. 99 ff.

[2]) Dies beweist die von Böckh a. a. O. S. 22 ff. (S. 453 ff.) behandelte Inschrift, welche lehrt, dass das Heiligthum schon Ol. 86, 3 und 4, also vor der Wiederherstellung der Festfeier, unter der Verwaltung Athens stand.

[3]) Thuk III, 104; Diod. XII, 58; Poll. I, 37, VIII, 107; Inschr. bei Rangabé Ant hell. II, n 968 und n. 1079; über die Kalenderzeit vgl. A. Mommsen Heortologie S 415 f.

waltung des Vermögens und zur Leitung des Festes wurde eine jährlich wechselnde Behörde, Amphiktyones genannt, deren Vorsitzender und Schreiber jederzeit Athener waren, ernannt; die Delier selbst wurden zu untergeordneten Dienstleistungen beim Feste, als Köche, Aufwärter und Tafeldiener verwendet.[1] Die Delier, über diese Unterdrückung empört, scheinen bald darauf einen Versuch gemacht zu haben, mit Hülfe der Lakedämonier das neue Joch abzuschütteln: zur Strafe dafür wurden sie Ol. 89, 3 (422) von den Athenern gezwungen, ihre Heimath zu verlassen und liessen sich in Atramyttion in Mysien, wo ihnen der persische Satrap Pharnakes Wohnsitze anwies, nieder; dort wurden die angesehensten Männer derselben von dem Perser Arsakes hinterlistig ermordet, den übrigen wurde schon im Jahre 420 von den Athenern die Ruckkehr in die Heimath gestattet.[2] Natürlich dauerte der Widerwille der Delier gegen die ihnen octroyirte fremde Behörde (neben welcher übrigens jährliche delische Archonten bestanden fort und machte sich von Zeit zu Zeit in Gewaltthätigkeiten gegen die Mitglieder derselben Luft; so werden in der Rechnungsurkunde der Amphiktyonen von Ol. 100, 4 — 101, 3 eine Anzahl Delier aufgeführt, welche Ol. 101, 1 376 75) theils zu lebenslänglicher Verbannung, theils zu Geldstrafen von je 10,000 Drachmen verurtheilt worden waren, weil sie die Amphiktyonen aus dem Heiligthume vertrieben und geprugelt hatten.[3] Ol. 109, 1 (344 43) brachten die Delier, wahrscheinlich durch Philipp von Makedonien aufgemuntert, eine Klage gegen die Athener wegen des Besitzes des Heiligthumes bei den Amphiktyonen in Delphi ein, wobei der Olynthier Euthykrates die Ansprüche der Delier, Hyperides die Sache der Athener vertrat: die Rede des letzteren machte auf die Amphiktyonen einen solchen Eindruck, dass sie die Klage der Delier zurückwiesen.[4]

---

[1]) S. die Inschr. C. I. gr n 158 = Böckh Staatsh. II, n. VII, S 78 ff.; ebds. n. VII B, S. 108 f (= Rangabé Ant hell. II, n. 856); n XV, S. 318 ff. (= C. I gr. n. 159) und n. XV B, S. 326 ff. (= Rangabé Ant. hell. n. 857; Athen. IV, p. 173[b].

[2]) Thuk. V, 1; 32; VIII, 108; Diod XII, 73; 77; Paus. IV, 27, 9.

[3]) Böckh Staatsh. II, S. 104 ff.

[4]) Demosth. De cor. p. 271; Orator. att. ed. Sauppe II, p 285 ss vgl. Bockh Abhandl. S 11 ff (S. 442 ff.), A. Schäfer Demosthenes II S. 347 ff.

Doch verloren die Athener gegen Ende des vierten Jahrhunderts, wahrscheinlich in Folge des lamischen Krieges 322), den Besitz der Insel, die nun wenigstens der Form nach einen eigenen Staat mit demokratischer Verfassung bildete; um sich gegen makedonische Vergewaltigung zu schutzen, stellte sie sich, wie die meisten Kykladen, unter den Schutz des Ptolemaos Philadelphos, welchem von den Inselbewohnern gemeinsam eine Statue auf Delos errichtet wurde.[1]) Dann hatte Philipp V. die Insel in Besitz genommen, musste aber am Ende des zweiten makedonischen Krieges 196 v. Chr.) sie den Athenern zuruckgeben.[2]) Doch gelangten diese erst nach der Niederlage des Perses bei Pydna (168 v. Chr. wieder definitiv in den Besitz derselben, indem der römische Senat sie ihnen zum Eigenthum ubergab und die Delier nöthigte, mit ihrer fahrenden Habe die Insel zu verlassen und sich in Achaia, wo sie als Bürger aufgenommen wurden, anzusiedeln; statt ihrer wohnen nun athenische Kleruchen auf Delos, die officiell als 'die Gemeinde der Athener auf Delos' bezeichnet und von ihrem eigenen Archon, dem ein athenischer Epimeletes zur Seite steht, regiert werden.[3] Seitdem und insbesondere seit der Zerstörung der alten Handelsmetropole Korinth wurde Delos einer der ersten Handelsplatze Griechenlands. Kaufleute aus dem Osten und Westen, namentlich Tyrier (die eine besondere unter dem Schutze des tyrischen Herakles stehende Genossenschaft bildeten und Römer liessen sich, angelockt durch die Vortheile, welche die unmittelbare Verbindung des Emporion mit dem Heiligthume darbot: Freiheit von Zöllen und Abgaben und Sicherheit der Person und des Eigenthums, hier nieder, und wahrend der mit der Festfeier verbundenen Messe strömten Handelsleute aus allen Weltgegenden auf dem kleinen Eilande zusammen. Der bedeutendste Handelsartikel waren Sclaven, wofur Delos damals geradezu der erste Markt der Welt war; von Erzeugnissen der einheimischen Industrie wurde zum Gusse von Statuen und Gerathen vorbereitetes Erz, in dessen Be-

[1]) C. I. gr. n 2273; vgl. n. 2267, ein Ehrendecret der *βουλή* und des *δῆμος* der Delier von denen auch die Beschlüsse n. 2268 und 2269 ausgegangen sind) für Dikaios aus Kyrene, einen Beamten des Ptolemaios.

[2]) Liv. XXXIII, 30.

[3]) Polyb. XXX, 18; XXXI, 7; XXXII, 17. *Ὁ δῆμος ὁ Ἀθηναίων τῶν ἐν Δήλῳ* C. I. gr. n 2270; *ἐπιμελητὴς Δήλου* ibid. 2286 mit Böckh's Note

reitung die Delier seit alten Zeiten Meister waren, und Salben ausgeführt.[1]) Ein schwerer Schlag, von dem sie sich nie wieder erholt hat, traf die Insel im mithridatischen Kriege. Menophanes, der Feldherr des Mithridates, landete mit einer Truppenabtheilung bei der offenen Stadt, ermordete, ohne Rucksicht auf das Asylrecht des Heiligthums, die wehrlosen Delier sowie die hier ansässigen und anwesenden Fremden, verkaufte Weiber und Kinder als Sclaven, plünderte und zerstörte die Stadt und das Heiligthum mit seinen zahlreichen Kunstschätzen. Nach dem Friedensschlusse (84 v. Chr. kam die Insel in die Hände der Römer, die sie später den Athenern zuruckgaben, in deren Besitze sie bis in die späte Kaiserzeit blieb; aber sie war seitdem arm und unbedeutend, eine von den Athenern zum Schutz des Heiligthums gesandte Besatzung bildete fast die ganze Bevolkerung.[2]) Während des Mittelalters scheint Delos, wenn auch zu völliger Unbedeutendheit herabgesunken, doch noch bewohnt gewesen zu sein, da sich auf dem Gipfel des Kynthos Reste einer aus antiken Trümmern erbauten fränkischen Burg finden.[3])

---

[1] Strab. X, p. 486; XVI, p. 668; Paus. III, 23, 3; VIII, 33, 2; Cic. De imp Cn Pomp. 18, 55; Liv. XLIV, 29; Plin XIII, 1, 4; XXXIV, 2, 8 f.: vgl. Ulrichs Reisen und Forschungen II, S 203 ff; H. Blümner Die gewerbliche Thätigkeit der Volker des classischen Alterthums S. 91 f. *Τὸ κοινὸν τῶν Τυρίων Ἡρακλειστῶν ἐμπόρων καὶ ναυκλήρων* C. I. gr. n. 2271; *Ῥωμαίων οἱ ἐν Δήλῳ ἐργαζόμενοι (κατοικοῦντες)* ebds n. 2285 b u. 6.

[2] Paus. ll. ll.; Strab. X, p. 486; Appian. Mithrid. 28; Anthol. Pal IX, 421; 550. Kurz vor Menophanes hatte Apellikon von Teos mit einer athenischen Heerschaar Delos besetzt, war aber durch den römischen Feldherrn Orbius geschlagen und vertrieben worden. Athen. V, p. 214 f. Ol. 177, 4 69 v. Chr.) wurde die Insel wieder durch den Piraten Athenodoros überfallen, der manches verwustete und die Einwohner als Sclaven fortschleppte; C. Valerius Triarius, der Befehlshaber eines Theiles der romischen Flotte, stellte die beschädigten Baulichkeiten wieder her und umgab die Stadt mit einer Mauer: Phlegon Olympiad. fr. 12 (C. Müller Fragmenta hist gr. III, p 606). Dass die Athener einmal zur Zeit des Hadrian oder des Antoninus Pius die Absicht hatten, die ihnen gehörigen Inseln, darunter auch Delos, zu verkaufen, zeigt Philostr. Vit. Soph. I, 23, 2 Die Angabe von der Gründung eines neuen Athen auf Delos auf Kosten des Hadrian (Phlegon bei Steph. Byz. u. *Ὀλυμπιεῖον* beruht, wie schon Dorville Miscell obs. 7, 1, p. 74) erkannt hat, auf einem blossen Schreibfehler *ἐν Δήλῳ* statt *ἐν Ἀθήναις*.

[3]) Ross Inselr. II, S 168. Auf die Unbedeutendheit der Insel geht

Trotz der wahrhaft grausigen Zerstörung, welche jetzt die Stätte des Heiligthums sowie der Stadt als ein Labyrinth formloser Trümmer erscheinen lässt, ist doch die Lage der wichtigeren antiken Monumente noch mit Sicherheit festzustellen. Wenn man in dem Hafen an der Westseite der Insel, dessen antike Quais, in Folge der Hinausschiebung der Uferlinie um etwa 50 Schritt, mit Erde bedeckt sind, landet, so stösst man nach wenigen Schritten auf die Ueberreste einer langen, offenbar zu Handelszwecken, ähnlich dem Deigma im athenischen Peiraeus (vgl. Bd. I, S. 266), bestimmten Halle, deren dem Hafen zugewandte Façade durch auffallend schlanke dorische Säulen mit ihrem Gebälk gebildet wurde; eine fragmentirte Inschrift auf dem Architrav lehrt, dass sie aus Entschädigungsgeldern, welche König Philipp V. am Ende des zweiten makedonischen Krieges hatte zahlen müssen, erbaut und dem Apollon geweiht war.[1]) Trümmer zweier anderer, jedenfalls ähnlichen Zwecken dienender Hallen, deren Decken nicht von Säulen, sondern von viereckigen Pfeilern getragen wurden, finden sich ebenfalls auf dem Quai weiter südlich. Nördlich von der Säulenhalle liegen die Reste eines im korinthischen Styl ausgeführten Bauwerkes aus weissem Marmor — vielleicht der Eingangshalle zum Temenos des Apollon — und etwas weiter östlich, ungefähr 100 Schritt vom Hafen, ein gewaltiger, aus Säulentrommeln, Capitälen, Basen und Gebälkstücken bestehender Trümmerhaufe, welcher die Stelle des Apollontempels bezeichnet. Dieser auf etwas erhöhtem Terrain gelegene Tempel, dessen erste Gründung die attische Sage dem Erysichthon, dem Sohne des Kekrops, zuschrieb, wurde während der Zeit als die Insel von Athen unabhängig war, also am Ende des vierten oder im Laufe des dritten Jahrhunderts v. Chr., ganz oder theilweise neu hergestellt;[2]) dieser Herstellung gehören offenbar die noch erhaltenen Trümmer an, welche zeigen, dass der Tempel aus parischem Marmor in dorischem Styl erbaut,

offenbar der Ausdruck Δῆλος ἄδηλος bei Hierokl. Synecd. p. 11 ed. Parthey.

[1]) S. Ulrichs Reisen und Forschungen II, S. 204; über die Ruinen Stuart und Revett The antiquities of Athens Vol. III, pl. LI, 2; LIII s.

[2]) Dies lehrt die leider sehr fragmentirte Inschrift C. I. gr. n. 2266. Ueber die Reste des Tempels vgl. besonders Tournefort I, p. 115 s. und The antiquities of Athens III, pl. LI, 1 und LII.

aber nicht in allen Details vollendet war, die Säulen hatten nur am oberen und unteren Ende des Schaftes Ansätze von Canelüren, während im Uebrigen der Schaft noch vom Steinmantel bedeckt war. Vor dem Eingange des Tempels stand eine Colossalstatue des Apollon, ein Weihgeschenk der Naxier, welche schon im Alterthum durch einen unglücklichen Zufall — ein daneben stehender, von Nikias geweihter eherner Palmbaum war vom Sturm umgeworfen auf sie gefallen und hatte sie zu Falle gebracht — umgestürzt, wahrscheinlich jedoch wieder aufgerichtet worden war; jetzt sind ausser der Basis noch zwei grosse Fragmente des nackten Körpers des Gottes erhalten.[1] Innerhalb des Temenos des Apollontempels stand ferner ein Tempel der Leto (Letoon mit einer besonderen Eingangshalle Propyläon , ein Tempel der Artemis Artemision) und in dessen Nähe ein Heiligthum der Aphrodite.[2] Hinter dem Artemision gegen Osten zeigte man das Grabmal der hyperboreischen Jungfrauen Arge und Opis, das als Heroengrab bei der Reinigung der Insel verschont worden war; in unmittelbarer Nähe desselben stand eine von den Bewohnern der Insel Keos errichtete Halle, welche den die Panegyris besuchenden Keiern als Versammlungs- und Speiselocal diente.[3] Natürlich hatten auch andere Staaten ähnliche Hestiatoria für ihre Angehörigen errichtet: von einem derselben, etwa einem von einem orientalischen Fürsten erbauten, stammen vielleicht die mit den Vorderkörpern je zweier Stiere geschmückten Pfeilercapitäle und mit Stierköpfen verzierten Triglyphen, welche östlich von den Ruinen des Tempels gefunden worden sind.[4])

[1] Plut. Nic. 3; vgl. Athen. XI, p 502 , wo mit Ross (Inschr. I, S. 34, Anm. 11 χαλκοῦν φοίνικα [παρὰ τὸ] Ναξίων ἀνάθημα zu schreiben ist. Ueber die Reste des Colosses s Tournefort I, p 115 s. und A. Michaelis Annali t. XXXVI 1864) p. 253; das jetzt im brittischen Museum befindliche Fragment eines Fusses desselben ist abgebildet bei W. Kinnard Antiquities at Athens and Delos (in Stuart und Revetts Antiquities of Athens Vol. IV) pl. IV, 2.

[2]) (Aristot. Eth. Eudem. I, 1; Athen XIV, p. 614[b]; Strab. X, p. 485. — Herod. IV, 34; Aristän. Ep. I, 30; (Ovid.) Heroid. ep. 21, 105; vgl. Dilthey De Callimachi Cydippe p. 63.

[3]) Herod. IV, 35.

[4]) S. Kinnard a a. O. pl V. Osann hält sie für Ueberreste eines grossen Prachtaltars, der in späterer Zeit an die Stelle des alten, ganz

Die Ausdehnung des heiligen Bezirks, der ausser den bisher erwähnten Baulichkeiten und zahlreichen Weihgeschenken wahrscheinlich auch Heiligthümer oder doch Altäre anderer auf Delos verehrter Gottheiten [1]) enthielt, gegen Norden bezeichnet ein nordöstlich vom Tempel befindliches länglich-rundes, mit einer niedrigen Mauer umgebenes Bassin von 289 Fuss Länge und 200 Fuss Breite, das im Innern mit Cement ausgefüllt und jetzt ausser nach Regengüssen ganz trocken ist, im Alterthum aber mit Wasser gefüllt und unter dem Namen des runden Sees bekannt war; an seinem Ufer sollte nach einer Sage Leto ihre göttlichen Kinder geboren haben. In der Nähe des Sees, zwischen ihm und dem Tempel, stand ein ganz aus Hörnern von Opferthieren errichteter Altar, dessen Stiftung die Sage dem Apollon selbst zuschrieb, hinter demselben ein zweiter, auf welchem dem Apollon Genetor feuerlose, unblutige Opfer dargebracht wurden. [2] Unmittelbar nördlich von dem Bassin beginnen die Ruinen der Stadt Delos, welche den grössern Theil der Breite des nördlichsten Theiles der Insel einnahm; sie war bis zum Jahre 69 v. Chr., wo der römische Feldherr C. Valerius Triarius sie zum Schutz gegen Ueberfälle von Seeräubern mit einer Mauer umgab (vgl. oben S. 458, Anm. 2), durchaus offen, d. h. ohne Ringmauern und sonstige Vertheidigungsanlagen, und enthielt ausser sehr zahlreichen, aus Granit erbauten und mit Granitsäulen um den inneren Hof geschmückten Privathäusern, von denen noch massenhafte Trümmerhaufen erhalten sind, ein Prytaneion, ein Buleute-

aus Stierhörnern errichteten κεράτινος βωμός (s. unten Anm. 2) getreten sei, was mir sehr unwahrscheinlich ist.

[1]) Als solche kennen wir aus den Inschriften (C. I. gr. n. 2270 ss.) die Dioskuren (auch als μεγάλοι θεοί und Κάβειροι verehrt), Dionysos, Asklepios, Herakles (ein Ἡράκλειον C. I. n. 2270, Z. 36; davon war jedenfalls verschieden das in n. 2271 erwähnte τέμενος Ἡρακλέους τοῦ Τυρίου) und die ägyptischen Gottheiten Sarapis, Isis (auch als Ἴσις Δικαιοσύνη verehrt), Anubis und Harpokrates.

[2]) Ueber die τροχοειδὴς λίμνη s. Herod. II, 170; Theogn. 7; Eurip. Iphig. Taur. 1103 ff.; Callim. H. in Del. 261; vgl. Tournefort I, p. 113; über den κεράτινος βωμός Callim. H. in Apoll. 58 ff.; Plutarch De soll. an. 35; Plut. Thes. 21; Martial. Spect. I, 4; (Ovid.) Heroid. ep. 21, 99; vgl. Osann in Schorns Kunstblatt (Beilage zum Morgenblatt) 1837, N. 11 f., S. 41 ff. und S. 46 ff.; über den Altar des Apollon Genetor Diog. Laert. VIII, 1, 13, nach Porphyr. De abstin. II, 28 hiess derselbe εὐσεβῶν βωμός.

rion und ein Local für die Volksversammlungen Ekklesiasterion.[1] Oestlich von der Stadt, nahe der Ostküste, finden sich die Reste eines ausgedehnten Gebäudes, wahrscheinlich des Gymnasion, welches, wie der architektonische Charakter (Rundbogen auf Säulen ruhend) zeigt, aus der römischen Zeit stammt; unmittelbar daneben zieht sich von Nord nach Süd das Stadion hin, dessen an eine Anhöhe sich anlehnende westliche Langseite fortlaufende Reihen von Sitzstufen aus bläulichem Marmor hatte, während die östliche Langseite nur in der Mitte eine künstliche Erhöhung von 45 Schritt Länge zeigt, auf welcher drei bis vier Sitzreihen angebracht sein konnten.[2]

Im Süden bildete den Abschluss des heiligen Bezirkes wahrscheinlich das Theater, dessen gegen Westen geöffnete, ein weit über die Grösse eines Halbkreises hinausreichendes Kreissegment von 187 Fuss Durchmesser bildende Cavea theils auf dem untersten Abhang des Kynthos, theils auf thurmartigem, mit weissen Marmorquadern bekleidetem Mauerwerk ruhte; die Sitzstufen bestanden aus weissem Marmor. Quer vor der Oeffnung der Cavea befindet sich eine etwa 100 Fuss lange und 23 Fuss breite, mit Granit ausgemauerte Cisterne, über welcher das Bühnengebäude gestanden haben muss.[3]) Oestlich oberhalb des Theaters sind auf einem kleinen Plateau Reste eines Gebäudes aus weissem Marmor nach einigen hier gefundenen Inschriften eines Tempels der Isis erhalten.[4] Noch höher aufwärts am Abhange des Kynthos bemerkt man eine hochalterthümliche Anlage, deren Zweck räthselhaft ist: einen von Granitblöcken umschlossenen, 15 Fuss langen

---

1) C. I. gr. n. 2266, 24, 2267, 28; 2268, 25; 2269, 8; 1270, 3. Ein Theil der Stadt — jedenfalls der auf einem Hügel nahe der Nordwestküste gelegene — führte den Namen *Κολωνός* s. C. I. gr. n. 158, B, Z. 32 *οἰκία ἐν Κολωνῷ*, ein anderer hiess *πεδίον* (s. ebds. Z. 33 f. *τὸ βαλανεῖον τὸ Ἀρίστωνος ἐμ πεδίῳ*).

2) S. Ross Inselreisen I, S. 32 f.

3) Vgl. Tournefort I, p. 117; Leake Northern Greece III, p. 100; Fiedler II, S. 276 und den Plan in der Expédition scientifique de Morée III, pl. 10 (wiederholt bei Wieseler Theatergebäude Tafel I, 17). Die Annahme Wieselers (Allgem. Encycl. d. W. u. K. Sect. I, Bd. 83, S. 194), dass es ausser diesem wenigstens noch ein anderes Theater in Delos gegeben habe, beruht auf einem Irrthum: das in der Inschr. C. I. n. 2270, Z. 14 erwähnte *θέατρον ἐν ἄστει* ist das dionysische Theater in Athen.

4) Leake a. a. O., vgl. C. I. gr. n. 2294 und 2302.

Gang, welcher durch 10 mächtige, in spitzem Winkel gegen einander gelehnte Steine (fünf auf jeder Seite) gleich den Sparren eines Daches bedeckt ist; der vordere (untere) Eingang, zu welchem früher Stufen emporführten, hat eine Weite von fünf Meter, aber der Gang verengt sich nach Innen bis zu 2,60 Meter und wird zuletzt so niedrig, dass man nur gebückt hindurchgehen kann, so dass an eine Benutzung desselben als Eingang zum Peribolos des Tempels nicht zu denken ist; vielleicht ist es ein Ueberrest einer der ältesten Zeit, als die Insel noch von karischen Seeräubern bewohnt war, angehörigen Befestigung.[1]) Hinter demselben beginnt eine Treppe, welche auf den Gipfel des Kynthos — ein kleines, von einer Mauer aus grossen Quadern, welche dem Mittelalter anzugehören scheint, umschlossenes Plateau, welches im Alterthum einen kleinen, im ionischen Styl mit uncanelirten Säulen erbauten Tempel trug — emporführt; eine ähnliche Treppe führte von Norden her auf das Plateau. Der südlichste Theil der Insel scheint, da sich hier fast gar keine Reste alter Baulichkeiten finden, nur mit einigen Landhäusern besetzt und im Uebrigen, soweit es die Natur des Bodens gestattete, zu Feldern und Viehweiden benutzt worden zu sein.

Im südlichen Theile von Rheneia zieht sich längs der Delos zugewandten Ostküste die ausgedehnte Nekropolis der alten Bewohner von Delos und Rheneia hin. Die ausserordentlich zahlreichen, in der untern Hälfte durch den natürlichen Felsboden, in der obern durch Mauerwerk gebildeten Grabkammern, die in der Regel je vier bis sechs Gräber enthielten, sind fast ohne Ausnahme durch die Habsucht der Bewohner der Nachbarinseln, besonders der Mykonier, geöffnet und geplündert worden; die Grabdenkmäler, unter denen neben den gewöhnlichen Grabstelen besonders runde, mit Blumen- und Fruchtgehängen und Stierköpfen verzierte Altäre stark vertreten sind, liegen, meist muthwillig zerstört, in wilder Unordnung umher. Die Stadt Rheneia, deren Bürger als tributpflichtige Mitglieder des älteren attischen Seebundes in den athenischen Tributlisten aufgeführt werden, lag 30 Stadien von dem Ueberfahrtsplatze nach Delos entfernt, also jedenfalls im nördlichsten Theile der Insel. Da die Delier in

---

[1]) S. die Abbildungen bei Kinnard a. a. O. pl. IV, 1 und bei Fiedler II, S. 270, vgl. Ross Inselr. I, S. 35 und II, S. 167 f.

ihrer eigenen Heimath weder ins Leben eintreten, noch aus demselben scheiden durften, so müssen wir annehmen, dass zur Zeit der Blüthe von Delos fast jede delische Familie auch ein Haus in der Stadt Rheneia oder ein Landgut auf dieser Insel besass oder doch ermiethet hatte. Von den ertragfähigen Ländereien der Insel war ein bedeutender Theil Eigenthum des Tempels auf Delos und wurde an Privatleute in Pacht gegeben. Der Verfall von Delos war für Rheneia die Ursache gänzlicher Verödung; sie war schon um den Beginn unserer Zeitrechnung nicht mehr bewohnt und diente nur noch als Begräbnissstätte für die Delier.[1])

Syros

Etwas über drei deutsche Meilen 13 Seemeilen westwärts von Rheneia liegt die Insel Syros, in der Odyssee[2] Syrie, heutzutage Syra genannt, eine mit einer geringen Ausbuchtung gegen Osten von Nord nach Süd streichende, aus Glimmerschiefer, auf welchem weisser und grauer krystallinisch-körniger Kalk auflagert, bestehende Bergmasse von etwa zwei Quadratmeilen Umfang, deren höchste, jetzt Pyrgo genannte Kuppe, im nördlicheren Theile, sich 431 Meter über die Meeresfläche erhebt. Die Insel ist, obwohl mit Ausnahme einiger von kleinen Bächen bewässerter Thäler und kleiner Strandebenen fast baumlos, doch nicht unfruchtbar; in der nördlicheren Hälfte wird hauptsächlich Getreide, in der südlicheren Wein gebaut. Als Ausfuhrartikel

[1]) Hyperid. bei Sopatros zu Hermogenes *Στάσεις* Rhetor. gr ed. Walz IV, p. 446). Strab. X, p. 486 *Μισθώσεις τεμενῶν ἐξ Ῥηνείας* (Ertrag für zwei Jahre 2 Talente 1220 Drachmen) C. I. gr. n. 158, A, Z. 25 f. Ueber die Nekropolis vgl. Tournefort I, p 121; Ross Inselreisen I, S. 35 f.; II, S. 169 f.

[2]) Odyss. o, 403 ff, welche Stelle allerdings zeigt, dass der Dichter von der Lage *ὅθι τροπαὶ ἠελίοιο* und von der Bodenbeschaffenheit der Insel (*εὔβοτος, εὔμηλος, οἰνοπληθής, πολύπυρος*) eine ziemlich unklare Vorstellung gehabt hat; doch ist deshalb weder mit einigen neueren Geographen der Name auf eine Insel bei Sicilien Nasos, ein Theil von Syracus) zu beziehen, noch mit Clarke (Peloponnesus p. 16 ss.) ganz der Fabelwelt zuzuweisen. Die Namensform *ἡ Σύρα* schon bei Hesychius Miles. De viris erudit clar 69 und bei Suid. u. *Φερεκύδης*. Vgl. über die Insel Tournefort I, p. 122 ss.; Fiedler II, S 164 ff.; Ross Inselreisen I, S. 5 ff.; II, S. 24 ff.; Prokesch Denkwürdigkeiten und Erinnerungen aus dem Orient I, S 53 ff. Die Schrift von Della Rocca 'Traité complet sur les abeilles avec une méthode nouvelle de les gouverner telle qu'elle se pratique à Syra, précédé d'un précis historique et économique de cette île Paris 1790, 3 Voll' steht mir nicht zu Gebote.

wird nur eine von den antiken Malern zur Farbebereitung benutzte gelbliche Erdart (sil erwähnt.[1]) Von den Alten wird die Insel am häufigsten als Heimath des Philosophen Pherekydes genannt, während sonst ihre Geschichte fast ganz im Dunkel liegt; sie soll durch athenische Einwanderer unter Führung des Hippomedon ionisirt, später durch den Verrath eines gewissen Killikon in den Besitz der Samier gekommen sein.[2]) Nach dem Zeugniss der athenischen Tributlisten war sie ein Glied des älteren attischen Seebundes; dann verschwindet sie völlig aus der Geschichte, doch beweisen einige erhaltene Inschriften, dass sie bis in die spätere römische Kaiserzeit als ein verhältnissmässig blühendes Gemeinwesen fortbestand.[3] Im späteren Mittelalter war sie Eigenthum der Herzöge von Naxos.

Die Stadt Syros, deren geringe Ueberreste jetzt fast ganz unter den Neubauten der rasch aufgeblühten neuen Stadt Hermupolis verschwunden sind — ausser einigen Sitzstufen des antiken Theaters sind nur eine Anzahl Werkstücke von dem an der Südostseite des Hafens gelegenen Heiligthum des Poseidon Asphaleios und der Amphitrite erhalten — lag in der Mitte der Ostküste an einer trefflichen, im Nordosten durch eine schmale von Nord nach Süd gestreckte Felszunge geschützten Hafenbucht. Ihr Umfang muss nach den von älteren Reisenden gesehenen Spuren der Ringmauern ziemlich bedeutend gewesen sein.[4]) Sie wurde wahrscheinlich in den früheren Jahrhunderten des Mittelalters in Folge wiederholter Ueberfälle durch Seeräuber von ihren Bewohnern verlassen, die sich auf einer steilen, eine halbe Stunde von der Küste entfernten Felshöhe ansiedelten, welche noch jetzt die 'Alt-Syra' genannte, fast ausschliesslich von römischen Katholiken deren es auf Syra eine grössere Zahl giebt als anderwärts

---

1) Plin. XXXIII, 12, 158.

2) Schol Dionys, Per 525. Schol Aristoph. Pac 363.

3) C. I. gr n. 2347^c ff; Add. vol. II, p. 1059 ff; Ross Inscr gr ined II, n. 106 ff; Conze Bullettino 1859, N. VIII, p 166 ff

4) Theater: Conze a. a. O., vgl C. I. gr n. 2347^c, Z. 48 f. *Διονυσίων τῷ ἀγῶνι τῶν τραγῳδῶν*; ebds. wird eine Pompe der Herakleia und ein Fackellauf der Demetrieia erwähnt. Poseidon Asphaleios und Amphitrite: Ross Inselreisen I, S 9; Inscr. gr. ined. II, p 18, n. 107; Athena Phra[tria?] Ross Inselreisen a. a. O.; C. I. gr. Vol. II, p. 1059; Hestia Prytaneia Inschr. bei Conze a a. O. S. 168. Ueber die Mauerreste vgl. Prokesch a a. O. I, S. 61 ff.; II, S. 540 f.

in Griechenland bewohnte Stadt trägt. Erst während des Befreiungskrieges, wo Syra namentlich den der türkischen Blutgier entgangenen Bewohnern von Chios, Psara und Aivali in Kleinasien zur Zufluchtsstätte diente, entstand am Hafen eine neue Stadt, Hermupolis, die sich aus unscheinbaren Anfängen schnell zur ersten Handelsstadt Griechenlands und zum Centralpunkte des Verkehrs, insbesondere der Dampfschiffe, zwischen dem Orient und Occident aufgeschwungen hat; ihre freundlichen Häuser und breiten Strassen und Plätze bilden einen erfreulichen Contrast zu den engen, zum Theil treppenartigen, schmutzigen Gassen der oberen Stadt.

Einen zweiten durch eine schmale Felszunge gegen Süden geschützten natürlichen Hafen hat die Insel an der Südwestseite in der zwischen den weit gegen Südwesten vortretenden Caps Asikono im Norden und Vilostasi (im Süden) gelegenen Bucht Krasi (von den italiänischen Schiffern Porto della Grazia genannt). Am nördlichen Ende derselben zieht sich eine kleine Ebene hin, in welcher sich einige alte Mauerreste, zahlreiche Bruchstücke von Ziegeln und Thongefässen und alte Gräber finden, deutliche Spuren, dass im Alterthum hier eine kleine Ortschaft (nicht eine Stadt, sondern nur eine Kome) stand, welche vielleicht den Namen **Eschatia** führte.[1])

Oestlich vom Hafen von Hermupolis liegt eine kleine unbewohnte Felsinsel, jetzt 'Eselsinsel' Gaidaronisi genannt, welche durch einen schmalen Canal von einer etwas weiter östlich gelegenen, weit kleineren Insel getrennt ist; beide zusammen wurden im Alterthum **Didyma** die Zwillinge genannt.[2]

[1]) C. I. gr. n. 2347c, Z. 28 *ἀπὸ τῆς καλουμένης Ἐσχατιᾶς*: über die Reste vgl. Ross Inselreisen II, S. 26 f., der dabei an die Schilderung der Od. ο, 412, dass zwei Städte auf Syrie existirten und alles zwischen diesen getheilt sei (eine Schilderung, die schwerlich der Wirklichkeit entspricht), erinnert und auf die angebliche zweite Stadt den Ortsnamen Grynche (der vielmehr nach Euboia gehört, s. oben S. 426) beziehen will. Die von Ross a. a. O. angeführten Oertlichkeiten, an welchen nach Angaben Eingeborner noch hellenische Ruinen vorhanden sein sollen: das obere Cap *Ἀπάνω Κάβος* bei Petzavlás im Norden der Insel und Dili an der Ostküste, eine Stunde nördlich von Hermupolis, sind auf keiner Karte verzeichnet.

[2] Steph. Byz. u. *Δίδυμα* und *Διδύμη*.

Ungefähr zwei deutsche Meilen (acht Seemeilen) nordwestlich Gyaros
vom Cap Strimessos, der Nordwestspitze von Syros, liegt die wenig über eine deutsche Meile lange und an der breitesten Stelle etwa $^3/_4$ Meile breite Insel **Gyaros**, jetzt Giura, ein von Nordost nach West streichender Bergrücken, der besonders gegen Süden in steilen Klippen nach dem Meere abfällt, ganz öde, mit einigen wenigen Bäumen und Sträuchern, jetzt unbewohnt und nur von einigen Hirten mit ihren Heerden zeitweise besucht. Im Alterthum war sie zwar politisch ganz unbedeutend, aber doch bewohnt und, soweit es der dürre Felsboden gestattete, angebaut. Ein gegen Südost vortretendes schmales Vorgebirge, vor dessen Spitze eine jetzt Glaronisi 'Möweninsel' genannte Felsklippe liegt, zeigt an seiner östlichen Abdachung noch zahlreiche durch Steinmauern gestützte Terrassen, die offenbar für Wein- und Getreidebau bestimmt waren, und eine Stunde nördlich von da finden sich in einer kleinen Strandebene nahe bei einer Hafenbucht der Ostküste die Ueberreste einer kleinen Ortschaft, deren Bewohner sich von Fischfang und Purpurfischerei kümmerlich nährten: zur Zeit des Augustus waren sie so arm, dass sie einen Gesandten an den Kaiser schickten und um eine Milderung der 150 Drachmen jährlich betragenden Steuern baten, da sie kaum 100 aufbringen konnten. Man erzählte im Alterthum als eine für die Unfruchtbarkeit der Insel charakteristische Thatsache, dass die Mäuse hier einst so überhand genommen hätten, dass sie Eisen (oder eisenhaltige Erde) gefressen und die Bewohner genöthigt hätten, vor ihnen das Feld zu räumen. In der römischen Kaiserzeit war sie einer der gefürchtetsten Verbannungsorte für Staatsverbrecher.[1])

Drei deutsche Meilen (zwölf Seemeilen) westlich von Gyaros Keos
liegt die grössere Insel **Keos**[2]) jetzt Tzia oder Tschia gespro-

[1]) Strab. X, p. 485 f.; Lucian Toxar. 17 f.; Aelian. De nat. an. V, 14; Antigon. Hist. mir. 18, Plin. IV, 12, 69; VIII, 29, 104. 57, 222; Iuven. Sat. I, 73, Tac. Ann. III, 68 f.; IV, 30; Plut. De exil. 8. Vgl. Tournefort I, p. 132; Fiedler II, S. 158 ff.; Ross Inselreisen I, S. 5 und II, S. 170 f.

[2]) Der Name lautet im Alterthum *Κέως* (Ethnikon *Κεῖος*), doch hat schon Ptol. III, 15, 27 die Form *Κία*, welche der jetzigen (italianisirenden) Aussprache zu Grunde liegt, lateinisch Cea: Plin. IV, 12, 62: Ceos quam nostri quidam dixere Ceam; auch Cia. Liv. XXXI, 15. Von ihrem

chen) von $3^1/_3$ Quadratmeilen Umfang, eine der fruchtbarsten unter den Kykladen, zwar ganz von Bergen eingenommen, welche ungefahr in der Mitte der Insel in der Kuppe des Hagios Elias die grösste Höhe (568 Meter) erreichen, aber mit zahlreichen Quellen und Bachen, welchen die Abhänge der Berge und die Engthäler, welche sich nach den Küsten hinabziehen, eine verhaltnissmässig reiche Vegetation verdanken. Im Innern wachst auf den Bergen zahlreich, wenn auch nicht in dichten Gruppen sondern mehr vereinzelt, die Knoppereiche Quercus aegilops, deren gerbestoffreiche Eicheln jetzt den bedeutendsten Ausfuhrartikel bilden; ausserdem producirt die Insel viel Wein, trefflichen Honig, Feigen (nach Angaben alter Schriftsteller trugen die wilden Feigenbäume auf Keos dreimal im Jahre und andere Sudfrüchte in reicher Quantität und guter Qualitat; auch der Seidenbau ist nicht unbedeutend. Ganz verschwunden ist die Fabrication von Rothel, der im Alterthum in so guter Qualität hier bereitet wurde, dass die Athener, welche in ihren Thonwaarenfabriken starken Gebrauch davon machten, durch besondere Verträge mit den Städten von Keos sich das Monopol der Ausfuhr desselben sicherten. Auch die Viehzucht wurde im Alterthum trotz des Mangels an guter Weide mit grosser Sorgfalt getrieben: sie stand unter der besondern Obhut des Aristäos, des in Keos als Gott gleich Zeus und Apollon verehrten Urhebers und Schützers der Vieh- und Bienenzucht, des Landbaues und Obstbaues, der von den Nymphen auf Keos erzogen worden und, als diese durch einen Löwen das Symbol der verheerenden Sonnenhitze erschreckt entflohen, durch sein Gebet zu Zeus Ikmaos kühlende Winde und erfrischenden Thau der Insel verschafft haben soll. Sonst werden noch essbare Schwämme von Keos erwahnt.[1]

Wasserreichthum stammt der angeblich älteste vielmehr poetische Name Ὑδροῦσσα: Heraclid. De reb publ. 9, 1; Plin. 1 1.; Hesych. u. Ὕδρουσα. Vgl. über die Insel Tournefort I, p 126 ss.; Fiedler II, S. 87 ff.; Brandis Mittheilungen I, S. 274 ff.; Ross Inselreisen I, S. 128 ff., besonders aber Bröndsted Voyages et Recherches dans la Grèce, I. Livraison, Paris 1826.

[1] Feigen: Athen. III, p. 77[c]. Rothel (μίλτος): Theophr. De lapid 52, Inschrift bei Böckh Staatsh. II, S. 349 ff; vgl. Fiedler a. a. O. S 90 f; X. Landerer im Archiv fur Pharmazie, zweite Reihe, Bd. 119, S. 12 und S 17 f. Viehzucht: Aelian. De nat. an. XVI, 32; Verg. Georg. I, 14 f. Schwamme: Athen. II, p 61[d]. Auf Weinbau auch im Alterthum

Die von einigen alten Geographen gehegte Vorstellung, dass die Insel einst mit Euboia zusammengehangen und nach der Losreissung von diesem eine Länge von 500 Stadien besessen habe, bis vier Fünftel ihres Gebiets vom Meere verschlungen worden seien,[1] ist sicher eine irrige: die Richtung der Gebirge deutet vielmehr auf einen ursprünglichen Zusammenhang mit Attika hin, der durch die schmale Felsinsel Makronisi (Helena: vgl. Th. I, S 356) vermittelt worden sein mag; von einer irgend wesentlichen Verminderung des Umfangs der Insel in historischen Zeiten ist weder eine deutliche Spur noch eine glaubwürdige Nachricht erhalten. Die ersten griechischen Ansiedler auf der Insel scheinen Lokrer aus Naupaktos gewesen zu sein, die dann durch attische Colonisten, als deren Anführer Thersidamas genannt wird, ionisirt worden sind. Dann stand die Insel ebenso wie Andros und Tenos eine Zeit lang unter der Herrschaft von Eretria.[2] In Folge des gesunden Klimas und der massigen, alle Ausschweifungen vermeidenden Lebensweise der Bewohner wurde die Zahl der Bevölkerung der Insel allmälig eine verhältnissmassig sehr bedeutende; daher wurde, um Uebervölkerung zu verhüten, die Sitte eingeführt, dass hochbetagte Personen beiderlei Geschlechts, die nichts mehr erwerben konnten, freiwillig ihrem Leben durch Trinken von Schierlings- oder Mohnsaft ein Ende machten.[3])

---

deutet die auf den Münzen mehrerer Städte der Insel (s Bröndsted pl. XXVII) vorkommende Traube. Vgl. Bröndsted Suppléments n. 3 (p. 79 ss.), über Aristäos ebds. p. 40 ss. und Preller Griech. Mythol. I, S. 356 ff.; Welcker Griech. Götterl. I, S. 487 ff. Die Angaben über Fabrication feiner Frauengewänder auf Keos Plin. IV, 12, 62; Lucret. IV, 1130) beruhen jedenfalls nur auf einer Verwechselung zwischen Keos und Kos: vgl. Lachmann ad Lucr. p. 269 s

[1]) Plin. II, 92, 206; IV, 12, 62: vielleicht beruht die Angabe nur auf einem Missverständniss der auch von Strabon (X, p 486) bestätigten Thatsache, dass von den alten vier Städten der Insel damals nur noch zwei existirten.

[2]) Heraclid. De rep. publ. 9, 1: *Κέως δ' ἐκ Ναυπάκτου διαβὰς ᾤκισε*; dass dieser Tradition eine historische Thatsache zu Grunde liegt, beweist das noch in späteren Zeiten bestehende Freundschaftsverhältniss zwischen den Keiern und Lokrern: s Herod. VIII, 1; Böckh ad C. I. gr n. 2350. — *Κεῖοι — ἔθνος Ἰωνικὸν ἀπ' Ἀθηνέων* Herod. VIII, 46; vgl. schol. Dionys Perieg. 525 — Strab. X, p. 448

[3]) Heraclid a. a O, vgl Strab. X, p. 486, Aelian V. hist III, 37; Val. Max. II, 6, 8 Ein Beweis für die Sittenstrenge der Bevölkerung

Die Bevölkerung sowie das Gebiet der Insel war unter vier Städte vertheilt: Iulis, Koresia, Karthäa und Poiessa; jede derselben bildete ein selbstandiges Gemeinwesen, das seine eigenen Munzen prägte und fur sich Vertrage mit auswartigen Staaten abschloss. Doch treten sie gegen Aussen meist als Gesammtheit unter dem Gesammtnamen der Keier auf, wie im Perserkriege, als Mitglieder der delischen Amphiktyonie und des älteren attischen Seebundes während dem neueren Seebunde laut der Urkunde die vier Städte als Einzelstaaten beigetreten sind und später als Freunde und Verbündete des ätolischen Bundes; auch wurden neben den Münzen der einzelnen Städte Gesammtmunzen 'der Keier' geprägt.[1]) Zwei von den vier Städten waren indess schon vor dem Beginn unserer Zeitrechnung so heruntergekommen, dass sie aufgehört hatten, selbstandige Gemeinwesen zu bilden: die Poiessier waren nach Karthäa, die Koresier nach Iulis übergesiedelt.[2] Antonius schenkte die Insel den Athenern, in deren Besitz sie noch in den Zeiten des Hadrian und der Antonine gewesen zu sein scheint.[3]) Dann verschwindet sie so gut wie ganz aus der Geschichte und taucht erst wieder auf nach der Eroberung Konstantinopels durch die Franken, wo sie im Jahre 1207 zugleich mit der Insel Seriphos von vier venezianischen Freibeutern, den Brüdern Andrea und Geremia Ghisi, Pietro Giustiniani und Dominico Michieli, erobert und in der Weise unter sich vertheilt wurde, dass jeder ein Viertheil jeder der beiden Inseln als selbstandiger Dynast unter dem Schutze der Republik Venedig besass und seinen Nachkommen, beziehendlich Rechtsnachfolgern hinterliess. Im Jahre 1537 durch Khaireddin Barbarossa erobert und

ist es auch, dass nach Phylarchos bei Athen. XIII, p. 610[d] in den Städten der Keier weder Hetären noch Flötenspielerinnen zu finden waren.

[1] KEIOI auf der delphischen Schlangensäule Gew 7; vgl Herod. VIII, 1; 46; Paus. V, 23, 2. Für Delos vgl. C. I. gr. n. 158 und das oben S 460 erwähnte Hestiatorion. In den Tributlisten erscheinen regelmässig *Κεῖοι*, nur einmal *Κορήσιοι* (vgl U. Kohler Urkunden S 199); in der Bundesurkunde von Ol 100, 3 (Rangabé n 381) dagegen finden wir Col. A, Z. 22 ff. *Κείων Ἰουλιῆται*, *Καρθαιεῖς*, *Κορήσιοι*, Col. B, Z 82 *Ποιήσσιοι*. Spätere Verträge: C. I. gr. 2350 52. Münzen: Bröndstedt pl. XXVII Vgl auch Harpocr. p. 108, 27.

[2]) Strab X, p. 486; vgl. Plin. IV, 12, 62. Ptol. III, 15, 27 führt noch die drei Städte Koressos, Iulis und Karthäa auf

[3]) Appian Bell. civ. V, 7; vgl. Böckh ad C. I. gr. n. 2371.

furchtbar verwüstet, wurde sie 1541 mit dem Herzogthume Naxos vereinigt, mit welchem sie 1566 dauernd in die Hände der Türken fiel.[1])

Von den vier Städten der Insel hat sich Iulis, dessen Name von einer gleichnamigen Quelle hergeleitet wird, die Heimath der Dichter Simonides und Bakchylides, des Arztes Erasistratos und des Philosophen Ariston, wenn auch unter verändertem Namen jetzt als Hauptort der ganzen Insel wie diese selbst Tzia genannt auf seiner alten Stelle ungefähr in der Mitte der Insel in einer Art Bergkessel am nördlichen Fusse des hohen Elias-berges erhalten. Die Stadt, deren enge Strassen terrassenförmig an den Abhängen emporsteigen, wird gegen Norden durch einen spitzen Felskegel überragt, der die Akropolis der alten Stadt mit einem Tempel des Apollon trug und noch jetzt mit Resten der antiken wie der mittelalterlichen Befestigungen, mehreren Kirchen und einer Anzahl Wohnhäusern bedeckt ist. An der Ostseite desselben befindet sich eine in den Felsen gehauene Kammer, deren Decke durch eine ebenfalls aus dem Fels gearbeitete dorische Säule gestützt wird; aus dem Boden der Kammer führt eine runde Oeffnung in eine grosse, theils vor, theils unter derselben befindliche Cisterne. Eine Viertelstunde östlich von der Stadt in einem Garten am Bergesabhang liegt das aus dem natürlichen Gestein (Glimmerschiefer) ziemlich roh, aber ausdrucksvoll gearbeitete Colossalbild eines Löwen, wahrscheinlich ein Grabdenkmal für in irgend einem Kampfe gefallene Bürger von Iulis.[2])

---

[1]) S. C. Hopf 'Veneto byzantinische Analekten' in den Sitzungsberichten der philos.-histor. Cl. d. Wiener Akad. Bd. XXXII, S. 426 ff. und S. 441 ff.

[2]) Strab. X, p. 486, Steph. Byz. u. Ἰουλίς; Plut. Demosth. 1: vgl. Brönsted p. 27 ss.; Brandis S. 276 ff; Ross S. 129 f. Cult des Apollon: C. I. gr. n. 2367; der Artemis: ibid. n. 2367; des Hermes (im Gymnasion: n. 2367[c] und [d]; des Dionysos: Athen. X, p. 456[d], vgl. die Traube auf Münzen der Stadt. Die auf zahlreichen Münzen erscheinende Biene bezieht sich jedenfalls auf den Cult des Aristaios, welchen wahrscheinlich der bärtige Kopf auf der Münze bei Bröndsted pl. XXVII, a, 9 darstellt. Der bei Bröndsted pl. XI, allerdings wesentlich verschönert, abgebildete Löwe wird von diesem mit der von Heraclid. De reb. publ. 9, 1 erzählten Sage in Verbindung gebracht, dass die Nymphen, welche die Insel bewohnten, durch einen Löwen verscheucht nach Karystos geflohen seien und deshalb ein ἀκρωτήριον von Keos Λέων genannt werde: allein dieses ἀκρωτήριον kann kein Berg im Innern der Insel, sondern nur ein

25 Stadien nordwestlich von Iulis an der Sudseite einer durch von Norden und Suden her vortretende Felsvorsprunge gegen Westen geschützten, noch jetzt 'der Hafen' (τὸ λιμάνι) genannten Bucht, in welche der in einem engen Thale von Iulis herabkommende Bach Elixos (jetzt schlechtweg τὸ ποτάμι, 'der Fluss' genaunt) mündet, lag Koresia, einst eine selbstandige Stadt mit einem Heiligthume des Apollon Smintheus und einem Gymnasion, schon zu Strabons Zeit nur noch der Landungsplatz von Iulis und unbewohnt, daher die Reste der alten Stadt jetzt bis auf einige Mauerspuren und Säulentrümmer verschwunden sind, während der Hafen noch jetzt als der beste der Insel der gewöhnliche Landungsplatz der Schiffe ist.[1]

Von Iulis führte eine etwas uber zwei Stunden lange, sorgfaltig angelegte Strasse, deren Unterbauten man noch an mehreren Stellen erkennt, uber die Berge hinweg in südsudostlicher Richtung nach Karthäa. Diese nachst Iulis bedeutendste Stadt der Insel, deren Name auf phönikischen Ursprung hinweist,[2]) lag an der Südostküste oberhalb einer den Schiffen nur sehr geringen Schutz darbietenden Bucht, am Abhange eines allmälig gegen die Küste absteigenden Berges, der gegen Norden und gegen Suden durch zwei von Giessbächen durchflossene Schluchten begranzt wird. Zunächst der Küste erhebt sich in zwei Terrassen ein isolirter Felshügel, der auf seiner unteren dem Meere zugewandten Terrasse einen dorischen Antentempel des Apollon, der Hauptgottheit der Karthäer, auf der oberen ein grosses Gebäude, wahrscheinlich das zur Einübung der Chöre bestimmte Choregeion, trug. Von der Tempelterrasse fuhrte eine Treppe um die Nordseite der oberen Terrasse herum nach der Oberstadt, von welcher noch bedeutende Reste der Ringmauern und die Substructionen einiger grossen Gebäude erhalten sind. Im südwestlicheren Theile der Unterstadt erkennt man noch die gegen Suden geöffnete Cavea eines kleinen Theaters.[3])

Vorgebirge — wahrscheinlich das jetzt Spanopulo genannte an der Nordküste — gewesen sein.

[1]) Strab. X, p. 486 f.; vgl. die Inschrift C. I. gr. n. 2360, genauer bei Rangabé Ant. hell n. 821; Steph. Byz u Κορησσός. Coressos Valerius Probus ad Verg. georg. I, 14 p. 28 ed. Keil); Coressus Plin IV, 12, 62.

[2]) Vgl. Olshausen Rhein. Mus. n. F. VIII, S. 328.

[3]) Vgl. über die jetzt εἰς ταῖς πύλαις genannten Ruinen Bröndsted

Die vierte Stadt, Poiessa oder Poiessa, lag ungefähr $1^1/_2$ Stunde westlich von Karthaa, etwas uber zwei Stunden sudwestlich von Iulis, auf einer steilen Anhöhe oberhalb der jetzt Kundura genannten Bucht der Westküste, wo sich noch Reste der alten Ringmauer und innerhalb derselben eine Anzahl von Substructionen alter Gebaude erhalten haben. Im Gebiet der schon zu Strabons Zeit in Trummern liegenden Stadt stand ein Heiligthum des Apollon Smintheus, zwischen diesem und der Stadt ein angeblich von Nestor bei der Heimkehr von Troia gestiftetes Heiligthum der Athena Nedusia. Ungefähr halbwegs zwischen Poiessa und Iulis liegt ein Kloster der Hagia Marina, in dessen Hofe ein wohlerhaltener, vier Stockwerke hoher, oben mit Zinnen, unterhalb deren um die vierte Etage eine offene von Steinbalken getragene Gallerie herumlief, bekrönter antiker Befestigungsthurm steht. [1])

Ein ungefähr $1^1/_4$ deutsche Meile breiter Canal trennt die Sudostkuste von Keos von der Nordwestküste der Insel Kythnos, welche jetzt nach ihren heilkräftigen warmen Quellen Thermia genannt wird. [2] Sie ist gebildet durch einen von Nord nach Süd $2^1/_2$ deutsche Meilen langen, aber ziemlich schmalen Bergrücken, von welchem sich gegen Osten und Westen zahlreiche, von kleinen Bächen durchflossene enge Schluchten nach den vielfach ausgezackten Kusten hinabziehen. Der hauptsachlich aus Glimmer- Kythnos

p. 13 ss. mit den Plänen auf pl. VI und VIII; dazu die Inschriften C. I. gr. n 2350—59, 2361—66, 2368 s. Das Heiligthum des Apollon nebst dem *Χορηγεῖον* erwähnt auch Athen. X, p. 456 f.

[1]) *Ποιήσσα*, *Ποιήσσιοι* C. I. gr. n. 2360[b] (Add. vol. II, p 1071); Rangabé Ant. hell. II, n. 381bis, 82. *Ποιήεσσα* Strab. X, p. 486 s (für das Heiligthum der *Ἀθηνᾶ Νεδουσία* vgl. auch VIII, p. 360); Steph Byz u. *Ποιήεσσα*; Probus ad Verg. Georg I, 14; Plin. IV, 12, 62. Vgl. uber die Ruinen und den Thurm Bröndsted p 25 s.; Ross S. 132 f.

[2]) Vgl. über die Insel Tournefort I, p 125 s; Fiedler II, S. 95 ff; Ross I, S. 106 ff. Der von einem Heros Kythnos hergeleitete antike Name *Κύθνος* (statt dessen die Insel auch *Ὀφίουσα* und *Δρυοπίς* genannt worden sein soll: Steph. Byz. u. *Κύθνος*) scheint mit dem Bergnamen *Κύνθος* identisch zu sein. Den Namen Thermia (der in lateinischen Urkunden des vierzehnten Jahrhunderts in der Corruptel Fermentae erscheint: s. Hopf Wiener Sitzungsber. Bd. 32, S. 505) kennt schon Nilus Doxopatrius in seiner in der ersten Hälfte des zwölften Jahrhunderts verfassten *Τάξις τῶν πατριαρχικῶν θρόνων* 276 (Hierocles Synecdemus ed Parthey p 300).

schiefer bestehende Boden ist ziemlich fruchtbar: Getreide, besonders Gerste, wird in für den Bedarf der Bevölkerung ausreichendem Maasse, Wein so viel, dass etwa die Hälfte des Ertrags ausgeführt wird, erbaut; auch die Viehzucht, die im Alterthum bedeutend gewesen sein muss, da der kythnische Kase sich eines besonderen Rufes erfreute,[1] wird noch eifrig betrieben. Im sudlicheren Theile der Insel finden sich ausgedehnte Lager von Eisenerzen, die im Alterthum mehrfach ausgebeutet worden sind. Dass auch die in einem kleinen Thale an der Nordseite der an der Nordostküste gelegenen Bucht der heiligen Irene in geringer Entfernung vom Meere aufsprudelnden, hauptsächlich salzsaure Soda und Magnesia enthaltenden warmen Quellen, welche jetzt von zahlreichen Heilung suchenden Kranken aus Griechenland und der Türkei besucht werden, schon im Alterthum, wenn auch vielleicht erst in der römischen Kaiserzeit, benutzt worden sind, beweisen die Ueberreste eines aus Steinen und Ziegeln erbauten antiken Bassins, welches aus diesen Quellen gespeist wurde, sowie einige nördlich davon erhaltene Reste von Mauern und Fundamenten und antike Graber.[2])

Die ältesten griechischen Bewohner der Insel waren Dryoper, die wahrscheinlich vom sudlichen Euboia sich hierher gezogen hatten; ihnen folgten athenische Ansiedler, deren Ankunft vielleicht die Veranlassung dazu gab, dass ein Theil der älteren Bewohner der Insel nach Kypros übersiedelte.[3]) Die Kythnier kampften auf der Seite der Hellenen bei Salamis und traten dann dem attischen Seebunde bei; in der Geschichte haben sie jedoch

---

[1] Athen. XII, p. 516ᵉ; Poll. VI, 63; Steph. Byz. u. *Κύϑνος*; vgl. Plin. XIII, 24, 134.

[2] Vgl Fiedler S. 96; Ross S 108 ff.; über die Quellen X Landerer *Περὶ τῶν ἐν Κύϑνῳ ϑερμῶν ὑδάτων*, Athen 1835, 16°. und desselben Schrift *Περὶ τῶν τῆς Ἑλλάδος ἰαματικῶν ὑδάτων*, Athen 1840, 8°, S. 33 f und S 37 f.

[3]) Die *Κύϑνιοι Δρύοπες*: Herod. VIII, 46; daher *Δρυοπίς* alter Name der Insel: Steph. Byz. u *Κύϑνος*. Athenische Ansiedelung: Dio Chrysost Or. XXX, 26; die Anführer derselben werden in schol. Dionys. Per 525 *Κέστωρ* und *Κεφαλῆνος* (?) genannt. Kythnier auf Kypros: Herod. VII, 90; vielleicht ist mit dieser Wanderung die zur Erklärung des sprüchwörtlichen Ausdrucks *Κυϑνώλης συμφορά* erzählte Sage von einer Verheerung von Kythnos durch Amphitryon in Verbindung zu setzen: Zenob. Prov. IV, 83; Hesych. u. *Κυϑνωλης*.

niemals, weder im Alterthum noch im Mittelalter wo die Insel nach der Eroberung von Konstantinopel durch die Franken zuerst den Herzögen von Naxos, dann kurze Zeit dem Gherardo dei Castelli, sodann bis zur turkischen Eroberung der Familie Gozzadini gehorte) eine irgendwie bedeutende Rolle gespielt.[1]

Die Stadt Kythnos, deren fünf Viertelstunden gegen Westen von Messaria, dem jetzigen Hauptorte der Insel, entfernte Ruinen jetzt Ebräokastro oder Rigokastro Judenschloss oder Königsschloss genannt werden, lag am nordlicheren Theil der Westküste oberhalb mehrerer Buchten, die eine Anzahl guter Häfen darboten. Die ausgedehnten Ringmauern umschlossen den Rücken eines Berges, dessen höchster Punkt gegen Suden die Akropolis trug; der nördlichere Theil scheint die Agora gebildet zu haben. Am westlichen Rande desselben sind noch zwei grosse Substructionen, vielleicht von Tempeln, erhalten, zwischen denen man mit Hulfe einer zum grossten Theile aus dem Felsen gearbeiteten Treppe ans Meer, bis zu welchem sich auch die Ringmauern erstreckten, herabsteigt.[2]

Eine Stunde südlich von Messaria liegt in einem anmuthigen Bergkessel das dem Hauptorte an Grösse ziemlich gleichkommende Dorf Syllaka, an dessen Südseite sich eine 'Kataphygi' d. i. 'Zufluchtsstatte' benannte geraumige Höhle befindet, deren Hauptgang man bequem 3—400 Schritt weit verfolgen kann; Spuren einer Benutzung derselben im Alterthum zu einem Heiligthum oder dergleichen bemerkt man darin nicht. Dagegen gehört dem Alterthum an ein bis zur Höhe von 10—12 Fuss erhaltener runder Thurm, der 20 Minuten nördlich von den Ruinen der Stadt Kythnos auf einem Hugel innerhalb eines von einem Bache durchflossenen Thales steht, und eine in der Nähe der Ostküste

---

[1] Herod. VIII, 46; vgl. die Schlangensäule Gew 4 ΚΥΘΝΙΟΙ und Paus. V, 23, 2. *Σίφνιοι ἢ Κύθνιοι* als Beispiele von Kleinstaaten bei (Demosth) *Περὶ συντάξεως* p. 176 (vgl. Plut. De Herod. mal. 28) Makedonische Besatzung der Insel, vergeblicher Versuch des Attalus und der Römer, die Stadt zu erobern: Liv XXXI, 15 und 45. Im Jahre 70 n. Chr. trat ein Betrüger auf Kythnos auf, der sich für den Kaiser Nero ausgab, aber von Calpurnius Asprenas getodtet wurde: Tac. Hist II, 8 f. Für das Mittelalter vgl. C. Hopf Wiener Sitzungsberichte Bd. 21, S 226; Bd. 32, S. 504 f.; Allgem. Encycl. d. W. u K S. I, Bd. 76, S. 415 ff.

[2]) Stadt *Κύθνος*: Scyl. Per. 58; Dionys. Call. Descr. Gr. 136; Liv. XXXI, 45; über die Ruinen Ross S. 113 ff.

10 Minuten südlich von der Bucht der heiligen Irene am Abhange eines Hügels befindliche, zur Hälfte in den natürlichen Fels gearbeitete Anlage, die sogenannte Tholos, ursprünglich aus zwei der Länge nach überwölbten Kammern bestehend Mittelalterlichen Ursprungs ist das etwas über eine Stunde nördlich von den warmen Quellen auf einem schroffen Felsen der Nordwestküste gelegene Palaokastron, das im Volksmunde jetzt 'das Schloss der Schönen' heisst.[1])

Belbina Vier bis fünf deutsche Meilen westlich von Keos und Kythnos, $2^1/_2$ Meilen südlich vom attischen Cap Sunion liegt wie eine Art Brückenpfeiler zwischen den westlichsten Kykladen und der südlichen argivischen Inselgruppe die kleine Insel Hagios Georgios (auch S. Giorgio d'Arbora genannt), die alte Belbina, ein schmaler Bergrücken, der sich in der Länge einer Stunde von Nordwest nach Südost erstreckt und dessen Abhänge noch überall mit antiken Terrassen, den Beweisen sorgfältigen Anbaues des jetzt bis auf ein einzelnes Gehöft an der Westseite unbewohnten Eilands, bedeckt sind. Die von den Alten nicht zu den Kykladen, sondern zur argivischen Inselgruppe gerechnete Insel besass ein Städtchen, von welchem sich noch auf einer spitzen Felshöhe oberhalb jenes Gehöftes einige Reste erhalten haben; die Bewohner gehörten nach dem Zeugnisse der Tributlisten dem attischen Seebunde an.[2])

Seriphos Kehren wir in den Kreis der Kykladen zurück, so finden wir zunächst südlich von Kythnos die Insel Seriphos (noch jetzt Serphos), eine etwa drei Stunden lange und ebenso breite Felsmasse, die zum grösseren Theile aus Glimmerschiefer, in den südlichsten Partien aus Granit besteht. In Folge der felsigen Beschaffenheit des Bodens und des Mangels an genügender Bewässerung ist die Insel sehr wenig anbaufähig; sie bringt nur Zwiebeln, etwas Wein und fast gar kein Getreide hervor; dafür hat sie aber einen nicht unbedeutenden mineralischen Reichthum, denn in ihrem südlicheren Theile finden sich an mehreren Stellen ausgedehnte Lager von Magneteisenstein und Rotheisenstein,

---

[1]) Vgl. über die Höhle Fiedler S. 102 f. und Ross S. 119 f; über den alten Thurm und die Tholos Ross S. 120 f.; über das *κάστρο τῆς ὡριᾶς* ebds S. 111 f

[2]) Scyl. Per. 51; Strab. VIII, p. 375; IX, p. 398; Plin. IV, 12, 56; Steph. Byz u. *Βέλβινα*. Herod VIII, 125 nennt die Insel als Beispiel eines ganz kleinen Staates. Vgl. Ross Inselreisen II, S. 172 f.

die im Alterthum, wie die noch erhaltenen Stollen und Schlackenberge beweisen, ausgebeutet worden sind, heutzutage aber unbenutzt liegen.[1]) Ausser Bergbau scheint Fischerei der Haupterwerbszweig der Bewohner im Alterthum gewesen zu sein; schon die Sage lässt den Kasten, in welchem Danae mit dem Knaben Perseus dem Meere ubergeben worden war, durch einen seriphischen Fischer Diktys aufgefischt werden und knupft daran zur Erklärung der felsigen Beschaffenheit der Insel die Erzahlung, Perseus habe, als er mit dem Haupte der Gorgo-Medusa nach Seriphos zuruckkehrte, den Konig der Insel, Polydektes, zur Strafe fur sein ungebührliches Benehmen gegen die Danae, mit seinem ganzen Volke in Stein verwandelt.[2]) Auch die von den Alten haufig als Curiositat erwähnte Stummheit der Frösche auf dieser Insel wurde von der einheimischen Tradition auf Perseus zuruckgefuhrt, während Theophrast sie auf natürlichem Wege aus der Kalte des Wassers zu erklären versucht hatte.[3])

Die altesten griechischen Bewohner der Insel scheinen nach der Tradition, welche den Diktys und Polydektes zu Söhnen des Magnes, Sohnes des Aeolos macht, thessalische Aeoler (vielleicht Minyer) gewesen zu sein, die dann von Athen aus ionisirt worden sein mögen.[1] Die Seriphier waren nebst ihren Nachbarn, den Siphniern und den Meliern, die einzigen Inselbewohner, welche den Abgesandten des Perserkönigs das symbolische Zeichen

---

[1]) Vgl. uber diese von keinem alten Schriftsteller erwähnten Eisenbergwerke sowie über die Insel überhaupt Tournefort I, p 68 s.; Fiedler II, S. 106 ff.; Ross I, S 135 ff. — Nach der Insel war eine Art Absinth (absinthium marinum sive Seriphium) benannt, vgl. Billerbeck Flora classica p. 213 s.

[2]) Pind Pyth X, 46 ff.; XII, 17 ff; Strab. X, p. 487; Apollod. II, 4, 1 ff; Pherekyd fr. 26 (C. Muller Fragm. hist. gr. I, p. 75). Cult des Perseus auf Seriphos: Paus. II, 18 1, der Kopf desselben und die Harpe erscheint auf den Münzen der Insel: Eckhel Doctr num. I, 2, p. 334.

[3]) Aelian. De anim. III, 37; vgl. Antigon. Caryst. Hist. mir. 4 u. a. und das Sprüchwort βάτραχος Σερίφιος bei Diogenian. III, 44 u. o.

[1]) Apollod. I, 9, 6: Pherekydes (fr. 13) machte die beiden Heroen zu Sohnen des Peristhenes, des Enkels des Nauplios. Als Führer der athenischen Ansiedler vgl. Herod. VIII, 48; Dio Chrys. Or. 30, 26) wird in schol. Dionys. Per 525 Eteoklos (ein dem Sagenkreise der Minyer von Orchomenos angehöriger Name) genannt. Für die ionische Nationalitat der Bevolkerung der Insel zeugt auch ihre Zugehörigkeit zur delischen Amphiktyonie: C. I. gr. n. 158

der Unterwerfung, die Uebergabe von Erde und Wasser, versagten, und stellten auch ihr wenn auch schwaches Contingent zur griechischen Flotte bei Salamis.[1]) Als Mitglied des attischen Seebundes musste die Insel trotz ihrer seit den Zeiten der alten attischen Komödie bis in die römische Kaiserzeit, wo sie ein gefürchteter Verbannungsort für Staatsverbrecher war, viel verspotteten Armuth und Unbedeutendheit[2]) Anfangs einen Tribut von zwei Talenten, der aber später auf die Hälfte herabgesetzt wurde, zahlen. Im Jahre 1207 wurde sie von denselben vier venezianischen Abenteurern, welche Keos eroberten, in Besitz genommen und blieb bis zur türkischen Eroberung im Jahre 1537 in den Händen der Nachkommen derselben.[3])

Das Städtchen Seriphos[4]) lag auf derselben Stelle wie die einzige Ortschaft, welche die Insel jetzt aufzuweisen hat: drei Viertelstunden oberhalb eines geräumigen und sichern Hafens (jetzt Porto Livadi) der Südostküste, an dem steilen Abhange eines felsigen Berges, dessen noch jetzt mit einem Castell bekrönter Gipfel ohne Zweifel die alte Akropolis trug. Ausser den sehr unbedeutenden Ueberresten dieser Stadt findet man auf der Insel nur noch die Ruine eines aus weissen Marmorquadern erbauten runden hellenischen Wartthurmes oberhalb des jetzt Porto Katena genannten Hafens an der Südwestseite der Insel.

Zu Seriphos gehören drei jetzt völlig unbewohnte Inselchen: die östlich vom Hafen Livadi gelegene Klippe Boïdi (auch Poloni genannt), das Eiland Serphopula nordöstlich von Seriphos und die zwischen diesem und Kythnos gelegene Klippe Piperi. Auf Serphopula, der grössten derselben, sollen sich die Ruinen eines hellenischen Thurmes und eine antike Cisterne finden, Zeugnisse dafür, dass das Eiland im Alterthum, wenn auch wohl nur von einigen Hirten, bewohnt war.

---

[1]) Herod. VIII, 46 und 48.

[2]) Schon Kratinos hatte eine Komödie *Σερίφιοι* geschrieben: vgl. Meineke Fragm. com. I, p. 45 ss. ed. min.; ferner s. Aristoph. Acharn. 542; Plat. Rep. I, p. 329[e]; Plut. Them. 18, De exilio 7; Cic. De nat. deor. I, 31, 88; Seneca Ad Helviam de consol. 6, 4. Verbannungsort: Tac. Ann. II, 85, IV, 21; Iuvenal. Sat. VI, 564; X, 170.

[3]) Vgl. C. Hopf Wiener Sitzungsber. Bd. 21, S. 226; Bd. 32, S. 426 ff.

[4]) Isokrat. Aegin. 9; Scyl. Per. 58; Ptol. III, 15, 31; vgl. Ross S. 135.

Von Seriphos ist dessen grössere südöstliche Nachbarin, Siphnos. Siphnos[1] (jetzt Sipheno, von den Abendländern gewöhnlich Sifanto genannt), wesentlich verschieden. Ein bis zur Höhe von 664 Meter aufsteigender, ganz aus Kalkstein bestehender Bergrücken zieht sich von Nordwest gegen Südost längs der Westküste der etwa $1^{2}/_{3}$ Quadratmeile an Umfang enthaltenden Insel hin; seine östlichen Abhänge werden durch eine fruchtbare, noch jetzt mit Getreidefeldern, Weinbergen, Oelbaumpflanzungen und Gärten, zwischen denen mehrere wohlgebaute Dörfer liegen, bedeckte Hochebene mit der steil gegen das Meer abfallenden Ostküste verbunden. Noch wichtiger als die durch ausreichende Bewässerung unterstützte Fruchtbarkeit des Bodens war für die Blüthe der Insel im frühen Alterthum ihr Metallreichthum: sie besass Bergwerke, aus welchen Gold nach einer Angabe auch Silber in solcher Fülle gewonnen wurde, dass die Siphnier im sechsten Jahrhundert v. Chr., wo der Ertrag besonders bedeutend gewesen zu sein scheint, die reichsten aller griechischen Inselbewohner waren, ihre Hauptstadt mit kostbaren öffentlichen Bauten schmücken konnten und für den Zehnten des Ertrags, den sie dem delphischen Apollon darbrachten, ein eigenes reich gefülltes Schatzhaus in Delphoi erbaut hatten. Dieser Reichthum der Insel veranlasste eine Schaar samischer Abenteurer, welche vergeblich versucht hatten mit Hülfe der Lakedämonier ihr Vaterland von der Herrschaft des Polykrates zu befreien, von den Siphniern ein Darlehen von 10 Talenten zu verlangen und, da ihnen dies verweigert wurde, die Insel zu verheeren und ihr eine Contribution von 100 Talenten aufzulegen um 524 v. Chr..[2]) Auch auf Charakter und Sitten der Einwohner übte dieser Ueberfluss an edelem Metall, das zum grössten Theil in Privatbesitz war (denn der Ertrag der Bergwerke wurde nach Abzug des

---

[1]) Annalen von Siphnos (Σιφνίων ὧροι) von einem gewissen Malakos citirt Athen. VI, p. 267[a]. Angebliche ältere Namen der Insel Merope (oder Meropia) und Akis: Plin IV, 12, 66; Steph Byz. u. Σίφνος. Vgl über die Insel Tournefort I, p. 66 ss.; Fiedler II, S. 123 ff.; Ross I, S. 138 ff.

[2]) Herod. III, 57 f; Paus. X, 11, 2. Wohnungen für die Bergleute. Suid. u. ἰσουψεῖς. Die alten Gruben sind noch heutzutage auf einem flachen Vorgebirge der Nordostküste bei einer Capelle des Hagios Sostis erhalten; s. Ross S. 141 f.; Fiedler S 136 ff

Zehenten für den Apollon unter die Einwohner vertheilt, wie dies auch in Athen vor Themistokles mit dem Ertrag der laurischen Silbergruben der Fall war), einen schlimmen Einfluss aus: er verleitete sie zum Uebermuth und zur Ueppigkeit und brachte sie in dieser Beziehung in übeln Ruf bei den übrigen Hellenen.[1]) Diesem Ueberfluss und damit auch der Blüthe der Insel wurde freilich ziemlich frühzeitig durch das Versiegen der Goldadern (oder, wie die Legende berichtet, dadurch dass die Bergwerke vom Meere bedeckt wurden zur Strafe dafür, dass die Siphnier aus Habsucht die Zahlung des Zehenten an den delphischen Gott unterlassen hatten) ein Ende gemacht. Länger andauernd, aber freilich viel bescheidener war ein anderer Industriezweig der Siphnier: die Verfertigung von Geschirren aus Topf- oder Lavezstein (lapis ollaris), einer Art weichen und leicht zu bearbeitenden, am Feuer sich verhärtenden Talkschiefers, welcher auf der Insel gefunden wurde.[2])

Die Bewohner der Insel, nach der Tradition Ionier aus Attika,[3]) nahmen, nachdem sie dem Dareios die Unterwerfung verweigert hatten, an dem Kampfe gegen Xerxes Theil,[4]) gehörten dann sowohl dem älteren athenischen Seebunde (zu dessen Casse sie anfangs drei, später neun Talente steuerten), als auch dem neueren vom Jahre 378 an, traten dann, wie die Bewohner der meisten Kykladen, ganz vom politischen Schauplatze ab und führ-

---

[1]) Vgl. Append. prov. IV, 73 (Paroemiogr. gr. I, p. 452) mit Leutsch's Note; dazu Poll IV, 65 Unklar ist die Bedeutung des von Strab. X, p. 481 angeführten Ausdrucks *Σίφνιος ἀστράγαλος*.

[2]) Theophrast. De lapid. 7, 42 (wornach die Stelle, wo dieser Stein gegraben wurde, etwa drei Stadien vom Meere entfernt war); Plin. XXXVI, 22, 159; Steph. Byz. u. *Σίφνος*. Vgl F. Keller 'Ueber den frühesten Gebrauch des Lavezsteins Topfsteins' im Anzeiger für schweizerische Alterthumskunde 1871, N. 1, S. 215 ff. Der Stein wird jetzt auf Siphnos nicht mehr gefunden oder doch nicht mehr benutzt; dagegen blüht noch die Fabrication von Thongeschirren.

[3]) Herod. VIII, 48: nach schol. Dionys. Per. 525 kam nach Siphnos eine athenische Colonie unter Führung des Alkenor, nach Nikol. Dam bei Steph. Byz. u. *Σίφνος* war der Heros eponymos Siphnos ein Sohn des Sunios. Unklar ist die von Ovid. Met. VII, 465 ff. berührte Sage von einem Verrath der Insel durch die Arne; vgl Lactantii Placidi Narrat. fab. VII, 25.

[4]) Herod. VIII, 46; Inschrift der delphischen Schlangensäule Gew. 4 ΣΙΦΝΙΟΙ.

ten das nur von Zeit zu Zeit durch Angriffe von Piraten (wie von einer Plünderung der Stadt durch kretische Seeräuber um die Mitte des zweiten Jahrhunderts v. Chr. berichtet wird) unterbrochene Stillleben eines Kleinstaats, der sich sogar den Luxus eigener 'Könige' diesen Titel führten die obersten Beamten der Insel) gestattete.[1]) Als die Franken im Archipel herrschten, gehörte die Insel Anfangs zum Herzogthum Naxos, wurde im Jahre 1269 von den Byzantinern, 1307 von dem Johanniterritter Januli da Corogna erobert, von dessen Familie sie im Jahre 1464 durch Erbschaft in den Besitz der auch auf Kythnos herrschenden Familie Gozzadini gelangte.[2])

Die Stadt **Siphnos** lag auf einem steilen Vorsprung der Ostküste, dessen Rücken jetzt das als Hauptort der Insel geltende Städtchen Kastro einnimmt. Von dem Reichthum der Insel gaben die mit Hallen aus weissem Marmor umgebene Agora und das aus demselben Material erbaute Prytaneion Zeugniss; ausserdem besass die Stadt eine Anzahl stattlicher Tempel (unter denen die des Zeus Epibemios, des Apollon Enagros und der Artemis Ekbateria die bedeutendsten gewesen zu sein scheinen) und ein Gymnasion.[3]) Einen Hafen besass die Stadt nicht, sondern nur eine offene Rhede; aber etwas über eine Stunde südlich, an der Südostküste, ist ein geräumiger und sicherer Hafen, welcher jetzt nach der Ruine eines an der innersten Einbiegung der Küste gelegenen runden antiken Wartthurmes, der von der Tradition als Leuchtthurm erklärt wird, Pharos genannt wird; an demselben

---

[1]) Isokr. Aegin. 36. Kretische Piraten: Diodor. XXXI, fr. 56 Bekker; vgl. die Inschrift C. I. gr. 2347. *Σίφνιοι* neben *Κύθνιοι* zur Bezeichnung eines Kleinstaates bei (Demosth.) *Περὶ συντάξεως* p. 176 Als Flottenstation in der Zeit Alexanders d Gr. wird die Insel erwähnt bei Arrian. Anab. II, 2, 4; 13, 4.

[2]) Vgl. Hopf Wiener Sitzungsber. Bd 21, S. 226; Bd. 32, S. 457 f.; Allgem Encycl. d. W. u. K. S. I, Bd 68, S. 306 f.; Bd. 76, S. 415 ff.

[3] Herod. III, 57; Diod XXXI, fr. 56; Ptol. III, 15, 31; Hesych. u. *Ἔναγρος*, *Ἐπιβήμιος* und *Ἐκβακτηρίας* (lies *Ἐκβατηρία*); C. I. gr n. 2423[b]. Der Kopf des Zeus und des Apollon auf Münzen von Siphnos: Eckhel Doct. n. I, 2, p. 336 Auch für den Cult der Artemis zeugen die Münzen, denn der auf den ältesten Münzen geprägte weibliche Kopf stellt ohne Zweifel diese Göttin dar. Dass aber der Name des Dorfes *Ἀρτεμῶνας* von einem Heiligthum der Artemis herzuleiten sei, ist eine jedenfalls irrige Annahme von Ross S. 144.

lag wahrscheinlich eine der beiden nur von Stephanos von Byzanz erwähnten Ortschaften, Apollonia oder Minoa.[1] Ruinen ähnlicher Wartthürme wie beim Hafen Pharos finden sich noch an vielen Stellen der Insel, besonders auch längs der jetzt ganz unbewohnten Westküste; ein Beweis, dass Siphnos mehr als andere Inseln wegen seines Reichthums Angriffe von Piraten zu fürchten hatte. An einer Bucht am nordlicheren Theile der Westküste, in welche ein in der Nähe des Dorfes Stavri entspringender Bach mündet, bemerkt man eine jetzt 'Kamara' ('die Kammern') genannte Hohle, welche nach der auf einer Wand eingegrabenen Inschrift ein Heiligthum der Nymphen enthielt.[2])

Nahe der Südspitze von Siphnos liegt eine ganz kleine unbewohnte Insel, jetzt Kitriani genannt, welche im Alterthum namenlos und demnach auch ohne Bewohner gewesen zu sein scheint.[3])

Prepesinthos. Oliaros.

Ungefähr zwei deutsche Meilen ostlich von Siphnos liegt eine ganz kleine wuste Insel, welche nach ihrer langlichrunden Gestalt jetzt Strongylo heisst — einen antiken Namen für sie kennen wir nicht und hat ein solcher wohl auch nicht existirt —, unmittelbar ostlich von ihr eine etwas grössere, die jetzt ebenfalls unbewohnt ist und nur während des Winters als Ziegenweide benutzt wird. Wahrend der von West nach Ost streichende Bergrucken, aus welchem sie besteht, gegen Suden steil abfallt, senkt er sich gegen Norden allmahg nach dem Meere zu und bildet eine kleine anbaufahige Ebene, in deren nordostlichstem Theile, nahe dem Meere, sich einige machtige Marmorstucke finden, wahrscheinlich Ueberreste eines antiken Heiligthums, welchen die Insel ihren modernen Namen Despotiko, d. i. Bischofssitz, verdankt; im Alterthum scheint sie den Namen Prepesinthos ge-

---

[1]) Steph. Byz u. *Ἀπολλωνία* und *Μίνωα* da der Name der letzteren von einer Quelle Minoa hergeleitet wird, ist sie vielleicht bei dem nach einer reichen und nie versiegenden Quelle benannten Kloster *εἰς τὴν βρύσιν* sudlich vom Dorfe Stavri am Wege nach dem Hafen Pharos (s Ross S. 141) anzusetzen

[2] C. I. gr. n. 2423[c] Vol. II, p. 1080) = Ross Inscr gr ined. fasc. III, p. 5, vgl. denselben Inselreisen I, S. 143 f. und über die alten Wartthürme ebds. S. 145 f

[3]) Dies ist zu schliessen aus der schon von Ross (a. a. O S. 146 richtig auf dieses Inselchen bez genen Bezeichnung in der Inschrift C. I. gr. n. 2347[c], Z. 28 f.: *ἐπὶ τὴν ἐπικειμένην ἀπέναντι νῆσον τῆς χώρας τῆς Σιφνίων*.

führt zu haben.[1] Der Nordostküste dieser Insel gegenüber öffnet sich eine einen trefflichen Hafen darbietende Bucht an der Westküste einer grösseren, namentlich beträchtlich längeren Insel, welche von den Alten **Oliaros**, heutzutage nach ihrer Lage gegenüber von der weit umfangreicheren Nachbarinsel Paros Antiparos genannt wird. Der Boden der Insel — Glimmerschiefer, auf welchem Uebergangskalk aufgelagert ist — ist ziemlich fruchtbar, denn sie erzeugt die für die Bevölkerung von etwa 500 Seelen, die in dem ungefähr in der Mitte der Insel gelegenen Dorfe Kastro wohnen, nöthige Gerste, Wein und Baumwolle zur Ausfuhr und bietet Nahrung für zahlreiche Ziegenheerden. Die grösste Merkwürdigkeit der in alter Zeit von Phönikern aus Sidon colonisirten, dann fast ganz aus der Geschichte verschwindenden, weil meist nur ein Anhängsel von Paros bildenden Insel (nur 1439—1537 stand sie unter eigenen Herren aus den Familien Loredani und Pisani[2] ist eine im nördlichen Theile in der Südwestseite eines kahlen Berges sich öffnende, mit schönen Stalaktiten von den mannigfaltigsten Formen geschmückte Grotte, in welche man mit Hülfe von Seilen durch ein Loch im Boden einer nahe unter der Kuppe des Berges befindlichen gewölbten Höhle, gewissermassen der Vorhalle der schluchtenartig in die Tiefe des Berges eindringenden Hauptgrotte, hinabsteigt. Einige von neueren Reisenden in dieser Vorhalle entdeckte Inschriften beweisen, dass die Grotte, von welcher uns bei keinem alten Schriftsteller eine Notiz erhalten ist, schon im Alterthum von Reisenden besucht worden ist, welche nach Touristenart ihre Namen auf den Wänden verewigten.[3])

Ein ungefähr eine Stunde breiter Canal, dessen Passage für grössere Schiffe wegen Untiefen in der Mitte und einer Anzahl Paro-

[1]) Strab X, p. 485; Plin. IV, 12, 66 Vgl. Fiedler Reise II, S 201.

[2]) Vgl. C. Hopf Wiener Sitzungsberichte Bd 32, S. 418 f

[3] C. I. gr. n. 2399 2401; vgl. Pasch van Krienen Breve descrizione dell'arcipelago p. 128 ss.; Tournefort I, p. 71 ss., Prokesch von Osten Denkwürdigkeiten II, S. 33 ff.; Fiedler II, S. 193 ff.; Globus I 1862) S 272 Von antiken Schriftstellern erwähnen Oliaros (oder wie es in lateinischen Handschriften meist geschrieben wird **Olearos**) Scyl. Per. 48 (wo indess das überlieferte *νωχίορος* wohl eher in *Πολύαιγος* zu verbessern ist); Strab. X, p. 485; Ptol III, 15, 28; Steph. Byz u. *Ὠλίαρος*; Verg. Aen III, 126, Ovid. Met. VII, 469; Stat Achill. II, 3; Pomp. Mela II, 111; Plin IV, 12, 67.

niedriger Felsklippen am nördlichen und südlichen Ausgange gefährlich ist, trennt die Nordostküste von Oliaros von der Südwestseite von **Paros**,[1]) einer der bedeutendsten unter den Kykladen, die heutzutage im Volksmunde mit ihrer grösseren östlichen Nachbarin, Naxos, durch den Collectivnamen Paronaxia (*ἡ Παροναξία*) zusammengefasst wird. Die etwa fünf Quadratmeilen im Umfang haltende Insel ist ein mächtiges Marmorgebirge, von den Alten **Marpessa** genannt,[2]) das in der Kuppe des Hagios Ilias im südlicheren Theile die Höhe von 771 Meter erreicht und nach allen Seiten allmälig gegen die Küste abfallt, wo sich im Nordosten und Südwesten etwas breitere fruchtbare Strandebenen an seinen Fuss anschliessen. Nur an wenigen Stellen, besonders an der Nordwestseite in der Umgegend der Hauptstadt, tritt Gneis und Glimmerschiefer auf. Die weisslichgrau erscheinende Oberfläche der Berge ist fast ganz kahl, so dass sie nicht einmal Weide für Ziegen darbieten; aber in ihrem Inneren bergen sie eine wie es scheint fast unerschöpfliche Fülle trefflichen weissen Marmors, der schon im Alterthum den wichtigsten Ausfuhrartikel und so lange die Ausbeutung derselben auf Rechnung der parischen Gemeindekasse betrieben wurde, d. h. bis zur römischen Kaiserzeit, wo die Brüche als Eigenthum des Fiscus galten, die Hauptquelle des Reichthums der Insel bildete. Noch an mehreren Punkten finden sich ausgedehnte von den Alten bearbeitete Marmorbrüche; die bedeutendsten, in welchen der edelste, ausschliesslich zu Bildwerken benutzte Marmor gebrochen wurde, liegen am nördlichen Fusse des Marpessaberges, unterhalb eines ehemaligen Klosters des Hagios Minas, $1^1/_2$ Stunden östlich von der Hauptstadt.

[1]) Als altere Namen dieser Insel führt Steph. Byz. u. *Πάρος* (vgl Plin. IV, 12, 67) an: *Πλάτεια*, *Δημητριάς*, *Ζάκυνθος*, *Ὑρία*, *Ὑλήεσσα*, *Μινῴα* und *Κάβαρνις* letzteres nach einem Heros Kabarnos, welcher der Demeter den Raub ihrer Tochter angezeigt haben soll und nach welchem die Priester der Demeter auf Paros *Κάβαρνοι* hiessen; vgl Hesych. u. d. W. und Böckh ad C I. gr. n. 2384. Vgl uber die Insel Tournefort I, p. 75 s.; Leake Travels in northern Greece Vol III, p. 85 ss; Thiersch 'Ueber Paros und parische Inschriften' in den Abhandlungen der philos.-philol. Classe der k. bayer. Akad. d. W. Bd. I, S. 583 ff; Prokesch Denkwürdigkeiten II, S. 20 ff. und S. 52 ff.; Fiedler II, S. 179 ff.; Ross I, S. 44 ff.

[2]) Steph. Byz. u. *Μάρπησσα*, Serv. ad Verg. Aen. VI, 471, Vibius Sequester p. 16, 10 ed. meae.

Der Marmor wurde hier in durchaus bergmännischer Weise, vermittels unterirdischer, in das Innere des Berges hineingetriebener Stollen, in welchen man nur mit Grubenlichtern arbeiten konnte (daher die Bezeichnung dieser edelsten Art des parischen Marmors als Lychnites oder Lychneus, die andere weniger wahrscheinlich von dem glanzenden Korn desselben herleiten), gewonnen.[1] In den Thalern und an den untersten Abhangen der Berge wird Getreide und besonders Wein, der jetzt einen nicht unbedeutenden Ausfuhrartikel bildet, gebaut; im Alterthum cultivirte man auch eine besondere Art von Feigen, welche nach ihrer blutrothen Farbe 'Blutfeigen' genannt wurden.[2])

Als älteste Bewohner der Insel werden Kreter bezeichnet, denen sich eine kleine Schaar von Arkadern angeschlossen habe; doch beruht die letztere Angabe vielleicht nur auf einer etymologischen Spielerei, welche den Namen Paros mit dem der arkadischen Parrhasier in Verbindung setzte.[3]) Wie die meisten Kykladen wurde sie dann von Athen aus mit ionischen Ansiedlern besetzt[4] und gelangte bald zu einer bedeutenden Seemacht, wofür die Grundung von Colonien, wie namentlich der auf der Insel Thasos, welche unter der Fuhrung des Telesikles, des Vaters des Dichters Archilochos, Ol 15 oder 18 erfolgte und an welcher auch dieser Dichter, der berühmteste Sohn der Insel, als Jüngling Theil nahm, Zeugniss giebt.[5] Die höhere Machtentwickelung

[1]) Varro bei Plin. XXXVI, 5, 14; (Plat.) Eryxias p 400^{e}; Athen. V, p. 205^{f}; Hesych. u. *Λυχνίας*; vgl über die Brüche besonders Fiedler S. 184 ff.; über den Betrieb in der römischen Kaiserzeit Bruzza Annali t XLII, p. 158 ss. (dazu die Inschrift bei Ross Inscr. gr. in. II, n. 149: *Ἔρως Καίσαρος ἐργεπιστάτης τοῦ λατομίου ἱδρύσατο*, in welcher Ross irrig *Καίσαρος* als den Namen des Vaters des Eros auffasst); über ein am Eingange des zweiten Stollens befindliches, von dem Odrysen Adamas den Nymphen geweihtes Relief A. Michaelis Annali t. XXXV, p. 314 s

[2]) Athen III, p 76^{b}.

[3]) Heraclid. De reb. publ. 8; Steph. Byz u *Πάρος*; vgl. Apollod. II, 5, 9; III, 15, 7.

[4]) Schol. Dionys. Per. 525, wo Klytios und Melas als Führer derselben genannt werden.

[5]) Thuk. IV, 104; Strab. X, p 487; Aelian. Var hist X, 13; Clemens Al. Strom I, p 333; Steph. Byz. u *Θάσος*. Parion am Hellespont soll von Pariern, Milesiern und Erythräern gegründet worden sein Strab. XIII, p. 588; vgl X, p. 487. Noch im Jahre 385 v. Chr. gründeten die Parier im Verein mit Dionysios von Syracus eine Niederlassung auf der

der Nachbarinsel Naxos brachte Paros wie andere Kykladen in Abhängigkeit von dieser, ein Verhältniss, das sie später mit dem der Unterthanigkeit gegen die Perser vertauschte. Nach der Schlacht bei Marathon griff eine athenische Flotte unter Fuhrung des Miltiades die Insel an, um sie fur ihre active Theilnahme am Kampfe auf der Seite der Perser zu bestrafen, und belagerte, da die Parier sich weigerten eine Busse von 100 Talenten zu bezahlen, 26 Tage lang die Hauptstadt, musste aber unverrichteter Sache wieder heimkehren. Auch zur Flotte des Xerxes stellten die Parier ihr Contingent, welches aber nach der Schlacht bei Artemision bei Kythnos zuruckblieb, um den weiteren Gang des Krieges abzuwarten; der Strafe fur diese zweideutige Haltung von Seiten der hellenischen Flotte entgiengen sie vermittels einer an Themistokles gezahlten betrachtlichen Geldsumme.[1] Wie die Bewohner der ubrigen Kykladen traten sie dann dem attischen Seebunde bei, und zwar zahlten sie unter allen Inselbewohnern den höchsten Tribut (nach der Schatzung von Ol. 88, 4 dreissig Talente jährlich) an die Bundeskasse, ein Steuerbetrag, dessen Hohe jedenfalls aus den sehr bedeutenden Ertragnissen zu erklaren ist, welche damals, in der Zeit der eifrigsten Thätigkeit auf dem Gebiete der Plastik. die Marmorbruche der Insel lieferten. Auch dem neuen attischen Seebunde vom Jahre 378 traten die Parier bei, sagten sich aber von demselben wahrscheinlich im Jahre 357 zugleich mit den Chiern, zu welchen sie damals und noch spater in nahen Beziehungen standen,[2] los. Seitdem verlor die Insel alle politische Bedeutung und behielt fur die verschiedenen auswartigen Herrscher, denen sie der Reihe nach gehorchte, nur

illyrischen Insel Pharos: Diod. XV, 13; vgl. Strab VII, p. 315. Für das hohe Ansehen, welches die Parier unter den ionischen Staaten genossen, zeugt das Schiedsrichteramt, welches ihnen das von Parteiungen zerrissene Milet übertrug: Herod. V, 28 f.

[1]) Herod. V, 31; VI, 133 ff.; VIII, 67; 112. Von der vergeblichen Expedition des Miltiades leiten die Alten das Verbum ἀναπαριάζειν im Sinne von 'sich anders besinnen' her: s. Ephoros bei Steph. Byz. u. Πάρος; Zenob. II, 21; Diogenian II, 35 — Ueber eine eigenmächtige Aenderung der Verfassung von Paros durch Kimon ist nur bei Demosth. in Aristocr. p. 688 eine Andeutung erhalten: vgl W. Vischer Kimon Basel 1847) S. 53 ff

[2]) Vgl. die Inschriften bei Ross Inscr. gr. in II, n. 146—148 — C I. gr n. 2374^{b}—^{d}, Add. Vol. II, p. 1072 s.).

noch wegen ihrer Marmorbruche ein nicht geringes Interesse. Seit der Begründung fränkischer Fürstenthumer im Archipel bildete sie bis zum Jahre 1389 einen Bestandtheil des Herzogthums Naxos, gelangte dann durch Heirath in den Besitz der Familie Sommaripa, im Jahre 1516 auf gleichem Wege in den der Familie Venieri; 1531 erhielt sie als Mitgift der Cecilia Venier Bernardo Sagredo, der sie im Jahre 1537 an Khaireddin Barbarossa verlor.[1]

Die Stadt Paros,[2] auf deren Stelle und aus deren Trümmern zu einem beträchtlichen Theile der jetzige Hauptort, Parikia, erbaut ist, lag an der Südostseite einer durch einen felsigen Vorsprung im Nordwesten (jetzt Cap Phikas geschutzten, im ubrigen offenen Bucht der Nordwestküste, welche als Hafen benutzt wurde. Das auf einem etwa 40 Fuss hohen Felshugel von geringem Umfange hart am Meere stehende, fast ganz aus antiken Trummern errichtete mittelalterliche Schloss enthalt noch die Ueberreste zweier Tempel, eines im dorischen und eines im ionischen Stil erbauten; einer derselben war, nach einer dort gefundenen Inschrift zu schliessen,[3]) den Dioskuren, der andere vielleicht dem Dionysos geweiht. In der unteren Stadt gab es Heiligthümer des Apollon Delios und des Apollon Pythios[4]) und einen Tempel des Asklepios und der Hygieia, von welchem eine Viertelstunde sudwestlich von der jetzigen Stadt nahe dem Meeresufer bedeutende Marmortrummer und ein Fragment der Colossalstatue des Gottes gefunden worden sind.[5]) Ausserhalb der antiken Stadtmauer (wahrscheinlich sudöstlich von der Stadt) lag auf einem Hügel das Heiligthum der Demeter Thesmophoros, das

[1]) Vgl. C. Hopf Wiener Sitzungsberichte Bd 21, S. 235 f.

[2]) Archilochos bei Steph Byz. u. Πάρος; Herod. VI, 133; Ptolem. III, 15, 30, Plin. IV, 12, 67.

[3]) Thiersch S. 597 ff. = C. I gr. n. 2374[e] (Vol. II, p. 1074): in dieser Inschrift wird das zu Ehren der Dioskuren gefeierte Fest der Theoxenia, ferner die mit dramatischen Spielen gefeierten grossen Dionysien erwähnt. Für Dionysoscult zeugen auch die Münzen: s. Eckhel Doct. n. v. I, 2, p. 333.

[4]) Ὅρος χωρίου ἱεροῦ Ἀπόλλωνος Δηλίου C. I. gr. n. 2384[e] (Vol II, p. 1076); τὸ Πύθιον ib n. 2374[c] (p. 1073.

[5]) S. die Notiz aus Cyriacus von Ancona im Bulletino 1861, N. VIII, p. 188; vgl. C I gr. n. 2390 97; Ross Inscr gr. ined. II, n. 150; Inselreisen I, S. 46 f.

schon in der Geschichte der Belagerung der Stadt durch Miltiades eine Rolle spielte.[1]) Endlich kennen wir auch ein wahrscheinlich gemeinsames Heiligthum des Zeus Basileus und des Herakles Kallinikos durch eine in einer Capelle des Hagios Dimitrios nordostlich von der jetzigen Stadt gefundene Inschrift.[2])

Ein zweiter, gleichfalls schon im Alterthum benutzter Hafen befindet sich an der Nordküste der Insel, wo zwei von Westen und von Osten her gegen einander vortretende felsige Vorgebirge (deren eines im Alterthum den Namen S u n i o n geführt zu haben scheint) eine ebenso geraumige als sichere Bucht — nachst der von Navarin die schonste von ganz Griechenland — umschliessen. Diese Bucht, heutzutage nach einem an der Sudseite gelegenen Flecken, der auch einige Reste antiker Gebäude aufzuweisen hat, Naousa genannt, wurde von den alten Pariern jedenfalls als Kriegshafen benutzt und war daher ein sogenannter 'geschlossener' Hafen, d. h. der ungefähr eine halbe Stunde breite Eingang von Norden her war durch mächtige Ketten oder sonstige Befestigungsanlagen gesperrt.[3]) Eine andere Ortschaft, deren Namen wir nicht kennen, hat jedenfalls auch in der Ebene an der Ostkuste gelegen, welche jetzt von den drei an antiken Bauresten und Säulentrümmern reichen Dörfern Tragulas, Marmara und Tschipidi (*Κηπίδι*, d. i. Gärtchen) eingenommen wird, welche gewöhnlich nach dem ungefähr in der Mitte der Ostküste vorspringenden steilen Vorgebirge Kephalos 'die Dorfer von Kephalos' genannt werden. Endlich scheint auch an dem jetzt Drios genannten Hafen an der Südostseite der Insel, vor welchem einige kleine Inselchen Drionisia liegen, eine wenn auch unbedeutende antike Ortschaft, von welcher nur eine Anzahl Graber Zeugniss geben, gestanden zu haben.[4]

[1]) Herod. VI, 134; vgl Hom Hymn. in Cerer 491; Paus. X, 28, 3; C. I. gr. n 2384; 2388; 2557, Z 21; Ross Inschriften I, S. 49

[2]) C I gr. n. 2385 = Thiersch S 637. — Ueber einige andere Inschriften und Sculpturen aus Parikia s. A. Michaelis Annali t XXXVI, p 267 ss.

[3]) Scyl. Per 58: *Πάρος λιμένας ἔχουσα δύω ὧν τὸν ἕνα κλειστόν*; vgl. uber die Bucht besonders van Kinsbergen Beschreibung vom Archipelagus, ubersetzt von K. Sprengel S. 123 ff. Spuren alter Tempel und Hallen daselbst erwähnt Thiersch S. 594, *τὸ ἄκρον Σούνιον* Ptolem III, 15, 30.

[4]) Vgl. Thiersch S. 594 f.; Ross S. 51

Naxos,[1]) die grössere und schönere Schwester von Paros, ist nicht nur an Umfang, sondern auch an Fruchtbarkeit und geschichtlicher Bedeutung die erste unter allen Kykladen, deren lange Kette sie als letztes Glied gegen Sudosten abschliesst. Die heutzutage im Volksmunde Naxia, im spätern Mittelalter auch Nixia, Nichosia und Nisia[2] genannte Insel, welche nach ihrer ungefähr runden Gestalt im Alterthum auch den jedenfalls nur poetischen Namen Strongyle ('die runde') geführt haben soll,[3] wird ihrer ganzen Länge nach von Süden nach Norden von einer mächtigen Bergkette durchzogen, deren Hauptmasse aus Granit besteht; die Seiten des Gebirges sind mit Gneis und Glimmerschiefer, die Höhen mit weissem Urkalk bedeckt. Diese Centralkette hat drei hervorragende Culminationspunkte: den 1003 Meter hohen Zia oder Dia, wahrscheinlich den Drios der Alten,[4] in der sudlicheren Hälfte den bedeutend niedrigeren Phanari ungefähr in der Mitte und das 991 Meter hohe Koronon ein vielleicht antiker Name im Norden der Insel. Gegen Osten fällt dieses Gebirge steil, an manchen Stellen fast senkrecht zum Meere ab; seine westliche Abdachung dagegen ist bedeutend sanfter und es schliesst sich hier an seinen Fuss eine hugelige, sehr fruchtbare Ebene, die sich bis zum Meere erstreckt, an. Diese Ebene sowie die unteren Abhänge des Gebirges bringen Wein (schon im Alterthum das berühmteste Product der Insel,[5] Oel, Getreide und Sudfrüchte in reicher Fülle

Naxos

---

[1]) *Ναξιακά* schrieben Aglaosthenes (C. Müller Frgta. hist. gr. IV, p. 293 s), Andriskos (ibid. p. 302 ss.) und Philteas ibid. p 478); *οἱ Ναξίων ὡρογράφοι* Plut. De mal Her. 36. Von Neueren vgl Tournefort I, p. 79 ss; Russegger Reisen in Europa u. s. w. Bd. IV, S 194 ff.; Fiedler II, S 290 ff.; Ross I, S 22 ff. und S. 37 ff.; Fr. Grueter Dissertatio de Naxo insula, Halle 1833; W. Engel Quaestiones Naxiae, Göttingen 1835; E. Curtius Naxos. Ein Vortrag. Berlin 1846.

[2]) Vgl. Tafel und Thomas Urkunden Bd. I, S. 467; Bd III, S 178; 207; 252.

[3]) Diod. V, 50; Parthen. Erot. 19, Plin IV, 12, 67.

[4] Diod. V, 51. Am nördlichen Abhange des Berges befand sich ein Heiligthum des Zeus Melosios, wie die hier gefundene Inschrift *Ὅρος Διὸς Μηλωσίου* C. I. gr. n. 2418; vgl Ross S. 42 f.) zeigt.

[5]) Athen. I, p. 30f; II, p 52d; Propert. IV, 16, 27 s.; Nonn Dionys. XLVII, 266: besonders wurde hier der nach einer aus Thrakien stammenden Rebsorte benannte *βίβλινος οἶνος* gebaut: Semos bei Steph Byz. u. *Βιβλίνη*; Etym M. p. 197, 32 ss. [Der angebliche Fluss *Βίβλος*

und von besonderer Gute hervor, namentlich bieten die mit Orangen-, Cedrat- und Granatbäumen bepflanzten Garten, deren Producte einen wichtigen Handelsartikel bilden, einen entzückenden Anblick dar. Auch an mineralischen Producten fehlt es der von der Natur in jeder Hinsicht begünstigten Insel nicht: ihre Berge enthalten weissen Marmor, der dem parischen an Gute wenig nachsteht, wenn auch die Brüche, wahrscheinlich wegen geringerer Machtigkeit und Reinheit der Banke, weit weniger ausgebeutet worden sind; dass er jedoch wenigstens von den Naxiern selbst (bei denen die Technik der Marmorarbeit fruhzeitig ausgebildet war auch zu statuarischen Zwecken benutzt wurde, beweist eine am nordöstlichen Abhang des Korononberges 10 Minuten vom Meeresufer liegende, erst ganz aus dem Rohen gehauene Colossalstatue aus einem dort an Ort und Stelle gebrochenen mächtigen Block, der jedenfalls wegen mehrerer tiefer Risse, die eine sorgfältigere Ausarbeitung der Brust und des Gesichts hinderten, aufgegeben worden ist.[1]) Wichtiger noch und heutzutage geradezu der bedeutendste Ausfuhrartikel der Insel ist der Schmirgel, von welchem mächtige Lager weiter sudlich an der Ostküste, eine Stunde unterhalb des Dorfes Votry, zu Tage liegen, deren Ausbeutung jetzt durch die Regierung an Privatleute für eine bedeutende Summe verpachtet ist; dass sie auch

---

oder Βιβλίνης auf Naxos ist jedenfalls nur eine etymologische Fiction.] Auch die Korinthen (die jetzt auf Naxos gar nicht mehr gebaut werden) sollen von hier stammen: s. V. Hehn Kulturpflanzen und Hausthiere in ihrem Uebergange von Asien nach Griechenland und Italien sowie in das ubrige Europa (Berlin 1870) S. 37. Ferner brachte Naxos treffliche Mandeln hervor (Athen. II, p. 52^{c} s), desgleichen gutes Cypergras (Plin. XXI, 18, 115), was wohl ein Hauptgrund war für den Ruhm der naxischen Ziegen (Athen. XII, p. 540^{d}). Als Curiositat wird berichtet, dass auf Naxos fast alle vierfussigen Thiere eine ungewöhnliche grosse Galle haben: Aristot. Hist. anim. I, 14, 6; De part. an. IV, 2; Aelian. De an. XI, 29 u. a. Auf die Fruchtbarkeit der Insel uberhaupt ist die Bezeichnung derselben als μικρὰ Σικελία (Agathem. I, 5; Plin. IV, 12, 67) zurückzuführen.

[1]) Ross S. 38 ff. Der Naxier Byzes hatte nach Paus. V, 10, 3 um Ol. 50 die Kunst, den Marmor in dachziegelförmige Stücke zu schneiden, erfunden. Der Naxier Thelxenor arbeitete eine in der Nähe von Orchomenos in Boiotien gefundene Grabstele (G. Hirschfeld Tituli statuariorum sculptorumque graecorum p. 71).

im Alterthum verwerthet worden sind, beweist die mehrfache Erwähnung der naxischen Wetzsteine.[1]

Als älteste Bewohner der Insel bezeichnet die zwar ganz sagenhaft ausgeschmückte, aber ohne Zweifel auf historischer Grundlage ruhende Tradition Thraker, welche von hier aus bis nach Thessalien Raubzüge unternommen hatten; sie haben den Weinstock und den Cult des Dionysos, der auch in der historischen Zeit durchaus als Hauptgott der Insel erscheint, sowie auch den Cult der Heroen Otos und Ephialtes nach der Insel gebracht. Nachdem sie, berichtet die Tradition, über 200 Jahre lang auf der Insel gewohnt, dann aber dieselbe in Folge von Dürre verlassen hatten, traten Karer an ihre Stelle, welche die bisher Dia benannte Insel nach dem Namen ihres Anführers Naxos nannten.[2]) Die Karer, die wie ihre Vorgänger hauptsächlich Seeraub trieben, wurden wie von den andern Kykladen so auch von Naxos durch die seemächtigen Kreter verjagt; diese brachten wieder neue religiöse Elemente, insbesondere den bald mit dem Cult des Dionysos eng verknüpften Cult der Ariadne und wahrscheinlich auch den Zeuscult mit.[3])

Der kretischen Herrschaft wurde durch eine von Athen ausgegangene ionische Ansiedelung ein Ende gemacht.[4]) Mit der

[1]) *Ναξία ἀκόνα* Pind. Isthm. VI, 73; vgl. Steph. Byz. u. *Νάξος*; Plin. XXXVI, 7, 54; 22, 164; XXXVII, 8, 109. Ueber die Lager vgl. Russegger a. a. O. S. 196 ff.; Fiedler S. 300 ff.

[2]) Diod. V, 50 ff.; Parth. Erot. 19; Steph. Byz. u. *Νάξος*. Die Bedeutung des Dionysoscultes (auf welchen die Benennungen der Insel als *Δία* und *Διονυσιάς* zurückzuführen sind) bezeugen die Münztypen (s. Eckhel Doctr. n. v. I, 2, p. 333) und die Bezeichnung der Jahre nach dem Priester des Dionysos C. I. gr. n. 2265, 21): vgl. Athen. III, p. 78[c]; Porphyr. De antro nymph. 20. Ein Temenos des Otos und Ephialtes (die auch Pindar Pyth. IV, 88 s. auf Naxos sterben lässt) bezeugt die Inschrift C. I. gr. n. 2420.

[3] Einen doppelten Cult der Ariadne, einen freudigen und einen traurigen, bezeugt fur Naxos Plut. Thes. 20: vgl. Engel l. l. p. 40 ss. Zeuscult: C. I. gr. n. 2417 s.; vgl. Aglaosthen bei Eratosth. Catast. 30; Etym. M. p. 266, 43 ss. Auf Zusammenhang mit Kreta führt auch die von schol. Apollon. Rhod. *Δ*, 1492 überlieferte Sage von Naxos, dem Sohne des Apollon und der Tochter des Minos Akakallis, Halbbruder des Kydon.

[4] Herod. VIII, 46: schol. Dionys. Per. 525 werden Archetimos und Teleklos (so richtig Bröndsted für das überlieferte Teuklos) als Führer dieser Ansiedler genannt.

Ionisirung der Insel beginnt die Entwickelung ihrer Seemacht, welche bald zu Conflicten mit anderen ionischen Seestaaten führte; so wird uns, allerdings mit romanhafter Ausschmückung, von einem chronologisch leider nicht zu fixirenden Heerzuge der verbundeten Milesier und Erythräer gegen Naxos berichtet, wobei die Verbundeten, nachdem sie die Insel verheert und die Stadt von einem befestigten Punkte aus belagert hatten, schliesslich mit Verlust abziehen mussten.[1] Um die Mitte des sechsten Jahrhunderts v. Chr. kam es auf Naxos, wie in den meisten ionischen Staaten, zu inneren Kämpfen zwischen den Adelsgeschlechtern, in deren Händen die Regierungsgewalt lag, und dem Volke; das Resultat dieser Kämpfe war hier wie anderwärts, dass ein ehrgeiziger und gewandter Mann aus der Reihe der Oligarchen selbst, Lygdamis, sich an die Spitze der Volkspartei stellte und sich mit Hülfe des Peisistratos, den er bei seiner zweiten Ruckkehr nach Athen mit Geld und Truppen unterstützt hatte, zum Herrscher der Insel aufwarf.[2] Unter seiner Herrschaft hat die Insel die höchste Stufe der Macht und des Reichthums erstiegen: Paros, Andros und andere Kykladen standen im Verhaltniss der Abhängigkeit von ihr; sie konnte eine Macht von 8000 Hopliten und zahlreiche Kriegsschiffe stellen.[3] Nachdem Lygdamis, wahrscheinlich etwa gleichzeitig mit dem Sturz der Herrschaft der Peisistratiden in Athen, durch die Spartaner vertrieben worden war, gelangten die Oligarchen zwar ohne Zweifel zunachst wieder zur Herrschaft, aber schon nach wenigen Jahren wurde ihrem Regimente durch die Volkspartei ein Ende gemacht. Einige verbannte Mitglieder der oligarchischen Partei wandten sich deshalb im Jahre 501 v. Chr. an den Milesier Aristagoras mit dem Gesuche, sie mit Gewalt in ihre Heimath zuruckzufuhren; dieser, der sich allein einem solchen Unternehmen nicht gewachsen fuhlte, wusste durch allerhand Vorspiegelungen den persischen Satrapen

[1]) Parthen. Erot 18 und 9; Plut De mul. virt. 17; Polyän. Strat. VIII, 36.

[2]) Herod. I, 61 und 64; Aristot. Pol. V, 6; Oecon. 2, 2; Athen. VIII, p. 348c; Polyän. Strat I, 23, 2. Der Beginn der Tyrannis des Lygdamis wird mit Grueter l. l. p. 32 in das Jahr 536 oder 535 zu setzen sein. Nach Plutarch. De mal Herod. 21 wurde Lygdamis durch die Spartaner vertrieben: vgl. denselben Apophthegm Lac var. 64.

[3]) Herod. V, 28 und 30.

Artaphernes zu überreden, dass er mit Einwilligung des Königs Dareios eine stattliche, mit Persern und kleinasiatischen Ioniern bemannte Flotte unter der Führung des Persers Megabates zur Unterwerfung von Naxos aussandte. Die Naxier aber, in Folge eines Zwistes zwischen Aristagoras und Megabates von letzterem selbst rechtzeitig gewarnt, zogen sich in ihre wohl befestigte und wohl verproviantirte Hauptstadt zurück und vertheidigten diese so tapfer gegen die feindliche Flotte, dass diese nach viermonatlicher Belagerung ohne anderen Erfolg als die Errichtung einiger Castelle auf der Insel für die verbannten Oligarchen abziehen musste.[1] Dafür büssten die Naxier im Jahre 490 v. Chr., wo sie beim Herannahen der von Datis und Artaphernes geführten persischen Armada in der Ueberzeugung von der Nutzlosigkeit eines Widerstandes in die Berge flüchteten, so dass die Perser die Stadt, die ohne Schwertstreich sich ihnen ergab, sammt den Heiligthümern in Brand stecken und alle Bewohner, die in ihre Hände fielen, als Gefangene fortschleppen konnten.[2] Zehn Jahre später sandte Naxos wie die meisten Inseln sein in vier Schiffen bestehendes Contingent zur Flotte des Xerxes; allein diese Schiffe stiessen, Dank der patriotischen Haltung des Commandanten Demokritos, zur griechischen anstatt zur persischen Flotte und kämpften mit Auszeichnung bei Salamis.[3] Unter den Mitgliedern des delisch-attischen Seebundes waren die Naxier die ersten, welche sich ihren Verpflichtungen zu entziehen und dem Bunde abtrünnig zu werden versuchten, ein Versuch, den sie durch den Verlust ihrer politischen Selbständigkeit büssen mussten; die Athener behandelten die erst nach längerer Belagerung (im Jahre 466 v. Chr.) bezwungene Insel ganz als erobertes Land und siedelten im Jahre 453 eine Anzahl athenischer Kleruchen dort an, ein Umstand, welchem sie wohl ihre verhältnissmässig niedrige Besteuerung 15 Talente nach der Schätzung von Ol. 88, 4) verdankte.[4]) Nach dem pelo-

[1]) Herod. V, 30 ff.; Plut. De Herod. mal. 36.

[2]) Herod. VI, 96; vgl. Phot. Bibl cod. 263, p. 364 ed. Bekk.; Plut. De Herod. mal 36.

[3]) Herod. VIII, 46; Plut. De Herod. mal 36; vgl. die delphische Schlangensäule Gew. 6 NAXIOI und Paus. V, 23, 2 Nach Diod V, 52 hatten die Naxier auch bei Plataa mitgekämpft.

[4]) Thuk. I, 98; 137; Aristoph Vesp. 355; Plut. Perikl. 11; Diod. XI, 88; Paus. I, 27, 5; Plat. Euthyphr p. 4c.

ponnesischen Kriege hatte sie sich den Lakedämoniern angeschlossen und trat deshalb dem neuen attischen Seebunde vom Jahre 378 nicht bei; die Athener sandten daher im Jahre 376 eine Flotte unter Chabrias ab, welche die Stadt Naxos belagerte und die zum Entsatz herbeigekommene lakedämonische Flotte in einer in dem Canal zwischen Paros und Naxos gelieferten Seeschlacht besiegte, wodurch die Naxier genöthigt wurden, sich den Athenern anzuschliessen.[1] Nachdem die Insel dann unter Philipp und Alexander den Makedoniern, in der Diadochenzeit den Herrschern Aegyptens unterthänig gewesen war, wurde sie durch Antonius den Rhodiern übergeben, aber durch die Römer bald wieder von dem drückenden Joch derselben befreit.[2] Seitdem verschwindet sie vom Schauplatz der Weltgeschichte bis zur Stiftung des lateinischen Kaiserthums in Konstantinopel. Im Jahre 1207 von dem Venezianer Marco Sanudo erobert, welchem vom Kaiser Heinrich auf dem Reichstage zu Ravennika 1210 die Oberhoheit über die Inseln des ägäischen Meeres, die sogenannte Dodekanesos, übertragen wurde, ward sie der Mittelpunkt eines mächtigen Inselreichs, das bis zum Jahre 1362 von Herzogen aus dem Geschlecht der Sanudi, von 1362 bis 1383 von den dalle Carceri, von 1383 bis 1566 von den Crispi regiert, dann vom Sultan Selim II. dem Juden Don Joseph Nasi verliehen und nach dessen Tode 1579 definitiv dem türkischen Reiche einverleibt wurde.

Die im Alterthum wie heutzutage gleichfalls Naxos genannte Stadt liegt am nördlichen Theile der Westküste der Insel und erstreckt sich vom Gipfel eines niedrigen Felshügels, der im Alterthum die Akropolis, in der fränkischen Zeit das befestigte Schloss der Herzoge nebst der Hauptkirche und zwei Klöstern trug, bis zum Strande, wo die Reste eines antiken Molo die Existenz eines durch Menschenhände geschützten Hafens bezeugen. Gerade nördlich vom Hafen liegt ein kleines Eiland, welches den einzigen bemerkenswerthen Ueberrest der alten Stadt

[1] Diod. XV, 34; Plut. Phok. 6, Camill. 19; Demosth. adv. Lept. p. 480; Xenoph. Hell. V, 4, 61.

[2]) Appian. Bell. civ. V, 7. Aus der Zeit der rhodischen Herrschaft datirt die Inschrift C. I. gr. n. 2416 b (Vol. II, p. 1079), Acten über die Feier des Sarapisfestes, worin ein δημιουργός und ein ἱερεὺς τῆς Ῥόδου als Eponymen erscheinen.

trägt: ein $21^1/_2$ Fuss hohes, 12 Fuss breites Thürgerüst aus weissem Marmor, welches zur Cella eines Tempels (nach der Tradition des Dionysos) gehört hat.[1])

Ausser der Stadt enthält die Insel jetzt 42 zum Theil recht stattliche Dörfer, von deren Namen viele (wie Tripodes, Melänäs, Ano- und Kato-Potamia, Potamides, Panormos, Votry, Drymalia, Philoti) einen ganz altgriechischen Klang haben, Panormos auch als antike Oertlichkeit bezeugt ist;[2]) doch finden sich nur sehr wenige und geringe Reste antiker Ansiedelungen, wie alte Gräber in der Gegend von Drymalia in der Mitte der Insel und ein hellenischer Thurm, 'der Thurm des Giessbaches' (*πύργος τοῦ χειμάῤῥου*) genannt, südlich vom Berge Dia in der Nähe der Südküste.[3]) Alte Schriftsteller erwähnen eine Stadt Tragia oder Trageä mit einem Heiligthume des Apollon Tragios, und eine Kome Lestadä.[4])

Oestlich von Naxos liegt zunächst, nur wenige Meilen vom Cap Chondros, dem östlichsten Vorsprunge der Ostküste, entfernt, eine jetzt Makaräs genannte Gruppe von drei öden Inselchen — eine etwas grössere, welche lithographische Steine enthält, wohl

---

[1]) Abgebildet bei Tournefort I, p. 84; vgl. Leake Travels in northern Greece III, p. 93 s.

[2]) Stadiasm. m. m. § 282.

[3]) S. Ross S. 43. Ganz rohe Figürchen von Kalkstein aus Gräbern in der Gegend von Drymalia (wo auch die Inschrift C. I. gr. n. 2416[b] gefunden worden ist) erwähnt Fiedler S. 314 f. Die französische Karte verzeichnet 'Ruines helléniques' $1^1/_2$ Stunden südlich von der Stadt Naxos nahe der Westküste, $2^1/_4$ Stunden südlich von da auf dem Cap Kurupia am südlichen Theile der Westküste, und etwa $2^1/_2$ Stunden östlich von da (letztere vielleicht der von Ross beschriebene hellenische Thurm); ausserdem werden noch an mehreren Stellen Paläokastra (wohl Ruinen fränkischer Schlösser) angegeben.

[4]) Steph. Byz. u. *Τραγία*, wo die Stadt auf Naxos ausdrücklich von der (von Thuk. I, 116 und Plut. Per. 25 erwähnten) Insel unterschieden wird: Ross S. 40 will beide identificiren und den Namen auf die kleine Insel Makaräs östlich von Naxos beziehen; allein aus Strab. XIV, p. 635 und Plin. V, 31, 135 sieht man, dass jene Insel oder richtiger Gruppe kleiner Inseln (*Τραγαῖαι* bei Strabon, Tragiae bei Plinius), bei welcher Perikles im Jahre 440 v. Chr. die samische Flotte schlug, in der Nähe der Westküste Kleinasiens, zwischen Samos und Milet zu suchen ist. — *Ληστάδαι* Aristot. bei Athen. VIII, p. 348[b].

die alte Nikasia,[1]) und zwei ganz kleine —; weiter östlich eine etwas grössere, jetzt nur von einigen Hirten bewohnte, welche Stenosa oder auch mit dem antiken Namen Donussa genannt wird.[2]).

d) Die Sporaden.

Melos. Südlich von der westlichen Reihe der Kykladen liegt eine Gruppe von Inseln vulkanischen Ursprungs, unter denen die drei Quadratmeilen in Umfang haltende, gegen Norden durch eine tief ins Land eindringende Bucht (jetzt Porto Thalassa genannt, offenbar ein alter Krater, dessen Inneres nebst einem Theile des Randes zusammengestürzt ist) gewissermassen ausgeschnittene Insel Melos[3]) (jetzt Milo gesprochen) die bedeutendste ist. Die Insel, deren höchster Punkt, der Berg Hagios Elias im Südwesten, sich 774 Meter über die Meeresfläche erhebt, erscheint gleichsam wie ein mächtiger, ganz mit Meerwasser getränkter versteinerter Schwamm: der dürre, von vulkanischem Feuer geröstete Boden ist überall stark mit Salz versetzt und von zahlreichen Höhlen durchlöchert. Eine dieser Höhlen an der Südküste der Insel bietet interessante Phänomene eines noch in voller Thätigkeit begriffenen Vulkans dar: es herrscht darin eine solche Hitze, dass man nur wenige Minuten darin verweilen kann; siedend heisses Schwefelwasser, das an mehreren Stellen zu Tage kommt,

[1]) Eustath. ad Dion. Per. 536; Steph. Byz. u. Νικασία; Plin. IV, 12, 68.

[2]) Δόνουσα Stadiasm. m. m. § 281 und 284; schol. Dion. Per. 132. 'Viridem Donusam' Verg. Aen. III, 125; Ciris 476; als Verbannungsort bei Tac. Annal. IV, 30 erwähnt. Eustath. ad Dionys. Per. 530 und Steph. Byz. u. Δονουσία nennen Donusia eine kleine Insel bei Rhodos oder im Besitz von Rhodos (νῆσος μικρὰ Ῥόδου Steph., πρὸς τῇ Ῥόδῳ Eustath.), auf welche Dionysos die Ariadne von Naxos aus gebracht habe, um sie der Verfolgung des Minos zu entziehen: daraus ist zu schliessen, dass die Rhodier auch nach dem Verlust von Naxos Donussa als Ankerplatz in ihrem Besitz behalten haben. — Vgl. über die Insel Tournefort I, p. 86 s.

[3]) Vgl. über die Insel Tournefort I, p. 57 ss.; Leake Travels in northern Greece III, p. 77 ss.; Prokesch von Osten Denkwürdigkeiten I, S. 532 ff.; II, S. 204 ff.; Russegger Reisen in Europa u. s. w. Bd. IV, S. 223 ff.; Fiedler Reise II, S. 369 ff.; Ross Inselreisen III, S. 3 ff. und S. 145 ff.; Leycester im Journal of the royal geograph. society Vol. XXII, p. 201 ss.

erfüllt die Höhle mit starken Dämpfen, die Ritzen der Felswände sind theils mit krystallisirtem, theils mit flüssigem, bisweilen noch brennendem Schwefel angefüllt, das Gewölbe der Grotte mit veilchenblau, röthlich und blau gefärbtem Federalaun bedeckt. Etwa drei Viertelstunden westlich von dieser Höhle dringt heisse Luft aus dem Boden durch fast armstarke Löcher hervor. Ein Paar andere Höhlen dienen als natürliche Dampfschwitzbäder und sind, wie man aus den darin befindlichen von Menschenhand bearbeiteten Steinsitzen schliessen kann, schon im Alterthum als solche benutzt worden. Endlich sprudeln an verschiedenen Punkten der an Quellen trinkbaren Wassers sehr armen Insel warme Schwefel- und Stahlquellen empor.[1])

Der Boden liefert vermöge seiner natürlichen Wärme bei sorgfältigem Anbau — an welchem es allerdings heutzutage in Folge der dünnen Bevölkerung fehlt — einen überraschend schnellen, wenn auch nicht gerade reichlichen Ertrag: nach der Angabe des Theophrast war das Getreide binnen 30—40 Tagen nach der Saat zur Ernte reif; ausserdem wurde ziemlich viel Oel (dessen Ertrag jetzt kaum für die Bevölkerung ausreicht) und etwas Wein gebaut.[2]) Wichtiger aber als die vegetabilischen waren und sind die mineralischen Producte der Insel: Kochsalz, Alaun, Schwefel, Thon, Gips, Porzellanerde, Bimstein und Mühlsteine sind in Menge vorhanden und bildeten zum Theil im Alterthum nicht unwichtige Ausfuhrartikel.[3]) Auch finden sich hier und auf der Nachbarinsel Kimolos ausgedehnte Lager von Ob-

---

[1]) Vgl. X. Landerer *Περὶ τῶν ἐν Μήλῳ θερμῶν ὑδάτων*, Athen 1835, 16°; derselbe im 'Ausland' 1856, N. 27, S. 640 f. Von alten Schriftstellern erwähnen die Thermen von Melos Hippokrates Epid. V (t. III, p. 549 ed. Kühn); Athen. II, p. 43ª; Plin. XXXI, 6, 61.

[2]) Theophrast. Hist. plant. VIII, 2, 8; De caus. pl. IV, 11, 8. Auch Honig lieferte die Insel: (Aristot.) Mir. ausc. 16. Kraniche von Melos erwähnt als Delicatesse Varro bei Gell. N. a. VI, 16, 5.

[3]) Alaun: Plin. XXXV, 15, 184; 188; 190; Dioscorid. De mat. med. V, 123; Diod. V, 10. Schwefel: Plin. ibid. § 174; Poll. VII, 99; Dioscor. V, 124. Bimstein: Plin. XXXVI, 21, 154. Melos lieferte auch eine von den alten Malern viel gebrauchte weisse Farbe, die *γῆ Μηλιάς*, melinum (nach der gewöhnlichen Annahme Alaunerde, nach Donner bei W. Helbig Wandgemälde der vom Vesuv verschütteten Städte Campaniens S. XLVI, Anm. 121 ein natürlich vorkommendes Bleiweiss): Theophrast. De lapid. 62 s.; Dioscor. V, 180; Plut. De def. or. 47; Aelian. Var. h. II, 2; Plin. XXXV, 6, 37; 7, 50; Vitruv. VII, 7, 3.

sidian, jener Steinart, aus welcher die in Griechenland und anderwärts in Menge vorkommenden, offenbar vorhistorischen Zeiten angehörigen Pfeilspitzen und Messerklingen gefertigt sind.[1]) Ein besonderer Industriezweig, wenigstens in den ältesten Zeiten, war die Verfertigung bemalter Thongefässe nach orientalischen Mustern; ausserdem wurde Ziegenzucht, namentlich aber Handel und Schifffahrt betrieben.[2])

Die ältesten Bewohner waren Phöniker, welche, ohne Zweifel durch die günstige Lage der Insel für den Verkehr nach Westen und die treffliche Hafenbucht angelockt, daselbst eine Niederlassung gründeten, welche die Namen Byblis, Memblis oder Mimallis geführt haben soll.[3]) Hellenisirt wurde sie nicht wie die Kykladen durch Ionier, sondern durch Minyer und Dorier, die von Lakonien aus von der Insel Besitz ergriffen und ein dorisches Staatswesen daselbst begründeten.[4]) Der dorische Charakter der Bevölkerung war die Ursache, dass die Insel, welche dem Perserkönig die Unterwerfung verweigert und zur hellenischen Flotte bei Salamis zwei Funfzigruderer gestellt hatte, sich von der Theilnahme am athenischen Seebunde fern hielt und beim Ausbruch des peloponnesischen Krieges eine neutrale Stellung einzunehmen suchte. Den Athenern aber war der Besitz der Insel für die Sicherheit ihrer Herrschaft im ägäischen Meere zu wichtig, als dass sie eine solche bei den nationalen Sympathien der Melier natürlich nur für ihre Feinde wohlwollende Neutralität hätten gestatten können; sie griffen sie also, nachdem sie schon

---

[1]) Vgl. Finlay *Παρατηρήσεις ἐπὶ τῆς ἐν Ἑλβετίᾳ καὶ Ἑλλάδι προϊστορικῆς ἀρχαιολογίας* (Athen 1869) S. 17.

[2]) Vgl. A. Conze Melische Thongefässe, Leipzig 1862. — Zicklein von Melos: Athen. I, p. 4c; Poll. VI, 63.

[3]) Steph. Byz. u. *Μῆλος*; Plin. IV, 12, 70; Hesych. u. *Μεμβλίς* und *Μιμαλλίς*. Euseb. Chron. ad a. Abrah. 590 (p. 35 ed. Schöne): 'Melus et Pafus et Thasus et Callista urbes conditae'. Paulus p. 124, 11 ed. Müller macht den Heros eponymos Melós (vgl. Eustath. ad Dionys. Per. 530) zu einem Phöniker. Der von Plin. und Steph. Byz. a. a. O. angeführte Name *Ζεφυρία* bezieht sich auf die Lage der Insel als der westlichsten aller Kykladen und Sporaden.

[4]) Conon. Narrat. 36; Thuk. V, 84; ebds. c. 112 wird die Begründung des dorischen Staates 700 Jahre vor die Eroberung der Insel durch die Athener (416 v. Chr., also um 1116 v. Chr.) gesetzt. In ziemlich frühe Zeit gehört wohl auch die von Plutarch. De mul. virt. 7 und Polyän. Strat. VIII, 64 erwähnte Niederlassung der Melier bei Kryassos in Karien.

im Jahre 426 einen erfolglosen Versuch gemacht hatten sie zu unterwerfen, im Jahre 416 ernstlich an und nöthigten sie nach hartnäckigem Widerstande sich auf Gnade und Ungnade zu ergeben, worauf die waffenfähige Mannschaft getödtet, Weiber und Kinder zu Sclaven gemacht und in der Stadt 500 attische Kleruchen angesiedelt wurden.[1] Nach dem Ende des peloponnesischen Krieges wurden diese durch Lysandros vertrieben und die Insel den Resten der alten Bevölkerung zurückgegeben, die nun wieder, wie die Inschriften lehren, ein dorisches Gemeinwesen bildeten, an dessen Spitze ein Archon stand; aber die Blüthe und politische Bedeutung der Insel war für immer dahin.[2] Im ersten Jahrhundert unserer Zeitrechnung hatten sich zahlreiche Juden, offenbar durch Handelsinteressen angelockt, daselbst niedergelassen; unter ihnen fasste bald das Christenthum Wurzel und verbreitete sich allmälig, so dass schon im dritten Jahrhundert eine zahlreiche Christengemeinde auf Melos bestand, deren unterirdische Grabräume (Katakomben) in der Nähe der alten Stadt in einer jetzt Klima genannten Schlucht (unterhalb des westlichen Endes des Dorfes Trypiti, 3—400 Schritt östlich vom Theater) erhalten sind.[3]

Nach der Eroberung Konstantinopels durch die Franken bildete Milos einen Theil des Herzogthums Naxos, von welchem es 1341 als selbständiger Staat unter Herrschaft des Marco Sanudo abgesondert wurde; nach dessen Abdankung (1376) erhielt es dessen einzige Tochter Fiorenza, deren Gemahl, Francesco I. Crispo, in Folge der Erwerbung des Herzogthums Naxos (1383) es wieder mit diesem vereinigte.

---

[1]) Herod. VIII, 46 und 48; Thuk. III, 91; V, 84—116. Die von den Meliern während der Belagerung ausgestandene Hungersnoth wurde als λιμὸς Μήλιος sprüchwörtlich: Aristoph. Av. 186 c. schol.; Zenob. Prov. IV, 94 u. a.

[2]) Plutarch. Lysandr. 14; Xenoph. Hell. II, 2, 9. Inschriften: C. I. gr. n. 2424—2441 und Add. Vol. II, p. 1081; ältere aus der Zeit vor der athenischen Eroberung bei A. Kirchhoff Studien zur Geschichte des griechischen Alphabets, zweite Aufl., S. 47 ff.; dazu U. Köhler Hermes II, S. 454. Auch die älteren Münzen (Eckhel D. n. v. I, 2, p. 330 s.) geben die dorische Namensform Μαλίων. — Nach der um 340 gehaltenen Rede des (Demosth.) in Theokrin. p. 1339 wollten die Athener damals eine Geldbusse von 10 Talenten von den Meliern eintreiben, weil diese Seeräubern eine Zuflucht bei sich gewährt hatten.

[3]) Juden: Ioseph. Ant. Iud. XVII, 12; Bell. Iud. II, 7. Ueber die Katakomben s. Ross Inselreisen III, S. 145 ff.

Die Stadt Melos[1]) lag am nordöstlichen Ende der grossen von Norden her tief in die Insel einschneidenden Bucht unterhalb des auf einem steilen Felsgipfel ganz regellos angelegten jetzigen Hauptorts Kastro. Ein niedriger Felshügel, dessen platter Gipfel jetzt eine Capelle des Hagios Elias und ein verfallenes Kloster trägt, bildete wahrscheinlich die Akropolis der alten Stadt, deren in ihren unteren Theilen aus grossen polygonen Werkstücken erbaute Ringmauer sich, wie die Reste zeigen, bis zum Gestade herabzog. An der Südostseite des Hügels stehen in einer flachen Bogenlinie eine Anzahl Sessel aus Tufstein mit Rücklehnen,[2]) welche wahrscheinlich die oberste Sitzreihe eines kleinen Theaters oder Odeions bildeten. Oestlich davon finden sich die Reste eines stattlichen in korinthischem Stil erbauten Tempels (vielleicht des Dionysos), etwas über 100 Schritt südwestlich unterhalb desselben ein grösseres Theater mit Sitzreihen aus weissem Marmor, dessen Scenengebäude jedoch, nach den erhaltenen Ueberresten zu schliessen, erst der römischen Zeit angehörte.[3]) Unterhalb des Theaters erstreckte sich wahrscheinlich die Agora bis zum Hafen, einer kleinen Einbuchtung der Küste, welche, durch starke Steindämme geschützt, von Schiffshäusern und anderen Anlagen für Handel und Schifffahrt umgeben war. Ausserhalb der östlichen Stadtmauer ziehen sich besonders am nördlichen und westlichen Abhange der jetzt Klima genannten, mit spärlichen Oelbäumen bewachsenen Thalschlucht zahlreiche antike Gräber hin, in welchen ausser bemalten Vasen, Goldschmuck, geschnittenen Steinen und bronzenen Geräthschaften auch einige

---

[1]) Thuk. V, 115 (wo die Agora erwähnt wird); Diod. XII, 65; Ptol. III, 17, 11; Eustath. ad Dionys. Per. 530; Steph. Byz. u. Μῆλος; Plin. IV, 12, 70; über die Reste vgl. besonders Prokesch von Osten I, S. 536 ff.; II, S. 204 ff.; Ross III, S. 6 ff.

[2]) Prokesch sah im Jahre 1825 noch 20 solche Sessel am Platze, abgesehen von einigen bei der Ausgrabung von den Arbeitern herausgeworfenen, Lenormant im Jahre 1829 und Ross im Jahre 1843 nur noch 4. Die Deutung der Anlage als Odeion, welche durch die auf mehreren Sesseln befindlichen Inschriften (C. I. gr. n. 2436) unterstützt wird, wird Lenormant (Annali dell' inst. I, p. 343) verdankt.

[3]) S. den allerdings vor der im Jahre 1836 durch König Ludwig I. von Baiern als Eigenthümer des Terrains veranstalteten Aufräumung entworfenen Plan in der Expédition scient. de Morée III, pl. 26, wiederholt bei Wieseler Theatergeb. Tfl. I, 18; vgl. Ross S. 7 f.

hochbedeutende statuarische Werke, die man offenbar in der Zeit des späteren Alterthums vor der Gefahr der Zerstörung hier geborgen hat, wie die berühmte Aphrodite des Louvre und der treffliche Kopf des Asklepios (nach anderen Zeus) des britischen Museums (früher in der Sammlung des Herzogs von Blacas), gefunden worden sind.[1]) Aehnliche, durchgängig in den Tuffboden eingeschnittene antike Gräber sind an verschiedenen Stellen der Insel in beträchtlicher Anzahl entdeckt worden und beweisen, dass im Alterthum ausser der Stadt noch mehrere für uns namenlose kleine Ortschaften existirt haben. Heutzutage giebt es ausser dem südöstlich vom alten Hafen gelegenen kleinen Hafenorte Adamas (’σ τὸν ἀδάμαντα) und den eine Art Vorstädte oder Aussengemeinden des Kastro bildenden Dörfern Plaka, Trypiti und Trion Vasallon noch eine zweite, zwei Stunden südöstlich von Kastro gelegene Stadt, die von den fränkischen Herrschern des spätern Mittelalters angelegte Paläa Chora, die bis zum Anfang unseres Jahrhunderts als Hauptort der Insel galt, jetzt aber in Folge ihrer ungesunden Lage in der Nähe von Sümpfen fast ganz verödet ist.

Zur Gruppe von Melos gehören ausser zwei jetzt Akrariäs genannten Felsklippen am nördlichen Eingang der grossen Bucht die Inseln Antimilo, Kimolos, Polybos (oder Polinos) und die zwischen den beiden letztgenannten und Melos gelegenen ganz kleinen Inselchen Hagios Stathis und Hagios Georgios. Antimilo, gewöhnlicher Erimomilo (das wüste Melos) genannt, ist eine etwas über eine deutsche Meile nordwestlich von Melos gelegene baumlose und wasserlose Trachytmasse, auf welcher jetzt nur eine Menge wilder Ziegen mit grossen knotigen Hörnern leben. Dieser Umstand legt es nahe, darin die Polyägos der Alten zu erkennen; doch machen die Stellen der Alten, wo dieser Name erwähnt wird, es wahrscheinlicher, dass derselbe der etwas grösseren und

---

[1]) Vgl. für die Aphrodite W. Fröhner Notice de la sculpture antique du musée du Louvre Vol. I, p. 172 s., für den Asklepioskopf (mit welchem zusammen die Weihinschriften an Asklepios und Hygieia C. I. gr. n. 2428 f. gefunden wurden) Lenormant Annali I, p. 341 s. — Auf eine missverstandene Inschrift aus einer solchen Grabgrotte ist jedenfalls die seltsame Notiz von dem Grabmal des attischen Königs Menestheus bei Bondelmonte (p. 81 ed. Sinner) und bei Pasch van Krienen (p. 23 ed. Ross) zurückzuführen.

anbaufähigeren Insel Polybos (s. unten) zukommt; auf Antimilo kann man vermuthungsweise den alten Namen **Ephyra** beziehen.[1]) Eine im Innern mit Mörtel ausgekleidete Cisterne, in welche einige Stufen hinabführen, ist das einzige Zeugniss für eine wahrscheinlich nur vorübergehende Bewohnung der Insel im Alterthum.

Kimolos. Ein nur etwa eine Viertelstunde breiter Canal trennt die Nordostspitze von Melos von der Südwestseite der Insel **Kimolos** (von den Griechen noch jetzt Kimoli, von den Westeuropäern gewöhnlich Argentiera genannt). Grösstentheils kahl, ohne Quellen trinkbaren Wassers und wenig angebaut, producirt diese jetzt an Getreide, Wein, Oel, Feigen und Baumwolle kaum die für die etwa 1200 Seelen betragende Bevölkerung nöthige Quantität. Im Alterthum waren ihre getrockneten Feigen berühmt; den Hauptausfuhrartikel aber bildete die nach ihr benannte 'kimolische Erde', ein in ganz Griechenland nur hier vorkommender Seifenthon, welcher von den Walkern zum Reinigen der Kleider, von den Badern zum Baden und sogar von den Aerzten als Heilmittel gebraucht wurde. Ausserdem liefert die Insel einen trefflichen weissen Baustein, der vielfach ausgeführt wird.[2]) Ueber die Geschichte der Insel im Alterthum ist uns fast nichts bekannt; eine Inschrift, welche einen Schiedsspruch des argivischen Volkes über den zwischen den Meliern und Kimoliern streitigen Besitz einiger kleinen Inseln zu Gunsten der letzteren enthält,[3]) beweist, dass sie zur Zeit der Selbständigkeit von Melos von diesem unabhängig war; in der Schätzungsliste der athenischen Bundesgenossen von Ol. 88, 4 (in welcher freilich auch die damals factisch nicht zum Bunde gehörigen Melier aufgeführt sind)

---

[1]) Steph. Byz. u. *Ἐφύρα· νῆσος οὐ μακρὰν ἀπέχουσα Μήλου.* Vielleicht entsprechen die von Plin. IV, 12, 56 'in Argolico sinu' angesetzten Inseln Pityusa, Irine, Ephyre den jetzt Belopulo (oder Kaimeni), Falconera und Antimilo genannten Inseln (vgl. oben S. 349 f.).

[2]) Scyl. Per. 48; Dionys. Calliph. Descr. Gr. 138; Strab. X, p. 484; Athen. III, p. 123[d]; Stadiasm. m. m. § 284; Ptol. III, 17, 11; Plin. IV, 12, 70 (nach welchem die Insel auch **Echinussa** genannt wurde); Ovid. Met. VII, 463; Steph. Byz. u. *Σίδη.* — *Ἰσχάδες Κιμώλιαι* Athen. I, p. 30[b]. *Κιμωλία γῆ* Aristoph. Ran. 713 c. schol.; Theophr. De lapid. 62; Plin. XXXV, 17, 195 und 198; Colum. De re rust. VI, 17, 4; Veget. Art. veter. II, 29; 32. Vgl. dazu Tournefort I, p. 55 ss.; Fiedler II, S. 344 ff.; Ross III, S. 22 ff.

[3]) Schneidewin (nach Lebas' Abschrift) Philol. IX, S. 588 ff.

ist sie mit einem Tribut von 1000 Drachmen angesetzt. Die alte Stadt Kimolos lag auf einer jetzt nach dem heiligen Andreas benannten Felsklippe, welche heutzutage nur durch ein niedriges, kaum vom Wasser bespültes Riff mit der Südwestküste der Insel zusammenhängt, mit der sie im Alterthum offenbar durch einen im Lauf der Jahrhunderte von den Wellen weggespülten Isthmos verbunden war. Die ganze Klippe ist noch mit Trümmern antiker Gebäude (jetzt Daskalio, d. i. *διδασκαλεῖον*, 'Schule' genannt) bedeckt; die Bucht an ihrer Ostseite bildete, solange der Isthmos bestand, einen kleinen aber guten Hafen, längs dessen sich an der Küste der Insel die Gräber der alten Kimolier hinziehen.[1]) In Folge der Zerstörung des Isthmos, welche die Communication mit dem Lande sehr erschwerte, wurde die Stadt — wahrscheinlich erst in der Zeit der fränkischen Herrschaft, wo die Insel ein Anhängsel von Melos bildete — an die Stelle, welche sie noch jetzt einnimmt, an die Südostküste der Insel verlegt. Auf einem steilen, schwer zugänglichen Gipfel in der Mitte der Westküste finden sich die Reste einer mittelalterlichen Befestigung, auf einer Klippe vor der Südküste die Ruinen eines alten Thurmes; an der jetzt Prasa genannten Bucht am nördlichen Theile der Ostküste sollen noch alte Gräber vorhanden sein.

Die südöstlich von Kimolos gelegene, beträchtlich kleinere Insel Polybos (auch Polinos oder Kaimeni, von den Franzosen und Italiänern 'Isle brulée, Isola bruciata' genannt), wahrscheinlich, wie oben bemerkt, die antike Polyaegos,[2]) besteht ganz aus weissem zersetzten Feldspatgestein, das sich in der Mitte der Insel zu einem 360 Meter hohen Berge erhebt, an der Südwest- Polyägos.

---

[1]) Den Grundplan eines dieser Gräber giebt F. Lenormant in der Revue archéologique n. s. XIV, p. 56 s.

[2]) Ptol. III, 15, 28 (wo die als *νῆσος ἔρημος* bezeichnete Insel zwischen Ios und Therasia angesetzt wird); Plin. IV, 12, 70; auch bei Scyl. Per. 48 ist, wie schon oben (S. 348, Anm. 1) bemerkt, *κατὰ δὲ ταύτην* (*Κίμωλον*) *Πολύαιγος* (für *νωχίυρος* des Cod.) herzustellen. Für die Lage bei Kimolos zeugt besonders die oben S. 502, Anm. 3 erwähnte Inschrift, in welcher Z. 9 ff. bestimmt wird *Κιμωλίων ἦμεν Πολύαιγαν*, *Ἑτήρειαν* (?), *Λίβειαν*: die beiden letzteren Namen sind auf die westlich von Polybos gelegenen Inselchen Hagios Stathis und Hagios Georgios zu beziehen. Vgl. über Polybos Bondelmonte p. 80 (welcher 'formae casarum' d. i. wohl in den Fels geschnittene Fundamente von Häusern erwähnt); Pasch van Krienen p. 21; Fiedler II, S. 364 ff.; Ross III, S. 26.

küste steil nach dem Meere abfällt, während die Nordseite der Insel anbaufähig ist. Etwas südlich unterhalb des höchsten Gipfels öffnet sich eine geräumige, von der Natur gebildete, aber an einigen Stellen von Menschenhänden bearbeitete Höhle, in welcher sich Opale in beträchtlicher Menge finden. Im Alterthum machten sowohl die Melier als die Kimolier auf den Besitz der Insel Anspruch, ein Streit, welcher durch die zu Schiedsrichtern gewählten Argiver zu Gunsten der Kimolier entschieden wurde, die noch jetzt die eine Hälfte der Insel besitzen, während die andere den Meliern gehört. Schon zur Zeit des Ptolemäos war die Insel unbewohnt; im Mittelalter stand eine Zeit lang ein Kloster darauf, das aber auch bald wieder verlassen wurde, so dass ausser verwilderten Ziegen nur einzelne Hirten darauf hausten; erst neuerdings haben sich einige Familien daselbst angesiedelt.

Pholegandros. Oestlich von der bisher betrachteten Gruppe zieht sich eine Reihe von Inseln hin, welche nicht, wie jene, aus vulkanischem Gestein, sondern aus Glimmerschiefer (im östlichsten Theile Thonschiefer) und krystallinisch-körnigem Kalk besteht. Die westlichste dieser Inseln, Pholegandros[1] (jetzt im Volksmunde Polykandro), ist ein von Nordwest nach Südost $1^1/_2$ deutsche Meile langer, durchschnittlich $^1/_2$ Stunde breiter Gebirgsrücken, welcher fast an allen Seiten in steilen und schroffen, bisweilen senkrechten Wänden gegen das Meer abstürzt; nur an der Südostseite ist eine Einbuchtung, welche den einzigen nicht eben guten Hafen der Insel bildet. Während die ganze Osthälfte aus dürren Kalk- und Marmorfelsen besteht und daher völlig unfruchtbar ist — weshalb ein alter Dichter die Insel als die 'eiserne' bezeichnet hat —, ist die aus Glimmerschiefer bestehende Westhälfte in Folge der starken Verwitterung dieses Gesteins ausreichend mit Erde bedeckt und liefert einen für die Bedürfnisse der etwa 1500 Seelen betragenden, theils von Ackerbau, theils von Viehzucht lebenden Bevölkerung völlig ausreichenden Ertrag an Getreide, Oel und Wein. Die alten Bewohner waren, wie die

[1]) Solon. frg. 2 Bergk; Strab. X, p. 484, 486; Anthol. Pal. IX, 421, 3; schol. Dion. Per. 132; Ptol. III, 15, 32; Steph. Byz. u. Φολέγανδρος; Plin. IV, 12, 68: vgl. Tournefort I, p. 99 s.; Fiedler II, S. 145 ff.; Ross I, S. 146 ff. Pasch van Krienens Notiz von einem Tempel der Latona (p. 24) scheint mir aus der missverstandenen Stelle des Aratos bei Strab. X, p. 486 fingirt zu sein.

Inschriften[1]) lehren, dorischer Nationalität, offenbar weil die Insel, sei es von Lakonien, wie Melos und Thera, sei es von Kreta aus (der Heros eponymos Pholegandros galt als Sohn des Minos) colonisirt worden war; doch gehörten sie, freilich wohl nicht freiwilliger Weise, dem athenischen Seebunde an, wenigstens sind sie in der Schätzungsliste von Ol. 88, 4 mit einem Tribut von 2000 Drachmen angesetzt. Ihre Stadt lag in der östlichen Hälfte der Insel, eine Stunde nördlich von der Hafenbucht, auf einer spitzen Felshöhe, welche noch einige antike Mauerreste und die Trümmer eines Schlosses aus dem Mittelalter (während dessen die Insel die Schicksale von Siphnos und Sikinos theilte) trägt; eine grosse zum Theil aus antiken Werkstücken erbaute Kirche am Südabhange scheint auf der Stelle eines alten Heiligthums (vielleicht des der Artemis Selasphoros)[2]) zu stehen; unterhalb derselben liegt das jetzige Städtchen. In der Nordostseite desselben Berges findet sich etwa 30 Fuss über dem Meeresspiegel eine von der Landseite fast gar nicht, vom Meere her nicht ohne Schwierigkeit zugängliche Grotte (jetzt Chrysospiläa 'die Goldgrotte' genannt) mit schönen Tropfsteinbildungen, einigen für Weihgeschenke bestimmten Nischen und einer theils griechischen, theils lateinischen Inschrift,[3]) welche die Namen antiker Besucher der Grotte zu enthalten scheint.

Zwischen der Südostspitze von Pholegandros und der Südwestspitze von Sikinos liegt, von einigen ganz kleinen Eilanden umgeben (zwei, Adelphia genannt, gegen Westen, vier, 'Mermingia', gegen Osten), die kleine Insel Kardiotissa, die alte Lagussa,[4]) ein öder höhlenreicher Kalkfelsen, welcher von den Pholegandriern und Sikineten als Weideplatz für ihre Ziegenheerden benutzt wird.

---

[1]) S. C. I. gr. n. 2442—45; Add. Vol. II, p. 1082; Fr. Lenormant Revue archéolog. n. s. XI, p. 124 ss.

[2]) Den Cult dieser Göttin bezeugt die von Lenormant a. a. O. p. 126, n. 5 veröffentlichte Inschrift.

[3]) C. I. gr. n. 2444[b] (Vol. II, p. 1082). In der Nähe der Grotte scheint ein Heiligthum des Apollon προστατήριος gestanden zu haben nach den Inschriften bei Lenormant a. a. O. p. 127, n. 7—9.

[4]) Strab. X, p. 484; Steph. Byz. u. Λάγουσα: vgl. Fiedler II, S. 150; Ross I, S. 149.

Sikinos.

Sikinos,[1]) das noch jetzt seinen alten Namen bewahrt hat, ist ein von Südwest nach Nordost streichender Gebirgszug von ganz ähnlicher Beschaffenheit wie Pholegandros, aber etwas länger und breiter. Die Küsten sind ganz hafenlos; nur an der Südostseite findet sich eine offene Bucht, die den Schiffen gegen Südwinde gar keinen Schutz gewährt. Das Hauptproduct der Insel ist Wein, daher sie im Alterthum auch den Namen Oinoe geführt haben soll, ausserdem wird etwas Oel, Feigen, Baumwolle, und Getreide erbaut.

Die Sage, welche den Heros eponymos Sikinos zu einem Sohne des Thoas, Königs von Lemnos, macht, lässt vermuthen, dass in alten Zeiten Minyer aus Lemnos sich hier angesiedelt haben. Von den alten Historikern wird die Insel gar nicht erwähnt; aus Steinurkunden ersehen wir, dass sie sowohl dem älteren als dem neueren attischen Seebunde angehörte und demokratische Verfassungsform hatte.[2]) Während der Herrschaft der Franken im Archipel theilte sie, wie Pholegandros, die Schicksale von Siphnos (vgl. oben S. 481). Von der alten Stadt der Sikineten, welche ungefähr eine halbe Stunde nordwestlich von dem Landungsplatze auf einem hohen und sehr schroffen Berggipfel lag — die neuere Stadt liegt gegen $1\frac{1}{2}$ Stunde weiter nordwestlich auf einem gegen Norden steil zum Meere abfallenden Bergrücken — sind ausser zahlreichen Marmorblöcken und Scherben nur Reste der Ringmauer, Terrassenmauern, Gebäudefundamente, Cisternen und Gräber erhalten; dagegen findet sich nordöstlich von da in einer Einsenkung zwischen dem Berge, welcher die Stadt trug, und dem höchsten Gipfel der Insel ein bis auf

---

[1]) Sol. frg. 2 Bergk; Scyl. Per. 48; Apollon. Rhod. A, 623 ss. c. schol.; Strab. X, p. 484; Stadiasm. m. m. 273; Ptol. III, 15, 32; Etym. M. p. 712, 48; Steph. Byz. u. Σίκινος; Plin. IV, 12, 69. Auf Weincultur deutet ausser dem Namen Oinoe auch die Traube als Typus der Münzen von Sikinos. Vgl. Tournefort I, p. 98 s.; Fiedler II, S. 151 ff.; Ross Archäol. Aufs. II, S. 480 ff.; Inselreisen I, S. 149 ff.; Reinganum Zeitschrift für die Alterthumswissenschaft 1838, N. 86 ff., S. 697 ff.

[2]) In der Schätzungsliste von Ol. 88, 4 sind die Σικινῆται mit 1000 Drachmen angesetzt (U. Köhler Urkunden S. 70), in der Bundesurkunde von Ol. 100, 3 (Rangabé Ant. hell. II, p. 373 s.) erscheinen Col. B, Z. 30 die Σικινῖται; in den Inschriften C. I. gr. n. 2447[b], [d] und [e] (Vol. II, p. 1083 s.) werden ἡ βουλὴ καὶ ὁ δῆμος, ἄρχοντες, πράκτορες und ἀγορανόμοι aufgeführt.

das Dach und die Ostfront wohl erhaltener Tempel des Apollon Pythios, welcher seine Erhaltung der Verwandlung in eine christliche Kirche (die sogenannte Episkopi, d. i. Bischofssitz) verdankt. Der 10,40 Meter lange und 7,30 Meter breite, aus einheimischem bläulichem Marmor erbaute Tempel stammt, wie die Mischung verschiedenen Stilgattungen angehöriger Elemente sowie die plumpe und rohe Ausführung der Details zeigt, aus der Zeit des Verfalls der griechischen Architektur: die Westfront zeigt zwei uncanelirte Säulen mit Basen und dorischen Capitälen zwischen Anten, der ausgebauchte Fries ist schmucklos, die untere Seite des Dachkranzes mit ionischen Zahnschnitten verziert.[1]) Ausserdem sollen noch auf dem jetzt Malta genannten nordöstlichen Cap der Insel Reste einer alten Ansiedelung vorhanden sein.

Die östlich von Sikinos gelegene, zwei deutsche Meilen lange Ios. und durchschnittlich eine Meile breite Insel Ios[2]) bildet eine mächtige, theils aus Glimmerschiefer und krystallinisch-körnigem Kalk, theils aus Granit und Gneis bestehende Gebirgsmasse, welche in dem ungefähr in der Mitte der Insel aufsteigenden

---

[1]) Vgl. die Beschreibung (mit Abbildung) bei Ross Inselreisen I, S. 150 ff.; dazu A. Michaelis Annali t. XXXVI, p. 264 ss. (mit Tav. d'agg. R, 6). Ross giebt ausdrücklich an, an der Ostseite könne kein antiker Eingang gewesen sein, weil diese Seite ganz schmucklos sei und der Unterbau sich nicht über den Tempel hinaus erstrecke. Freilich ist eine solche Orientirung nach Westen für den Tempel einer olympischen Gottheit (die Beziehung auf den Apollon Pythios giebt die Inschrift C. I. gr. n. 2447 b) höchst auffällig; doch wage ich ohne Autopsie nicht zu entscheiden, ob nicht etwa bei der Umwandlung in eine christliche Kirche die ganze Ostfront sammt ihrem Unterbau entfernt worden ist, so dass der Tempel ursprünglich an beiden Fronten je eine durch zwei Säulen zwischen Anten gebildete Vorhalle gehabt hätte, wie der Tempel der Artemis Propyläa in Eleusis.

[2]) Der von Steph. Byz. u. Ἴος von den ionischen Bewohnern hergeleitete Name dürfte eher (mit Plut. Sertor. 1) von ἴον, Veilchen, herzuleiten sein, wie auch der andere Name Φοινίκη, welchen nach Steph. Byz. a. a. O. und Plin. IV, 12, 69 die Insel in alten Zeiten führte, wohl nicht auf phönikische Ansiedler, sondern auf Palmen, die im Alterthum auf der Insel wuchsen (die Palme erscheint auch auf Münzen der Insel: s. Eckhel D. n. v. I, 2, p. 329, und Ross fand wenigstens noch eine Palme daselbst), zurückzuführen ist. Der von neueren Geographen viel gebrauchte Name Nio ist nur eine Entstellung aus dem griechischen Accusativ 'ς τὴν Ἰό. Vgl. über die Insel Tournefort I, p. 95 s.; Fiedler II, S. 203 ff.; Ross Inselreisen I, S. 154 ff.; III, S. 152 ff.

Gipfel des Hagios Elias ihre grösste Höhe (735 Meter) erreicht. Der Boden ist ziemlich fruchtbar und verhältnissmässig gut angebaut: an Wein, Oel, Getreide und Baumwolle wird mehr producirt als der Bedarf der Bevölkerung beträgt; auch die Viehzucht ist nicht unbedeutend. Als eine werthvolle Mitgift für den Seeverkehr hat die Insel von der Natur einen trefflichen Hafen (jetzt nach dem Hagios Nikolaos genannt) am nördlicheren Theile ihrer Westküste erhalten. Dass sie frühzeitig von Bewohnern ionischer Nationalität besetzt worden ist, beweist nicht nur ihre Zugehörigkeit zu der Amphiktyonie von Delos, sondern auch die Existenz einer alten homerischen Sängerschule, welche durch die Sagen von den persönlichen Beziehungen des Homer zu der Insel bezeugt wird. Nach der Tradition der Ieten nämlich wäre zur Zeit der ionischen Wanderung ein ietisches Mädchen, Klymene (oder Kritheis) mit Namen, von einem Dämon geschwängert und als sie sich, um ihre Schande zu verbergen, an einen Aegina genannten Platz zurückgezogen hatte, von Räubern entführt, nach Smyrna gebracht und dem Könige der Lyder, Mäon, zum Geschenk gemacht worden; dieser hätte sie geheirathet und als sie am Ufer des Flusses Meles den Homer geboren, den Knaben wie sein eigenes Kind auferzogen. In hohem Alter wäre der Dichter (dessen Bild die Ieten auch auf ihre Münzen setzten) auf einer Fahrt nach Theben (oder nach Athen) begriffen auf Ios gelandet und daselbst gestorben und begraben worden; noch im zweiten Jahrhundert n. Chr. zeigte man den Fremden sein Grab und an einer anderen Stelle der Insel das seiner Mutter. [1])

Aus der historischen Zeit des Alterthums wissen wir nichts von den Schicksalen der Insel, ausser dass sie dem älteren attischen Seebunde angehörte. Nach der Eroberung von Konstantinopel durch die Franken wurde sie zuerst von den Herzögen von Naxos beherrscht, aber im Jahre 1269 von den Byzantinern erobert, denen

---

[1]) Paus. X, 24, 2; Aristot. bei (Plut.) De vita et poesi Hom. 3 f.; (Herod.) Vita Hom. 34 ff.; vgl. Scyl. Per. 58; Strab. X, p. 484; Anthol. Pal. VII, 1; 2; Plin. IV, 12, 69. An die angebliche Auffindung des Grabes durch Pasch van Krienen (Breve descrizione del'arcipelago p. 35 ss.) wird wohl trotz der Vertheidigung von Ross (in seiner Ausgabe der Reisebeschreibung Pasch van Krienen's S. 128 ff.; Inselreisen I, S. 156 ff. und III, S. 152 ff.) Niemand mehr glauben; vgl. Welcker Kleine Schriften III, S. 284 ff.

sie 1292 durch den Venezianer Dominico Schiavo entrissen ward; nach dessen Tode (um 1322) wurde sie wieder mit dem Herzogthum Naxos vereinigt, im Jahre 1397 aber vom Herzog Francesco I. Crispo seinem fünften Sohne Marco übergeben, der sie seinen Nachkommen vererbte; im Jahre 1508 kam sie als Erbe der Adriana, der einzigen Tochter Marco's III., in Besitz des Gatten derselben, des Alessandro Pisani, der sie im Jahre 1537 an die Türken verlor.[1])

Die alte Stadt der Ieten lag auf derselben Stelle wie die heutige, eine Viertelstunde östlich vom Hafen (an dessen innerstem Ende ein kleiner Felshügel Spuren einer alten Niederlassung, also einer kleinen Hafenstadt,[2]) bewahrt, wie auch halbwegs zur Stadt, zur Linken des Wegs, die Fundamente eines grossen antiken Gebäudes erhalten sind), an einem steilen Berge, dessen Gipfel, ohne Zweifel die antike Akropolis, die Trümmer eines mittelalterlichen Schlosses trägt. Unter den Tempeln der Stadt war wohl der bedeutendste der in zahlreichen Inschriften[3]) erwähnte des Apollon Pythios, dessen Stelle die jetzige Kirche Johannes des Täufers einzunehmen scheint; als Burggottheiten wurden wahrscheinlich Zeus Polieus und Athene Polias verehrt. Ausserdem finden sich noch an mehreren Punkten der Insel Spuren hellenischer Ansiedelungen: in der Ebene nordöstlich von der Stadt die Reste einer aus langen schmalen Schieferstücken erbauten Burg; nahe dem höchsten Gipfel des Gebirgs bei zwei kleinen Kirchen Marmorblöcke, Säulenreste und Capitäle; auf einem Hügel in der Nähe der kleinen Bucht Plakotos an der Nordseite der Insel die Ruine eines kleinen Wartthurmes aus bläulichen Marmorquadern (jetzt 'Psaropyrgos' d. i. Fischthurm genannt) und zahlreiche alte Gräber; bei der Kirche der Hagia Theodote nahe der Ostküste am Rande eines gegen Nordosten sich öffnenden, von einem Bache durchflossenen anmuthigen Thales Marmorstücke und andere Baureste und alte Gräber; endlich

---

[1]) S. Hopf Wiener Sitzungsber. Bd. 32, S. 417 ff. und S. 502 f.

[2]) Vgl. Scyl. Per. 58: Ἴος καὶ λιμήν.

[3]) Ross Inscr. gr. ined. Fasc. II, n. 95 und 96; Fasc. III, n. 317 und 318; Fr. Lenormant Rhein. Mus. n. F. Bd. XXII, S. 294 f., n. 293, 294 und 295. Zeus Polieus und Athene Polias: Ross a. a. O. Fasc. II, n. 93. Athene erscheint auch auf Münzen von Ios: Eckhel D. n. v. I, 2, p. 329 s.

südöstlich von da, in einem fruchtbaren jetzt Psathi genannten Thale (südlich von einem steilen Vorgebirge, das eine ansehnliche Festung aus der Zeit der fränkischen Herrschaft trägt) die Reste eines kleinen Heiligthums einer unter dem Beinamen Phythalmios verehrten Gottheit (des Dionysos oder des Poseidon).[1]

Herakleia. Zwischen der Nordostseite von Ios, der Südseite von Naxos und der Westseite von Amorgos liegt eine Gruppe von fünf grösseren und einer Anzahl ganz kleinen Eilanden, welche sämmtlich heutzutage keine feste Bevölkerung haben (daher Erimonisia genannt), sondern nur zeitweise von Hirten und Ackerbauern von Amorgos (zu welcher Insel sie jetzt gehören) bewohnt werden.[2] Die südwestlichste derselben, welche ihren alten Namen Herakleia mit Verlust des Anlauts (Raklia) bewahrt hat, hat an der Südseite eine Bucht, welche den Schiffen Schutz vor Stürmen, aber keinen Ankergrund bietet; auf einem steilen Felshügel oberhalb derselben sind Reste von einer kleinen befestigten hellenischen Ortschaft erhalten, die nach inschriftlichen Zeugnissen Heiligthümer der Tyche (Tychäon) und des Zeus Lopheites enthielt.[3]

Schinussa. Die östlich von hier gelegene weit kleinere und niedrigere Insel Schinussa, welche diesen ihren antiken und modernen Namen[4] den Mastixsträuchern (Pistacia lentiscus, griechisch σχῖ-

---

1) Inschrift bei Ross Inscr. gr. ined. II, n. 97 (vgl. Inselreisen I, S. 172 f.), der Διο[νύσῳ] Φυταλμίῳ ergänzt; doch können die Buchstaben Διο auch, wie Böckh bemerkt (C. I. gr. Vol. II, p. 1084), Reste vom Namen des Vaters des Weihenden sein. Φυτάλμιος erscheint am häufigsten als Beiname des Poseidon (Paus. II, 32, 8; Plut. VII sap. conv. 15; Quaest. symp. V, 3, 1), aber auch des Zeus (Hesych. u. Φυτάλμιος Ζεύς); bei Plut. De virt. mor. 12 wird Dionysos als ὁ φυτάλμιος θεὸς καὶ ἡμερίδης bezeichnet.

2) Vgl. über diese Inseln Tournefort I, p. 92 ss.; Fiedler II, S. 318 ff.; Ross I, S. 173; II, S. 34 ff.

3) Baumeister im Philologus Bd. IX, S. 392 f. Die Insel wird nur von Steph. Byz. u. Ἡράκλεια und vielleicht von Plin. IV, 12, 70 (codd. Hieracia und Cheratia) erwähnt.

4) Plin. IV, 12, 68. — Steph. Byz. u. Σχινοῦσσα und Hesych. u. Σχινοῦντα erwähnen eine gleichnamige Insel bei Phokis: entweder die jetzt Ampelonisi oder die Tzarukonisi genannte (beide im südlichsten Theile des Golfs von Aspraspitia gelegen). Ob die Buchstaben ΣΧΙ auf einem in Alexandria gefundenen Henkel eines Thongefässes (C. I. gr.

νος) verdankt, mit welchen der Boden, soweit er nicht wieder zum Feldbau urbar gemacht, bedeckt ist, trägt in zahlreichen antiken Terrassen deutliche Spuren sorgfältigen Anbaues im Alterthum, während nur einige Quadern und Säulentrümmer in der Capelle des Metochi (Nebenklosters) des Klosters der Panagia Chozoviotissa auf Amorgos, welchem die Insel gehört, ein nicht einmal ganz sicheres Zeugniss (denn die Trümmer können von anderswo her verschleppt sein) von der Existenz einer alten Ortschaft geben. Ruinen eines Dorfes aus dem Mittelalter liegen an der Südwestseite der Insel.

Nordöstlich von Schinussa liegen, nur durch einen schmalen Canal, welcher einen guten Hafen bildet, von einander getrennt zwei wegen ihres leichten, trockenen, aber nicht unfruchtbaren Bodens jetzt Kuphonisia genannte Inselchen, jede mit einem Dörfchen von 20—30 Häusern besiedelt: vielleicht die Phacussä der Alten.[1] Die südwestlichere flachere und kleinere (jetzt Kato-Kuphonisi) enthält keine sicheren Spuren antiker Bewohnung; auf der nördlicheren (Ano-Kuphonisi) dagegen finden sich hellenische Gräber, ein antiker Sarkophag und mehrere Marmorstücke, sowie Ruinen mittelalterlicher Bauten. Phacussä.

Südöstlich von den Kuphonisia, östlich von Schinussa erhebt sich die Insel Keros, ein hoher und rauher Bergrücken, an dessen Abhängen sich nur wenige zum Ackerbau geeignete Stellen finden; sie dient jetzt als Weide für die Ziegenheerden des Klosters der Panagia auf Amorgos, dessen Eigenthum sie ist. Offenbar ist sie die alte Keria, welche in der Schätzungsliste der athenischen Bundesgenossen von Ol. 88, 4 mit einer Steuer von $10^1/_2$ Drachmen angesetzt ist.[2] Die Stelle der alten Ortschaft ist noch nicht Keria.

---

n. 8519^b, Vol. IV, p. 263) sich auf eine Oertlichkeit Schinussa beziehen, ist sehr zweifelhaft.

[1]) *Φάκουσαι νῆσοι* (ohne nähere Bezeichnung der Lage) Steph. Byz. u. *Φάκουσα*; Phacussa Plin. IV, 12, 68. Woher Bondelmonte (p. 98) den Namen Podia für diese beiden Eilande hat, ist mir unklar.

[2]) S. U. Köhler Urkunden S. 200. Der Name der Insel (die auch beim Geographus Ravennas V, 21, p. 396, 9 ed. Pinder et Parthey als Cerus erscheint) ist von C. Müller (Geographi gr. min. I, p. 499) mit Recht im Stadiasm. m. m. § 282 (*Κέρεια* für *Κορσία* des Cod.) hergestellt worden. Bondelmonte (p. 98) erwähnt ohne nähere Ortsangabe Spuren alter Bewohnung auf Raklia und Keros.

aufgefunden: auf der kleinen Klippe Daskalio an der Westküste, Schinussa gegenüber, finden sich einige Ruinen, die aber dem Mittelalter anzugehören scheinen.

Amorgos. Oestlich von der Gruppe der Erimonisia, zu welcher ausser den von uns geschilderten noch eine Anzahl ganz kleiner Eilande gehört, für welche sich weder Spuren antiker Bewohnung noch antike Benennungen nachweisen lassen, liegt die von Südwest nach Nordost vier deutsche Meilen lange und durchschnittlich etwa eine Meile breite Insel Amorgos,[1]) die östlichste der zum Königreich Hellas gehörigen Inseln. Sie wird in ihrer ganzen Länge von einer Kette hoher, kahler Berge durchzogen, welche gegen Osten überall steil nach dem Meere abfallen; gegen Westen sind die Abhänge milder und wir finden hier einige fruchtbare Thäler und ein Paar treffliche Hafenbuchten; der südlichste Theil dagegen besteht aus dürren Felsmassen und ist mit Ausnahme einiger wie Oasen an sanften Einbuchtungen des Gebirges angelegten Gärten gar nicht angebaut. Die Hauptproducte der Insel waren im Alterthum Wein, Oel und Baumfrüchte,[2]) der wichtigste Industriezweig die Bereitung feiner, fast durchsichtiger Gewänder, die aus einer besonderen Art feinen Flachses gewebt und vermittels einer noch jetzt auf Amorgos häufig vorkommenden Flechte (wahrscheinlich der Roccella tinctoria) roth gefärbt wurden.[3]) Die ältesten

---

[1]) Nach Steph. Byz. u. Ἀμοργός soll sie auch Pankale und Psychia, nach Plin. IV, 12, 70 Patage oder Platage genannt worden sein. Vgl. über die Insel Tournefort I, p. 89 ss.; Fiedler II, S. 325 ff.; Ross I, S. 173 ff. und II, S. 39 ff.; über die Münzen derselben P. Lampros in der Ἀρχαιολογικὴ Ἐφημερὶς Περ. Β', H. 14, S. 352 ff. und P. Becker 'Eine Studie über die Münzen von Amorgos' Wien 1871 (aus der Numismatischen Zeitschrift von Huber und Karabacek Bd. II). Sehr zahlreich sind die Inschriften: s. C. I. gr. n. 2264 und Add. Vol. II, p. 1031 ss.; Ross Archäol. Aufs. II, S. 633 ff.; Inscr. gr. ined. II, n. 112—144; III, n. 314—316; Leontieff Monatsber. d. Berliner Akad. 1854, S. 684 ff.; Baumeister Philol. IX, S. 388 ff.; Lenormant Rhein. Mus. n. F. Bd. XXII, S. 290 f., n. 279—281; Henzen Annali t. XXXVI, p. 95 ss.; Ἐφημερὶς τῶν Φιλομαθῶν vom 24. März 1866, S. 915 f., n. 592; Ἀρχαιολογ. Ἐφημερὶς Περ. Β', H. 4, n. 77.

[2]) Heraclid. De reb. publ. 19: für die Bedeutung des Weinbaus zeugt auch der in allen drei Städten der Insel heimische Cult des Dionysos.

[3]) Aristoph. Lys. 150 c. schol.; Poll. VII, 74; vgl. Büchsenschütz Die Hauptstätten des Gewerbfleisses im klassischen Alterthum S. 68 f.; Blümner Die gewerbliche Thätigkeit der Völker des klassischen Alter-

Bewohner der Insel mögen, nach dem Namen der Stadt Minoa zu schliessen, Kreter (oder vielleicht auch Phöniker) gewesen sein. Ionische Einwanderer erhielt sie zuerst von Naxos; [1]) dann sandten (um Olympiade 20) die Samier eine Colonie dorthin, welcher die Gründung (beziehendlich Neugründung) der drei Städte der Insel, Minoa, Aegiale und Arkesine zugeschrieben wird. [2]) Später, wahrscheinlich nach der Zerstörung von Milet durch die Perser (495 v. Chr.), liess sich eine Schaar von Milesiern in Aegiale, der nördlichsten von diesen drei Städten, nieder. [3]) Dass die drei Städte trotz dieser verschiedenen Elemente der Bevölkerung bis ins vierte Jahrhundert v. Chr. durch ein gemeinsames politisches Band zu einem staatlichen Ganzen verbunden waren, geht daraus hervor, dass sowohl in den athenischen Tributlisten als in der Bundesurkunde von Olympiade 100, 3 nur die Amorgier überhaupt, nicht die Bewohner der einzelnen Städte aufgeführt werden; aber vom dritten Jahrhundert v. Chr. an findet sich von einer solchen Vereinigung keine Spur mehr, sondern die drei Städte erscheinen, wie noch in der römischen Kaiserzeit (wo die Insel auch als Verbannungsort benutzt wurde) als selbständige Staaten, [4]) ja seit dem zweiten Jahrhundert n. Chr. trat aus uns unbekannten Ursachen

---

thums S. 94 f.; für das Färbemittel Tournefort I, p. 89; Fiedler II, S. 330 f.

[1]) Steph. Byz. u. *Ἀμοργός*; schol. Dionys. Per. 525.

[2]) Suid. u. *Σιμμίας*, der den Iambendichter Simonides als Führer dieser Colonie nennt; da dieser aber sonst als Amorginer aus Minoa bezeichnet wird (Steph. Byz. u. *Ἀμοργός*; Strab. X, p. 487), so wird diese Führerschaft eher seinem Vater Krines zuzuschreiben sein. *Σάμιοι οἱ Ἀμοργὸν Μεινώαν κατοικοῦντες* Inschrift in Annali t. XXXVI, p. 96 (dieselben in derselben Inschrift Z. 35 f. als *ὁ δῆμος ὁ Μεινωητῶν* bezeichnet).

[3]) *Μειλήσιοι οἱ Ἀμοργὸν Αἰγιάλην κατοικοῦντες* C. I. gr. n. 2264; Leontieff S. 684 und 686; Ross Inscr. II, n. 120 und 121; Rhein. Mus. Bd. XXII, S. 290, n. 279. Da keine dieser Inschriften älter zu sein scheint als das zweite Jahrhundert n. Chr., nimmt P. Becker (Studie S. 26) an, dass die Niederlassung der Milesier einer viel jüngeren Zeit angehöre als die der Samier; doch wüsste ich keine passendere Veranlassung zu jener Niederlassung als die im Texte angenommene. Dass auch in Minoa eine milesische Gemeinde existirt habe, ist aus der Bezeichnung des Karpos Sohnes des Ktesios '*Μειλησίου τοῦ καὶ Ἀμοργεινοῦ Μεινοήτου*' (Ross Inscr. II, n. 112) schwerlich zu folgern: der Mann hatte wohl nur für sich das Bürgerrecht in Minoa erhalten.

[4]) Vgl. P. Becker Studie S. 8. Verbannungsort: Tac. Ann. IV, 13; 30.

das Bewusstsein der verschiedenen Abstammung wieder so lebhaft heror, dass die Bewohner von Minoa sich officiell als 'Samier, welche Amorgos Minoa bewohnen', die von Aegiale als 'Milesier, welche Amorgos Aegiale bewohnen' bezeichneten.[1])

Sehr wechselvolle Schicksale hat Amorgos in der Zeit von der fränkischen Eroberung bis zur türkischen Occupation des Archipels gehabt. Anfangs zum Herzogthum Naxos gehörig, wurde es bald von der Flotte des Kaisers Johannes Vatatzes von Nikäa erobert und von diesem dem ihm befreundeten Geremia Ghisi überlassen, der die damals ganz verödete Insel — die Einwohner waren nach Naxos ausgewandert — neu colonisirte und das jetzt Apanokastro genannte feste Schloss auf einem steilen Felsen oberhalb des jetzigen Städtchens Amorgos erbaute. 1269 wurde die Insel von den Byzantinern erobert, aber 1296 von Giovanni I. Ghisi in Besitz genommen und im Frieden mit Byzanz 1303 ihm und seinen Nachkommen garantirt, jedoch nach seinem Tode (1309) von dem Herzog Guglielmo I. von Naxos occupirt, der eine Hälfte seinem Admiral Dominico Schiavo, dem Herren von Ios, und dessen Bruder Marco, die andere Hälfte dem venezianischen Patricier Marco Grimani, dem Besitzer eines Theiles der Insel Astypaläa, übergab. Der Antheil der Schiavi wurde im Jahre 1352 von den Enkeln Marco's I., Marco II. und Giovanni, den Nachkommen des Giovanni Ghisi zurückgegeben, aber schon 1365 theils von den Venezianern, theils von den Sanudi von Naxos occupirt und endlich um 1421 dem Giovanni Quirini, Herrn von Astypaläa, übertragen, der 1446 auch die bis dahin von den Grimani besessene Hälfte erwarb, so dass von da an bis zur Eroberung durch die Türken (1537) die ganze Insel im Besitz der Quirini blieb.[2])

Im Alterthum war die Insel unter die drei Städte[3]) in der Weise vertheilt, dass der mittlere Theil das Gebiet von Minoa, der nördlichste das von Aegiale, der südlichste das von Arkesine bildete. Minoa, die älteste und jedenfalls bedeutendste derselben, lag ungefähr in der Mitte der Westküste, an der Südostseite der jetzt Porto Vathy oder Katapola genannten geräumigen und sichern

---

[1]) S. S. 513 Anm. 2 und 3.

[2]) S. Hopf Wiener Sitzungsber. Bd. 32, S. 452 ff. und S. 502 f.

[3]) S. Scyl. Per. 58; Ptol. V, 2, 31; Steph. Byz. u. Ἀμοργός und Ἀρκεσίνη: dass an letzterer Stelle Μελανία statt Αἰγιάλη als dritte Stadt genannt wird, halte ich für ein blosses Versehen des Excerptors.

Bucht, die noch jetzt den Hafen des ziemlich eine Stunde weiter östlich auf dem hohen Rücken der Insel gelegenen Städtchens Amorgos bildet. Die alte Stadt zog sich, wie die noch erhaltenen Reste der Ringmauern, zahlreiche gewölbte Grabkammern, Trümmer von Tempeln und anderen Gebäuden, Felsterrassen mit Gebäudefundamenten zeigen, vom Strande aus an den Abhängen eines etwa 600 Fuss hohen Berges hinan, dessen grösstentheils aus wild zerklüfteten Felsmassen bestehender Gipfel, der nur eine theilweise Ummauerung erforderte und gestattete, die Akropolis bildete. In der unteren Stadt zunächst dem Hafen lagen mehrere Tempel, wie die des Apollon Pythios und des Apollon Delios; an den unteren Abhang des Berges lehnte sich wahrscheinlich das jetzt verschwundene Theater, in dessen Nähe der Tempel des unter dem Beinamen Minoetes verehrten Dionysos zu suchen sein wird; höher hinauf am östlichen Abhange scheint das Gymnasion gestanden zu haben; für die Ansetzung des Buleuterion und der Heiligthümer der Tyche und der Hera haben wir keinen Anhaltspunkt.[1])

A r k e s i n e, wie es scheint die unbedeutendste der drei Städte, lag gegen zwei Stunden südwestlich von Minoa auf dem Rücken und an den gegen das Meer gerichteten Abhängen eines hohen Hügels, der durch zwei tiefe Schluchten auf beiden Seiten von den benachbarten Höhen getrennt ist und nur durch einen ziemlich schmalen Rücken mit dem mittleren Gebirgszuge der Insel zusammenhängt. Ein mitten in der Stadt schroff aufsteigender, nur von Süden her vermittels einer schmalen Treppe zugänglicher Fels bildete die Akropolis, welche den Namen A s p i s geführt und einen Tempel der Aphrodite Urania enthalten zu haben scheint. Ausserdem besass die Stadt, von welcher noch bedeutende Reste der Befestigungsmauern, Terrassenmauern, Säu-

[1]) Tempel des Apollon Ross Archäol. Aufs. II, S. 641, n. V; Apollon Pythios ebds. S. 639, n. IV; Apollon Delios Ross Inscr. II, n. 113; *Ἐφημ. τῶν φιλομαθῶν* 1866, S. 916. Theater, Tempel des Dionysos, Buleuterion Ross Inscr. III, n. 314; Archäol. Aufs. II, S. 637, n. III; *Ἐφ. τ. φιλ.* a. a. O. Gymnasion Ross Inscr. II, n. 114; *ἄγαλμα τῆς Τύχης* Ross Archäol. Aufs. II, S. 637, n. III, Z. 7. Cult der Hera beweisen die *Ἡραῖα* (Ross Archäol. Aufs. II, S. 641, n. V) oder *Ἑκατόνβια* (*Ἐφ. τ. φιλ.* a. a. O.), sowie die Münzen, die auch für Cult der Artemis zeugen, s. P. Becker Studie S. 31 ff. Ueber die Ruinen vgl. Ross Inselreisen I, S. 175; II, S. 40 ff.

len, Gebälkstücke und Quadern aus Marmor und Gräber erhalten sind, ein Heiligthum des Dionysos Kissokomas und wahrscheinlich Heiligthümer der Hera, des Apollon Apotropäos und der Athene.[1]) Zum Gebiete der Stadt gehörte ein fünf Viertelstunden südlich von ihr mitten in einer ziemlich geräumigen Ebene gelegener Wartthurm mit einem von hohen, mit Schiessscharten versehenen Mauern umgebenen Burghof, bei welchem Ueberreste von einer kleinen Kome erhalten sind.[2])

Auch die dritte Stadt, Aegiale, lag an der Westküste, $3^1/_2$ Stunde nordöstlich von Minoa, am innern Winkel einer geräumigen, einen guten Hafen bildenden Bucht, von welcher sich ein eine halbe Stunde langes, von hohen Bergen umgebenes fruchtbares Thal ins Innere der Insel hineinzieht. Ueber den Rändern dieses Thales liegen vier Dörfer, an welchen noch jetzt der Name der 'Dörfer von Aegiale' (*τῆς Αἰγιάλης τὰ χωρία*) haftet und in oder bei welchen sich Inschriftsteine, Gräber und andere Reste des Alterthums finden; doch dürfte daraus schwerlich zu folgern sein, dass schon die alte Aegiale aus drei oder mehreren Ortschaften bestanden habe,[3]) sondern die Stadt, welche Heiligthümer der Athene Polias und des Dionysos und ein Theater, wahrscheinlich auch Heiligthümer des Zeus und des Pan enthielt, lag, wie schon ihr Name besagt, unmittelbar am Strande des Hafens, wo noch mehrere gewölbte Grabkammern und eine auf den Ruinen eines antiken Tempels stehende Capelle der Panagia erhalten sind. Ungefähr eine Stunde nördlich von der Stadt

[1]) *Οὐρανία Ἀφροδίτη ἐν Ἀσπίδι* Ross Inscr. II, n. 126; *Διόνυσος Κισσοκόμας* ib. n. 135; *Ἡραῖ[ον]* ib. n. 136; *[Ἀπόλλων]ος ἀποτροπαίου* ib. n. 137. Kopf der Athene auf Münzen P. Becker Studie S. 28 f. Ruinen Ross Inselreisen II, S. 46 f.

[2]) Ross Inselreisen II, S. 43 ff.

[3]) So Ross Inselreisen II, S. 51 f., der die in einer Inschrift aus Aegiale (Archäol. Aufs. II, S. 643, n. VIII; C. I. gr. Vol. II, p. 1032) vorkommenden Demotika *Κοσυλλίτης* (*Κοσυμίτης* Böckh) und *[Νη]σίτης*, sowie das von Steph. Byz. u. *Ἀρκεσίνη* statt *Αἰγιάλη* aufgeführte *Μελανία* (s. oben S. 514, Anm. 3) auf diese zerstreuten Ortschaften bezieht. Vielleicht kommt der bei Tholaria gelegenen Ortschaft der Name *Φυλιγχεία* (*Ἀρχαιολ. Ἐφ. Περ. Β*', H. 4, n. 77) zu. Heiligthum der Athena Polias Ross Archäol. Aufs. II, S. 643 ff., n. VIII, Z. 42; des Dionysos ebds. S. 648, n. X (vgl. *Διονυσίοις ἐν τῷ ἀγῶνι τῶν τραγῳδῶν* ebds. n. VIII, Z. 35 f.). Die Münzen bezeugen den Cult des Pan, des Zeus und der Athene: Becker Studie S. 12 ff.

in der Nähe des jetzigen Dorfes Tholaria lag eine durch ein kleines Kastell (jetzt Vigla, d. i. Warte genannt) geschützte Kome, deren Namen wir nicht mehr sicher nachweisen können; die antiken Reste in den übrigen Dörfern sind von einem dieser beiden Plätze verschleppt.

Ein merkwürdiger Rest des Mittelalters ist das ähnlich dem Kloster Megaspiläon im Peloponnes in eine natürliche Felshöhle an steilem Bergeshang östlich über dem Städtchen Amorgos hineingebaute Kloster der Panagia Chozoviotissa, das vom Kaiser Alexios I. Komnenos im Jahre 1088 gestiftet, noch jetzt die besten Ländereien der Insel sowie die bedeutenderen der oben S. 510 f. geschilderten Erimonisia besitzt.[1])

Längs der Westküste von Amorgos liegen drei kleine Eilande, Krambussa, Petalidi und Nikuria, für welche wir ebensowenig einen antiken Namen kennen, als für die $2^1/_2$ deutsche Meilen südlich von Amorgos, zwischen diesem und Thera, auf hoher See gelegene wüste kleine Felsinsel Anydros ('die Wasserlose', auch Amorgopula, d. i. Klein-Amorgos genannt);[2]) ständige Bewohner hat wohl keine derselben im Alterthum gehabt.

$5^1/_2$ deutsche Meilen südlich von Amorgos liegt die von West nach Ost $1^1/_2$ Meile lange, im Westen eine Meile breite, aber gegen Osten immer schmäler werdende Insel Anaphe, deren noch jetzt erhaltenen Namen die Sage auf die Argonauten zurückführt, welchen sie in finsterer Sturmesnacht auf ihr Flehen zu Apollon plötzlich als Zufluchtsort erschienen sei.[3]) Die Insel ist Anaphe.

---

[1]) Vgl. Ross Inselreisen I, S. 179; Hopf Wiener Sitzungsber. Bd. 32, S. 453.

[2]) Kiepert u. a. halten Anydros für die alte Hippuris (Apollon. Rhod. Δ, 1712 c. schol.; Pomp. Mela II, 111; Plin. IV, 12, 71): doch dürfte diese (von welcher wohl die von Steph. Byz. als νῆσος Καρίας bezeichnete Ἱππουρίσκος nicht verschieden ist) eher südlich oder südöstlich von Anaphe zu suchen sein, da die Argonauten sie auf der Fahrt von Kreta nach Anaphe zu Gesicht bekommen. Vgl. Ross Archäol. Aufs. II, S. 493, Anm. 18.

[3]) Apollon. Rhod. Δ, 1709 ff.; Apollod. I, 9, 26; Conon Narr. 49; Steph. Byz. u. Ἀνάφη; vgl. Plin. II, 87, 202. Der auch mit Verlust des Anlauts Νάφη ausgesprochene Name ist von den Abendländern in Namfio (lo Namfo Urkunde bei Tafel und Thomas Urkunden III, S. 179) corrumpirt worden. Bondelmonte p. 99 schreibt Anafios und leitet diesen Namen davon her, dass angeblich keine Schlangen auf der Insel

geologisch interessant wegen der verschiedenen Gesteinsarten, aus denen sie besteht: Schiefer, Syenit, Granit, Serpentin, Asbest, Feldspat, Kalkstein und bläulich-weisser Marmer kommen neben, beziehendlich auf einander gelagert vor. Die die ganze Insel durchziehenden Berge sind meist kahl, nur hie und da mit niedrigem Gestrüpp bedeckt; zwischen ihnen ziehen sich tiefe und enge Schluchten, von kleinen Bächen durchflossen, nach dem Meere hin, welche nur wenig Raum für den Bau von Getreide und Wein darbieten. Bäume fehlen ganz, abgesehen von einigen verkrüppelten Feigen-, Maulbeer- und Oelbäumen. Rebhühner, die schon im Alterthum so zahlreich waren, dass sie die jedenfalls auch damals dünne Bevölkerung fast zur Auswanderung nöthigten,[1]) sind in grosser Menge vorhanden; in den steilen Felsklüften am Ufer des Meeres nisten zahllose wilde Tauben.

Die ältesten Bewohner der Insel waren, wie man aus dem Namen Membliaros, den sie von einem Gefährten des Kadmos erhalten haben soll, schliessen darf, Phöniker; dann scheint sie, wie fast alle Inseln des ägäischen Meeres, der Herrschaft der Kreter unterworfen gewesen zu sein; später erhielt sie wahrscheinlich gleichzeitig mit Thera Einwanderer aus Lakonien, auf welche der in den Inschriften bis um den Beginn unserer Zeitrechnung hervortretende dorische Charakter der Bevölkerung zurückzuführen ist.[2]) Dass die Athener sie rechtlich als tributpflichtiges Mitglied ihres Seebundes betrachteten, geht daraus hervor, dass sie in der Schätzungsliste von Ol. 88, 4 mit einem Tribut von 1000 Drachmen angesetzt ist; ob sie aber factisch dem Bunde angehört hat, ist sehr zweifelhaft. Seitdem ist die Insel in der Geschichte so gut wie verschollen; erst nach der Eroberung Konstantinopels durch die Franken taucht sie wieder auf als Eigenthum des ersten Herzogs von Naxos, Marco's I. Sanudo, der sie dem Venezianer Leonardo Foscolo überliess; dessen

leben können (was Antigon. Hist. mir. 11 von der nordöstlich von Anaphe gelegenen Insel Astypaläa berichtet). Vgl. über Anaphe Tournefort I, p. 105 s.; Fiedler II, S. 333 ff.; Ross Inselreisen I, S. 75 ff.; Archäol. Aufs. II, S. 486 ff.

[1]) Athen. IX, p. 400[d].

[2]) Steph. Byz. u. Ἀνάφη und Μεμβλίαρος. Annexion durch Minos Ovid. Met. VII, 461 f. Inschriften: C. I. gr. n. 2477—81; Ross Archäol. Aufs. II, S. 495 ff.

Enkel Giovanni verlor sie im Jahre 1269 an die Byzantiner, denen sie im Jahre 1307 durch Januli Gozzadini entrissen wurde. Sie verblieb dann im Besitz der Gozzadini bis 1420, wo sie in den Besitz der Crispi von Naxos übergieng; nach dem Tode der Fiorenza Crispo, die von 1469—1485 mit dem venezianischen Nobile Luigi Barbaro vermählt gewesen war, kam sie an die Familie Pisani (1528), die sie im Jahre 1537 an die Türken verlor.[1])

Die Insel hat keinen Hafen, sondern nur einen wenig geschützten Ankerplatz in einer kleinen Bucht nahe dem westlichen Ende der Südküste, eine halbe Stunde unterhalb der auf einem Berggipfel gelegenen, von den Ruinen eines kleinen mittelalterlichen Castells gekrönten jetzigen Ortschaft. Die alte Stadt Anaphe lag fünf Viertelstunden weiter östlich ungefähr in der Mitte der Insel auf einem Berggipfel, von dem sich ein Rücken in südlicher Richtung ans Meer hinabzieht. Unter den unscheinbaren Ueberresten derselben sind die Trümmer eines im höchsten Theile gelegenen kleinen Tempels des Apollon Pythios und der Artemis Soteira bemerkenswerth.[2]) Von der Stadt führte eine gepflasterte Strasse in südöstlicher Richtung nach dem Strande hinab, wo sich auf dem letzten Absatze des Berges einige stufenförmige schmale Terrassen mit Trümmern alter Gebäude (jetzt Katalymakia, d. i. Herbergen genannt), die Reste des Hafenplatzes der alten Stadt, sowie zahlreiche Gräber, mit denen auch die von der Stadt nach dem Hafenplatze führende Strasse zu beiden Seiten eingefasst ist, finden. Das bedeutendste Heiligthum der Insel, dessen Gründung von der Sage auf die Argonauten zurückgeführt wurde, das des Apollon Aegletes (oder, wie der Beiname nach inschriftlichen Zeugnissen auch lautete, Asgelatas), lag beinahe eine Stunde östlich vom Hafenplatze auf dem Rücken eines Isthmos, welcher die Hauptmasse der Insel mit einem gegen Südost vortretenden Vorgebirge verbindet, auf welchem Herzog Guglielmo II. von Naxos eine Gibitroli genannte Festung errichtet hatte. Der geräumige Peribolos des Heiligthums, in welchen jetzt ein Kloster der Panagia hineingebaut ist, enthielt ausser dem Tempel des Apollon noch einen Tempel der Aphrodite, einen Altar des

---

[1]) S. C. Hopf Wiener Sitzungsber. Bd. 32, S. 404 ff. und S. 499 ff.

[2]) Vgl. die Inschriften C. I. gr. n. 2481; Ross Archäol. Aufs. II, S. 508 f., n. 5 und 6.

(Zeus) Ktesios und andere Baulichkeiten. Unbekannt ist die Stelle des in einer Inschrift erwähnten Heiligthums des Asklepios.[1])

Südlich von Anaphe liegen vier wüste kleine Eilande, für die wir keine antiken Namen haben: die beiden kleinsten nordwestlichsten werden jetzt Evthini, die beiden grösseren südöstlicheren Pachia und Makri genannt.

Thera. Ein zweiter Heerd vulkanischer Thätigkeit im südlichsten Theile des griechischen Archipels ausser der Inselgruppe von Melos ist die von Thera oder, wie die Hauptinsel seit dem Mittelalter von Abendländern und Griechen genannt wird, Santorini, d. i. der Insel der heiligen Irene.[2]) Die halbmondförmige, ungefähr $3^1/_2$ Quadratmeilen in Umfang haltende Insel umschliesst von drei Seiten ein sechs Seemeilen langes und fast fünf Seemeilen breites ovales Meerwasserbecken von bedeutender Tiefe,

---

[1]) Vgl. ausser den S. 517 Anm. 3 citirten Stellen Strab. I, p. 46 und X, p. 484; Inschriften C. I. gr. n. 2482; Rangabé Ant. hell. n. 820 (der Z. 8 und Z. 27 *Ἀπόλλωνος τοῦ Ἀσγελάτα* liest, während Ross Archäol. Aufs. II, S. 495 f. *Ἀστεάλτα* gelesen hatte; in derselben Inschrift wird Z. 9 und 27 f. der Tempel der Aphrodita erwähnt, Z. 12 der *Εὐδώρειος* und der *Μειδιάσιος οἶκος*, Z. 13 *ὁ βωμὸς τοῦ κτησίου*, Z. 29 das *ἱερὸν τοῦ Ἀσκλαπίου*) und n. 820[b]. Grundriss des Peribolos bei Ross Archäol. Aufs. II, Tafel XVI; architektonische Details ebds. Tafel XVII; Grundriss eines Wohnhauses aus den Ruinen der Stadt, Malerei daraus und Schmalseite eines Sarkophags Tafel XVIII.

[2]) Nach der Sage hiess die aus einer von Triton dem Argonauten Euphemos geschenkten, von diesem ins Meer geworfenen Erdscholle entstandene Insel ursprünglich *Καλλίστη* und erhielt erst von Theras, dem Führer der lakonischen Colonisten, den Namen *Θήρα*: Pindar. Pyth. IV, 20 ff.; Apollon. Rhod. *Δ*, 1753 ff.; Kallimach. bei Strab. VIII, p. 347; Herod. IV, 147; Paus. III, 1, 8. Der neuere Name (insula sancte Reni Urkunde bei Tafel und Thomas Urkunden III, p. 185; bei Bondelmonte p. 78 ed. Sinner Santellini oder nach cod Paris. A Santiline) stammt von der Schutzpatronin der Insel, der im Jahre 304 n. Chr. als Märtyrin hingerichteten heiligen Irene von Thessalonich. Vgl. über die Insel Tournefort I, p. 100 s.; Fiedler II, S. 453 ff.; Ross Inselreisen I, S. 54 ff.; S. 81 ff.; S. 180 ff.; III, S. 27 ff.; Russegger Reisen in Europa u. s. w. Bd. IV, S. 205 ff.; E. Voswinckel De Theraeorum insulis, Berlin 1856; Leycester im Journal of the royal geographical society Vol. XX, p. 1 ss.; Santorin. Die Kaimeni-Inseln dargestellt nach Beobachtungen von K. v. Fritsch, W. Reiss und A. Stübel. Heidelberg 1867. Nicht benutzen konnte ich des Abbé Pègues Histoire et phénomènes du volcan et des îles volcaniques de Santorin, suivie d'un coup d'œil sur l'état moral et réligieux de la Grèce moderne, Paris 1842.

dessen Westseite nur zum kleineren Theile durch die von Nord nach Süd eine Stunde lange Insel Therasia abgeschlossen wird; zwischen der Nordküste dieser Insel und der Nordwestspitze von Thera ist eine kaum eine englische Meile weite Lücke, eine beträchtlich grössere, in welcher noch eine ganz kleine, jetzt Aspronisi (Weissinsel) genannte Insel liegt, zwischen der Südküste von Therasia und der Südwestspitze von Thera. Die drei genannten Inseln bestehen fast ausschliesslich aus vulkanischen Gebilden, vorherrschend Trachyten, Laven, Bimstein und vulkanischer Asche; nur im südöstlichsten Theile von Thera tritt auf Thonschiefer lagernder Kalkstein und weissgrauer Marmor hervor, welcher den jetzt nach dem Hagios Elias genannten höchsten Berg der Insel (578 Meter Höhe) bildet. Die gegen das Bassin gerichteten Wände von Thera fallen in einer Höhe von 800—1200 Fuss schroff ab, während sich die Insel gegen Osten allmälig abdacht; ganz analog ist der Bau von Therasia. Im Innern des Bassins erheben sich aus dem Meere drei schwarze aus Trachyt und glasartigen Laven bestehende Eilande (jetzt Kaimeni, d. i. 'die verbrannten' genannt), welche in den historischen Zeiten erfolgten vulkanischen Ausbrüchen ihre Existenz verdanken. Das südlichste derselben, die Paläa Kaimeni (alte verbrannte), erschien im Jahre 199 v. Chr., nachdem vier Tage lang Flammen aus dem Meere hervorgebrochen waren, auf der Oberfläche; die Rhodier, welche es zuerst wagten sie zu betreten, errichteten darauf ein Heiligthum des Poseidon Asphaleios und nannten sie darnach Hiera, die heilige. Dieselbe wurde bei späteren Ausbrüchen in den Jahren 19 und 726 n. Chr. durch neue Eruptionsgebilde vergrössert, während im Jahre 1457 ein beträchtliches Stück derselben sich losriss und im Meere verschwand.[1]) Im Jahre 46 n. Chr. tauchte plötzlich eine neue, 30 Stadien in Umfang hal-

[1]) Strab. I, p. 57; Plin. II, 87, 202 (vgl. IV, 23, 70); Seneca Quaest. nat. II, 26, 4 f.; Iustin. XXX, 4; Plut. De Pyth. or. 11; Euseb. Chron. ad Olymp. CXLV, 2 (p. 125 ed. Schöne); Paus. VIII, 33, 4; Steph. Byz. u. Ἱερά. Den Ausbruch vom Jahre 726 erwähnen Theophanes Chronogr. t. I, p. 621 s. ed. Classen und andere byzantinische Chronographen; den vom Jahre 1457 (25. Nov.) eine lateinische Inschrift aus einer Kirche in Paläo-Skaros auf Santorin bei Pasch van Krienen Breve descrizione p. 53. Vgl. Ross I, S. 89 ff. und S. 187 ff.; Voswinckel p. 15 ss.; besonders aber W. Reiss und A. Stübel Geschichte und Beschreibung der vulkanischen Ausbrüche bei Santorin von der ältesten Zeit bis auf die Gegen-

tende Insel auf, die aber, da sie später nicht weiter erwähnt wird, bald wieder versunken zu sein scheint, ähnlich wie im Jahre 1650 ausserhalb des Beckens nordörstlich von Thera an der Stelle, wo sich jetzt eine den Schiffern als Bank von Kolumbos bekannte Untiefe befindet, eine Insel über dem Meeresspiegel erschien, aber bald wieder unter denselben zurücksank.[1]) Die nördlichste, kleinste der drei jetzt vorhandenen Inseln, die sogenannte Mikra Kaimeni (kleine verbrannte), verdankt einem Ausbruche vom Jahre 1570 oder 1573 ihre Existenz.[2]) Die mittlere grösste, die Nea Kaimeni (neue verbrannte), welche reichhaltige, von den Bewohnern Thera's und der benachbarten Inseln zu Bädern benutzte Mineralquellen besitzt,[3]) erhob sich zuerst über die Oberfläche des Meeres am 23. Mai 1707 und wuchs durch wiederholte Eruptionen noch in demselben Jahre sowie in den folgenden bis zum 14. September 1711 an Umfang und Höhe; neue nicht unbedeutende Vergrösserungen im Süden und Südosten verdankt sie der von Ende Januar 1866 an wieder erwachten vulkanischen Thätigkeit, welche erst seit Ende October 1870 sich völlig wieder beruhigt hat.[4]) Darnach kann es nicht zweifelhaft sein, dass wir in den Inseln Thera, Therasia und Aspronisi Reste der Ränder eines mächtigen Kraters vor uns haben, durch dessen in vorhistorischer Zeit erfolgten Einsturz sich das Wasserbecken bildete, welches bis auf die Gegenwart der Schauplatz der vulkanischen Thätigkeit ist.

Das wichtigste, ja fast ausschliessliche Product von Thera und Therasia (die übrigen Eilande der Gruppe sind nicht cultivirt) ist Wein von ausgezeichneter Qualität. Bäume fehlen ganz, mit Aus-

---

wart. Nach vorhandenen Quellen und eigenen Beobachtungen dargestellt. Heidelberg 1868.

[1]) Seneca Quaest. nat. II, 26, 6; Cass. Dio LX, 29; Euseb. Chron. Ol. CCVI, 4 (p. 153 ed. Schöne); Oros. Hist. VII, 6; über den Ausbruch von 1650 vgl. Reiss und Stübel a. a. O. S. 35 f.

[2]) Vgl. Reiss und Stübel a. a. O. S. 29 f.

[3]) Vgl. darüber sowie über die Mineralquellen auf der Insel Thera X. Landerer *Περὶ τῶν ἐν Σαντορήνῃ* (sic) *θερμῶν ὑδάτων*, Athen. 1835, 16°, und Derselbe *Περὶ τῶν τῆς Ἑλλάδος ἰαματικῶν ὑδάτων* p. 39 s.

[4]) S. Ross a. a. O. S. 95 ff. und S. 190 ff.; Reiss und Stübel a. a. O. S. 43 ff., und über die Eruptionen von 1866 Petermanns Mittheilungen 1866, S. 134 ff.; Reiss und Stübel a. a. O. S. 97 ff.; C. W. Fuchs im Neuen Jahrbuche für Mineralogie 1871, Heft 2.

nahme von zwerghaften, auf dem Boden hinkriechenden Feigenbäumen, daher wegen Mangels an Bauholz ein Theil der etwa 13,000 Seelen betragenden Bevölkerung in den natürlichen Fels gearbeitete Grotten als Wohnungen benutzt. Gerste und Baumwolle werden nur in geringer, für den Bedarf der Bevölkerung bei weitem nicht ausreichender Quantität erbaut.[1]) Neuerdings bildet auch der die Oberfläche der Inseln in Lagen bis zu 30 und 40 Meter Dicke bedeckende, aus pulverisirten Bimsteinmassen bestehende bröckliche Tuff (Pozzolana), welcher gesiebt und mit Kalk vermengt einen sehr dauerhaften, besonders für Wasserbauten geeigneten Cement ergiebt, einen bedeutenden Ausfuhrartikel. Die Ausbeutung dieser Tufflagen hat sichere Beweise dafür geliefert, dass die Inseln schon in vorhistorischen, ja selbst jenseit der mythischen Erinnerungen des klassischen Alterthums liegenden Zeiten, noch bevor sie ihre jetzige Gestalt erhalten haben, von Menschen, deren Nationalität festzustellen schwerlich gelingen wird, bewohnt worden sind. Man hat nämlich an der Südseite von Therasia unter jenen Tufflagen Reste menschlicher Wohnungen entdeckt, deren mit Thüren und Fenstern versehene Wände aus unbearbeiteten, regellos über einander geschichteten Lavablöcken, deren Zwischenräume mit röthlicher vulkanischer Asche ausgefüllt sind, und dazwischen gelegten Oelbaumästen aufgeführt waren; innerhalb derselben haben sich Geräthschaften und Werkzeuge aus Feuerstein und Lava, zahlreiche auf der Drehscheibe gearbeitete Thongefässe mit primitiven linearen Ornamenten, Gerstenkörner, Stroh, Thierknochen und ein menschliches Skelett gefunden. Bruchstücke ähnlicher Thongefässe, Mörser, Webegewichte, Pfeilspitzen und Messerklingen aus Obsidian und

[1]) Dass auch im Alterthum die Production von Getreide unzureichend war, zeigt die Notiz bei Athen. X, p. 432[e], dass man ἐν Θηράσι ταῖς νήσοις statt Gerstenmehl einen Brei von Hülsenfrüchten in den Wein geschüttet habe. Der Wein von Thera scheint bei den Alten sonst nicht erwähnt zu werden; ja im Testament der Epikteta (C. I. gr. n. 2448, IV, 33) wird ausdrücklich οἶνος ξενικός für die Festmahlzeiten verlangt. Doch werden in der allerdings sehr späten Inschrift bei Ross Inscr. gr. ined. II, n. 220 zahlreiche Weinberge (ΑΜΠΕΛ) wie auch Oelbaumpflanzungen (ΕΛΑΙΩΝ) aufgeführt. Poll. VI, 16 giebt an, man habe den Wein von Kreta Θήραιος οἶνος genannt, was vielleicht dadurch zu erklären ist, dass Kreta den Hauptstapelplatz für den Export des theräischen Weines bildete.

zwei kleine Goldringe, welche zu einem Halsband gehört zu haben scheinen, sind im südwestlichen Theile von Thera, in der Nähe des Dorfes Akrotiri, gleichfalls unterhalb der Tuffmassen, innerhalb einer schmalen Lage röthlicher mit verkohlten Pflanzenresten vermischter vulkanischer Asche zum Vorschein gekommen. Offenbar sind jene ältesten Bewohner mit sammt ihren Wohnungen durch den heftigen vulkanischen Ausbruch, in Folge dessen die Kuppe des Kraters einstürzte und die Ränder desselben an mehreren Stellen durchbrochen wurden, unter gewaltigen Bimsteinmassen begraben und so jede Erinnerung an sie für mehrere Jahrtausende der Nachwelt entzogen worden.[1])

Ein sicher historisches, wenn auch in sagenhafter Einkleidung überliefertes und chronologisch nicht zu fixirendes Factum ist die Ansiedelung von Phönikern auf Thera. Die griechische Tradition berichtet, dass Kadmos, als er seine entführte Schwester Europa suchte, auf der damals Kalliste genannten Insel landete, dem Poseidon und der Athena ein Heiligthum errichtete und eine Anzahl seiner Begleiter unter Führung des Membliaros, Sohnes des Poikiles, dort zurückliess.[2]) Diese Phöniker begründeten, wie auch die Sage durch den Namen des Poikiles ('Buntmanns') anzudeuten scheint, einen Industriezweig, der noch später auf Thera blühte: die Fabrication bunter Gewänder, welche von den übrigen Griechen nach ihrem Fabricationsorte 'Theräa' genannt wurden.[3]) Acht Generationen nach Membliaros — so erzählten die Griechen weiter — führte der Kadmeer Theras, Sohn des Autesion, eine Anzahl Minyer aus Lakonien nach der Insel, deren Herrschaft ihm die Nachkommen des Membliaros überliessen und die er nach sich Thera benannte. Durch diese

---

[1]) S. F. Lenormant, 'Découverte de constructions antéhistoriques dans l'île de Thérasia', in der Revue archéologique n. s. XIV, p. 423 ss. (dazu Vol. XVI, pl. XVI); F. Fouqué 'Une Pompéi antéhistorique' in der Revue des deux mondes, t. LXXXIII, p. 923 ss.; Revue archéologique n. s. XXIII, p. 271.

[2]) Herod. IV, 147; Theophrast. bei schol. Pind. Pyth. IV, 11; schol. ibid. 88; Paus. III, 1, 7; Steph. Byz. u. *Θήρα*. Euseb. (p. 35 ed. Schöne) setzt die Gründung von Kallista gleichzeitig mit der von Melos, Paphos und Thasos in das Jahr Abrahams 590. Vgl. Movers Phönizier II, 2, S. 266 ff.

[3]) Poll. VII, 48 und 77; Hesych. u. *Θήραιον πέπλον*; Athen. X, p. 424[f]: vgl. H. Blümner Die gewerbliche Thätigkeit der Völker des klassischen Alterthums S. 96.

lakonisch-minyische Einwanderung wurde auf Thera ebenso wie auf Melos, Anaphe und Pholegandros ein dorisch-griechischer Staat begründet, der unter der Herrschaft von Königen aus dem Geschlechte der Aegeiden bald durch Schifffahrt und Handel zu solcher Blüthe gelangte, dass er gegen Ende der dreissiger Olympiaden mit Unterstützung des delphischen Orakels die erste hellenische Niederlassung auf der Nordküste Afrika's, Kyrene, anlegte und dadurch dem griechischen Handel neue Bahnen, der griechischen Cultur einen neuen wichtigen Schauplatz eröffnete.[1]) Seit dieser Zeit scheint Thera, welches damals sieben bewohnte Ortschaften enthielt,[2]) allmälig an Bedeutung verloren zu haben; an den Kämpfen gegen die Perser nahm es keinen Antheil; der athenischen Bundesgenossenschaft, von der es sich anfangs als dorischer Staat ferngehalten hatte, trat es im Laufe des peloponnesischen Krieges (Ol. 88, 2), jedenfalls mehr gezwungen als freiwillig bei,[3]) riss sich aber ohne Zweifel wieder von ihr los, sobald die Athener nicht mehr in der Lage waren, einen Zwang gegen andere Staaten auszuüben. Die Verfassung war nach Aufhebung des Königthums eine oligarchische: an der Spitze des Staates stand ein Collegium von Ephoren, dessen Mitglieder aus wenigen alten Adelsfamilien genommen wurden. Später muss die Verfassung einen mehr demokratischen Charakter erhalten haben, da in jüngeren Inschriften 'das Volk der Theräer' oder 'der Rath und das Volk' als Inhaber der Souveränität, soweit von einer solchen namentlich unter der römischen Herrschaft die Rede sein kann, und drei Archonten als oberste Behörde erscheinen.[4])

---

[1]) Vgl. ausser den S. 524 Anm. 2 angeführten Stellen schol. Apoll. Rhod. Δ, 1750 (wo der Führer der lakonischen Colonie nach Thera Sesamos genannt wird); Euseb. Chron. ad Ol. XXXVII, 2 (p. 89 ed. Schöne); Solin. Coll. 27, 44; dazu A. F. Gottschick Geschichte der Gründung und Blüthe des hellenischen Staates in Kyrenaika, Leipzig 1858, und A. Schäfer 'Solinus und das Jahr der Gründung von Kyrene' im Rhein. Mus. Bd. XX, S. 293 ff.: letzterer betrachtet mit Recht Ol. 37, 2 als das Datum der ersten Landung der Theräer auf der Insel Platea, von welchem an die Herrschaft des Battos und der Battiaden datirt wird, während die Gründung von Kyrene selbst acht Jahre später, Ol. 39, 1 = 624/23 v. Chr. fällt.

[2]) Herod. IV, 153.

[3]) Thuk. II, 9; U. Köhler Urkunden S. 146 und 199.

[4]) Aristot. Pol. IV, 4. Ephoren: C. I. gr. n. 2448. Ὁ δᾶμος ὁ Θη-

Neue Bedeutung erhielt die Insel erst seit dem Beginn des dreizehnten Jahrhunderts unserer Zeitrechnung, nachdem der Venezianer Jacopo Barozzi di S. Moisè von dem Eroberer des Archipels, Marco Sanudo, Santorini und Therasia als Lehen empfangen hatte, welches bis zum Jahre 1336 im Besitze der Nachkommen desselben blieb, von da an bis zur Eroberung durch die Türken mit einer kurzen Unterbrechung (von 1479—1487, wo es dem Venezianer Dominico Pisani gehörte) einen Theil des Herzogthums Naxos bildete. Diese fränkischen Herrscher, welche besonders den Weinbau förderten, auch die jetzt fast ganz wieder verschwundene Baumwollencultur einführten, residirten in dem auf einem steilen Felsen der Westküste (nahe bei dem jetzigen Dorfe Merovigli) erbauten Schlosse von Skaro, dessen Trümmer noch jetzt Paläo-Skaro genannt werden; ausser diesem besass die Insel noch vier andere befestigte Ortschaften.[1])

Unter den sieben Ortschaften, welche, wie oben bemerkt, im Alterthum zur Zeit der höchsten Blüthe von Thera auf der Insel (mit Einschluss von Therasia) bestanden, war jedenfalls die bedeutendste die an der Südostseite der Insel, auf dem jetzt nach dem Hagios Stephanos benannten östlichsten Vorsprunge des Berges des Hagios Elias, welcher mit der Hauptkuppe durch einen niedrigeren, jetzt Messavuno genannten Bergrücken verbunden ist, gelegene, welche den Namen der Insel selbst, Thera oder 'die Stadt der Theräer' geführt zu haben scheint.[2]) Der ganze

ραίων ibid. n. 2451 (ungefähr aus dem Jahre 160 v. Chr.) u. ö.; *ἁ βουλὰ καὶ ὁ δᾶμος* ibid. n. 2459 u. ö. Archonten: C. I. gr. n. 2455 und 2457. — Aus der Zeit der Oligarchie stammt wohl die in späterer Zeit in Thera sehr verbreitete Sitte, die Verstorbenen, Männer sowohl als Frauen, als Heroen zu verehren (*ἀφηρωίζειν*): vgl. Voswinckel De Theraeorum insulis p. 96 ss.

[1]) Vgl. C. Hopf Wiener Sitzungsber. Bd. 32, S. 378 f., der S. 380 eine Stelle aus Martin Crusius' Turcograecia (p. 207) anführt, nach welcher Santorin fünf *κάστρα* besass: Skaro, Hagios Nikolaos (südöstlich von dem jetzigen Hauptorte Phira), Känurio-pyrgos (denn so, *Καινουργιόμπυργο* ist statt *καὶ νουργιόμπυργιο* zu lesen und darunter der jetzige Ort Pyrgos nördlich vom Berge Hagios Elias zu verstehen), Akrotiri (im südwestlichsten Theile) und Nyburgo (wahrscheinlich Emporion, das bei Tournefort I, p. 102 auch 'Nebrio' genannt wird).

[2]) *Θηραίωμ πόλις* C. I. gr. n. 2465[b] (Vol. II, p. 1085), Epigr. [b], Z. 1; dagegen ist ebds. Epigr. [a], Z. 3 statt *μνημόσυνον Θήρας πόλεως* nach F. Lenormant Philolog. Bd. 24, S. 330 zu lesen *μνημόσυνόν τε θύ-*

Rücken des Vorgebirges ist mit Mauerresten, Unterbauten von öffentlichen Gebäuden und Wohnhäusern, Säulenbruchstücken u. dgl. m., der niedrigere Rücken des Messavuno mit alten Gräbern überdeckt. Das angesehenste Heiligthum der Stadt sowie der Insel überhaupt war, gemäss dem lakonischen Ursprunge des heräischen Staates, das des Apollon Karneios;[1]) ausser ihm wurden Artemis, Asklepios, Hermes und Herakles (die beiden letzteren wahrscheinlich im Gymnasion) verehrt. Ausserhalb der Stadt stand ein Heiligthum des Dionysos und Statuen der Hekate und des Priapos.[2])

Reste einer zweiten Ortschaft, welche im Alterthum den Namen Oia führte, finden sich am nordöstlichen Fusse des Messavuno auf einer Stelle der Küste, welche jetzt nach einigen in den Felsen gehauenen Kammern Kamari genannt und als Landungsplatz für kleine Barken benutzt wird.[3]) Eine dritte Ortschaft, deren Namen nicht sicher zu bestimmen ist, lag südwestlich vom Messavuno in der jetzt Perissa genannten Gegend in der Nähe des Dorfes Emporion, eine vierte, wahrscheinlich Eleusis, an der Südküste am Vorgebirge Exomyti, wo man noch alte Felsgräber und im Meere Ueberreste alter Hafendämme bemerkt.[4]) Ausserdem finden sich an verschiedenen Punkten der Insel alte

---

ραις πόλεως. Ueber die Reste s. Ross Inselreisen I, S. 59 ff., der hier irrig Oea ansetzt; dagegen de Cigalla Bullettino 1856, p. 130 s. und A. Michaelis Annali t. XXXVI, p. 255.

[1]) Inschriften im C. I. gr. n. 2467 und 2467[b]; in Annali t. XXXVI, p. 107 und p. 258; vgl. Pind. Pyth. V, 77 ff.; Callimach. H. in Apoll. 73; schol. Pind. Pyth. IV, 11.

[2]) Artemis Ross Inscr. gr. II, n. 215 (vgl. die Παρθένος Λερία ib. III, n. 249). Asklepios ibid. II, n. 221. Hermes C. I. gr. n. 2466. Hermes und Herakles Annali t. XXXVI, p. 107. Dionysos C. I. gr. n. 2451; 2462; 2465. Hekate und Priapos ibid. n. 2465[b] (Vol. II, p. 1085).

[3]) Ross Inselreisen I, S. 68 f. und S. 193. Οἴα Ptol. III, 15, 26; Inschriften im C. I. gr. n. 2463[c] (Vol. II, p. 1085) und im Bullettino 1856, p. 132 s. (ἡ ἐν Οἴᾳ παλαίστρα, τὸ ἐν Οἴᾳ γυμνάσιον).

[4]) Ross a. a. O. S. 69 f., S. 181 ff. und S. 193; Arch. Aufs. II, S. 424 f. Ἐλευσὶν ἢ Ἐλευσίς Ptolem. a. a. O. Ob die im Testament der Epikteta (C. I. gr. n. 2448 II, 1; III, 6) erwähnte Oertlichkeit Melänä eine bewohnte Ortschaft war, ist unklar, die Existenz einer Ortschaft Peräa oder Peiräon, welche Böckh (Abhandl. d. Berlin. Akad. 1836, S. 80 f.) aus dem Vorkommen des Namens Περαιεύς in einer der alten Felsinschriften von Hagios Stephanos folgert, sehr unsicher.

Gräber, Trümmer monumentaler Gebäude, Inschriftsteine u. dgl. m. Am nordwestlichen Fusse des Berges des Hagios Elias in der Nähe des Dorfes Megalochorio steht ein in eine Capelle des Hagios Nikolaos Marmarites verwandelter Marmorbau, welcher laut einer Inschrift einer unter dem Namen Basileia verehrten Göttin (wahrscheinlich der Kora) geweiht war.[1]) Nordöstlich von da, in dem etwas östlich von Pyrgos gelegenen Dorfe Gonia, sind zahlreiche Inschriften und sonstige Bruchstücke gefunden worden, welche vielleicht wenigstens zum Theil einem von einer Dame aus vornehmem Geschlecht, Epikteta, errichteten Heiligthum der Musen (Museion), das zugleich Anlagen für den Todtencult der Angehörigen der Stifterin enthielt, angehören.[2]) Das Dörfchen Kontochori, fünf Minuten östlich von dem ungefähr in der Mitte der Westküste gelegenen jetzigen Hauptorte der Insel, Phira, hat einige Inschriften und kleine Sculpturwerke geliefert, welche die Existenz eines Heiligthums der Göttermutter daselbst bezeugen.[3]) Endlich finden sich in der Nähe des Vorgebirges Kolumbos, der Nordostspitze der Insel, zahlreiche in den Tuff eingeschnittene Gräber, welche darauf schliessen lassen, dass auch hier an der Nordküste eine antike Ortschaft gestanden hat.[4])

Therasia besass eine der Insel selbst gleichnamige Ortschaft, von welcher noch an einer halbkreisförmigen Bucht der Nordostküste, dem Orte Apanomeria auf Thera gegenüber, einige Reste erhalten sind.[5])

Südwestlich von Thera, unter 36° 15′ 20″ nördlicher Breite

---

[1]) Ross Inselreisen I, S. 71 f.; Archäol. Aufs. II, S. 421 ff.; Michaelis Annali t. XXXVI, p. 257.

[2]) Ich schliesse dies aus der in Gonia gefundenen Inschrift Ross Inscr. gr. II, n. 198, welche mehrfache Analogien mit dem Testament der Epikteta (C. I. gr. n. 2448), dessen Fundort unbekannt ist, darbietet. Andere Inschriften aus Gonia Ross Inscr. gr. III, n. 248–259, vgl. Inselreisen I, S. 72; III, S. 28. Fr. Lenormant Philologus Bd. XXIV, S. 333 schliesst aus der Inschrift n. 250, wo er Z. 8 liest ΕΞ ΙΘΥΛΙΔΟΣ, dass an der Stelle von Gonia eine Ortschaft Ithylis gelegen habe; aber sollte nicht vielmehr ΕΞ ΙΟΥΛΙΔΟΣ zu lesen und an eine aus Iulis auf Keos stammende Persönlichkeit zu denken sein?

[3]) C. I. gr. n. 2465[d], [e] und [f] (Vol. II, p. 1086); vgl. Ross Inselreisen III, S. 27.

[4]) Ross Inselreisen I, S. 185 f.

[5]) Ptolem. III, 15, 28; vgl. Ross a. a. O. S. 88.

und 25° 13′ östlicher Länge (von Greenwich), liegt eine kleine unbewohnte Insel, Christiani, mit ihrer noch kleineren südlicheren Nachbarin Askani: beide, gewöhnlich unter dem Namen Christianäs zusammengefasst und zum türkischen Reiche gerechnet, erweisen sich durch die vulkanische Beschaffenheit ihres Bodens als zur Inselgruppe von Thera gehörig. Der Name Askani, welchen die südlichere führt, lässt uns darin die alte **Askania**, in ihrer Nachbarin Christiani die alte **Lea** (**Leia**) erkennen.[1])

e) Kreta.[2])

Die grösste unter den zu Hellas in geographischem Sinne gehörigen Inseln, welche von den Griechen und Türken noch jetzt mit ihrem antiken Namen Krete (neugriechisch Kriti, türkisch Kirid gesprochen), von den Abendländern gewöhnlich mit dem

---

[1]) Plin. IV, 12, 71.

[2]) *Κρητικά* schrieben im Alterthum Alexander Polyhistor (schol. Apoll. Rhod. *Δ*, 1492); Antenor (Aelian. De an. XVII, 35); Charon der Karthager oder der Naukratit (vgl. C. Müller Frgt. hist. gr. IV, p. 360; A. v. Gutschmid Philologus X, S. 523 f.); Dosiades (Müller Frgt. hist. gr. IV, p. 399); Echemenes (ibid. p. 403); Laosthenidas (ibid. p. 438); Petellidas aus Knossos (Hygin. De stellis II, 4, wo die codd. Pethellidas und Phethellidas geben); Sosikrates (Müller Frgt. hist. gr. IV, p. 500 s.) und Xenion (ibid. p. 528 s.); *Κρητικὰ νόμιμα* Pyrgion (Athen. IV, p. 143[e]). *Τὰς περὶ Κρήτην μυθολογίας* sammelte ein gewisser Deinarchos nach Dionys. Hal. De Dinarcho 1. Eine *συναγωγὴ τῶν Κρητικῶν θυσιῶν* von Istros erwähnen Porphyr. De abstin. II, 56 und Euseb. Praep. evang. IV, 16. — Unter den erhaltenen Werken sind die wichtigsten Quellen für die Geographie Kreta's Strab. X, p. 474—484; Scyl. Per. 47; Dionys. Call. Descr. Gr. v. 110—129; Stadiasmus maris magni § 318—355 (C. Müller Geogr. gr. min. I, p. 505 ss.); Ptolem. III, 17; Plin. IV, 12, 58—61; Solin. Coll. 11, 3—14; Hierokles Synecd. 11. — Von Neueren sind zu erwähnen Tournefort I, p. 6 ss.; F. W. Sieber Reise nach der Insel Kreta, II Bde., Leipzig 1823; K. Hoeck, Kreta, III Bde., Göttingen 1823—1829; R. Pashley Travels in Crete, II Bde., Cambridge und London 1837; T. A. B. Spratt Travels and researches in Crete, II Bde., London 1867; G. Perrot L'île de Crète. Souvenirs de voyage, Paris 1867; E. Falkener 'On the antiquities of Candia. N. I: La descrizione dell' isola di Candia. A ms. of the sixteenth century' im Museum of classical antiquities, Vol. II, p. 263 ss.; ausserdem die Karten in Petermanns Mittheilungen 1866, Tafel 16, und in der Zeitschrift der Gesellschaft für Erdkunde zu Berlin Bd. I (1866), Tafel VII (dazu Kiepert ebds. S. 435 ff.).

Namen der mittelalterlichen Hauptstadt Kandia benannt wird,[1]) erstreckt sich unter dem 35sten Grade nördlicher Breite (unter welchen sie nur in ihrem südlichsten Theile um etwa 5′ hinabreicht) von 23° 30′ bis 26° 20′ östlicher Länge (von Greenwich), in einer Länge von 35 deutschen Meilen bei einer in Folge tiefer Einbuchtungen und mächtiger Vorsprünge, besonders der Nordküste, sehr verschiedenen, zwischen 2 und 7½ Meilen wechselnden Breite mit einem Flächeninhalt von etwa 190 Quadratmeilen. Die Insel wird in ihrer ganzen Ausdehnung von mächtigen, aus vereinzelten Massen grauen oder schwärzlichen halbkrystallinischen dichten Kalksteins, welcher von dünnen Lagen von Schiefergestein durchsetzt ist, bestehenden Gebirgen durchzogen, welche nach allen Richtungen hin, hauptsächlich aber gegen Norden und Süden, zahlreiche Flüsse und Bäche entsenden und mit den Reizen landschaftlicher Schönheit im Alterthum einen grossen Reichthum an Futter- und Heilkräutern, sowie an herrlichen Waldungen (besonders Kypressen, daneben Cedern, Schwarzpappeln, Eichen und Platanen) verbanden.[2]) An den unteren Abhängen der Gebirge wurde wie noch heutzutage hauptsächlich Wein gebaut,[3]) in den Ebenen ausser Getreide (dessen Production jetzt den Bedarf der Bevölkerung nicht völlig deckt) besonders die von Griechen

---

[1]) Der von den Alten verschiedenlich erklärte Name *Κρήτη* (vgl. Steph. Byz. u. d. W.; Eustath. ad Dionys. Per. 498; Plin. IV, 12, 58; Etym. M. p. 537, 54) scheint, wenn überhaupt griechischen Ursprungs, entweder auf *κεράννυμι* (also *Κρῆτες* = 'Mischlinge') oder auf den Stamm *κρατ* (also 'Höhenbewohner') zurückzuführen. Als sonstige Namen der Insel werden angeführt Aeria, Chthonia, Idaea, Kuretis, Makaronnesos (Steph. Byz. und Plin. a. a. O.; Solin. c. 11, 5). Ueber den Namen Kandia wird weiter unten gehandelt werden.

[2]) Kräuter: Theophrast. Hist. pl. IX, 16, 1 ff. Kypressen: ibid. II, 2, 2; III, 1, 6; 2, 6; IV, 1, 3; 5, 2; De caus. pl. I, 2, 2; Plut. Symp. I, 2, 5; Plin. XVI, 33, 142; Hermippos bei Athen. I, p. 27[f]. Cedern: Vitruv. II, 9; Plin. XVI, 39, 137 (vgl. Sieber Reise II, S. 87). Schwarzpappeln: Theophr. Hist. pl. II, 2, 10; III, 3, 4; (Aristot.) Mir. ausc. 69. Eichen: Theophr. Hist. pl. III, 3, 3; Dionys. Perieg. v. 503. Platanen: Theophr. Hist. pl. I, 9, 5; III, 3, 3: vgl. Spratt Travels II, p. 40 ss. — Der Reichthum an aromatischen Kräutern ist die Hauptursache der Trefflichkeit des kretischen Honigs: Geopon. XV, 7, 1; vgl. Diod. V, 70.

[3]) *Κρητικὸς οἶνος* Athen. X, p. 440[f]; vgl. Aelian. Var. hist. XII, 31; Poll. VI, 82; Iuvenal. Sat. XIV, 270 s.; Martial. Epigr. XIII, 106; Solin. Coll. 11, 12; Pashley Travels II, p. 51 ss.

und Römern nach der kretischen Stadt Kydonia benannte Quitte, Feigen, die jetzt nur noch in vereinzelten Exemplaren vorkommende Palme und der Oelbaum, dessen Product jetzt neben den Südfrüchten (Mandeln, Orangen, Citronen und Granaten) den wichtigsten Ausfuhrartikel der Insel bildet.[1] Ueberhaupt ist die Insel wenigstens zum grössten Theile, mit Ausnahme der Hochgebirge, sehr fruchtbar, heutzutage freilich in Folge der dünnen Bevölkerung und der türkischen Missregierung sehr ungenügend angebaut. Die Alten rühmten von Kreta, ähnlich wie von Attika, dass alle daselbst wachsenden Pflanzen in ihrer Art trefflicher seien als anderwärts — ein Vorzug, der hauptsächlich auf die durch die Mischung von Gebirgsluft und Seeluft bedingte Schönheit des Klimas zurückzuführen ist[2] — und dass sie weder wilde Thiere noch giftige Schlangen nähre.[3]

Das Gebirgssystem der Insel gliedert sich in drei Hauptgruppen, eine Gliederung, durch welche die ganze Insel naturgemäss in drei Theile, Mittel-, West- und Ostkreta, sich theilt. Den Mittelpunkt bildet die Ide oder Ida, dessen 2460 Meter hoher, jetzt Psiloriti[4] genannter Gipfel jetzt eine Capelle des heiligen Kreuzes (Hagios Stavros) trägt. Im Alterthum war das ganze Hochland des gegen Süden und Südwesten steil abstürzenden, gegen Norden und Nordosten in einer Reihe von niedrigeren Rücken und Terrassen allmälig abfallenden Gebirges, die sogenannten Panakra, dem Zeus geweiht, der als Kind hier in einer Grotte von den Nymphen und Kureten gepflegt und behütet wor-

---

[1]) Quitten (*μῆλα Κυδώνια*, mala Cotonea, kretisch *κοδύμαλα*) Athen. III, p. 81 s.; Nicand. Alexiph. 234 c. schol.; Plin. XV, 11, 37. Feigen: Theophrast. Hist. pl. IV, 2, 3; VII, 4, 9; vgl. Athen. III, p. 76^e ss. Palmen: Theophrast. Hist. pl. II, 6, 9 und 11; vgl. die Palme auf Münzen von Hierapytna und Priansos.

[2]) Od. τ, 173; Hesiod. Theog. 970; Dionys. Per. 502; Strab. X, p. 475; Theophrast. Hist. pl. IX, 16, 3; Plin. XXV, 8, 93; Solin. Coll. 11, 12. Apollodoros leitete den Namen *Κρήτη παρὰ τὸ εὖ κεκρᾶσθαι τὸν περὶ τὴν νῆσον ἀέρα* (Etym. M. p. 537, 55).

[3]) (Aristot.) Mir. ausc. 83; Antig. Hist. mir. 10; Aelian. De an. III, 32; V, 2; Plutarch. De cap. ex inim. util. 1; Plin. VIII, 58, 227 f. Vgl. Sieber Reise II, S. 98 f.; Pashley Travels II, p. 260 s.; Spratt II, p. 6 s.

[4]) *Ψηλωρείτι*, offenbar verkürzt aus *Ὑψηλωρείτης*. Der alte Name *Ἴδη*, dorisch *Ἴδα*, haftet noch in der Form Nida an einer vier bis fünf englische Meilen östlich unterhalb des Gipfels gelegenen Hochebene; vgl. Spratt I, p. 7 ss.

den sein sollte; zwölf Stadien von dieser mit Weihgeschenken angefüllten Grotte entsprang eine Quelle, die Quelle des Sauros genannt.[1]) Zur Gruppe der Ide gehört auch der südwestlich von der Hauptmasse derselben gelegene, durch ein fruchtbares, von einem Flusse (wahrscheinlich dem Elektras der Alten) durchströmtes Thal getrennte Kindrios oder Kedrios (jetzt Kedros genannt), dessen Gipfel eine Höhe von 1830 Meter hat.[2])

Der jetzt Madara genannte Hauptgebirgszug des westlichen Kreta, welcher die Ide noch um 10 Meter an Höhe überragt, wurde von den Alten mit dem Namen der 'weissen Berge' (*Λευκὰ ὄρη*) bezeichnet,[3]) ein Name, der nicht sowohl von dem Schnee, welcher seine Gipfel bis zum Hochsommer bedeckt, als vielmehr von dem hellen Schimmer der aus weisslich-grauem Kalkstein bestehenden, bis auf einige niedrige Sträucher, besonders eine Art sehr gewürzigen Salbeys, kahlen Kuppen herzuleiten ist. Die westliche Fortsetzung dieses Massengebirges bilden mehrere aus sehr bröcklichem Schiefergestein von brauner und rother Färbung bestehende Bergrücken, an welche sich an der West- und Nordwestküste wieder Kalkgebirge anschliessen.

Die das östliche Kreta durchziehenden Gebirge werden von den Alten mit dem Gesammtnamen Dikte bezeichnet, einem Namen, der eigentlich dem mächtigen, ungefähr hufeisenförmigen Gebirgszuge zukommt, welcher sich südöstlich von Lyttos bis zur Höhe von 1680 Metern erhebt (den jetzigen Lasithi oder Lasithiotika-Bergen) und im Alterthum von den Anwohnern als Geburtsstätte des Zeus mit Ehrfurcht betrachtet wurde; doch scheint die Benennung auch auf den 200 Meter niedrigeren Bergrücken ausgedehnt worden zu sein, welcher den jetzt die Halbinsel von Sitia genannten östlichsten Theil der Insel von der schmalsten Stelle derselben, dem Isthmos von Hierapytna, an bis zum Vorgebirge Itanos durchzieht, jetzt in seinem südwestlichen Theile Aphenti-vuno (Herren-

---

[1]) Theophrast. Hist. pl. III, 3, 4; Strab. X, p. 475; Diod. V, 70; Callimach. H. in Iov. 51; Steph. Byz. u. *Πάνακρα*; Ptol. III, 17, 9.

[2]) *Ἐν τῷ πλησίον ὄρει τῆς Ἴδης ἐν τῷ Κινδρίῳ* (so codd.; *Κεδρίῳ* ed. Ald.) *καλουμένῳ* Theophrast. Hist. pl. III, 3, 4; einen Fluss *Κεδρισός* erwähnt Dionys. Call. Descr. Gr. 128. *Ἠλέκτρα ποταμοῦ ἐκβολαί* Ptol. III, 17, 4. Vgl. über den Berg Spratt Travels II, p. 272.

[3]) Strab. X, p. 475; Theophrast. Hist. pl. IV, 1, 3; Ptol. III, 17, 9; Callim. H. in Dian. 41.

berg), im nordöstlichen Modi genannt. Der im Cap Zephyrion endende nordöstliche Theil der Hauptmasse der Dikte führte den Sondernamen Kadiston.[1])

Das Wassersystem Kreta's ist ein sehr reichhaltiges und mannigfaltiges, indem die Mehrzahl der zahlreichen Flüsse, wenn auch durch die Vereinigung mehrerer kleinerer Wasserläufe gebildet, doch ihren selbständigen Lauf haben und ohne ihre Gewässer unter einander zu vermischen dem Meere zuströmen. Dadurch zerfällt die ganze Insel in eine grosse Anzahl einzelner, durch niedrige Höhenzüge 'getrennter, meist schmaler Thäler, eine Bodengestaltung, welche in Verbindung mit den Hochgebirgen die, wenn auch in vereinzelten Massen, so doch in ihren Wurzeln sich berührend und so eine allerdings wellenförmig verlaufende Wasserscheide zwischen der Nord- und Südküste bildend, die Insel von Westen nach Osten durchziehen, einer politischen Centralisation der Bewohner bedeutende Hindernisse entgegenstellte und vielmehr die Decentralisation, die Bildung zahlreicher von einander unabhängiger Stadtstaaten, in hohem Grade begünstigte.

Die Lage der Insel in nahezu gleicher Entfernung von den drei alten Welttheilen und die Configuration ihrer Küsten, be-

---

[1]) Strab. X, p. 478 s. setzt allerdings die *Δίκτη* in den östlichsten Theil der Insel in die Nähe von Präsos, 1000 Stadien von der Ida und nur 100 Stadien von dem (nordöstlichsten) Vorgebirge Sammonion; allein wenn wir den Namen auf diesen Gebirgszug beschränken, so bleibt der weit bedeutendere bei Lyttos namenlos, während doch Ptol. III, 17, 9 ausdrücklich als *ὄρη ἐπίσημα* auf Kreta die drei Gruppen *Λευκὰ ὄρη*, *Ἴδη* und *Δίκτη* nennt. Dazu kommt, dass die an die Dikte sich knüpfende Sage von der Geburt des Zeus dieses Ereigniss in die Gegend von Lyttos und in die Nähe der Ide setzt: s. Hesiod. Theog. 477 ff.; Arat. Phänom. 33 ff.; Diod. V, 70. Vgl. Ussing Kritiske Bidrag til Graekenlands gamle Geographie (Kopenhagen 1868) S. 5 ff., der nur darin zu weit geht, dass er den Namen *Δίκτη* auf die Lasithiberge beschränken will: dass auch die Präsier die Sage von der Geburt des Zeus auf der Dikte in ihrem Gebiet localisirt hatten, zeigt Athen. IX, p. 375[f] s. *Κάδιστον* Scyl. Per. 47; vgl. Plin. IV, 12, 60; 71; Solin. Coll. c. 11, 6: Geogr. Rav. V, 21 (p. 397, 5 edd. Pinder et Parthey). *Ζεφύριον ἄκρον* Ptol. III, 17, 5. Der schon den Alten unklare Ausdruck bei Hesiod. Theog. 484 *Αἰγαίῳ ἐν ὄρει* (vgl. schol. Arat. Phaenom. 33, wo auch ein Temenos des Zeus Alysios und ein Berg Alysis erwähnt werden) kann nur auf die Hauptmasse der Dikte oberhalb Lyttos bezogen werden.

sonders der Nordküste, welche in einer Anzahl weiter und tiefer Buchten den Seefahrern sichere und geräumige Ankerplätze darbietet, musste frühzeitig Einwanderer von verschiedenen Gegenden her anlocken und zur Ansiedelung auf dieser natürlichen Brücke zwischen Norden, Osten und Süden einladen. So führt uns denn schon das älteste Zeugniss, welches wir über die ethnographischen Verhältnisse der Insel besitzen, das der Odyssee, fünf auch in sprachlicher Hinsicht verschiedene Völkerstämme als Bewohner der mit 90 Städten bedeckten Krete auf: Eteokreter, Kydoner, Achäer, Dorier und Pelasger.[1]) Als ältester Bestandtheil in diesem Völkergemisch sind nach ihrem offenbar erst später im Gegensatz zu jüngeren Einwanderern, welche den Namen Kreter auch für sich in Anspruch nahmen, gebildeten Namen die Eteokreter (d. h. wirkliche, ächte Kreter) zu betrachten, ein wahrscheinlich phrygischer Volksstamm, der aus seiner früheren Heimath den Namen Ide und die Sagen von der Rhea, den idäischen Daktylen und Kureten mitgebracht und in dem von ihm zuerst occupirten mittleren Kreta localisirt hatte, später aber durch mächtigere Zuwanderer in den schmalsten östlichsten Theil der Insel zurückgedrängt wurde.[2]) Die ältesten dieser Eindringlinge waren die Kydoner, ein jedenfalls semitischer (phönikischer oder karischer) Volksstamm, der den westlicheren Theil der Insel, wo die Stadt Kydonia und der Fluss Iardanos sich finden, occupirte, von da aber längs der Nordküste bis über die Mitte der Insel hinaus vordrang und dort die später in Knossos umgetaufte Stadt Käratos an dem gleichnamigen Flusse gründete;[3]) ihnen gehören die Culte des Kronos und der Britomartis (oder Diktynna), sowie die Sagen

---

[1]) Od. *τ*, 172 ff., vgl. *γ*, 292, wo die *Κύδωνες* als Anwohner des Flusses *Ἰάρδανος* erwähnt werden. Die Ilias weiss nichts von der Stammesverschiedenheit der Bewohner der *ἑκατόμπολις Κρήτη*, welche 80 Schiffe unter Führung des Idomeneus und Meriones zum griechischen Heere gestellt hat: Il. *Β*, 645 ff. u. a.

[2]) Diod. V, 64; (Scymn. Chii) Orb. descr. 542. Strabon bezeichnet als Ortschaft der Eteokreter Prasos (Präsos), das er X, p. 475 (durch Verwechselung mit Priansos) in den südlichsten, p. 478 richtiger in den östlichsten Theil der Insel setzt.

[3]) Strab. X, p. 475 s.; über *Καίρατος* (das dem phönikischen kart entspricht, wie *Ἰάρδανος* dem Iordan) vgl. Callim. H. in Dian. 44 c. schol.; Hesych. u. *Κεράτιοι*. Ueber andere semitische Namen auf Kreta, wie *Γόρτυν*, *Ἐλλωτία*, *Λεβήν*, *Ϝέλχανος*, s. unten.

vom Minos, Minotauros, Asterios (oder Asterion), dem ehernen Riesen Talos und ähnliche an. Die drei übrigen Stämme sollen aus dem nördlichen Thessalien, der Hestiäotis, nach Kreta eingewandert sein und zwar in einer der sogenannten dorischen Wanderung weit vorausliegenden Zeit,[1]) eine Annahme, die jedenfalls nicht auf einer wirklichen Tradition beruht, sondern nur aus dem die alten Historiker beherrschenden Respect vor der Autorität der homerischen Gedichte und der Scheu, diesen einen Anachronismus zuzuschreiben, hervorgegangen ist. Eine unbefangene Geschichtsbetrachtung wird nicht zweifeln, dass die Dorier und Achäer — denn über die pelasgische Einwanderung ist durchaus nichts sicheres zu ermitteln, sondern man kann nur vermuthen, dass unter den Pelasgern Ansiedler griechischer Nationalität zu verstehen sind, welche in frühen Zeiten aus Kleinasien herüber gekommen waren — erst nach der Festsetzung der Dorier im Peloponnes und zwar von Lakonien aus nach Kreta gewandert sind und dass ihre Niederlassung auf dieser Insel wie auf den Nachbarinseln Thera, Melos u. a. räumlich und zeitlich mit der Gründung der dorischen Colonien im südwestlichen Kleinasien zusammenhängt.[2])

Schon vor der dorisch-achäischen Einwanderung hatte sich auf Kreta unter der Herrschaft des phönikischen Elements, das in der griechischen Sage durch die Person des Minos repräsentirt wird, ein wohlgeordneter und mächtiger Staat gebildet, welcher als die erste Seemacht die karischen Seeräuber, die bis dahin das ägäische Meer beherrscht hatten, zu Paaren trieb und die meisten Inseln dieses Meeres seiner Herrschaft unterwarf, ja sogar an ein Paar Punkten in unmittelbarer Nähe des griechischen Festlandes festen Fuss zu fassen suchte.[3]) Diesem vor-

---

[1]) Andron bei Strab. X, p. 475 und bei Steph. Byz. u. *Δώριον* (p. 254, 8 ed. Mein.). Diod. IV, 60 und V, 80: an der letztgenannten Stelle werden wenigstens die Achäer aus Lakonien hergeleitet und die Gegend um das Cap Malea als Ausgangspunkt des gemeinsamen Zuges der Dorier und Achäer angenommen.

[2]) Schon die Alten berichten von lakedämonischen Colonien auf Kreta (Strab. X, p. 481; vgl. Diod. V, 80; Scyl. Per. 49; Dionys. Call. Descr. Gr. v. 115 ff.); als solche werden bezeichnet Lyttos (Aristot. Pol. II, 10; Polyb. IV, 54) und Gortyna (Conon Narr. 36; vgl. c. 47). Vgl. Höck Kreta II, S. 417 ff.

[3]) Man denke an die Minoa genannten kleinen Felsinseln vor der

griechischen Staatswesen, dessen Mittelpunkt die damals Käratos, später Knossos genannte Stadt bildete, wurde durch die dorisch-achäische Einwanderung ein Ende gemacht, durch welche die Insel hellenisirt und zwar, in Folge des Ueberwiegens des dorischen Elements wenn nicht an Zahl so doch an Bedeutung, in Sitten und Sprache dorisirt wurde. Dass die Niederlassung dieser Einwanderer nicht auf dem Wege gütlicher Vereinbarung, sondern durch gewaltsame Besitzergreifung erfolgte, ergiebt sich daraus, dass in der historischen Zeit auf Kreta, ebenso wie in Lakonien und anderen von den Doriern eroberten Landschaften, der herrschenden Klasse, den allein zur Theilnahme am Staatsleben berechtigten Bürgern, abgesehen von den in den Städten gehaltenen, für Geld erkauften Sclaven (*χρυσώνητοι*), zwei andere Klassen gegenüberstanden: eine Klasse persönlich freier, aber politisch rechtloser Unterthanen (*περίοικοι* oder *ὑπηκόοι*) und eine Klasse von Hörigen oder Leibeigenen, welche, an der Scholle haftend, die ausgedehnten Ländereien, welche theils der Gemeinde, theils Privatleuten gehörten, gegen schwere Abgaben an die Besitzer bebauten (die der Gemeinde gehörigen *μνοία* oder *μνωίται*, die Privatleuten gehörigen *ἀφαμιῶται* oder *κλαρῶται* genannt).[1]

Seit der dorischen Eroberung hat Kreta bis zum Verlust seiner Selbständigkeit niemals wieder einen Einheitsstaat gebildet, sondern nur ein Aggregat von einzelnen, selbständig neben einander stehenden Stadtstaaten, welche ihr eigenes Gebiet, ihre eigenen Beamten, ja sogar ihren eigenen Kalender besassen, ihre eigenen Münzen prägten, unter einander und mit dem Auslande Krieg führten und Verträge abschlossen. Allerdings übten die beiden mächtigsten dieser städtischen Gemeinwesen, Knossos und Gortyn, wenn sie eintrachtig zusammenstanden, factisch eine Art Oberherrschaft über die ganze Insel aus und ihrem Einfluss ist wohl

---

Küste von Megaris (Bd. I, S. 378) und vor der Ostküste Lakoniens (oben S. 138), sowie an die Sagen vom Kriegszuge des Minos gegen Athen und Megara (Apollod. III, 15, 8 u. a.).

[1]) Vgl. Höck Kreta III, S. 1 ff. Die bei den Alten überwiegende Anschauung, dass die lakonischen Staatseinrichtungen von Kreta herzuleiten seien, statt umgekehrt, ist zuletzt eingehend bekämpft worden von C. Trieber Forschungen zur spartanischen Verfassungsgeschichte (Berlin 1871) S. 81 ff. Ueber den kretischen Dialect vgl. Böckh C. I. gr. Vol. II, p. 401 ss.; G. Hey De dialecto Cretica, Dessau 1869; H. Helbig Quaestiones de dialecto Cretica, Naumburg 1869.

die Einsetzung eines gemeinsamen Gerichtshofes (der freilich nicht lange bestanden zu haben scheint) sowie das gelegentliche gemeinsame Auftreten sämmtlicher kretischer Staaten nach Aussen hin zuzuschreiben; allein der Versuch, welchen die beiden Städte im Jahre 220 v. Chr. machten, sich mit Hülfe der Aetoler durch Waffengewalt die ganze Insel zu unterwerfen, scheiterte an dem energischen Widerstande einiger Städte besonders des westlichen Kreta, welche ihrerseits die Achäer und den König Philipp V. von Makedonien zu Hülfe riefen und dadurch dem letzteren eine erwünschte Gelegenheit boten, sich in die inneren Angelegenheiten der Insel einzumischen.[1]) Diesen fortwährenden Fehden der kretischen Städte unter einander, welche die Kreter nöthigten, sich von dem Eingreifen in die gemeinsame hellenische Politik fern zu halten und auf die Rolle von theilnahmlosen Zuschauern oder von Miethsoldaten (als solche waren besonders die kretischen Bogenschützen und Schleuderer beliebt) zu beschränken und welche in Verbindung mit dem stark entwickelten Handelsgeiste, welcher den Kretern wohl zum Theil als Erbstück ihrer semitischen Vorfahren eigen war, sowie mit der aus einer wohlgemeinten Erziehungsmassregel zur schmählichen Unsitte ausgearteten Knabenliebe auch auf ihren Volkscharakter ein schlimmes Licht warfen und sie bei den übrigen Griechen in den Ruf der Treulosigkeit und Lügenhaftigkeit brachten, wurde erst durch die römische Herrschaft ein Ende gemacht.[2]) Es war Q. Caecilius

---

[1]) Uebergewicht von Knossos und Gortyn Strab. X, p. 478. *Κοινοδίκιον* C. I. gr. n. 2556, Z. 58. Gemeinsame Gesandtschaft der Kreter nach Delphi zur Zeit des zweiten Perserkrieges Herod. VII, 169; Gesandtschaft der Rhodier *πρὸς πάντας Κρηταιεῖς καὶ κατ' ἰδίαν πρὸς τὰς πόλεις* im Jahre 169 v. Chr. Polyb. XXIX, 4. Versuch von Knossos und Gortyn, die übrigen Städte zu unterwerfen: Polyb. IV, 53 f. Vgl. Höck Kreta III, S. 442 ff. und S. 464 ff.

[2]) Kretische Söldner bei der athenischen Expedition gegen Sicilien Thuk. VII, 57; später sehr häufig erwähnt. Bogenschützen und Schleuderer: Liv. XXXVII, 41; XXXVIII, 21; XLII, 35. Die Kreter von leichtem, zum Springen geschickten Körperbau: Aelian. De anim. III, 2. Von dem Charakter der Kreter entwirft besonders Polybios ein sehr schlimmes Bild: vgl. IV, 8; VI, 46 u. ö., dazu Diodor. XXXVII, fr. 23 Bekk.; Cornel. Nep. Hannib. 9; Plut. Philopoem. 13; den Vers *Κρῆτες ἀεὶ ψεῦσται* Callimach. H. in Iov. 8; Pauli Epist. ad Tit. I, 12; die sprüchwörtlichen Ausdrücke *κρητίζειν* (Zenob. Prov. IV, 62), *ὁ Κρὴς τὸν Κρῆτα*

Metellus, nach seinem Siege Creticus genannt, welcher die mit den kilikischen Seeräubern verbündete Insel nach mehr als zweijährigem Kampfe im Jahre 66 v. Chr. den Römern vollständig unterwarf, die nun mit Kyrene vereinigt zu einer römischen Provinz gemacht wurde.[1]) Seitdem waren die kretischen Städte zu einem Bunde (*κοινὸν τῶν Κρητῶν*) vereinigt, in dessen Namen Münzen geprägt und ein pentaëterischer Agon gefeiert wurden.[2]) Kaiser Konstantin trennte die Insel von Kyrene und constituirte sie als besondere Eparchie, welche von einem unter den Befehlen des Präfecten von Illyricum stehenden Consular verwaltet wurde und mit Einschluss der Insel Klaudos 22 Städte enthielt, unter welchen Gortyn den ersten Rang einnahm.[3]) Im Jahre 823 setzten sich die Sarazenen auf Kreta fest und behaupteten sich bis zum Jahre 961, wo die Insel durch Nikephoros Phokas für das byzantinische Reich wieder erobert wurde.[4]) Bei der Theilung dieses Reiches unter die Abendländer wurde sie vom Markgrafen Bonifazio von Montferrat, welchem Alexios, der Sohn des Kaisers Isaak, sie geschenkt hatte, durch einen Vertrag vom 12. August 1204 im Austausch gegen andere Besitzungen der Republik Venedig überlassen.[5]) Diese behauptete den für ihre Machtstellung im Orient wie für ihren Handel äusserst wichtigen Besitz des 'regno di Candia' bis zum 18. September 1669, wo sie sich genöthigt sah, nach hartnäckigem, aber vergeblichem Widerstande die Hauptstadt Kandia und mit ihr die ganze Insel mit Ausnahme der drei Häfen von Grabusa, Spina Longa und la Suda, welche noch ungefähr 30 Jahre hindurch in ihrem Besitze blieben, an die Türken abzutreten. Nur die tapferen, aber räuberischen Bergbewohner der südwestlichen Region, der Höhen und südlichen Abhänge der 'weissen Berge', die sogenannten Sphakianer, die ihren nationalen Charakter am reinsten erhalten

(Diogenian. Prov. VII, 31), *Κρὴς πρὸς Αἰγινήτην* (ibid. V, 92). Ueber die Knabenliebe s. Höck Bd. III, S. 106 ff.

[1]) Strab. XVII, p. 837 und 840; C. I. gr. n. 2588; 2591; über die Geschichte der Unterwerfung s. Höck Bd. III, S. 483 ff.

[2]) Eckhel Doct. n. v. I, 2, p. 300 s.; C. I. gr. n. 2583; 2595—97; 2561[c] (Vol. II, p. 1104).

[3]) Zosim. II, 33; Hierocl. Synecd. p. 13 s. ed. Parthey; vgl. Böckh ad C. I. gr. n. 2592.

[4]) Leon. Diac. Histor. I, 2 — II, 8.

[5]) S. Tafel und Thomas Urkunden I, S. 512 ff., vgl. III, p. 68.

haben und auch von der venezianischen Regierung, welche im Allgemeinen die griechische Bevölkerung aufs Schmählichste ausbeutete und unterdrückte, immer mit besonderer Rücksicht behandelt worden waren, bewahrten noch ein Jahrhundert ihre Unabhängigkeit, die erst im Jahre 1770 der durch die Verrätherei ihrer eigenen Stammgenossen unterstützten türkischen Gewaltherrschaft in soweit zum Opfer fiel, dass sie sich zur Zahlung eines jährlichen Tributs an den Sultan bequemen mussten.[1] In Folge der Eroberung nahmen eine Anzahl der griechischen Bewohner, besonders der Städte, theils gezwungen, theils um materieller Vortheile willen den Islam an, auch wanderten mit der Zeit einige türkische Familien ein, so dass sich allmälig ein nicht unbeträchtliches türkisches Element der Bevölkerung bildete, das jetzt etwa ein Drittheil der Gesammtbevölkerung beträgt; doch spricht die Mehrzahl dieser hauptsächlich in den Städten oder als Grossgrundbesitzer auf dem Lande sesshaften Türken das Griechische als ihre Muttersprache. Beim Ausbruch des griechischen Befreiungskrieges im Jahre 1821 erhob sich auch die griechische Bevölkerung zum Kampfe gegen die türkische Herrschaft, der hier in Folge des Zusammenwohnens der Griechen und Türken mehr noch als anderwärts den Charakter eines Racenkampfes annahm nnd alle Greuel eines solchen zur Erscheinung brachte. Der Erfolg war Anfangs den Griechen günstig; als aber Mehemet Ali von Aegypten im Juni 1822 5000 Mann albanesischer Truppen nach Kreta gesandt hatte, gelang es diesen binnen zwei Jahren die unter sich uneinigen, von aussen nicht genügend unterstützten Aufständischen bis auf einige kleine Guerillabanden, die sich in den unzugänglichen Gebirgen behaupteten, auseinander zu sprengen oder zu vernichten. Vergeblich versuchten die Griechen in den Jahren 1827 und 1828 die fast erloschene Flamme des Widerstandes aufs Neue anzufachen: das Londoner Protokoll vom 3. Februar 1830 trennte das Schicksal Kreta's ebenso wie das der ionischen Inseln und der Landschaften Epirus und Thessalien von dem des übrigen Hellas und lieferte die Insel dem Sultan aus, der sie dem Mehemet Ali als Lohn für die im Kampfe

---

[1]) Vgl. über die Sphakianer Sieber Reise I, S. 453 ff.; Pashley Travels II, p. 191 ss.; 245 ss.; B. Schmidt Das Volksleben der Neugriechen und das hellenische Alterthum, S. 10 und 14.

gegen die Griechen geleisteten Dienste überliess. Dieser wurde im Jahre 1840 durch die sogenannte Triplealliaz genöthigt, sie dem Sultan zurückzugeben. Schon im Jahre 1858 konnte die türkische Regierung einem drohenden Aufstande der griechischen Bevölkerung nur durch die Abberufung des Gouverneurs Veli-Pascha und durch Versprechung wesentlicher Reformen, besonders im Steuerwesen, zuvorkommen; aber diese Reformen blieben, wie so oft in der Türkei, ein todter Buchstabe, ja der Steuerdruck wurde ärger als vorher. Da Beschwerden darüber bei der türkischen Regierung nichts fruchteten, erklärte eine Nationalversammlung der Griechen Kreta's im Mai 1866 den Anschluss der Insel an das Königreich Hellas; die ganze griechische Bevölkerung griff zu den Waffen und es entbrannte ein Kampf, der an Heftigkeit und Wildheit dem in den Jahren 1821—24 geführten nicht nachstand und ebenso unglücklich für die Griechen endete wie jener: von der Regierung und der Bevölkerung des Königreichs Griechenland in Folge der diplomatischen Pression der europäischen Cabinete nur schwach unterstützt und endlich ganz im Stiche gelassen, mussten die Aufständischen der türkischen Uebermacht erliegen; die durch den Aufstand verwüstete und entvölkerte Insel bildet nach wie vor ein türkisches Ejalet, welches in die drei Paschaliks Kandia, Rethimo und Kanea zerfällt.[1])

Der mächtige Gebirgsstock der 'weissen Berge', welcher mit seinen westlichen Fortsetzungen (vgl. oben S. 532) gleichsam das Rückgrat des westlichen Theiles der Insel bildet, fällt gegen Norden in zwei grossen terrassenartigen Stufen ab, auf denen mehrere Dörfer liegen und zahlreiche Bäche entspringen. Vor der nördlicheren Stufe läuft, durch ein Hochthal von ihr getrennt, ein ungefähr 2000 Fuss über die Küstenebene sich erhebender Bergzug hin, jetzt Malaxa genannt, der B e r e k y n t h o s der Alten.[2]) Am nördlichen Fusse desselben zieht sich eine von West nach Ost etwa $1^1/_2$ Meilen lange, grösstentheils mit Oliven bewachsene Ebene hin, an deren Nordseite unmittelbar an der Küste das jetzt als Hauptstadt der ganzen Insel geltende Städtchen Chania

---

[1]) Vgl. über die Geschichte der Kreter unter der türkischen Herrschaft Perrot L'île de Crète p. 135—276; Mendelssohn-Bartholdy in den Heidelberger Jahrbüchern der Litteratur 1868, N. 11 und 12, S. 161—185.

[2]) Diod. V, 64; vgl. Pashley I, p. 57 s.

(oder Kanea) liegt. Dasselbe nimmt, obgleich es keine alten Reste mehr aufzuweisen hat, doch unzweifelhaft die Stelle des alten **Kydonia** ein, einer als Hafenplatz bedeutenden Stadt, deren erste Gründung die Tradition dem Minos (oder dessen Enkel Kydon) zuschrieb, die aber in historischer Zeit von den Samiern neu begründet und sechs Jahre nach dieser Neugründung von den Aegineten in Besitz genommen worden war. Im Jahre 429 v. Chr. sandten die Athener auf Anstiften der Bewohner von Polichna, einer Nachbarin Kydonia's, 20 Schiffe ab, welche im Gebiete von Kydonia landeten, aber nach Verheerung des Landes ohne weiteren Erfolg wieder abzogen. Sowohl in den inneren Kämpfen der kretischen Städte unter einander, als bei dem Widerstande, welche die Insel dem Metellus leistete, spielte Kydonia eine nicht unbedeutende Rolle.

Sein Gebiet erstreckte sich beträchtlich weit gegen Westen, denn es gehörte dazu noch das auf dem Berge **Tityros**, dem in einer Länge von fast drei Meilen von der Küste gegen Norden vorspringenden, im Cap Spada, dem **Psakon** der Alten, endenden Felsrücken, welcher die Bucht von Chania im Westen begränzt, gelegene Heiligthum der Diktynna (**Diktynnäon**), von welchem noch einige Marmortrümmer auf einem kleinen Plateau südöstlich von der Nordspitze des Caps oberhalb einer schmalen Bucht erhalten sind. Es gehörte also den Kydoniaten das ganze die weite Bucht von Chania im Süden und im Westen begränzende Küstenland und ohne Zweifel auch die kleine, ungefähr in der Mitte der Bucht nahe der Küste gelegene jetzt unbewohnte, aber in der Zeit der venezianischen Herrschaft befestigte Insel Hagios Theodoros (von den Alten **Koite** oder **Akoition** genannt), welche einen guten Ankerplatz für Schiffe darbietet.[1]) Der frucht-

---

[1]) Marm. Par. Z. 11; Diod. V, 78; Paus. VIII, 53, 4; Herod. III, 44 und 59; Paus. X, 2, 7; Thukyd. II, 85; Polyb. IV, 55; XXIII, 15; XXVII, 16; XXVIII, 13; C. I. gr. n. 3055; Liv. XXXVII, 60; Appian. Sicul. 6; Cass. Dio XXXVI, 2; LI, 2; Flor. Epit. I, 41 (wo '*urbium matrem Cydoneam*'); Scyl. Peripl. 47 (wo der *λιμὴν κλειστός* erwähnt); Strab. X, p. 479; Stadiasm. mar. m. § 340 ss.; Ptol. III, 17, 8. Der Beiname der Athena Kydonia, unter welchem diese im eleischen Phrixa verehrt wurde (Paus. VI, 21, 6), lässt auf Cult der Athena, deren Kopf auch auf Münzen von Kydonia erscheint (vgl. Eckhel D. n. I, 2, p. 310), schliessen. — Vgl. Pashley I, p. 12 ss.; Spratt II, p. 137 ss. und 196 ss.

barste Theil dieses ausgedehnten Gebietes ist das nur durch niedrige Hügel von der Ebene von Chania getrennte breite Thal, welches der aus den tiefen Schluchten westlich von den höchsten Kuppen der weissen Berge herabkommende Fluss Iardanos (jetzt nach den seine Ufer beschattenden Platanen Platanos oder Platanios genannt), der bedeutendste des westlichen Kreta, in seinem unteren Laufe durchströmt. In diesem Thale, wahrscheinlich auf einem Hügel der Westseite desselben oberhalb des Dörfchens Vryses (sechs bis sieben englische Meilen westlich von Chania, zwei englische Meilen von der Küste), der noch Spuren hellenischer sowohl als mittelalterlicher Mauern trägt, lag eine alte Ortschaft Pergamon, welche ursprünglich selbständig den westlicheren Theil des Gebietes der Kydoniaten besessen zu haben, aber frühzeitig von diesen ihrem Gebiete einverleibt worden zu sein scheint. In diesem pergamischen District zeigte man an der Landstrasse das angebliche Grab des Lykurgos.[1]) Der mittlere und obere Lauf des Iardanos gehörte wahrscheinlich zum Gebiete von Polichna, der südlichen Nachbarin von Kydonia, deren Lage ebenso wenig als die Ausdehnung ihres Gebiets mit Sicherheit zu bestimmen ist.[2])

Die östliche Flanke der Bucht von Chania deckt eine mit breiter Stirne gegen Nordosten halbinselförmig ins Meer vortretende Bergmasse, welche durch einen $1-1\frac{1}{2}$ Stunde breiten Isthmos östlich von Chania mit der Nordküste der Insel zusammenhängt. Oestlich von diesem Isthmos zieht sich zwischen der Südküste der von den Alten Kyamon, heutzutage Akrotiri (d. i. *ἀκρωτήριον* 'Vorgebirge') genannten Halbinsel und der Nordküste der Insel eine tiefe, sehr wohl geschützte Bucht (jetzt Golf von Suda genannt) hin, an deren nordöstlichem Eingange, hart an der Südostküste der Halbinsel, drei kleine Inselchen, die 'weissen Inseln' (Leukä) der Alten, liegen; gegen Südosten wird sie durch das von der Nordküste Kreta's vorspringende Cap Drepanon

---

[1]) Fluss *Ἰάρδανος* Od. γ, 292; Paus. VI, 21, 6. *Πέργαμον* und *Περγαμία* Scyl. Per. 47; Plut. Lycurg. 31; Plin. IV, 12, 59; Serv. ad Verg. Aen. III, 133. Die Ruinen bei Vryses (d. i. *Βρύσεις*, Quellen) erwähnt Spratt II, p. 140, der sie, gewiss mit Unrecht, auf ein älteres (homerisches) Kydonia bezieht.

[2]) Herod. VII, 170; Thuk. II, 85; Steph. Byz. u. *Πολίχνα*.

abgeschlossen.[1]) Sowohl die wegen ihrer felsigen Beschaffenheit wenig angebaute Halbinsel als auch die zum grössten Theile sehr fruchtbare, von einem durch Vereinigung mehrerer kleiner Bäche gebildeten bedeutenderen Flusse (wahrscheinlich dem Pyknos der Alten)[2]) durchflossene Küstenstrecke im Süden der Bucht (der jetzige District von Apokorona) gehörten im Alterthum zum Gebiet von Aptara oder Aptera, einer Stadt, deren Namen die Sage von einem Streit zwischen den Musen und Seirenen herleitete, in welchem die letzteren unterlagen und deshalb sich vor Verdruss die Flügel ausrissen; als Schauplatz des Streites bezeichnete man ein zwischen der Stadt und der Meeresküste gelegenes Heiligthum der Musen (Museion). Von der Stadt selbst sind noch ausgedehnte, jetzt Paläokastro genannte Ruinen erhalten auf einem steilen Hügel in geringer Entfernung von der Küste. Innerhalb der theils aus grossen polygonen, theils aus länglich-viereckten Werkstücken erbauten Ringmauern, die man noch in ihrer ganzen Ausdehnung verfolgen kann, findet man die Grundmauern mehrerer grosser Gebäude (eins derselben, dessen Mauern zahlreiche Inschriften enthalten, gerade im Mittelpunkt der Stadt gelegen, scheint das Prytaneion gewesen zu sein), die Reste mehrerer Tempel (einer derselben war laut einer Weihinschrift der Eleuthyia, d. i. Eileithyia, geweiht), mehrere grosse überwölbte Cisternen, endlich im südlichsten Theile der Stadt ein kleines, ziemlich wohl erhaltenes Theater.[3])

---

[1]) *Κύαμον ἄκρον* Ptol. III, 17, 8. *Λευκαί* Stadiasm. m. m. § 344; Steph. Byz. u. *Ἄπτερα*; auf dieselben bezieht sich jedenfalls die Angabe des Plinius IV, 12, 61 ‘contra Cydoniam Leuce (dies ist wohl die nordöstlichere, jetzt Paläa-Suda genannte) et duae Budrooe’, obwohl der Zusatz ‘dextra Cretam habenti’ nicht sowohl auf diese Inseln, als auf die Insel Hagios Theodoros (Akoition), welche Plinius übergangen zu haben scheint, passt. *Δρέπανον ἄκρον* (noch jetzt *Δράπανο*) Ptol. III, 17, 7.

[2]) Ptol. III, 17, 8. Kiepert (Neuer Atlas von Hellas Bl. VIII) giebt den Namen dem westlich von Kydonia mündenden Flusse, was mir wegen der Ansetzung bei Ptol. weniger wahrscheinlich ist. — Den modernen Namen *Ἀποκόρωνα* hält Pashley I, p. 62 s., schwerlich mit Recht, für eine Corruptel von *Ἱπποκορώνιον*, was Strabon (X, p. 472) beiläufig ohne nähere Ortsangabe als Name einer Ortschaft in Kreta anführt, und setzt dieses bei Hagios Mámas, auf einem Hügel ungefähr zwei englische Meilen westlich von Neochorio, wo alte Werkstücke und Marmorfragmente erhalten sein sollen, an.

[3]) Steph. Byz. u. *Ἄπτερα* (die Münzen haben durchaus die Legende

Der Hafenort der Aptaräer, Minoa, lag an der entgegengesetzten Seite der Bucht von Suda, an der Südküste der Halbinsel Akrotiri unterhalb des Dörfchens Sternäs, wo noch Reste der Ringmauer und eines runden Thurmes erhalten sind; der kleine, von Natur fast ganz geschlossene Hafen ist heutzutage in Folge der beträchtlichen Erhebung der Küste, welche im ganzen westlichen Kreta seit den Zeiten des Alterthums stattgefunden hat, nur noch für kleine Boote zugänglich. Ausserdem besassen die Aptaräer noch einen zweiten Hafenplatz, Kisamos, der an der Südseite der Bucht, südwestlich vom Cap Drepanon gelegen war.[1])

Vom Cap Drepanon an nimmt die vielfach ausgezackte Küstenlinie auf eine Strecke von ungefähr zwei Meilen die Richtung nach Süden, um dann plötzlich nach Osten umzubiegen; in den so entstandenen Winkel (jetzt nach einem daran liegenden Städtchen die Bucht von Armyro genannt) mündet ein aus zwei Hauptarmen, einem von Westen und einem von Süden her kommenden, gebildeter Fluss, der Amphimelas (richtiger wohl Amphimales, wie auch die Bucht von den Alten genannt wurde), an dessen Mündung eine Ortschaft Amphimalla oder Amphimallion (wahrscheinlich nur der nördliche Hafenplatz von Lappa) lag.[2]) Ein ähnlicher Küstenplatz war das etwa

---

Ἀπταραίων, wie die Stadt auch in den Inschriften ἁ τῶν Ἀπταραίων πόλις heisst); vgl. Scyl. Per. 47; Strab. X, p. 479; Dionys. Calliph. Descr. Gr. v. 122; Paus. X, 5, 10; Stadiasm. m. m. § 344; Ptol. III, 17, 10; Plin. IV, 12, 59; Hierocl. Synecd. p. 14 ed Parthey; Geogr. Ravenn. V, 21 (p. 397 ed. Pinder et Parthey). Ueber die Ruinen s. Pashley I, p. 36 ss. (vgl. Vol. II, p. 1); Museum of class. ant. II, p. 296 (mit Plan); C. Wescher in der Revue archéolog. n s. X, p. 75 ss. und in den Archives des missions scientifiques, IIe série, t. I, p. 439 ss.

1) Μινώα Ptol. III, 17, 7; vgl. Stadiasm. m. m. § 344 s.; Plin. IV, 12, 59; dazu Spratt II, p. 130 s. Κίσαμος wird ausdrücklich als ἐπίνειον Ἀπτέρας aufgeführt von Strab. X, p. 479; damit stimmt, dass auf der Peutingerschen Tafel zwei Städte dieses Namens angesetzt sind, eine 8 Milien östlich von Kydonia, die andere 32 Milien westlich von dieser Stadt vgl. Pashley I, p. 55.

2) Dionys. Calliph. Descr. Gr. v. 128 (wo für Ἀμφιμέλαν wohl Ἀμφιμαλῆ zu l sen; vgl. Ἀμφιμαλὴς κόλπος Ptol. III, 17, 7). Ἀμφίμαλλα Strab. X, p. 475, vgl. Steph. Byz. u. Ἀμφιμάλιον; Plin IV, 12, 59. Auf denselben Fluss und dieselbe Ortschaft ist jedenfalls zu beziehen die An-

fünf Stunden weiter östlich gelegene Hydramos oder Hydramia.[1])

Ungefähr eine Stunde südlich von Amphimalla liegt zwischen den nördlichen Vorbergen des östlichsten Theiles der Kette der weissen Berge der jetzt Kurnas genannte einzige Landsee Kreta's, der ungefähr eine halbe Stunde lang, von beträchtlicher Tiefe und mit krystallhellem, frischem Wasser gefüllt ist; die Alten nannten ihn Koresia nach einem jedenfalls in der Nähe gelegen Orte Korion, welcher einen Tempel der Athena Koresia besass.[2]) Der See gehörte ebenso wie die Küstenplätze Amphimalla und Hydramia zum Gebiete von Lappa (auch Lampe geschrieben), der östlichsten Stadt des westlichen Kreta, welches die ganze hier allerdings nicht sehr beträchtliche (nur $2^1/_2$ Meilen betragende) Breite der Insel einnahm und an der Nordküste sich wahrscheinlich vom Cap Drepanon bis zu dem jetzt Korakas (oder auch Kakonoros) genannten Küstenvorsprunge, an der Südküste vom Vorgebirge Psychion (der Südspitze des Kedriosgebirges, jetzt Melissa) bis zum Vorgebirge Hermäa (denn der östlich von diesem gelegene Hafenort Phoinix wird ausdrücklich als den Lappäern gehörig bezeugt) erstreckte. Die Stadt Lappa, deren Gründung die Sage auf Agamemnon zurückführte, während der Name von einem gewissen Lampos aus Tarrha hergeleitet wurde, lag etwas über eine Meile südwärts von der Nordküste, also nahezu in der Mitte der Breite der Insel, auf einem ansehnlichen Hügel zwischen zwei von dem bis zur Höhe von 1325 Meter aufsteigenden östlichsten Theile der Kette der weissen Berge gegen Norden fliessenden Bächen, deren einer im Alterthum den Namen Messapios führte, bei der jetzigen Ortschaft

gabe im Stadiasm. mar. m. § 345 von einem Flusse Ἀμφιμάτριος mit Winterhafen und Castell.

[1]) Stadiasm. mar. m. § 346; Steph. Byz. u. Ὑδραμία. Die Entfernungsangabe zwischen Amphimallon (Amphimatrion) und Hydramos im Stadiasm. (στάδιοι ρ') ist allerdings unsicher, da dieser § des Stadiasm. entschieden lückenhaft ist; doch sehe ich keinen Grund, mit Kiepert Hydramos zum Hafen von Eleuthernä zu machen und sechs Meilen östlich von Amphimalla anzusetzen, wie ich andererseits auch Pashley's (I, p. 73 s.) nur auf dem täuschenden Anklang der Namen beruhende Ansetzung von Hydramos bei dem jetzigen Dramia für unsicher halte.

[2]) Steph. Byz. u. Κόριον; vgl. Spratt II, p. 125 s.

Polis (auch Argyropolis 'Silberstadt' oder spöttisch Gaïduropolis 'Eselstadt' genannt): die ziemlich ausgedehnten Ruinen gehören zum grössten Theile der römischen Zeit an, was sich daraus erklärt, dass die von Metellus in Sturm eroberte und dabei jedenfalls schwer geschädigte Stadt von Cäsar wieder hergestellt worden ist.[1]) Der südliche Theil des Gebiets von Lappa wird ganz von den südlichen Abhängen der weissen Berge eingenommen. Diese sind im östlicheren Theile, dem jetzigen Bezirke Hagios Vasilis, milder und mehrfach von fruchtbaren Thälern und kleinen Strandebenen unterbrochen, während der westlichere Theil, der jetzige Bezirk Sphakia, der unwirthlichste und wildeste District von ganz Kreta, ungefähr dasselbe was die Mani für Lakonien, Kakosuli für Epirus ist. Tief eingeschnittene, düstere Schluchten, in welchen kaum für Maulthiere und Fussgänger gangbare Pfade an Schwindel erregenden Abhängen hinführen, ziehen sich zwischen den schroffen und steilen Felsrücken hin, in welchen die Hauptmasse der weissen Berge nach der libyschen See zu abfällt. Diese ganze Strecke ist fast ohne alle antike Reste: nur aus alten Küstenbeschreibungen kennen wir die Namen einiger Küstenpunkte, deren Bedeutung sich offenbar nie über die blosser Ankerplätze für die Handelsschiffe der Lappäer erhoben hat. Die östlichste dieser Oertlichkeiten ist das schon erwähnte, wahrscheinlich die Südostgränze des lappäischen Gebietes bildende Cap Psychion oder Psycheus, bei welchem ein nur während der Sommerzeit brauchbarer Hafen sich befand.[2]) 150 Stadien westlich von da, also an der halbmondförmigen gegen Südosten durch ein vortretendes Felscap geschützten, aber gegen Südwesten

[1]) Scyl. Per. 47 (wo der Fluss *Μεσάπιος* erwähnt wird, dessen Name auch bei Dionys. Call. Descr. Gr. v. 128 mit Meineke für *Μεσσάπολιν* herzustellen ist); Strab. X, p. 475; Steph. Byz. u. *Λάμπη*; Ptol. III, 17, 10; Hierocl. Syn. p. 14 ed. Parthey (*Λάμπαι*), vgl. Notit. episc. 8, 236 (ibid. p. 170) und 9, 145 (ibid. p. 186); Theophr. Hist. pl. II, 6, 9; Polyb. IV, 53—55; Cass. Dio XXXVI, 1 s.; LI, 2. Vgl. über die Ruinen besonders L. Thenon Revue archéol. n. s. XV, p. 265 ss.: die daselbst veröffentlichten Inschriften (vgl. C. I. gr. n. 2584 und n. 3056) geben ebenso wie die Münzen durchgängig die Namensform *Λαππαῖοι*. Der Bischof der drei Districte Sphakia, Hagios Vasilis und Amari führt noch jetzt officiell den Titel ὁ *Λάμπης*.

[2]) Stadiasm. m. m. § 325 s.; Ptol. III, 17, 4; Steph. Byz. u. *Ψύχιον*.

offenen Bucht von Plaka, stand ein Hafenstädtchen Lamon.[1]) Zwischen beiden Oertlichkeiten mündet durch ein anmuthiges Thal ein Fluss, der Massalias der Alten, welcher durch zwei Bäche, einen vom Kedrios, einen von den weissen Bergen herkommenden, die sich am oberen Ende des Thales beim jetzigen Kloster von Preveli vereinigen, gebildet wird.[2]) 30 Stadien westlich von Lamon lag Apollonia (oder Apollonias), wahrscheinlich nach einem Heiligthum des Apollon genannt,[3]) endlich 100 Stadien westlich von da der Hafen Phoinix, auch Phoinikus genannt, der jetzige Hafen Lutro, der einzige an der Südküste der Insel, welcher den Schiffen zu jeder Jahreszeit eine sichere Zufluchtstätte gewährt. 2000 Fuss über dem Hafen, an welchem sich noch Fundamente alter Gebäude und Gräber finden, die aber durchgehends der römischen Zeit anzugehören scheinen, erhebt sich ein steiles Felsplateau, auf welchem jetzt acht kleine Weiler liegen, die unter dem Gesammtnamen Anopolis zusammengefasst werden; eine felsige Anhöhe am südlichen Ende dieses Plateaus, bei dem Weiler Riza, trägt die Ueberreste der Ringmauern einer alten Stadt, die ungefähr eine halbe Stunde im Umfang hatte. Gegen Westen fällt das Plateau senkrecht ab nach einer mehrere 100 Fuss tiefen, engen Schlucht, an deren Westseite das kleine Dorf Aradena liegt, in welchem sich ebenfalls einige Reste alter Gebäude und Gräber finden. Der Name des Dorfes ist deutlich entstanden aus Araden, mit welchem Namen im Alterthum offenbar die auf dem Plateau von Anopolis gelegene Stadt bezeichnet wurde, die man wegen ihrer Lage zu dem Hafenplatze Phoinix auch als 'Anopolis', d. i. 'Oberstadt' bezeichnete: beide, die Oberstadt (auf welche dann auch der Name des Hafenplatzes Phoinix übertragen wurde) sowie der Hafenort sind ihrer Namen wegen als Gründungen phönikischer Schiffer zu betrachten.[4])

---

[1]) Stadiasm. m. m. § 326.

[2]) *Μασσαλία ποταμοῦ ἐκβολαί* Ptol. III, 17, 3; vgl. über das Thal von Preveli Spratt II, p. 269 s.

[3]) Stadiasm. m. m. § 327 s.

[4]) Stadiasm. m. m. § 328; Acta apostol. c. 27, 12; Strab. X, p. 475; Ptol. III, 17, 3 (wo *Φοινικοῦς λιμήν* und *Φοίνιξ πόλις* unterschieden); Steph. Byz. u. *Φοινικοῦς* und *Ἀραδήν*; Hierocl. Synecd. p. 14 ed. Parthey (vgl. Notit. episc. 8, 230 ibid. p. 170 und 9, 139 ibid. p. 185). Vgl. Pashley II, p. 191; 241 s.; 256 s.; Spratt II, p. 249 ss.

Das Vorgebirge Hermäa (jetzt Cap Plaka) bildete die Gränze zwischen der Lappäa und der Tarrhäa, dem Gebiete der politisch ganz unbedeutenden, nur als Sitz des Cultes des Apollon Tarrhäos und als Heimath des Grammatikers Lucillus bekannten Stadt Tarrha, welche etwas über drei Stunden westlich vom Hafen Phoinix lag, am Ausgang der Schlucht von Rumeli, der wildesten und grossartigsten unter den Schluchten des ganzen Districts von Sphakia, die sich von der unmittelbar westlich von den höchsten Kuppen der weissen Berge gelegenen, ringsum von natürlichen Felswällen umschlossenen Hochebene von Omalo, aus welcher das Regen- und Schneewasser nur unterirdisch durch eine sogenannte Katabothre abfliessen kann (daher die während der Sommermonate mit Hafer bebaute Ebene im Winter einen grossen See bildet), bis zur Südküste hinabzieht.[1]) Wahrscheinlich bildete weder Tarrha noch ihre Nachbarin, die drei Stunden weiter westlich am Ausgange der Schlucht von Trypiti gelegene Stadt Poikilassos[2]), eine politisch selbständige Gemeinde, sondern beide gehörten wohl zum Gebiete von Elyros, der bedeutendsten Stadt des südwestlichsten Kreta (des jetzigen Districts von Selinos), von welcher noch bei dem Dorfe Rodovani, etwas über eine Stunde oberhalb der Küste, über dem rechten Ufer eines nicht unbedeutenden Baches ausgedehnte, aber unscheinbare Ruinen erhalten sind. An der Mündung dieses Baches lag der Hafenplatz von Elyros, das Städtchen Syia, dessen Name noch in dem eines zerstörten Dorfes Suia fortlebt, unter dessen Trümmern auch manche antike Reste sich finden; der alte Hafen aber ist in Folge der beträchtlichen Erhebung der Küste, welche, wie schon bemerkt, seit dem Alterthum stattgefunden hat, völlig verschwunden.[3])

---

[1]) Ptol. III, 17, 3; Stadiasm. m. m. § 329; Steph. Byz. u. Τάρρα; Theophr. Hist. pl. II, 2, 2; Paus. X, 16, 5; vgl. Pashley II, p. 263 ss.; Spratt II, p. 247 ss.; über die Hochebene von Omalo ebd. p. 174 ss.

[2]) Ποικιλασσός Stadiasm. m. m. § 330; Ποικιλάσιον Ptol. III, 17, 3; über die Lage und die geringen Ueberreste der Ortschaft (darunter eine Inschrift, welche die Existenz eines Tempels des Serapis daselbst bezeugt) Spratt II, p. 244 s.

[3]) Ἔλυρος Scyl. 47; Paus. X, 16, 5; Steph. Byz. u. Ἔλυρος; Hierocl. Synecd. p. 14. Συΐα Steph. Byz. u. d. W.; Σύβα Stadiasm. m. m. § 331. Ueber die Ruinen beider Ortschaften vgl. Pashley II, p. 98 ss.; Spratt II, p. 240 ss.; L. Thenon Revue archéol. n. s. XIV, p. 396 ss.

Das Gebiet der Elyrier, zu deren Stadt von der Hochebene von Omalo aus eine Kunststrasse führte, von welcher noch jetzt Reste erhalten sind, gränzte im Westen an das von Hyrtakina, einer Stadt, die, obgleich nur $1\frac{1}{2}$ Stunde südwestlich von Elyros entfernt (ihre in Polygonmauern, Gräbern und Scherben von Thongefässen bestehenden Reste finden sich auf einem steilen Hügel eine halbe Stunde südlich vom Dorfe Temenia), doch eine selbständige politische Gemeinde gebildet haben muss, da sie ihre eigenen Münzen prägte.[1]) Dasselbe gilt von der südlichen Nachbarstadt Hyrtakina's, von Lisos (auch Lissos und Lissa geschrieben), der wahrscheinlich die in einer halbkreisförmigen kleinen Strandebene bei der Capelle des Hagios Kyriakos, ungefähr eine Stunde westlich von Suia erhaltenen Reste angehören, unter denen namentlich ein kleines Theater von 78 Fuss Durchmesser bemerkenswerth ist.[2]) Westlich von Hyrtakina zieht sich das Thal eines von der westlichen Fortsetzung der weissen Berge herabkommenden Flusses hin, der jetzt nach einem an seinem linken Ufer gelegenen Dorfe der Fluss von Vlithias genannt wird: im südlichsten Theile dieses Thales finden sich an zwei Stellen (bei dem Dorfe Anydrus und bei Vlithias) Reste alter Befestigungen — blosser Thürme oder kleiner Kastelle — aus polygonen Werkstücken, welche jedenfalls bestimmt waren, eine von der Küste im Thale aufwärts führende Strasse zu decken. Dieselben waren offenbar eine Art Vorposten- oder Aussenwerke der kleinen Stadt Kantanos oder Kantania, deren Reste auf einem ungefähr $1\frac{1}{2}$ Stunden von der Küste entfernten Hügel in der Nähe des Dorfes Chadros erhalten sind und mit deren Namen noch jetzt die ganze Gegend, in welcher diese Ruinen liegen, bezeichnet wird.[3]) Drei Stunden westlich

---

[1]) Scyl. Per. 47; Steph. Byz. u. Ὑρτακός; Ptol. III, 17, 10; über die Münzen und Ruinen Pashley II, p. 111 ss.; L. Thenon Revue archéol. n. s. XVI, p. 107 ss.; letzterer sieht darin, schwerlich mit Recht, die Reste einer frühzeitig durch die Dorier zerstörten achäischen Stadt, etwa von Ἀχαία (schol. Apoll. Rhod. Δ, 175: vgl. Höck Kreta I, S. 430).

[2]) Scyl. Per. 47; Stadiasm. m. m. § 333; Ptol. III, 17, 3; Hierocl. Synecd. p. 14; Geogr. Rav. V, 21 (p. 397, 15); vgl. Pashley II, p. 78 und p. 87 ss.; Spratt II, p. 241. Kiepert setzt Lissos weiter westlich auf den flachen Küstenvorsprung, welcher die Ruinen des venezianischen Castells Selino trägt; allein dort sind keine antiken Reste vorhanden.

[3]) Steph. Byz. u. Κάντανος; Hierocl. Synecd. p. 14; Geogr. Rav.

von der Mündung jenes Flusses tritt ein breites, die Südwestspitze Kreta's bildendes Vorgebirge aus der Küstenlinie vor, das in seinem modernen Namen Cap Krio noch eine deutliche Reminiscenz an seine alte Benennung 'Kriu metopon' (Widderstirn) bewahrt hat; in der Mitte zwischen demselben und der Mündung des Flusses von Vlithias (also etwa bei dem jetzt Trachili genannten Küstenvorsprunge) lag ein Küstenplatz Kalamyde.[1])

An der Westküste der Insel lag unmittelbar nördlich vom Cap Kriu metopon an dem jetzt durch die Erhebung der Küste sehr verkleinerten Hafen Krio ein Hafenplatz Biennos oder Bienna,[2]) weiter nördlich, wahrscheinlich am Ausgange des fruchtbaren, von Nordosten her in einer Länge von ungefähr zwei Stunden bis zur Küste sich hinabziehenden Thales von Ennea choria (das nicht bloss neun, wie sein Name besagt, sondern fünfzehn bis sechzehn kleine Dörfer und Weiler enthält,

---

p. 397, 14; vgl. Pashley II, p. 115 ss.; Thenon Revue archéol. n. s. XVI, p. 104 ss.

[1]) Κριοῦ μέτωπον Scyl. 47; Strab. II, p. 106; X, p. 474; XVII, p. 837; Dionys. Per. v. 87 ss.; Anthol. Pal. XIV, 129, 3; Stadiasm. m. m. § 333 ff. (die einzige Stelle wo Καλαμύδη erwähnt wird); Ptol. III, 17, 2; Plin. IV, 12, 58. Pashley's (II, p. 123 s.) Ansetzung von Kalamyde westlich vom Thale des Flusses von Vlithias, gerade nördlich von Selinokastelli, passt nicht zu der Entfernungsangabe im Stadiasm. m. m. § 334.

[2]) Stadiasm. m. m. § 335 f. Mit C. Müller zu d. St. nehme ich an, dass bei Ptol. III, 17, 2 für Ἰναχώριον (welches Pashley II, p. 78 und Spratt II, p. 236 s., durch die gewiss täuschende Namensähnlichkeit verführt, in dem jetzt Ἐννέα χωριά, d. i. 'die neun Dörfer' genannten Thale ansetzen) Βίεννα χωρίον zu schreiben und dieselbe Oertlichkeit zu verstehen sei; dass derselbe Name noch einer zweiten Ortschaft Kreta's angehört, spricht nicht gegen die Richtigkeit der Angabe im Stadiasmos, da ja auch andere Namen, wie Kisamos, Minoa, Apollonia, auf Kreta doppelt vorkommen. Spratt a. a. O. hält die etwas nördlich von Kriu metopon liegende Insel Elaphonisi für eine der drei Musagoroe (Pomp. Mela II, 114; Plin. IV, 12, 61), die beiden anderen seien durch die Erhebung der Küste seit dem Alterthum mit dem Festlande verbunden worden und entsprächen den jetzigen Küstenvorsprüngen Trachili und Selino-kastelli. Allein dies widerspricht schon der Angabe des Plinius, nach welcher man zu den Musagoroe gelangte, wenn man (von Südosten her) um das Cap Kriu metopon herumgefahren war. Die Musagoroe sind jedenfalls viel weiter nördlich, an der Nordwestecke Kreta's zu suchen; für die jetzige Elaphonisi kennen wir keinen antiken Namen.

jedoch keine Spuren alter Niederlassungen aufzuweisen hat) ein Hafen Rhamnus, noch weiter nördlich (wahrscheinlich auf dem jetzigen Cap Karavutas südlich von der Bucht Sphinari) eine Ortschaft Chersonesos.[1]) Alle diese Ortschaften waren ohne Zweifel ganz unbedeutend und politisch nicht selbständig, sondern zum Gebiete einer grössern Stadt gehörig, wahrscheinlich von Polyrrhenia (auch Polyrrhenion genannt). Diese Stadt, von Achäern und Lakoniern durch Zusammensiedelung der Bewohner verschiedener offener Ortschaften begründet, später wohl die politisch bedeutendste Stadt des nordwestlichen Kreta, die westliche Nachbarin von Kydonia, lag zwei Stunden von der Westküste, $1^1/_2$ Stunden von der Nordküste entfernt, beim jetzigen Dorfe Paläokastron, an einem hohen vereinzelten Hügel, dessen schwer zugänglicher Gipfel die Akropolis bildete. Die Stadt selbst, welche sich amphitheatralisch am südlichen Abhange des Hügels ausbreitete, wurde von einer am nördlichen Abhang entspringenden Quelle aus vermittels zweier durch den Berg getriebener Stollen, deren Ausgänge als Stadtbrunnen dienten, mit Wasser versorgt; in ihrem obersten Theile, der sich zunächst an die Akropolis anschloss, stand ein wahrscheinlich der Artemis-Diktynna geweihter Tempel, vor welchem auch eine Statue des Q. Caecilius Metellus, des Eroberers von Kreta, als 'des Erretters und Wohlthäters der Stadt' aufgestellt war.[2]) Der Hafenplatz der Stadt war das an der Nordküste am Strande des tiefen, gegen Osten und Westen von mächtigen, weit ins Meer vorspringenden Landzungen flankirten Golfes Myrtilos (jetzt Golf von Kisamo genannt) gelegene Kisamos, dessen Name wie auch einige bauliche Reste in dem jetzigen Dorfe Kisamo-Kasteli (den letzteren Namen hat es von einem verfallenen venezianischen Kastell) erhalten sind.[3]) Reste

---

[1]) Ptol. III, 17, 2: auf diese Chersonesos an der Westküste bezieht sich wohl auch Strab. XVII, p. 838.

[2]) Scyl. Per. 47; Strab. X, p. 479; Polyb. IV, 53; 55; Ptol. III, 17, 10; Steph. Byz. u. Πολυρρηνία; Zenob. Prov. V, 50; Plin. IV, 12, 59; Inschrift im C. I. gr. n. 3054. Vgl. über die Ruinen Pashley II, p. 46 ss.; Spratt II, p. 211 ss.: Thenon Revue archéol. n. s. XV, p. 416 ss.; Perrot L'île de Crète p. 42 ss.

[3]) Stadiasm. m. m. § 338 ss.; Ptol. III, 17, 8; Plin. IV, 12, 59; Nonn. Dionys. XIII, 237; Hierocl. Synecd. p. 14; Geogr. Rav. p. 397, 13; vgl. Pashley II, p. 43 s.; Spratt II, p. 216 ss.

einer anderen alten Ortschaft, deren Name nicht mehr zu bestimmen ist, finden sich etwas über eine Meile östlich von Polyrrhenia, eine Stunde südlich von der Küste der Bucht von Kisamos, über dem linken Ufer eines in einer tiefen Schlucht hinfliessenden, in den südöstlichen Winkel jener Bucht mündenden Baches: ein kegelförmiger, nur durch Felsstufen von Süden her zugänglicher Hügel zeigt zwar keine Mauerreste, aber drei alte Cisternen, und auf dem südlich davon sich hinziehenden Bergrücken bemerkt man antike Terrassen mit Gebäudefundamenten und Mauerresten.[1]) Die von der Nordwestecke Kreta's in einer Länge von etwa $1^1/_2$ Meilen vorspringende, in dem spitzen Cap Busa endende kahle, felsige Landzunge, welche den Golf von Kisamos im Westen begränzt, wird von den alten Schriftstellern mit verschiedenen Namen (Korykos oder Korykia, Kimaros und Tretos) bezeichnet, welche ursprünglich wohl verschiedenen Theilen der vielfach ausgezackten Felszunge zukamen; an der Ostseite derselben war ein Hafenplatz Agneion mit einem Heiligthum des Apollon.[2]) Nördlich vom Cap Busa liegt ein rauhes Felseiland, jetzt Agria Grabusa (oder Karabusa) genannt; südwestlich davon ein zweites, das auf seinem hohen Rücken das Kastell Grabusa (Karabusa), eine der stärksten Befestigungen aus der Zeit der venezianischen Herrschaft über Kreta, trägt und an der Südseite eine kleine Rhede hat. $1^1/_2$ Meilen südwestlich da-

---

[1]) Spratt II, p. 206 ss., der nach dem Vorgange von Pashley (II, p. 40 s.) hier eine Stadt Rhokka (welchen Namen noch jetzt ein Dorf in der Nähe dieser Ruinen trägt) und nördlich davon an der Mündung des Baches eine Kome Methymna ansetzt, beides nach Aelian. De anim. XIV, 20: allein dort hat Hercher für *Μηθύμνης* jedenfalls richtig *Ῥιθύμνης* geschrieben, nach welcher Emendation das Heiligthum der Artemis Rhokkäa (das nach Aelian. De anim. XII, 22 auf einem Küstenvorsprunge gelegen zu haben scheint) nach Rhithymna zu setzen ist. Von einer alten Ortschaft *Ῥόκκα* findet sich in unseren Quellen keine Spur; das jetzige Dorf dieses Namens ist wahrscheinlich venezianischen Ursprungs (Rocca). Die Ruinen gehören vielleicht der Stadt der *Κεραῖται* an: Polyb. IV, 53; Steph. Byz. u. *Βήνη*; Suid. u. *Ῥιανός*; Münzen mit *Κεραιτᾶν* Eckhel D. n. I, 2, p. 306 s.

[2]) *Κώρυκος ἄκρα καὶ πόλις* Ptol. III, 17, 2; vgl. Strab. VIII, p. 363; Steph. Byz. u. *Κώρυκος*; Plin. IV, 12, 60. *Κίμαρος* (jedenfalls kretisch für *Χίμαρος*, ein Name, der merkwürdig übereinstimmt mit dem der östlicheren Landzunge *Τίτυρος*) Strab. X, p. 474 s. *Τρητός* und *Ἀγνεῖον* Stadiasm. m. m. § 337 ss.

von liegt ein drittes, jetzt Pontikonisi (Mäuseinsel) genanntes Eiland, das sich von den beiden vorher erwähnten, aus kahlen Kalkfelsen bestehenden, durch den vulkanischen Charakter seines Bodens unterscheidet. Im Alterthum scheint dieses südwestlichste Eiland Myle, das mittlere (Grabusa) Mese, das nordöstliche Musagora (oder Musagoros) genannt worden zu sein, auch scheinen alle drei mit dem Gesammtnamen Musagoroi, die beiden nördlicheren mit dem Namen Korykoi (oder Korykiä) bezeichnet worden zu sein.[1])

Auf einem steilen, von der südlichen Wurzel der korykischen Landzunge gegen Westen vortretenden Vorgebirge (dem jetzigen Cap Kutri), das vom Meere aus gar nicht, von der Landseite her nur auf einem ziemlich beschwerlichen Pfade zugänglich ist, lag, 60 Stadien von Polyrrhenia entfernt, die nordwestlichste Stadt Kreta's, Phalasarna, welche einen (jetzt durch die Erhebung der Küste unzugänglich gewordenen) befestigten Hafen und ein Heiligthum der Artemis-Diktynna besass.[2])

Das mittlere Kreta, die Region der Ida, enthielt eine beträchtliche Anzahl bedeutender Städte, darunter die beiden mächtigsten der ganzen Insel, Knossos und Gortyna, so dass dieser District wie in localer, so auch in politischer Beziehung als Kern und Mittelpunkt der ganzen Insel betrachtet werden kann. An der Nordküste finden wir zunächst als östliche Nachbarin des

---

[1]) Ich folge in der Benennung dieser Inseln durchaus dem Stadiasm. m. m. § 336, nur dass ich für das überlieferte *'Ιουσάγουρα* nach Pomp. Mela II, 114 und Plin. IV, 12, 61 (vgl. S. 550 Anm. 2) *Μουσάγορα* (oder *Μουσάγορος*) schreibe: ich nehme dabei an, dass Plinius a. a. O. irrig die drei Musagoroe von den 'duae Corycae, totidem Mylae' (die jetzige Pontikonisi wurde wohl auch pluralisch *Μύλαι* genannt) unterschieden hat. Allerdings liegen südlich vom Cap Kutri nahe der Westküste drei ganz kleine Inseln; allein auf diese passt die Schilderung des Stadiasmos durchaus nicht.

[2]) Scyl. Per. 47; Dionys. Call. Descr. Gr. v. 119 ss.; Polyb. XXIII, 15; Strab. X, p. 474; 479; Stadiasm. m. m. § 336; Ptol. III, 17, 2; Plin. IV, 12, 59; Steph. Byz. u. *Φαλάσαρνα*; über die Lage und Ruinen vgl. Pashley II, p. 62 ss.; Spratt II, p. 227 ss.; Perrot L'île de Crète p. 53 ss. Von Phalasarna ist zu unterscheiden die nur von Steph. Byz. u. *Φάλαννα* und *Φαλάνναια* erwähnte Stadt Phalanna oder Phalannäa, von welcher auch Münzen vorhanden zu sein scheinen (s. Eckhel D. n. v. I, 2, p. 318), über deren Lage wir gar nichts wissen.

Gebiets von Lappa, der östlichsten Stadt des westlichen Theiles der Insel, die Stadt Rhitymna (oder Rhithymnia), deren Stelle — ein kleines Vorgebirge der Nordküste — noch jetzt die Stadt Ritymnos (oder Rethimo), eine der bedeutendsten des heutigen Kreta, einnimmt, die aber in Folge der ununterbrochenen Bewohnung ausser dem Namen keine weiteren Reste des Alterthums aufzuweisen hat. Die alte Stadt, welche nie bedeutend gewesen zu sein scheint, besass einen wahrscheinlich auf der hohen Nordspitze des Vorgebirges, welche die Akropolis bildete, gelegenen Tempel der Artemis Rhokkäa und ausserdem, nach den Münzen, welche den Kopf der Athena zeigen, zu schliessen, ein Heiligthum der Athena.[1]) Ihr Gebiet gränzte im Osten an das von Eleutherna, einer der bedeutenderen und mächtigeren Städte Kreta's, welche auf einem von zwei Bächen, die sich an seinem nördlichen Ende vereinigen, umflossenen Hügel am nordwestlichen Fusse der Ida lag. Das Plateau des Hügels, welches die Akropolis einnahm, zeigt noch Reste von alten Ringmauern, Fundamente von Gebäuden und zwei grosse in den Fels gehauene Cisternen, deren Decken durch zwei Reihen massiver Pfeiler getragen wurden; an den Abhängen findet man noch zahlreiche alte Terrassen, welche die Baulichkeiten der Unterstadt trugen, darunter eine am Ostabhang, auf welcher offenbar ein Tempel stand (wahrscheinlich des Apollon, der nach den Münzen die Hauptgottheit der Stadt, die selbst auch den Namen Apollonia geführt haben soll, war). Gerade unterhalb dieses Tempels führte eine Brücke, von welcher noch bedeutende Reste erhalten sind, über den am östlichen Fusse des Hügels hinfliessenden Bach; auf einer zweiten, ebenfalls zum grössten Theile erhaltenen überschritt man den Bach nach der Vereinigung beider Arme einige Hundert Schritt jenseits des nördlichen Fusses des Hügels.[2]) Obgleich die Stadt durch ihre Lage in einer der fruchtbarsten Gegenden der Insel, $1^1/_4$ Meile von der Küste ent-

[1]) Ptol. III, 17, 7; Steph. Byz. u. *Ῥιθυμνία*; Aelian. De an. XIV, 20 (vgl. S. 552 Anm. 1); Lycophr. Al. 76; Plin. IV, 12, 59; der Name steckt wohl auch in dem corrupten *Ὀσμίδαν* bei Scyl. Per. 47 (Geogr. gr. min. ed. C. Müller I, p. 43). Vgl. Pashley I, p. 101 s.

[2]) Scyl. Per. 47; Polyb. IV, 53 und 55; Flor. Epit. I, 41; Cass. Dio XXXVI, 1; Ptol. III, 17, 10; Steph. Byz. u. *Ἐλεύθερνα* und *Ἀπολλωνία*; Hierocl. Synecd. p. 14; Plin. IV, 12, 59; C. I. gr. n. 2566 (Cult

fernt, hauptsächlich auf die Cultur des Bodens (Getreide-, Wein- und Oelbau) angewiesen war, hat sie doch offenbar, wie alle bedeutenderen binnenländischen Städte Kreta's, auch einen Hafenplatz besessen, der ihr jederzeit die Verbindung mit dem Auslande zur See offen hielt; wie hätte sie sonst Verträge mit auswärtigen Städten, wie mit Teos, abschliessen und gar mit einem der bedeutendsten griechischen Seestaaten, mit Rhodos, Krieg führen können (um Ol. 140)? Dieser Hafenplatz führte wahrscheinlich den Namen Pantomatrion und lag an der Nordküste bei dem jetzigen Rumeli-kastello, wo sich noch Reste einer kleinen mit Mauern und Thürmen befestigten antiken Ortschaft finden, östlich von der Mündung eines nicht unbeträchtlichen Flusses, des jetzigen Mylopotamos, der von den nordöstlichen Ausläufern der Ida herabkommt und etwa $1^1/_2$ Stunden vor seiner Ausmündung den durch zahlreiche Zuflüsse vergrösserten Bach von Eleutherna aufnimmt.[1]) Das Stromgebiet dieses Flusses gehörte nur zu einem Theile, in seinem unteren Laufe, den Eleuthernäern, zum andern Theile den Bewohnern der östlichen Gränznachbarin von Eleutherna, der Stadt Oaxos (nach kretischer Aussprache Vauxos oder Vaxos, auch ohne Digamma Axos, in welcher Form der Name noch in dem jetzigen Dörfchen Axo fortlebt). Die Reste dieser Stadt liegen etwas über zwei Meilen südöstlich von denen von Eleutherna, $1^3/_4$ Meile von der Nordküste entfernt, zwischen den nördlichen Vorbergen der Ida, meist kahlen von schmalen Thalschluchten durchschnittenen Felshügeln, die erst weiter gegen Norden einen anmuthigeren Charakter durch Bewaldung mit immergrünen Eichen, Johannisbrodbäumen und Oelbäumen annehmen. Ein sattelförmiger Hügel

---

der Artemis) und n. 3047 (Vertrag mit Teos). Vgl. Spratt II, p. 89 ss.; Thenon Revue archéol. n. s. XVII, p. 293 ss.

[1]) *Παντομάτριον* Ptol. III, 17, 7; Steph. Byz. u. d. W.; Plin. IV, 12, 59; der Name ist jedenfalls auch im Stadiasm. m. m. § 346 f. herzustellen (*καλεῖται δὲ ἡ πόλις Ἐλεύθερνα· πεζῇ δὲ ἀναβῆναι ἀπὸ τοῦ Παντοματρίου στάδιοι ν'*: 50 Stadien entsprechen genau der directen Entfernung von den Ruinen von Eleutherna bis zur Nordküste). Den Mylopotamos nennt Kiepert Oaxes nach Vibius Sequester p. 8, 1 ed. meae; aber Serv. ad Verg. Ecl. I, 66 läugnet bestimmt, dass es einen Fluss dieses Namens auf Kreta gegeben habe. Auch die Vermuthung, dass auf das Thal des Mylopotamos die Notiz des Steph. Byz. u. *Αὐλών· πόλις Κρήτης ἢ τόπος* zu beziehen sei, ist ohne sichern Anhalt.

östlich von dem jetzigen Dorfe Axo, welcher noch Reste polygoner Ringmauern trägt, bildete die Akropolis der alten Stadt, welche sich dann auf einer Anzahl Terrassen hauptsächlich am östlichen Abhange des Hügels bis ins Thal hinabzog.[1]) Wie Eleutherna so besass auch Oaxos ohne Zweifel einen Hafenplatz an der Nordküste, der wahrscheinlich den Namen Astale führte; doch ist es unsicher, ob derselbe an der eine Meile östlich von Rumeli-kastello gelegenen, von der Landseite her von hohen Bergen umschlossenen und daher nicht leicht zugänglichen Bucht von Vali, oder zwei Meilen weiter östlich an der geräumigeren und von der Landseite her weit besser zugänglichen Bucht von Phodeles, welche gegen Nordosten durch das spitze Cap Stavro abgeschlossen wird, stand: war, wie ich glaube, das Letztere der Fall, so wird das zunächst östlich vom Cap Stavro vortretende Vorgebirge, das Cap Dion der Alten (noch jetzt Dia), als der nordöstlichste Gränzpunkt des Gebietes von Oaxos zu betrachten sein.[2]) — Zwischen der Bucht von Vali und dem rechten Ufer des Mylopotamos, ungefähr eine Stunde oberhalb des letzteren, eine halbe Stunde oberhalb des Dorfes Melidoni, also in einer Gegend, von der es fraglich ist, ob sie im Alterthum zum Gebiet von Eleutherna oder von Oaxos gehörte, öffnet sich in einer von Menschenhand geglätteten Felswand nahe unterhalb des Gipfels eines Hügels der Eingang in eine sehr geräumige Grotte, welche durch ihren Reichthum an Stalaktiten mit der berühmten Grotte von Antiparos wetteifern kann. Dieselbe war im Alterthum laut einer am Eingange angebrachten Inschrift aus der Zeit der römischen Herrschaft, aus welcher sich auch ergiebt, dass der Bergzug,

---

[1]) Der Name lautet *Ϝαυξίων* C. I. gr. n. 3050, *Ϝαξίων* auf Münzen (auf späteren *Ἀξίων*), *Ὄαξος* bei Herod. IV, 154; Steph. Byz. u. d. W. und Hierocl. p. 14 (vgl. Scyl. Per. 47, wo cod. *Πάξος*, und Apoll. Rhod. *Α*, 1131 *γαίης Οἰαξίδος*), *Ἄξος* bei Steph. Byz. u. d. W. Ueber die Ruinen vgl. Pashley I, p. 146 ss.; Spratt II, p. 75 ss.; Thenon Revue archéol. n. s. XVI, p. 409 ss.

[2]) *Ἀστάλη* Stadiasm. m. m. § 347 f.; die dort angegebene Entfernung des Platzes auf 100 Stadien von Herakleion passt höchstens auf die Bucht von Phodeles, gar nicht auf die von Vali; doch kann die Zahl verderbt sein. Die Annahme Kieperts, dass die Bucht von Vali dem alten Panormos entspreche (Panhormum Plin. IV, 12, 59) passt nicht zu der Ansetzung dieses Platzes bei Ptol. III, 17, 6. *Δῖον ἄκρον* Ptol. a. a. O. § 7.

in welchem die Grotte sich befindet, den Namen der talläischen Berge führte, dem Hermes geweiht;[1]) in neuerer Zeit hat sie eine traurige Berühmtheit erlangt durch die Gräuelthat eines türkischen Heerführers, Hussein Bey, welcher gegen Ende August 1822 über 300 in diese Grotte geflüchtete Griechen, meist Greise, Weiber und Kinder, nach mehrtägiger vergeblicher Belagerung durch Feuer erstickte.

Das Gebiet von Oaxos stiess gegen Osten an das von Tylissos, einer fast verschollenen Stadt, deren Name jedoch in dem zweier am östlichen Fusse der im Cap Dion endenden nordöstlichen Fortsetzung der Ida gelegenen Dörfer, Apano- und Kato-Tylisso, erhalten ist: bei dem ersteren, welches $2^1/_2$ Stunden gegen Südwesten von der Stadt Kandia entfernt ist, finden sich noch einige alte Gräber und Fundamente von Mauern, bei dem letzteren, das eine halbe Stunde unterhalb jenes liegt, sind wenigstens wiederholt alte Münzen entdeckt worden. Die Stadt muss, da sie eigene Münzen prägte, wenigstens in älteren Zeiten politisch selbständig gewesen sein, ist aber wahrscheinlich ziemlich frühzeitig von ihrer südlichen Nachbarin Rhaukos (s. unten S. 561 f.) unterworfen worden.[2])

Die Küstenlinie nimmt von dem oben erwähnten Cap Dion an auf eine Strecke von $1^1/_2$ Meilen eine südliche Richtung, bis sie sich bei dem jetzigen Dörfchen Armyro wieder ostwärts wendet: auf dieser Strecke von Armyro bis zum Cap Dion scheinen noch zwei unbedeutende Küstenplätze Apollonia und Kytäon gelegen zu haben, die wohl ursprünglich den Tylissiern, später den Rhaukiern, endlich den Knossiern oder Gortyniern gehörten.[3])

---

[1]) C. I. gr. n. 2569; vgl. über die Grotte Pashley I, p. 126 ss.; Perrot p. 85 ss. Mit dem Namen der *Ταλλαῖα ὄρη* hängt jedenfalls zusammen der Beiname *Ταλλαῖος*, unter welchem Zeus in verschiedenen kretischen Städten verehrt wurde: vgl. C. I. gr. n. 2554, Z. 95 und 178; Inschrift in den Wiener Sitzungsberichten Bd. 30, Tafel VIII, Col. I, Z. 17 f.; Hesych. u. *Ταλαιός*.

[2]) Münze mit ΤΥΛΙΣΙΟΝ (rückläufig) Pashley I, p. 161; vgl. Spratt II, p. 64 ss. Von Schriftstellern erwähnt die Stadt nur Plin. IV, 12, 59 und aus ihm Solin. Coll. 11, 4 (bei beiden Schreibfehler Cylisson); ein *Ἕρμων Τυλέσιος* (schreibe *Τυλίσιος*) erscheint als *πρόξενος* von Korkyra in der korkyräischen Inschrift C. I. gr. n. 1840, Z. 7.

[3]) Ptol. III, 17, 6; Plin. IV, 12, 59; Steph. Byz. u. *Ἀπολλωνία* und *Κύτα*. Die *ἄστεα καλὰ Κυταίου* erwähnt Nonnos Dionys. XIII, 238. —

Der Landstrich zwischen dem östlichen Fusse der Ida und dem westlichen Fusse der Dikte, die jetzigen Districte Malevesi, Temenos und Pediada, ist eine durch mehrere Berg- und Hügelzüge unterbrochene Ebene, welche gegen Süden durch eine fortlaufende Bergkette, die Wasserscheide zwischen der Nord- und Südküste, abgeschlossen wird. Unter den die Ebene durchziehenden Bergen ist der bedeutendste der ziemlich im Mittelpunkte des ganzen Landstrichs in zwei kegelförmigen Gipfeln von annähernd gleicher Höhe (820 Meter) aufsteigende Iukta; der südlichere Gipfel trägt eine christliche Capelle, auf dem nördlicheren sind noch Reste hoch alterthümlicher Polygonmauern erhalten, welche im Volksmunde als das 'Grab des Zeus' bezeichnet werden, eine Bezeichnung, die sich kaum anders als durch fortgesetzte Tradition aus dem Alterthum (wo bekanntlich die Kreter ein Grab des Zeus auf ihrer Insel zeigten)[1]) erklären lässt. Von den bedeutenderen Bächen, welche diesen Landstrich in der Richtung von Süden nach Norden durchfliessen, scheint der westlichste zunächst östlich von der Stelle von Tylissos fliessende im Alterthum den Namen Pothereus, der ungefähr eine Meile weiter östlich fliessende, jetzt Platyperama genannte den Namen Theren geführt zu haben: an dem Ufer des letzteren sollte nach kretischer Sage die heilige Hochzeit des Zeus und der Hera stattgefunden haben, welche jährlich in einem Heiligthum durch Opfer und Festlichkeiten gefeiert wurde.[2]) Der Bach sodann, an

---

Pashley I, p. 259 ss. setzt Kytäon an der Stelle eines venezianischen Paläokastron bei Rogdia, Apollonia bei Armyro an. Vielleicht waren aber, da Ptolemäos genau dieselben Längen- und Breitengrade für Apollonia und Kytäon giebt, beide Namen nur verschiedene Benennungen derselben Oertlichkeit, die Plinius irrig geschieden hat; dann wird bei Rogdia Panormos (vgl. S. 556, Anm. 2) anzusetzen sein.

[1]) Callimach. H. in Iov. 8; Cic. De nat. d. III, 21, 53; Diod. III, 61; Pomp. Mela II, 112; Solin. Coll. 11, 7; Lucian. De sacrif. 10; Iupiter trag. 45; Origenes c. Cels. III, 43; Minuc. Fel. Oct. c. 21, 8; Firmic. Mat. De err. prof. rel. c. 7, 6. Vgl. Pashley I, p. 210 ss.; Spratt I, p. 77 ss.

[2]) Nach Vitruv. De arch. I, 4, 10 bildete der Fluss Pothereus die Gränze zwischen den Gebieten von Knossos und von Gortyn, was ganz auf den im Texte erwähnten Fluss passt, wenn wir annehmen, dass damals das Gebiet von Tylissos ganz oder zum Theil im Besitze der Gortynier war. Den Fluss Θήρην im Gebiete der Knossier erwähnt Diod.

welchem Knossos selbst lag, hiess Käratos (mit welchem wahrscheinlich semitischen Namen auch die Stadt selbst in den ältesten Zeiten benannt worden sein soll), der etwas weiter östlich fliessende, welcher jetzt Bach von Kartero genannt wird, Amnisos.[1])

Dieser Landstrich bildete, wenn auch nicht in seiner ganzen Ausdehnung, so doch zum weitaus grössten Theile das Gebiet von Knossos (oder Knosos),[2]) dem sagenberühmten Herrschersitz des Minos, in der historischen Zeit der mächtigsten und bedeutendsten unter den Städten Kreta's, ein Rang, welchen ihr freilich zu wiederholten Malen Gortyn, eine Zeit lang auch Lyttos mit Erfolg streitig machten. Die Stadt, deren alte Ringmauer einen Umfang von 30 Stadien hatte — unter der römischen Herrschaft wurde derselbe wahrscheinlich erweitert, da eine römische Colonie dahin geführt wurde — lag in einer wellenförmigen Ebene zwischen den Betten zweier parallel gegen Norden fliessenden Bäche, eine Stunde südlich von der modernen Stadt Kandia, zu deren Anlage der grösste Theil der Trümmer der alten Stadt verwendet worden zu sein scheint, so dass heutzutage von derselben nur noch Reste römischer, aus Ziegeln erbauter Mauern vorhanden sind, nach welchen der einen Theil des Terrains, auf welchem die Stadt stand, einnehmende Weiler Makroticho (d. i. *μακρὸν τεῖχος*, lange Mauer) benannt ist. Die Hauptgöttin in der Stadt war Athena, welche nach der Sage der Knossier in ihrem Gebiet am Bache Triton geboren sein sollte

V, 72; auf denselben bezieht sich jedenfalls Paus. I, 27, 9: *ἐπὶ ποταμῷ Τεθρίνι*.

[1]) *Καίρατος* Strab. X, p. 476; Callimach. H. in Dian. 44. Ueber den Fluss Amnisos (von dem Hafenplatze dieses Namens wird weiter unten die Rede sein) s. Apoll. Rhod. *Γ*, 876; Nonn. Dionys. VIII, 115; XIII, 251; Steph. Byz. u. *Ἀμνισός*. Ein Nebenfluss des Amnisos war wohl der durch die Ebene Omphalion fliessende Triton, an dessen Quellen ein Heiligthum der Athena, die dort geboren sein sollte, stand: Diod. V, 70; 72. Auch die Stadt Knossos soll den Namen Trita geführt haben: Hesych. u. *Τρίτα*.

[2]) Die Handschriften geben meist *Κνωσσός*, seltener *Κνωσός*, lateinisch Gnossos, Gnosius, die Münzen und Inschriften immer *Κνώσιοι* mit einem *σ*. Vgl. über die seit den Homerischen Gedichten (*Β* 646; *Σ* 591; *τ* 178) sehr häufig erwähnte Stadt besonders Strab. X, p. 476 s.; Scyl. Per. 47; Stadiasm. m. m. § 348; Ptol. III, 17, 10; dazu Pashley I, p. 204 ss.; Spratt I, p. 58 ss.

und von der sie ein angeblich von Dädalos gearbeitetes Holzbild besassen; ausser ihr wurden besonders Zeus, Apollon (der als Delphinios ein auch als Archiv benutztes Heiligthum besass), Artemis (Britomartis) und Demeter verehrt; Heroencult genossen Idomeneus und Meriones, deren Gräber man in der Stadt zeigte.[1]) Von dem Labyrinth, welches Dädalos als Behausung für den Minotauros errichtet haben sollte, war schon im Alterthum keine Spur zu finden, so dass dasselbe als ein blosses Phantasiegebilde zu betrachten ist.[2])

Als Hafenplatz von Knossos diente in der ältesten Zeit, welche in der Sage die mythische Persönlichkeit des Minos repräsentirt, Amnisos, in der historischen Zeit Herakleion. Die erstere Ortschaft, welche auch ein altberühmtes Heiligthum der Eileithyia besass und als Geburtsstätte dieser Göttin galt, lag offenbar nahe der Mündung des gleichnamigen Flusses (des Flusses von Kartero), wo ein kleiner Hügel etwas östlich von dem rechten Flussufer ihre Stelle andeutet. Herakleion, das auch den Namen Mation geführt zu haben scheint, muss also die Stelle von Kandia eingenommen haben, der unter der Herrschaft der Sarazenen im neunten oder zehnten Jahrhundert n. Chr. gegründeten modernen Hauptstadt der Insel, deren Hafendämme noch zum Theil aus dem Alterthum stammen. Gerade nördlich von hier liegt die offenbar auch zum knossischen Gebiet gehörige Insel Dia, welche als der ursprüngliche Sitz der Sage von Dionysos und Ariadne zu betrachten ist.[3])

---

[1]) Solin. Coll. 11, 10; vgl. Paus. IX, 40, 3 und oben S. 559, Anm. 1. Ueber die Münzen s. Eckhel D. n. v. I, 2, p. 308 s. und die Abbildungen bei Pashley I, p. 202 und zu p. 208 und bei Spratt I, p. 5. *Δελφίνιον* C. I. gr. n. 2554, Z. 97 f.

[2]) Diod. I, 61; Plin. XXXVI, 13, 90: die entgegengesetzte Angabe bei Philostr. Vit. Apoll. IV, 34 (*τὸν λαβύρινθον ὃς ἐκεῖ δείκνυται*) beruht jedenfalls auf einem Irrthum. Vgl. Höck Kreta I, S. 56 ff.

[3]) *Ἀμνισός* Od. τ, 188; Strab. X, p. 476; Paus. I, 18, 5. *Ἡράκλειον* Strab. a. a. O. und p. 481 (wo *Δίαν νῆσον τὴν πρὸς Ἡρακλείῳ τῷ Κνωσσίῳ*); Ptol. III, 17, 6 (*Δία νῆσος* § 11); Stadiasm. m. m. § 348 (wo die Insel *Δῖος* genannt wird); Steph. Byz. u. *Ἡράκλεια* und *Δῖα*; Plin. IV, 12, 59 (wo Matium, Heraclea) und 61 (contra Matium Dia). Kiepert setzt nach Plinius Matium an der Stelle von Kandia, Herakleion weiter östlich an der Mündung des Amnisos an: allein dann müsste die Ortschaft Amnisos mit Herakleion identisch sein, was nach Strabon u. a. nicht anzunehmen ist; ich glaube also, dass Plinius auch

Im südlicheren Theile des knossischen Gebiets lagen zwei Ortschaften, Lykastos oder Lykastion und Diatonion, welche beide im Jahre 185 v. Chr. den Knossiern durch die Gortynier entrissen und an den Knossiern feindlich gesinnte Nachbarstädte — ersteres an Rhaukos, letzteres an Lyttos — übergeben wurden. Diatonion, das nicht weiter erwähnt wird, muss demnach im südöstlicheren Theile des knossischen Gebiets gelegen haben, wahrscheinlich am linken Ufer des obern Amnisos bei dem Dorfe Astritzi (oder Kastritzi) auf einem flachen Hügel, dessen Ränder noch die Reste alter Mauern mit viereckigen Thürmen zeigen. Lykastos, das im Schiffscatalog als selbständige Stadt erscheint, wurde den Rhaukiern durch die Knossier wieder entrissen und gänzlich zerstört und blieb seitdem in Trümmern liegen: seine Stelle bezeichnen wahrscheinlich die zwischen den beiden oberen Armen des Flusses Platyperama in der Nähe des Dorfes Chani-Kastelli gelegenen Ruinen der nach der Vertreibung der Sarazenen aus Kreta durch Nikephoros Phokas, den Feldherrn des Kaisers Romanos II. und spätern Kaiser von Byzanz, im Jahre 961 gegründeten Festung Temenos, von welcher noch jetzt dieser District den Namen trägt.[1])

Die schon erwähnte Stadt Rhaukos, deren politische Selbständigkeit auch durch die von ihr geprägten Münzen sowie durch einen von ihr mit der ionischen Stadt Teos abgeschlossenen Vertrag bezeugt wird, lag wahrscheinlich bei dem jetzigen Dorfe Hagios Myron (dessen Schutzheiliger nach der Tradition in Rhaukos geboren war), $1^1/_4$ Meile südlich von der Stelle von Tylissos: sie wurde, nachdem sie früher durch die Annexion von Tylissos ihr Gebiet bis an die Nordküste ausgedehnt hatte (vgl. oben

---

hier zwei dieselbe Oertlichkeit bezeichnende Namen irrig auf verschiedene Ortschaften bezogen hat. Der Name der von den Griechen auch Megalokastro genannten Stadt Kandia (*Χάνδακον* in einer Urkunde vom Jahre 1185 bei Hopf Allgemeine Encycl. S. I, Bd. 85, S. 179 f.; latinisirt Candida bei Tafel und Thomas Urkunden III, S. 104 und 163) stammt von dem arabischen Worte chandak, d. i. Graben. Vgl. Pashley I, p. 189 s. Ueber Dia vgl. auch Schol. Theocr. Id. II, 45.

[1]) Il. *B*, 647; Polyb. XXIII, 15; Strab. X, p. 479; Nonn. Dionys. XIII, 235; Steph. Byz. u. *Λύκαστος*; Pomp. Mel. II, 113; Plin. IV, 12, 59; Leo Diacon. Histor. II, 8. Vgl. Spratt I, p. 84 ss., der bei Chani-Kastelli (das auch den jedenfalls italiänischen Namen Rocca führt) Rhaukos, bei Kastritzi Lykastos ansetzt.

S. 557), im Jahre 166 v. Chr. von den vereinigten Knossiern und Gortyniern erobert und ihr Gebiet jedenfalls zwischen diesen beiden Städten getheilt.[1])

Zwischen Rhaukos, Gortys, Knossos und Lyttos, also recht eigentlich im Herzen Kreta's, in einer quellenreichen Gegend, muss auch die Stadt der Arkades (Arkadia) gelegen haben, von welcher erzählt wird, dass sie einst in Folge einer feindlichen Eroberung verödet war, worauf die in der Stadt entspringenden Quellen aufhörten zu fliessen; als aber nach sechs Jahren die Stadt wieder hergestellt und wieder bewohnt wurde, kamen auch die Quellen wieder zum Vorschein. Im Jahre 221 v. Chr. fielen die Arkader zugleich mit mehreren anderen kretischen Städten von den Knossiern, mit denen sie bis dahin im Bündnisse gestanden hatten, ab und schlossen sich den Lyttiern an; einige Zeit darauf schlossen sie, wie viele kretische Städte, einen Freundschafts- und Bündnissvertrag mit der ionischen Stadt Teos. Der Name Arkadi haftet noch jetzt an einem $2^1/_2$ Stunden südlich von der Stelle von Lykastos gelegenen Dorfe; eine Stunde südlich von da bei dem Dörfchen Melidochori finden sich die jetzt Axi-Kephala genannten Ruinen einer wohlbefestigten hellenischen Stadt, mit mehreren Quellen innerhalb der Mauern, die man mit grosser Wahrscheinlichkeit auf die Stadt der Arkades beziehen kann.[2]) Diese lag also bereits am Südabhange des,

---

[1]) Polyb. XXXI, 1; Scyl. Per. 47; Aelian. De an. XVII, 35; Steph. Byz. u. Ῥαῦκος; Plin. IV, 12, 59 (wo Rhaucus statt Rhamnus zu schreiben); C. I. gr. n. 3051; vgl. Pashley I, p. 234 s. Die Münzen (Eckhel D. n. I, 2, p. 320) zeigen das Bild des Poseidon, ferner den Dreizack oder ein Schiff, Typen die mit Sicherheit auf eine Verbindung der Stadt mit dem Meere hinweisen: eine solche kann, da gegen Süden Rhaukos an die Gortynia gränzte, nur gegen Norden durch Annexion des Gebiets von Tylissos stattgehabt haben. — Mit Rhaukos ist vielleicht das bei Ptol. III, 17, 10 zwischen *Γόρτυνα* und *Κνωσσός* aufgeführte *Πάννονα* zu identificiren.

[2]) Seneca Nat. quaest. III, 11, 5; Plin. XXXI, 4, 53; Polyb. IV, 53; C. I. gr. n. 3052; Steph. Byz. u. Ἀρκάδες; vgl. Spratt I, p. 311 ss. (mit Plan der Ruinen auf p. 325). Die zwei Stunden nordwestlich von da bei Hagios Thomas erhaltenen hellenischen Ruinen (vgl. Spratt II, p. 57 ss.), auf deren Stelle Kiepert Arkadia angesetzt hat (was er selbst im Vorbericht zum neuen Atlas von Hellas S. 5 zurücknimmt), gehören vielleicht der Ortschaft der Ὄριοι, welche bei Polyb. a. a. O. neben den Ἀρκάδες genannt werden, an.

wie oben bemerkt, die Wasserscheide zwischen der Nord- und Südküste bildenden Bergzuges und gehörte speciell dem Wassergebiete des von den Alten Katarrhaktes,[1]) jetzt Anapodiaris genannten Flusses an, der anfangs in südlicher, dann in östlicher Richtung fliesst und, nachdem er während dieser Richtung seines Laufes sehr zahlreiche Zuflüsse von Norden her empfangen hat, an der Südküste östlich von der Bucht von Sudsuro mündet. Das Wassergebiet dieses Flusses, in welchem wohl auch die Ortschaft Pyranthos (beim Dorfe Pirathi, $2^1/_2$ Stunden östlich von der Stelle von Arkadia, zwischen zwei nördlichen Seitenbächen)[2]) zu suchen ist, bildete wahrscheinlich zu seinem grössten Theile das Gebiet von Priansos oder Priansion, einer in der Nähe der Dikte im Innern der Insel gelegenen Stadt, welche im Bunde mit ihren beiden Nachbarstädten Gortyn und Hierapytna eine nicht unbedeutende Stellung einnahm und auch mit auswärtigen Städten, wie mit Teos, Verträge abschloss. Das Haupttheiligthum der Stadt war das der Athena Polias; neben dieser wurde, wie man aus den Münzen folgern kann, besonders auch Poseidon verehrt. Wahrscheinlich gehören der Stadt die am linken Ufer des bedeutendsten unter den nördlichen Nebenflüssen des Katarrhaktes zwischen den kleinen Dörfern Kasami und Ina-Kephali gelegenen Ruinen an.[3]) Als Hafenplatz diente den Priansiern wahrschein-

---

[1]) Ptol. III, 17, 4. Spratt I, p. 305 giebt ihm, wie ich glaube mit Unrecht, den Namen Pothereus: vgl. oben S. 558, Anm. 2.

[2]) Steph. Byz. u. Πύρανθος (dessen Bezeichnung der Lage περὶ Γόρτυνα nicht beweist, dass der Ort zum Gebiete von Gortyn gehörte); vgl. Pashley I, p. 291. Vielleicht ist auch bei Plin. IV, 12, 59 Pyranthos für Pyloros herzustellen. — Spratt I, p. 336 s. setzt im Thale des Anapodiaris nahe dem linken Ufer des Flusses auf einem jetzt Kastelli oder Kastelliana genannten mit mittelalterlichen Ruinen bedeckten Hügel Stelä an, das Steph. Byz. u. Στῆλαι als πόλις Κρήτης πλησίον Παραισοῦ καὶ Ῥιθύμνης (Ῥυτίον ci. Höck Kreta I, S. 414) bezeichnet: aber die Namensähnlichkeit ist entschieden trügerisch; die Worte des Steph. Byz. sind corrupt, so dass sie eine sichere Ansetzung des Ortes unmöglich machen.

[3]) C. I. gr. n. 2556 und 3057; R. Bergmann De inscriptione Cretensi inedita qua continetur foedus a Gortyniis et Hierapytniis cum Priansiis factum, Berlin 1860; vgl. Eckhel D. n. I, 2, p. 319; Pashley I, p. 297. Bei Strabon X, p. 478 (der ohne Zweifel die Städte Priansos und Präsos vollständig mit einander vermengt) ist zu schreiben: ὅμοροι δ' εἰσὶν αὐτοῖς [τοῖς Γορτυνίοις] οἱ Πράσιοι [sollte heissen Πριαν-

lich Binatos (auch Einatos oder Inatos), eine an der Südküste an der Strasse von Gortyn nach Hierapytna 32 römische Milien westlich von letzterer Stadt gelegene Ortschaft, in welcher Eileithyia unter dem Beinamen Binatia oder Einatia verehrt wurde: ihre Stelle bezeichnen einige alte Reste an der Bucht von Sudsuro, in welche der gleichnamige Bergbaeh mündet, etwas über eine Stunde westlich von der Mündung des Katarrhaktes.[1])

Westlich von der Stelle von Binatos zieht sich in einer Länge von fast sechs Meilen längs der Südküste ein ansehnlicher Bergzug, die Asterusia der Alten[2]) hin, dessen nördliche Abhänge den südlichen Rand eines breiten und fruchtbaren Flussthales (jetzt Messara genannt) bilden. Der dasselbe durchströmende Fluss, der Lethäos der Alten[3]) (heutzutage Mitropolipotamos oder auch Hieropotamos genannt), steht dem Katarrhaktes an Länge des Laufes und an Wassermasse ungefähr gleich, verfolgt aber eine dem Laufe jenes gerade entgegengesetzte Richtung von Osten nach Westen. Sein ganzes Stromgebiet bildete im Alterthum das Gebiet der Stadt Gortyn oder Gortyna, der bedeutendsten Nebenbuhlerin von Knossos im Kampfe um das Principat unter den Städten Kreta's. Dieselbe lag eine Stunde nördlich vom rechten Ufer des Lethäos an einem der zahlreichen nördlichen Zuflüsse desselben, am südlichen Fusse eines der das Flussthal gegen Norden begränzenden Hügel, dessen schmaler Gipfel die Akropolis bildete. Die Unterstadt, welche,

---

σιοι], *τῆς μὲν θαλάττης ἐννενήκοντα* (*ῡ* oder *ό* codd.), *Γόρτυνος δὲ διέχοντες ἑκατὸν καὶ ὀγδοήκοντα.* Bei Steph. Byz. p. 535, 1 ed. Meineke ist für *Πρίαισος* der codd. *Πρίανσος*, bei Plin. IV, 12, 59 für Dium Asum Priansium herzustellen. Ueber die Ruinen vgl. Spratt I, p. 304 s., der sie auf Inatos bezieht; das Richtige sah Ussing Kritiske Bidrag til Graekenlands gamle Geographie p. 7 und 27.

[1]) Ptol. III, 17, 4; Steph. Byz. u. *Εἴνατος*; Etym. m. p. 302, 12; Hesych. u. *Εἴνατον*; Hierocl. Synecd. p. 13; Geogr. Rav. V, 21 (p. 398, 2); Tab. Peuting. *Ἰλιθυία Βινατία* Inschrift bei R. Bergmann a. a. O. Z. 63 und 80. — Bei Plin. IV, 12, 59 ist wohl Inatos für Elatos herzustellen. Ueber die Ruinen vgl. Spratt I, p. 339 ss., der fälschlich Priansos hier ansetzt.

[2]) Steph. Byz. u. *Ἀστερουσία.*

[3]) Strab. X, p. 478; Dionys. Call. Descr. Gr. v. 126; Quint. Smyrn. X, 82; Ptol. III, 17, 4 (wo die Mündung falsch angesetzt ist); Solin. Coll. 11, 9; Vibius Seq. p. 7, 7 ed. meae.

wie die zwischen den Dörfern Mitropolis und Hagii Deka erhaltenen Ruinen beweisen, einen beträchtlichen Umfang hatte, war ohne Ringmauern: Ptolemäos Philopator hatte zwar begonnen sie zu ummauern, war aber damit nicht weit gekommen. Unter den Ruinen ist die bedeutendste die des Theaters, welches sich an den Südabhang des Burghügels nahe dem rechten Ufer des die Stadt durchfliessenden Baches anlehnte, die Cavea gegen Südosten gerichtet; ihm gegenüber auf dem linken Ufer des Baches liegt eine aus grossen viereckten Werkstücken erbaute, in ihrem östlichsten Theile wohl erhaltene alte Kirche in Kreuzesform, deren Gründung die Tradition auf den heiligen Titus, den Gefährten des Apostel Paulus bei dessen Reise nach Kreta, zurückführt. Südlich von da liegt die Hauptmasse der Ruinen, grösstentheils römische Ziegelbauten, mit Marmor- und Granitsäulen dazwischen; man erkennt noch die Reste eines Aquäducts und einer Badeanlage, einer Gerichtshalle und anderer grosser öffentlicher Gebäude; endlich im südlichsten Theile der Stadt eines Amphitheaters.[1] Unter den Heiligthümern der Stadt war das bedeutendste das des Apollon Pythios, nach welchem der ganze mittelste Stadttheil, in welchem es lag, Pythion genannt wurde;[2] ausserdem werden erwähnt Heiligthümer des Zeus Hekatombäos,[3] des Hermes, der unter dem (jedenfalls ungriechischen) Namen Hedas verehrt wurde,[4] der Artemis (Britomartis)[5], und des Atymnos oder Atymnios.[6] Der Cult des letzteren, eines offenbar phönikischen Gottes, hängt eng zusammen mit der Verehrung der Europa-Hellotis, seiner Schwester nach gortynischer Sage,

[1]) Il. *B*, 646; Od. *γ*, 234; Scyl. Per. 47; Dionys. Call. D. Gr. v. 124; Strab. X, p. 478; Ptol. III, 17, 10; Steph. Byz. u. *Γόρτυν* (nach dessen Angabe die Stadt früher die Namen *Ἑλλωτίς*, *Λάρισσα* und *Κρημνία* geführt haben soll). Die Namen *Γόρτυν* sowohl als *Ἑλλωτίς* sind semitischen Ursprungs: vgl. G. Hey De dialecto Cretica p. 15 s. Vgl. über die Ruinen Spratt II, p. 26 ss. (mit Plan auf p. 28); Falkener Museum of class. ant. II, p. 277 ss.; Thenon Revue archéol. n. s. XVIII, p. 126 ss.; über die Geschichte der Stadt ebds. p. 192 ss.

[2]) Steph. Byz. u. *Πύθιον*; vgl. Antonin. Lib. Transform. 25.

[3]) Hesych. u. *Ἑκατόμβαιος*: vgl. Ptolem. Hephäst. Nov. hist. p. 30 ed. Roulez.

[4]) Etym. m. p. 315, 28.

[5]) Cornel. Nep. Hannib. 9.

[6]) Solin. Coll. 11, 9; vgl. Nonn. Dionys. XIX, 180.

der zu Ehren man ein Fest Hellotia feierte, wie man auch im Gebiet von Gortyn an einer Quelle unter einer Platane, die angeblich ihre Blätter niemals verlor, den Platz zeigte, wo Zeus sich mit Europa vermählt habe.[1])

Eine Stunde westlich von den Ruinen von Gortyn ist der Eingang in das sogenannte Labyrinth, einen alten in bergmännischer Weise betriebenen Steinbruch. Aus einer Grotte, einer Art niedrigen Saales, dessen Decke durch einen natürlichen Steinpfeiler getragen wird, führen zwei unterirdische Gänge, die sich öfter zu Kammern und geräumigeren Gemächern erweitern, in vielfachen Windungen tief in das Innere eines aus Sandstein bestehenden Hügels hinein. Der Zweck der Anlage war offenbar kein anderer, als Steine zu den Bauten von Gortyn zu gewinnen; mit dem mythischen Labyrinth hat dieselbe durchaus nichts zu thun.[2])

Der Haupthafen für den Handelsverkehr der Gortynier war Leben oder Lebena an der Südküste, dem Namen nach eine altphönikische Ansiedelung, an der Nordostseite des jetzt Lida oder Kephalas, im Alterthum Leon (griechische Uebersetzung des phönikischen Namens Leben) genannten Vorgebirges, wo sich noch einige Reste der alten Ortschaft finden, darunter einige Säulen von dem ziemlich in der Mitte des Ortes gelegenen hochberühmten, von Kranken aus allen Gegenden Kreta's besuchten Tempel des Asklepios.[3]) $2^1/_2$ Stunden westlich von da bildet die Küste eine ziemlich weite gegen Osten offene, gegen Südwesten durch zwei vorliegende felsige Inseln geschützte Bucht, die wenigstens während der Sommermonate den Schiffern einen sichern Ankerplatz darbietet und deshalb von den Alten 'die schönen

---

[1]) Hesych. u. Ἑλλώτια; Etym. M. p. 332, 40; Athen. XV, p. 678[b]; Theophr. Hist. pl. I, 9, 5; Varro De re rust. I, 7, 6; Plin. XII, 1, 11.

[2]) Vgl. Sieber Reise nach der Insel Kreta I, S. 510 ff.; Höck Kreta I, S. 447 ff.; Spratt II, p. 43 ss.; Perrot L'île de Crète p. 98 ss.; Revue archéol. n. s. XVIII, p. 200 ss.

[3]) Strab. X, p. 478; Philostr. Vita Apollon. IV, 34; Paus. II, 26, 9; Ptol. III, 17, 4; Stadiasm. m. m. § 321 f.; Agathem. I, 1; Plin. IV, 12, 59; Geogr. Rav. V, 21, p. 397, 16 s. (wo das vor Libena aufgeführte Ledonia auf das Cap Leon zu beziehen ist). Vgl. Spratt I, p. 348 ss. und die Inschriften ebds. II, p. 423: aus letzteren ersieht man, dass neben dem Asklepios Soter Hygieia Soteira und Kora verehrt wurden.

Häfen' (καλοὶ λιμένες, noch jetzt 'ς τοὺς καλοὺς λιμιῶνας) genannt wurde. Nordöstlich von der Bucht liegt hart an der Küste ein ganz kleines, jetzt Traphos genanntes Eiland, welches einige Spuren alter Bewohnung, jedenfalls Ueberreste der alten Ortschaft Alassa (oder Lassäa), enthält.[1]) Westlich von Kaloi Limenes tritt die Küste gegen Süden vor in dem jetzt Lithinos, von den Alten Lissen oder Lisses genannten Vorgebirge,[2]) dem südlichsten Punkte der ganzen Insel, von welchem aus die Küstenlinie wieder auf eine Strecke von drei Meilen eine nördliche Richtung nimmt. An dieser Küstenstrecke lag zwei Stunden nördlich vom Cap Lissen an einer kleinen Bucht, welche ausser dem alten Namen auch noch Reste der alten Ortschaft und besonders zahlreiche Felsgräber aufzuweisen hat, Matalon (auch Matala und Matalia),[3]) der Hafenplatz der zwei Stunden nordöstlich von da, eine Stunde in directer östlicher Entfernung von der Küste, oberhalb des linken Ufers des Lethäos an einem jetzt Hagia Photia genannten Platze gelegenen alten Stadt Phästos, der Vaterstadt des theosophischen Dichters Epimenides, in welcher Zeus unter dem ursprünglich semitischen Beinamen Velchanos, Aphrodite Skotia, Leto und Herakles besonders verehrt wurden. Ursprünglich selbständig und, wie namentlich ihre Münzen vermuthen lassen, von nicht geringer Bedeutung, wurde sie, wahrscheinlich im dritten Jahrhundert v. Chr., von den Gortyniern zerstört und seitdem nicht wieder hergestellt; ihr gegen Süden bis zum Cap Lissen sich erstreckendes Gebiet wurde der Gortynäa einverleibt.[4]) Dasselbe Schicksal traf die alte Stadt Rhytion,

---

[1]) Acta Apost. c. 27, 8; die dort genannte πόλις Ἄλασσα (so cod. Alex.; cod. Sinait. Λασσαία) ist jedenfalls identisch mit dem Ἀλαί des Stadiasm. m. m. § 322 und dem Alos oder Lasos bei Plin. IV, 12, 59.

[2]) Strab. X, p. 479 (wo mit Korais ὁ Λισσήν zu lesen); vgl. Steph. Byz. u. Φαιστός (wo ὁ Λισσής) und schol. Od. γ, 293 (wo die Formen Βλίσση oder Βλισσήνη und Λίσσιν angeführt werden); auf dieselbe Oertlichkeit ist Lisia der Tab. Peuting., Tissia des Geogr. Ravennas (p. 398, 1) zu beziehen. Vgl. Hey De dialecto Cretica p. 42.

[3]) Strab. X, p. 478 s.; Ptol. III, 17, 4; Stadiasm. m. m. § 323 f.; vgl. Spratt II, p. 20 ss.

[4]) Il. Β, 648; Od. γ, 296; Scyl. Per. 47; Strab. X, p. 479; Diod. V, 78; Polyb. IV, 55; Steph. Byz. u. Φαιστός; Plin. IV, 12, 59. Münzen, auf welchen Zeus Ϝελχάνος (vgl. über den Namen G. Hey De dialecto Cretica p. 39 s.) und Herakles dargestellt sind, bei Eckhel D. n. I, 2,

von welcher heutzutage jede Spur verschwunden zu sein scheint, ebenso wie von der gleichfalls zur Gortynäa gehörigen Ortschaft Boebe.[1])

An die Gortynäa gränzte im Nordwesten das Gebiet von Sybrita, welches die westlichen Abhänge der Ida, die östlichen des Kedrios und das Thal des zwischen beiden fliessenden Flusses Elektras (vgl. oben S. 532) umfasste. An der Mündung dieses Flusses lag der Hafenplatz der Sybritier, Sulia oder Sulena; die Stadt selbst, deren durch ihre künstlerische Ausführung ausgezeichneten Münzen die Culte des Hermes und des Dionysos bezeugen, lag drei Meilen landeinwärts zwischen den Quellen des Flusses bei dem Dorfe Thronos, das nebst einigen Nachbardörfern noch Reste der ausgedehnten Ringmauern, alte Terrassen und kleinere Bruchstücke verschiedener Art enthält.[2]) Eine Stunde nordwestlich von da, bei dem Dorfe Veni, finden sich zwischen den Trümmern einer mittelalterlichen Befestigung noch einige Reste hellenischer Mauern, die man wegen der Namensähnlichkeit auf das alte Bene, die Vaterstadt des Dichters Rhianos, bezogen hat; ist dies richtig, so muss man annehmen, dass das

p. 317; vgl. Pinder Die antiken Münzen des königlichen Museums zu Berlin S. 55. Heiligthum der Aphrodite Σκοτία Etym. M. p. 543, 49. Heiligthum der Leto, Fest Ἐκδύσια Antonin. Lib. Transf. 17. Die Phästier waren von Jugend auf Spassmacher: Athen. VI, p. 261[e].

[1]) Il. Β, 648; Strab. X, p. 479; Steph. Byz. u. Ῥύτιον; Plin. IV, 12, 59; Nonn. Dionys. XIII, 235. Spratt I, p. 333 s. und Kiepert setzen Rhytion bei dem Dorfe Rotas oberhalb des rechten Ufers des Katarrhaktes an; allein die Gortynäa, zu welcher nach Strab. a. a. O. Rhytion gehörte, hat sich gewiss nie so weit ostwärts erstreckt. Vielleicht gehören die Ruinen bei Rotas einer der nur von Pompon. Mela II, 113 und Plin. IV, 12, 59 genannten Städte Olopyxos oder Therapnae (vgl. Solin. Coll. 11, 4) an. Βοίβη erwähnt ausser Steph. Byz. u. d. W. nur Nonnos Dionys. XIII, 236: Pashley I, p. 299 setzt es vermuthungsweise bei dem am südlichen Rande der Messara gelegenen Dorfe Bobia an.

[2]) Σουλία und Σουλήνα Stadiasm. m. m. § 324 f. Σύβριτα Scyl. Per. 47; Ptol. III, 17, 10; C. I. gr. n. 3049. Münzen bei Eckhel D. n. v. I, 2, p. 320 s. (vgl. Museum of class. ant. II, p. 292). Σίβυρτος Steph. Byz. u. d. W.; Σούβριτος Hierocl. Synecd. p. 14 (vgl. Notit. episcop. 8, 225 ibid. p. 170 und 9, 134 ibid. p. 185); Sibrita Geogr. Rav. p. 397, 8; Subrita Tab. Peuting. Der Name Sybrita ist wahrscheinlich auch bei Plin. IV, 12, 59 für Myrina herzustellen. Ueber die Ruinen vgl. Spratt II, p. 102 ss.

ganze Gebiet von Sybrita in späteren Zeiten von Gortyn occupirt worden ist, da Bene als eine dieser unterthänige Stadt bezeichnet wird.[1]) Zum Gebiet von Sybrita gehörten wahrscheinlich auch die beiden jetzt Paximadia genannten kleinen Felsinseln, welche südwestlich von der Mündung des Elektras in der im Nordwesten durch das Cap Psychion (Melissa), im Südosten durch das Cap Lissen (Lithinos) begränzten Bucht liegen: die grössere derselben scheint im Alterthum den Namen Letoa geführt zu haben.[2])

Die bedeutendste unter den Städten Ostkreta's war Lyttos oder Lyktos, welches gerade auf der Gränze zwischen dem mittleren und dem östlichen Theile der Insel auf einem von der Hauptmasse der Dikte gegen Westen vortretenden Bergrücken oberhalb des Dorfes Xidia lag. Von diesem Bergrücken zweigen sich zahlreiche schmälere gegen Süden, Westen und Norden ab, so dass das Terrain der alten Stadt ein sehr unebenes und coupirtes war, welches die Herstellung einer regelmässigen Ringmauer erschwerte und die Anlegung von Terrassen als Stütze für die Strassen und grösseren Gebäude nöthig machte. Die Stadt wurde im Jahre 220 v. Chr. von ihren feindlichen Nachbarn, den Knossiern, zerstört, worauf die Lyttier in Lappa eine Zuflucht fanden, aber offenbar bald darauf wieder hergestellt, freilich ohne je ihre frühere Macht und Bedeutung wieder zu erlangen. Heutzutage sind ausser Resten der Terrassenmauern nur einige Piedestale von Statuen römischer Kaiser, eine Anzahl Marmor- und Granitsäulen und an dem höchsten Punkte der alten Stadt bei einer Capelle, welche wahrscheinlich die Stelle des Tempels der Athena einnimmt, zwei fragmentirte Marmorstatuen erhalten; von dem Theater, welches noch zur Zeit der venezianischen Herrschaft über Kreta kenntlich war, und von den sonstigen Gebäuden (unter denen das Prytaneion und ein Heiligthum des Apollon erwähnt werden) ist jede Spur verschwunden.[3])

---

[1]) Steph. Byz. u. *Βήνη*; vgl. Suid. u. *Ριανός*; Paus. IV, 6, 1; Spratt II, p. 105 s.

[2]) *Λητώα νῆσος* Ptol. III, 17, 11; davon ist wohl die Butoa des Plin. IV, 12, 61 nicht verschieden.

[3]) Die Münzen (Eckhel D. n. v. I, 2, p. 316) und Inschriften (C. I. gr. n. 2572 ss.; Naber Mnemosyne 1, p. 105 s.; H. B. Voretzsch De inscriptione Cretensi qua continetur Lyttiorum et Boloentiorum foedus, Halle 1862 = Hermes Bd. IV, S. 266 ff.) geben durchaus *Λύττος*, *Λύτ-*

Das an sich zur Anlage einer Stadt wenig günstige Terrain, auf welchem Lyttos erbaut war, gewährte den Vortheil, dass die Lyttier von ihrer Stadt aus die Verbindung zwischen ihrem Ober- und Unterlande völlig beherrschten. Das Oberland war die zwei Stunden lange und eine Stunde breite, 3000 Fuss über dem Meere gelegene Hochebene von Lasithi, zu welcher man nur vom östlichen Ende des Bergrückens, auf dem Lyttos lag, auf einem Zickzackpfade emporsteigen kann: ein rings von höhern Rändern umschlossenes, gegen Süden von den höchsten Gipfeln der Dikte überragtes Becken, aus welchem die Gewässer nur auf unterirdischem Wege durch eine am westlichen Rande befindliche Katabothre abfliessen. An den Rändern der Hochebene liegen zwischen Wein- und Obstgärten (die Aepfel und Birnen des nördlicheren Europa gedeihen in diesem Hochland vortrefflich) zahlreiche Dörfer, deren Bewohner mit ihren Heerden während der Wintermonate ins Unterland hinabsteigen. Auch im Alterthum war die Hochebene wohl ausschliesslich von Hirten bewohnt, da sich mit Ausnahme geringer Reste einer kleinen Befestigung keine Spuren einer alten Ansiedelung daselbst gefunden haben.[1] Das Unterland der Lyttier war die gerade westlich unter ihrer Stadt gelegene, von Ost nach West beinahe zwei Stunden lange Ebene Omphalion, deren Besitz wohl die Hauptursache der häufigen Kämpfe mit den Knossiern bildete, nebst dem nördlich von derselben bis zur Nordküste sich erstreckenden Hügellande, das von mehreren Bächen, unter denen der jetzt Aposelemi genannte der bedeutendste ist, durchflossen wird.[2])

τιοι, nur in der Inschrift in der Mnemosyne a. a. O. erscheint daneben auch Λύκτιοι; in den Handschriften überwiegt die Form Λύκτος: vgl. Il. B, 647; Hesiod. Theog. 477 und 482; Aristot. Pol. II, 10; Scyl. Per. 47; Polyb. IV, 53 f.; Strab. X, p. 476; Diod. XVI, 62; Liv. Perioch. 99; Ptol. III, 17, 10; Steph. Byz. u. Λύκτος u. a. Heiligthum des Apollon und ἐμ πόλει der Athena: Inschrift in der Mnemosyne a. a. O. Z. 11 f. Hestia ἐμ Πρυτανείῳ Inschrift bei Voretzsch a. a. O. Z. 5: wahrscheinlich hatten auch die andern in derselben Inschrift als Schwurzeugen angerufenen Gottheiten Heiligthümer in der Stadt. Ueber die Ruinen vgl. Spratt I, p. 92 ss.

[1]) Vgl. Spratt I, p. 100 ss. Ein Hirt aus dieser Gegend war jedenfalls der in dem Epigramm des Kallimachos Anthol. Pal. VII, 518 besungene Astakides.

[2]) Diod. V, 70; Callimach. H. in Iov. 44 s.; Steph. Byz. u. Ὀμφά-

Auf einem kleinen kegelförmigen Hügel am nördlichen Rande der Ebene finden sich noch Reste antiker Ringmauern (jetzt Saba oder Sapa genannt), wahrscheinlich von der kleinen Ortschaft Thenä.[1]) Als Hafenplatz diente den Lyttiern die $3^1/_2$ Stunde nördlich von ihrer Stadt an der Westseite der jetzt Bucht von Malia genannten weiten Bucht der Nordküste gelegene Stadt Chersonesos, deren Name noch an dem die Bucht im Nordwesten abschliessenden Vorgebirge (Cap Chersoniso) haftet. Sie muss, da sie eigene Münzen prägte, wenigstens in älteren Zeiten selbständig gewesen sein; auch in der älteren christlichen Zeit spielte sie, während Lyttos mehr und mehr verfiel, als Bischofssitz eine nicht unbedeutende Rolle. Sie besass ein Heiligthum der Britomartis, das vielleicht nicht in der Stadt selbst, sondern gegen drei Stunden weiter östlich nahe der Küste auf einem jetzt Helliniko-Sivadi genannten Platze, auf welchem noch eine Platform von etwa 95 Fuss im Quadrat nebst einigen Fundamenten alter Gebäude erhalten ist, lag.[2]) Wahrscheinlich bezeichnete dieses Heiligthum, mag es nun der Britomartis oder einer andern Gottheit geweiht gewesen sein, die Gränze der Gebiete von Lyttos und von Milatos, die demnach ungefähr mit der der jetzigen Districte Pediada und Mirabella zusammenfiel. Diese östliche Nachbarin von Lyttos, eine alte Stadt, die aber schon lange vor dem Beginn unserer Zeitrechnung von den Lyttiern, die ihr Gebiet occupirt hatten, zerstört und nicht wiederhergestellt worden war, lag an der Ostseite der Bucht von Malia auf einem spitzi-

---

λιον. Ueber den in dieser Ebene fliessenden Bach Triton vgl. oben S. 559, Anm. 1.

[1]) Callimach. l. l. v. 42 s.; Steph. Byz. u. *Θεναί* und *Ὀμφάλιον*.

[2]) Strab. X, p. 478 s.; Plut. De mul. vir. 8; Ptol. III, 17, 5; Stadiasm. m. m. § 349 f.; Steph. Byz. u. *Χέρρονησος*; Hierocl. Synecd. p. 14; Notit. episcop. 3, 442 (p. 118); 8, 223 (p. 170) u. ö.; Geogr. Rav. p. 397, 3. Münzen: Eckhel D. n. v. I, 2, p. 307 s. Vgl. Pashley I, p. 268 s.; Spratt I, p. 104 ss. — Da Scyl. Per. 47 von Lyttos sagt: *διήκει αὕτη ἀμφοτέρωθεν*, so müssen wir annehmen, dass die Lyttier zur Zeit ihrer höchsten Machtentwickelung durch Annexion des Gebietes von Priansos ihr Gebiet bis zur Südküste ausgedehnt hatten. Die Ausdehnung ihres Gebiets gegen Osten bis zum Golf von Mirabella, die nur durch Unterwerfung der Nachbarstädte Milatos, Dreros, Olus, Lato und Istron erfolgt sein kann, bezeugt Strab. X, p. 475 (*Μινώας τῆς Λυκτίων*).

gen Hügel in der Nähe des jetzigen Dorfes Milato, auf welchem man noch einige antike Cisternen und Terrassen erkennt.[1])

Der Rücken des Kadistongebirges trennte das Gebiet von Milatos von dem jedenfalls sehr beschränkten Gebiete von Dreros, einer fast verschollenen Stadt, deren Andenken, abgesehen von einer beiläufigen Erwähnung bei einem Grammatiker, nur durch einige polygone Mauerreste auf einem jetzt Choräs geannten, von einer Kirche des heiligen Antonius gekrönten Hügel westlich von dem Dorfe Elunta und eine innerhalb derselben gefundene grosse Steinschrift (eidliche Verpflichtung der mit den Knossiern verbündeten Drerier zu ewiger Feindschaft gegen die Lyttier) uns erhalten ist: aus dieser Inschrift erfahren wir, dass die Stadt ein Prytaneion und ein Heiligthum des Apollon Delphinios, das zugleich als Archiv benutzt worden zu sein scheint, besass.[2])

Der Name des eben erwähnten, aus einem oberen und einem unteren Weiler (Apano- und Kato-Elunta) bestehenden Dorfes Elunta ist offenbar ein Erbstück von der alten Stadt Olus (kretisch auch Bolus oder Boloeis),[3]) die aber nicht an der Stelle

---

[1]) Il. *B*, 647; Strab. X, p. 479; XII, p. 573; XIV, p. 634; Pausan. X, 30, 2; Nonn. Dionys. XIII, 233; Steph. Byz. u. *Μίλητος*; Plin. IV, 12, 59: vgl. Spratt I, p. 114 s. Die Milatier erscheinen noch als selbständige, den Lyttiern feindselige Gemeinde in der jedenfalls vor dem Jahre 220 v. Chr. abgefassten Inschrift der Drerier (s. die folgende Anm.) Col. IV, Z. 16.

[2]) Die Inschrift, über deren Fundort Rangabé Antiq. hell. II, p. 1030 zu vergleichen, ist zuletzt und am genauesten publicirt von Dethier 'Dreros und kretische Studien' in den Wiener Sitzungsberichten Bd. 30, S. 431 ff. mit Facsimile auf Tafel 8. Das Prytaneion wird darin erwähnt Col. I, Z. 15, das Delphinion Col. III, Z. 31, ausserdem besassen wohl auch die übrigen Col. I, Z. 16 ff. als Schwurzeugen angerufenen Gottheiten Heiligthümer in der Stadt oder ihrem Gebiete. Sonst nennt Dreros nur Theognost. Can. 382 (in Cramers Anecd. Oxonien. Vol. II, p. 69, 29).

[3]) Der Name lautet in der von Voretzsch (vgl. S. 569, Anm. 3 (behandelten Inschrift *Βολοέντιοι*, *ἐς Βολόεντα*, in dem Bundesvertrage zwischen Olus und Lato (C. I. gr. n. 2554) *Ὀλόντιοι*, *ἐν Ὀλόντι*, auf Münzen (Eckhel D. n. v. I, 2, p. 316) *Ὀλοντίων*; vgl. Scyl. Per. 47; Paus. IX, 40, 3; Ptol. III, 17, 5; Stadiasm. m. m. § 350; Steph. Byz. u. *Ὀλοῦς*; in *Ἄλλυγγος* oder *Ἄλυγγος* corrumpirt bei Hierocl. Synecd. p. 13; Notit. episc. 8, 232 (p. 170) und 9, 141 (p. 186). Ueber die Reste vgl.

des modernen Dorfes lag, sondern weiter östlich auf dem schmalen Isthmos, welcher die lange felsige Halbinsel Spina longa mit der Küste, die vom Cap Zephyrion an auf eine lange Strecke sich südwärts hinzieht und so die jetzt 'Golf von Mirabella' genannte weite und tiefe Einbuchtung bildet, verbindet. Der jetzt nur etwa 300 Fuss breite und kaum mehr als drei Fuss über die Meeresfläche sich erhebende Isthmos muss im Alterthum beträchtlich höher und breiter gewesen sein, denn ein bedeutender Theil der Ruinen der alten Stadt (welche ein Heiligthum des Zeus Talläos und einen Tempel der Britomartis mit einem angeblich von Dädalos gearbeiteten Holzbilde dieser Göttin besass) zu beiden Seiten des Isthmos ist jetzt mit Wasser bedeckt; die Abnahme der Breite und Höhe ist eine Folge der durchgängigen Senkung des Landes, welche im östlichen Kreta, entsprechend der mehrfach erwähnten Hebung im westlichen Theile der Insel, seit dem Alterthum stattgefunden hat.

Die südliche Nachbarstadt von Olus, Lato, lag auf und an den Rändern einer kraterähnlichen Einsenkung zwischen den beiden Gipfeln eines ansehnlichen Hügels $1^1/_2$ Stunde westlich von der Küste. Wie die jetzt Gulas genannten Ruinen zeigen, waren sowohl die Ringmauern als die durchgängig auf terrassenartigen Unterbauten stehenden Häuser aus grossen fast gar nicht behauenen Steinblöcken von unregelmässiger Form erbaut; nur im nordöstlichsten Theile der Stadt findet man auf einer ungefähr 300 Fuss langen Terrasse die Reste eines aus regelmässigen viereckigen Werkstücken bestehenden Gebäudes, wahrscheinlich eines Heiligthums, entweder des Poseidon (doch kann dies auch in der Hafenstadt gelegen haben) oder der Eleuthya (Eileithyia). Der Hafenplatz der Latier war Kamara, ein gerade östlich von Lato an einer kleinen durch ein gegen Osten vorliegendes Eiland (das jetzt nach dem heiligen Nikolaos benannt wird) geschützten Bucht, in welche der Mirabellopotamos mündet, gelegenes Städtchen, von welchem noch einige unbedeutende Reste erhalten sind. [1]) Ruinen einer anderen alten Ortschaft finden sich zwei

---

Spratt I, p. 121 ss., der ganz irrig zwischen Olontion (was Niemand kennt) und Olus unterscheidet.

[1]) C. I. gr. n. 2554 (Z. 92 f. Tempel des Poseidon) und n. 3058 (Z. 19 Heiligthum der Eleuthya: auf diese Göttin ist wohl auch der Kopf auf der von Eckhel D. n. v. I, 2, p. 315 beschriebenen Münze zu be-

Stunden südlich von da in der Nähe des Dorfes Kato-chorio an der Südwestecke des Golfs von Mirabella, in welche ein wasserreicher Bach einströmt. Der noch jetzt an dieser Ruinenstätte haftende Name Istronas lässt uns darin die Reste der alten Stadt Istron oder Istros erkennen, welche, wie aus der Urkunde eines von ihr mit Teos abgeschlossenen Freundschaftsvertrags erhellt, ein Heiligthum der Athena Polias besass. Da nun aber einige alte Schriftsteller mit Bestimmtheit eine Ortschaft Minoa auf der Stelle dieser Ruinen ansetzen, so müssen wir annehmen, dass entweder beide Namen dieselbe Ortschaft bezeichnen oder dass die etwas weiter landeinwärts gelegene Stadt Istron schon vor Beginn unserer Zeitrechnung verschwunden war und nur ihr Hafenplatz Minoa fortbestand, auf welchen dann im Volksmunde der Name des untergegangenen Hauptortes übertragen worden ist.[1]) Im Golf von Mirabella liegen ausser dem schon erwähnten Eiland des Hagios Nikolaos noch zwei unbewohnte kleine Inseln, für welche wir keine antiken Namen kennen: Kumithia nahe dem innersten Winkel und das etwas grössere Psyra nahe der Ostküste des Golfes. An der Ostküste stand wahrscheinlich auch die uns fast nur durch Münzen und Inschriften bekannte Stadt Allaria, welche ein Heiligthum des Apollon besass; doch sind wir nicht im Stande ihre Stelle auch nur mit annähernder Sicherheit nachzuweisen.[2])

---

ziehen); *Λατίων τῶν πρὸς Καμάρᾳ* Lebas Inscriptions grecques et latines part. V, 74; über die Ruinen vgl. Spratt I, p. 129 ss. (mit Plan); über die richtige Benennung derselben und das Verhältniss von Lato zu dem von Ptol. III, 17, 5, Stadiasm. m. m. § 351, Steph. Byz. u. *Καμάρα* und Hierocl. Synecd. p. 13 erwähnten Kamara Ussing Kritiske Bidrag til Graekenlands gamle Geographie p. 4 s.

[1]) C. I. gr. n. 3048, vgl. Steph. Byz. u. *Ἴστρος*: auch im Stadiasm. m. m. § 352 f. hat C. Müller, freilich mit wenig paläograpischer Wahrscheinlichkeit, *Ἴστρον* und *Ἴστρου* für *Ἑτέραν* und *Ἑτέρας* des Codex hergestellt. *Μινώα* Strab. X, p. 475 (nach welcher Stelle die Stadt damals den Lyttiern gehörte) und Ptol. III, 17, 5. Ueber die Ruinen s. Spratt I, p. 137 ss.

[2]) Freundschaftsvertrag zwischen Allaria und Paros C. I. gr. n. 2557 = Mnemosyne II, p. 30 ss.; desgleichen mit Teos Lebas Inscriptions gr. et lat. part. V, 73. Münzen Eckhel D. n. v. I, 2, p. 303 = Museum of class. ant. II, p. 270. Vgl. Steph. Byz. u. *Ἀλλαρία*. — An derselben Küstenstrecke lag vielleicht die nur aus der Urkunde eines von ihr mit

Oestlich vom Golf von Mirabella ist die Nordküste wiederum durch eine Bucht (jetzt Bucht von Sitia genannt) eingeschnitten, welche gegen Westen durch das Cap Sitia (bei den Alten Eteia), gegen Osten durch eine weit nach Norden zu vortretende, an beiden Seiten mehrfach ausgezackte felsige Landzunge begränzt wird, deren nördlichste Spitze, das mit einem Heiligthum der Athena bekrönte Cap Samonion (oder Salmonion, Salmonis) der Alten (jetzt Cap Sidero), die Nordostecke Kreta's bildet. Etwas über eine Meile westlich von diesem Cap liegt eine Gruppe von vier unbewohnten, nur von Schwammfischern besuchten Felsinseln (zwei grössere und zwei kleinere), deren moderner Name Iannitzades eine leichte Corruptel des antiken Namens Dionysiades ist. An der Südwestecke der Bucht, in welche ein nicht unbeträchtlicher Fluss einmündet (von den Alten Didymoi oder Didyma genannt, wie auch die Bucht), finden sich die Ruinen der befestigten venezianischen Ortschaft Sitia, offenbar der Nachfolgerin der alten Hafenstadt Eteia (oder Etis), die aber nicht ganz auf derselben Stelle, sondern etwas weiter gegen Osten stand, wo noch in dem Dorfe Petra und auf einem Hügel oberhalb desselben Reste polygoner Mauern und alte Terrassen vorhanden sind.[1]

Eteia war jedenfalls keine selbständige Ortschaft, sondern nur der Hafenplatz der $2^1/_2$ Stunden landeinwärts gelegenen Stadt Präsos, deren Gebiet sich wie bis zur Nordküste so auch bis zur Südküste erstreckte. Die Stadt, deren auf einem Höhenrücken zwischen den beiden obersten Armen des Didymoiflusses gelegene, hauptsächlich aus alten Terrassenmauern und Haufen von Steinen und Thonscherben bestehende Ruinen noch jetzt

---

Teos abgeschlossenen Vertrages (Lebas a. a. O. 76) bekannte Stadt der *Ἐράννιοι*.

[1]) Stadiasm. m. m. § 353 f. wird eine *Κητία ἄκρα* erwähnt, wofür ohne Zweifel *Ἤτεια* herzustellen ist: vgl. Steph. Byz. u. *Ἦτις*; Diog. Laert. I, 9, 107; Etym. M. p. 248, 34. *Σαμώνιον* Strab. X, p. 472; 475 u. ö.; Stadiasm. m. m. § 318 und 355; Ptol. III, 17, 5; Pompon. Mela II, 112; Plin. IV, 12, 58 und 71. *Σαλμώνιον* Strab. II, p. 106; *Σαλμωνίς* Apollon. Rhod. *Δ*, 1691; Dionys. Per. 110. *Σαλμώνη* Acta Apost. 27, 7. *Ἀθαναία Σαλμωνία* C. I. gr. n. 2555, Z. 13. *Διονυσιάδες νῆσοι* Diod. V, 75 (wo *ἐπὶ τῶν καλουμένων Διδύμων κόλπων*); Stadiasm. m. m. § 354 f. Fluss *Δίδυμοι* oder *Δίδυμα*: Dionys. Call. D. Gr. v. 127; Steph. Byz. u. *Δίδυμα*.

den Namen Präsus führen, hatte durch Vergewaltigung einer schwächeren, jetzt, wie es scheint, bis auf die letzte Spur verschwundenen Nachbarstadt, Dragmos, ihre Gränzen gegen Osten erweitert und bedrängte dann auch die durch diese Gebietserweiterung zu ihren unmittelbaren Nachbarn gewordenen Itanier, welche sich ihrer nur mit Hülfe des Königs von Aegypten Ptolemäos VI. Philometor erwehren konnten. Nach dem Tode dieses Königs (146 v. Chr.) blieben die Besitzverhältnisse zunächst unverändert; aber einige Zeit darauf wurde Präsos von seinen westlichen Nachbarn, den Hierapytniern, zerstört, die seitdem im Besitze seines Gebiets blieben.[1])

Die östliche Nachbarin von Präsos, Itanos, eine Gründung der Phöniker, lag jedenfalls an der Ostküste und zwar wahrscheinlich am nördlicheren Theile derselben, an der weiten Bucht, welche sich zwischen dem Cap Sidero im Norden und dem weit gegen Osten vortretenden Cap Plaka (von manchen Schiffern, wohl nur in falscher Anwendung eines antiken Namens, auch Cap Salmone genannt) im Süden öffnet. An der Westseite dieser jetzt Grandes genannten Bucht finden sich an zwei Stellen alte Ruinen: gegen Norden am südlichen Ende der im Cap Sidero endenden Landzunge, gegenüber von der Insel Elasa die Ruinenstätte Eremopoli; gegen Süden unmittelbar nordwestlich vom Cap Plaka, gegenüber von zwei kleinen wie die Bucht Grandes genannten Inseln ein kegelförmiger jetzt Paläokastro genannter Hügel mit Resten einer alten Festung und Trümmern von Wohnungen am Fusse desselben. Eremopoli halte ich nach einer dort gefunde-

[1]) S. die bei Toplu-Monastiri (nahe der Ostküste der Bucht von Sitia) gefundene Inschrift bei Pashley I zu p. 290 = C. I. gr. n. 2561[b] Vol. II p. 1100 s. (Schiedspruch einer im Auftrag des römischen Senats von einer Gemeinde ausserhalb Kreta's, entweder den Pariern oder den Magneten am Mäander, ernannten Commission über Gränzregulirung zwischen den Itaniern und Hierapytniern), besonders Z. 38 ff., Z. 45, Z. 57, Z. 60 f. und Z. 67: vgl. Scyl. Per. 47; Strab. X, p. 475 und 478 s.; Herod. VII, 170 f.; Theophr. Hist. pl. III, 3, 4; Athen. IX, p. 376[a]; Steph. Byz. u. Πραισός. Münzen bei Eckhel D. n. v. I, 2, p. 319 und Museum of class. ant. II, p. 269. Die Stadt Δραγμός wird ausser in der Inschrift nur bei Steph. Byz. u. d. W. erwähnt. Ueber die Ruinen s. Spratt I, p. 164 ss., der das in der Inschrift und bei Strab. X, p. 475 erwähnte Heiligthum des Zeus Diktäos bei Kopra-Kephali drei bis vier englische Meilen westlich von Präsos ansetzen will; allein aus der Inschrift ergiebt sich, dass es an der Gränze des Gebiets der Itanier, also östlich von Präsos lag.

nen Inschrift[1]) für den Platz des Heiligthums der Athena Salmonia, an welches sich in späterer Zeit eine kleine Ortschaft, deren Namen wir nicht kennen (vielleicht hiess sie Salmone) angeschlossen hat: die Lage des Heiligthums an der Wurzel statt auf dem Rücken oder der äussersten Spitze des Vorgebirges, nach welchem die Gottheit benannt ist, ist ganz analog der Lage der Heiligthümer des Poseidon auf Tänaron und auf Gerästos. Paläokastro bezeichnet wahrscheinlich die Stelle der Stadt Itanos, deren Namen auch das benachbarte Vorgebirge (das jetzige Cap Plaka) trug.[2]) Das Gebiet der Stadt, welches sich gegen Süden jedenfalls bis zum Cap Erythräon (dem jetzigen Cap Gutheru an der Südküste) erstreckte, enthielt noch zwei kleinere Ortschaften an der Ostküste, von denen einige Reste erhalten sind: die nördlichere, deren antiken Namen wir nicht kennen, lag in einer kleinen, an drei Seiten von Anhöhen, an deren unteren Abhängen man noch antike Terrassen erkennt, umschlossenen Strandebene an der Bucht von Zakro; die zweite, Ampelos (welchen Namen auch ein ihr benachbartes Vorgebirge trug), $1\frac{1}{2}$ Stunden weiter südlich an einer kleinen offenen Bucht, welche durch zwei davor liegende kleine Felsinseln (jetzt Cavallos genannt) einigen Schutz erhält. Auch diese sowie die vorher erwähnten Eilande Elasa und Grandes gehörten den Itaniern, ebenso die bedeuten-

---

[1]) Spratt II, pl. 1, n. 4, wo zu lesen ist: *ἐς στ]άλαν λιθίναν καὶ θέμεν ἐς τὸ [ἱ]αρὸν τᾶς Ἀθανα[ίας]* (vgl. S. 575, Anm. 1); die ebendaselbst gefundenen Inschriften ibid. n. 16—19 sind Grabschriften aus späterer Zeit, n. 20 das Bruchstück eines hoch alterthümlichen Weihgeschenkes (eines Schiffes aus Stein mit dem Zeichen eines Delphins, vgl. oben S. 361 f., Anm. 4). Ueber die Ruinen s. Spratt I, p. 192 ss., der sie auf eine alte Ortschaft Hetera (die nur einem Abschreiber des Stadiasm. m. m. § 352 f. ihre Existenz verdankt) oder auch auf Arsinoe (die nach Steph. Byz. p. 126, 1 ed. Mein. zu Lyktos gehörte; vgl. Eckhel D. n. v. I, 2, p. 304) beziehen will. Kiepert setzt hier *Γράμμιον* (vgl. Steph. Byz. u. d. W.) an, offenbar wegen Scyl. Per. 47: *Γρᾶνος ἀκρωτήριον Κρήτης πρὸς ἥλιον ἀνίσχοντα*: allein dort ist gewiss mit I. Voss *Ἴτανος* statt *Γρᾶνος* zu schreiben.

[2]) Herod. IV, 151; Ptol. III, 17, 4; Steph. Byz. u. *Ἴτανος*; Inschriften C. I. gr. n. 2561^b und n. 2602. Münzen bei Eckhel D. n. v. I, 2, p. 314, vgl. p. 321 (das von Steph. Byz. u. *Τάνος* aus Artemidor angeführte Tanos ist schwerlich verschieden von Itanos). Ueber die Ruinen s. Spratt I, p. 207 ss., der hier Grammion (vgl. die vorhergehende Anmerkung) ansetzt.

dere Insel Leuke (jedenfalls die jetzige Kuphonisi südlich vom Cap Erythräon, welche in einer kleinen Ebene nahe der nördlichen Spitze noch Reste einer alten Ortschaft aus der römischen Zeit enthält), auf deren Besitz auch die Hierapytnier Anspruch machten.[1])

Hierapytna, die mächtigste Stadt der Südküste und seit der Erweiterung ihres Gebiets durch die Annexion von Präsos eine der bedeutendsten Städte der Insel überhaupt, die in den innern wie in den auswärtigen Angelegenheiten eine wichtige Rolle spielte, lag an der Stelle des jetzigen Städtchens Ierapetra, ungefähr fünf Meilen westlich vom Cap Erythräon, in einer kleinen Strandebene zwischen felsigen Hügeln, deren ein wenig ins Meer vortretende Ausläufer zur Herstellung der Molen des jetzt zum grössten Theile versandeten Hafens benutzt worden sind. Im sechszehnten Jahrhundert waren noch sehr bedeutende Reste der alten Stadt vorhanden: Ruinen mehrerer Tempel (unter denen die der Athena Polias und des Apollon die bedeutendsten gewesen zu sein scheinen), zweier Theater, eines Amphitheaters, von Bädern und Wasserleitungen, sowie eine beträchtliche Anzahl von Statuen. Heutzutage erkennt man noch das grössere Theater und das Amphitheater (beide jetzt ohne Ueberreste der Sitzstufen), Fundamente von öffentlichen und Privatgebäuden und eine Anzahl Cisternen.[2])

---

1) *Ἐρυθραῖον ἄκρον* Ptol. III, 17, 4; *Ἄμπελος ἄκρα* ebds.; Stadt Ampelos Plin. IV, 12, 59. Insel *Λεύκη* Inschrift C. I. gr. n. 2561 b, Z. 38 u. ö.; Plin. a. a. O. § 61: den dort neben Leuke aufgeführten Namen Onisia bezieht Kiepert auf die Insel Elasa; allein derselbe ist wohl jedenfalls verderbt und vielleicht durch ein Missverständniss (aus *δύο νησία* der griechischen Quelle des Plinius) entstanden. Ueber die Ruinen an der Bucht Zakro s. Spratt I, p. 232 ss. (der sie auf Itanos bezieht), über die von Ampelos ebds. p. 238 s., über die auf Kuphonisi ebds. p. 241 ss. Die C. I. gr. n. 2561 b, Z. 77 erwähnte *Ἑλεία* ist wohl die zwischen den Ruinen von Präsos und der Bucht von Zakro gelegene, durch einen hohen Bergrücken von der Ostküste getrennte sumpfige Ebene von Katalioni.

2) *Ἱεράπυτνα*, bei Späteren auch *Ἱεράπυδνα* geschrieben, in den ältesten Zeiten angeblich *Κύρβα* (nach dem mythischen Gründer Kyrbas), *Πύτνα*, *Κάμιρος* genannt: Strab. X, p. 472 und 475; Cass. Dio XXXVI, 2; Ptol. III, 17, 4; Stadiasm. m. m. § 319; Steph. Byz. u. *Ἱεράπυτνα*; Hierocl. Synecd. p. 13; Plin. IV, 12, 59; Geogr. Rav. p. 396, 18. Inschriften: C. I. gr. n. 2555; 2556; 2562 (= Mnemosyne II, p. 36 ss.);

Zum Gebiet von Hierapytna gehörte eine in ziemlicher Entfernung von der Stadt auf einer Anhöhe gelegene Ortschaft Oleros mit einem Heiligthum der Athena Oleria, der zu Ehren die Hierapytnier ein Fest Oleria feierten;[1]) ferner eine alte Ortschaft Larisa, deren Bewohner schon vor dem Beginn unserer Zeitrechnung nach Hierapytna übergesiedelt waren, so dass nur noch der Name der unterhalb der Ortschaft gelegenen Ebene, Larision Pedion, an dieselbe erinnerte;[2]) endlich die gerade südlich von Hierapytna gelegene Insel Chrysea oder Chrysa (jetzt Gaidaro-nisi, 'Eselsinsel', genannt) mit einer ganz kleinen östlichen Nachbarinsel, die keinen besonderen Namen trägt.[3])

Gegen Westen gränzte das Gebiet der Hierapytnier an das von Biannos oder Biennos, einer wenig bedeutenden Stadt, die indess auch auf eigene Hand auswärtige Politik trieb, wie die bruchstückweise erhaltene Urkunde eines von ihr mit Teos abgeschlossenen Freundschaftsvertrags beweist. Die Stadt lag gegen zwei Stunden nordwärts von der Küste am nördlichen Rande einer von einem Kreise von Bergen umschlossenen Hochebene unter dem südlichsten Theile der Dikte: einige alte Terrassen, Mauerreste, Gräber und Cisternen oberhalb eines noch mit dem alten Namen Viano genannten Dorfes sind die einzigen Ueberreste derselben. Das angesehenste Heiligthum der Stadt war das des Ares, welchem bedeutende Opfer, Hekatomphonia genannt, dargebracht wurden; auch die Sage von der Fesselung des Gottes durch Otos und Ephialtes war daselbst localisirt.[4]) Gerade süd-

---

2563—65; 2567 s.; 2581 s.; 2585; 2590; 2601 s.; 2561[b]; Mnemosyne I, p. 75 ss.; p. 105 ss.; p. 114 ss. Münzen: Eckhel D. n. v. I, 2, p 313 s. Heiligthum der Athena Polias C. I. gr. n. 2555, Z. 5; n. 2556, Z. 78; Mnemosyne I, p. 114, Z. 9 f.; des Apollon ebds. p. 106, Z. 12. Ruinen: Spratt I, p. 253 ss.; Museum of classical antiq. II, p. 271 ss.

[1]) Steph. Byz. u. Ὤλερος; Inschrift in der Mnemosyne I, p. 106, Z. 11. Vielleicht bezeichnet die Stelle des Heiligthums die von Spratt I, p. 268 s. erwähnte, auf einem über 3000 Fuss hohen Gipfel des die Ebene von Hierapytna gegen Westen begränzenden Bergrückens gelegene Capelle des heiligen Kreuzes (Hagios Stavros).

[2]) Strab. IX, p. 440; vgl. Steph. Byz. u. Λάρισαι.

[3]) Stadiasm. m. m. § 319; Pomp. Mela II, 114; Plin. IV, 12, 61. Mehrere Inseln werden als zum Gebiet von Hierapytna gehörig erwähnt in der Inschrift Mnemosyne I, p. 80, Z. 42.

[4]) Steph. Byz. u. Βίεννος; Stadiasm. m. m. § 320; Hierocl. Synecd.

lich von Biannos erhebt sich unmittelbar an der Küste ein vereinzelter Berg, welcher die Ruinen eines venezianischen Castells Keraton trägt; an der Westseite desselben zieht sich eine kleine mit Oelbäumen bewachsene Ebene hin, durch welche ein aus der Hochebene von Biannos herabkommender Bach der kleinen offenen Bucht, welche ebenfalls Keraton genannt wird, zufliesst. Diese Bucht diente jedenfalls den Bianniern als Hafenplatz; der benachbarte Berg ist vielleicht der alte Arbios, auf welchem Zeus Arbios verehrt wurde (daher auch 'Hieron Oros' 'der heilige Berg' genannt). Der Name des Berges haftet jetzt an dem eine Stunde weiter östlich in einer kleinen Strandebene, über welcher eine steile durch einen mächtigen Spalt zerrissene Felswand aufsteigt, gelegenen Dorfe Arvi, bei welchem sich einige Spuren einer alten Ansiedelung finden, weshalb einige neuere Forscher hier das Heiligthum des Zeus Arbios angesetzt haben; allein dasselbe hat jedenfalls nicht in der Ebene, sondern auf dem Gipfel des Berges Arbios gelegen.[1])

Als eine Art Anhängsel von Kreta betrachteten die Alten die etwas über vier Meilen südlich vom westlicheren Theile der Südküste Kreta's gelegene Insel Gaudos oder Klaudos (heutzutage Gavdo, von italiänischen Schiffern Gozzo genannt). Sie ist ganz baumlos, nur mit einigen Wachholder- und Johannisbrodsträuchern bewachsen, ohne Hafen (nur an der Ostseite hat sie einen den Schiffen nur geringe Sicherheit darbietenden Ankerplatz) und wird jetzt von etwa 70 in drei bis vier Weilern zerstreuten Familien bewohnt. Reste einer kleinen hellenischen Stadt finden sich auf einer steilen, oben flachen Anhöhe unmittelbar über der Nordküste: dass diese Stadt, trotz der Armuth des Bodens der Insel, des künstlerischen Schmuckes nicht entbehrte, zeigt eine unter den Ruinen gefundene schöne bekleidete Frauenstatue (ohne Kopf) aus parischem Marmor. Auch in den früheren christlichen

p. 13; Inschrift in der Mnemosyne I, p. 125; über die Reste Spratt I, p. 301 ss. Der Name der Stadt ist auf der Tab. Peuting. in Blenna, beim Geogr. Rav. p. 396, 19 in Blentia corrumpirt. Auf die Ebene bezieht sich wahrscheinlich der von Servius ad Verg. Aen. III, 578 aus Sallustius angeführte Name 'Otii campi'.

[1]) Steph. Byz. u. Ἄρβις; Ptol. III, 17, 9 (wo Ἱερὸν ὄρος): vgl. Spratt I, p. 292 ss., der das Heiligthum des Zeus bei Arvi, am Berge Keraton die Stadt der Κεραῖται (vgl. oben S. 552, Anm. 1) ansetzt.

Jahrhunderten muss die Insel nicht ohne Bedeutung gewesen sein, da sie der Sitz eines Bischofs war. Nordwestlich von ihr liegt eine kleine unbewohnte Insel, jetzt Gavdopulo genannt, für die wir keinen antiken Namen mit einiger Sicherheit angeben können.[1]

[1]) Gaudos Pomp. Mela II, 114; Plin. IV, 12. 61. *Κλαῦδος νῆσος ἐν ᾗ πόλις* Ptol. III, 17, 11. *Νησίον καλούμενον Κλαῦδα* (*Καῦδα* cod. Vat.) Acta apostol. c. 27, 16. *Κλαυδΐα* Stadiasm. m. m. § 328. *Νῆσος Κλαῦδος* Hierocl. Synecd. p. 14; vgl. Notit. episcop. 8, 240 (p. 170 *ὁ νήσου Καύδου*) und 9, 149 (p. 186: *ὁ νήσου Κλαύδου*). Vgl. Spratt II, p. 274 ss. — Gavdopulo nennt Kiepert Ophiussa nach Plin. a. a. O.; aber die Beziehung dieses Namens ist wie die der folgenden sehr problematisch.

Verzeichniss der geographischen Namen.

Die modernen Namen, in welchen neugriechisches *B* durch V, *EI*, *H* und *OI* durch I, *Mπ* durch B wiedergegeben sind, sind durch *cursiven* Druck, die verderbten oder zweifelhaften durch ein Sternchen (*) kenntlich gemacht.

A.

Abä 158 ff. 164 ff.
Abantes 10. 158. 165. II 403 f.
Abantis II 396. 414.
Abia, Abea II 112. 168. 170 ff.
Achäa, Achäoi 44 f. 75. 77. 90. 145. 371. II 2 ff. 8. 24. 42. 79. 89 f. 108. 163. 186. 188. 194. 258. 262. 267. 269 f. 272. 274. 309 ff. 315 ff. 333. 338. 381. 534 ff. 549. 551. Achäoi Parakyparissioi II 142. Achäon limen II 173.
Achäia II 433.
Acharnä VII. 292. 334 f. Acharnikä pylä 292 f. 300. 303.
Acharrä VII. 75.
Acheloos 12. 26. 39 f. 84. 87. 105 ff. 120 f. 123 f. 127 f. 140. II 235. 270. 311.
Acheron 27 ff. II 285. Acherusia limne 27. 29. 31. II 97.
Achilleion, Achilleios limen 223. II 150. 391. 394.
Achino 83.
Achladokampos II 66.
Achmet-Aga II 412.
Achnä 74.
Achuria II 221.
Adamas II 501.
Adelphi II 384.
Adelphia II 505.
Adendros II 77.
Aderes II 86 f. 95.
Adrasteia II 36.
Adromai 149 f.
Aeakeion II 82 f.
Aeaneion, Aenanis 191.
Aeanteion, Aeantis 101. 221. 263. 346.
Aedepsos II 409.
Aegä II 313. 316. 334. 338. 410 ff.
Aegäa II 433.
Aegäisches Meer II 347. 350 f. 353 f.
Aegäon oros II 533.
Aegäos II 357.
Aegaleon II 158. 178.
Aegaleos 253. 264. 335.
Aegeiros, -roi 383.
Aegeirussa 372. 383.
Aegeis 263. 332. 346.
Aegestäoi 27.
Aegiä II 145.
Aegiale II 513 f. 516.
Aegialos, -aleia, -aleis II 5. 11. 23 ff. 188. 310. 314. 333. 340.
Aegikoreis 262. II 315.
Aegila, Aegileia, Aegilia 357. II 103. 352. 421. 423. 431.
Aegilips II 366.
Aegilodes II 148.
Aegina, -inetä 158. 363 f. II 70. 73. 77 ff. 92. 191. 349. 353. 508. 541.
Aeginion 14. 48 f.
Aegion II 313. 316 ff. 330 ff. 334 f. 338. 340.
Aegiplankton 383.
Aegira II 201. 314. 316. 338 ff. 342.
Aegition 142.
Aegoneia 96.
Aegosthena, -nä, -neia 232. 372. 381 f.
Aegypten II 13. 140.
Aegys, Aegytis, Aegytä II 110. 114. 190. 219. 225. 241 ff.

Aemonia *s.* Hämonia.
Aenianen (*vgl.* Enienen) 42. 50. 86 ff. 155.
Aenios VII.
Aenos VII. 152. II 372. 377.
Aeolideis 170.
Aeolides II 348.
Aeolis, -eis 73. 97. 126. 131. 201. 203. 209. II 159. 477.
Aepasia, -sion II 278.
Aepeia II 109. 168. 172.
Aepion *s.* Epion.
Aepy II 284.
Aëria II 530.
Aethikes 10. 48.
Aethopia 40.
Aethopion (Aethiopion) II 418.
Aëto II 369.
Aetolia, -loi 32. 37. 87. 104 ff. 123 ff. 144 ff. 151. II 257. 262. 267. 270. 275. 326. 374.
Aetoliko 128.
Aexone 360 f.
Afrika II 150. 351.
Aganippe 233. 239.
Agelastos petra 325. 331.
Agia 99. 104.
Agias-Bei II 242.
Agneion II 552.
Agnontas II 387.
Agnus 345. II 387.
Agora von Athen 280 ff.
— von Elis II 304 f.
Agrä 319 f.
Agräer, -äa 10. 105. 140.
Agrapidochori II 306.
Agraulion 294.
Agriades II 306.
Agrilovuni 38.
Agrinion 138.
Agrippeion 292.
Agryle 319.
Agulenitza II 277. 280. 283.
Aivali 81. II 466.
Akademia 323 f.
Akakesion, -os II 239.
Akamantis 263.
Akanthos, Akanthier 40. 173. II 441.
Akarnanes, -nania 31. 35. 37. 104 ff. II 102. 270. 346. 362. 365.
Ake II 249 f.
Akidalia 211.
Akidas, -don II 281 f.
Akidusa 223.
Akis II 479.
Akkitsché 79.
Akmäer II 415.
Akoition II 541.
Akontion 196. 210 f. II 241. 438.
Akovüs II 232.
Akra II 438.
Akrä 138.
Akräa II 47.
Akräphia, -phion, -phnion, -phnia 213.
Akragas II 438.
Akrariäs II 501.
Akrata II 202. 313. 337.
Akriä II 112. 136. 143.
Akritas II 158. 174. 272. 346.
Akrokeraunien *s.* Keraunien.
Akrokorinthos II 9. 11. 15 ff. 22. 165.
Akropolis 138. Akropolis (athen.) 272. 280. 304 ff.
Akroreia II 301. 306 f. 309.
Akrotiri II 449. 524. 526. 542. 544.
Akrurion 158. 186. 189.
Aktäa 251.
Aktäonos koite 247.
Akte 251. 263. II 7. 93. 350.
Aktia 32.
Aktike 251.
Aktion 31 f. 108. 114 f.
Akyphas 155.
Alagonia II 112. 155.
Alalkomenä, -neion, -neia 48. 234 f. II 214. 369.
Alassa II 567.
Alassona 55.
Alatas 101.
Albanien, *Albanesen* 11 f. 15. 132 II 132. 194. 436. 440.
Alea II 198.
Aleision, -sios II 289.
Alesiä II 131.
Alesion II 208. 213 ff.
Alevkimo s. Levkimo.
Alexandru klimax 59.
Alifaga 53. 68.
Aliki, *-ka* 360. II 142.
Alion II 307.
Aliphera, -eira II 234. 258.
Ali-Tschelebi II 309.
Aliveri II 422 ff. 425. 429.
Alkimedon II 207. 214.
Alkimos 265.
Alkinou limen II 360.
Alkomenä II 369.
Alkyonia II 66.
Allanis II 361.
Allaria II 574.
*Allyngos, Alyngos II 572.
*Almene 26.
Almyropotamos II 429.
Aloion 61.

Alonistena, *-on* II 208. 228. 230.
Alope 83. 190. 331. II 438.
Alopeke 322.
Alopekos 234.
Alos *s.* Halos.
Alos II 567.
Alpenoi, -penos, -ponos 94. 188.
Alpheios II 107. 113. 118. 183 f. 186 f. 190. 216 f. 222. 224. 226 f. 230 f. 233 ff. 240 ff. 255 ff. 268 f. 272 ff. 277. 282 f. 285 ff. 290 ff.
Alpion II 123.
Altis II 290 ff.
Alupochori 381.
Alvena II 184. 268.
Alykon 369.
Alysis II 533.
Alyssos II 267.
Alyzia 118.
Amantes, Amantia 10. 20.
Amarbis 57.
Amari II 546.
Amarynthos 343. II 421.
Amathos II 278.
Ambrakia, Ambrakioten 11 f. 26. 32. 35 ff.
Ambrakia 110.
Ambrakischer Meerbusen 9. 24. 26. 29. 31. 37 f. 111. 114.
Ambrakos 36.
Ambrosos, -brysos, -phrysos 159. 169. 183.
Amilos II 203. 206.
Aminios II 240.
Amnisos II 559 ff.
Amorgopula II 517.
Amorgos II 347 ff. 510 f. 512 ff.
Ampelakia 61. 66. II 401.
Ampelokipi 321 f.
Ampelonisi II 510.
Ampelos II 577 f.
Amphanä, -näa, -näon 70. 156.
Ampheia II 165.
Ampheion 228.
Amphiale 271. 366.
Amphiaraeion 220 f.
Amphidolia, -lis, -loi II 289.
Amphigeneia Ortschaft der Makistia in Triphylien: Strab. VIII p. 349; Steph. Byz. u. Ἀμφιγένεια.
Amphikäa 162.
Amphikleia 159. 162.
Amphilochia, -choi 10. 37 ff. 105. 124. 140.
Amphimales, -melas II 544.
Amphimalla, -lion II 544 f.
*Amphimatrios II 545.
Amphipagos II 357.
Amphissa, -äer 143. 145. 150 ff. 180 f.
Amphitos II 163.
Amphitrope 352.
Amphrysos 78. (*vgl.* Ambrosos.)
Amunclae II 129.
Amyklä II 110. 120. 124. 129 f.
Amymnoi 10.
Amymone II 67. 309.
Amyntä 27.
Amyron 20.
Amyros, -ikon 64. 99. 104.
Anafios II 517.
Anagyrus 358.
Anakeion 294 f.
Anaklethra, -ris 377.
Anaktorion 32. 113 f. II 362.
Anaphe II 348. 350. 450. 517 ff. 525.
Anaphlystos 353. 357.
Anapodiaris II 563.
Anapos 109.
Anatoliko 128. 131.
Anauros 102.
Anavolos II 68.
Anavryti II 132.
Anavyso 357.
Anchesmos 255. 343.
Anchiasmos 16.
Anchisia, -iä II 205. 207. 214.
Anchoe 193. 196.
Andania II 164.
Andritzena II 235.
Andros II 348 f. 352. 417. 439 ff. 449. 455. 469. 492.
Anemoduri II 257.
Anemoreia, -oleia 159. 170.
Anemosa II 230 f.
Angeiä 74.
Angelokastron 135.
Anigräa II 68. 208.
Anigros II 279 ff.
Ankistri 70. II 77.
Ankyle 322.
Anoi II 367.
Ano-Lukavitza II 308.
Anonos II 132.
Anopäa 95.
Anopolis II 547.
Ano-Suvala 161.
Antera 188.
Anthedon 214 f.
Antheia II 89. 168. 325.
Anthele 92. 96.
Anthene, Anthana II 42. 69. 71.
Anthinon 331.
Antigoneia 20. II 212.
Antigonis 263.
Antikyra 77. 83. 91. 148. 159. 182 f.
Antimilo II 350. 501 f.

Antiochis 263.
Antiparos II 483.
Antipaxo II 355. 364.
Antirrhion 145 f. II 312.
Antron 81.
Anydros II 517. 549.
Aones, Aonia, -ion pedion 24. 200. 202. 216. 224.
Aoos 12 ff. 19 f. 25. 27.
Apano-Kastron II 440. 514.
Apano-Kavos II 466.
Apano-Krepa II 207.
Apanomeria II 528.
Apano-Porta 40.
Apeiroten s. Epeiros.
Apelauron II 32. 182. 194 ff.
Aperantoi, -tia 140 f.
Aperopia II 86. 100 f.
Apesas II 23. 35 ff.
Aphales II 368. 370.
Aphas 31.
Apheidantes 24. II 189. 217.
Aphenti-vuno II 532.
Aphetä 101.
Aphetais II 124. 126.
Aphidnä 336.
Aphorismos 337. 339 f.
Aphormion 241.
Aphrodisias II 139.
Aphrodision II 227. 259 f.
Apia, Apis II 2.
Apidanos 73 ff. 79.
Apobathmoi II 67.
Apodotoi 10. 132. 142.
Apokorona II 543.
Apokuro 135.
Apollonia, Apollonias 119. 142. 170. 327. II 362. 482. 547. 554. 557 f.
Apolloniatis II 218. 220.
Aposelemi II 570.
Apostolia 153.
Aptara, Aptera II 543 f.
Arachnäon II 62. 72.
Arachova 170. II 71. 118. 135.
Arachthos, Aratthos 12 f. 26. 34. 36.
Araden II 547.
Aradena II 547.
Aräthyrea II 33.
Araïnon II 147.
Arakynthos 124. 127. 129 ff. II 378.
Arantia, -tinos II 33.
Araphen 349.
Arapi 38.
Araterion 345.
Araxos II 270. 272. 308 ff. 319. 321.
Arba II 325.
Arbios II 580.
Archampolis II 437 f.
Archangelo II 141.
Archelaoi II 25.
Archipel II 351.
Ardericca II 419.
Ardettos 320.
Areia, Aretias 226.
Arene II 278. 282.
Areopag 280. 284 f.
Arethusa II 288. 370. 413. 415 f. 418. 428.
Areupolis II 152.
Argadeis 262. II 315.
Argaliki 337. 339.
Argaphia 247.
Argeathä II 263.
Argelasti 101.
Argentiera II 502.
Argilos II 441.
Argiopion 247.
Argissa 67.
Argithea 40.
Argonautä II 342 f.
Argon pedion II 63 f. 208. 213 f.
Argos, Argeia, Argeioi, Argolis, argolischer Meerbusen 166. 216. 371. II 2. 4 f. 7 ff. 24. 33. 36. 38 ff. 49 ff. 61. 63 ff. 68 ff. 92. 94. 98. 102. 108 ff. 116. 140. 175. 182. 191. 197 f. 222.
Argos Amphilochikon 32. 37 f.
Argostoli II 371 f. 377 f.
Argura, Argyra 67. II 312. 325. 416.
Argyrinoi 19.
Argyrokastron 19.
Argyropolis II 546.
Aris 382. II 168.
Aristandreios stoa II 247.
Aristerä II 86. 101.
Aristonautä II 30. 342 f.
Arkades, -dia 8. II 3 ff. 24. 26. 39. 43. 63. 65. 102. 106 ff. 110 f. 113 ff. 118. 155 f. 159 ff. 179. 181 ff. 272 f. 306. 311. 324. 340. 381. 383. 485. 562 f.
Arkadi II 562.
Arkadia II 178.
Arkesine II 513 ff.
Arkopodi 240.
Arkudi II 366.
Arkudorrhevma II 230.
Armenion 103.
Armyros 78. II 171. 544. 557 f.
Arna, Arniotiko II 72. 146 f.
Arne 45. 73. 198. 201. 213. II 213.
Aroania II 183. 185 ff. 192. 198 f. 202 f. 263 f. 266. 313.
Aroanios II 183. 186. 198 f. 201 f. 260 ff.

Aroe II 325.
Arotria II 419.
Arpedoni 366.
Arsen II 259 f.
Arsinoe, -noia 135. II 167. 577.
Arta 35.
Artemisia II 440.
Artemision 101. II 7. 39 f. 64. 182. 207 f. 408. 440.
Artemita 119. 127 f.
Arvi II 580.
Arymnion II 272.
Arype II 330.
Asä II 23.
Asea II 23. 113. 187. 198. 226 f.
Aselenon 143.
Aselina II 435.
Asia 261. II 147. 159. 347 f. 351.
Asikono II 466.
Asine II 60 f. 76. 94. 146. 156 f. 161. 171 f.
Askani II 529.
Askania II 529.
Askra 237.
Askuris 60.
Asmaki 62.
Asmeneion II 448.
Asopia II 25.
Asopos 92. 94 f. 200. 203. 219. 222 ff. 240. 244. 247 f. 252. 332. 336. II 17. 23. 25 ff. 32. 34. 37. 64. 84. 112. 143.
Aspalatheia II 366.
Aspis II 20. 50. 52. 515 f.
Aspledon 204. 209. 211.
Aspra Spitia 182. II 510.
Asprokampos 382.
Asprokavo II 357.
Aspronisi II 521 f.
Aspropotamos 12.
Asprovuno II 94.
Assos 164 f.
Assos II 372. 376.
Astakos 119 f.
Astale II 556.
Asteria, -ris II 369. 454.
Asterion 74. II 47.
Asterusia II 564.
Astras II 184.
Astritzi II 561.
Astros II 69 f.
Astypaläa 357. II 347 f. 350. 518.
*Asum II 564.
Atako II 366.
Atalante 191. 366.
Aterra II 372.
Athamanes, Athamania 10. 37. 39 f. 49. 53. 87.
Athamantion 78. 213.
Athamas 78.
Athaneatis II 218.
Athenä, -er 145. 147. 168. 173. 198. 203. 219. 232. 250 f. 252 f. 256. 260 f. 264. 271 ff. II 92. 141 f. 330. 352 f. 386. 389. 393. 404 f. 410. 419. 441 f. 449. 455 ff. 465. 469 f. 474. 480. 485. 491. 498 f. 541.
Athenä Diades II 404. 409 f.
Athenäon 40. 54. II 50. 113. 227. 440.
Athenas Aethyias skopelos 380.
Athenas teichos II 312.
Athinati II 440.
Athmonon, -nia, -neis 343.
Atintanes 10. 20. 24.
Atramyttion II 456.
Atrax 66.
Attaleion II 82.
Attalis 263.
Attika 8. 168. 194. 201. 251 ff. II 159. 206.
Augeiä 189 f. II 145.
Aulis 200. 215. 218 f.
Aulon 353. II 107. 148. 179. 440.
Autariatä 27.
Avaritza 79. 85.
Avathos (Aviathos) II 373.
Avdo II 448.
Avgo II 61. 72. 95.
Avlaki 83.
Avlemona II 141.
Avlonari II 425. 428.
Axia 152.
Axi-Kephala II 562.
Axo II 555 f.
Axos II 555.
Azanes, -nia II 189. 264 f. 381.
Azenia 355. II 386.
Azoros 51. 57.

B.

Baba 58. 61.
Babyka II 120 f.
Bady hydor II 309.
Bäa II 372.
Bäake 20.
Balamut 60.
Balyra II 163. 165.
Barbas II 331.
Barbosthenes II 117.
Bardana 169.
Bardunia, -duno-Choria II 105. 132. 146.
Bartholomiu II 270.
Basileios stoa 281 f. 286 f.
Basilis II 240.

Bassä II 254.
Bustardovuno II 401.
Bate 335.
Bathos II 240.
Bathyllos II 247.
Batiä 29 ff.
Bazaraki 46.
Bedeni II 61.
Belbina II 476 (*vgl.* Belmina).
Belesi 164.
Beletzi 336 f.
Belmina, Belbina, -natis II 111. 113. 243.
Belopulo II 350. 502.
Bembina, -nos II 36.
Bene II 568.
Berekynthos II 540.
Berenike, Beronikis 34.
Bergandi 113.
Besini II 263.
Bessa, Besa 189 f. 352 f.
Bianco (Capo) II 357.
Biandina II 143.
Biannos, Biennos II 579 f.
Bias II 172.
Biblos, -lines II 489 f.
Biennos, -na II 550.
Binatos II 564.
Birbati II 48. 223.
Bisa II 289.
Bitia 29.
Bitylos II 153.
Bjakos 140.
Blenina II 113. 243.
*Blenna II 580.
*Blentia II 580.
Blisse, -sene II 567.
Bliuri 55.
Boagrios 188 ff.
Bobia II 568.
Bochori 133.
Bogaz 41.
Bogdana 165.
Boiä II 103. 109. 112. 139. 141.
Boibe, -beis, -bias 41. 62 f. 103 f. II 568.
Boidi II 478.
Boion 155.
Boiotia, -toi 8. 24. 45. 73. 158. 186. 194 ff. 332 f. 335. 370. II 191.
Bokaros, Bokalia 363.
Bolax II 277. 285.
Boleoi II 98.
Bolina, -näos II 312. 325.
Boloeis, Bolus II 572.
Bomieis, Bomoi 141 f.
Bomykas II 107.
Booneta II 124.
Boos aule II 417.
Boreion II 187. 207. 217. 223 f. 226.
Borrheiä pylä 226 f. 230 f.
Bosporos 370.
Botachidä II 217.
Brasiä II 112. 134.
Bratzi 224.
Brauron, -onia 264. 348 ff.
Brenthe, -eates II 241.
Brilettos, (-lessos) 253 f. 256 f. 259. 264. 337. 340. 342 ff.
Bruma II 288.
Brychon 97.
Brynchä II 426.
Bryseä II 105. 131.
Bucheta, -tion 29 f.
Budoron, -daron 365.
Budoros II 402. 412.
Budrooe II 543.
Bugiati II 198.
Bujati 342.
Bujato II 383.
Bukation Stadt in Aetolien: s. Inschrift bei Bazin Mémoire sur l'Étolie (Archives des missions scientif. II série t. I.) p. 369, n. 11.
Bukephala II 86. 101.
Bukephalos II 23.
Bukerais Quelle bei Platää: Etym. M. p. 207, 40.
Bukolion II 228.
Buleuterion 282 f. II 295.
Bulgaren 46.
Bulis 158. 185.
Bumistos 118.
Buphagion II 258.
Buphagos II 256.
*Buphia II 31.
Buphusia II 313.
Buporthmos II 86 f. 100.
Buprasion, -sios II 270. 309.
Bura, -raikos II 311. 313. 316 f. 331. 334 ff.
Busa II 552.
Buthroton 17 f.
*Butoa II 569.
Byblis II 498.
Byzantiner II 112. 221. 329.
Byzantion 370. II 297.

C.

Cabrera II 158.
Candida (Candia) II 561.
Cardacchio II 360.
Cavallos II 577.
Cavo d'oro II 400. 437.
Cavo Grosso II 152.

Cephalonia II 347. 371.
Cerigo II 103. 140 f. 347. 352.
Cerigotto II 103. 352. 355.
Cervi, Strada di, II 103. 140.
Chaa II 281 f.
Chadros II 549.
Chäroneia 164. 168. 196. 205 f.
Chaidari II 61.
Chaläon, -leion 150. 215.
Chalia 215.
Chalia 215.
Chalikiopulo II 360.
Chalis (Chalkis) II 396.
Chalkedon 370.
Chalkidike II 403. 441.
Chalkis, -idier 87. 125. 129. 132 ff. 214 f. 230. II 283 f. 386. 401. 403 ff. 413 ff. 427.
Chalkodonion 69.
Chalkus odos 325.
Chamilonisi II 384.
Chandakon II 561.
Chania II 540 ff.
Chani-kastelli II 561.
Chaon II 40. 65. 196.
Chaones, Chaonia 10 f. 15 ff. 24. 26 f.
Charadra 31. 36. 159. 161. 257. 336.
Charadros 31. 36. 162. II 40. 49. 64. 68. 163 f. 312.
Charaka 356.
Charakoma II 115.
Charax 61.
Charisiä, -sia II 231.
Charvati 345. II 45.
Chassiá 13. 51. 333 ff.
Chastieis 334.
Chaunoi 27.
Cheimarrhos II 65.
Cheimerion 28 f.
Cheironia II 433.
Cheironion 97.
Cheli II 87. 98. 101.
Chelidonia 139.
Chelidromia II 384. 389 f.
Chelmos II 113. 183. 313.
Chelonatas II 270 f. 273 f. 286. 308. 379.
Chelone 367.
Chelydorea II 183. 198. 201. 314. 340.
Chenä 95.
Chersonesos II 12. 20. 398. 427 551. 571.
Chersonisi II 398. 427.
Chersoniso II 571.
Chieri II 379 f. 383.
Chilia 207.
Chiliomodi II 22.
Chimära 15 f.
Chimara 15.
Chios II 347. 350. 353. 438. 466. 486.
Chlamydia II 454.
Chlemutzi II 270 f.
Chlivotzari 224.
Chlomos 186. 212.
Choireä II 421. 423.
Choireatä II 25.
Choiros, -rios nape II 112. 154. 171.
Cholleidä 334. 359.
Cholorrheuma 79.
Choma II 217. 222 f.
Chondros II 495.
Chones, Chonia 15.
Chonika II 40.
Chora II 440.
Chorás II 572.
Choremi II 243.
Chortäs II 274. 301.
Chortokastro 101.
Chostia 243.
Christiana, -ni, -näs II 450. 529.
Chrysa, -sea 277. II 579.
Chryso 180.
Chrysorrhoas 132.
Chrysospiläa II 505.
Chrysovitza 110.
Chrysus stenopos 323.
Chthonia II 530.
*Chthonophyle II 33.
Chiretiä s. Kyretiä.
Chytroi 197.
Colonia Actia Nicopolis 32.
Colonia Augusta Aroe Patrensis II 326.
Colonia Buthrotum 18.
Colonia Laus Iulia Corinthus II 14.
Corfu II 347. 356 (*s. Korfu*).
Coronaeus sinus II 156.
*Cylisson II 557.

D.

Dabia II 228.
Dadi 153. 161 f.
Daktylu mnema II 249 f.
Damalas II 87 f. 95.
Damaristika II 106.
Damasi 56.
Daphnephoreion 334.
Daphni 326. 335.
Daphnos 144.
Daphnus 156. 165. 187 ff.
Dardanelia ta mikra 146.
Darditza II 86 f.
Darimari 248.
Daseä II 240.

Daskalio 352. II 369. 503. 512.
Daulis, -lia 159. 168 f.
Dede-Bei II 242.
Deiras II 49 f. 56. 63.
Dekeleia 335 f.
Deli-Hassan II 240.
Delion 218 f. 339. II 139.
Delos 211. II 300. 348 f. 352. 393. 439. 451 ff.
Delphinion 221. 302. 321. II 420.
Delphis II 386. 397.
Delphoi, -er 159 f. 168 ff. II 93 f. 275. 300. 479.
Delphussa 178.
Demata 115.
Demetrias 79 f. 96. 101 ff. 263. II 24. 484.
Demetrion, -iacum 80.
Demiades pylä 290.
Dendra II 62.
Denthalioi II 111 f. 169 f.
Derä II 32.
Dereion II 132.
Dereli 60.
Dervenosialesi 249. 251. 333.
Desphina 182.
Despotiko II 482.
Deukalion 70.
Dexamenä 36.
Dexaroi 20.
Dexia II 370.
Dia II 491. 560.
Dia II 489. 495. 556.
Diagon II 186. 233. 256. 285.
Dia klimakos hodos II 63. 208. 214.
Diakophti II 425. 432. 443 f.
Diakophto II 313. 335.
Diakres, Diakrioi II 412.
Diakria, -rioi 263 f. 337. 350.
Diamperes II 55.
Diaphorti II 184. 233. 235. 240.
Diaplo II 364.
Diaporia II 77.
Dia prinu hodos II 63. 208. 213.
Dias II 378.
Diatonion II 561.
Didyma, -moi 64. II 72. 94 f. 98. 466. 575.
Dikte II 532 f. 558. 563. 569 f. 579.
Diktynnäon II 125. 541.
Dili (Diläs) II 451. 466.
Dilisi 218.
Dimastos II 449.
Dimitzana II 230. 232 f.
Dine II 68. 208.
Diocharus pylä 300. 303.
Diogeneion 295.
Diokastro 382.
Diolkos II 19.
Diomeia 274 f. 303. 322.
Diomeis pyle 300. 303.
Dion 56. II 409 f. 556 f.
*Dionäon II 282.
Dionysias, -siades II 179. 491. 575.
Dioryktos 116.
Dipäa II 228.
Dipoina II 232.
Dipylon 278. 289 f. 322 ff.
Dirke 225 ff. 230 f. II 323.
Dirphossos II 397.
Dirphys II 386. 397. 400 f. 413. 415. 417.
Distomo 183.
*Dium II 564.
Doana II 256.
Dobrena 243.
Dodekanesos II 349. 354.
Dodona, Dodonäa 4. 11. 21 ff. 72.
Doko II 86 f. 99 f.
Dolicha 119.
Doliche 51. 57. II 396.
Dolopia, -pes 12 f. 37. 42. 74 f. 86 f. 89. 124. 140. II 393.
Domeniko 56.
Domoko 85.
Donakōn 242.
Donax, -akeis II 448.
Donettinoi 24.
Donusia II 350.
Donussa II 32. 342 f. 496.
Dorion 155. II 163.
Doris, Dorieis 45. 51. 87 f. 94. 124. 143. 152 ff. 159. 161. 185. 209. 370. 372. II 2. 5. 8. 12. 24. 33. 42 f. 73. 89. 94. 109. 119. 159 f. 189 f. 314. 403. 498. 534 ff.
Dotion 23. 63 f.
Drachenhäuser II 431. 434.
Dragamesto 119 f.
Dragmos II 576.
Dragonera 119.
Drakonera 337. 340.
Drakonisi II 450.
Dramia II 545.
Dramisi 219. II 436 f.
Dramisius 25.
Drapano II 543.
Drepane II 355 f.
Drepanon II 312. 330. 542 ff.
Dreros II 571 f.
Drionisia II 488.
Drios II 489.
Drios II 488.
Dritza 217. 223 f.
Dromos II 127.
Dromos II 389.

Drymäa 154. 159. 162.
Drymalia II 495.
Drymos 332.
Drynos 19.
Dryope 154 (*vgl. Inschr. bei Wescher und Foucart Inscriptions recueillies à Delphes n. 198. n. 362.*
Dryopes, -pis 35. 87. 153. 159. II 8. 35. 59 f. 94 f. 161. 174. 403. 430 ff. 438. 473.
Dryos kephalä 168. 249 f.
Dschane II 172.
Dukato 116.
Dulichion 119. 128. II 377.
Dussikús 54.
Dymanes 154. II 25.
Dyme II 308 ff. 314. 316 f. 319 ff.
Dyras 91.
Dyspontion II 288.
Dysto II 428.
Dystos II 403. 422. 426. 428 f.

E.

Ebräokastro II 475.
Ebräonisi II 20.
Echedameia 159. 182.
Echelidä 271.
Echeuetheis II 217.
Echinades 119. 126 f. II 346. 366. 384.
Echinos 77. 83. 112.
Echinos II 447.
Echinussa II 502.
Eeria 44.
Eetioneia 265 f. 270.
Egripos II 396.
Eileoi II 95.
Eilesion 224.
Einatos II 564.
Eion, -ones II 61. 94.
Eira II 161 ff. 164.
Eirene II 61.
Eiresion 224.
Ektenes 202.
Eläa, Eläatis 29. 211.
Eläus 19. II 68. 448.
Eläussa 357. II 77.
Elaïon II 156. 184. 251 f.
Elaos 133.
Elaphonisi II 103. 140. 550.
Elaphos II 228.
Elasa II 576 ff.
Elassona 55.
Elassonitikos 42. 55.
Elateas 194.
Elateia, -tikon pedion 29. 61. 159. 161. 163 f.
Elatos II 379 f.
*Elatos II 564.
Elatovuno 149. II 372.
Elatria 29 ff.
Elektra II 163.
Elekträ, -trides pylä 226 ff.
Elektras II 532. 568 f.
Eleōn 223.
Eleusinion 296. II 131 f.
Eleusis 198. 253. 256 f. 261. 264. 290. 322. 326 ff. II 527.
Eleutherä 249 f. 252. 331 f. II 236.
Eleutherios II 47.
Eleutheriu Dios stoa 282.
Eleutherna II 545. 554 ff.
Eleutherolakones II 112. 134 ff. 144. 147 f. 153 f.
Elinoi 27.
Elipeus 76. 85.
Elis, Eléia, Eleioi 126. II 3 ff. 159. 183. 186. 188. 190. 255. 258. 262. 267 ff. 302 ff. 419.
Elisa, -son II 274.
Elisphasioi II 207 f. 228.
Elixos II 472.
Ellomenon 117.
Ellopes II 402.
Ellopia 87. II 396. 407 f.
Ellotia II 534.
Elone 56.
Elunta II 572.
Elymbos 41. 357. II 397.
Elymia II 205.
Elymiotis 14.
Elymnia II 390.
Elymnion II 434.
Elyros II 548 f.
Emeia II 47.
Empedo 293.
Emporion II 431. 526 f.
Endymionäon II 282.
Encheleis 20.
Enienes 23. 50. (*vgl.* Aenianes.)
Enipeus 73 f. 76. 79. 85. II 273. 288.
Enktenes 202.
Ennea choria II 550.
Enneakrunos 300.
Enneapylon 272. 304 ff.
Enope II 155.
Enyalias II 209.
Eoioi Lokroi 187.
Epakria, -rieis 263 f. 342.
Epaktos 146 f.
Epaleas II 209.
Epeioi 125 f. II 2. 5. 273. 275. 315. 319. 322.
Epeiros, Apeiros, Epeirotä, Apeirotä 3 f. 9 ff. II 356. 361 f.

Ephyra, -re 29. 140. II 10 f. 31. 61. 101. 273. 307. 502.
Epidamnos, Epidamnioi II 297. 362.
Epidauros, -ria II 7 ff. 40. 43. 60 ff. 72 ff. 92. 138.
Epidauros Limera II 103. 112. 138.
Epidelion II 139.
Epieikia II 32.
Epiknemidische Lokrer 156. 165. 187 ff.
Epion, Aepion II 277. 284 f.
Epitalion II 283.
Epi Thrasyllo 353.
Epizephyrische Lokrer 187.
Erana II 178.
Erannioi II 575.
Erannos 170.
Erasinos 257. 349 f. II 65. 132. 186. 196. 266. 311. 423.
Erchomenos *s.* Orchomenos.
Erechtheion 315 ff.
Erechtheis 263. 318. 343.
Eremopoli II 576.
Ereneia 382.
*Eresos II 372.
Eretria 80. 203. 280. 343. II 359. 397. 401. 403 ff. 413. 415. 417 ff. 426. 428. 430. 469.
Ergadeis 262.
Eriä pylä 278.
Ericho 20.
Eridanos 256.
Erikusa II 364.
Erikusi II 364.
Erimo 61 f.
Erimokastro 237 f.
Erimomilo II 350. 501.
Erimonisia II 102. 510. 512. 517.
Erineos 79. 155. 328. II 313. 330.
Erinia II 394.
Erissos II 371 f.
Eriston II 448.
*Eritium 57.
Erochos 159. 162.
Erymanthos II 183 f. 186. 256. 259 ff. 266. 269. 286. 310 f.
Erymnä 98 f.
Erysiche 120.
Erythrä 148. 248. II 485. 492.
Erythräon II 577 f.
Eschatia II 466.
Eschatiotä II 448.
Eschatiotis 383.
Eteia II 575.
Eteokreter II 534.
Eteonos 248.
Etis II 139. 575.
Eua II 71.
Euämon II 204.
Euan II 156. 165.
Euanthia *s.* Oiantheia.
Euas II 116.
Euboia, -isches Meer 125 f. 156. 165. 186 ff. 194. 199 f. 203. 214 ff. 336. 343. 348. 371. II 47. 349 ff. 359. 384 f. 386. 391. 395 ff. 469.
Eudeielos 211.
Eudemia II 390.
Euenos 123 f. 129. 132 ff. II 270.
Euhydrion 75.
Eunäa II 71.
Euoras II 105. 131.
Eupagion II 307.
Eupalion 148.
Eupyridä 335.
Euripos 194. 200. 214 ff. 221. II 396. 400. 403 f. 413 f.
Europa *(Gränzen von)* II 347 f.
Europos 42. 48. 56 f. 58. 65. 67.
Eurotas II 71. 107 f. 112 ff. 132. 135. 143. 187.
Eurykydeion II 282.
Eurymenä 57. 98 f.
Eurysakeion 287.
Eurystheos kephale 340.
Eurytanes 141.
Euryteiä II 322.
Eutäa II 229.
Eutresis, -sioi 240. II 225. 230 f.
Evrostina II 338.
Evthini II 520.
Exoburgo II 447.
Exomyti II 527.

F.

Falconera II 350. 502.
Fano II 355. 363.
Fermentae II 473.
Finnen II 180.
Fontana 186.
Franken II 112. 155. 194. 232. 329. 347. 406.
Frankovrysis II 187. 226 f.

G.

Gäos, Gäon II 338.
Gaidaronisi 191. 355. II 466. 579.
Gaidaropnikles II 313.
Gaiduropolis II 546.
Gaion II 364.
Galata 129.
Galatas II 232.
Galate 186.
Galaxidi 149. 182.

Gallo II 158.
Galzades II 401. 407 f.
Garates II 187. 216. 222.
Gardiki 19. 22. 82.
Gardinitza 191.
Garditza 213.
Gareatä II 216 f.
Gargaphia 247.
Gargettos 345 f.
Garito 345.
Garitza II 360.
Gastritzi II 237.
Gastuni II 270. 274.
Gathea, Gatheatas II 242.
Gatza 214.
Gaudos II 580 f.
Gaurelon II 444.
Gaurion II 444.
Gavalu 136.
Gavdo II 580.
Gavdopulo II 581.
Gavrias II 32.
Gavrion II 441. 444.
Gavrionisia II 444.
Gelada 112.
Geleontes 262. II 315.
Gelini II 314.
Gelooi II 297.
Genesion II 67.
Genethlion II 90.
Genoäoi 24.
Georgitzi II 114.
Gephyräoi 203.
Gephyreis 326.
Gerästos II 399. 432. 434 f. 440. 577.
Geraki II 136.
Gerakovuni II 400.
Geraneia 367 ff. 373. 380. 382. 384. II 9. 18.
Geranios II 306.
Gerenia, -na II 112. 154 f.
Gerenios II 306.
Gerias II 440.
Geron II 306.
Geronteion II 194. 198. 201.
Geronthrä II 109 f. 112. 135 f.
Gerontia II 390.
Ghidêk 80.
Gialutra II 409.
Gibitroli II 519.
Gionas 143.
Giorgitza 49.
Gioza II 203.
Gitanä Stadt in Epeiros Liv. XLII, 38.
Giura II 384. 390. 467.
Glanitza II 232.
Glaphyrä 103.
Glaronisi II 467.
Glaukia 223.
Glaukonnesos II 429.
Glaukos II 312. 324.
Gligovo 58.
Glisas 216. 236.
Glossa 14. II 387 f.
Glunista 162.
Glykeiä II 342.
Glykys limen 28.
Glympeis, Glyppia II 135.
Golgoi II 255.
Gomovuno II 170.
Gomphoi 49. 53 ff.
Gonia II 528.
Gonnos 48. 60 f.
Gonoessa, -nussa II 32. 343.
Gorgopis 383.
Gorgylos II 116.
Goritza 102.
Gortyn, -tyna, -tys, -tynios II 232 ff. 241. 534 f. 553. 557 ff. 563 ff.
Gothen 46. II 14. 112. 194. 353. 363.
Gozzo II 580.
Grabusa II 538. 552 f.
Gräa, Graës, Graike 219 f.
Gräkoi VII. 2. 9.
Grammatiko 342.
Grammion II 577.
Grandes II 576 f.
Granitza 207. 235 f.
*Granos II 577.
Gravia 152. 155.
Griechische Halbinsel 4 ff.
Grizani 53.
Grynchä II 426. 466.
Guardiana II 378.
Gulas II 573.
Gurgopotamos 91.
Gurzuli II 209. 214.
Gutheru II 577.
Guzumistra II 330.
Gyaros II 348 f. 467.
Gymnesioi, -netes II 42 f.
Gynäkokastro 76.
Gyphtokastro 68. 130. 249.
Gyrä, -ras, -raeis II 445. 448.
*Gyron 133.
Gyrton 56. 61. 65.
Gytheion II 112. 132 f. 144 ff.

H.

Hadrianis 263. 346.
Hadrian's Gymnasion 291 f.
Hadrianupolis 19. 301 f.
Hadschilar 67.
Hadschobaschi 75.
Hadylion (Hed.) 157. 164. 167.

Hämon 205.
Hämonia, -nes (Aemonia) 24. 44 f.
Hämoniä II 227.
Hagia Anna II 412.
Hagia Dynati II 372.
Hagia Helena II 235.
Hagia Irene II 474. 476.
Hagia Kyriaki II 130. 158.
Hagia Marina II 78. 84. 473.
Hagia Mavra 115. II 347.
Hagia Photia II 567.
Hagia Thekla II 425.
Hagia Theodote II 509.
Hagia Thymia 149.
Hagia Triada 129. 273. 290. II 70 f.
Hagia Varvara 364. II 158.
Hagii Deka II 356 f. 565.
Hagii Saranta 16. 180.
Hagii Theodori 230.
Hagios Andreas II 68. 70 f. 136. 503.
Hagios Athanasios II 134.
Hagios Dimitrios II 158. 488.
Hagios Elias (Ilias) 207. II 72. 104 f. 155 f. 163. 207. 235 f. 398. 412. 448. 468. 471. 484. 496. 500. 508. 521. 526. 528.
Hagios Georgios 31. 255. 366. II 32. 389. 476. 501. 503.
Hagios Ilias s. *H. Elias*.
Hagios Ioannis II 71. 131. 257. 289. 370.
Hagios Ioannis Theologos 192.
Hagios Isidoros II 279. 281.
Hagios Konstantinos II 164.
Hagios Kyriakos II 549.
Hagios Lukas II 424.
Hagios Mamas II 543.
Hagios Minas II 484.
Hagios Myron II 561.
Hagios Nikolaos 82. 357. 367. 383. II 141. 157 f. 175. 447. 508. 526. 573 f.
Hagios Nikolaos Galatas II 412.
Hagios Paschalis 149.
Hagios Pateras II 261.
Hagios Petros II 71. 259 f. 444.
Hagios Sostis 129. II 184. 218. 220 f. 479.
Hagios Stathis II 501. 503.
Hagios Stavros II 579.
Hagios Stephanos II 357. 367. 526 f.
Hagios Stratis II 390.
Hagios Theodoros II 91 f. 541.
Hagios Thomas II 562.
Hagios Vasilios 112. II 38. 135. 156. 546.
Hagios Vlasis (Blasis) 168. II 324.
Hagno II 236.
Hagnus II 387.
Halä 192. 267. 349. II 567.
Halä Aexonides 359 ff.
Halä Araphenides 348 f. II 432.
Haliakmon 12.
Haliartis 195. 197.
Haliartos, -tia 232 ff.
Halieis II 58. 61. 98. 101.
Halikarna II 413.
Halikarnassos II 90.
Halike (vgl. Halieis) II 87. 142.
Halikyrna 133.
Halimus 361.
Halipedon 264. 267.
Haliussa II 86. 101.
Halkyonis 194. 366. 371. 383.
Halmon, -nia 51.
Halonesos II 388. 390.
Halos 72. 78.
Halus II 263.
Hamarion s. Homarion.
Harma 200. 217. 252. 333.
Harmata II 361.
Harpagion II 417.
Harpina, -nates II 287 f.
Harpleia II 132.
Hedylion s. Hadylion.
Heilotes II 110. 161. 172.
Hekale 342.
Hekates nesos II 452.
Hekatombäon II 322.
Hekatompedon 19.
Hekatompedos 310 f.
Heleia II 578.
Heleiulion, -uleis II 448.
Helene 356. II 348. 469.
Helenes lutron II 20.
Helike II 315 f. 331. 333 f.
Helikon 157 f. 167. 183. 194 ff. 204. 207. 225. 232 ff. 236 ff. 242 f. 321.
Helikranon 17.
Heliotropion 80.
Helisson II 26. 30. 187. 226. 228. 230 f. 240. 244. 246 ff.
Hellada 87.
Hellanodikeon II 304.
Hellas, Hellenes 2 f. 8. 76 f. II 353. 385. 393.
Hellenion II 125.
Hellenitza II 242.
Hellespontos II 348.
Helliniko II 70 f. 164. 237. 284. 435.
Helliniko-Sivadi II 571.
Hellinikuli 38.
Hellinon Lithari II 39.
Helloi 23.
Hellopia, Hellopes 21. 23.
Hellotis II 565.

Helos, Helia II 108. 110. 133. 143.
Hephästeion 287.
Hephästiadä 344.
Heptachalkon 290.
Heptagonias II 128.
Heptanisos (Hephtanisos) II 347.
Hera Akräa (Vorgebirge der) 367 f. 383.
Heräa, -raitis II 193. 234. 255 ff. 262. 284.
Heraeis 372.
Heräon II 47 f.
Herais II 361.
Herakleia 40. 94 f. 111. 370. II 288. 300. 372. 510.
Herakleidä II 448.
Herakleion 229. 339. 344. II 85. 372. 560.
Herakleios 185.
Herkyna 207 f.
Hermäa II 545. 548.
Hermäon II 113.
Hermenhalle 286 f.
Hermione II 7 f. 58. 72. 86 f. 92. 94 ff.
Hermos 326.
Hermupolis II 330. 465 f.
Hessos, -sioi 152. (Ἴσιοι in delphischen Inschriften bei Wescher et Foucart Inscr. n. 284. 328. 346.)
Hestiäa (Histiäa), -iäeis, -iäotis 14. 44 f. 47 ff. II 402. 404. 407 ff. 418. 426. 535.
*Hetera II 577.
*Hetereia II 503.
Hexamilia II 21.
Hiera II 93. 521.
Hiera hodos 290. 322 f. 329. II 300. 303.
Hieraka 345. II 137. 379.
Hiera pyle 290. II 30.
Hierapytna (-pydna) II 531 f. 563 f. 576. 578 f.
Hiera Syke 326.
Hieres 90. 95.
Hieri II 379.
Hiero II 74.
Hieron oros II 580.
Hieropotamos II 564.
Hippades pylä 278.
Hippia 56. 197 f.
Hippodameion II 294.
Hippodameios agora 269.
Hippokoronion II 543.
Hippola II 152.
Hippotä 236.
Hippothoitis II 218. 220.
Hippothoontis 250. 263. 332.
Hippukrene 240.
Hippuris, -riskos II 517.
Hire II 170.
Hispanien II 381.
Histiäa, -äeis, -äotis s. Hestiäa.
Homarion (Ham.) II 333.
Homole, -lion 96. 98. 204.
Homoloides pylä 226 f.
Hopletes 262. II 315.
Hoplias 235.
Hoplites 233. II 117.
Hoplodmias II 209.
Horkomosion 288.
Hormina II 308.
*Horreum 25.
Hunnen 46.
Hyäoi 152.
Hyakinthis II 124. 130. 448.
Hyakinthos 336. II 448.
Hyameia, -meitis II 160.
Hyampeia 172.
Hyampolis, Hya 158 f. 164 f. 186.
Hyantes 126. 158. 164. 202.
Hyatä II 25.
Hydramos, -mia II 545.
Hydrea, *Hydra* II 86 f. 93. 95. 99 ff.
Hydrussa 360. II 445. 468.
Hyettos 212.
Hyläthos 143.
Hyle, -lä 152. 213.
Hyleessa II 484.
Hylike 195. 199 ff. 213 f.
Hyllaikos II 360.
Hylleis 154. II 25. 360.
Hyllikos II 87.
Hymettos 254. 256. 259. 264. 319. 344 ff. 350. 358 ff. 362.
Hypälochioi 24.
Hypana II 277. 285.
Hypata 89.
Hypatos, -ton 199 f. 216 f. 222.
Hyperasia, -resia II 316. 319. 338.
Hypereia 69. II 89.
Hyperteleaton II 142.
Hyphanteion 157 f. 164. 167.
Hyphormos 357.
Hypochalkis 134. II 413.
Hypoknemidische Lokrer 187.
Hypsa, -soi II 147.
Hypsili II 61.
Hypsistä pylä 227.
Hypsus II 231.
Hyria 135. 215. 218. II 484.
Hyrie II 378.
Hyrmine II 308.
Hyrnethia, -ion II 44. 56. 75.
Hyrtakina II 549.
Hysanteion 157.
Hysiä 248. II 66. 222.

I.

Iakcheion 279.
Ianitzi II 438.
Iannina 20 ff.
Iannitzades II 575.
Iaon II 288.
Iapis 252. 369.
Iardanos II 272. 281. 301. 534. 542.
Ibrahim Effendi II 221.
Ichnä 74.
Ichthys II 159. 271. 274. 301.
Ida, Ide II 531 ff. 553 ff. 568.
Idäa II 530.
Idomene 39.
Idra II 336.
Ienischeher 64.
Iera petra II 578.
Ikarion 251. 342.
Ikarisches Meer II 351.
Ikaros, -ria II 347. 350. 352. 455.
Ikos II 349 f. 384. 387. 389.
Ilia II 95. 412.
Ilion 187. II 147.
Ilissos 256. 272 f. 299. 319 ff. 325.
Illyricum II 538.
Illyrien, -er 11. 25. II 359. 362.
Illyrische Halbinsel 5.
Imbrasos II 423. 425.
Imbros II 351. 390. 393.
*Inachorion II 550.
Inachos 12. 26. 37. 39 f. 90. II 39 f. 49. 63 f.
Ina-Kephali II 563.
Inatos II 564.
Inia 223.
Inoi 339.
Inopos II 452.
Iolkos 102 f.
Ion 49.
*Ionäon II 282.
Ionia, Ionier 251. 261. 345. 370 f. II 8. 33. 72. 89. 108. 314 ff. 333 f. 338. 352. 403. 453. 491.
Ionides II 348. 352.
Ionische Inseln 116. II 141. 347. 355.
Ionisches Meer 9. II 267. 347.
Ionische Tetrapolis 339 f. 371. II 11. 72.
Ios II 349 f. 352. 455. 503. 507 ff.
Iphistiadä 344.
Ipneis, -nia, -nos 152.
Ipnoi 100.
Ira, Iriës 95 f. II 162.
Irakli 344.
Ire II 170.
Iresiä 75.
Iri II 107.
Irine II 61. 502.
Irrhesia II 390.
Isari II 323.
Isioi *s.* Hessos.
Isle brulée (Isola bruciata) II 503.
Ismene 214.
Ismenos, -nios 200. 225. 229 f.
Isomantos 235.
Isos 215.
Issorion II 127.
Istone II 357.
Istron, -ros II 571. 574.
Istronas II 574.
Italien II 150. 403.
*Italike II 402.
Itanos II 532. 576 ff.
Ithake II 346. 366 ff.
Ithome 49. 52 f. 54 ff. 74. 147. II 156. 161. 165 ff.
Ithoria 120.
*Ithylis II 528.
Itoniä pylä 300. 325.
Itonos, Iton 72. 79.
Iudeh II 499.
Iukta II 558.
Iulis II 470 ff. 528.
*Iusagura II 553.
Iustinianupolis 19.

K.

Kabarnis II 484.
Kachales 166.
Kadiston II 533. 572.
Kadmeia, -meioi, -meiones 51. 202 f. 209. 225 ff.
Kadmos 18 f. 203.
Käkiä II 77.
Känepolis II 112. 151.
Känurio-chorio 80.
Känuriopyrgos II 526.
Käratos II 534. 536. 559.
Käsari II 195.
Käsariani 256.
Kaiapha II 268. 277. 279 ff.
Kaimeni II 350. 502 f. 521 f.
Kajenitza 153. 155.
Kakaletri II 162.
Kaka Vunia II 105.
Kaki Skala 133 f. 368. II 423.
Kakonoros II 545.
Kakosi 242.
Kakosialesi 336.
Kakosuli II 546.
Kakotari II 307.
Kakuraïka II 258.
Kalama 18.
Kalamä II 171.

Kalamaki 58. 66. 68. II 19.
Kalamata II 104 f. 131. 157. 170 f.
Kalamitza II 391.
Kalamo 118. 221. 251. 337. 342. II 355. 365 f.
Kalamyde II 550.
Kalanera 102.
Kalaskopi II 302. 306.
Kalathana 74.
Kalathion II 155.
Kalaureia II 61. 79. 92 f.
Kalavryta II 183. 266 f. 311. 335.
Kale akte II 432.
Kallas II 402. 407.
Kalliä II 232.
Kalliakuda 139.
Kalliaros 190. 192.
Kallichoron 331.
Kallidromon 95. 124. 132. 156 f. 186.
Kallieis 141 f.
Kallion *od.* Kallipolis 142.
Kalliphoni II 183. 311.
Kallirrhoe 257. 300. 319.
Kalliste II 520. 524.
Kallithera 74.
Kalogria II 321.
Kaloi limenes II 567.
Kalpaki II 203 f.
Kalydnä II 350.
Kalydon, -donia 32. 125 f. 129. 132 f. II 327 f.
Kalyvia II 306.
Kamara II 573 f.
Kamarä II 482.
Kamari II 527.
Kamarina 30 f.
Kamatero 334.
Kambunische Berge 4. 42. 47. 52. 57 f.
Kamenitza II 311.
Kamilo II 139.
Kamiros II 578.
Kammania 18.
Kampylos 141.
Kanalia 63. 103.
Kanathos II 59.
Kandia II 61. 530. 538. 540. 557. 559 ff.
Kandila 118.
Kandili II 400 f. 412 f. 417.
Kanea II 540 f.
Kanethos 216. II 414 f.
Kaniani 155.
Kantanos, -nia II 549.
Kantharos 266.
Kapandriti 336.
Kapareli II 217.
Kaphereus II 400. 434. 437.
Kaphyä, -atis II 185 f. 194. 206. 230. 232. 262 f.
Kappari II 96. 99.
Kaprena 103.
Kapsa II 214.
Kapsali II 141.
Karababa 216.
Karabusa II 552.
Karadagh 69 f.
Karadscholi 56.
Kara-tschair 62.
Karavassera 110 f.
Karavi 87. II 357.
Karavostasion II 321.
Karavulas II 551.
Kardakata II 372.
Kardamyle II 154.
Kardiotissa II 505.
Karela 347.
Kares, -ria 24. 203. 261. 370 f. II 8. 23. 41. 72. 94. 138. 352. 392. 441. 453. 491. 498. 534.
Karitza 98 f.
Karkalú II 232.
Karnasion II 164. 242.
Karneates II 32.
Karnion II 242.
Karnos 118. II 346. 365 f.
Karpathisches Meer II 350.
Karpathos II 352.
Karpenisi 141.
Kartero II 559 f.
Karteroli II 228 f.
Karthäa II 470. 472 f.
Karthager II 296.
Karvunaria 92.
Karya 189. II 201.
Karyä, -ryatä II 118. 203. 216.
Karyäs 362.
Karydi 381.
Karysto II 432.
Karystos, -stia II 114. 352. 398 f. 402 ff. 418. 421. 432 ff. 455.
Karytäna II 194. 235. 241.
Kasami II 563.
Kasos II 349. 352.
Kassanaeis 99 f.
Kassiope II 357. 361.
Kassopia, -pe, Kassopäer, Kassopier 10 f. 26 f. 29 ff. 34. II 362.
Kassotis 177.
Kastalia 172. 179.
Kastania II 206.
Kasteli 155.
Kastelia II 173.
Kastelläs II 416 f.
Kastelli, *Kastelliana* II 563.
Kasthanäa 99 f.
Kastrades II 358. 360.
Kastraki II 151.

Kastri 29. 57. 67. 99. 104. 170 ff. 193. 217. II 94 ff. 408. 434 f.
Kastritza 21 ff. II 324.
Kastritzi II 561.
Kastro II 481. 483. 500 f.
Kastro tis Orias II 476.
Kastus II 366.
Katakolo II 159. 271.
Katalioni II 578.
Katalymakia II 519.
Katapheki (Kataphygi?) 356.
Kataphygi II 475.
Katapola II 514.
Katarrhaktes II 563 f. 568.
Kato-Achaia II 323.
Kato-chorio II 574.
Kato-Klima 148.
Katomeros 120.
Katonakophoroi II 25.
Katopterios, -teuterios 170.
Kato-Suli 341.
Katramonisia 359.
Katuna 111.
Katzaru II 131.
Katzikopniktis 143.
Katzingri II 62.
Katzomyti 335.
Katzula 248.
Kaukon II 311.
Kaukones II 272. 315. 319.
Kaus II 260.
Kavaliani II 429.
Kavalos II 148.
Kavurolimni 134.
Kechropula 115.
Kedrios II 532. 545. 547. 568.
Kedrisos II 532.
Kedros II 532.
Keiriadä 325 f.
Kekropis 263.
Kekryphalos, -leia II 77.
Kelados II 235.
Keläthoi 27.
Keläthra 237.
Keleä II 34.
Kelenderis II 90.
Kelephina II 107. 115.
Kelossa II 32 f. 40.
Kenäon 189. II 401. 410.
Kenchreä II 15. 19. 66.
Kentauren 45.
Keos II 348 f. 352. 417. 439. 441. 467 ff.
Kephalas II 566.
Kephale 351.
Kephali II 154. 160. 357.
Kephallenes, -nia II 346. 355. 366. 368 f. 371 ff.
Kephalos II 488.
Kephalus 78.
Kephisia 256. 343 f.
Kephisis 195. 199.
Kephisos 153. 161 ff. 192 f. 195 f. 198. 205. 210. 249. 256 f. 324. 326. 328. 342. 363. II 391.
Kepoi 259. 321.
Keraïnes 24.
Keraïtä II 552. 580.
Kerameikos 274 f. 278 ff. 289 f. 322 f. 325 f. 335.
Keramidi 99.
Keramoli 358.
Kerasini 271.
Kerasitza II 223.
Kerata 251. 331. 367. 373.
Keratia 257. 344. 346 f. 351 f. 357.
Keraton II 580.
Keraunia (Akrokeraunia) 4 f. 14 f. 19 f. II 346. 356.
Kerausion II 184. 233. 251.
Kerchneia II 66.
Keressos 238.
Kereus, Keron, Kerbes II 402.
Keria II 511.
Kerinthos II 400. 402. 410. 412.
Kerketion 13. 39. 48 f. 53.
Kerkopon hedrä 94.
Kerna 179.
Keros II 511.
Kerpini II 313.
Kerykion 222. 224.
Keryneia, -nites II 45. 313. 315 ff. 334 f. 337.
Kestreon II 448.
Kestrine, Kestria 17 f.
*Ketia II 575.
Kichyros 29 f.
Kierion 45. 72 f.
Kikynethos 101.
Kikysion II 288 f.
Kiladia II 87. 94. 98.
Kili II 427.
Kimaros II 552.
*Kimikon II 448.
Kimoli II 502.
Kimolia 369.
Kimolos 6. II 348 ff. 497. 501 ff.
Kimonia mnemata 276.
Kinäthion II 152.
Kindrios II 532.
Kineta 384.
Kionia II 196. 447.
Kiphisia 343.
Kipula II 152.
Kirid II 529.
Kirphis 157. 169 f. 180. 182 f.

Kirrha 150. 180 ff.
Kisamo-Kasteli II 551.
Kisamos II 544. 551 f.
Kiseli 149.
Kiserli 61.
Kissa II 215.
Kissavos 43. 99.
Kissier II 419.
Kissussa 233.
Kisternäs II 106. 150.
Kithäron 194. 222. 240 f. 244. 247 ff. 251 f. 257. 228. 332. 366 f. 373. 381.
Kitriäs II 155.
Kitriani II 482.
Kladeos, -daos II 287. 290. 294 f. 300.
Klarentza 30.
Klareotis, Krariotis II 218. 220.
Klaudos II 538. 580 f.
Klazomenier 173.
Kleinasien II 346. 350 f. 353. 535.
*Kleisas 236.
Kleitor, -ria II 189. 199. 202. 232. 259 f. 262 ff.
Klementi II 195.
Kleonä 165. II 7. 9. 23 f. 32. 36 ff. 43. 45.
Klephtovuno 200. 216.
Klepsydra 293 f. II 167.
Klidi 335.
Klima II 499 f.
Klimeno 117.
Klinitza II 231.
Kliosi II 399. 430 f.
Klisura II 48. 118. 308.
Klituras II 263.
Klokova 132.
Klukkinäs II 202.
Klymeneis II 448.
Klymenon 117.
Knakadion II 146.
Knakalos II 206.
Knakion II 115. 120.
*Knauson II 231.
Knemis, -mides 88. 156 f. 163 ff. 186. 188 f.
Knidier 173. 177.
Knopia 200.
Knopos 200.
Knossos, Knosos II 387. 534. 536. 553. 557. 559 ff. 569 f. 572.
Koila Euboias II 398.
Koile 85. 276. II 55.
Koile Elis II 275. 301 ff.
Koios II 163.
Koite II 541.
Koizlar 79.
Kokla 247. II 163. 165.
Kokkila II 391.
Kokkini 257.
Kokkinio II 143.
Kokkinopetra 47.
Kokkinopotamos 142.
Kokkygion II 96.
Kokytos 27. 29.
Kolakeia 96.
Kolias 259. 357. 361.
Kolokoto 53.
Kolokyntha II 148.
Kolona II 125 f.
Kolonides II 173.
Kolonis II 101.
Kolonnäs (Cap) 254. 354 f.
Kolonos II 462.
Kolonos Agoräos 275. 287.
Kolonos Hippios 324 f.
Kolumbos II 522. 528.
Kolyergia II 101.
Kolyttos 274 f. 289.
Komaros 32.
Komboti 111.
Komerkis 52.
Komi II 448.
Komiku II 361.
Kondylea II 206.
Kondylon 61.
Konipodes II 73.
Konomio 99.
Konope 135. 138.
Konoureis II 121.
Kontochori II 528.
Kontoporia II 9.
Kontovunia II 156 ff.
Kopä 195. 212.
Kopais 167. 193. 195 ff. 213. 231 ff.
Kopanü Gephyri II 114.
Kophos limen 270 f.
Kopra-Kephali II 576.
Kopsocheria II 213.
Koragion II 208.
Koraka II 101.
Korakä 102.
Korakas II 545.
Korakia-potami II 142.
Korakon nasos II 256.
Korakopyrgos 101.
Korakos petra II 370.
Korassiä II 350.
Korax 88. 132. 139. 142 f.
*Korene II 289.
Koresia II 470. 472. 545.
Korfu II 330.
Korinthos, -thia, -thischer Meerbusen, Isthmos 9. 107. 112 ff. 132. 134. 143. 145 f. 156 ff. 173. 181. 185. 194. 232. 240. 367. 371 ff. 384.

II 1.5 ff. 9 ff. 20 ff. 32. 36. 38. 43. 48. 72. 77. 186. 300. 329. 336. 359. 362.
Korion II 545.
Korkyra, -räoi 17. 113. 117. II 304. 346. 355 ff.
Korkyräa stoa II 304.
Korobili 241 f.
Koron II 156 f. 173 f.
Korone II 109. 172 f.
Koroneia 36. 79. 201. 207. 235 f. 351. II 172.
Koronon II 489 f.
Koronta 110.
Koropi 328. 344. 346 f.
Korphona 352 f.
Korphoxylia II 231 f.
Korrenti II 416.
Korseia 192 f. 243.
Korsia 56.
Korsiä 243.
Korthion II 440. 444.
Kortiki 73.
Kortys II 233.
Koruni 351.
Korydallos 253. 271. 366.
Korykion 179.
Korykos, -kia, -koi, -kiä II 552 f.
Korynephoroi II 25.
Koryphäon II 72. 76.
Koryphasion II 172. 176.
Koryphi II 343.
Korytheis II 216. 222.
Kos II 350.
Koskynthos II 402.
Kosmas II 135.
Kosmos II 440.
Kosyllites (Kosymites?) II 516.
Kotiki II 308.
Kotilion II 184. 251. 254 f.
Kotronäs II 148.
Kotroni 336 ff.
Kotyläon II 397. 422. 425.
Krambavo II 238.
Krambussa II 517.
Kranae II 145.
Krane, -nioi II 373 f. 376 f.
Kraneia, -eion 34. 36. II 15.
Kranidi II 95.
Krannon 40. 45. 67 f.
Krariotis *s.* Klareotis.
Krasi II 466.
Krathis II 183. 198. 201 f. 313. 337 f.
Kraugiä II 77.
Krausindon 97.
Kravata II 207.
Kreion II 39.
Krekuki 248.
Kremasti II 135.
Kremastos II 87.
Kremmyon *s.* Krommyon.
Kremnia II 565.
Krenä 38.
Krenäa pylä 226 f. 231.
Kreopolon II 39.
Kresion II 223. 391. 394.
Kreta, -tèr 158 f. 203. 233. II 80. 103. 150. 277. 348. 351 ff. 381. 387. 391. 396. 485. 491. 505. 513. 518. 523. 529 ff.
Kretea II 236.
Kretisches Meer II 351.
Kreusis 241.
Krio II 550.
Krioi II 49.
Krios II 314. 341. 343.
Krissa, -säischer Meerbusen 143. 146. 149. 158 f. 180 f.
Kriterion II 52. 54.
Krithina II 103.
Krithote 118 ff.
Kriti II 529.
Kriu metopon II 550.
Krokeä II 106. 132.
Krokion, -koton 72. 74. 78 f.
Krokyleia II 366.
Krokyleion 142.
Krommyon, -onia 371. 384.
Kromoi, -mna, -mnos, -mitis II 242.
Kronion II 290 f. 294. 296 ff.
Kropia, -pidä 335.
Krotanoi II 126.
Kroton II 330.
Krunoi II 231. 283 f.
Krya 207.
Kryassos II 498.
Krya vrysis II 118.
Kryonero 22. 138.
Kryo pigadi 240.
Kryptos limen II 82.
Ktenia II 39. 66.
*Ktesion II 391.
Ktimene 74. 87.
Ktypas 215.
Kuarios 79. 202. 235.
Kulendiani II 139.
Kulogli II 307.
Kuluri 362. 364.
Kumani II 307.
Kumi II 391. 397. 427 f.
Kumithia II 574.
Kundura 331 f. II 473.
Kunupeli II 308.
Kunupochoria II 136.
Kunuvina 128.
Kuphonisi II 578.
Kuphonisia II 511.

Kuralios 52. 72.
Kureion II 250.
Kureten 106 f. 125 f. 134. II 403.
Kuretis II 530.
Kurion 130.
Kurkula II 143.
Kurnas II 545.
Kurnos II 149.
Kursala 328. 347.
Kurtesa II 38.
Kurtzolari 127 f.
Kurublia II 400.
Kurupia II 495.
Kuti II 307.
Kutra II 156.
Kutri II 553.
Kutupharina II 243.
Kutzi II 35.
Kutzomati II 23.
Kuvari II 440. 443.
Kuvelo 138.
Kuverta II 87. 99.
Kyamon II 542 f.
Kyathis II 375.
Kyathos 135.
Kychreia 362.
Kydathenäon 274 f. 302.
Kydones II 534.
Kydonia II 80. 381. 531. 534. 541 f. 551.
Kyklades 6. II 139. 348 ff. 438 ff.
Kykloboros 257. 336.
Kyknias II 445 f.
Kylarabis (Gymnasion des) II 55.
Kyllene II 30. 182 f. 194 f. 197 f. 201. 271. 308. 314. 343.
Kyllenischer Meerbusen II 271. 308.
Kyllu pera 256.
Kyloneion 284.
Kyme II 359. 417. 427.
Kymine 74. 87.
Kynätha, -theis, -tha II 192. 266 f. 311.
Kynia 128 f.
Kynortion II 72. 76.
Kynos 190 f.
Kynosarges 275. 321 f.
Kynoskephalä 71.
Kynoskephale II 357.
Kynossema 133.
Kynosura, -ureis 337. 364 f. 372. II 121.
Kynthia II 454.
Kynthos II 378. 452. 458. 462 f. 473.
Kynuräoi II 226. 233. 235. 250.
Kynuria II 6. 42 f. 68. 71. 107. 110 f. 116. 133.
Kynurier II 226.
Kyparisseeis II 159. 178 f.
Kyparissi II 134. 137.
Kyparissia, -sischer Meerbusen II 103. 110. 159. 163. 178 f. 270. 383.
Kyparissia II 240.
Kyparissos, -sus, -sia 159. 170. II 143.
Kyparissos II 151 f.
Kyphära (Kypära) 75. 89.
Kyphanta II 134. 137.
Kyphos 13. 47 f.
Kypros II 255. 474.
Kypsela II 241. 243.
Kyra (Kyräeus) *lokrische Stadt nach einer Inschr. bei Wescher et Foucart Inscriptions recueillies à Delphes n. 177.*
Kyra II 77.
Kyrades 366. II 242.
Kyrba II 578.
Kyrene, Kyrenäer II 297. 525. 538.
Kyretiä (Chyr.) 42. 46. 56.
Kyriaki 184.
Kyr-Irinis to kastron 130.
Kyrnos II 435.
Kyros II 343.
Kyrtone, -nes 212.
Kytäon II 557 f.
Kythera II 103. 108. 110. 140 f. 347. 352.
Kytherios, -ros II 288.
Kythnos II 348 f. 439. 473 ff.
Kytinion 155.

L.

Lachas II 188.
Ladasgrab II 115.
Ladokeia II 227. 245.
Ladon II 186 f. 199. 202. 206. 256. 258 f. 263 f. 269 f. 273. 286. 300. 306 f.
Lagia II 148.
Lagio II 132.
Lagonisi 357.
Lagusa, -gussa II 350. 505.
Lagusä II 77.
Lakedämon, Lakones, -nike II 4. 7. 9. 70. 72. 102 ff. 120. 155. 159. 162. 165. 170. 185. 187. 190 f. 222. 225. 243. 351. 498. 505. 518. 524 f. 535 f. 551.
Lakereia 104.
Lakiadä 326.
Lakmon, Lakmos 4. 12 ff. 39. 41 f.
Lala II 425.
Lalichmion II 303.
Lamia 43. 77. 83 f.
Lamon II 547.
*Lamos 233.

Lampe II 545 f.
Lampeia II 183. 311. 313.
Lampträ 358.
Langada II 104 f.
Langadia II 230 f.
Langon II 309.
Lankeia II 115.
Lapathus 61.
Laphystion 197. 207. 235 f.
Lapithä 45. 50 f. 87.
Lapithäon II 131.
Lapithos II 268. 277. 280.
Lappa II 544 ff. 554. 569.
Lapsista 20 f.
Laris 222.
Larisa, -rissa, -rision pedion 45 f. 58. 64 f. II 40 f. 49 ff. 321 f. 565. 579.
Larisa kremaste 82.
Larisos II 270. 273. 309 f. 319. 321.
Larymna 192 f. 196.
Larysion II 144.
Las II 110. 112. 146 f.
Lasion II 306 f.
Lasithi, *Lasithiotika* II 532 f. 570.
Lasos II 567.
Lassäa II 566.
Lato II 571. 573 f.
Laurion, -riotike 254 f. 257. 259. 352 ff.
Lavda II 235.
Lea, Leia II 529.
Lebadeia 197. 206 ff. 235.
Leben, Lebena, Libena II 534. 566.
Lebinthos II 350.
Lechäon 366. II 15. 18 f.
Lechonia 96. 102.
Ledon 159. 163. 167.
Ledonia II 566.
Leibethrion (Lib.) 236.
Leimone 56.
Leipsydrion 334.
Lelanton II 401. 403. 411. 415. 417 f.
Lelantos II 402.
Leleger 86. 106. 126. 144. 153. 202. 261. 371. II 2. 41. 108. 159. 275. 403.
Lemnos II 350 f. 353. 390. 393. 506.
Lenäon 296 f. 299.
Lenos II 301.
Leokorion 287. 290.
Leon II 429. 471. 566.
Leondari II 104. 242 ff.
Leonidäon II 300.
Leonidi II 134 ff.
Leontarne 237.
Leontion II 316. 330.
Leontis 263. 334.
Lepanto 147.
Lepenu 109.
Lepreon, -preos II 273. 277 ff.
Lerna II 16. 40. 65. 67 f.
Leros II 350.
Lesbos II 347. 350. 353.
Lessa II 62.
Lestadä II 495.
Lethäos 51 f. II 564. 567.
Letoa II 569.
Letoia II 378.
Letrinoi II 289. 300 f.
Leuka ore II 532 f. 540. 545 ff.
Leukas 32. 108. 115 ff. II 346. 356. 362. 365 f. 380.
Leukasia II 163.
Leukasion II 263.
Leukatas 116 f.
Leuke, Leukä II 103. 143. 542 f. 578.
Leuke akte II 399. 432.
Leukimma II 357.
Leukone II 223.
Leukonis 195.
Leukopetra II 21.
Leuktra, -tron 219. 240 f. 243 f. II 112. 154. 225. 243.
Leukyanias II 287.
Levanatäs 190.
Levetzova II 106. 132.
Levidi II 205.
Levka II 312.
Levki II 370.
Levkimo (*Alevkimo*) II 357.
Levsina 328.
Levta 163.
Levtro II 154.
Liaka II 378.
Libeia II 503.
Libethrias 236.
Libochovo 19.
Liburner II 359.
Libycus campus II 57.
Libyen II 140.
Lichades II 401.
Lida II 566.
Ligurio II 62. 75.
Likymna II 57.
Liläa 154. 159. 161.
Limenaria II 103. 137.
Limeni II 152 f.
Limenia II 376.
Limnä 296. 299. II 121. 126 ff. 170.
Limnäa 110 f.
Limnäon 74.
Limni II 145. 411.
Limodorieis 154.
Limu pedion 295.
Lingon 14.

Linguetta 14.
Liopesi 344. 347. II 31. 262.
Lipara II 361.
Lipso II 409.
Lipsokutali 365.
Lisia II 567.
Lisos, Lissos, Lissa II 549.
Lissen, -ses, -sin II 567. 569.
Lithada II 400 f. 409 f.
Lithari 100.
Lithinos II 567. 569.
Livadia 197. 207.
Livadostro 241.
Lixuri II 373. 377.
Logari 36.
Lokrer, -ris 94. 123. 126. 134. 143 ff. 156. 186 ff. 214. II 469.
Lombarda 359.
Longaki 189.
Longobardo II 178.
Longopotamos II 23. 37.
Lophis 233.
Lossonos 55.
Luku II 68. 70 ff.
Luro 31.
Lusa 243.
Lusios II 231 ff.
Lusoi II 265 f.
Lutraki 111. II 18.
Lutro II 547.
Lyder, Lydien 203. II 2. 13.
Lygovitzi 109.
Lykabettos 255. 322. 343.
Lykäa, -kätha II 229. 235.
Lykaeitä II 248.
Lykäon II 155. 165. 184. 225. 233 ff. 240. 251. 268.
Lykastos, -stion II 561 f.
Lykeion 321 f.
Lykeri 157.
Lykier 261. II 8.-11. 22. 41.
Lykoa II 229. 235.
Lykochorio 142.
Lykodimo II 157 f.
Lykone II 40. 65.
Lykoreia 157. 180.
Lykormas 132.
Lykostomion 41.
Lykosura II 237 f.
Lyktos *s.* Lyttos.
Lykunta II 263.
Lykuria II 202.
Lymax II 251 f.
Lympiada II 135.
Lynkos 14.
Lyrkeia II 63 f.
Lyrkeion II 39. 63.
Lysimacheia 135.
Lyttos, Lyktos II 532 f. 535. 559. 561 ff. 569 ff. 577.
Lyzeia 118.

M.

Madara II 229. 231. 532.
Mänalos, -loi, -lion II 190. 207. 215. 218. 225 f. 250.
Mäoner 98.
Mära II 208. 214.
Magnesia, -neten 3. 43 f. 63 f. 77. 79. 86. 96 ff. II 350 f. 384.
Magneten am Mäander II 576.
Magula 65. 328. 332. II 120.
Makaräs II 495.
Makareä II 240.
Makaria 340. II 157. 171.
Makaronnesos II 530.
Makedonien, -ner 3 f. 25. 32. 44. 48. 56 f. 60. 80. 140. 363. II 45. 354. 385. 393. 405.
Makistos, -tia II 277. 282. 284. 400. 419.
Makrä peträ 294.
Makra kome 89.
Makri II 520.
Makriamyli 111.
Makris 356. II 355 f. 396.
Makronisi 356. II 61. 469.
Makronoros 38 f.
Makroticho II 559.
Makry 54.
Makrychorio 61. 65.
Makryplagi 367. II 242.
Makrysia II 285.
Makryvoros 139.
Makynia 134. 145.
Maläa, -lia II 243.
Malaxa II 540.
Malea II 8. 103. 108. 139 f. 535.
Malevesi II 558.
Malevos II 39. 102. 135.
Malia II 571.
Malis, Melis, -lier, -lischer Meerbusen 77. 83. 87 ff. 90 ff. 142. 153. 188. II 395.
Malloia 56.
Maloitas II 229.
Malta II 507.
Maltho II 303.
Malus II 243.
Malvasia II 138.
Mamusia II 337.
Mana II 270. 309.
Mandila II 157.
Mandra 331 f.
Manduti II 400. 402. 412.

Manes 188.
Mani II 105. 145 f. 546.
Maniä II 249 f.
Manolada II 308 f.
Mantelo II 399. 434. 436.
Manthyrea, -reis II 217. 223.
Mantineia, -nike II 63 f. 186. 189. 191. 198. 205. 207 ff. 221 f. 265.
Mantinia II 171.
Maratha II 234.
Marathon 257. 336 ff. 350.
Marathonas 338.
Marathonisi II 145. 379.
Margala, -gana II 289.
Mari II 135 f.
Marinari II 149. 151.
Mariolates 155.
Mariorrhevma II 108. 136.
Marios II 108. 112. 135.
Markopulo 344. 347.
Marmaka II 368.
Marmara II 488.
Marmari II 432.
Marmaria II 187.
Marmariani 62.
Marmarion II 432.
Maroneia 353.
Marpessa II 484.
Martini 212.
Marusi 343.
Mases II 87. 97 f. 101.
Maslera II 355. 364.
Massalias II 547.
Massalioten 173.
Matalon, -la, -lia II 567.
Matapan II 105. 150.
Mataranga 73.
Mathia II 157 f. 172.
Mation II 560.
Matzuki 118.
Mausos II 23.
Mavra litharia II 338 f.
Mavri II 269.
Mavria II 240.
Mavrolimni 62.
Mavromati II 167.
Mavronero 161. II 202.
Mavronoros II 183.
Mavropotamos 27. 91. 196. II 280.
Mavrovuni 43. 99 f. 103. II 397. 400. 425.
Mavrozumenos II 163.
Mazi 233. 332. II 314.
Medeon, -dion, -dionia 111. 159. 182.
Megalepolis, -litis II 104. 111. 113. 163 f. 187. 193. 198. 204. 215. 222 f. 225 ff. 228 ff. 244 ff. 265.
Megali-Lutza 236.
Megalochorio II 77. 91. 528.
Megalokastro II 561.
Megalorhevma II 432.
Megalovuno II 32. 386.
Meganisi II 355. 365 f.
Megapotamos 139.
Megara, -ris, -rer 194. 245. 251. 261. 331. 363. 365 ff. 373 ff. II 297. 333.
Megara Hybläa 370.
Megaspiläon II 335 ff. 517.
Megdova 12. 87. 140.
Meiganitas II 313. 330 f.
Meilichos II 312. 325.
Mekone II 23.
Melambion 71.
Melampygos lithos 93 f.
Meläna II 371.
Melänä 332. II 527.
Melänäs II 495.
Meläneä II 258.
Melanëis II 419.
Melangeia II 214.
Melania II 514. 516.
Melanippeion 289.
Melantische Klippen II 450.
Melanydros II 368.
Melas 91. 94 f. 196. 210 f. II 311.
Meles II 508.
Melia 225. 229 f.
Meliboia 57. 99.
Melidochori II 562.
Melidoni 190. II 556.
Meligala II 162.
Melina II 49.
Melinades II 383.
Melissa II 545. 569.
Melite 122. 128 f. 274 f. 288 f. 325.
Meliteia, -täa 79. 85.
Meliteïon II 357.
Melitides pylä 276.
Mellenitza 193.
Melos 6. II 348 ff. 353. 477. 496 ff. 520. 525. 535.
* Melotis 25.
Membliaros II 518.
Memblis II 498.
Mendenitza 189.
Menelaïon II 129.
Menelais 87. II 206.
Menides II 444.
Menidi 334.
Menios II 302. 305.
Menteli 345.
Merbaka II 40.
Merenda 347.
Merkuriu 350.
Mermingia II 505.

Merope, -pia II 479.
Merovigli II 526.
Mesatis II 325. 329.
Mesavuni 224.
Mese II 553.
Mesoa II 121.
Mesoboa II 263.
Mesogäa, -geioi 263 f.
Mesogia 344. 346. 350 ff. 357.
Mesola II 159. 164.
Messa II 152 f. 159.
Messapeä II 131.
Messapioi 152.
Messapion 215 f.
Messapios II 545 f.
Messara II 564.
Messaria II 440. 444. 475.
Messavuno II 526 f.
Messene, -nia, -er 7. 147. 372. II 4 f. 60. 94. 102. 104 f. 108 f. 110 f. 153 f. 155 ff. 165 ff. 184 f. 190. 242. 249 f. 270. 272.
Messolongi 129 f.
Metachoion 235.
Metapa 136. 138.
Metapontiner II 297.
Meteora 49.
Methana 6. II 91 f. 350.
Methone 102. II 175. 438 (vgl. Mothone).
Methurides 379.
Methydrion II 204. 214. 229 f. 231. 250.
* Methymna II 552.
Metopa II 196.
Metroon 282 f. 285. II 295 f.
Metropisi 352.
Metropolis 38. 49. 53 f. 67. 109. 156. II 438.
Metzovo 12.
Mezapo II 152.
Mchalitzi 33.
Midea II 63.
Mideia 198. 209.
Migonion II 145.
Milatos II 571 f.
Miletos, -lesioi II 13. 485 f. 492. 495. 513.
Milia II 153 f.
Miliäs 102.
Milo II 496. 499.
Mimallis II 498.
Minoia II 361.
Minoa 371. 378 ff. II 138. 482. 484. 513 ff. 535. 544. 574.
Minthe II 184. 268. 278 f. 426.
* Minthos II 426.
Minya 51.
Minyeios II 280.
Minyer 45. 51. 78. 102. 198. 204. 209 ff. 218. II 8. 10. 108. 145. 154. 159. 272 f. 418. 441. 477. 498. 506. 524 f.
Mirabella II 571. 573 ff.
Mirabellopotamos II 573.
Miraka II 287.
Mistra II 120. 131 f.
Mitropolipotamos II 564.
Mitropolis II 565.
Mitylene II 13.
Mitzikeli 20.
Modi II 533.
Modon II 157. 173. 175.
Molo 188. II 367.
Moloeis 247.
Molokas II 357. 361.
Molos 167 f.
Molottis, Molotter 10 f. 24 f. 27. II 361.
Molpidos petra II 289.
Moluris 368.
Molykreia 134. 145 ff.
Monemvasia II 138.
Monte nero II 372.
* Mopselum 62.
Mopsion 62.
Mopsopia 251.
Morea II 3.
tu Morea to kastron 146.
Morios 167.
Mornopotamos 139. 142 f. 146. 148.
Moslinitza II 262.
Mothon II 175.
Mothone (Methone) II 59. 109. 175.
Mundritza II 285.
Munichia (Munychia) 265. 267 ff.
Muria II 289.
Murlar 61.
Musagoroi, -ra, -ros II 550. 553.
Musaki II 87. 99 f.
Museion 272 f. 276. 325.
Musenhain 239 f.
Mustapha-Bey 94.
Mustos II 68.
Mychos 185.
* Myenon 139.
Mykale II 334.
Mykalessos 200. 217.
Mykenä, -näer 210. II 36. 41 ff. 45 ff. 94. 334.
Mykonos II 348 f. 352. 439. 445 f. 448 ff. 455.
Mylä 56.
Mylaon II 229. 235.
Mylaos II 143.
Myle II 553.

Mylonas II 101.
Mylopotamos II 555 f.
Myon, -onia, Myanes, -oneis 152.
Myonnesos 81.
Myrä 98.
Myrgion II 75.
* Myrina II 568.
Myrmekos atrapos 275.
Myrmex 100.
Myrmidonen 45. 77. II 79.
Myropolis stoa II 247.
Myrrhinus 347 f. 350.
Myrrhinutte 347.
Myrsinos II 309.
Myrtilos II 551.
Myrtoisches Meer II 351.
Myrtuntion 115. II 309.
Mysäon II 343.
Mysia II 49.
Mysien II 456.
Mytikas 32. 118.

N.

Naliphos II 235.
Namfio II 517.
Naousa II 488.
Naphi II 517.
Narthakion 76. 79. 85.
Naryx, -ryke, -rykion 190.
Nasoi II 206. 263.
Nasos (Nesos) 122. II 204. 361. 438. 464.
Naupaktos 139. 143. 145 ff. II 165. 469.
Nauplia 172. II 39. 42. 56. 59 ff. 92 ff. 175.
Navarino II 157. 175.
Navplion II 59.
Naxia II 489.
Naxos II 348 f. 352. 354. 439. 441 f. 455. 489 ff. 510. 513.
Nea II 390.
Nea-Epidavros II 74.
Nebrio II 526.
Neda II 155 f. 162. 179 184 ff. 236. 251 f. 270. 272. 277 282.
Nedon II 157. 169 ff. 438.
Negroponte II 396.
Neion II 367.
Neïstä pylä 227. 231.
Neleia 102.
Neleus II 402.
Nellos, -lon II 379. 381. 383.
Nemea II 7. 9. 23. 30. 32. 35 ff. 45.
Nemeiades pylä II 49.
Nemnitza II 230.
Neochori 101. II 243. 425.
Neochorio II 543.
Neokastron II 175.
Neon 159. 166 f.
Neopatra 89.
Nera 366.
Nerikos, -itos, -iton 117. II 366 f. 371.
Nerovitza II 234.
Nesiotä II 376.
Nesites II 516.
Nesos s. Nasos.
Nesson, -nis 41. 44. 62 f. 73.
Nestane II 208.
Nevropoli 87.
Nezero 60. 85.
Nichisia II 489.
Nida II 531.
Nikäa 188.
Nikasia II 350. 496.
Nikli II 221.
Nikopolis 32 f. 112 ff.
Nikuria II 517.
Nio II 507.
Nisäa 372. 378 ff.
Nisi II 171.
Nisia II 489.
Nisyros II 349.
Nixia II 489.
Nomia II 162 f. 184. 237. 251.
Nonakris II 192 202 f. 232. 266.
Normannen II 363.
Nostia II 208.
Notena II 307.
Notiadä II 448.
Nudion II 277.
Nus II 235.
Nyburgo II 526.
Nymphades pylä 375. 378.
Nymphäon 333. II 139.
Nymphas II 242.
Nymphasia II 230.
Nymphengrotte 358 f. II 370.
Nymphenhügel 278.
Nysa, -säon 158. II 412.

O.

Oaxos II 555 ff.
Ocha II 398 f. 434. 436 f. 438.
Ochthonia II 398 427 f.
Odeion (in Athen) 298 f. 304.
Oe, Oie 327. II 84.
Oëroe 241. 244. 247.
Ogygiä pylä 227.
Ogylos II 103.
Oia II 527.
Oiantheia (Euanthia) 149 f.
Oichalia 52. 141. II 164. 419. 426.

Oidipodia 230.
Oie s. Oe.
Oine II 64.
Oineis 263. 333.
Oineōn 148 (Oinoe *in einer delph. Inschr. bei Wescher et Foucart Inscr.* n. 410).
Oiniadä 89. 108. 120 ff.
Oinoe 250. 257. 332. 339 f. 382. II 64. 201. 307. 506.
Oinone II 79.
Oinophyta 223.
Oinopia II 79.
Oinus II 107. 112. 114 ff.
Oinussä II 158. 346 f. 384.
Oion, Oiatä 191. 327. II 118. 216 f.
Oion Dekeleikon 335 f.
Oion Hyakinthikon II 448.
Oion Kerameikon 335.
Oite, -täa, -täer 83. 88 f. 91 ff. 124. 139. 142. 153 ff. 156. 186. II 403.
Oitylos II 109. 112. 153.
Okalea, -leia 234.
Okolon II 426.
Olbios II 198.
Olenos 125. 131. II 316. 322 f.
Oleros II 579.
Oliaros II 348 f. 483.
Oligyrtos II 194.
Olizon 101.
Olmeios 233.
Olmiä 383.
Olmones 211 f.
Olonos II 183. 311.
Oloosson 42. 55.
Olopyxos II 568.
Olpä 35. 38. 108.
Olpäoi 152.
Oluris, -ra II 179.
Oluros II 342 f.
Olus II 571 ff.
Olympia II 255. 258. 262. 285 f. 288 ff.
Olympias 61. II 240.
Olympieion 300 ff. 374 f.
Olympochoria II 135 f.
Olympos 5. 40 ff. 46 f. 51. 55 ff. 357. II 116. 135. 184. 235. 273. 287. 397. 401. 417. 420. 422.
Olytzika 25.
Omalo II 548.
Omer-Effendi 148.
Omphalion 19. II 559. 570.
Onchesmos 15 f.
Onchestos 62. 227. 231 f. 382.
Oneatä II 25.
Oneia 367. II 9. 12. 19. 37.
* Onisia II 578.
Onkä, -keion, -kää pylä 227. II 259.
Onochonos 74.
Onogla II 116.
Onthyrion 54.
Onu gnathos II 103. 139 f. 142.
Opheltas II 438.
Ophieis 141.
Ophioneis 132. 141 f.
Ophis II 210 f.
Ophiteia 162.
Ophiussa II 445. 473. 581.
Opisthomarathos 185.
Opus, -untier, -untische Berge, -Lokrer 156. 165. 187 ff. 212. II 307.
Oräi II 407.
Orchalides 234.
Orchestra 285.
Orchomenos (Erchomenos) 51. 195 f. 198. 204 f. 209 ff. II 92. 185. 189. 193 f. 198. 203 ff. 229. 262. 264. 438. 490.
Oreia, -atä II 133.
Oreine hodos II 300.
Oreos II 402. 404 f. 407 ff.
Orestä 10. 27.
Oreste II 438.
Oresthasion, Orestheion, Oresteion II 227. 250.
Orestia II 248.
Orikos, -kon 16. 20.
Orioi II 562.
Ormenion 103.
Ormina II 273.
Orneä, -eatä II 43. 64. 180.
Orneas II 64.
Ornesioi II 448.
Orobiä II 410 f.
Orope II 411.
Oropos, -pia 31. 34. 36. 219 ff. 242. 249. 335. 342. II 420.
Oros II 84.
Orphana 68.
Orthe 56. II 305.
Orthia II 305.
Ortholithi II 72. 86.
Orthopagos 206.
Ortygia 134. II 454.
Oryx II 263.
Oryxis II 199.
Osman-Aga II 176.
* Osmida II 554.
Ossa VII. 40 f. 43. 51. 58 f. 61. 66. 96. 98 f. II 273. 287.
Ostrakina II 207 f. 214. 228 f.
Othonoi II 363.
Othonus II 363.
Othronos II 363.

Othrys 13. 40. 42. 44. 76. 78. 82 ff. 88 f.
Otii campi II 580.
Oxeiä 119. II 346. 366.
Oxeia kampe 197.
Oxiäs 119.
Oxoi II 367. 370.
Oxylithos II 428.
Oxyneia 49.
Ozeros 108.
Ozolische Lokrer 124. 134. 143 ff. II 326.

P.

Pachia II 520.
Päania 347.
Päanion 120.
Päones 51.
Päonia 334.
Päonidä 334.
Päonion II 440.
Pagä (Pegä) 381 f.
Pagania II 148.
Pagasä, -säischer Meerbusen 43 f. 69 f. 77 f. 96. 101 f. II 390. 402.
Paläa chora II 423. 501.
Paläakome II 136.
Paläa Phiva 163. 167.
Paläa-Selimna II 229.
Paläo-Avarino II 176.
Paläo-Avli 38.
Paläochora 184. II 64. 83. 135. 432 f.
Paläo-Gardiki 52.
Paläokastri II 434.
Paläokastro 54. 57. 101. II 169. 176. 184. 223. 339. 543. 551. 576 f.
Paläokrambavo II 238.
Paläolarisa 67.
Paläo-Leonti II 64.
Paläomani 120.
Paläo-Mazi 236.
Paläo-Muchli II 222.
Paläo-Panagia 237. 239.
Paläo-Phanari II 286.
Paläo-Phtelio 81.
Paläoplatanos 136.
Paläopolis II 144. 263. 306. 360. 443 f.
Paläo-Skaro II 526.
Paläothiva 234.
Paläovuni 236. 242 f. 367.
Paläpharsalos 76.
Paläros 115. (*Auf Münzen* Paleiros: *s. Annali* XXXVIII p. 333.)
Paläste 16.
Palamidi II 59 f.
Pale, -leer II 371. 373. 376 f.
Paleia II 319.
Palerimo 15.
Paliki II 371 ff. 377.
Paliskios II 228 f.
Palladion 296. 302.
Pallantion II 215. 221. 223 f. 250.
Pallene 345 f. II 13.
Palodes *s.* Pelodes.
Pambotis 21.
Pamisos 7. 52. 55. II 111. 153. 157. 168. 171 f. 279. 282.
Pamphia 136.
Pamphyloi, -liakon 154. II 25. 56.
Panachaikon II 310. 312 f. 315. 324. 330 f.
Panätolion 124. 132. 136. 138.
Panagia 113.
Panagia Chozoviotissa II 511. 517.
Panagia ston Dia II 378.
Panagia Turliani II 449.
Panagiti II 242.
Panakra II 531.
Panakton 250 f. 332.
Panathanaikon stadion 320.
Pandionis 220. 263. 346.
Pandora 44.
Pandosia 29 ff.
Paneion 357.
Panermos II 387 f.
Panhellenion II 84 f.
Pani 352.
Panionion II 334.
Panitza II 39.
Pankale II 512.
* Pannona II 562.
Panopeus 158 f. 168. 205.
Panopos krene 300.
Panormos 15. 354. II 312. 376. 388. 447. 450. 495.
Panormos II 556. 558.
Pansgrotte 294.
Panteleïmon 119. II 120.
Pantheion II 294.
Pantokratoras II 356. 358.
Pantomatrion II 555.
Paon, Päon II 263.
Pappadates 135.
Par II 69.
Paracheloitä 84.
Paracheloitis 120. 127 f.
Paräbasion II 241.
Paralia, -lier 90 f. 96. 263 f.
Paralimni 201.
Paramythia 27.
Parauäa 14.
Parauäoi 10. 27.
Paraporti 226 f.
Parapotamioi, -mia 159. 164. II 61. 77.

Parapungia 240.
Parasopia 244. 248 f.
Parasopias 92.
Pardali II 114.
Parikia II 487.
Parion II 485.
Parnasos 130. 142 f. 150. 152 f. 157 ff. 166 f. 169 f. 178 ff. II 94. 102. 403.
Parnes 194. 219 f. 250. 252 ff. 256 f. 264. 328. 332 ff. 350. II 102.
Parnon II 7. 68. 72. 102 f. 107 f. 110. 115. 133 f. 139 ff. 185. 352.
Paronaxia II 484.
Paroräoi 10.
Paroreatä II 272.
Parori 157. II 131 f.
Paroria II 231.
Paros II 348 f. 352. 439. 455. 483 ff. 492. 494. 574. 576.
Parrhasia, -sioi II 210. 225 f. 235 ff. 241. 485.
Partheni II 425.
Parthenias II 287.
Parthenion 331. II 7. 39 f. 66. 182 f. 187. 217 f. 222. 425.
Parthenios II 425.
Parthenon VIII. 310 ff.
Passaron 24 f.
Passava II 147.
Patage II 512.
Patissia 325. 335.
Patmos II 350.
Paträ 129. 145. II 311 f. 316 f. 321 f. 324 ff.
Patroklu nesos, -charax 356.
Patronis 169.
Pavla 16 ff.
Pavleïka II 117.
Pavlitza II 253.
Paximadi II 399. 432.
Paximadia II 569.
Paxo II 347.
Paxos, -xoi II 364.
Pedasos II 109. 175.
Pediada II 558. 571.
Pedias, -dieis 163. 263 f.
Pedion 264. II 44. 256.
Pegä II 187.
Peirä II 322.
Peiräeus 265 ff. 365.
Peiraeis, Peiräa, Peräa, Peiräon 372 f. 382 f. II 9. 527.
Peiräos II 23.
Peiraïke pyle 278. 281. 290. 325.
Peirene II 16 f.
Peiresia, -siä 74.
Peiros II 311. 319. 322 f.
Peläas alsos 97.
Pelagones 51.
Pelagonisi II 384. 390.
Pelagos II 215. 222.
Pelasger 4. 9. 11. 45. 50. 203 f. 261. 272. II 8. 41 f. 108. 159. 188. 314. 392. 441. 534 f.
Pelasgia 44. II 454.
Pelasgikon 304 f.
Pelasgikon Argos 82. -pedion 65.
Pelasgiotä II 386. 392.
Pelasgiotis 23. 44 f. 48. 50 f. 58 ff. 87. 96.
Pelekania 197.
Pelekes 335.
Peleki II 402. 411.
Pelinna, -näon 52 f.
Pelion 40. 43. 47. 96 f. 99 f. 102 f.
Pellana (Pellene) II 30. 113. 115. 183. 189. 201. 314. 316. 319. 340 ff.
Pellanis II 115.
Pelodes (Pal.) 18.
Peloponnesos 6. 371. 373. II 1 ff.
Peluso II 379.
Peneios 12. 14. 41 f. 48 f. 51 ff. 55 f. 58 ff. 73 f. II 269 f. 273. 300 ff.
Pentedaktylon II 104.
Pentele, -likon 253. 344 f.
Penteleia, -leion II 199.
Pentemylis 73.
Pentenisia II 77.
Peparethos II 349 f. 353. 384. 387 f.
Pephnos, -non II 153 f.
Perachora 382.
Peräa *vgl.* Peiraeis.
Perätheis II 228.
Perama 365.
Perantia 141.
Peratia 350 f.
Perdikas II 86.
Perdikovrysis 212.
Pereia 85 f.
Pergamon II 542.
Perissa II 527.
Peristeri II 440.
Permessos 233. 236.
Perranthes 34. 36.
Perrhäboi, -bia 10. 23. 45. 47 f. 50 f. 55 ff. 66. 87.
Perseia II 47.
Petala 128.
Petali II 432.
Petaliä II 432.
Petalidi II 172 f. 517.
Petasi II 99.
Peteōn 214.
Petitaros 140.
Petra 57. II 12. 22. 306.
*Petra 236.

Petra 234. II 575.
Petrachos 205 f.
Petrina II 113.
Petrino 74.
Petritis 170.
Petrochori 137.
Petrosaka II 215.
Petrovuni II 146.
Petsa s. Spezzia.
Petzavläs II 466.
Phabra, -ris 360.
Phacussä II 511.
Phäaken II 358.
Phädriades 170 f. 179.
Phädrias II 243.
Phäka 54.
Phäston 149.
Phästos 68. II 286. 567 f.
Phagas 231.
Phakion 53. 68.
Phaläsiä II 243.
Phalakron II 357.
Phalanna, -non, -näa 56. II 553.
Phalanthon II 230.
Phalara 83.
Phalaros 235.
Phalasarna II 553.
Phalasia II 408.
Phaleron 265. 268. 271. 360 f.
Phaloreia 48 f.
Phalykon 369.
Phanari 28 f. 54. II 234. 489.
Phanote 19.
Phanoteus 168.
Phara 118.
Pharä, Pherä 223. II 105. 112. 130. 168. 170 f. 316 f. 322 ff. 331. 426.
Pharaklo II 139.
Pharbelos II 426.
Pharis II 110. 130 f.
Pharkadon 53.
Pharmakussä 366.
Pharos II 486.
Pharos II 481 f.
Pharsalos, -lia, -lier 72. 74 ff. 79.
Pharygä 158. 185. 188 ff.
Pharygion 158.
Phegäa, -gus 346.
Pheia, Phea II 274. 284. 301.
Phellias II 130.
Phelloë II 339 f.
Phellon II 274.
Pheneos, neatis II 185. 189. 194. 198 ff. 262. 340.
Pherä 69. 79. II 426 (*vgl.* Pharä).
Pheräa II 426.
Pherephattion 287.
Phersala 75.
Phersalitikos 76.
Phialeia *s.* Phigalia.
Phibalis 369.
Phidaris 132.
Phidokastro 36.
Phigalia (Phialeia), -leis II 179. 250 ff.
Phikas II 487.
Phikion 231.
Philagra II 437.
Philaidä 348.
Philanorion II 98.
* Philaros 235.
Philia II 164. 263.
Philiatra II 178.
Philippeion II 208. 295.
Philippeios stoa II 247.
Philippupolis 80.
Philoboiotos 157. 164.
Philoti II 495.
Phira II 526. 528.
Phistyon Stadt in Aetolien nördlich von der Trichonis; s. Inschr. bei Bazin Mémoire sur l'Étolie (Archives des missions scient. II série, t. I) p. 369, n. 11.
Phiva 199. 225.
Phlegyer 45. 50. 52. 65. 158. 163. 168. II 72.
Phlembukos 172.
Phlevás 359.
Phlius, Phliasia II 6 f. 24. 30. 32 ff. 43. 194.
Phlya, Phlyeis 334. 348.
Phlygonion, -nia, -ne (*in delphischen Inschriften* Plygonion) 159. 185.
Phodeles II 556.
*Phoibäa II 90.
Phoibäon II 127 f.
Phoibia II 31 f.
Phoinike 17. II 507.
Phoiniker 185. 202 f. II 11. 41. 108. 138. 140. 144 f. 272. 368. 413. 472. 483. 498. 513. 518. 524. 534 f. 576.
Phoinikion 199. 213.
Phoinikus II 141 f. 174. 547.
Phoinix 92 f. 211. II 313. 545. 547 f.
Phoitiä, -tion, Phytia 111 (*vgl.* Phytäon).
Phoizon II 216.
Phokä 196. 214.
Phokasia 214.
Phoker, -kis 93. 143. 153. 156 ff. 188. 194. 242 f. II 510.
Phokianos II 137.
Pholegandros II 348. 350. 504 f. 525.
Pholeos II 249.
Pholoe II 184. 268 f. 286. 301.
Phonia II 199 f.

Phonissa II 314.
Phorbanteion 289.
Phorbia II 449.
Phoriamoi II 287.
Phorkynos bessa II 272.
Phorkynos limen II 370.
Phorkynos oiketerion II 438.
Phoronikon asty II 41.
Phorōn limen 271.
Phreattys 270.
Phrikiäs II 368. 370.
Phrikion 186.
Phrixa, -xä II 277. 283. 286 f. 541.
Phrixos II 65.
Phryger, -gien 203. II 2. 534.
Phrygia 88. 334.
Phtelio 81.
Phteri 98.
Phthia, -iotis, -iotä 44 f. 70. 72. 75. 77 ff. 90.
Phuka II 35.
Phurka 84.
Phustiani 136.
Phylakä II 118.
Phylake, -keis 25. 80. II 187. 216.
Phylaktris II 221.
Phyle 249. 252. 333.
Phylincheia II 516.
Phyllos, -leion 74.
Physkos 149.
Phytäon (*inschriftlich* Phoiteion) 136.
Phytia *s.* Phoitiä.
Pìaleia 13. 48.
Piali II 218. 220 f. 223.
Piana II 228. 230.
Pidima II 168.
Piera II 274.
Pierion 73.
Pierische Thraker 238. 261. 264.
Pikermi 345. 349.
Pikerni II 214.
Pieros II 311 f. 323.
Pindos 12 f. 39 f. 42. 46 f. 54 f. 73 f. 86 f. 132. 140. 153. 155 f.
Piperi II 384. 478.
Pirathi II 563.
Pirnatza II 157.
Pisa, -säa, -satis, -tä II 273 f. 286 ff.
Piskini II 279.
Pitana II 121. 126 f.
Pithos, Pitthos 345.
Pityonnesos II 77.
Pityussa II 61. 86. 101. 502.
Plaka II 501. 547 f. 576 f.
Plakotos II 509.
Planiti II 447.
Platää 226. 240. 243 ff. II 31.
Platage II 512.
Platamodes II 178.
Platania 169. 183.
Platanios 192.
Platanistas II 127.
Plataniston II 173. 237.
Platanistos II 435 f.
Platanistūs II 140. 282.
Platanos, -nios II 542.
Platea II 525.
Plateia II 484.
Platia II 61. 392.
Platiana II 284. 312.
Platurada II 20.
Platyperama II 558. 561.
Pleiä II 143.
Pleistos 157. 169 ff. 179 ff.
Plessidi 43.
Plethrion II 303.
Pleuron, -onia 125. 129 f.
Plokapari 123. 138.
Plotä II 383.
Plotheia 342.
Pnyx VII. 272 f. 276 ff. 280.
* Poetneum 40.
Pogon II 90.
Poiessa II 470. 473.
Poikilassos, -lasion II 548.
Poikile stoa 286 f. II 26. 297.
Poikilon 253.
Poimandria, -ris 222.
Polemarcheion II 252.
Poliasion II 117.
Polichna, -ne 372. II 135. 163. 541 f.
Polinos II 501. 503.
Polis 152. II 209.
Polis II 370. 546.
Politika II 417.
Poloni II 478.
Polu pedion II 230.
Polyägos II 348 f. 390. 483. 501. 503 f.
Polybos II 501 f. 503.
Polygnotu pyrgos II 39.
Polykandro II 504.
Polyktorion II 371.
Polyphengo II 32.
Polyrrhenia, -nion II 551 ff.
Pompeion 279.
Pontikokastro II 301.
Pontikonisi II 360 f. 553.
Pontinos II 40. 65 ff.
Pontos 370. II 80.
Pori 99 f.
Porinas II 201.
Poros II 311.
Poros II 92 f. 376.
Porphyrusa II 140.

Porta 111.
Portäs II 63.
Porthmos II 423.
Porto della Grazia II 466.
Porto Draco 265.
Porto Franco II 23. 140.
Porto Germano 381.
Porto Kastri II 435.
Porto Katena II 478.
Porto Kuverta s. *Kuverta*.
Porto Leone 265.
Porto Livadi II 478.
Porto Mandri 353. II 100.
Porto Molo II 100.
Porto Panagia II 100.
Porto Quaglio II 148 f.
Porto Raphti 257. 350 f.
Porto Thalassa II 496.
Porto Vathy II 514.
Porto Viscardo II 376.
Poseidion 16. 18. 81. II 342. 356.
Poseidonia 251.
Posidaon II 44.
Posideion II 410. 435.
Posoidlias II 209.
Potachidä II 217.
Potamia II 132. 495.
Potamides II 495.
Potamo II 357. 364.
Potamos 352.
Pothereus II 558. 563.
Potidäaten 173.
Potidania 142.
Potniä 230.
Präsos II 533 f. 563. 575 f. 578.
Pras 76.
Prasa II 503.
Prasiä 257. 350 f. II 92 f. 133 f.
Prasonisi 360. II 158.
Prassäboi 27.
Prasura II 20.
Prepesinthos II 348 f. 482.
Preveli II 547.
Prevetos II 323.
Preveza 32.
Priansos, -ansion II 531. 534. 563 f. 571.
Probalinthos 340.
Probasie, -batia 197. 206 f. 209.
Prodromo 110.
Proërna 76.
Proitides pylä 226 ff. 230.
Prokonnesos II 350.
Prokopanisto 129.
Pron II 52. 54. 96 f.
Pronastä 202.
Pronia II 60.
Pronnoi, Pronesos II 372 ff. 376 f.
Propaxos II 364.
Propyläen VII. 306 ff. 329.
Proschion 131.
Proselenoi, -näoi II 190.
Proseis II 241.
Prospalta 346 f.
Prosymna II 47. 241.
Protano II 178.
Prote II 178. 346. 384.
Prytaneion 295. II 295.
Psakon II 541.
Psamathus II 149.
Psammetiche II 452.
Psammite II 452.
Psaphis, -phidä 221.
Psara II 466.
Psaromyli 148.
Psaropyrgos II 509.
Psathi II 510.
Psathura II 384. 390.
Psiloriti II 531.
Psipha, -phäa II 90.
Psophis, -phidia II 189. 258. 260 ff. 381 f.
Psychia II 512.
Psychion, Psycheus II 545 f. 569.
Psychro II 158. 178.
Psyra II 574.
Psyttaleia 365.
Ptechä II 422.
Pteleon 81.
* Ptolederma II 231.
Ptolemäos' Gymnasion 290 f.
Ptolemais 263.
Ptoon 200. 212 ff.
Ptychia II 361. 363.
Pulitra II 137.
Punta 114 f.
Purleska II 274.
Pyknos II 543.
Pylä 93.
Pyläa 179 f.
Pyläs II 472.
Pylene 125. 131.
Pyli II 412.
* Pyloros II 563.
Pylos II 109. 158 f. 161. 176 ff. 279. 282. 300. 306 ff.
Pyra 88 f. 91.
Pyranthos II 563.
Pyrasos 80.
Pyrgo II 464.
Pyrgos, -goi 305 ff. II 277 f.
Pyrgos II 152. 289. 526. 528.
Pyri 227.
Pyrpolos II 454.
Pyrrha 70. 80. 185. II 438.
Pyrrhäa 44.

Pyrrhi castra, Pyrrhu charax 25. II 148.
Pyrrhichos II 112. 148.
* Pyrsophion II 415.
Pythion 51. 57. 302. 326. 339. II 236.
Pytho 170.
Pytna II 578.
Pyxaria II 400. 402.

R.

Rachäs 83. II 260.
Rakli II 372. 376.
Raklia II 510 f.
Raphina 349.
Rapsani 61.
Rapsista 54.
Rasina II 132.
Renissa II 231.
Reonta II 135.
Rethimo II 540. 554.
Renithia 221.
Revmatiari II 452.
Rezeniko II 228.
Rhäteä II 234.
Rhamnus 251. 341 f. II 551. 562.
Rharion 331.
Rhaukos II 557. 561 f.
Rheithron II 367.
Rheitoi 327.
Rheitos II 12.
Rhene, -neia II 348 f. 439. 451 ff.
Rhennos II 206.
Rhion 146. II 157. 159. 174. 312.
Rhion Achaikon 146.
Rhion Molykrikon 146.
Rhion Oiniäon 382.
Rhithymna, -nia II 552. 554.
Rhizus 98 f.
Rhodon II 155.
Rhodos, -dier II 350. 352 f. 442. 494. 496.
Rhoduntia 95.
* Rhokka II 552.
Rhomboeides 376.
Rhus 376.
Rhynchä II 426.
Rhynchos 109.
Rhypes, -pike II 313. 316. 330 f.
Rhytion II 567 f.
Rigani 120. 139. 146 f.
Rigokastro II 475.
Rithymnos II 554.
Riviotissa II 130.
Riza II 547.
Rizomylo II 335.
Rodini 172.
Rodovani II 548.
Römer II 457.
Rogdia II 558.
Rogus 31.
Roino II 39.
Rokka II 552. 561.
Romäa, Romäi II 3.
Rotas II 568.
Roviäs II 411.
Ruga 112.
Rumeli II 548.
Rumeli kastello II 555 f.
Rumelis to kastron 146.
Ruphia II 186.

S.

Saba (Sapa) II 571.
Saëta II 199. 202 f.
Saguntum II 381.
Salachora 36.
Salamis 271. 362 ff. II 92.
Salamvria 41.
Salganeus 200. 215.
Salina II 360.
Salmastraki II 355. 364.
Salmeniko II 313.
Salmon, -mone 51. II 273. 288.
Salmonion, -moue, -monis II 575 ff.
Salona 150. 152. 181.
Samara II 243.
Same, -mos, -mikon II 272. 277. 281 f. 284. 366. 368 f. 371. 373. 375 ff.
Saminthos II 49.
Sammonion, Samonion II 533. 575.
Samos, -mier II 381. 465. 479. 495. 513. 541.
Samos II 371 ff.
Samothrake II 351. 390.
S myrgo II 180.
S. Danista II 378.
Sandava II 154.
Sane II 441.
S. Giorgio d'Arbora II 476.]
S. Giovanni II 274.
S. Salvatore II 356.
S. Stefano II 356.
Santa Maria II 140. 158.
Santameri II 269. 307 f.
Santorini (Santellini) II 520. 526.
Saphlaurus II 137.
Sapienza II 158. 174.
Sarakino II 384. 392.
Sarantaporos 57.
Sarantapotamos 257. II 187 f. 226.]
Saranti 243.
Saratscha II 174.
Saruzenen II 353. 363. 538.

Saromata 186.
Saron, -nikos kolpos 366. II 7. 86. 90. 263.
Sartena II 282.
Saruk aga 68.
Sason 14. II 346.
Saunion 185.
Sauros II 286 f. 532.
Savani-Kalyvia 332.
Scati II 385.
Schardagh 6.
Scheria II 358.
Schiati II 385.
Schinari II 378 f.
Schinuris II 361.
Schinussa II 510 f.
Schiste 169. 183.
Schoineus, -nus 200. 214. II 19. 230.
Schoinos 214.
Scodrus s. Skardos.
Scopulus II 387.
Scordus s. Skardos.
Seirä II 262.
Sekyon s. Sikyon.
Selachusa II 77.
Selas II 159.
Selemnos II 312.
Selinos II 548 ff.
Selinus, -nuntier II 136. 285. 297. 311 ff. 315 324. 330 f. 333. 388. 411.
Sellasia II 116 ff.
Selleeis II 31. 270. 307.
Seller 10. 23.
Selos 46. 57.
Semachidä 342.
Sepeia II 57.
Sepia II 202.
Sepias 96. 100. II 384.
Sepolia 325.
Serangion 269.
Seriphos II 348 f. 352. 439. 455. 470. 476 ff.
Serphopula II 478.
Serphos II 476.
Sibyrtos II 568.
Sidä 249.
Side II 139.
Sidero II 575 f.
Sidirokavkhio 185.
Sidiropelikos 66.
Sidon II 483.
Sidus 384.
Sifanto II 479.
Sigelu mnema 242.
Sikeler 9.
Sikelia 325. 370. II 403.
Sikelia mikra II 490.
Sikelisches Meer II 186. 268.
Sikia II 176 f.
Sikinos II 348 ff. 505 ff.
Sikyon (Sek.), -nier 173. II 6 f. 9 f. 14. 16. 23 ff. 191. 194 f. 296. 314. 320. 340. 342.
Silana 57.
Sileniä 364.
Simiades II 214.
Sinanbei II 131.
Sinano II 246. 250.
Siope II 304.
Siphä 241.
Sipheno II 479.
Siphnos, Siphnier 173. II 348 ff. 352. 439. 455. 477. 479 ff.
Siridos hedra II 438.
Sirtschi 216.
Sitia II 532. 575 f.
Siton 79.
Skabala II 426.
Skala II 49. 63. 376. 378.
Skambonidä 275.
Skandeia II 141 f.
Skandile II 390.
Skanzura II 384. 390.
Skaramanga 271. 366.
Skardamula II 154.
Skardamyla II 154.
Skardos (Scordus, Scodrus) 6.
Skaro II 526.
Skarphe, -pheia 189. 249.
Skatovuni II 324.
Skeironides peträ 261. 368. 373. 384.
Skepila II 387.
Skia, Skion II 426.
Skiada II 307.
Skiadi II 250.
Skias II 125. 250.
Skiathis II 199. 385.
Skiathos 100. II 350. 353. 384 ff. 393.
Skillus II 285 f.
Skino 382.
Skioessa II 310.
Skipiesa II 199. 203.
Skiradion 365.
Skiras 362.
Skiritis II 111. 117 f. 190. 216. 241. 243.
Skiron 323.
Skiros II 118.
Skirtonion II 243.
Skiti 99.
Skoleitas II 247.
Skollis, -lion II 269 f. 301. 307. 310. 322.

Skolos 248 f.
Skona II 37.
Skopa II 148.
Skope II 215.
Skopelos II 353. 384 f. 386 f. 393. 406.
Skopion 80.
Skopos II 379. 382.
Skortus 109.
Skotane II 263.
Skotitas II 116.
Skotussa, -säa 70 f.
Skroponeri 196. 214.
Skumbos 49.
Skupi II 262.
Skurta 249 f. 332.
Skutari II 148.
Skyli II 86.
Skylläon 366. II 86 f. 94. 101.
Skyras II 148.
Skyropulo II 384. 394.
Skyros 86. II 148. 243. 349 f. 353. 384 f. 390 ff.
Skythis II 454.
Slaven II 14. 112. 194. 221. 329.
Slavochori II 131.
Smarlina II 252.
Smenos II 147.
Smerna II 268. 280. 285.
Sminthos, -the II 426.
Smyrna II 508.
Sollion 115.
Sologorgos II 255.
Soloi II 255.
Solygeios, -geia II 8. 12. 23.
Solymnia II 390.
Sophades, *-ditikos* 46. 73 f.
Sophiko II 77.
Sopoto II 262.
Soron II 263.
Soros 222. 224 f.
Spada II 541.
Spaitziko II 62.
Spalathra, -lauthra 101.
Spanopulo II 472.
Sparta, -taner 8. 245 f. II 93. 104 ff. 108. 115 f. 119 ff. 154. 160 f. 168. 243. 277.
Spartoi 203.
Spartovuni 105.
Spasmeno vuno II 78.
Spata 346.
Speiräon II 77.
Spercheia, -cheiä 89. 154.
Spercheios 42. 83 f. 87 ff. 188. II 94.
Spezzia (*Petsa*) II 99 ff.
Spezziapulo (*Petsapula*) II 100 f.
Sphäria II 93.
Sphagia II 175 f.
Sphakia, *-aner* II 538. 546. 548.
Sphakteria II 175 ff. 346. 384.
Sphekeia II 438.
Sphendale 336.
Sphettos 346 f. 351. II 389.
Sphinari II 551.
Spina longa II 538. 573.
Spineten VII.
Spiri II 77.
Spiria II 31.
Spledon 211.
Sporaden, nördliche II 351. 406.
Sporades II 348 ff. 496 ff.
Stageiros II 441.
Stagi, *-gus* 14. 49.
Stala II 238.
Stamata 342.
Stamphano II 383.
Stapodia II 450.
Stasimi II 162.
Stathmoi II 116.
Stavri II 146. 148. 260. 482.
Stavro-Koraki 337 ff.
Stavronisi II 102.
Stavros, *-ro* 81. II 556.
Steiria 350.
Steiris 159. 183 f.
Stelae II 563.
Stemnitza II 230 f.
Steno II 99. 440.
Stenosa II 496.
Stenyklaros II 160. 162. 164.
Stephanepolis 19.
Stephani II 235. 237.
Sternäs II 544.
Stratos, -tike 108 f. 111. 120 ff. II 260. 319.
Strimessos II 467.
Strivali II 383.
Strongyle II 489.
Strongylo II 482.
Strophades II 383 f.
Strophie 226.
Strovitzi II 278.
Struthûs II 98.
Stura II 398. 430 f. 434.
Stylangion II 277. 285.
Stylida 83.
Stymphalos, -lia II 32. 35. 38. 65. 185 f. 189. 194 ff. 343.
Stymphelos II 413.
Styra II 399. 403. 418. 426. 430 f. 434. 437.
Styx II 202. 438.
Suda II 538. 542. 544.
Sudena II 263. 265.
Sudsuro II 563.

Suia II 548 f.
Suli 27. II 195.
Sulia, Sulena II 568.
Sulinari II 62.
Sumetia, Sumation II 229.
Sunion 202. 254. 264. 354 ff. 366. II 348. 395. 476. 488.
Supli 70.
Susa II 419.
Sybaris, -ritä 179. II 90. 297. 337.
Sybota 28. II 346.
Sybrita (Sub.) II 568 f.
Syia II 548.
Sykurion 62.
Syllaka II 475.
Symbola II 187.
Symbolon 289.
Syra II 330. 464 ff.
Syrakus, -sier 173. II 22. 296. 464.
Syrie II 464. 466.
Syrma Antigones 231.
Syros II 348 f. 352. 455. 464 ff.
Syr-Papas 52.
Sys, Sythas II 30. 314. 341 f.

T.

Tachy 230.
Tänaron II 104 f. 150 f. 435. 577.
Talanti 192.
Talantia II 407.
Talanto 366.
Talantonisi 191.
Talares 24.
Taleton II 104 f. 131.
Talläa ore II 557.
Tamynä II 424.
Tanagra, -gräer 217 ff. 221 ff.
Tanos II 68. 70 ff. 577.
Taphiassos 132 ff. 145.
Taphos, -phias, -phier 106. 126. II 365 f. 378.
Tarphe 164. 190.
Tarrha II 545. 548.
Tartari II 262 f.
Tatatzi 242.
Tatoi 335.
Taurios, -ros II 87.
Taygeton II 104 ff. 112 ff. 144 ff. 155 ff. 164. 169 f. 185. 225. 241 f.
Tegea, -geatis II 65. 72. 110 f. 116. 118. 186 f. 189 f. 192. 198. 207 f. 215 ff. 265.
Tegeatis pyle II 166. 213.
Tegyra, -rä 211.
Teichion 142.
Teichos II 321.
Tekeli 68.
Tekmon 25.
Teleboer 106.
Telethrion II 401. 408. 410.
Telos II 349.
Telphusa *s.* Thelpusa.
Temenia II 549.
Temenion II 8. 42. 56 f.
Temenos II 558. 561.
Temmikes 202.
Tempe 41. 56. 58 ff.
Tenea II 22.
Tenedos II 22. 350 f.
Teneiä II 205.
Tenerikon 213 (*vgl.* 231).
Tengyra 249.
Tenos II 139. 348 ff. 352. 417. 439 f. 441 f. 445 ff. 455 469.
Teos II 555. 561. 563. 574 f. 579.
Tepelen 20.
Termessos 233.
* Tethrin II 559.
Tetragonon II 303.
Tetranisia II 363.
Tetraphylia 40.
Tetrasi II 155. 162 f. 185. 242.
Teumessos 224.
Teuthea, -theas II 311. 322.
Teuthis II 204. 231 f.
Teuthrone II 112. 148 f.
Thalamä II 112. 153 f. 307.
Thaliadä II 263.
Tharso II 199. 201.
Thasos II 351. 485.
Thaumakoi 85.
Thaumasion II 229. 231.
Theater (athenisches) 297 ff. 303. 315.
Thebä, -baner 173. 198. 200. 202. 204. 206. 209. 212 f. 218. 224 ff. 238. 243. 245 f. 248. 333.
Thebä Phthiotides 79 f.
Theganusa II 158. 346. 384.
Theisoa II 204. 231 f. 234 ff.
Theius II 243.
Thelpusa (Telphusa), -säa II 232 f. 256. 259 f. 262.
Thenä II 571.
Theodoriana 40.
Theomelida II 126.
Thera 6. II 348 ff. 450. 517. 520 ff.
Therä II 106. 131.
Therapne, -nä II 127 f. 568.
Therasia II 503. 521 ff. 528.
Theren II 558.
Theriko 353.
Thermäischer Meerbusen II 390.
Thermia II 473.
Thermisi II 86 f.

Thermodon 222 f.
Thermon 127. 136 ff.
Thermopylä 91 ff. 156. 186. 188. II 280. 409.
Theseion 288 f.
Thespiä 200. 223. 236 ff.
Thespios, -pieus 200. 237.
Thesproter, -tis 10 f. 18. 24 ff.
Thessalia, -ler 2 ff. 24. 32. 40 ff. 93. 156. 209. 238. II 8. 72. 272 f. 333. 385. 403. 419. 477. 535.
Thessaliotis 44. 72 ff.
Thestiadä II 448.
Thestieis 138.
Thetideion 75.
Theudoria 40.
Theuma 74.
Thiaki II 347. 367. 443.
Thisbe 240. 242 f.
Thoknia II 240.
Tholaria II 516 f.
Tholopotamos II 313. 330.
Tholos 283.
Thorä 357.
Thorikos 352 ff.
Thornax II 96. 117.
Thrästos, Thraustos II 307.
Thrakia, -ker 158 f. 165. 168. 203 f. 238. II 350. 386. 392. 426. 489. 491.
Thrakisches Meer II 351.
Thria, Thriasion 264. 290. 327 f. 335.
Thriasiä pylä 290.
Thronion 188 ff.
Thronos II 568.
Thryon, Thryoessa II 283.
Thuria II 112. 156. 161. 168 f.
Thurion 206.
Thurm der Winde 293.
Thyamia II 31.
Thyamis 18 f. 21. 26 f.
Thyamos 105. 110. 124. 140.
Thymoitadä 271.
Thyiäon II 231.
Thyrea, -reatis II 42. 68 ff. 118. 134. 136. 216. 222.
Thyreion, Thyrion, Thurion 32. 108. 112.
Thyrides II 152. 159.
Thystion 138.
Thyteion 179.
Tiasa, Tiassos II 120. 130.
Ticho 380.
Tigani II 152.
Tilphossion, -phossäon, -phusa 234. 236.
Tinos II 445.
Tiparenos II 101.
Tipha 241.
Tiryns II 41 ff. 57 ff. 98.
Tisäon 100 f.
* Tissia II 567.
Titakidä 336.
Titane II 30 f. 195.
Titaresios 23. 42. 50. 58.
Titarion 42. 47. 57.
Tithora, -rea 158. 166 f.
Tithronion 154. 159. 162.
Titthion II 72 f. 75.
Tityros II 541.
Tmaros s. Tomaros.
Tolon II 39. 61 f.
Tolophon (Tolphon, Tolphonia nach Inschr. bei Wescher et Foucart Inscr. n. 80 u. n. 289) 143. 149.
Tomäon, Tomeus II 158.
Tomaros (Tmaros) 20 ff. 26. 39.
Toplu-Monastiri II 576.
Topolia 212.
Toryne 28.
Tosken 11.
Trachela II 153.
Trachili II 77. 141. 550.
Trachin, -chis, -chinier 90. 94 f. 159. 183.
Trachones 361.
Trachy II 203. 205.
Tragia, -geä II 495.
Tragos II 186. 206. 263.
Tragovuni 81.
Tragulas II 488.
Trapezona II 72.
Trapezus, -zuntia II 240 f.
Traphos II 567.
Treis kephalä 249.
Trephia 201.
Treton, -tos II 9. 23. 35. 37 f. 40. 45. 47. 552.
Tribukkäs II 391 f.
Trichonion 136.
Trichonis 135 ff.
Trigardokastro 121.
Trikaranon II 32. 34 f.
Trikeri 100. II 101. 136.
Trikka 47. 49. 51 f. II 343.
Trikkala 46. 51. II 314. 341. 343.
Trikkalinos 51.
Trikolonoi II 230 f.
Trikorpho 148.
Trikorythos 340 f.
Trikrana II 101.
Trikrena II 201.
Trinasos II 144.
Trinemeia, -meis 342.
Trinisa II 144.
Triodoi II 229.

Trion Vasallon II 501.
Triphylia 25. II 4. 6. 155. 159. 179. 182. 184. 233. 250. 272 f. 277 ff. 419.
Tripodes 295 f. 372.
Tripodes II 495.
Tripodiskos, -käoi 372. 380 f.
Tripolis 51. 57. II 113 ff.
Tripolis s. *Tripolitza*.
Tripolissioi 27.
Tripolitza II 66. 207. 216. 221. 229.
Tripotamo II 262.
Tripyrgia II 85.
Trisonia 148.
Tris pyrgi 265.
Trita II 559.
Tritäa, -teia 152. 163. II 316 f. 324. 330 f.
Triteeis 163.
Triton 198. II 559. 571.
Tritonis II 234.
Trochos II 66.
Troia, Troianer 18. 271. II 22. 206.
Troizen II 7. 72. 76. 86 ff. 95.
Tromileia II 343.
Tronis 169.
Tropäa II 260.
Tropäon 364.
Tropheia, Trapheia 201. 214.
Trychä II 426.
Trypäs, *Trupäs* II 258. 279. 337.
Trypha II 164.
Trypi II 104.
Trypiti II 499. 501. 548.
Tschapka 42.
Tschausi II 130.
Tschernidolo II 72.
Tschia, *Tzia* II 467. 471.
Tschiknia s. *Kyknias*.
Tschipidi (*Κηπίδι*) II 488.
Türken 46. II 112. 173. 329. 394. 406. 443. 471. 539.
Turkovilia 118. II 137.
Turkovrysis II 147.
Turkovuni 255. 343.
Turla II 410.
Turlo II 449.
Turnovo 65.
Turtovana II 199. 202.
Tuthoa II 256.
Tychäon II 426.
Tylisso (*Apano-T.* und *Kato-T.*) II 557.
Tylissos II 557 f. 561 f.
Tymphe, -phäa, -phäer 10. 13 f. 24 f. 48 f. II 196.
Typäon II 286.
Typaneä, Tympaneä II 277. 285.
Typhrestos 87 f. 139. 141. II 196.
Tyrier II 457.
Tyros II 137.
Tyrrhenische Pelasger 203. II 392.
Tyru II 42. 134. 136.
Tzakones, *-nia* II 133.
Tzalitza 185.
Tzangli 80.
Tzarukonisi II 510.
Tzemberula II 233.
Tzimbaru II 187. 226 f.
Tzimova II 152.
Tzinzina II 135.
Tzumerka 26. 39 f.

U.

Umbrien II 80.
Uria 128 f.

V.

Valana 349.
Valaxa II 394.
Valeri 112.
Vali II 556.
Valis, Valeioi (= Elis) II 257. 268.
Valteseniko II 232.
Vallos 105. 110.
Vamvaku II 135.
Vanäna II 259.
Vanakisias II 209.
Vandalen II 363. 382.
Vaphio II 131.
Varassova 132.
Vardusi 139.
Vari 358 f.
Varipompi 334.
Varnakova 142.
Varnava 332. 337. 342.
Vasiladi 128.
Vasilika II 27.
Vasiliki 118.
Vasiliko II 401. 412. 418.
Vasilopotamos II 108.
Vasilospito 30.
Vathia II 151. 397. 421. 423.
Vathy 218. II 147. 367. 370.
Vathy Avlaki II 150.
Vatika II 103. 139.
Vauxos, Vaxos II 555.
Velestino 69.
Velia II 183. 265 f.
Velitza 166.
Veluchi 87.

Venedig, *Venezianer* II 112. 141. 173. 200. 329. 347. 354. 363. 394. 406. 414 f. 443. 446 f. 470. 538 f.
Venetiko II 158.
Veni II 568.
Vergutiani 247.
Verseniko 185.
Verveni II 269.
Ververonda II 98. 101.
Vesina II 195.
Vetolista 142.
Viano II 579.
Vido II 361. 363.
Vigla II 132. 517.
Vilostasi II 466.
Vistritza 16. 18. 90.
Vitrinitza 149.
Vitylo II 152 f.
Vlachi II 256.
Vlachia, *Walachen* 46.
Vlachojannis 56.
Vlicha 38.
Vlichos 117.
Vlithias II 549 f.
Vlochos 74. 136. 138.
Vlogoka, *-kitikos* II 313. 338 f.
Voidia II 310.
Voidokilia II 176 f.
Voinoa II 307.
Volimnos II 170.
Volo 69.
Volustana (*d. i.* *Βώλου στενά*) 57 (*vgl. Liv.* XLIV, 2).
Vonitza 113.
Vorlovo 165.
Vostitza II 311. 331.
Votry II 490. 495.
Vovos 27.
Vrachiona II 379.
Vrana 339.
Vraona 350.
Vresthena II 117.
Vromolimni II 91 f.
Vromosella II 240.
Vrysaki 353.
Vryses II 542.
Vulgari 115.
Vuliasmeni 383.
Vuno II 223.
Vurgaris 42. 57.
Vurkano II 156.
Vurlia II 61. 114 f. 117.
Vuvala 57.
Vytina II 230.

X.

Xenis II 215.
Xerakia II 372.
Xerias, *Xeraki* 42. II 402. 407.
Xerilopotamos II 242.
Xerochori II 402. 406 f.
Xerokampi II 104 f. 129. 132.
Xeromeros 105.
Xeronisi II 384.
Xeron-Oros II 400. 402. 407. 412.
Xeropotamos 157.
Xerovuni II 397.
Xidia II 569.
Xyli II 103. 137. 140. 142 f.
Xylokastro II 314. 342. 366.
Xylophagos II 400.
Xynias, Xynia 85 ff.
Xypete 271.
Xystos II 303.

Z.

Zagora 195. 236.
Zagori 14.
Zakoli II 314. 340.
Zakro II 577 f.
Zakynthos II 346. 355. 366. 378 ff. 484.
Zalongo 30.
Zante II 347. 378. 380.
Zaraka II 195.
Zarakova II 228 f.
Zarax II 44. 112. 135. 137 f. 429.
Zaretra II 426. 429.
Zarka II 429.
Zarko 58.
Zarnata II 155.
Zarukla II 183.
Zastani 251. 337. 342.
Zaverda 112. 115. 118.
Zavitza II 40. 43. 67 f. 70.
Zea 267. 269 f.
Zephyria II 498.
Zephyrion 145. II 533. 573.
Zernaura II 157.
Zia II 489.
Zinka II 134.
Ziorti 350.
Ziria II 182.
Zitunion 84.
Zoitia, -teion II 231.
Zoster 359 f.
Zugra II 341.
Zygos 12. 124. 135 f.

1.

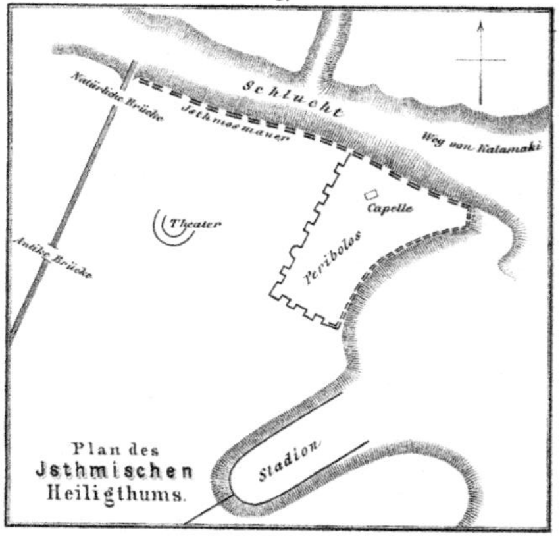

2.

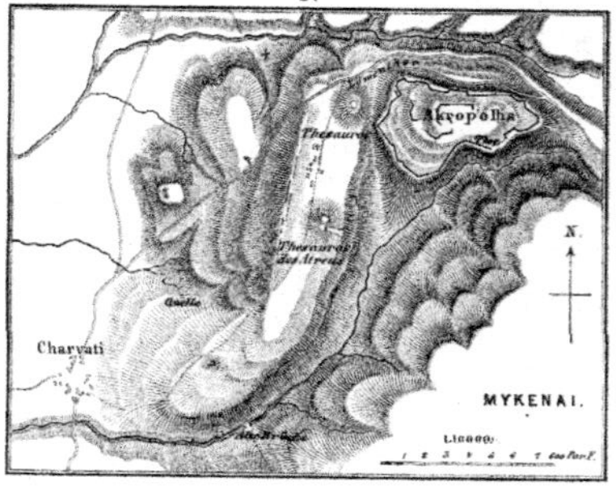

3.

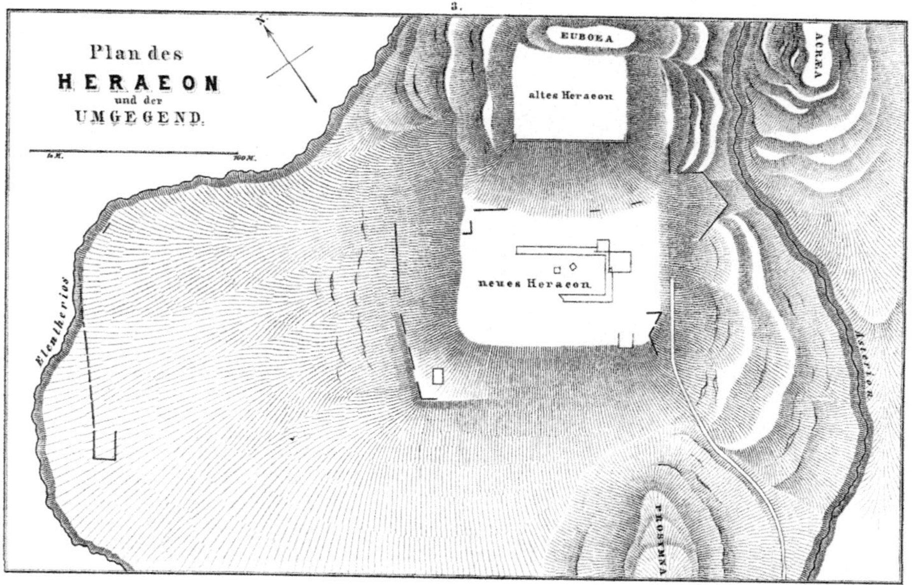

Lith. Anst. v. J. G. Bach, Leipzig.

Taf. II.

1.

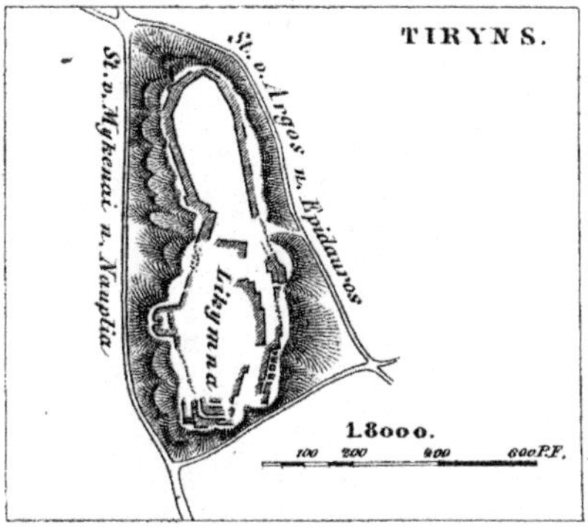

2.

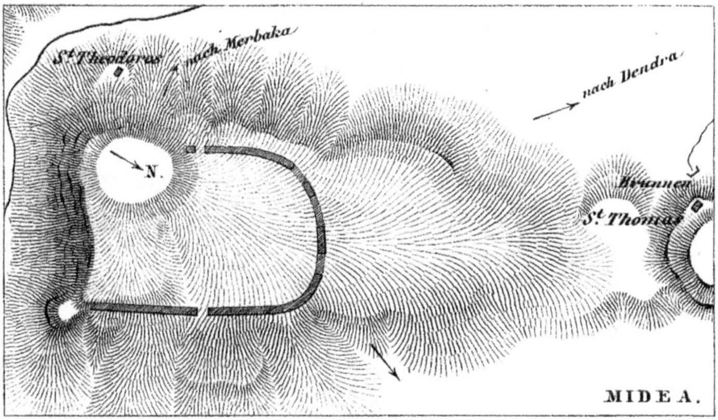

3.

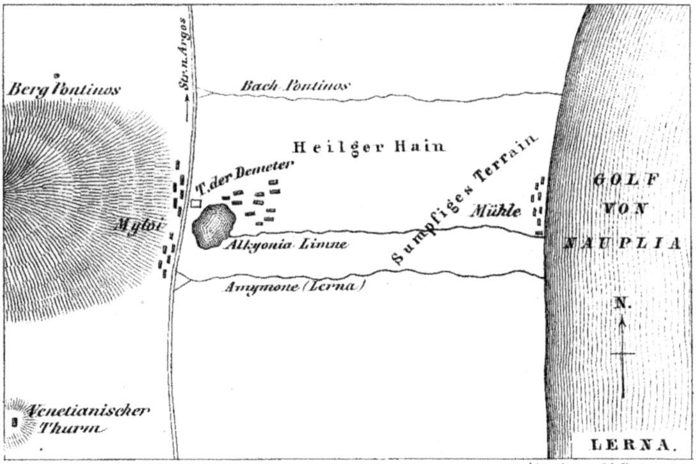

Lith. Anst. v. J.G. Bach, Leipzig.

SPARTA

U. D. MITTLERE EUROTASTHAL.

Taf. III.

Lith. Anst. v. J. G. Bach, Leipzig.

1:75,000.

1 2 3 4 5 10 15 20 Olymp. Stadien.

½ ¼ ⅛ ½ Deutsche Meile.

MESSENE.

Taf. IV.

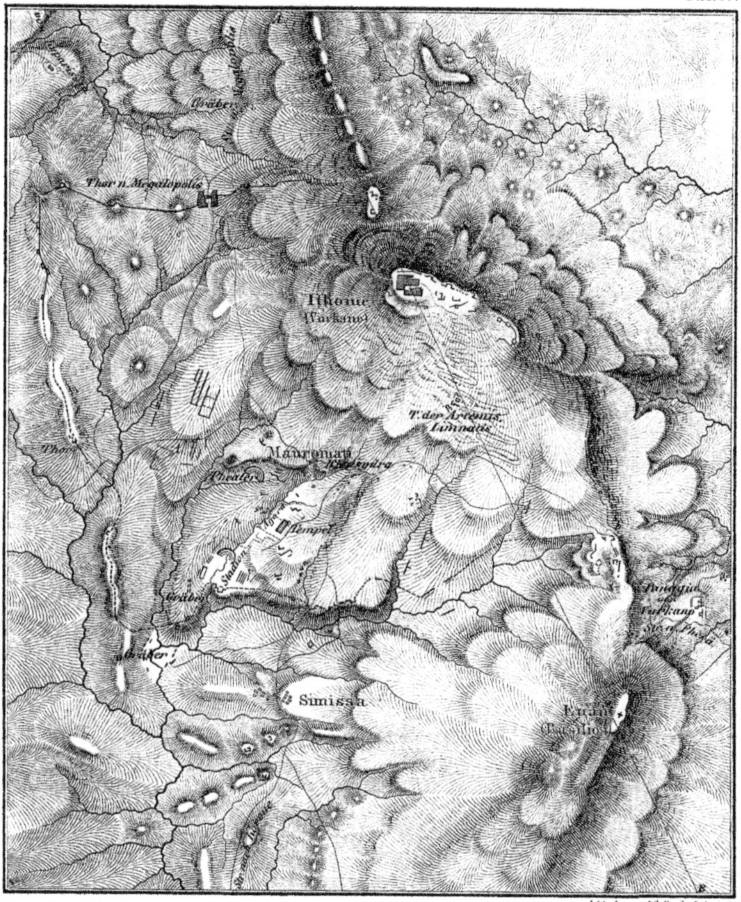

1:15000.

Lith. Anst. v. J. G. Bach, Leipzig.

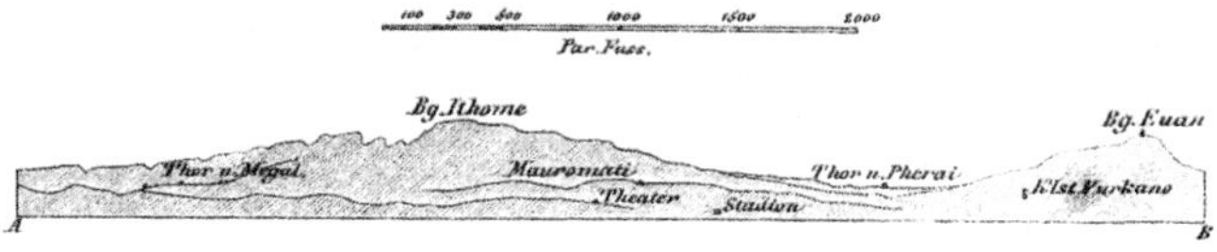

NAVARIN (PYLOS)

Taf. V.

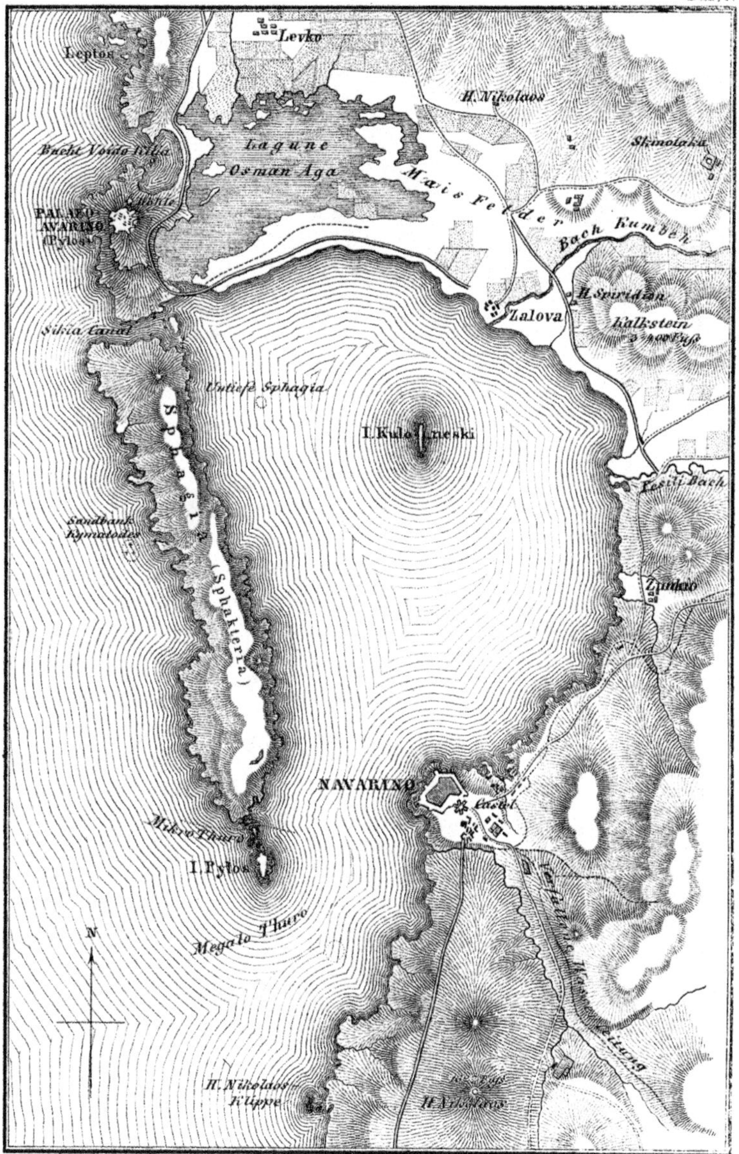

Lith. Anst. v. J. G. Bach, Leipzig.

DIE EBENE VON

MANTINEIA UND TRIPOLITZA.

Taf. VI.

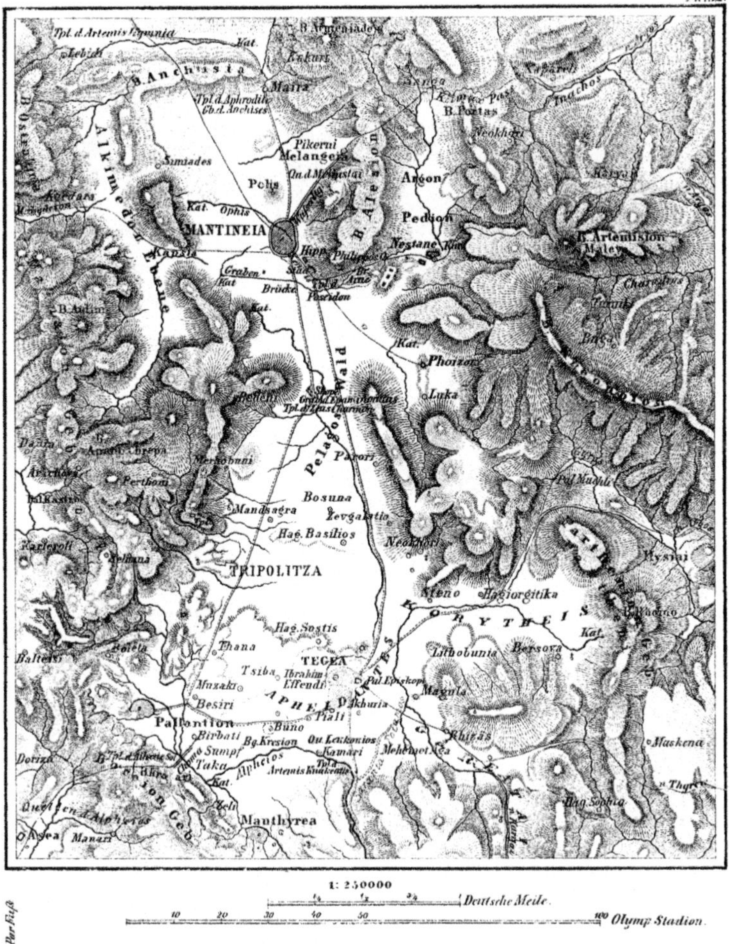

Ruinen von Epeion.

Norden.

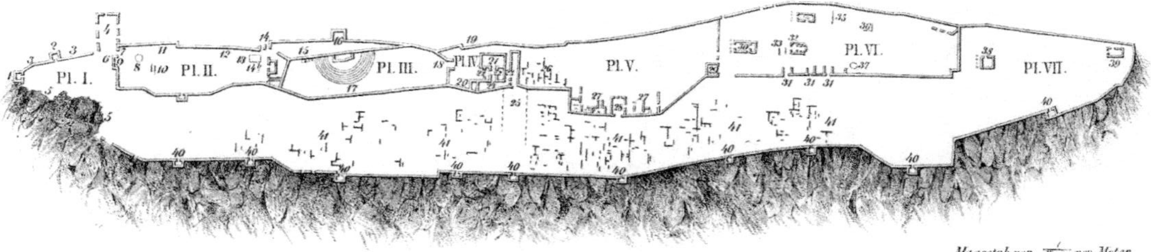

Maasstab von $\frac{1}{0^{m}0004}$ per Meter.

1. 2. Thürme.
3. Ringmauer.
4. Aussenwerk.
5. Felsen.
6. Treppe.
7. Zugang dazu vom Plateau II.
9. Bastion.
10. Wasserleitung.
11. 12. Aussenmauer.
13. Vertiefung im Felsboden.
14. Thor.
14b. Bastion.
15. Aussenmauer.
16. Thurm.
17. Theater.
18. Zugang zu Plateau IV.
19. Aussenmauer.
20. Oeffentliches Gebäude.
21. Vertiefung.
22. Gefängniss.
23. 24. Strassen.
25. Befestigter Weg.
26. Häuser.
27. Desgleichen (vielleicht für die Besatzung)
28. Thorweg.
29. Wachthaus.
30. Tempel.
31. Thore.
32. Byzantinische Kirche.
33. Haus.
34. Tempel.
35. Mauer.
36. Haus.
37. Cisterne.
38. Tempel.
39. desgl.
40. Ringmauer m. Thürmen.
41. Häuser.

Eschebach & Schaefer, Leipzig

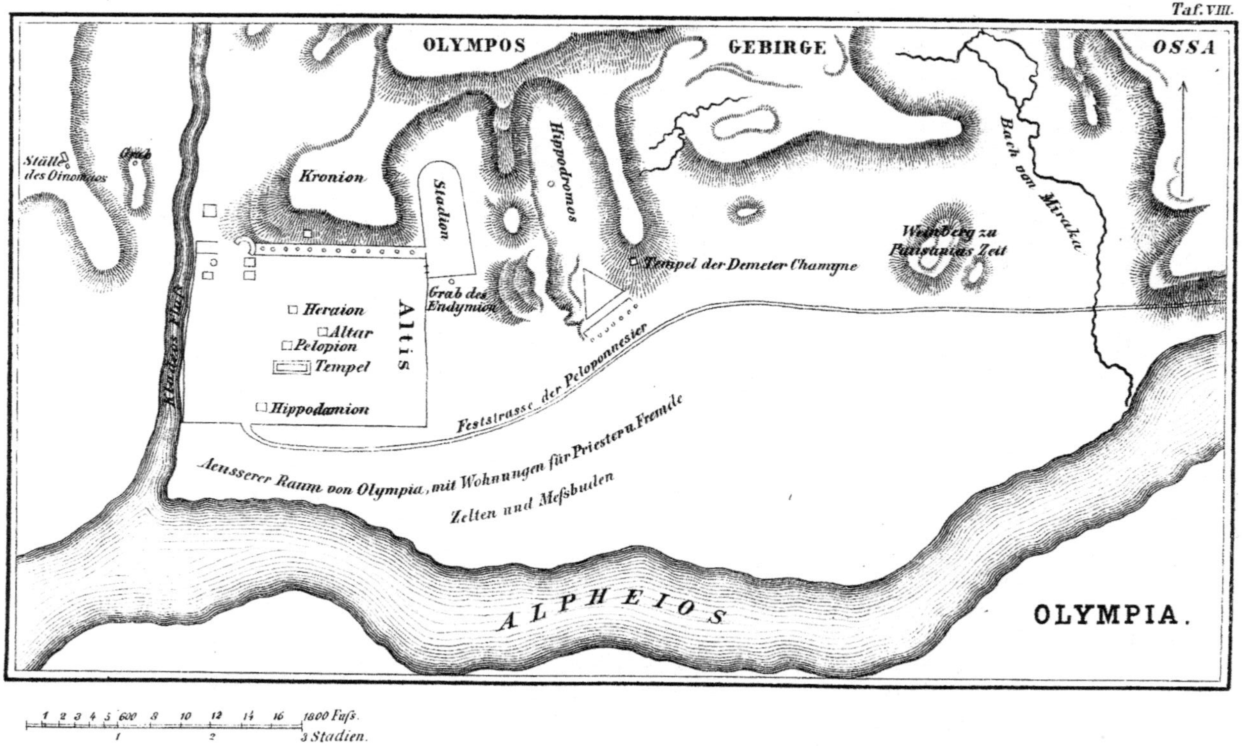
OLYMPOS
GEBIRGE
OSSA
Kronion
Stadion
Hippodromos
Bach von Miraka
Weinberg zu Pausanias Zeit
Tempel der Demeter Chamyne
Grab des Endymion
Altis
Heraion
Altar
Pelopion
Tempel
Hippodamion
Feststrasse der Peloponnesier
Aeusserer Raum von Olympia, mit Wohnungen für Priester u. Fremde
Zelten und Meſsbuden
ALPHEIOS
OLYMPIA.
1 2 3 4 5 600 8 10 12 14 16 1800 Fuſs.
1 2 3 Stadien.

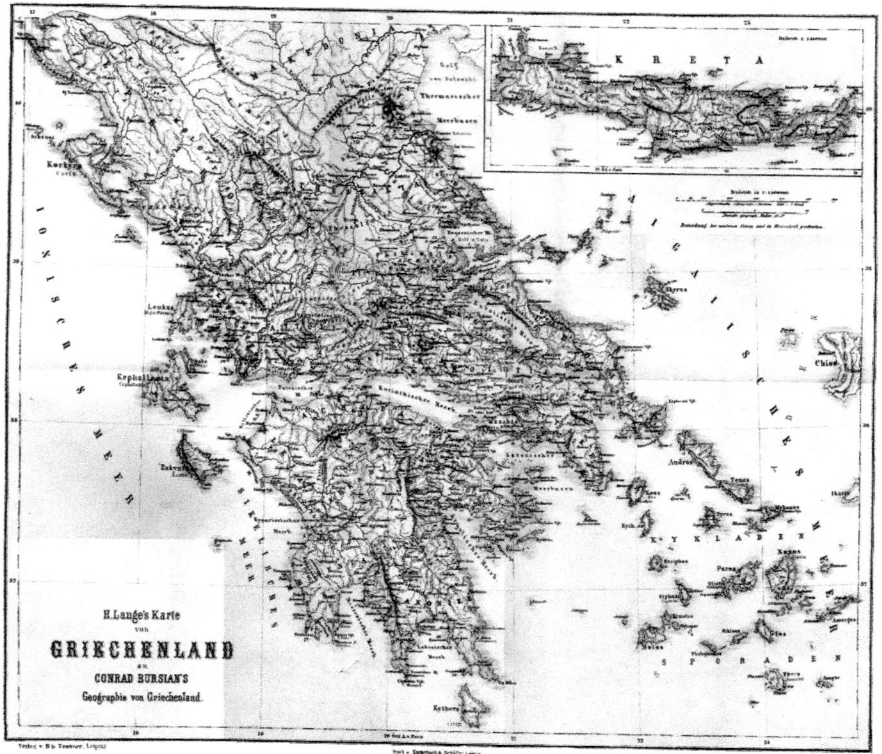

Verlag v. B. G. Teubner, Leipzig

Printed in Dunstable, United Kingdom

91222333R00362